After Effects 2022 实战从入门到精通

任媛媛　编著

人 民 邮 电 出 版 社
北 京

图书在版编目（CIP）数据

After Effects 2022实战从入门到精通 / 任媛媛编著. -- 北京 : 人民邮电出版社, 2023.6
ISBN 978-7-115-60670-9

Ⅰ. ①A… Ⅱ. ①任… Ⅲ. ①图像处理软件 Ⅳ. ①TP391.413

中国版本图书馆CIP数据核字(2022)第235779号

内 容 提 要

本书以“案例制作+技术回顾”为脉络组织内容，帮助读者掌握After Effects 2022的使用方法，并快速上手视频剪辑和特效制作。

全书包含85个实战案例和6个商业项目实战，对After Effects 2022的基础操作、动画、表达式、视频效果、视频过渡、粒子特效、抠图、调色、文字和渲染输出等功能与操作技巧进行重点解析，配合常见类型的实战案例进行讲解，帮助读者在学习后能够融会贯通、举一反三。

本书附赠的学习资源包括所有实战案例和商业项目实战的源文件，技术回顾所运用的素材文件，以及1130分钟的案例教学视频，117分钟的技术回顾视频和免抠元素、视频素材、音频素材等额外素材资源，方便读者学习。

本书适合作为初学者自学After Effects 2022的教程，也可以作为数字艺术教育培训机构及大、中专院校相关专业的教材。

◆ 编　　著　任媛媛
责任编辑　王　冉
责任印制　马振武

◆ 人民邮电出版社出版发行　　北京市丰台区成寿寺路11号
邮编　100164　　电子邮件　315@ptpress.com.cn
网址　https://www.ptpress.com.cn
北京盛通印刷股份有限公司印刷

◆ 开本：787×1092　1/16
印张：23　　　　2023年6月第1版
字数：790千字　　　　2023年6月北京第1次印刷

定价：129.80元

读者服务热线：(010)81055410　印装质量热线：(010)81055316
反盗版热线：(010)81055315
广告经营许可证：京东市监广登字20170147号

前言

After Effects 2022是Adobe公司推出的一款专业且功能强大的视频编辑软件，属于后期处理类软件，适用于从事设计和视频特效制作的机构，如电视台、动画制作公司、个人后期制作工作室及多媒体工作室等。

本书特色

85个实战案例：本书是一本实战型教程，步骤讲解详细，内容涵盖After Effects的所有重点功能，读者可以省去学习理论知识的时间，通过大量的实战演练掌握视频制作的技巧和精髓。

6个商业项目实战：本书最后一章列举了After Effects常见应用领域的6个商业项目实战，包括MG动画片头、电视节目预告、化妆品广告、企业颁奖典礼视频、科幻光圈动态效果和赛博朋克视频合成效果。

237个技巧和经验分享：本书通过“技术专题”“疑难问答”“知识链接”“技巧提示”这4个板块，将237个关于软件操作和视频制作的技巧与相关经验毫无保留地分享给读者，方便读者积累制作经验和提高学习效率。

附赠资源

为方便读者学习，随书附赠全部实战案例和商业项目实战的源文件，技术回顾所运用的素材文件和在线教学视频（提供扫码观看）。

本书还赠送免抠元素、视频素材、音频素材，为读者提供丰富的制作素材。

由于编者水平有限，书中难免存在疏漏之处，恳请读者批评指正。

编者

2023年1月

本书由“数艺设”出品，“数艺设”社区平台（www.shuyishe.com）为您提供后续服务。

配套资源

案例配套：素材文件　　案例源文件　　案例教学视频　　技术回顾视频

额外赠送：免抠元素　　视频素材　　音频素材

资源获取请扫码

（提示：微信扫描二维码关注公众号后，输入51页左下角的5位数字，获得资源获取帮助。）

“数艺设”社区平台，为艺术设计从业者提供专业的教育产品。

与我们联系

我们的联系邮箱是 szys@ptpress.com.cn。如果您对本书有任何疑问或建议，请您发邮件给我们，并请在邮件标题中注明本书书名及ISBN，以便我们更高效地做出反馈。

如果您有兴趣出版图书、录制教学课程，或者参与技术审校等工作，可以发邮件给我们。如果学校、培训机构或企业想批量购买本书或“数艺设”出版的其他图书，也可以发邮件联系我们。

关于“数艺设”

人民邮电出版社有限公司旗下品牌“数艺设”，专注于专业艺术设计类图书出版，为艺术设计从业者提供专业的图书、视频电子书、课程等教育产品。出版领域涉及平面、三维、影视、摄影与后期等数字艺术门类，字体设计、品牌设计、色彩设计等设计理论与应用门类，UI设计、电商设计、新媒体设计、游戏设计、交互设计、原型设计等互联网设计门类，环艺设计手绘、插画设计手绘、工业设计手绘等设计手绘门类。更多服务请访问“数艺设”社区平台www.shuyishe.com。我们将提供及时、准确、专业的学习服务。

实战：制作中秋主题位移动画 第34页

案例文件	案例文件>CH02>实战：制作中秋主题位移动画
学习目标	掌握位置关键帧的使用方法

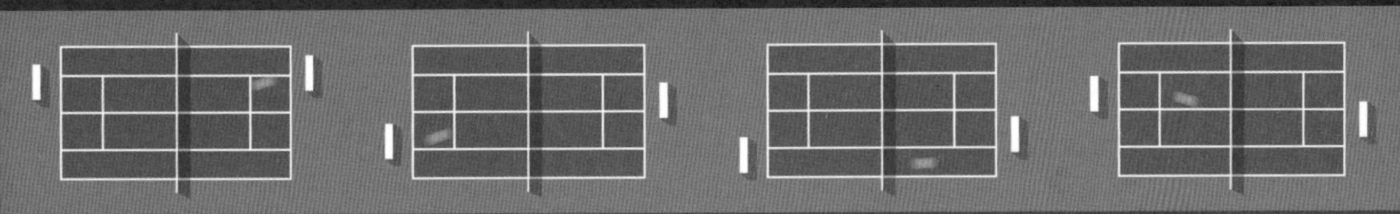

实战：制作网球MG动画 第39页

案例文件	案例文件>CH02>实战：制作网球MG动画
学习目标	掌握运动模糊效果的使用方法

实战：制作纸飞机动画 第43页

案例文件	案例文件>CH02>实战：制作纸飞机动画
学习目标	练习制作关键帧动画

实战：制作形状UI动画 第45页

案例文件	案例文件>CH02>实战：制作形状UI动画
学习目标	掌握形状绘制方法和动画制作方法

实战：制作手绘风格转场动画 第51页

案例文件	案例文件>CH02>实战：制作手绘风格转场动画
学习目标	掌握使用中继器复制图形的方法

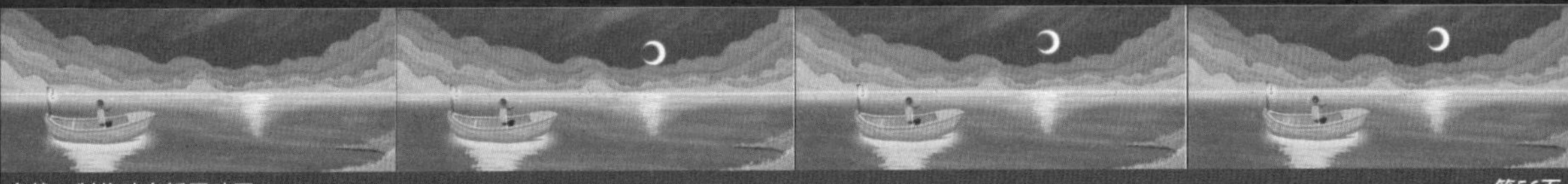

实战：制作动态插图动画 第56页

案例文件	案例文件>CH02>实战：制作动态插图动画
学习目标	了解使用Motion 2插件制作动画的方法

实战：制作图片展示动画 第60页

案例文件	案例文件>CH02>实战：制作图片展示动画
学习目标	综合练习制作关键帧动画

实战：制作行驶的小车动画 第72页

案例文件	案例文件>CH03>实战：制作行驶的小车动画
学习目标	掌握父子层级的应用方法

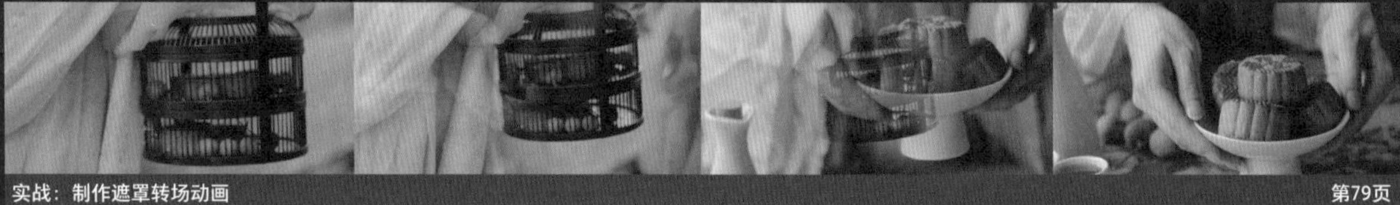

实战：制作遮罩转场动画 第79页

案例文件	案例文件>CH03>实战：制作遮罩转场动画
学习目标	掌握蒙版遮罩的用法

实战：制作片头遮罩动画 第82页

案例文件	案例文件>CH03>实战：制作片头遮罩动画
学习目标	掌握形状绘制方法和动画制作方法

实战：制作立体图层动画 第85页

案例文件	案例文件>CH03>实战：制作立体图层动画
学习目标	掌握摄像机的使用方法

实战：制作三维空间动画 第91页

案例文件	案例文件>CH03>实战：制作三维空间动画
学习目标	掌握3D图层开关的使用方法

实战：使用循环表达式制作时钟动画 第96页

案例文件	案例文件>CH04>实战：使用循环表达式制作时钟动画
学习目标	熟悉循环表达式

实战：使用正弦函数表达式制作蝴蝶动画 第105页

案例文件	案例文件>CH04>实战：使用正弦函数表达式制作蝴蝶动画
学习目标	熟悉正弦函数表达式

实战：制作音频节奏动画 第112页

案例文件	案例文件>CH04>实战：制作音频节奏动画
学习目标	掌握音频控制表达式的使用方法

实战：制作跳舞残影效果 第122页

案例文件	案例文件>CH05>实战：制作跳舞残影效果
学习目标	掌握“残影”效果的使用方法

实战：制作Saber动态发光动画 第128页

案例文件	案例文件>CH05>实战：制作Saber动态发光动画
学习目标	掌握Saber插件的使用方法

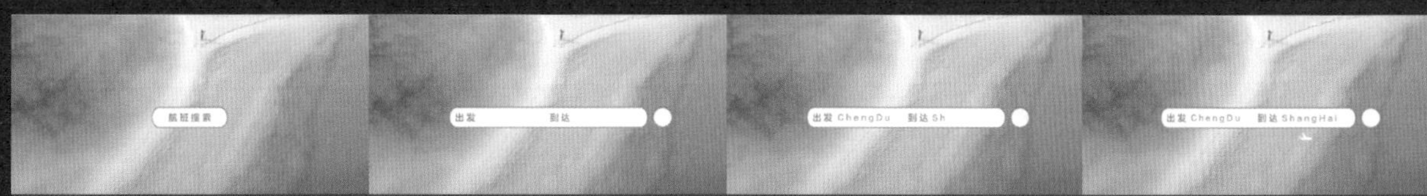

实战：制作查询交互效果 第131页

案例文件	案例文件>CH05>实战：制作查询交互效果
学习目标	掌握“打字机”效果的使用方法

实战：制作RGB动画效果 第135页

案例文件	案例文件>CH05>实战：制作RGB动画效果
学习目标	掌握“转换通道”效果的使用方法

实战：制作双重曝光效果 第149页

案例文件	案例文件>CH05>实战：制作双重曝光效果
学习目标	掌握双重曝光效果的制作方法

实战：制作赛博朋克城市动画 第152页

案例文件	案例文件>CH05>实战：制作赛博朋克城市动画
学习目标	练习使用3D摄像机跟踪器制作跟踪视频

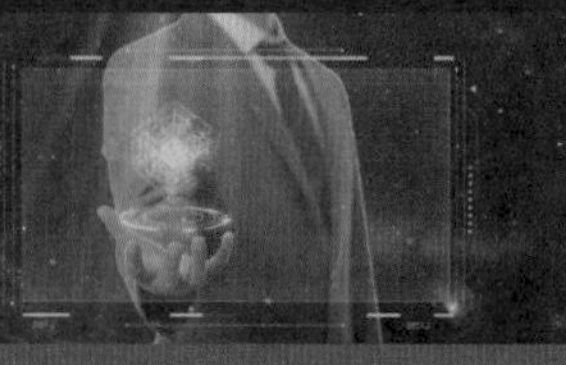
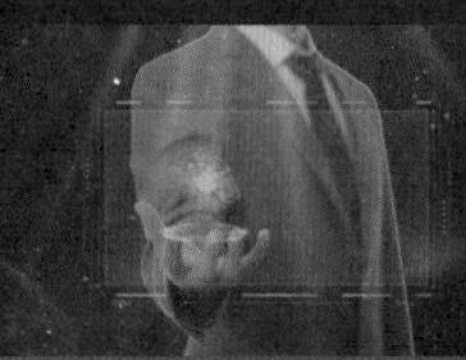

实战：制作科技感全息投影动画 第154页

案例文件	案例文件>CH05>实战：制作科技感全息投影动画
学习目标	掌握全息投影效果的制作方法

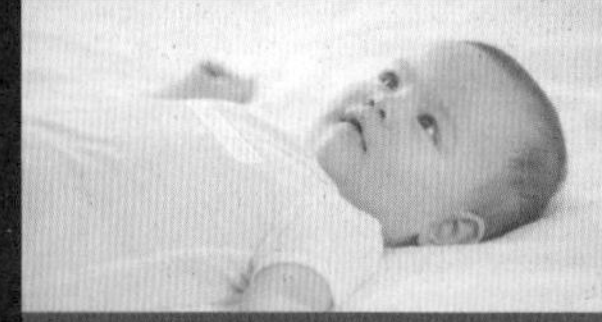
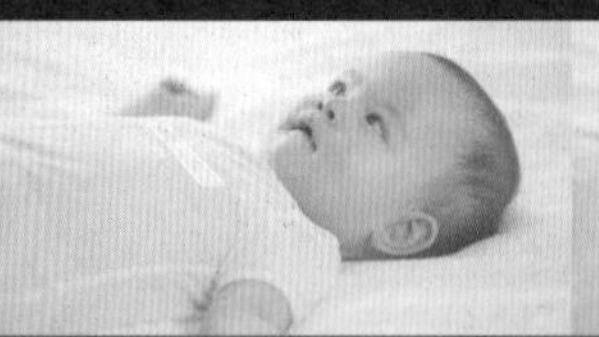
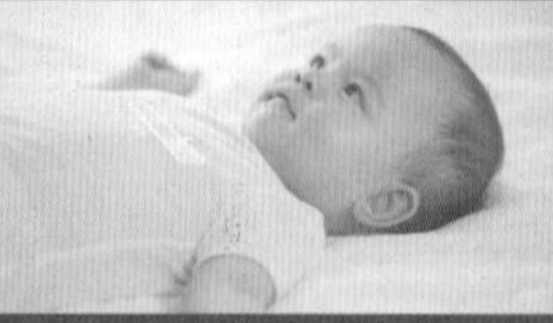
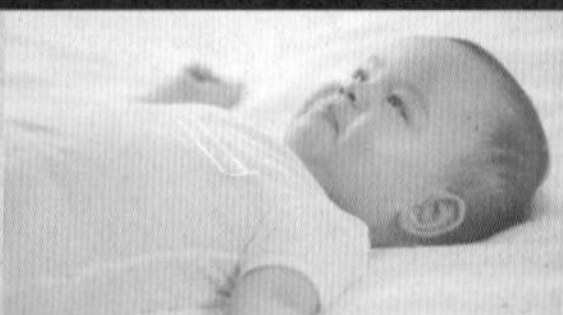

实战：制作Lockdown视频跟踪效果 第161页

案例文件	案例文件>CH05>实战：制作Lockdown视频跟踪效果
学习目标	学习Lockdown插件的使用方法

实战：制作无缝视频过渡效果 第170页

案例文件	案例文件>CH06>实战：制作无缝视频过渡效果
学习目标	掌握“动态拼贴”效果的使用方法，熟悉无缝转场的制作方法

实战：制作帧混合视频过渡效果 第178页

案例文件	案例文件>CH06>实战：制作帧混合视频过渡效果
学习目标	掌握CC Wide Time效果的使用方法

实战：制作扭曲缩放视频过渡效果 第182页

案例文件	案例文件>CH06>实战：制作扭曲缩放视频过渡效果
学习目标	掌握“变形”效果的使用方法

实战：制作发光模糊视频过渡效果 第186页

案例文件	案例文件>CH06>实战：制作发光模糊视频过渡效果
学习目标	掌握“摄像机镜头模糊”效果的使用方法

实战：制作3D翻转视频过渡效果 第188页

案例文件	案例文件>CH06>实战：制作3D翻转视频过渡效果
学习目标	掌握3D翻转视频过渡效果的制作方法

实战：制作故障风格视频过渡效果 第191页

案例文件	案例文件>CH06>实战：制作故障风格视频过渡效果
学习目标	掌握故障风格视频过渡效果的制作方法

实战：制作旋转滑动视频过渡效果 第193页

案例文件	案例文件>CH06>实战：制作旋转滑动视频过渡效果
学习目标	掌握旋转滑动视频过渡效果的制作方法

实战：制作浪漫爱心效果 第200页

案例文件	案例文件>CH07>实战：制作浪漫爱心效果
学习目标	熟悉Particular粒子的使用方法

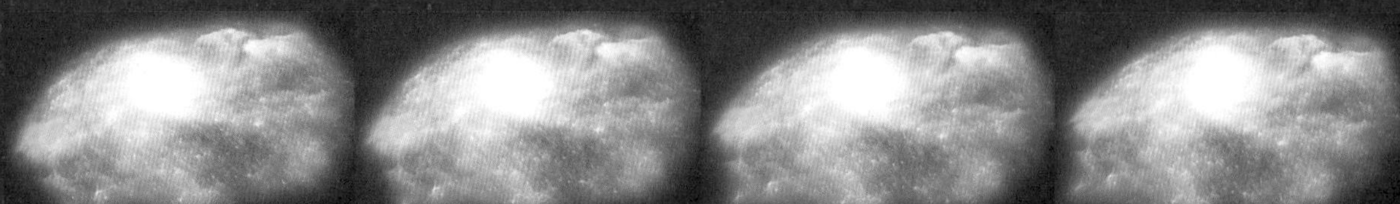

实战：制作梦幻星云效果 第216页

案例文件	案例文件>CH07>实战：制作梦幻星云效果
学习目标	掌握Form粒子的使用方法

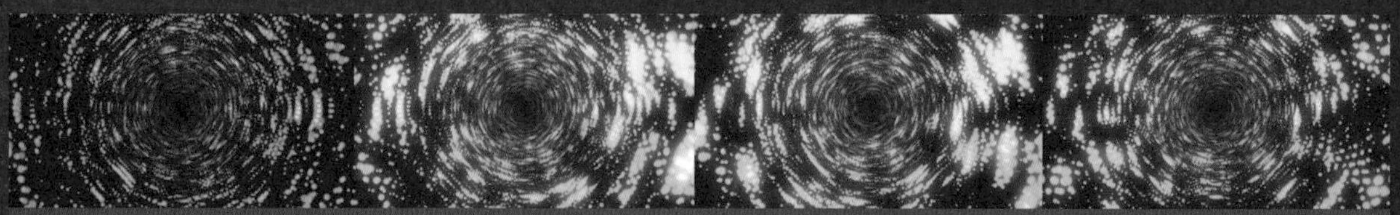

实战：制作粒子通道效果 第230页

案例文件	案例文件>CH07>实战：制作粒子通道效果
学习目标	练习使用Form粒子

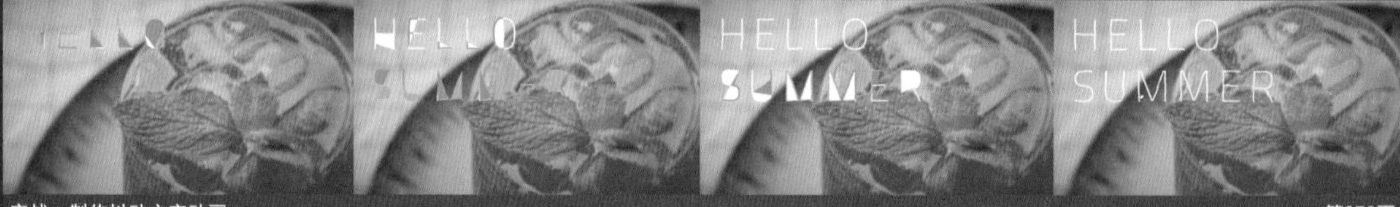

实战：制作抖动文字动画 第278页

案例文件	案例文件>CH10>实战：制作抖动文字动画
学习目标	练习使用“分形杂色”效果

实战：渲染输出JPG格式序列图片 第310页

案例文件	案例文件>CH11>实战：渲染输出JPG格式序列图片
学习目标	掌握序列图片的输出方法

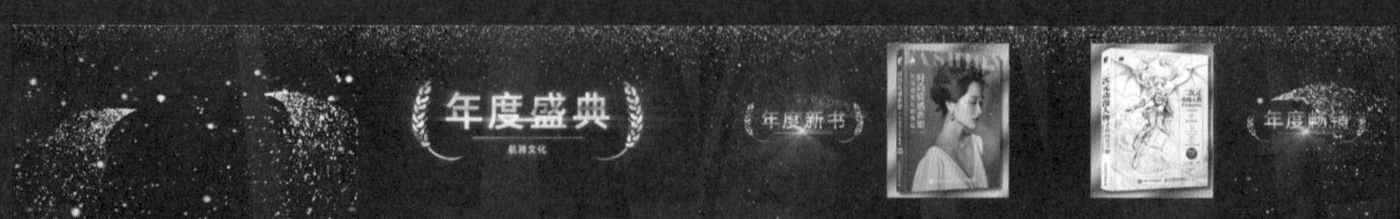

商业项目实战：制作企业颁奖典礼视频 第340页

案例文件	案例文件>CH12>商业项目实战：制作企业颁奖典礼视频
学习目标	掌握颁奖类视频的制作方法

目录

第4章 表达式的应用......095

第5章 视频效果......121

第6章 视频过渡......169

第7章 粒子特效......199

① 技巧提示 + ② 疑难问答 + ◎ 技术专题 + ◎ 知识链接

After Effects的界面与基础操作

After Effects是一款功能复杂且强大的视频编辑软件。要学习这款软件，首先需要熟悉其界面，然后掌握其基础操作方法，这样才能为后续内容的学习打下基础。虽然本章的内容较为简单，但还是希望读者能认真学习，并跟随案例动手操作。

学习重点

实战：启动After Effects 2022

案例文件	无
难易程度	★☆☆☆☆
学习目标	熟悉软件的界面

扫码观看视频

安装完软件后，就可以在计算机桌面或“开始”菜单中找到该软件。

01 双击桌面上的After Effects 2022图标，就可以启动软件。启动软件时，会显示图1-1所示的启动画面。

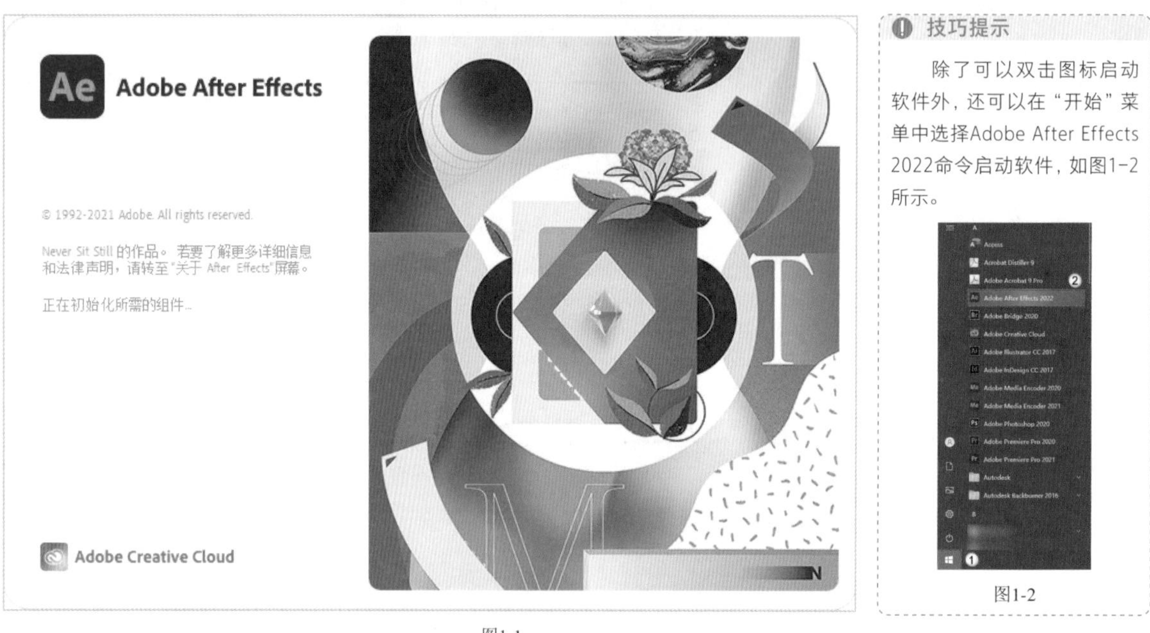

图1-1

技巧提示

除了可以双击图标启动软件外，还可以在“开始”菜单中选择Adobe After Effects 2022命令启动软件，如图1-2所示。

图1-2

02 启动完成后会显示“主页”界面，如图1-3所示。在“主页”界面中可以创建新的项目，也可以通过导入素材创建一个合成。

03 切换到“学习”界面，其中有一些学习教程，方便用户学习软件的相关知识，如图1-4所示。

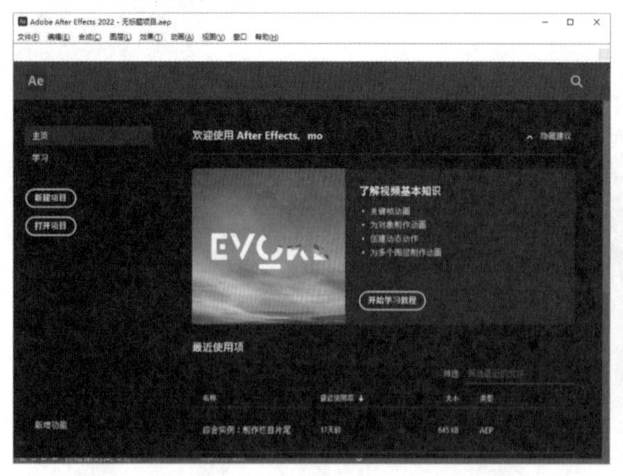

图1-3

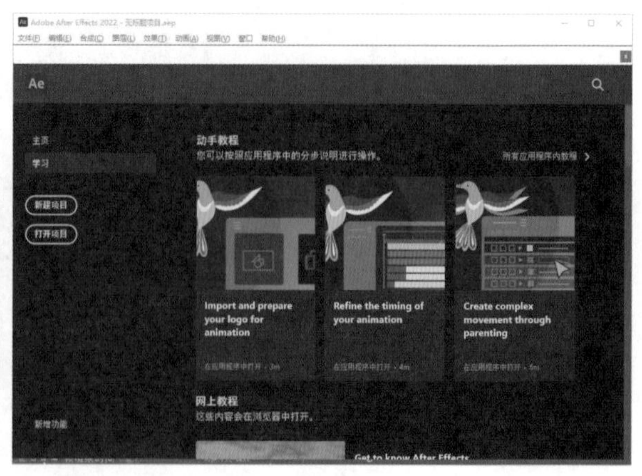

图1-4

04 单击“新建项目”按钮 后，会切换到软件的主界面，如图1-5所示。

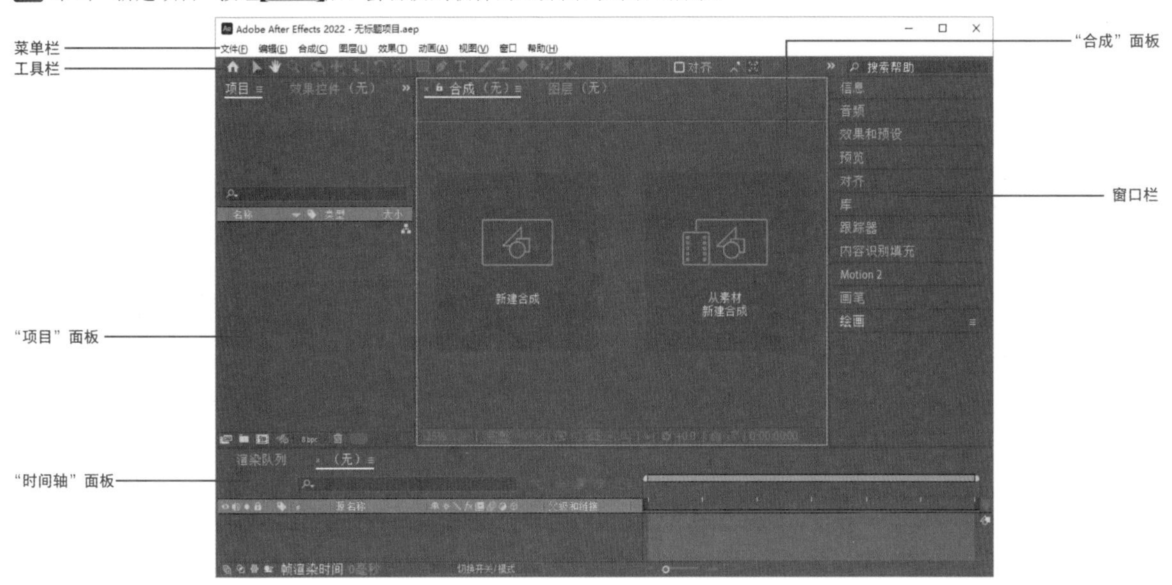

图1-5

05 单击主界面右上方的 » 按钮，会弹出图1-6所示的下拉列表。在该下拉列表中可以切换具有不同功能的界面布局。

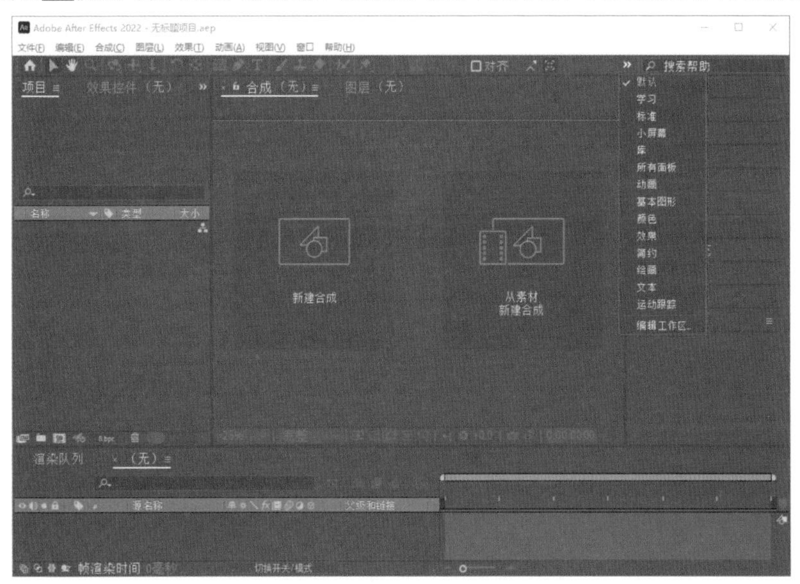

图1-6

技术专题：After Effects 2022对计算机的配置要求

随着After Effects的不断更新，其对计算机配置的要求也越来越高，表1-1列出了After Effects 2022对计算机的配置要求。

表1-1

项目	基础配置	高级配置
操作系统	Windows 10 64位	Windows 10 64位
CPU	Intel 酷睿i7 8086	Intel 酷睿i9 12900K
内存	16GB	16GB以上
显卡	NVIDIA GTX系列	NVIDIA RTX系列
硬盘	1TB	1TB
电源	500W	600W

06 如果不小心关闭了界面中的面板，打开“窗口”菜单，勾选关闭的面板的名称，即可显示该面板，如图1-7所示。

07 将鼠标指针移动到两个相邻面板的分隔线上，此时鼠标指针变成⬌或⬍形状，拖曳鼠标就能改变相邻面板的大小，如图1-8所示。

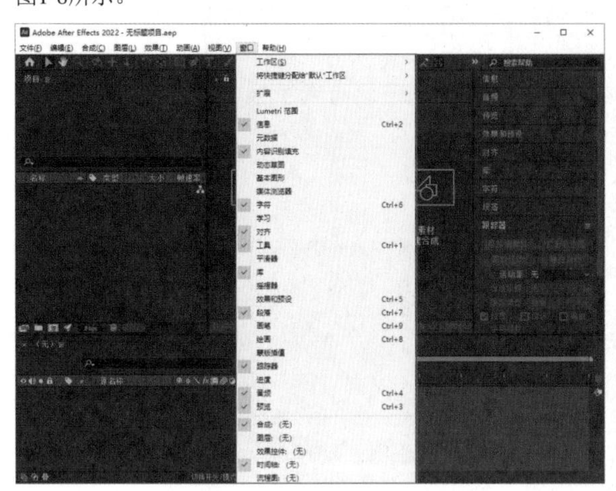

图1-7

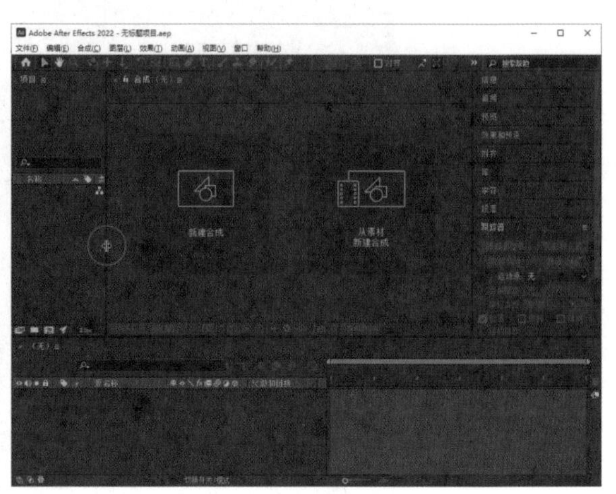

图1-8

技巧提示

将多个面板整合在一起，可方便平时制作视频时快速调用相关功能或工具。

08 将鼠标指针移动到4个面板的交界位置，此时鼠标指针变成✥形状，拖曳鼠标就能改变相邻的4个面板的大小，如图1-9所示。按住鼠标左键拖曳面板，可以将该面板移动到界面中的任意位置。当移动的面板与其他面板相交时，相交的面板区域会变亮，如图1-10所示。变亮的位置就是移动的面板插入的位置。如果想让面板自由浮动，需要在拖曳面板的同时按住Ctrl键。

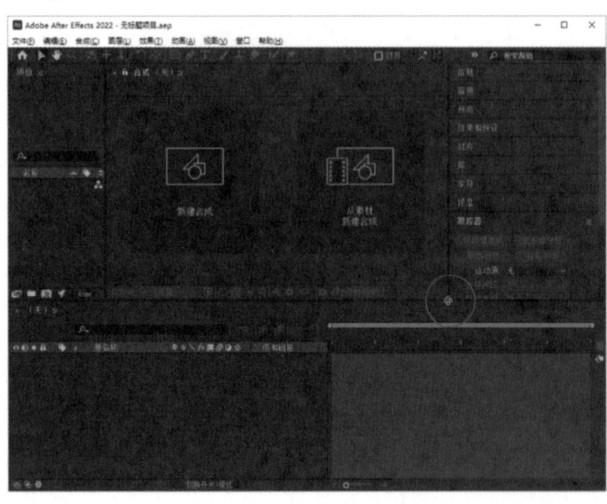

图1-9

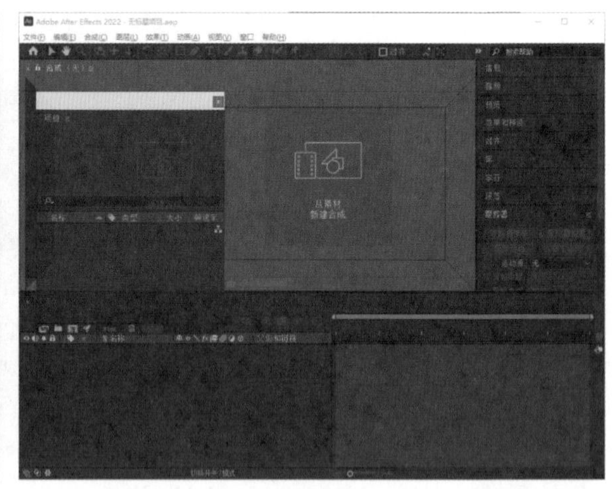

图1-10

技术专题：学习After Effects需要了解的相关术语

在学习After Effects的基本操作之前，需要先了解一些专业术语，以方便后续的学习。

帧：动画影像中的最小单位，是单幅影像画面。每一帧都是一个静止的画面，将这些静止的画面连续播放，就形成了动画影像。

关键帧：相当于二维动画中的原画，指动作变化过程中的关键动作所处的帧。关键帧与关键帧之间的过渡动画可以由软件计算生成，这些过渡动画的帧叫作中间帧（或者过渡帧）。在After Effects中，添加关键帧后，计算机会自动生成中间帧。

文件格式：After Effects中的文件在制作完成后需要导出为合适的格式，在导出视频文件时需要选择文件的格式，常用的格式有MP4、AVI、MOV和GIF等。如果只导出音频，可选择MP3格式。

FPS：帧速率，是指动画或视频每秒播放的帧数。常见的帧速率为25帧/秒，也可以选择30帧/秒。

实战：首选项设置

案例文件	无
难易程度	★☆☆☆☆
学习目标	设置首选项的相关参数

扫码观看视频

在制作项目之前，需要对软件进行一些全局性的设置。

01 执行“编辑>首选项>常规”菜单命令（快捷键为Ctrl+Alt+;），可打开“首选项”对话框，如图1-11所示。在该对话框中可以对软件界面的外观和自动保存等进行设置。

02 默认的软件背景色为黑色，切换到“外观”选项卡，向右拖曳“亮度”滑块，就能将黑色调整为深灰色，如图1-12所示。

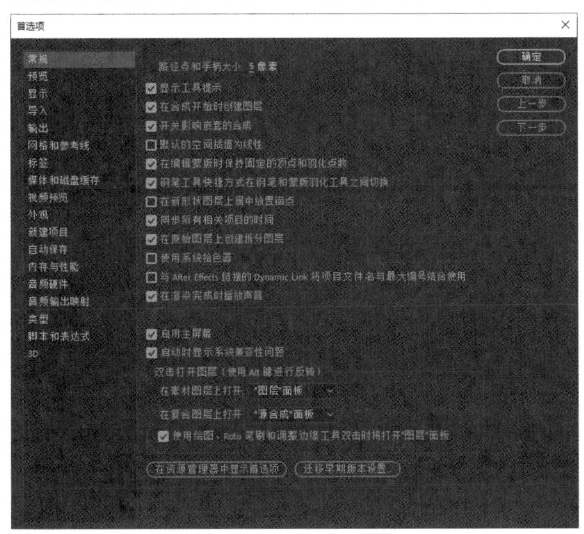

图1-11

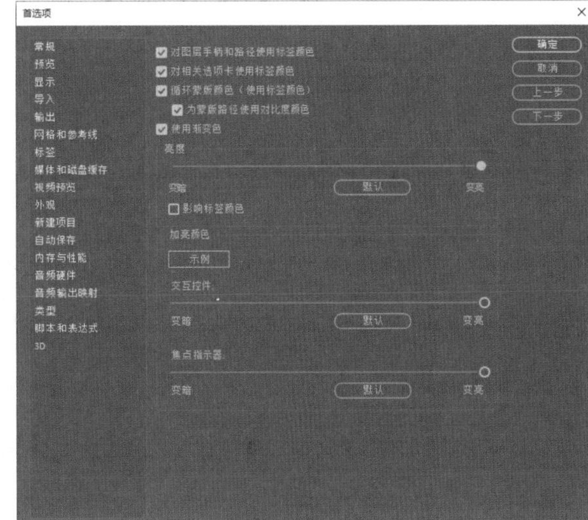

图1-12

疑难问答：软件背景色应该怎么选？

软件的背景色并不会影响视频文件的播放效果，可根据自己的习惯、爱好和具体需求选择软件背景色。

03 切换到“自动保存”选项卡，系统默认开启自动保存功能，如图1-13所示。在该选项卡中，不仅能设置自动保存的时间间隔，还能设置保存项目的个数。

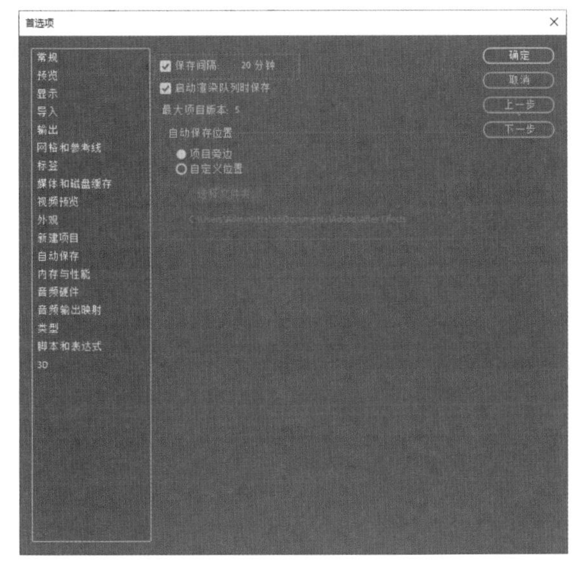

图1-13

技巧提示

设置完成后，单击“确定”按钮 确定 就可以保存设置的各项参数。单击“取消”按钮 取消 则不会改变原来的参数。

重点

实战：新建合成

案例文件	案例文件>CH01>实战：新建合成
难易程度	★☆☆☆☆
学习目标	掌握新建合成和设置合成的方法

扫码观看视频

合成是After Effects中非常重要的一个知识点，只有掌握新建合成和设置合成的方法，才能进行后续的操作。

案例制作

01 打开本书学习资源“案例文件>CH01>实战：新建合成”文件夹，然后将里面的素材文件全部拖曳到“项目”面板中，如图1-14所示。

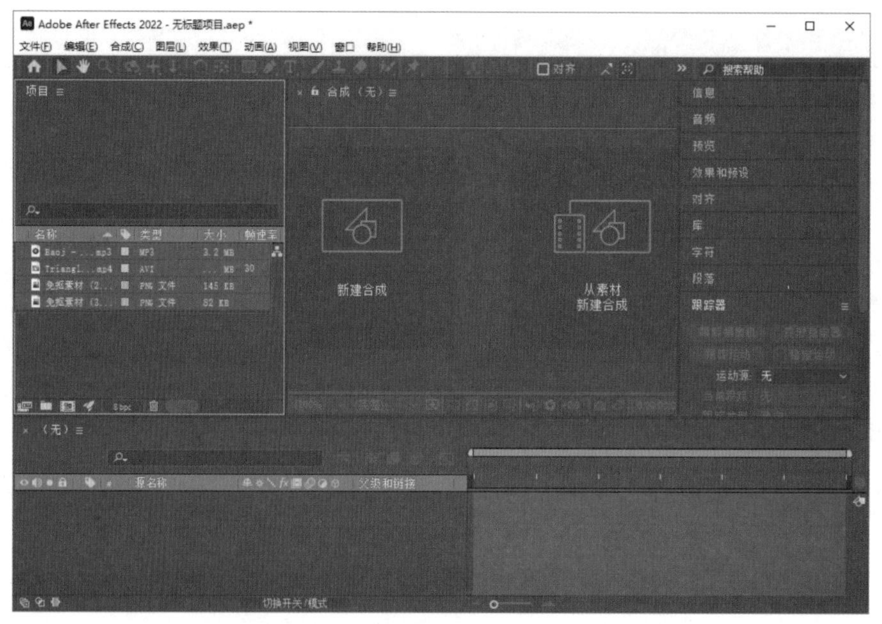

图1-14

02 执行“合成>新建合成”菜单命令（快捷键为Ctrl+N），打开“合成设置”对话框，如图1-15和图1-16所示。

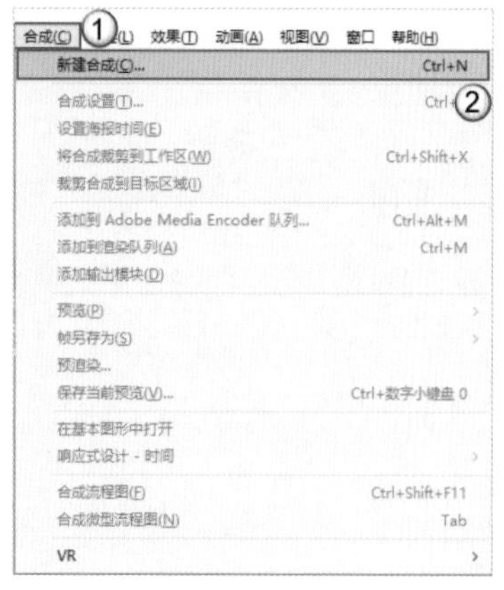

图1-15

图1-16

> **技巧提示**
>
> 单击“项目”面板底部的“新建合成”按钮，也可以打开“合成设置”对话框。

03 在“合成名称”文本框中输入“新建合成”，其余参数保持不变，然后单击“确定”按钮，如图1-17所示。

04 此时可以看到“项目”面板中出现了一个设置好的“新建合成”，并且“合成”面板中显示了黑色的画面，下方的“时间轴”面板中显示了其时间安排，如图1-18所示。

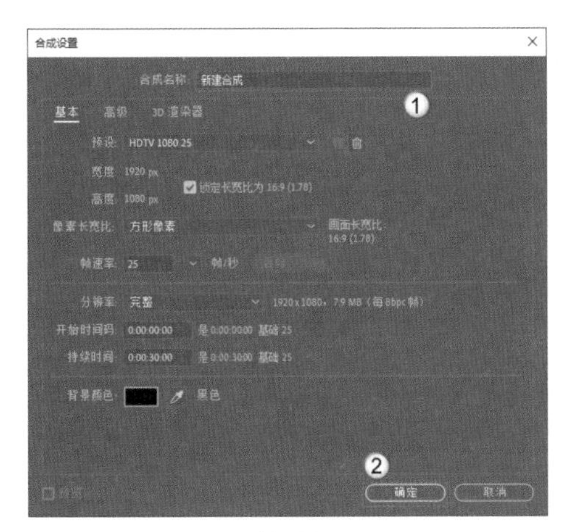

图1-17

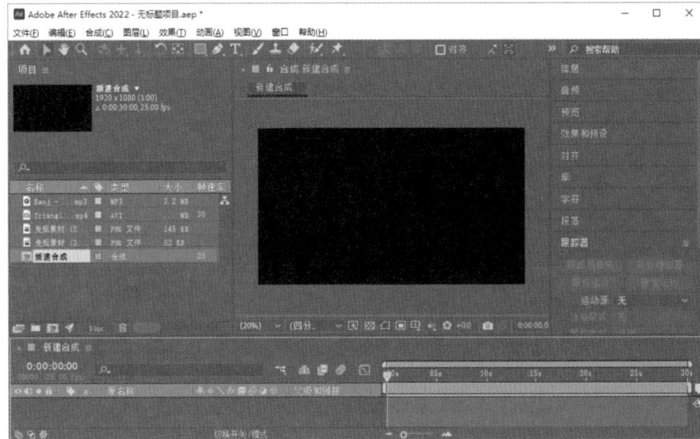

图1-18

05 选中“项目”面板中的“免抠元素（39）.png”素材，然后将其向右拖曳到“合成”面板中，可以在“合成”面板中看到素材效果，如图1-19所示。

06 执行“合成>合成设置”菜单命令（快捷键为Ctrl+K），再次打开“合成设置”对话框，如图1-20所示。

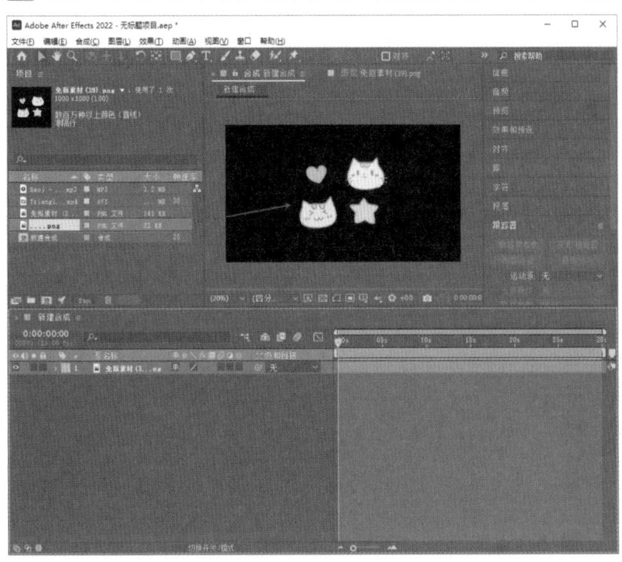

图1-19

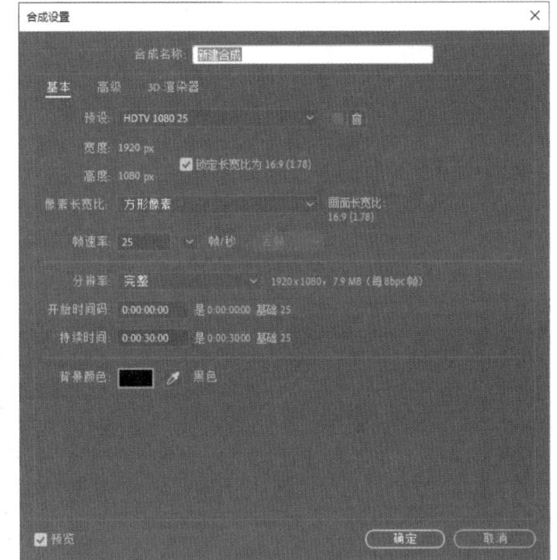

图1-20

技术专题：“合成设置”对话框

“合成设置”对话框中有很多参数，下面讲解这些参数的作用。

预设：快速设置合成的大小和帧速率，默认为HDTV 1080 25，表示合成文件的大小为1920像素 × 1080像素，且帧速率为25帧/秒。在这个设置下输出的文件为高清品质的视频文件，适用于大多数播放设备。

宽度/高度：设置合成的宽度和高度，单位为px（像素）。

像素长宽比：每一个像素的宽度和高度的比例。一般的流媒体播放设备都使用方形像素，该参数保持默认即可。

帧速率：每秒播放的帧数。

开始时间码：合成在时间轴上开始的位置。

持续时间：合成整体的显示时长。

背景颜色：合成背景的颜色，默认为黑色，代表透明效果。

重点

实战：新建图层

案例文件	案例文件>CH01>实战：新建图层
难易程度	★☆☆☆☆
学习目标	掌握9种类型的图层的新建方法和作用

扫码观看视频

在After Effects中，可以新建11种类型的图层。本案例将为读者演示其中9种图层的新建方法和作用。

01 新建一个项目文件，然后在“项目”面板中导入学习资源“案例文件>CH01>实战：新建图层”文件夹中的素材文件，如图1-21所示。

02 新建一个合成，并设置“合成名称”为“新建图层”，如图1-22所示。

图1-21

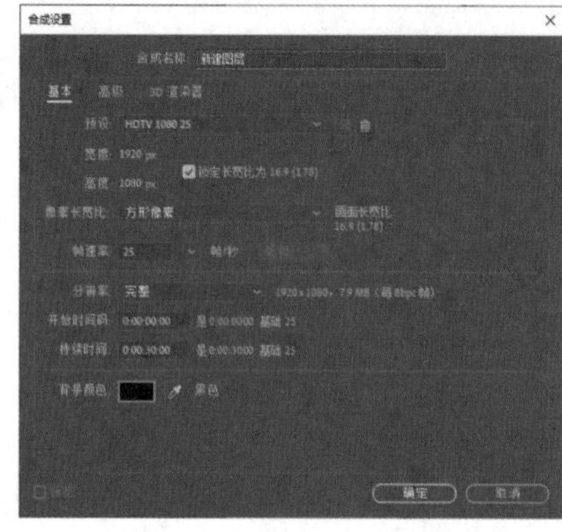

图1-22

03 在“时间轴”面板的空白处单击鼠标右键，在弹出的菜单中选择“新建”选项，子菜单中会显示11种图层类型，如图1-23所示。

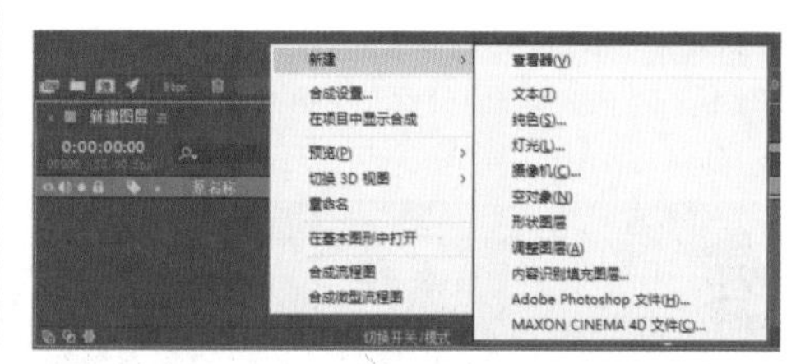

图1-23

04 选中“项目”面板中的“01.jpg”素材文件，然后将其拖曳到“合成”面板中，如图1-24所示。

05 新建“查看器”图层，此时会在原有的“合成”面板右侧新建一个一模一样的面板，如图1-25所示。

图1-24

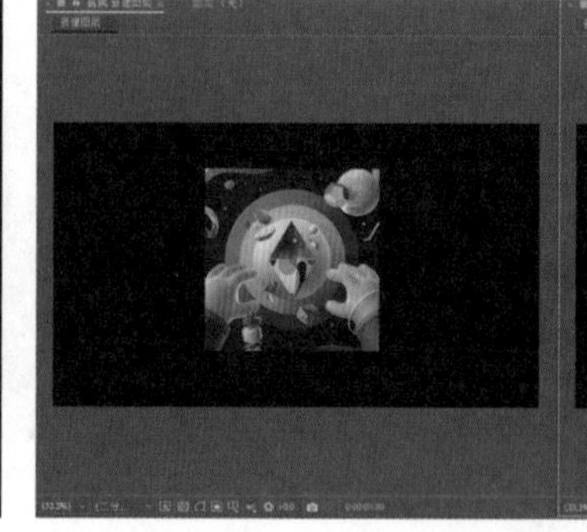

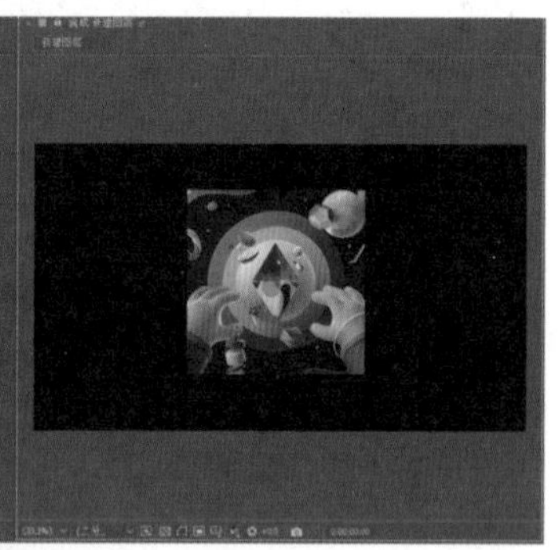

图1-25

06 在“时间轴”面板中打开“3D图层”开关，然后按R键，图层下方就会显示旋转的相关属性，如图1-26所示。

07 调整“X轴旋转”的数值，可以看到素材图片在画面中沿着x轴方向进行旋转，如图1-27所示。

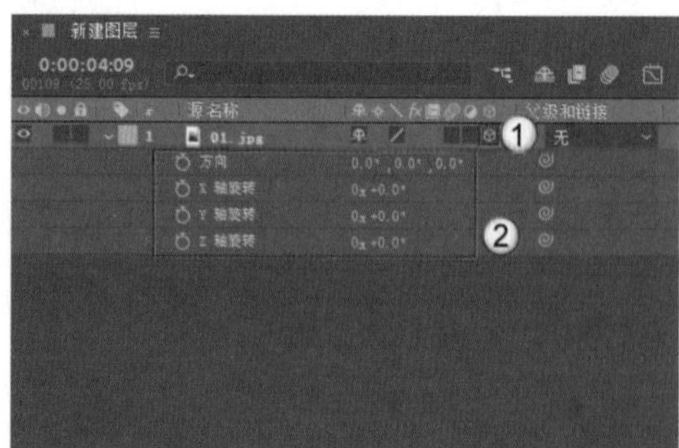

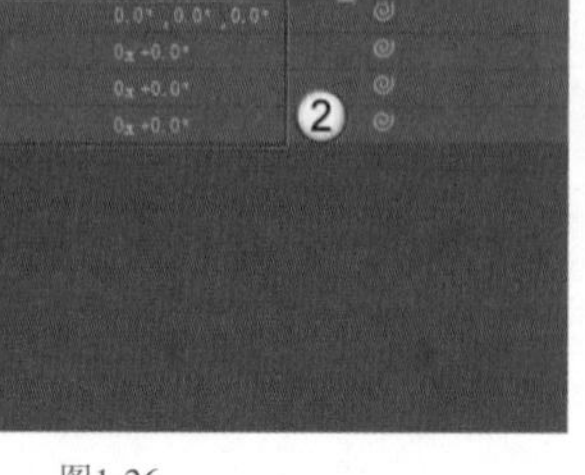

图1-26

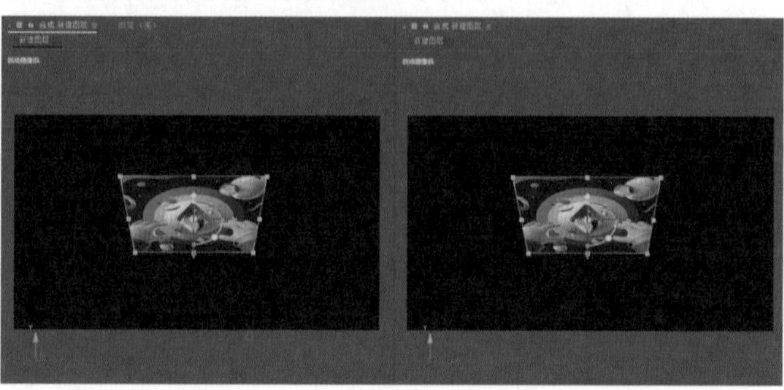

图1-27

08 选中右侧的“合成”面板，然后在右下角设置显示角度为“顶部”，可以看到素材图片切换到“顶部”的显示效果，而左侧“活动摄像机”中的图片没有发生改变，如图1-28所示。这一功能极大地方便了用户在三维空间中观察素材效果。

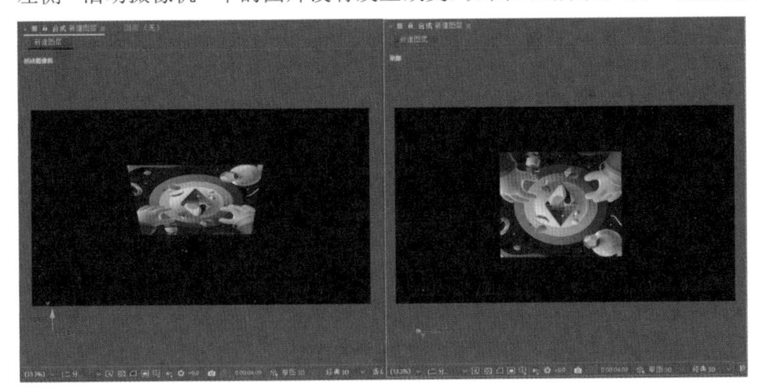

图1-28

09 删除“时间轴”面板中的图层，然后单击鼠标右键，在弹出的菜单中选择“新建>文本”选项，如图1-29所示。

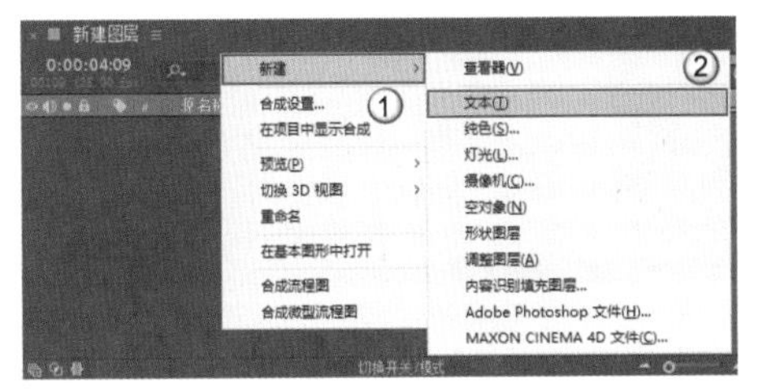

图1-29

10 “合成”面板中会显示一条红色的竖线，输入文字内容即可，如图1-30所示。

图1-30

技巧提示

在右侧的“字符”面板中，可以设置文字的大小、字体和颜色等参数，如图1-31所示。

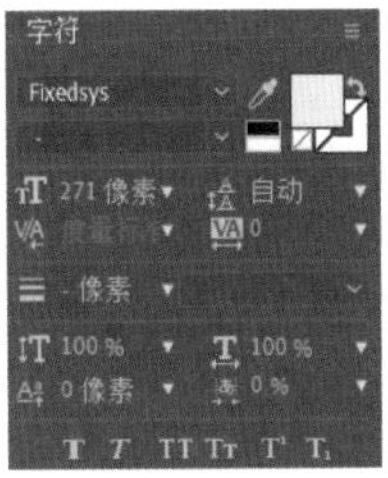

图1-31

11 删除文本图层，在“时间轴”面板的空白处单击鼠标右键，在弹出的菜单中选择“新建>纯色”选项，如图1-32所示。

12 此时会弹出“纯色设置”对话框，设置“颜色”为蓝色，并单击“确定”按钮，就可以看到“合成”面板中显示了蓝色，如图1-33和图1-34所示。

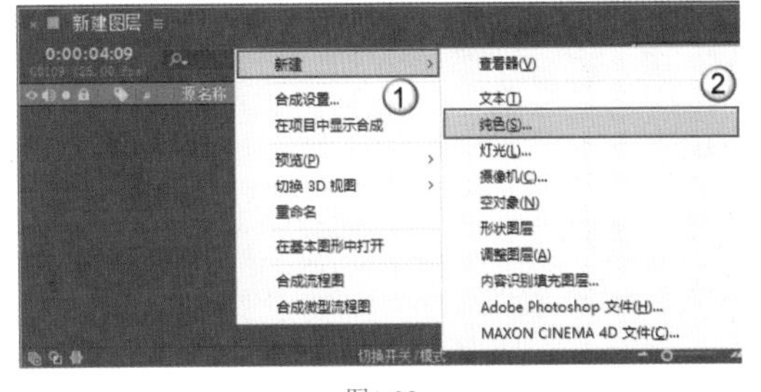

图1-32

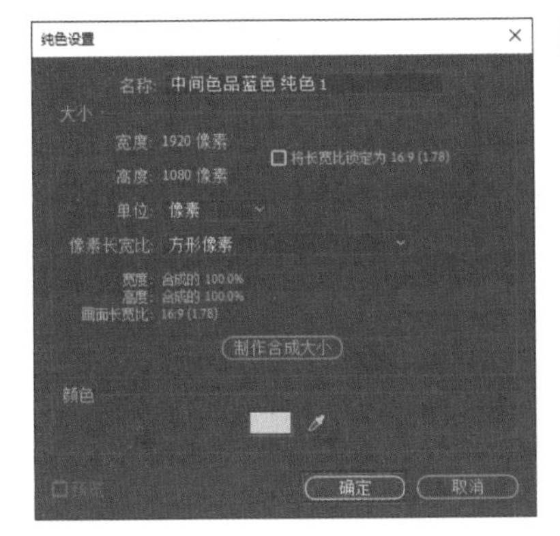

图1-33

图1-34

13 删除纯色图层，然后在“时间轴”面板中单击鼠标右键，在弹出的菜单中选择“新建>灯光”选项，如图1-35所示。此时会弹出“灯光设置”对话框，如图1-36所示。

14 单击“确定”按钮 确定 后，“合成”面板会切换为3D图层的“活动摄像机”视图，在该视图中可以调整灯光的位置和角度，如图1-37所示。

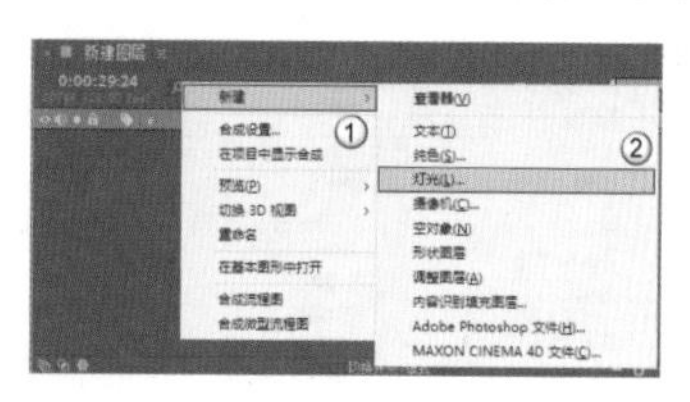
图1-35

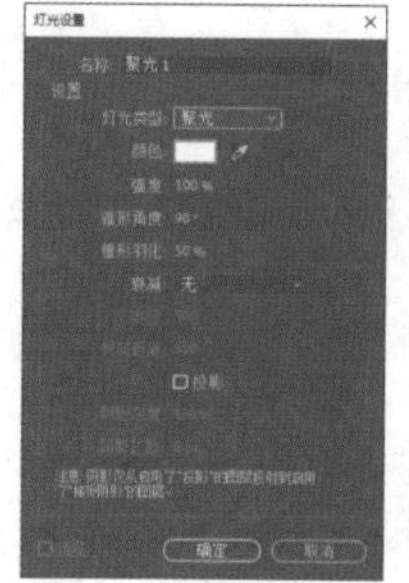
图1-36

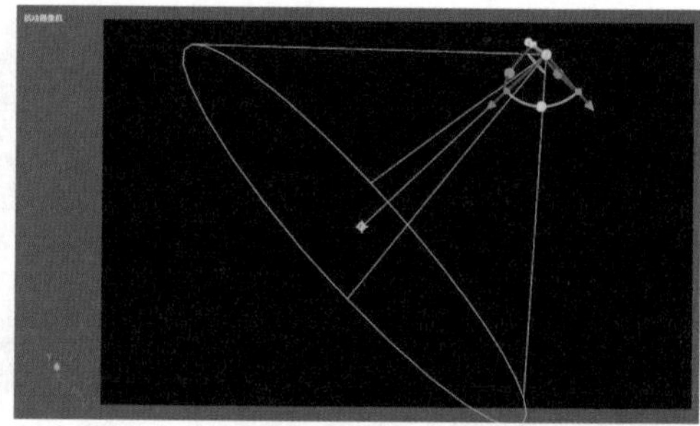
图1-37

15 删除灯光图层，然后在“时间轴”面板中单击鼠标右键，在弹出的菜单中选择“新建>摄像机”选项，如图1-38所示。

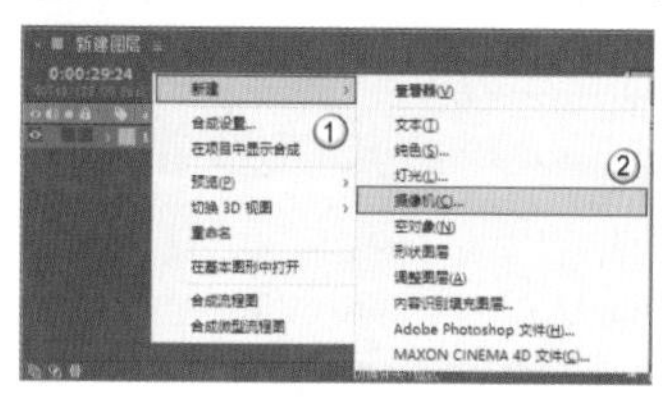
图1-38

16 添加摄像机后，就可以使用工具栏中的工具（见图1-39）控制摄像机的旋转、位移和远近。

图1-39

技巧提示

除了可以用工具栏中的工具操控摄像机外，使用快捷键也可以达到同样的效果。

旋转摄像机：按住Alt键+鼠标左键拖曳。

推拉摄像机：按住Alt键+鼠标右键拖曳。

平移摄像机：按住Alt键+鼠标滚轮拖曳。

17 删除摄像机图层，然后在“时间轴”面板中单击鼠标右键，在弹出的菜单中选择“新建>空对象”选项，如图1-40所示。这时画面中会生成一个空对象图层，如图1-41所示。

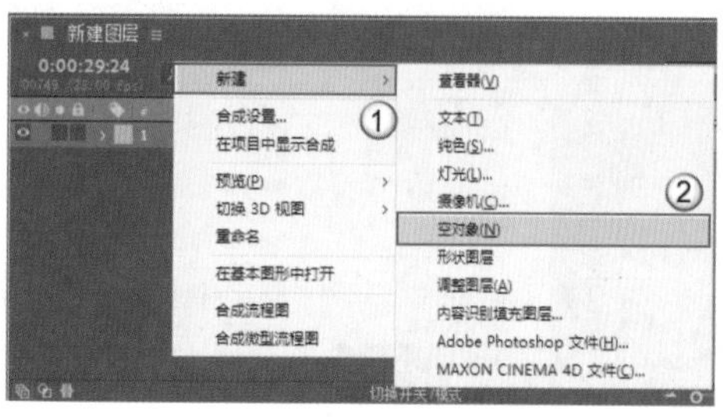

图1-40

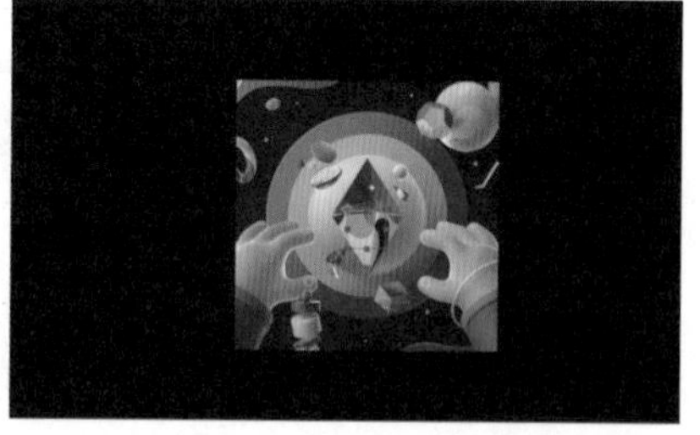
图1-41

技巧提示

空对象图层用于控制其他图层的整体属性，本身不会显示任何内容。

18 删除空对象图层，然后在“时间轴”面板中单击鼠标右键，在弹出的菜单中选择“新建>形状图层”选项，如图1-42所示。

19 在“合成”面板中拖曳鼠标以绘制一个矩形，如图1-43所示。在上方的工具栏中可以设置矩形的填充颜色、描边颜色和描边宽度等参数，如图1-44所示。

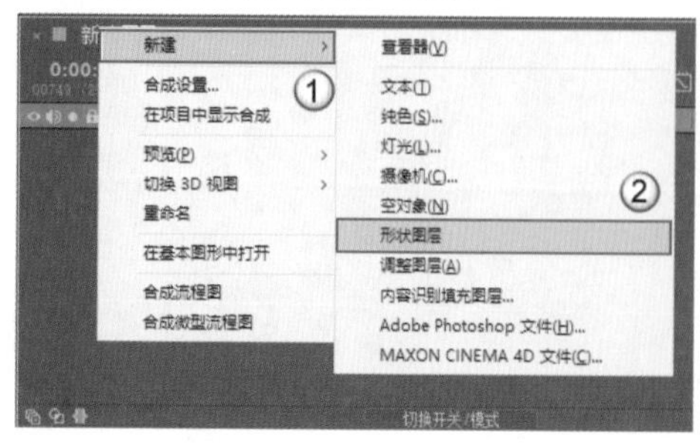

图1-42

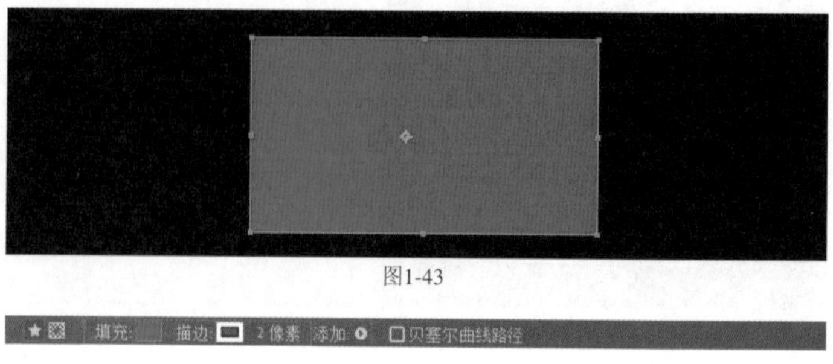

图1-43

图1-44

> **技巧提示**
>
> 工具栏中选项的介绍如下。
>
> 填充：设置图形内部填充的颜色，也可以切换为“无”“线性渐变”“径向渐变”模式。
>
> 描边：设置图形边缘的颜色，也可以切换为“无”“线性渐变”“径向渐变”模式。
>
> 像素：当设置了描边的颜色后，输入像素值可以设置描边的宽度。
>
> 添加：单击后会弹出一个下拉列表，从中选择不同的选项，可以生成不同的图形效果，如图1-45所示。
>
> 组（空）
> 矩形
> 椭圆
> 多边星形
> 路径
> 填充
> 描边
> 渐变填充
> 渐变描边
> 合并路径
> 位移路径
> 收缩和膨胀
> 中继器
> 圆角
> 修剪路径
> 扭转
> 摆动路径
> 摆动变换
> Z字形
>
> 图1-45

20 删除形状图层，然后在“时间轴”面板中单击鼠标右键，在弹出的菜单中选择“新建>调整图层”选项，如图1-46所示。此时画面中没有任何变化，这是因为调整图层是一个透明的图层，只能在其中添加一些特效，以覆盖下方的图层，从而形成整体的效果。

21 删除调整图层，然后在“时间轴”面板中单击鼠标右键，在弹出的菜单中选择“新建>内容识别填充图层”选项，如图1-47所示。此时可以在右侧的“内容识别填充”面板中设置相关参数，如图1-48所示。

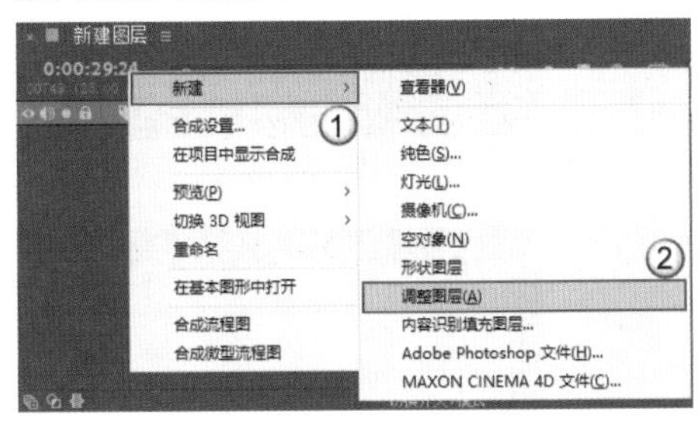

图1-46

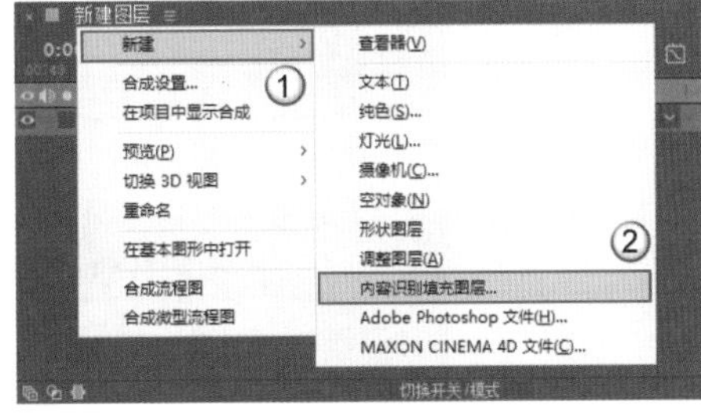

图1-47

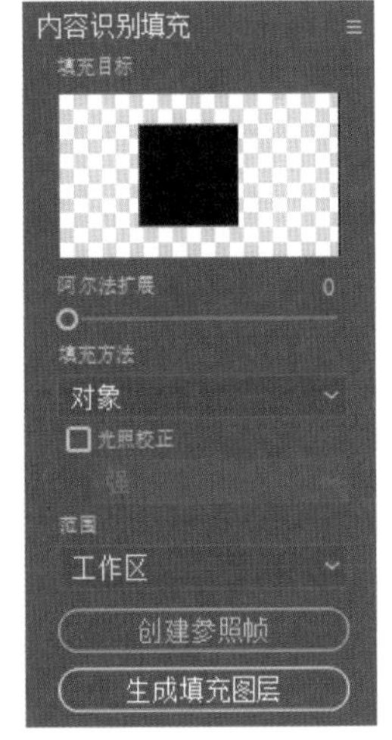

图1-48

22 单击“生成填充图层”按钮（生成填充图层）后，就能在“时间轴”面板中查看生成的填充图层了，如图1-49所示。

剩余两种图层需要用到Photoshop文件和Cinema 4D文件，这里不做详解。

图1-49

重点

实战：调整图层的属性

案例文件	无
难易程度	★☆☆☆☆
学习目标	掌握图层属性的调整方法

扫码观看视频

新建一个图层后，图层下方会显示“变换”卷展栏。展开“变换”卷展栏，就能看到图层常用的5个属性。

案例制作

01 新建一个合成，然后使用工具栏中的“矩形工具”在“合成”面板中绘制一个矩形，如图1-50所示。

02 在“时间轴”面板中展开“变换”卷展栏，就可以看到图层常用的5个属性，分别为“锚点”“位置”“缩放”“旋转”“不透明度”，如图1-51所示。

图1-50

图1-51

> **技巧提示**
>
> 按对应的快捷键可以快速调用这5种属性。
>
> 锚点：A键。
>
> 位置：P键。
>
> 缩放：S键。
>
> 旋转：R键。
>
> 不透明度：T键。

03 调整“锚点”数值，矩形会随着数值的调整而移动，进行的调整如图1-52所示，效果如图1-53所示。

04 单击“重置”按钮，可以将“锚点”数值还原为初始数值，如图1-54所示。

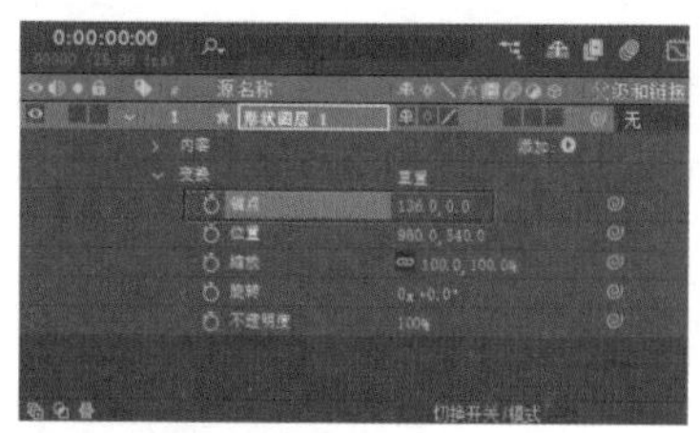

图1-52

图1-53

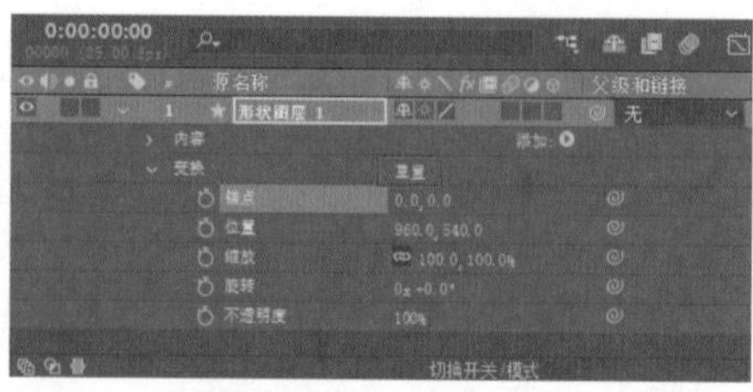

图1-54

05 调整“位置”数值，矩形会随着数值的调整而移动，进行的调整如图1-55所示，效果如图1-56所示。与调整“锚点”数值不同，调整“位置”数值时，画面中的锚点会随着矩形的移动而移动，其与矩形的相对位置保持不变。

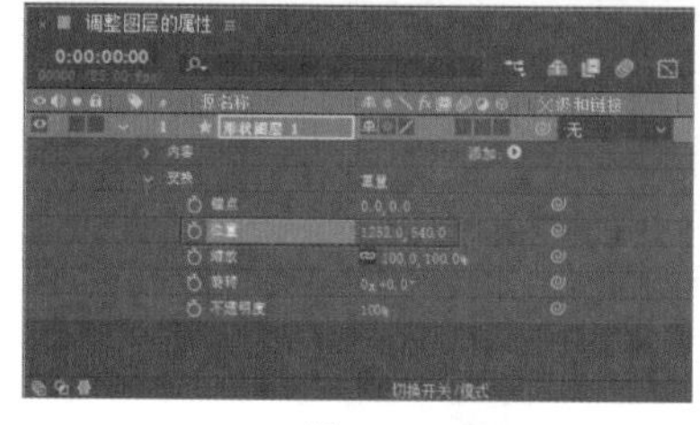

图1-55

图1-56

06 调整“缩放”数值，矩形的大小会随着数值的调整而变化，进行的调整如图1-57所示，效果如图1-58所示。

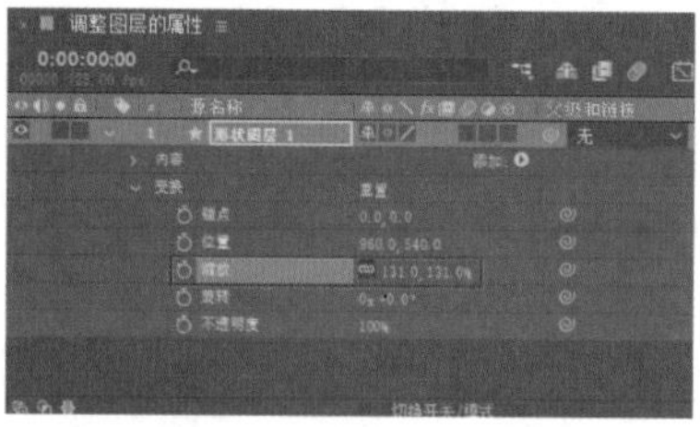

图1-57

图1-58

07 单击“缩放”数值左侧的按钮，可以解除矩形长度与宽度的关联，这样就能单独调整矩形的长度和宽度了，进行的调整如图1-59所示，效果如图1-60所示。

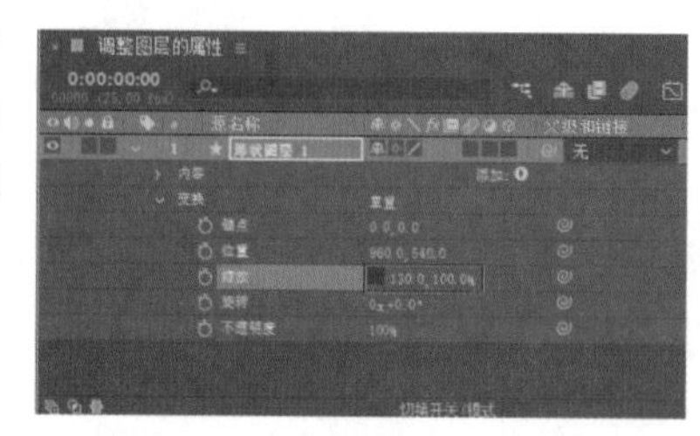

图1-59

图1-60

08 调整“旋转”数值，矩形会围绕锚点进行旋转，进行的调整如图1-61所示，效果如图1-62所示。

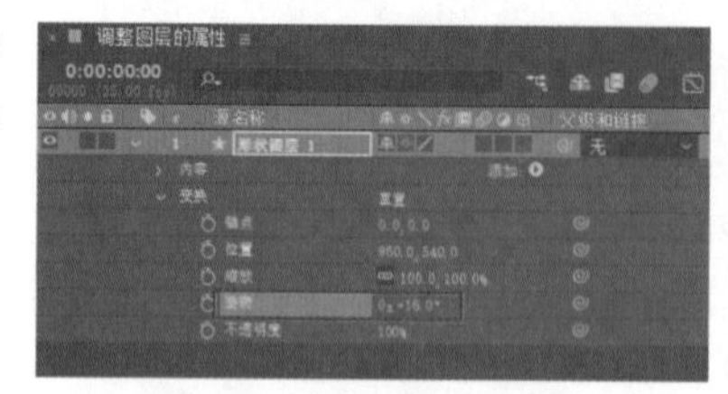

图1-61

图1-62

09 减小“不透明度”数值，矩形的不透明度会降低，与黑色的背景形成融合效果，进行的调整如图1-63所示，效果如图1-64所示。

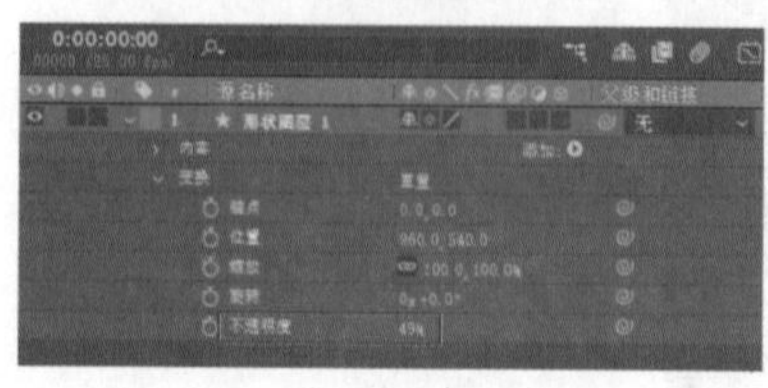

图1-63

图1-64

技术专题："时间轴"面板详解

"时间轴"面板中有很多按钮及图标，如图1-65所示。这些按钮及图标可以帮助我们在制作项目的过程中为图层添加一些属性或是快速筛选一些需要的信息。

图1-65

搜索框：用于快速搜索指定的图层。读者在平时制作项目时需要养成命名图层的习惯，这样通过搜索框就能快速找到需要的图层。

合成微型流程图：单击此按钮，可以观察项目中各个合成之间的关系。

隐藏为其设置了"消隐"开关的所有图层：单击此按钮，可以隐藏所有"消隐"图层，减少图层的显示数量，方便查找需要的图层。

为设置了"混合帧"开关的所有图层启用混合帧：单击此按钮，可以为设置了混合帧的图层开启混合帧效果，适合制作慢动作镜头。

为设置了"运动模糊"开关的所有图层启用运动模糊：单击此按钮，可以为设置了运动模糊的图层开启运动模糊效果。

图表编辑器：单击此按钮后会切换到"图表编辑器"面板，方便调整动画曲线。

视频：单击该按钮可以隐藏图层，不会在"合成"面板中显示该图层。

音频：如果是音频图层，单击此按钮后会静音。

独奏：单击此按钮，只播放该图层的内容。

锁定：锁定选定的图层，不能更改其属性。

标签：在标签色块中设置图层颜色，方便查找图层。

消隐：在"时间轴"面板中隐藏该图层，但实际上该图层仍存在。

效果：在图层上添加效果后，单击此按钮可以关闭效果的显示。

运动模糊：单击该按钮，运动的对象会具有运动模糊效果。

调整图层：单击该按钮，选中的图层会转换为调整图层，该图层的效果将作用于下方的图层。

3D图层：单击该按钮，二维图层会转换为三维图层。

父级和链接 父级和链接：单击该按钮，可以在下方的下拉列表中选择需要继承变换的图层。

模式 模式：单击该按钮，可以在下拉列表中选择图层的混合模式。

TrkMat T TrkMat：单击该按钮，在下拉列表中选择相应选项后，当前图层会转换为轨道遮罩图层。

实战：工程文件的整理打包和渲染输出

案例文件	案例文件>CH01>实战：工程文件的整理打包和渲染输出
难易程度	★☆☆☆☆
学习目标	练习整理打包和渲染输出工程文件的方法

扫码观看视频

制作项目时，经常会从不同的文件夹或者素材库向"项目"面板中添加相应的素材文件。为了方便管理，需要对素材文件进行整理和打包。在制作完成后，将工程文件进行渲染输出才能生成视频文件。

01 打开本书学习资源"案例文件>CH01>实战：工程文件的整理打包和渲染输出"文件夹中的项目文件，如图1-66所示。

图1-66

02 执行“文件>整理工程（文件）>删除未用过的素材”菜单命令，弹出提示对话框，提示用户已删除在设计过程中未使用过的素材或文件夹项目，如图1-67所示。

03 执行“文件>整理工程（文件）>收集文件”菜单命令，单击“保存”按钮，弹出“收集文件”对话框，如图1-68所示。该对话框中会显示收集文件的数量和大小。

04 单击“收集”按钮，在弹出的“将文件收集到文件夹中”对话框中设置文件的保存路径和名称，如图1-69所示。

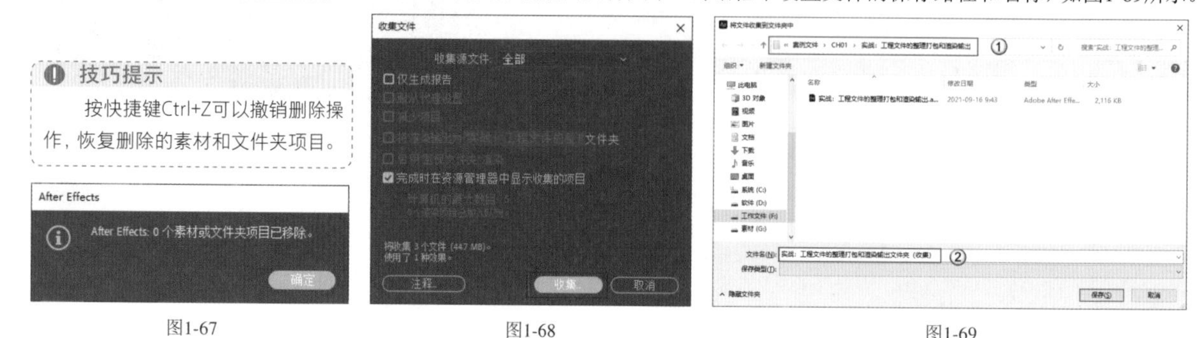

技巧提示

按快捷键Ctrl+Z可以撤销删除操作，恢复删除的素材和文件夹项目。

图1-67　　图1-68　　图1-69

05 单击“保存”按钮，将自动打开保存文件的文件夹，如图1-70所示。

图1-70

06 双击“(素材)”文件夹将其打开，可以看到打包好的素材文件，如图1-71所示。

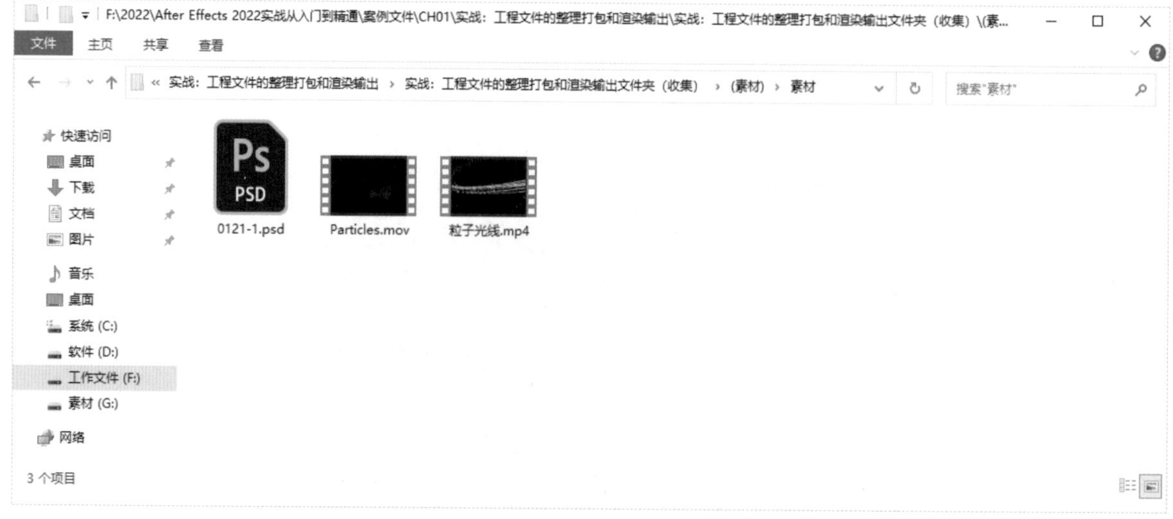

图1-71

07 在保存文件的文件夹下双击“实战：工程文件的整理打包和渲染输出报告.txt”文件，可以看到收集文件的详细内容，如图1-72所示。

08 整理、打包好素材文件后，就可以对项目文件进行渲染输出了。执行“合成>添加到渲染队列”菜单命令（快捷键为Ctrl+M），在“时间轴”面板中打开“渲染队列”面板，如图1-73所示。

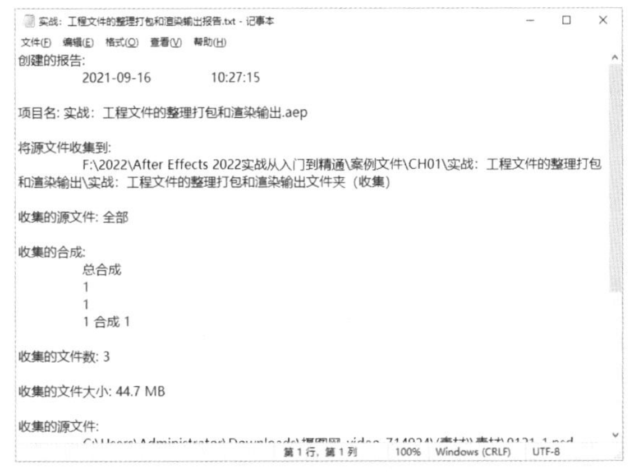
实战：工程文件的整理打包和渲染输出报告.txt - 记事本

文件(F) 编辑(E) 格式(O) 查看(V) 帮助(H)

创建的报告:
2021-09-16 10:27:15

项目名: 实战：工程文件的整理打包和渲染输出.aep

将源文件收集到:
F:\2022\After Effects 2022实战从入门到精通\案例文件\CH01\实战：工程文件的整理打包和渲染输出\实战：工程文件的整理打包和渲染输出文件夹（收集）

收集的源文件: 全部

收集的合成:
总合成
1
1
1 合成 1

收集的文件数: 3

收集的文件大小: 44.7 MB

收集的源文件:

第1行，第1列 100% Windows (CRLF) UTF-8

图1-72

图1-73

09 单击“渲染设置”右侧的“最佳设置”按钮，在弹出的“渲染设置”对话框中设置“品质”为“最佳”，设置“分辨率”为“完整”，如图1-74所示，然后单击“确定”按钮 确定 保存设置。

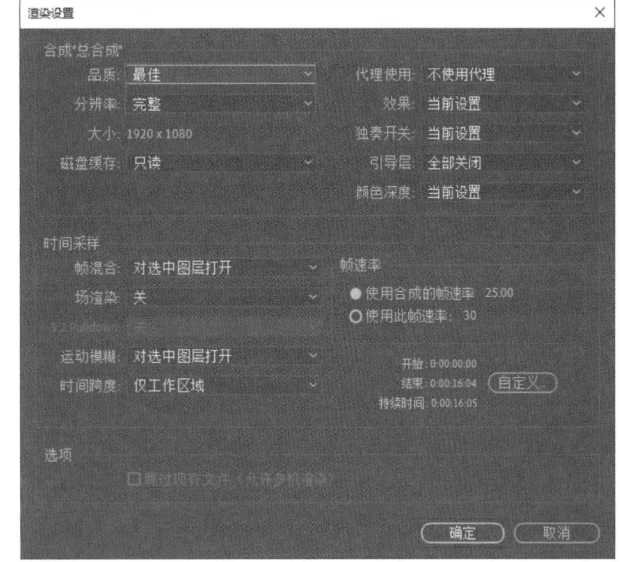

图1-74

10 单击“输出模块”右侧的“无损”按钮，在弹出的“输出模块设置”对话框中，设置“格式”为“QuickTime”，然后单击“格式选项”按钮 格式选项... ，在弹出的“QuickTime选项”对话框中设置“视频编解码器”为“动画”，如图1-75和图1-76所示。

知识链接

更多输出项目文件的方法请参阅“第11章 渲染输出”。

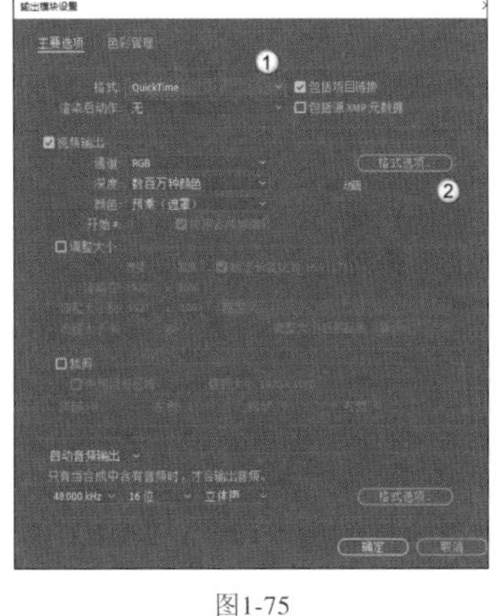
图1-75

图1-76

11 单击“渲染队列”面板中“输出到”右侧的“尚未指定”，在弹出的“将影片输出到：”对话框中设置文件的保存路径和名称，如图1-77所示。

12 单击“时间轴”面板右上方的“渲染”按钮 渲染 ，开始渲染项目文件，如图1-78所示。

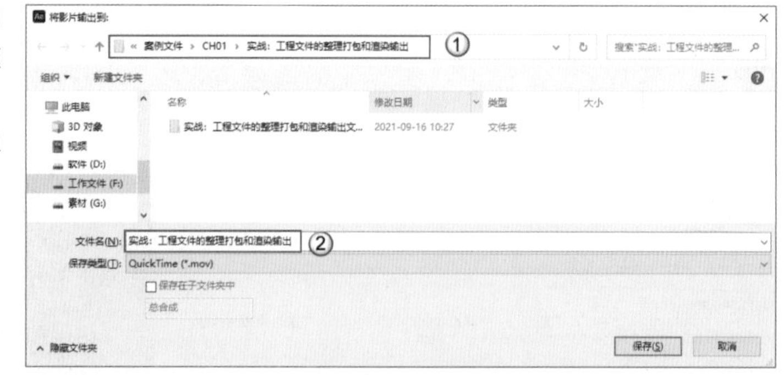

图1-77

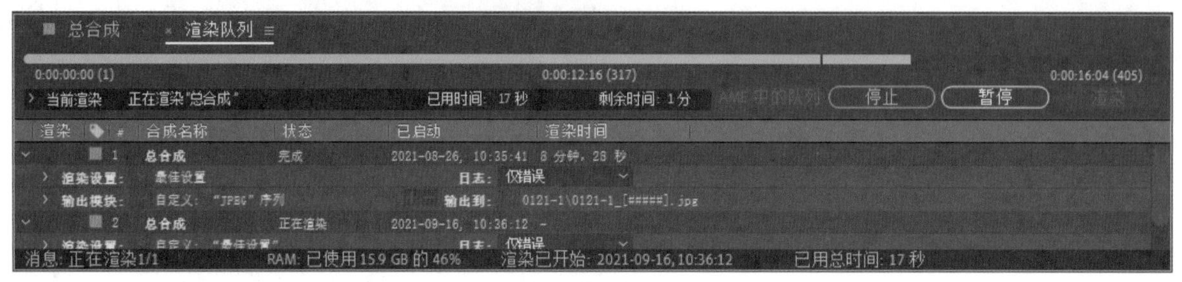

图1-78

13 渲染完成时计算机会发出一声清脆的提示音，在设置的保存文件夹中可找到渲染完成的视频文件，如图1-79所示。

图1-79

① 技巧提示 + ② 疑难问答 + ◎ 技术专题 + ⊘ 知识链接

基础动画

使用After Effects可以制作复杂的动画效果。本章通过实战案例为读者演示一些基础动画的制作方法，不仅能帮助读者掌握软件的使用技巧，还能帮助读者熟悉制作动画的思路。

学习重点

实战：制作中秋主题位移动画

案例文件	案例文件>CH02>实战：制作中秋主题位移动画
难易程度	★★☆☆☆
学习目标	掌握位置关键帧的使用方法

关键帧在动画制作中的作用非常重要，很多复杂的效果都需要通过关键帧实现。本案例将制作一个简单的位移动画，使素材在画面中移动，如图2-1所示。

图2-1

案例制作

01 新建一个项目，然后在“项目”面板中导入学习资源“案例文件>CH02>实战：制作中秋主题位移动画”文件夹中的素材文件，如图2-2所示。

02 新建一个合成，然后在弹出的“合成设置”对话框中设置“持续时间”为0:00:10:00，如图2-3所示。设置完成后单击“确定”按钮。

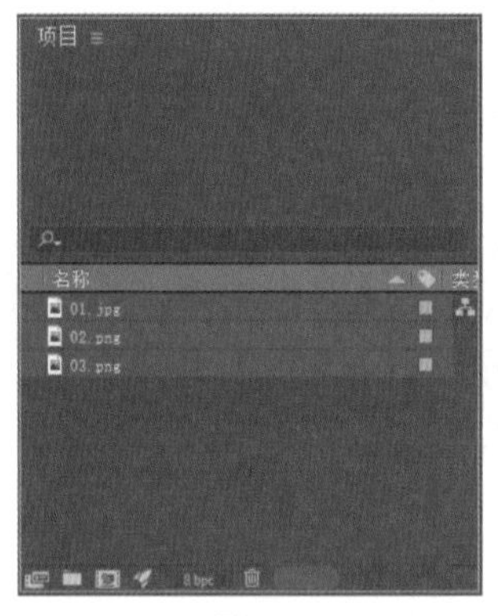

图2-2

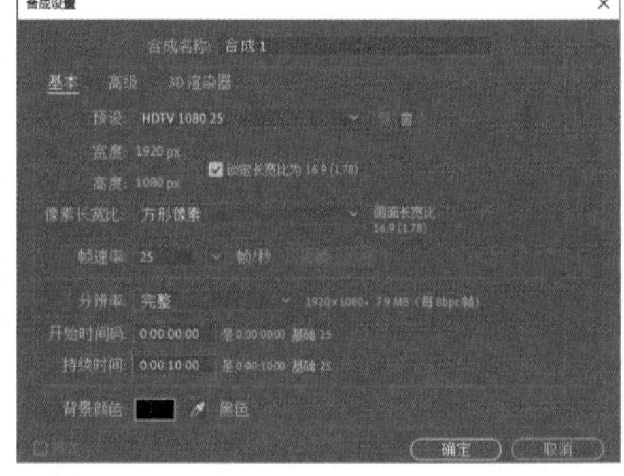

图2-3

03 全选素材文件，然后将它们拖曳到“时间轴”面板中，将“01.jpg”图层放在底层，如图2-4所示。此时观察“合成”面板中显示的画面效果，发现素材都超出了画面的显示范围，如图2-5所示。

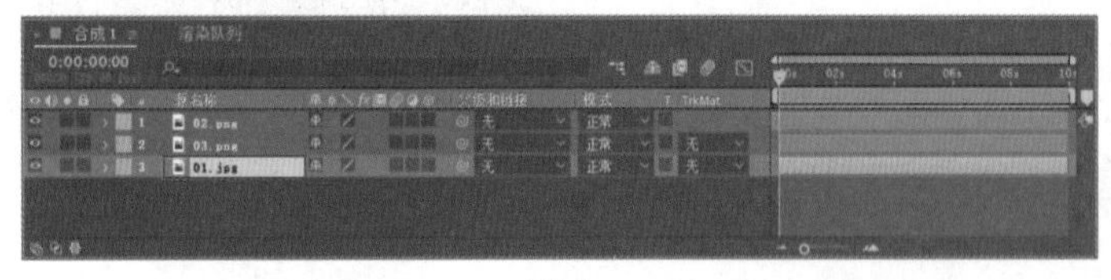

图2-4

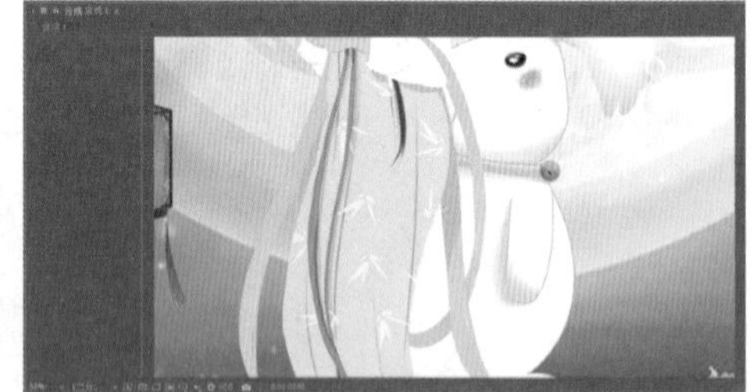

图2-5

> **技巧提示**
>
> After Effects中图层的顺序与Photoshop中图层的顺序一样，上方图层的内容会覆盖下方的图层。

04 选中“01.jpg”图层，然后在画面中单击鼠标右键，在弹出的菜单中选择“变换>适合复合”选项（快捷键为Ctrl+Alt+F），如图2-6所示。此时素材会缩放到与合成画面相同的大小，如图2-7所示。

图2-6

图2-7

05 选中“02.png”图层，然后按S键调出“缩放”参数，设置“缩放”为（25%,25%），将素材整体缩小到合适的大小，如图2-8所示，效果如图2-9所示。

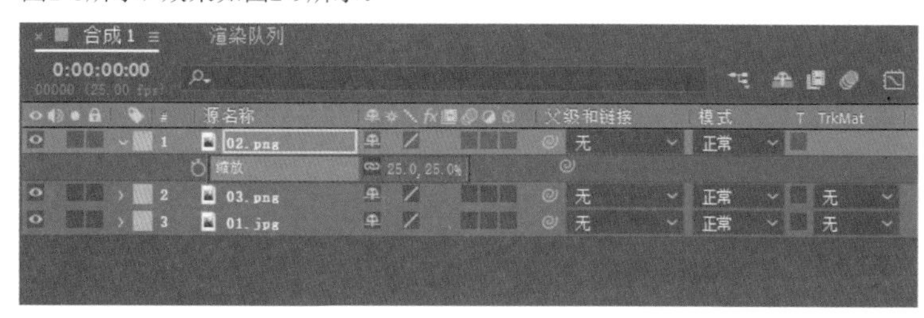

图2-8

图2-9

06 选中“03.png”图层，然后按S键调出“缩放”参数，设置“缩放”为（20%,20%），将素材整体缩小到合适的大小，如图2-10所示，效果如图2-11所示。

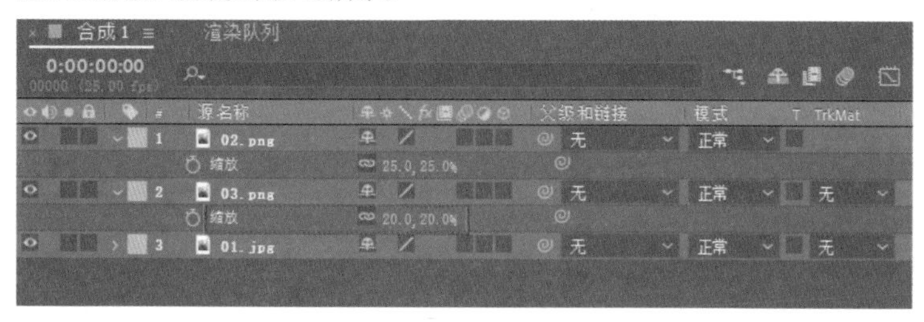

图2-10

图2-11

07 选中“02.png”图层，然后按P键调出“位置”参数，将素材向上移动到画面外，单击“位置”参数左侧的码表按钮添加关键帧，如图2-12所示，效果如图2-13所示。

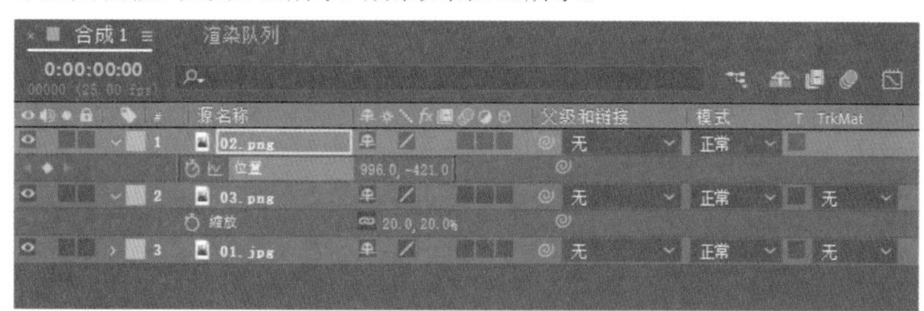

图2-12

图2-13

08 移动播放指示器到0:00:03:00的位置，然后将素材从上方移回画面的中间，此时系统会自动在0:00:03:00的位置添加关键帧，如图2-14所示，效果如图2-15所示。

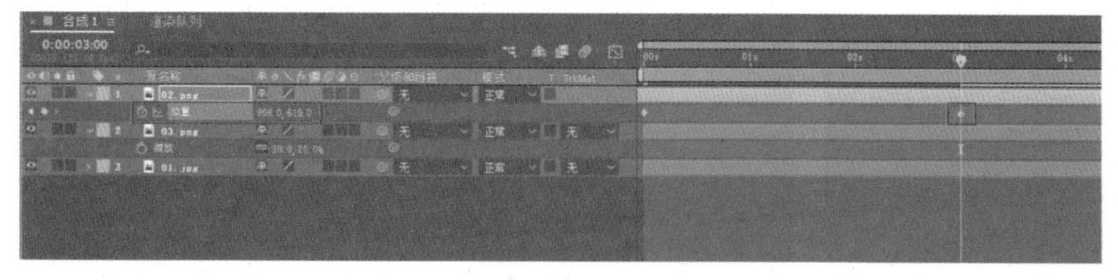

图2-14

图2-15

09 选中“03.png”图层，然后按P键调出“位置”参数，接着移动播放指示器到0:00:03:00的位置，将素材向左移出画面，并添加关键帧，如图2-16所示，效果如图2-17所示。

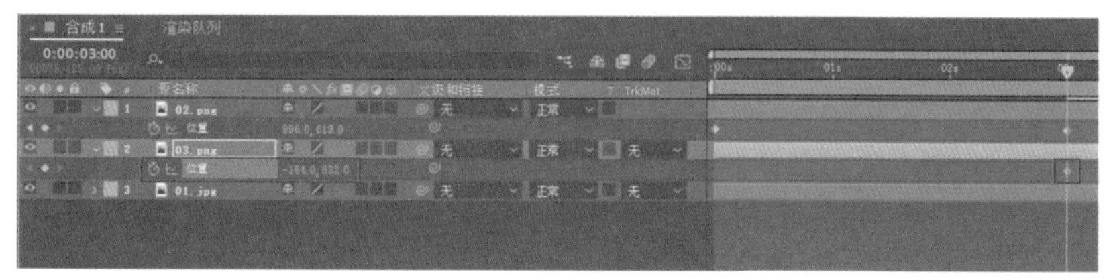

图2-16

图2-17

10 移动播放指示器到0:00:06:00的位置，然后移动素材到图2-18所示的位置，系统会自动在该位置添加关键帧，如图2-19所示。

图2-18

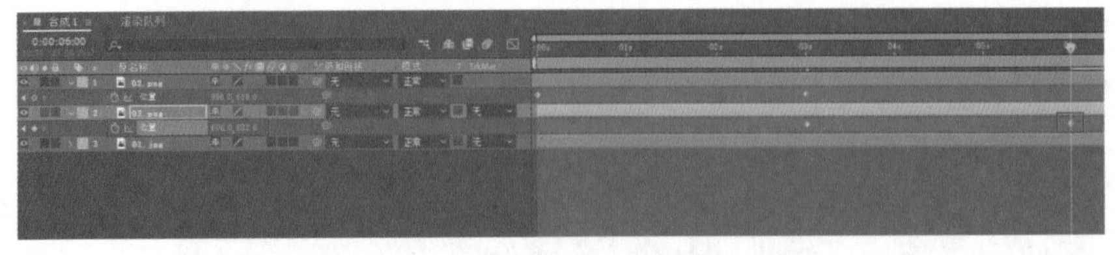

图2-19

11 继续选中“03.png”图层，然后移动播放指示器到0:00:07:00的位置，稍微移动素材，如图2-20所示。

12 按照上一步的方法，分别在0:00:08:00、0:00:09:00、0:00:10:00的位置稍微移动素材，如图2-21所示。

图2-20

图2-21

13 在“合成”面板中随意截取4帧图片，动画效果如图2-22所示。

图2-22

技术回顾

扫码观看视频

演示视频：001-关键帧动画

工具：关键帧

位置：“时间轴”面板

01 新建一个合成，然后在工具栏中单击“矩形工具”按钮，在画面中绘制一个矩形，如图2-23所示。

02 在“时间轴”面板中选中“形状图层1”图层，然后按快捷键Ctrl+C和快捷键Ctrl+V复制粘贴出一个“形状图层2”图层，再使用“选取工具”向下移动复制得到的矩形，如图2-24所示。

图2-23

图2-24

技巧提示

移动图形时按住Shift键可以使图形沿着直线方向移动。

03 按照上一步的方法，继续复制一个矩形并将其向下移动，如图2-25所示。

04 全选3个图层，然后按P键调出“位置”参数，并单击该参数左侧的码表按钮，在时间轴的起始位置添加关键帧，如图2-26所示。

图2-25

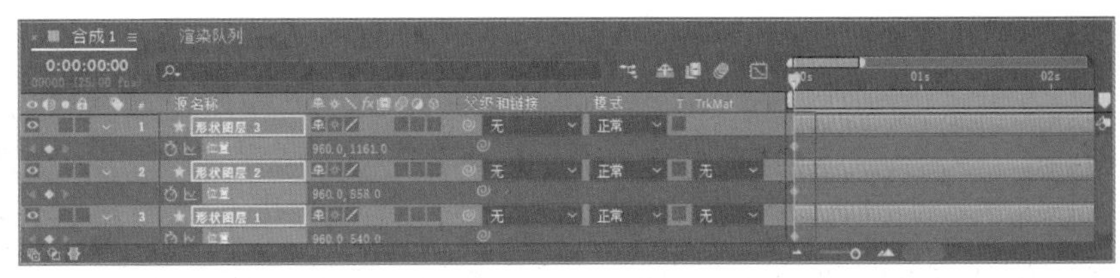

图2-26

05 移动播放指示器到0:00:02:00的位置，然后向右移动3个矩形，系统会在该位置自动添加关键帧，如图2-27和图2-28所示。

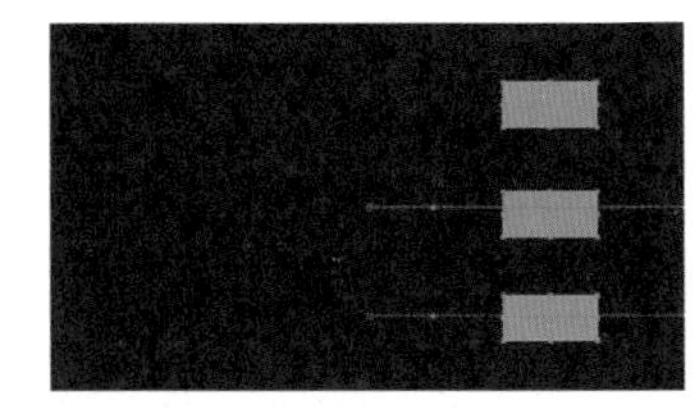

图2-27

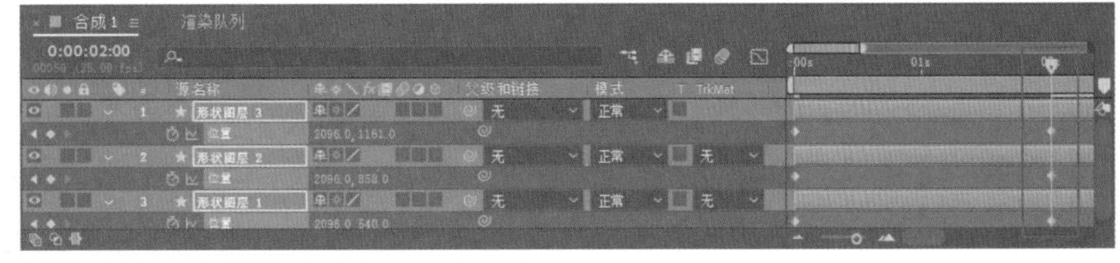

图2-28

技巧提示

在画面中可以看到矩形的移动路径上出现了一条直线，上面排列了很多小点。直线代表矩形运动的路径，小点代表矩形每次移动的间隔，图中小点的分布是均匀的，表示矩形在进行匀速移动。

06 在“时间轴”面板中选中“形状图层1”图层的两个关键帧，然后单击鼠标右键，在弹出的菜单中选择“关键帧辅助>缓动”选项（快捷键为F9键），可以看到矩形的移动速度发生了变化，小点逐渐变得稀疏，如图2-29和图2-30所示。

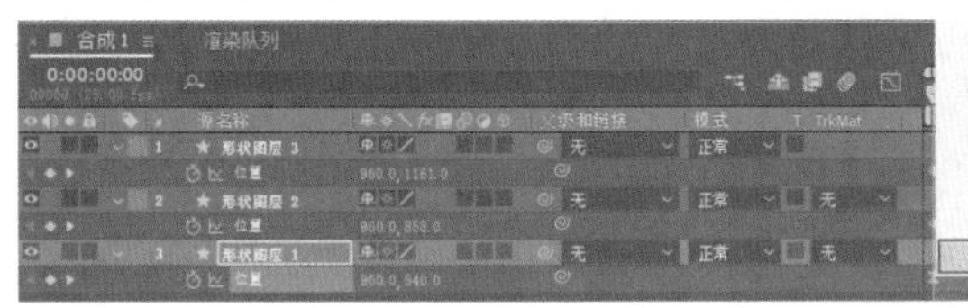

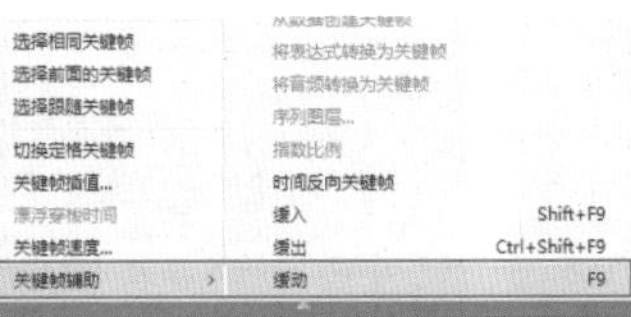

图2-29

图2-30

07 移动播放指示器时发现，3个矩形会同时出发和到达，但最上方的矩形在起始和结束的位置速度最慢，而在中间位置速度最快，具有缓起缓停的效果，如图2-31所示。

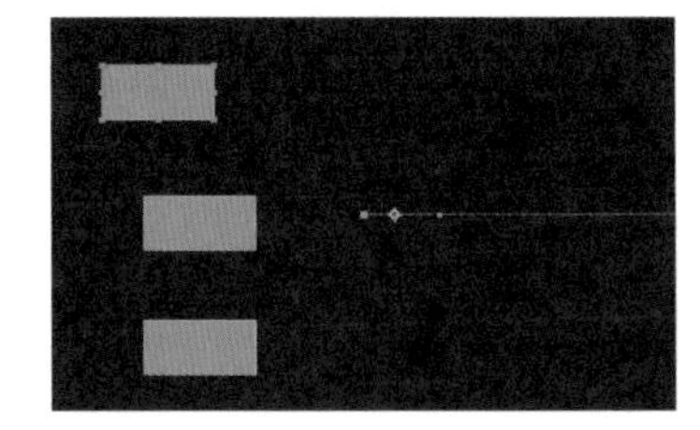

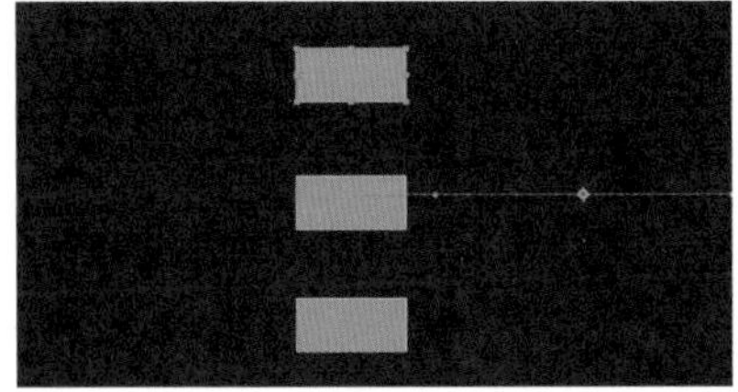

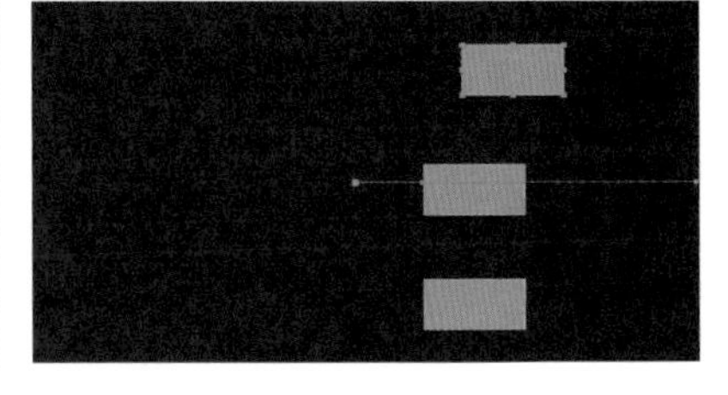

图2-31

08 选中“形状图层2”图层的两个关键帧，然后单击鼠标右键，在弹出的菜单中选择“关键帧辅助>缓入”选项（快捷键为Shift+F9），如图2-32所示，可以看到矩形的移动速度发生了变化，小点逐渐变得密集。

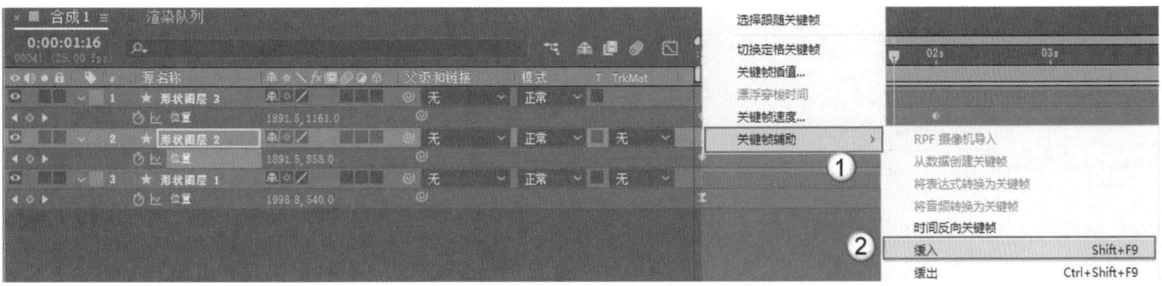

图2-32

09 移动播放指示器时发现，3个矩形会同时出发和到达，但中间的矩形处于减速状态，出发时速度最快，到达时速度最慢，如图2-33所示。

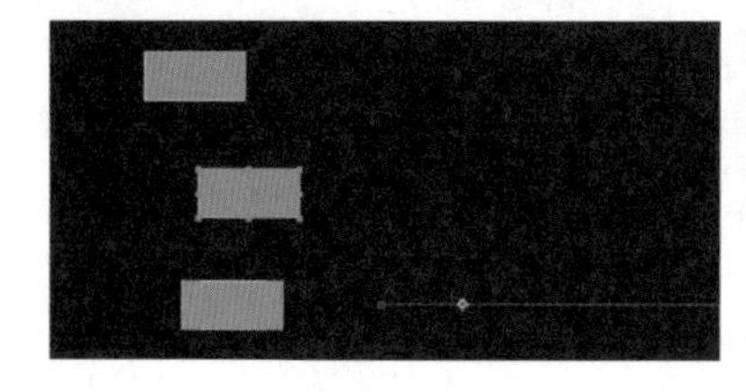
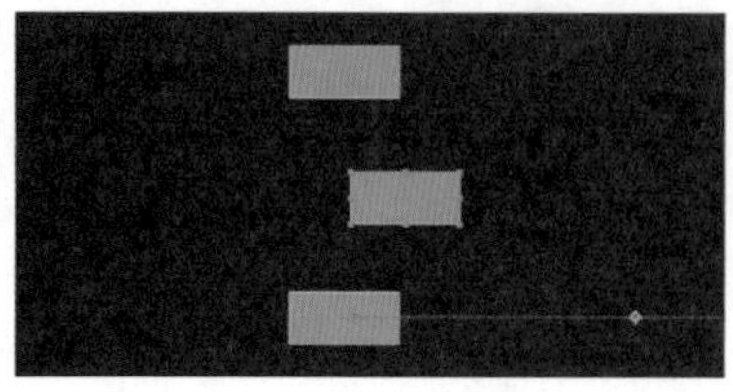
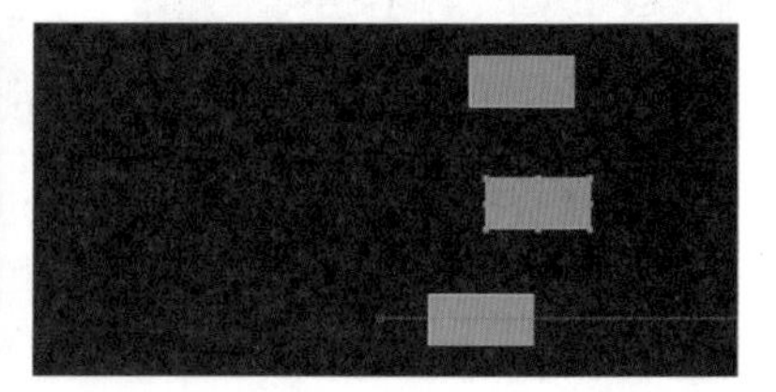

图2-33

10 选中“形状图层3”图层的两个关键帧，然后单击鼠标右键，在弹出的菜单中选择“关键帧辅助>缓出”选项（快捷键为Ctrl+Shift+F9），可以看到矩形的移动速度发生了变化，小点逐渐变得稀疏，如图2-34和图2-35所示。

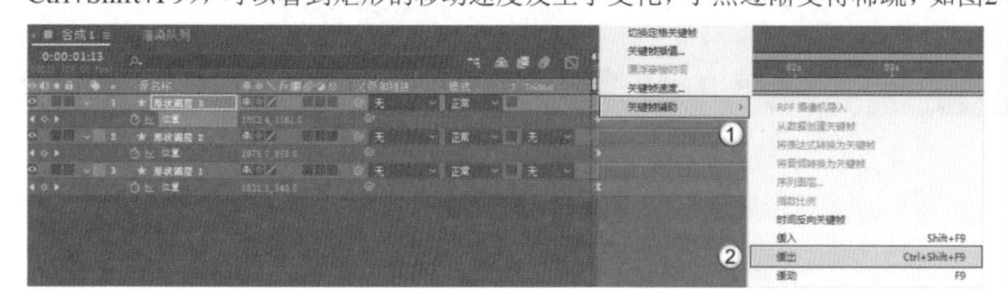

图2-34

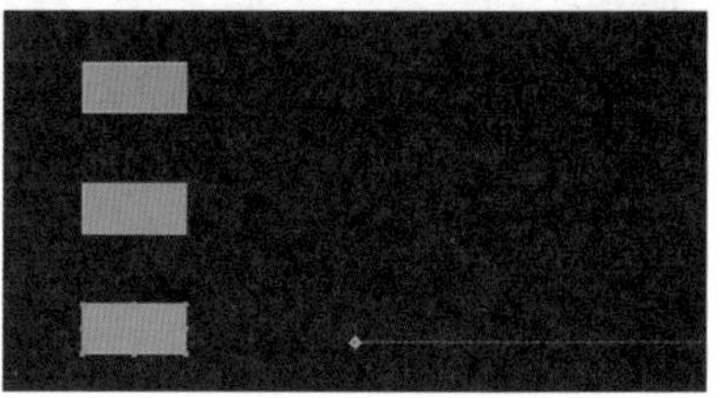

图2-35

11 移动播放指示器时发现，3个矩形会同时出发和到达，但最下方的矩形处于加速状态，出发时速度最慢，到达时速度最快，如图2-36所示。

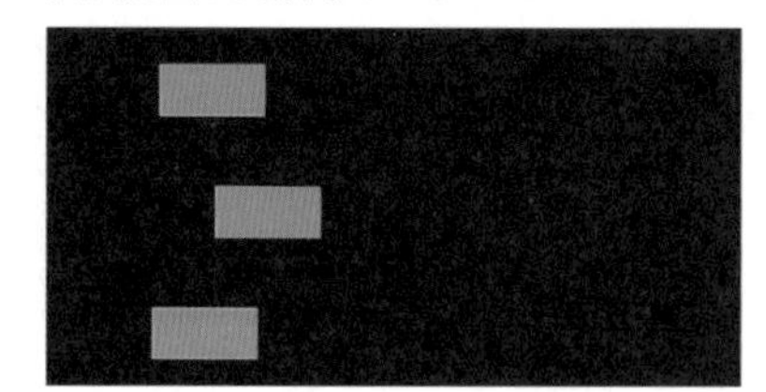
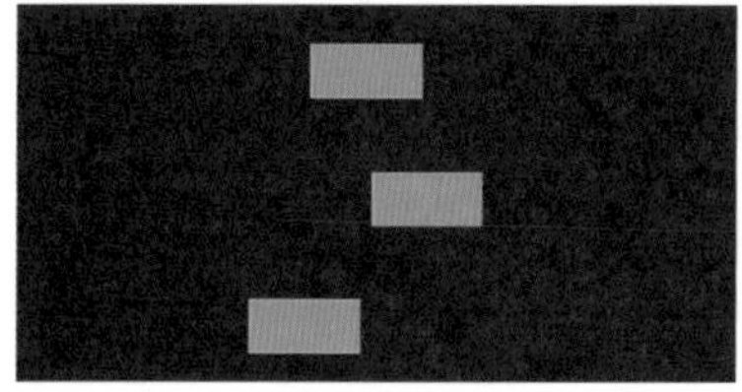

图2-36

12 单击“图表编辑器”按钮，可以在“图表编辑器”面板中观察3个矩形的运动曲线，如图2-37至图2-39所示。

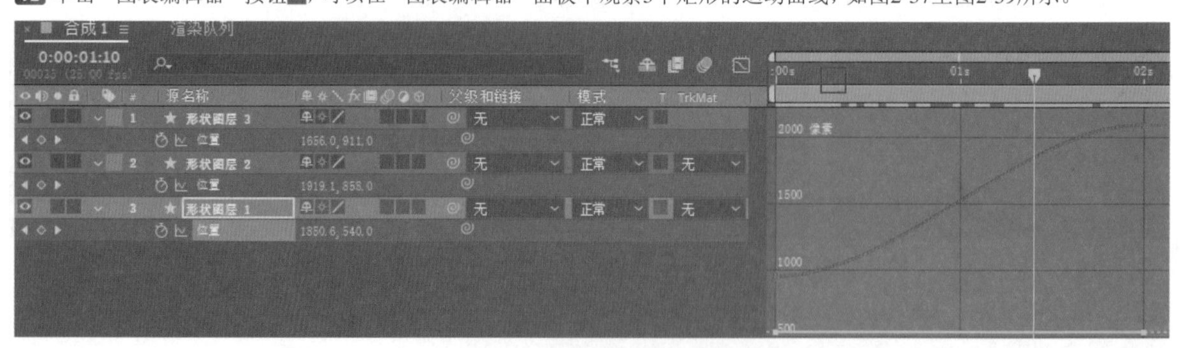

图2-37

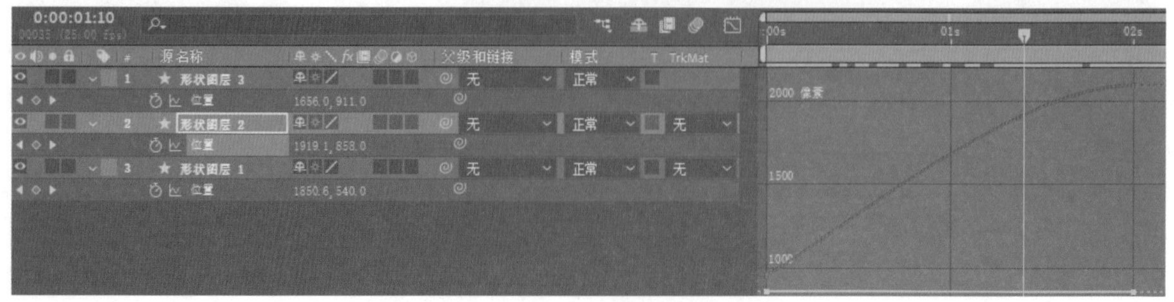

图2-38

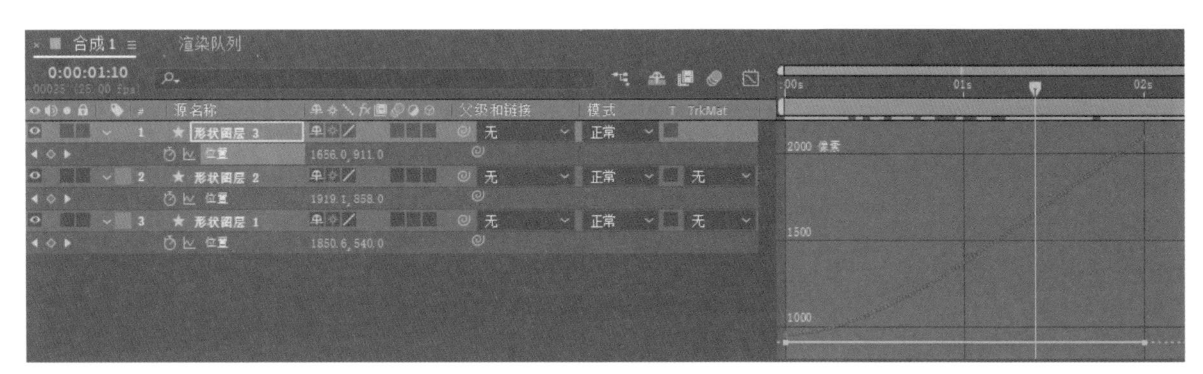

图2-39

重点

实战：制作网球MG动画

案例文件	案例文件>CH02>实战：制作网球MG动画
难易程度	★★☆☆☆
学习目标	掌握运动模糊效果的使用方法

扫码观看视频

物体在运动的过程中会产生一种叫作运动模糊的视觉效果。本案例运用运动模糊效果制作网球MG动画，效果如图2-40所示。

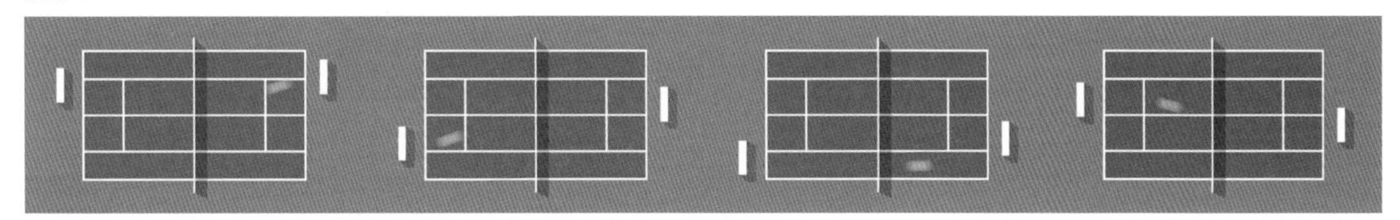

图2-40

案例制作

01 新建项目文件，然后在“合成”面板中单击“新建合成”，在弹出的“合成设置”对话框中，设置“帧速率”为30帧/秒，“持续时间”为0:00:03:00，如图2-41所示。

02 在“项目”面板中导入学习资源“案例文件>CH02>实战：制作网球MG动画”文件夹中的素材文件，如图2-42所示。

03 使用“椭圆工具”在“合成”面板中绘制图2-43所示的圆形，然后设置“填充颜色”为黄色，“描边宽度”为0像素，并将图层重命名为“网球”，如图2-44所示。

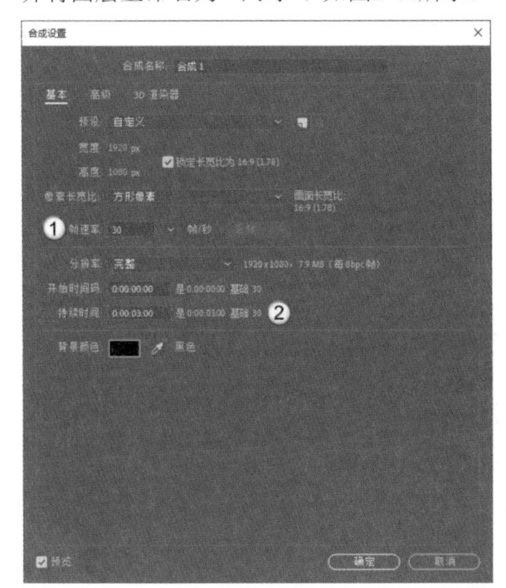

图2-41

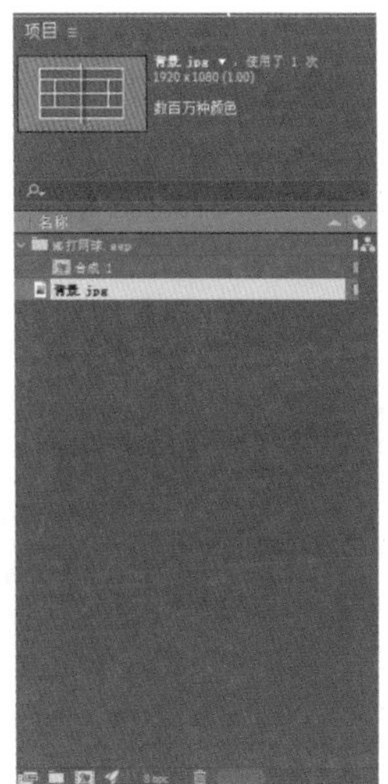

图2-42

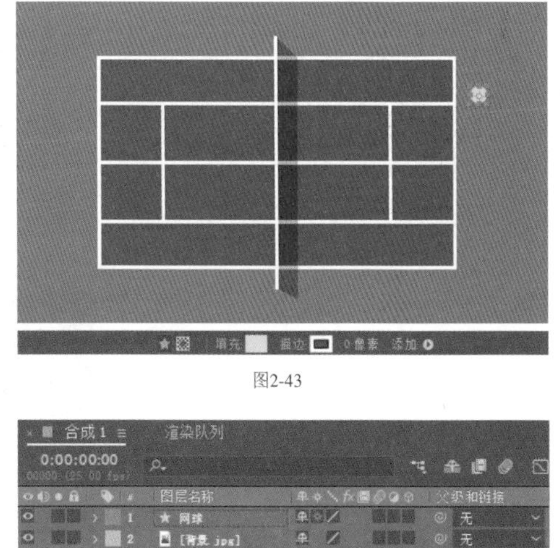

图2-43

图2-44

04 按P键调出“位置”参数，并激活“位置”参数的关键帧，如图2-45所示。

05 移动播放指示器到0:00:00:06处，设置“位置”为（250,782），如图2-46所示，效果如图2-47所示。

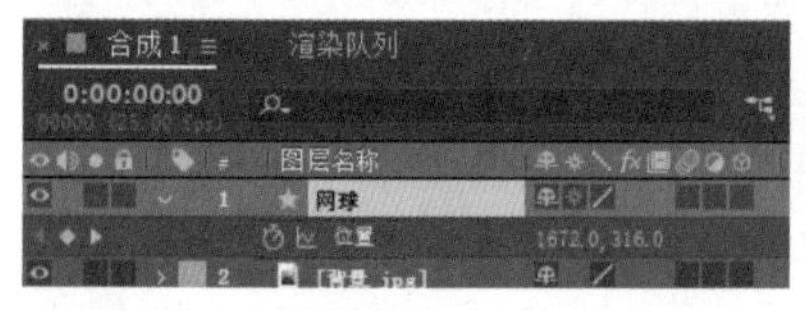

图2-45

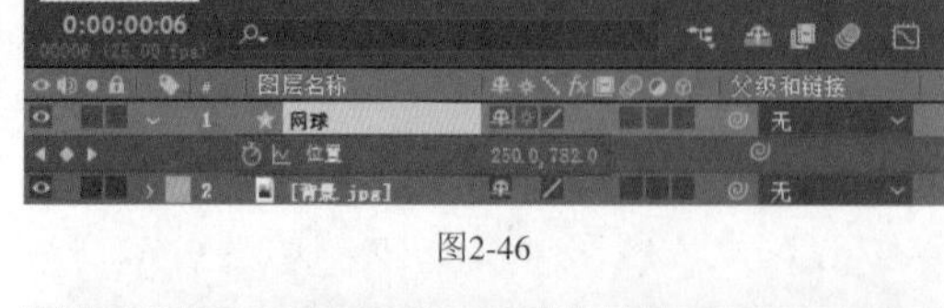

图2-46

图2-47

06 移动播放指示器到0:00:00:12处，设置“位置”为（1667,766），如图2-48所示，效果如图2-49所示。

图2-48

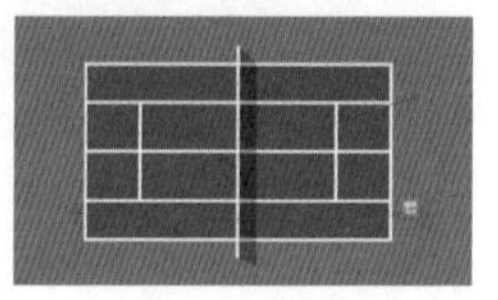

图2-49

07 移动播放指示器到0:00:00:18处，设置“位置”为（237,332），如图2-50所示，效果如图2-51所示。

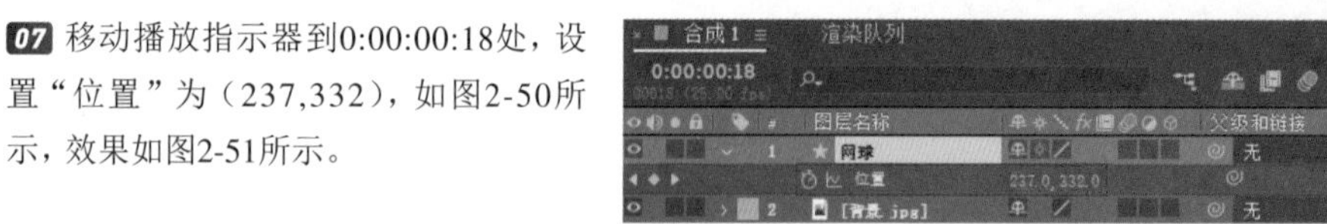

图2-50

图2-51

08 移动播放指示器到0:00:00:24处，此时网球应该回到起始位置。按快捷键Ctrl+C和快捷键Ctrl+V复制粘贴起始位置的关键帧，如图2-52所示，效果如图2-53所示。

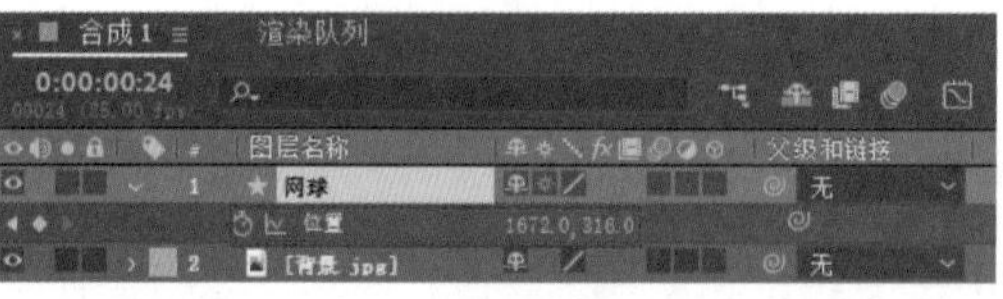

图2-52

图2-53

09 移动播放指示器到起始位置，使用“矩形工具”在“合成”面板中绘制图2-54所示的矩形，设置“填充颜色”为白色，“描边宽度”为0像素，并将图层重命名为“球拍1”，如图2-55所示。

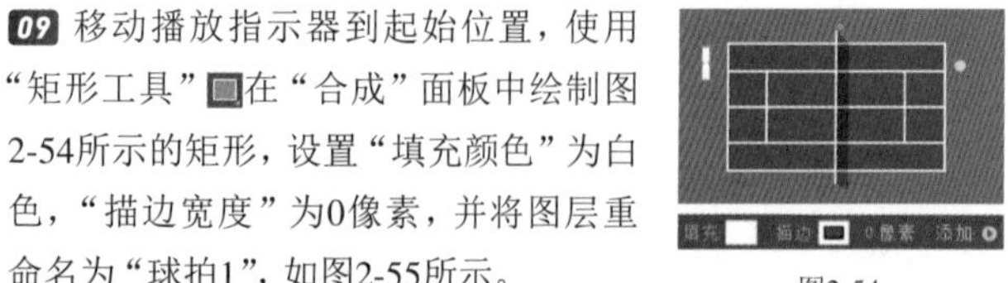

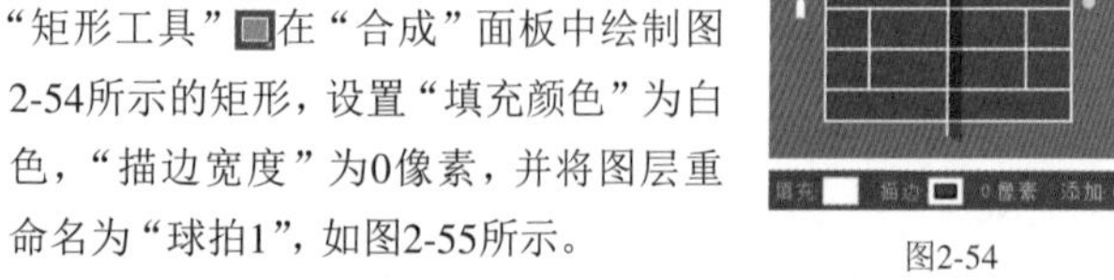

图2-54

图2-55

10 使用“钢笔工具”在“合成”面板中绘制图2-56所示的形状作为球拍1的阴影，然后展开“球拍1”图层下的“变换：形状1”卷展栏，设置“不透明度”为25%，如图2-57所示。

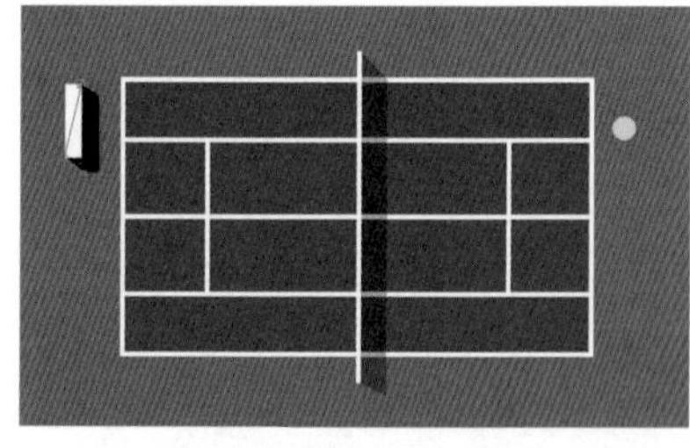

图2-56

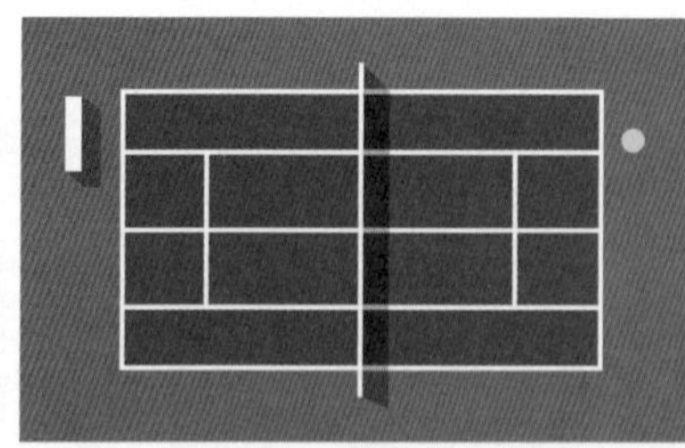

图2-57

11 移动播放指示器到0:00:00:00处，设置“位置”为（984,96），并激活关键帧，如图2-58所示，效果如图2-59所示。

图2-58

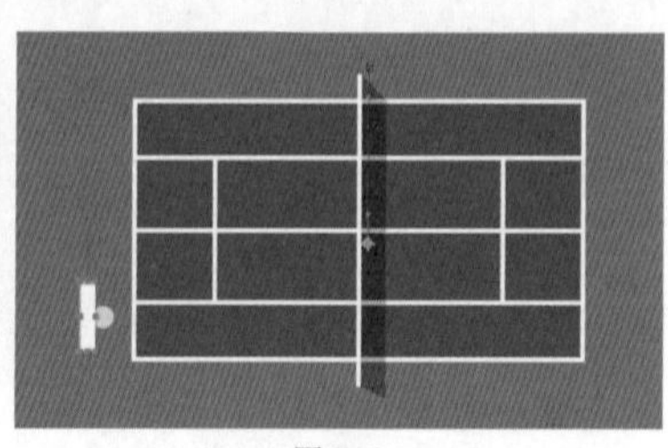

图2-59

12 移动播放指示器到0:00:00:18处，此时球拍应该在起始位置接住网球，按快捷键Ctrl+C和快捷键Ctrl+V复制粘贴起始位置的关键帧，如图2-60所示，效果如图2-61所示。

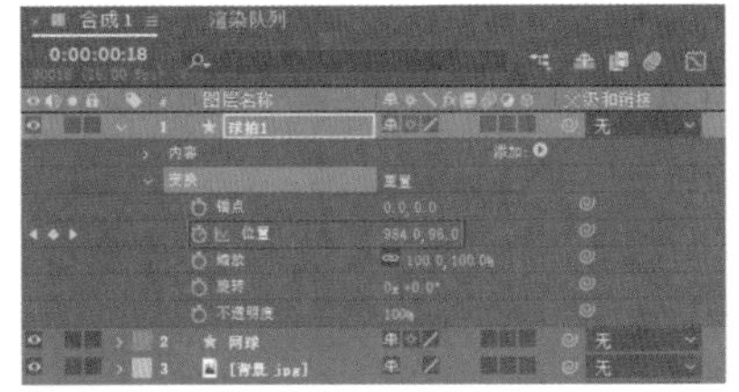
图2-60

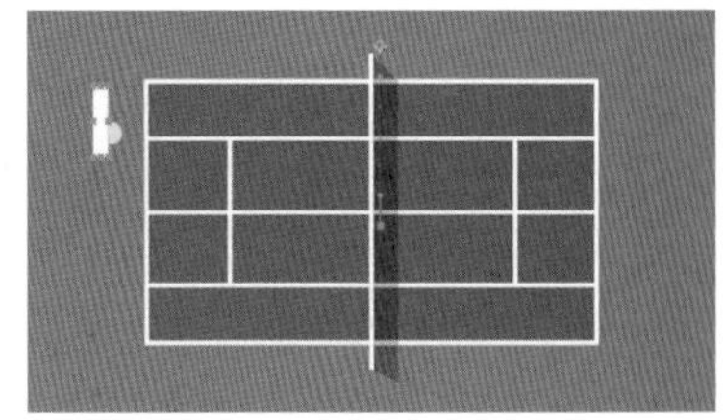
图2-61

13 移动播放指示器到0:00:00:24处，此时球拍在原地等待小球飞过来。按快捷键Ctrl+C和快捷键Ctrl+V复制粘贴起始位置的关键帧，如图2-62所示，效果如图2-63所示。

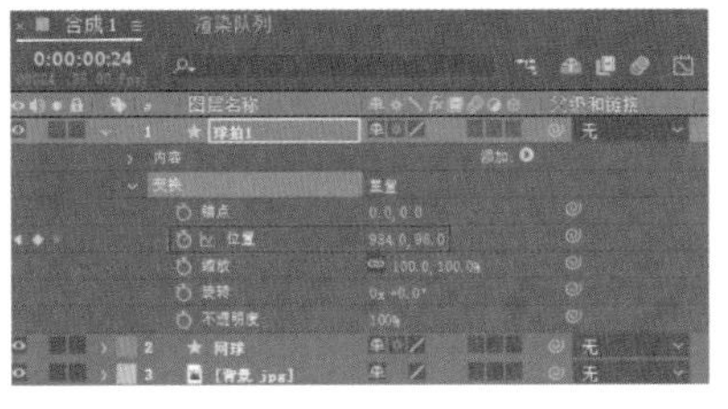
图2-62

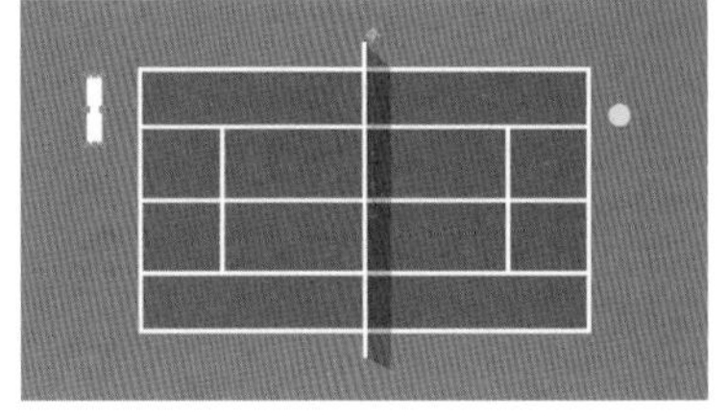
图2-63

14 移动播放指示器到起始位置，然后选中“球拍1”图层并按快捷键Ctrl+D生成一个复制的新图层，按Enter键进入重命名状态，并将图层重命名为“球拍2”，如图2-64所示。

15 按P键调出“球拍2”图层的“位置”参数，设置“位置”为（2468,93），并激活“位置”参数的关键帧，如图2-65所示，效果如图2-66所示。

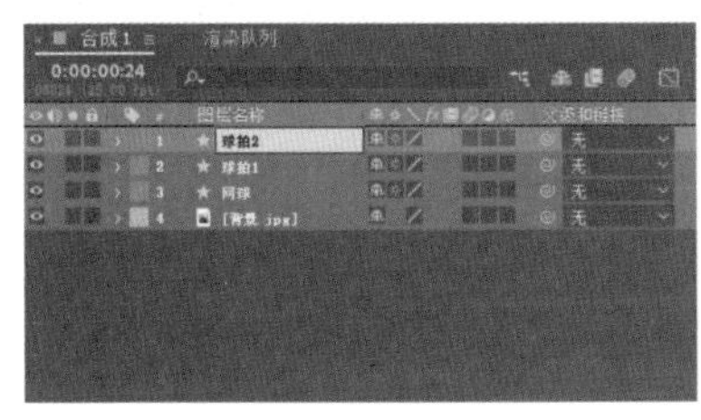
图2-64

图2-65

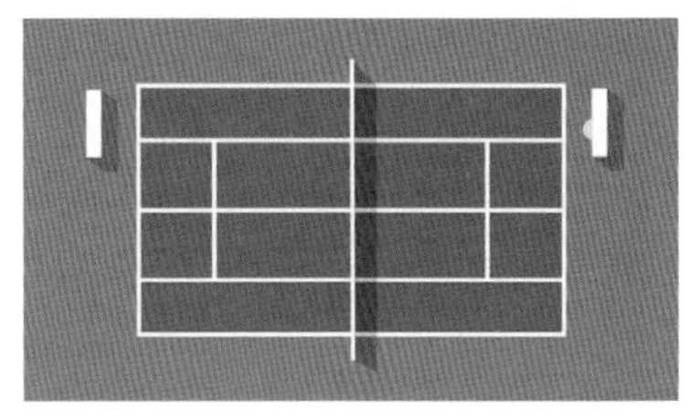
图2-66

16 移动播放指示器到0:00:00:12处，设置“位置”为（2468,544），如图2-67所示，效果如图2-68所示。

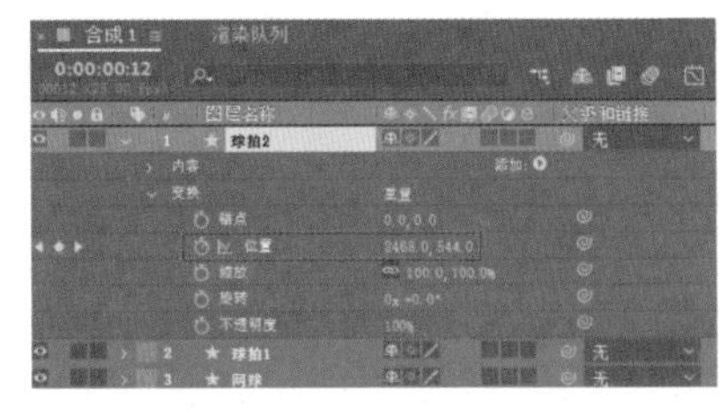
图2-67

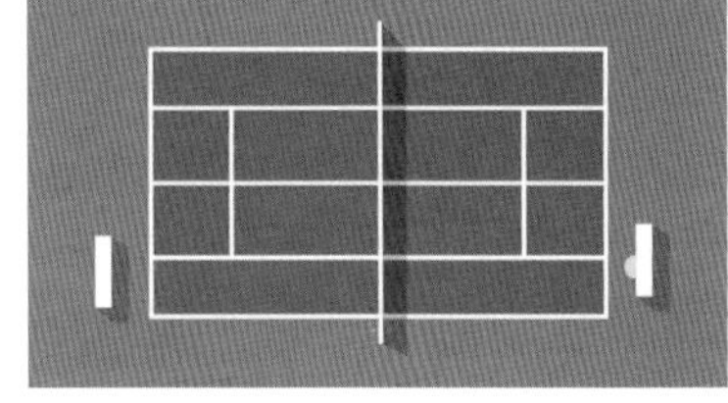
图2-68

17 移动播放指示器到0:00:00:24处，此时球拍2应该回到初始位置接球。按快捷键Ctrl+C和快捷键Ctrl+V复制粘贴起始位置的关键帧，如图2-69所示，效果如图2-70所示。

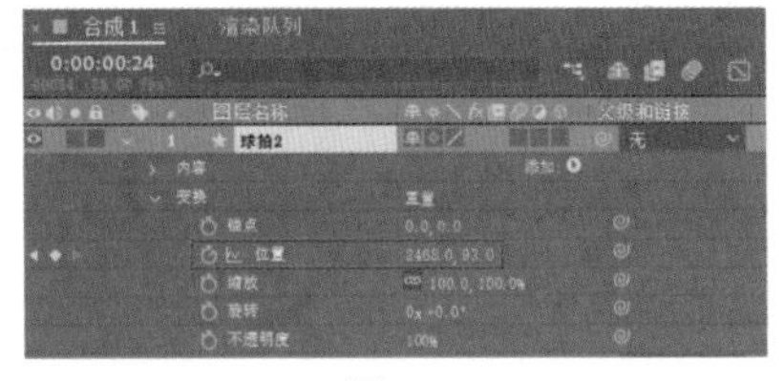
图2-69

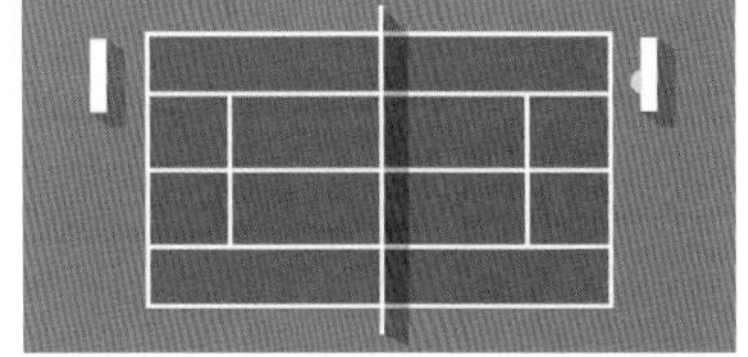
图2-70

18 网球在飞行的过程中，具有运动模糊的视觉效果。在“时间轴”面板中单击“网球”图层右侧的“运动模糊”按钮，为“网球”图层添加运动模糊效果，如图2-71所示，效果如图2-72所示。

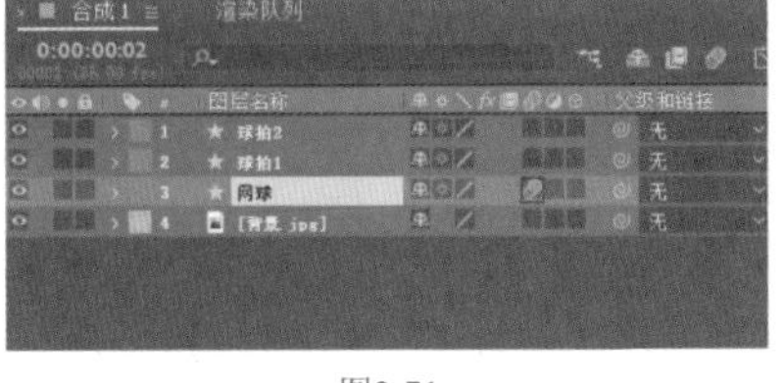
图2-71

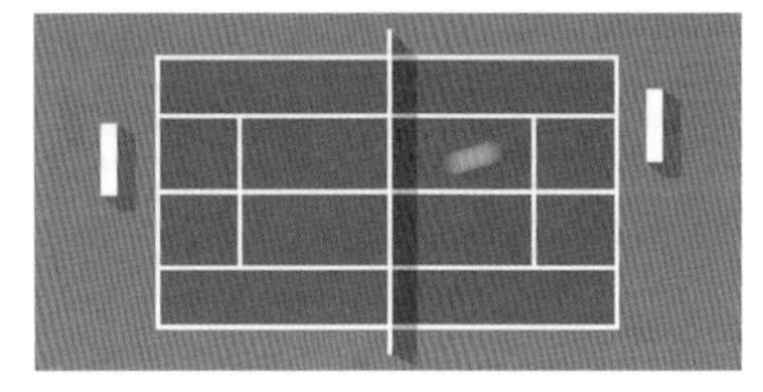
图2-72

19 在“合成”面板中随意截取4帧图片，动画效果如图2-73所示。

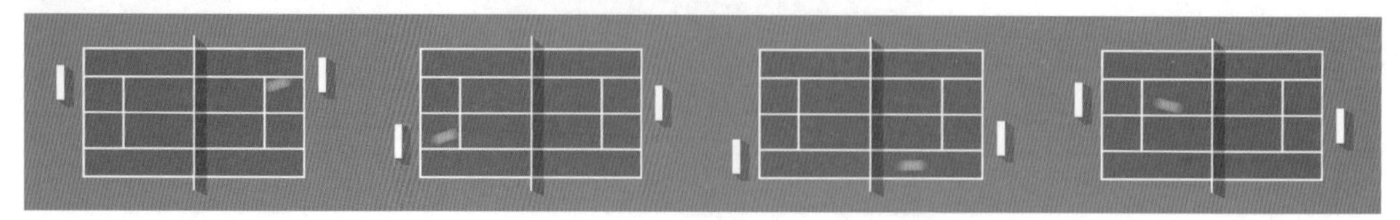

图2-73

☞ 技术回顾

扫码观看视频

演示视频:002-运动模糊

效果: 运动模糊效果

位置:“时间轴”面板

01 新建一个合成，然后使用“矩形工具”绘制一个矩形，如图2-74所示。

02 在“时间轴”面板中按P键调出“位置”参数，然后在时间轴的起始位置添加关键帧，如图2-75所示。

03 移动播放指示器到0:00:05:00处，然后移动矩形到图2-76所示的位置。

图2-74

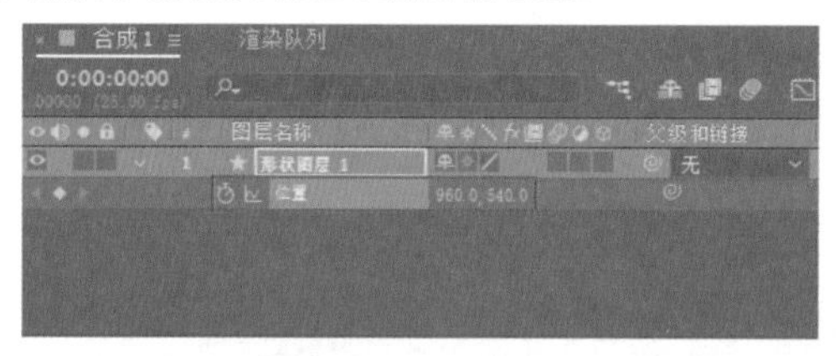

图2-75

图2-76

04 返回时间轴的起始位置，然后按R键调出“旋转”参数，并在该位置添加关键帧，如图2-77所示。

05 移动播放指示器到0:00:06:00处，然后设置“旋转”参数为1x+180°，如图2-78所示。

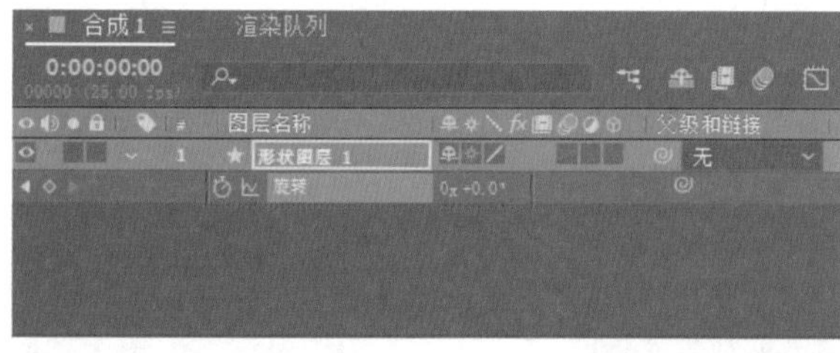

图2-77

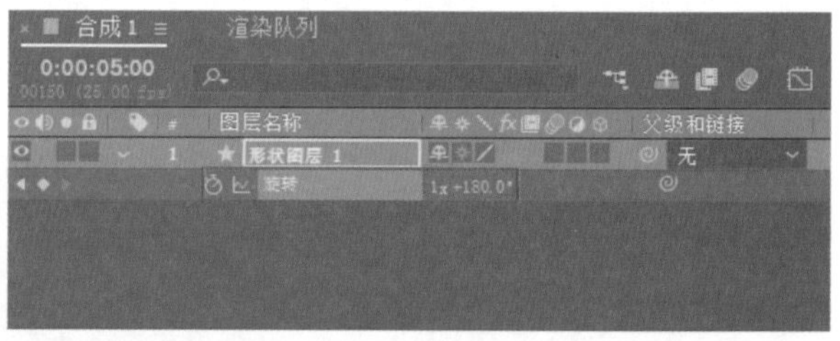

图2-78

06 按Space键播放动画，可以看到矩形在向右移动的同时也在进行旋转，如图2-79所示。

图2-79

07 在“时间轴”面板中单击“形状图层1”图层右侧的“运动模糊”按钮，为运动的矩形添加运动模糊效果，如图2-80所示，效果如图2-81所示。

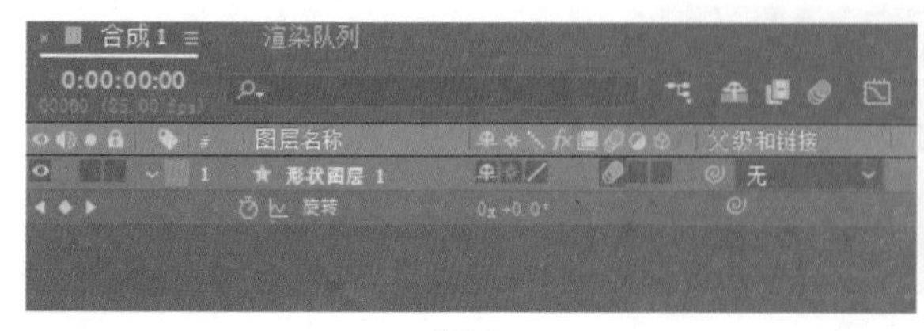

图2-80

图2-81

08 观察画面可以发现运动模糊的效果很弱，几乎看不到。将“位置”和“旋转”的结束关键帧从0:00:05:00的位置移动到0:00:01:00的位置，缩短运动的时间，此时可以明显地看到画面中的矩形产生了运动模糊效果，如图2-82所示。由此可以得出结论，运动模糊的效果与对象运动的速度相关，速度越快，效果越明显。

图2-82

技术专题：快速居中绘制图形的锚点

在默认情况下，绘制图形的锚点位于画面中心位置，如果我们为其添加了旋转或缩放属性，就会以锚点所在的位置为中心对图形进行变换，如图2-83所示。这种情况非常不利于进行后面的操作，虽然调整“锚点”的相关参数可以让锚点位于绘制图形的中心位置，但这个方法不仅过于烦琐，还会增加操作难度。

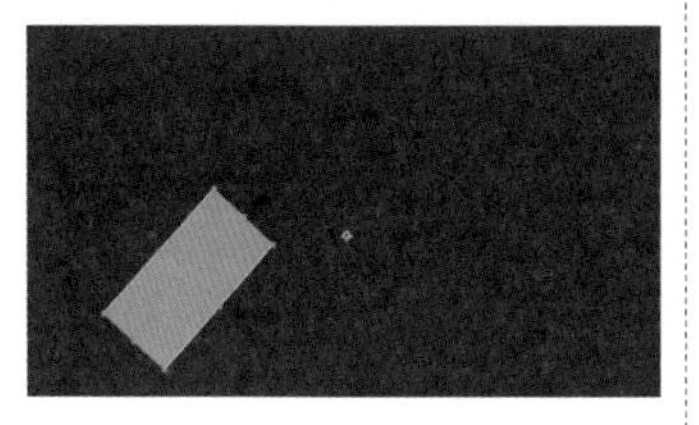

图2-83

下面介绍一个简单的方法，可以让锚点始终处于绘制图形的中心位置。

执行“编辑>首选项>常规”菜单命令，在打开的“首选项”对话框中勾选“在新形状图层上居中放置锚点”选项，如图2-84所示。单击“确定”按钮，关闭对话框后再绘制图形，就可以看到锚点始终处于图形的中心位置，如图2-85所示。

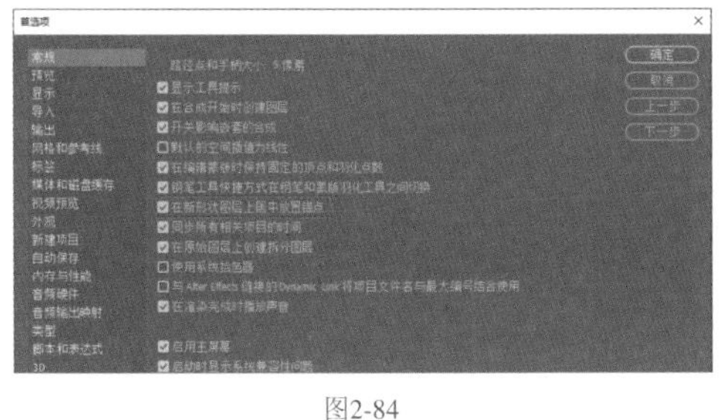

图2-84

图2-85

实战：制作纸飞机动画

案例文件	案例文件>CH02>实战：制作纸飞机动画
难易程度	★★☆☆☆
学习目标	练习制作关键帧动画

扫码观看视频

在日常制作中，通常会为多个参数添加关键帧，从而生成一个相对复杂的动画效果。本案例会在纸飞机的“位置”“旋转”“缩放”参数上添加关键帧，从而制作纸飞机的飞行动画，效果如图2-86所示。

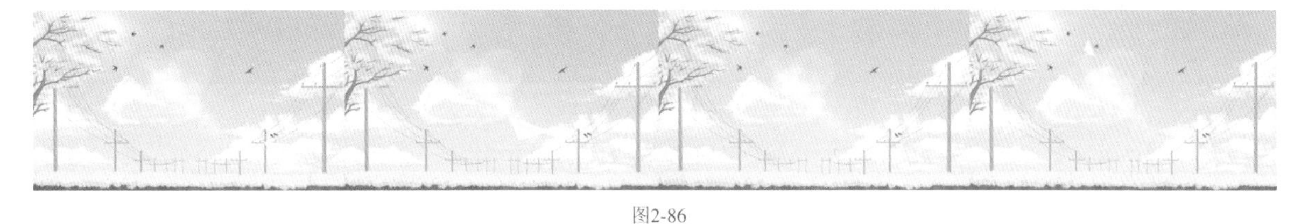

图2-86

01 新建项目，然后在“合成”面板中单击“新建合成”，在弹出的“合成设置”对话框中，设置“合成名称”为“纸飞机”，“持续时间”为0:00:05:00，如图2-87所示。

02 在“项目”面板中导入学习资源“案例文件>CH02>实战：制作纸飞机动画”文件夹中的素材文件，如图2-88所示。

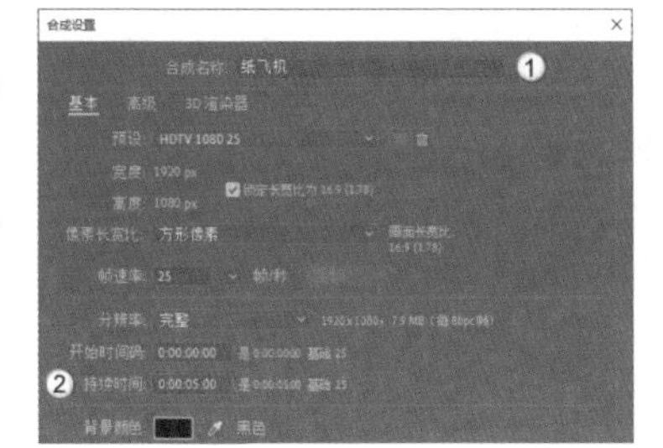

图2-87

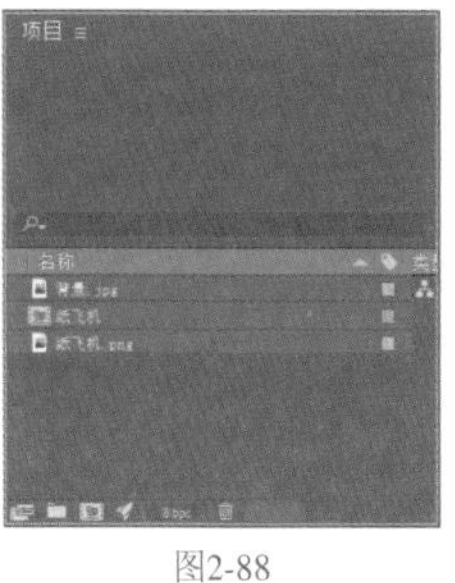

图2-88

03 将两个素材文件向下拖曳到“时间轴”面板中，并使“纸飞机.png”图层在上方，如图2-89所示。

04 调整素材的大小，使其符合画面的显示大小，效果如图2-90所示。

05 制作纸飞机的位移动画。选中“纸飞机.png”图层，然后按P键调出“位置”参数，在时间轴的起始位置设置“位置”为（2118,914），并添加关键帧，如图2-91所示。此时纸飞机位于画面右侧的外面。

图2-89

图2-90

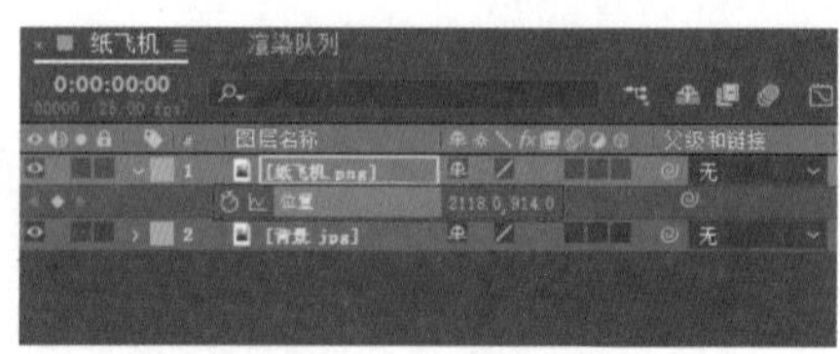

图2-91

06 移动播放指示器到0:00:02:12的位置，然后设置“位置”为（982,610），如图2-92所示，此时纸飞机位于画面中间，如图2-93所示。

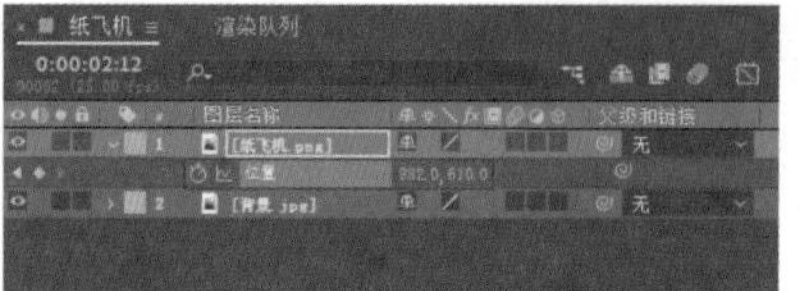

图2-92

图2-93

07 移动播放指示器到0:00:04:24的位置，设置“位置”为（744,184），如图2-94所示，此时纸飞机位于画面上方，如图2-95所示。

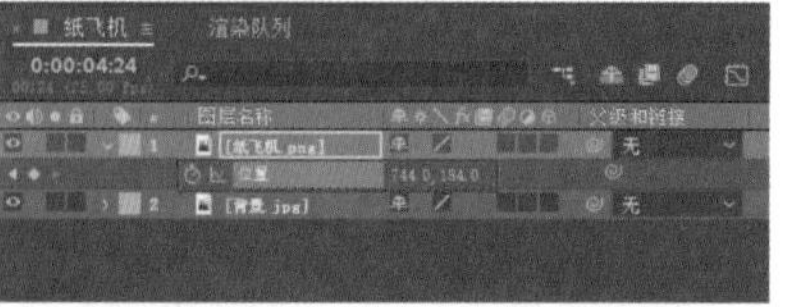

图2-94

图2-95

08 制作旋转动画。按R键调出“旋转”参数，然后在时间轴的起始位置设置“旋转”为0x-15°，并添加关键帧，如图2-96所示。

09 移动播放指示器到0:00:02:12的位置，然后设置“旋转”为0x+12°，如图2-97所示，效果如图2-98所示。

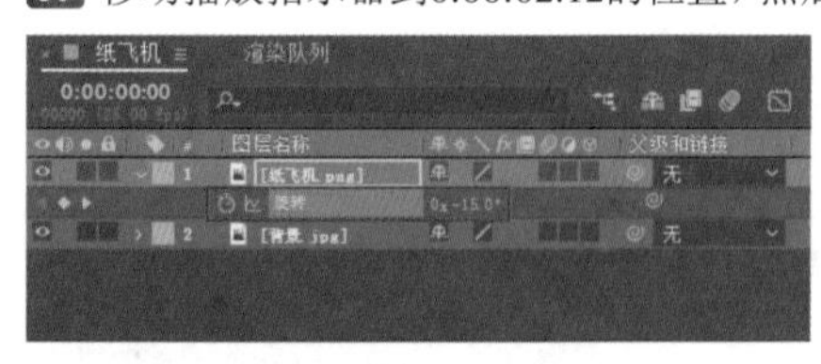

图2-96

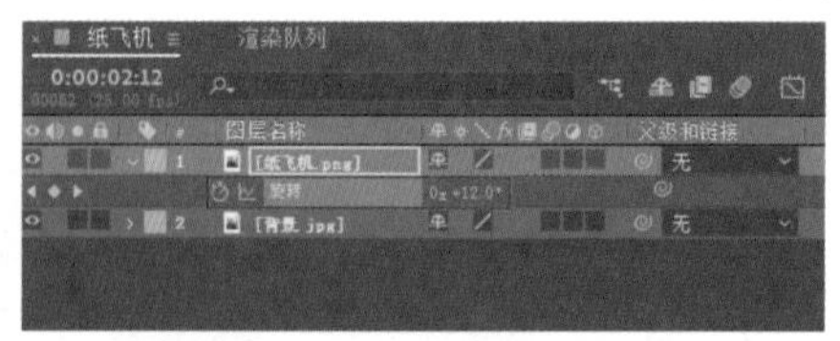

图2-97

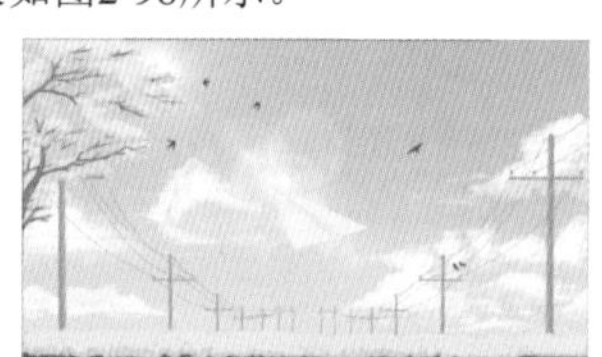

图2-98

10 移动播放指示器到0:00:04:24的位置，设置“旋转”为0x+62°，如图2-99所示，效果如图2-100所示。

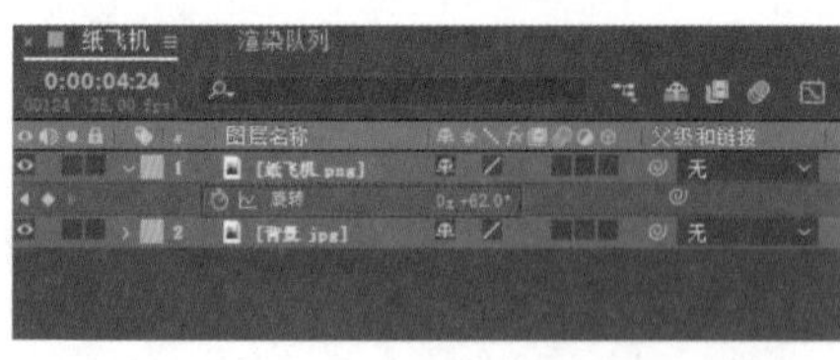

图2-99

图2-100

11 制作缩放动画。按S键调出“缩放”参数，然后在时间轴的起始位置设置“缩放”为（40%,40%），并添加关键帧，如图2-101所示。

12 移动播放指示器到0:00:04:24的位置，设置“缩放”为（10%,10%），如图2-102所示，效果如图2-103所示。

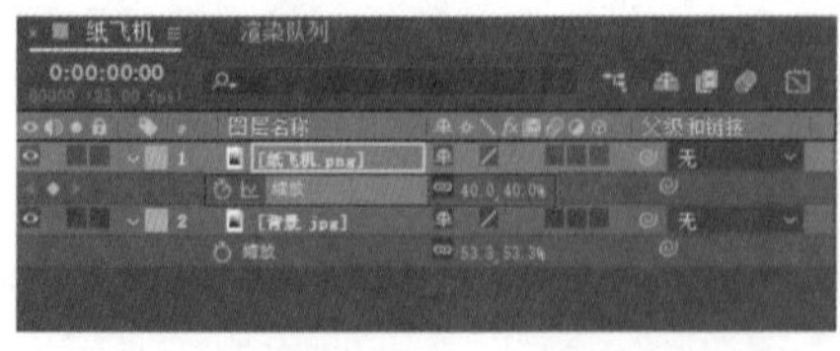

图2-101

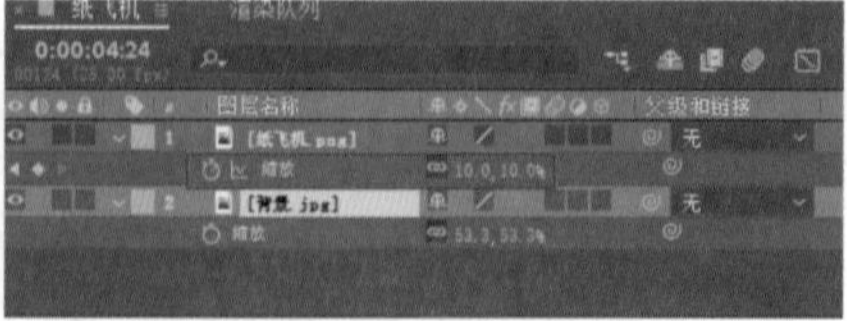

图2-102

图2-103

13 按Space键播放动画，会发现动画不是很流畅。打开“图表编辑器”面板，调整纸飞机的位置曲线，如图2-104所示，使动画更加流畅。

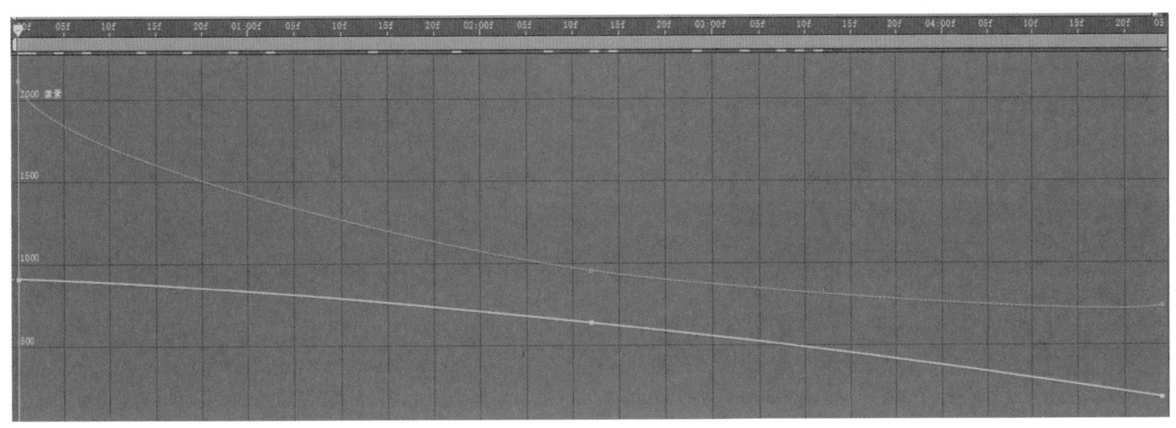

图2-104

> **技巧提示**
>
> 在“图表编辑器”面板中单击“单独尺寸”按钮，可以分别调整x轴和y轴上的位置曲线。

14 在“合成”面板中随意截取4帧图片，动画效果如图2-105所示。

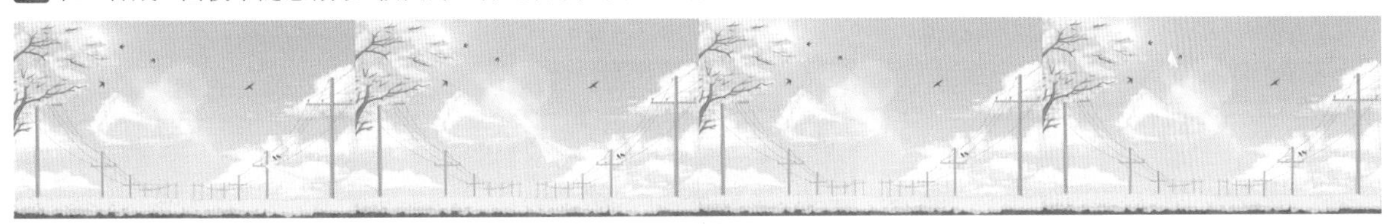

图2-105

重点

实战：制作形状UI动画

案例文件	案例文件>CH02>实战：制作形状UI动画
难易程度	★★★☆☆
学习目标	掌握形状绘制方法和动画制作方法

扫码观看视频

在一些复杂的科幻类UI设计中，经常会看到图形元素的动画。这些动画就是使用不同的形状工具绘制图形后再为形状添加动画效果制作而成的。本案例将制作一个简单的形状UI动画，效果如图2-106所示。

图2-106

案例制作

01 新建项目并创建一个默认合成，然后在工具栏中长按“矩形工具”按钮，在弹出的工具菜单中选择“椭圆工具”，如图2-107所示。

02 使用“椭圆工具”在“合成”面板中绘制一个圆形，如图2-108所示。

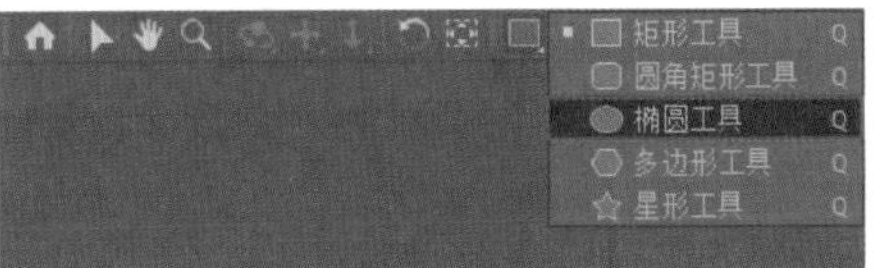

图2-107

图2-108

> **技巧提示**
>
> 绘制时按住Shift键可以绘制圆形。

03 选中绘制的圆形，在上方的属性栏中关闭其“填充”功能，然后设置“描边颜色”为青色，“描边宽度”为35，如图2-109所示。

04 在“时间轴”面板中展开“描边1”卷展栏，然后单击“虚线”卷展栏右侧的+按钮，设置“虚线”为135，此时会发现绘制的圆形的描边线条变成了虚线，如图2-110所示。

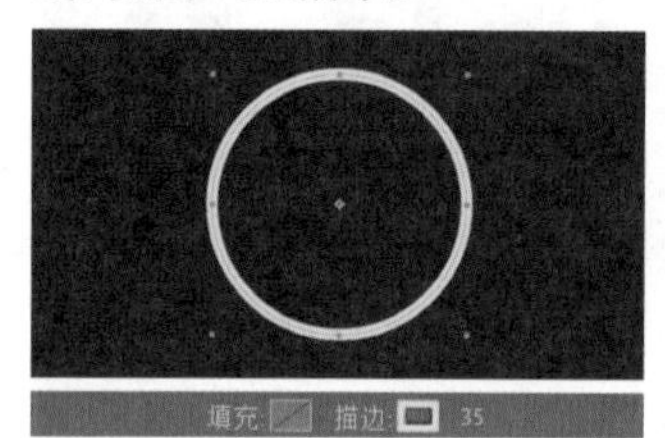

图2-109

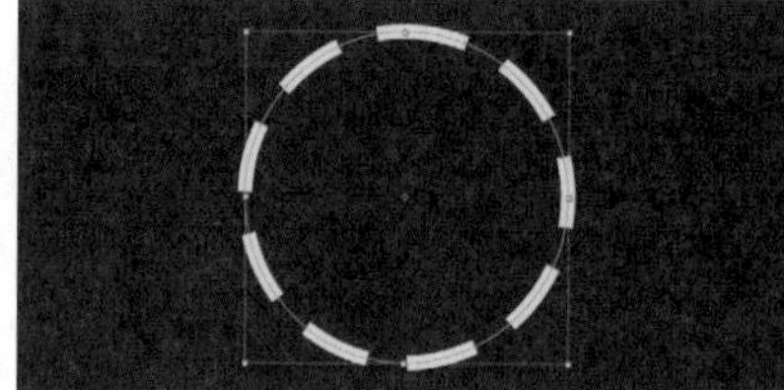

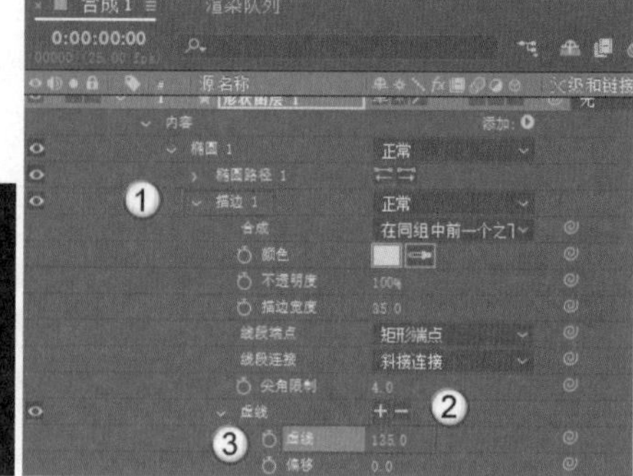

图2-110

05 选中“形状图层1”图层，然后按快捷键Ctrl+D复制出“形状图层2”图层，如图2-111所示。

06 展开“形状图层2”图层下的“椭圆1”卷展栏，设置“大小”为（635,635），“描边宽度”为10，“虚线”为25，可以看到修改后的圆形的虚线描边比原来的更小、更细、更密集，如图2-112所示。

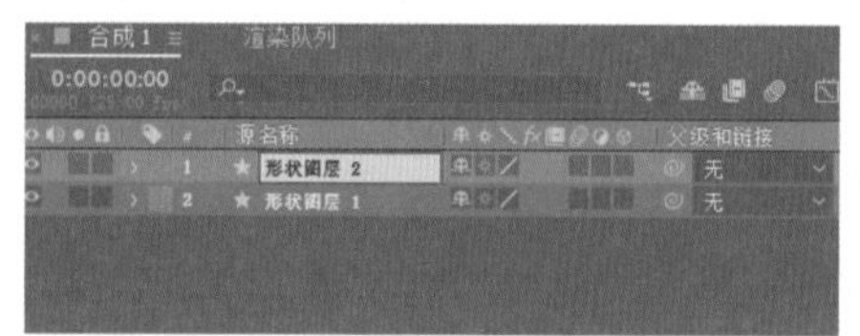

图2-111

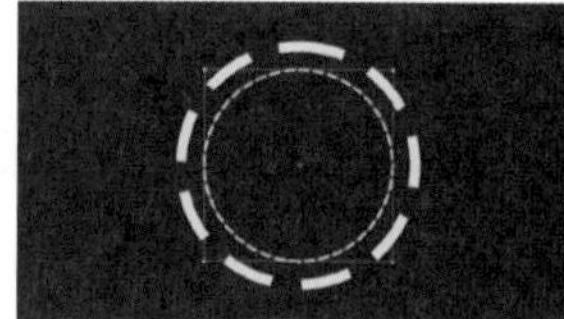

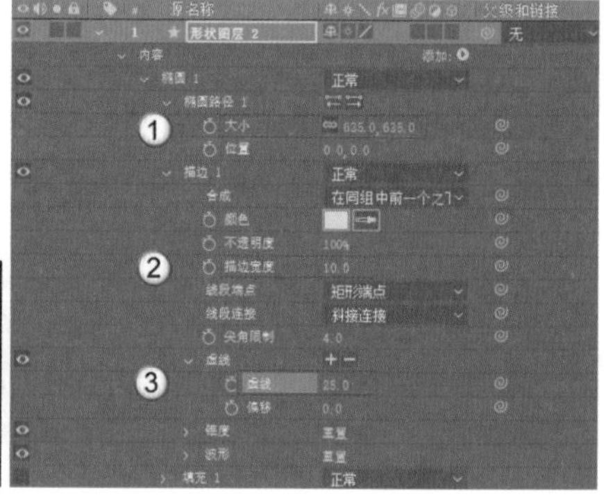

图2-112

> **技巧提示**
>
> 圆形的大小仅供参考，读者可按照自己绘制的圆形的大小灵活处理描边效果。

07 选中“形状图层1”图层，继续按快捷键Ctrl+D复制出“形状图层3”图层，并修改“大小”为（135,135），“描边宽度”为25，然后单击“虚线”卷展栏右侧的-按钮取消虚线，如图2-113所示。

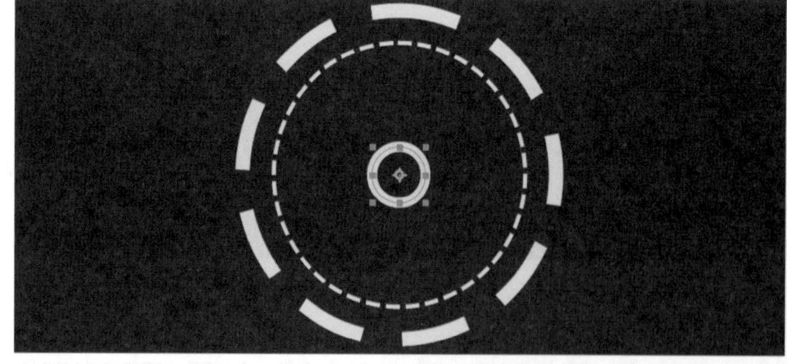

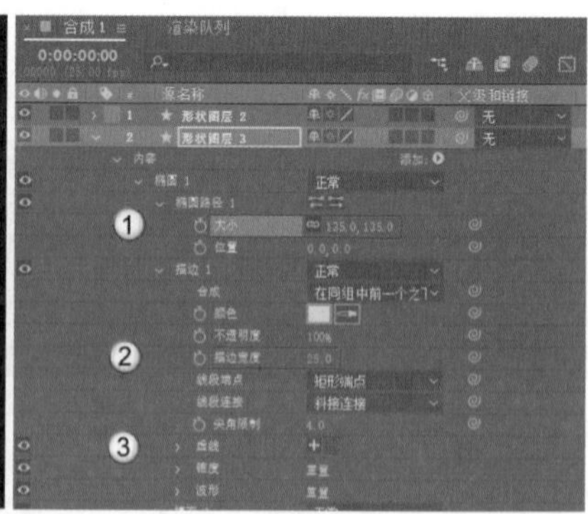

图2-113

08 选中“形状图层3”图层并按快捷键Ctrl+D复制出“形状图层4”图层，修改“大小”为（1010,1010），如图2-114所示。

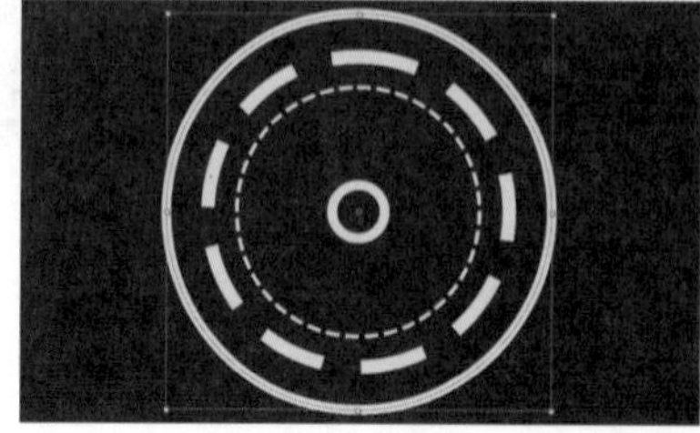

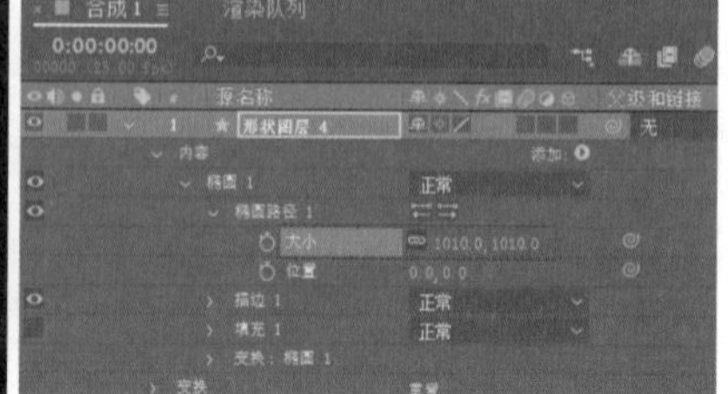

图2-114

09 单击“添加”按钮▶，在弹出的菜单中选择“修剪路径”选项，如图2-115所示。

10 展开“修剪路径1”卷展栏，设置“结束”为75%，如图2-116所示。

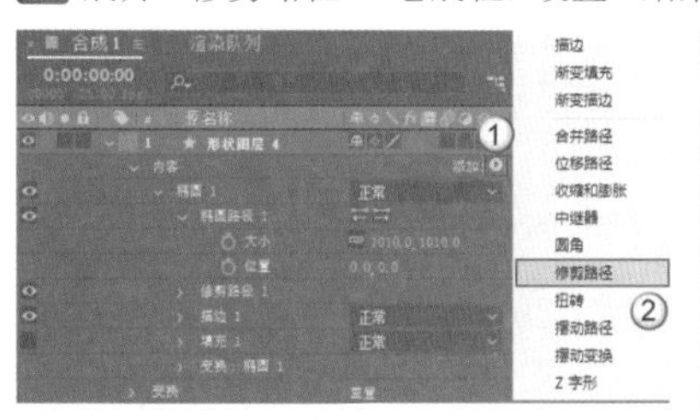

图2-115

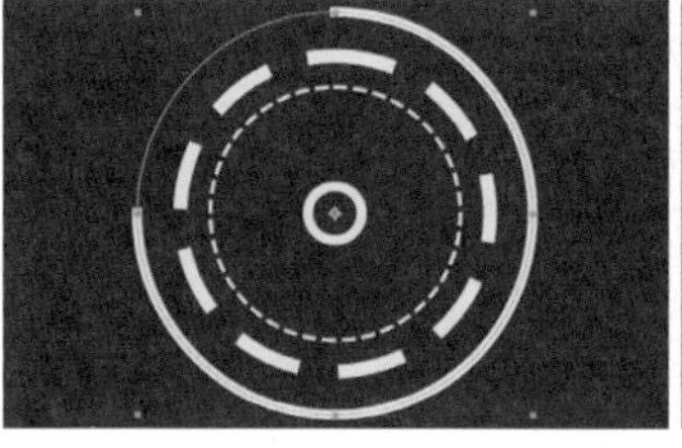

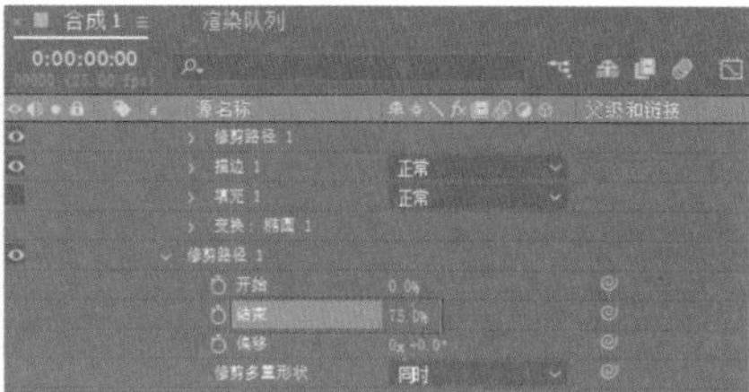

图2-116

11 选中“形状图层4”图层，按快捷键Ctrl+D复制出“形状图层5”图层，然后修改“大小”为（540,540），“开始”为60%，“描边宽度”为15，如图2-117所示。

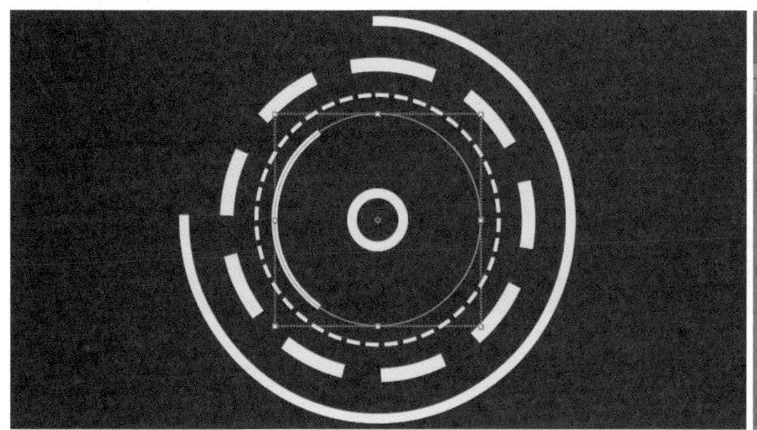

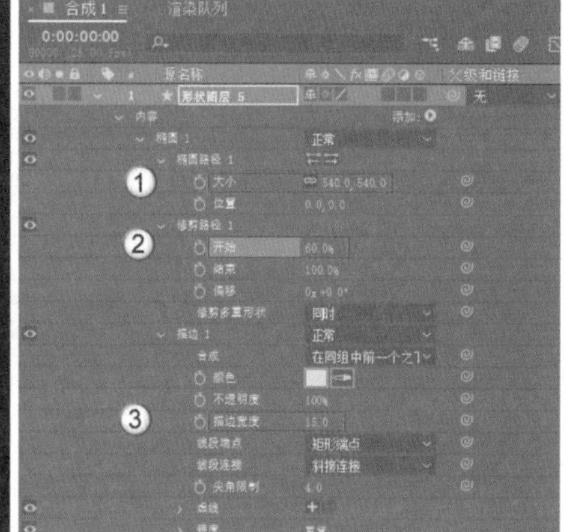

图2-117

12 形状绘制完成后，下面开始制作动画效果。选中“形状图层1”图层，展开“变换：椭圆1”卷展栏，在时间轴的起始位置添加“旋转”关键帧，然后移动播放指示器到0:00:04:24的位置，并设置“旋转”为1x+0°，如图2-118所示。

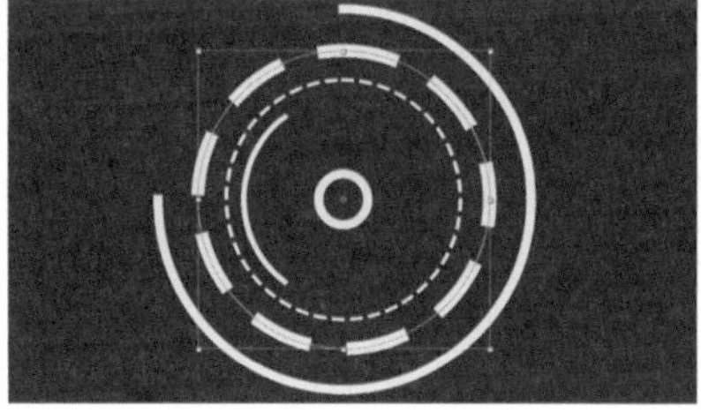

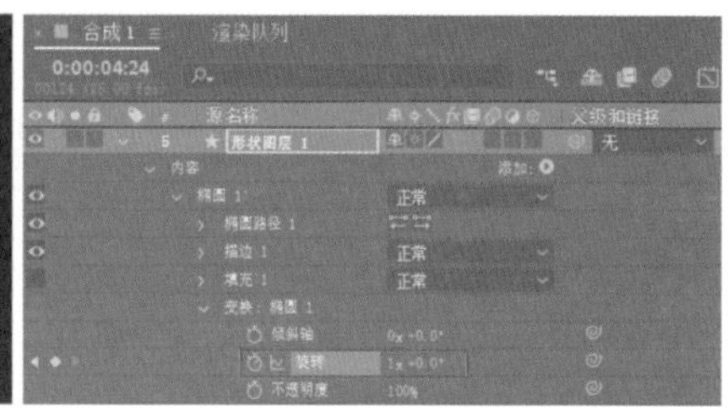

图2-118

13 选中“形状图层2”图层，然后为其添加“修剪路径”选项，展开“修剪路径1”卷展栏，在时间轴的起始位置设置“结束”为0%，并添加关键帧，接着在0:00:01:00的位置设置“结束”为100%，如图2-119所示，动画效果如图2-120所示。

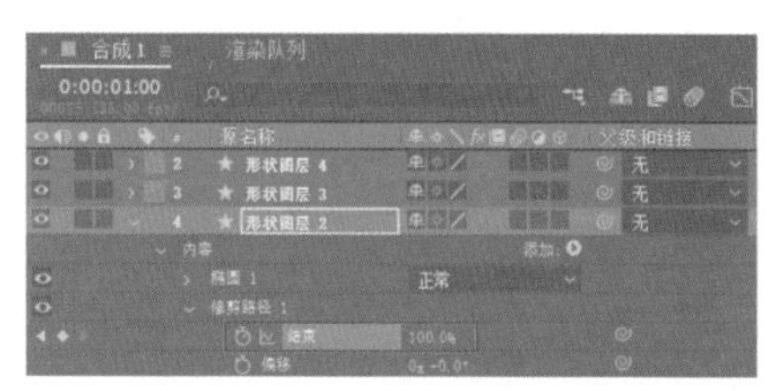

图2-119

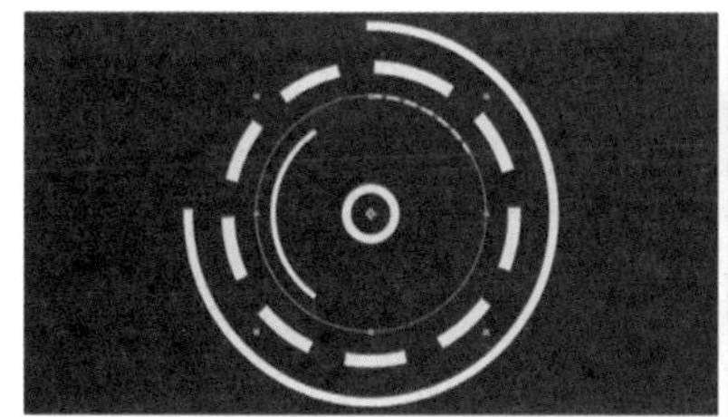

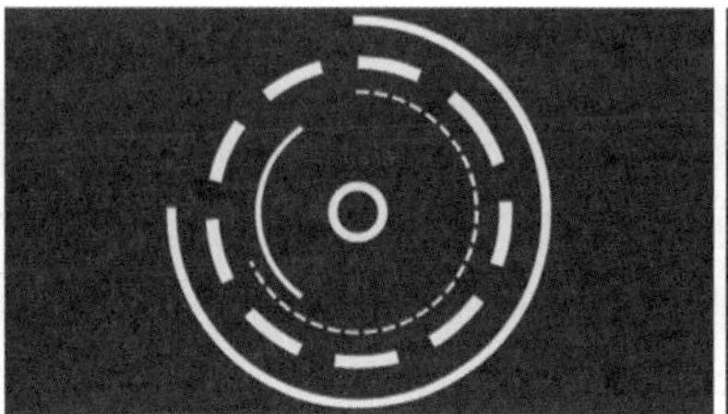

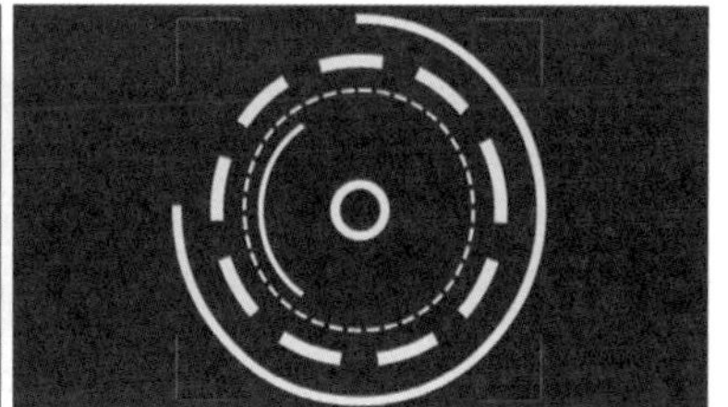

图2-120

14 移动播放指示器到0:00:03:00的位置，添加“开始”关键帧，然后移动播放指示器到0:00:04:00的位置，设置“开始”为100%，如图2-121所示，效果如图2-122所示。

图2-121

图2-122

15 选中“形状图层4”图层，在时间轴的起始位置添加“偏移”关键帧，然后移动播放指示器到0:00:04:24的位置，设置“偏移”为-2x+0°，如图2-123所示，效果如图2-124所示。

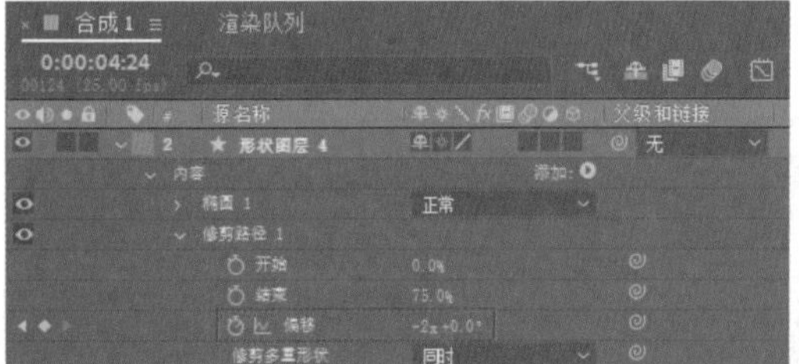

图2-123

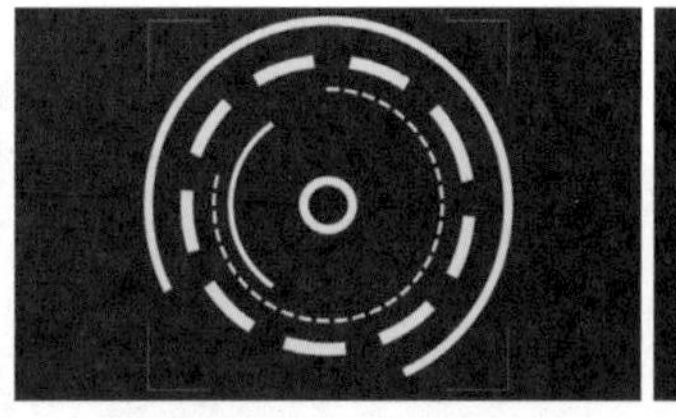

图2-124

16 选中“形状图层5”图层，在时间轴的起始位置添加“旋转”关键帧，然后移动播放指示器到0:00:04:24的位置，设置“旋转”为10x+0°，如图2-125所示，效果如图2-126所示。

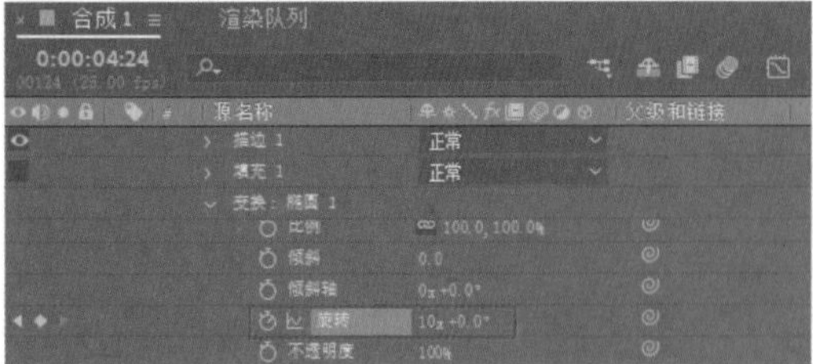

图2-125

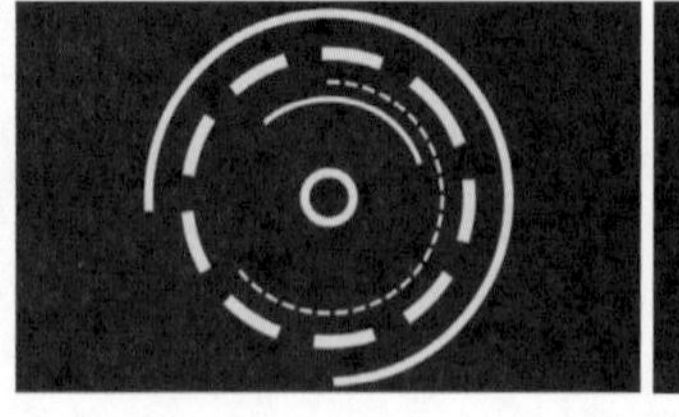

图2-126

17 在“合成”面板中随意截取4帧图片，动画效果如图2-127所示。

图2-127

☞ 技术回顾

演示视频:003-修剪路径

效果:修剪路径

位置:“时间轴”面板

01 新建一个合成，然后使用“矩形工具”■绘制一个矩形，在上方的属性栏中关闭其“填充”功能，并为“描边”设置一定的颜色与宽度，效果如图2-128所示。

02 单击“添加”按钮▶，在弹出的菜单中选择“修剪路径”选项，如图2-129所示。

03 展开“修剪路径1”卷展栏，可以看到该卷展栏中的参数，如图2-130所示。

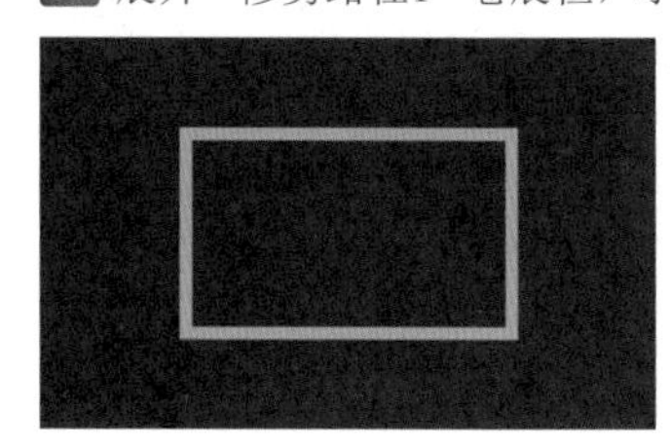

图2-128

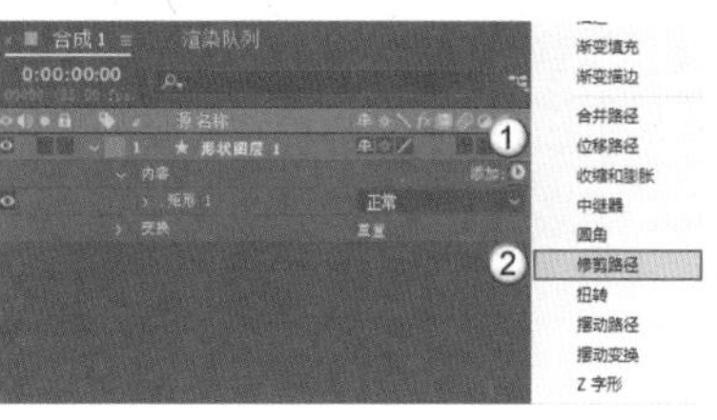

图2-129

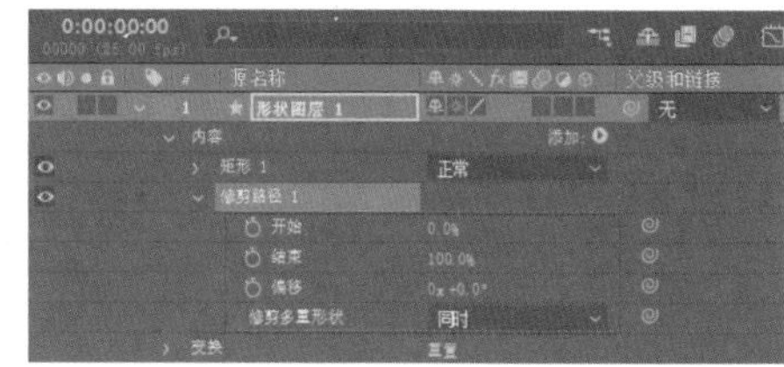

图2-130

04 增大“开始”的数值，可以看到矩形沿着顺时针方向消失，如图2-131所示。

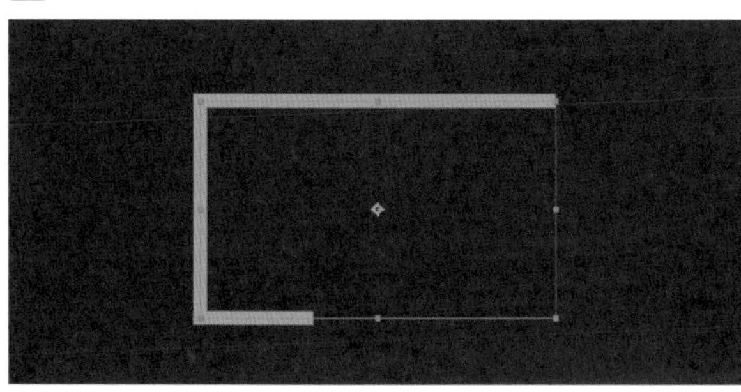

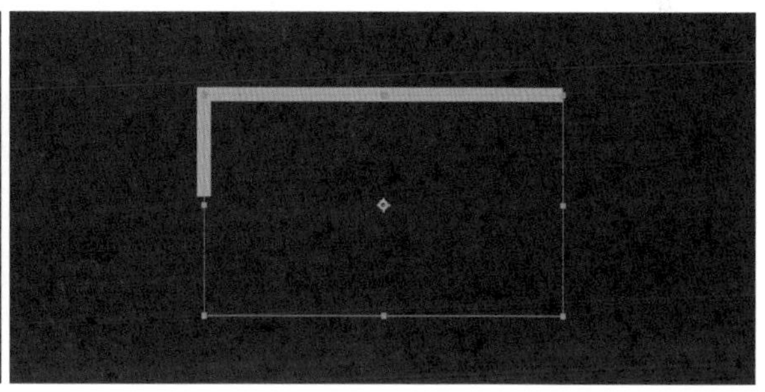

图2-131

05 减小“结束”的数值，可以看到矩形沿着逆时针方向消失，如图2-132所示。

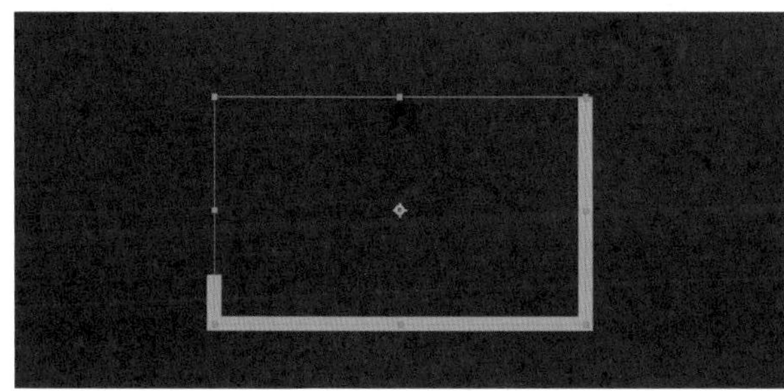

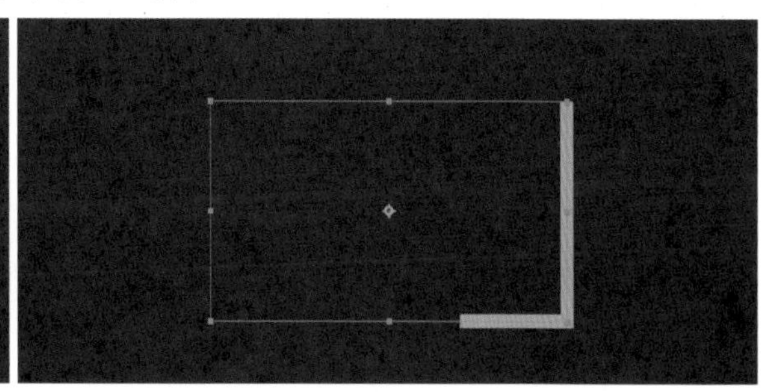

图2-132

06 当设置“偏移”的数值为正值时，修剪后的矩形会沿着顺时针方向移动，如图2-133所示。

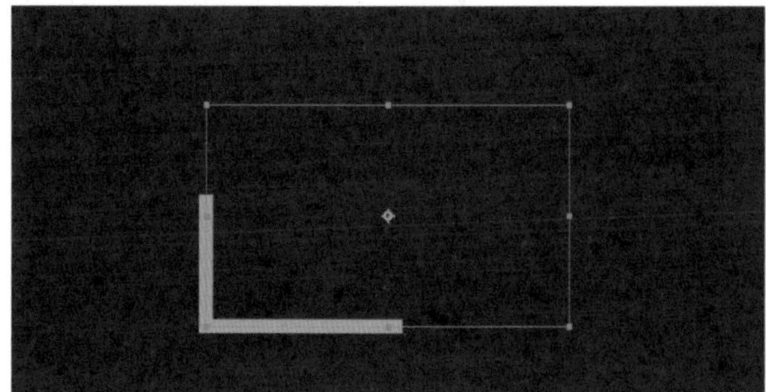

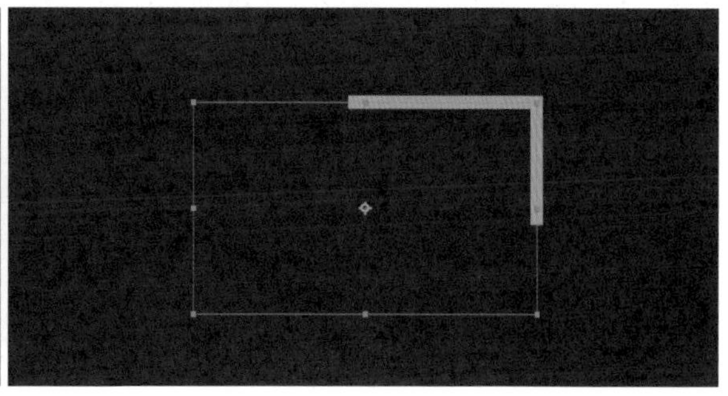

图2-133

07 当设置“偏移”的数值为负值时，修剪后的矩形会沿着逆时针方向移动，如图2-134所示。

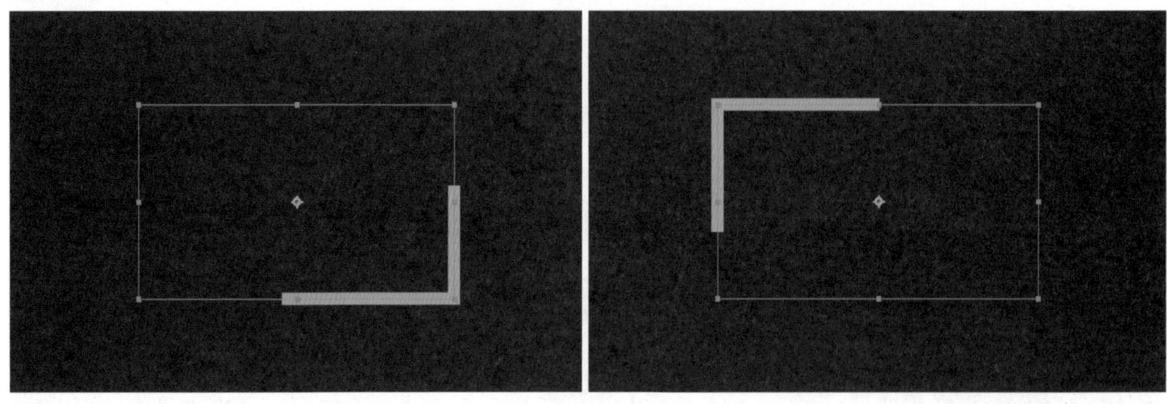

图2-134

08 保持“形状图层1”图层处于选中状态，使用“椭圆工具”在矩形内绘制一个圆形，如图2-135所示。此时“椭圆1”图层位于“形状图层1”图层的子层级中，因此圆形也被修剪了。

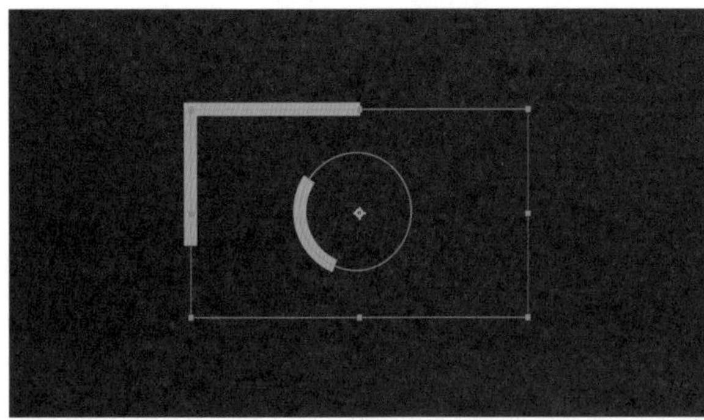

图2-135

09 设置“修剪多重形状”为“单独”，可以看到只有矩形被修剪了，圆形没有被修剪，如图2-136所示。

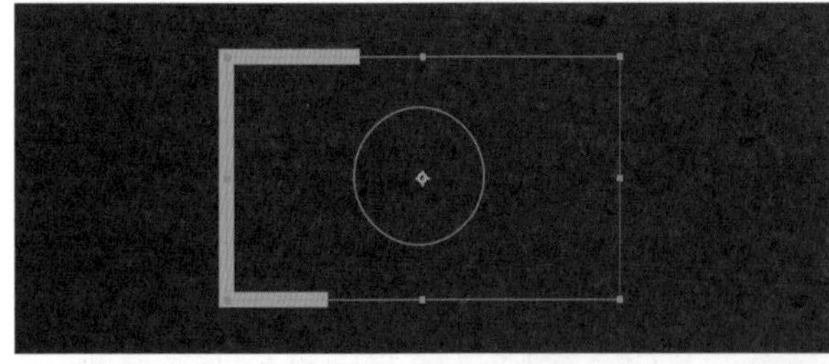

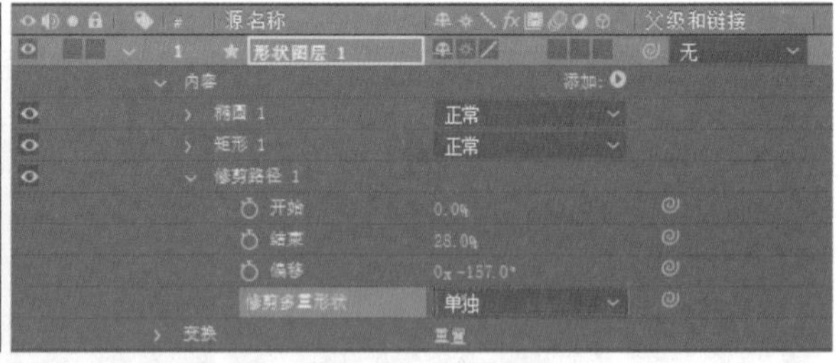

图2-136

10 增大“结束”的数值，可以看到圆形会在矩形修剪完后单独进行修剪，如图2-137所示。

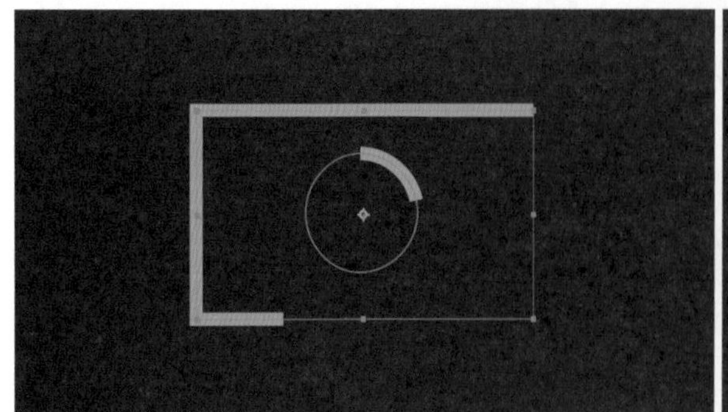

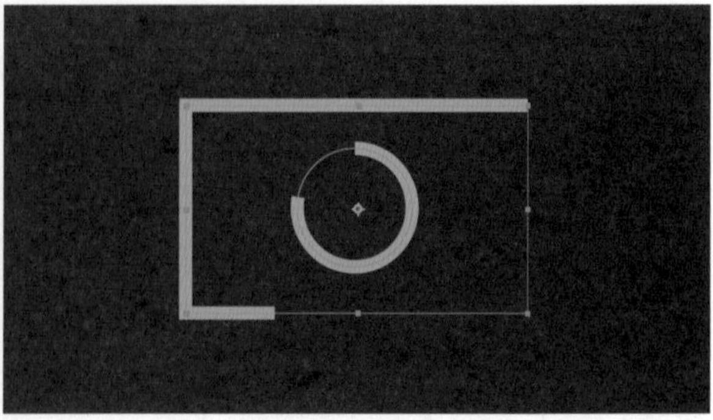

图2-137

重点

实战：制作手绘风格转场动画

案例文件	案例文件>CH02>实战：制作手绘风格转场动画
难易程度	★★★☆☆
学习目标	掌握使用中继器复制图形的方法

扫码观看视频

手绘风格是可以通过After Effects中的效果来实现的。本案例用修剪路径和中继器结合“湍流置换”效果制作手绘风格的转场动画，效果如图2-138所示。

图2-138

案例制作

01 新建一个默认合成，然后在“时间轴”面板空白处单击鼠标右键，在弹出的菜单中选择“新建>纯色”选项，在弹出的“纯色设置”对话框中设置“名称”为“背景”，“颜色”为蓝色，效果如图2-139所示。

02 在“时间轴”面板空白处单击鼠标右键，在弹出的菜单中选择“新建>形状图层”选项，创建形状图层，然后单击“添加”按钮，为“形状图层1”图层添加“椭圆”和“描边”选项，如图2-140所示。“时间轴”面板中会显示添加的两个选项，如图2-141所示。

图2-139

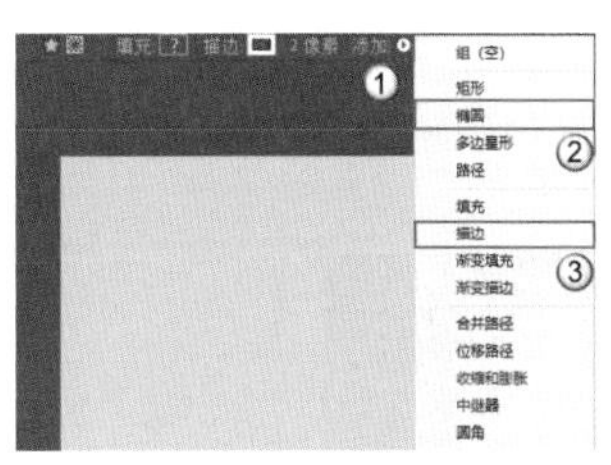

图2-140

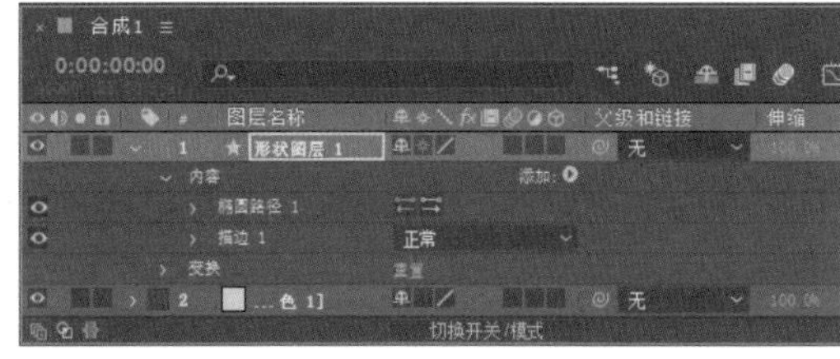

图2-141

03 展开“形状图层1”图层下的“描边1”卷展栏，设置“颜色”为白色，“描边宽度”为30，并添加关键帧，设置“线段端点”为“圆头端点”，如图2-142所示，效果如图2-143所示。

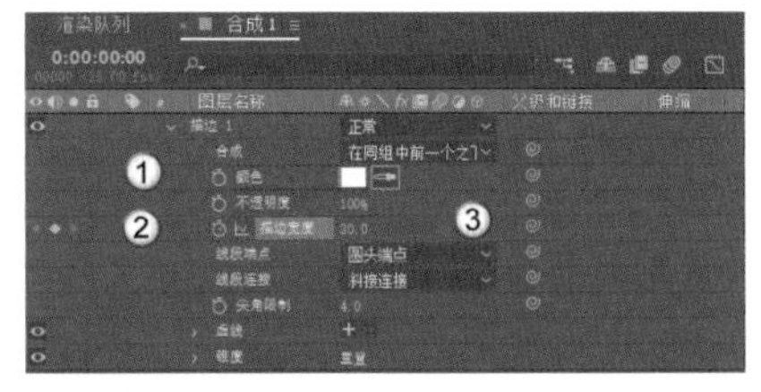

图2-142

图2-143

04 移动播放指示器到0:00:00:10处，设置“描边宽度”为75，如图2-144所示，效果如图2-145所示。

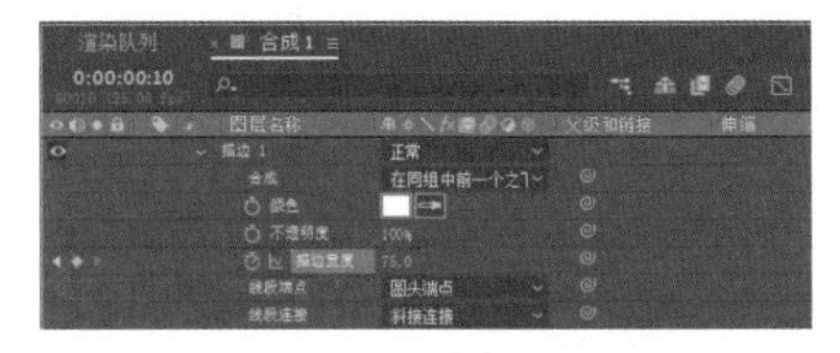

图2-144

图2-145

05 移动播放指示器到0:00:00:20处，设置“描边宽度”为30，如图2-146所示，效果如图2-147所示。

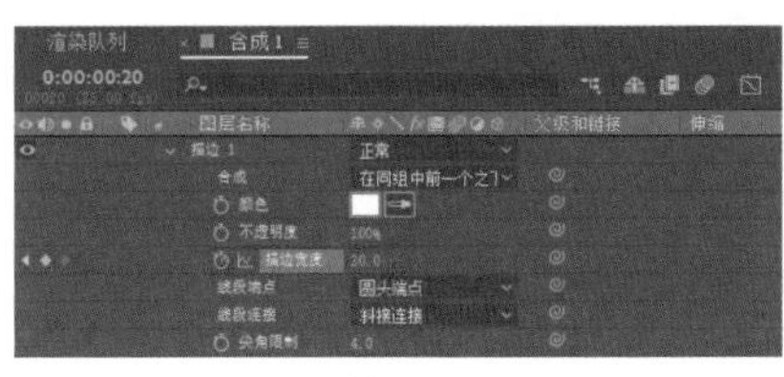

图2-146

图2-147

验证码：11792

06 移动播放指示器到时间轴起始位置，单击“内容”卷展栏右侧的“添加”按钮，在弹出的菜单中选择“修剪路径”选项，如图2-148所示。

07 展开“修剪路径1”卷展栏，设置“开始”为100%，并添加关键帧；设置“结束”为100%，并添加“结束”关键帧，如图2-149所示。

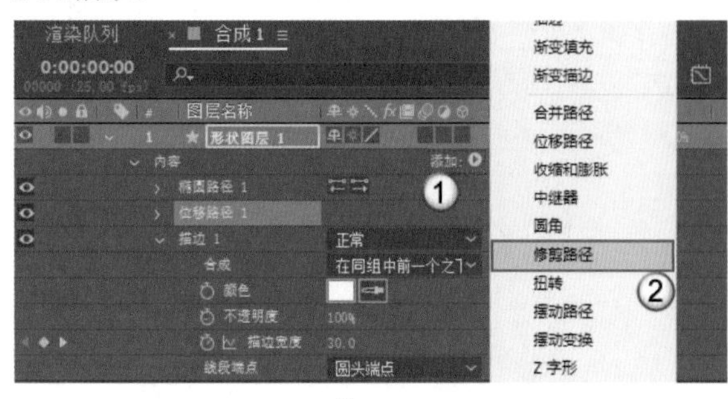

图2-148

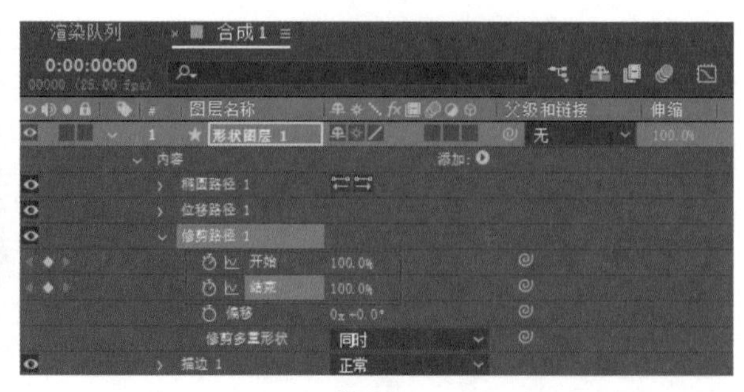

图2-149

08 移动播放指示器到0:00:00:15处，设置“开始”为0%，“结束”为0%，如图2-150所示。

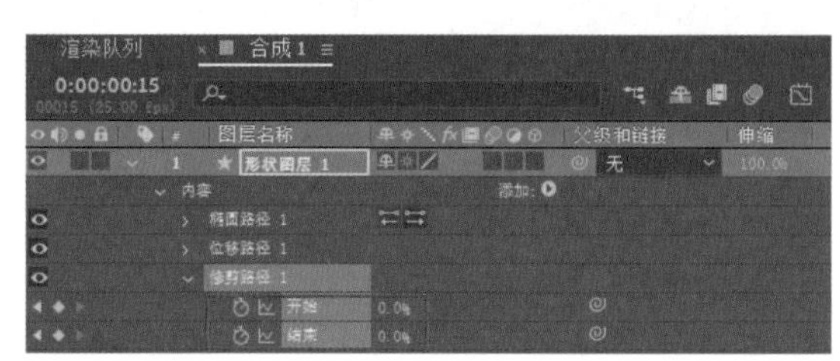

图2-150

09 移动播放指示器到0:00:00:05处，框选“开始”参数的关键帧，并将其向后移动至0:00:00:05处，如图2-151所示，效果如图2-152所示。

图2-151

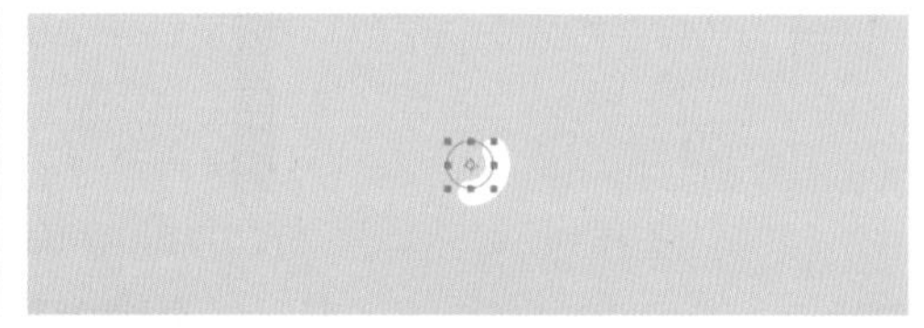

图2-152

10 单击“内容”卷展栏右侧的“添加”按钮，在弹出的菜单中选择“中继器”选项，如图2-153所示。

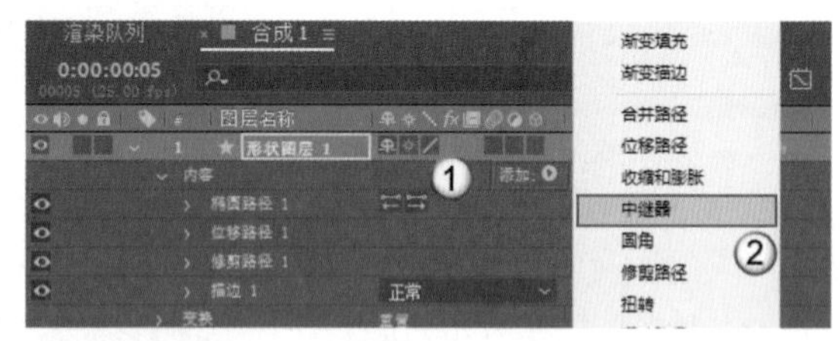

图2-153

11 展开“中继器1”卷展栏，设置“副本”为7.0；展开“交换：中继器1”卷展栏，设置“位置”为（5,20），“比例”为（145.0%,145.0%），“旋转”为0x+70°，如图2-154所示，效果如图2-155所示。

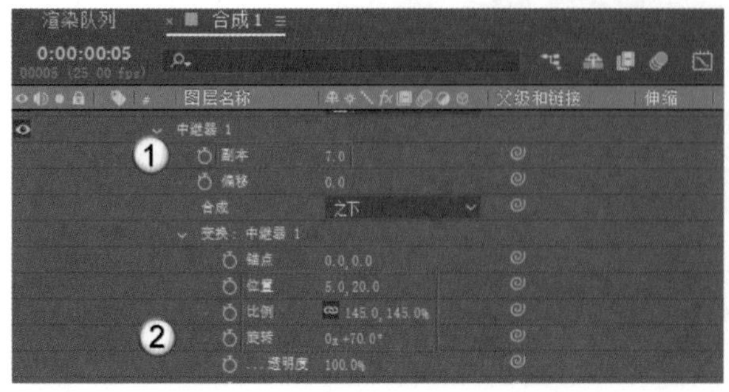

图2-154

图2-155

12 执行“效果>扭曲>湍流置换”菜单命令，在“效果控件”面板中设置“数量”为20，“大小”为80，“偏移（湍流）”为（715,540），“复杂度”为2，如图2-156所示，效果如图2-157所示。

13 选中“形状图层1”图层，按快捷键Ctrl+D复制生成“形状图层2”图层，然后展开“描边1”卷展栏，设置“颜色”为橙色，如图2-158所示。

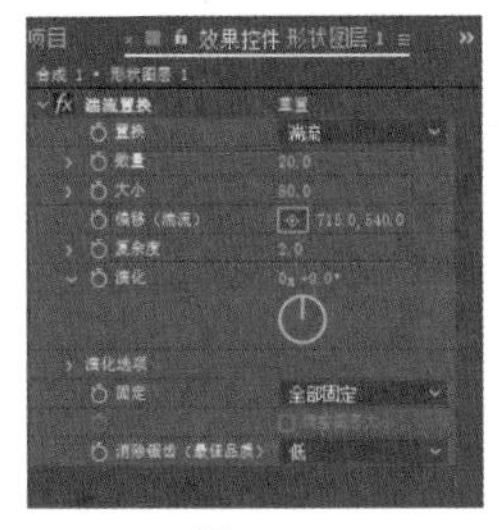

图2-156

图2-157

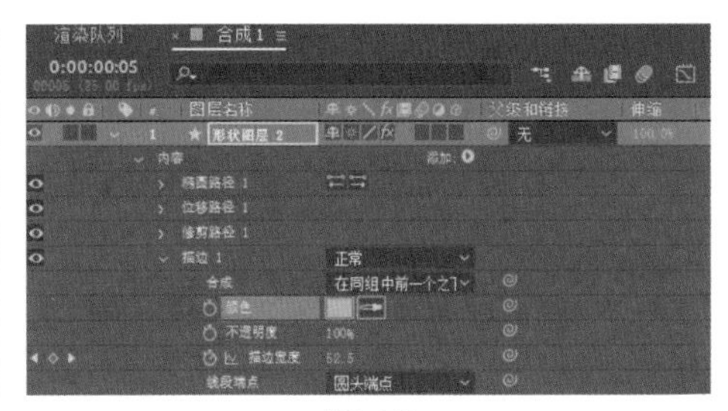

图2-158

14 在“效果控件”面板中，设置“数量”为40，“大小”为75，“偏移（湍流）”为（679,583），如图2-159所示，效果如图2-160所示。

15 选中“形状图层2”图层，按快捷键Ctrl+D复制生成“形状图层3”图层，然后展开“描边1”卷展栏，设置“颜色”为绿色，如图2-161所示。

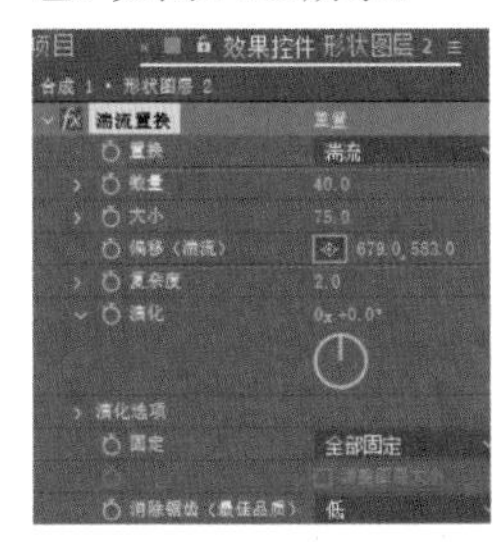

图2-159

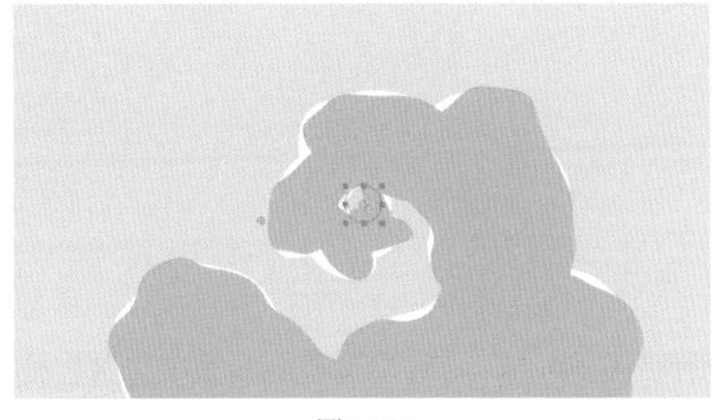

图2-160

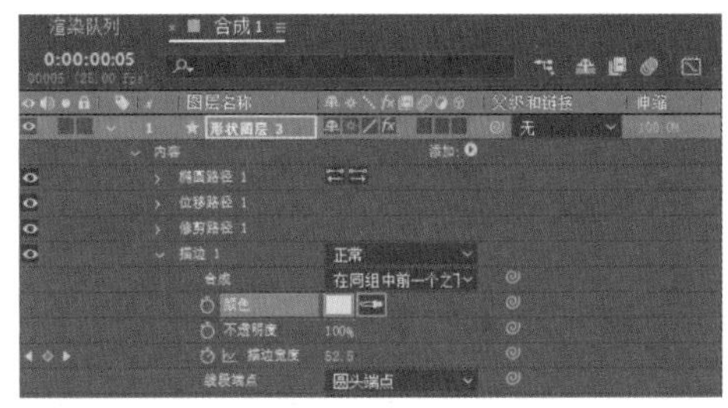

图2-161

16 在“效果控件”面板中，设置“数量”为60，“大小”为80，“偏移（湍流）”为（824,737），如图2-162所示，效果如图2-163所示。

17 选中“形状图层3”图层，按快捷键Ctrl+D复制生成“形状图层4”图层，然后展开“描边1”卷展栏，设置“颜色”为青色，如图2-164所示。

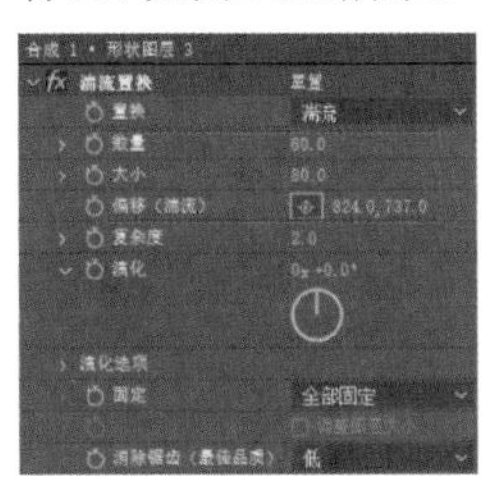

图2-162

图2-163

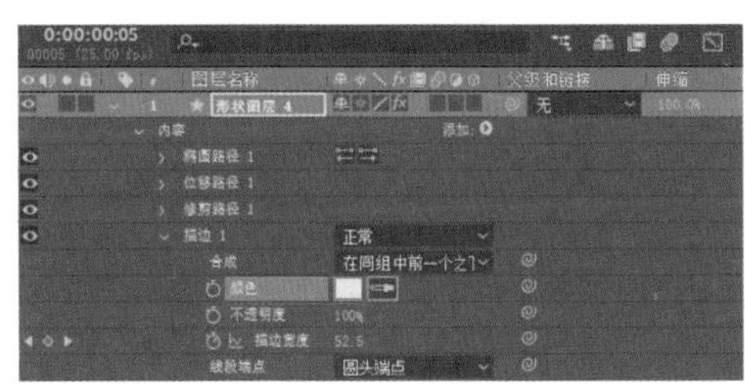

图2-164

18 在“效果控件”面板中，设置“数量”为20，“大小”为57，“偏移（湍流）”为（997,712），如图2-165所示，效果如图2-166所示。

19 选中“形状图层4”图层，按快捷键Ctrl+D复制生成“形状图层5”图层，然后展开“描边1”卷展栏，设置“颜色”为粉色，如图2-167所示。

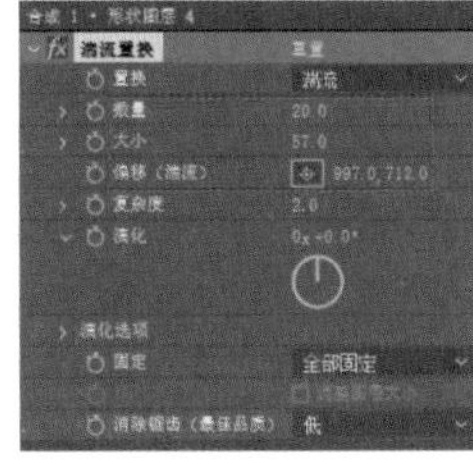

图2-165

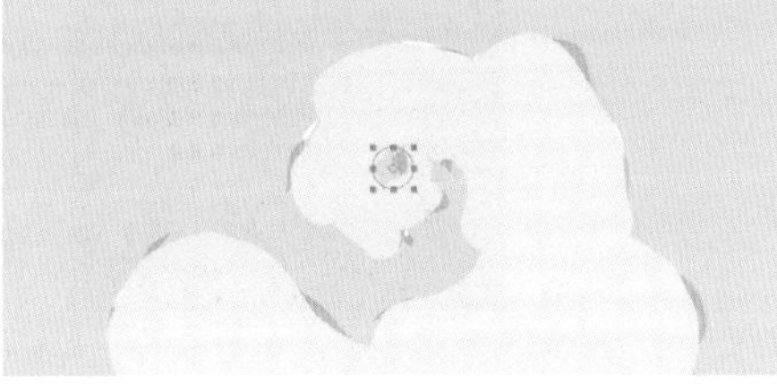

图2-166

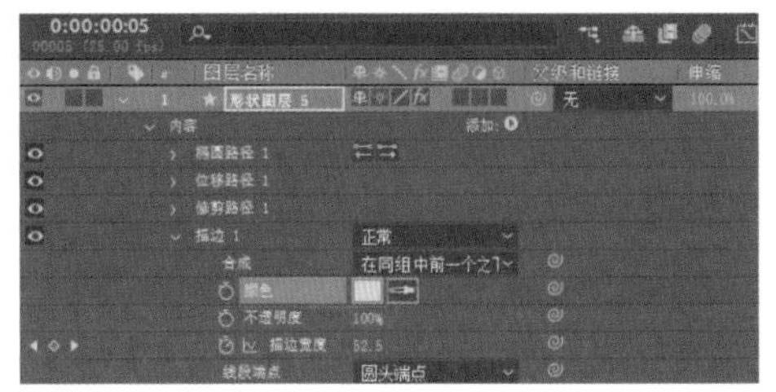

图2-167

20 在“效果控件”面板中，设置“数量”为39，“大小”为66，“偏移（湍流）”为（826,993），如图2-168所示，效果如图2-169所示。

21 在“时间轴”面板中，拖动“形状图层2”图层至“形状图层5”图层，使它们的起始位置相差两帧，如图2-170所示。

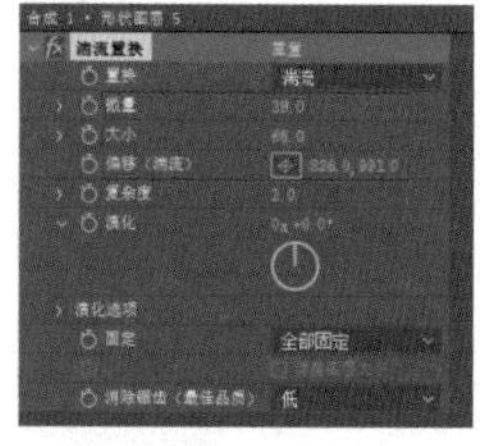

图2-168

图2-169

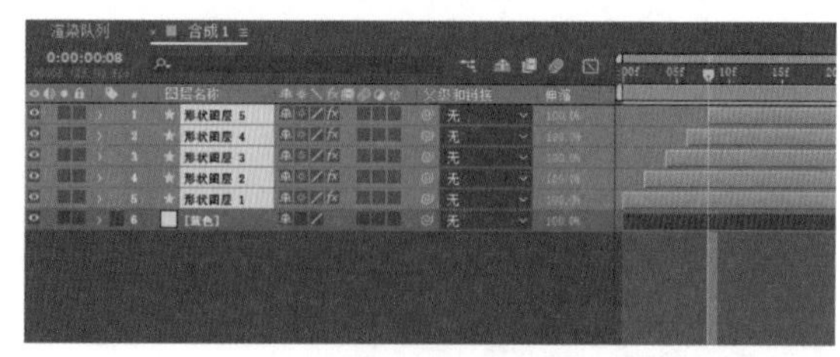

图2-170

22 使用“选取工具”拖曳“形状图层2”图层至“形状图层5”图层的锚点，调整图形的位置，使其遮挡中心位置，如图2-171所示。

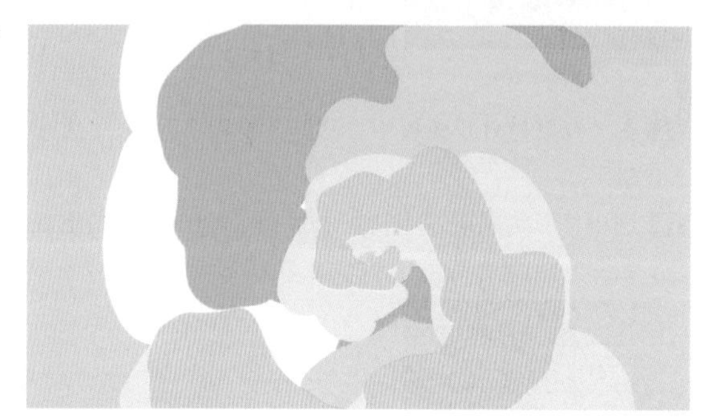

图2-171

23 按U键调出所有图层的关键帧，框选所有关键帧，单击鼠标右键，在弹出的菜单中选择“关键帧辅助>缓入”选项，效果如图2-172所示。

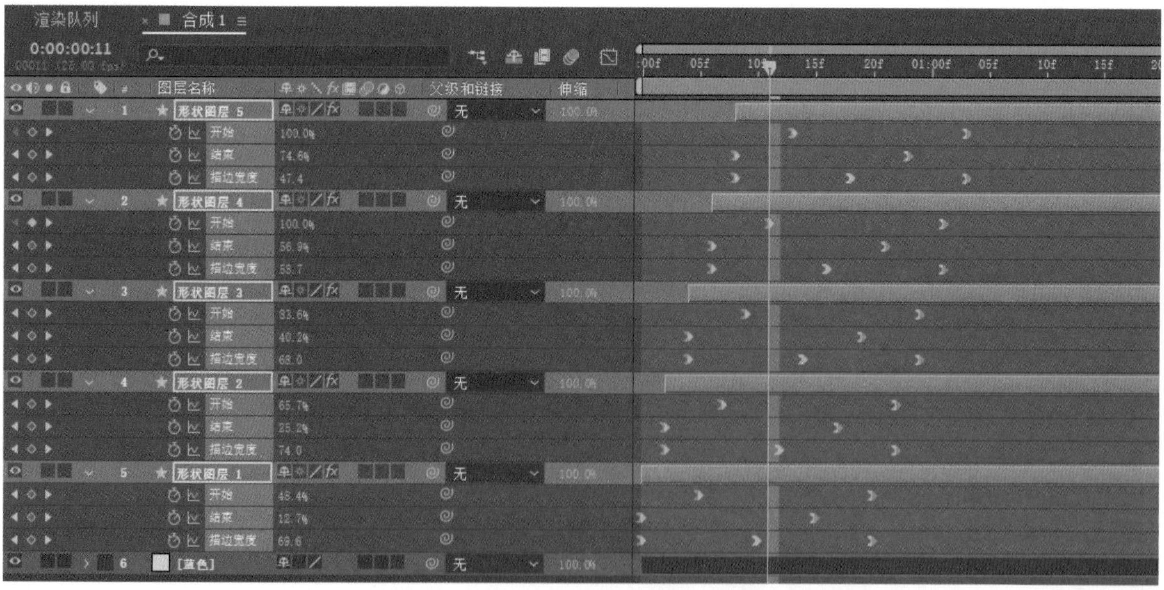

图2-172

24 选中所有形状图层，单击鼠标右键，在弹出的菜单中选择“预合成”选项，如图2-173所示。

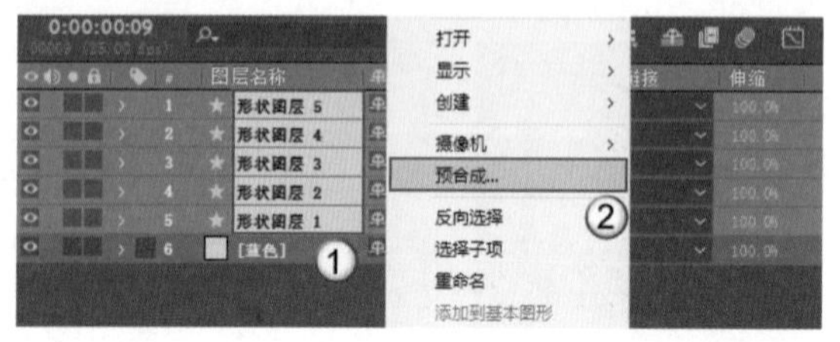

图2-173

25 在“项目”面板中选中“预合成1”合成，按快捷键Ctrl+D复制生成“预合成2”合成，将“预合成2”合成拖曳到下方的“时间轴”面板中，展开“变换”卷展栏，设置“旋转”为0x+180°，如图2-174所示，效果如图2-175所示。

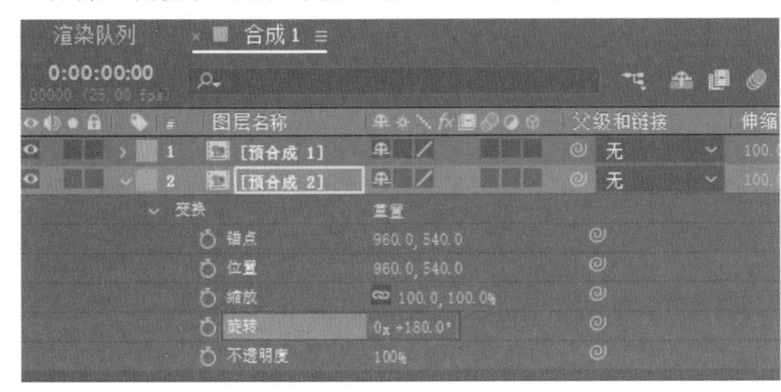

图2-174

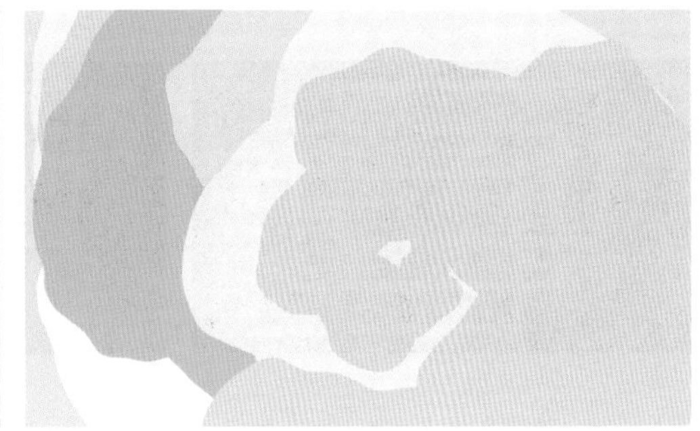

图2-175

26 在“合成”面板中随意截取4帧图片，动画效果如图2-176所示。

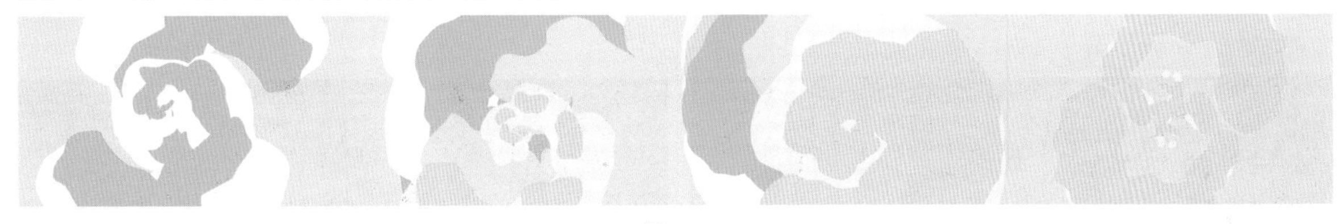

图2-176

技术回顾

演示视频:004-中继器

效果：中继器

位置:“时间轴”面板

扫码观看视频

01 新建一个合成，然后使用“矩形工具”绘制一个矩形，如图2-177所示。

02 单击“形状图层1”图层中的“添加”按钮，然后在弹出的菜单中选择“中继器”选项，如图2-178所示，可以看到原本的1个矩形被复制成了3个，如图2-179所示。

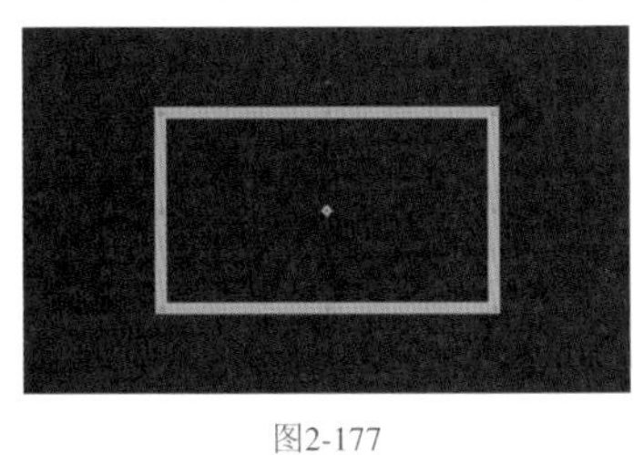

图2-177

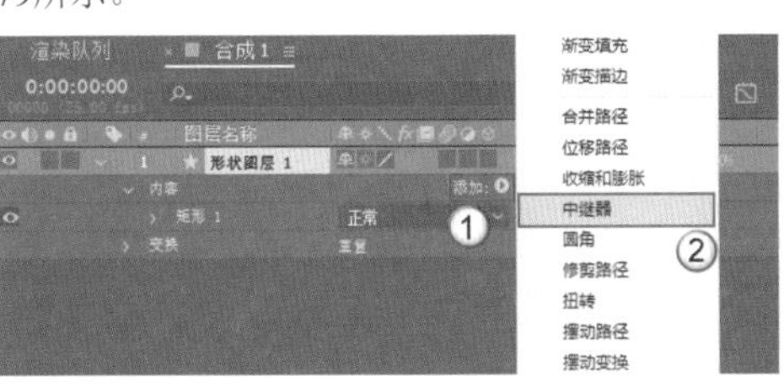

图2-178

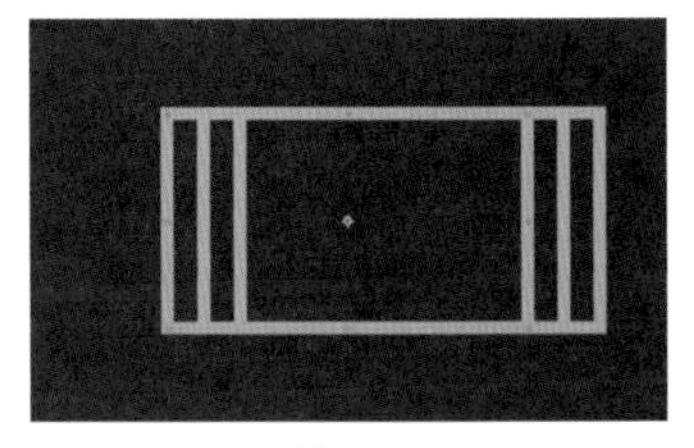

图2-179

03 展开“中继器1”卷展栏，改变“副本”参数可以控制复制的副本数量，如图2-180所示。

04 展开“变换：中继器1”卷展栏，可以改变中继器的参数，如图2-181所示。

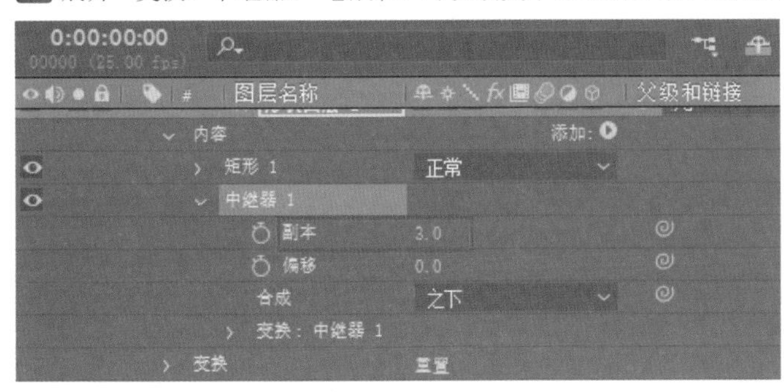

图2-180

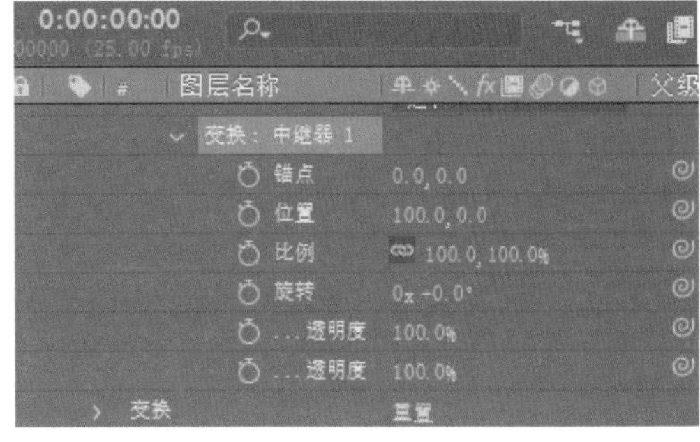

图2-181

05 调整“位置”参数，可以使复制的矩形具有不同的排列效果，如图2-182所示。

06 调整“缩放”参数，可以使复制的矩形按照比例递增或递减缩放，如图2-183所示。

07 调整“旋转”参数，可以使复制的矩形围绕锚点依次进行旋转，如图2-184所示。

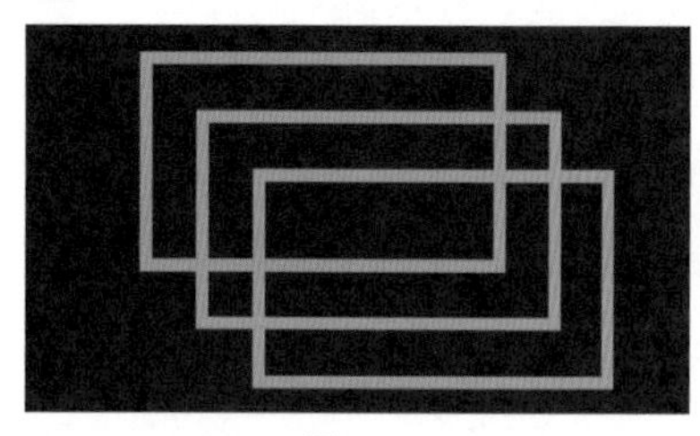
图2-182

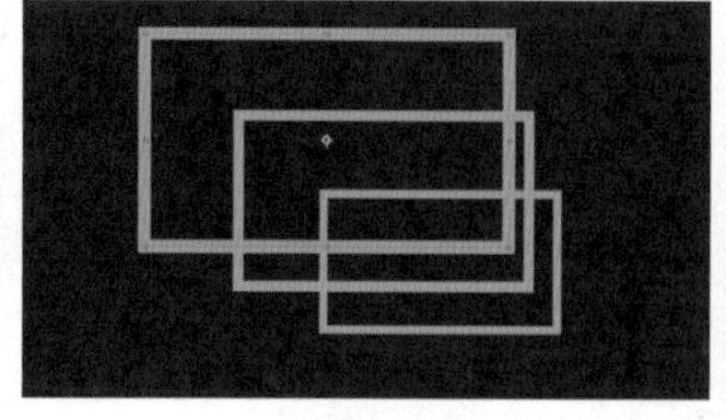
图2-183

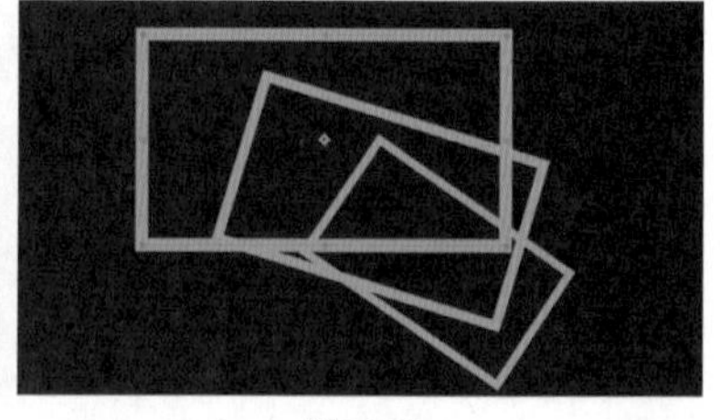
图2-184

08 调整“起始点不透明度”参数，可以降低绘制的矩形的不透明度，并将复制的第2个矩形的不透明度也降低一些，效果如图2-185所示。

09 调整“结束点不透明度”参数，可以降低最后复制的矩形的不透明度，并将复制的第2个矩形的不透明度也降低一些，效果如图2-186所示。这个效果和上一步呈现的效果相反。

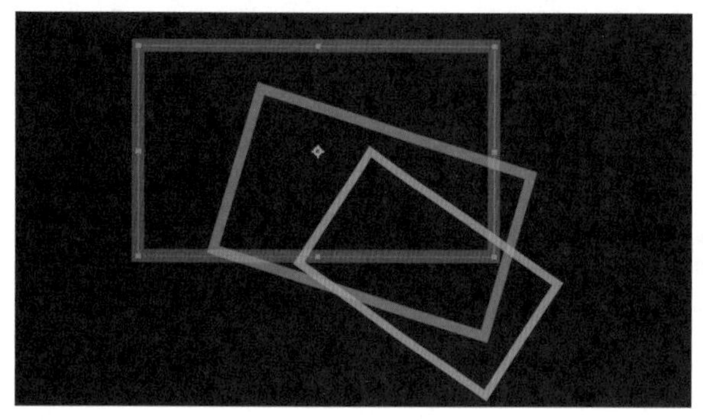
图2-185

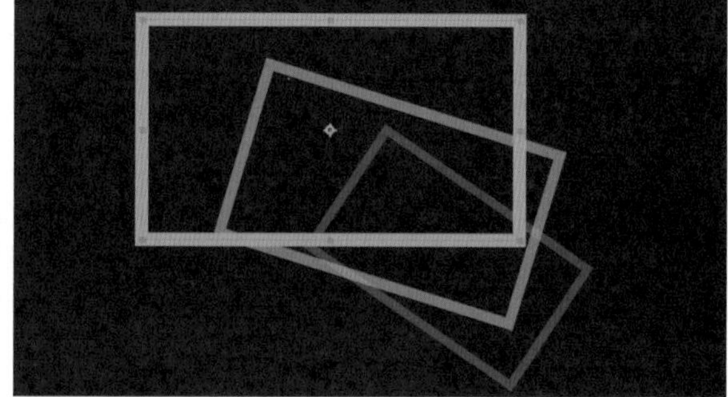
图2-186

重点

实战：制作动态插图动画

案例文件	案例文件>CH02>实战：制作动态插图动画
难易程度	★★★☆☆
学习目标	了解使用Motion 2插件制作动画的方法

扫码观看视频

将在Photoshop或Illustrator中绘制的插图导入After Effects中，借助Motion 2插件，为插图添加不同的动态效果，可以减少添加关键帧的步骤，极大提高制作效率。本案例将借助Motion 2插件制作一个简单的动态插图动画，效果如图2-187所示。

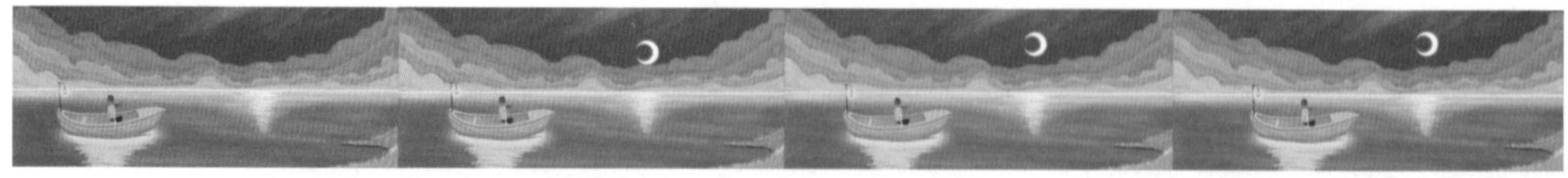
图2-187

案例制作

01 在“项目”面板中导入学习资源“案例文件>CH02>实战：制作动态插图动画”文件夹中的PSD格式的文件，此时会弹出对话框，设置“导入种类”为“合成-保持图层大小”，“图层选项”为“可编辑的图层样式”，如图2-188所示。

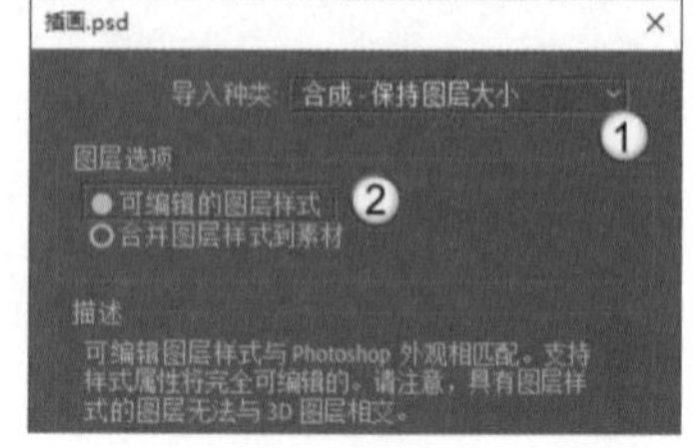

图2-188

02 单击“确定”按钮 确定 后，可以在“项目”面板中看到导入的各个图层，同时新建合成，将其命名为“插画”，如图2-189所示。

03 双击“插画”合成，在下方的“时间轴”面板中显示各个图层，如图2-190所示。

> **技巧提示**
>
> 在将素材导入After Effects之前，就需要在Photoshop中整理好需要做动画的图层，以及规划好呈现动画的形式。

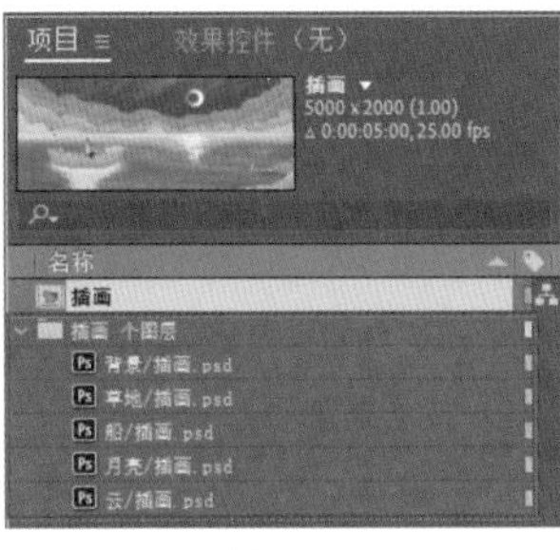

图2-189

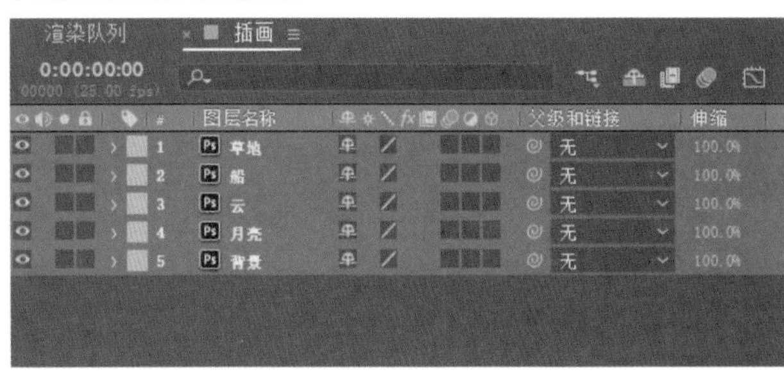

图2-190

04 需要做动画的图层是“月亮”“云”“船”3个图层，先制作月亮的动画。选中“月亮”图层，在时间轴的起始位置设置“位置”为（2500,1470），并添加关键帧，如图2-191所示。此时月亮会隐藏在云层的背后，效果如图2-192所示。

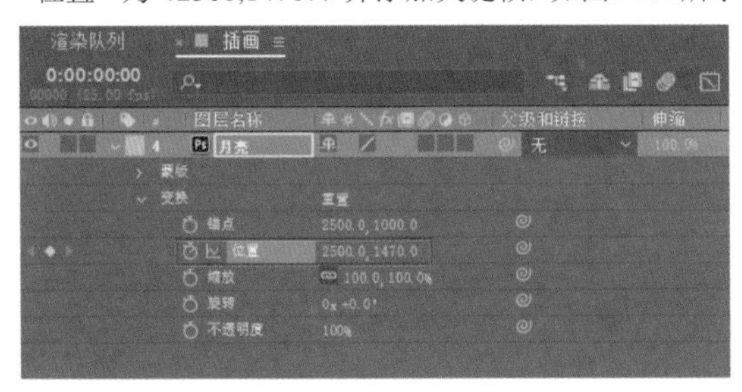

图2-191

图2-192

05 移动播放指示器到0:00:00:15的位置，设置“位置”为（2500,1030），如图2-193所示，此时月亮移回天空，效果如图2-194所示。

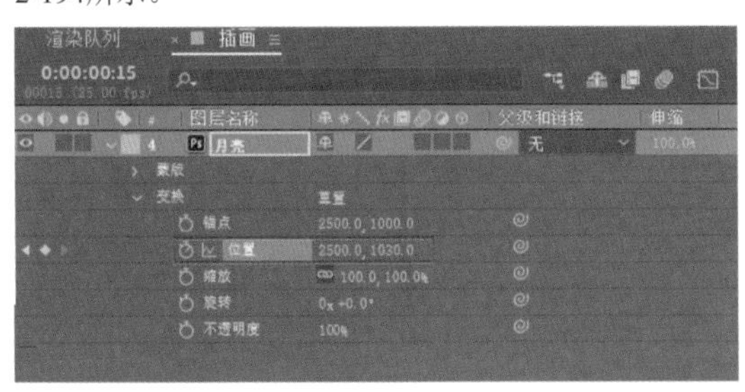

图2-193

图2-194

06 选中“位置”参数，然后单击Motion 2面板中的EXCITE按钮 EXCITE，如图2-195所示。此时播放动画，就能看到月亮在向上移动的时候出现弹跳的效果。

图2-195

> **技术专题：Motion 2插件的安装方法**
>
> 读者在下载完Motion 2插件后，会看到一个后缀名为.jsxbin的文件。打开After Effects的安装文件夹C:\Program Files\Adobe\Adobe After Effects 2022\Support Files\Scripts\ScriptUI Panels，将这个插件复制到打开的文件夹中，如图2-196所示。如果读者将After Effects安装在其他位置，就需要将插件复制到相应位置。

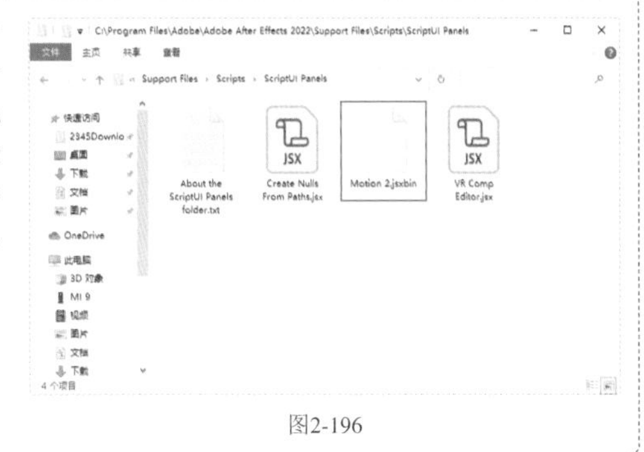

图2-196

复制完成后重启After Effects，然后打开“窗口”菜单，如果在下拉菜单中能找到Motion 2.jsxbin命令，就代表安装成功，如图2-197所示。执行这个命令，就会显示相应的控件面板，如图2-198所示。

图2-197

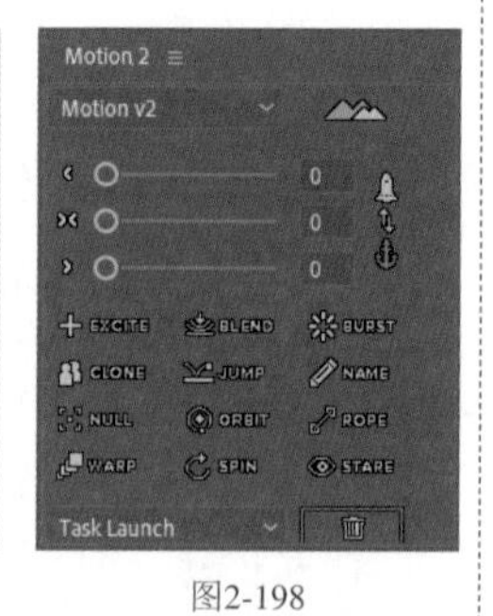

图2-198

07 选中“云”图层，然后展开“变换”卷展栏，在时间轴的初始位置为“位置”参数添加关键帧，如图2-199所示。

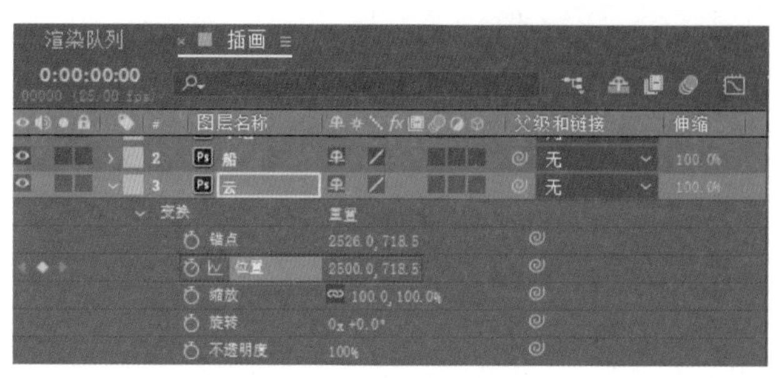

图2-199

08 移动播放指示器到0:00:00:15的位置，设置“位置”为（2500,740），云会向下移动一些，如图2-200和图2-201所示。

图2-200

图2-201

09 移动播放指示器到0:00:01:05的位置，然后选中已经添加的两个关键帧，按快捷键Ctrl+C和快捷键Ctrl+V进行复制粘贴，如图2-202所示。

10 移动播放指示器到0:00:02:10的位置，然后复制粘贴起始位置的关键帧，如图2-203所示，这样就能使动画效果头尾相连，以形成循环的动画效果。

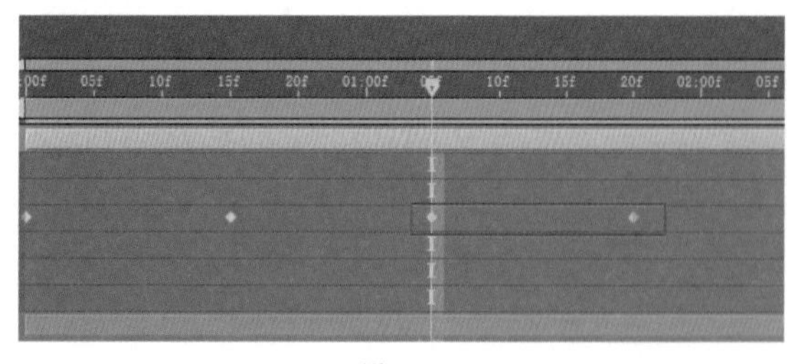

图2-202

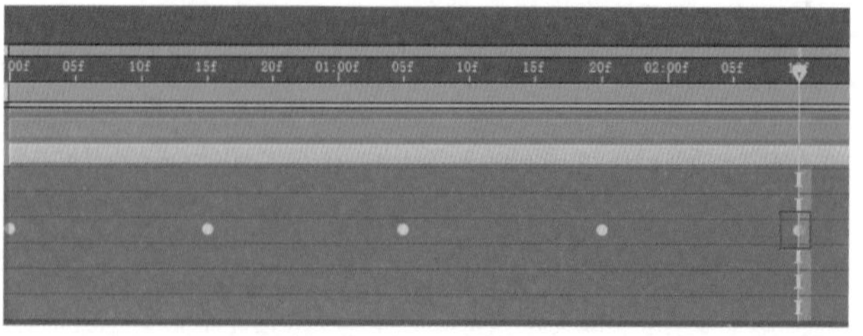

图2-203

疑难问答：有没有制作循环动画的快捷方法？

通过设置关键帧制作循环动画的过程较为麻烦，还有一种更为简单的方法，那就是使用循环表达式。读者若有兴趣，可以翻阅“第4章 表达式的应用”中“实战：使用循环表达式制作时钟动画”部分的内容进行了解。

11 选中所有关键帧，如图2-204所示，然后按F9键为它们添加“缓动”效果。

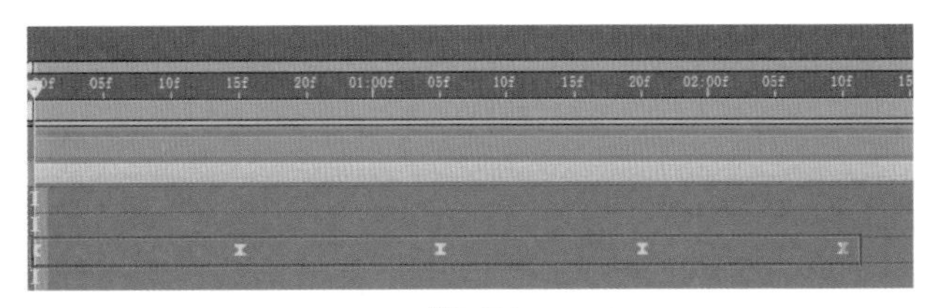

图2-204

12 下面制作船的动画。选中“船”图层，然后使用“向后平移（锚点）工具”将图层的锚点移动到小船的下方，如图2-205所示。

图2-205

> **技巧提示**
>
> 在Motion 2面板中单击图2-206所示的按钮，也可以将锚点快速移动到小船的下方。
>
> 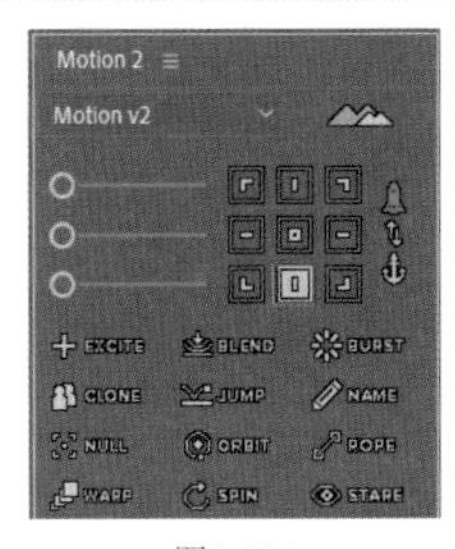
>
>
> 图2-206

13 在时间轴的起始位置设置“旋转”为0x-1°，并添加关键帧，如图2-207所示。此时小船会微微向后旋转，效果如图2-208所示。

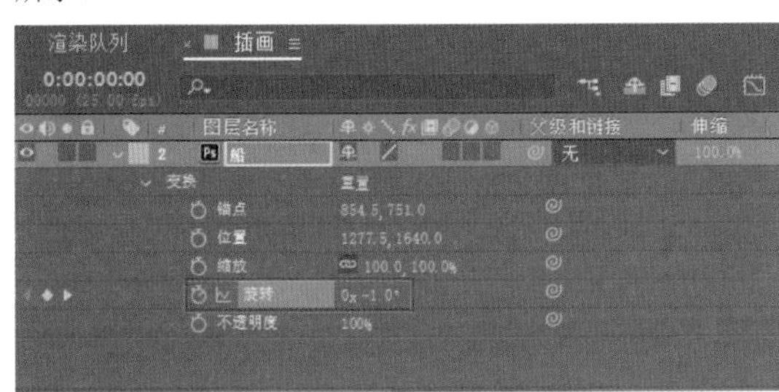

图2-207

图2-208

14 移动播放指示器到0:00:00:15的位置，然后设置“旋转”为0x+1°，如图2-209所示。此时小船会微微向前旋转，效果如图2-210所示。

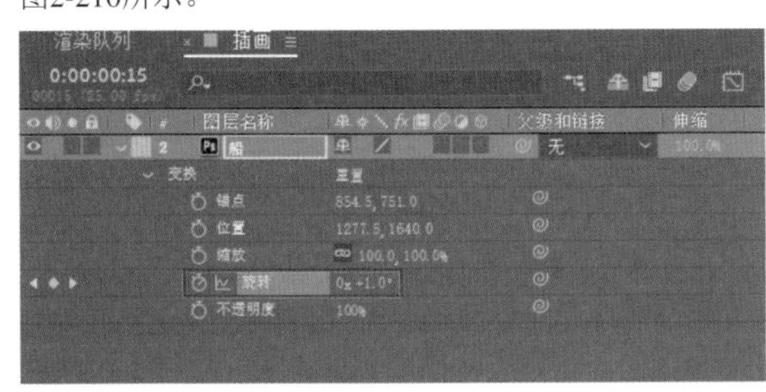

图2-209

图2-210

15 按照复制“云”图层的关键帧的方法，复制“小船”图层的关键帧，如图2-211所示。

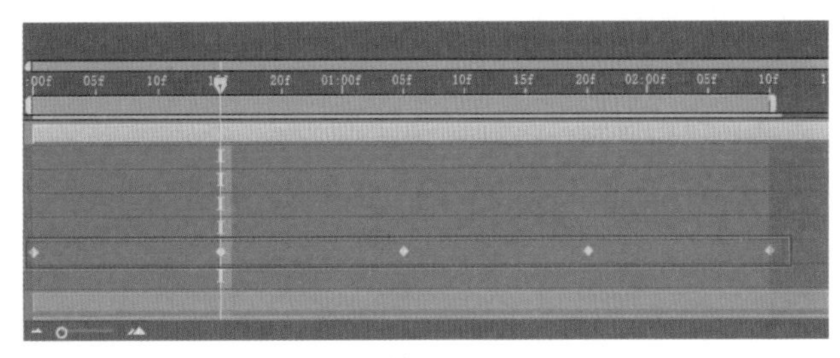

图2-211

16 在时间轴的起始位置添加“位置”关键帧，然后移动播放指示器到0:00:02:10的位置，设置“位置”为（1746.5,1640），如图2-212所示。此时小船会向右移动一段距离，效果如图2-213所示。

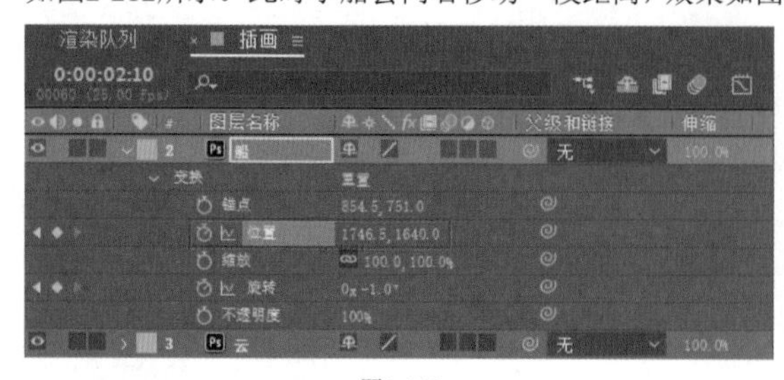

图2-212

图2-213

17 在“合成”面板中任意截取4帧画面，动画效果如图2-214所示。

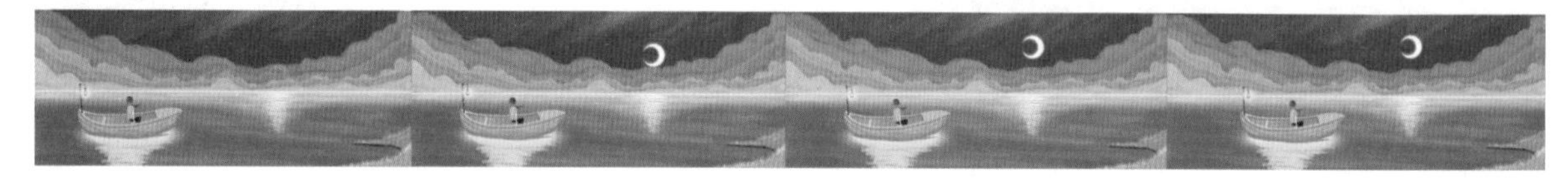

图2-214

实战：制作图片展示动画

案例文件	案例文件>CH02>实战：制作图片展示动画
难易程度	★★★☆☆
学习目标	综合练习制作关键帧动画

扫码观看视频

通过制作不同的关键帧动画，可以让图片之间产生丰富的衔接效果。本案例运用前面学习的知识将多幅图片进行串联，形成一个较为复杂的展示动画，如图2-215所示。

图2-215

01 新建一个默认合成，然后在“项目”面板中导入学习资源“案例文件>CH02>实战：制作图片展示动画”文件夹中的素材图片，如图2-216所示。

02 将5张素材图片向下拖曳到“时间轴”面板中，生成对应的图层，如图2-217所示。

03 选中“01.jpg”图层，然后使剪辑的末尾在0:00:01:00的位置，如图2-218所示。

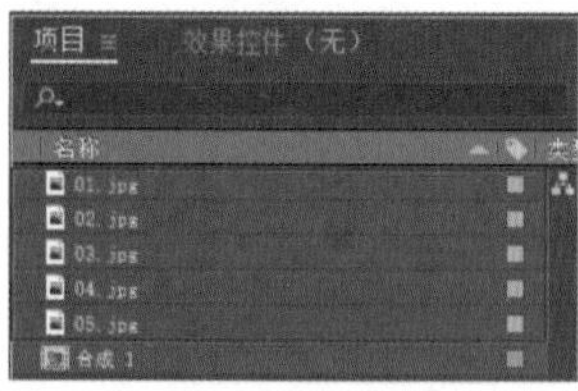

图2-216

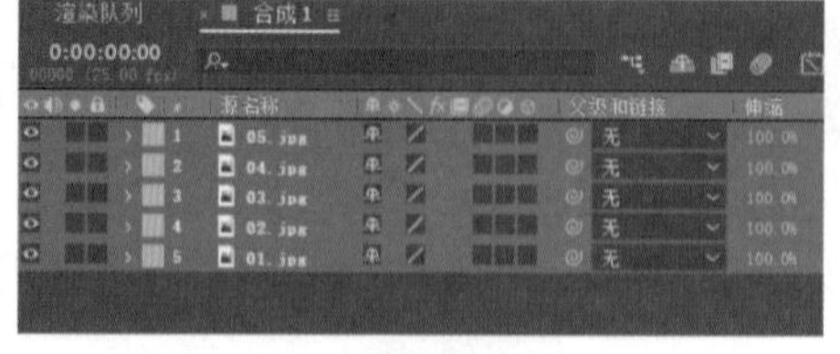

图2-217

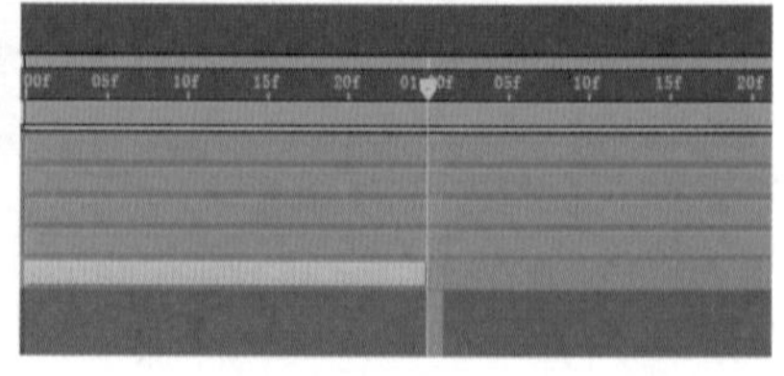

图2-218

> **技巧提示**
>
> 制作“01.jpg”图层的动画时，先隐藏上方的4个图层。

04 展开“变换”卷展栏，在时间轴的起始位置设置“不透明度”为0%，并添加关键帧，然后在0:00:00:05的位置设置“不透明度”为100%，如图2-219所示，效果如图2-220所示。

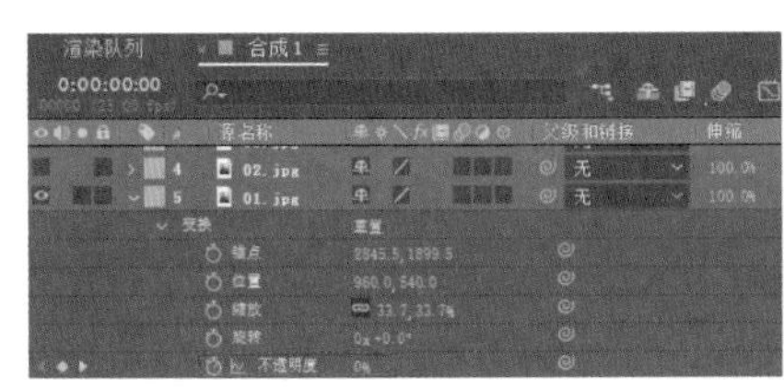
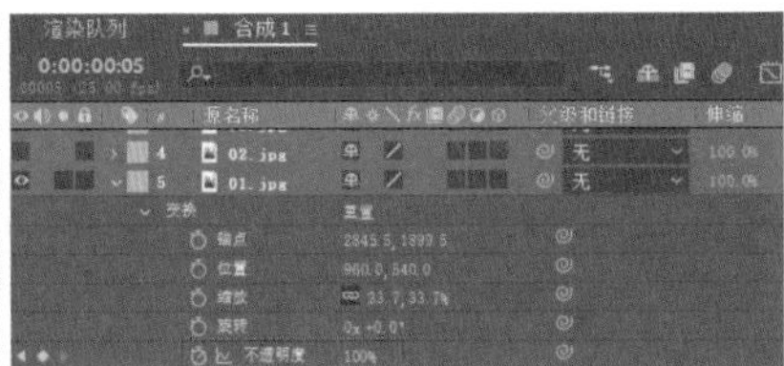

图2-219

图2-220

05 选中“01.jpg”图层，单击鼠标右键，在弹出的菜单中选择“3D图层”选项，在时间轴起始位置添加“位置”关键帧，然后在0:00:00:15的位置设置“位置”为（960,540,1180），如图2-221所示，效果如图2-222所示。

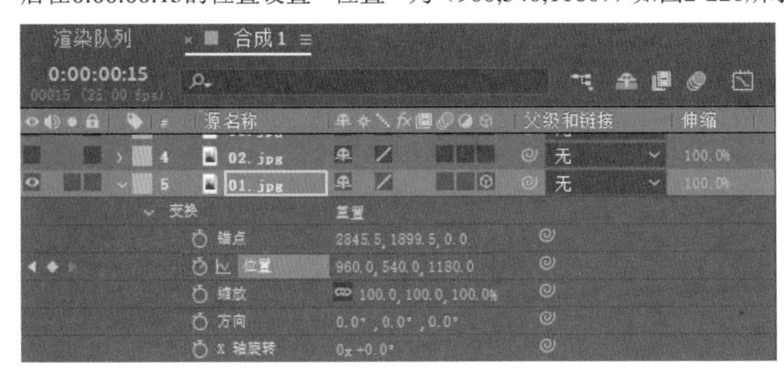

图2-221

图2-222

06 移动播放指示器到0:00:00:23的位置，设置“位置”为（960,540,2120），如图2-223所示，效果如图2-224所示。

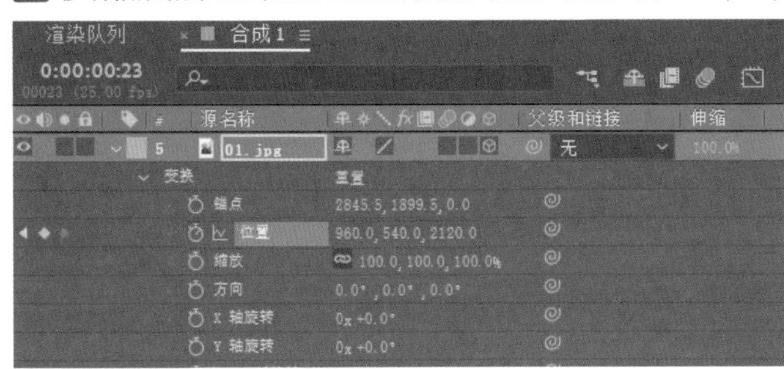

图2-223

图2-224

07 保持播放指示器的位置不变，为“Z轴旋转”添加关键帧，然后移动播放指示器到剪辑的末尾，设置“Z轴旋转”为0x+90°，如图2-225所示，效果如图2-226所示。

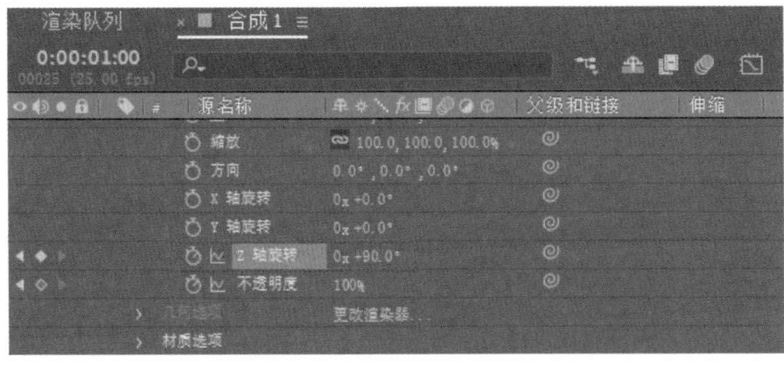

图2-225

图2-226

08 选中“02.jpg”图层，然后设置剪辑的起始位置为0:00:01:00，结束位置为0:00:02:00，如图2-227所示。

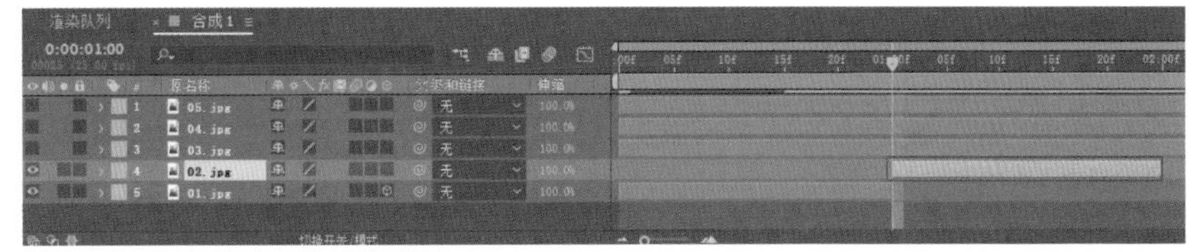

图2-227

09 移动播放指示器到剪辑起始位置，然后设置“Z轴旋转”为0x-20°，并添加该参数的关键帧和“位置”关键帧，如图2-228所示，效果如图2-229所示。

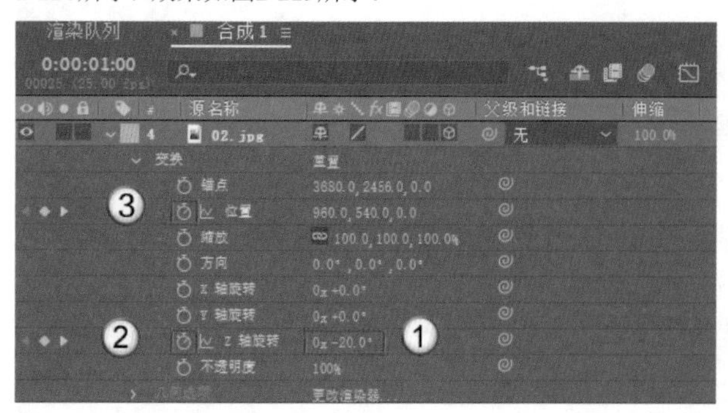

图2-228

图2-229

10 移动播放指示器到0:00:01:05的位置，设置“Z轴旋转”为0x+0°，如图2-230所示，效果如图2-231所示。

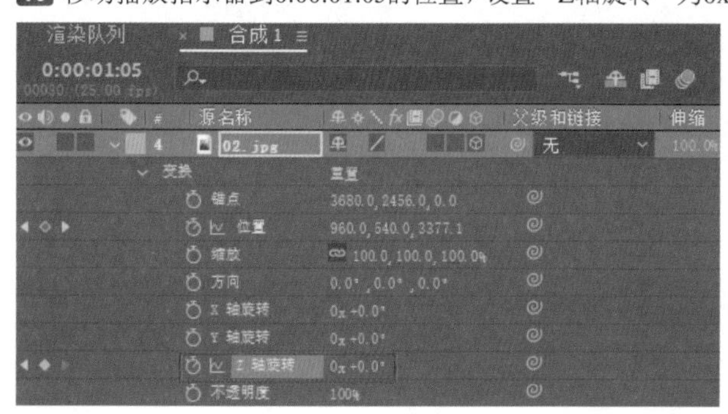

图2-230

图2-231

11 移动播放指示器到0:00:01:19的位置，设置“位置”为（960,540,7505），如图2-232所示，效果如图2-233所示。

图2-232

图2-233

12 复制上一步创建的关键帧，然后将其粘贴到0:00:01:20的位置，如图2-234所示。

> **技巧提示**
>
> 按快捷键Ctrl+C复制关键帧，在对应的位置按快捷键Ctrl+V就可以粘贴该关键帧。

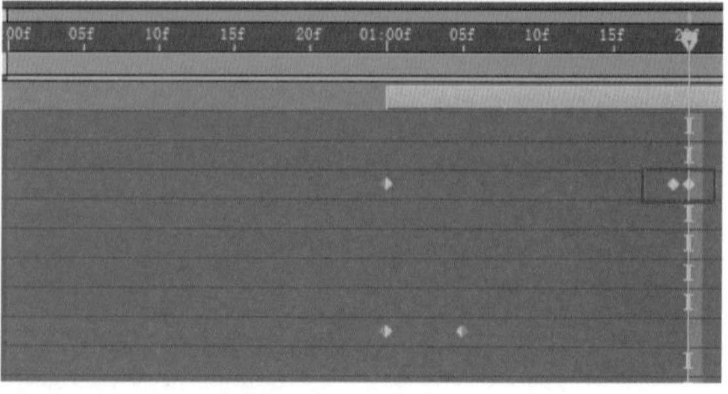

图2-234

13 移动播放指示器到剪辑末尾，设置“位置”为（960,154,7505），如图2-235所示。此时素材图片会向上移动，效果如图2-236所示。

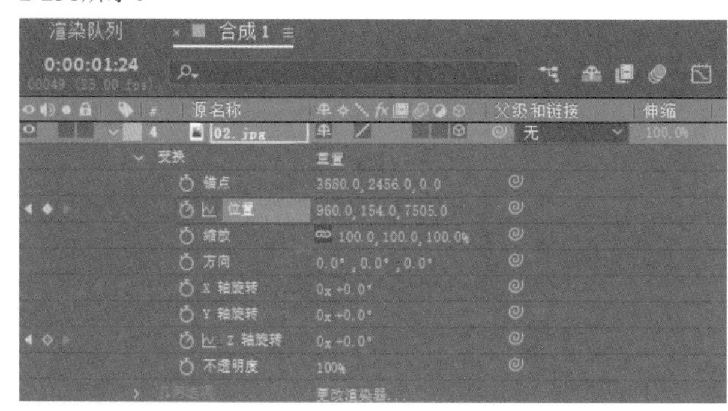

图2-235

图2-236

14 选中“03.jpg”图层，然后设置剪辑的起始位置为0:00:02:00，结束位置为0:00:03:00，如图2-237所示。

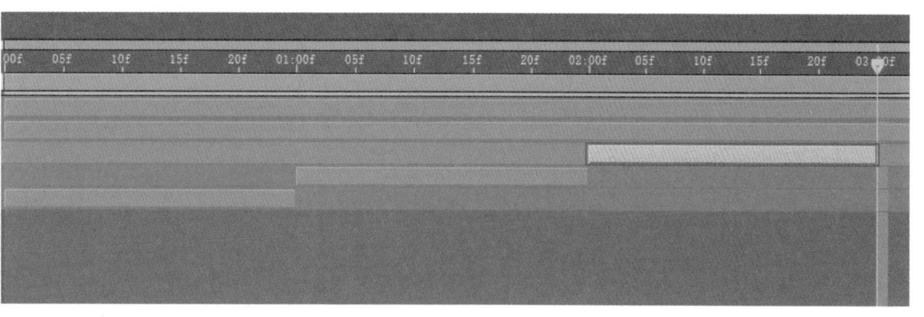

图2-237

15 移动播放指示器到剪辑起始位置，设置“缩放”为（25%,25%），并添加关键帧，如图2-238所示，效果如图2-239所示。

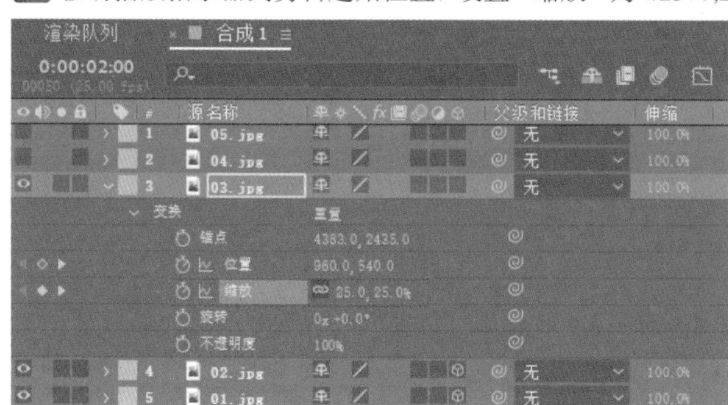

图2-238

图2-239

16 移动播放指示器到0:00:02:10的位置，设置“缩放”为（30%,30%），如图2-240所示，效果如图2-241所示。

图2-240

图2-241

17 移动播放指示器到0:00:02:14的位置，设置“缩放”为（74%,74%），然后添加“位置”关键帧，如图2-242所示，效果如图2-243所示。

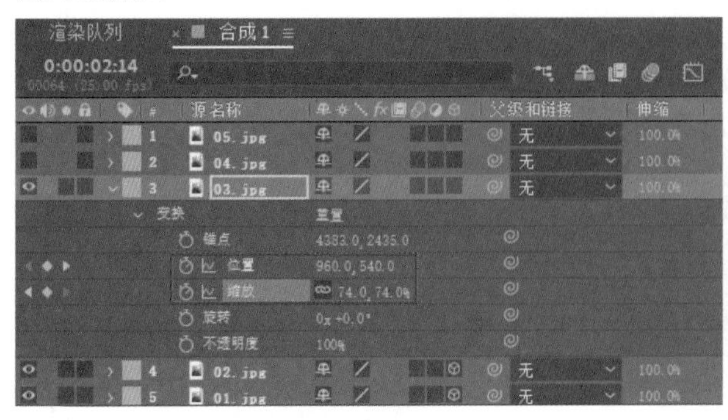

图2-242

图2-243

18 移动播放指示器到剪辑末尾位置，然后设置“位置”为（-1320,540），如图2-244所示。此时素材图片会向左移动，效果如图2-245所示。

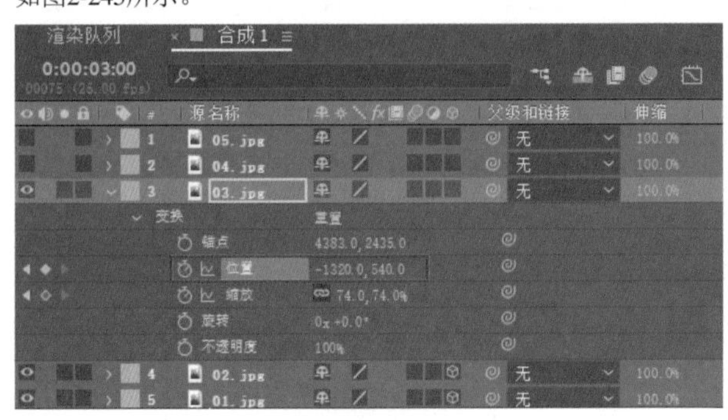

图2-244

图2-245

19 选中“04.jpg”图层，然后设置剪辑的起始位置为0:00:03:00，结束位置为0:00:04:00，如图2-246所示。

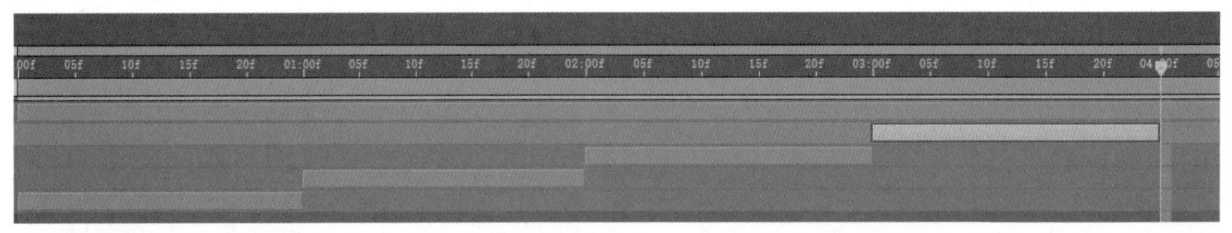

图2-246

20 移动播放指示器到剪辑起始位置，设置“位置”为（2092,540,0），并添加关键帧，如图2-247所示，效果如图2-248所示。

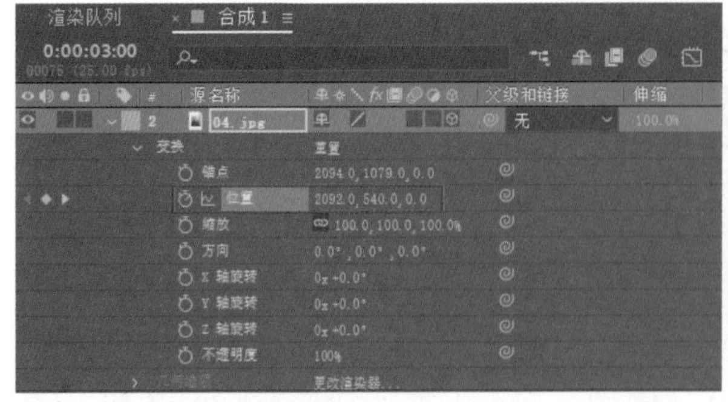

图2-247

图2-248

> **技巧提示**
>
> 如果“位置”参数有3个数值，就代表该图层开启了“3D图层”选项。

21 移动播放指示器到0:00:03:05的位置，设置“位置”为（960,540,0），如图2-249所示，效果如图2-250所示。

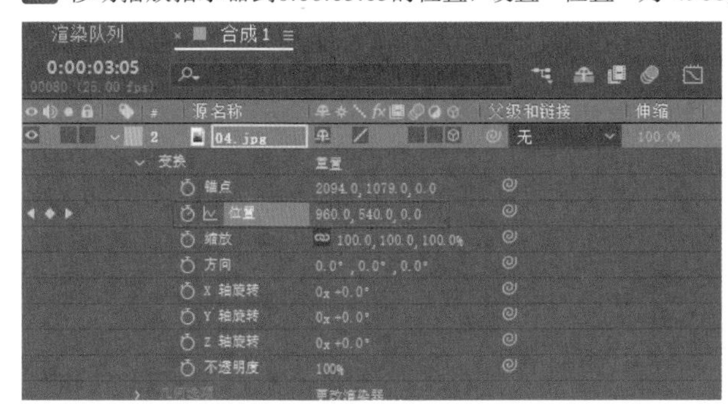

图2-249

图2-250

22 移动播放指示器到0:00:03:20的位置，设置“位置”为（960,540,663），如图2-251所示，效果如图2-252所示。

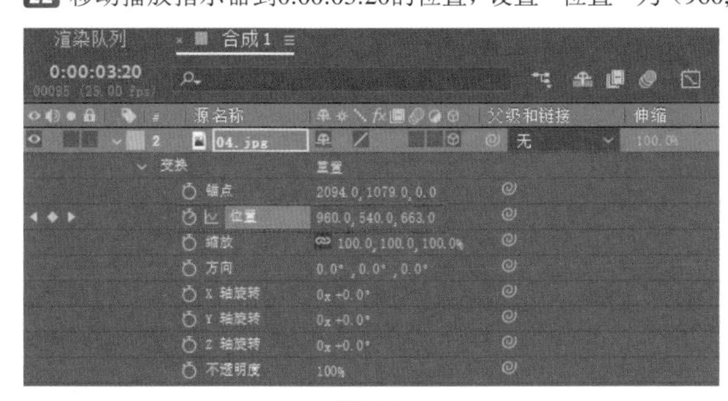

图2-251

图2-252

23 移动播放指示器到0:00:04:00的位置，设置“位置”为（960,540,-414），如图2-253所示，效果如图2-254所示。

图2-253

图2-254

24 选中“05.jpg”图层，然后设置剪辑的起始位置为0:00:04:00，结束位置为时间轴末尾，如图2-255所示。

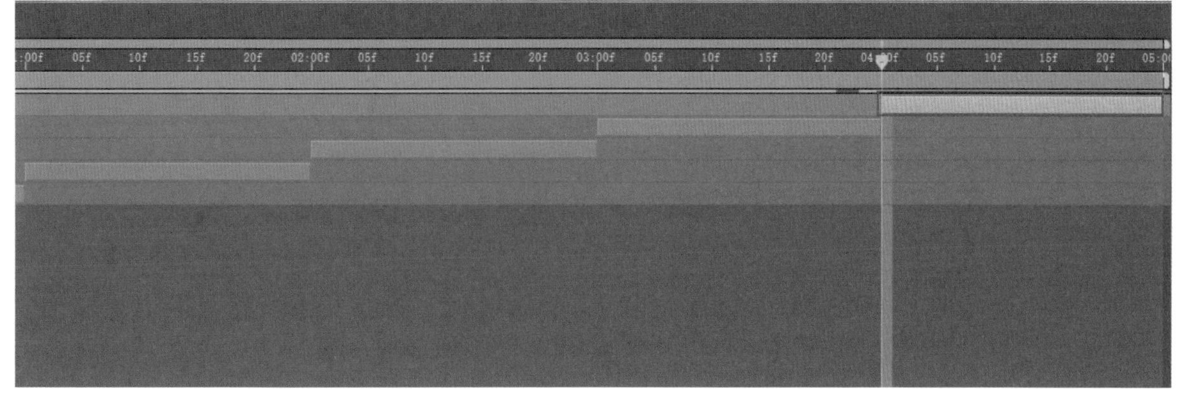

图2-255

25 在剪辑的起始位置添加“缩放”关键帧，如图2-256所示。此时画面效果如图2-257所示。

图2-256

图2-257

26 移动播放指示器到0:00:04:20的位置，设置“缩放”为（40%,40%），如图2-258所示，效果如图2-259所示。

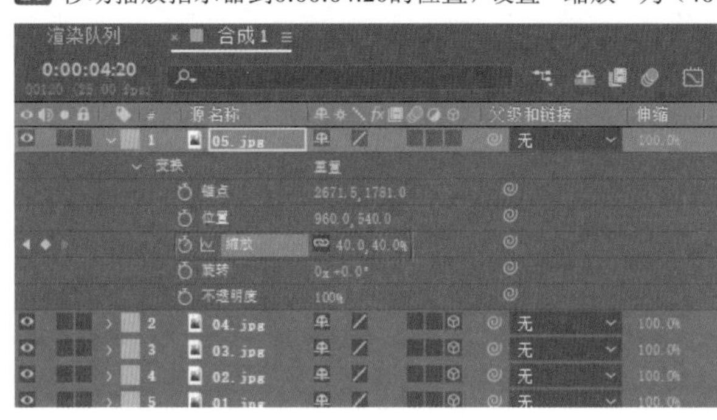

图2-258

图2-259

27 保持播放指示器的位置不变，添加“不透明度”关键帧，然后移动播放指示器到时间轴末尾位置，设置“不透明度”为0%，如图2-260所示。此时画面显示为黑色。

28 选中所有图层，然后开启“运动模糊”选项，如图2-261所示。这样在画面中就能形成运动模糊效果。

图2-260

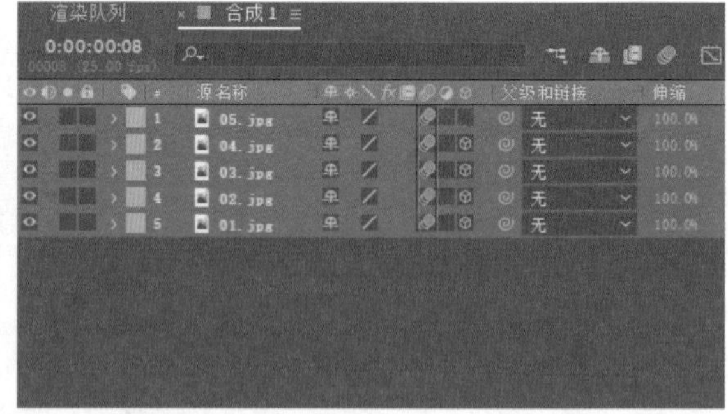

图2-261

29 按Space键预览动画，会发现“03.jpg”图层动画末尾的速度偏慢，节奏感不是很好。选中图2-262所示的关键帧，然后将其移动到0:00:02:20的位置，这样就能加快末尾部分动画的速度，形成快速切换效果。

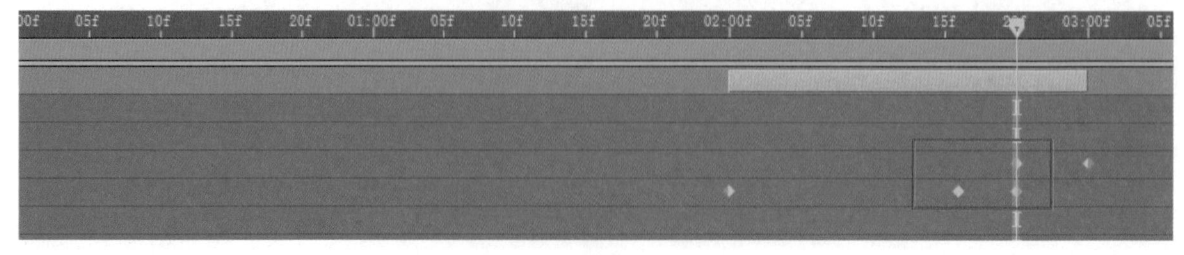

图2-262

30 选中所有图层，按U键调出所有添加了关键帧的参数，然后全选所有关键帧，按F9键将它们转换为“缓动”关键帧，如图2-263所示。

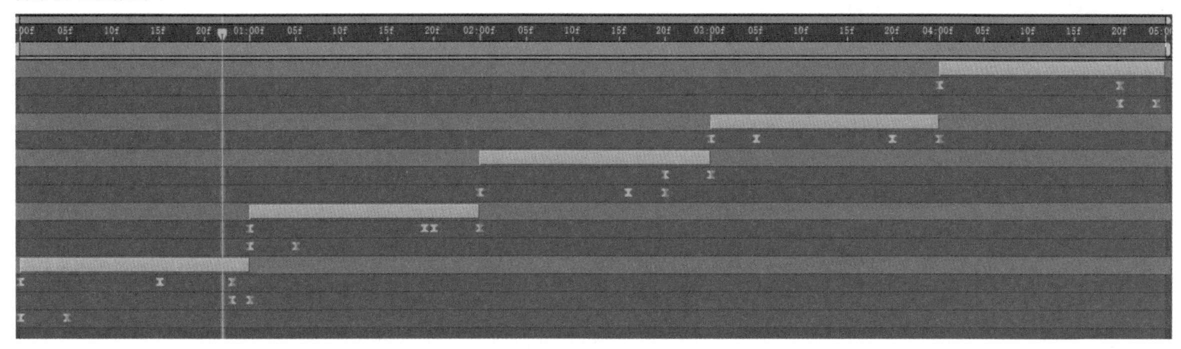

图2-263

31 在“合成”面板中随意截取4帧图片，动画效果如图2-264所示。

图2-264

实战：制作动态表情包

案例文件	案例文件>CH02>实战：制作动态表情包
难易程度	★★★☆☆
学习目标	综合练习制作关键帧动画

扫码观看视频

动态表情包在日常生活中经常会用到，尤其是在聊天类软件中。下面通过案例讲解一个制作动态表情包的简单方法，效果如图2-265所示。

图2-265

01 新建一个项目，然后导入学习资源“案例文件>CH02>实战：制作动态表情包”文件夹中的“素材.psd”文件，在导入的时候设置“导入种类”为“合成-保持图层大小”，“图层选项”为“可编辑的图层样式”，如图2-266所示。素材导入后的效果如图2-267所示。

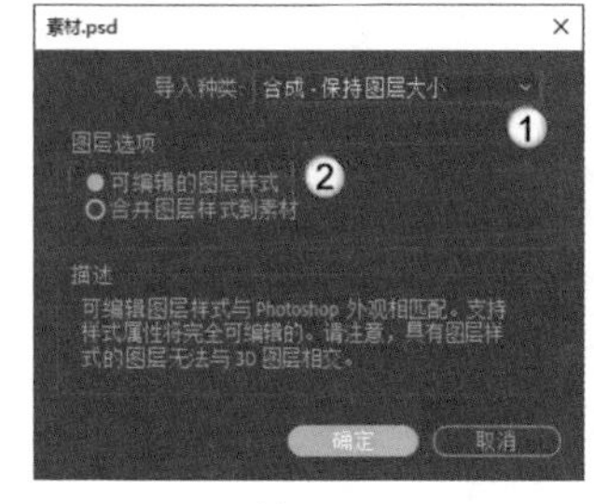

图2-266

图2-267

02 新建一个合成，设置“宽度”和“高度”都为300像素，“持续时间”为0:00:02:00，如图2-268所示。

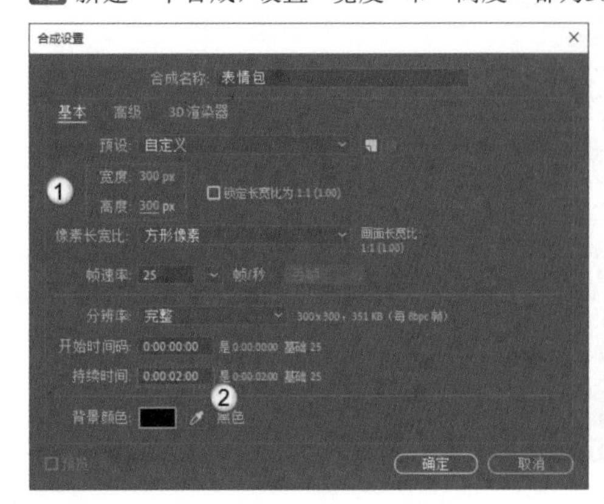

图2-268

03 将“项目”面板中的3个素材向下拖曳到“时间轴”面板中，生成对应的图层，会发现“合成”面板中只能显示部分素材，如图2-269所示。

> **技巧提示**
>
> 现实中的表情包图片的尺寸和体积都很小，这样才方便快速发送和传播。

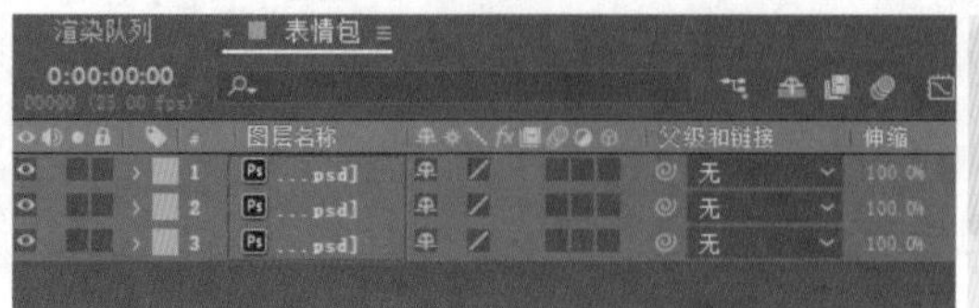

图2-269

04 选中这3个图层，然后按快捷键Ctrl+Alt+F将它们调整为适合合成画面的大小，如图2-270所示。

05 观察合成，会发现后方的文字和星星素材还是偏大。单独选中这两个素材所在的图层，然后调整“缩放”和“位置”参数，效果如图2-271所示。

图2-270

图2-271

> **疑难问答：为何按快捷键后出现“框选翻译文字”的提示？**
>
> 有的读者会有疑问，按快捷键后出现的是“框选翻译文字”的提示，这是因为该快捷键与QQ的热键发生了冲突，自动跳转到了QQ的相关热键。解决方法有两种。
>
> 第1种：关闭QQ或者修改QQ的相关热键。
>
> 第2种：选中图层后单击鼠标右键，在弹出的菜单中选择“变换>适合复合”选项。

06 选中“图层3/素材.psd”图层，在工具栏中单击“人偶位置控点工具”按钮，然后在画面中添加图2-272所示的锚点。

07 在时间轴的起始位置移动锚点的位置，形成图2-273所示的效果，时间轴上会自动生成关键帧。

08 移动播放指示器到0:00:01:00的位置，然后调整锚点的位置形成图2-274所示的效果，时间轴上会自动生成关键帧。

图2-272

图2-273

图2-274

09 选中“图层3/素材psd”图层，按U键调出所有添加了关键帧的参数，然后复制时间轴起始位置的关键帧，并将其粘贴到时间轴末尾，这样就能形成循环播放的动画效果，如图2-275所示。

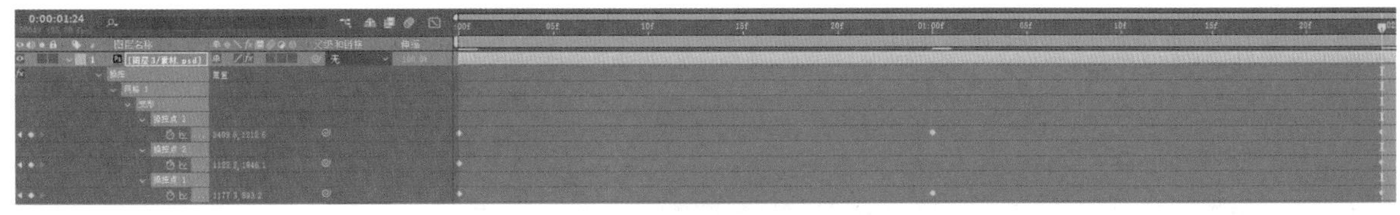

图2-275

10 选中“图层7/素材.psd”图层，按R键调出“旋转”参数，设置“旋转”为0x-5°，并在时间轴的起始位置添加关键帧，如图2-276所示，效果如图2-277所示。

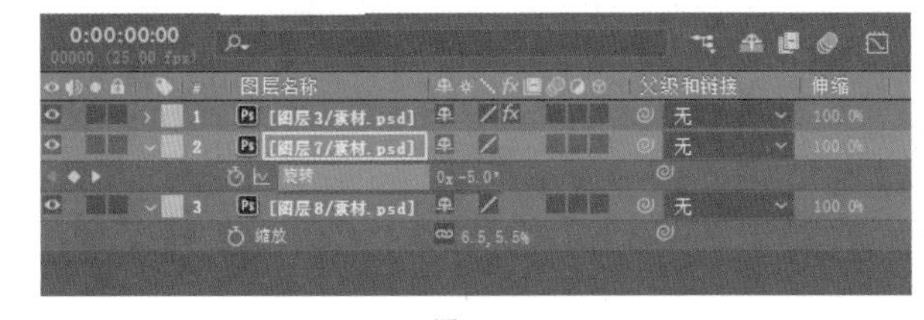

图2-276

图2-277

11 移动播放指示器到0:00:00:05的位置，设置“旋转”为0x+40°，如图2-278所示，效果如图2-279所示。

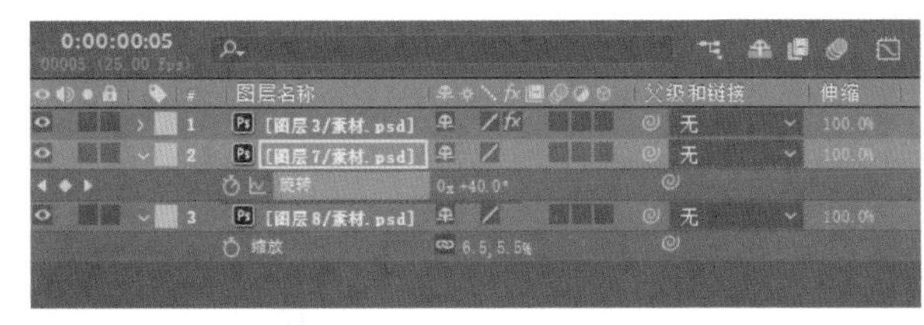

图2-278

图2-279

12 复制步骤10和步骤11中的两个旋转关键帧，按照5帧的时间间隔对关键帧进行复制粘贴，如图2-280所示。

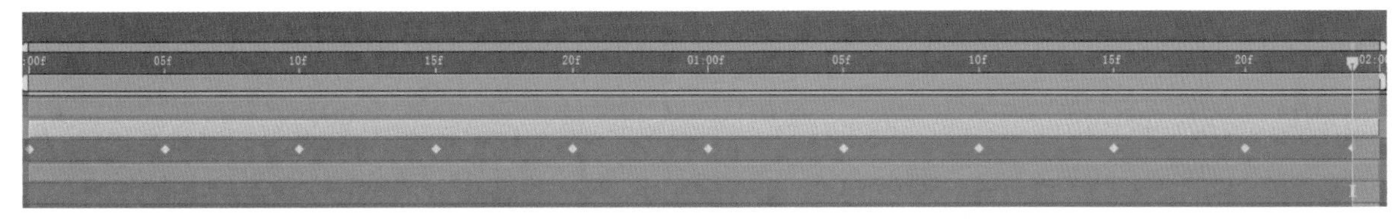

图2-280

13 选中“图层8/素材.psd”图层，按T键调出“不透明度”参数，设置“不透明度”为0%，并在时间轴初始位置添加关键帧，如图2-281所示。此时画面中不会显示星星素材。

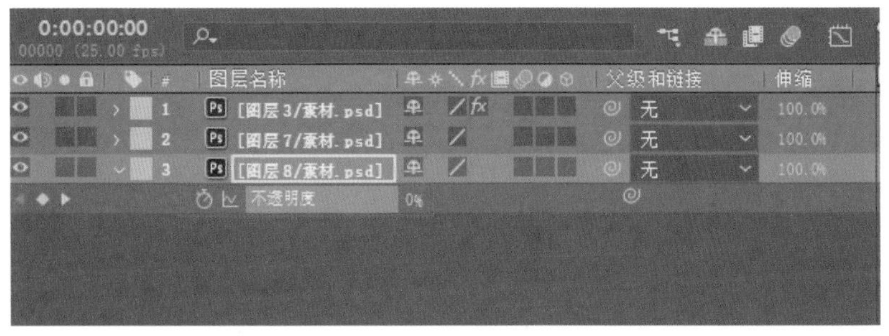

图2-281

14 移动播放指示器到0:00:01:00的位置，设置“不透明度”为100%，如图2-282所示，效果如图2-283所示。

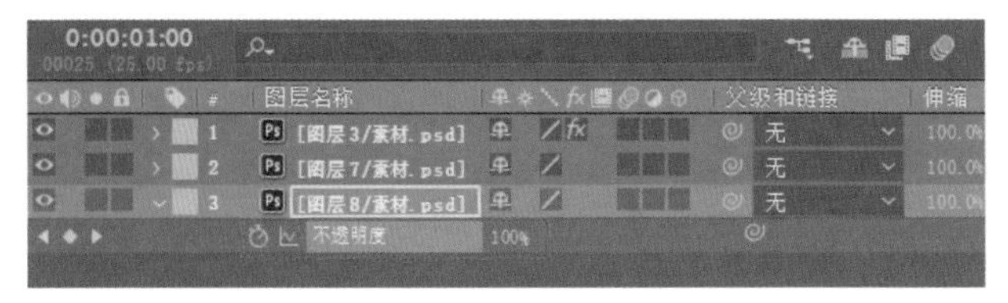

图2-282

图2-283

15 复制时间轴起始位置的关键帧，然后将其粘贴到时间轴末尾，如图2-284所示。

16 新建一个白色的纯色图层，将其放在所有图层的下方，如图2-285所示，效果如图2-286所示。

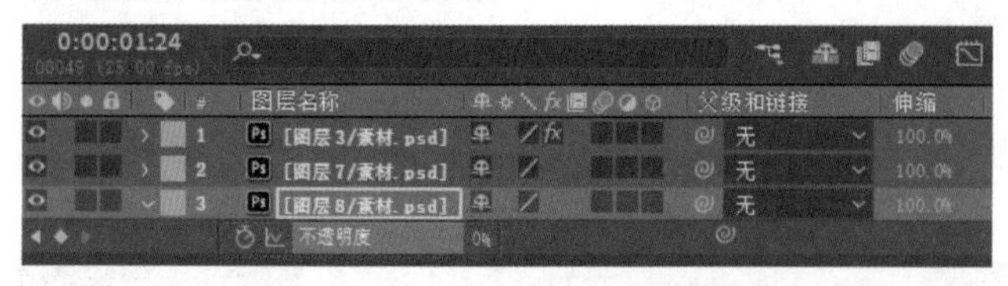

图2-284

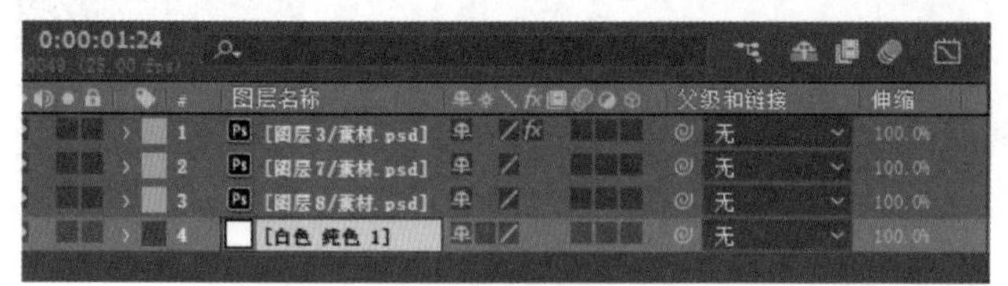

图2-285

图2-286

17 在“合成”面板中随意截取4帧图片，动画效果如图2-287所示。

图2-287

① 技巧提示 + ② 疑难问答 + ◎ 技术专题 + ◎ 知识链接

高级动画

本章继续讲解一些动画的制作方法，难度比上一章有所提升。父子层级、蒙版遮罩和摄像机是本章学习的重点。

学习重点

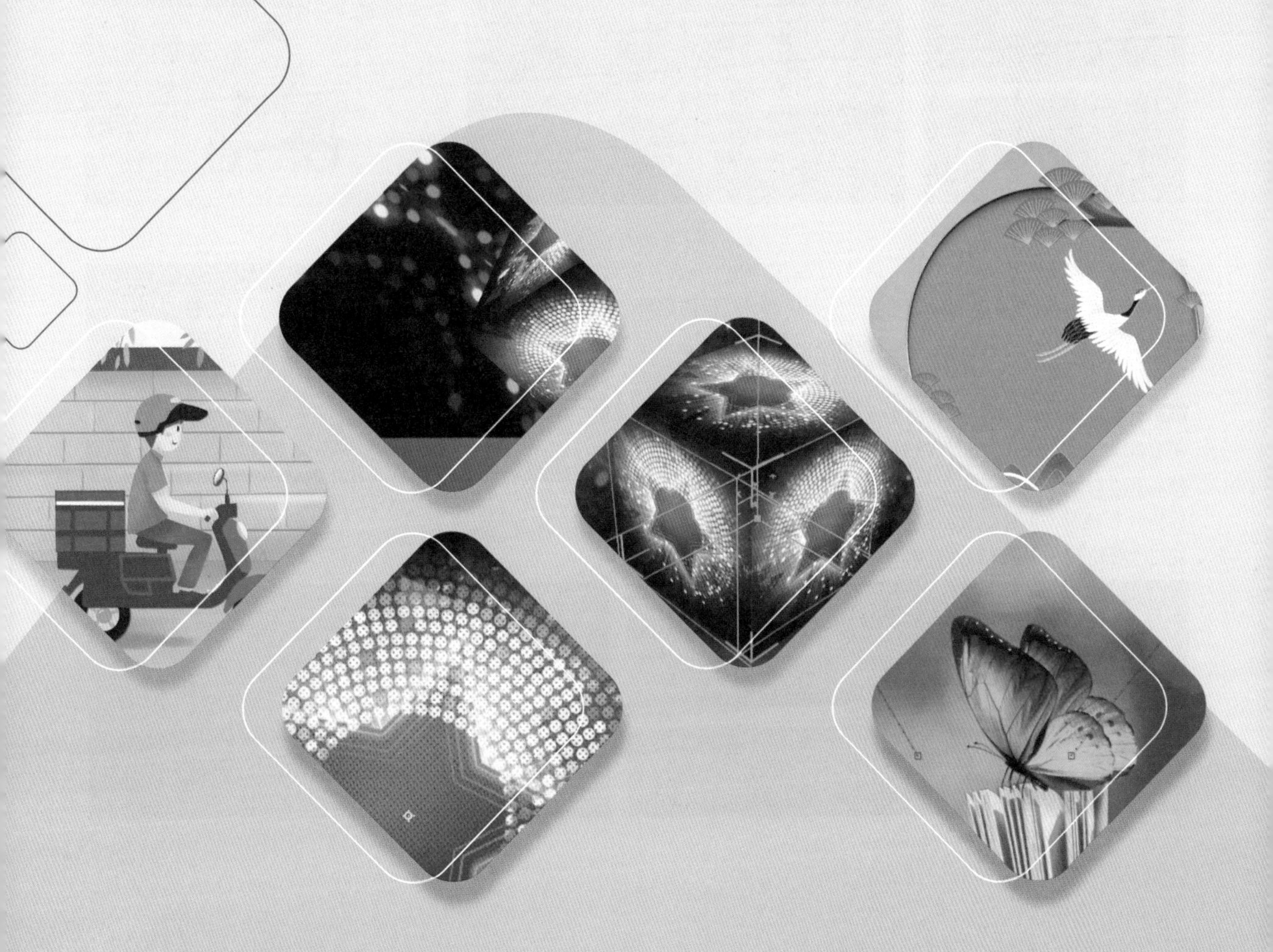

重点

实战：制作行驶的小车动画

案例文件	案例文件>CH03>实战：制作行驶的小车动画
难易程度	★★★☆☆
学习目标	掌握父子层级的应用方法

使用父子层级可以有效地控制多个对象的动画效果，减少关键帧的添加，从而提升制作效率。本案例就利用父子层级关系，制作一个小车的位移动画，该动画中还有车轮的旋转动画，如图3-1所示。

图3-1

案例制作

01 新建一个项目，然后在“项目”面板中导入学习资源“案例文件>CH03>实战：制作行驶的小车动画”文件夹中的PSD格式的文件，如图3-2所示。

02 双击“项目”面板中的合成，“时间轴”面板中会显示相应的图层，如图3-3所示，“合成”面板中则会显示素材的效果，如图3-4所示。

图3-2

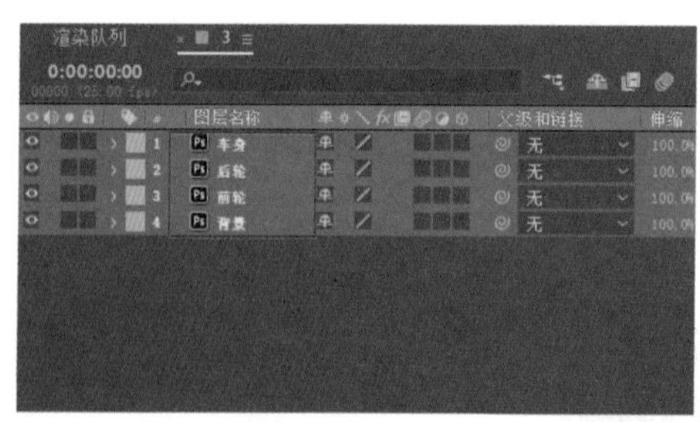

图3-3

图3-4

03 选中“前轮”图层和“后轮”图层，按R键调出“旋转”参数，在时间轴的起始位置添加关键帧，然后在0:00:01:24的位置设置“旋转”为3x+0°，如图3-5所示。按Space键预览动画，可以观察到车轮向前旋转。

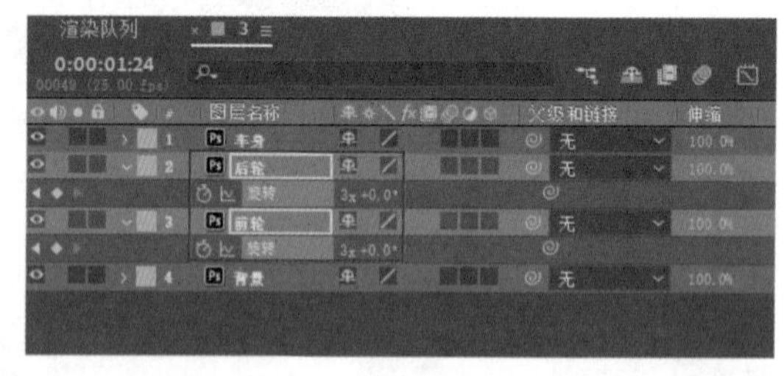

图3-5

04 小车需要移动位置，如果给车身和车轮同时添加“位置”关键帧会比较麻烦，使用父子层级就只需要给车身添加“位置”关键帧。在“后轮”图层右侧的“父级关联器”按钮上按住鼠标，将鼠标指针拖曳到“车身”图层上后释放鼠标，如图3-6所示。这样就能将“后轮”图层设置为“车身”图层的子层级，如图3-7所示。

图3-6

图3-7

05 按照上一步的方法，将“前轮”图层设置为“车身”图层的子层级，如图3-8所示。

06 将播放指示器移动到时间轴的起始位置，然后选中“车身”图层，按P键调出“位置”参数，设置“位置”为（910,1249.5），并添加关键帧，如图3-9所示。在画面中可以观察到车轮随着车身的移动而移动，效果如图3-10所示。

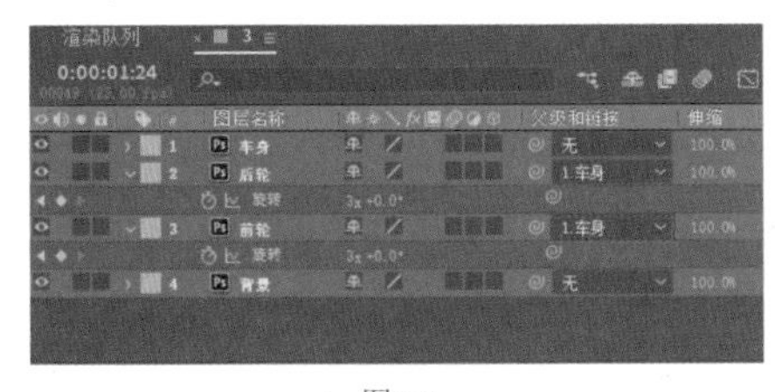

图3-8

图3-9

图3-10

07 移动播放指示器到时间轴末尾，然后设置“位置”为（2600,1249.5），如图3-11所示，效果如图3-12所示。

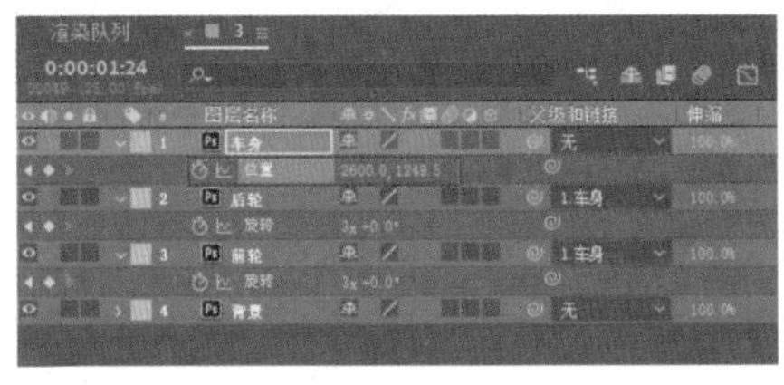

图3-11

图3-12

08 在“合成”面板中随意截取4帧图片，动画效果如图3-13所示。

图3-13

☞ 技术回顾

扫码观看视频

演示视频：005-父子层级

工具：父级关联器

位置：“时间轴”面板

01 新建一个合成，然后绘制一个矩形和一个圆形，如图3-14所示。

02 现在需要将圆形设置为矩形的父层级，就需要在“矩形”图层右侧的“父级关联器”按钮◎上按住鼠标，将鼠标指针拖曳到“圆形”图层上后释放鼠标，如图3-15所示。二者形成关联后，就可以在“矩形”图层右侧的“父级和链接”中看到“1.圆形”，如图3-16所示。

图3-14

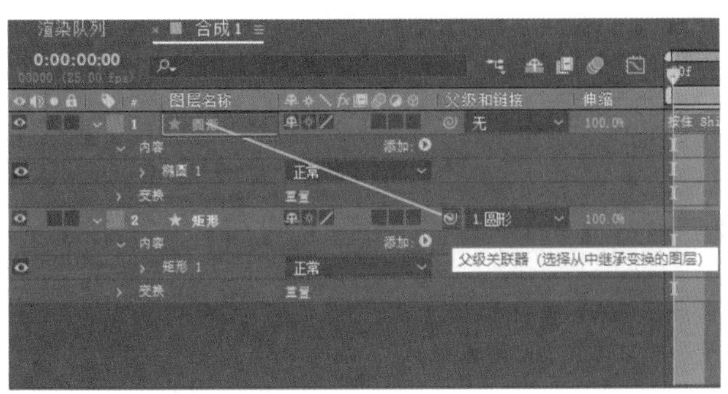

图3-15

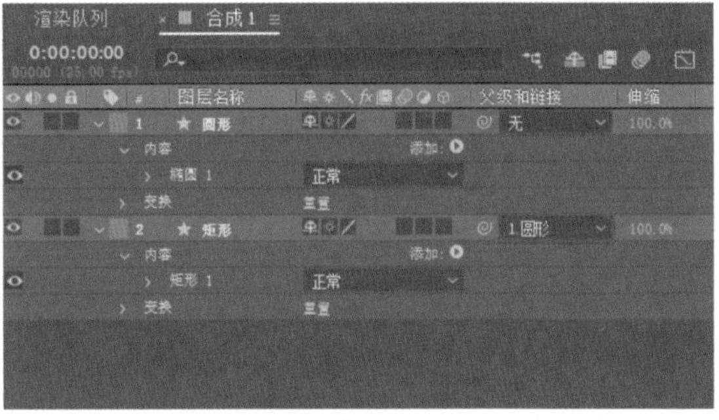

图3-16

03 选中“圆形”图层，然后按P键调出“位置”参数，任意修改该参数的值，就能看到矩形也跟随其移动，如图3-17所示。

04 选中“矩形”图层，按P键调出“位置”参数，任意修改该参数的值，会看到虽然矩形可以任意移动，但圆形并不会随之产生位置变化，如图3-18所示。这样就能总结出，父层级的参数改变会影响子层级，而子层级的参数改变不会影响父层级。

图3-17

图3-18

05 删除原有的图层，重新绘制一个矩形，如图3-19所示。

06 按快捷键Ctrl+D复制多个上一步绘制的矩形，将它们依次排列，如图3-20所示。

图3-19

图3-20

07 将上方图层依次设置为下方图层的子层级，如图3-21所示。

08 全选图层，打开“3D图层”的开关，如图3-22所示。

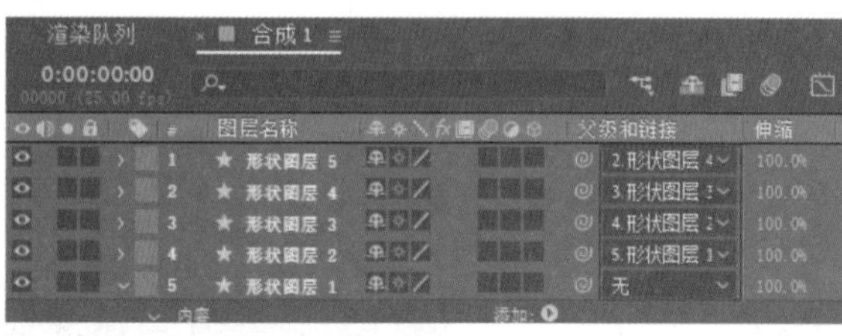

图3-21

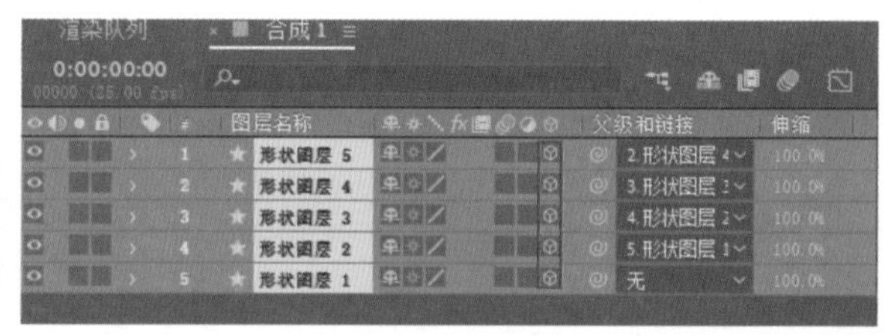

图3-22

> **技巧提示**
>
> 全选图层的快捷键是Ctrl+A。

09 保持全选图层状态，然后按R键调出“旋转”参数，如图3-23所示。

10 随意调整任意一个图层的“Y轴旋转”数值，可以看到画面中的矩形形成了图3-24所示的效果。

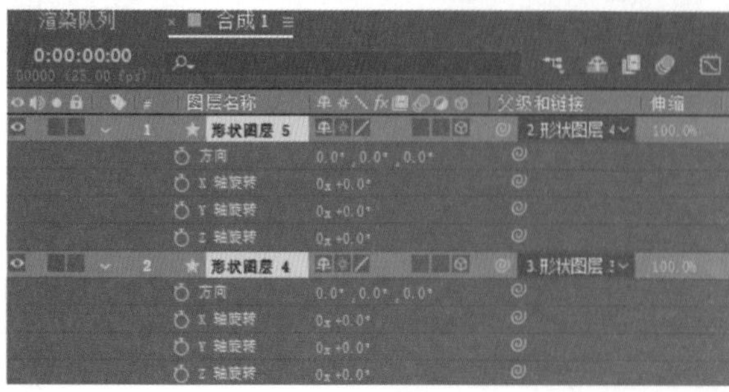

图3-23

图3-24

实战：制作分离文字动画

案例文件	案例文件>CH03>实战：制作分离文字动画
难易程度	★★★☆☆
学习目标	练习父子层级的应用

本案例继续使用父子层级关系制作一个稍微复杂的文字分离的动画，如图3-25所示。

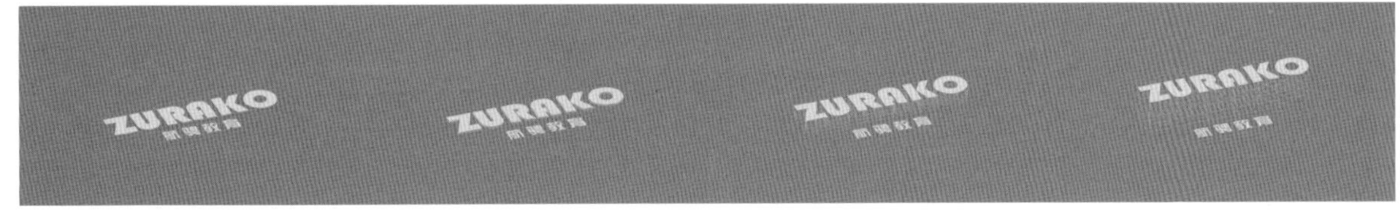

图3-25

01 新建项目，然后新建一个纯色图层，设置颜色为红色，如图3-26所示。

02 在工具栏中单击“横排文字工具”按钮T，然后在“合成”面板中输入文字ZURAKO，设置“字体”为Bauhaus 93，“颜色”为黄色，“字体大小”为270像素，如图3-27所示。

图3-26

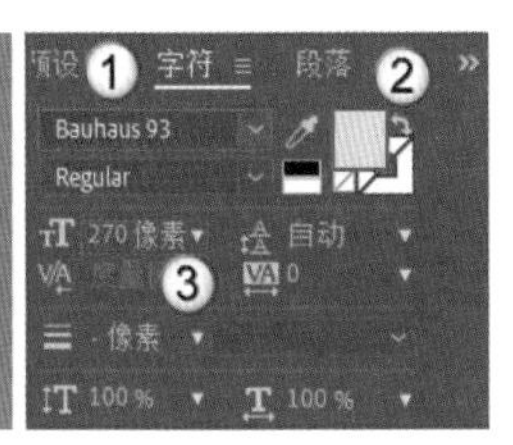

图3-27

03 在“时间轴”面板中新建一个空对象图层，然后将字体图层设置为空对象图层的子层级，如图3-28所示。

04 选中空对象图层，然后按R键调出“缩放”参数，取消长度与宽度的关联后，设置“缩放”为（100%,50%），如图3-29所示，效果如图3-30所示。

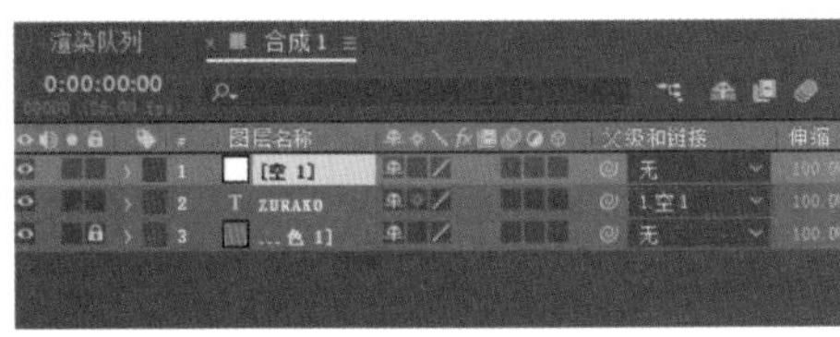

图3-28

图3-29

图3-30

05 选中文字图层，然后按R键调出“旋转”参数，设置“旋转”为0x−20°，如图3-31所示，效果如图3-32所示。

06 选中文字图层和空对象图层，然后按快捷键Ctrl+Shift+C，此时会打开“预合成”对话框，设置“新合成名称”为“文字”，并选择“将所有属性移动到新合成”和“将合成持续时间调整为所选图层的时间范围”两个选项，如图3-33所示。

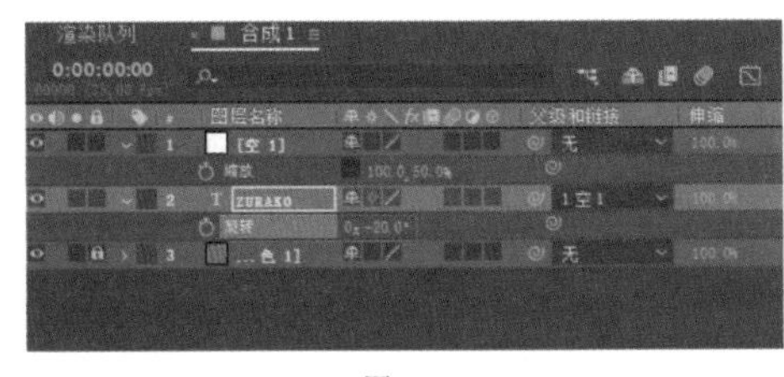

图3-31

图3-32

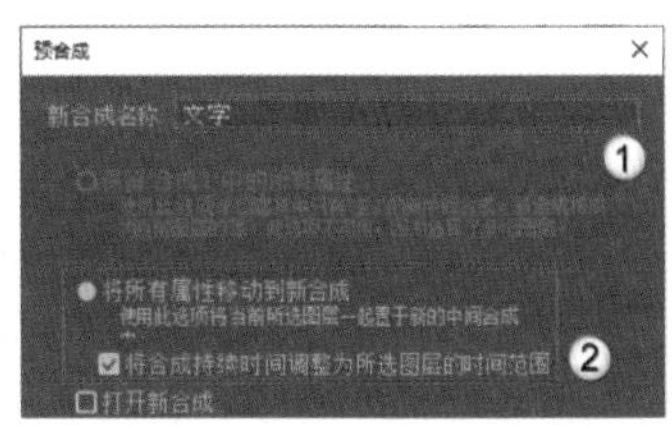

图3-33

07 在“项目”面板中选中生成的“文字”合成，按快捷键Ctrl+D复制，并将复制出的合成重命名为“描边”，如图3-34所示。

08 双击“描边”合成，在“时间轴”面板中选中文字图层，然后在“字符”面板中单击“交换填充和描边”按钮，设置“描边宽度”为1像素，如图3-35所示。

图3-34

09 返回“合成1”，将“描边”合成放置于“文字”合成的下方，如图3-36所示。

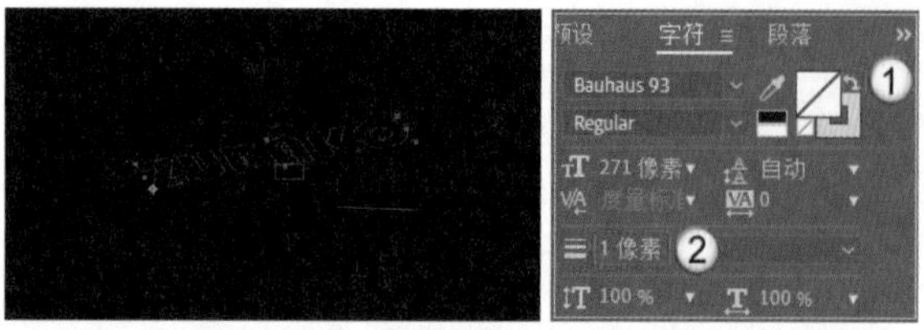

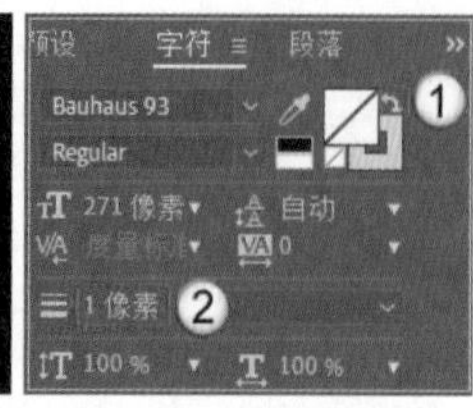

图3-35

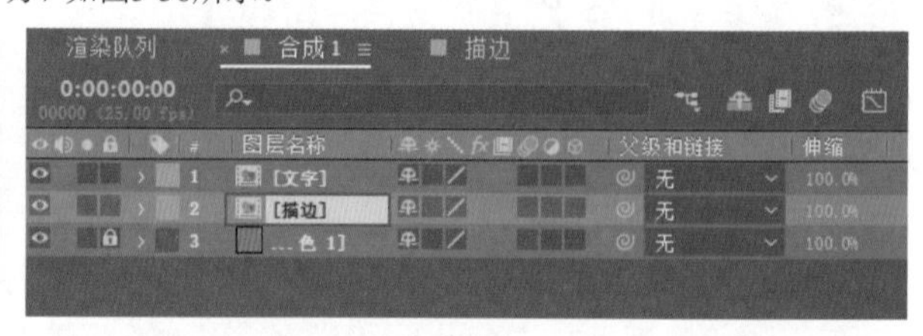

图3-36

10 选中“描边”合成，然后按快捷键Ctrl+D复制“描边”合成，重复3次，如图3-37所示。

11 新建一个空对象图层，然后将下方的“文字”合成和“描边”合成都设置为空对象图层的子层级，如图3-38所示。

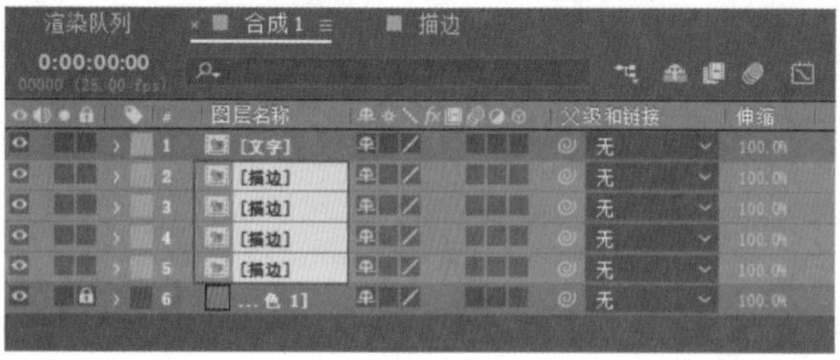

图3-37

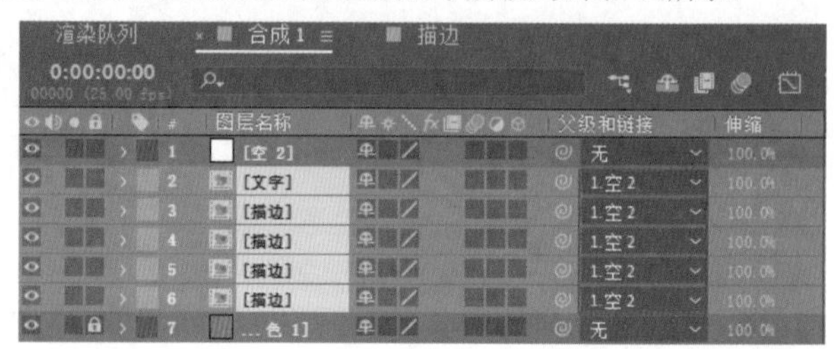

图3-38

12 选中“文字”合成和前3个“描边”合成，然后按P键调出“位置”参数，在时间轴起始位置添加关键帧，如图3-39所示。

13 移动播放指示器到0:00:01:00处，然后分别设置4个合成的高度，使它们按照40的间隔拉开距离，如图3-40所示，效果如图3-41所示。

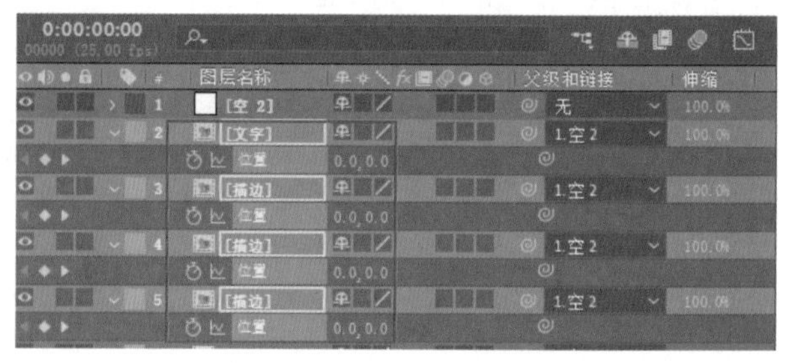

图3-39

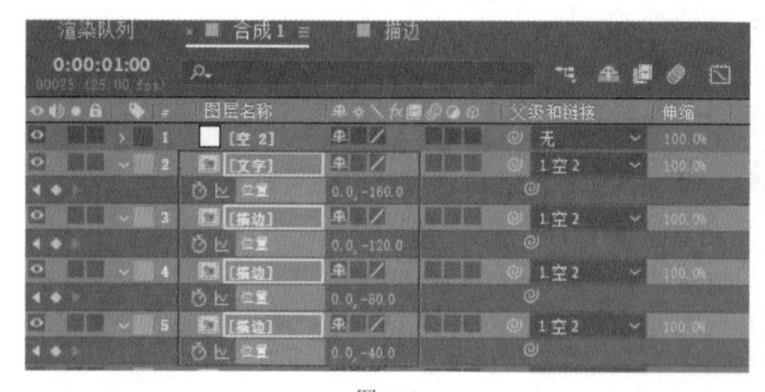

图3-40

图3-41

14 全选添加的关键帧，按F9键将它们转换为“缓动”关键帧，如图3-42所示。

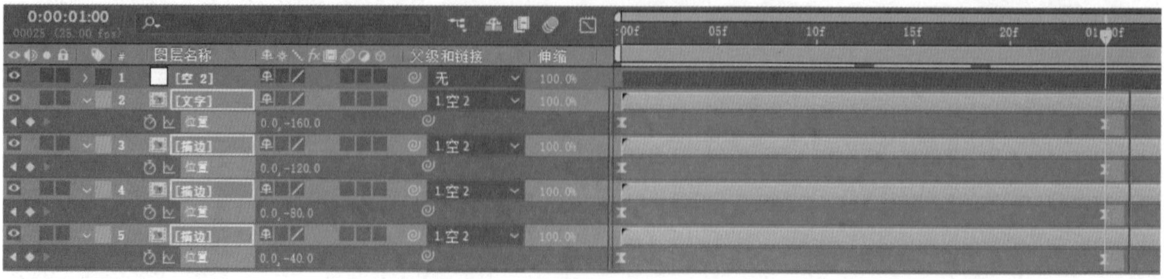

图3-42

15 打开“图表编辑器”面板，将曲线的类型调整为速度曲线，然后将所有曲线调整为图3-43所示的效果，这样就能形成弹出的动画效果。

16 选中“文字”合成和所有的“描边”合成，然后在时间轴起始位置按T键调出“不透明度”参数，设置“不透明度”为0%，并添加关键帧，如图3-44所示。

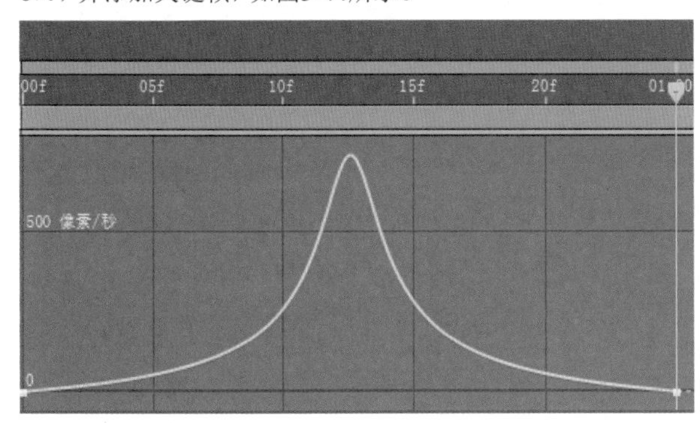

图3-43

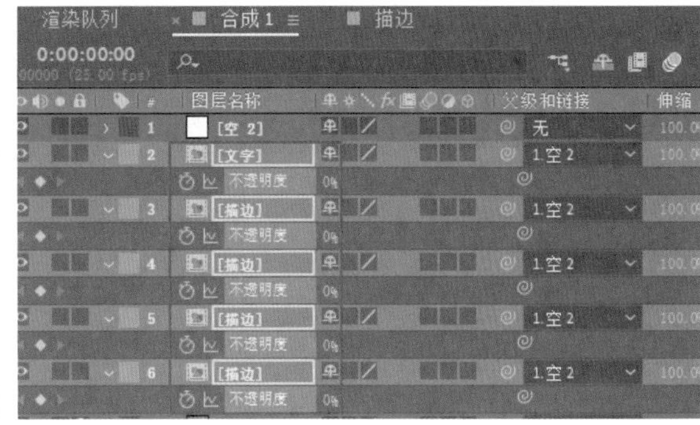

图3-44

技巧提示

需要注意的是，父子层级在“不透明度”这个参数上无法实现关联，必须单独设置子层级的“不透明度”参数。

17 移动播放指示器到0:00:00:01处，设置“不透明度”为100%，如图3-45所示。

18 移动播放指示器到0:00:00:02处，设置“不透明度”为0%，如图3-46所示。这样就完成了一次闪烁效果的设置。

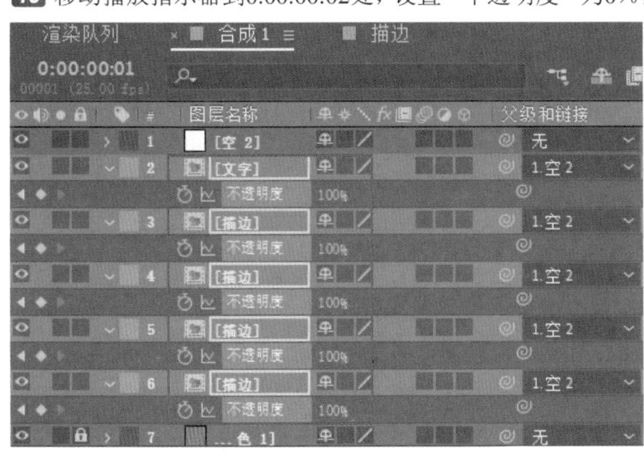

图3-45

图3-46

19 为每个图层都复制上面添加的3个“不透明度”关键帧，然后每隔2帧将其粘贴一次，最后在0:00:00:11的位置设置“不透明度”为100%，如图3-47所示。

图3-47

20 继续使用“横排文字工具”T在“合成”面板中输入文字“航骋教育”，设置“字体”为“方正综艺简体”，“字体大小”为100像素，“字符间距”为260，如图3-48所示。

21 新建一个空对象图层，然后将上一步创建的文字图层设置为空对象图层的子层级，如图3-49所示。

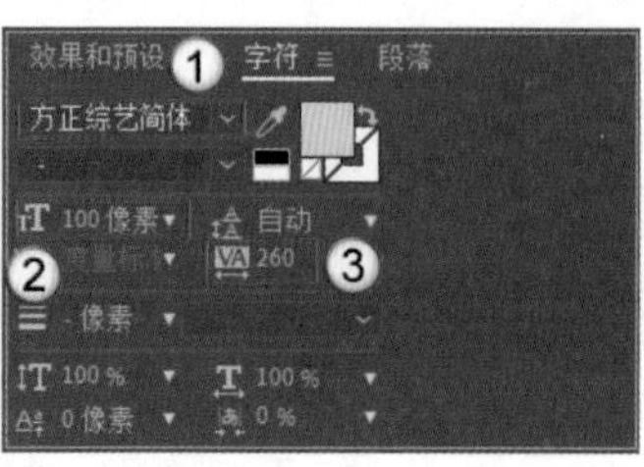

图3-48

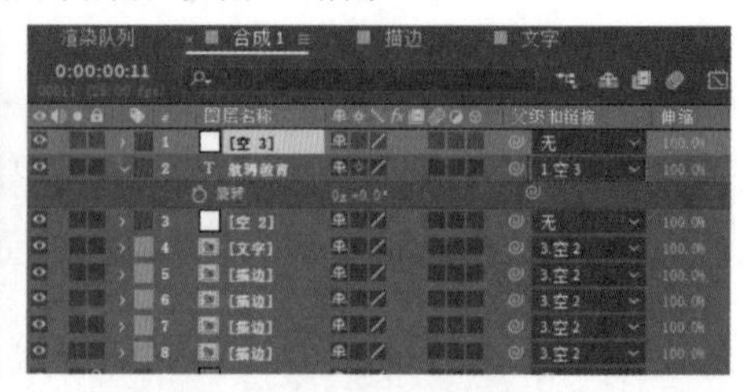

图3-49

22 选中“空3”图层，按S键调出“缩放”参数，设置“缩放”为（100%,50%），如图3-50所示。

23 选中文字图层，按R键调出“旋转”参数，设置“旋转”为0x-20°，如图3-51所示。将文字移动到之前文字的下方，效果如图3-52所示。

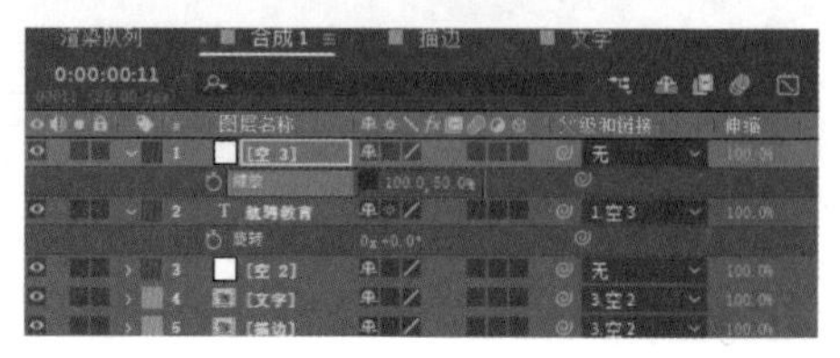

图3-50

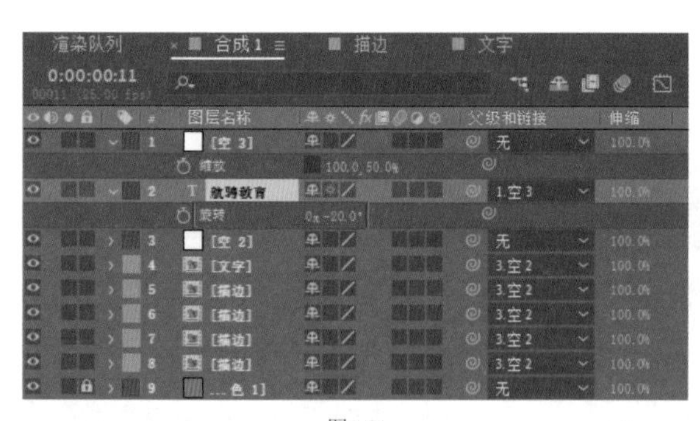

图3-51

图3-52

24 选中“航骋教育”文字图层，然后按T键调出“不透明度”参数，按照之前设置“不透明度”关键帧的方法添加该参数的关键帧，如图3-53所示。

图3-53

25 在“合成”面板中随意截取4帧图片，动画效果如图3-54所示。

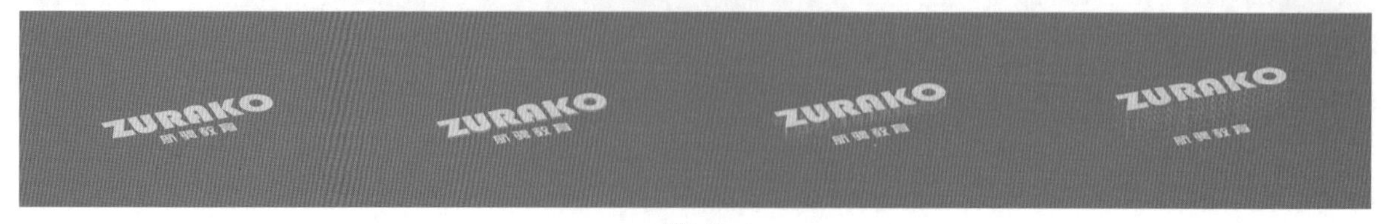

图3-54

重点

实战：制作遮罩转场动画

案例文件	案例文件>CH03>实战：制作遮罩转场动画
难易程度	★★★☆☆
学习目标	掌握蒙版遮罩的用法

扫码观看视频

蒙版遮罩通过Alpha通道或是亮度控制遮挡的效果，在Photoshop和Premiere等软件中都有应用，是一个非常重要的功能。本案例运用蒙版遮罩制作一个简单的转场动画，如图3-55所示。

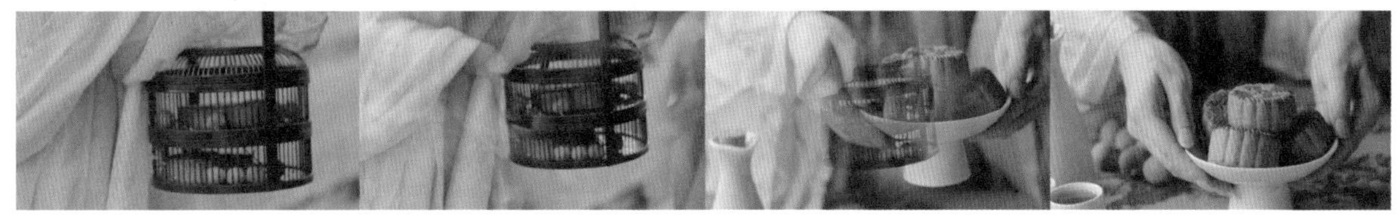

图3-55

案例制作

01 新建项目，新建一个"持续时间"为5s的合成，并导入学习资源"案例文件>CH03>实战：制作遮罩转场动画"文件夹中的素材文件，如图3-56所示。

02 将素材文件向下拖曳到"时间轴"面板中，然后调整图层的顺序，使"转场01.mov"图层处于顶层，如图3-57所示。

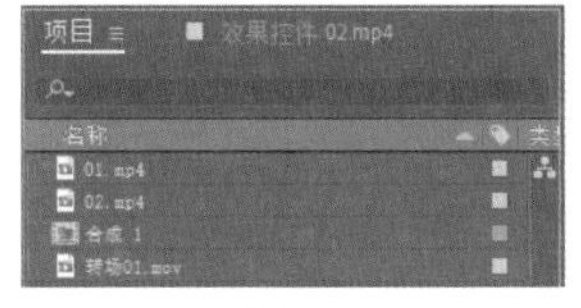

图3-56

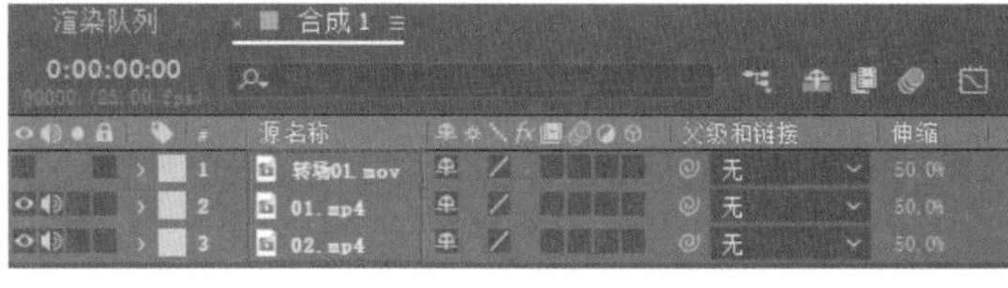

图3-57

03 按Space键播放动画，会发现每个素材的播放速度都偏慢，且没有播放完整。选中3个图层，然后单击鼠标右键，在弹出的菜单中选择"时间>时间伸缩"选项，如图3-58所示。

04 此时会弹出"时间伸缩"对话框，设置"拉伸因数"为50%，如图3-59所示。单击"确定"按钮 确定 后，会发现3个图层的播放速度变快，且播放时长都只有原先的一半。

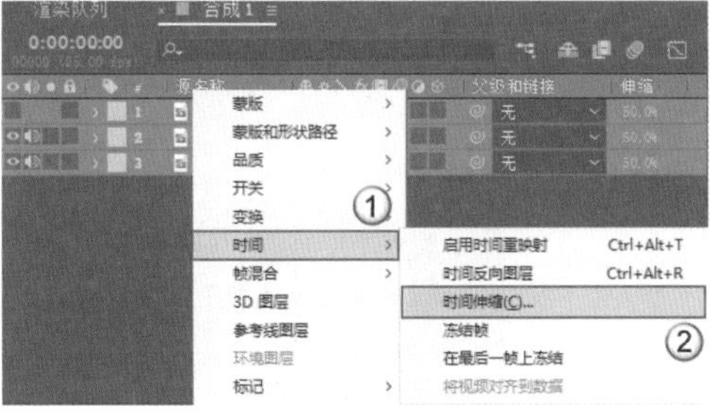

图3-58

图3-59

> **技巧提示**
>
> 当"拉伸因数"的值大于100%时，素材的播放时间会加长，播放速度会变慢；当"拉伸因数"的值小于100%时，素材的播放时间会变短，播放速度会变快。也可以直接设置下方的"新持续时间"，从而确定素材的时长。

05 单击"时间轴"面板下方的"切换开关/模式"，就可以显示"模式"和TrkMat两个参数，如图3-60所示。

06 展开"01.mp4"图层右侧的"轨道遮罩"下拉列表，然后选择"亮度反转遮罩'转场01.mov'"选项，如图3-61所示。

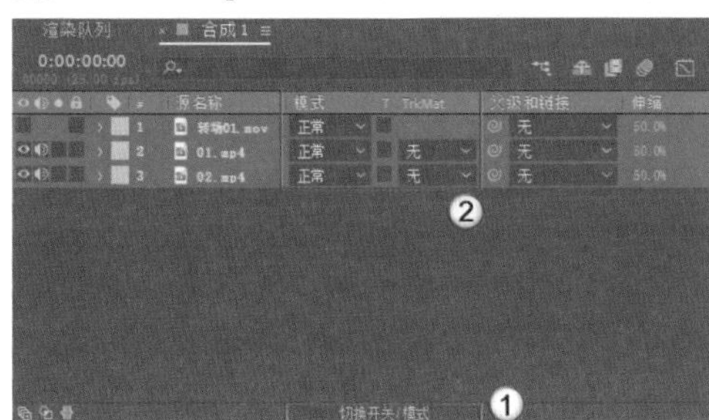

图3-60

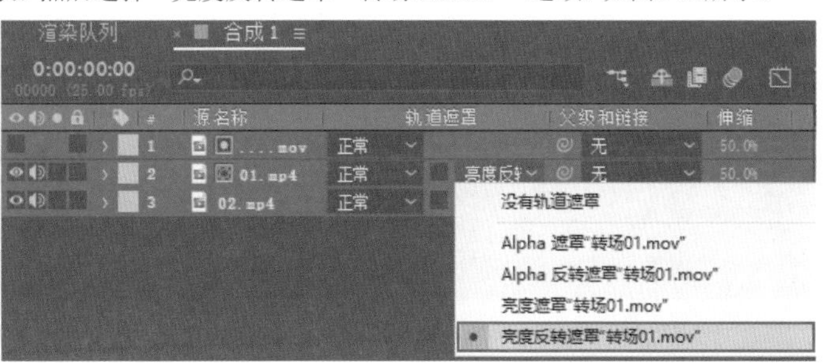

图3-61

07 移动播放指示器，可以观察到“01.mp4”图层和“02.mp4”图层根据“转场01.mov”图层中的黑白两个颜色，形成了转场效果，如图3-62所示。

08 在“合成”面板中随意截取4帧图片，动画效果如图3-63所示。

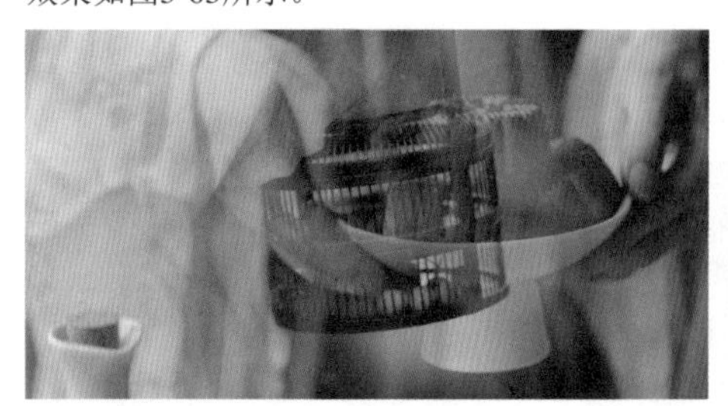

图3-62

图3-63

技术回顾

扫码观看视频

演示视频：006-蒙版遮罩

工具：蒙版遮罩

位置：“时间轴”面板

01 新建一个“合成”，然后创建两个纯色图层，分别设置其颜色为红色和青色，如图3-64所示。

02 新建一个黑色的纯色图层，然后使用“椭圆工具”在画面上绘制一个白色的椭圆形，如图3-65所示。

图3-64

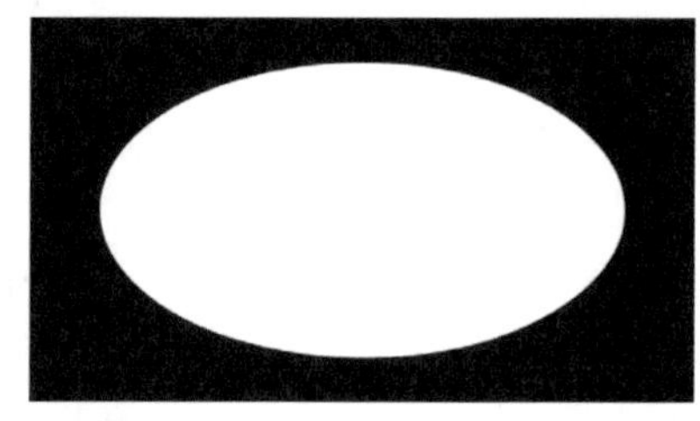

图3-65

03 选中“形状图层1”图层和“黑色 纯色1”图层，然后按快捷键Ctrl+Shift+C生成一个预合成，如图3-66和图3-67所示。这个预合成将作为遮罩使用。

04 展开青色图层右侧的“轨道遮罩”下拉列表，在其中可以选择不同的遮罩方式，如图3-68所示。

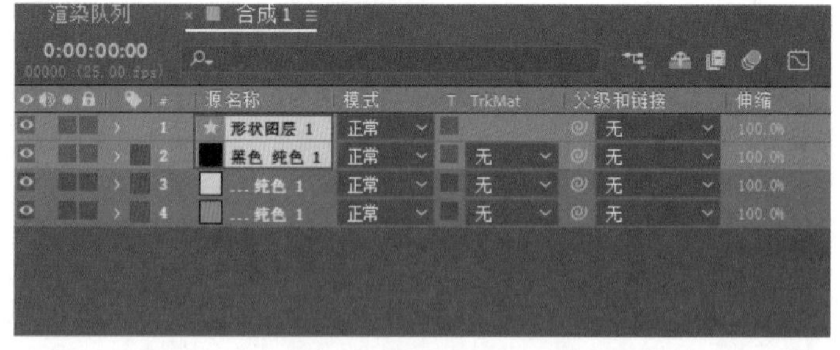

图3-66

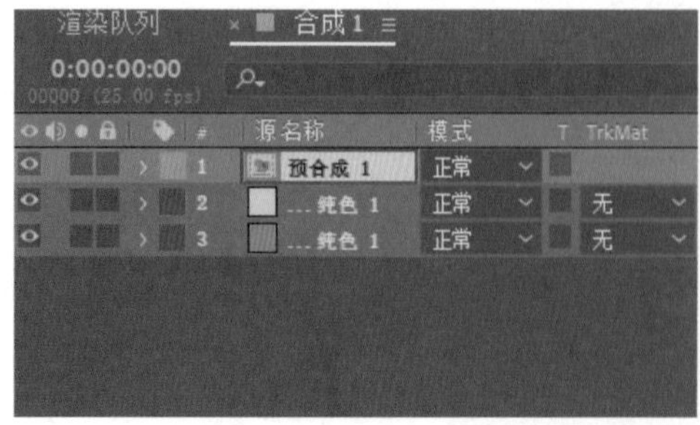

图3-67

图3-68

05 选择“亮度遮罩‘预合成1’”选项，就可以观察到原先的白色部分变成了青色，原先的黑色部分变成了红色，如图3-69所示。

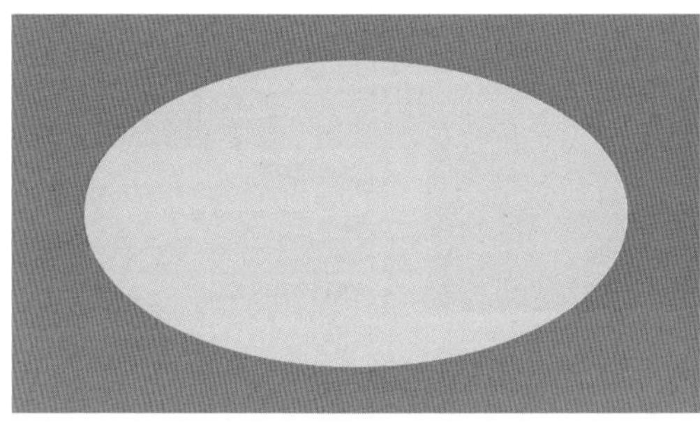

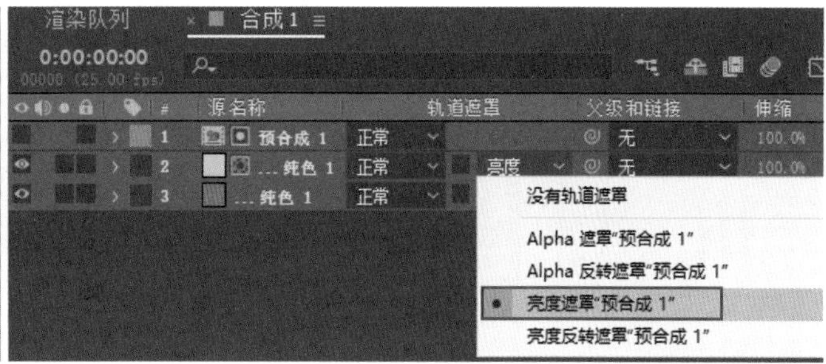

图3-69

06 选择“亮度反转遮罩‘预合成1’”选项，就可以观察到两个区域的颜色互换了，如图3-70所示。由此可以总结出遮罩图层的显示规律，即“黑透白不透”。黑色部分是透明的，显示下方图层的颜色，而白色部分不透明，显示图层本身的颜色。

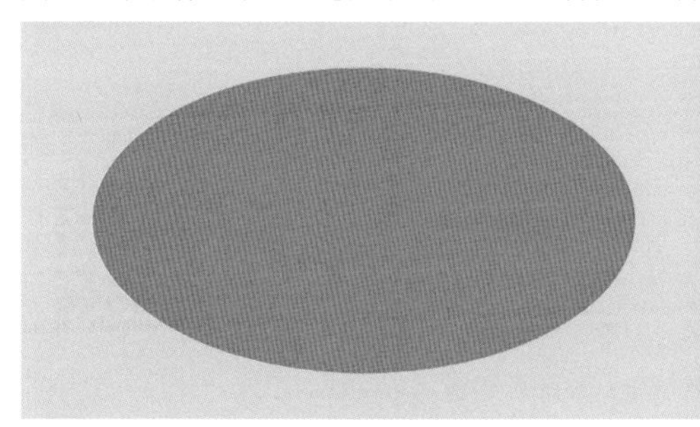

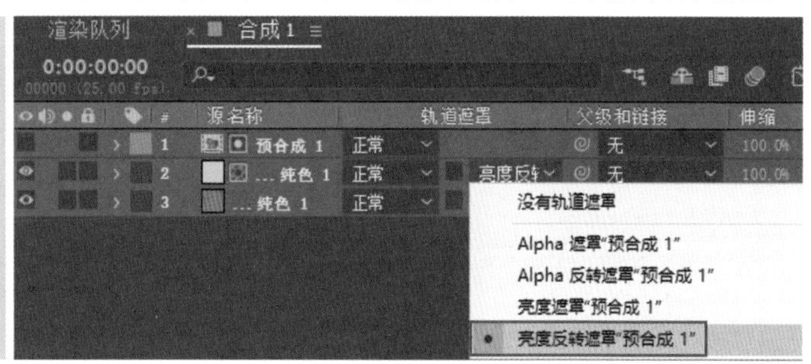

图3-70

07 在“时间轴”面板中删除“预合成1”合成，然后使用绘图工具在画面中随意绘制一些白色的图形，如图3-71所示。

图3-71

> **技巧提示**
>
> 在绘制这些图形的时候，一定要使它们在同一个图层内。如果在多个图层内绘制，需要将它们转换为预合成。

08 展开蓝色图层右侧的“轨道遮罩”下拉列表，然后选择“Alpha遮罩‘形状图层1’”选项，就可以观察到原先的白色部分变成了青色，而其余部分则显示为红色，如图3-72所示。

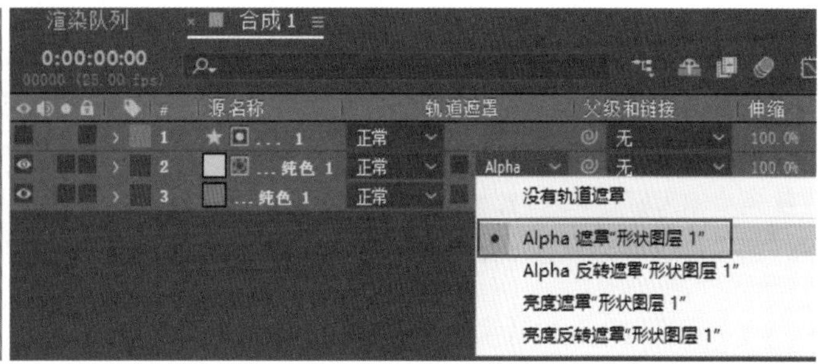

图3-72

09 选择“Alpha反转遮罩‘形状图层1’”选项，可以观察到两个区域的颜色互换了，如图3-73所示。

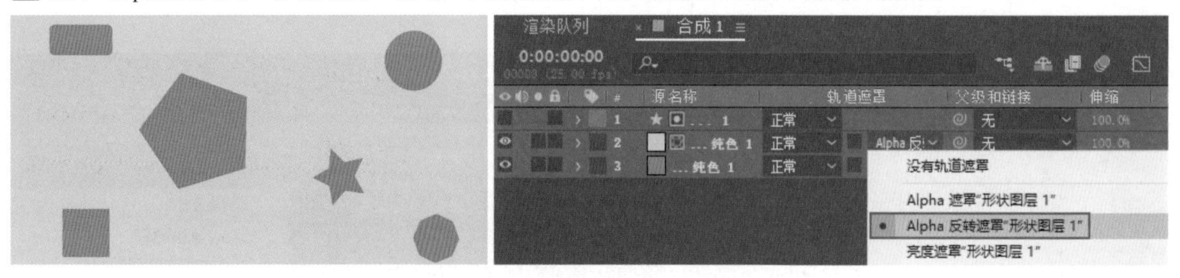

图3-73

> **技巧提示**
>
> Alpha通道是指图层的透明通道，在绘制的“形状图层1”图层中，除去白色的图形，其余部分没有任何颜色或图案，代表这一区域是透明的，可以使用“Alpha遮罩”功能。可以根据文件的后缀名判断素材文件是否带有Alpha通道，后缀名为.png、.tiff、.tga和.mov等的文件一般会带有Alpha通道。

实战：制作片头遮罩动画

案例文件	案例文件>CH03>实战：制作片头遮罩动画
难易程度	★★★☆☆
学习目标	掌握形状绘制方法和动画制作方法

扫码观看视频

前面一个案例介绍了如何添加遮罩，以及遮罩的使用方法。在本案例中，需要对遮罩添加动画，生成一个较为复杂的片头动画，效果如图3-74所示。

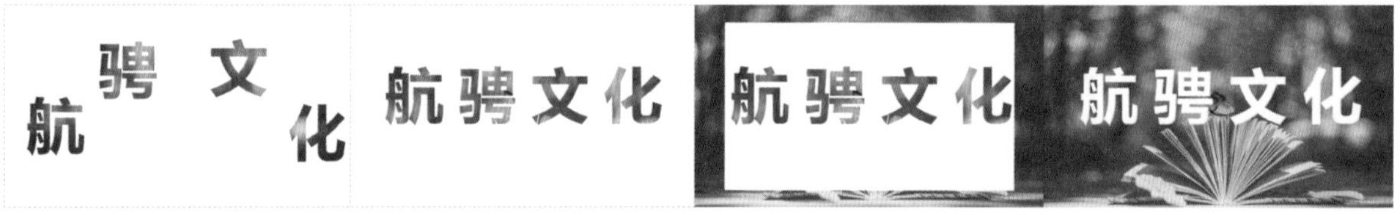

图3-74

01 新建项目并创建一个时长为2秒的合成，然后将学习资源“案例文件>CH03>实战：制作片头遮罩动画”文件夹中的“背景.jpg”文件导入“项目”面板，如图3-75所示。

02 使用“横排文字工具”T在“合成”面板中分别输入文字“航”“骋”“文”“化”，这样就生成4个独立的文字图层，如图3-76所示。

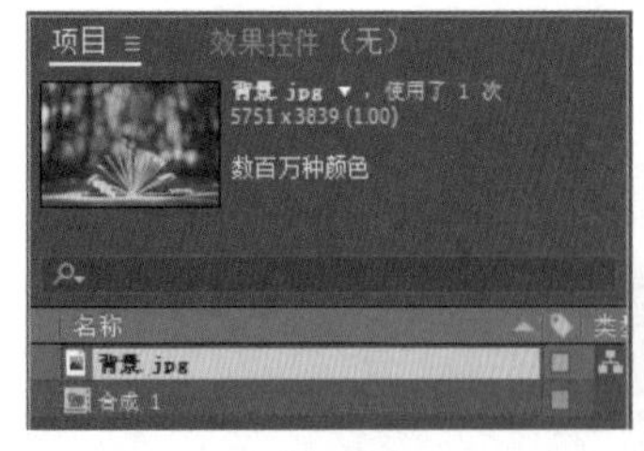

图3-75

图3-76

03 选中输入的文字，设置“字体”为“方正兰亭粗黑”，“填充颜色”为白色，“字体大小”为340像素，“字符间距”为260，如图3-77所示。

> **技巧提示**
>
> 可以将文字的填充颜色设置为白色，为后面生成遮罩做准备。

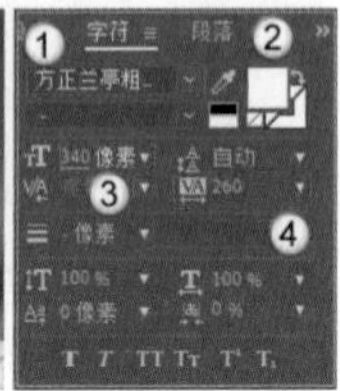

图3-77

04 选中所有的文字图层后按P键调出“位置”参数，然后在0:00:01:00的位置添加关键帧，保持文字的位置不变，如图3-78所示。

05 移动播放指示器到时间轴的起始位置，然后分别将4个文字图层移动到画面外，如图3-79所示。移出画面的位置可以按照个人喜好自行设定，这里不作强制规定。

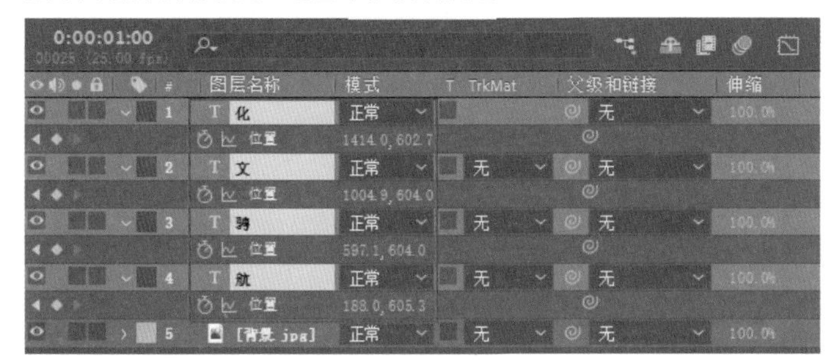

图3-78

图3-79

06 按Space键播放动画，文字会匀速移动到画面中，动画显得比较生硬。选中4个文字图层，然后切换到“图表编辑器”面板，分别调整这些图层的速度曲线为图3-80所示的效果，这样就能形成运动速度由快到慢的动画效果。

07 选中4个文字图层，然后按快捷键Ctrl+Shift+C生成“预合成1”合成，如图3-81所示。

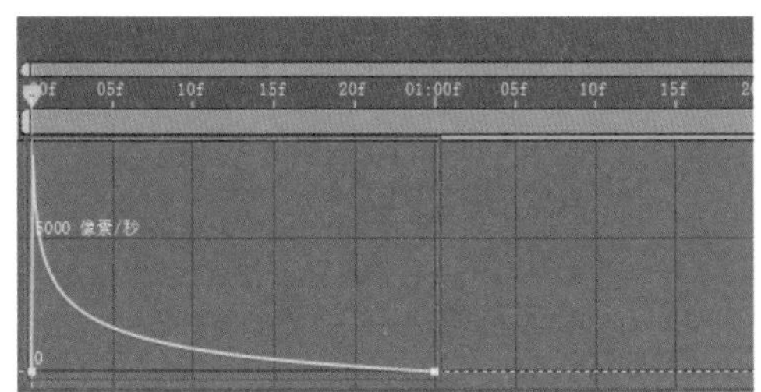

图3-80

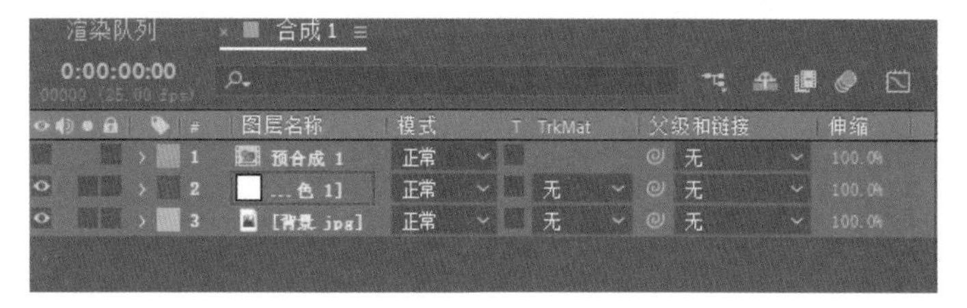

图3-81

08 新建一个白色的纯色图层，将其放在“预合成1”合成的下方，如图3-82所示。

09 在纯色图层的“轨道遮罩”下拉列表中选择“Alpha翻转遮罩‘预合成1’”选项，如图3-83所示。这样就能在白色的图层上镂空文字部分，让下方的背景素材显示出来，效果如图3-84所示。

图3-82

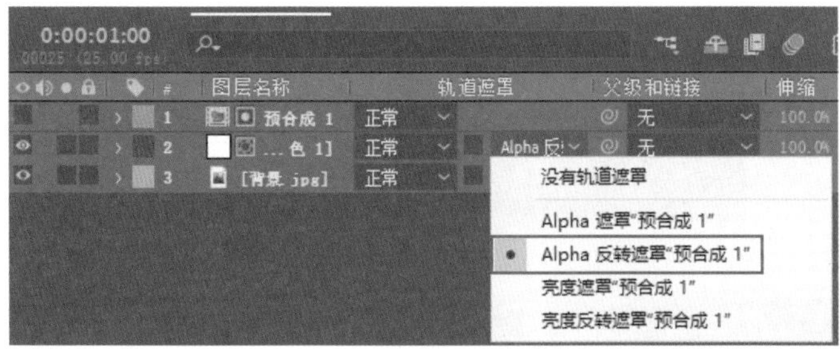

图3-83

图3-84

10 移动播放指示器到0:00:01:05的位置，选中纯色图层后按S键调出“缩放”参数，添加关键帧，如图3-85所示。

图3-85

11 移动播放指示器到0:00:01:10的位置，设置“缩放”为（0%,0%），如图3-86所示。

12 切换到“图表编辑器”面板，然后调整速度曲线为图3-87所示的效果，形成减速运动的动画效果。

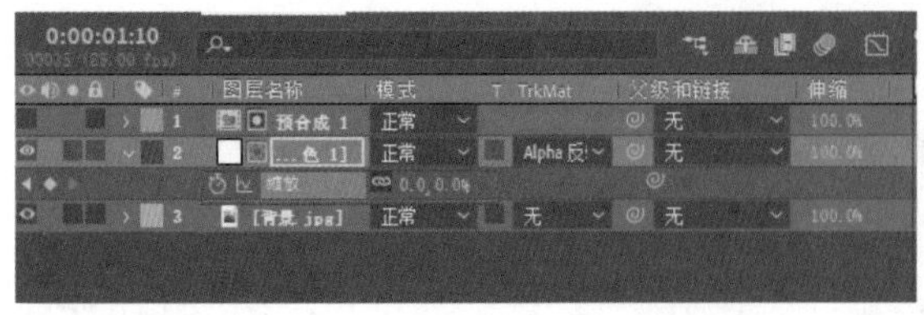

图3-86

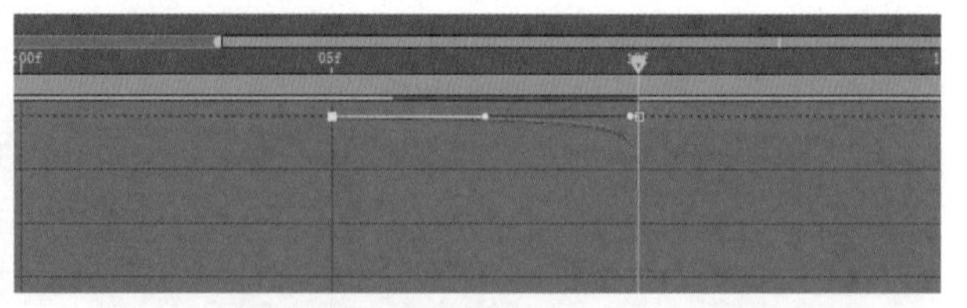

图3-87

13 在“项目”面板中选中“预合成1”并将其向下拖曳到“时间轴”面板中，将其放在所有图层的上方，如图3-88所示。

14 移动播放指示器到0:00:01:10的位置，按T键调出“不透明度”参数，并添加关键帧，如图3-89所示，效果如图3-90所示。

图3-88

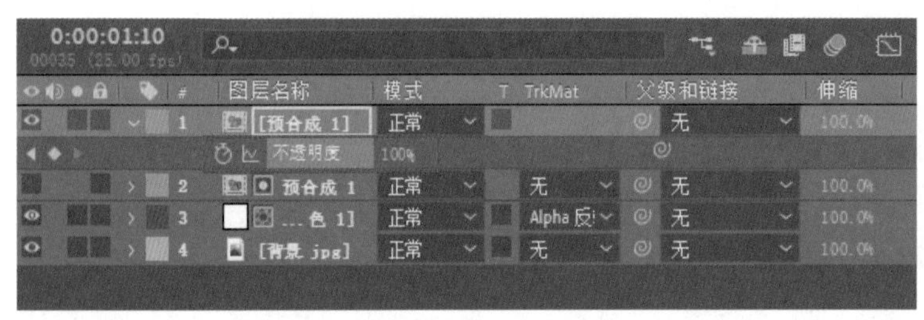

图3-89

图3-90

15 将播放指示器向前移动一帧，然后设置“不透明度”为0%，如图3-91所示，效果如图3-92所示。

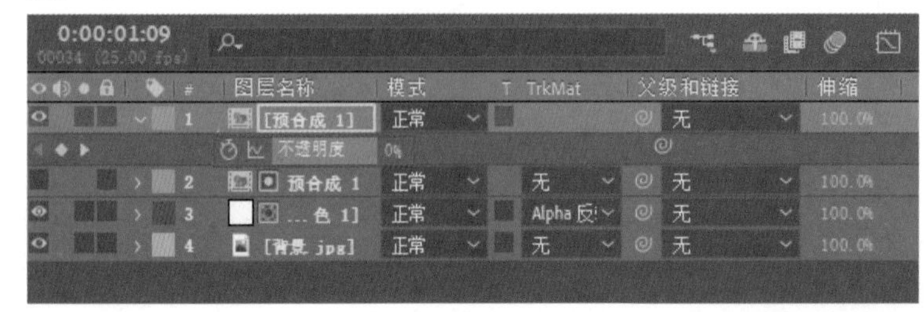

图3-91

图3-92

16 选中“背景.jpg”图层，在时间轴起始位置调出“缩放”参数，设置“缩放”为（33.4%,28.1%），并添加关键帧，如图3-93所示。

17 移动播放指示器到时间轴末尾，然后设置“缩放”为（38.4%,32.3%），如图3-94所示，效果如图3-95所示。此时背景图片会具有匀速放大的动画效果。

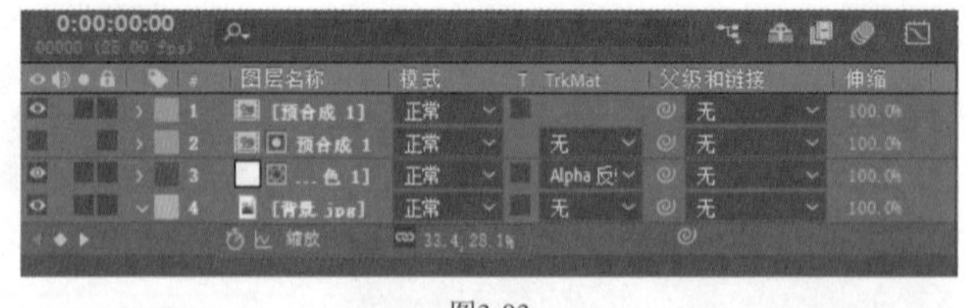

图3-93

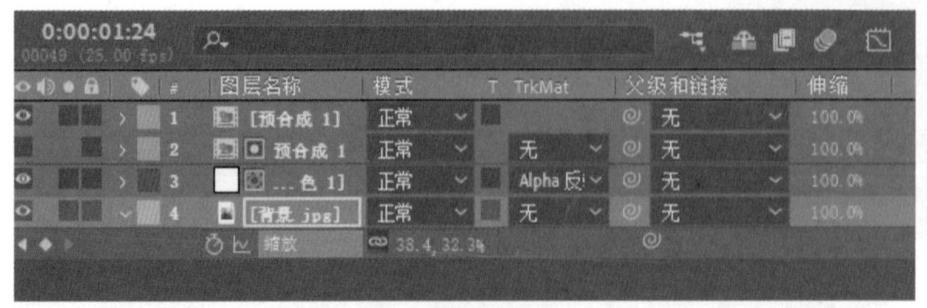

图3-94

图3-95

18 在“合成”面板中随意截取4帧图片，动画效果如图3-96所示。

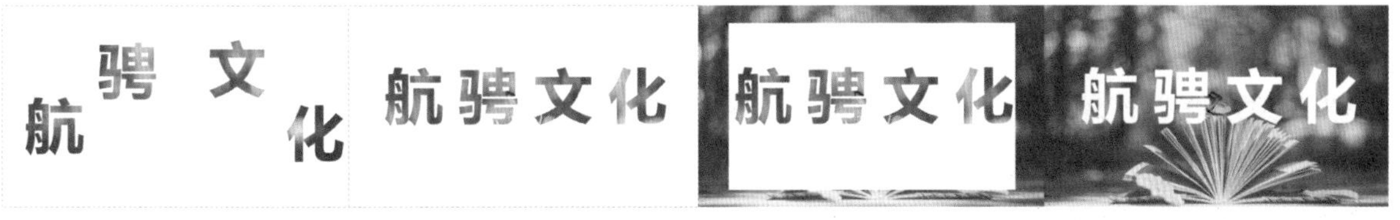

图3-96

重点

实战：制作立体图层动画

案例文件	案例文件>CH03>实战：制作立体图层动画
难易程度	★★★☆☆
学习目标	掌握摄像机的使用方法

扫码观看视频

在After Effects中可以实现立体的动画效果。借助摄像机工具，可以让原本在一个平面上的画面形成具有距离感的叠加效果，如图3-97所示。

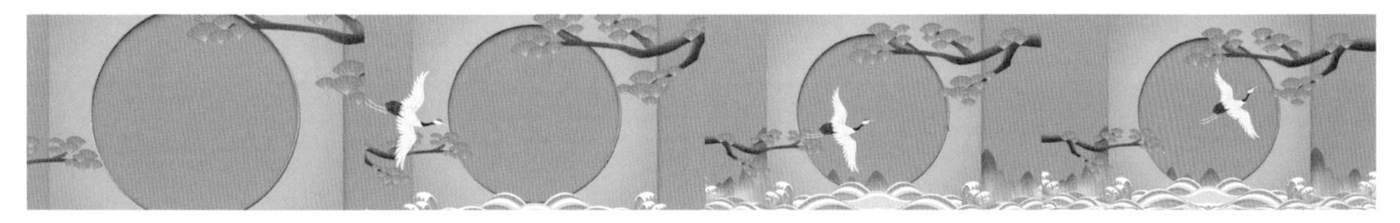

图3-97

案例制作

01 新建一个时长为5秒的默认合成，然后导入学习资源“案例文件>CH03>实战：制作立体图层动画”文件夹中的素材文件，如图3-98所示。

02 将素材文件向下拖曳到“时间轴”面板中，并调整它们的大小和位置，如图3-99所示。

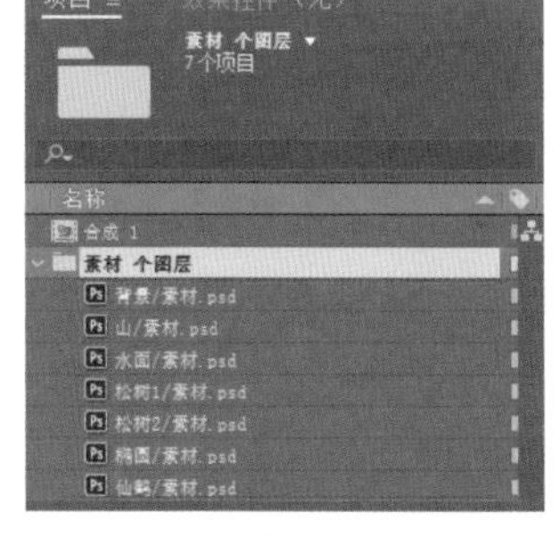

图3-98

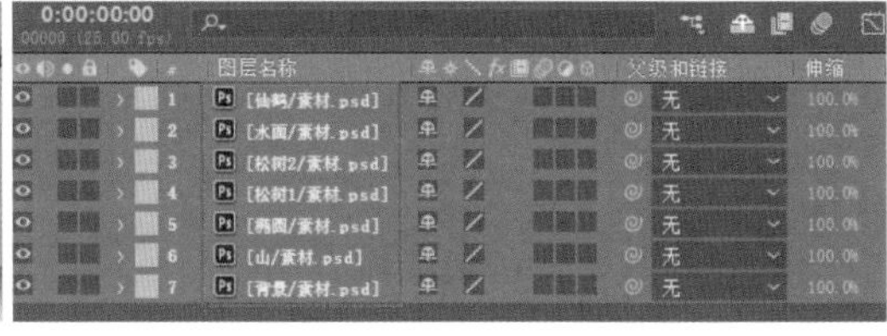

图3-99

03 在“时间轴”面板空白处单击鼠标右键，在弹出的菜单中选择“新建>摄像机”选项，新建一个摄像机，并开启下方图层的“3D图层”开关，如图3-100所示。

04 在“时间轴”面板空白处单击鼠标右键，在弹出的菜单中选择“新建>查看器”选项，此时“合成”面板中会增加一个视图，设置其中一个为“顶部”视图，另一个为“活动摄像机”视图，如图3-101所示。

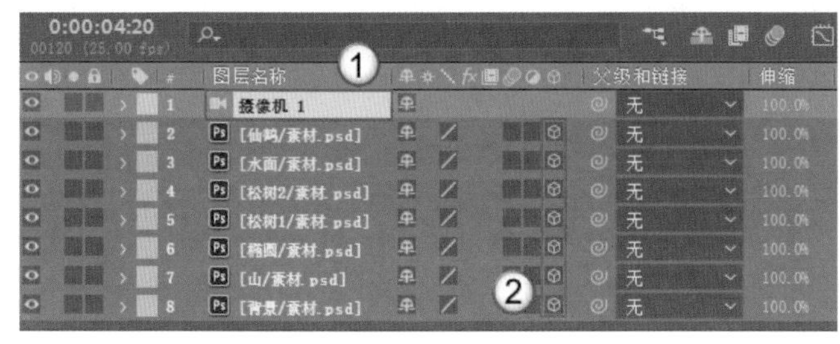

图3-100

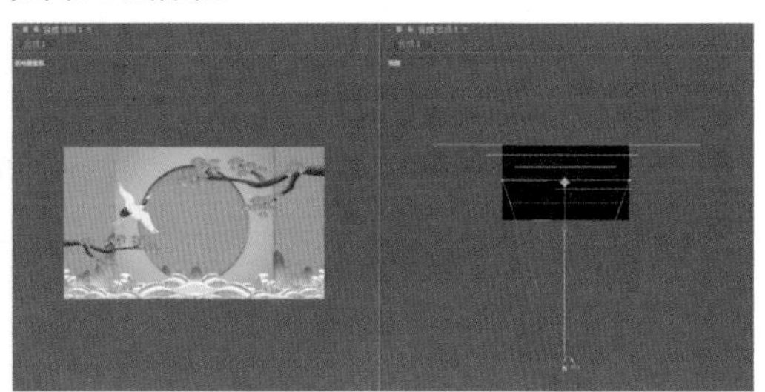

图3-101

05 在“顶部”视图中调整图层间的z轴距离，使它们分离为单独的图层，如图3-102所示。

06 选中“摄像机1”图层，按P键调出“位置”参数，设置“位置”为（960,540，-660.7），并在时间轴起始位置添加关键帧，如图3-103所示。效果如图3-104所示。

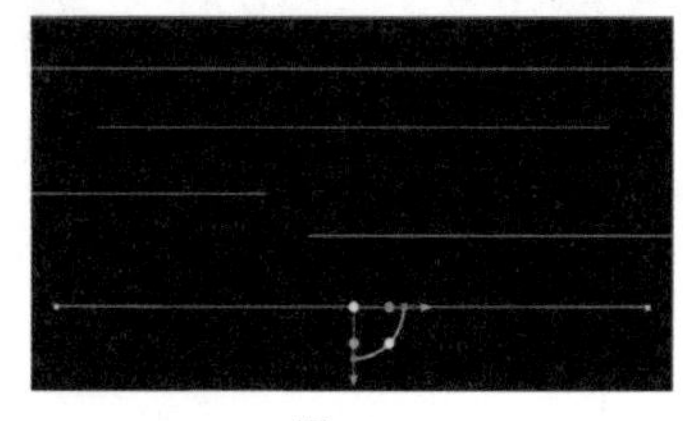
图3-102

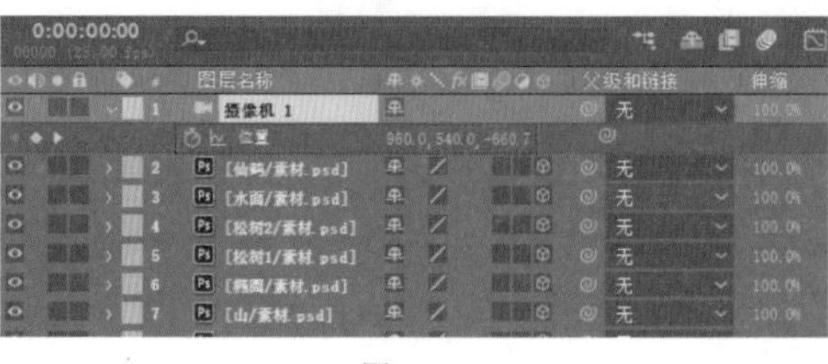
图3-103

图3-104

> **技巧提示**
>
> 各个图层的z轴数值，读者按照喜好调整即可，这里不提供具体数值。在调整z轴数值时，需要观察“活动摄像机”视图中素材的显示效果，灵活调整其“缩放”和“位置”的数值，保持画面的显示效果不变。

07 移动播放指示器到时间轴末尾，设置“位置”为（960,540，-2628.7），如图3-105所示。摄像机回到初始位置，在画面中形成了一个推拉摄像机的动画效果。

08 选中“山/素材.psd”图层，然后移动播放指示器到0:00:04:00的位置，按P键调出“位置”参数，添加关键帧，如图3-106所示。

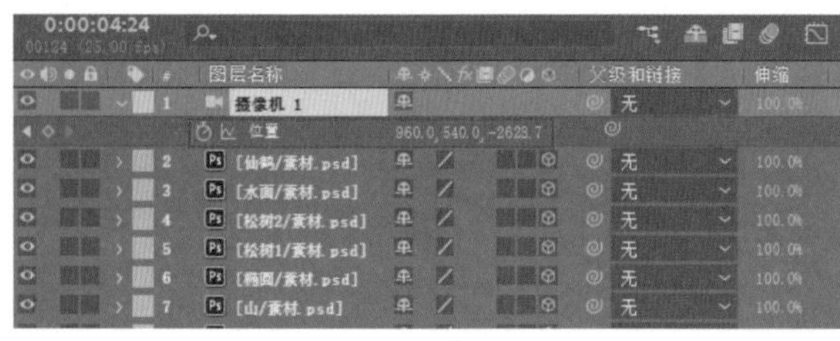
图3-105

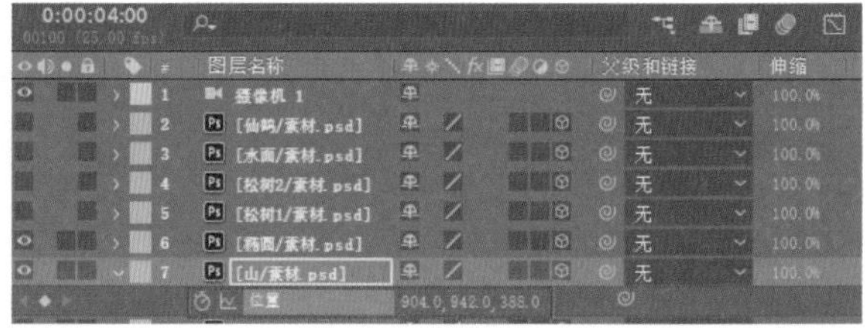
图3-106

09 移动播放指示器到0:00:03:00的位置，将素材向下移出画面，如图3-107所示，效果如图3-108所示。

图3-107

图3-108

> **技巧提示**
>
> 为了更方便地制作动画，只有“背景/素材.psd”图层和“椭圆/素材.psd”图层可见，其余图层均处于不可见状态。

10 切换到“图表编辑器”面板，调整速度曲线为图3-109所示的效果。

11 选中添加的“位置”关键帧，然后单击Motion 2面板中的EXCITE按钮，生成弹性动画效果，如图3-110所示。“时间轴”面板如图3-111所示。

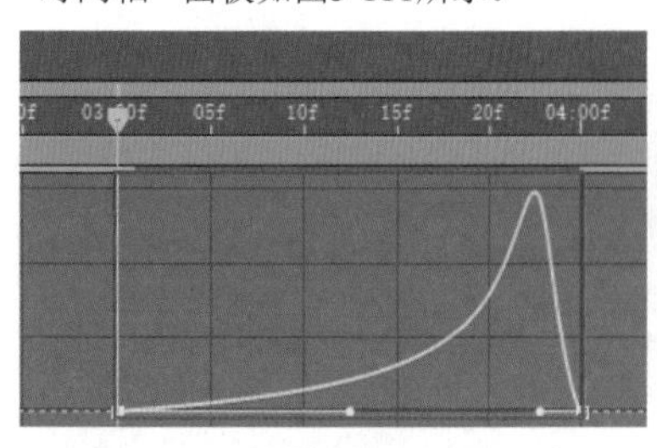
图3-109

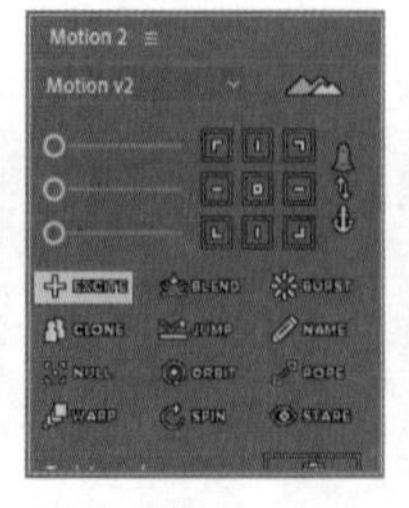
图3-110

图3-111

> **技巧提示**
>
> 参数变成红色代表成功添加了EXCITE动画效果。

12 选中“水面/素材.psd”图层并使其可见，然后移动播放指示器到0:00:02:05的位置，按P键调出“位置”参数，设置“位置”为（940, 926,-296），并添加关键帧，如图3-112所示。此时素材还未出现在镜头中。

13 移动播放指示器到0:00:02:15的位置，设置“位置”为（980,926,-296），如图3-113所示。

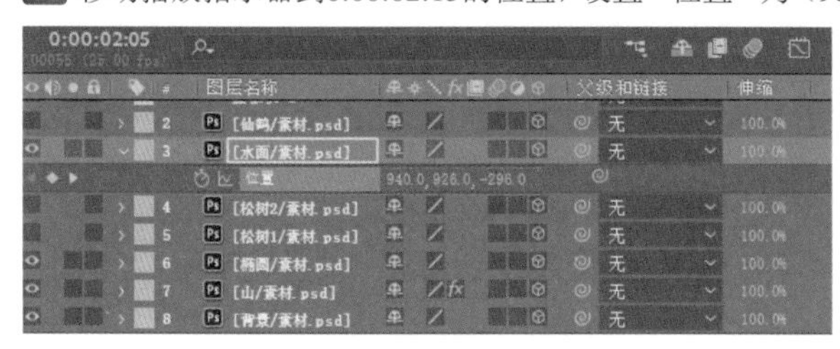

图3-112

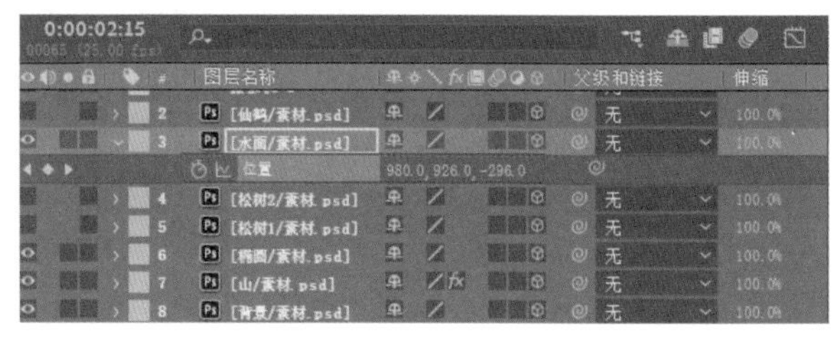

图3-113

14 复制步骤12和步骤13中添加的关键帧，然后分别移动播放指示器到0:00:03:00、0:00:03:20和0:00:04:15的位置进行粘贴，如图3-114所示，效果如图3-115所示。

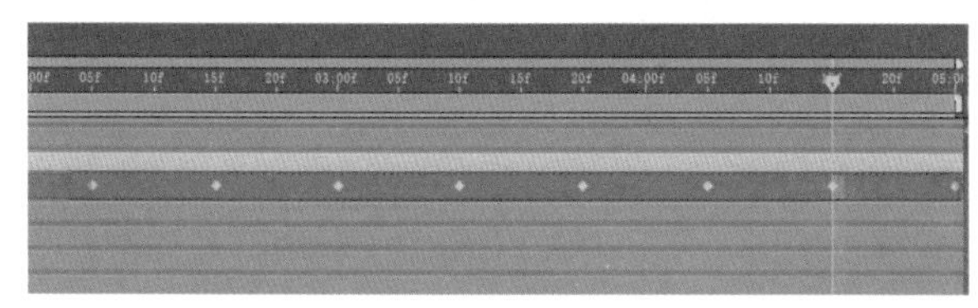

图3-114

图3-115

15 选中所有的“位置”关键帧，然后按F9键将它们转换为“缓动”关键帧，如图3-116所示。

16 选中“松树1/素材.psd”图层并使其可见，按P键调出“位置”参数，在0:00:01:00的位置设置“位置”为（130,760,28），并添加关键帧，如图3-117所示。

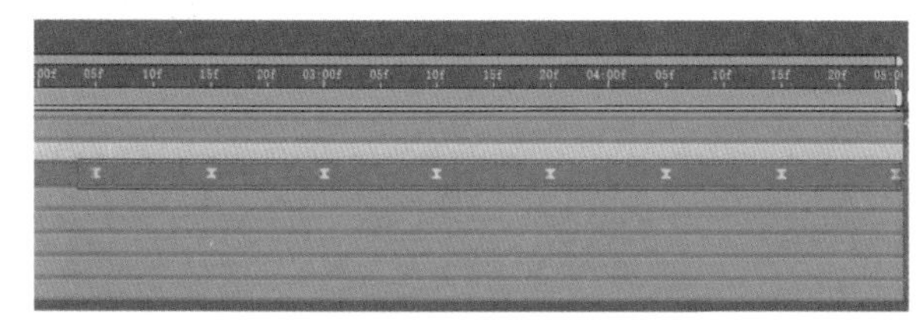

图3-116

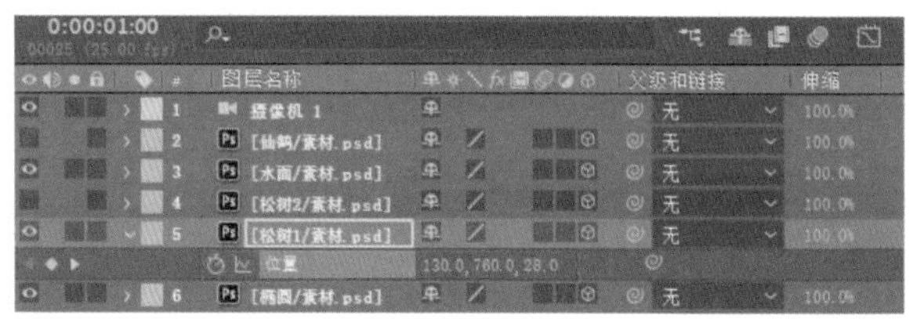

图3-117

17 移动播放指示器到0:00:04:00的位置，设置“位置”为（342,760,28），如图3-118所示，效果如图3-119所示。

图3-118

图3-119

18 选中“松树2/素材.psd”图层并使其可见，按P键调出“位置”参数，在0:00:01:00的位置设置“位置”为（1599,304,-92），并添加关键帧，如图3-120所示。

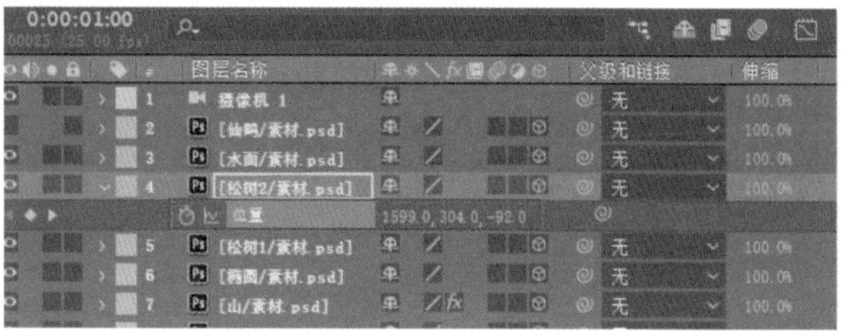

图3-120

19 移动播放指示器到0:00:04:00的位置，设置“位置”为（1390,304,-92），如图3-121所示，效果如图3-122所示。

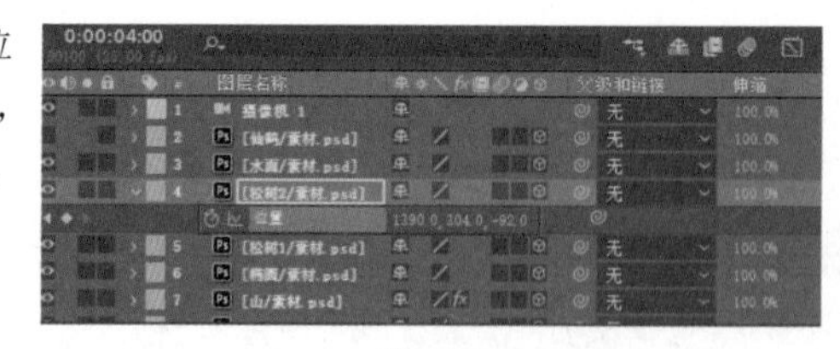

图3-121

图3-122

20 选中“仙鹤/素材.psd”图层并使其可见，按P键调出“位置”参数，在0:00:03:00的位置设置“位置”为（300,377,-540），并添加关键帧，如图3-123所示。

21 移动播放指示器到到0:00:04:00的位置，设置“位置”为（690.3,620.9,-540），如图3-124所示，效果如图3-125所示。

图3-123

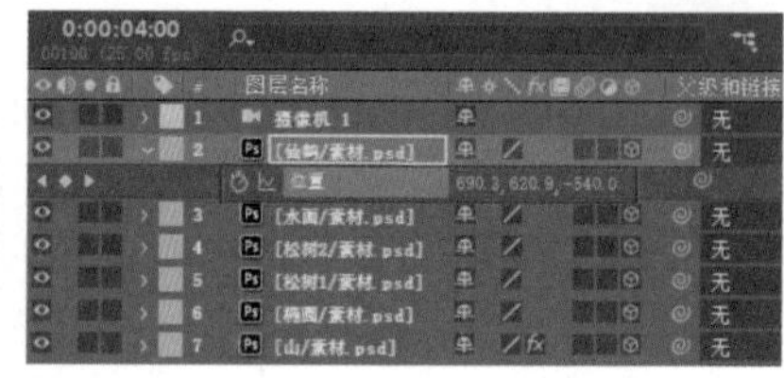

图3-124

图3-125

22 移动播放指示器到时间轴的末尾，设置“位置”为（1138.3,467,-540），如图3-126所示，效果如图3-127所示。

23 按R键调出“旋转”参数，然后在0:00:03:00的位置设置“Z轴旋转”为0x+80°，并添加关键帧，如图3-128所示。

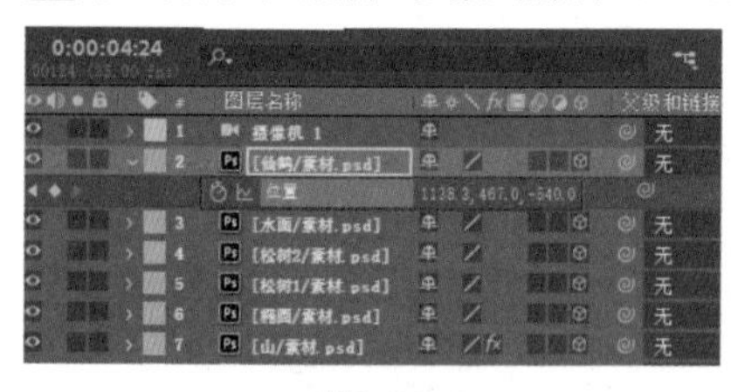

图3-126

图3-127

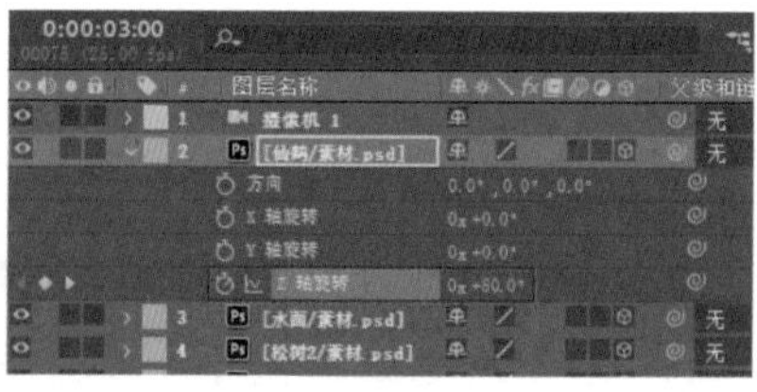

图3-128

24 移动播放指示器到0:00:04:00的位置，设置“Z轴旋转”为0x+35°，如图3-129所示，效果如图3-130所示。

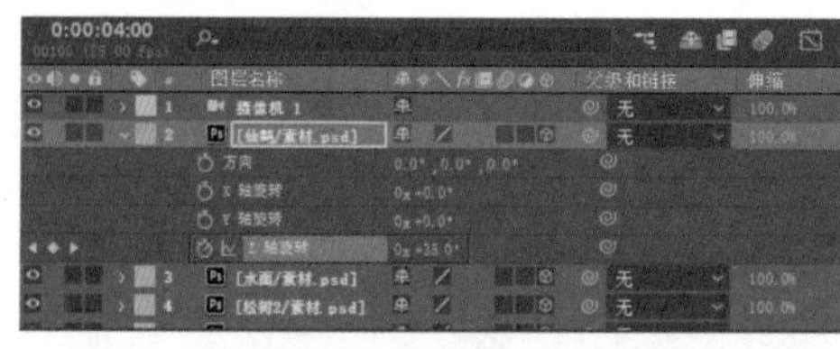

图3-129

图3-130

25 移动播放指示器到时间轴的末尾，然后设置“Z轴旋转”为0x+0°，如图3-131所示，效果如图3-132所示。

技巧提示

读者也可以先在时间轴末尾添加“Z轴旋转”的关键帧，再调整“Z轴旋转”的数值，这样效果会更加直观。

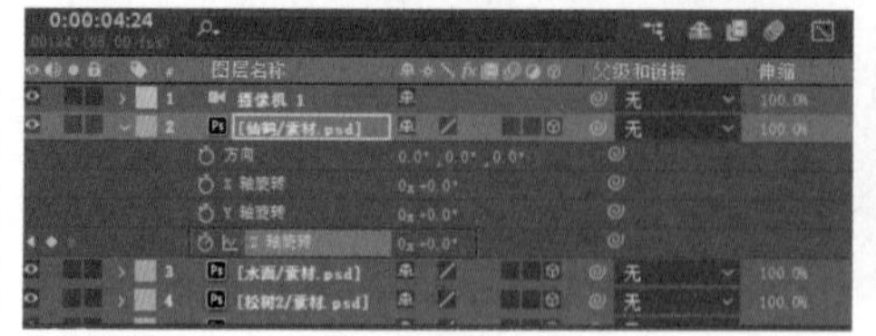

图3-131

图3-132

26 在“合成”面板中随意截取4帧图片，动画效果如图3-133所示。

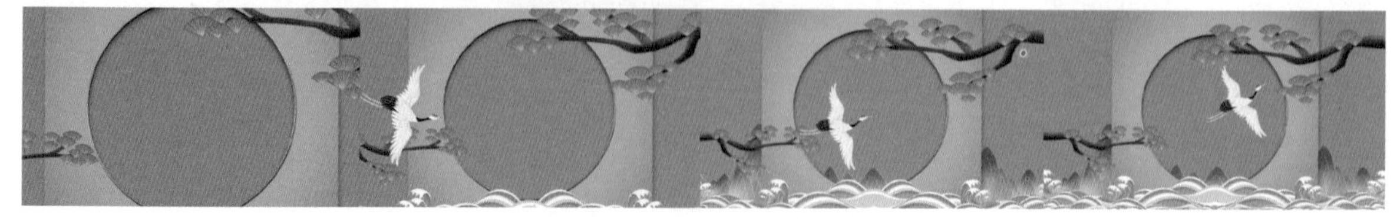

图3-133

☞ 技术回顾

扫码观看视频

演示视频：007-摄像机

工具：摄像机

位置："时间轴"面板

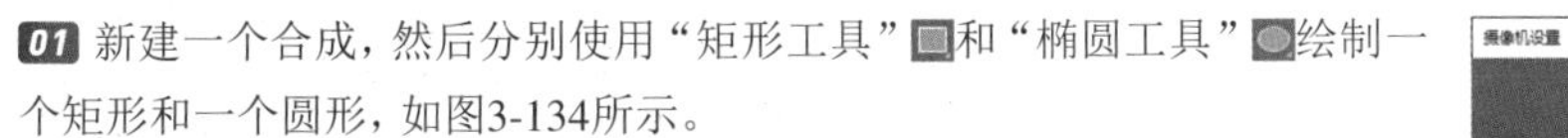

01 新建一个合成，然后分别使用"矩形工具"和"椭圆工具"绘制一个矩形和一个圆形，如图3-134所示。

02 在"时间轴"面板空白处单击鼠标右键，在弹出的菜单中选择"新建>摄像机"选项，如图3-135所示。在创建摄像机图层的同时，会弹出"摄像机设置"对话框，如图3-136所示。

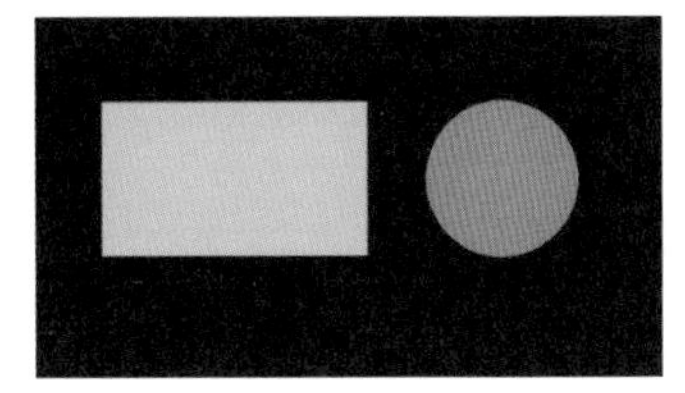

图3-134

图3-135

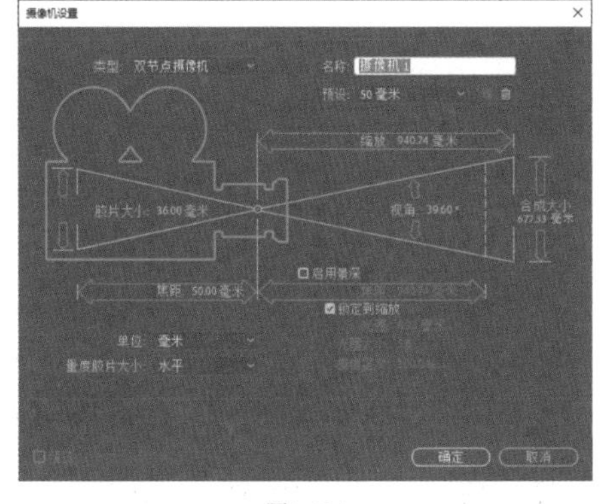

图3-136

◎ 技术专题：摄像机的相关属性

在"摄像机设置"对话框中会显示摄像机的相关属性，下面对这些属性进行讲解。

类型：摄像机分为"双节点摄像机"和"单节点摄像机"两种，一般情况下使用"双节点摄像机"。

焦距：控制画面中心清晰的区域，35毫米的焦距适用于大多数场景。如果焦距的数值过小，会出现镜头畸变的效果。

启用景深：勾选该选项后，会在画面中观察到景深效果。景深的大小与"焦距"的数值相关。

视角：控制摄像机的成像区域的夹角，数值越大，成像的范围也就越大。

03 在"摄像机设置"对话框中设置"类型"为"双节点摄像机"，"焦距"为35毫米，最后单击"确定"按钮 确定 ，如图3-137所示。

04 创建摄像机后，在"合成"面板中看不到任何的变化。将视图由"活动摄像机"切换到"顶部"，就可以看到添加的摄像机，如图3-138所示。

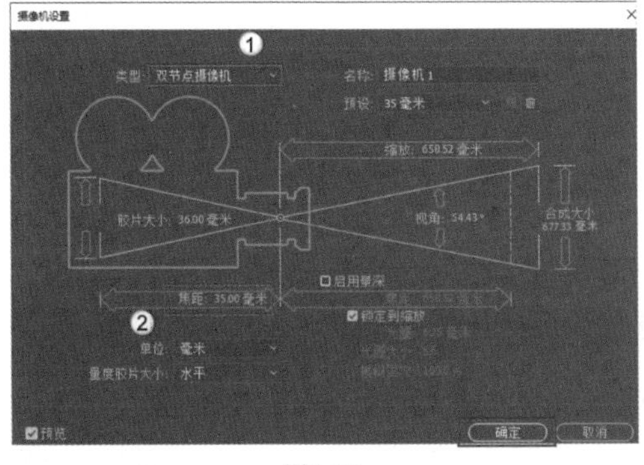

图3-137

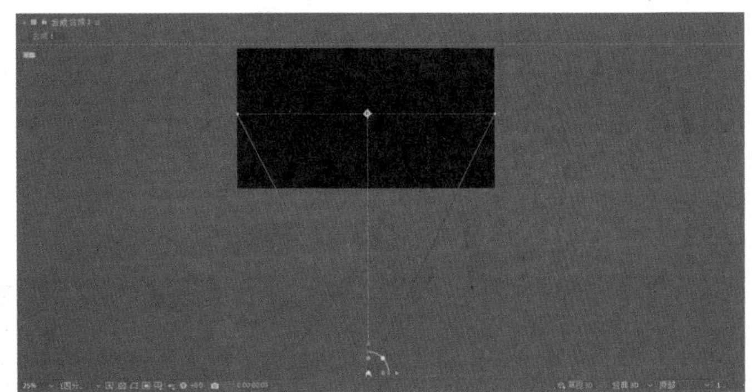

图3-138

05 在"时间轴"面板空白处单击鼠标右键，在弹出的菜单中选择"新建>查看器"选项，创建一个新的查看器。将其中一个查看器切换为"活动摄像机"视图，这样就能在观察摄像机画面的同时，调整摄像机的位置和角度，如图3-139所示。

❶ 技巧提示

在三维动画制作软件中，这种多角度视图经常使用。

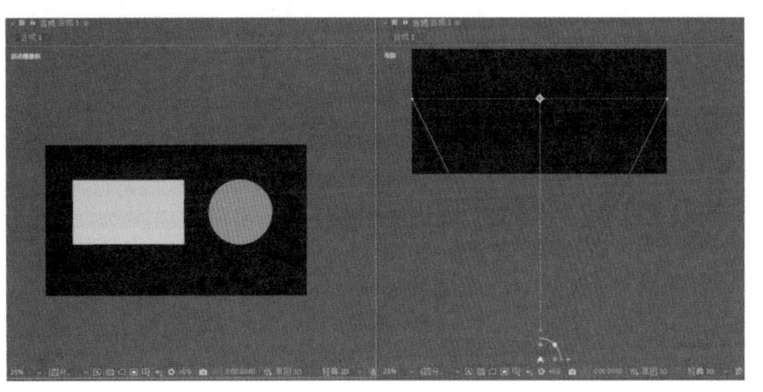

图3-139

06 在“时间轴”面板中打开两个形状图层的“3D图层”开关后，就可以通过调整摄像机观察到三维效果，如图3-140所示。

07 在“活动摄像机”视图中，按住Alt键与鼠标中键拖曳鼠标，可实现平移摄像机的动画效果，如图3-141所示。

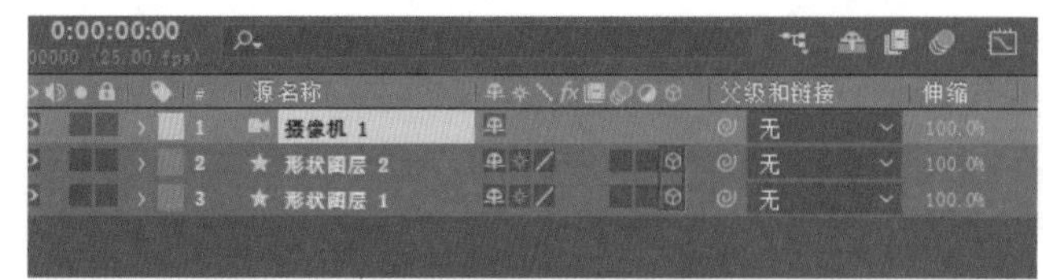

图3-140

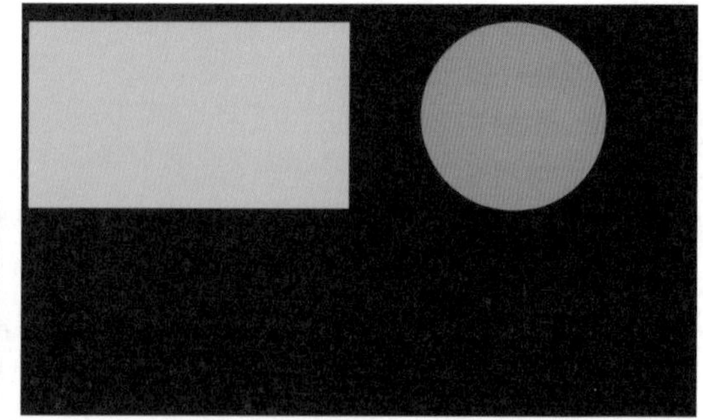

图3-141

08 按住Alt键与鼠标左键拖曳鼠标，就能围绕画面的焦点旋转摄像机，如图3-142所示。

09 按住Alt键与鼠标右键拖曳鼠标，就能缩放摄像机的画面，如图3-143所示。

图3-142

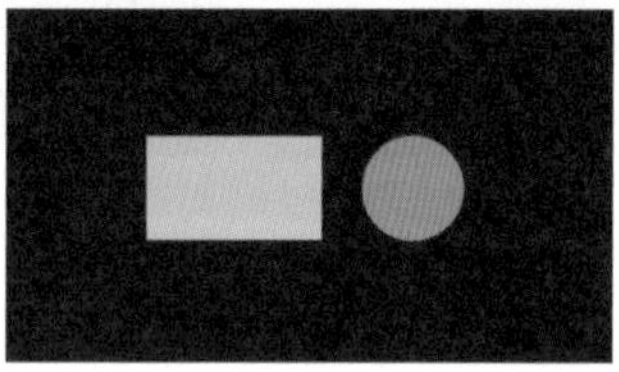

图3-143

> **技巧提示**
>
> 步骤07~步骤09中的操作也可以通过工具栏中的“在光标下移动工具”、“绕光标旋转工具”和“向光标方向推拉镜头工具”实现，如图3-144所示。 
>
> 图3-144

10 在画面中选中圆形，然后沿着z轴方向向前移动，使其与矩形产生具有纵深距离的效果，如图3-145所示。

11 选中“摄像机1”图层，然后展开“摄像机选项”卷展栏，设置“景深”为“开”，如图3-146所示，此时会发现画面中没有出现景深效果。

图3-145

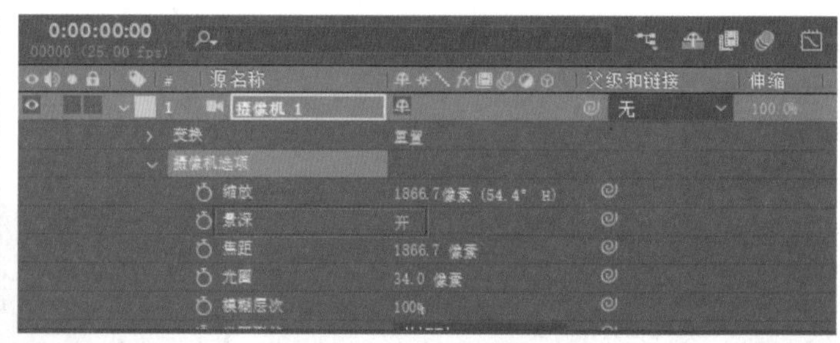

图3-146

12 增大“光圈”数值，就能观察到画面中的矩形出现了模糊效果，而圆形依旧清晰，如图3-147所示。这样就形成了景深效果。

13 增大“焦距”数值，可以观察到矩形逐渐清晰，而圆形逐渐模糊，如图3-148所示。

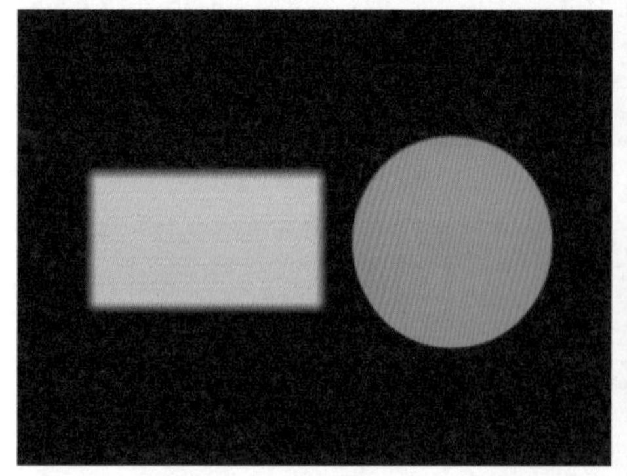

图3-147

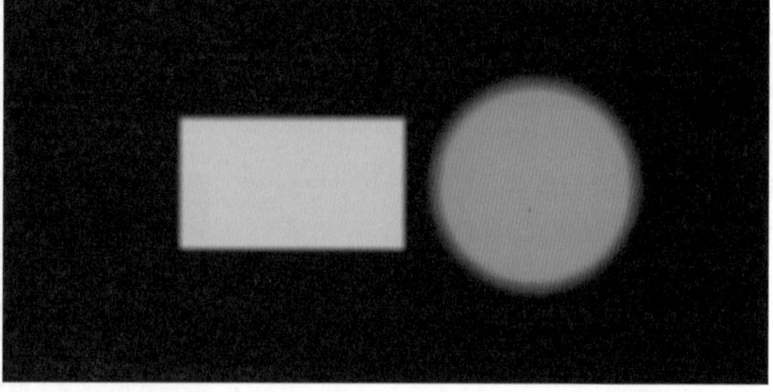

图3-148

> **技巧提示**
>
> “光圈”的数值越大，景深效果越明显。

重点

实战：制作三维空间动画

案例文件	案例文件>CH03>实战：制作三维空间动画
难易程度	★★★☆☆
学习目标	掌握3D图层开关的使用方法

扫码观看视频

如果对摄像机的“位置”和“旋转”等参数添加关键帧，就能形成旋转的三维空间动画效果。相比于之前案例中的二维空间动画效果，三维空间的动画效果看起来更加真实。本案例将制作一个立方体的旋转动画，效果如图3-149所示。

图3-149

01 新建一个合成，设置“合成名称”为“立方体面”，“宽度”和“高度”都为800像素，如图3-150所示。

02 新建一个蓝色的纯色图层，将其填充在合成中，如图3-151所示。

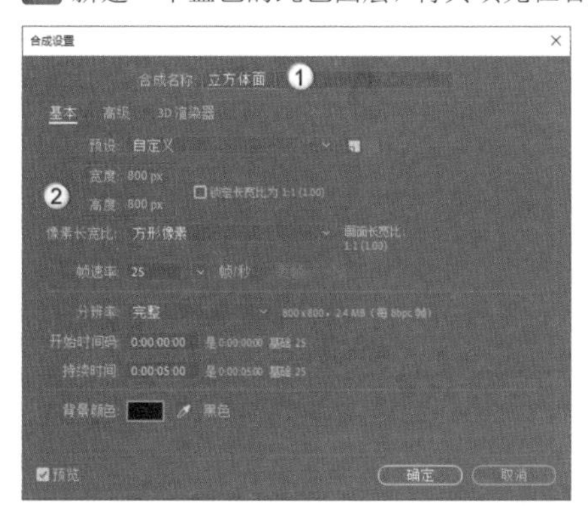

图3-150

图3-151

技巧提示

纯色图层的颜色可以设置为任何颜色，这里设置的颜色只是起指示作用。

03 在“项目”面板中导入学习资源“案例文件>CH03>实战：制作三维空间动画”文件夹中的素材文件，然后将01.mov文件向下拖曳到“时间轴”面板中，调整其大小，使其覆盖蓝色的纯色图层，效果如图3-152所示。

04 新建一个“宽度”为1920像素，“高度”为1080像素的合成，然后将“立方体面”合成拖曳到“时间轴”面板中，如图3-153所示。

05 新建一个空对象图层，然后开启两个图层的“3D图层”开关，如图3-154所示。

图3-152

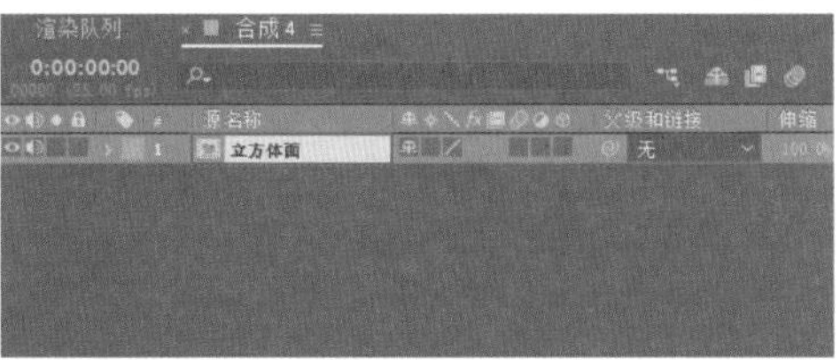

图3-153

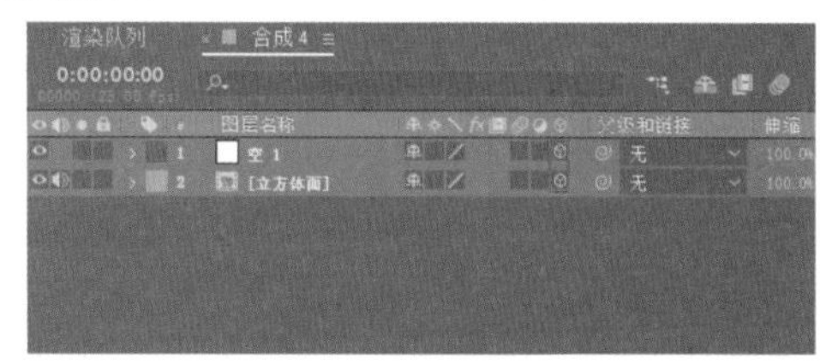

图3-154

06 选中“空1”图层，按P键调出“位置”参数，设置“位置”的z轴坐标值为400，如图3-155所示。此时旋转视图，就能看到空对象图层的控制器在z轴方向上与立方体面产生了一定的距离，如图3-156所示。

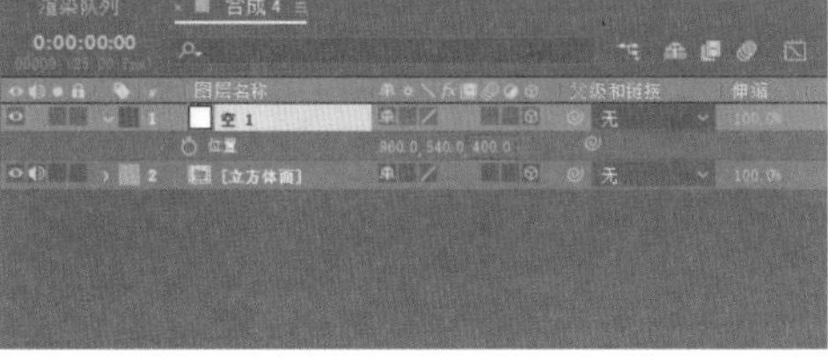

图3-155

图3-156

07 将“立方体面”合成链接到“空1”图层，使其成为“空 1”图层的子层级，如图3-157所示。这样后面旋转立方体面就可以依靠旋转空对象图层来实现。

08 选中“空1”图层和“立方体面”合成，然后按快捷键Ctrl+D进行复制，如图3-158所示。

图3-157

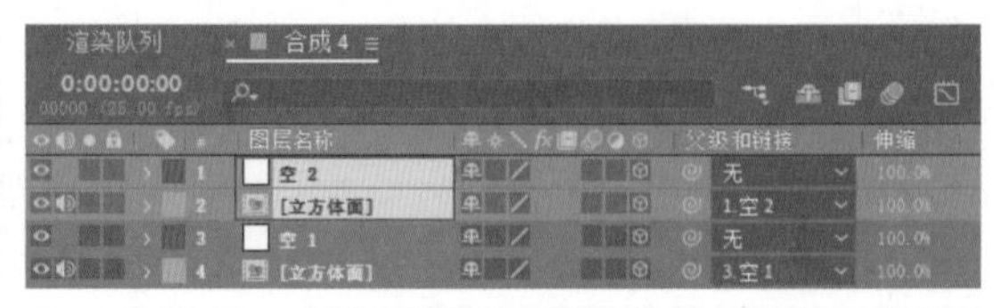

图3-158

09 选中“空2”图层，按R键调出“旋转”参数，设置“Y轴旋转”为0x+90°，如图3-159所示。可以观察到复制的立方体面旋转了90°，与之前的立方体面垂直连接，如图3-160所示。

10 继续按快捷键Ctrl+D复制“空2”图层和“立方体面”合成，如图3-161所示。

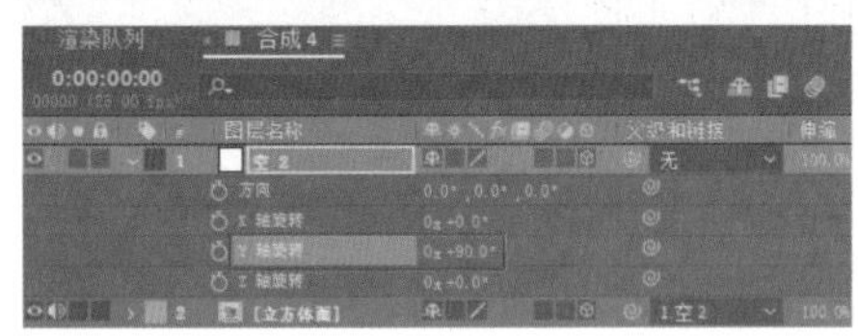

图3-159

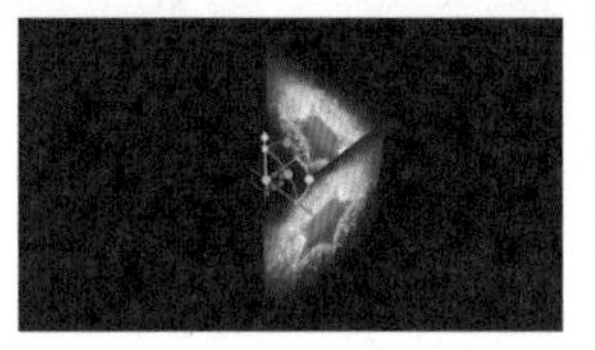

图3-160

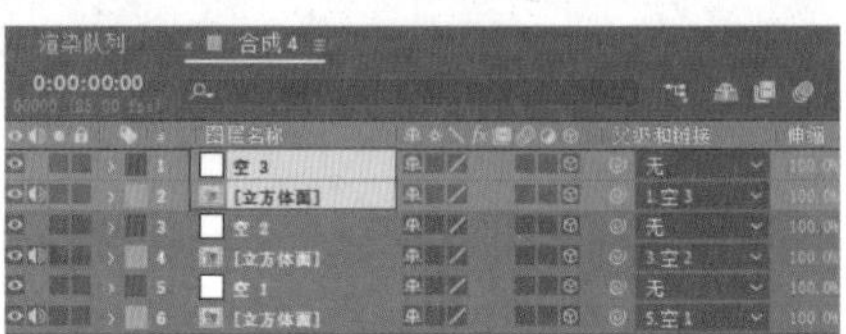

图3-161

11 选中“空3”图层，按R键调出“旋转”参数，设置“Y轴旋转”为0x+180°，如图3-162所示，效果如图3-163所示。

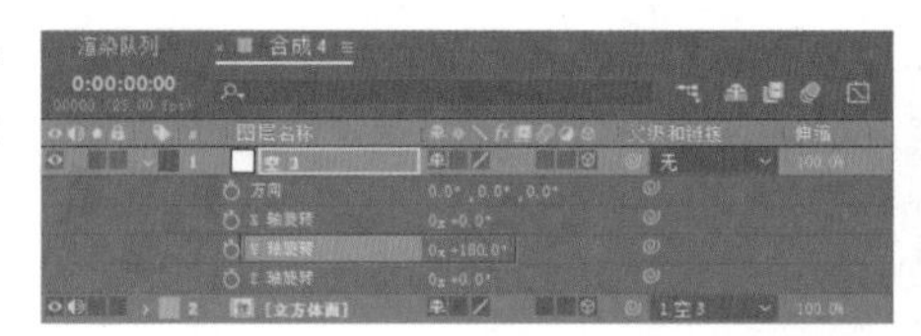

图3-162

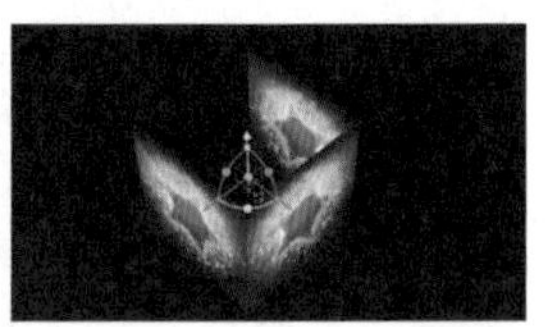

图3-163

12 按照上面的方法继续复制出剩余的3个面，使这6个面形成一个立方体，如图3-164所示。

图3-164

13 全选图层，然后按快捷键Ctrl+Shift+C生成“预合成1”合成，如图3-165所示。

14 在“项目”面板中选中“预合成1”合成，然后按快捷键Ctrl+D复制出“预合成2”合成，如图3-166所示。

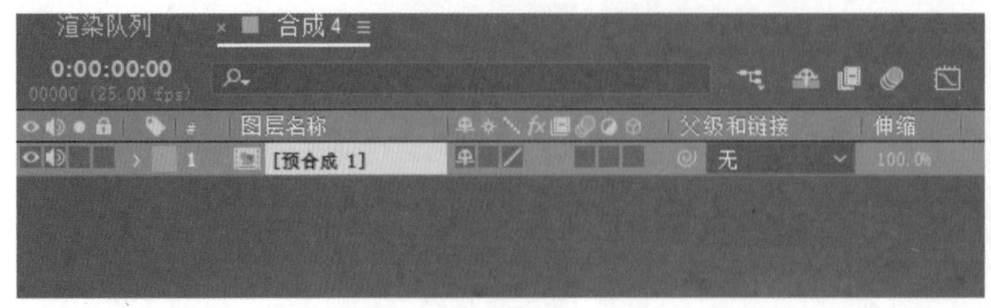

图3-165

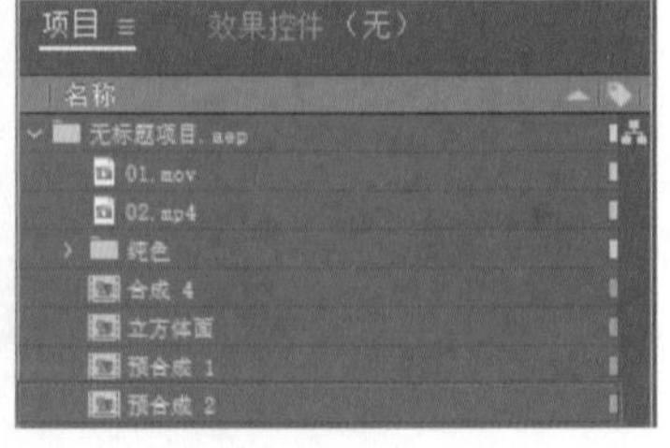

图3-166

15 在“时间轴”面板中新建一个摄像机图层，然后将“预合成2”合成拖曳到“时间轴”面板中，同时开启“对于合成图层：折叠变换”开关，如图3-167所示。

16 开启“预合成1”和“预合成2”合成的“3D图层”开关，然后将“预合成2”合成放大，使其成为画面的背景，如图3-168所示，效果如图3-169所示。

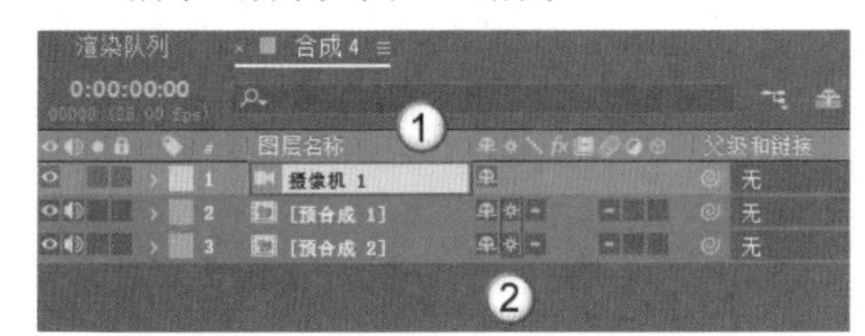

图3-167

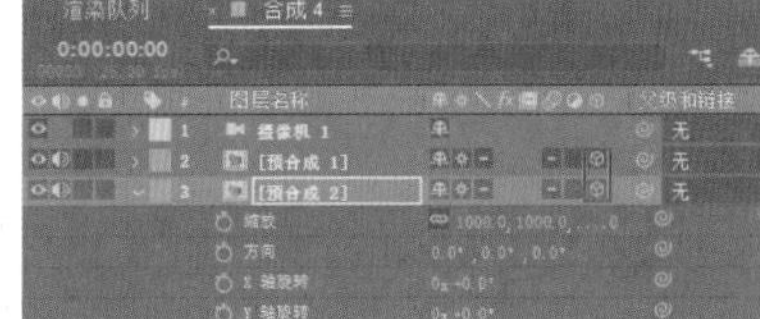

图3-168

图3-169

技巧提示

开启“对于合成图层：折叠变换”开关后，预合成可以继承内部图层的属性。如果不打开这个开关，就无法显示具有三维效果的元素。

17 双击进入“预合成2”合成，然后选中所有的“立方体面”合成，接着在“项目”面板选中“02.mp4”素材文件，按住Alt键将其拖曳到“时间轴”面板上，这样就能统一替换原有的素材，如图3-170所示，效果如图3-171所示。

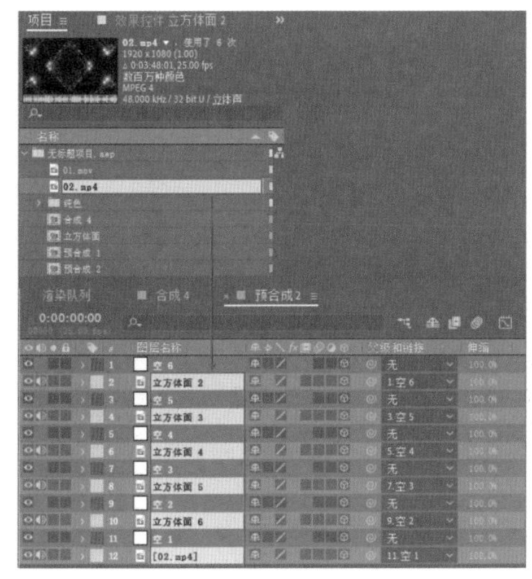

图3-170

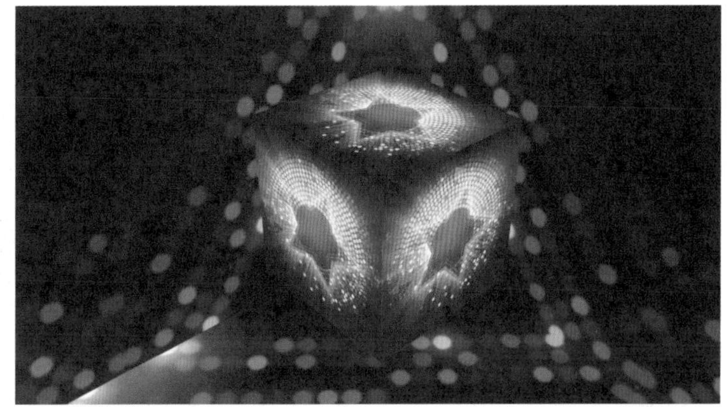

图3-171

18 新建一个空对象图层，然后将“摄像机1”图层设置为其子层级，如图3-172所示。现在只需要修改空对象图层的相关参数，就可以控制摄像机的运动。

图3-172

19 选中空对象图层，然后按P键调出“位置”参数，调整其位置并添加关键帧，效果如图3-173所示。

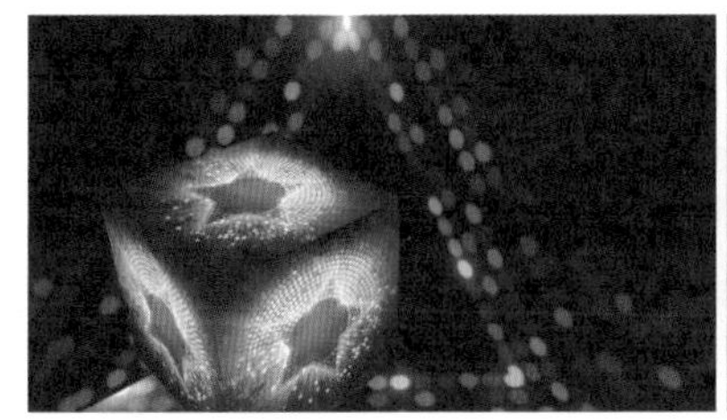

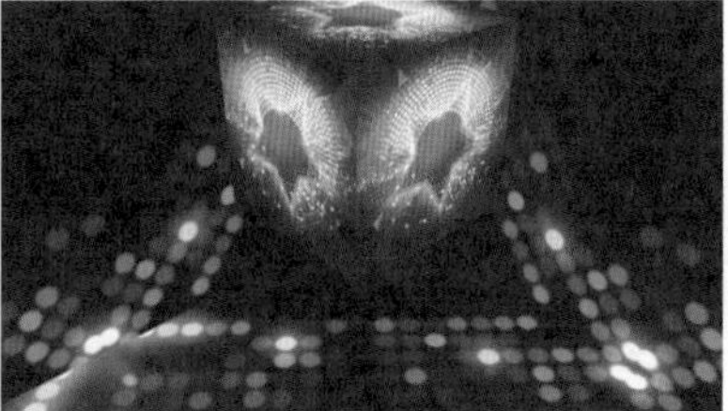

图3-173

技巧提示

这里不详细列举参数，读者可按照自己的喜好进行设置。

20 按R键调出“旋转”参数，然后调整旋转角度并添加关键帧，效果如图3-174所示。

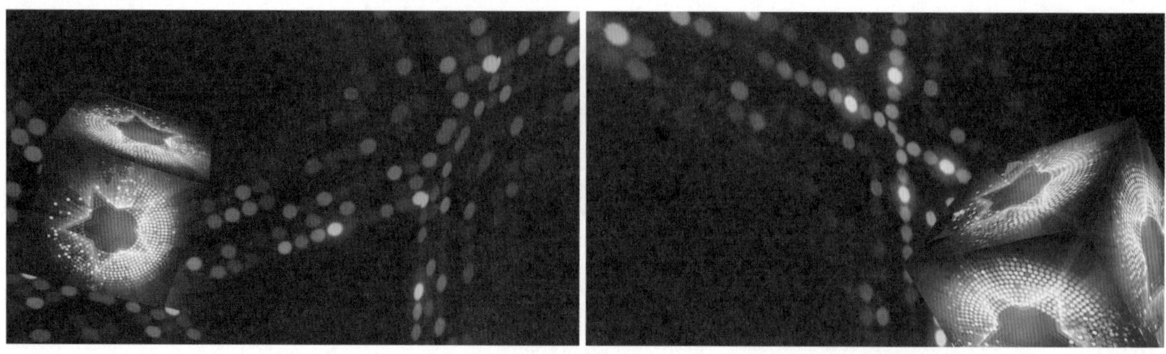

图3-174

21 在“合成”面板中任意位置截取4帧画面，动画效果如图3-175所示。

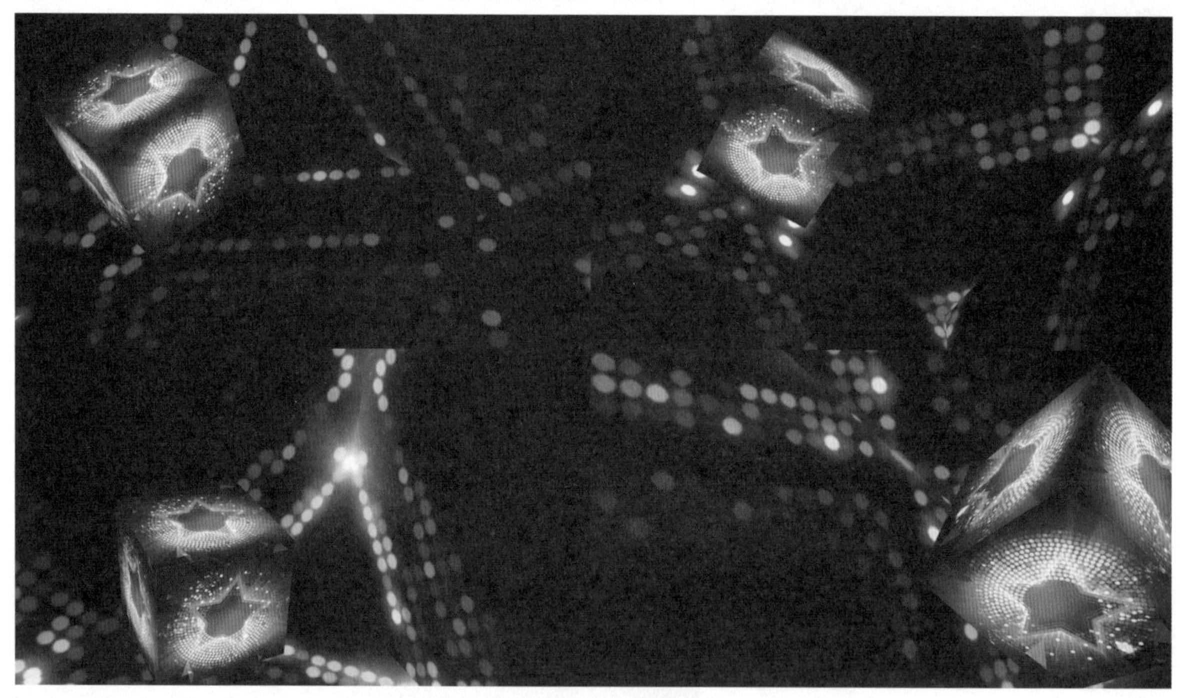

图3-175

① 技巧提示 + ⑦ 疑难问答 + ◎ 技术专题 + ⑧ 知识链接

表达式的应用

表达式是After Effects中基于JavaScript编程语言开发的编辑工具，可以将其理解为简单的编程，但没有编程那么复杂。表达式只能添加在可以编辑关键帧的属性上，不可以添加在其他地方。表达式能帮助我们快速地制作一些动画效果，避免重复制作相同的动画，可以帮我们高效制作出需要的效果。

学习重点

重点

实战：使用循环表达式制作时钟动画

案例文件	案例文件>CH04>实战：使用循环表达式制作时钟动画
难易程度	★★★☆☆
学习目标	熟悉循环表达式

扫码观看视频

本案例使用循环表达式制作时钟指针运动一周的动画，如图4-1所示。

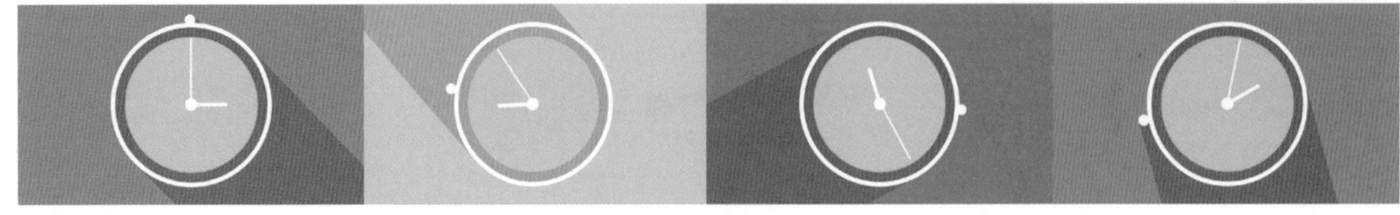

图4-1

案例制作

01 新建项目文件，然后新建一个时长为5秒的默认合成，然后在"时间轴"面板中新建一个蓝色的纯色图层，如图4-2所示。

图4-2

> **技巧提示**
>
> 纯色图层的颜色可任意设置，不会对后续步骤产生影响。

02 执行"效果>生成>圆形"菜单命令，在"效果控件"面板中设置"半径"为445，"边缘"为"边缘半径"，"边缘半径"为420，如图4-3所示，效果如图4-4所示。

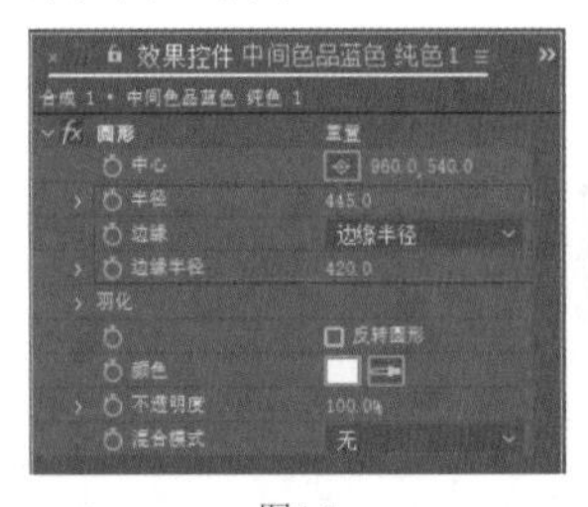

图4-3

图4-4

> **技巧提示**
>
> 在"效果和预设"面板中搜索"圆形"，如图4-5所示，然后将其拖曳到"时间轴"面板上的纯色图层上，也可以生成圆形。
>
> 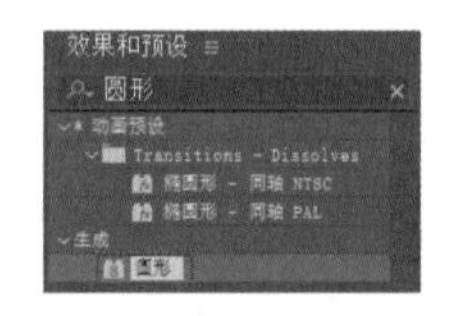
>
> 图4-5

03 在"时间轴"面板中新建一个绿色的纯色图层，然后按S键调出"缩放"参数，设置"缩放"为（64%,64%），效果如图4-6所示。

04 保持绿色的纯色图层处于选中状态，使用"椭圆工具"在"合成"面板中绘制一个圆形，作为绿色纯色图层的蒙版，如图4-7所示。

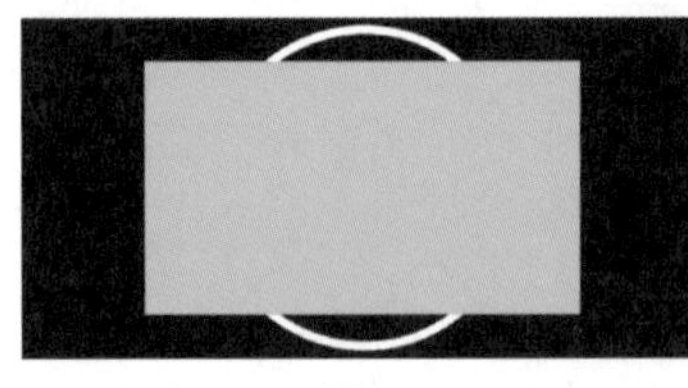

图4-6

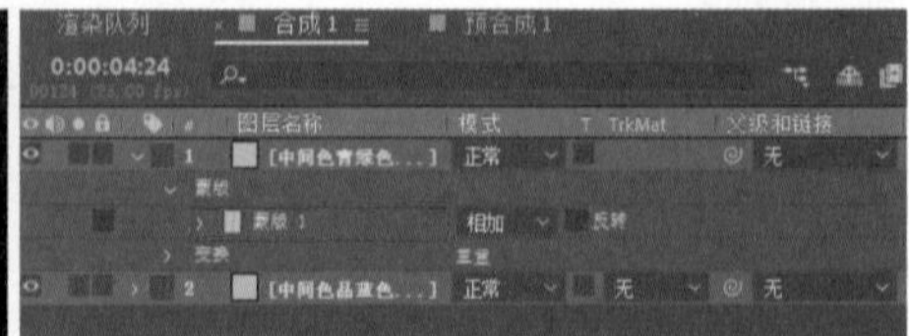

图4-7

05 在"时间轴"面板中新建一个蓝色的纯色图层，然后执行"效果>生成>圆形"菜单命令，创建一个圆形，并在"效果控件"面板中设置"半径"为35，如图4-8所示，效果如图4-9所示。

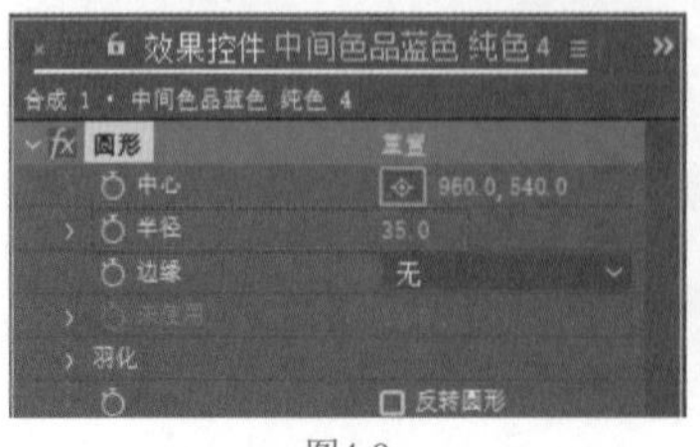

图4-8

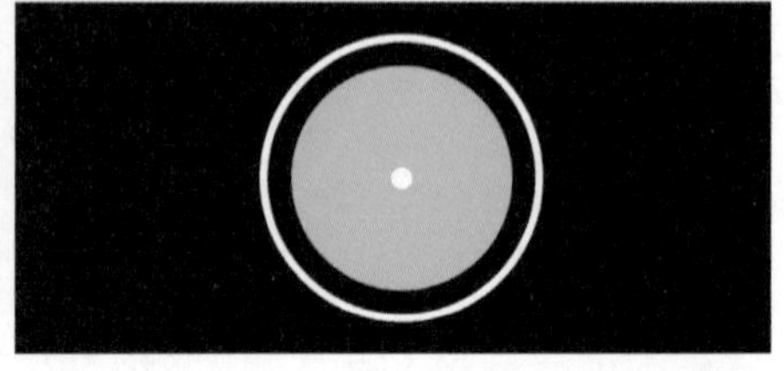

图4-9

06 使用“矩形工具”在“合成”面板中绘制图4-10所示的矩形，作为时钟的分针。

07 选中“形状图层1”图层并按快捷键Ctrl+D复制生成“形状图层2”图层，然后将“形状图层2”图层的形状调整至图4-11所示的大小和位置，作为时钟的时针。

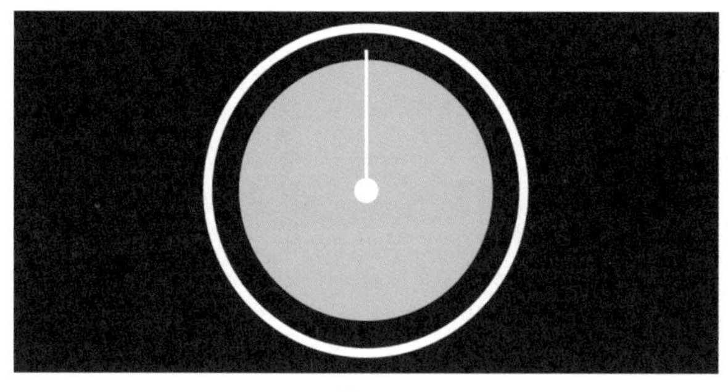

图4-10

图4-11

08 选中“形状图层2”图层，按R键调出“旋转”参数。在时间轴起始位置添加“旋转”关键帧，然后在0:00:04:24的位置设置“旋转”为12x+0°，如图4-12所示。

09 选中“形状图层3”图层，按R键调出“旋转”参数。在时间轴起始位置添加“旋转”关键帧，然后在0:00:04:24的位置设置“旋转”为1x+0°，如图4-13所示。

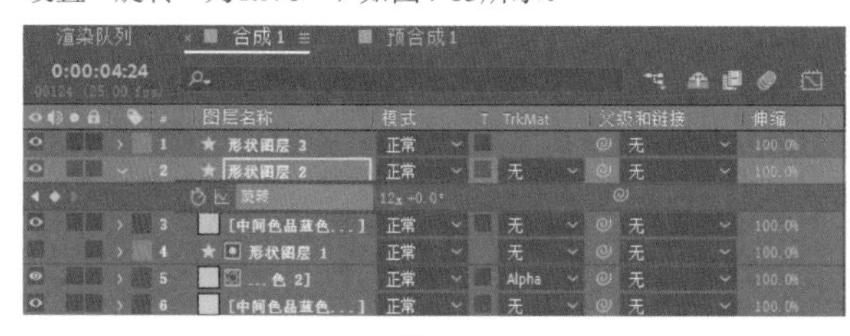

图4-12

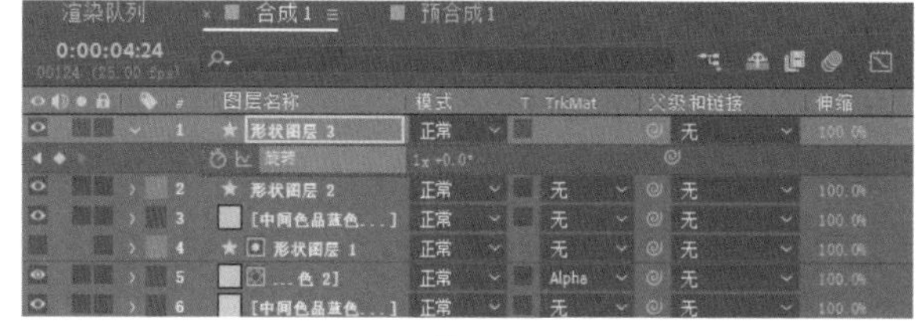

图4-13

技巧提示

在时钟中，时针走一圈，分针要走60圈。

10 使用“椭圆工具”在“合成”面板中绘制图4-14所示的圆形。

图4-14

11 展开绿色纯色图层下的“蒙版1”卷展栏，按快捷键Ctrl+C复制“蒙版路径”中的形状，如图4-15所示。

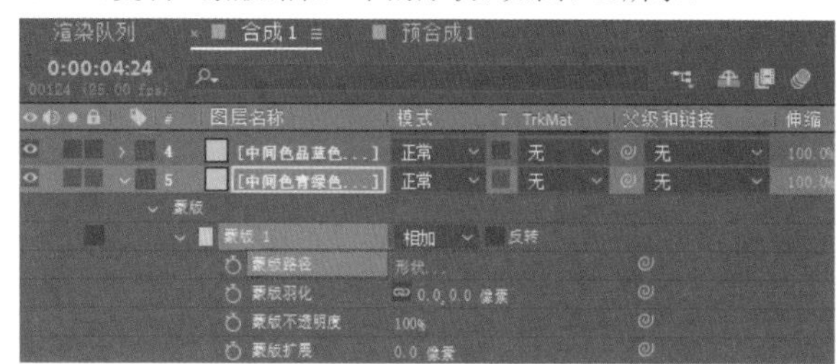

图4-15

12 选中“形状图层4”图层并按P键调出“位置”参数，然后选择“位置”参数，在时间轴起始位置按快捷键Ctrl+V粘贴“蒙版路径”形状，如图4-16所示。使用“选项工具”将“蒙版路径”形状调整至图4-17所示位置。

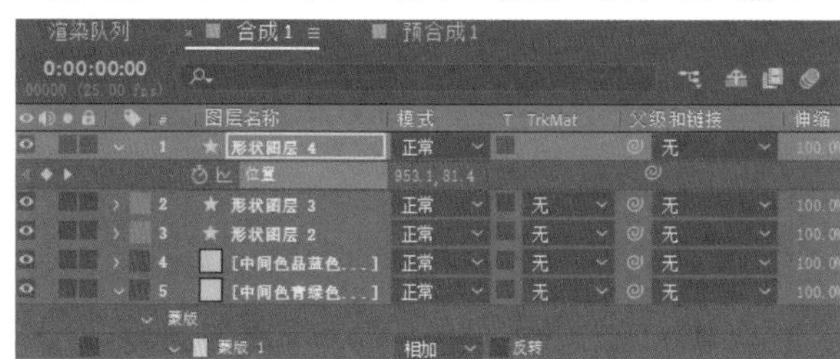

图4-16

图4-17

13 移动播放指示器以观察小球运动的轨迹，可以发现小球运动一圈后就不会再运动了。按住Alt键并单击“位置”左侧的码表按钮激活表达式参数，单击“表达式：位置”右侧的“表达式语言菜单”按钮，在弹出的菜单中选择Property>loopOut(type="cycle",numKeyframes=0)选项，添加循环表达式，如图4-18所示。

14 选中所有图层，按快捷键Ctrl+Shift+C生成“预合成1”合成，如图4-19所示。

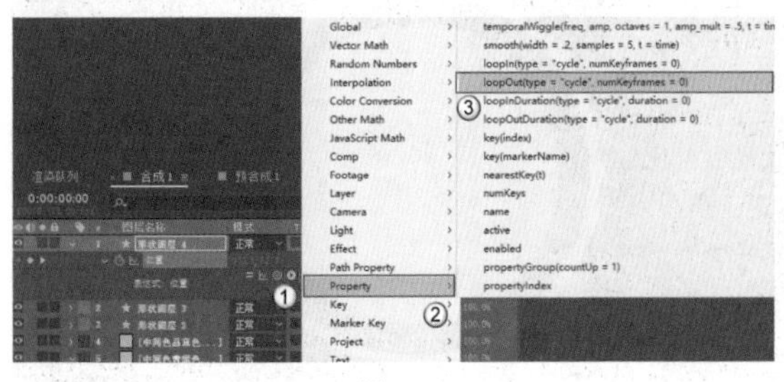

图4-18

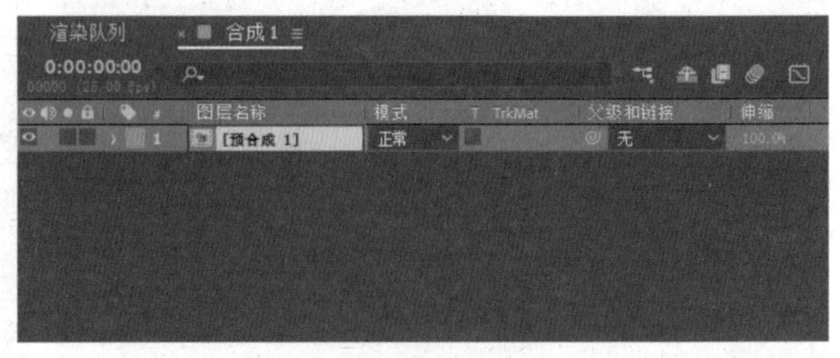

图4-19

15 新建一个蓝色的纯色图层，将其放在“预合成1”合成下方，作为背景，效果如图4-20所示。

16 在“效果和预设”面板中搜索Long Shadows动画效果并将其添加到“预合成1”合成上，效果如图4-21所示。

图4-20

图4-21

技术专题：添加效果预设文件的方法

在网络上可以下载很多制作好的效果预设文件，只需要将它们保存在After Effects安装文件夹中就可以在软件中调用它们了，极大地方便了用户的日常制作。下面为读者介绍安装效果预设文件的方法。

第1步：打开After Effects安装文件夹，找到Presets文件夹，如图4-22所示。

第2步：双击进入该文件夹，然后将新建一个文件夹，名字自定，这样方便在软件中快速找到预设效果，如图4-23所示。

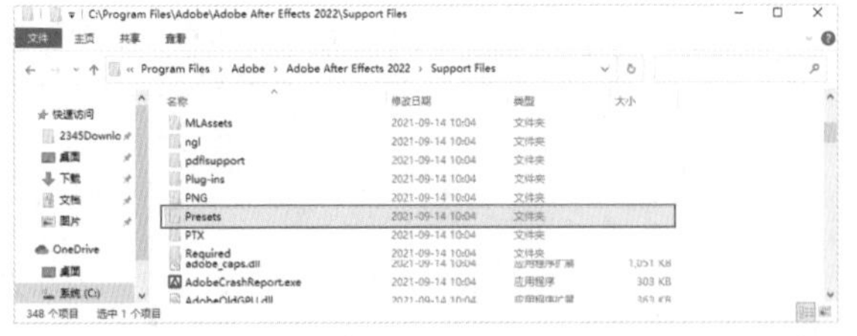

图4-22

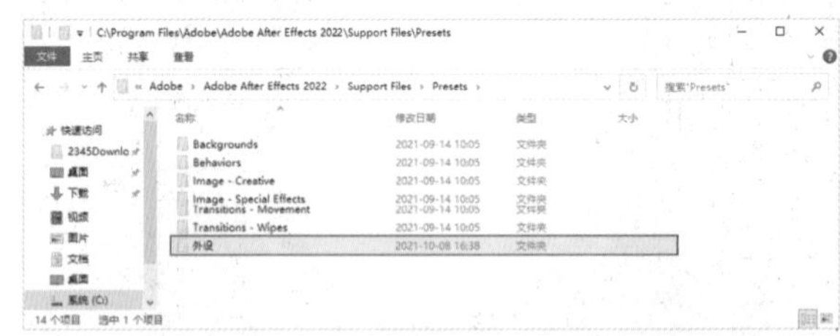

图4-23

第3步：将附赠资源文件夹中的Long Shadows 2.ffx文件复制到上一步创建的文件夹中，如图4-24所示。

第4步：关闭文件夹后重启软件，就可以在“效果和预设”面板中找到该预设效果，如图4-25所示。双击即可使用该预设效果。

图4-24

图4-25

17 在“效果控件”面板中设置Angle为0x+135°，并添加关键帧，如图4-26所示。

18 移动播放指示器到0:00:04:24处，设置Angle为0x−225°，如图4-27所示。

19 选中“预合成1”下方的蓝色纯色图层，执行“效果>颜色校正>色相/饱和度”菜单命令，在“效果控件”面板中勾选“彩色化”选项，设置“着色饱和度”为70，如图4-28所示。

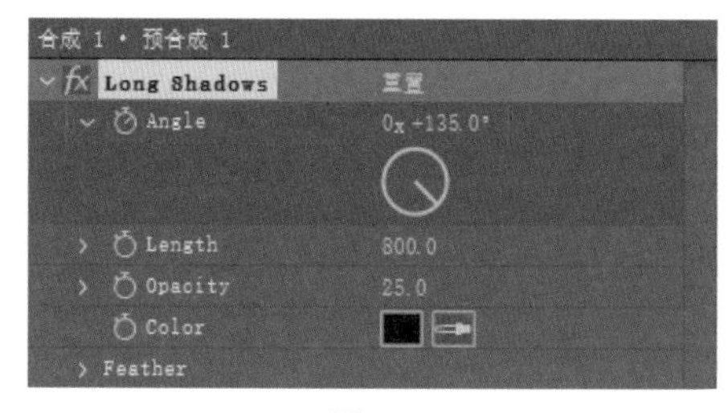

图4-26

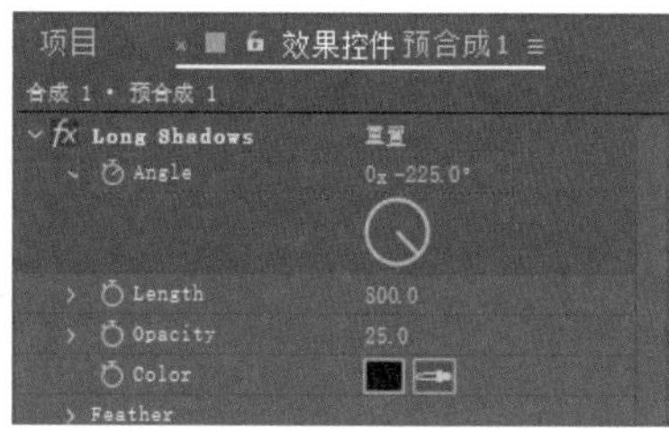

图4-27

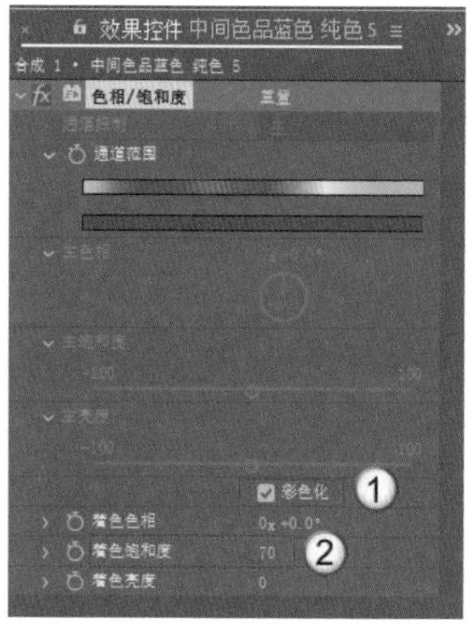

图4-28

20 在时间轴起始位置添加“着色色相”关键帧，如图4-29所示。

21 移动播放指示器到时间轴末尾，设置“着色色相”为1x+0°，如图4-30所示。

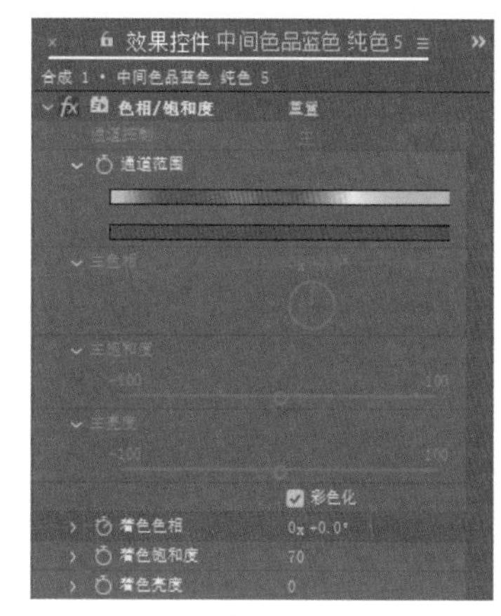

图4-29

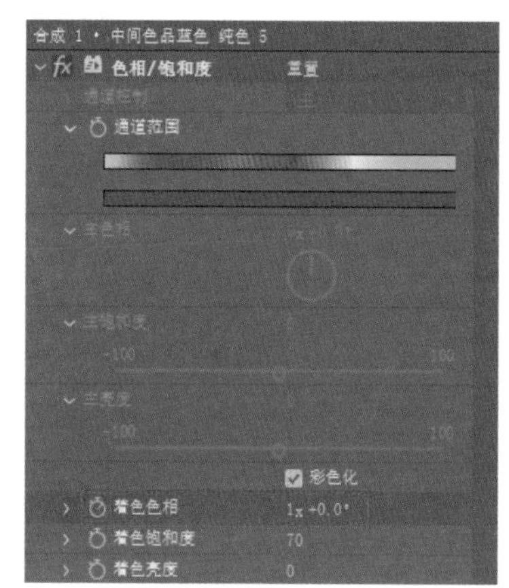

图4-30

22 在“合成”面板中任意截取4帧图片，效果如图4-31所示。

图4-31

☞ 技术回顾

演示视频：008-循环表达式

效果：循环动画

表达式：loopOut(type="cycle",numKeyframes=0)

扫码观看视频

01 新建一个默认合成，然后使用“矩形工具”▣绘制一个矩形，如图4-32所示。

02 选中“形状图层1”图层，然后按R键调出“旋转”参数，在0:00:01:00的位置设置“旋转”为1x+0°，并添加关键帧，如图4-33所示。

图4-32

图4-33

03 移动播放指示器时会发现，超过0:00:01:00后，矩形就会停止旋转。如果想让矩形继续旋转下去，就需要继续添加关键帧，或者添加循环表达式。按住Alt键并单击“旋转”参数左侧的码表按钮，会在下方显示“表达式：旋转”参数，如图4-34所示。

04 单击“表达式语言菜单”按钮，就能在右侧弹出表达式的下拉列表，如图4-35所示。

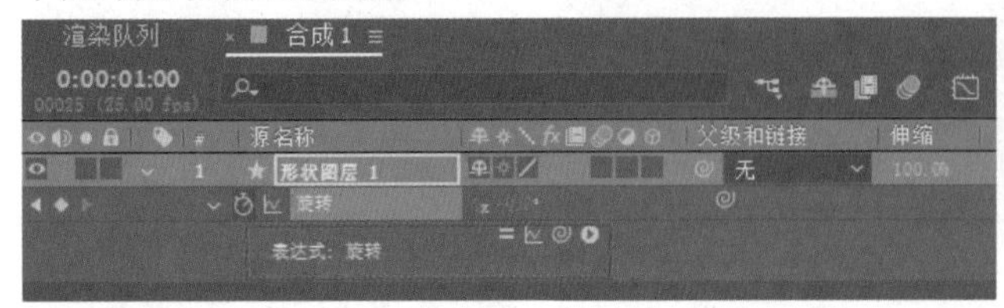

图4-34

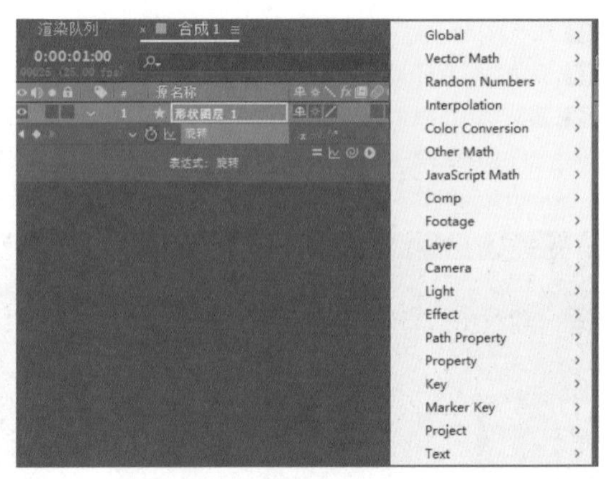

图4-35

05 将鼠标指针移到Property选项上，会在右侧弹出子下拉列表，如图4-36所示。以loop开头的表达式就是循环表达式。

06 选择loopOut(type="cycle",numKeyframes=0)选项，就可以在关键帧上添加该表达式，如图4-37所示。

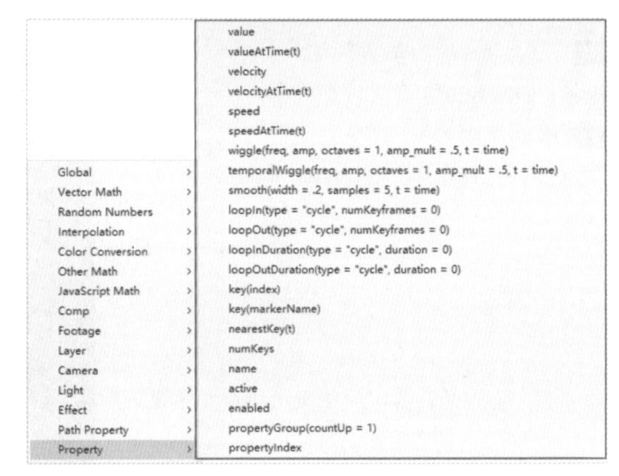

图4-36

图4-37

07 移动播放指示器时可以观察到在关键帧后的时间段中，矩形仍然在旋转，如图4-38所示。

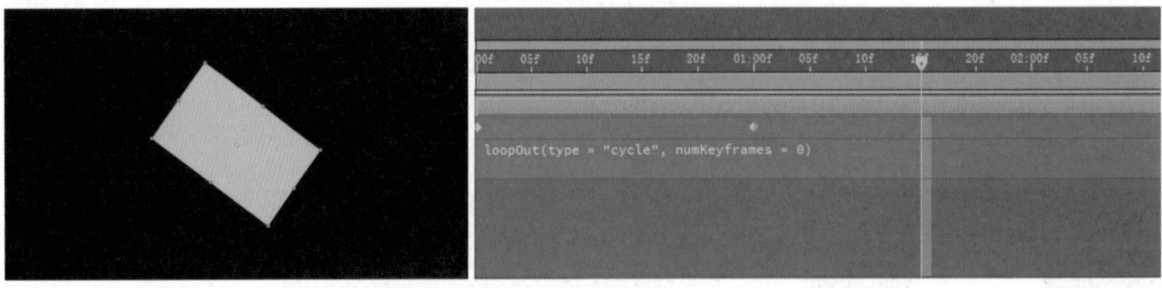

图4-38

08 将关键帧整体向后移动一段距离，然后添加loopIn(type="cycle",numKeyframes=0)表达式，如图4-39所示。

09 移动播放指示器，可以观察到在从时间轴起始位置到第一个关键帧的时间内，矩形也会旋转，但超过最后一个关键帧后，矩形就停止了旋转，如图4-40所示。

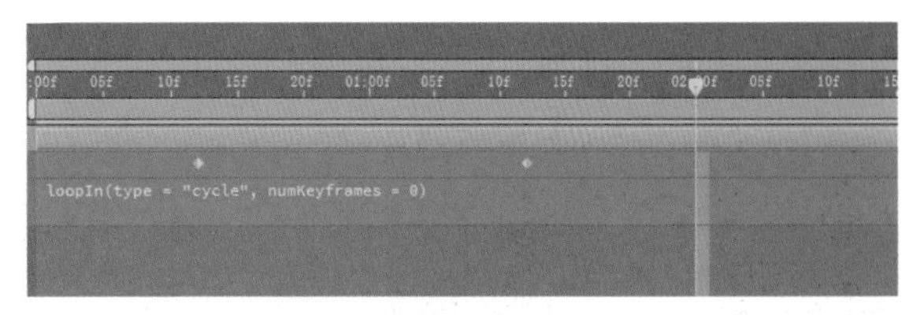

图4-39

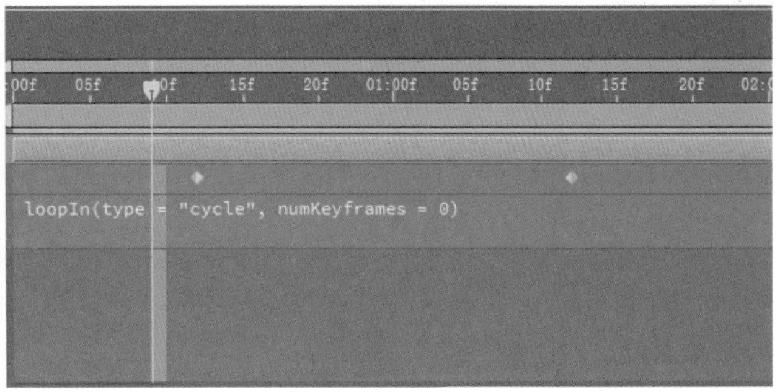

图4-40

10 继续移动所有关键帧到0:00:03:00的位置，然后添加loopInDuration(type = "cycle", duration = 0)表达式，如图4-41所示。

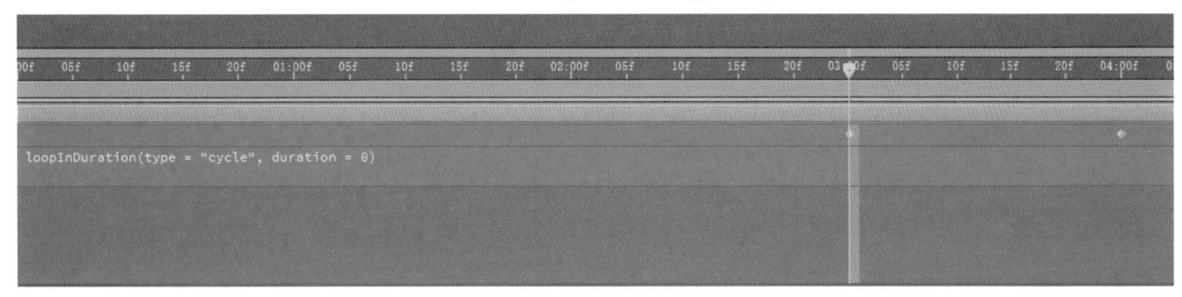

图4-41

11 移动播放指示器时可以观察到，除了关键帧之间的时间区域外，在0:00:01:00到0:00:02:00的时间内矩形也在旋转，如图4-42所示。这个表达式以旋转的时间长度为间隔，使矩形旋转间隔地进行循环。

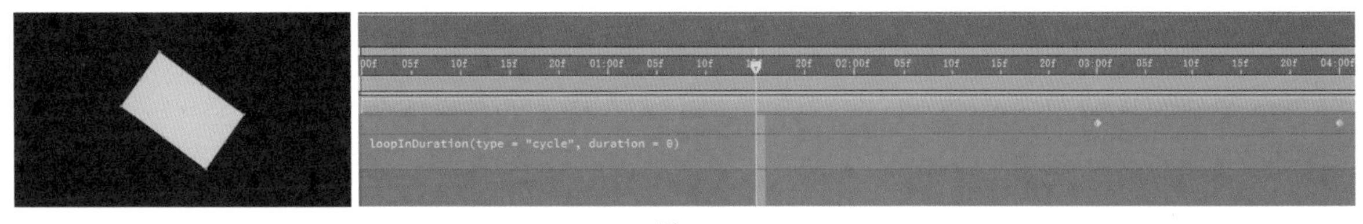

图4-42

12 移动所有关键帧到0:00:01:00的位置，然后添加loopOutDuration(type = "cycle", duration = 0)表达式，如图4-43所示。

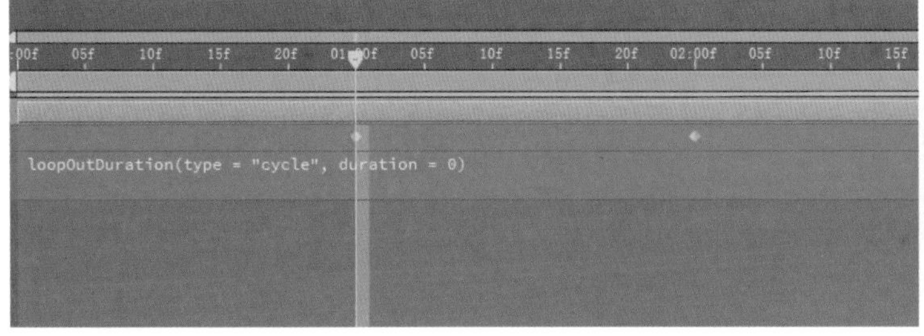

图4-43

13 移动播放指示器时可以观察到，除了关键帧之间的时间区域外，在0:00:03:00到0:00:04:00的时间内矩形也在旋转，如图4-44所示。这个表达式以旋转的时间长度为间隔，使矩形旋转间隔地进行循环。

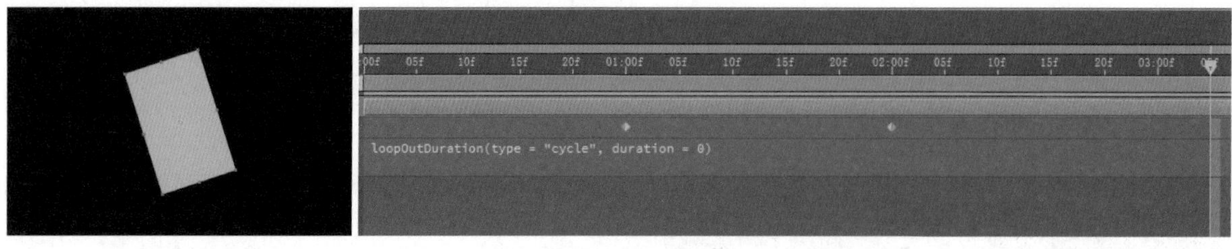

图4-44

> ◎ **技术专题：循环表达式**
>
> 在循环表达式loopOut(type="cycle",numkeyframes=0)中，一些参数有其自身的意义，下面讲解这些参数的意义。
>
> type="类型"：类型可以被替换。例如，cycle为周而复始的循环，continue为延续属性变化的最后速度，offset为重复指定的时间段的运动状态，pingpong为类似乒乓球的运动一样来回循环。
>
> numkeyframes=0是指循环的次数。0为无限循环，1是最后两个关键帧无限循环，2是最后3个关键帧无限循环，以此类推。

重点

实战：制作皮球的弹跳动画

案例文件	案例文件>CH04>实战：制作皮球的弹跳动画
难易程度	★★★☆☆
学习目标	练习使用循环表达式，熟悉time表达式

扫码观看视频

本案例运用时间表达式和循环表达式制作皮球上下弹跳的循环动画效果，效果如图4-45所示。

图4-45

案例制作

01 新建一个1920像素×1080像素的合成，并将其命名为“小球”，如图4-46所示。

02 在“小球”合成中新建一个白色的纯色图层，如图4-47所示。

03 使用“矩形工具”在“合成”面板中绘制图3个蓝色的矩形，并使它们均匀分布在画面中，如图4-48所示。

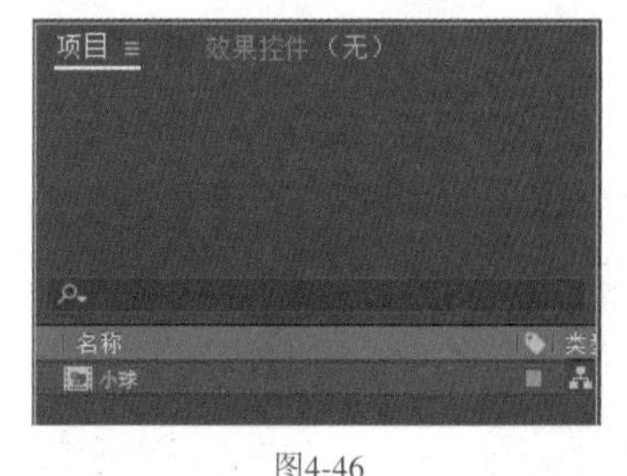

图4-46

图4-47

图4-48

04 新建一个1920像素×1080像素的合成，并将其命名为“总合成”，然后将“小球”合成拖曳到“时间轴”面板中，并打开“运动模糊”开关，如图4-49所示。

图4-49

08 将关键帧整体向后移动一段距离，然后添加loopIn(type="cycle",numKeyframes=0)表达式，如图4-39所示。

09 移动播放指示器，可以观察到在从时间轴起始位置到第一个关键帧的时间内，矩形也会旋转，但超过最后一个关键帧后，矩形就停止了旋转，如图4-40所示。

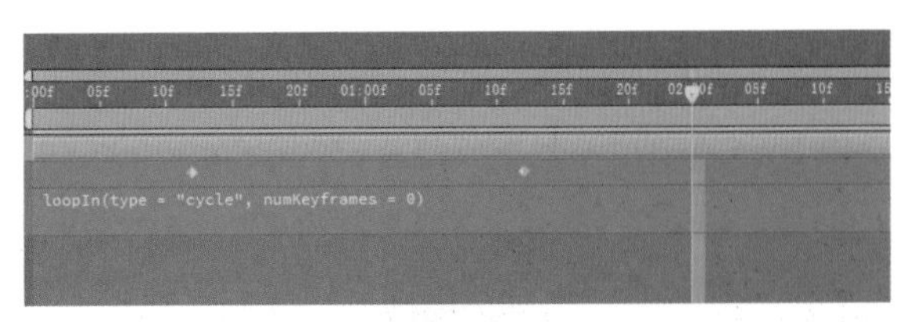

图4-39

图4-40

10 继续移动所有关键帧到0:00:03:00的位置，然后添加loopInDuration(type = "cycle", duration = 0)表达式，如图4-41所示。

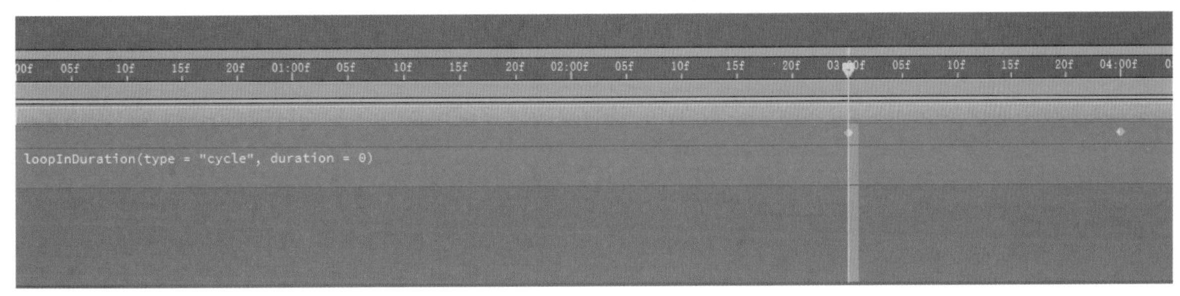

图4-41

11 移动播放指示器时可以观察到，除了关键帧之间的时间区域外，在0:00:01:00到0:00:02:00的时间内矩形也在旋转，如图4-42所示。这个表达式以旋转的时间长度为间隔，使矩形旋转间隔地进行循环。

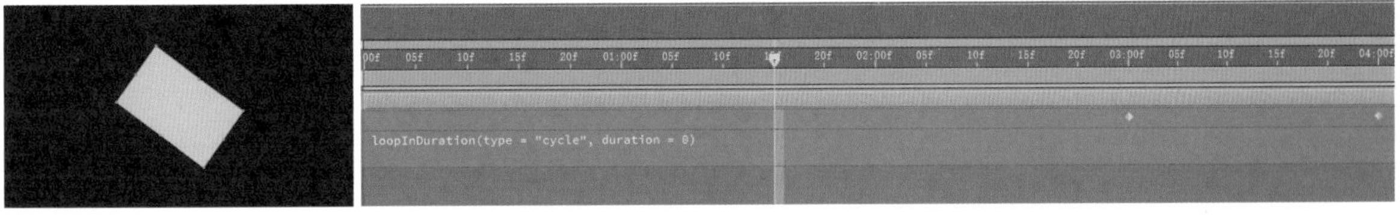

图4-42

12 移动所有关键帧到0:00:01:00的位置，然后添加loopOutDuration(type = "cycle", duration = 0)表达式，如图4-43所示。

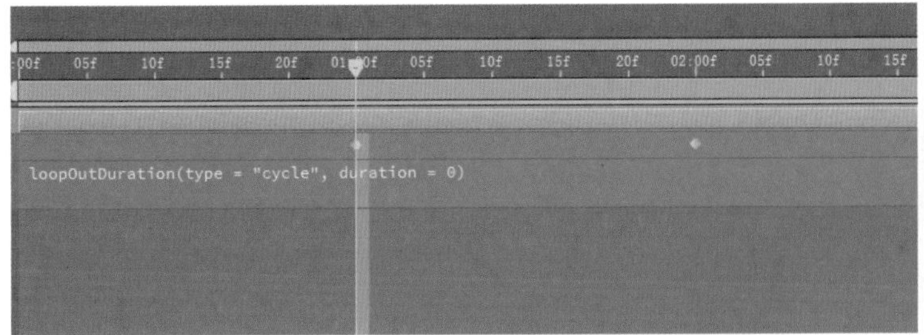

图4-43

13 移动播放指示器时可以观察到，除了关键帧之间的时间区域外，在0:00:03:00到0:00:04:00的时间内矩形也在旋转，如图4-44所示。这个表达式以旋转的时间长度为间隔，使矩形旋转间隔地进行循环。

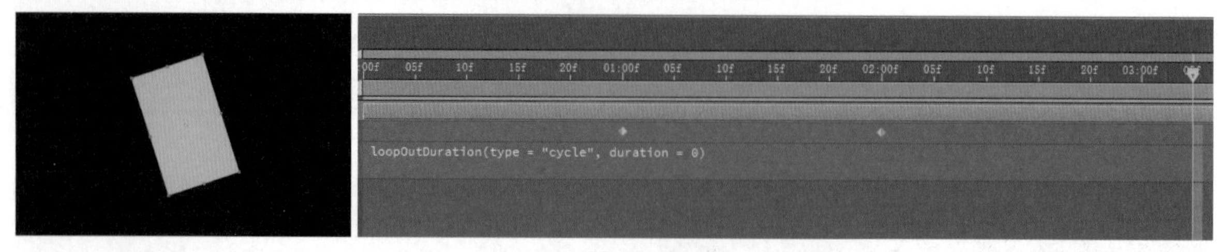

图4-44

技术专题：循环表达式

在循环表达式loopOut(type="cycle",numkeyframes=0)中，一些参数有其自身的意义，下面讲解这些参数的意义。

type="类型"：类型可以被替换。例如，cycle为周而复始的循环，continue为延续属性变化的最后速度，offset为重复指定的时间段的运动状态，pingpong为类似乒乓球的运动一样来回循环。

numkeyframes=0是指循环的次数。0为无限循环，1是最后两个关键帧无限循环，2是最后3个关键帧无限循环，以此类推。

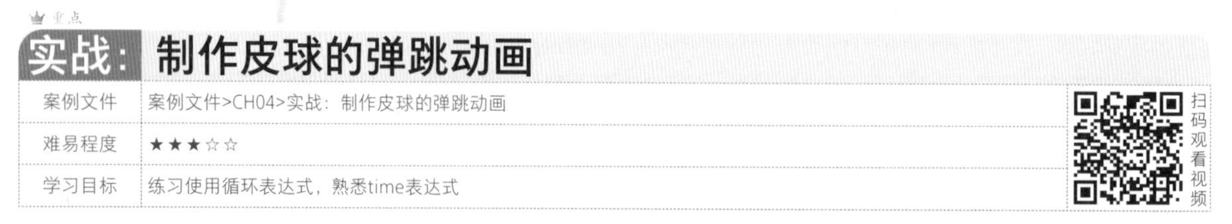

重点

实战：制作皮球的弹跳动画

案例文件	案例文件>CH04>实战：制作皮球的弹跳动画
难易程度	★★★☆☆
学习目标	练习使用循环表达式，熟悉time表达式

扫码观看视频

本案例运用时间表达式和循环表达式制作皮球上下弹跳的循环动画效果，效果如图4-45所示。

图4-45

案例制作

01 新建一个1920像素×1080像素的合成，并将其命名为“小球”，如图4-46所示。

02 在“小球”合成中新建一个白色的纯色图层，如图4-47所示。

03 使用“矩形工具”在“合成”面板中绘制图3个蓝色的矩形，并使它们均匀分布在画面中，如图4-48所示。

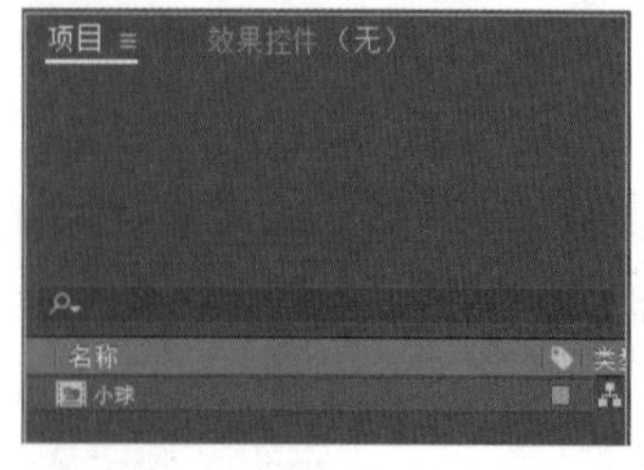

图4-46

图4-47

图4-48

04 新建一个1920像素×1080像素的合成，并将其命名为“总合成”，然后将“小球”合成拖曳到“时间轴”面板中，并打开“运动模糊”开关，如图4-49所示。

图4-49

05 执行“效果>透视>CC Sphere”菜单命令，在“效果控件”面板中设置Radius为180，Light Intensity为51，Light Height为41，Light Direction为0x-40.0°，Ambient为80，Specular为0，如图4-50所示，效果如图4-51所示。

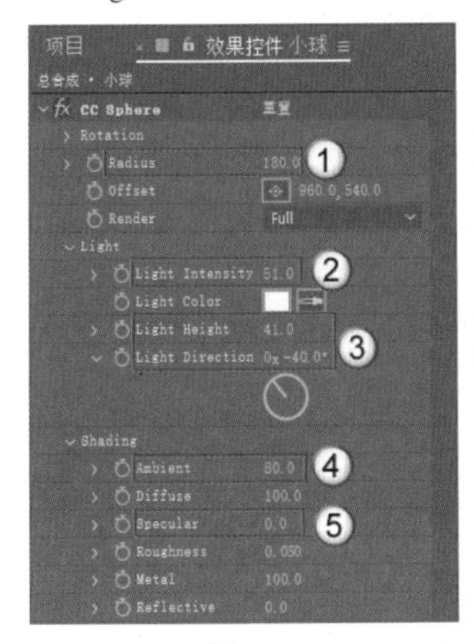

图4-50

图4-51

06 新建一个黄色的纯色图层，将其放在“小球”合成的下方，作为场景的背景，如图4-52所示。

07 使用“椭圆工具”在小球下方绘制一个灰色的椭圆形，作为小球的投影，如图4-53所示。

图4-52

图4-53

08 选中“小球”合成，按P键调出“位置”参数，在时间轴的起始位置设置“位置”为（960,245），并添加关键帧，如图4-54所示，效果如图4-55所示。

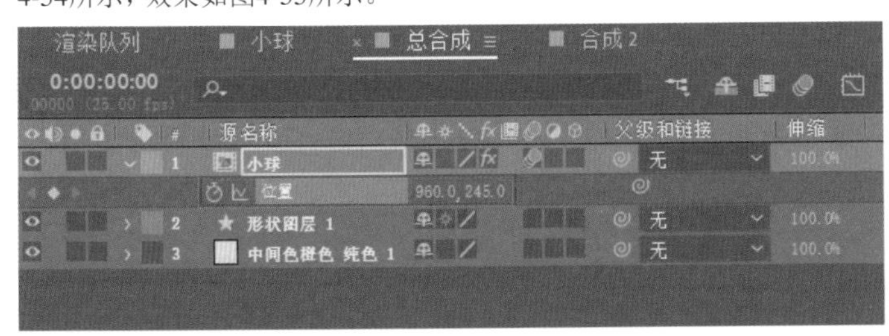

图4-54

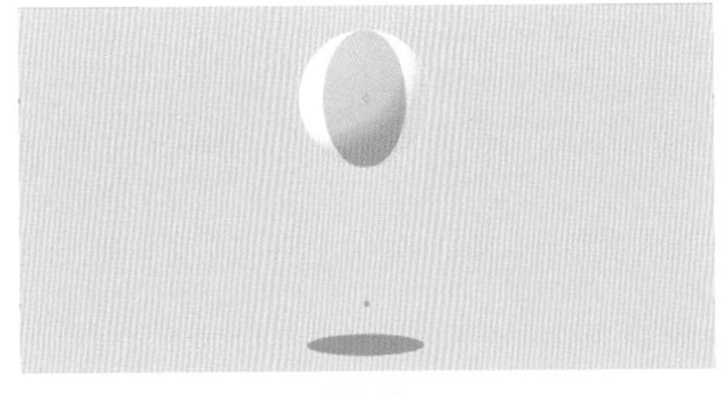

图4-55

09 移动播放指示器到0:00:00:12的位置，设置“位置”为（960,715），如图4-56所示，效果如图4-57所示。

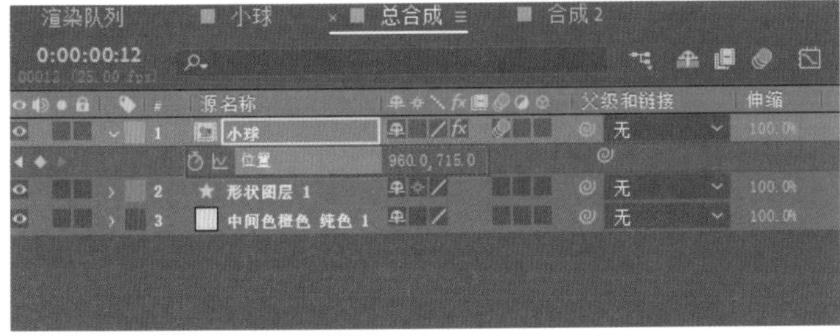

图4-56

图4-57

10 移动播放指示器到0:00:01:00的位置，然后将时间轴起始位置的关键帧复制到当前位置，如图4-58所示。

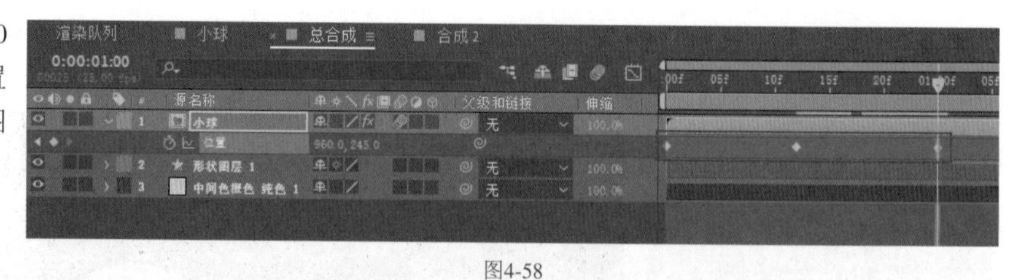

图4-58

11 选中小球的所有“位置”关键帧，按F9键将它们转换为“缓动”关键帧，如图4-59所示。

图4-59

12 为了让小球具有循环的弹跳效果，为“位置”参数添加循环表达式loopOut(type = "cycle", num-Keyframes = 0)，如图4-60所示。

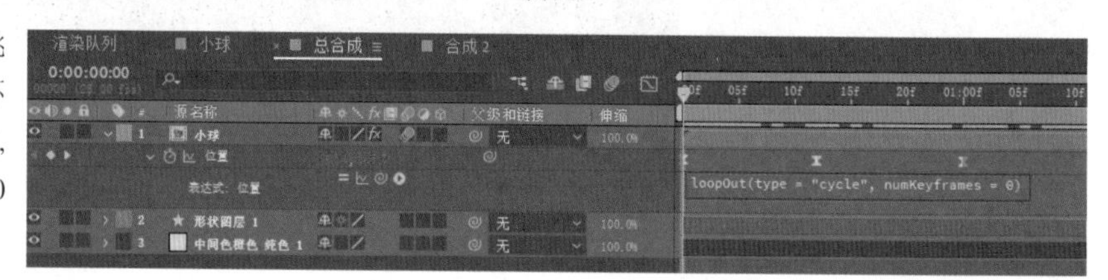

图4-60

13 小球在上升和下落时也会旋转。按R键调出“旋转”参数，然后添加表达式time*360，这样就可以让小球在上升和下落的过程中旋转360°，如图4-61所示，效果如图4-62所示。

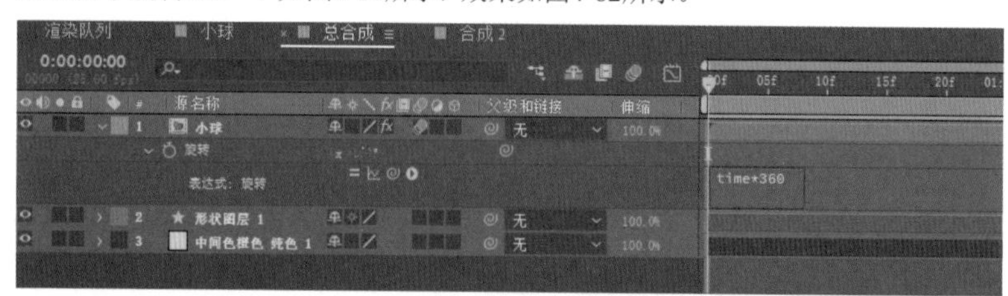

图4-61

图4-62

技术专题：time表达式

time表示时间，以秒为单位。time*n=时间（秒数）*n（若应用于“旋转”属性，则n表示旋转的角度）。

如果在“旋转”属性上设置time表达式为time*60，则表示图层将在1秒内旋转60°，两秒时旋转到120°，以此类推（数值为正数时沿顺时针方向旋转，为负数时沿逆时针方向旋转）。

需要注意的是，time表达式只能添加到一维属性上。类似“位置”这种多维度的属性可将参数分离，从而在x轴或y轴上单独设置表达式。

14 移动播放指示器时观察动画，会发现下方投影的大小始终一样，这与实际情况不相符。选中“形状图层1”图层并按S键调出“缩放”参数，在时间轴起始位置和0:00:01:00的位置添加关键帧，如图4-63所示。关键帧的参数仅供参考，读者按照实际情况灵活设置即可。

15 移动播放指示器到0:00:00:12的位置，然后缩小椭圆，如图4-64所示。

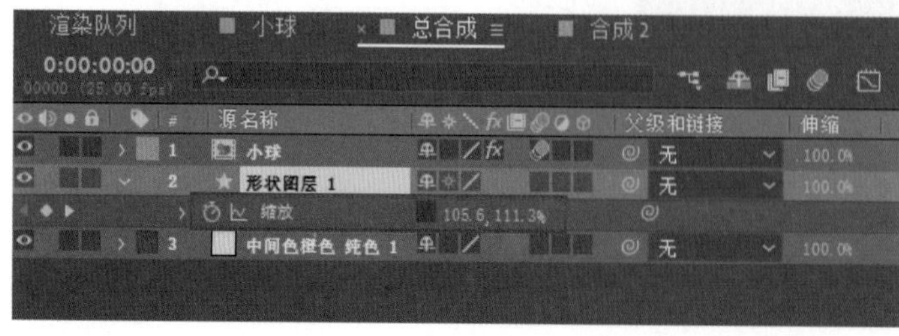

图4-63

图4-64

16 在“缩放”参数中继续添加循环表达式loopOut(type = "cycle", numKeyframes = 0)，这样就可以让投影的动画效果也循环播放，如图4-65所示。

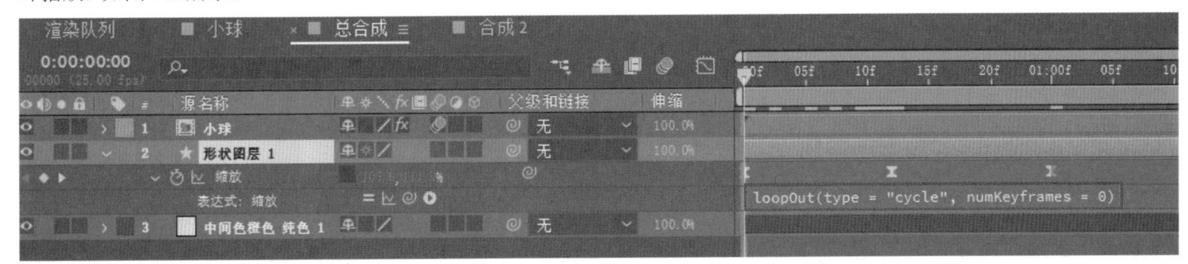

图4-65

17 在“合成”面板中任意截取4帧图片，效果如图4-66所示。

图4-66

实战：使用正弦函数表达式制作蝴蝶动画

案例文件	案例文件>CH04>实战：使用正弦函数表达式制作蝴蝶动画
难易程度	★★★☆☆
学习目标	熟悉正弦函数表达式

扫码观看视频

使用表达式，可以在不添加关键帧的情况下为素材制作动画效果。本案例使用正弦函数表达式制作蝴蝶飞舞的动画效果，如图4-67所示。

图4-67

案例制作

01 新建项目文件，然后导入学习资源“案例文件>CH04>实战：使用正弦函数表达式制作蝴蝶动画”文件夹中的素材文件，如图4-68所示。

02 选中“蝴蝶.png”素材文件，将其向下拖曳到“时间轴”面板中，生成“蝴蝶”合成，效果如图4-69所示。

03 选中“蝴蝶.png”图层，然后使用“矩形工具”绘制一个蒙版，使其只显示左边翅膀，效果如图4-70所示。

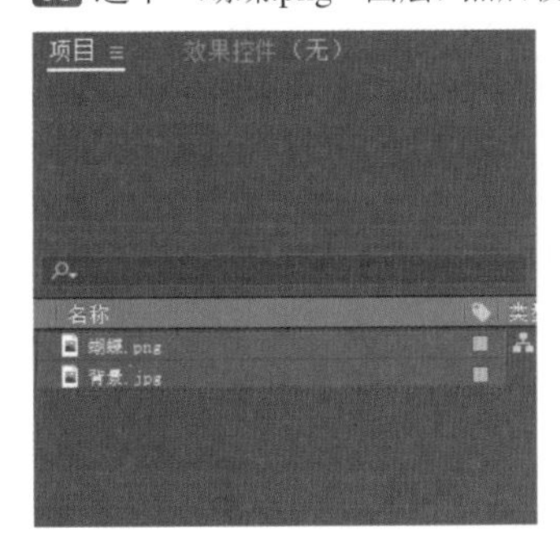

图4-68

图4-69

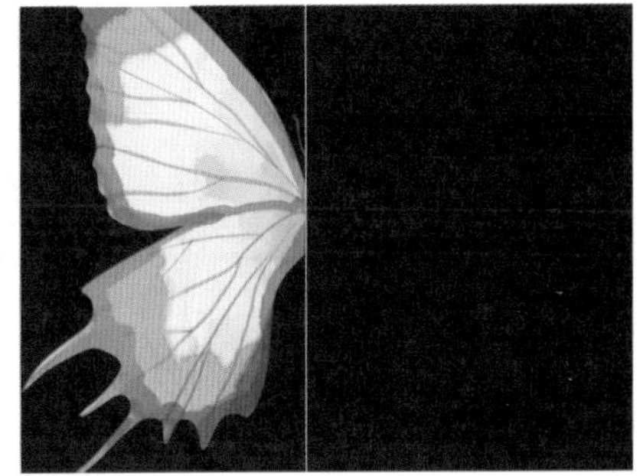

图4-70

04 修改图层的名称为“左翅膀”，然后按快捷键Ctrl+D复制生成一个新图层并修改图层的名称为“右翅膀”，如图4-71所示。

05 移动“右翅膀”图层的蒙版，使其只显示右边的翅膀，效果如图4-72所示。

06 继续复制生成一个图层，修改图层的名称为“身体”，并调整蒙版的位置，使其只显示中间的身体部分，效果如图4-73所示。

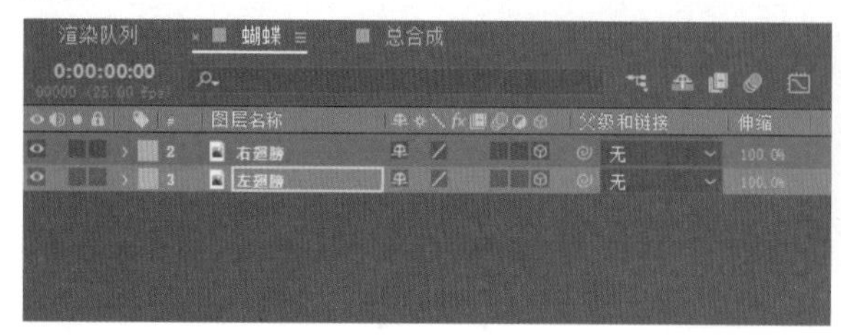

图4-71

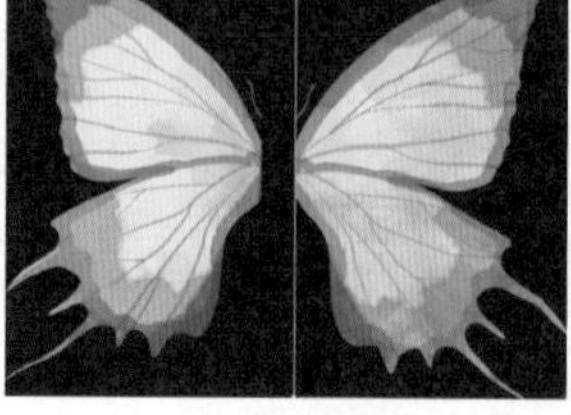

图4-72

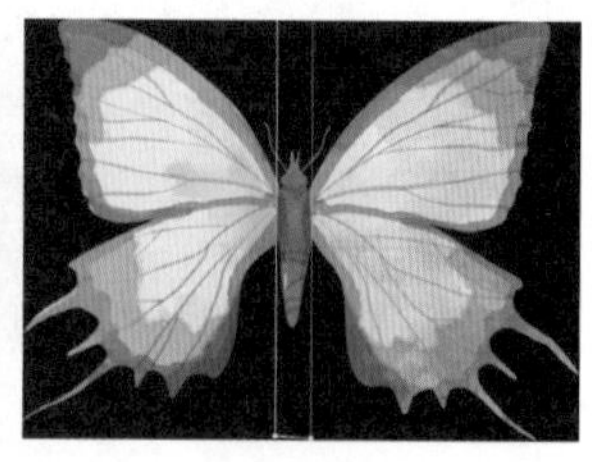

图4-73

07 新建一个空对象图层，并打开所有图层的“3D图层”开关，如图4-74所示。

08 选中“空1”“右翅膀”“左翅膀”图层，按R键调出“旋转”参数，如图4-75所示。

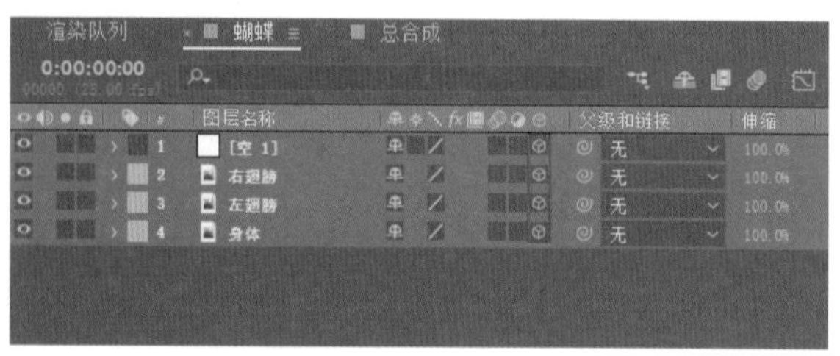

图4-74

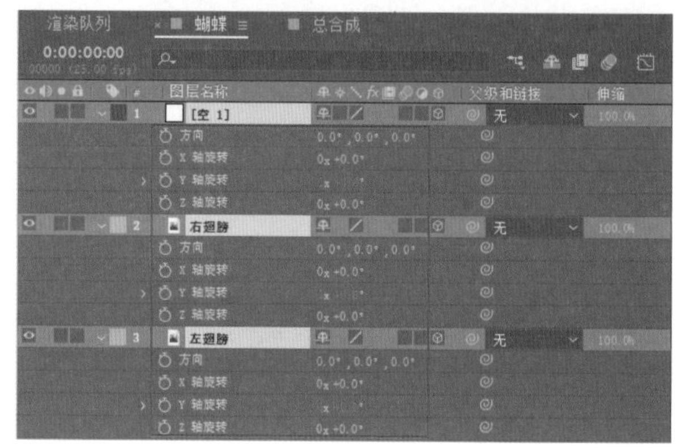

图4-75

09 选中“左翅膀”和“右翅膀”图层的“Y轴旋转”参数，然后使用“表达式关联器”将这两个参数链接到“空1”图层的“Y轴旋转”参数上，如图4-76所示。

图4-76

技巧提示

通过关联参数，可以在不添加关键帧的情况下用表达式控制相关的参数。

10 按住Alt键并单击“Y轴旋转”左侧的码表按钮，然后在右侧输入表达式Math.sin(time)*60，如图4-77所示。移动播放指示器，可以观察到在没有添加关键帧的情况下，蝴蝶翅膀会绕着y轴旋转，如图4-78所示。

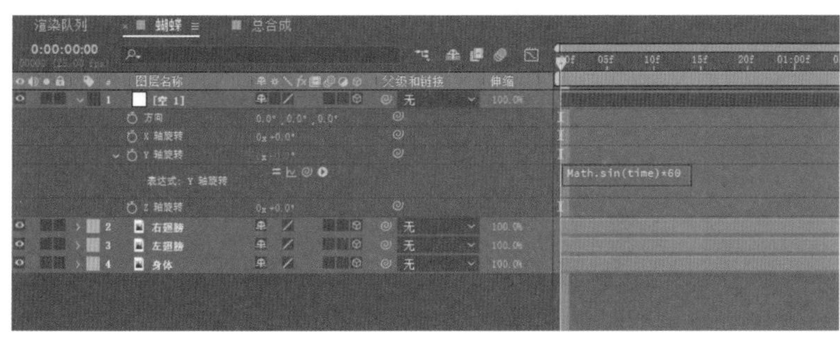

图4-77

图4-78

> **技巧提示**
>
> *60表示绕着y轴旋转的角度是-60°~60°，读者可按照自己的喜好设定这个数值。

11 现在两个蝴蝶翅膀的旋转方向是一致的，与实际情况不同。选中其中一个翅膀的图层，然后在“Y轴旋转”的表达式中添加*（-1），此时表达式整体为thisComp.layer("空 1").transform.yRotation*(-1)，如图4-79所示。这时再移动播放指示器，就可以看到正常的蝴蝶翅膀旋转效果，如图4-80所示。

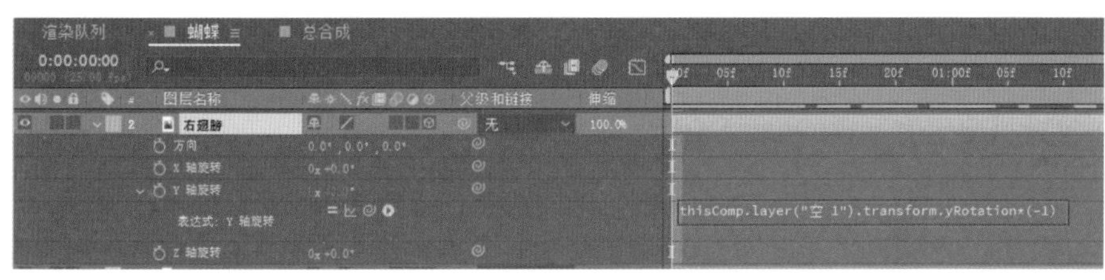

图4-79

图4-80

12 新建一个1920像素×1080像素的合成，然后将其重命名为“总合成”，并将“背景.jpg”素材文件移动到该合成中，如图4-81所示。

13 将“蝴蝶”合成向下拖曳到“总合成”合成的“时间轴”面板中，并放置在“背景.jpg”图层的上方，使蝴蝶与背景融合在一起，如图4-82所示。

图4-81

图4-82

> **技巧提示**
>
> 添加“蝴蝶”合成后一定要打开它的“3D图层”开关和“对于合成图层：折叠变换”开关，这样才能形成立体的蝴蝶效果，如图4-83所示。

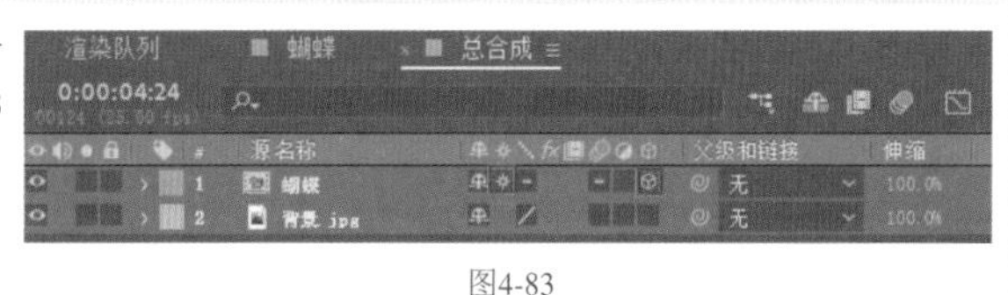

图4-83

14 新建一个空对象图层，然后将“蝴蝶”合成设置为它的子层级，如图4-84所示。

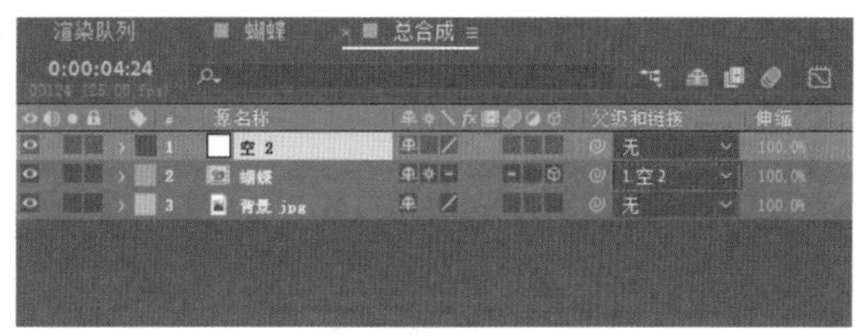

图4-84

15 移动播放指示器到时间轴初始位置，在“空2”图层上添加“位置”和“旋转”关键帧，形成蝴蝶飞行的路径，如图4-85所示，飞行效果如图4-86所示。

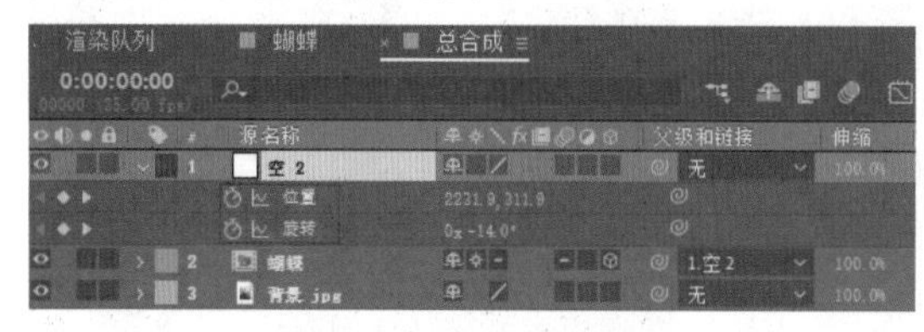

图4-85

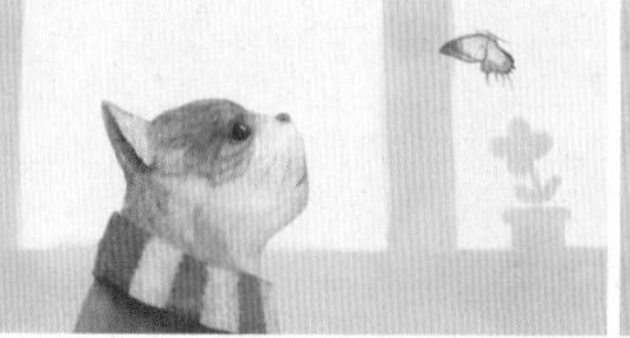

图4-86

技巧提示

读者可按照个人喜好任意设置蝴蝶的飞行路径，这里不进行强制规定。

16 观察飞行的蝴蝶，发现在飞行过程中它的翅膀只扇动了一次，与实际飞行情况不相符。返回“蝴蝶”合成，修改“空1”图层的“Y轴旋转”表达式为Math.sin(time*5)*60，这样就可以使蝴蝶翅膀扇动5次，如图4-87所示。

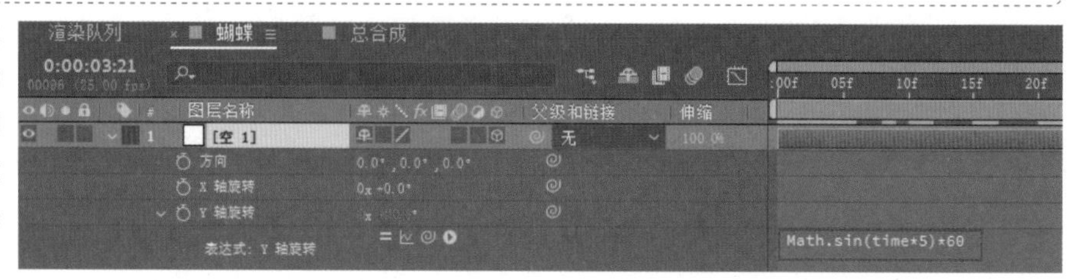

图4-87

17 切换到“总合成”合成中，移动播放指示器，就可以看到蝴蝶翅膀的扇动次数增加了，如图4-88所示。

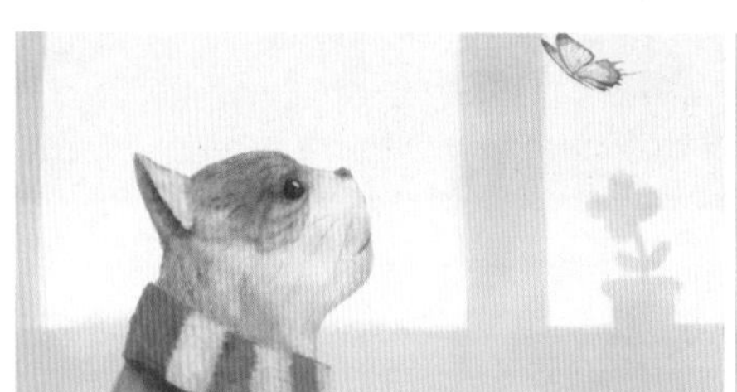

图4-88

技巧提示

读者如果觉得翅膀扇动的频率不够高，可以继续修改表达式。

18 在“合成”面板中任意截取4帧图片，效果如图4-89所示。

图4-89

技术回顾

演示视频：009-正弦表达式

效果：正弦动画

表达式：Math.sin(X)

扫码观看视频

01 新建一个合成，然后使用“矩形工具”绘制一个矩形，如图4-90所示。

02 选中“形状图层1”图层并按R键调出“旋转”参数，按住Alt键并单击“旋转”左侧的码表按钮，在右侧输入Math.sin(time)*90，如图4-91所示。

图4-90

图4-91

03 移动播放指示器，可以观察到矩形在-90°~90° 的角度范围内来回旋转，如图4-92所示。

图4-92

04 将表达式修改为Math.sin(time)*30，就可以观察到矩形在-30°~30° 的角度范围内来回旋转，如图4-93所示。这样就可以总结出该表达式最后的数值是控制旋转角度的。

图4-93

05 将表达式修改为Math.sin(time*3)*30，可以观察到矩形旋转的次数增加到3次，如图4-94所示。这个数值代表旋转的次数。

图4-94

06 正弦函数是三角函数的一种，除了sin外，还有cos、tan、cot等。将表达式中的sin换成cos，就可以观察到矩形将沿着反方向旋转，如图4-95所示，效果如图4-96所示。

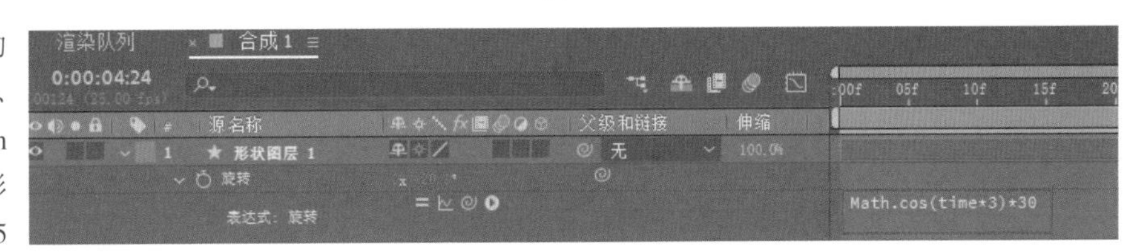

图4-95

图4-96

重点

实战：制作抖动的报错网页动画

案例文件	案例文件>CH04>实战：制作抖动的报错网页动画
难易程度	★★★☆☆
学习目标	熟悉抖动表达式

扫码观看视频

本案例运用抖动表达式制作当网页报错时会出现的表情动画，如图4-97所示。

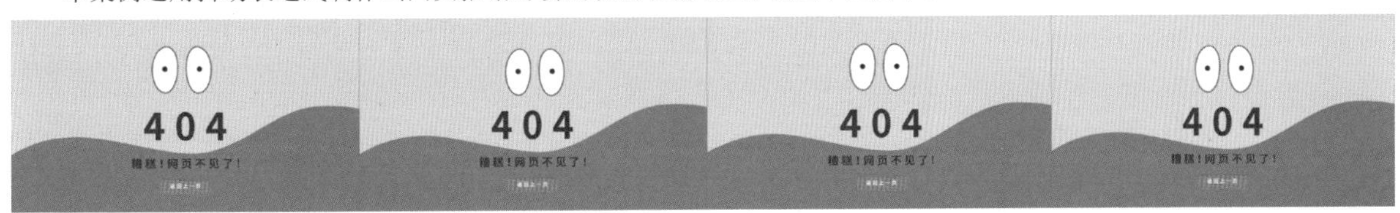

图4-97

☞案例制作

01 新建一个项目文件，然后导入学习资源"案例文件>CH04>实战：制作抖动的报错网页动画"文件夹中的素材文件，如图4-98所示。

02 新建一个1920像素×1080像素的合成，将其命名为"总合成"，然后将"素材"合成向下拖曳到"时间轴"面板中，效果如图4-99所示。

03 再新建一个文本合成，将其重命名为"背景"，并将其放在"素材"合成的下方，如图4-100所示。

图4-98

图4-99

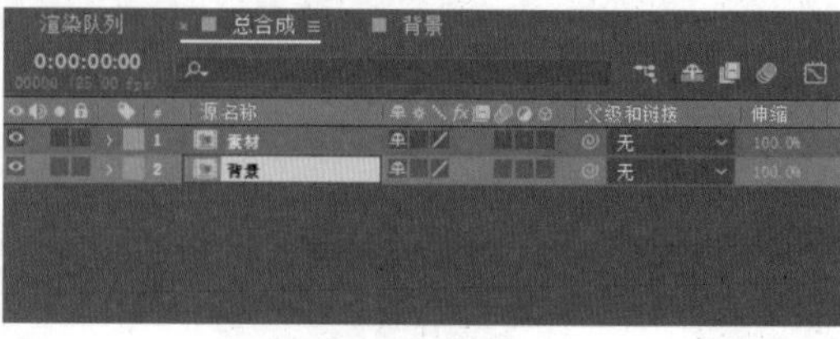

图4-100

04 双击"背景"合成，打开它的"时间轴"面板，然后新建一个浅灰色的纯色图层，效果如图4-101所示。

05 继续新建一个灰色的纯色图层，效果如图4-102所示。

06 选中灰色的纯色图层，然后使用"钢笔工具"绘制一个形状不规则的蒙版，如图4-103所示。

图4-101

图4-102

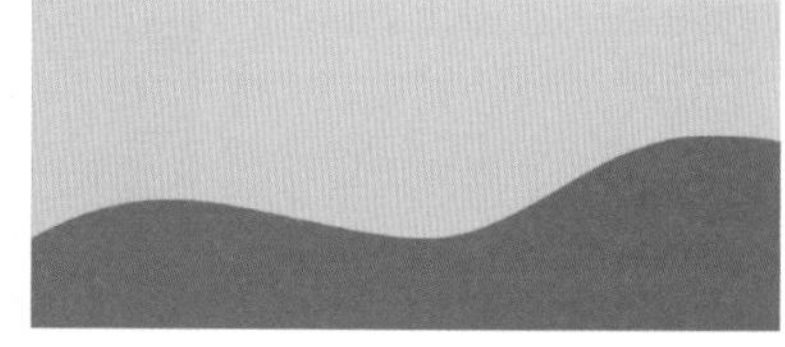

图4-103

07 新建一个文本图层，然后输入404，具体参数及效果如图4-104所示。

08 选中"404"图层并按快捷键Ctrl+D复制生成一个新图层，修改新图层的文字内容为"糟糕！网页不见了！"，具体参数及效果如图4-105所示。

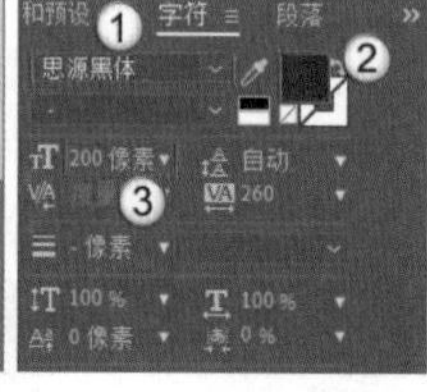

图4-104

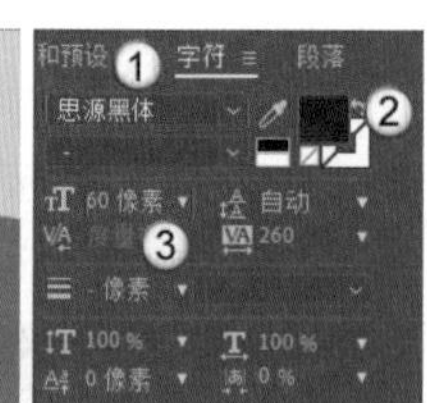

图4-105

09 使用"圆角矩形工具"在文字下方绘制一个红色的圆角矩形，如图4-106所示。

10 新建一个文本图层，然后输入"返回上一页"，具体参数及效果如图4-107所示。

图4-106

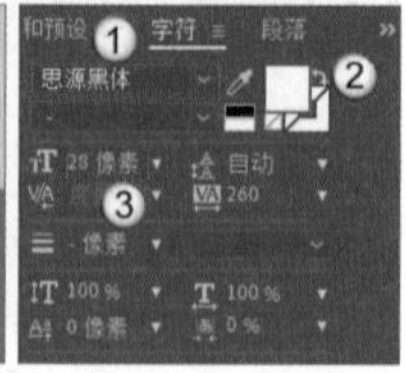

图4-107

11 返回"总合成"合成的"时间轴"面板，然后调整"素材"合成的大小和位置，如图4-108所示。

12 选中"素材"合成，然后按P键调出"位置"参数，按住Alt键单击该参数左侧的码表按钮，在右侧输入表达式wiggle(100,20)，如图4-109所示。移动播放指示器就可以观察到素材具有了抖动效果。

图4-108

图4-109

13 在“合成”面板中任意截取4帧图片，效果如图4-110所示。

图4-110

☞ 技术回顾

扫码观看视频

演示视频：010-抖动表达式

效果：抖动动画

表达式：wiggle(X,Y)

01 新建一个合成，然后使用“矩形工具”绘制一个矩形，如图4-111所示。

02 选中“形状图层1”图层，按P键调出“位置”参数，再按住Alt键单击该参数左侧的码表按钮，在右侧输入表达式wiggle(50,5)，如图4-112所示。

图4-111

图4-112

03 移动播放指示器，可以观察到矩形在没有添加关键帧的情况下具有了轻微的随机晃动效果，效果如图4-113所示。

图4-113

04 修改表达式为wiggle(100,5)，如图4-114所示，移动播放指示器，可以观察到矩形抖动的频率比之前更高。由此可以总结出括号中的第1个数值用于控制抖动的频率。

图4-114

05 修改表达式为wiggle(50,100)，如图4-115所示，移动播放指示器，可以观察到矩形抖动的幅度比之前要大，如图4-116所示。由此可以总结出括号中的第2个数值用于控制抖动的幅度。

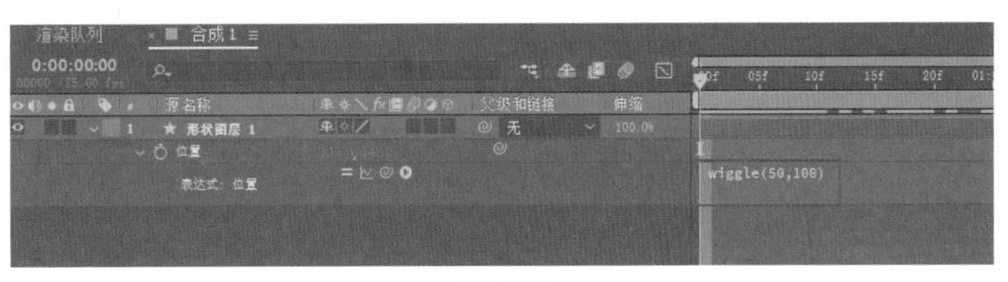

图4-115

图4-116

06 将“表达式：位置”参数中的表达式复制到“表达式：旋转”参数中，再将“表达式：位置”参数中的表达式删除，移动播放指示器，可以观察到矩形边抖动边旋转，具体参数和效果如图4-117和图4-118所示。

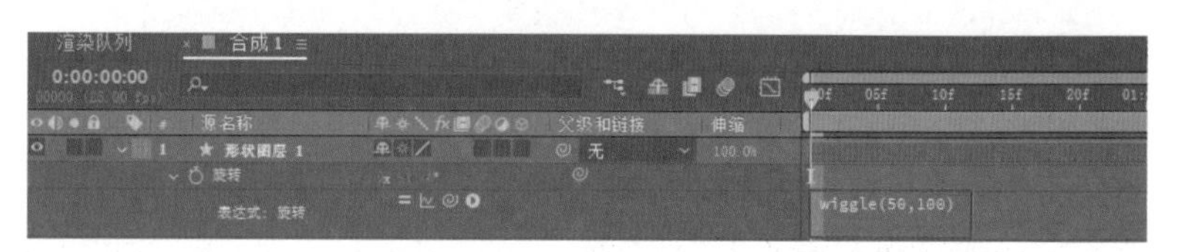

图4-117

图4-118

实战：制作音频节奏动画

案例文件	案例文件>CH04>实战：制作音频节奏动画
难易程度	★★★☆☆
学习目标	掌握音频控制表达式的使用方法

让画面跟随音频的节奏运动，就可以实现有趣的动画效果。运用音频控制表达式就能实现这一效果，如图4-119所示。

图4-119

01 新建一个1920像素×1080像素的合成，然后在“项目”面板中导入学习资源“案例文件>CH04>实战：制作音频节奏动画”文件夹中的素材，如图4-120所示。

图4-120

02 将“素材”文件夹中的两个后缀为.psd的图层和“音频.wav”素材向下拖曳到“时间轴”面板中，并调整素材的大小，如图4-121所示。

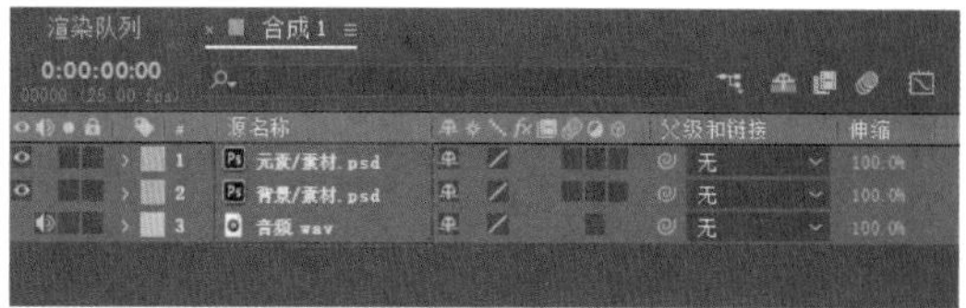

图4-121

03 选中“音频.wav”图层，按两次L键调出“波形”参数，可以在“时间轴”面板中看到音频的波形图，如图4-122所示。

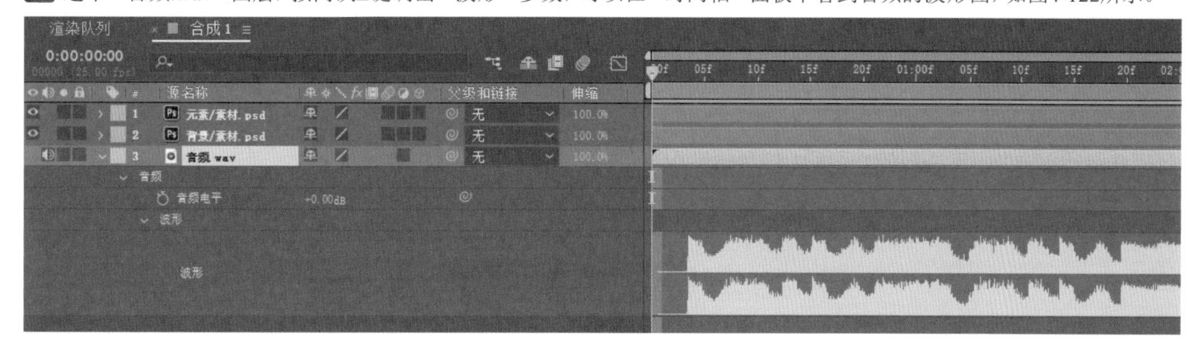

图4-122

04 选中“音频.wav”图层，然后单击鼠标右键，在弹出的菜单中选择“关键帧辅助>将音频转换为关键帧”选项，如图4-123所示。新建“音频振幅”图层并将其移至图层顶层，展开该图层就可以看到“左声道”“右声道”“两个通道”参数，如图4-124所示。

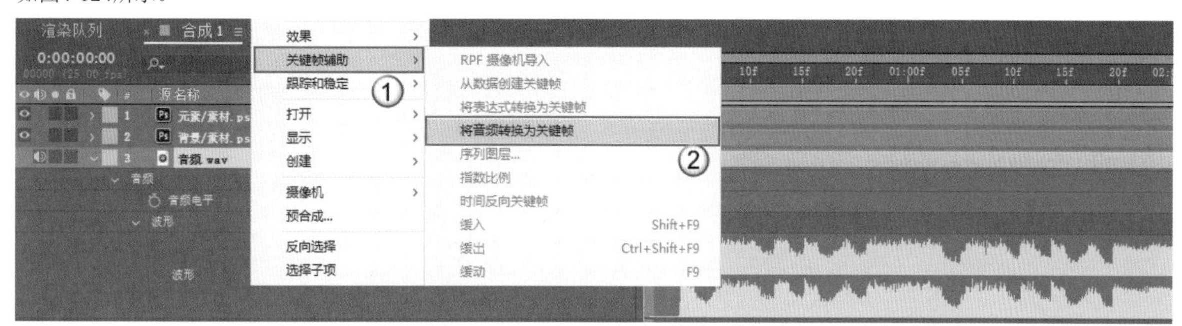

图4-123

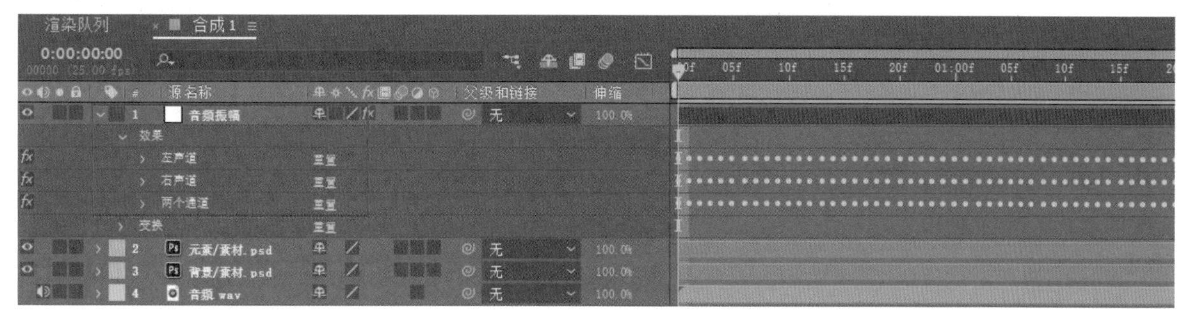

图4-124

05 删除“左声道”和“右声道”参数，只保留“两个通道”参数，如图4-125所示。

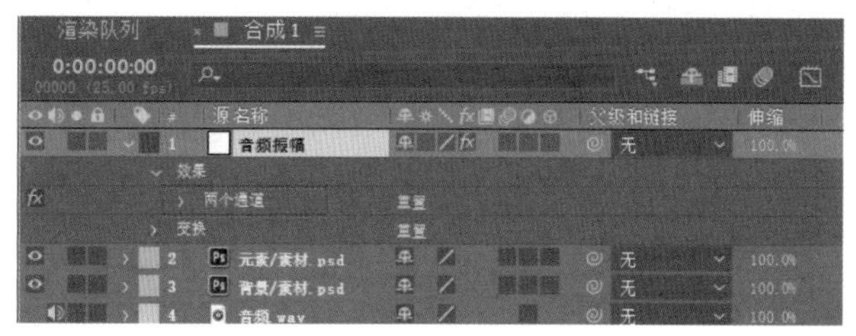

图4-125

06 选中“元素/素材.psd”图层，按S键调出“缩放”参数，然后激活该参数的表达式，如图4-126所示。

07 使用“表达式关联器”将“缩放”参数关联到“音频振幅”图层的“滑块”参数上，如图4-127所示。

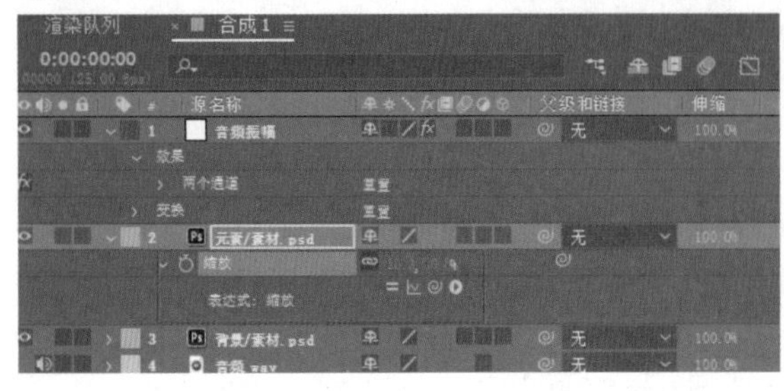

图4-126

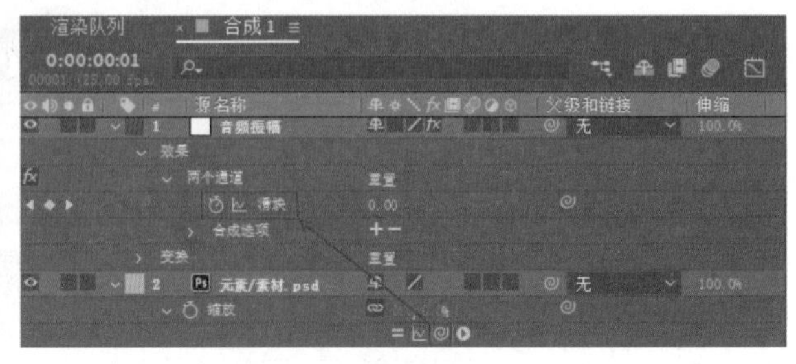

图4-127

08 此时移动播放指示器会观察到素材虽然会按照音频节奏放大或缩小，但素材在某些节奏点处会消失，如图4-128所示。

09 修改表达式的第2行内容为value+[temp, temp]，这样就可以让素材一直显示在画面中，但在某些节奏点处素材仍会超出画面，如图4-129所示。

10 继续修改表达式的第2行内容为value+[temp, temp]/8，这样就可以让超出画面的部分缩小到画面内，效果如图4-130所示。

图4-128

图4-129

图4-130

技巧提示

表达式value+[temp, temp]/8中的/8表示将放大的区域缩小到1/8，这个数值越大，画面的缩放效果越不明显。该数值仅供参考，读者可按照自己的喜好设置该数值。

11 按Space键播放动画，可以观察到画面会随着音频的节奏放大或缩小，如图4-131所示。

图4-131

12 将“缩放”参数中的表达式复制粘贴到“旋转”参数中，这时系统会报错。修改表达式的第2行内容为value+[temp]/8，就可以产生轻微的旋转效果，如图4-132所示，效果如图4-133所示。

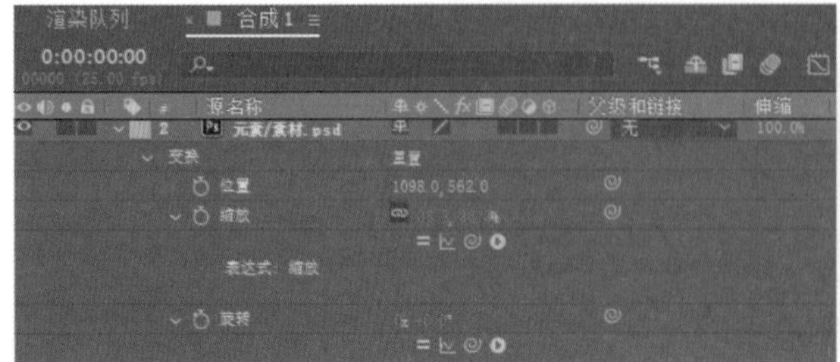

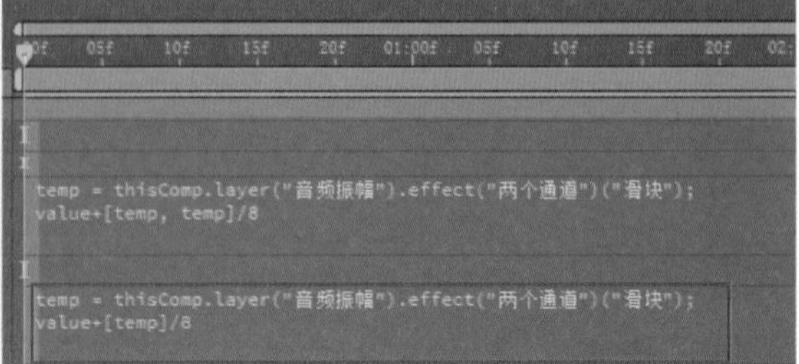

图4-132

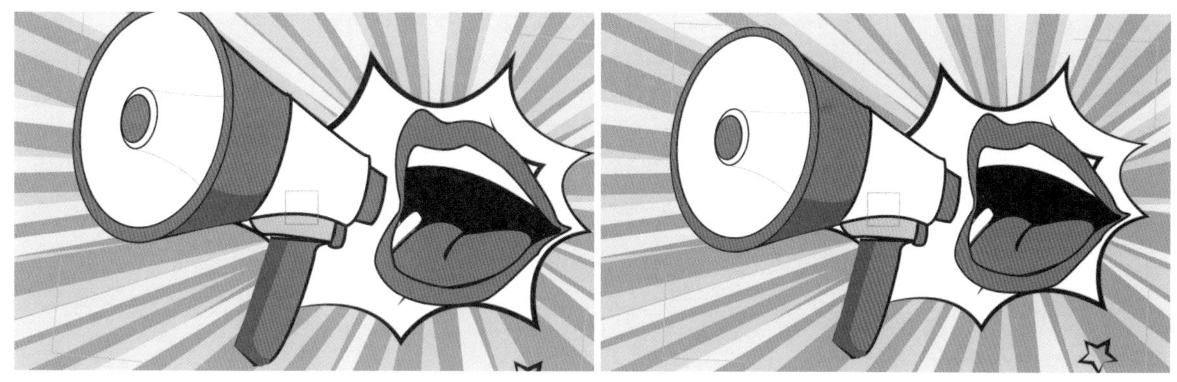

图4-133

技巧提示

同样，读者可按照自己的喜好设置表达式的数值，这里的/8仅作为参考。

13 在“合成”面板中任意截取4帧图片，效果为4-134所示。

图4-134

重点

实战：制作科技感圆环动画

案例文件	案例文件>CH04>实战：制作科技感圆环动画
难易程度	★★★★☆
学习目标	熟悉随机表达式的使用方法

扫码观看视频

本案例运用随机表达式制作具有科技感的圆环动画，效果如图4-135所示。

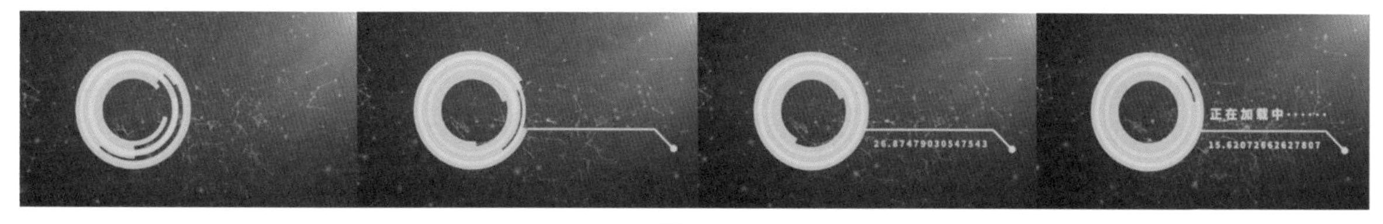

图4-135

01 新建一个默认合成，然后新建一个纯色图层，图层的颜色可任意设置，如图4-136所示。

02 执行“效果>生成>圆形”菜单命令，在画面中生成一个圆形，然后设置“半径”为430，“边缘”为“厚度”，“厚度”为60，如图4-137所示。

图4-136

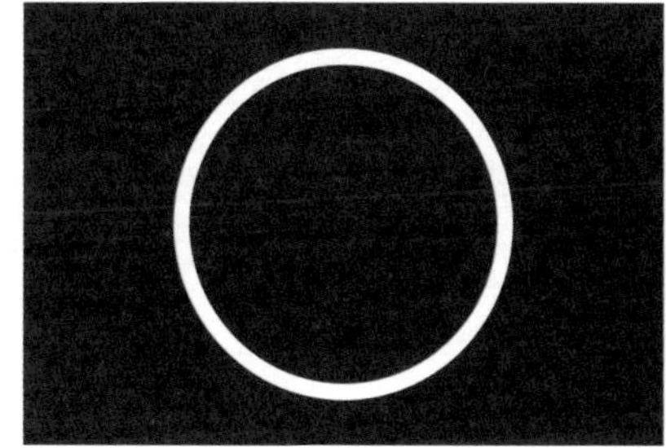

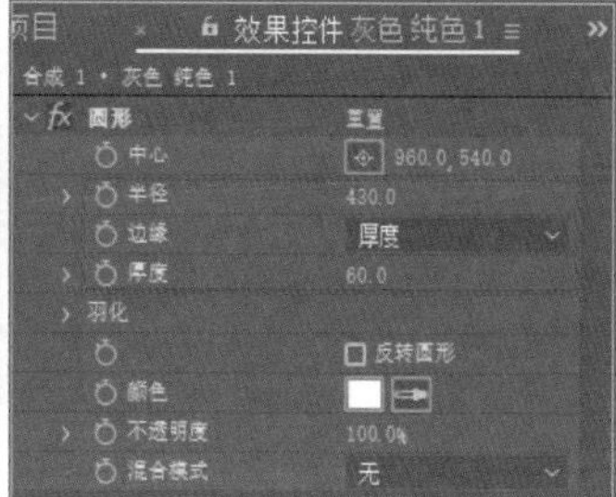

图4-137

03 执行“效果>生成>径向擦除”菜单命令，为圆环添加“径向擦除”效果，如图4-138所示。

04 按住Alt键单击“过渡完成”左侧的码表按钮，然后输入表达式wiggle（1,100），如图4-139所示。这样圆环就能具有随机的开闭效果，如图4-140所示。

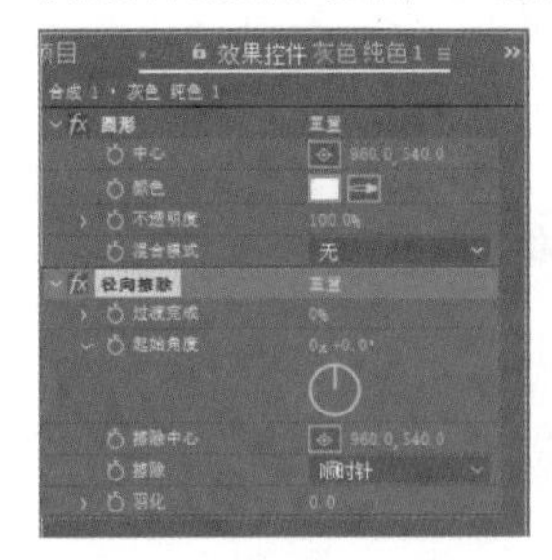

图4-138

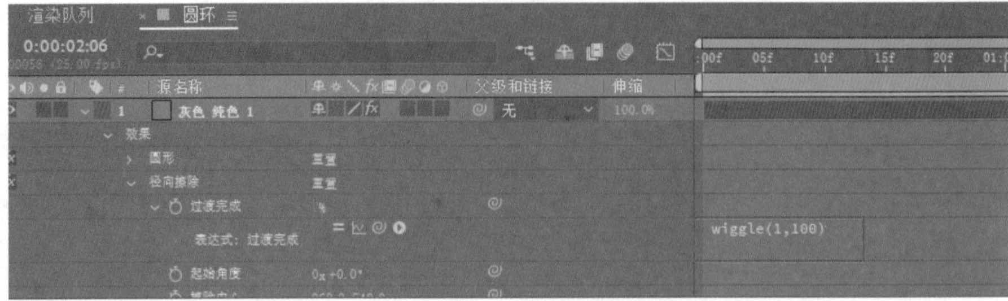

图4-139

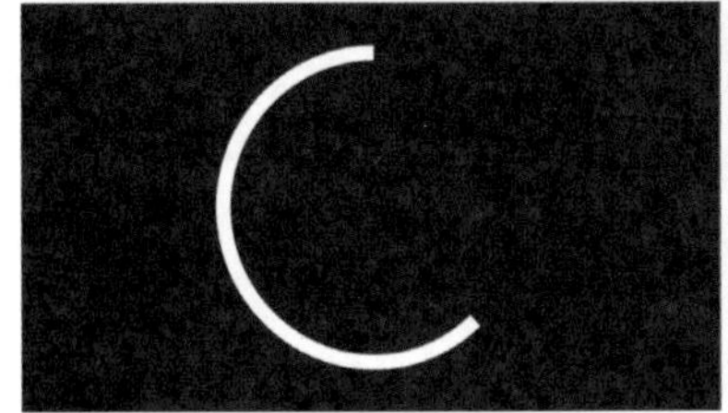
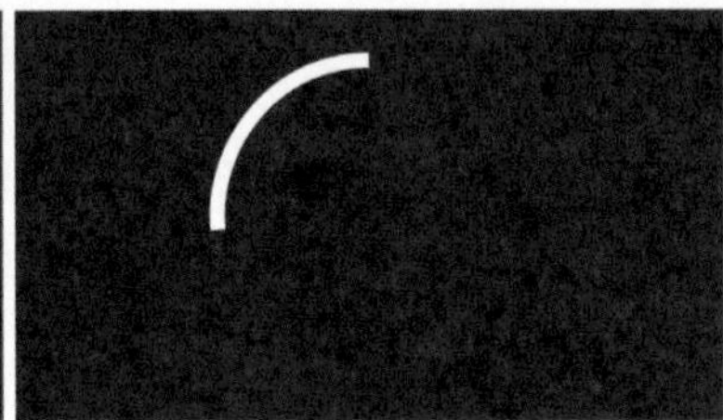

图4-140

05 选中圆形的“半径”参数，然后按住Alt键单击左侧的码表按钮，输入表达式seedRandom(index,1)和random(200,370)，如图4-141所示。如果这时复制圆环所在的图层并粘贴生成新图层，就能使新图层上的形状具有随机的半径。

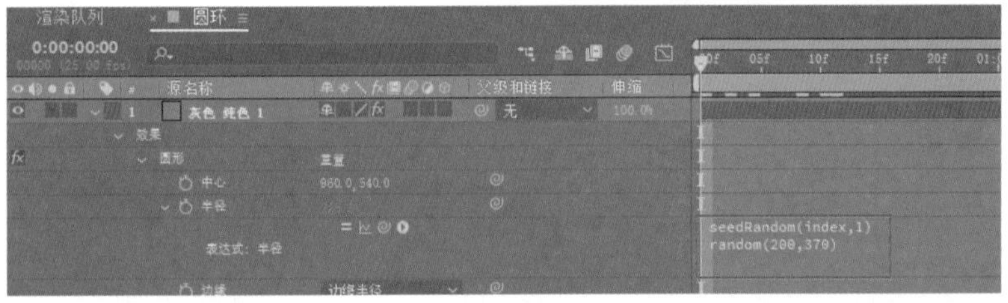

图4-141

> **技巧提示**
>
> random(X,Y)表达式是随机取值表达式，括号中的X和Y是取值的范围。
>
> seedRandom(X,Y)表达式是随机数值列表表达式。
>
> index表示所在图层的序号。

06 选中上一步输入的两个表达式，然后按快捷键Ctrl+C复制表达式，再按住Alt键单击“厚度”参数左侧的码表按钮，按快捷键Ctrl+V粘贴表达式，最后修改表达式为random (5,100)，如图4-142所示。

图4-142

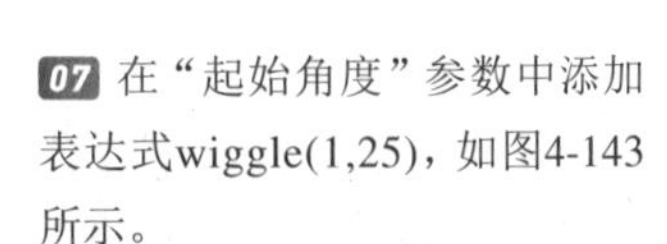

07 在“起始角度”参数中添加表达式wiggle(1,25)，如图4-143所示。

图4-143

08 将步骤05中的随机表达式复制粘贴到“起始角度”中，并修改第2行表达式为random(0,90)+wiggle(1,25)，如图4-144所示。

图4-144

09 选中灰色的纯色图层，按T键调出“不透明度”参数，设置“不透明度”为40%，如图4-145所示，效果如图4-146所示。

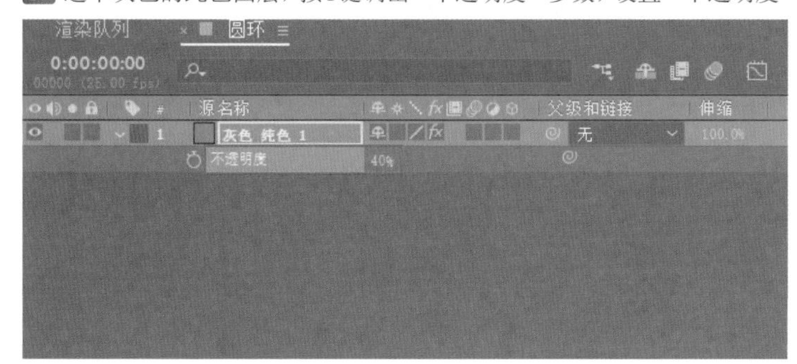

图4-145

图4-146

10 在“效果和预设”面板中搜索“色调”效果，并将其添加到灰色的纯色图层上，设置“将白色映射到”为浅蓝色，如图4-147所示。

11 选中纯色图层，然后按快捷键Ctrl+D复制出多个图层，形成随机的圆环效果，如图4-148所示。

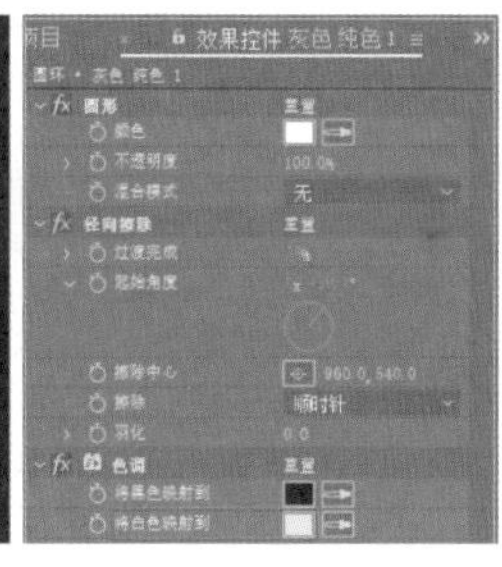

图4-147

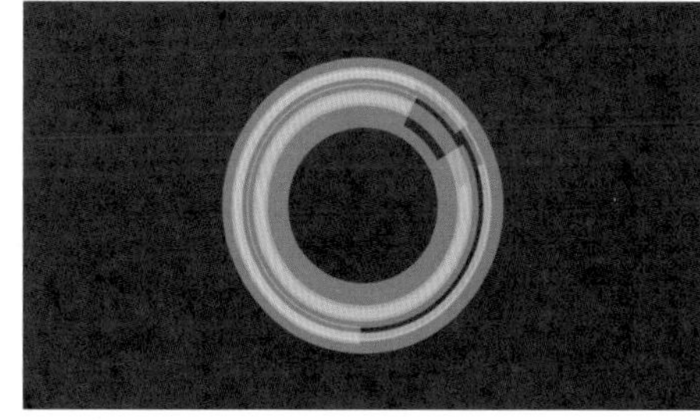

图4-148

技巧提示

读者可自行决定复制图层的个数，不同的图层个数所形成的圆环效果也不相同。

12 新建一个1920像素×1080像素的合成，将其重命名为“总合成”，然后将“圆环”合成拖曳到“总合成”中并调整其大小和位置，如图4-149所示。

13 在“项目”面板中导入学习资源“案例文件>CH04>实战：制作科技感圆环动画”文件夹中的“背景.mp4”视频素材，将其拖曳到“时间轴”面板中并放在“圆环”合成的下方，效果如图4-150所示。

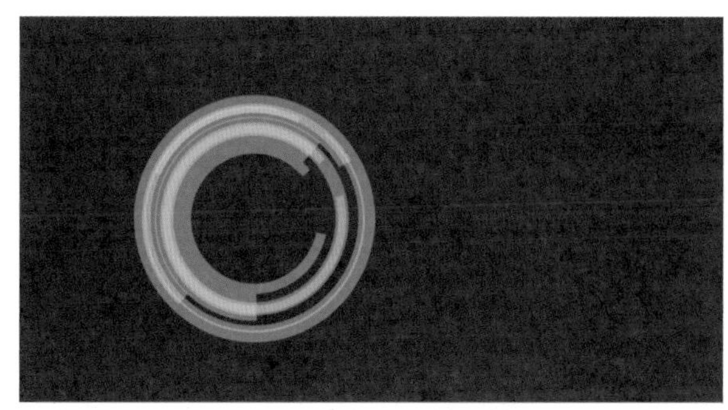

图4-149

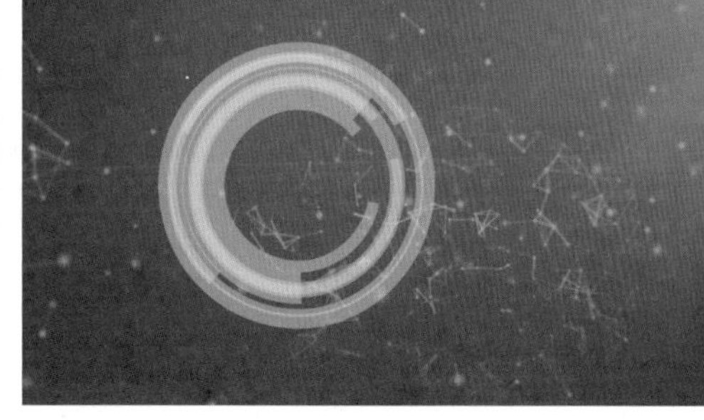

图4-150

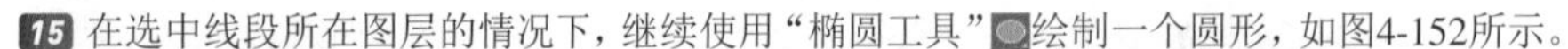

14 使用“钢笔工具”在圆环的右侧绘制一条折线段，效果如图4-151所示。

15 在选中线段所在图层的情况下，继续使用“椭圆工具”绘制一个圆形，如图4-152所示。

图4-151

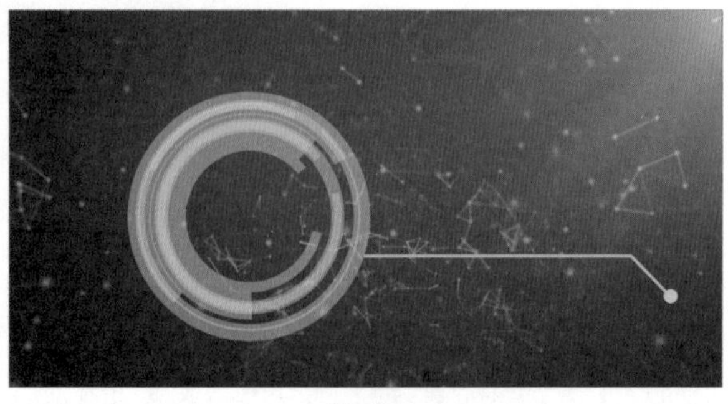

图4-152

技巧提示

这样做的目的是将圆形和折线段放在同一个图层中，方便后续添加“线性擦除”效果。

16 为“形状图层1”图层添加“线性擦除”效果，然后在0:00:01:00的位置设置“过渡完成”为100%并添加关键帧，设置“擦除角度”为0x-90°，如图4-153所示。

17 移动播放指示器到0:00:01:15的位置，设置“过渡完成”为0%，如图4-154所示。

18 新建一个文本图层，然后在“源文本”参数中添加表达式random(1,100)，如图4-155所示。这时就能在画面中显示随机的数字，效果如图4-156所示。

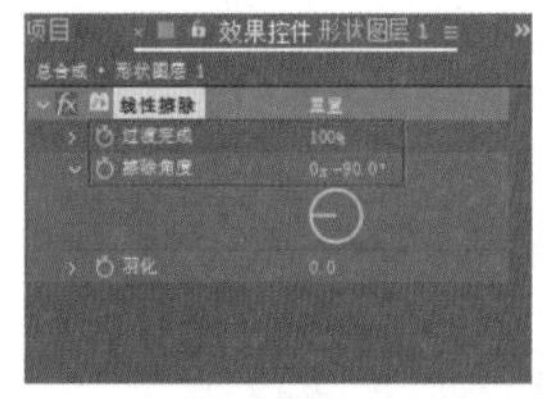

图4-153

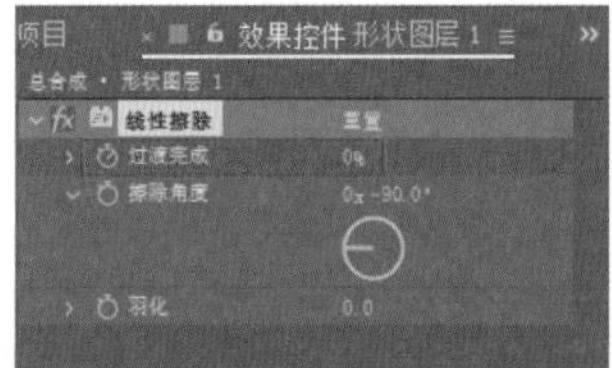

图4-154

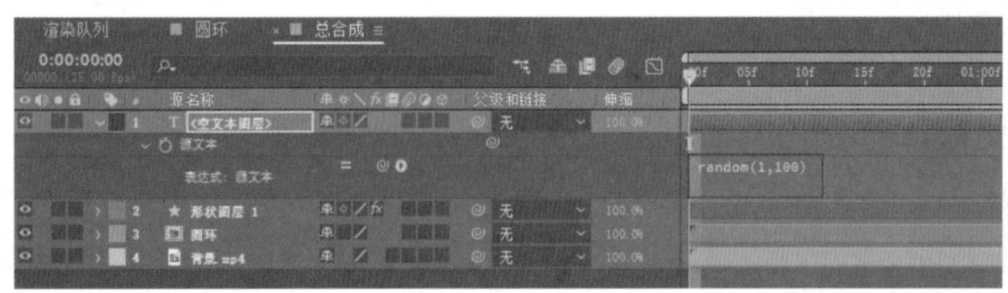

图4-155

图4-156

19 选中文本图层，按T键调出“不透明度”参数，在0:00:01:15的位置设置“不透明度”为0%，并添加关键帧，如图4-157所示。

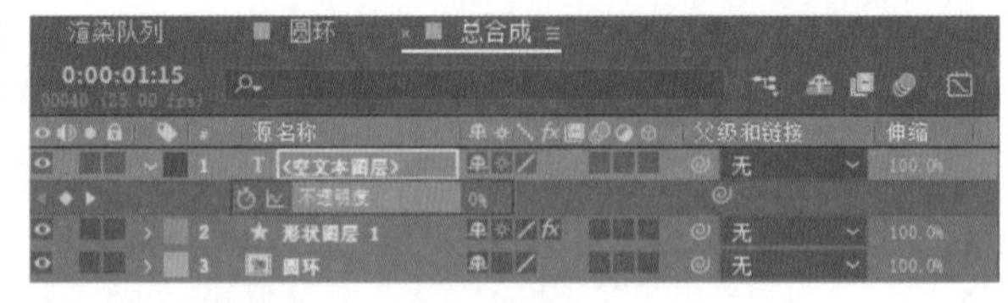

图4-157

20 移动播放指示器到0:00:01:20的位置，设置“不透明度”为100%，如图4-158所示，效果如图4-159所示。

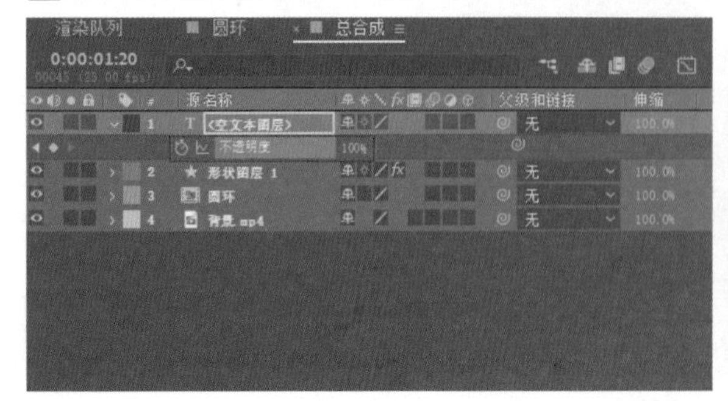

图4-158

图4-159

21 新建一个文本图层，输入“正在加载中……”，具体参数及效果如图4-160所示。

22 选中上一步添加的文本图层，然后按T键调出“不透明度”参数，并添加表达式random(5,100)，如图4-161所示。这样文字就会出现不规律的闪烁效果，如图4-162所示。

图4-160

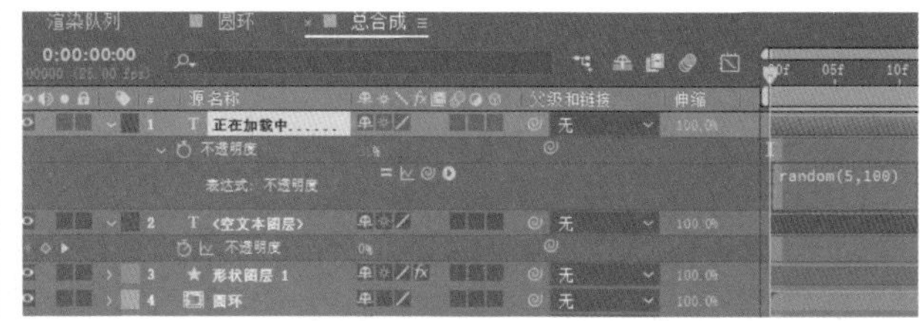

图4-161

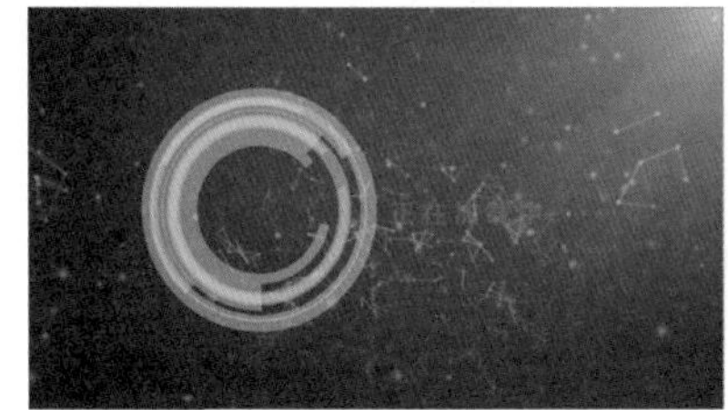

图4-162

> **技巧提示**
>
> 使用random表达式会让文字的闪烁很频繁。如果想要更加缓慢的闪烁效果，可以使用前面学习的Math.sin表达式，例如Math.sin(time*5)*100。

23 在“时间轴”面板中将“正在加载中……”图层的起始位置移动到0:00:01:20的位置，如图4-163所示。这样就能在之前的时间段内不显示该图层。

图4-163

24 在“效果和预设”面板中选择“发光”效果，将其添加到除“背景”图层外的其他图层上，让画面中的元素产生发光效果，具体参数和效果如图4-164所示。

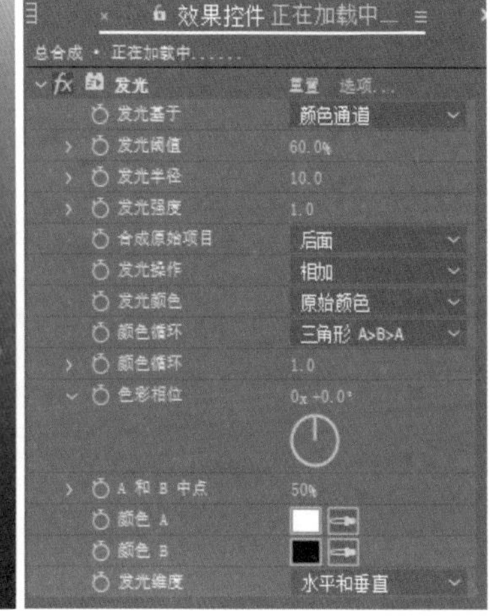

图4-164

25 在“合成”面板中任意截取4帧图片，效果如图4-165所示。

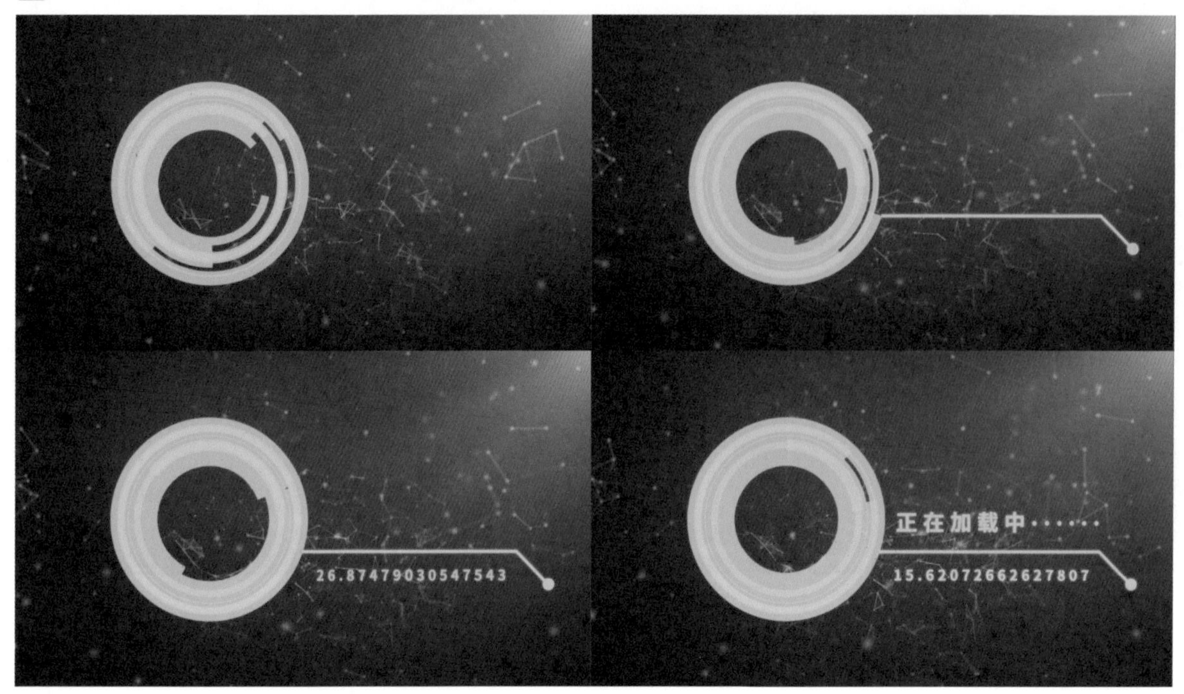

图4-165

① 技巧提示 + ② 疑难问答 + ◎ 技术专题 + ◎ 知识链接

视频效果

效果是After Effects的核心功能之一。After Effects中的效果种类众多，可以用来模拟各种质感、制作各种风格的特效等，深受广大设计工作者及爱好者的喜爱。After Effects 2022中包含几百种内置特效，如果再安装一些使用方便且功能强大的插件，就能制作出更多种类的效果。

学习重点

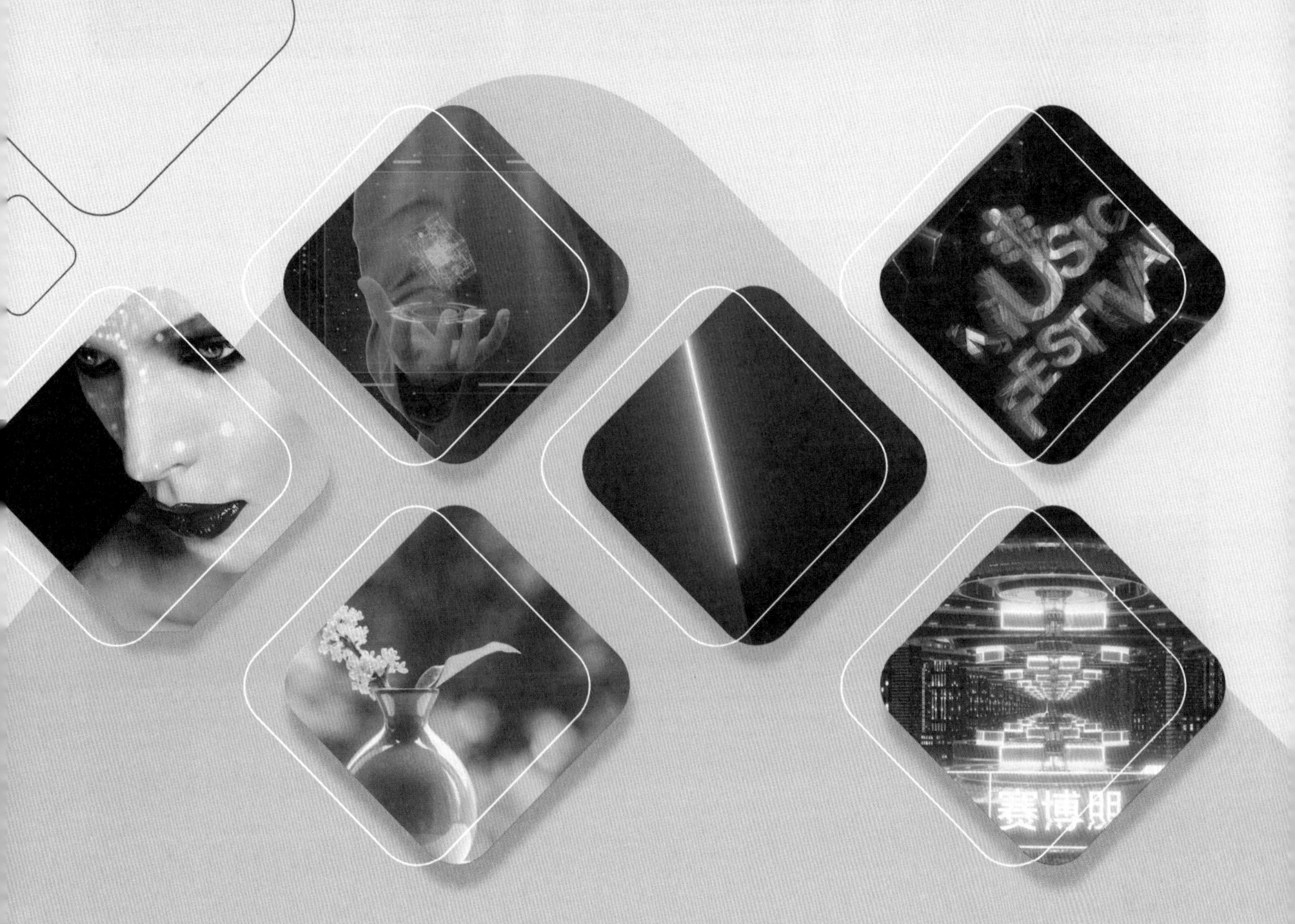

实战：制作跳舞残影效果

案例文件	案例文件>CH05>实战：制作跳舞残影效果
难易程度	★★★☆☆
学习目标	掌握“残影”效果的使用方法

在运动的素材上添加“残影”效果，就能在运动轨迹上生成残影。本案例为一个跳舞的人添加“残影”效果，使人物具有类似于慢动作的效果，如图5-1所示。

图5-1

01 在“项目”面板中导入学习资源“案例文件>CH05>实战：制作跳舞残影效果”文件夹中的素材文件，并将其拖曳到“时间轴”面板中，效果如图5-2所示。

02 素材整体时长较长，选中图层后单击鼠标右键，在弹出的菜单中选择“时间>时间伸缩”选项，弹出“时间伸缩”对话框，设置“拉伸因数”为50%，如图5-3所示。

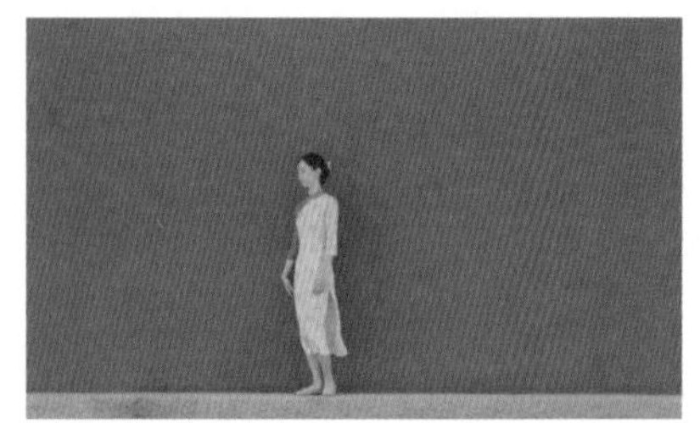

图5-2

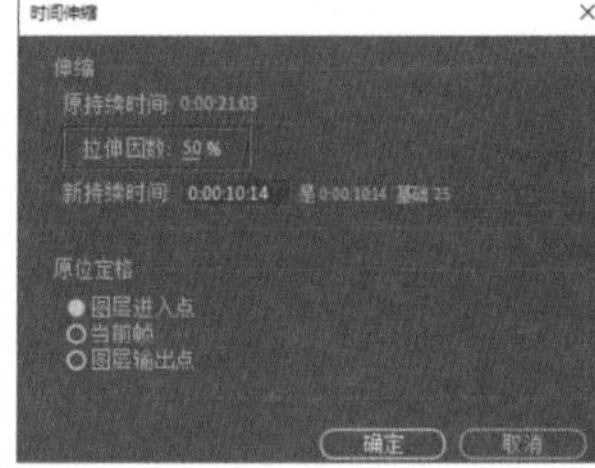

图5-3

03 按快捷键Ctrl+D复制生成一个新图层，然后设置新图层的“不透明度”为40%，如图5-4所示。

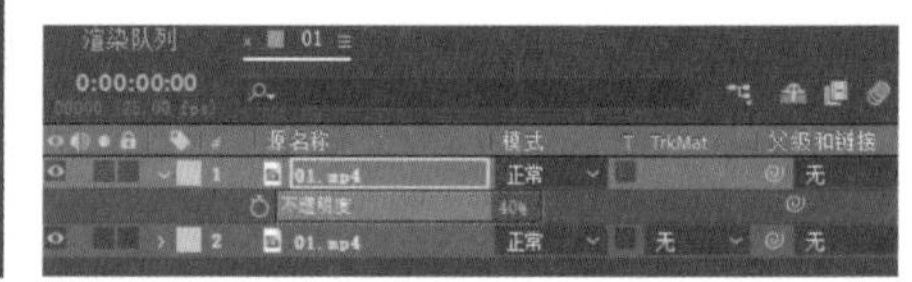

图5-4

04 在“效果和预设”面板中搜索“残影”效果，然后将其添加到复制生成的图层上，如图5-5所示。

05 在“效果控件”面板中设置“残影时间（秒）”为-0.02，“残影数量”为5，“残影运算符”为“从后至前组合”，如图5-6所示。

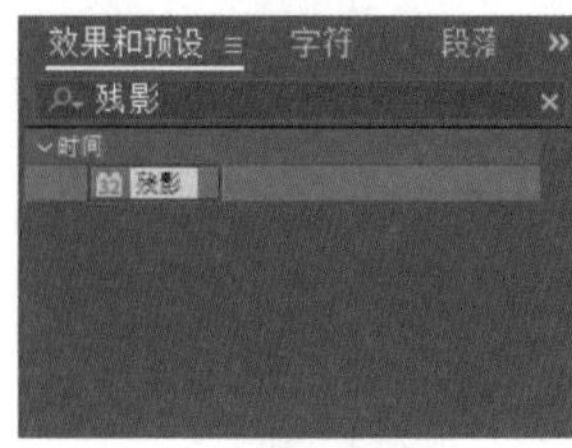

图5-5

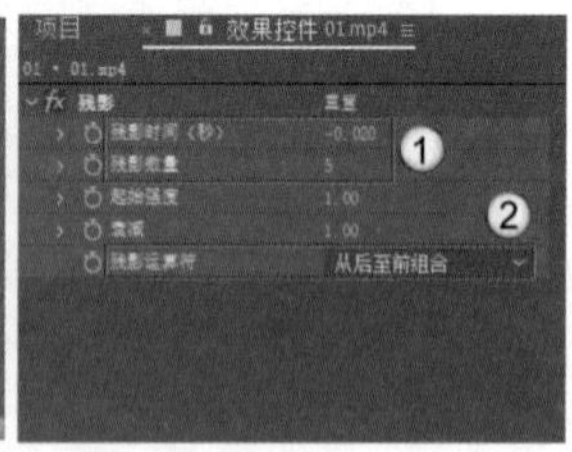

图5-6

> **技巧提示**
>
> 读者若觉得残影太明显，也可以适当降低相关图层的“不透明度”数值。

06 在“合成”面板中任意截取4帧图片，效果如图5-7所示。

图5-7

技术回顾

演示视频：011-残影

效果：残影

位置：时间>残影

① 技巧提示 + ② 疑难问答 + ◎ 技术专题 + ◎ 知识链接

视频效果

效果是After Effects的核心功能之一。After Effects中的效果种类众多，可以用来模拟各种质感、制作各种风格的特效等，深受广大设计工作者及爱好者的喜爱。After Effects 2022中包含几百种内置特效，如果再安装一些使用方便且功能强大的插件，就能制作出更多种类的效果。

学习重点

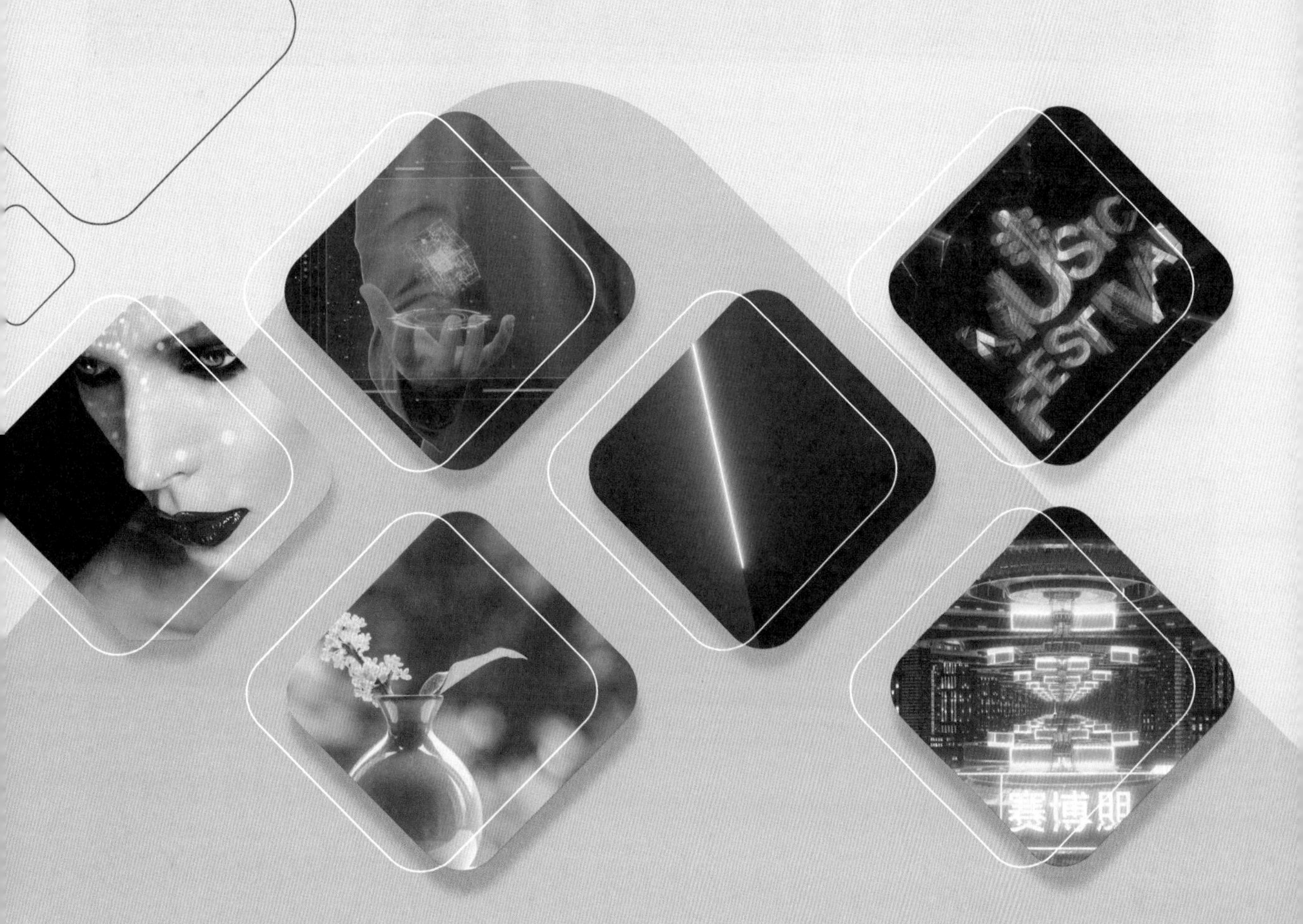

实战：制作跳舞残影效果

案例文件	案例文件>CH05>实战：制作跳舞残影效果
难易程度	★★★☆☆
学习目标	掌握“残影”效果的使用方法

在运动的素材上添加“残影”效果，就能在运动轨迹上生成残影。本案例为一个跳舞的人添加“残影”效果，使人物具有类似于慢动作的效果，如图5-1所示。

图5-1

01 在“项目”面板中导入学习资源“案例文件>CH05>实战：制作跳舞残影效果”文件夹中的素材文件，并将其拖曳到“时间轴”面板中，效果如图5-2所示。

02 素材整体时长较长，选中图层后单击鼠标右键，在弹出的菜单中选择“时间>时间伸缩”选项，弹出“时间伸缩”对话框，设置“拉伸因数”为50%，如图5-3所示。

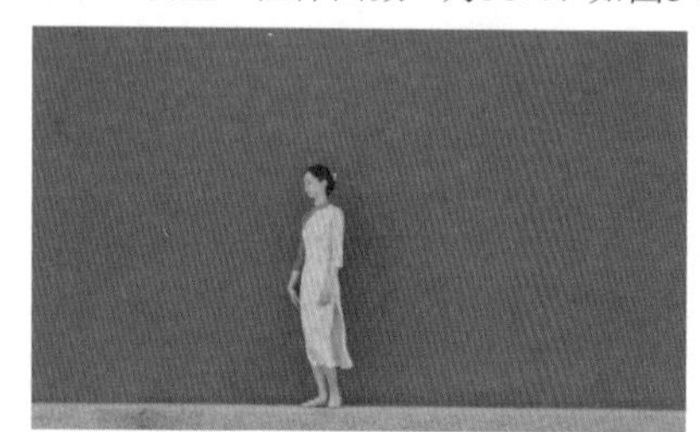

图5-2

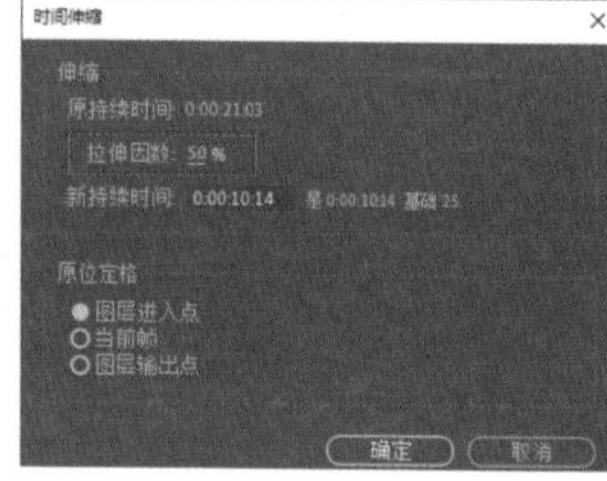

图5-3

03 按快捷键Ctrl+D复制生成一个新图层，然后设置新图层的“不透明度”为40%，如图5-4所示。

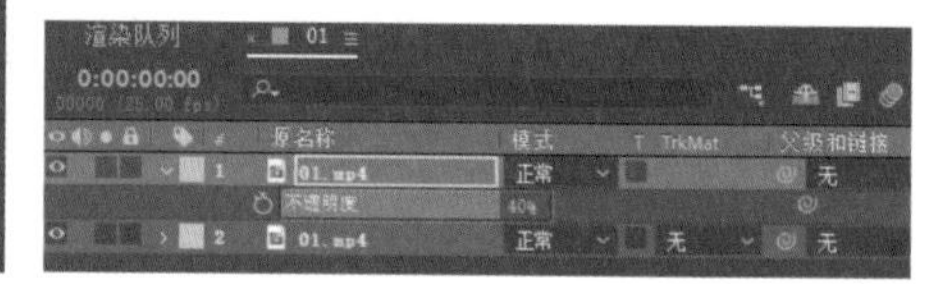

图5-4

04 在“效果和预设”面板中搜索“残影”效果，然后将其添加到复制生成的图层上，如图5-5所示。

05 在“效果控件”面板中设置“残影时间（秒）”为-0.02，“残影数量”为5，“残影运算符”为“从后至前组合”，如图5-6所示。

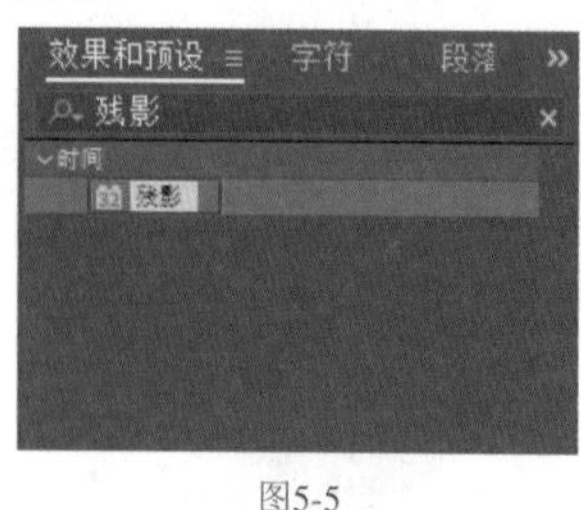

图5-5

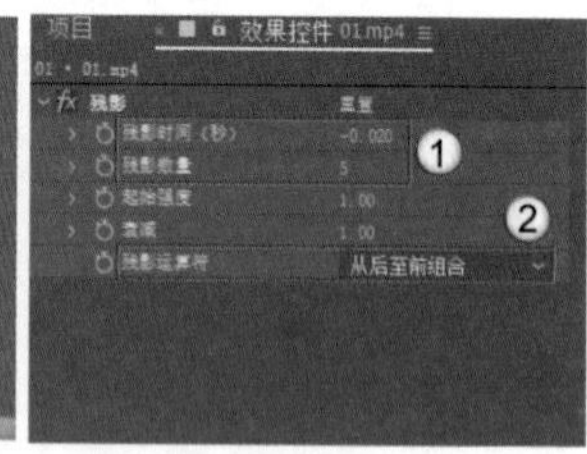

图5-6

> **技巧提示**
> 读者若觉得残影太明显，也可以适当降低相关图层的“不透明度”数值。

06 在“合成”面板中任意截取4帧图片，效果如图5-7所示。

图5-7

技术回顾

演示视频：011-残影

效果：残影

位置：时间>残影

01 使用“矩形工具”绘制一个矩形，效果如图5-8所示。

02 在Motion 2面板中单击ORBIT按钮，使矩形自动绕中心点移动，效果如图5-9所示。

图5-8

图5-9

03 将矩形所在的图层复制生成一个新图层，并设置新图层的“不透明度”为40%，如图5-10所示。

04 在“效果和预设”面板中搜索“残影”效果，然后将其添加到复制生成的图层上，如图5-11所示。此时能观察到矩形在移动过程中出现了残影效果，如图5-12所示。

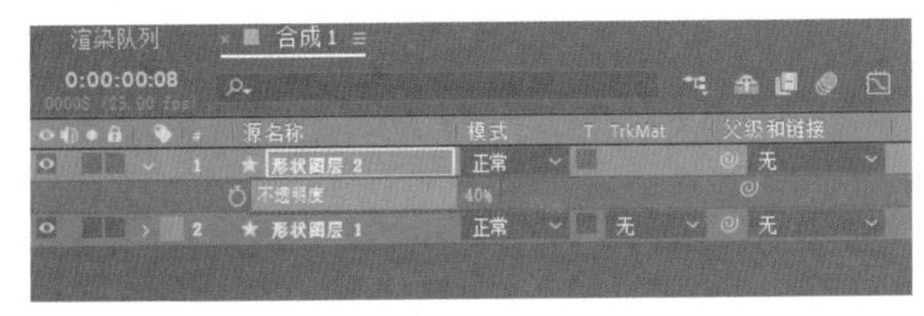

图5-10

图5-11

图5-12

05 在“效果控件”面板中设置不同的“残影时间（秒）”数值，残影与本体间的距离不同，如图5-13所示。

图5-13

06 调整“残影数量”的数值可以控制残影的数量，如图5-14所示。

图5-14

07 调整“衰减”数值，能让生成的残影逐渐消失，效果如图5-15所示。

08 在默认情况下，残影与本体之间是“相加”的显示模式，生成的残影会让本体变得更亮。设置“残影运算符”为“从后至前组合”，就能让本体显示其本身的颜色，如图5-16所示。

图5-15

图5-16

重点

实战：制作文字发光动画

案例文件	案例文件>CH05>实战：制作文字发光动画
难易程度	★★★☆☆
学习目标	掌握“发光”效果的使用方法

“发光”效果是使用频率很高的一种内置动画效果，可以让素材产生发光效果。本案例是为一组文字制作发光效果，并通过表达式生成动画，如图5-17所示。

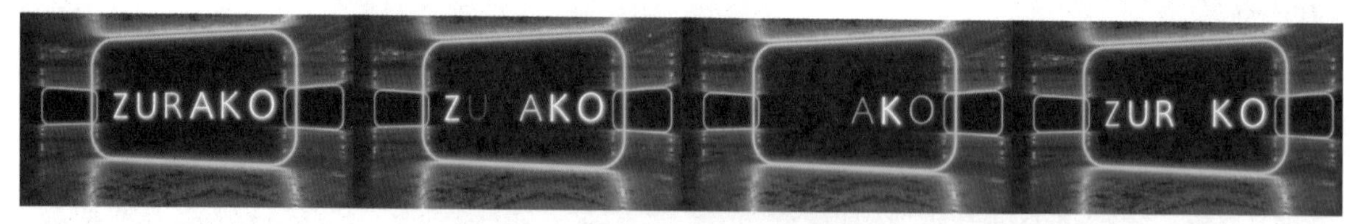

图5-17

案例制作

01 新建一个1920像素×1080像素的合成，然后新建文本图层，输入Z，具体参数及效果如图5-18所示。

02 将文本图层复制5层，然后分别修改5个图层的文字内容为U、R、A、K和O，效果如图5-19所示。

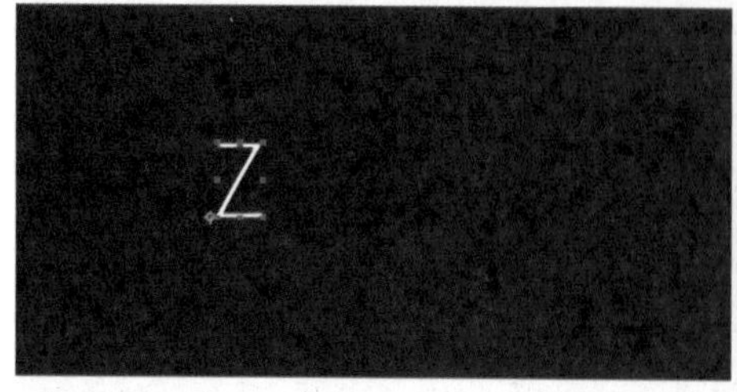

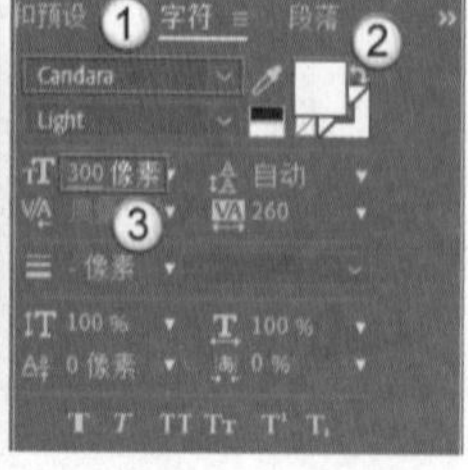

图5-18

图5-19

技巧提示

输入的内容和设置的参数仅供参考，读者可按自己的喜好进行设置。

03 选中所有文本图层，然后按T键调出“不透明度”参数，并添加表达式wiggle(10,200)，使文本具有随机显示和消失的效果，如图5-20所示。效果如图5-21所示。

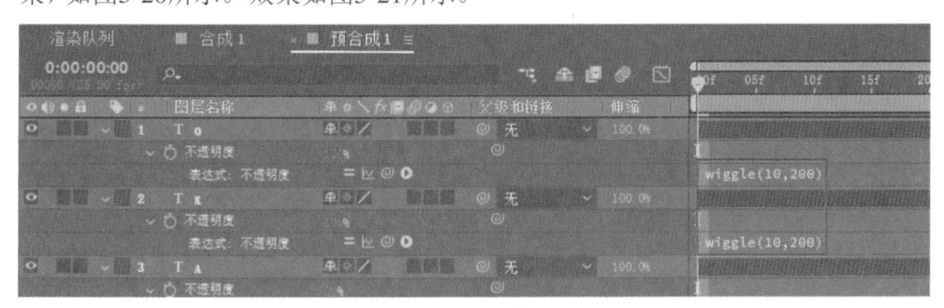

图5-20

图5-21

04 选中所有图层，然后按快捷键Ctrl+Shift+C生成“预合成1”，如图5-22所示。

05 在“项目”面板中导入学习资源“案例文件>CH05>实战：制作文字发光动画”文件夹中的“背景.jpg”素材文件，然后将其向下拖曳到“时间轴”面板中，如图5-23所示。

图5-22

图5-23

06 打开“预合成1”的“3D图层”开关，然后调整“预合成1”的大小和角度，使其与背景画面形成正确的透视关系，效果如图5-24所示。

07 在“效果和预设”面板中搜索“投影”效果，并将其添加到“预合成1”上，然后设置“阴影颜色”为蓝色，“柔和度”为20，如图5-25所示。

图5-24

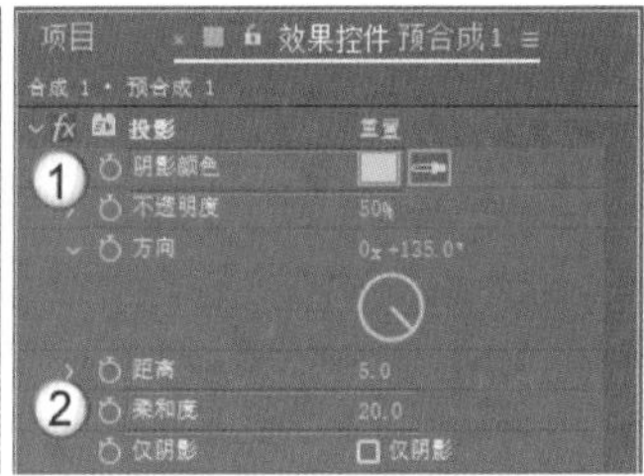

图5-25

技巧提示

设置“阴影颜色”时，用色块右侧的吸管工具吸取背景图上的蓝色即可。

08 选中“投影”效果并按快捷键Ctrl+D复制生成一个新效果，修改新“投影”效果的“距离”为10，“柔和度”为80，如图5-26所示。

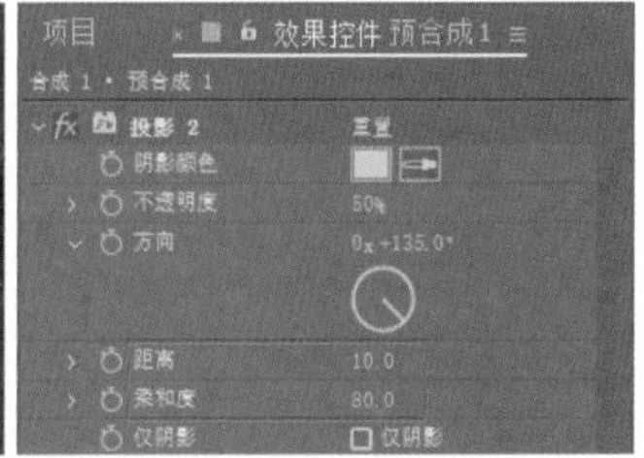

图5-26

09 在“效果和预设”面板中搜索“发光”效果，并将其添加到“预合成1”上，然后设置“发光强度”为2.5，“发光颜色”为“A和B颜色”，“颜色循环”为“锯齿B>A”，“颜色A”为蓝色，如图5-27所示。

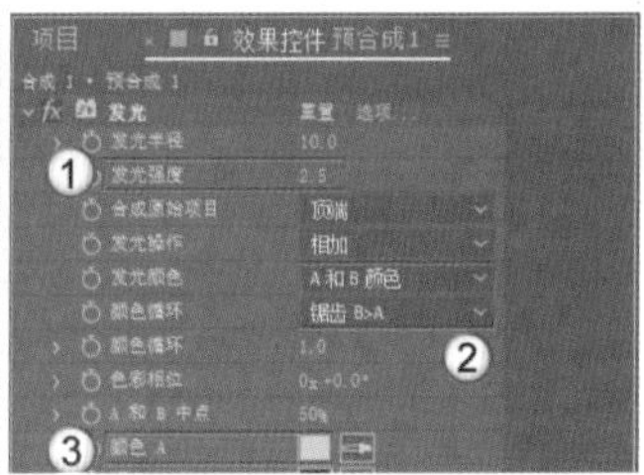

图5-27

10 将“发光”效果复制一层，设置第2个“发光”效果的“发光半径”为100，“发光强度”为1，如图5-28所示。

> **技巧提示**
>
> 如果读者觉得发光的范围不够大，可以继续增大“发光半径”的数值，或者再复制一层“发光”效果，降低新“发光”效果的发光强度，并扩大其发光范围。

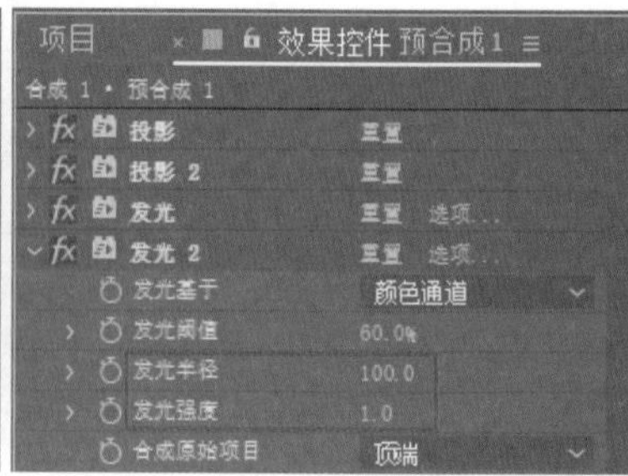

图5-28

11 选中添加的第1个“发光”效果，然后为“发光强度”参数添加表达式wiggle(10,10)，如图5-29所示。此时移动播放指示器可以观察到文本具有随机的显示与发光效果，如图5-30所示。

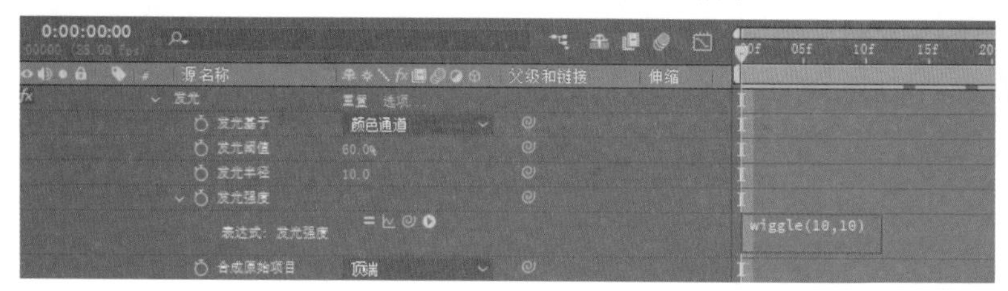

图5-29

图5-30

12 预览动画效果时，发现文本闪动的频率太快，将第1个“发光”效果的“发光强度”参数和文本的“不透明度”参数的表达式的第1个数值都修改为2，如图5-31和图5-32所示。

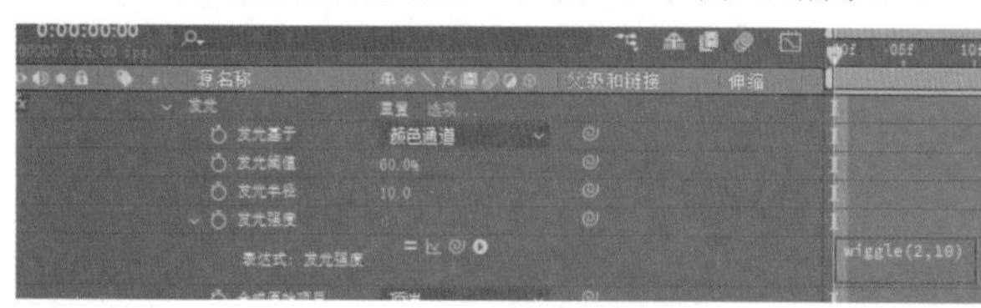

图5-31

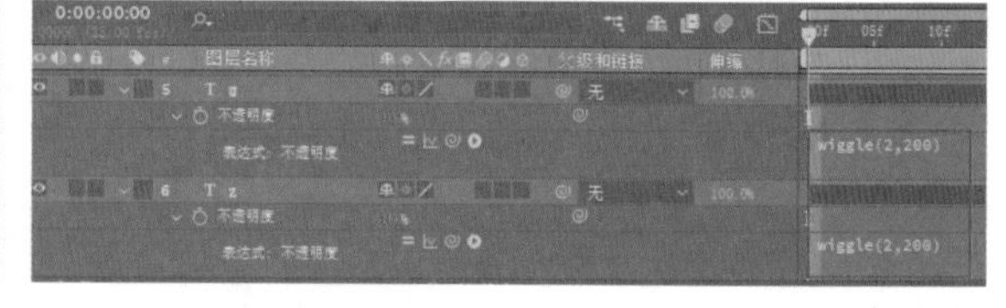

图5-32

13 在“合成”面板中任意截取4帧图片，效果如图5-33所示。

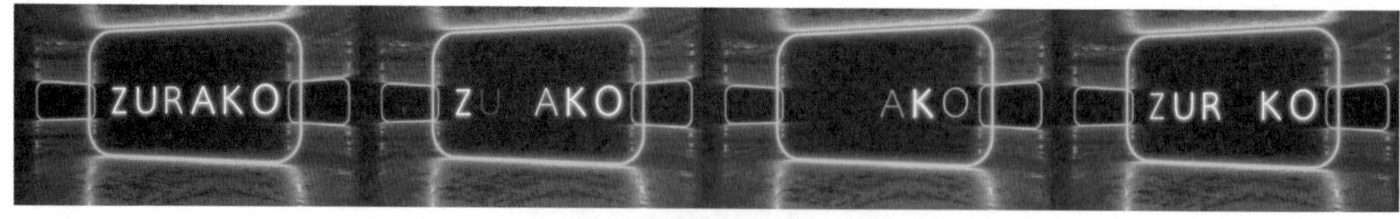

图5-33

技术回顾

演示视频：012-发光效果

效果：发光

位置：风格化>发光

扫码观看视频

01 导入学习资源“技术回顾素材”文件夹中的“01.jpg”素材文件，如图5-34所示。

02 在“效果和预设”面板中搜索“发光”效果，如图5-35所示。

> **技巧提示**
>
> 除了可以在“效果和预设”面板中找到“发光”效果，也可以执行“效果>风格化>发光”菜单命令添加该效果。

图5-34

图5-35

03 选中“01.jpg”图层后双击“发光”效果，就可以将该效果添加到“01.jpg”图层上，效果如图5-36所示。

04 切换到“效果控件”面板，在其中可调整效果的相关参数，如图5-37所示。

图5-36

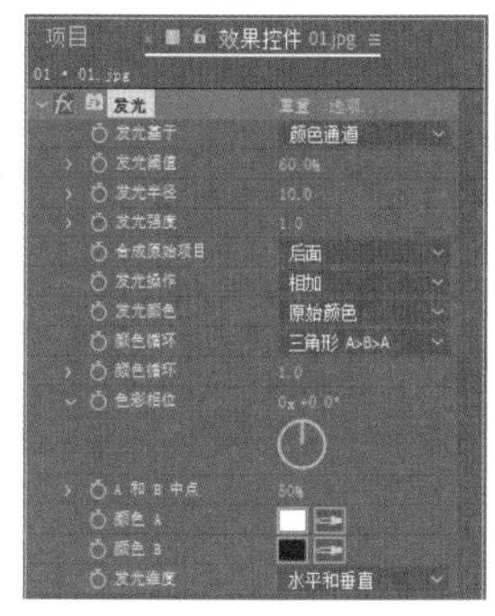

图5-37

05 调整“发光阈值”的数值，可以控制画面中发光区域的大小，不同“发光阈值”对应的效果如图5-38所示。该数值越大，画面中亮度低的位置就越不容易产生发光效果。

图5-38

06 增大“发光半径”的数值，可以让发光区域的边缘变得模糊，对比效果如图5-39所示。

图5-39

07 调整“发光强度”的数值，可以控制素材的发光强度，对比效果如图5-40所示。

图5-40

08 展开“发光操作”下拉列表，可以在其中选择不同的发光叠加方式，如图5-41所示。对比效果如图5-42所示。

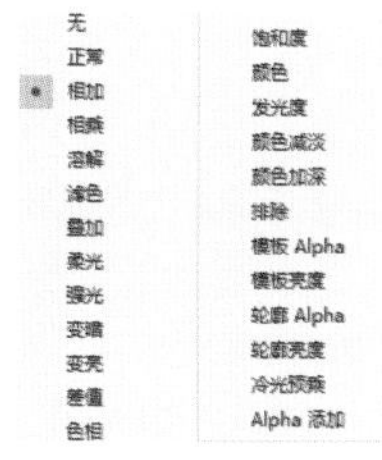

图5-41

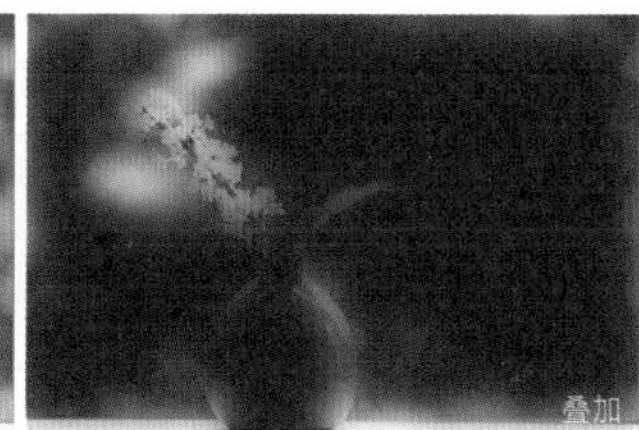

图5-42

09 展开“发光颜色”下拉列表，可以在其中选择不同的颜色模式，如图5-43所示。选择“原始颜色”选项时会按照素材本身的颜色产生发光效果，选择“A和B颜色”选项时可以对“颜色A”和“颜色B”进行设置，以生成需要的颜色。

10 当设置“发光颜色”为“A和B颜色”时，设置“颜色A”为红色，“颜色B”为蓝色，就可以观察到发光颜色为红色和蓝色，如图5-44所示。

原始颜色
A 和 B 颜色
任意映射

图5-43

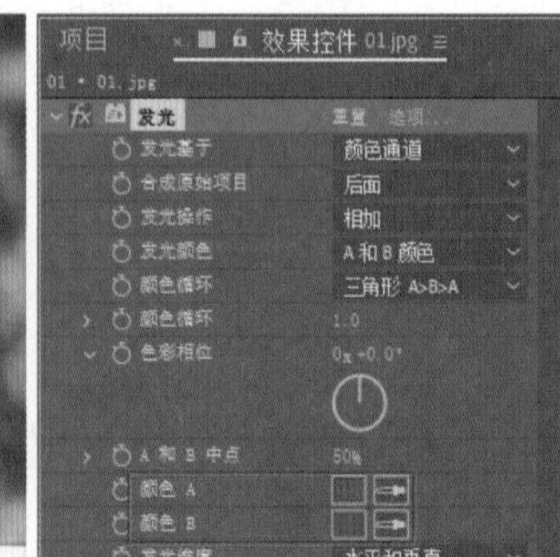

图5-44

11 在“颜色循环”下拉列表中选择不同的选项，可以形成不同的发光颜色显示效果，如图5-45所示。

图5-45

重点

实战：制作Saber动态发光动画

案例文件	案例文件>CH05>实战：制作Saber动态发光动画
难易程度	★★★☆☆
学习目标	掌握Saber插件的使用方法

扫码观看视频

在上一个案例中我们学习了“发光”效果，可以使用该效果制作出发光的文字。本案例为读者介绍一个非常好用的制作发光效果的插件Saber。它不仅能模拟文字发光效果，还能模拟图形遮罩的发光效果，如图5-46所示。

图5-46

01 新建一个1920像素×1080像素的合成，然后导入学习资源“案例文件>CH05>实战：制作Saber动态发光动画”文件夹中的“背景.jpg”素材文件，如图5-47所示。

02 新建一个纯色图层，颜色不限，效果如图5-48所示。

图5-47

图5-48

技巧提示

素材文件比合成大得多，需要调整素材文件的大小。

03 在“效果和预设”面板中搜索saber，然后将该效果添加到纯色图层上，如图5-49所示，效果如图5-50所示。

图5-49

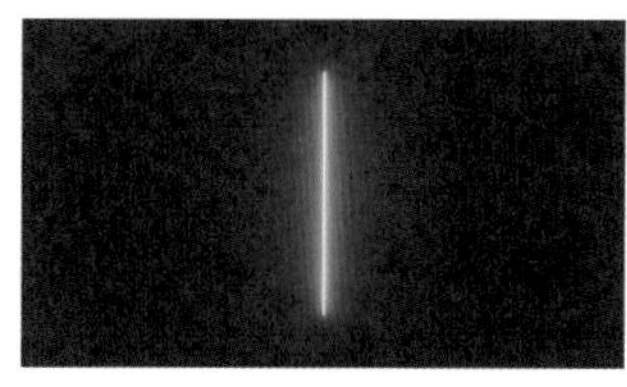

图5-50

> **技巧提示**
>
> 搜索时输入的字母不区分大小写。

04 选中纯色图层，然后设置“模式”为“屏幕”，此时可以显示出下方的背景，如图5-51所示。

05 调整灯光的控制点，使其位于图5-52所示的模型边缘。

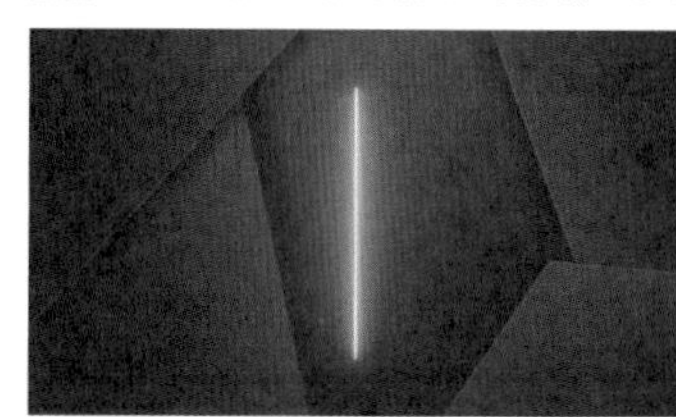

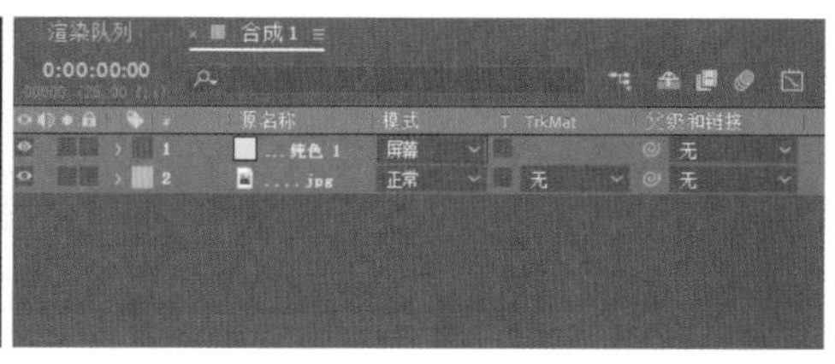

图5-51

图5-52

06 在“效果控件”面板中设置“辉光扩散”为0.25，“辉光偏向”为0.5，“主体大小”为1.8，如图5-53所示。

07 展开“自定义主体”卷展栏，在时间轴起始位置设置“开始偏移”为100%，并添加关键帧，如图5-54所示。此时画面中不显示发光体。

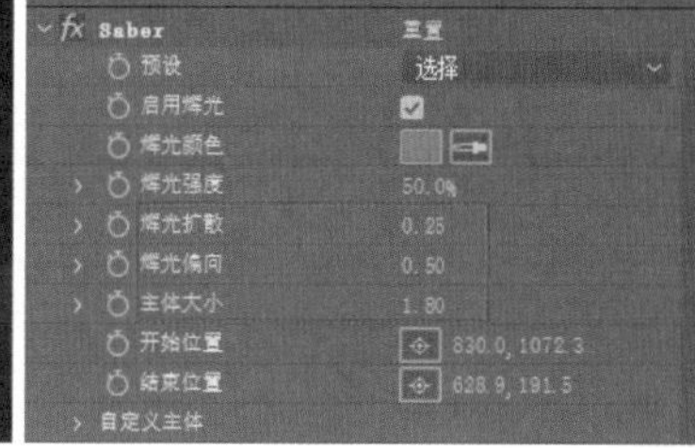

图5-53

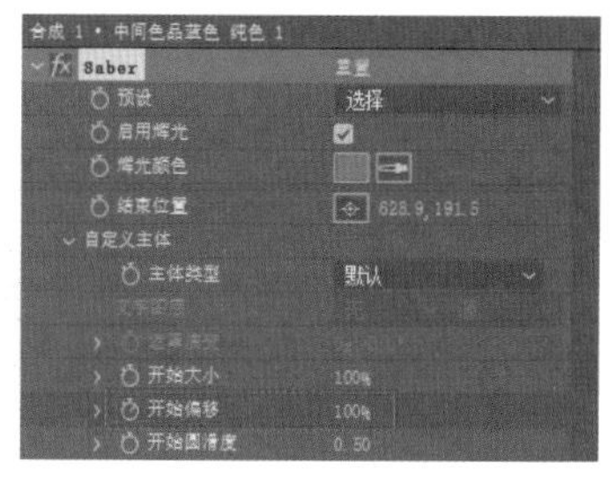

图5-54

08 移动播放指示器到0:00:01:00的位置，设置“开始偏移”为0%，如图5-55所示。此时发光体会全部显示出来，移动播放指示器预览动画，效果如图5-56所示。

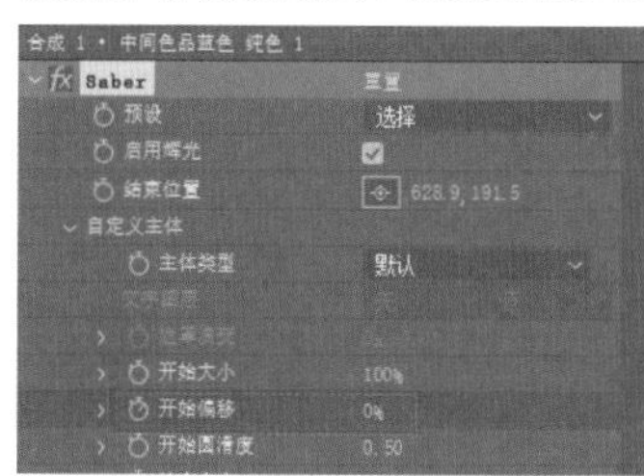

图5-55

图5-56

09 继续在0:00:01:00的位置设置“结束偏移”为100%，并添加关键帧，如图5-57所示。

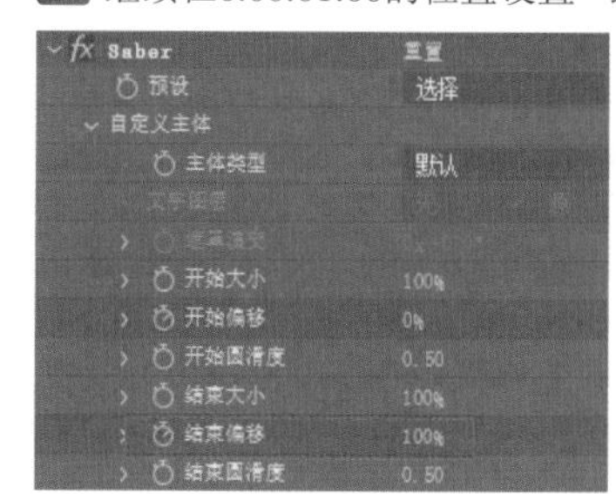

图5-57

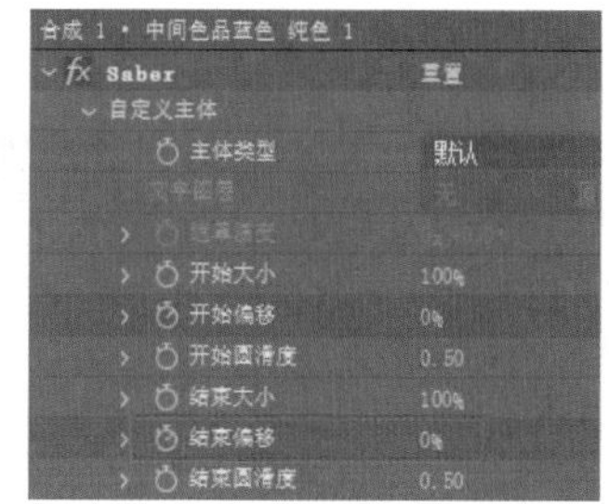

图5-58

10 在0:00:02:00的位置设置“结束偏移”为0%，如图5-58所示。此时发光体会沿着从上到下的方向消失，动画效果如图5-59所示。

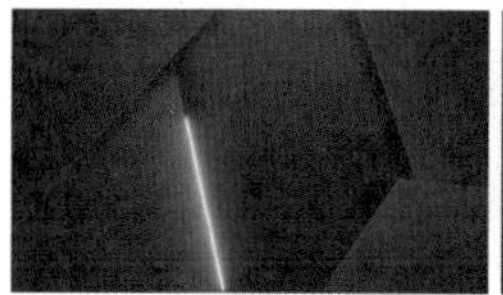

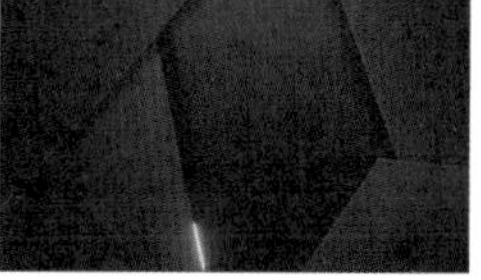

图5-59

11 补齐“开始偏移”和“结束偏移”缺失的首尾两端的关键帧，然后为这两个参数添加表达式loopOut(type = "cycle", numKeyframes = 0)，此时可以形成循环播放的动画效果，如图5-60所示。

图5-60

12 展开“闪烁”卷展栏，设置“闪烁强度”为200%，“闪烁速度”为7，如图5-61所示。此时发光体在运动的过程中会出现亮度的变化，效果如图5-62所示。

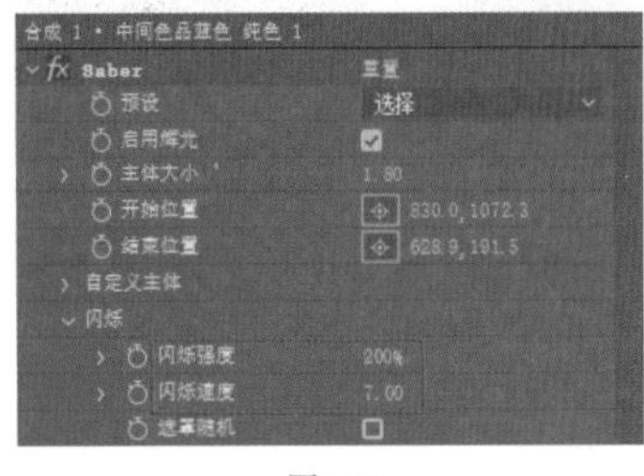

图5-61

图5-62

13 按快捷键Ctrl+D将纯色图层复制一层，然后调整发光体的位置，效果如图5-63所示。

14 选中复制生成的图层，在“效果控件”面板中设置“预设”为“简单橙色”，如图5-64所示。

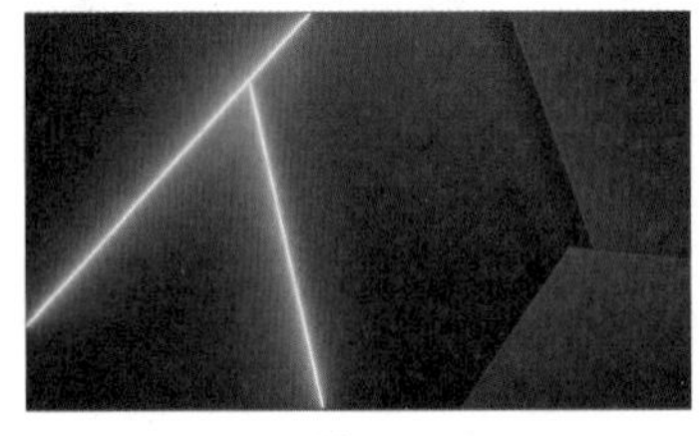

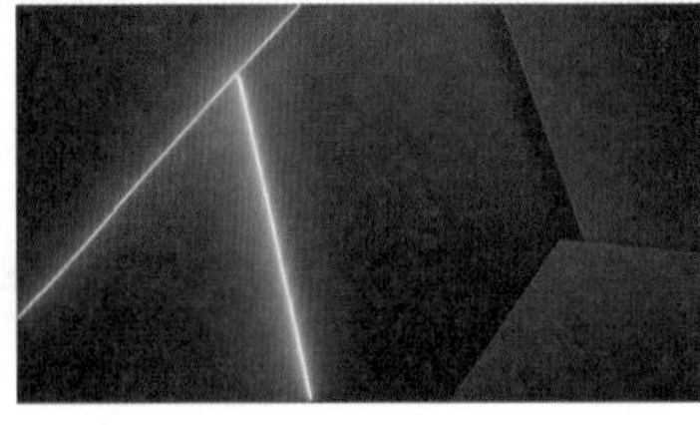

图5-63

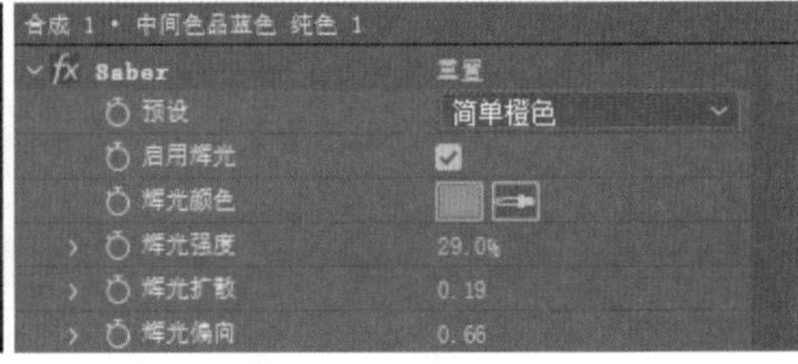

图5-64

15 继续复制一层纯色图层，然后调整发光体的位置，效果如图5-65所示。

16 选中复制生成的图层，在“效果控件”面板中设置“预设”为“通信”，如图5-66所示。

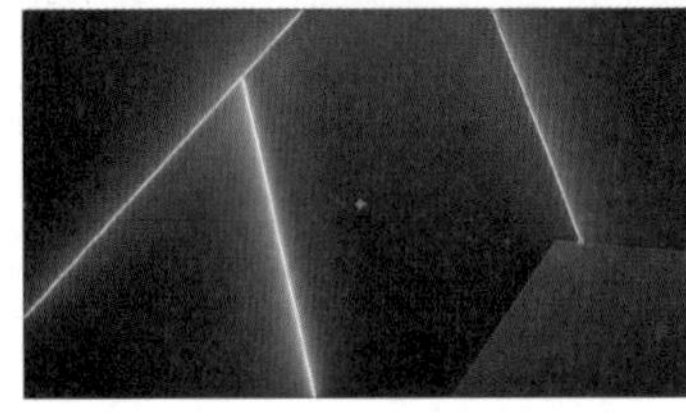

图5-65

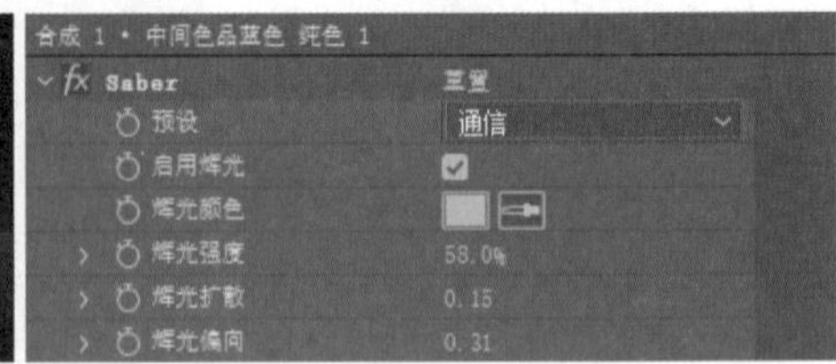

图5-66

17 继续复制一层纯色图层，然后在选中图层的情况下，使用“钢笔工具”绘制路径，效果如图5-67所示。

18 选中复制生成的图层，然后在“效果控件”面板中设置“主体类型”为“遮罩图层”，如图5-68所示。这样就能将上一步绘制的路径作为发光体的发光路径。

图5-67

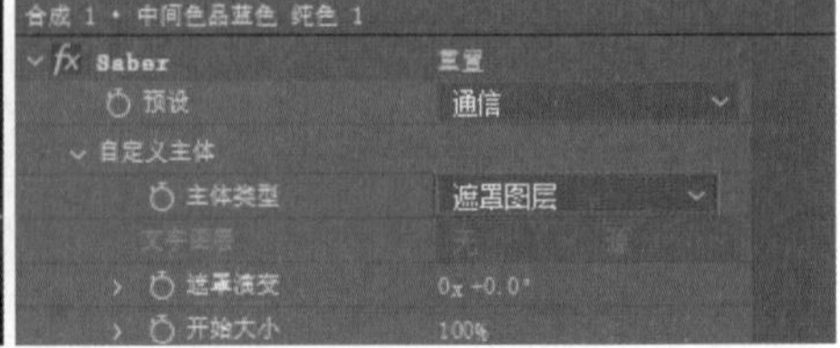

图5-68

19 设置“预设”为“霓虹”，将发光体的颜色调整为紫红色，如图5-69所示。

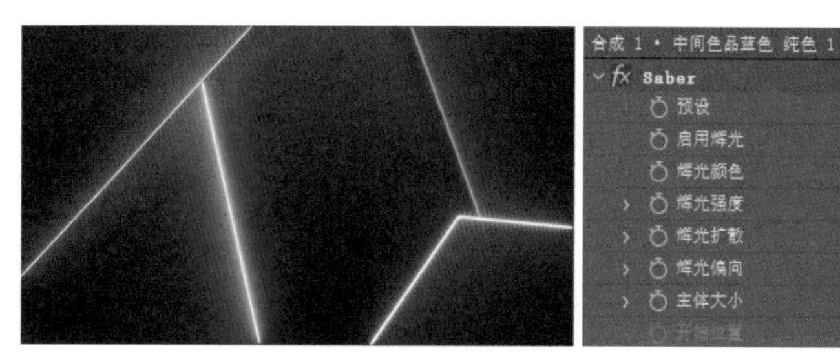

图5-69

20 调整4个图层剪辑的起始位置，让不同图层的发光体在不同的时间出现，形成更加随机的显示效果，如图5-70所示。

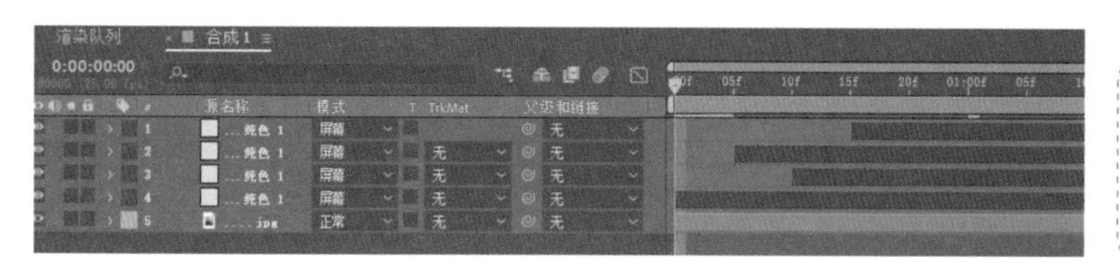

图5-70

> **技巧提示**
>
> 读者在进行这一步操作时可按照自己的想法调整，也可以调整关键帧的位置和不同发光体发光的间隔。

21 在“合成”面板中任意截取4帧图片，效果如图5-71所示。

图5-71

实战：制作查询交互效果

案例文件	案例文件>CH05>实战：制作查询交互效果
难易程度	★★★☆☆
学习目标	掌握“打字机”效果的使用方法

扫码观看视频

本案例使用“打字机”效果制作在网页中查询机票时的点击、搜索、输入文字等交互效果，效果如图5-72所示。

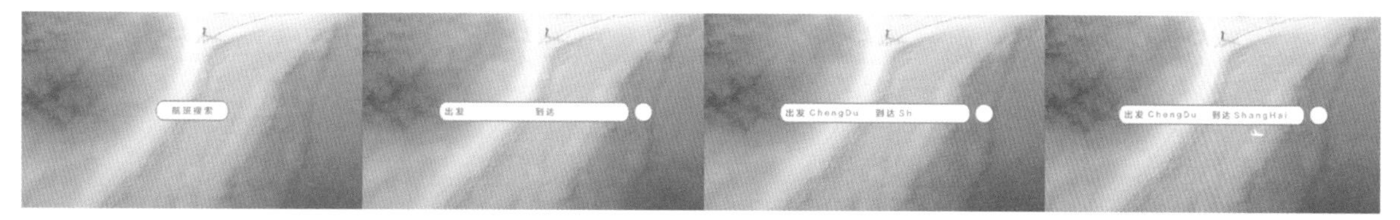

图5-72

案例制作

01 新建一个1920像素×1080像素的合成，然后在“项目”面板中导入学习资源“案例文件>CH05>实战：制作查询交互效果”文件夹中的素材文件，将“背景.jpg”文件拖曳到“时间轴”面板中并调整其大小，如图5-73所示。

02 使用“圆角矩形工具”绘制一个圆角矩形，设置“填充颜色”为白色，“描边颜色”为灰色，“描边宽度”为6像素，效果如图5-74所示。

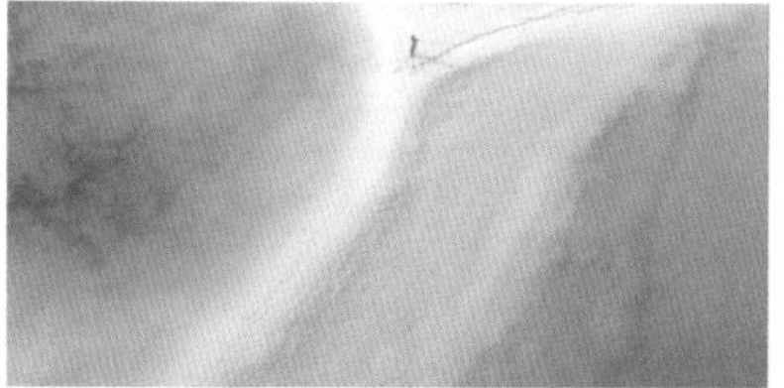

图5-73

图5-74

> **技巧提示**
>
> 这里不强制规定圆角矩形的参数，读者可自行确定。

03 在“时间轴”面板中展开“形状图层1”下的“矩形路径1”卷展栏，在0:00:00:10的位置添加“大小”关键帧，并取消矩形长度与宽度的关联，如图5-75所示。

04 移动播放指示器到0:00:00:15的位置，然后拉长矩形并调整其位置，使其成为图5-76所示的效果。

05 使用“椭圆工具” 绘制一个圆形，其直径与圆角矩形的宽度一样，设置圆形的“填充颜色”为白色，“描边颜色”为灰色，如图5-77所示。

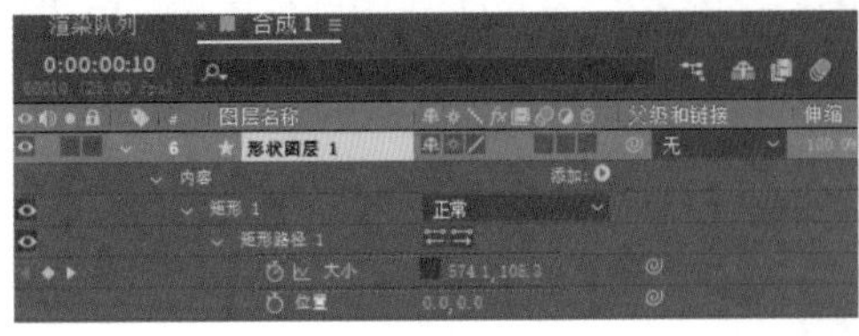

图5-75

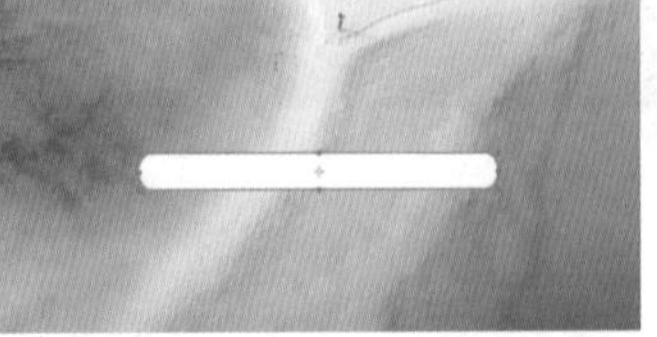
图5-76

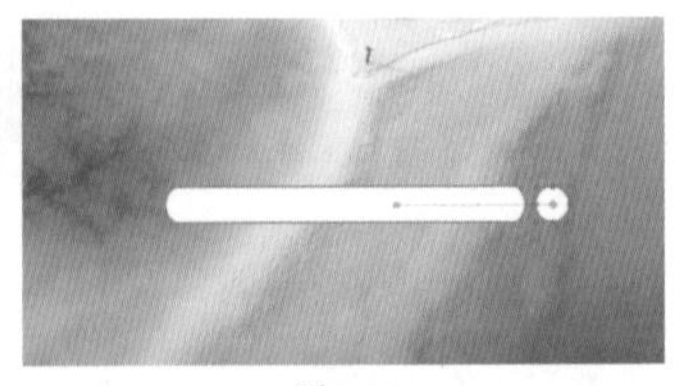
图5-77

> **技巧提示**
>
> 圆形所在图层要放在圆角矩形所在图层的下方，否则会造成后续步骤中的效果穿帮。

06 选中圆形所在的图层，按P键调出“位置”参数，在0:00:00:13的位置将圆形移动到圆角矩形后方，然后在0:00:00:15的位置将圆形移动到圆角矩形的右侧，效果如图5-78和图5-79所示。

07 新建一个文本图层，输入“航班搜索”，具体参数及效果如图5-80所示。

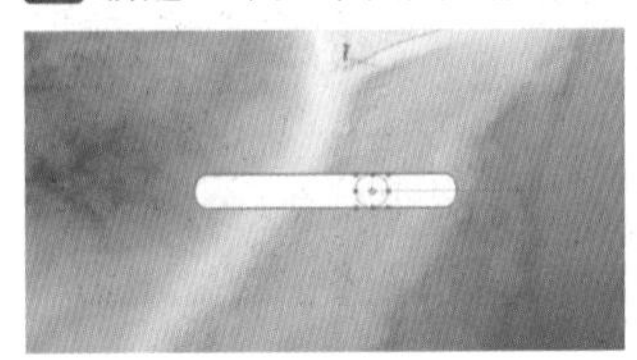
图5-78

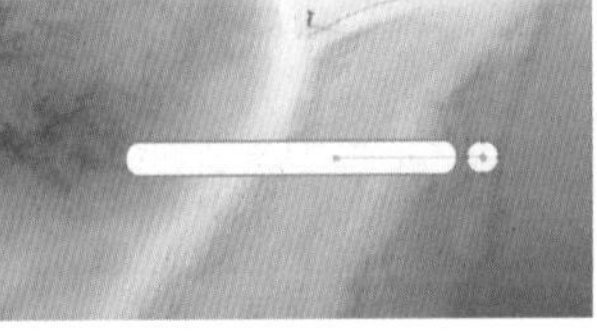
图5-79

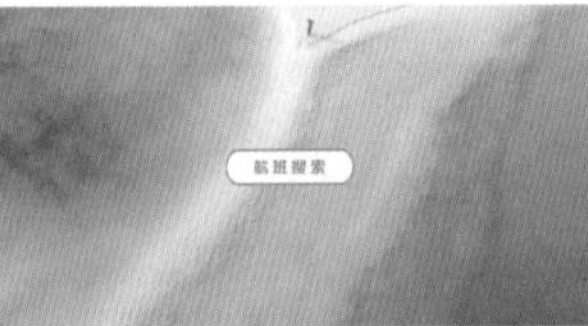
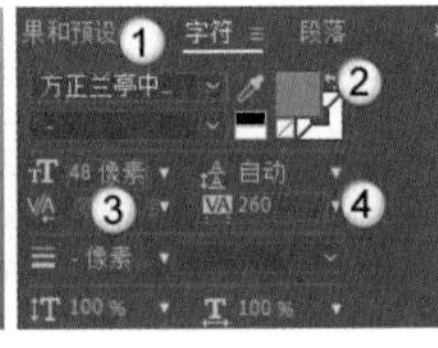

图5-80

08 选中“航班搜索”图层，按T键调出“不透明度”参数，在0:00:00:15的位置设置“不透明度”为100%，并添加关键帧，然后移动播放指示器到0:00:00:20的位置，设置“不透明度”为0%，效果如图5-81所示。

09 选中“航班搜索”图层，按快捷键Ctrl+D复制一层，然后修改新图层的文本内容为“出发　到达”，效果如图5-82所示。

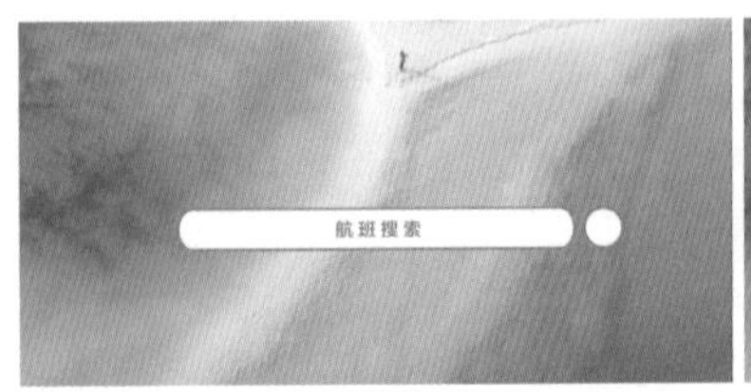

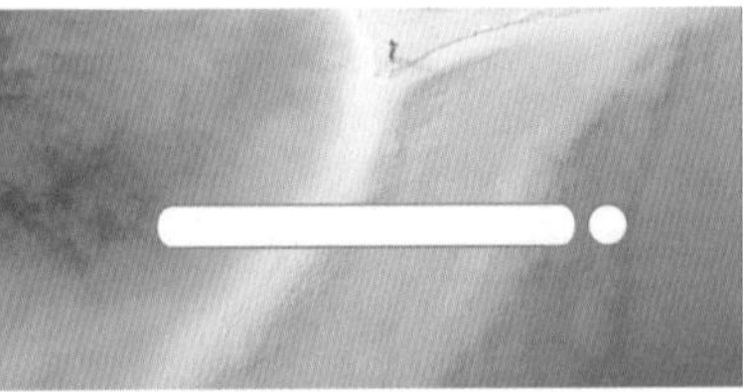
图5-81

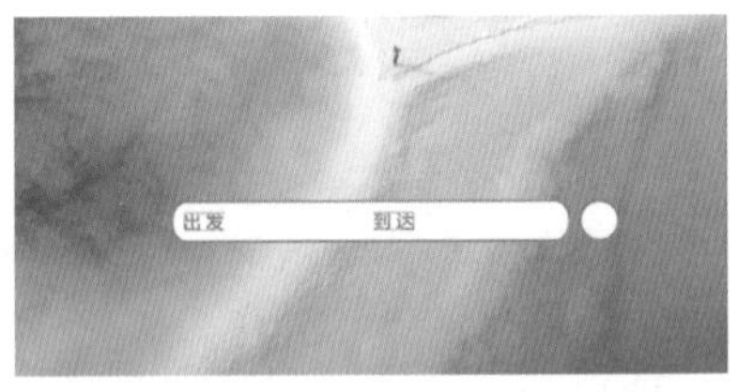

图5-82

10 按T键调出上一步生成的文字图层的“不透明度”参数，在0:00:01:00的位置设置“不透明度”为0%，并添加关键帧，然后在0:00:01:05的位置设置“不透明度”为100%，效果如图5-83所示。

11 新建一个文本图层，输入“ChengDu”，具体参数及效果如图5-84所示。

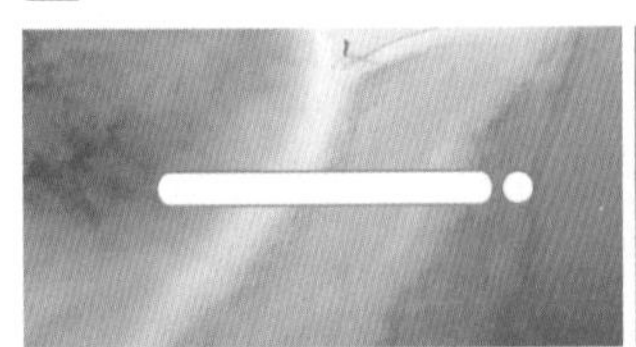
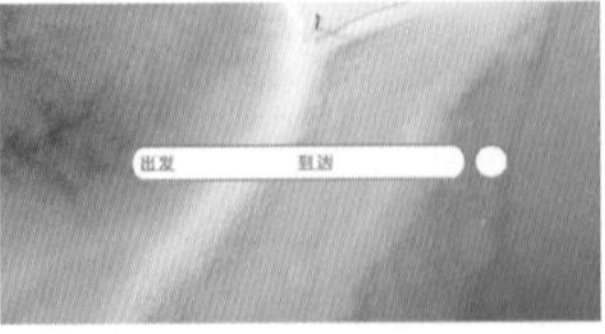

图5-83

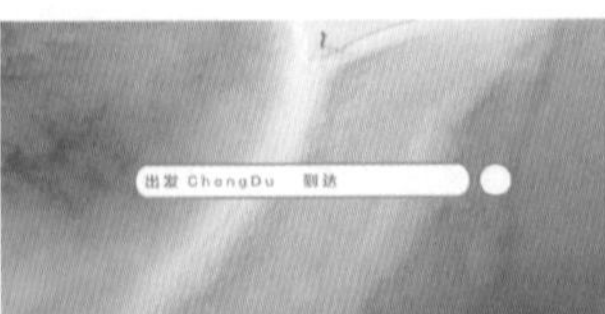

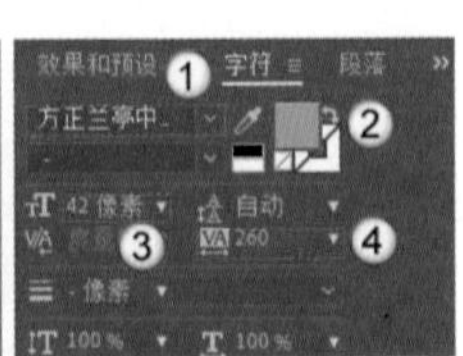

图5-84

12 将上一步创建的文本图层复制一层，修改新图层的文字内容为ShangHai，效果如图5-85所示。

13 在“效果和预设”面板中搜索“打字机”效果，将其添加到上面创建两个文本图层上，如图5-86所示。

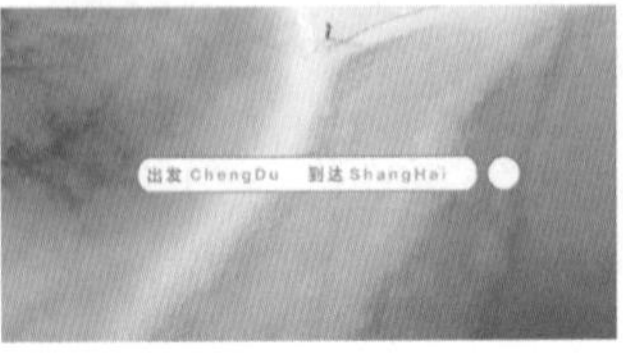

图5-85

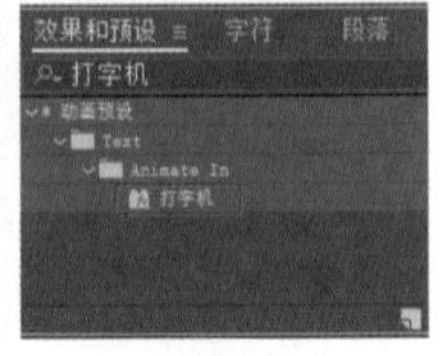

图5-86

14 移动播放指示器，文字会逐个出现，但动画效果不是很好。选中两个文本图层，按U键调出关键帧，然后移动两个图层的关键帧到图5-87所示的位置。

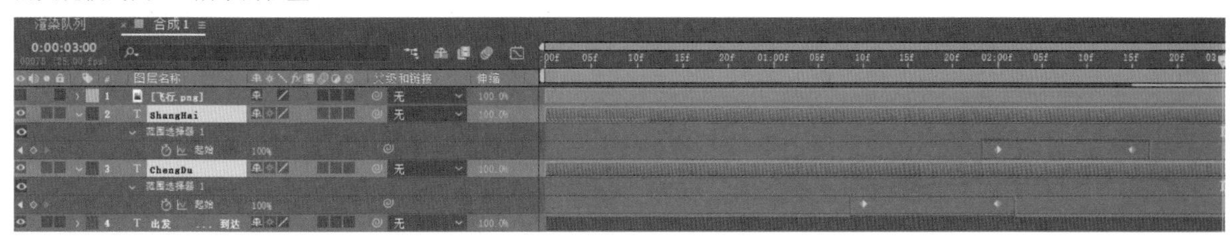

图5-87

> **技巧提示**
>
> 按U键可以调出选中的图层的所有关键帧。

15 将“飞行.png”素材文件拖曳到“时间轴”面板中，按T键调出“不透明度”参数，然后在0:00:03:10的位置设置“不透明度”为0%，并添加关键帧，在0:00:03:12的位置设置“不透明度”为100%，效果如图5-88所示。

16 按P键调出“位置”参数，然后在0:00:03:10的位置将“飞行.png”素材移动到图5-89所示的位置，并添加关键帧。

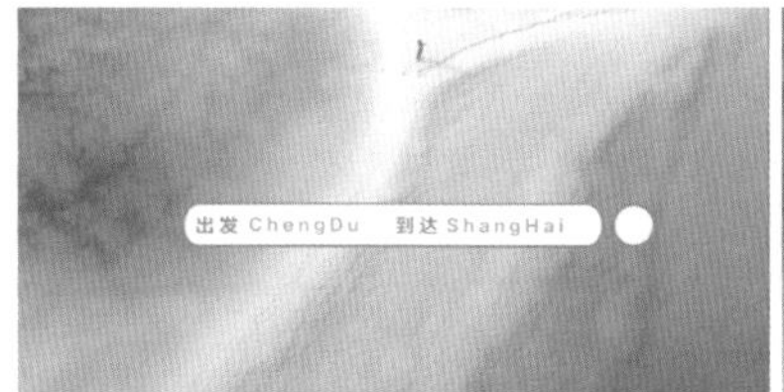

图5-88

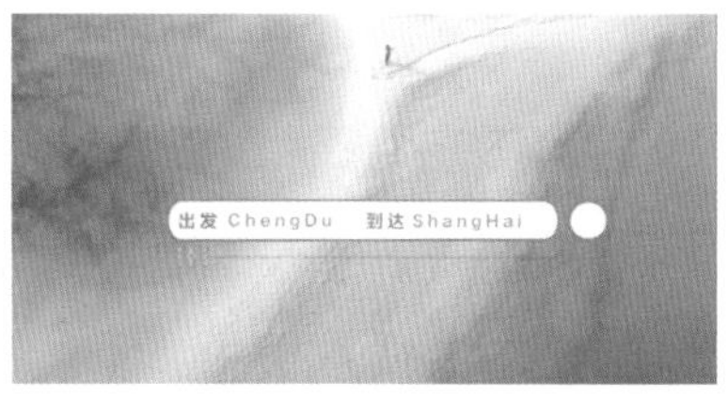

图5-89

17 移动播放指示器到0:00:04:10的位置，然后移动素材到图5-90所示的位置。

18 选中“位置”关键帧，为其添加loopOut(type = "cycle", numKeyframes = 0)表达式，这样就能形成循环播放的动画效果，如图5-91所示。

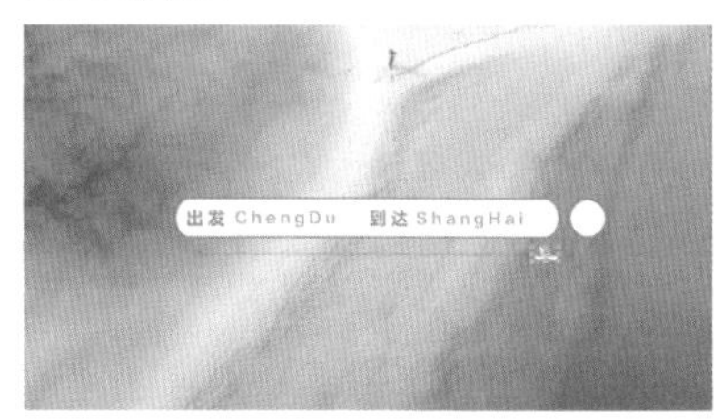

图5-90

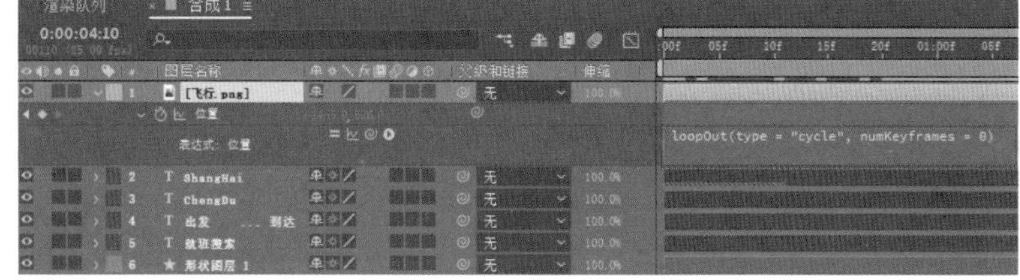

图5-91

19 下面制作按钮的交互动画效果。选中“形状图层1”，然后在时间轴初始位置上为“颜色”参数添加关键帧，并设置颜色为白色，如图5-92所示，效果如图5-93所示。

图5-92

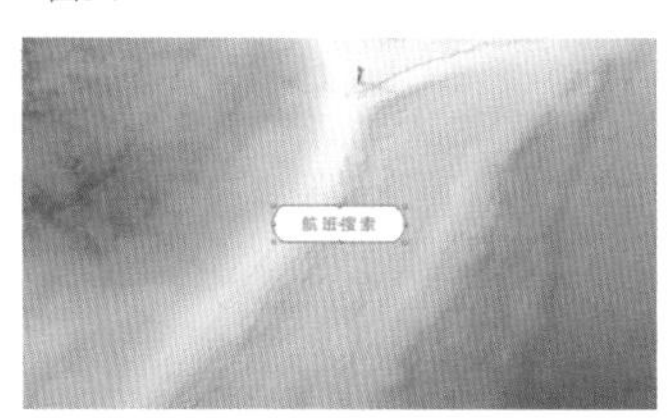

图5-93

20 移动播放指示器到0:00:00:05的位置，设置“颜色”为灰色，如图5-94所示，效果如图5-95所示。

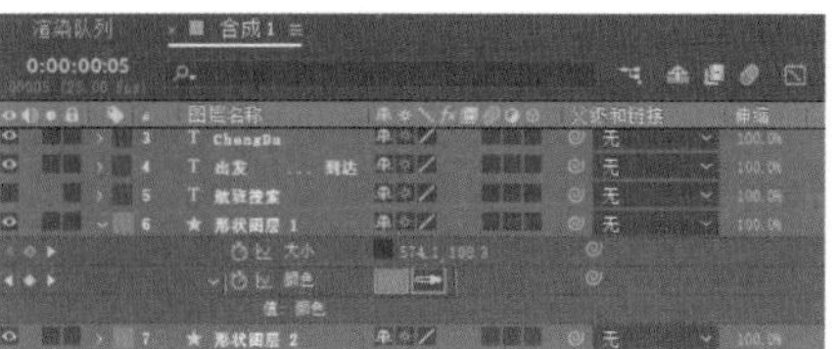

图5-94

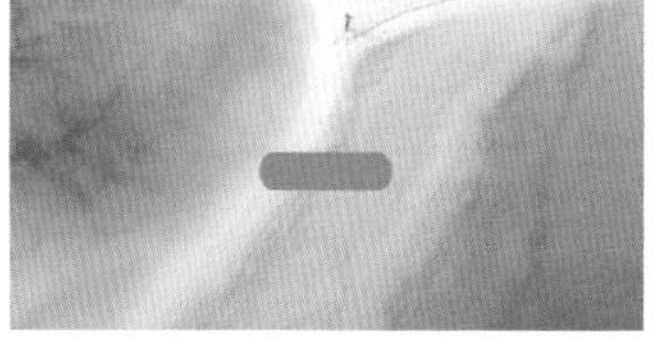

图5-95

> **技巧提示**
>
> 此时按钮与文字的颜色相同，看不到文字内容。

21 移动播放指示器到0:00:00:10的位置，设置“颜色”为白色，效果如图5-96所示。

22 选中“航班搜索”图层，然后为“颜色”参数添加关键帧，并修改文字颜色为白色，效果如图5-97所示。

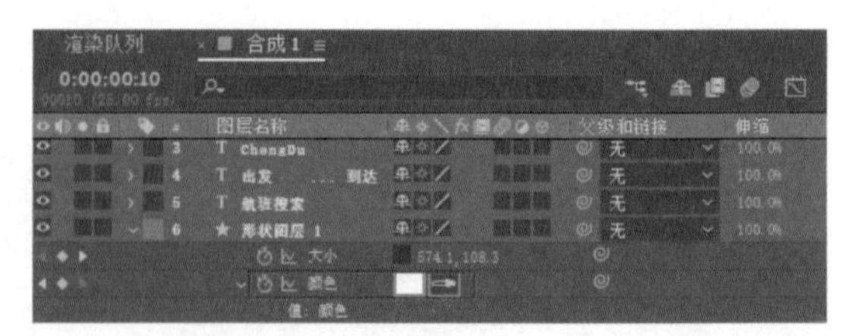

图5-96

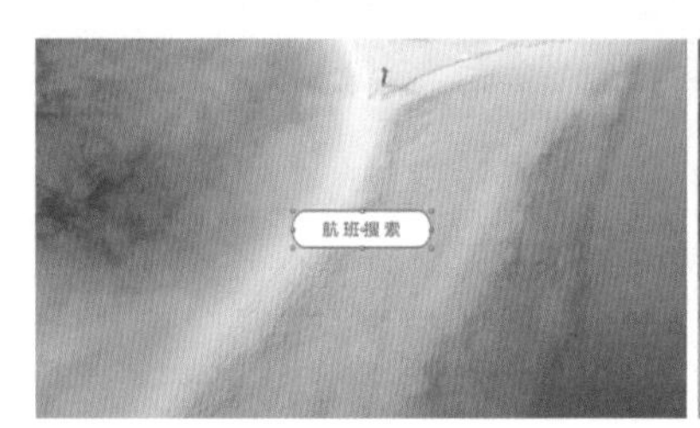

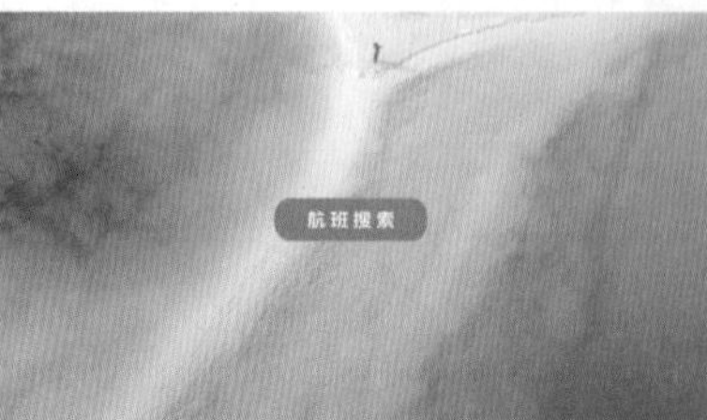

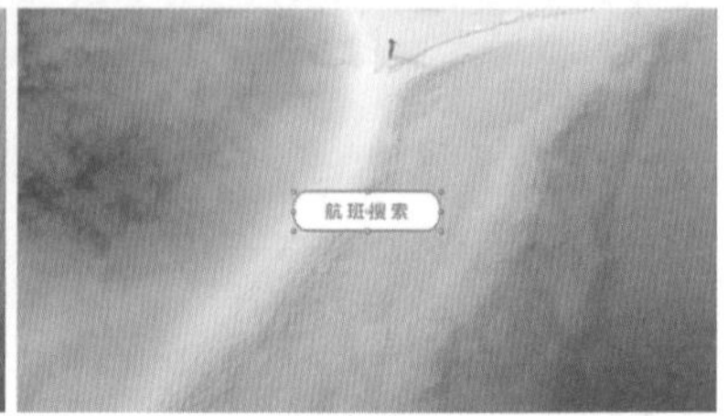

图5-97

23 选中“形状图层2”图层，在0:00:03:00的位置添加“颜色”关键帧，如图5-98所示。

24 移动播放指示器到0:00:03:05的位置，设置“颜色”为灰色，如图5-99所示，效果如图5-100所示。

图5-98

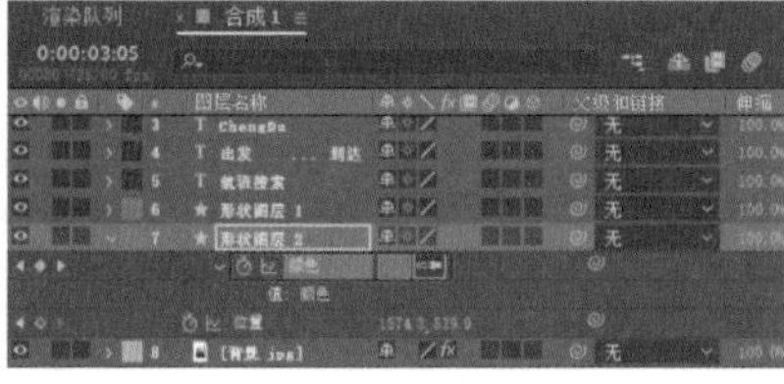

图5-99

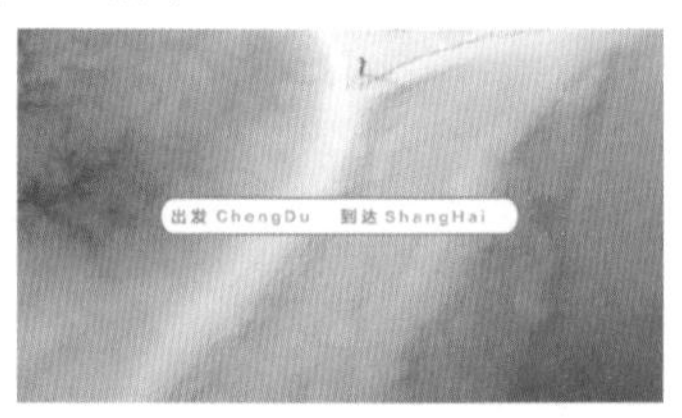

图5-100

25 移动播放指示器到0:00:03:10的位置，将“颜色”设置为白色，如图5-101所示。

26 在“合成”面板中任意截取4帧图片，效果如图5-102所示。

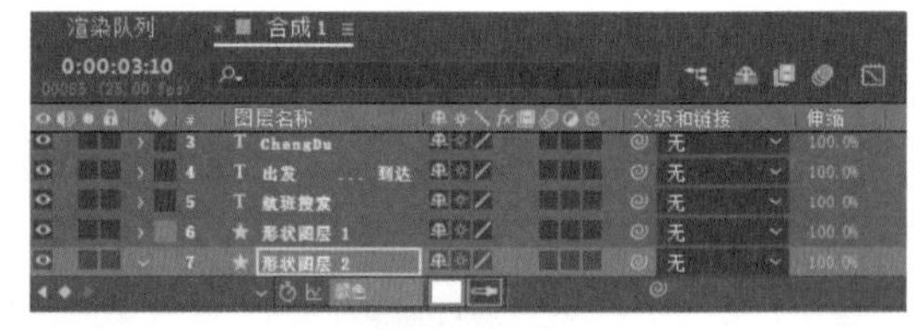

图5-101

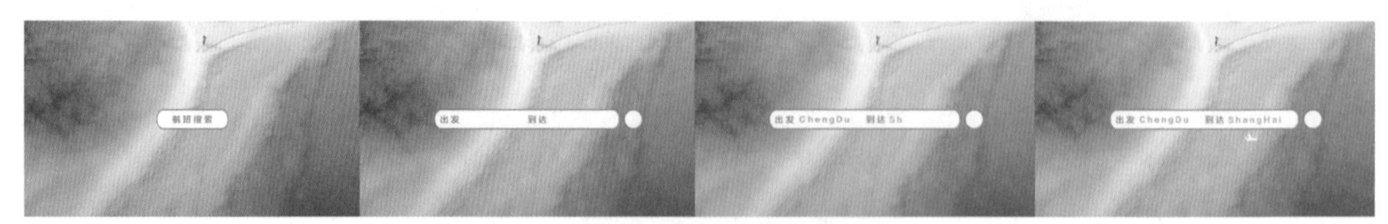

图5-102

☞ 技术回顾

演示视频：013-打字机

效果：打字机

位置：动画预设>Text>Animate In>打字机

扫码观看视频

01 新建一个默认合成，使用“横排文字工具”T在“合成”面板中输入“HELLO”，效果如图5-103所示。

图5-103

> **技巧提示**
>
> 使用“横排文字工具”T输入文字和新建文本图层后输入文字的最终效果一致，这两种方法读者可自行选择。

02 选中“HELLO”图层，在“效果和预设”面板中搜索“打字机”效果，然后双击“打字机”效果，将其添加到“HELLO”图层上，如图5-104所示。此时可以看到“合成”面板中的文字不见了，效果如图5-105所示。

03 移动播放指示器到0:00:02:13处，可以观察到文字完整出现的效果，如图5-106所示。

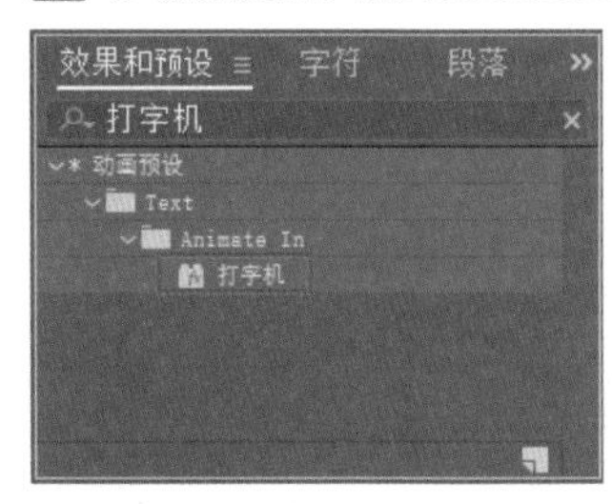

图5-104

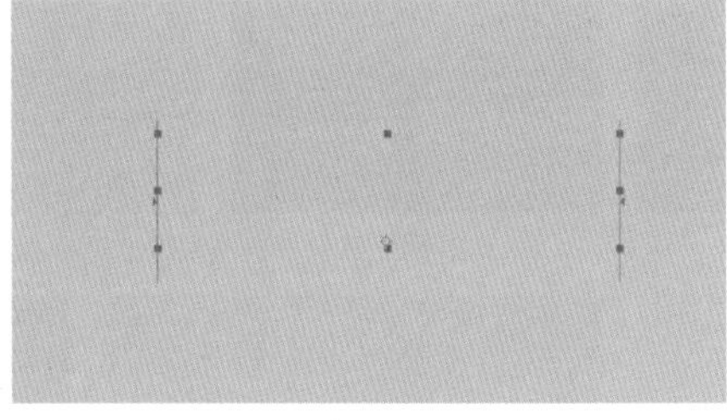

图5-105

图5-106

04 移动播放指示器到0:00:01:00处，展开“HELLO”图层下的“动画1”卷展栏，可以看到“起始”参数被添加了关键帧，选中最后一个关键帧并将其拖曳到0:00:01:00处，可以加快文字出现的速度，如图5-107和图5-108所示。

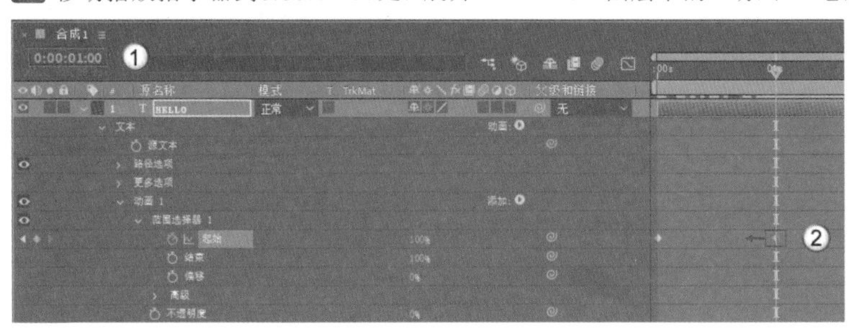

图5-107

图5-108

实战：制作RGB动画效果

案例文件	案例文件>CH05>实战：制作RGB动画效果
难易程度	★★★☆☆
学习目标	掌握“转换通道”效果的使用方法

扫码观看视频

使用“转换通道”效果可以制作出具有多个颜色层次的动画效果，效果如图5-109所示。

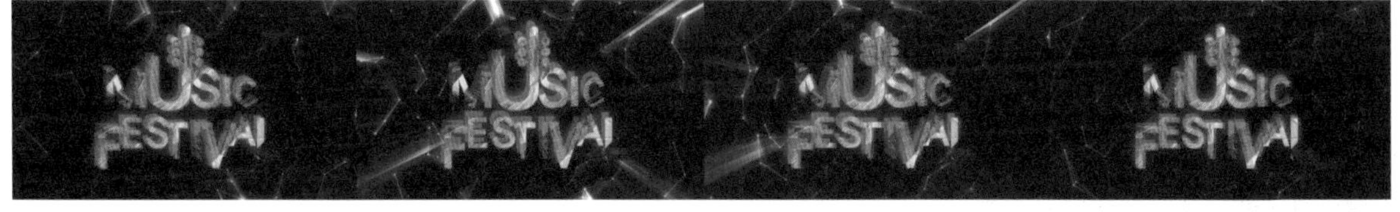

图5-109

案例制作

01 新建一个默认合成，并在“项目”面板中导入学习资源“案例文件>CH05>实战：制作RGB动画效果”文件夹中的素材文件，如图5-110所示。

02 将素材文件向下拖曳到“时间轴”面板中，并将“文字.png”图层放置在顶层，如图5-111所示，效果如图5-112所示。

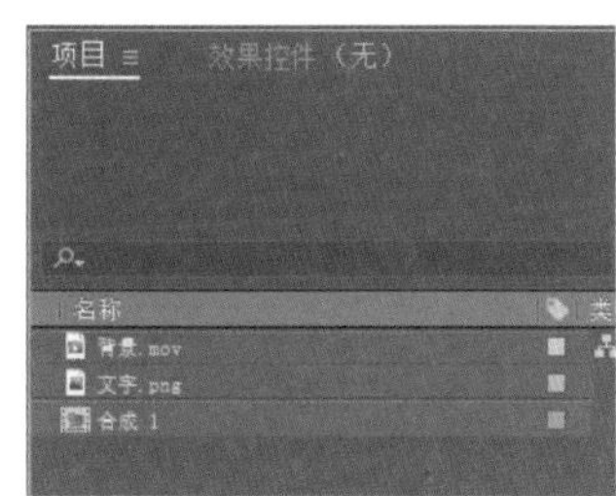

图5-110

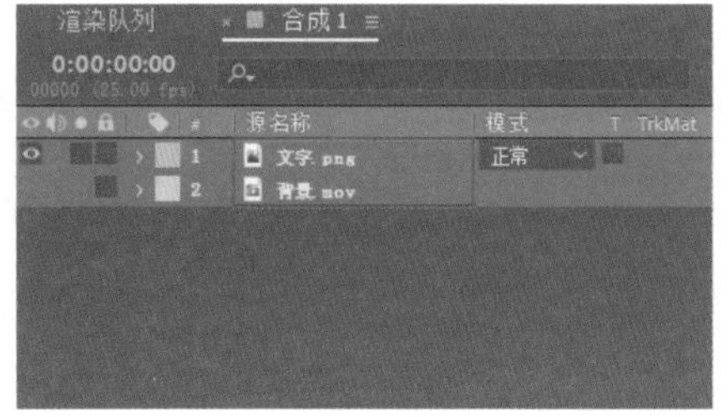

图5-111

图5-112

03 在“效果和预设”面板中搜索“转换通道”效果，并将其添加到“文字.png”素材上，如图5-113所示。

04 在“效果控件”面板中设置“从获取绿色”和“从获取蓝色”都为“完全关闭”，如图5-114所示，效果如图5-115所示。

05 选中“文字.png”图层并按快捷键Ctrl+D将其复制一层，如图5-116所示。

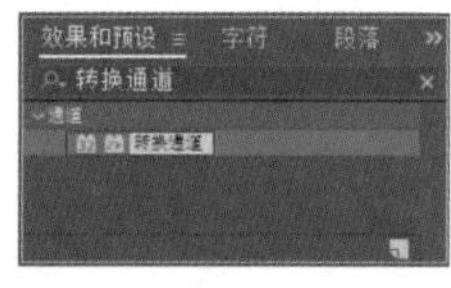

图5-113

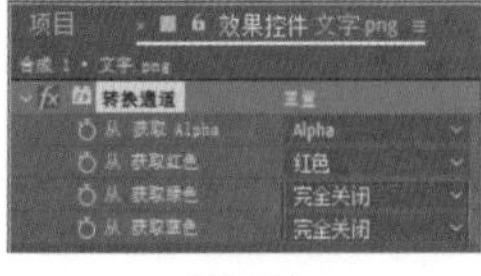

图5-114

图5-115

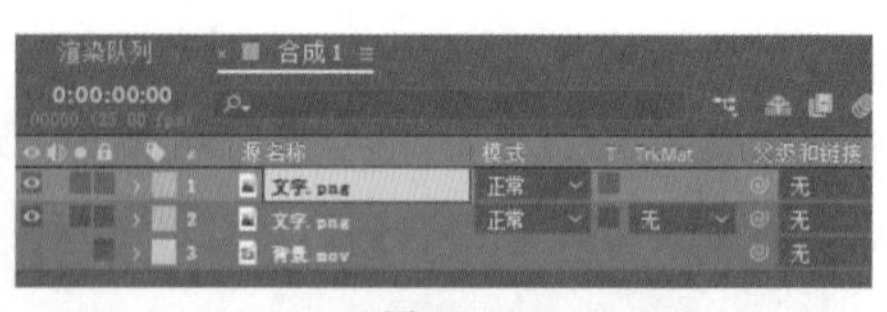

图5-116

06 在“效果控件”面板中设置上一步生成的图层的“从获取红色”为“完全关闭”，“从获取绿色”为“绿色”，如图5-117所示，效果如图5-118所示。

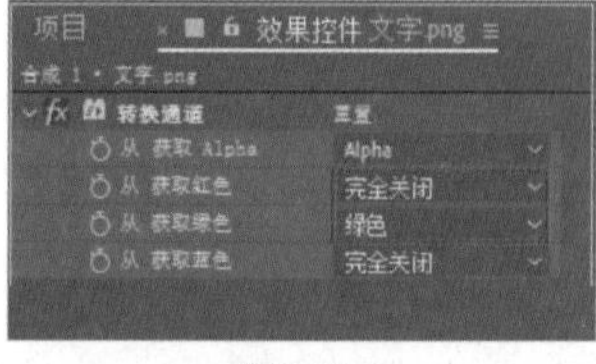

图5-117

图5-118

07 将“文字.png”图层再复制一层，然后在“效果控件”面板中设置新图层的“从获取绿色”为“完全关闭”，“从获取蓝色”为“蓝色”，如图5-119所示，效果如图5-120所示。

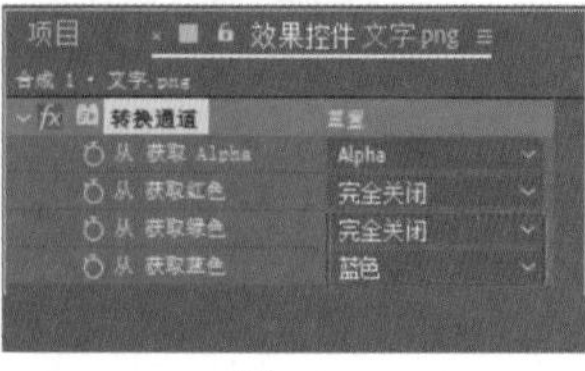

图5-119

图5-120

08 将复制生成的两个“文字.png”图层的“模式”都设置为“屏幕”，如图5-121所示，效果如图5-122所示。可以观察到素材图片的效果又回到初始状态。

09 选中红色的文字图层，然后稍微移动其位置，使其与原有的文字发生错位，如图5-123所示。

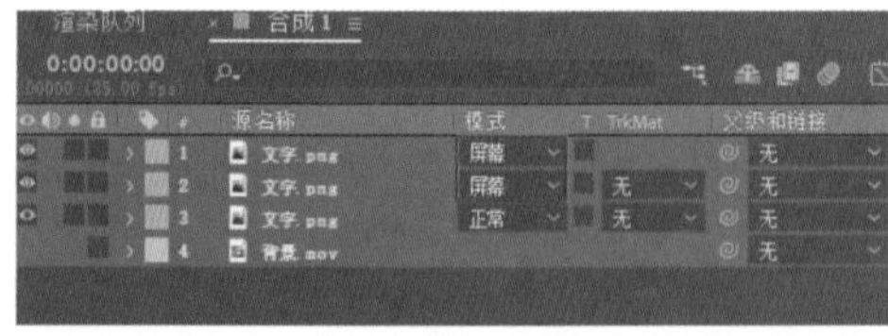

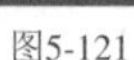

图5-121

图5-122

图5-123

10 选中蓝色的文字图层，然后稍微移动其位置，使其与原有的文字发生错位，如图5-124所示。

11 在蓝色文字图层的“位置”参数上添加表达式wiggle(8,15)，如图5-125所示。此时移动播放指示器可以观察到文字出现不规律的晃动。

图5-124

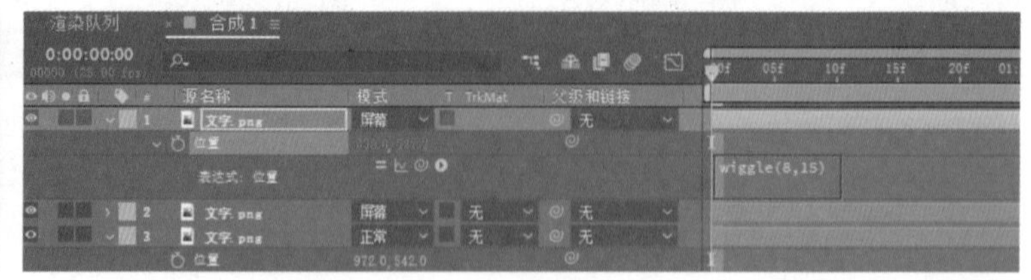

图5-125

12 将表达式复制到红色文字图层的“位置”参数上，如图5-126所示，效果如图5-127所示。

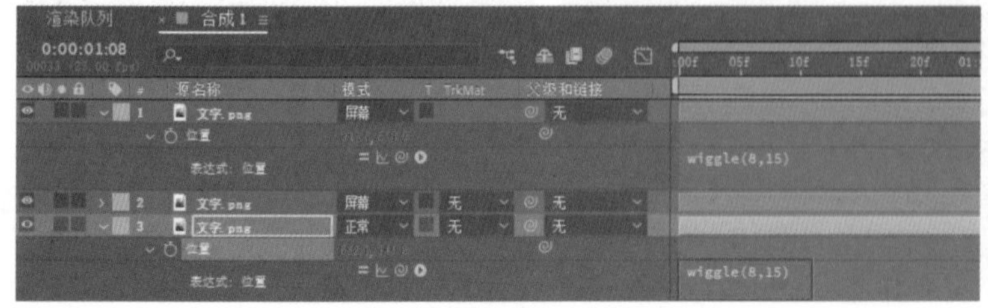

图5-126

图5-127

13 在“效果和预设”面板中搜索“发光”效果，然后将其添加到红色文字图层上，具体参数及效果如图5-128所示。

14 将“发光”效果复制到蓝色文字图层上，然后调整相关参数，如图5-129所示。

图5-128

图5-129

15 在“合成”面板中任意截取4帧图片，效果如图5-130所示。

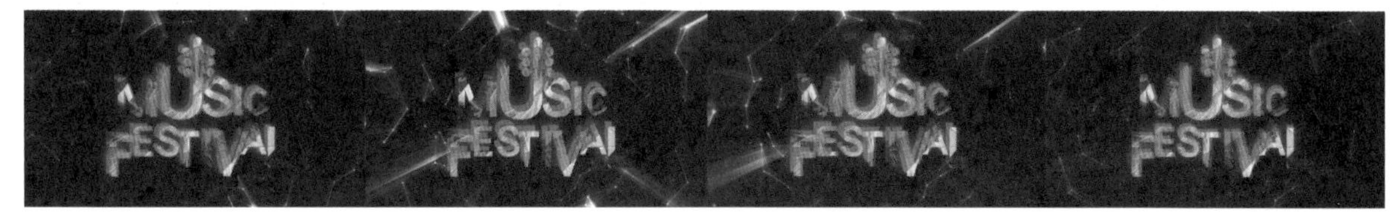

图5-130

技术回顾

扫码观看视频

演示视频：014-转换通道

效果：转换通道

位置：通道>转换通道

01 在“项目”面板中导入学习资源“技术回顾素材”文件夹中的“02.jpg”素材文件，将其向下拖曳至“时间轴”面板中，效果如图5-131所示。

02 在“效果和预设”面板中搜索“转换通道”效果，然后双击，将其添加到素材图层上，如图5-132所示。

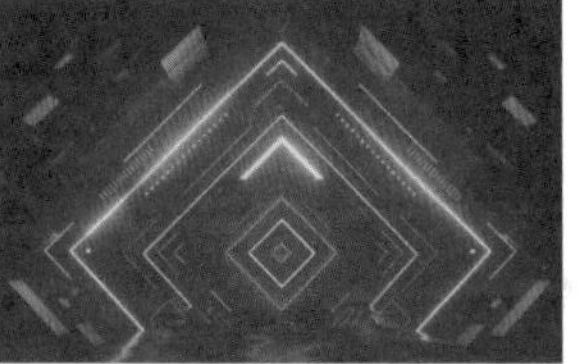

图5-131

图5-132

03 在“效果控件”面板中可以查看相关参数，如图5-133所示。在每个参数的下拉列表中，都可以选择不同的显示通道，如图5-134所示。

> **技巧提示**
>
> 当下方3个显示通道分别设置为“红色”“绿色”“蓝色”时，可以按照原图的效果进行显示。

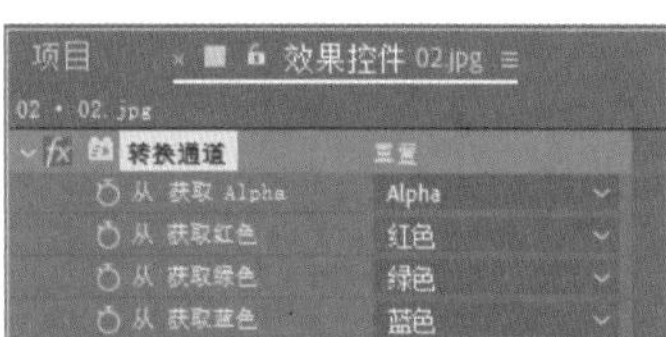

图5-133

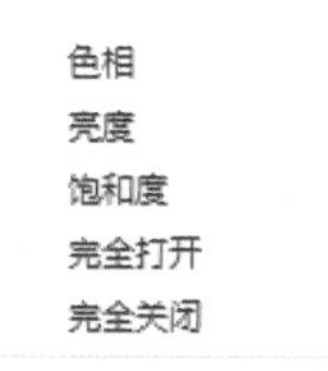

图5-134

04 设置“从获取绿色”和“从获取蓝色”都为“完全关闭”，可以关闭这两个通道，从而只显示红色通道，画面中会只显示红色部分，如图5-135所示。

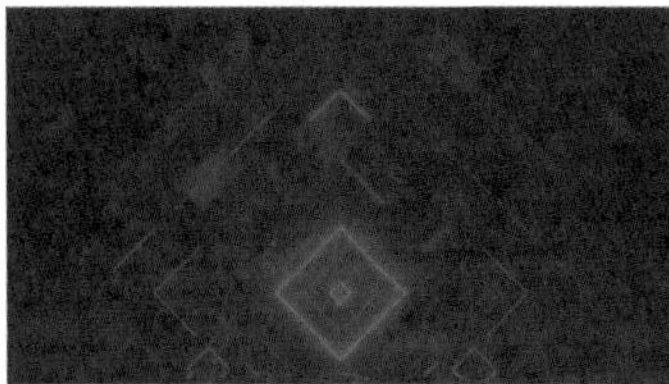

图5-135

05 将“从获取红色”设置为“绿色”，可以观察到原图中通过绿色通道显示的内容会显示为红色，如图5-136所示。

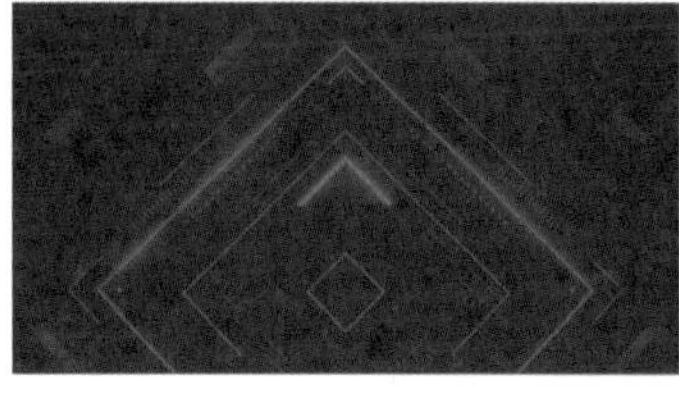

图5-136

06 同理，设置“从获取红色”为“蓝色”后，原图中的蓝色部分就会显示为红色，如图5-137所示。

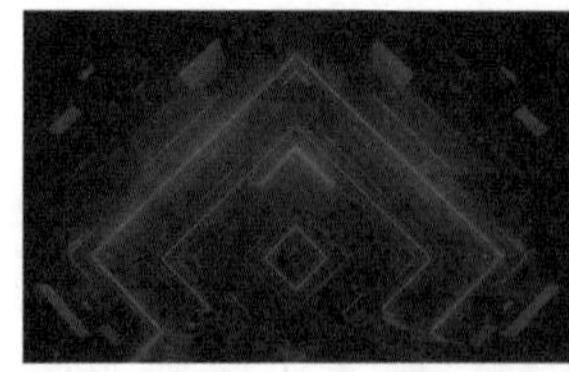

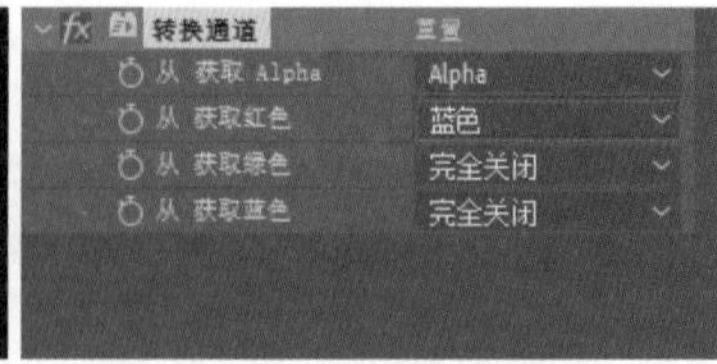

图5-137

07 调换红绿蓝3个显示通道的位置，就能将原图修改为其他颜色，如图5-138和图5-139所示。

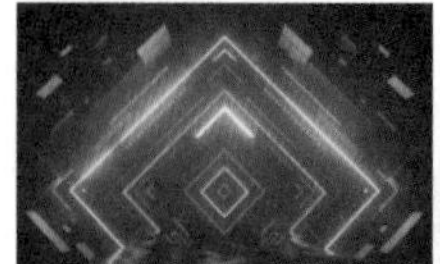

图5-138

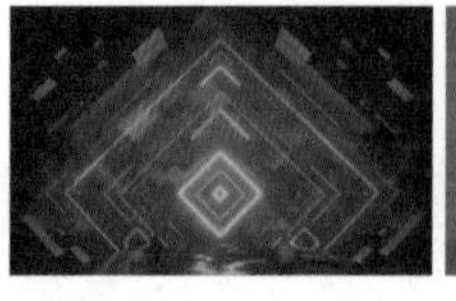

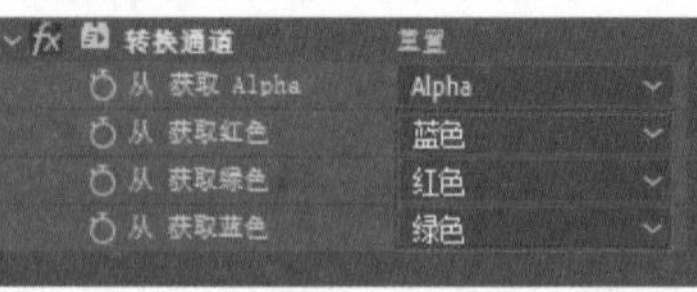

图5-139

重点

实战：制作擦除式倒计时片头

案例文件	案例文件>CH05>实战：制作擦除式倒计时片头
难易程度	★★★☆☆
学习目标	练习使用“径向擦除”效果

本案例使用“径向擦除”效果制作老旧电影的倒计时片头，效果如图5-140所示。

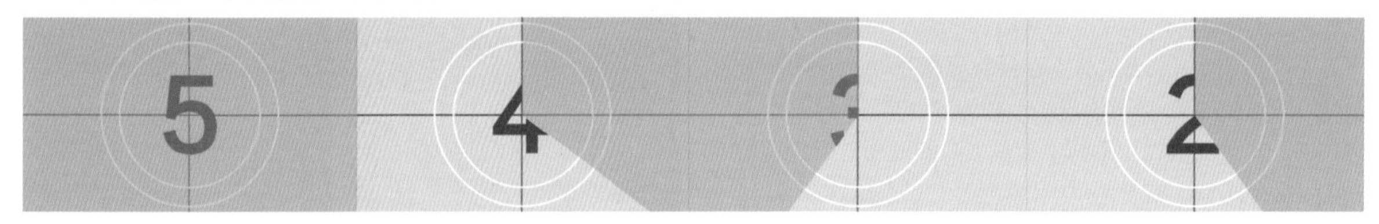

图5-140

案例制作

01 新建一个1920像素×1080像素的合成，然后新建一个浅灰色的纯色图层，效果如图5-141所示。

02 使用“矩形工具”绘制一个深灰色的矩形，效果如图5-142所示。

图5-141

图5-142

03 选中“内容”卷展栏中的“矩形1”选项，然后按快捷键Ctrl+D复制出“矩形2”，并将其旋转90°，如图5-143和图5-144所示。

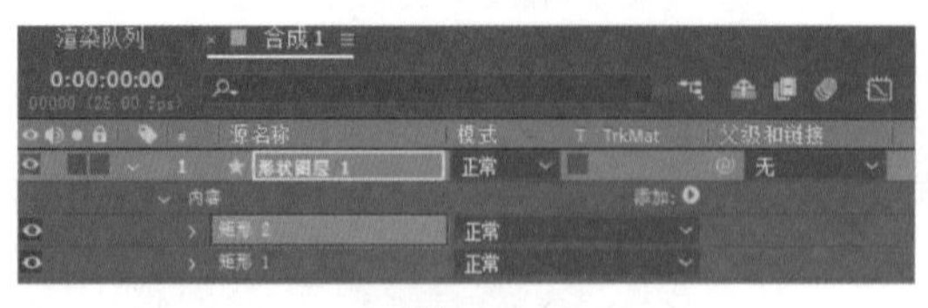

图5-143

图5-144

04 新建一个文本图层，输入“5”，具体参数及效果如图5-145所示。

05 使用“椭圆工具”绘制图5-146所示的白色圆形，然后在“内容”卷展栏中复制“椭圆1”，生成“椭圆2”，并将其缩小，效果如图5-147所示。

图5-145

图5-146

图5-147

06 选中“5”图层，在“效果和预设”面板中搜索“径向擦除”效果，然后双击，将其添加到“5”图层上，如图5-148所示。

07 在0:00:00:05位置激活“过渡完成”参数的关键帧，然后在0:00:01:00位置设置“过渡完成”为100%，如图5-149所示，效果如图5-150所示。

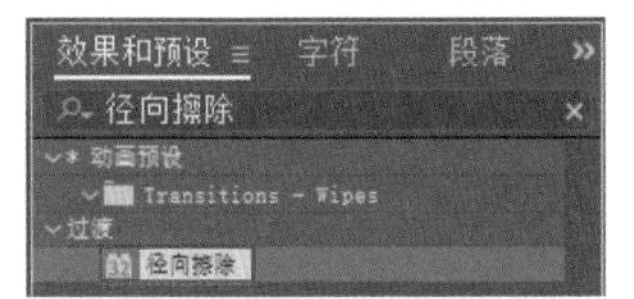

图5-148

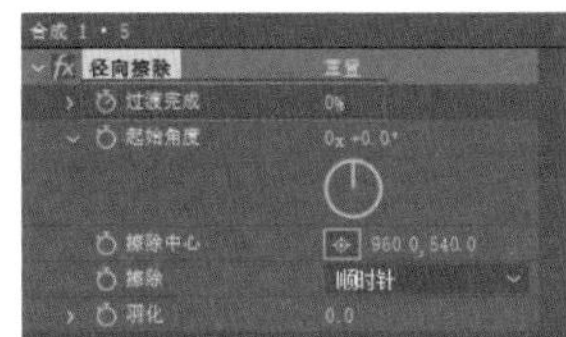

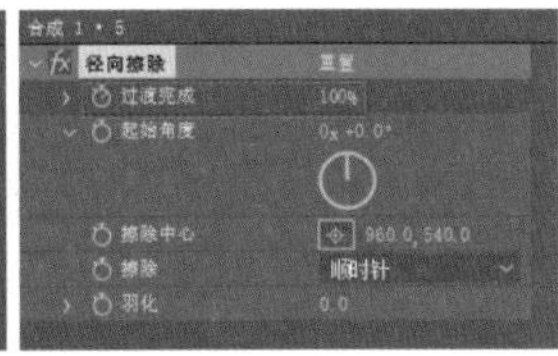

图5-149

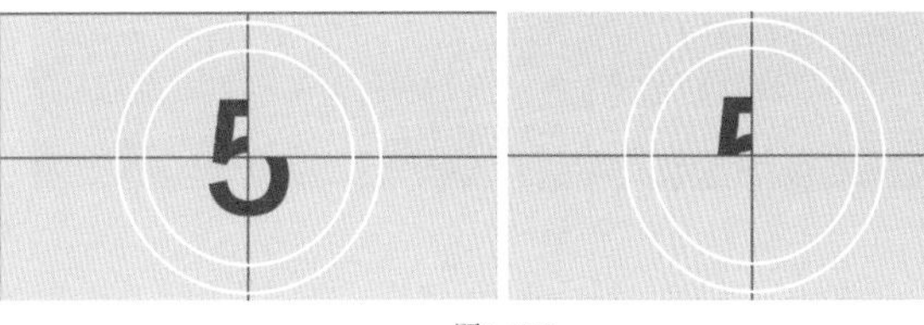

图5-150

08 按4次快捷键Ctrl+D复制生成4个新图层，分别将复制生成的图层的文本内容修改为1、2、3、4，如图5-151所示。

09 按照“5”图层~“1”图层的顺序依次选中图层，然后单击鼠标右键，在弹出的菜单中选择“关键帧辅助>序列图层”选项，在弹出的“序列图层”对话框中勾选“重叠”选项，并设置“持续时间”为0:00:04:00，如图5-152所示。单击“确定”按钮 确定 完成设置，图层的剪辑在时间轴上的变化如图5-153所示。

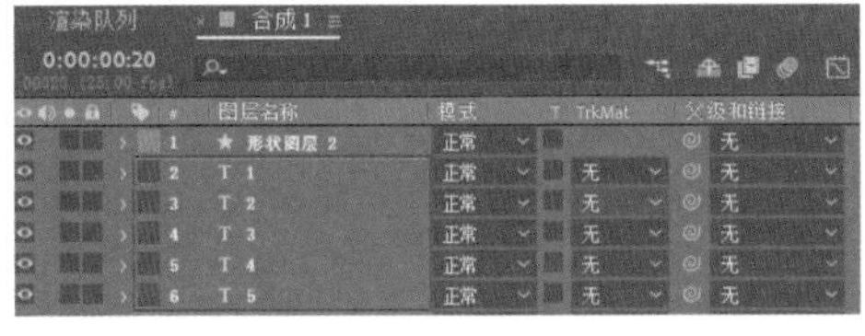

图5-151

图5-152

图5-153

10 新建一个灰色的纯色图层，然后设置“不透明度”为50%，效果如图5-154所示。

11 在上一步新建的纯色图层上添加“径向擦除”效果，在0:00:00:05的位置激活“过渡完成”和“擦除”关键帧，如图5-155所示。

图5-154

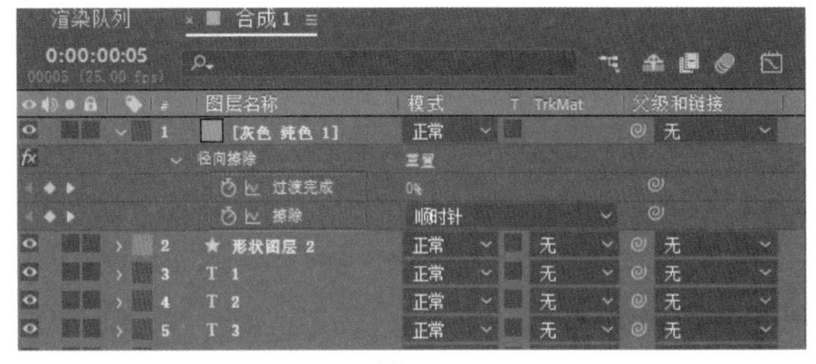

图5-155

12 在0:00:01:00的位置设置“过渡完成”为100%，并添加“擦除”关键帧，如图5-156所示。

> **技巧提示**
>
> 单击“擦除”左侧的“在当前时间添加或删除关键帧”按钮 ，可以在当前时间添加一个与上一个关键帧相同的关键帧。

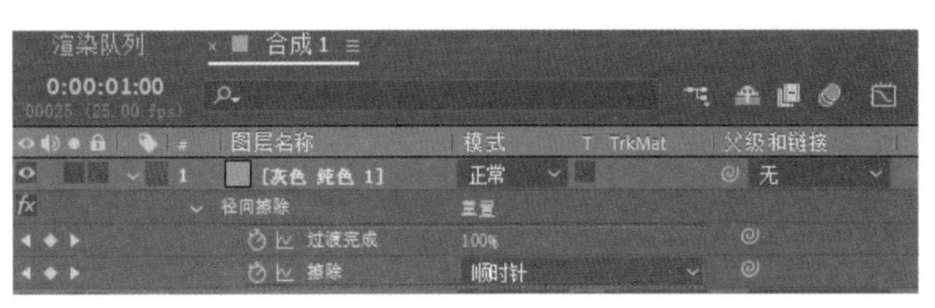

图5-156

13 在0:00:01:05的位置添加“过渡完成”关键帧，并设置“擦除”为“逆时针”，如图5-157所示。

14 在0:00:02:00的位置设置“过渡完成”为0%，并添加“擦除”关键帧，如图5-158所示。

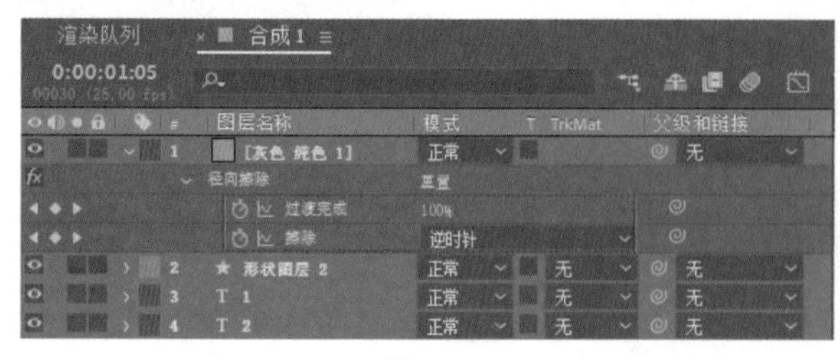

图5-157

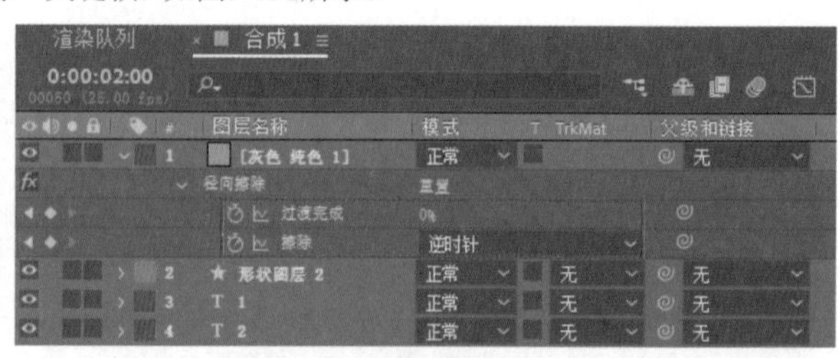

图5-158

15 在0:00:02:05的位置添加“过渡完成”关键帧，并设置“擦除”为“顺时针”，如图5-159所示。

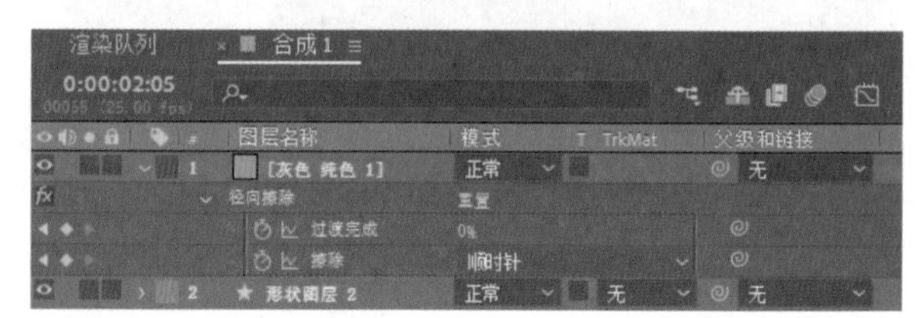

图5-159

16 框选时间轴中0:00:01:00及以后的所有关键帧，按快捷键Ctrl+C复制关键帧，然后在0:00:03:00的位置按快捷键Ctrl+V粘贴关键帧，如图5-160所示。

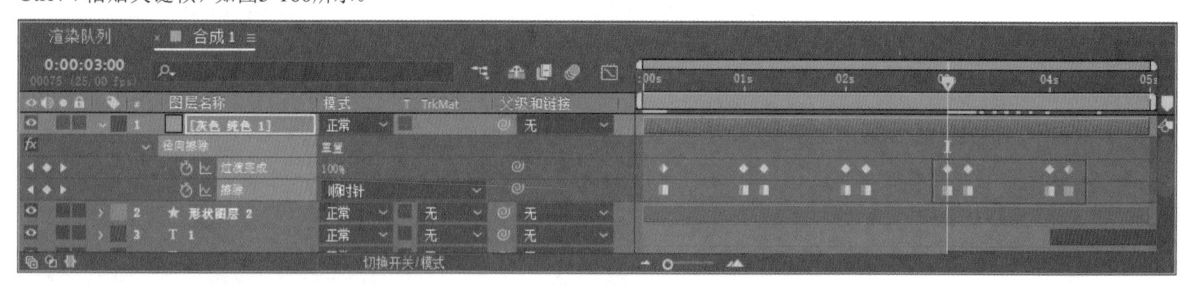

图5-160

17 移动播放指示器到0:00:05:00处，按快捷键Ctrl+V粘贴关键帧，如图5-161所示。

图5-161

疑难问答：无法粘贴关键帧怎么办？

默认合成的总时长为5秒，但时间轴上只显示到0:00:04:24的位置。延长合成总时长到0:00:05:01或者更长，就能在0:00:05:00的位置粘贴上关键帧。

18 选中“5”图层~“1”图层，按快捷键Ctrl+Shift+C生成“预合成1”合成，然后按S键调出“位置”参数并添加表达式wiggle(5,5)，如图5-162和图5-163所示。

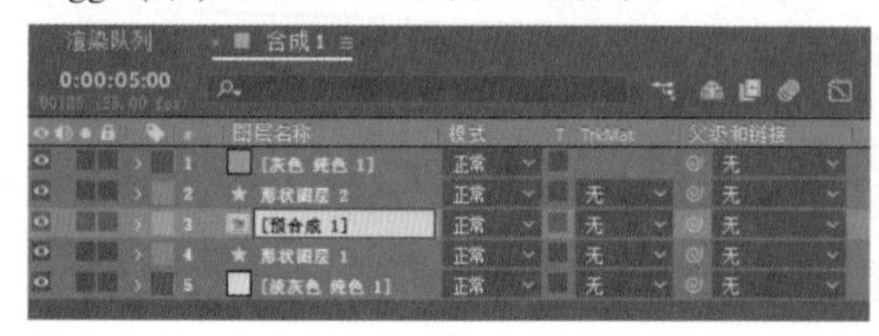

图5-162

图5-163

19 在“合成”面板中任意截取4帧图片，效果如图5-164所示。

图5-164

技术回顾

演示视频：015-径向擦除

效果：径向擦除

位置：过渡>径向擦除

扫码观看视频

01 导入学习资源“技术回顾素材”文件夹中的“03.jpg”素材文件，如图5-165所示。

02 将导入的素材图层复制一层，然后为生成的新图层添加“色相/饱和度”效果，将画面调整为灰色，如图5-166所示。

图5-165

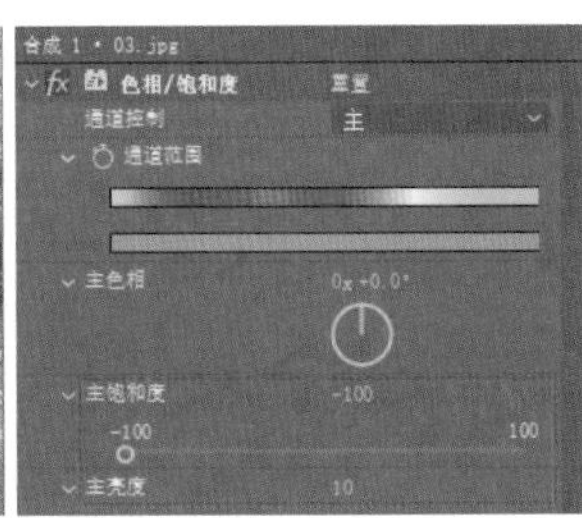

图5-166

03 在“效果和预设”面板中搜索“径向擦除”效果，并将其添加到复制生成的图层上，如图5-167所示。

04 逐渐增加“过渡完成”的数值，可以观察到画面中灰色的图像被逐渐旋转擦除，效果如图5-168所示。

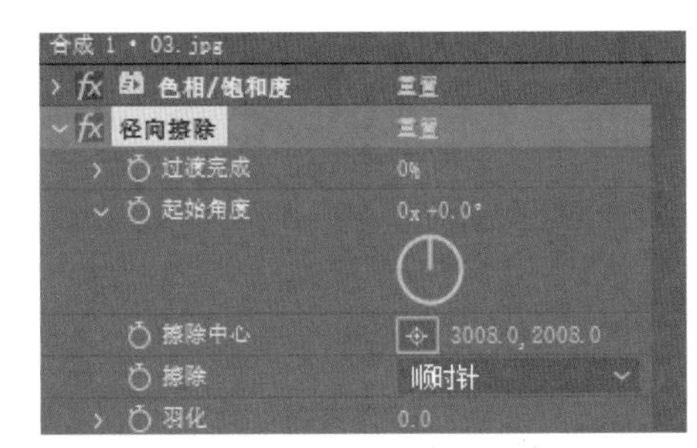

图5-167

图5-168

05 默认的“起始角度”为0x+0°，即从画面正上方开始旋转擦除。设置“起始角度”为0x+45°，可以观察到旋转擦除的起始位置在画面中斜向上的方向，如图5-169所示。

06 调整“擦除中心”的位置，就能调整旋转擦除的中心点，效果如图5-170所示。

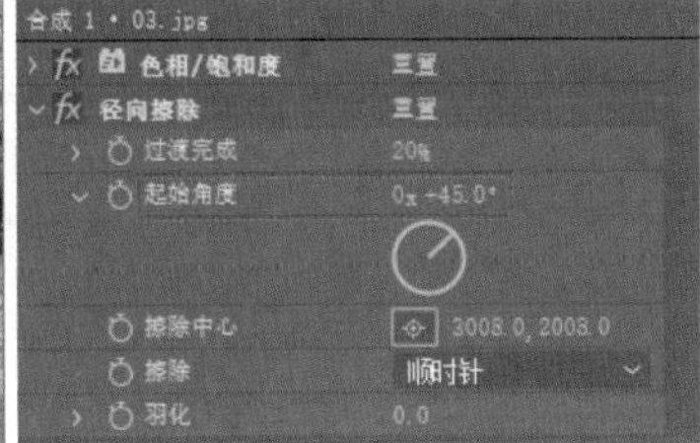

图5-169

图5-170

07 默认的“擦除”方向为“顺时针”，在其下拉列表中可以选择另外两种擦除方向，如图5-171所示。对应的效果分别如图5-172和图5-173所示。

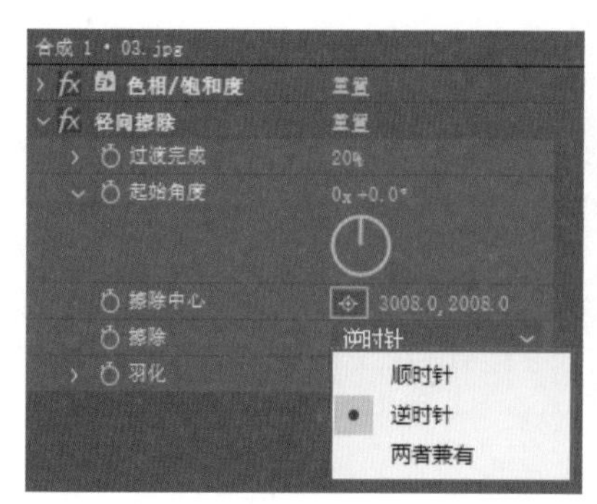

图5-171

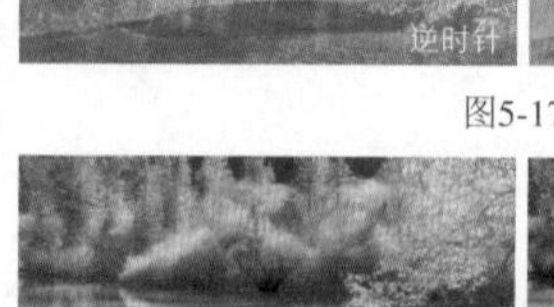

图5-172

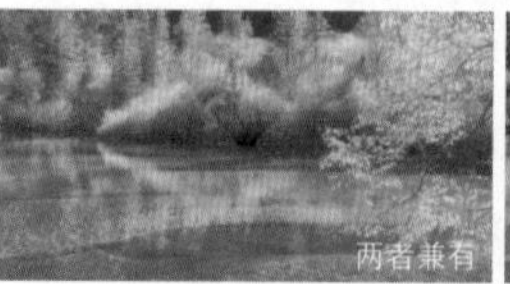

图5-173

08 增加“羽化”的数值，可以观察到擦除的素材边缘变得模糊，效果如图5-174所示。

图5-174

实战：制作数字故障动画

案例文件	案例文件>CH05>实战：制作数字故障动画
难易程度	★★★☆☆
学习目标	练习使用“VR 数字故障”效果

数字故障效果不仅可以使用After Effects内置的效果制作，还可以使用插件制作。本案例使用“VR 数字故障”效果制作一个简单的数字故障动画，如图5-175所示。

图5-175

案例制作

01 新建一个合成，然后在“项目”面板中导入学习资源“案例文件>CH05>实战：制作数字故障动画”文件夹中的素材文件，如图5-176所示。

02 将“背景.mp4”素材和“边框.mov”素材拖曳到“时间轴”面板中，效果如图5-177所示。

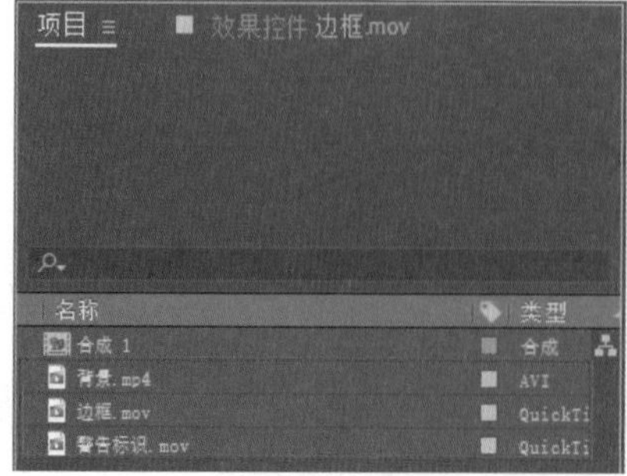

图5-176

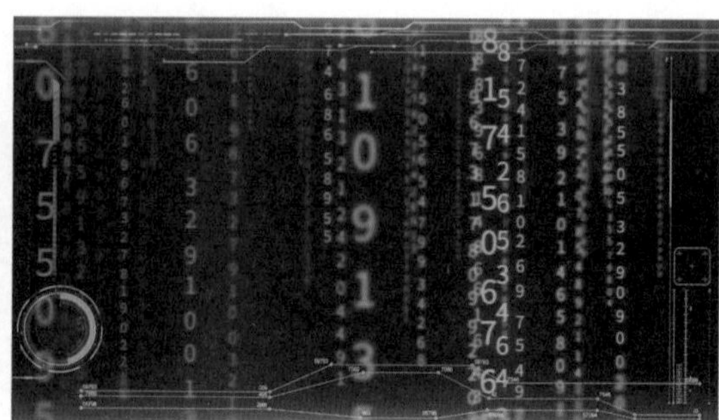

图5-177

03 观察画面会发现背景中的部分数字过于明显，让边框看起来不清晰。在“效果和预设”面板中搜索“高斯模糊”效果并将其添加到“背景.mp4”图层上，然后在“效果控件”面板中设置“模糊度”为30，如图5-178所示。

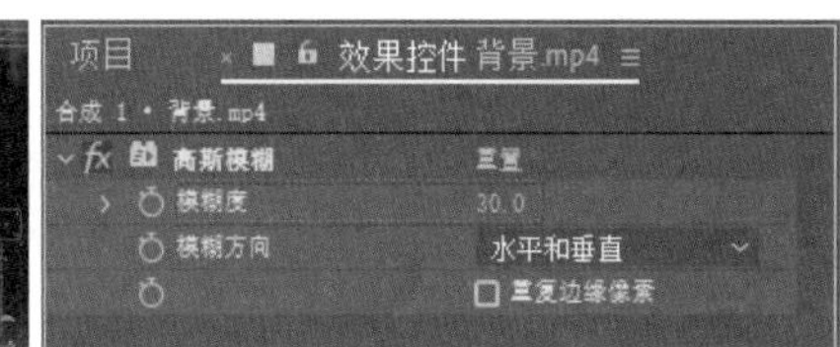

图5-178

04 新建一个文本图层，然后输入“正在识别身份信息”，具体参数及效果如图5-179所示。

05 为上一步创建的文本图层添加“发光”效果，效果如图5-180所示。

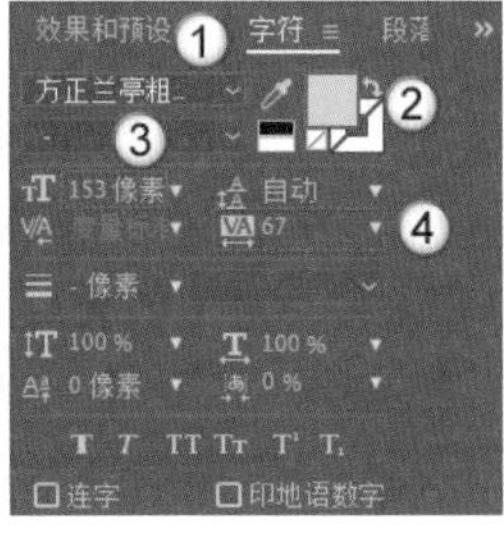

图5-179

图5-180

> **技巧提示**
>
> “发光”效果保持默认参数即可。

06 将文本图层复制一层，修改新图层的文字内容为“信息验证失败”，并设置“颜色”为红色，如图5-181所示。

07 将“警告标识.mov”素材文件放在图层顶层，并将其缩小，效果如图5-182所示。

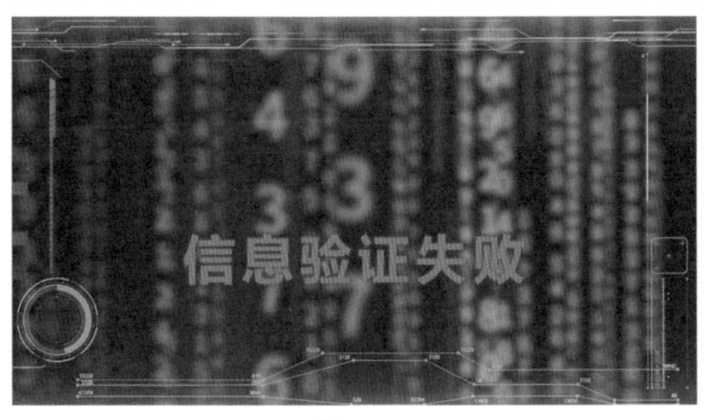

图5-181

图5-182

08 移动播放指示器到0:00:02:00的位置，然后将“警告标识.mov”图层和“信息验证失败”图层的剪辑起始位置移动到播放指示器所在的位置，接着将“正在识别身份信息”图层的剪辑末尾也移动到播放指示器所在的位置，如图5-183所示。

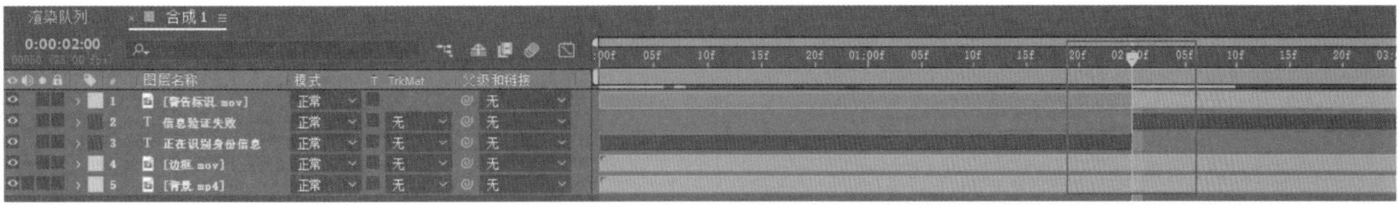

图5-183

09 在“效果和预设”面板中搜索“数字故障”，此时会显示“VR 数字故障”效果，如图5-184所示。

10 将“VR 数字故障”效果添加到两个文字图层上，可以观察到文字上出现了杂点，效果如图5-185所示。

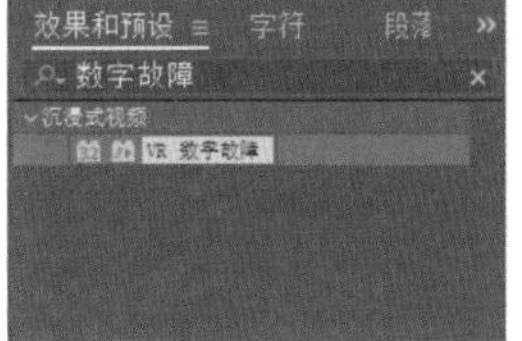

图5-184

图5-185

疑难问答：添加效果后文字没有发生变化怎么办？

有的读者在添加了“VR 数字故障”效果后发现文字没有发生任何变化，而有的读者发现画面中出现了提示文字，显示该效果需要GPU渲染。若遇到这两种情况，说明软件本身没有启用GPU渲染引擎功能。

按快捷键Ctrl+Shift+Alt+K打开“项目设置”对话框，在“视频渲染和效果”选项卡中设置“使用范围”为“Mercury GPU加速（CUDA）”，如图5-186所示。

图5-186

11 在0:00:01:10的位置设置“主振幅”为0，并添加关键帧，然后设置“颜色扭曲”为60，“扭曲复杂度”为35，“扭曲率”为50，并为“扭曲率”参数添加关键帧，最后为“随机植入”添加关键帧，如图5-187所示。

12 在0:00:01:15的位置设置“主振幅”为100，效果如图5-188所示。

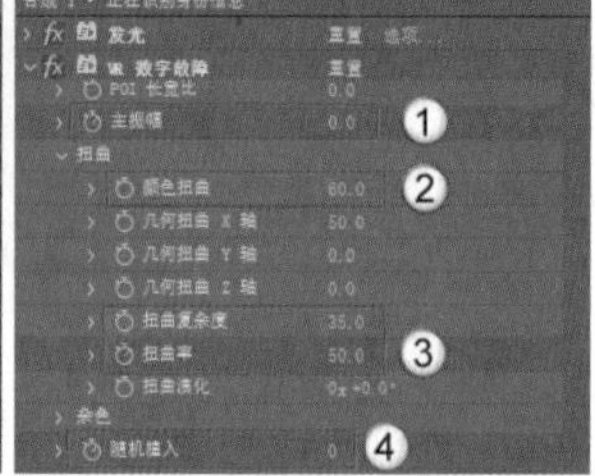

图5-187

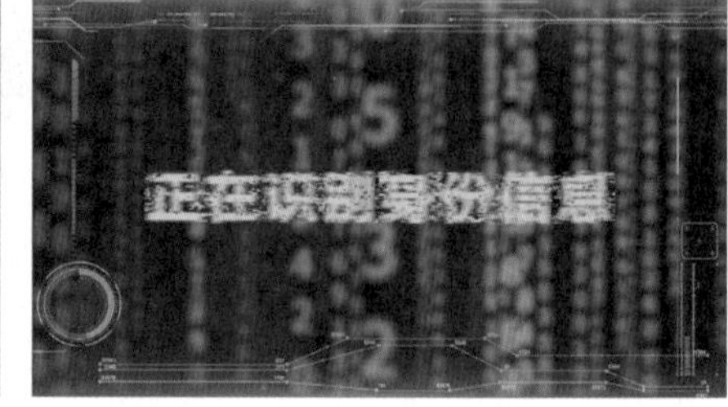

图5-188

13 在0:00:01:20的位置设置“主振幅”为30，效果如图5-189所示。

14 在0:00:02:00的位置设置“主振幅”为100，“扭曲率”为80，“随机植入”为200，如图5-190所示。

图5-189

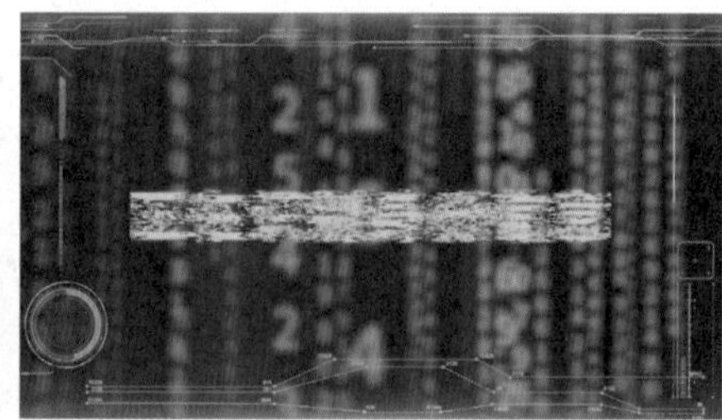

图5-190

15 复制“VR 数字故障”效果并将其粘贴到“信息验证失败”图层的“效果控件”面板中，选中图层并按U键调出所有关键帧，全选关键帧后单击鼠标右键，在弹出的菜单中选择“关键帧辅助>时间反向关键帧”选项，如图5-191所示。这样就可以将关键帧效果全部反向，效果如图5-192所示。

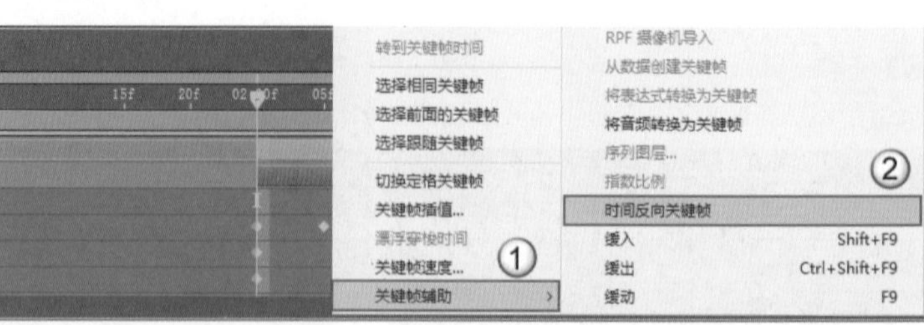

图5-191

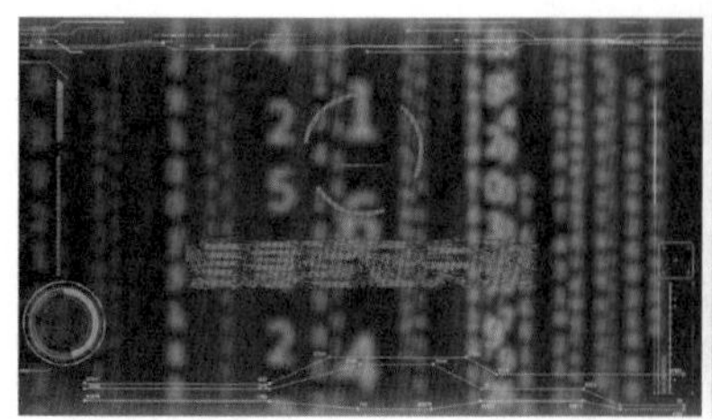

图5-192

16 选中“信息验证失败”图层中的“VR 数字故障”效果，将其复制粘贴到“警告标识.mov”图层中，这样就能使警告标识和下方的文字同步出现故障效果，效果如图5-193所示。

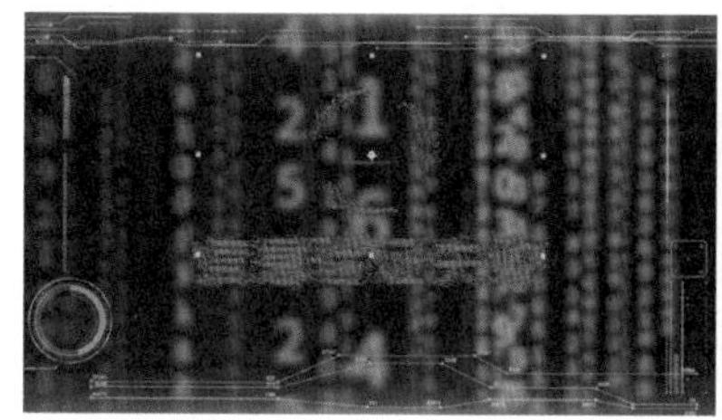

图5-193

17 按Space键播放动画，此时发现整体效果有些单调。选中两个文字图层，然后按T键调出“不透明度”参数，接着添加表达式Math.sin(time*8)*100，如图5-194所示。此时播放动画就能观察到文字出现一闪一闪的效果，如图5-195所示。

图5-194

图5-195

18 在“合成”面板中任意截取4帧图片，效果如图5-196所示。

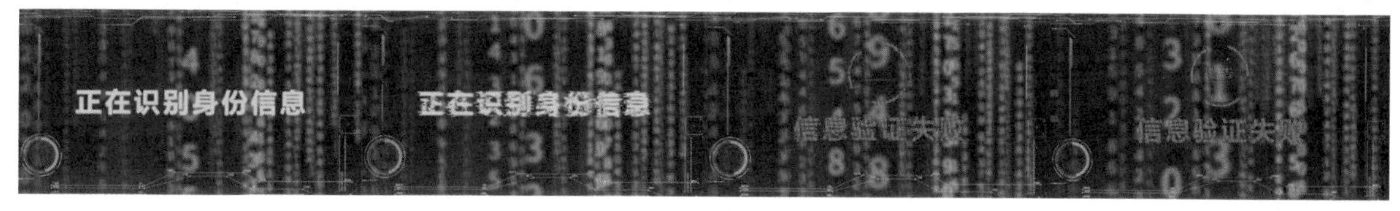

图5-196

☞ 技术回顾

演示视频：016-VR 数字故障

效果：VR 数字故障

位置：沉浸式视频>VR 数字故障

扫码观看视频

01 在“项目”面板中导入学习资源“技术回顾素材”文件夹中的“04.jpg”素材文件，并将其向下拖曳至“时间轴”面板中，效果如图5-197所示。

02 在“效果和预设”面板中搜索“数字”，此时会显示“VR 数字故障”效果，如图5-198所示。

03 保持图层处于选中状态，双击“VR 数字故障”效果，就能将该效果添加到图层上，此时画面中会出现故障效果，如图5-199所示。

图5-197

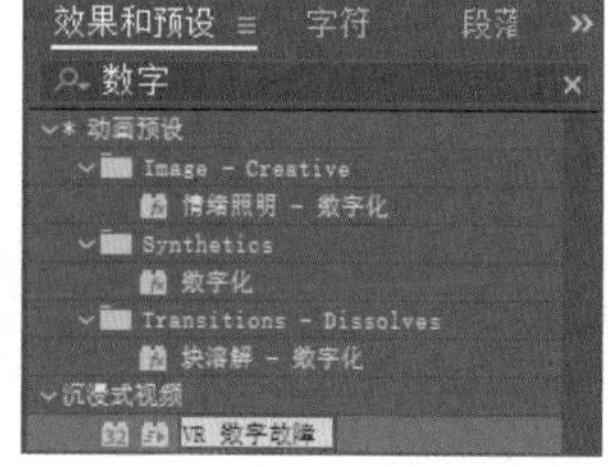

图5-198

图5-199

技巧提示

搜索效果时，只需要搜索关键字，就能显示相关的效果。

04 切换到“效果控件”面板，调整效果的各种参数，如图5-200所示。

05 在“帧布局”下拉列表中可以选择不同的显示效果，对比效果如图5-201所示。

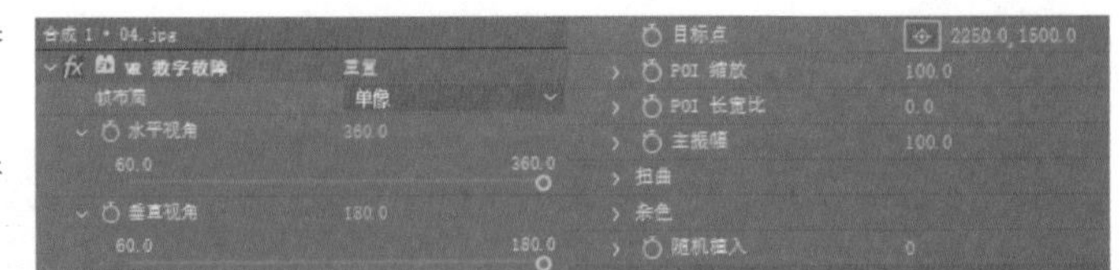

图5-200

图5-201

06 调整“水平视角”和“垂直视角”的数值可以控制效果的运动方向，对比效果如图5-202所示。

图5-202

07 调整“主振幅”的数值可以控制变形效果的强度，数值越大，变形的强度也越大，对比效果如图5-203所示。

图5-203

08 展开“扭曲”卷展栏，增大“颜色扭曲”的数值，可以观察到变形部位的颜色出现了明显的变化，效果如图5-204所示。

09 增大“扭曲复杂度”的数值可以让变形部位的变化更加明显，对比效果如图5-205所示。

图5-204

图5-205

10 增大“扭曲率”的数值可以让变形部位的变形程度增强，对比效果如图5-206所示。

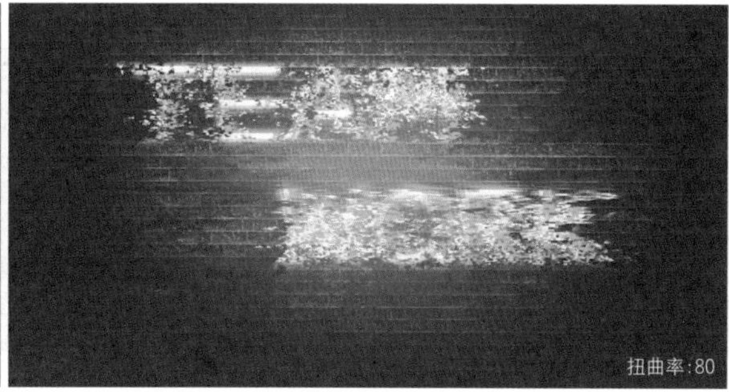

图5-206

11 调整“随机植入”的数值，可以形成不同的变形分布效果，对比效果如图5-207所示。调整这个参数只会调整变形的分布状态，并不会改变变形的程度。

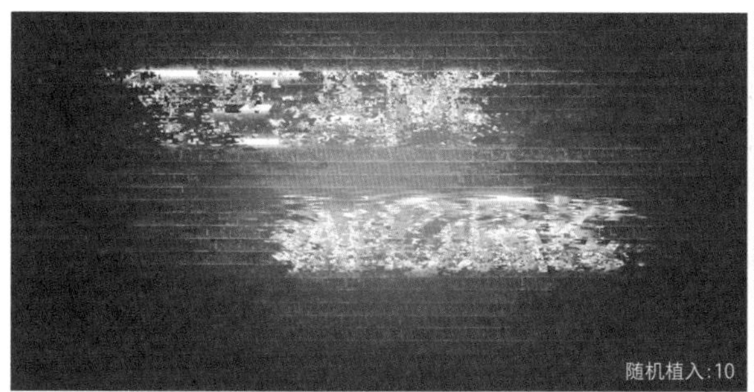

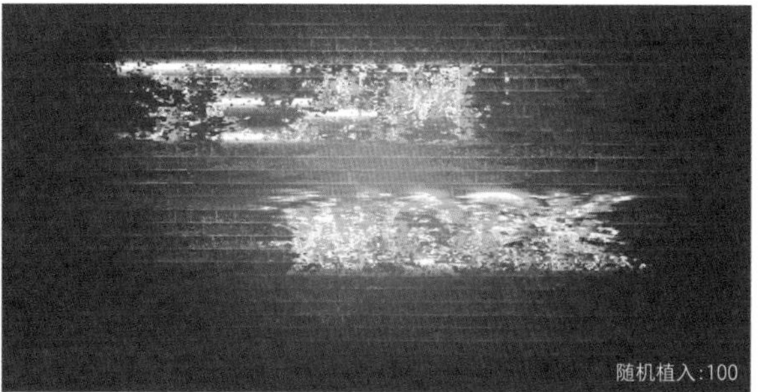

图5-207

重点

实战：制作Glitch故障效果

案例文件	案例文件>CH05>实战：制作Glitch故障效果
难易程度	★★★☆☆
学习目标	掌握uni.Glitch插件的使用方法

Glitch故障效果可以通过多种插件制作。本案例使用红巨人插件包中的uni.Glitch插件制作故障效果，效果如图5-208所示。

图5-208

案例制作

01 新建一个1920像素×1080像素的合成，然后导入学习资源“案例文件>CH05>实战：制作Glitch故障效果”文件夹中的素材文件，如图5-209所示。

02 双击“背景.mov”素材文件，然后设置素材的入点为0:01:41:00，出点为0:01:50:00，如图5-210所示。

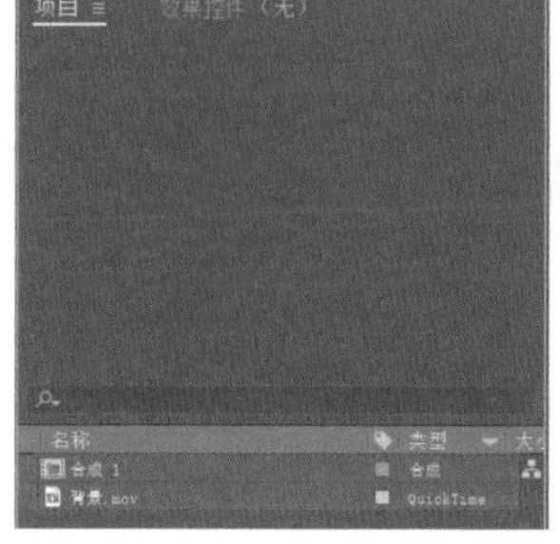

图5-209

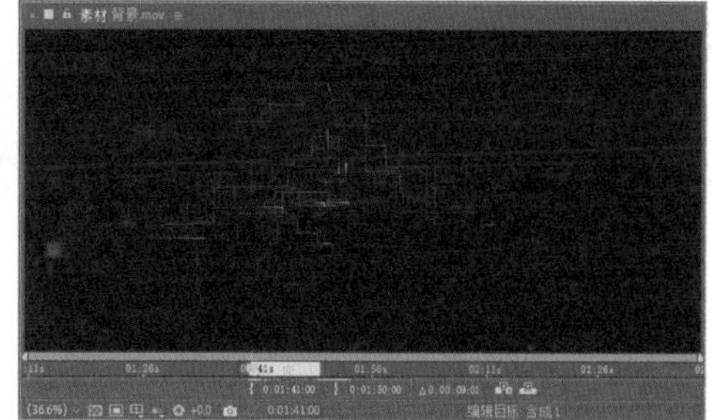

图5-210

03 将“背景.mov”素材文件拖曳到“时间轴”面板中，此时显示的画面与添加了入点和出点的画面相同，如图5-211所示。

04 新建一个文本图层，然后输入Glitch，具体参数及效果如图5-212所示。

图5-211

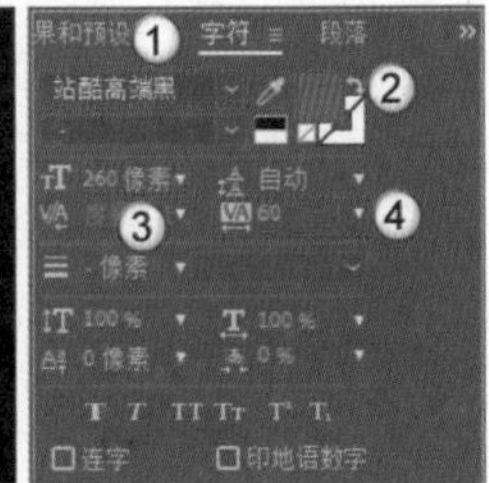

图5-212

05 在“效果和预设”面板中搜索glitch，然后双击uni.Glitch效果，将其添加到文字图层上，如图5-213所示。

图5-213

> **技巧提示**
>
> 有关Glitch的插件有很多，本案例使用的是红巨人插件包中的uni.Glitch插件。这款插件的参数较少且效果好，不仅可以在After Effects中使用，还可以安装到Premiere中使用。Glitch 7in1插件也是一款专门用于制作Glitch效果的插件，它提供了7种类型的效果，同时提供了预设包，方便用户快速调用。

06 在“效果控件”面板中设置效果的参数，如图5-214所示。生成的文字效果如图5-215所示。

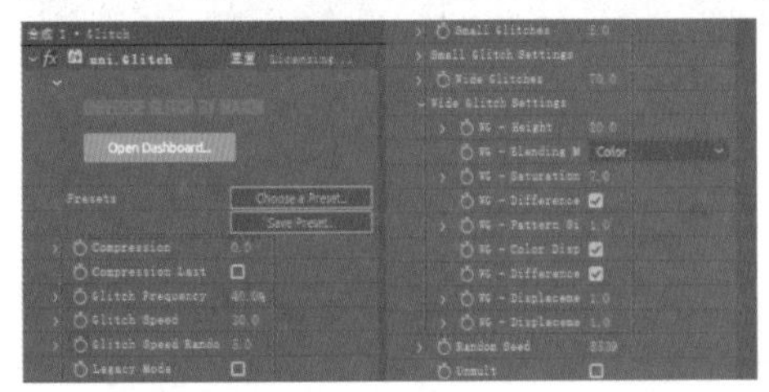

图5-214

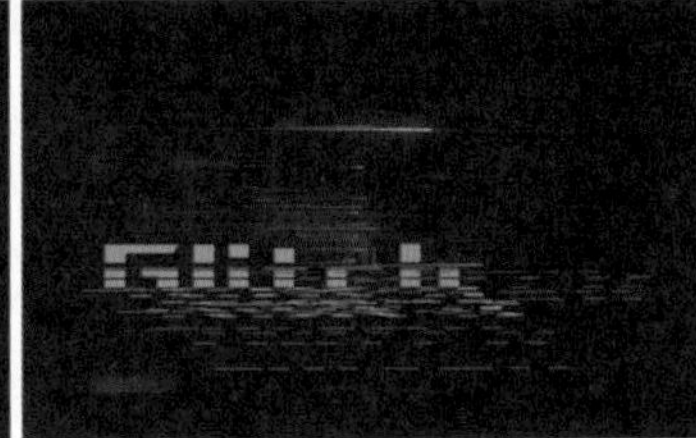

图5-215

07 在Compression参数中添加表达式wiggle(2,10)，如图5-216所示。此时文字会出现闪烁效果，如图5-217所示。

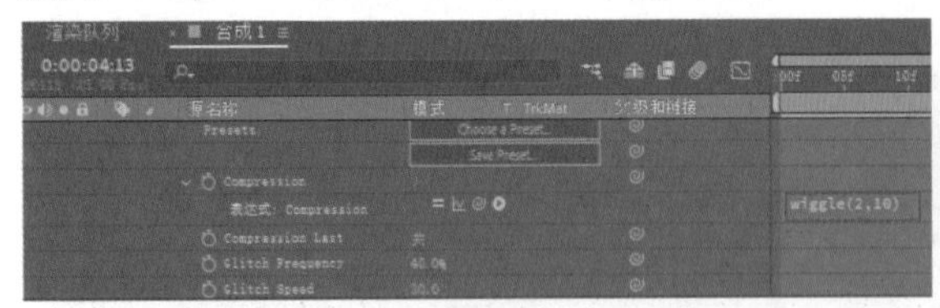

图5-216

图5-217

08 在“合成”面板中任意截取4帧图片，效果如图5-218所示。

图5-218

> **技术专题：调用Glitch预设**
>
> 在uni.Glitch插件中，除了可以通过调整参数、添加关键帧制作Glitch效果外，还可以调用预设文件，快速生成想要的Glitch效果。在“效果控件”面板中单击Choose a Preset按钮 Choose a Preset... ，可以打开Glitch效果的相关预设，如图5-219所示。

预设包含Video和Text两大类效果，读者可以根据图层的类型选择想要的效果，如图5-220所示。

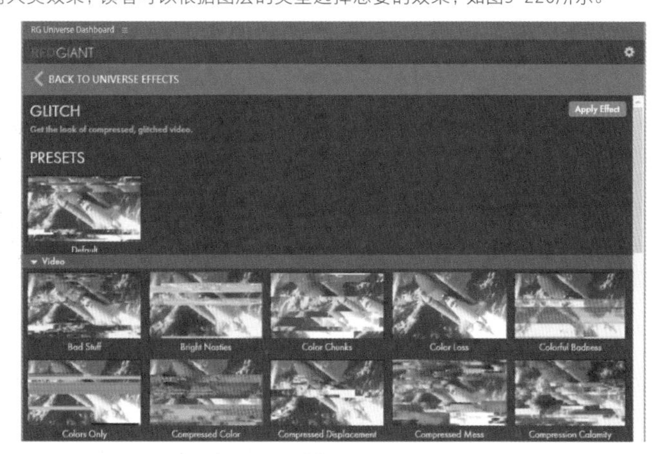

图5-219

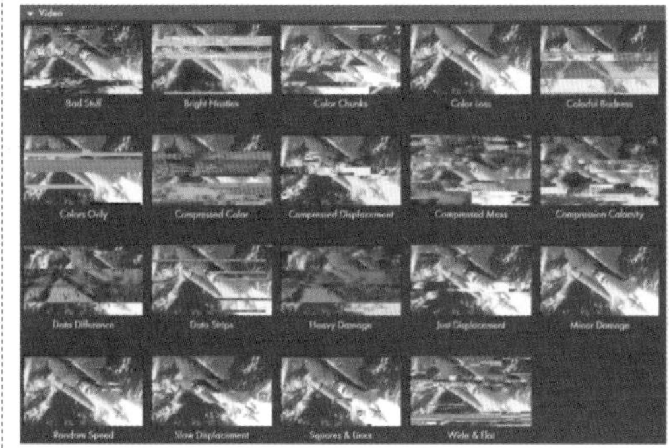

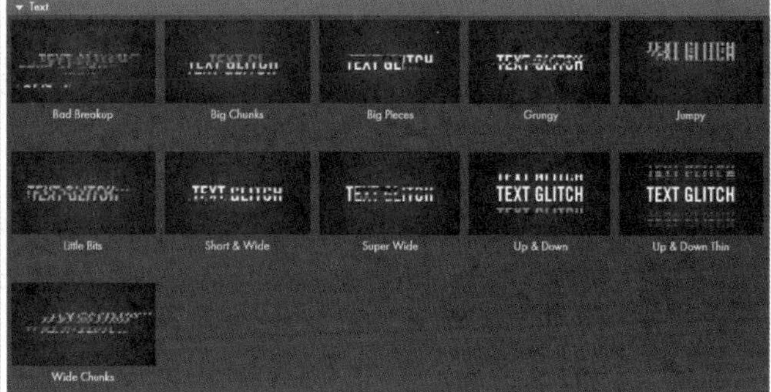

图5-220

选择喜欢的预设后，双击其图标会显示一个对话框，如图5-221所示。读者需要在对话框中选择这个预设是添加在现有的效果上，还是单独生成一个效果层。

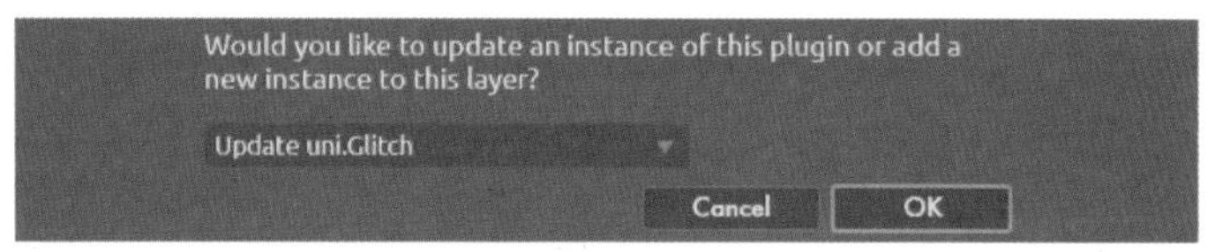

图5-221

实战：制作双重曝光效果

案例文件	案例文件>CH05>实战：制作双重曝光效果
难易程度	★★★☆☆
学习目标	掌握双重曝光效果的制作方法

扫码观看视频

双重曝光效果可以通过多种软件实现，Photoshop和Premiere都可以制作该效果，After Effects也不例外。After Effects的双重曝光效果在制作思路上和另外两款软件有一些区别，需要运用通道遮罩，单纯的图层混合不能有效地实现该效果。本案例用一个简单的静态图片和一个动态视频简单讲解双重曝光效果的制作方法，效果如图5-222所示。

图5-222

☞案例制作

01 在“项目”面板中导入学习资源“案例文件>CH05>实战：制作双重曝光效果”中的素材文件，如图5-223所示。

02 新建一个1920像素×1080像素的合成，然后将素材拖曳到“时间轴”面板中，使“人像.jpg”图层处于顶层，如图5-224所示，效果如图5-225所示。

图5-223

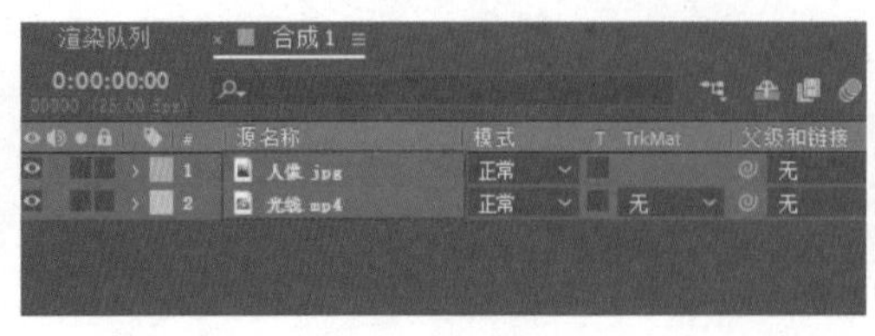

图5-224

图5-225

03 选中“光线.mp4”图层，设置“轨道遮罩”为“亮度遮罩‘人像.jpg’”，如图5-226所示。此时“光线.mp4”图层的内容会填充在人像的面部，效果如图5-227所示。

04 将“人像.jpg”素材复制一层，并将新图层放在底层，这样就能看到人像面部，效果如图5-228所示。

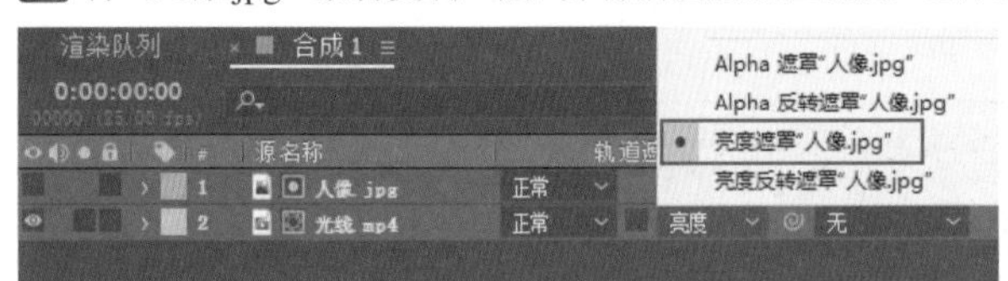

图5-226

图5-227

图5-228

05 设置“光线.mp4”图层的“模式”为“屏幕”，将人像与光线进行融合，如图5-229所示，效果如图5-230所示。

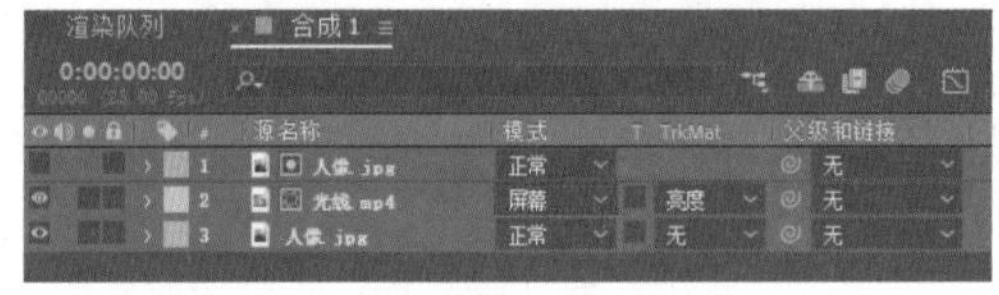

图5-229

图5-230

06 选中图5-231所示的两个图层，然后按快捷键Ctrl+D复制图层，加强人像面部的光线效果，如图5-232所示。

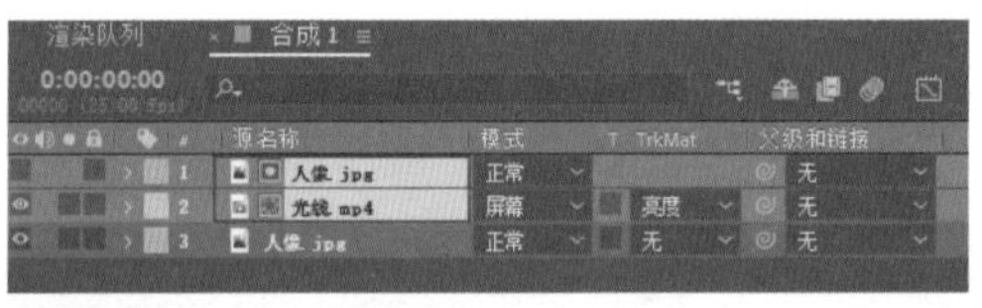

图5-231

图5-232

07 在“合成”面板中任意截取4帧图片，效果如图5-233所示。

图5-233

◎ 技术专题：双重曝光效果的其他制作方法

使用本案例所讲的方法制作双重曝光效果具有局限性，素材图片的明暗对比必须比较强烈，才可以通过“亮度遮罩”进行关联。本案例中所选用的素材图片为黑色背景，而人物皮肤比较白皙，所以形成了强烈的明暗对比。如果遇到明暗对比不强烈的素材图片，使用“亮度遮罩”就不能很好地呈现想要的曝光效果。

除了可以使用“亮度遮罩”，还可以使用“Alpha遮罩”。要使用“Alpha遮罩”，必须从原有的素材中抠出需要的部分，使用“钢笔工具”抠图过于麻烦，这里推荐读者使用“Roto笔刷工具”。

下面讲解运用“Alpha遮罩”制作双重曝光效果的方法。

第1步：双击“人像.jpg”素材文件，在“图层”面板中观察素材，并按快捷键Ctrl+J显示高清晰度的图片，如图5-234所示。

第2步：在工具栏中单击“Roto笔刷工具”按钮，然后在人像上画一道绿色的线条，如图5-235所示。松开鼠标后，会形成一个选区，如图5-236所示。

图5-234

图5-235

图5-236

第3步：观察画面，发现还有部分人像没有被包括在选区中，继续使用"Roto笔刷工具"在没有选中的区域内绘制线条，形成选区，效果如图5-237所示。如果有多余的区域被选中，按住Alt键并在该区域绘制线条，会取消选中该区域。

第4步：返回"合成"面板，观察抠出来的人像区域，效果如图5-238所示。

图5-237

图5-238

第5步：在“时间轴”面板中设置“光线.mp4”图层的“轨道遮罩”为“Alpha遮罩‘人像.jpg’”，如图5-239所示。这时就能观察到整个人像区域被替换为光线素材了，如图5-240所示。

图5-239

图5-240

第6步：在“光线.mp4”图层下方再添加一个“人像.jpg”图层，然后设置“光线.mp4”图层的“模式”为“屏幕”，这样就能显示出人像与光线混合的效果，如图5-241所示，效果如图5-242所示。

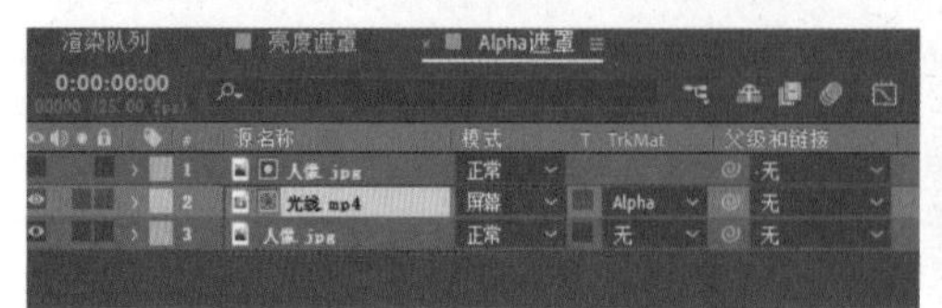

图5-241

图5-242

重点

实战：制作赛博朋克城市动画

案例文件	案例文件>CH05>实战：制作赛博朋克城市动画
难易程度	★★★☆☆
学习目标	练习使用3D摄像机跟踪器制作跟踪视频

扫码观看视频

使用3D摄像机跟踪器跟踪视频中的像素点，可以在视频中添加图像、动画和文字，播放视频时添加的素材会跟随视频中像素点的运动而运动，效果如图5-243所示。

图5-243

01 在“项目”面板中导入学习资源“案例文件>CH05>实战：制作赛博朋克城市”文件夹中的所有素材文件，如图5-244所示。

02 新建一个1920像素×1080像素的合成，然后将“背景.mp4”文件拖曳到“时间轴”面板中，效果如图5-245所示。

03 在“效果和预设”面板中搜索“3D 摄像机跟踪器”效果，然后将其添加到“背景.mp4”图层上，此时画面中会显示图5-246所示的文字提示。分析完成后，画面中会显示图5-247所示的文字提示。

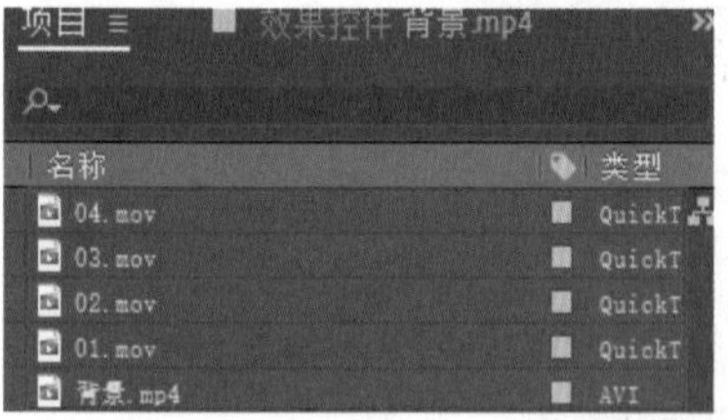

图5-244

图5-245

图5-246

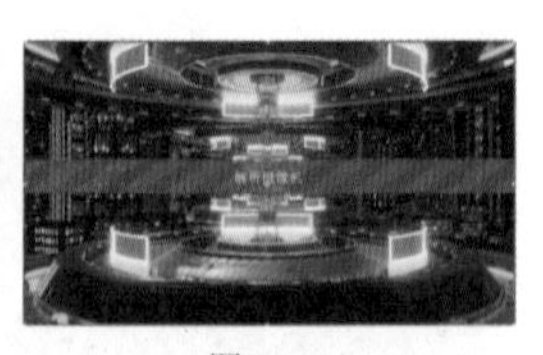

图5-247

技巧提示

后台分析的时长与计算机的性能有关。

04 分析完成后，画面上会显示图5-248所示的彩色控制点，在画面中框选图5-249所示的控制点。

图5-248

图5-249

疑难问答：为何不选择一个像素点而是框选多个像素点？

相信有的读者会产生疑问，为何不选择一个像素点而是框选多个像素点来创建摄像机。因为单独选择一个像素点时，摄像机的位置会不稳定，在调整其位置时会产生偏移，而框选周围多个像素点，可以更好地固定摄像机。

05 保持选中的控制点不变，然后单击鼠标右键，在弹出的菜单中选择“创建实底和摄像机”选项，如图5-250所示。这时在“时间轴”面板中会出现新建的“跟踪实底1”和“3D跟踪摄像机”两个图层，如图5-251所示。

图5-250

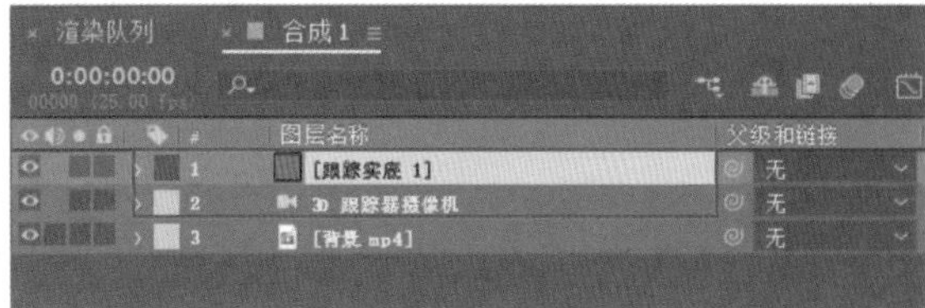

图5-251

06 在“项目”面板中选中“04.mov”素材文件，然后选中“跟踪实底1”图层，按住Alt键并将“04.mov”素材拖曳到“跟踪实底1”图层上，使其替换原有的实底图层，如图5-252所示。效果如图5-253所示。

07 将素材适当缩小，使其符合画面的透视规律，效果如图5-254所示。

图5-252

图5-253

图5-254

08 选中“背景.mp4”图层，框选图5-255所示的控制点，然后新建一个跟踪实底图层。

图5-255

> **技巧提示**
>
> 如果选中“背景.mp4”图层后没有出现控制点，则需要勾选“渲染跟踪点”选项，如图5-256所示。
>
> 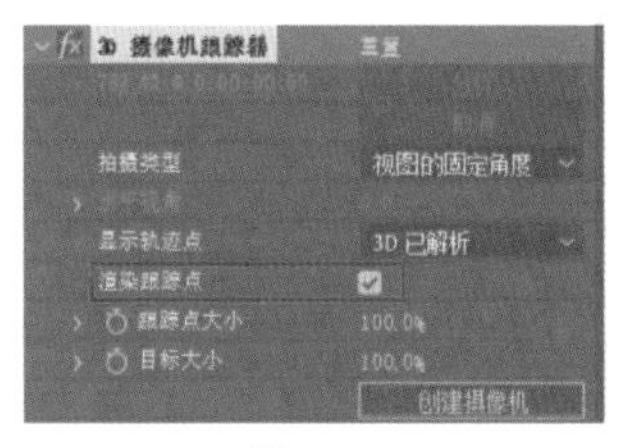
>
>
> 图5-256

09 用“项目”面板中的“01.mov”素材文件替换原有的实底图层，效果如图5-257所示。

10 调整素材的大小和位置，使画面更加协调，效果如图5-258所示。

11 移动播放指示器，然后框选图5-259所示的控制点并创建一个实底图层。

图5-257

图5-258

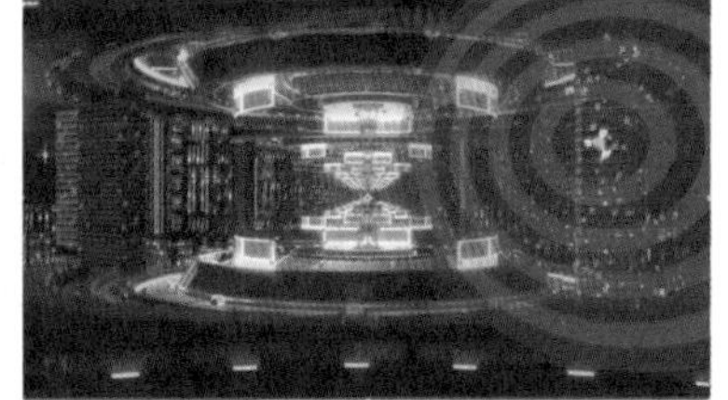

图5-259

12 用“项目”面板中的“03.mov”素材文件替换上一步创建的实底图层，效果如图5-260所示。

13 调整素材的大小和角度，使其符合画面的透视规律，如图5-261所示。

14 在“背景.mp4”图层上选中图5-262所示的控制点，然后创建一个实底图层。

图5-260

图5-261

图5-262

15 选中上一步创建的实底图层，然后用“项目”面板中的“02.mov”素材文件替换它，效果如图5-263所示。

16 调整素材的大小和角度，效果如图5-264所示。

17 按照上述方法，继续添加一些素材，丰富整个画面，效果如图5-265所示。

图5-263

图5-264

图5-265

18 调整图层的剪辑起始位置，使素材在不同的时间点出现，形成流畅的动画效果，如图5-266所示。

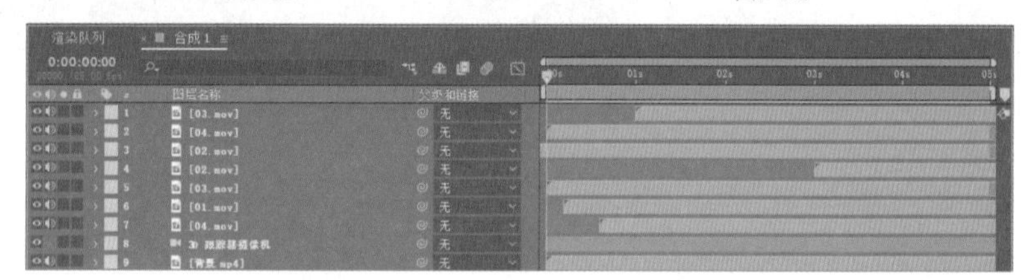

图5-266

19 在“合成”面板中任意截取4帧图片，效果如图5-267所示。

图5-267

重点

实战：制作科技感全息投影动画

案例文件	案例文件>CH05>实战：制作科技感全息投影动画
难易程度	★★★★☆
学习目标	掌握全息投影效果的制作方法

扫码观看视频

上一个案例讲解了“3D摄像机跟踪器”效果的使用方法。本案例将运用摄像机跟踪器制作一个更为复杂的全息投影动画，效果如图5-268所示。

图5-268

01 在“项目”面板中导入学习资源“案例文件>CH05>实战：制作科技感全息投影动画”文件夹中的素材文件，如图5-269所示。

02 选中“人像.mp4”素材文件并将其向下拖曳到“时间轴”面板中，效果如图5-270所示。

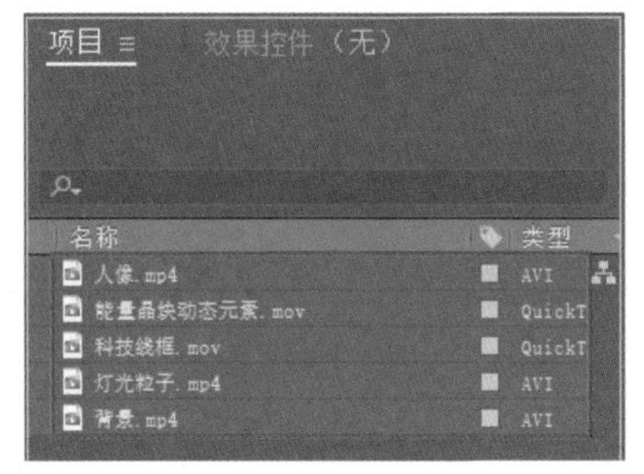

图5-269

图5-270

03 为“人像.mp4”图层添加“线性颜色键”效果，抠除人像素材的白色背景，如图5-271所示。

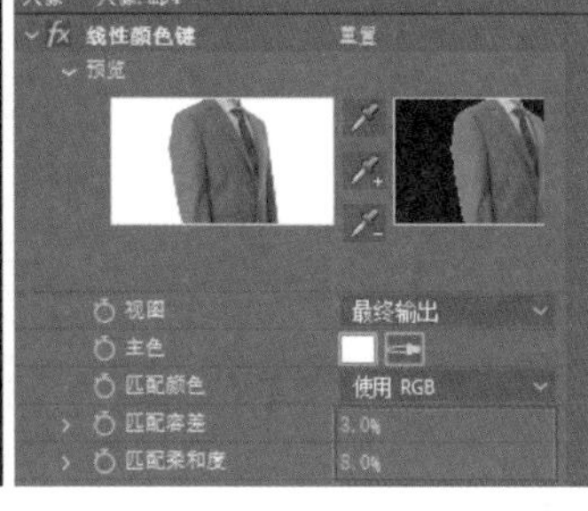

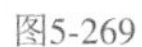

图5-271

> **技巧提示**
> 除了可以使用“线性颜色键”效果抠图外，读者也可以使用“Roto笔刷工具”或Keylight插件抠图。

04 移动播放指示器到0:00:02:00的位置，此时画面中人物的手掌即将张开，按快捷键Ctrl+Shift+D将剪辑裁开，如图5-272所示，效果如图5-273所示。

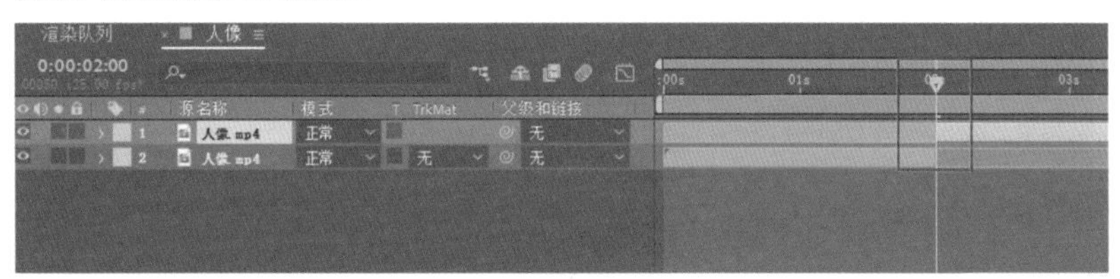

图5-272

图5-273

05 继续移动播放指示器到0:00:10:00的位置，此时人物的手掌即将握紧，按快捷键Ctrl+ Shift+D将剪辑裁开，如图5-274所示，效果如图5-275所示。

图5-274

图5-275

06 选中中间的“人物.mp4”图层，使用“钢笔工具”勾选出手掌附近的区域，如图5-276所示。绘制的蒙版区域比手掌范围大即可，不需要太精确。

07 按M键调出所绘制蒙版的“形状路径”参数，然后为该参数添加关键帧，使手掌始终处于蒙版内部，如图5-277所示。

> **技巧提示**
> 关键帧的位置根据所绘制的蒙版确定，本案例中的关键帧的位置仅作为参考。

图5-276

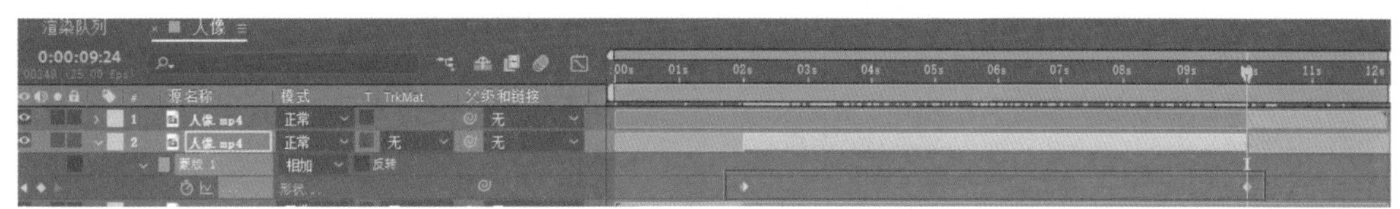

图5-277

08 选中带蒙版的图层，然后按快捷键Ctrl+Shift+C生成一个预合成，并将其命名为“手”，如图5-278所示。

09 为“手”合成添加“3D摄像机跟踪器”效果，此时系统会开始解析跟踪点，如图5-279所示。解析后的效果如图5-280所示。

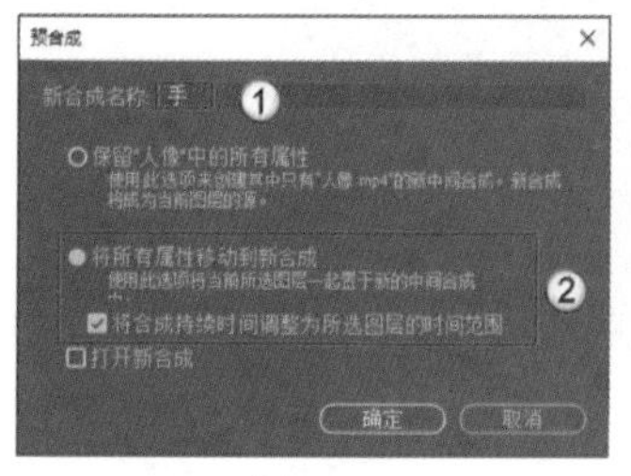

图5-278

图5-279

图5-280

技巧提示

为图层添加蒙版后，系统只会对蒙版区域内的跟踪点进行解析。比起解析整个画面的跟踪点，只解析蒙版区域内的跟踪点速度会更快。

10 打开“手”合成，删掉图层的蒙版，就能显示整个画面，如图5-281所示。

11 选中图5-282所示的3个控制点，然后单击鼠标右键，在弹出的菜单中选择“创建实底和摄像机”选项，生成“跟踪实底1”图层和“3D跟踪器摄像机”图层，如图5-283所示。

图5-281

图5-282

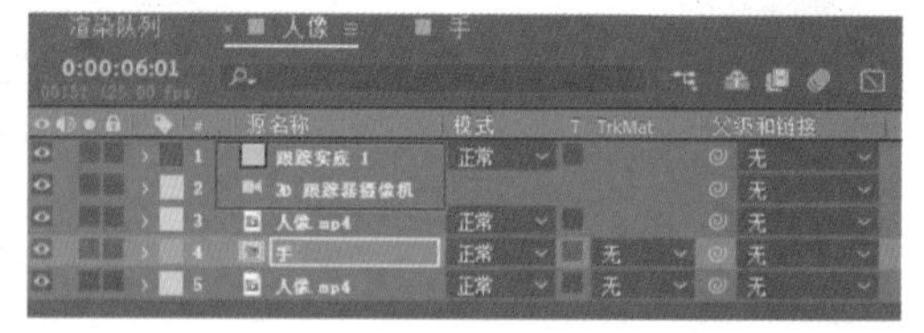

图5-283

12 将“能量晶块动态元素.mov”素材向下拖曳，并用它替换“跟踪实底1”图层，然后调整素材的大小、角度和位置，使其出现在张开的手掌上方，效果如图5-284所示。

13 调整“能量晶块动态元素.mov”图层的持续时间为8秒，使该图层剪辑的长度与添加跟踪点的图层剪辑的长度相等，如图5-285和图5-286所示。

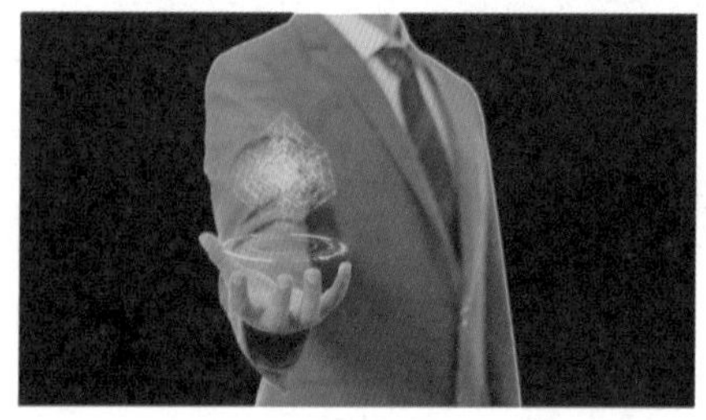

图5-284

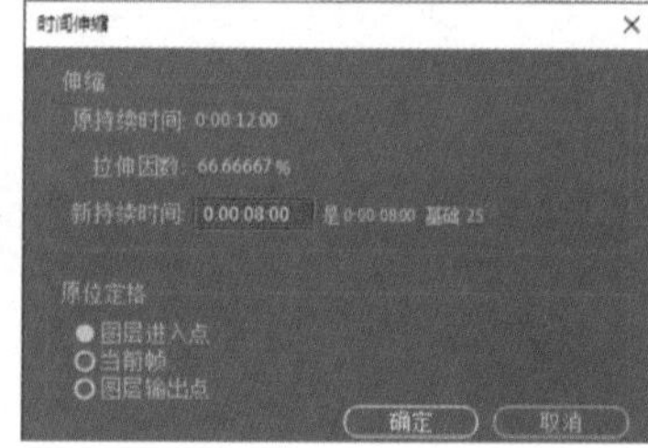

图5-285

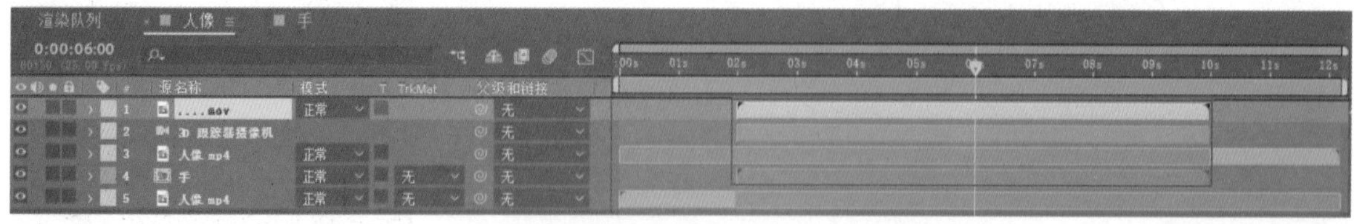

图5-286

14 在Motion 2插件中将“能量晶块动态元素.mov”图层的中心点移动到底部，如图5-287所示。

15 为“能量晶块动态元素.mov”图层添加“缩放”和“不透明度”关键帧，使其与手部的动作相匹配，效果如图5-288所示。

图5-287

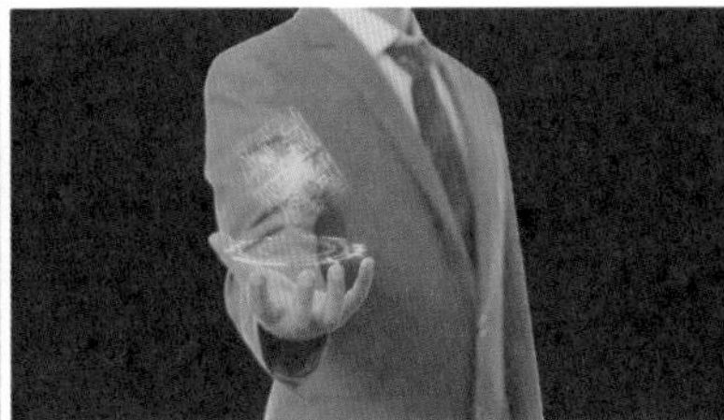

图5-288

16 选中“背景.mp4”素材文件并将其拖曳到“时间轴”面板的图层底层，效果如图5-289所示。此时观察画面会发现人物与背景在颜色上的差别很大，画面不是很协调。

17 新建一个深蓝色的纯色图层，将其放在“手”合成的上方，设置“模式”为“柔光”，效果如图5-290所示。

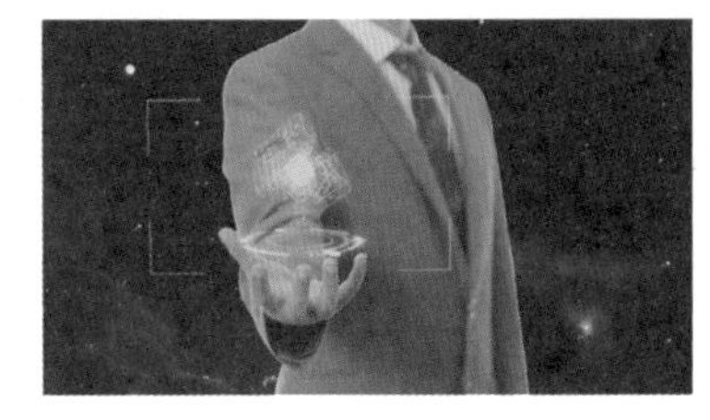

图5-289

图5-290

18 观察画面可以看到深蓝色的纯色图层遮挡了背景图层，需要让其只覆盖人像部分。将“人像.mp4”图层复制一层，然后将新图层移动到纯色图层的上方，设置纯色图层上方的“人像.mp4”图层为纯色图层的Alpha蒙版，如图5-291所示，效果如图5-292所示。

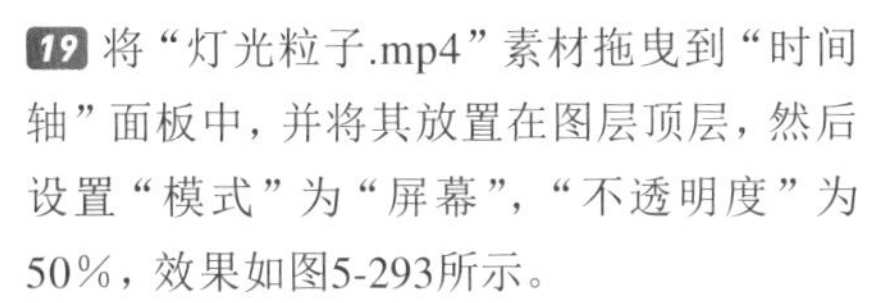

图5-291

图5-292

技巧提示

需要将复制生成的“人像.mp4”图层的剪辑延长到与整个合成的长度相等，否则蒙版会出问题。

19 将“灯光粒子.mp4”素材拖曳到“时间轴”面板中，并将其放置在图层顶层，然后设置“模式”为“屏幕”，“不透明度”为50%，效果如图5-293所示。

20 将“科技线框.mov”素材拖曳到“时间轴”面板中并将其放置在“灯光粒子.mp4”图层的下方，效果如图5-294所示。

图5-293

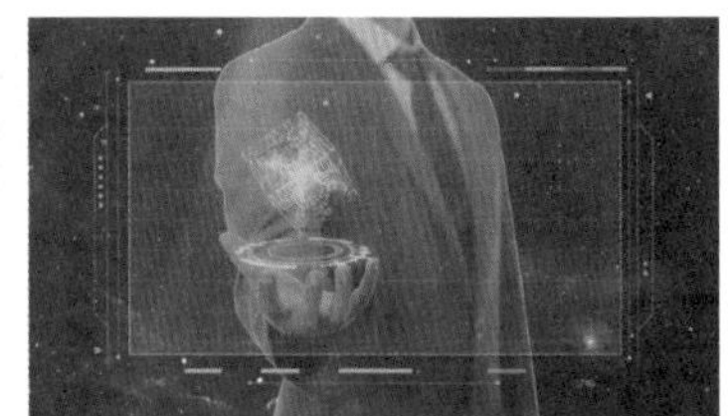

图5-294

21 根据能量晶块的动画效果为科技线框添加“不透明度”和“缩放”关键帧，效果如图5-295所示。

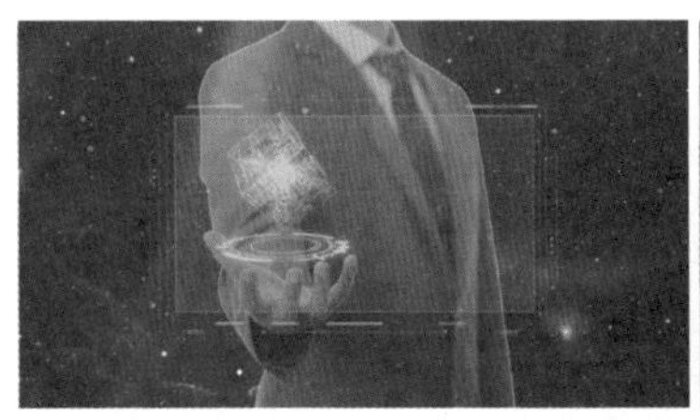
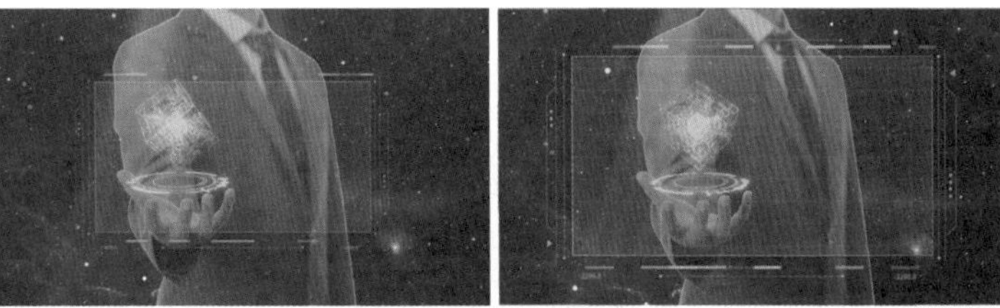

图5-295

22 在“合成”面板中任意截取4帧图片，效果如图5-296所示。

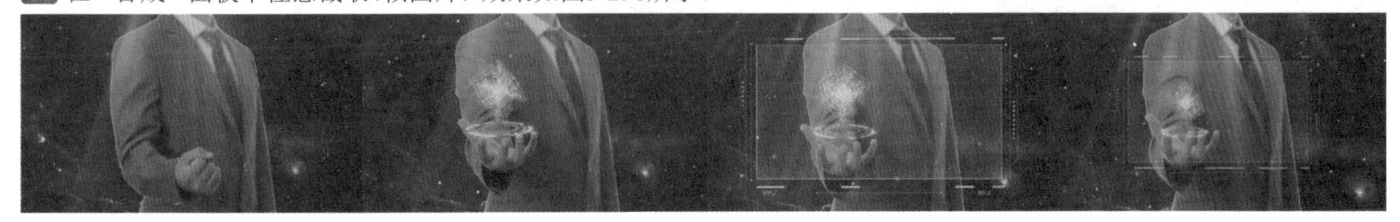

图5-296

重点

实战：制作指纹扫描读取动画

案例文件	案例文件>CH05>实战：制作指纹扫描读取动画
难易程度	★★★★☆
学习目标	掌握指纹扫描读取动画的制作方法

扫码观看视频

指纹扫描读取动画在一些科技类的视频中经常出现。本案例制作一个较为简单的指纹扫描读取动画，效果如图5-297所示。读者可在本案例的基础上自行发挥。

图5-297

01 导入学习资源“案例文件>CH05>实战：制作指纹扫描读取动画”文件夹中的所有素材文件，然后新建一个1920像素×1080像素的合成，并将其命名为“指纹”，如图5-298所示。

02 选中“素材.png”文件，将其向下拖曳到“指纹”合成中，然后按快捷键Ctrl+D将其复制一层，如图5-299所示，效果如图5-300所示。

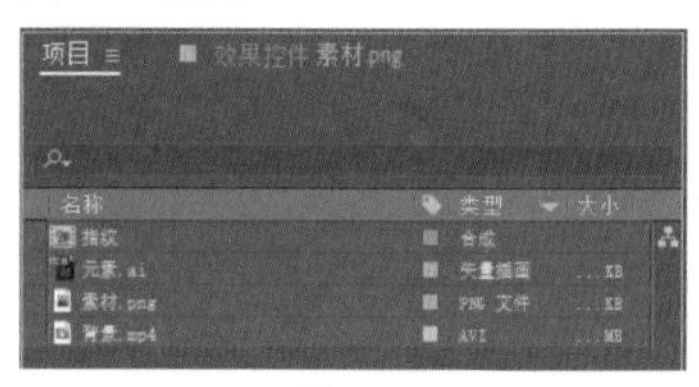

图5-298

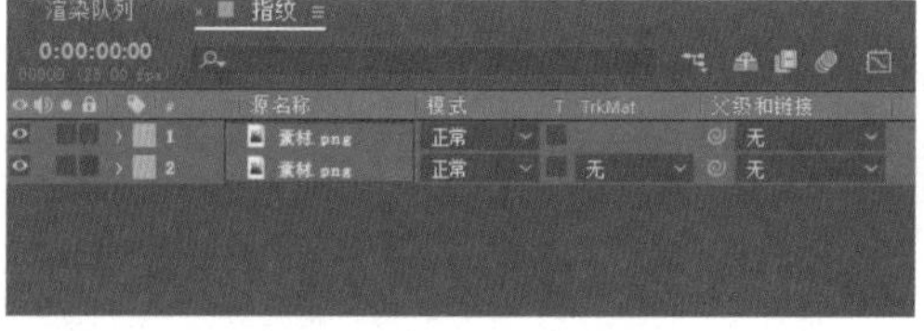

图5-299

图5-300

03 选中下方的“素材.png”图层，然后设置“不透明度”为40%，效果如图5-301所示。该图层的指纹代表未扫描时的指纹效果。

04 选中上方的“素材.png”图层，然后为其添加“色调”效果，在“效果控件”面板中设置“将白色映射到”为浅蓝色，如图5-302所示。该图层的指纹代表扫描时的指纹效果。

图5-301

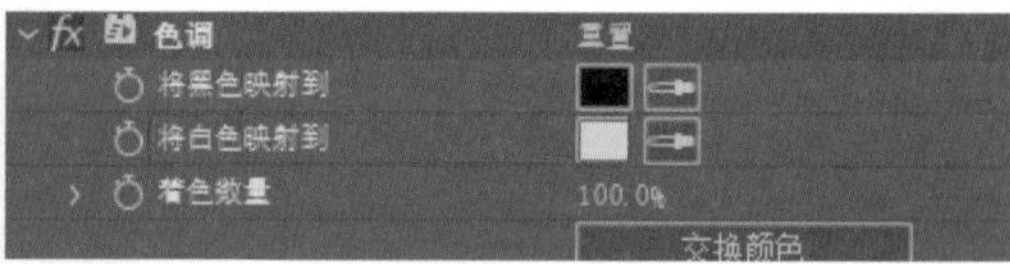

图5-302

05 继续为上一步操作的图层添加“发光”效果，并在“效果控件”面板中设置“发光阈值”为100%，“发光半径”为35，“发光强度”为1，如图5-303所示。

06 继续添加“线性擦除”效果。在时间轴起始位置设置“过渡完成”为100%，“擦除角度”为0x+0°，并为这两个参数添加关键帧，如图5-304所示。此时上方的图层完全不显示。

图5-303

图5-304

07 在0:00:00:15的位置设置“过渡完成”为0%，并添加“擦除角度”关键帧，如图5-305所示。此时上方图层完全显示，效果如图5-306所示。

图5-305

图5-306

08 移动播放指示器到0:00:00:16的位置，设置“过渡完成”为10%，“擦除角度”为0x+180°，如图5-307所示。

09 移动播放指示器到0:00:01:00的位置，设置“过渡完成”为100%，并添加“擦除角度”关键帧，如图5-308所示，效果如图5-309所示。

图5-307

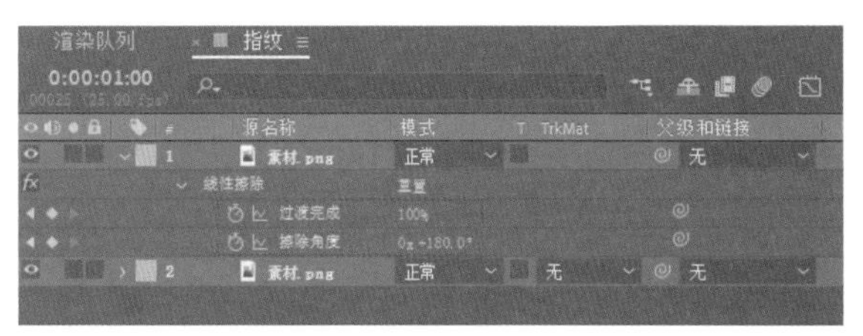

图5-308

图5-309

10 在“过渡完成”和“擦除角度”两个参数上添加表达式loopOut(type = "cycle", numKeyframes = 0)，此时能形成循环播放的动画效果，如图5-310所示。

图5-310

11 将“元素.ai”文件拖曳到“时间轴”面板中，并将其放置在图层顶层，然后设置“缩放”为（200%,200%），如图5-311所示。此时该图层会覆盖下方的指纹。

12 在“效果与预设”面板中搜索“颜色键”效果，并将其添加到“元素.ai”图层上，然后在“效果控件”面板中设置“主色”为图层背景的深灰色，这样就可以去除背景颜色，显示下方的指纹，如图5-312所示。

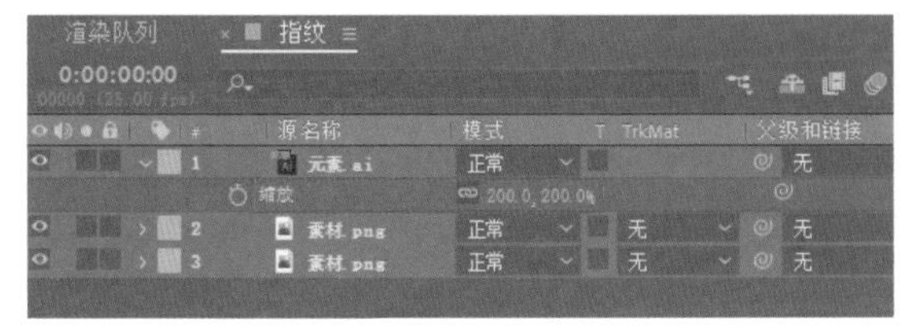

图5-311

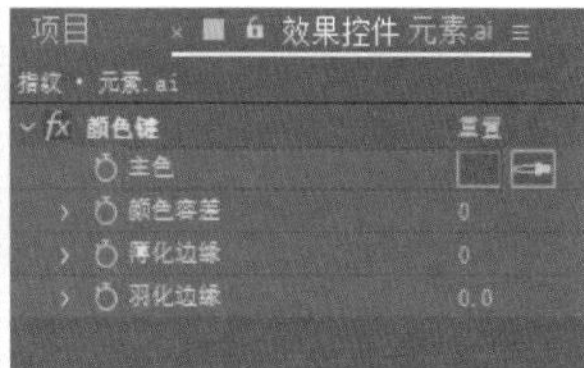

图5-312

13 将“素材.png”图层中的“色调”和“发光”两个效果复制到“元素.ai”图层上，然后调整“发光”效果的“发光阈值”为40%，“发光半径”为10，如图5-313所示。

14 新建一个1920像素×1080像素的合成，将其命名为“总合成”，然后将“背景.mp4”素材放置在“总合成”合成中，效果如图5-314所示。

图5-313

图5-314

15 移动播放指示器到0:00:01:02的位置，此时手指正好要触碰到屏幕，效果如图5-315所示。

16 将“指纹”合成放置在“背景.mp4”图层上方，然后缩小合成的尺寸，并调整其位置，使其与手指重合，如图5-316所示。

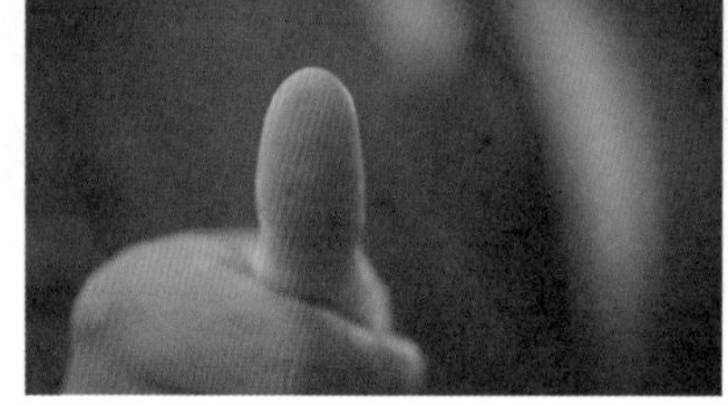

图5-315

图5-316

17 播放动画发现，当手指刚接触到屏幕时，扫描就开始了，这显然不符合实际。将“指纹”合成的剪辑起始位置调整到0:00:01:02处，此时手指触碰到屏幕并出现扫描框，如图5-317和图5-318所示。

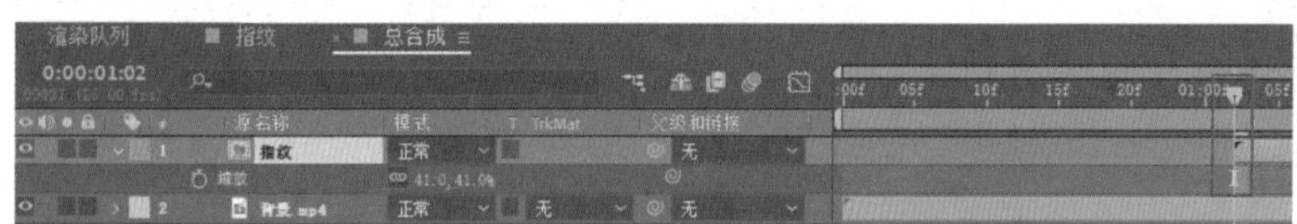

图5-317

图5-318

18 在“指纹”合成中分别调整两个“素材.png”图层的剪辑起始位置为0:00:00:05和0:00:00:15，如图5-319所示。这样就能使扫描指纹的动画效果更自然。

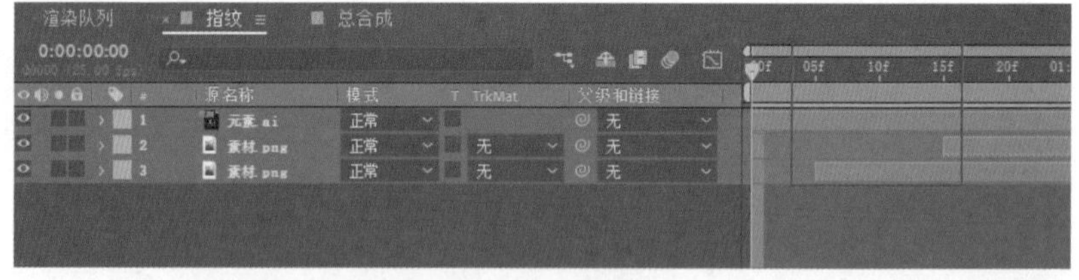

图5-319

19 返回“总合成”合成中，选中“指纹”合成，然后在0:00:01:02的位置设置“不透明度”为0%，并添加关键帧，在0:00:01:05的位置设置“不透明度”为100%，如图5-320所示。

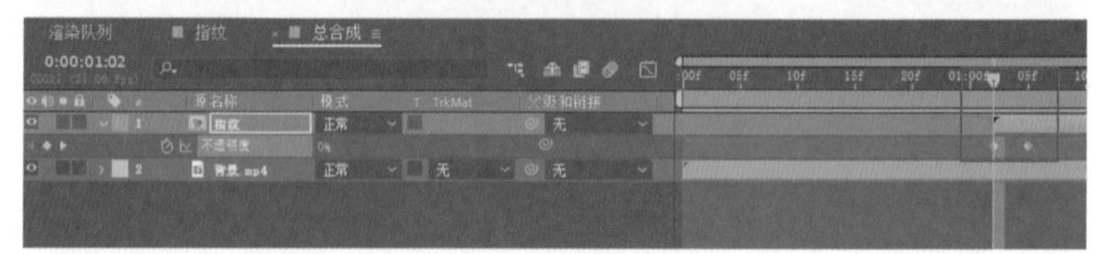

图5-320

20 在“合成”面板中任意截取4帧图片，效果如图5-321所示。

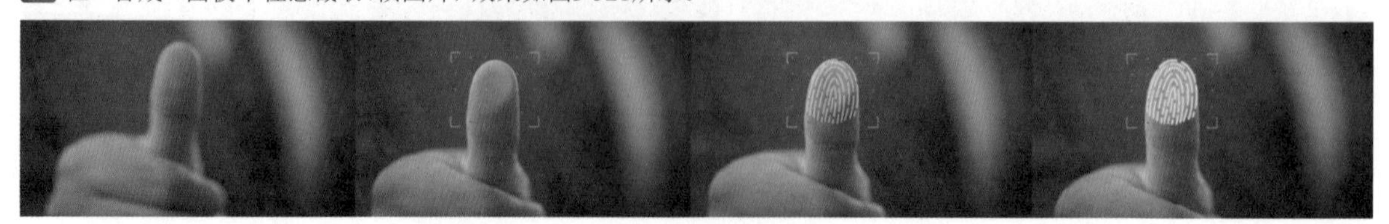

图5-321

重点

实战：制作Lockdown视频跟踪效果

案例文件	案例文件>CH05>实战：制作Lockdown视频跟踪效果
难易程度	★★★☆☆
学习目标	学习Lockdown插件的使用方法

扫码观看视频

使用Lockdown插件可以实现视频跟踪功能，将一些元素添加到视频画面上，从而生成丰富又有趣的动画效果。本案例将一段小动画添加到宝宝的衣服上，效果如图5-322所示。

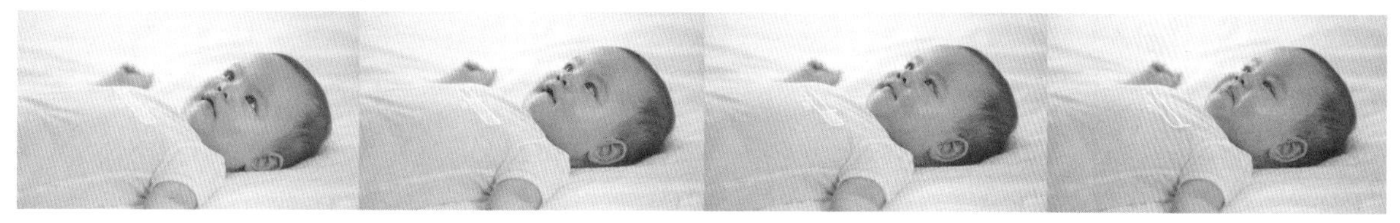

图5-322

01 新建一个时长为4秒的合成，然后在“项目”面板中导入学习资源“案例文件>CH05>实战：制作Lockdown视频跟踪效果”文件夹中的素材文件，如图5-323所示。

02 将“背景.mp4”素材文件拖曳到“时间轴”面板中，效果如图5-324所示。

03 在“效果和预设”面板中搜索Lockdown效果，然后将其添加到“背景.mp4”图层上，效果如图5-325所示。

图5-323

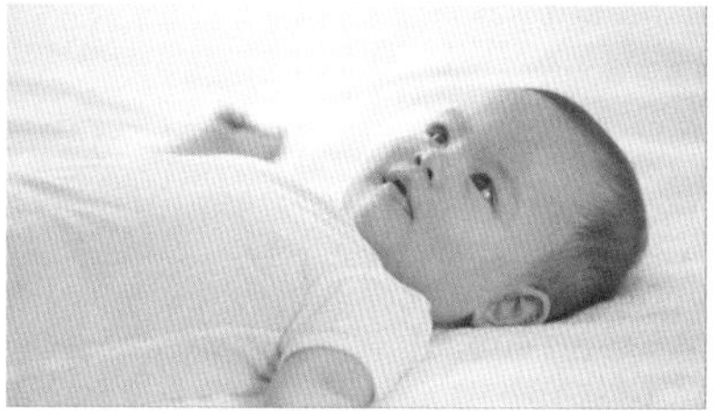

图5-324

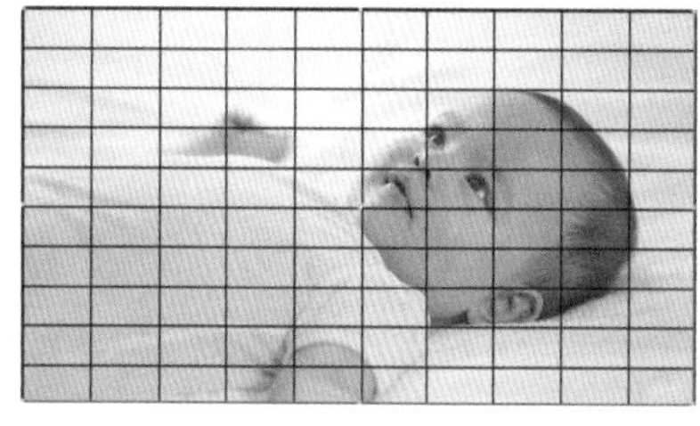

图5-325

04 在“效果控制”面板中单击“独立窗口”按钮 独立窗口 ，打开追踪窗口，如图5-326所示。

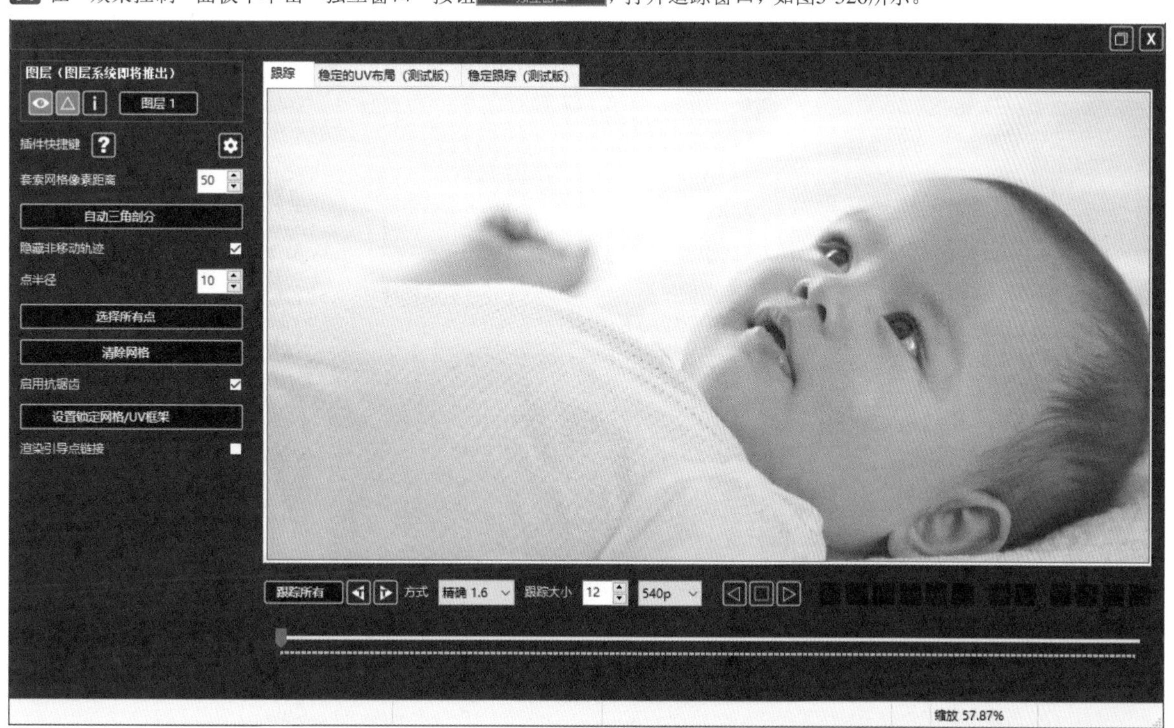

图5-326

05 设置“套索网格像素距离”为20，然后按住Ctrl键并在宝宝胸前的衣服上绘制要添加素材的区域，如图5-327所示。

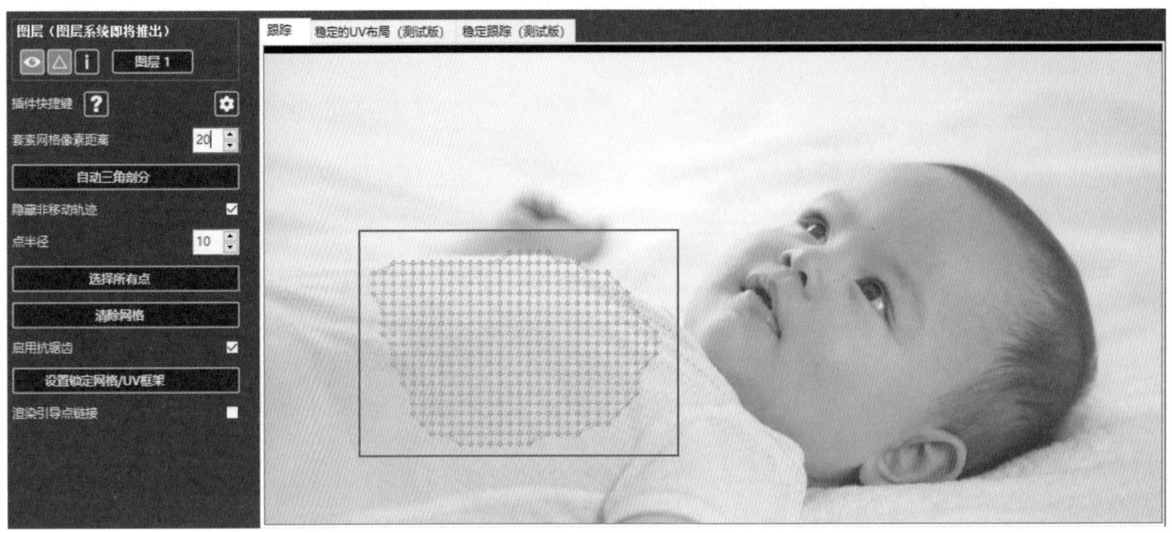

图5-327

> **技巧提示**
>
> 如果绘制的区域不合适，可以按住Alt键并单击控制点或拖曳鼠标，以调整绘制的区域。

06 绘制完成后关闭窗口，然后在“效果控件”面板中单击“锁定！”按钮 锁定! ，此时会在绘制的区域处生成带有棋盘格且发亮的区域，效果如图5-328所示。

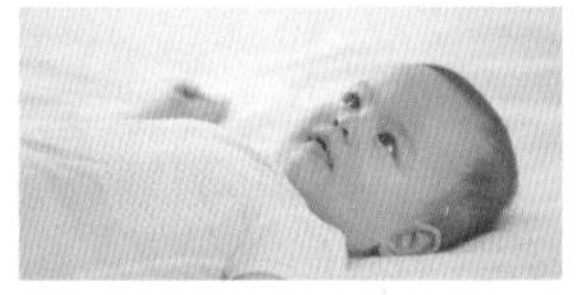

图5-328

07 完成以上步骤后，在“时间轴”面板中会自动生成图5-329所示的合成。双击进入该合成，隐藏棋盘格图层，然后将“元素.mov”素材文件拖曳到“时间轴”面板中，生成对应的图层，如图5-330所示。

图5-329

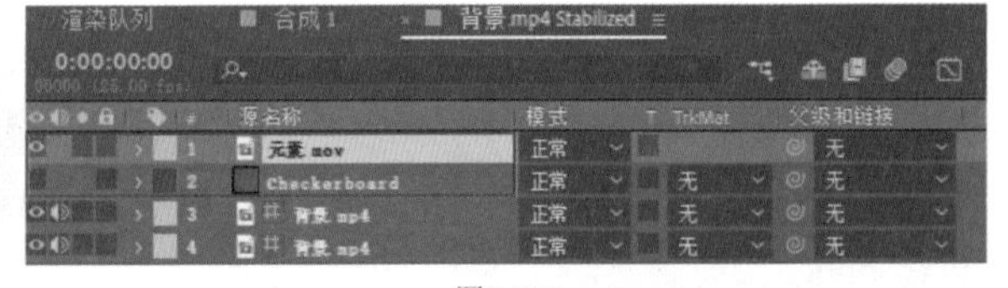

图5-330

08 在“合成”面板中将素材调整到合适大小并放到发亮的区域内，同时调整其角度，效果如图5-331所示。

09 观察画面时发现元素的透视角度和背景的透视角度不一样。在“效果和预设”面板中搜索“CC Power Pin”效果并将其添加到“元素.mov”图层上，调整素材的透视角度，并将其移动到合适的位置，最后将其适当放大，效果如图5-332所示。

10 “元素.mov”图层的时长大于合成的时长，选中该图层后，单击鼠标右键，在弹出的菜单中选择“时间>时间伸缩”选项，打开“时间伸缩”对话框，设置“新持续时间”为0:00:04:00，如图5-333所示。

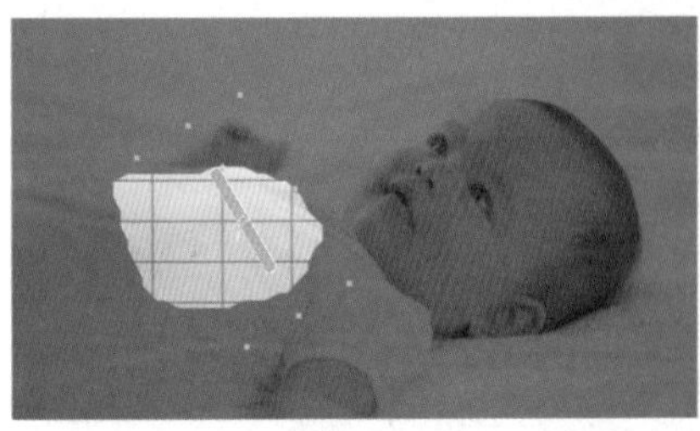

图5-331

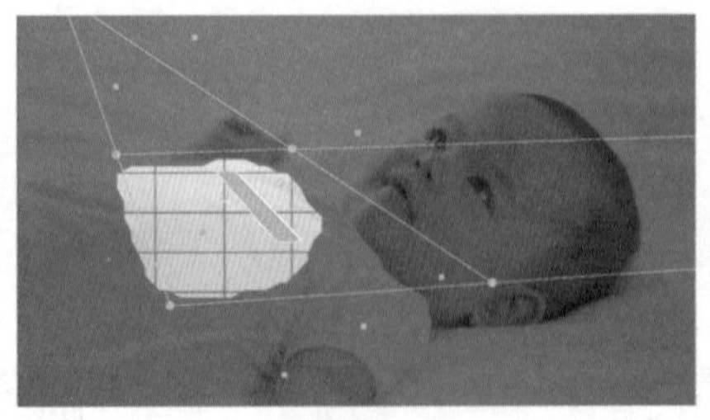

图5-332

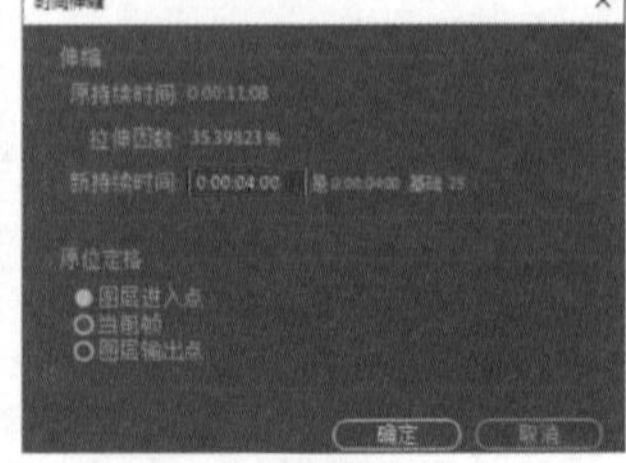

图5-333

> **疑难问答：为何一定要将素材的时长缩短到和合成的一样长？**
>
> 如果不将素材时长缩短到和合成的时长一样长，就会造成画面已经播放完成，而素材还没有显示完的后果。虽然这样的动画效果也没有错，但是整体效果不好，动画的结束会给人很突兀的感觉。

11 返回“合成1”合成中，此时画面中的效果如图5-334所示，可以发现元素部分会显示参考网格。

12 显示“背景.mp4 Stabilized”合成，取消显示“背景.mp4”图层后就能不显示参考网格，如图5-335所示，效果如图5-336所示。

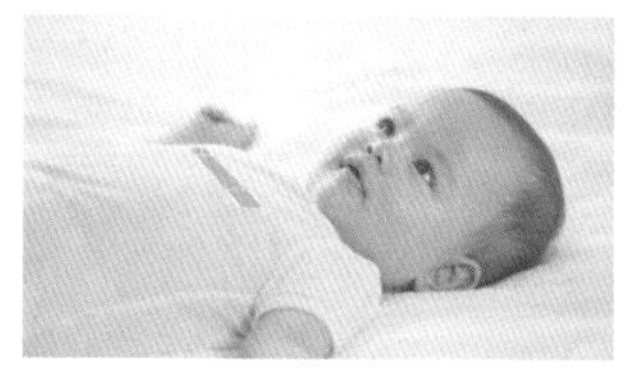

图5-334

图5-335

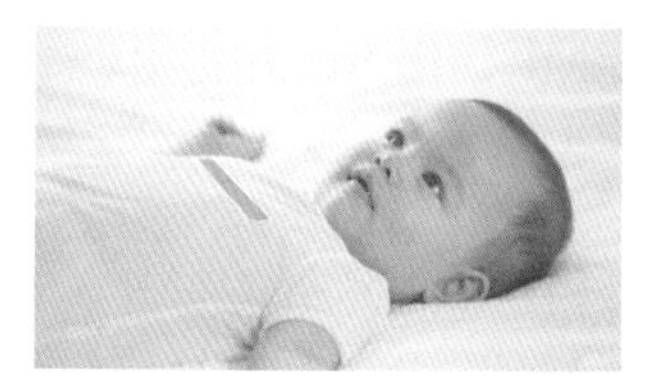

图5-336

13 观察画面，会发现元素与背景融合得不是很好。选中“背景.mp4 Stabilized”合成，设置“模式”为“叠加”，如图5-337所示，效果如图5-338所示。

图5-337

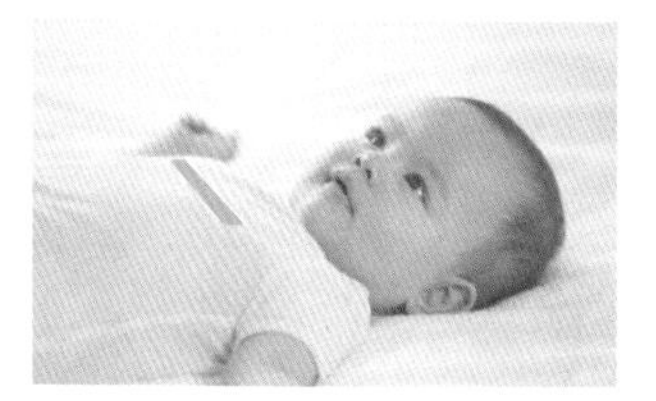

图5-338

14 在“合成”面板中任意截取4帧图片，案例效果如图5-339所示。

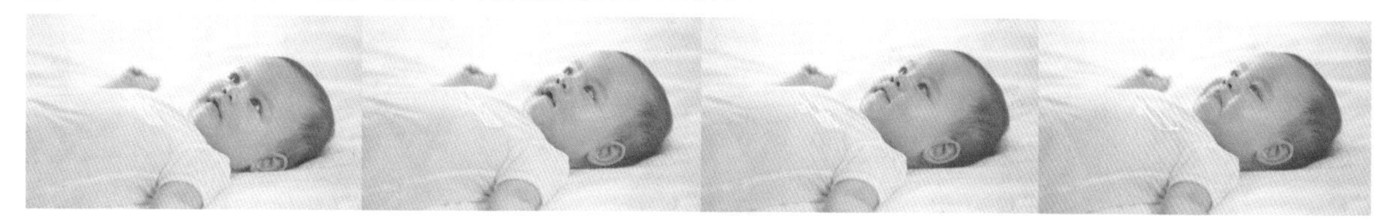

图5-339

重点

实战：制作龙卷风动画

案例文件	案例文件>CH05>实战：制作龙卷风动画
难易程度	★★★★☆
学习目标	掌握“分形杂色”效果的使用方法

扫码观看视频

本案例制作游戏中常见的龙卷风动画，制作过程中需要使用多种效果。本案例中设置的参数仅作为参考，读者在练习时可以在原有参数的基础上自行发挥。案例效果如图5-340所示。

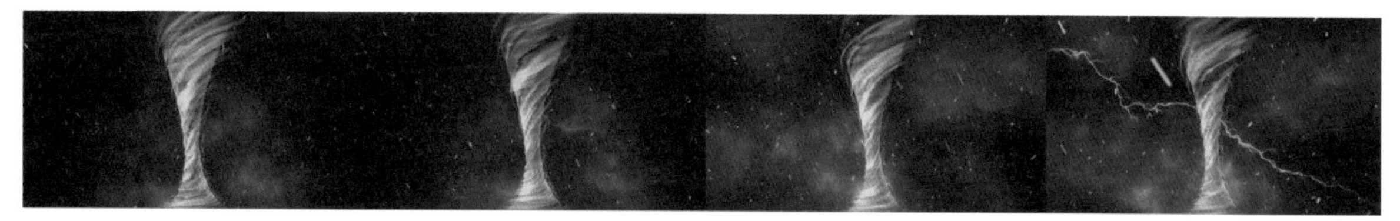

图5-340

01 新建一个1000像素×1000像素的合成，并将其命名为“内层”，然后新建一个白色的纯色图层，效果如图5-341所示。

02 在“效果和预设”面板中搜索“分形杂色”效果，并将其添加到纯色图层上，效果如图5-342所示。

图5-341

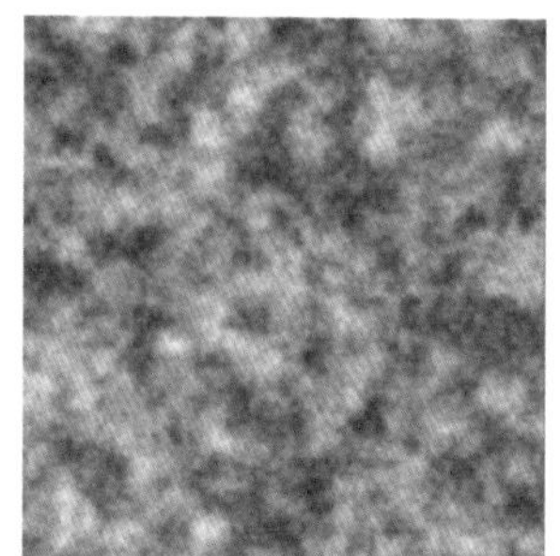

图5-342

03 在“效果控件”面板中设置“对比度”为1000，“亮度”为100，“缩放”为53，“复杂度”为2，“子缩放”为97，如图5-343所示。

04 在“偏移”参数上添加关键帧，形成画面从左上向右下移动的动画效果，如图5-344所示。

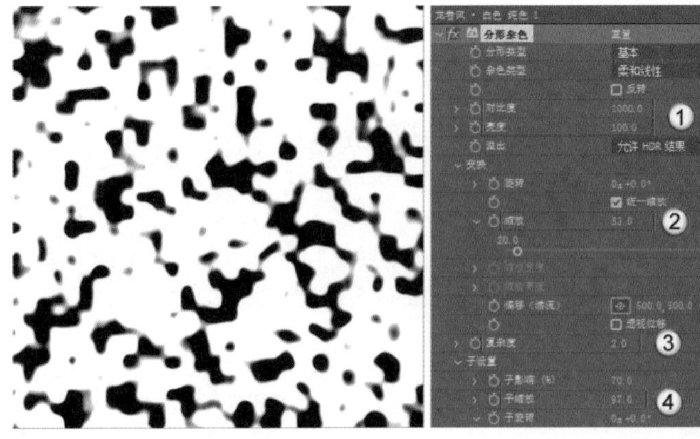

图5-343

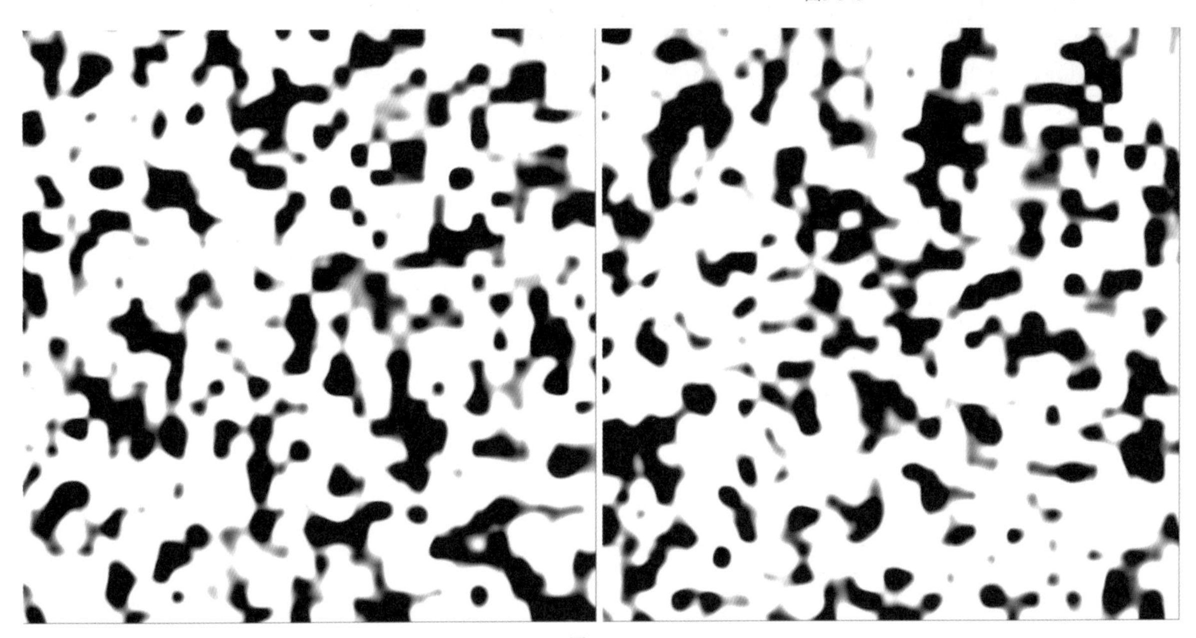

图5-344

> **技巧提示**
>
> 这里不对“偏移”的具体参数进行强制规定，读者按照自己的喜好设置即可。

05 搜索“颜色键”效果并将其添加到纯色图层上，在“效果控件”面板中设置“主色”为黑色，“颜色容差”为255，“薄化边缘”为5，“羽化边缘”为4.7，如图5-345所示。这样就能去除画面中的黑色部分。

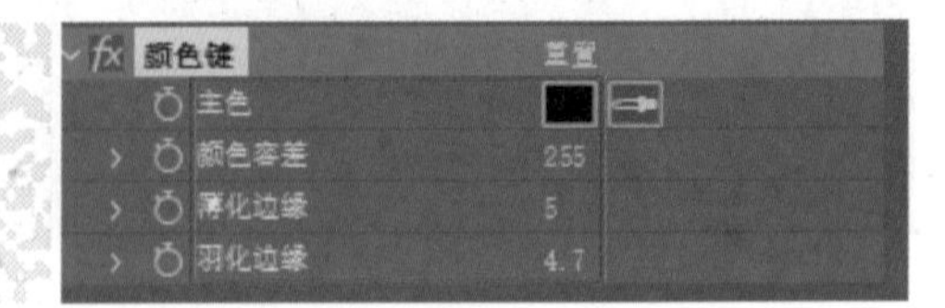

图5-345

> **技巧提示**
>
> 如果读者安装了UnMult插件，可以使用该插件一键去除黑色部分。单击“合成”面板下方的“切换透明网格”按钮，就能观察去除后的效果。

06 搜索“毛边”效果并将其添加到纯色图层上，设置“边缘类型”为“刺状”，“边界”为500，“边缘锐度”为0.15，“比例”为180，“伸缩宽度或高度”为14.3，如图5-346所示。

07 在“偏移”参数上添加关键帧，该关键帧的时间位置与之前添加的关键帧的时间位置一样，形成画面从左向右移动的动画效果，如图5-347所示。

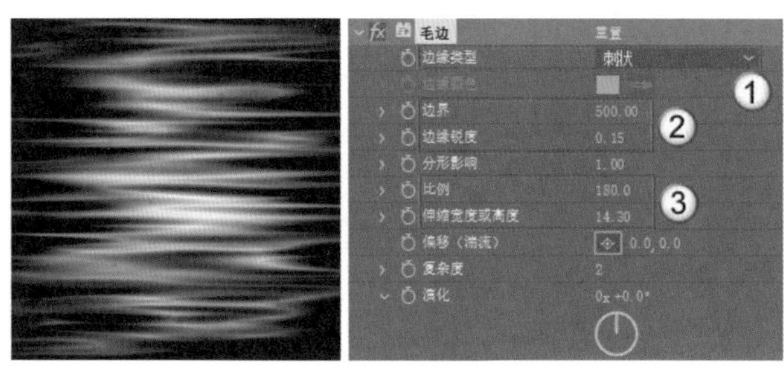

图5-346

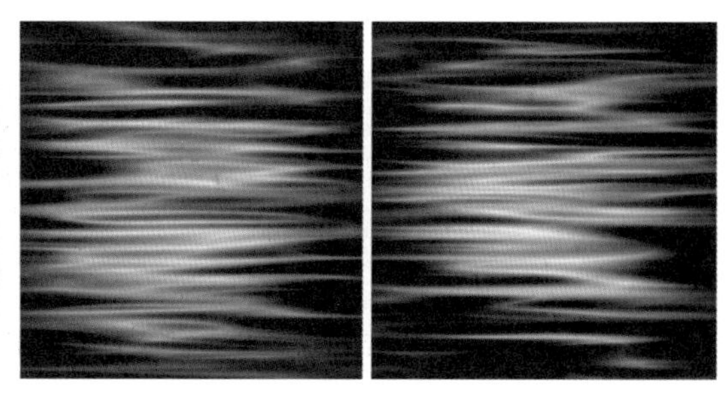

图5-347

08 搜索“线性擦除”效果并将其添加到纯色图层上，设置“过渡完成”为20%，“羽化”为80，如图5-348所示。

09 将“线性擦除”效果复制一层，设置第2个“线性擦除”效果的“擦除角度”为0x-90°，如图5-349所示。

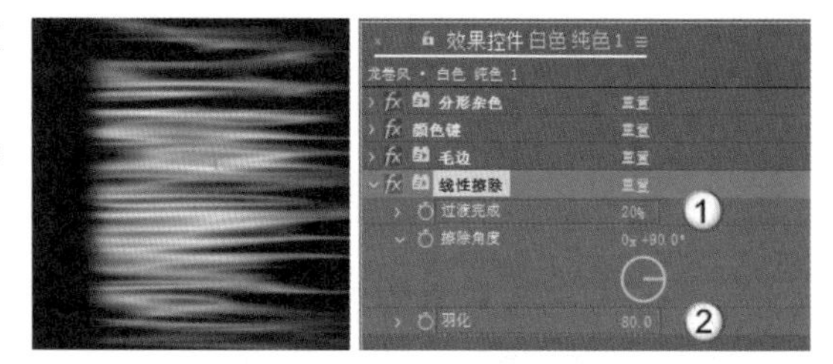

图5-348

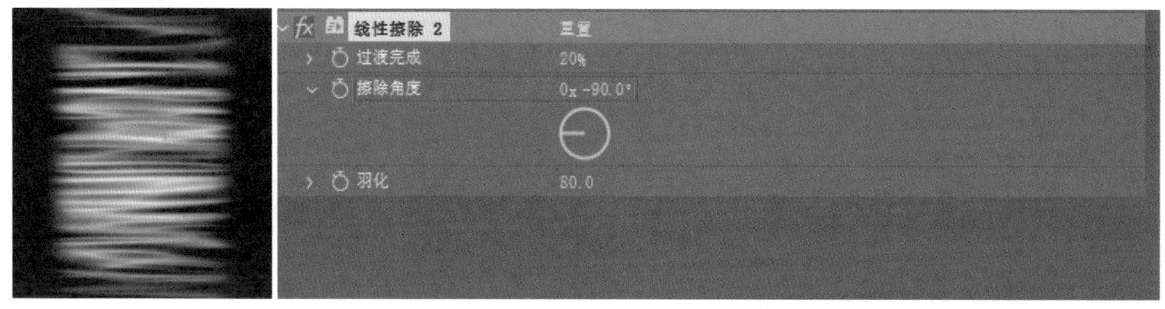

图5-349

10 继续复制一层“线性擦除”效果，设置新效果的“过渡完成”为10%，“擦除角度”为0x+0°，如图5-350所示。

11 再复制一层“线性擦除”效果，设置新效果的“擦除角度”为0x+180°，如图5-351所示。

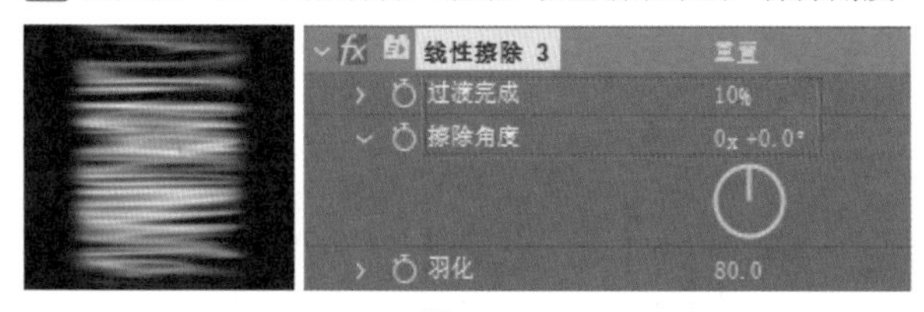

图5-350

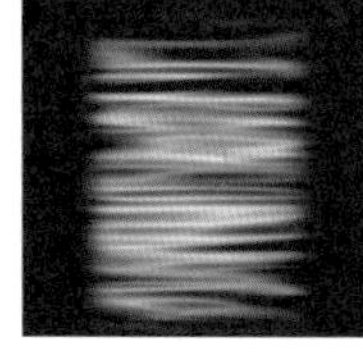
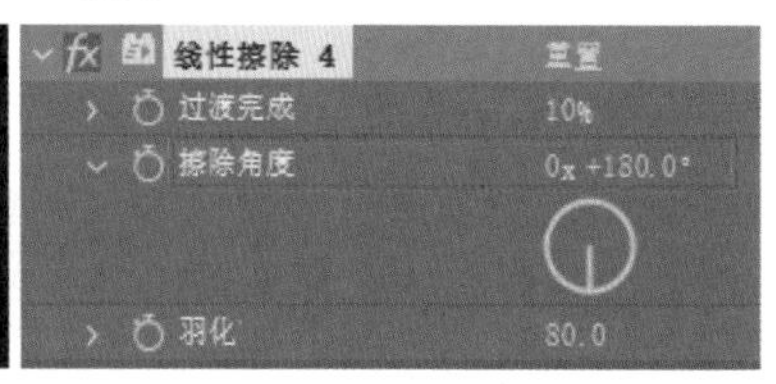

图5-351

12 选中纯色图层后按R键调出“旋转”参数，设置“旋转”为0x-20°，效果如图5-352所示。

13 新建一个相同大小的“合成”并将其命名为“龙卷风”，然后将“内层”合成放置于“龙卷风”合成的“时间轴”面板中，如图5-353所示。

14 搜索“CC Cylinder”效果，并将其添加到“内层”合成上，这样就可以将平面图片转换成有立体感的圆柱体，如图5-354所示。

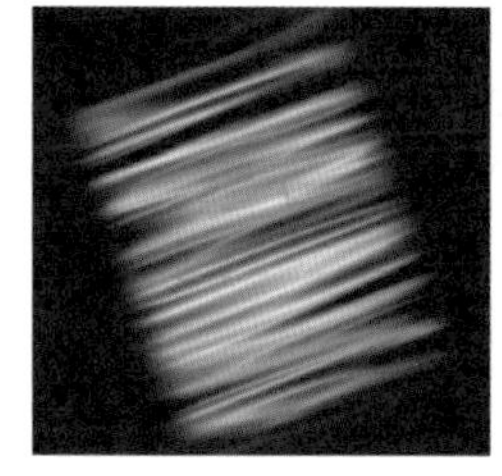

图5-352

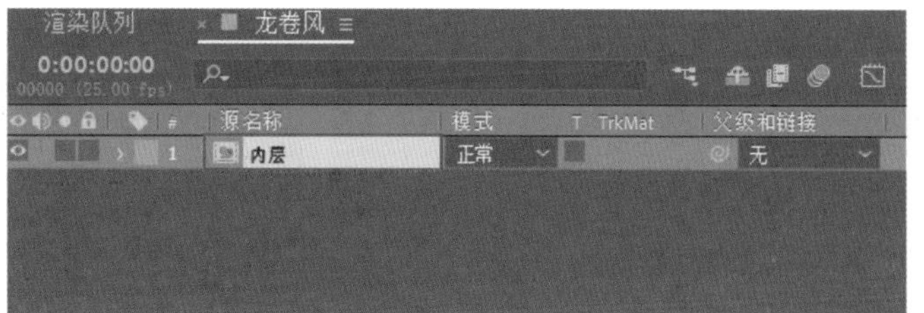

图5-353

图5-354

15 搜索“贝塞尔曲线变形”效果并将其添加到“内层”合成上，然后调整相关参数，使圆柱体变成更接近龙卷风的形状，效果如图5-355所示。

16 搜索“置换图”效果并将其添加到“内层”合成上，设置“最大水平置换”为10，“最大垂直置换”为50，如图5-356所示。

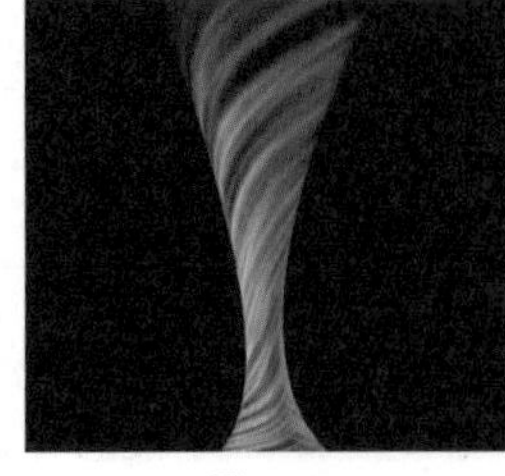
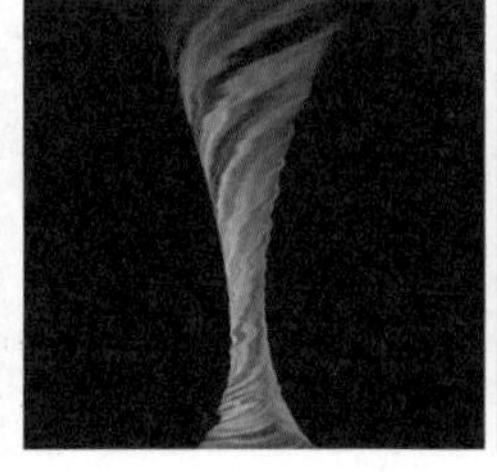

图5-355

图5-356

17 搜索“湍流置换”效果并将其添加到“内层”合成上，设置“数量”为10，“大小”为30，如图5-357所示。

18 在“湍流置换”效果的“偏移”参数上添加关键帧，形成画面从左向右运动的动画效果，如图5-358所示。这样我们就做完了“内层”合成的效果。

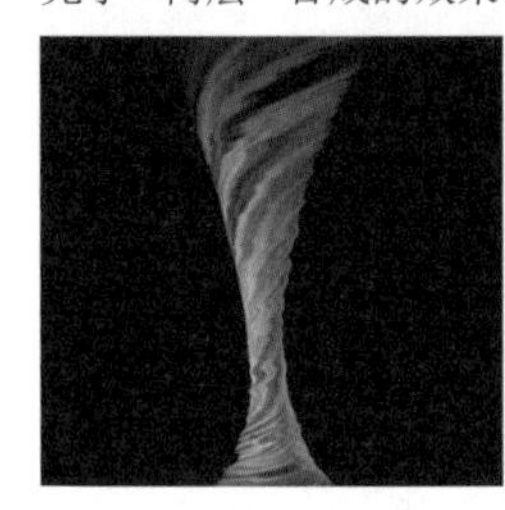
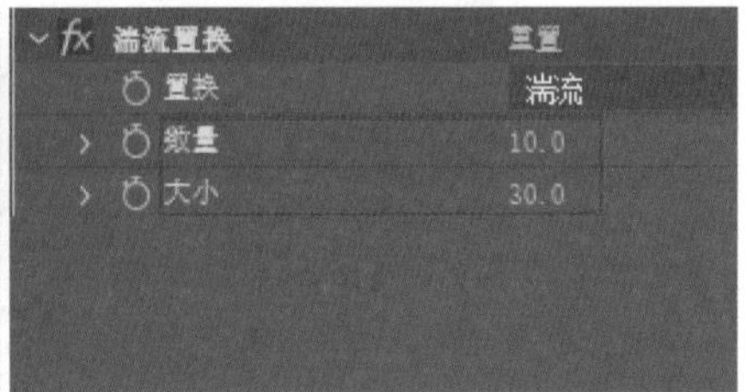

图5-357

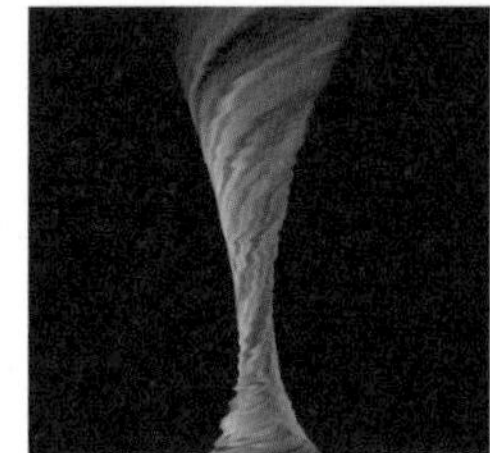
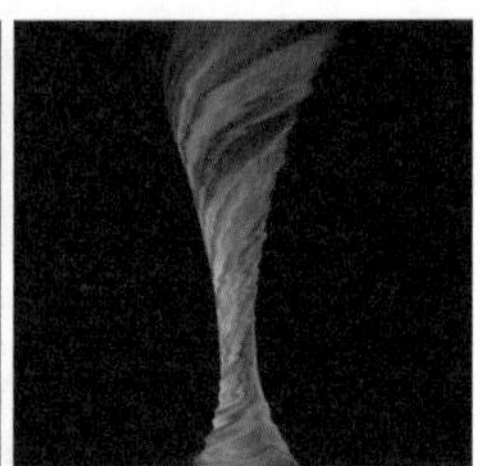

图5-358

19 在“项目”面板中选中“内层”合成并按快捷键Ctrl+D，将生成的新合成重命名为“中层”，然后将“中层”合成放在“龙卷风”合成中，如图5-359所示。

20 双击进入“中层”合成，然后设置“分形杂色”效果的“对比度”为1200，“亮度”为-50，如图5-360所示。

图5-359

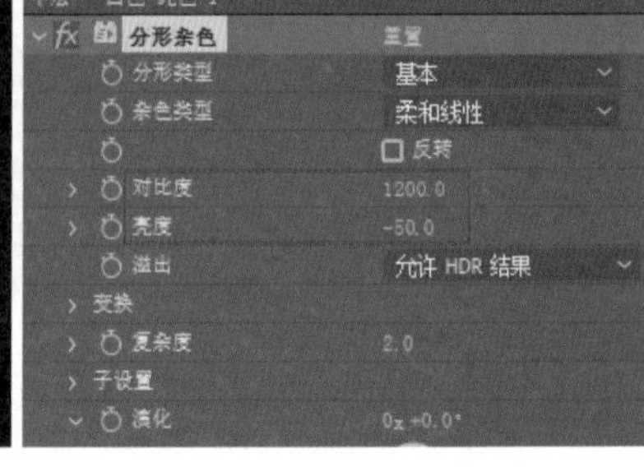

图5-360

21 设置“毛边”效果的“边缘锐度”为0.35，如图5-361所示。

22 返回“龙卷风”合成，将“内层”合成中的效果全部复制到“中层”合成中，如图5-362所示。

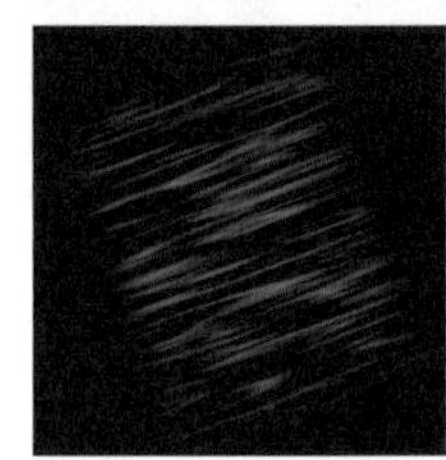

图5-361

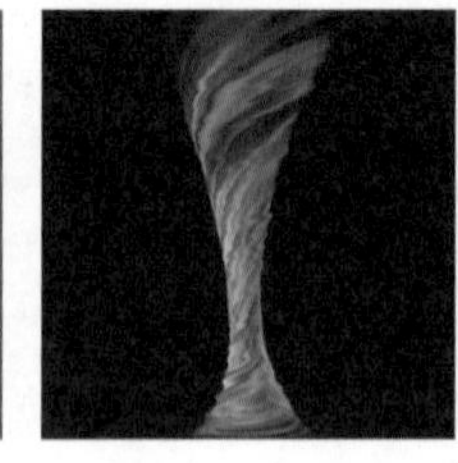
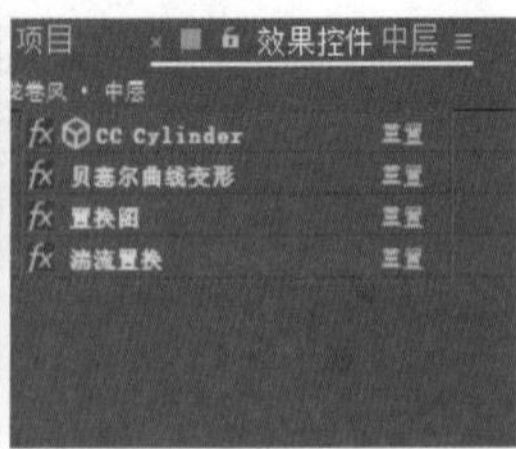

图5-362

23 设置“CC Cylinder”效果的Radius（%）为125，如图5-363所示。

24 设置“置换图”效果的“最大水平置换”为-5，“最大垂直置换”为30，如图5-364所示。

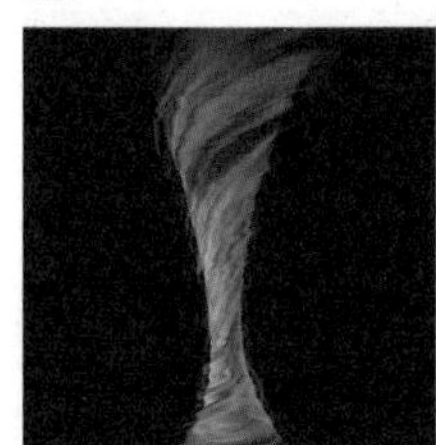
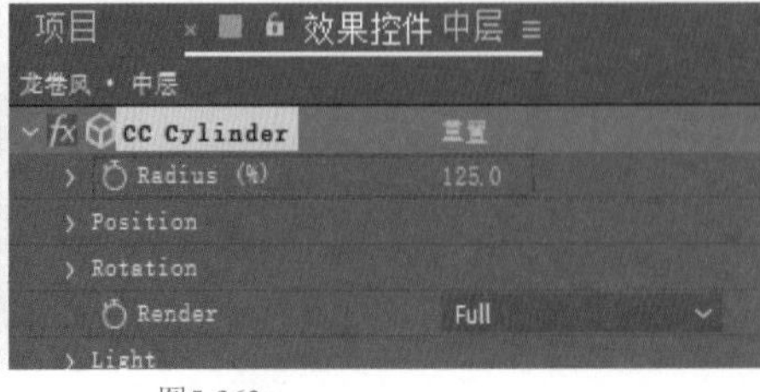

图5-363

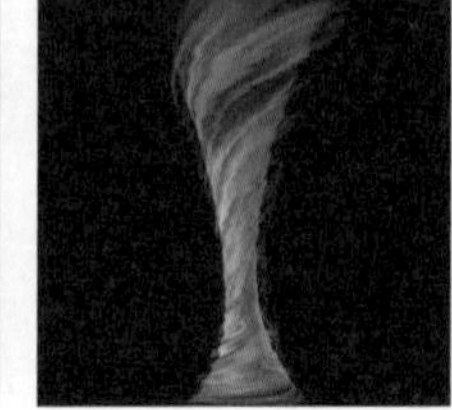
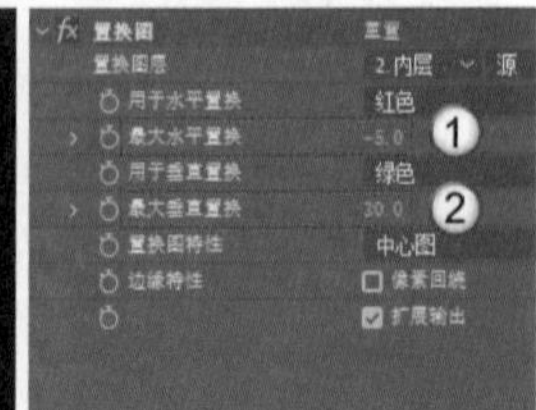

图5-364

25 搜索“发光”效果并将其添加到“中层”合成上，然后设置“发光阈值”为75%，“发光半径”为50，如图5-365所示。

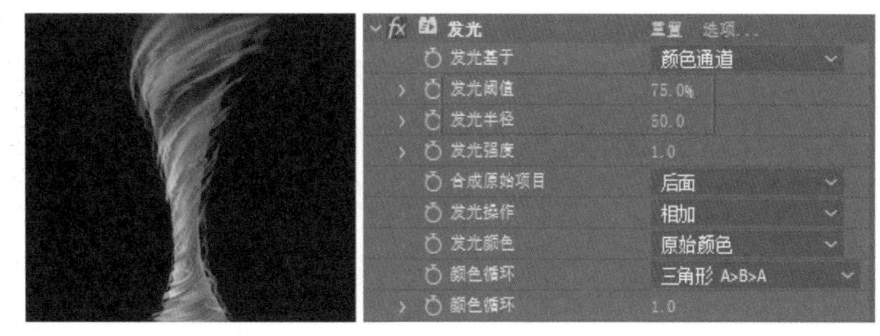

图5-365

26 在“时间轴”面板中设置“中层”合成的“模式”为“相加”，如图5-366所示，效果如图5-367所示。

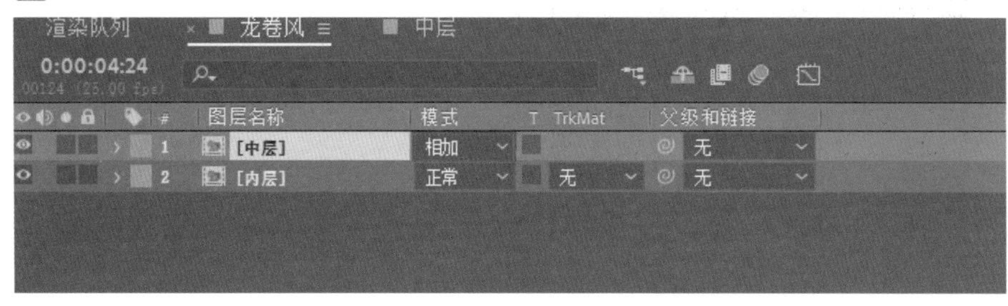

图5-366

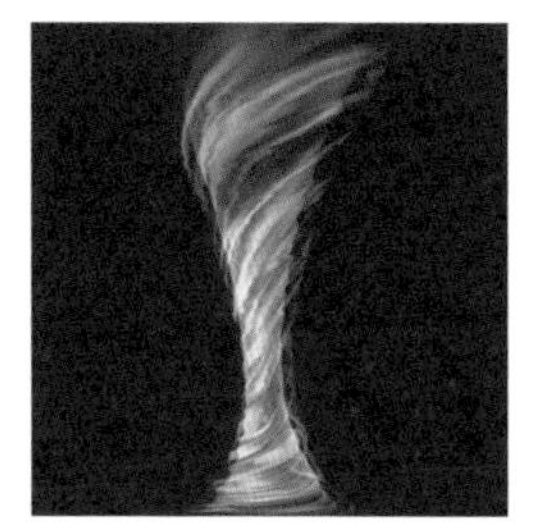

图5-367

27 在“龙卷风”合成中选中“内层”合成并按快捷键Ctrl+D，将生成的新合成重命名为“外层”，然后为其添加“渐变擦除”效果，并设置“过渡完成”为60%，“过渡柔和度”为40%，如图5-368所示。

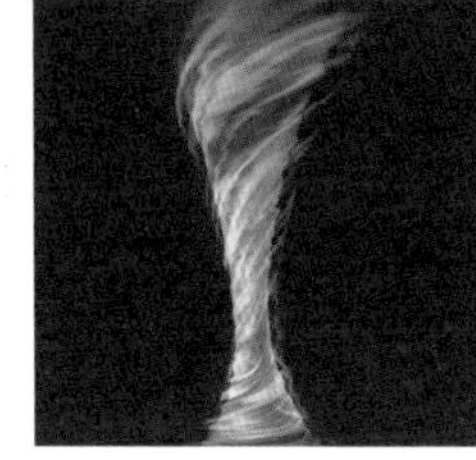

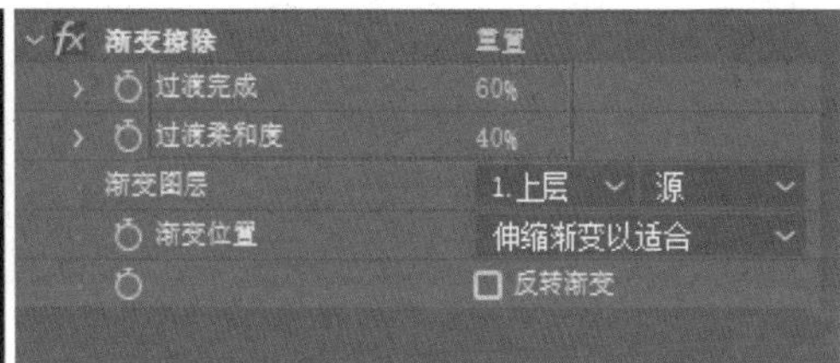

图5-368

28 在“时间轴”面板中设置“外层”合成的“模式”为“叠加”，如图5-369所示，效果如图5-370所示。

29 新建一个1920像素×1080像素的合成，然后导入学习资源“案例文件>CH05>实战：制作龙卷风动画”文件夹中的“背景.mov”素材文件，如图5-371所示。

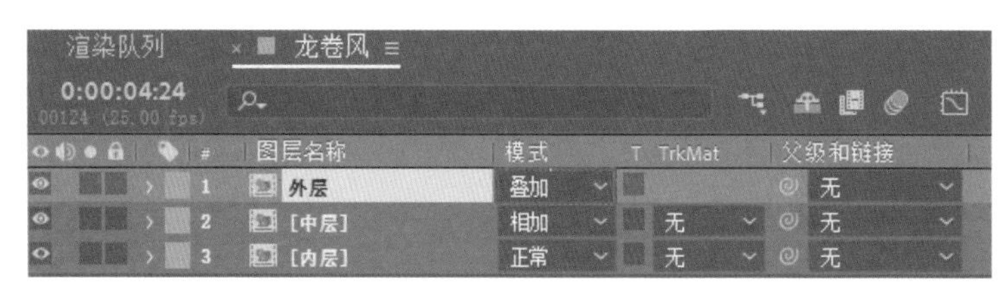

图5-369

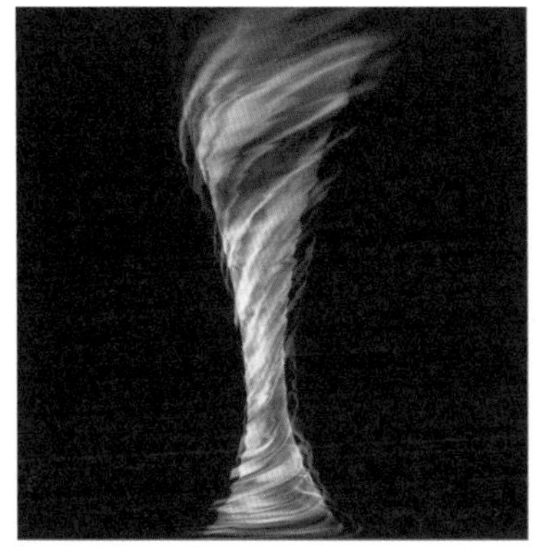

图5-370

背景.mov ▼，使用了 1 次
1920 x 1080 (1.00)
△ 0;00;10;00, 29.97 fps
数百万种颜色
H.264

名称	类型
背景.mov	QuickTi
纯色	文件夹
合成 1	合成
龙卷风	合成
内层	合成

图5-371

30 将“背景.mov”素材和“龙卷风”合成都拖曳到“合成1”合成的“时间轴”面板中，如图5-372所示，效果如图5-373所示。

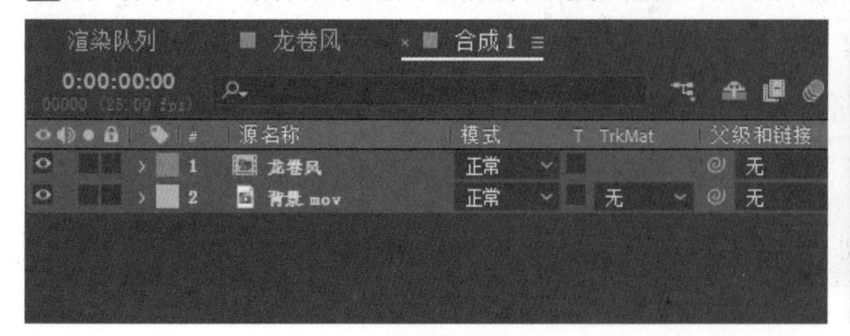

图5-372

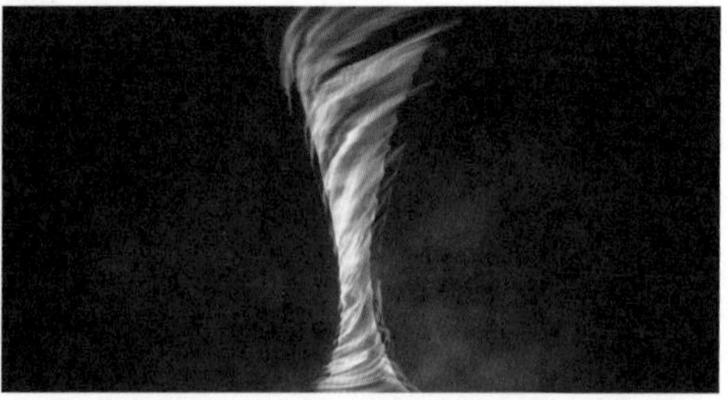

图5-373

31 观察画面，发现龙卷风的颜色，与背景不是很匹配。搜索“色调”效果并将其添加到“龙卷风”合成上，然后设置“将白色映射到”为青色，如图5-374所示。

图5-374

32 在“合成”面板中任意截取4帧图片，效果如图5-375所示。

图5-375

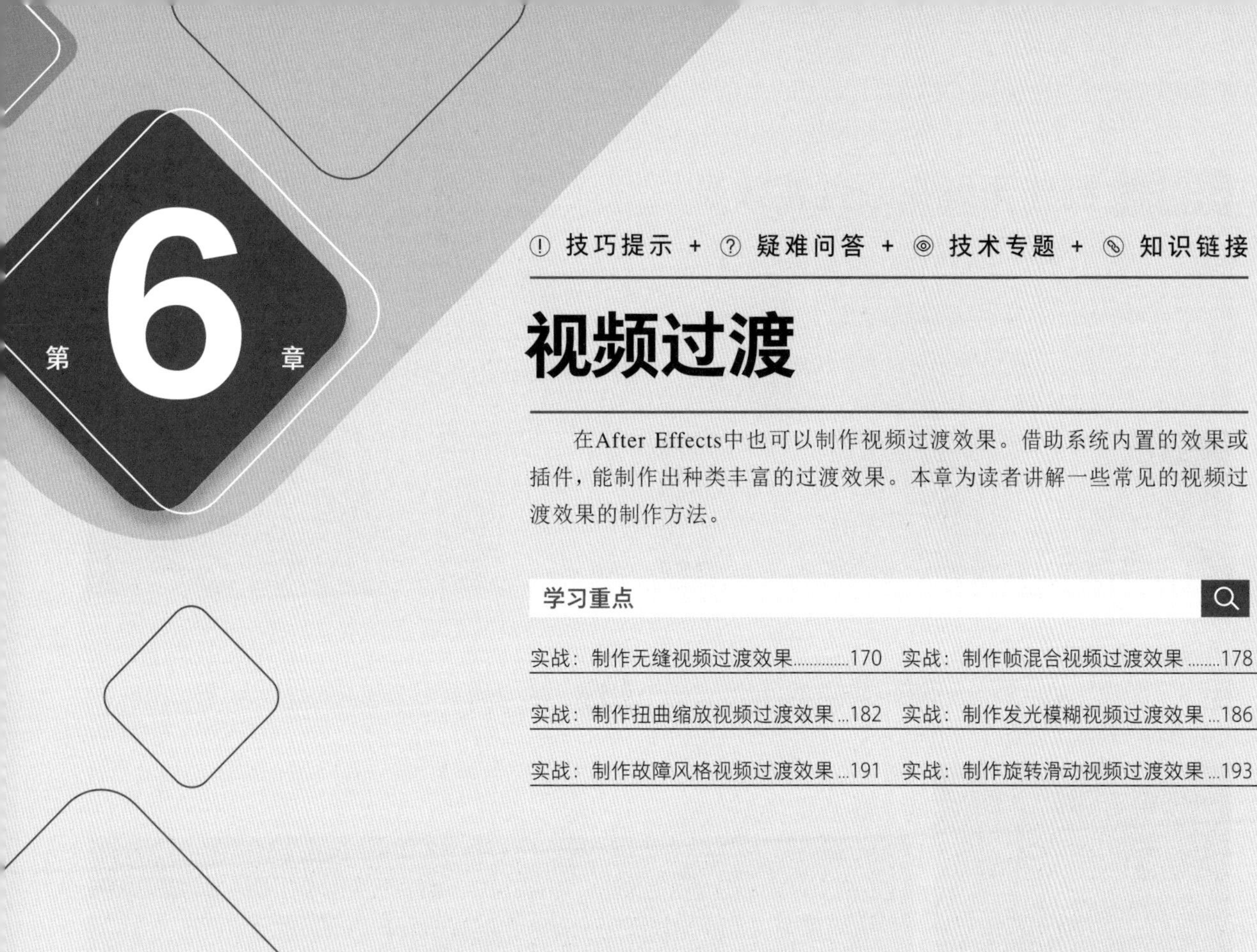

① 技巧提示 + ⑦ 疑难问答 + ◎ 技术专题 + ⑧ 知识链接

视频过渡

在After Effects中也可以制作视频过渡效果。借助系统内置的效果或插件，能制作出种类丰富的过渡效果。本章为读者讲解一些常见的视频过渡效果的制作方法。

学习重点

重点

实战：制作无缝视频过渡效果

案例文件	案例文件>CH06>实战：制作无缝视频过渡效果
难易程度	★★★☆☆
学习目标	掌握“动态拼贴”效果的使用方法，熟悉无缝转场的制作方法

在After Effects中制作无缝转场需要用到“动态拼贴”效果，通过缩放素材和变换素材位置完成视频转场效果的制作，案例效果如图6-1所示。

图6-1

案例制作

01 在“项目”面板中导入学习资源“案例文件>CH06>实战：制作无缝视频过渡效果”文件夹中的素材文件，然后新建一个1920像素×1080像素的合成，如图6-2所示。

图6-2

02 将两个素材文件拖曳到“时间轴”面板中，移动“02.mp4”图层的剪辑的起始位置到0:00:00:15处，如图6-3所示。

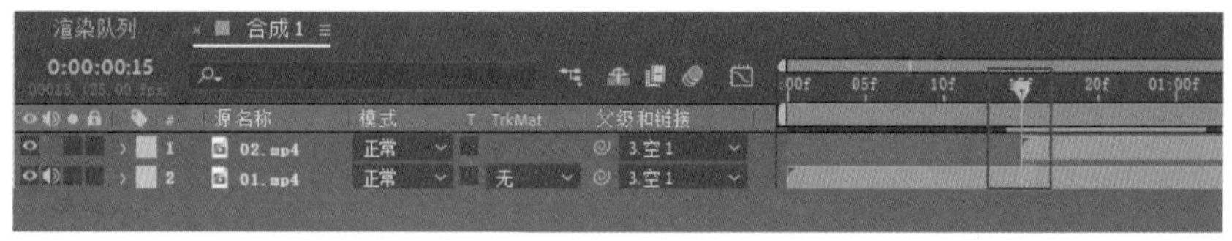

图6-3

03 搜索“动态拼贴”效果并将其添加到“01.mp4”图层上，将“输出宽度”和“输出高度”都设置为500，如图6-4所示。

04 将设置好的“动态拼贴”效果复制到“02.mp4”图层的“效果控件”面板中，如图6-5所示。

05 移动播放指示器到“02.mp4”图层的剪辑的起始位置，然后将画面放大并向右移动一段距离，将该位置作为画面过渡的位置，效果如图6-6所示。

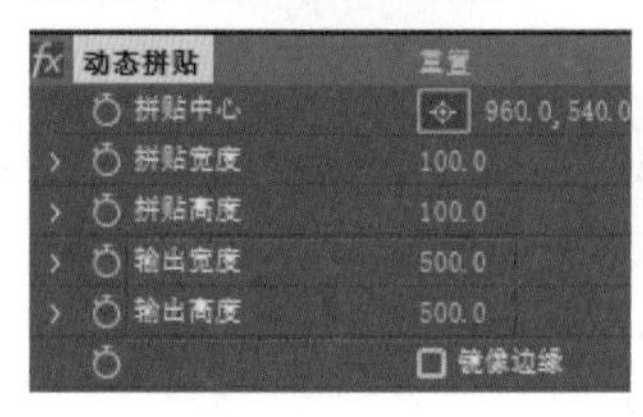

图6-4

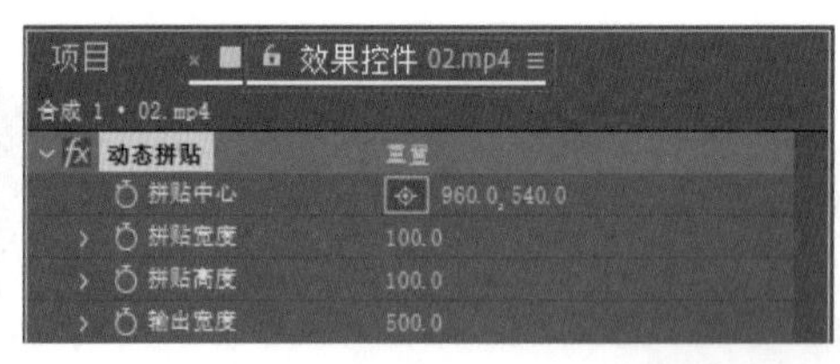

图6-5

图6-6

06 新建一个空对象图层，然后将两个素材图层都设置为“空1”图层的子层级，如图6-7所示。

图6-7

07 移动播放指示器到时间轴的起始位置，在“空1”图层的“位置”和“缩放”参数上添加关键帧，然后移动播放指示器到0:00:02:15的位置，将画面调整为初始效果，接着选中所有关键帧并按F9键，将它们转换为“缓动”关键帧，如图6-8所示。

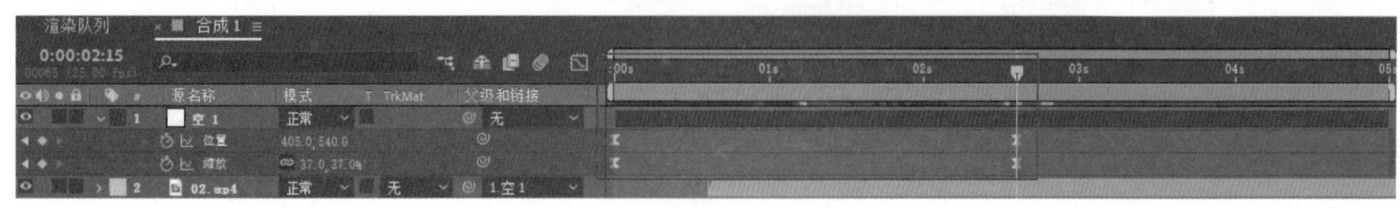

图6-8

08 切换到“图表编辑器”面板，调整“空1”图层的值曲线，如图6-9所示。图中曲线的最高处就是画面过渡的位置。

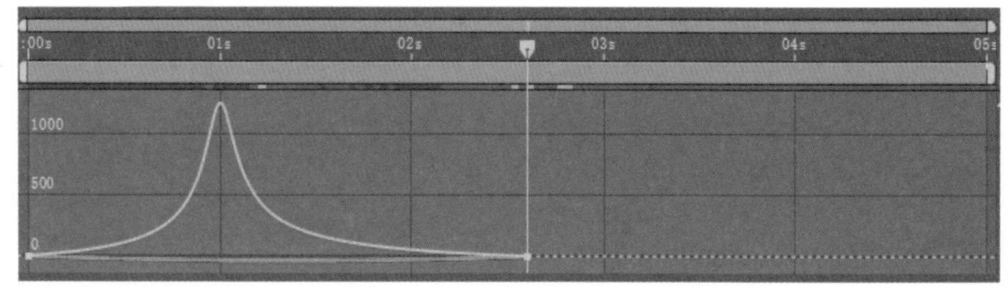

图6-9

09 选中“02.mp4”图层，然后在0:00:01:00的位置为其添加“不透明度”关键帧，使其呈现逐渐显示的动画效果，如图6-10所示。

图6-10

10 开启两个素材图层的“运动模糊”开关，如图6-11所示，效果如图6-12所示。

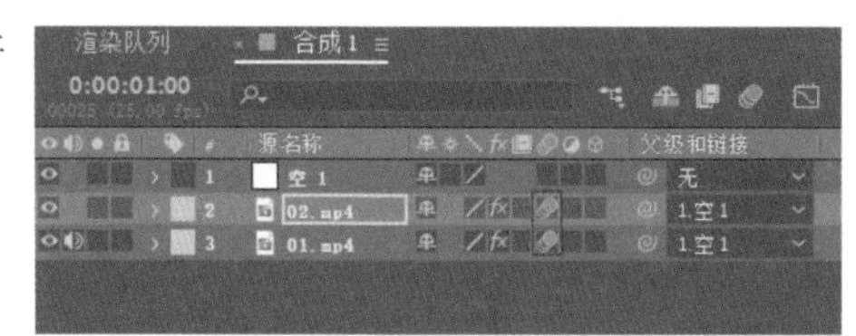

图6-11

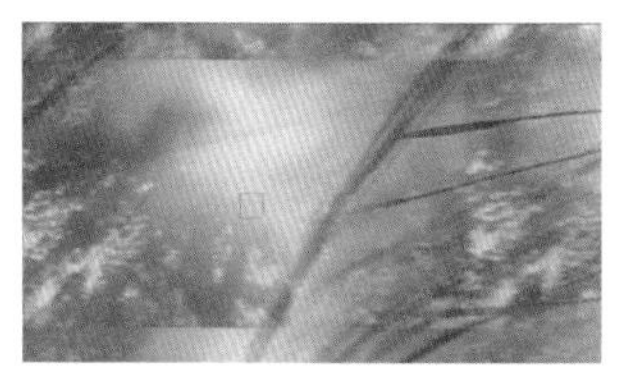

图6-12

11 在“01.mp4”图层上方新建一个黑色的纯色图层，然后使用“椭圆工具”绘制一个遮罩，如图6-13所示。

12 在“蒙版1”卷展栏中勾选“反转”选项，并设置“蒙版羽化”为（500,500）像素，如图6-14所示。

图6-13

图6-14

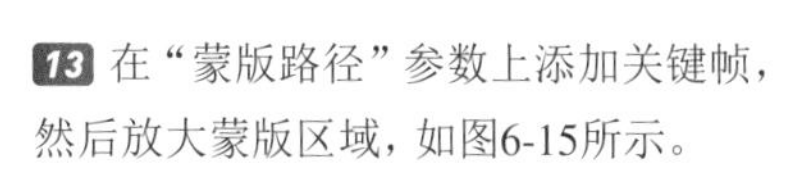

13 在“蒙版路径”参数上添加关键帧，然后放大蒙版区域，如图6-15所示。

14 移动播放指示器到“01.mp4”图层的剪辑末尾，缩小蒙版区域并移动其位置，如图6-16所示。动画效果如图6-17所示。

图6-15

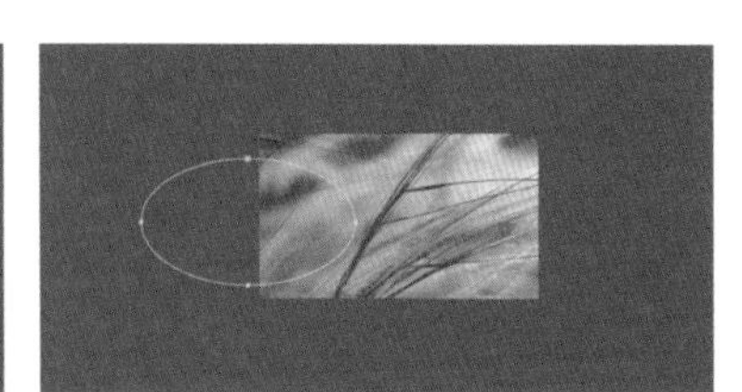

图6-16

图6-17

15 观察画面，发现在“01.mp4”图层缩小时其周围会出现拼贴的画面，如图6-18所示。适当放大该图层，可以遮挡其周围的拼贴画面，效果如图6-19所示。

图6-18

图6-19

16 新建一个调整图层，然后为其添加“快速方框模糊”效果，在画面过渡的位置设置“模糊半径”为20并添加关键帧，如图6-20所示。

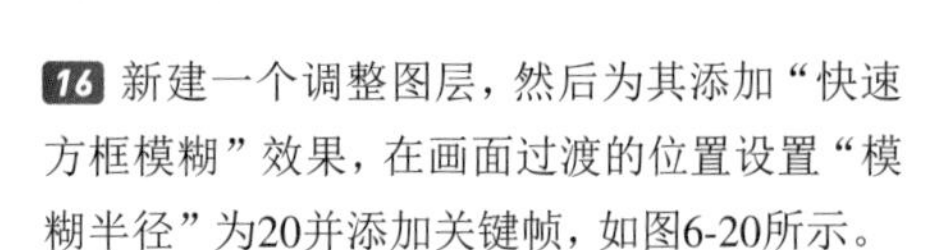

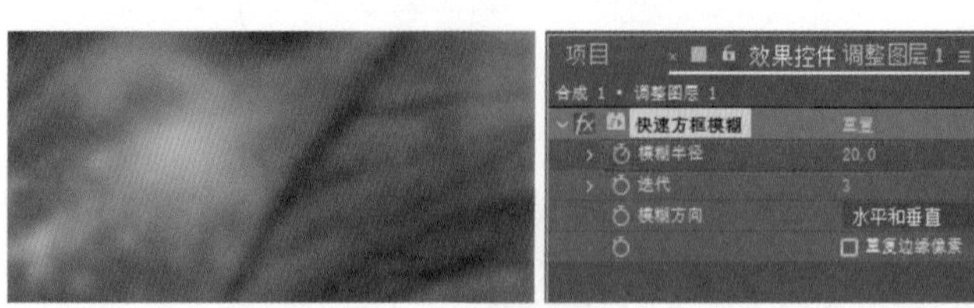

图6-20

17 在调整图层的剪辑两端选择合适的位置，设置“模糊半径”为0，如图6-21所示，效果如图6-22所示。

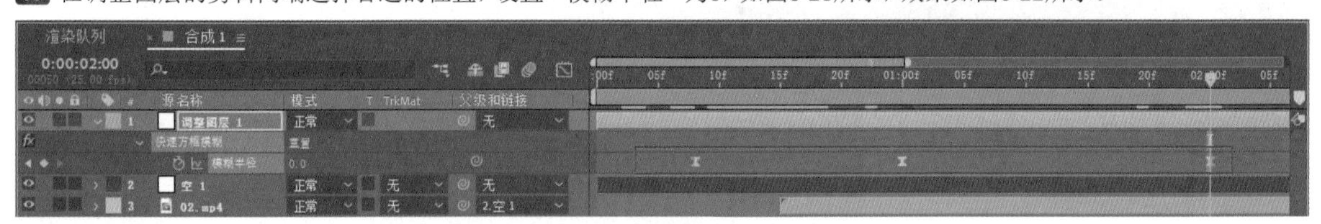

图6-21

图6-22

18 观察模糊效果，发现画面中的物体周围会出现浅色的边缘。将“动态拼贴”效果添加到调整图层上，然后将“输出宽度”和“输出高度”都设置为120，接着将“快速方框模糊”效果放在“动态拼贴”效果的下方，如图6-23所示，效果如图6-24所示。

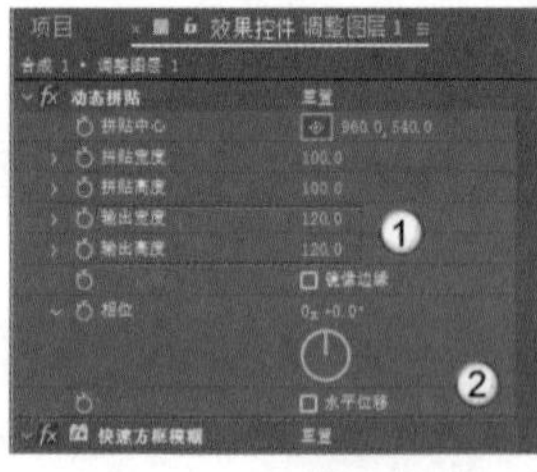

图6-23

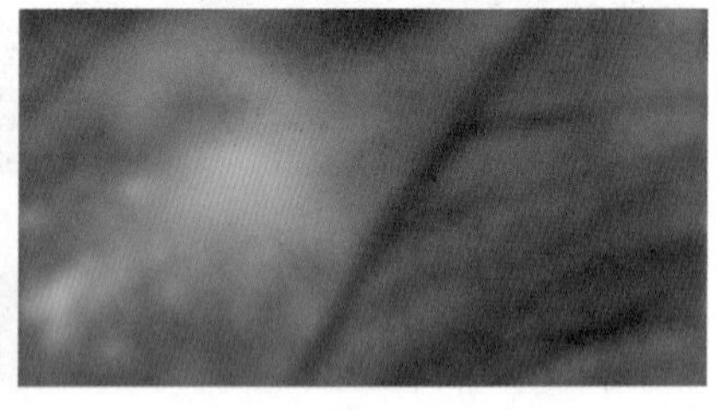

图6-24

19 在调整图层上添加“曲线”效果，然后在画面过渡的位置提亮画面，并添加“曲线”关键帧，如图6-25所示。在“模糊半径”为0的位置添加默认的“曲线”关键帧，使其亮度保持不变，如图6-26所示。

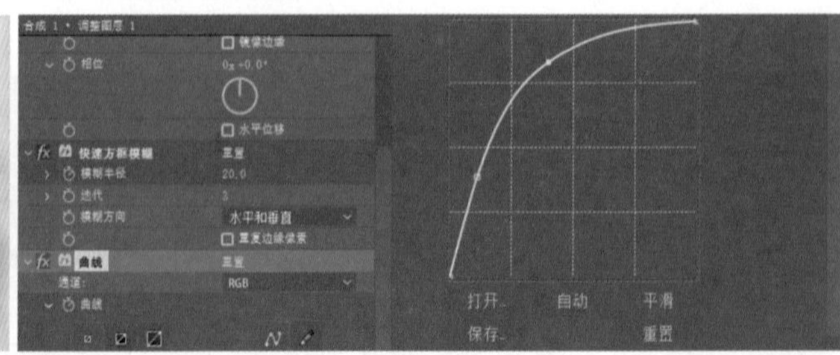

图6-25

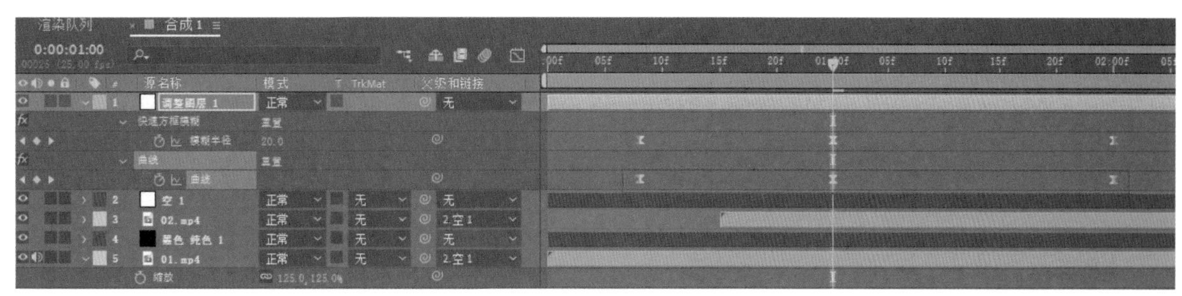

图6-26

20 调整相关细节后，在“合成”面板中任意截取4帧图片，效果如图6-27所示。

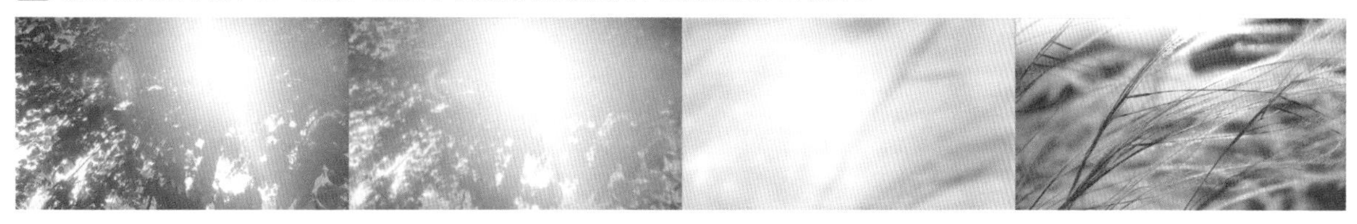

图6-27

☞ 技术回顾

扫码观看视频

演示视频：017-动态拼贴

效果：动态拼贴

位置：风格化>动态拼贴

01 新建一个尺寸较小的合成，然后新建一个文本图层，输入“star”，如图6-28所示。

02 新建一个尺寸较大的合成，然后新建一个蓝色的纯色图层作为背景，如图6-29所示。

图6-28

图6-29

疑难问答：为何文本合成要小尺寸，而背景合成要大尺寸？

“动态拼贴”效果会按照合成的大小进行拼贴。如果文本合成的尺寸过大，就不能在背景合成中完整显示拼贴的效果。一些初学者会将文本合成与背景合成的尺寸设置为相同大小，这时就会出现设置了“动态拼贴”效果的数值却不能显示其具体效果的问题。

03 将文字合成放置于背景合成中，效果如图6-30所示。

04 搜索“动态拼贴”效果并将其添加到文字合成上，保持默认参数不变，此时画面中没有任何变化，如图6-31所示。

图6-30

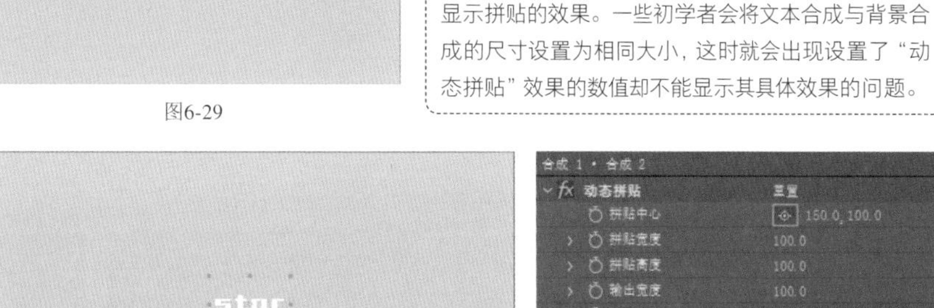

图6-31

05 设置“输出宽度”为500，可以观察到画面中出现了5个横向排列的文字元素，如图6-32所示。

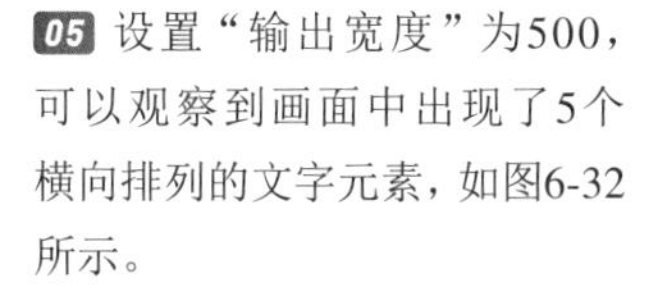

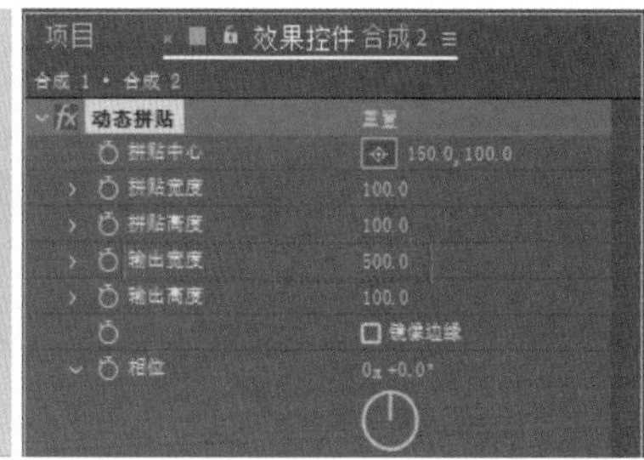

图6-32

06 设置“输出高度”为300，可以观察到画面中出现了3排文字元素，如图6-33所示。

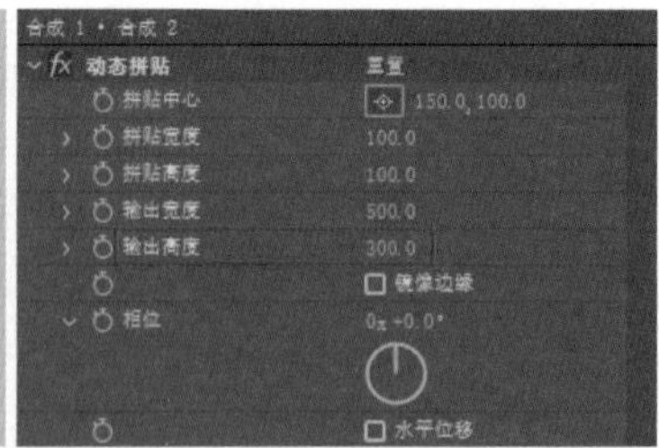

图6-33

07 勾选“镜像边缘”选项，文字元素之间会呈现镜像效果，如图6-34所示。

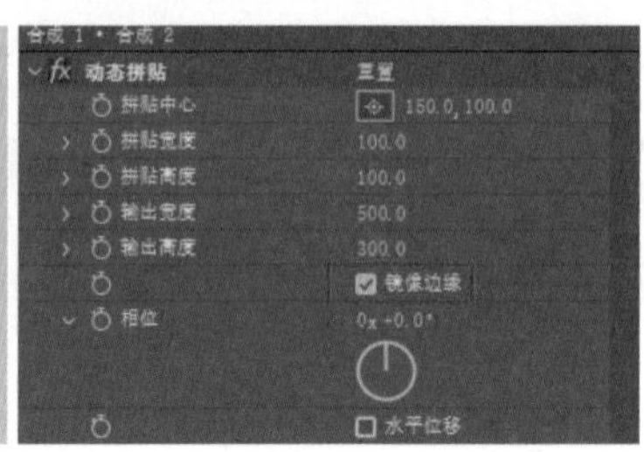

图6-34

08 设置“相位”为0x+90°，可以观察到文字元素在竖向上有错位效果，如图6-35所示。

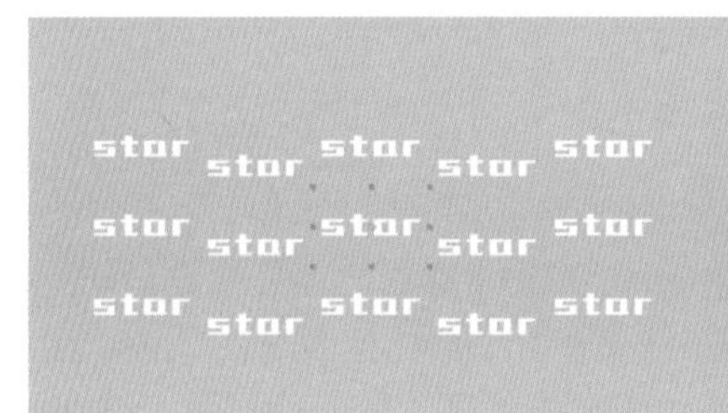
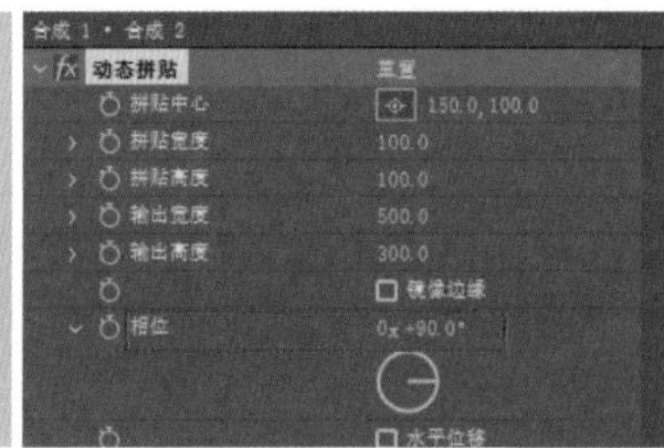

图6-35

09 为“拼贴中心”参数添加关键帧，可以形成循环播放的动画效果，效果如图6-36所示。

图6-36

实战：制作弹跳视频过渡效果

案例文件	案例文件>CH06>实战：制作弹跳视频过渡效果
难易程度	★★★☆☆
学习目标	掌握弹跳视频过渡效果的制作方法

扫码观看视频

弹跳过渡会提升视频的趣味性，且其制作方法较为简单，只需要在“缩放”参数上添加关键帧即可。案例效果如图6-37所示。

图6-37

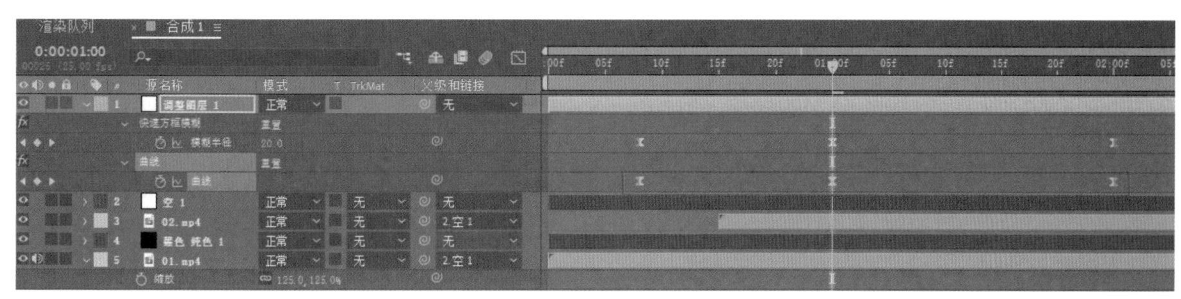

图6-26

20 调整相关细节后，在“合成”面板中任意截取4帧图片，效果如图6-27所示。

图6-27

☞ 技术回顾

扫码观看视频

演示视频：017-动态拼贴

效果：动态拼贴

位置：风格化>动态拼贴

01 新建一个尺寸较小的合成，然后新建一个文本图层，输入“star”，如图6-28所示。

02 新建一个尺寸较大的合成，然后新建一个蓝色的纯色图层作为背景，如图6-29所示。

图6-28

图6-29

> **疑难问答：为何文本合成要小尺寸，而背景合成要大尺寸？**
>
> “动态拼贴”效果会按照合成的大小进行拼贴。如果文本合成的尺寸过大，就不能在背景合成中完整显示拼贴的效果。一些初学者会将文本合成与背景合成的尺寸设置为相同大小，这时就会出现设置了“动态拼贴”效果的数值却不能显示其具体效果的问题。

03 将文字合成放置于背景合成中，效果如图6-30所示。

04 搜索“动态拼贴”效果并将其添加到文字合成上，保持默认参数不变，此时画面中没有任何变化，如图6-31所示。

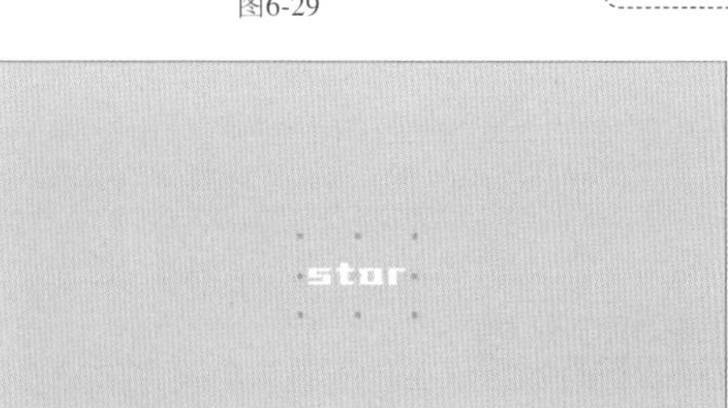

图6-30

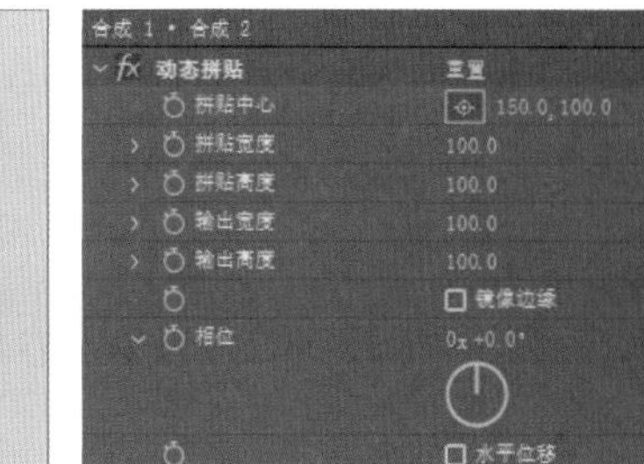

图6-31

05 设置“输出宽度”为500，可以观察到画面中出现了5个横向排列的文字元素，如图6-32所示。

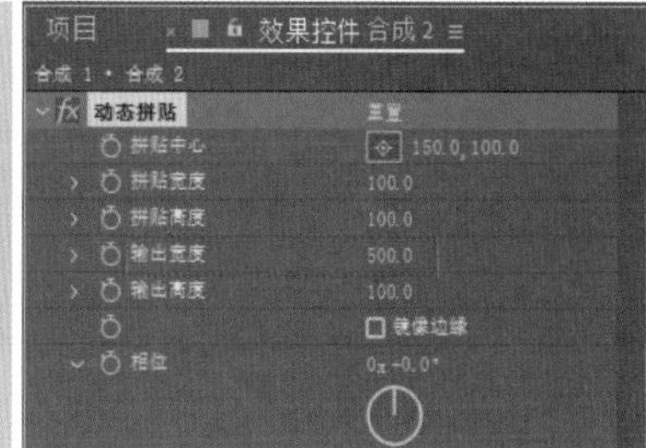

图6-32

06 设置“输出高度”为300，可以观察到画面中出现了3排文字元素，如图6-33所示。

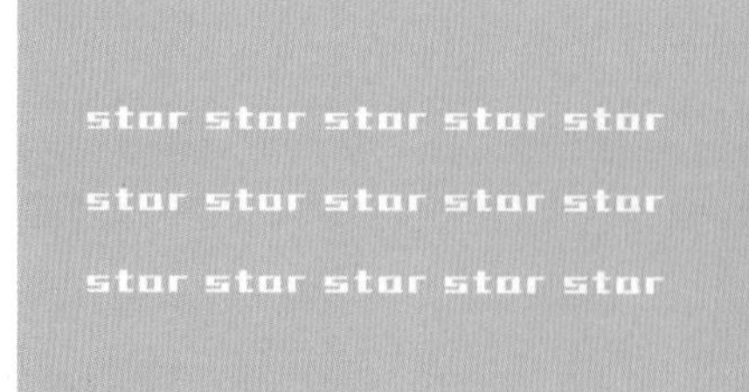

图6-33

07 勾选“镜像边缘”选项，文字元素之间会呈现镜像效果，如图6-34所示。

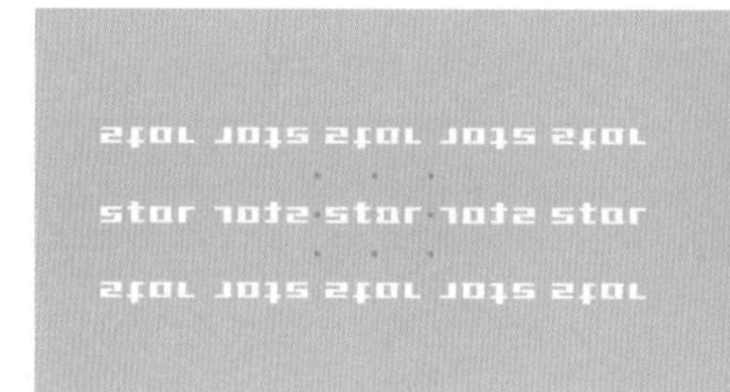
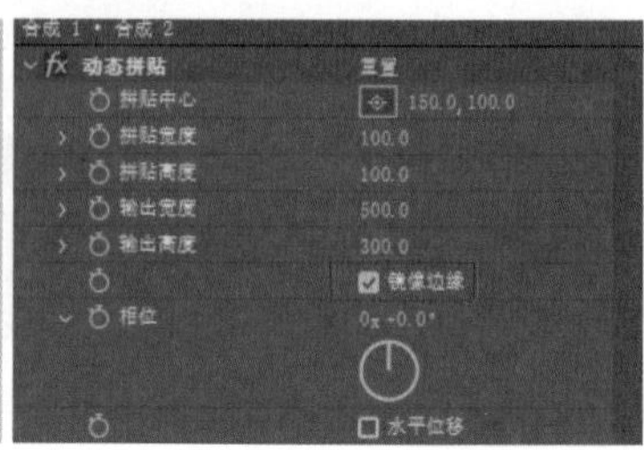

图6-34

08 设置“相位”为0x+90°，可以观察到文字元素在竖向上有错位效果，如图6-35所示。

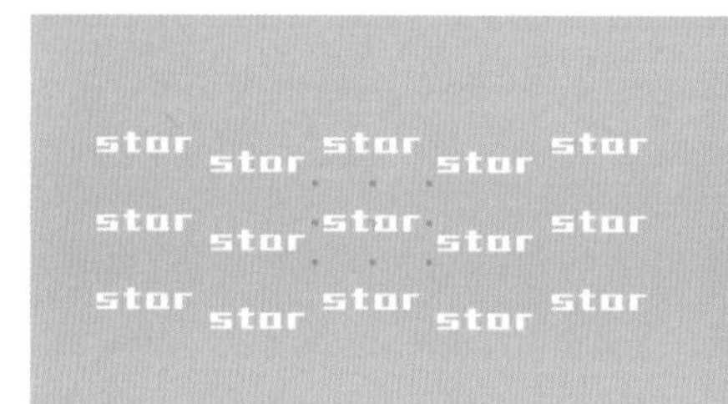
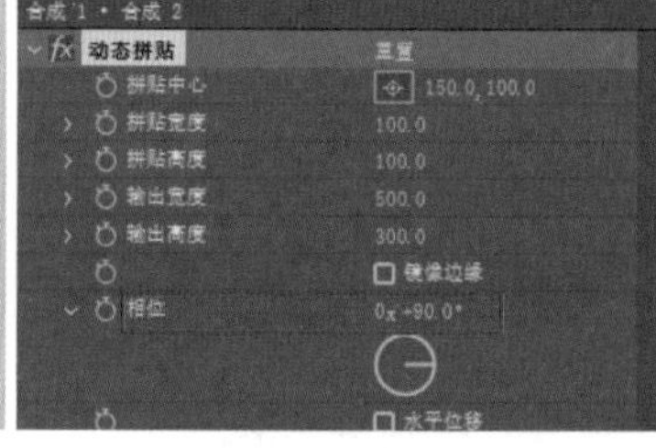

图6-35

09 为“拼贴中心”参数添加关键帧，可以形成循环播放的动画效果，效果如图6-36所示。

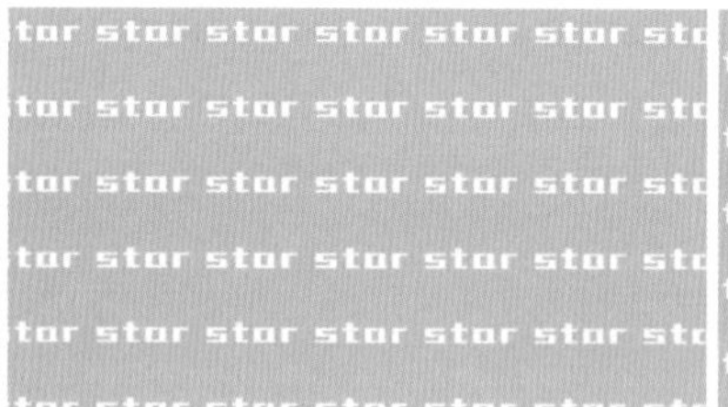

图6-36

实战：制作弹跳视频过渡效果

案例文件	案例文件>CH06>实战：制作弹跳视频过渡效果
难易程度	★★★☆☆
学习目标	掌握弹跳视频过渡效果的制作方法

扫码观看视频

弹跳过渡会提升视频的趣味性，且其制作方法较为简单，只需要在“缩放”参数上添加关键帧即可。案例效果如图6-37所示。

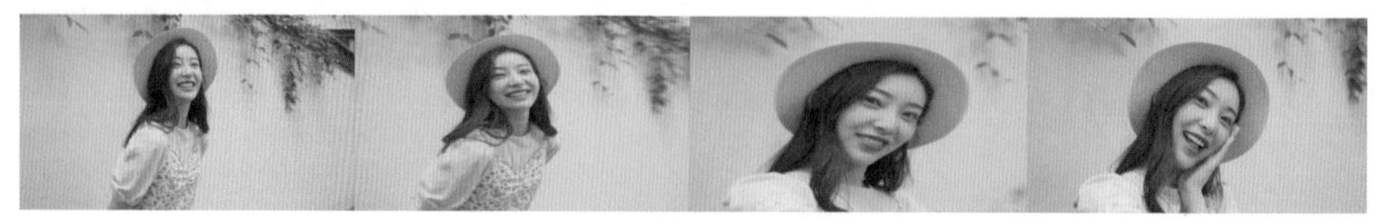

图6-37

01 新建一个1920像素×1080像素的合成，然后在“项目”面板中导入学习资源“案例文件>CH06>实战：制作弹跳视频过渡效果”文件夹中的素材文件，如图6-38所示。

图6-38

02 双击“01.mp4”素材文件，然后在0:00:08:00的位置添加入点，在0:00:09:22的位置添加出点，如图6-39所示。

03 双击“02.mp4”素材文件，然后在0:00:02:00的位置添加入点，在0:00:06:00的位置添加出点，如图6-40所示。

图6-39

图6-40

04 将两个素材文件拖曳到“时间轴”面板中，并调整剪辑的位置，使它们首尾相连，如图6-41所示。

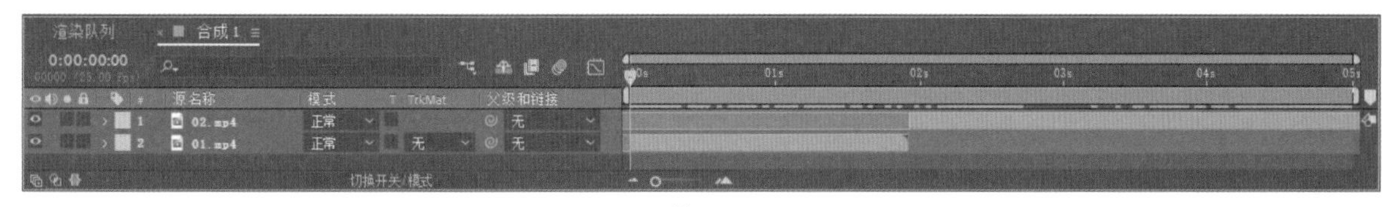

图6-41

05 新建一个空对象图层，然后按快捷键Ctrl+Shift+D将剪辑裁成两半，如图6-42所示。

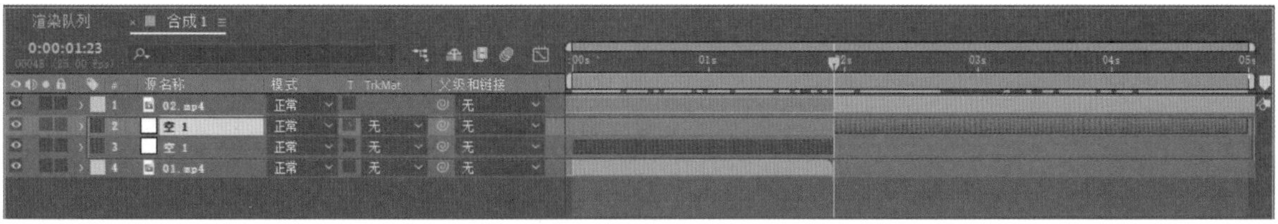

图6-42

06 删除后半部分剪辑所在的图层，然后将“空1”图层复制一层，如图6-43所示。

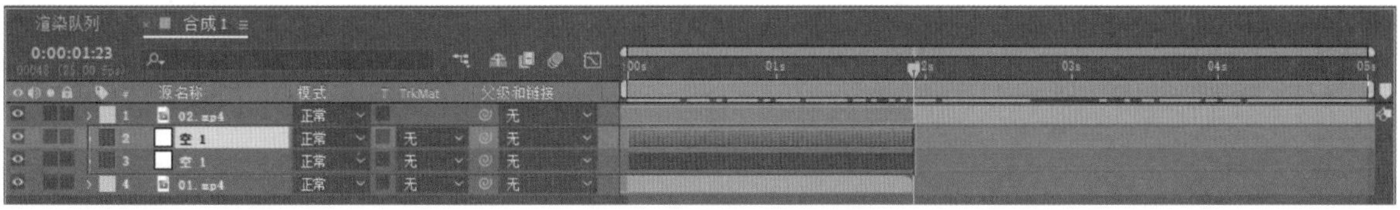

图6-43

07 设置“01.mp4”图层的父层级为上层的“空1”图层，如图6-44所示。

08 设置“空1”图层的父层级为上层的“空1”图层，如图6-45所示。

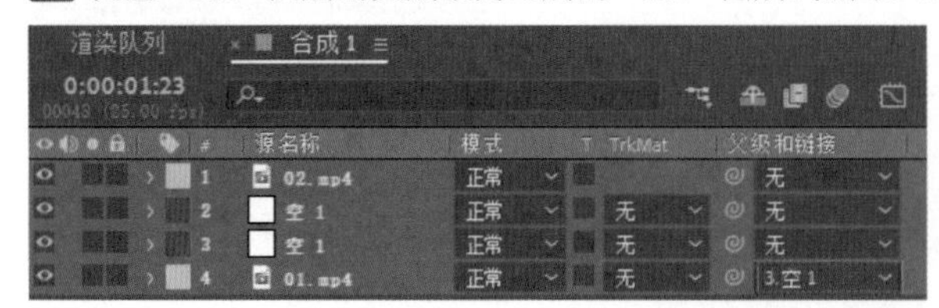

图6-44

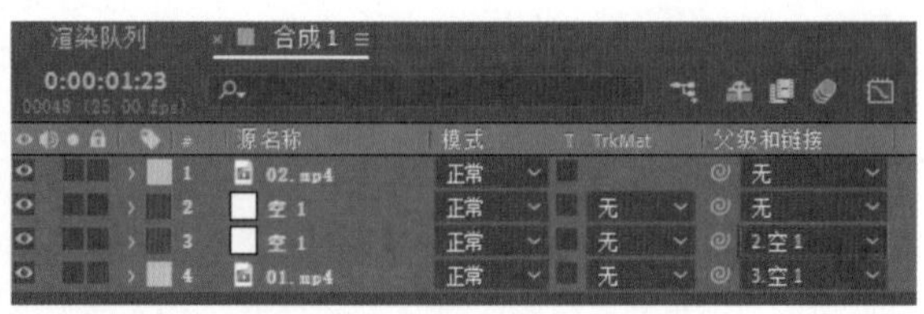

图6-45

09 选中“01.mp4”图层上层的“空1”图层，在时间轴起始位置按S键调出“缩放”参数，取消关联后设置“缩放”为（200%,100%），并添加关键帧，如图6-46所示，效果如图6-47所示。

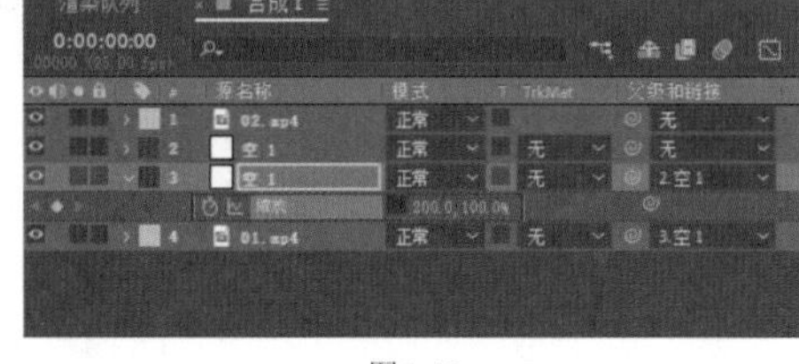

图6-46

图6-47

10 在0:00:01:05的位置设置“缩放”为（100%,100%），如图6-48所示，效果如图6-49所示。

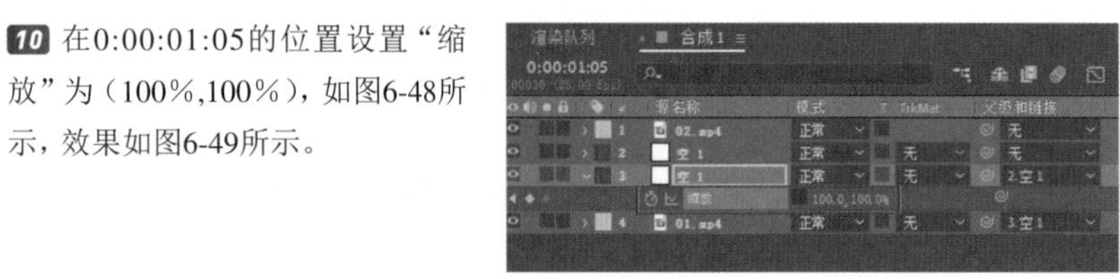

图6-48

图6-49

11 选中添加的关键帧后按F9键，将其调整为“缓动”关键帧，然后切换到“图表编辑器”面板中，调整曲线，如图6-50所示。

> **技巧提示**
>
> 这一步调整的不是速度曲线，而是值曲线。

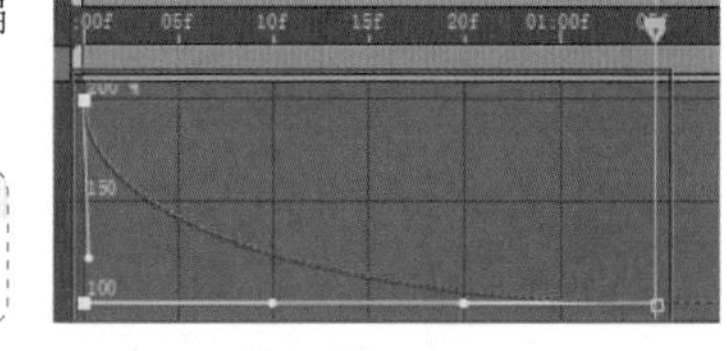

图6-50

12 选中“02.mp4”图层下层的“空1”图层，按S键调出“缩放”参数，在0:00:01:00的位置添加关键帧，如图6-51所示。

13 移动播放指示器到0:00:01:23的位置，设置“缩放”为（200%,100%），如图6-52所示。

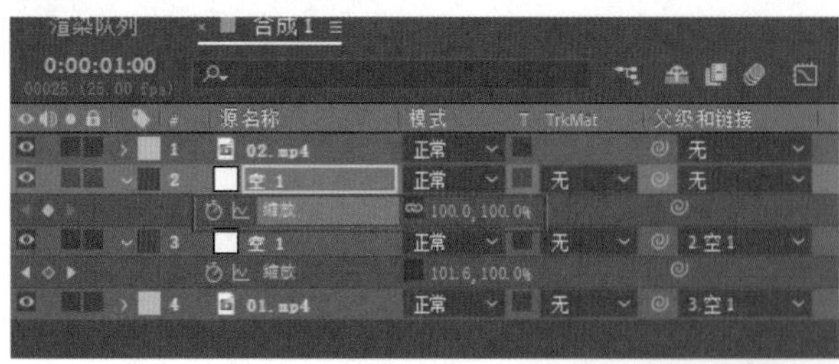

图6-51

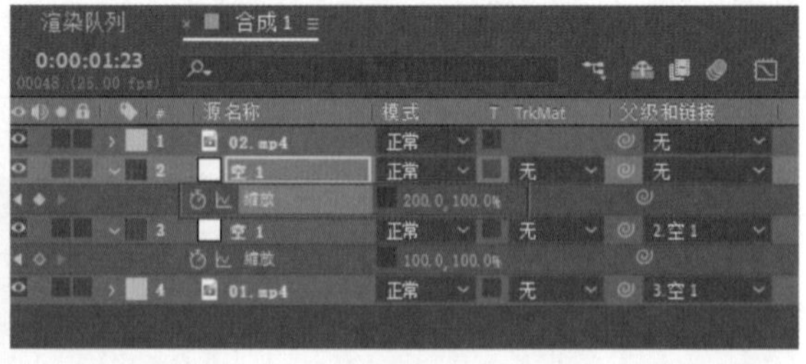

图6-52

14 选中添加的关键帧后按F9键，将其转换为“缓动”关键帧，然后调整值曲线，如图6-53所示。

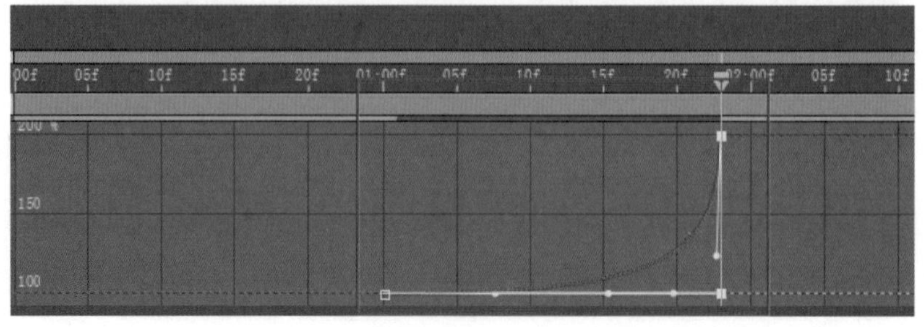

图6-53

15 在“02.mp4”图层的上方新建一个空对象图层，在对剪辑进行裁剪后删掉前半部分剪辑，如图6-54所示。

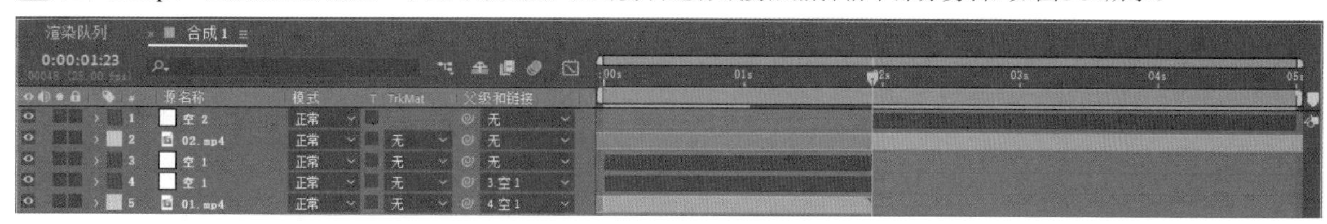

图6-54

16 将“空2”图层复制一层，如图6-55所示。

图6-55

17 按照对“01.mp4”图层的两个空对象图层的做法，为“02.mp4”图层和下方的“空2”图层链接父层级图层，如图6-56所示。

18 在下方的“空2”图层的剪辑起始位置添加“缩放”关键帧，并设置“缩放”为（200%,100%），如图6-57所示，效果如图6-58所示。

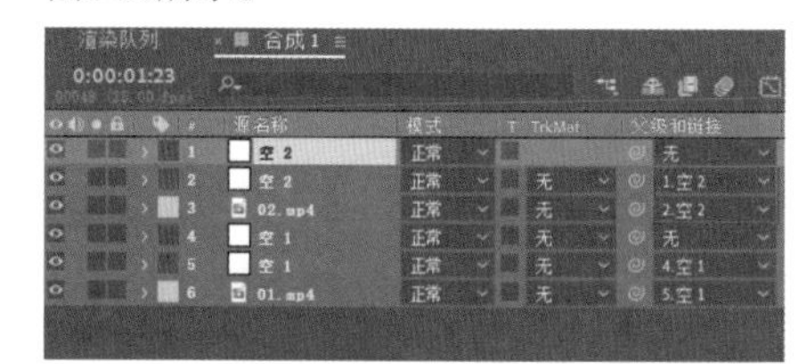

图6-56

图6-57

图6-58

19 在0:00:03:00的位置设置“缩放”为（100%,100%），如图6-59所示，效果如图6-60所示。

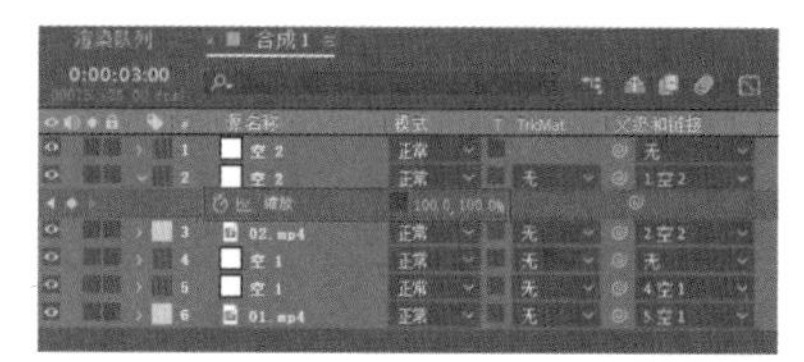

图6-59

图6-60

20 将添加的两个关键帧转换为“缓动”关键帧，并切换到“图表编辑器”面板，调整曲线，如图6-61所示。

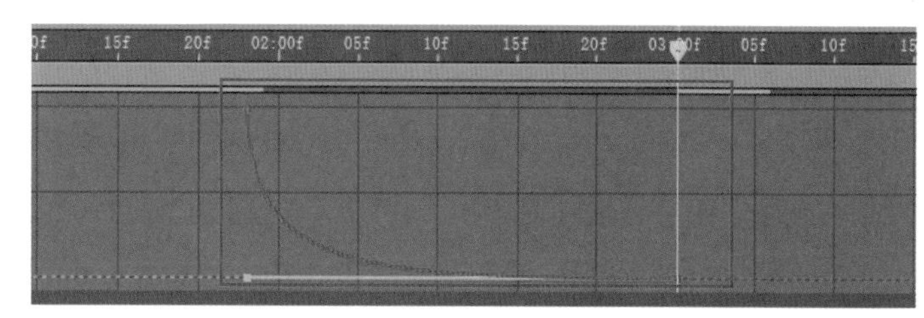

图6-61

21 选中顶层的“空2”图层，然后在0:00:02:20的位置为其添加“缩放”关键帧，如图6-62所示。

22 移动播放指示器到0:00:04:00的位置，设置“缩放”为（200%,100%），如图6-63所示，效果如图6-64所示。

图6-62

图6-63

图6-64

23 将添加的关键帧转换为“缓动”关键帧，然后调整曲线，如图6-65所示。

24 打开所有图层的“运动模糊”开关，如图6-66所示。

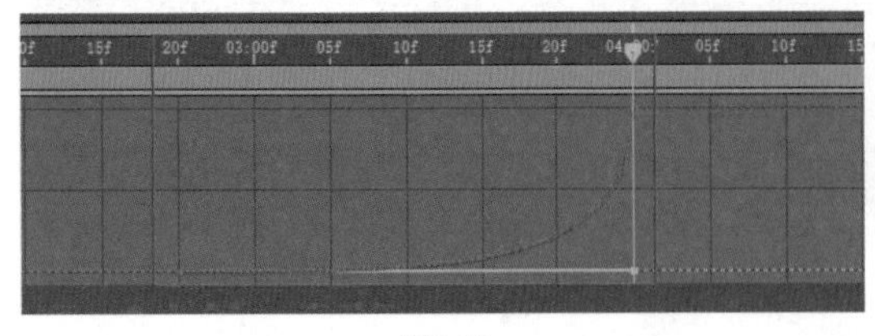

图6-65

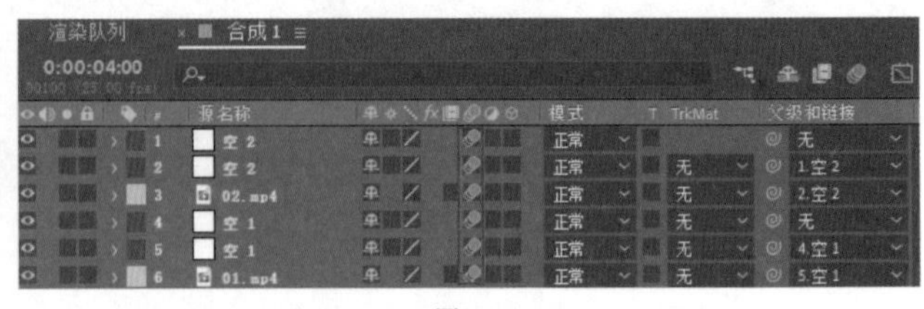

图6-66

25 将“时间轴”面板中的工作区结尾设置在0:00:04:00的位置，如图6-67所示。

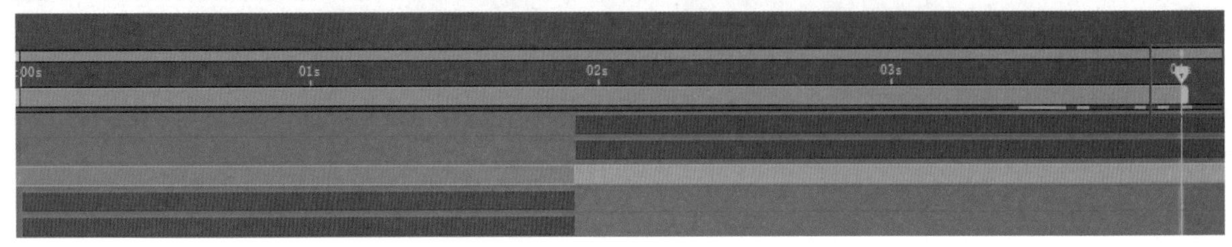

图6-67

> **技巧提示**
>
> 也可以将“合成”的持续时间修改为0:00:04:00。

26 在“合成”面板中任意截取4帧图片，效果如图6-68所示。

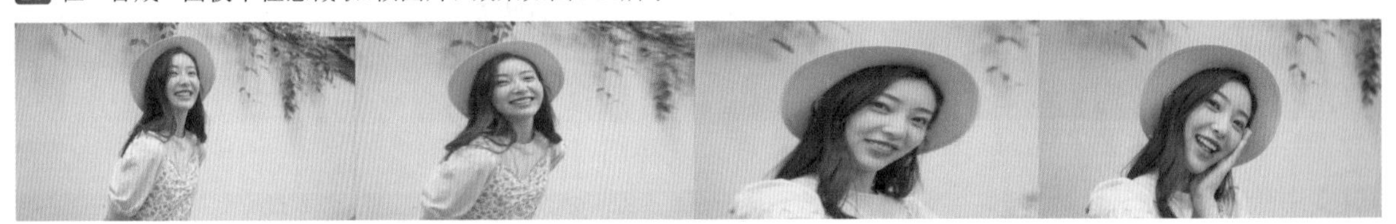

图6-68

重点

实战：制作帧混合视频过渡效果

案例文件	案例文件>CH06>实战：制作帧混合视频过渡效果
难易程度	★★★☆☆
学习目标	掌握CC Wide Time效果的使用方法

扫码观看视频

帧混合视频过渡效果需要用“不透明度”和CC Wide Time效果共同实现，案例效果如图6-69所示。

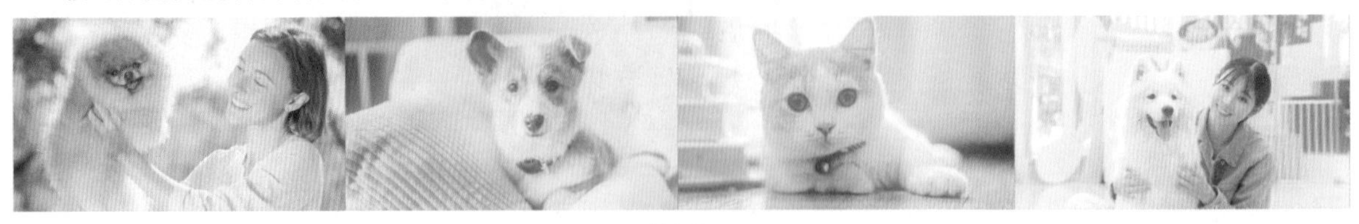

图6-69

案例制作

01 新建一个1920像素×1080像素的合成，然后在“项目”面板中导入学习资源“案例文件>CH06>实战：制作帧混合视频过渡效果”文件夹中的素材文件，如图6-70所示。

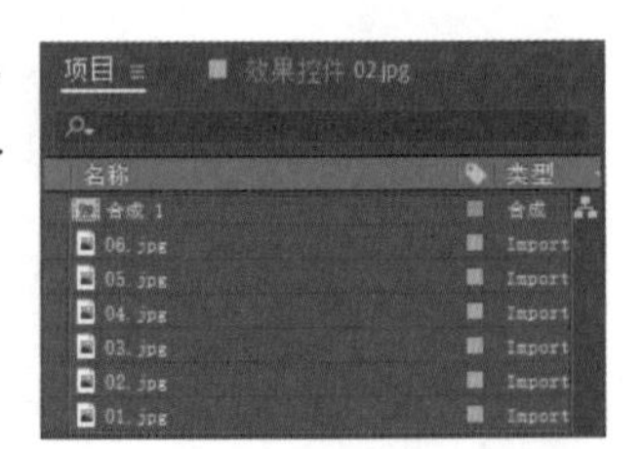

图6-70

02 将素材文件拖曳到“时间轴”面板中，然后随意调整素材剪辑的长度，使其整体长度与时间轴的长度相同，如图6-71所示。

图6-71

> **技巧提示**
>
> 此处对每个图层的剪辑长度不作具体规定，读者可按照自己的想法进行调整。需要注意的是，一定要让每个剪辑都与相邻的剪辑有重叠部分，这样才能制作过渡效果。

03 选中“02.jpg”图层，按T键调出“不透明度”参数，然后添加关键帧，如图6-72所示。这样可以形成两张图片之间的过渡效果，如图6-73所示。

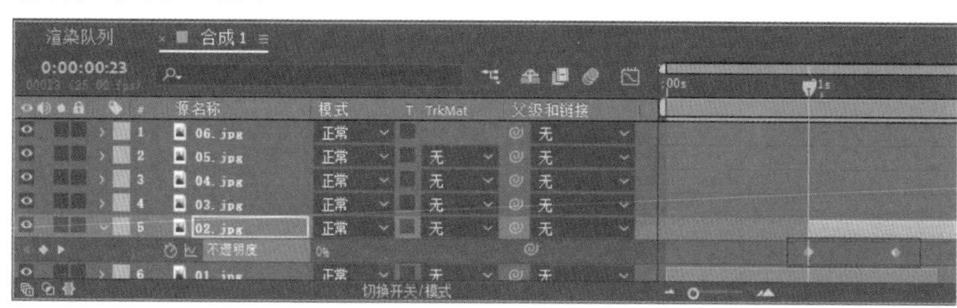

图6-72

图6-73

> **技巧提示**
>
> 对于关键帧的间距，读者可按照自己的喜好设定，这里不进行强制规定。

04 选中“不透明度”参数的关键帧，按快捷键Ctrl+C复制，然后将其粘贴到上方的各个图层中，如图6-74所示。

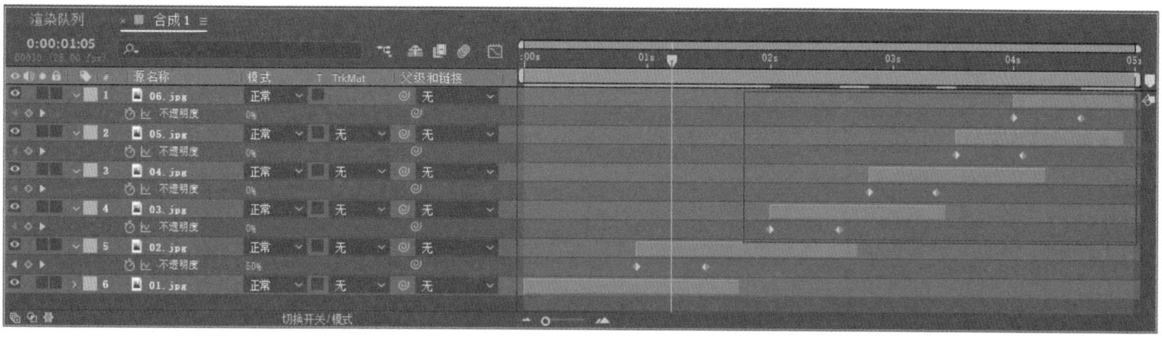

图6-74

05 在顶层新建一个调整图层，然后为其添加CC Wide Time效果，设置Forward Steps为5，如图6-75所示。添加该效果后可以观察到过渡效果有一些细节上的变化，效果如图6-76所示。

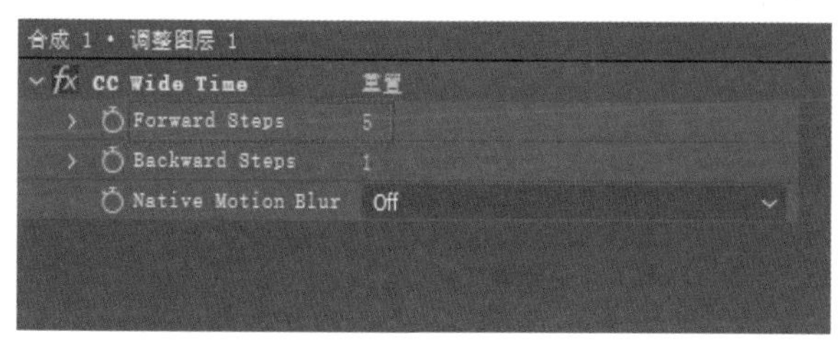

图6-75

图6-76

06 选中“01.jpg”图层，然后按S键调出“缩放”参数，添加关键帧，制作素材图片的缩放动画，并将该关键帧设置为“缓动”关键帧，如图6-77所示，效果如图6-78所示。

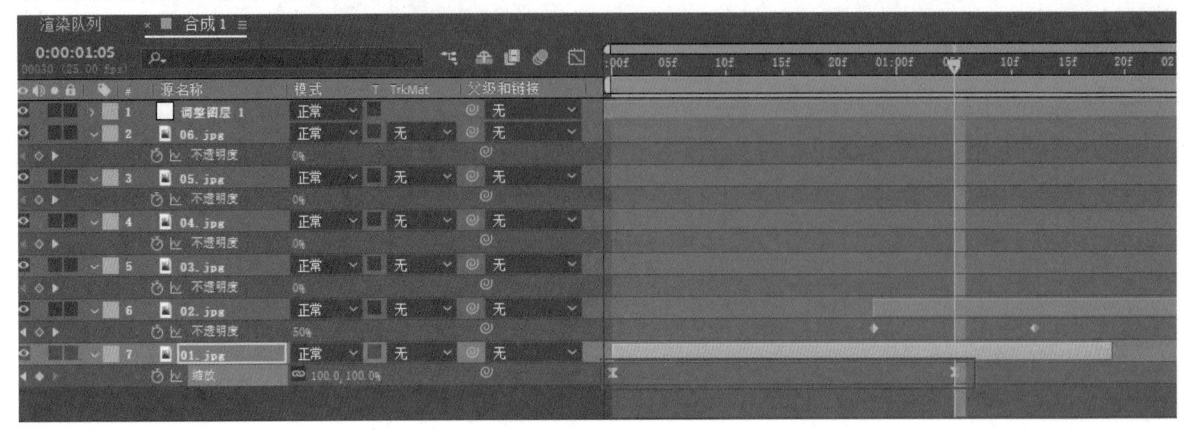

图6-77

图6-78

07 切换到“图表编辑器”面板，调整缩放曲线的效果，如图6-79所示。

08 将“缩放”关键帧复制后粘贴到上方的各个图层中，然后根据剪辑的长度灵活调整缩放的时长，如图6-80所示。

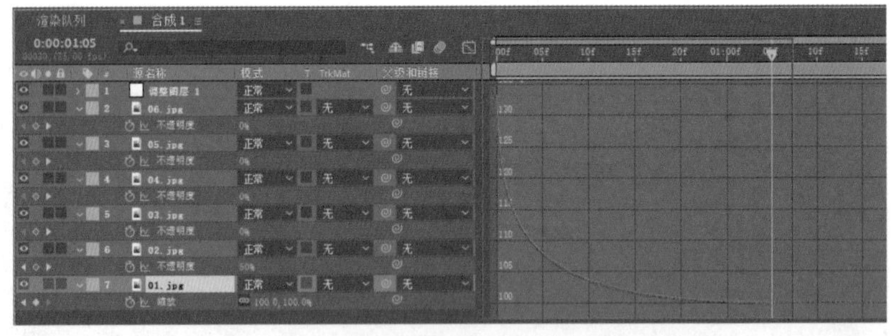

图6-79

图6-80

09 选中调整图层，然后为其添加uni.Chromatic Glow效果，具体参数及效果如图6-81所示。

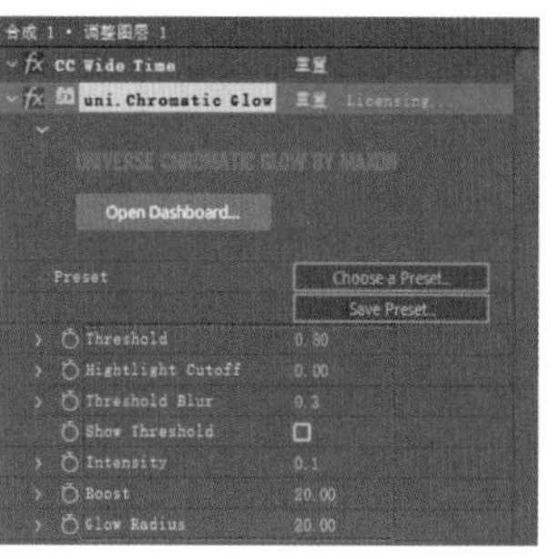

图6-81

> **技巧提示**
>
> 添加uni.Chromatic Glow效果可以让画面整体的色调趋近一致，且能增强画面质感。

10 在“合成”面板中任意截取4帧图片，效果如图6-82所示。

图6-82

技术回顾

演示视频：018-CC Wide Time

效果：CC Wide Time

位置：时间> CC Wide Time

扫码观看视频

01 新建一个默认合成，然后新建一个蓝色的纯色图层，如图6-83所示。

02 使用“椭圆工具”在画面中绘制一个圆形，效果如图6-84所示。

03 为圆形添加一段位移动画，效果如图6-85所示。

图6-83

图6-84

图6-85

04 新建一个调整图层，然后将其添加CC Wide Time效果，如图6-86所示。

05 将圆形移动到画面中间，然后设置Forward Steps为3，此时可以观察到圆形的边缘出现3层重影，如图6-87所示。

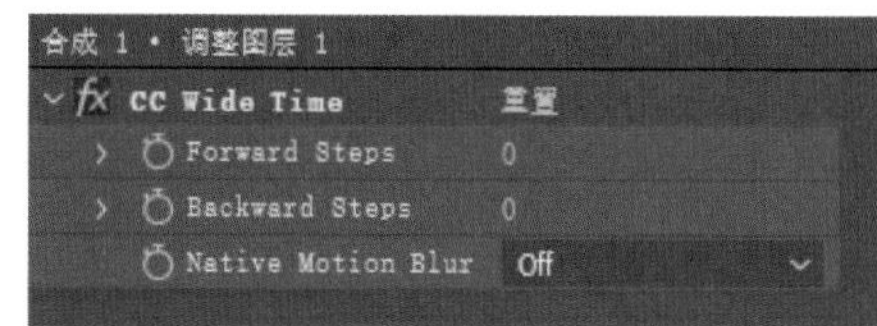

图6-86

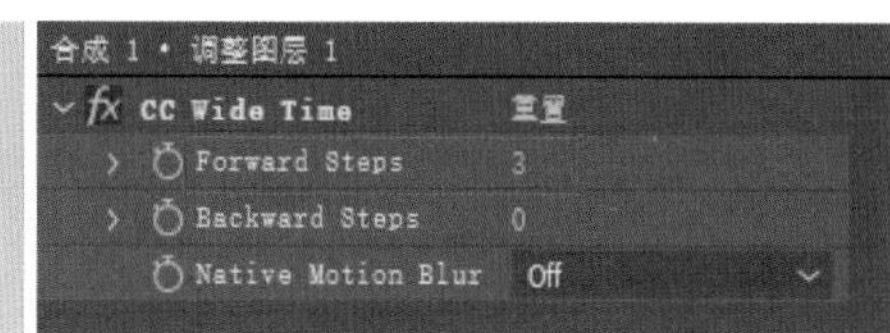

图6-87

06 移动播放指示器到动画结束位置的关键帧时，重影消失，效果如图6-88所示。移动播放指示器到动画起始位置的关键帧时，依旧会显示重影，效果如图6-89所示。

图6-88

图6-89

07 设置Forward Steps为0，Backward Steps为3，此时可以观察到圆形边缘依然有3层重影，如图6-90所示。

08 移动播放指示器到动画起始位置的关键帧，会观察到画面亮度降低，但没有重影，效果如图6-91所示。

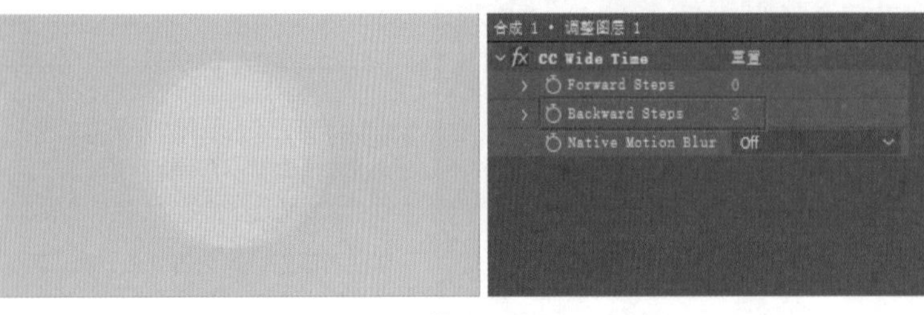

图6-90

图6-91

重点

实战：制作扭曲缩放视频过渡效果

案例文件	案例文件>CH06>实战：制作扭曲缩放视频过渡效果
难易程度	★★★☆☆
学习目标	掌握“变形”效果的使用方法

扫码观看视频

“变形”效果能使素材膨胀或收缩，用于制作视频过渡效果时可以增强画面的丰富性，案例效果如图6-92所示。

图6-92

案例制作

01 新建一个1920像素×1080像素的合成，然后将学习资源“案例文件>CH06>实战：制作扭曲缩放视频过渡效果”文件夹中的素材导入“项目”面板，如图6-93所示。

图6-93

02 将两个素材文件向下拖曳到“时间轴”面板中，然后在0:00:02:00处按快捷键Ctrl+Shift+D裁剪剪辑，如图6-94所示。

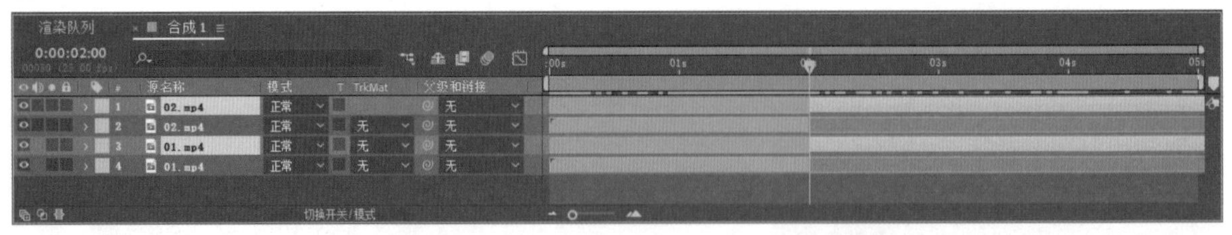

图6-94

03 将剪辑的后半部分全部删掉，然后将两个图层的剪辑首尾相连，如图6-95所示。

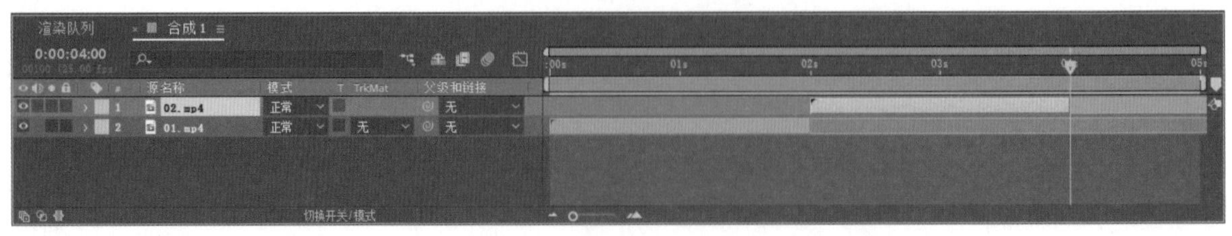

图6-95

04 预览动画，发现素材的播放速度较慢。选中两个素材图层，单击鼠标右键，在弹出的菜单中选择“时间>时间伸缩”选项，打开“时间伸缩”对话框，然后设置“新持续时间”为0:00:01:00，如图6-96所示。“时间轴”面板如图6-97所示。

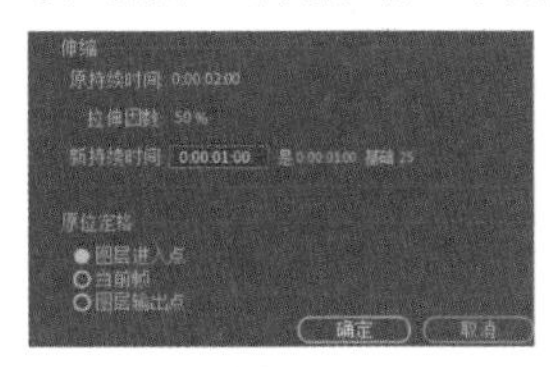

图6-96

图6-97

05 将两个图层分别转换为预合成，具体参数设置如图6-98所示。“时间轴”面板如图6-99所示。

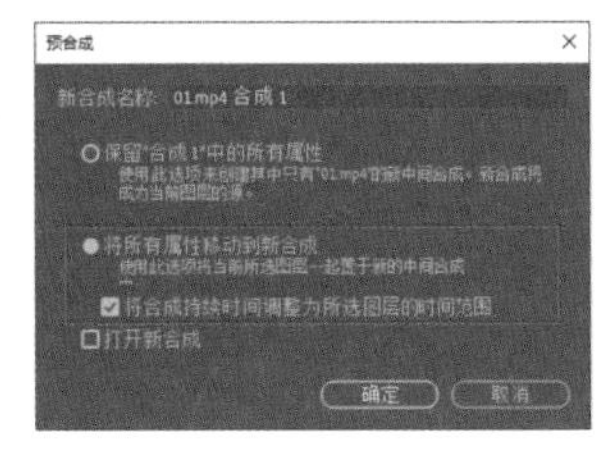

图6-98

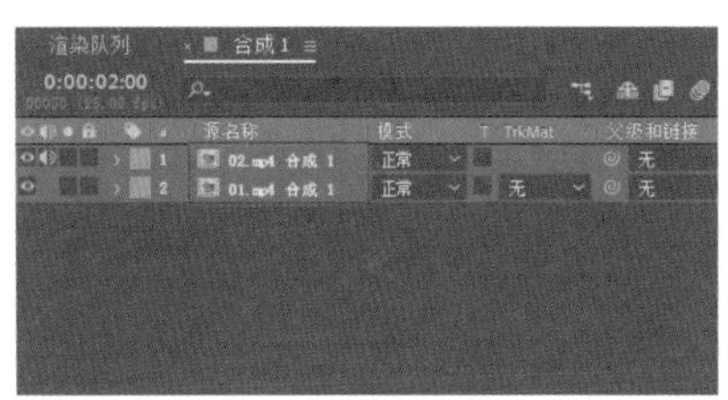

图6-99

06 选中“01.mp4 合成1”合成，然后按S键调出“缩放”参数，在剪辑起始位置设置“缩放”为（125%,125%），并添加关键帧，如图6-100所示，效果如图6-101所示。

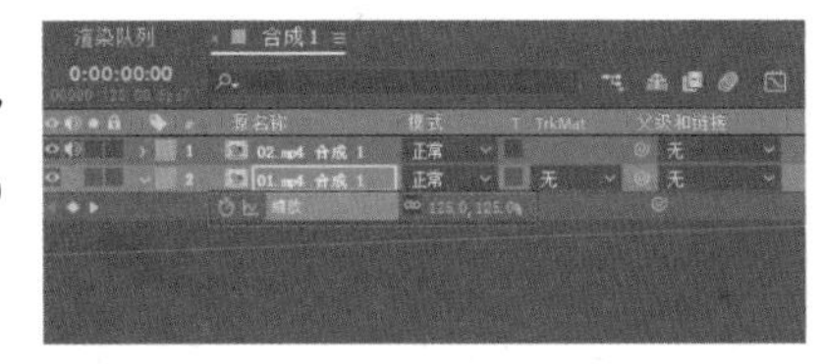

图6-100

图6-101

07 在剪辑的末尾设置“缩放”为（100%,100%），如图6-102所示，效果如图6-103所示。

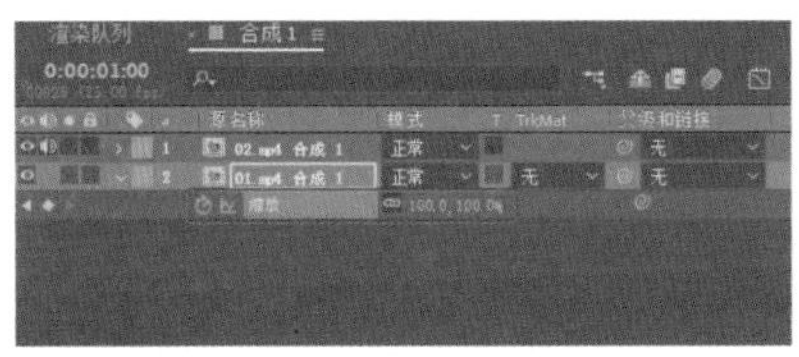

图6-102

图6-103

08 选中两个关键帧，按F9键将它们转换为“缓动”关键帧，然后调整曲线的效果，如图6-104所示。

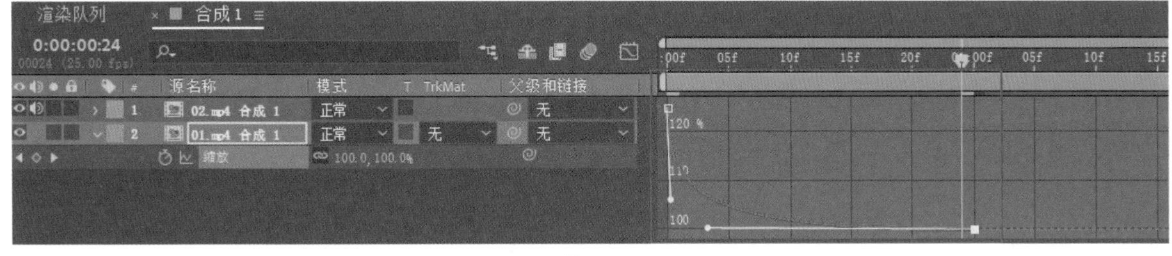

图6-104

09 将“01.mp4 合成1”合成中的关键帧复制到“02.mp4 合成1”中，如图6-105所示。

图6-105

10 在两个合成上方分别添加一个调整图层，如图6-106所示。

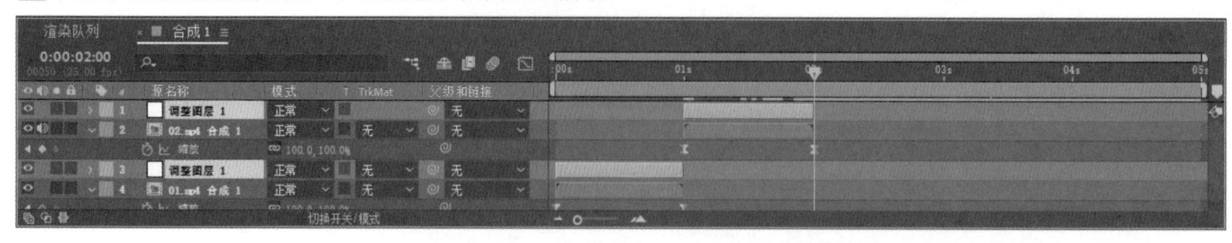

图6-106

11 选中“01.mp4 合成1”合成上方的“调整图层1”图层，为其添加“变形”效果，然后在0:00:00:10的位置设置“变形样式”为“白点”，“弯曲”为0，并为“弯曲”参数添加关键帧，如图6-107所示。此时画面没有任何变化。

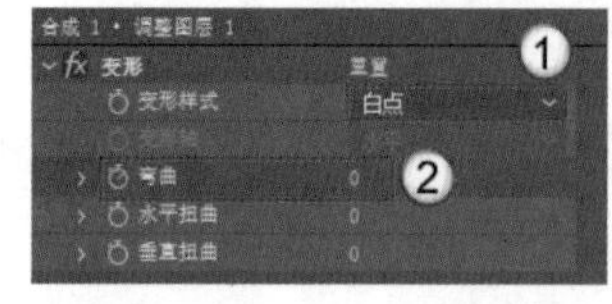

图6-107

12 移动播放指示器到剪辑末尾，设置“弯曲”为-80，效果如图6-108所示。

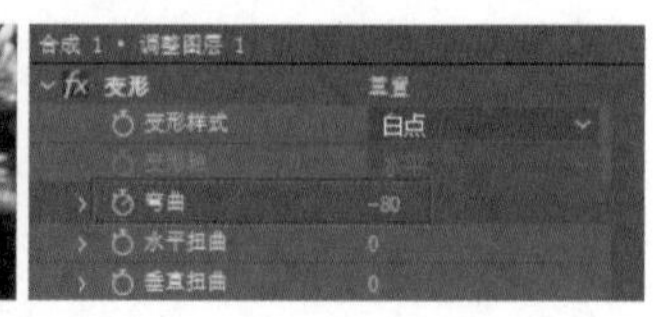

图6-108

13 将在“弯曲”参数上添加的关键帧转换为“缓动”关键帧，然后切换到“图表编辑器”面板，调整曲线效果，如图6-109所示。

图6-109

14 选中“02.mp4合成1”合成上方的“调整图层1”图层，为其添加“光学补偿”效果，在剪辑起始位置设置“视场（FOV）”为70，并添加关键帧，如图6-110所示。

15 在剪辑末尾设置“视场（FOV）”为0，如图6-111所示。

图6-110

图6-111

16 将“光学补偿”效果的关键帧转换为“缓动”关键帧，然后调整曲线的效果，如图6-112所示。

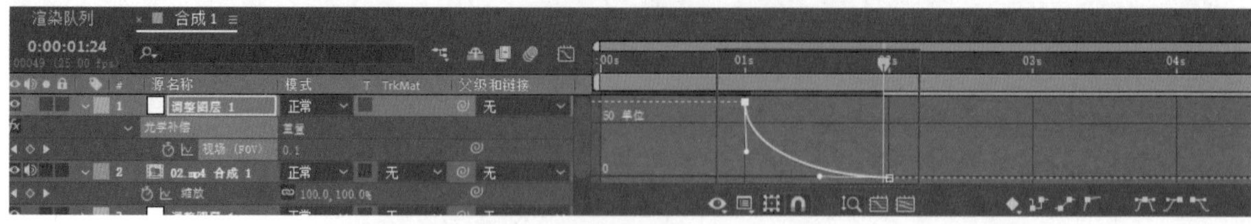

图6-112

17 开启两个合成的“运动模糊”开关，如图6-113所示。

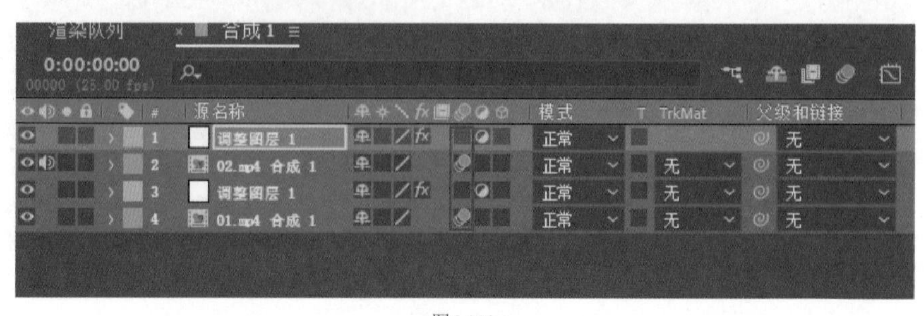

图6-113

18 在“合成”面板中任意截取4帧图片，效果如图6-114所示。

图6-114

☞ 技术回顾

演示视频：019-变形

效果：变形

位置：扭曲>变形

扫码观看视频

01 新建一个1920像素×1080像素的合成，然后导入学习资源“技术回顾素材”文件夹中的“05.jpg”素材文件，并将其向下拖曳至“时间轴”面板中，效果如图6-115所示。

图6-115

合成 1 • 05.jpg
fx 变形 重置
变形样式 弧
变形轴 水平
弯曲 50
水平扭曲 0
垂直扭曲 0

图6-116

02 搜索“变形”效果，将其添加到素材所在的图层上，如图6-116所示。

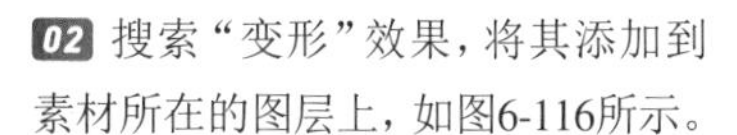

03 默认情况下素材会按照“弧”的样式进行变形，展开“变形样式”下拉列表，可以选择其他的变形样式，如图6-117所示。部分变形样式的效果如图6-118所示。

弧	标记
下弧形	波形
上弧形	鱼
弓形	上升
凸出	鱼眼
下抽壳	膨胀
上抽壳	扭转
	挤压

图6-117

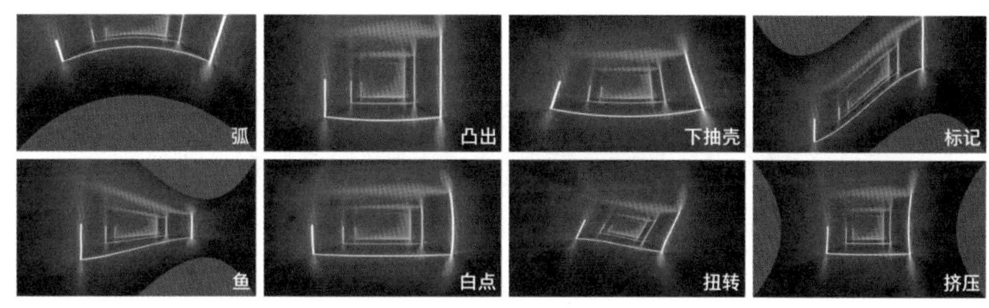

图6-118

04 默认的“变形轴”为“水平”，还可以将其调整为“垂直”，对比效果如图6-119所示。

05 “弯曲”的数值可以是正数，也可以是负数，它们所呈现的效果完全相反，对比效果如图6-120所示。

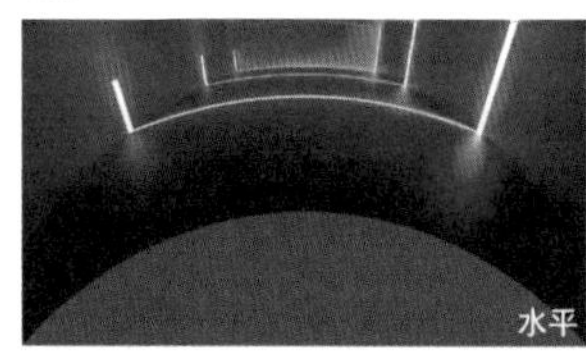

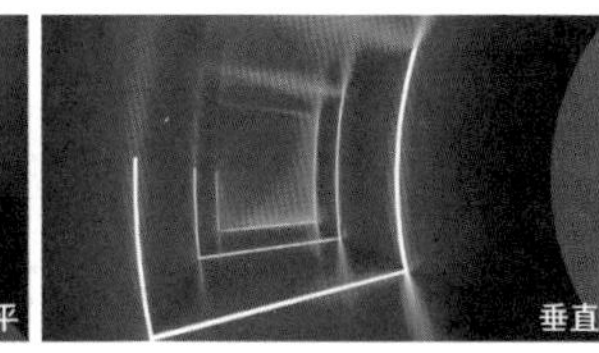

图6-119

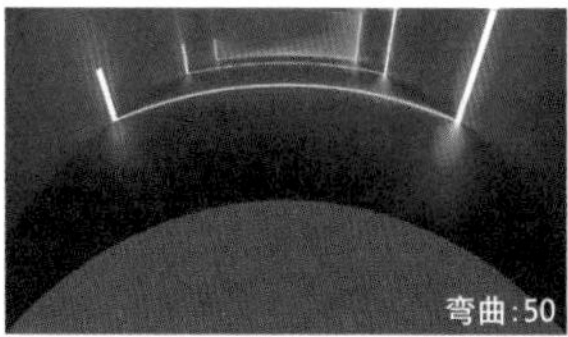

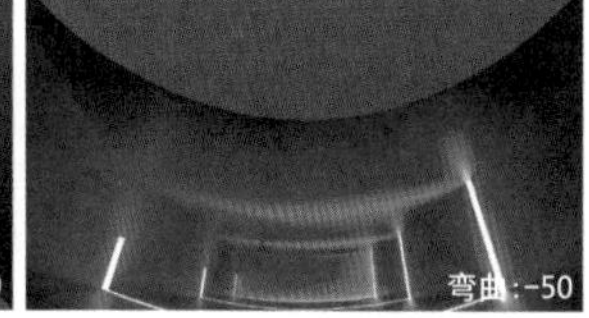

图6-120

06 调整“水平扭曲”的数值，可以让变形的素材沿水平方向扭曲，效果如图6-121所示。

07 调整“垂直扭曲”的数值，可以让变形的素材沿垂直方向扭曲，效果如图6-122所示。

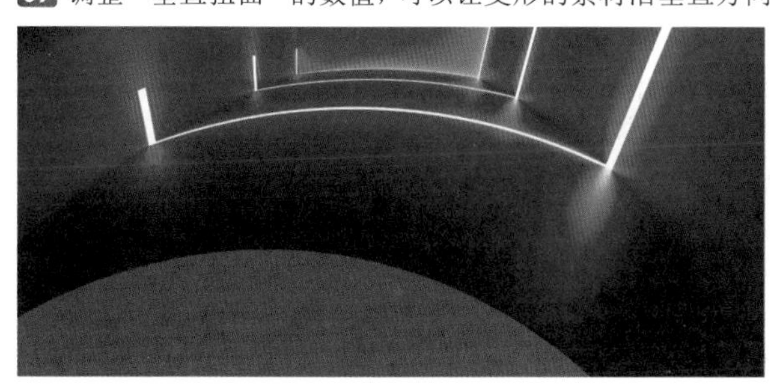

图6-121

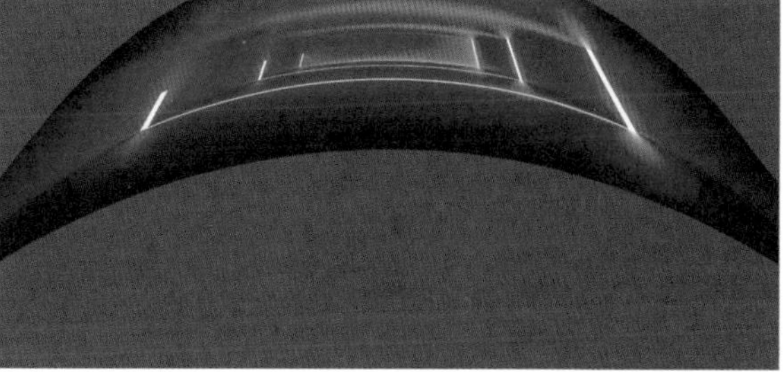

图6-122

重点

实战：制作发光模糊视频过渡效果

案例文件	案例文件>CH06>实战：制作发光模糊视频过渡效果
难易程度	★★★☆☆
学习目标	掌握"摄像机镜头模糊"效果的使用方法

扫码观看视频

通过模糊和发光效果能实现视频的过渡，本案例使用"摄像机镜头模糊"和"发光"两个效果实现视频的过渡，案例效果如图6-123所示。

图6-123

案例制作

01 新建一个1920像素×1080像素的合成，然后在"项目"面板中导入学习资源"案例文件>CH06>实战：制作发光模糊视频过渡效果"文件夹中的素材文件，如图6-124所示。

图6-124

02 将素材文件全部拖曳到"时间轴"面板中，然后调整素材剪辑的长度，使它们首尾相连，如图6-125所示。

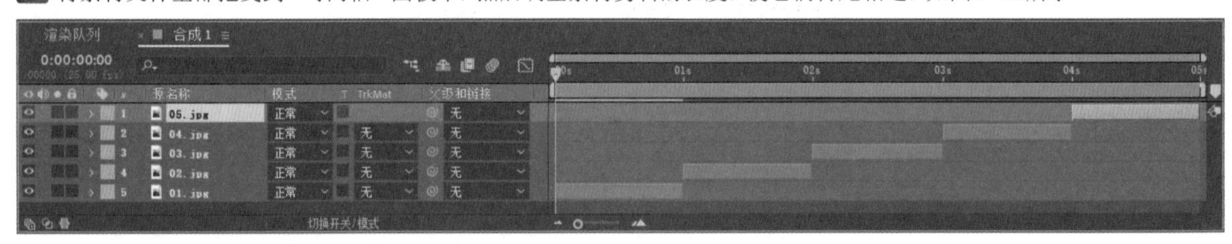

图6-125

03 在顶层新建一个调整图层，然后为其添加"摄像机镜头模糊"效果，如图6-126所示。

04 在剪辑起始位置设置"模糊半径"为20，并添加关键帧，然后勾选"重复边缘像素"选项，如图6-127所示。

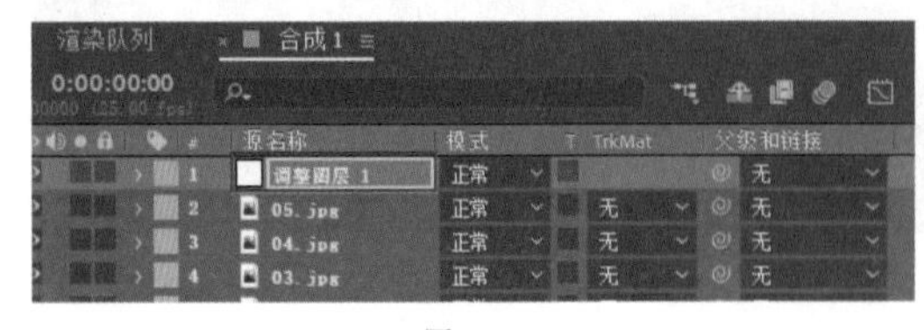

图6-126

图6-127

05 在0:00:00:05的位置设置"模糊半径"为0，如图6-128所示。

06 在0:00:01:00的位置设置"模糊半径"为20，效果如图6-129所示。

图6-128

图6-129

07 在0:00:00:20和0:00:01:05的位置设置“模糊半径”为0，效果如图6-130所示。

08 将0:00:01:00周围的3个关键帧复制后，粘贴到剩下几个图层剪辑的交界位置，如图6-131所示。

图6-130

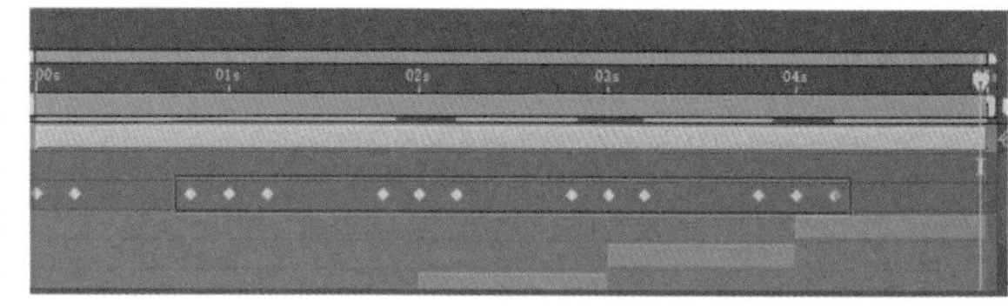

图6-131

09 在0:00:04:20的位置设置“模糊半径”为0，在剪辑末尾设置“模糊半径”为20，效果如图6-132所示。

10 将“调整图层1”图层重命名为“模糊”，然后新建一个调整图层并将其重命名为“发光”，如图6-133所示。

图6-132

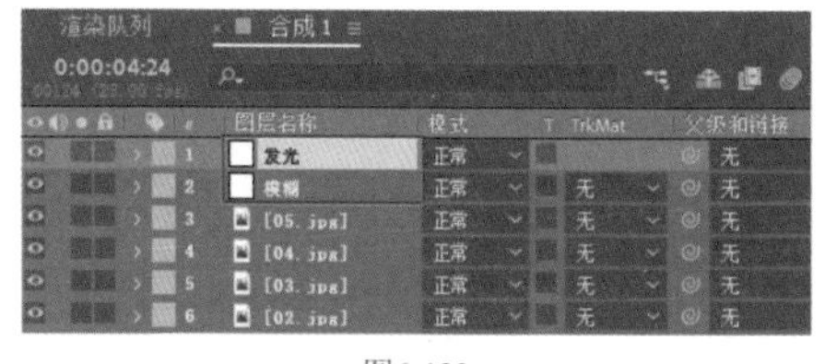

图6-133

11 在“发光”图层上添加“发光”效果，在剪辑起始位置设置“发光阈值”为60%，并添加关键帧，然后设置“发光半径”为80，“发光操作”为“滤色”，如图6-134所示。

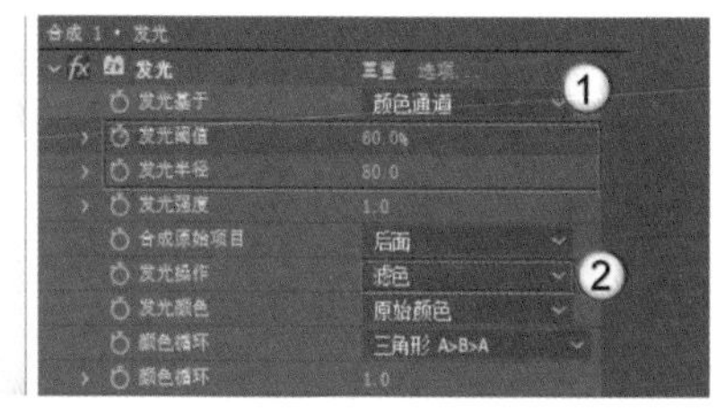

图6-134

12 在0:00:00:05的位置设置“发光阈值”为100%，使画面恢复为原来的效果，如图6-135所示。

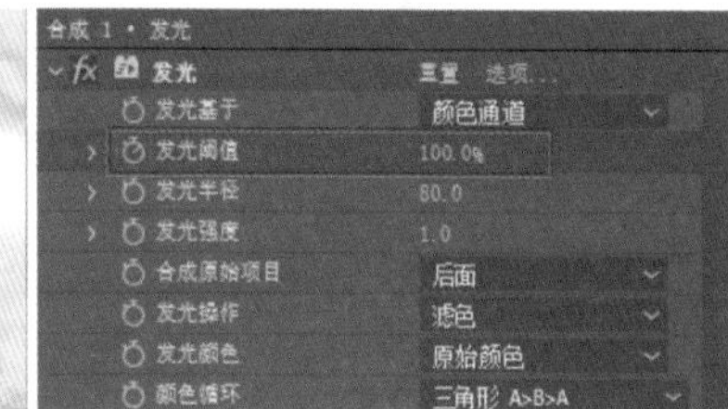

图6-135

13 在添加“模糊半径”关键帧的位置，添加“发光阈值”关键帧，如图6-136所示。

14 选中“发光阈值”和“模糊半径”参数的所有关键帧，按F9键将它们转换为“缓动”关键帧，如图6-137所示。

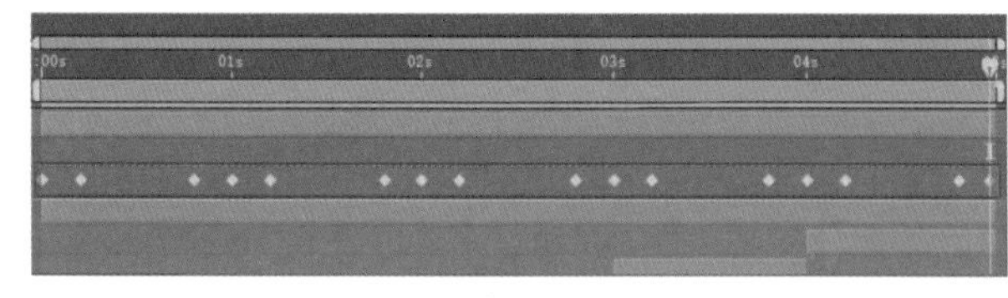

图6-136

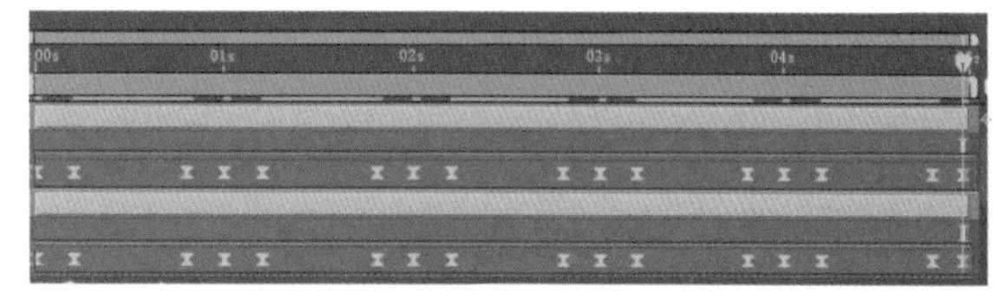

图6-137

15 按Space键预览动画，发现过渡效果不够丰富。为素材图层添加“缩放”关键帧，给画面添加缩放效果。在“合成”面板中任意截取4帧图片，效果如图6-138所示。

图6-138

☞ 技术回顾

演示视频：020-摄像机镜头模糊

效果：摄像机镜头模糊

位置：模糊和锐化>摄像机镜头模糊

扫码观看视频

图6-139

01 新建一个1920像素×1080像素的合成，然后在“项目”面板中导入学习资源“技术回顾素材”文件夹中的“06.jpg”素材文件，并将其拖曳到“时间轴”面板中，效果如图6-139所示。

02 在“效果和预设”面板中搜索“摄影机镜头模糊”效果并将其添加到素材图层上，如图6-140所示。

03 调整“模糊半径”的数值，快速模糊整个画面，效果如图6-141所示。

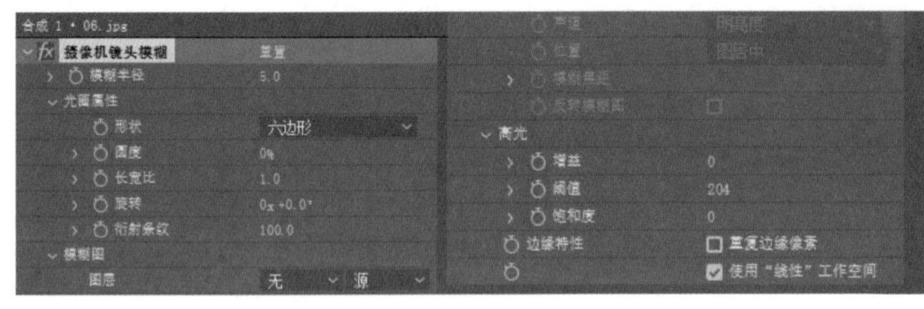

图6-140

图6-141

04 在“形状”下拉列表中可以选择不同的模糊形状，默认的是“六边形”，部分模糊形状的效果如图6-142所示。

图6-142

05 调整“长宽比”的数值，形成拉伸的模糊效果，如图6-143所示。

06 模糊图像后，图像周围会生成发黑或发亮的区域，勾选“重复边缘像素”选项可以解决这个问题，对比效果如图6-144所示。

图6-143

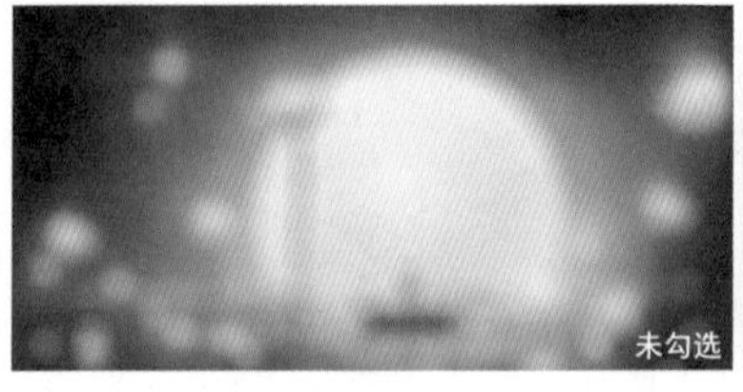

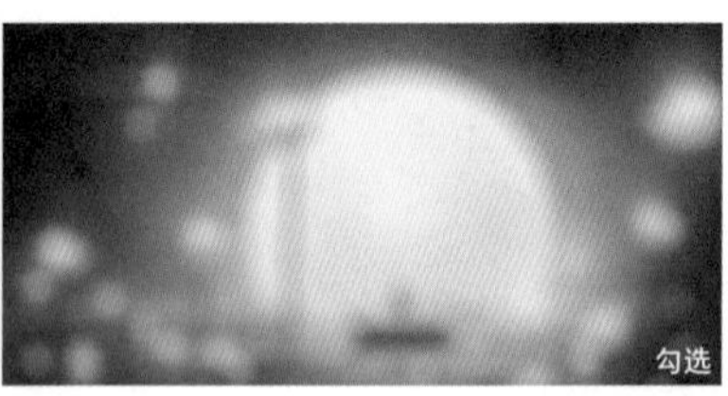

图6-144

实战：制作3D翻转视频过渡效果

案例文件	案例文件>CH06>实战：制作3D翻转视频过渡效果
难易程度	★★★☆☆
学习目标	掌握3D翻转视频过渡效果的制作方法

扫码观看视频

通过设置关键帧和开启“3D图层”开关，就能将素材进行3D翻转，从而形成3D翻转视频过渡效果。案例效果如图6-145所示。

图6-145

01 新建一个1920像素×1080像素的合成，然后在“项目”面板中导入学习资源“案例文件>CH06>实战：制作3D翻转视频过渡效果”文件夹中的素材文件，如图6-146所示。

02 选中“01.jpg”和“02.jpg”素材并将其拖曳到“时间轴”面板中，然后调整剪辑长度使其首尾相连，如图6-147所示。

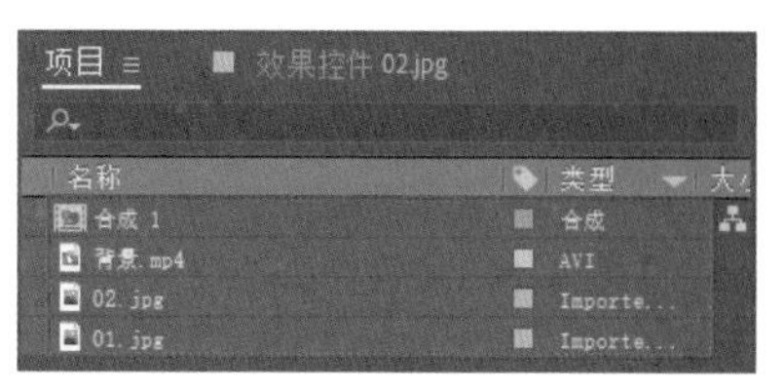

图6-146

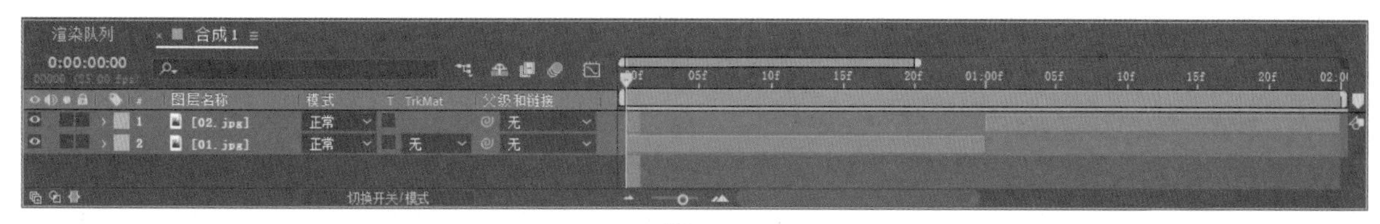

图6-147

03 在两个图层上方分别新建一个调整图层，并使调整图层的剪辑长度与下方图层的相同，如图6-148所示。

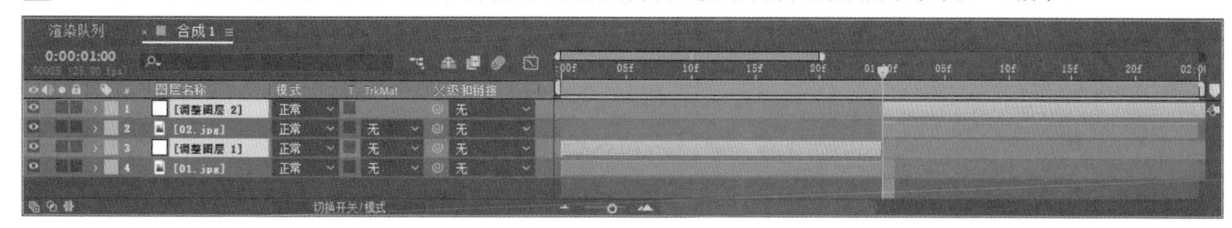

图6-148

04 打开所有图层的“运动模糊”和“3D图层”开关，如图6-149所示。

05 将素材图层与上方的调整图层进行关联，使其成为调整图层的子层级，如图6-150所示。

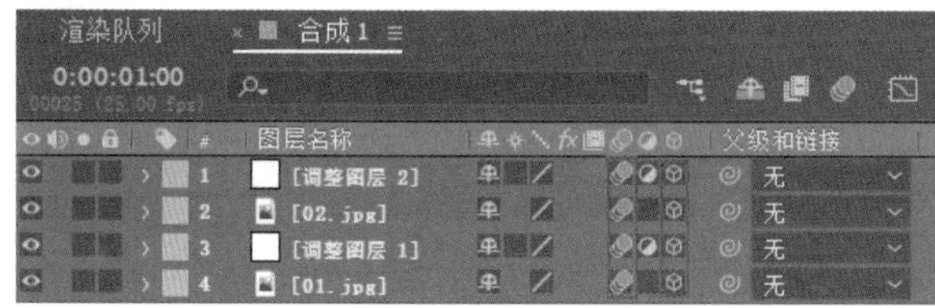

图6-149

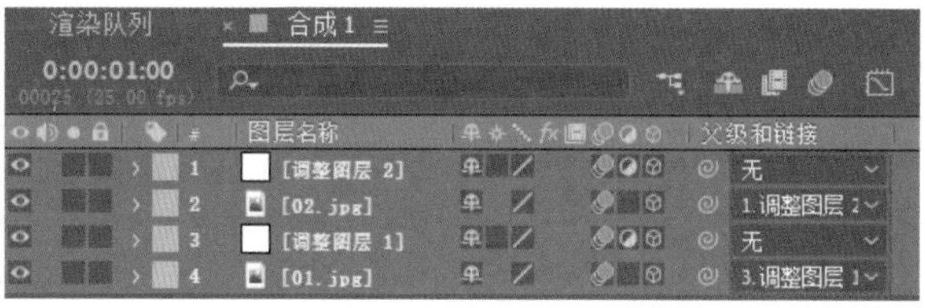

图6-150

06 选中“调整图层1”并按P键调出“位置”参数，然后在剪辑起始位置添加关键帧，如图6-151所示，效果如图6-152所示。

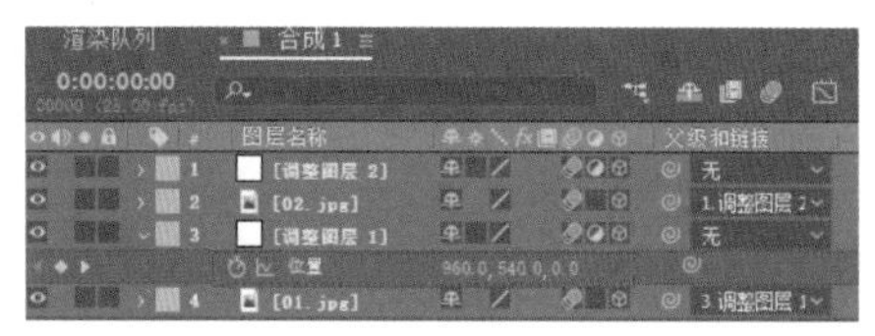

图6-151

图6-152

07 在0:00:00:20的位置设置“位置”为(960,540,2300)，如图6-153所示，效果如图6-154所示。

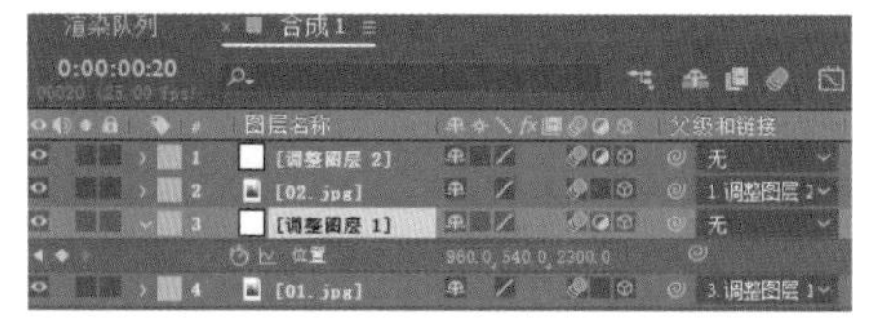

图6-153

图6-154

08 选中添加的两个关键帧，按F9键将它们转换为“缓动”关键帧，然后切换到“图标编辑器”面板，调整曲线的效果，如图6-155所示。

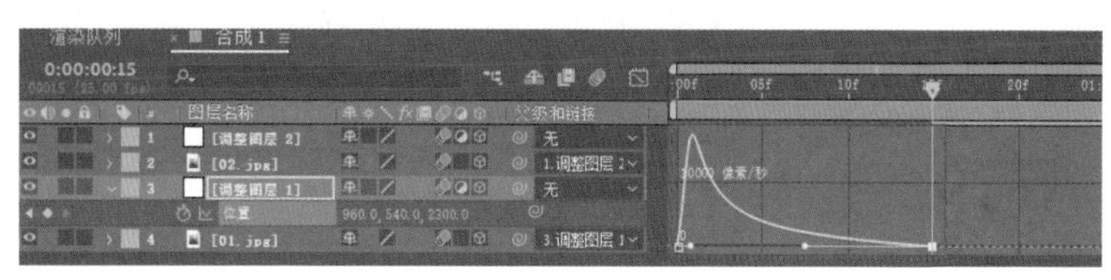

图6-155

09 按R键调出“旋转”参数，在0:00:00:15的位置添加“Y轴旋转”关键帧，如图6-156所示。

10 移动播放指示器到剪辑末尾，设置“Y轴旋转”为0x+90°，如图6-157所示。动画效果如图6-158所示。

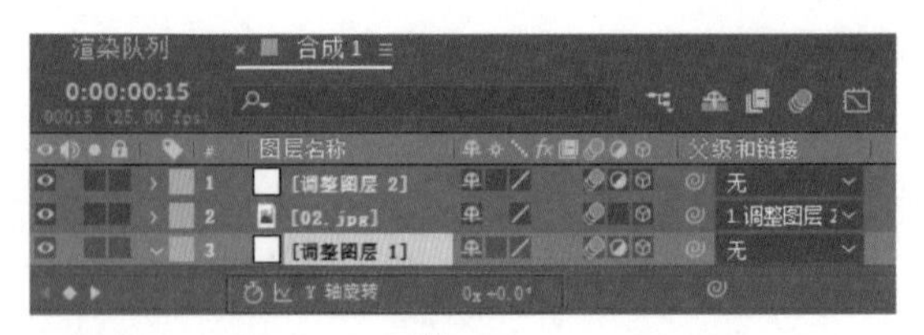

图6-156

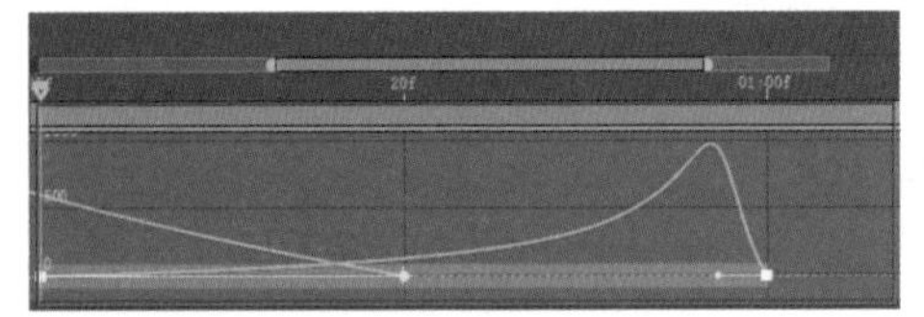

图6-157

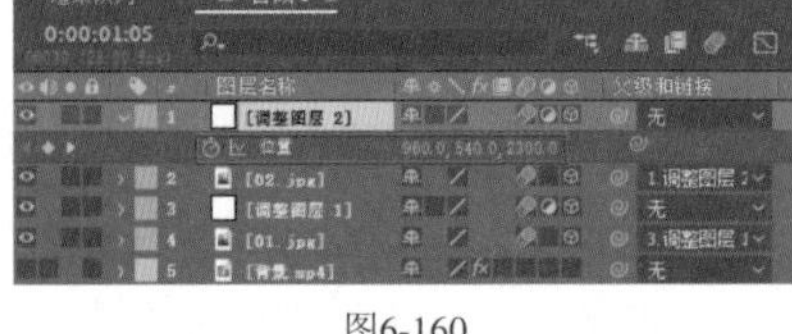

图6-158

11 选中“旋转”参数的关键帧，按F9键将其转换为“缓动”关键帧，然后调整其值曲线，如图6-159所示。

12 选中“调整图层2”并按P键调出“位置”参数，在0:00:01:05的位置设置“位置”为（960,540,2300），然后添加关键帧，如图6-160所示。效果如图6-161所示。

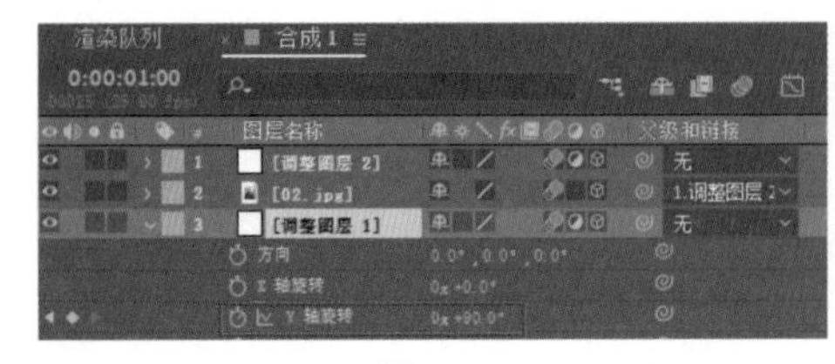

图6-159

图6-160

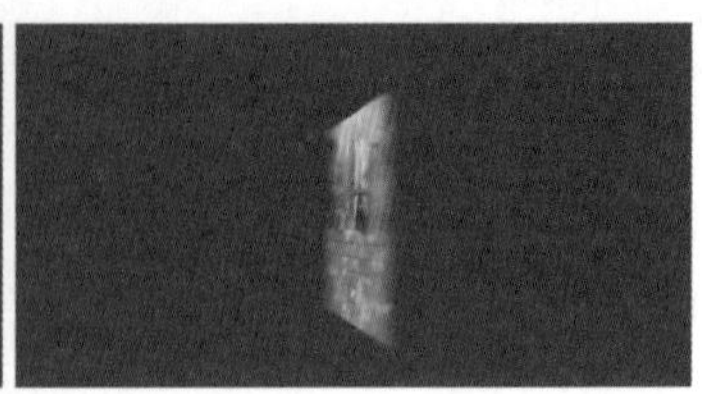

图6-161

13 在剪辑末尾设置“位置”为（960,540,0），这样就能将素材重新填充到整个画面中，如图6-162所示，效果如图6-163所示。

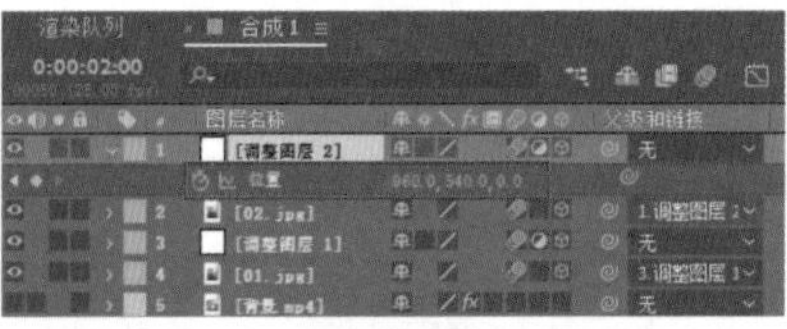

图6-162

图6-163

14 在“调整图层2”剪辑的起始位置设置“Y轴旋转”为0x-90°，并添加关键帧，如图6-164所示，效果如图6-165所示。

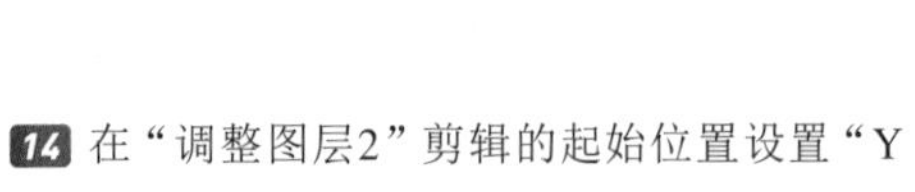
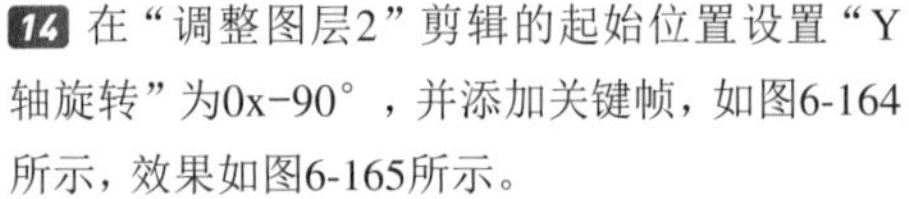
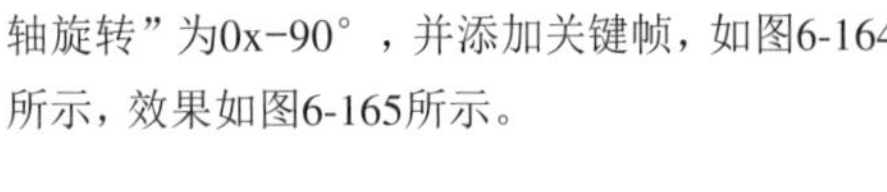
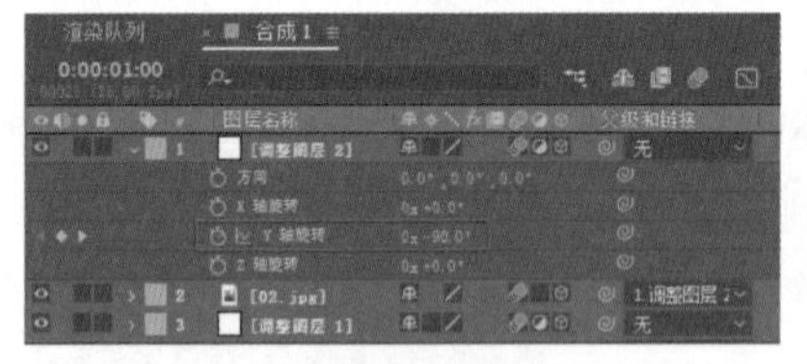

图6-164

图6-165

15 在0:00:01:10的位置设置“Y轴旋转”为0x+0°，如图6-166所示，效果如图6-167所示。

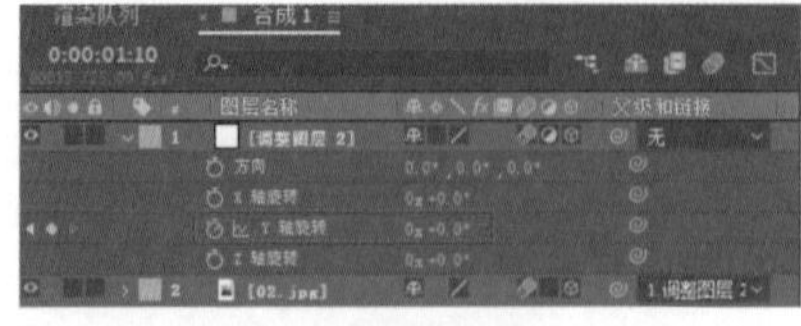

图6-166

图6-167

16 分别调整“位置”和“Y轴旋转”的曲线，如图6-168和图6-169所示。

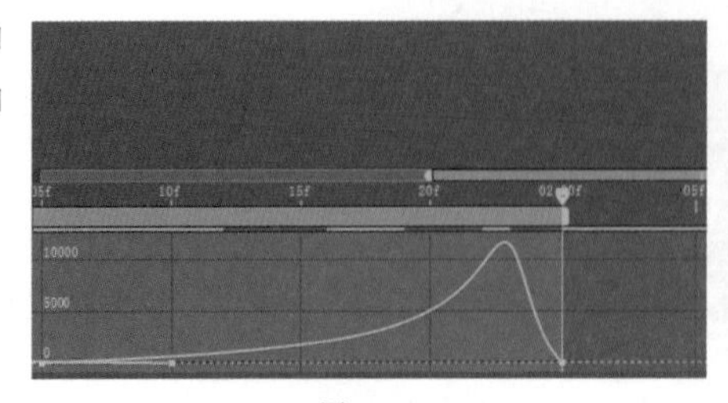

图6-168

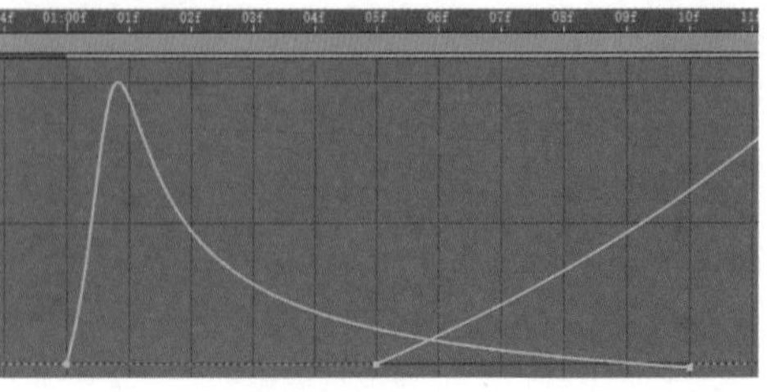

图6-169

17 将“背景.mp4”素材文件拖曳到“时间轴”面板的底层，作为画面的背景，如图6-170所示。

18 为“背景.mp4”图层添加“高斯模糊”效果，设置“模糊度”为30，并勾选“重复边缘像素”选项，如图6-171所示。

图6-170

图6-171

19 继续为该图层添加“亮度和对比度”效果，开设置“亮度”为-30，“对比度”为-20，如图6-172所示。

图6-172

20 添加“自然饱和度”效果，设置“自然饱和度”为-40，如图6-173所示。处理完成之后，背景就不会特别明显，从而不会影响主体素材的展示。

图6-173

21 在“合成”面板中任意截取4帧图片，效果如图6-174所示。

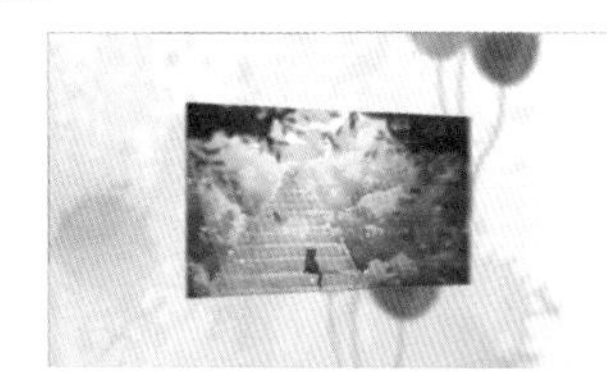

图6-174

重点

实战：制作故障风格视频过渡效果

案例文件	案例文件>CH06>实战：制作故障风格视频过渡效果
难易程度	★★★☆☆
学习目标	掌握故障风格视频过渡效果的制作方法

扫码观看视频

在上一章中，我们学习了故障风格动画的制作方法。在本案例中，我们将使用类似的效果制作视频的过渡效果，案例效果如图6-175所示。

图6-175

01 新建一个1920像素×1080像素的合成，然后在“项目”面板中导入学习资源“案例文件>CH06>实战：制作故障风格视频过渡效果”文件夹中的素材文件，如图6-176所示。

02 将两个素材文件向下拖曳到“时间轴”面板中，然后将“02.mp4”图层的剪辑起始位置移动到0:00:02:00的位置，如图6-177所示。

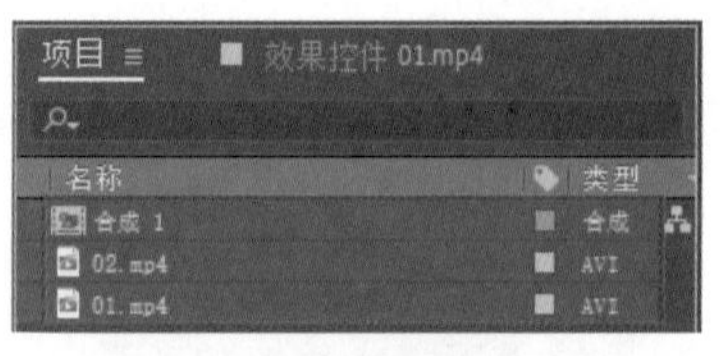

图6-176

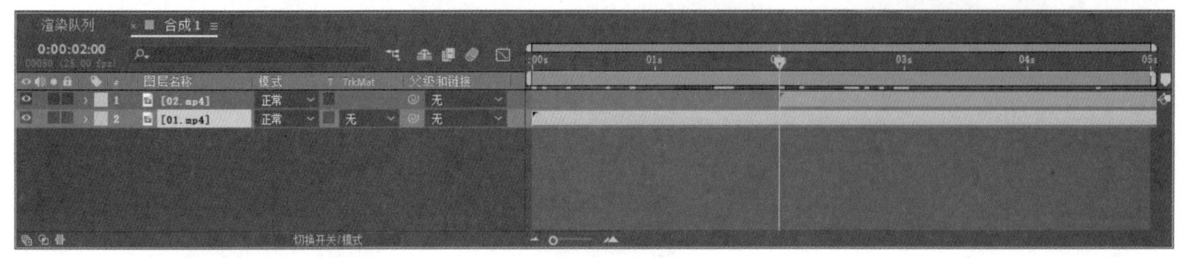

图6-177

03 按Space键预览动画，发现“02.mp4”图层的动画播放速度偏快。选中“02.mp4”图层，单击鼠标右键，在弹出的菜单中选择“时间>时间伸缩”选项，然后在“时间伸缩”对话框中设置“新持续时间”为0:00:10:00，如图6-178所示。

04 在“效果和预设”面板中搜索Glitchify效果，然后将其添加到“01.mp4”图层上，在剪辑末尾设置Glitchify Amount为100，Glitchify Speed为60，并为这两个参数添加关键帧，然后设置Speed为15，Position Wiggle为5，如图6-179所示。

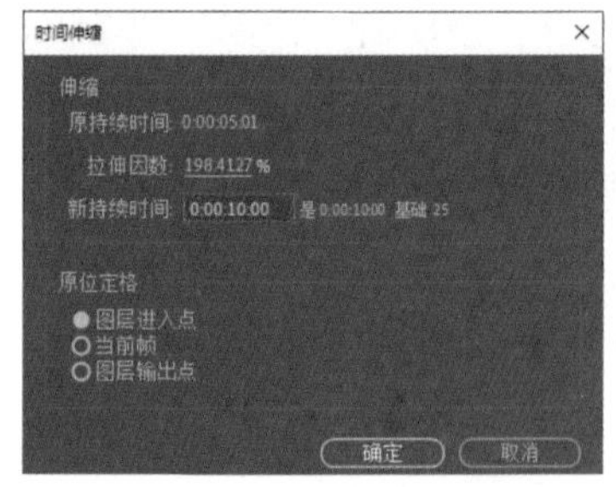

图6-178

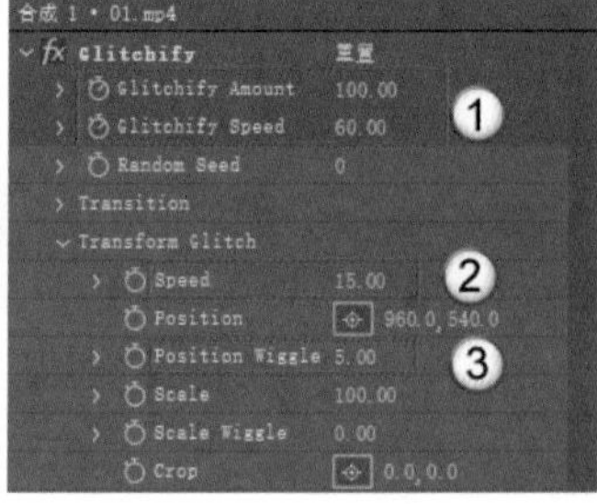

图6-179

05 在0:00:01:15的位置，设置Glitchify Amount和Glitchify Speed都为0，如图6-180所示。此时画面中不存在故障效果。

06 选中Glitchify效果，然后将其复制粘贴到“02.mp4”图层的“效果控件”面板中，如图6-181所示。

图6-180

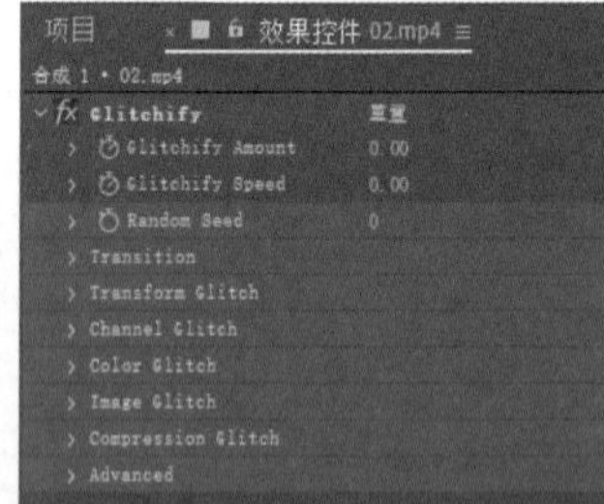

图6-181

07 选中“02.mp4”图层，然后按U键调出所有关键帧，将Glitchify Amount和Glitchify Speed都为0的关键帧全部移动到0:00:02:10的位置，如图6-182所示。

图6-182

08 此时移动播放指示器就可以观察到，在“02.mp4”图层的剪辑起始位置出现故障效果，在0:00:02:10的位置故障效果消失，如图6-183所示。

图6-183

09 选中所有的关键帧，然后在“图表编辑器”面板中调整速度曲线为图6-184所示的效果。

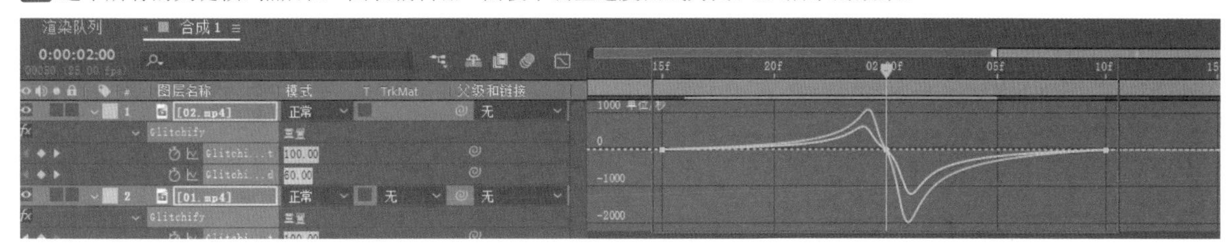

图6-184

10 在“合成”面板中任意截取4帧图片，效果如图6-185所示。

图6-185

重点

实战：制作旋转滑动视频过渡效果

案例文件	案例文件>CH06>实战：制作旋转滑动视频过渡效果
难易程度	★★★☆☆
学习目标	掌握旋转滑动视频过渡效果的制作方法

扫码观看视频

通过在“缩放”“旋转”和“位置”参数上添加关键帧，可以制作出包含旋转滑动效果的过渡动画。案例效果如图6-186所示。

图6-186

01 在“项目”面板中导入学习资源“案例文件>CH06>实战：制作旋转滑动视频过渡效果”文件夹中的素材文件，如图6-187所示。

02 将“素材.mp4”拖曳到“时间轴”面板中，然后截取0:00:10:00至0:00:11:20的剪辑区间，如图6-188所示。

图6-187

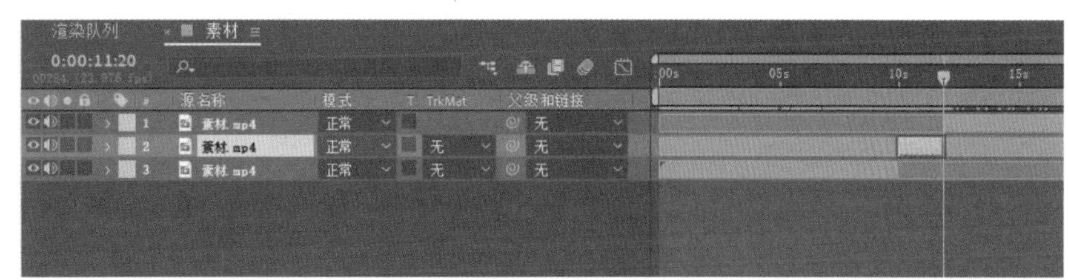

图6-188

03 继续截取0:00:24:00至0:00:25:00的剪辑区间，如图6-189所示。

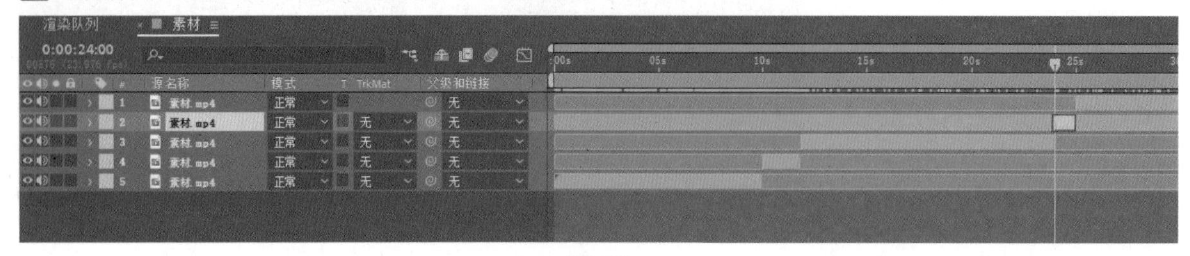

图6-189

04 删除多余的剪辑部分，将两个剪辑首尾相接，如图6-190所示。

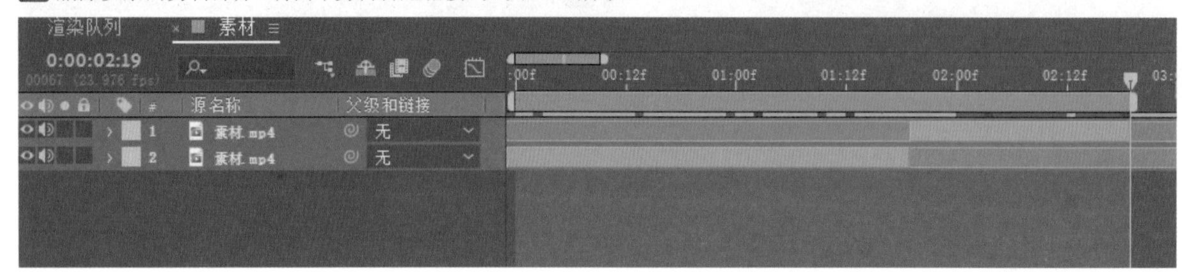

图6-190

05 在两个素材图层上方分别新建一个空对象图层，如图6-191所示。

06 将两个素材图层转换为预合成，并分别将它们链接为上方空对象图层的子层级，如图6-192所示。

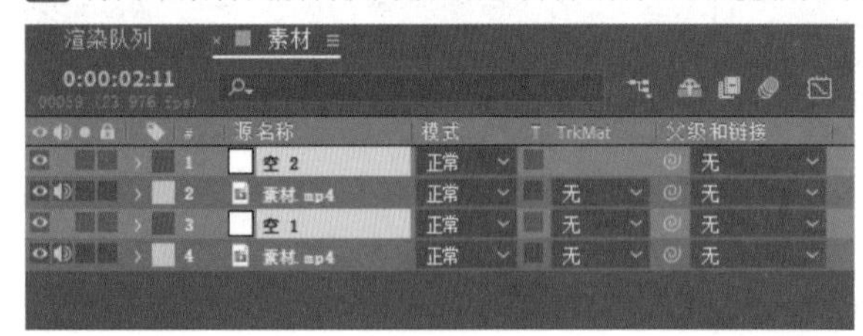

图6-191

图6-192

07 选中"空1"图层，在0:00:01:00的位置添加"缩放"和"旋转"关键帧，如图6-193所示，效果如图6-194所示。

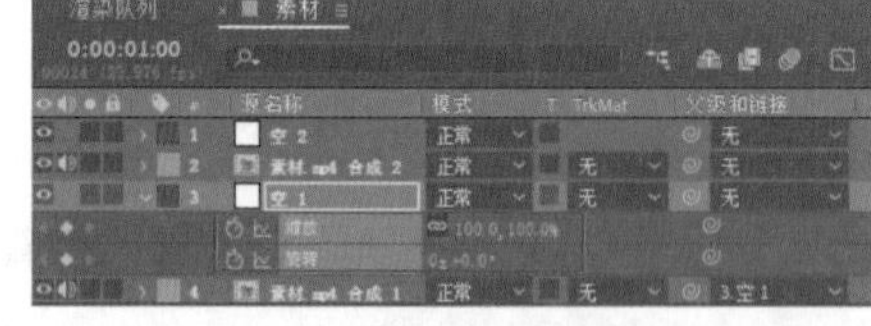

图6-193

图6-194

08 移动播放指示器到剪辑末尾，然后设置"缩放"为（25%,25%），"旋转"为0x+150°，如图6-195所示，效果如图6-196所示。

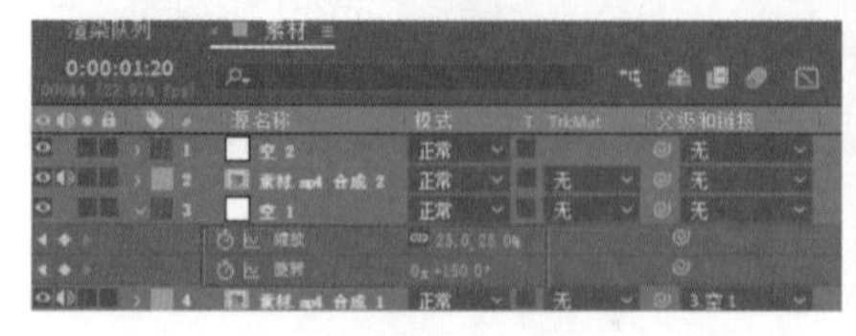

图6-195

图6-196

09 为"素材.mp4 合成1"合成添加"动态拼贴"效果，设置"输出宽度"和"输出高度"都为700，如图6-197所示。

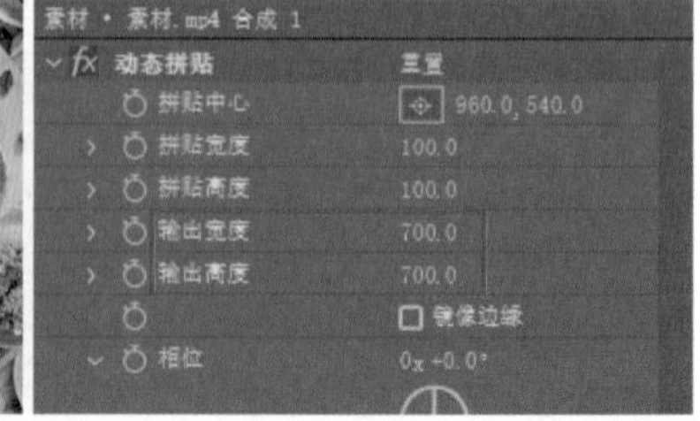

图6-197

10 打开“素材.mp4 合成1”合成的“运动模糊”开关，然后将添加的关键帧转换为“缓动”关键帧，如图6-198所示。

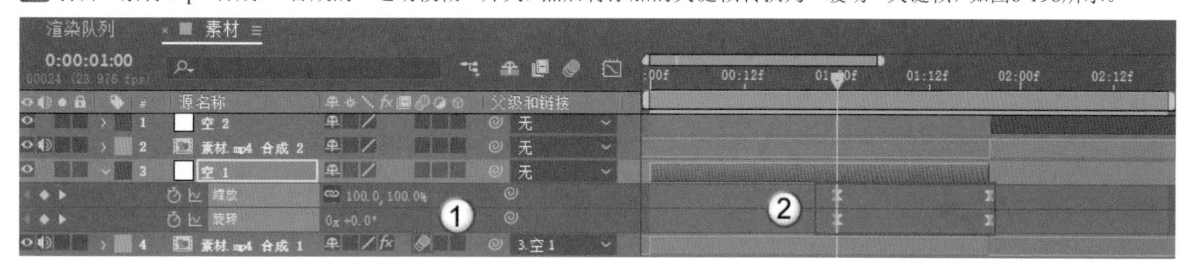

图6-198

11 在“图表编辑器”面板中调整“缩放”参数的曲线效果，如图6-199所示。

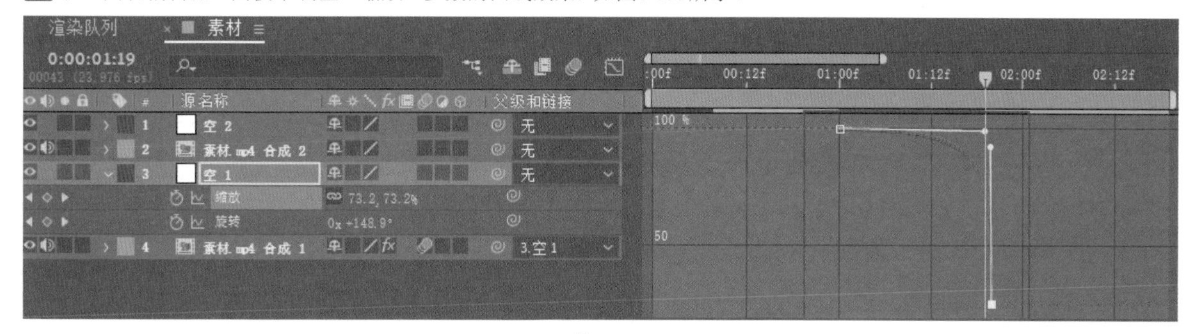

图6-199

12 选中“旋转”参数，然后调整其曲线效果，如图6-200所示。

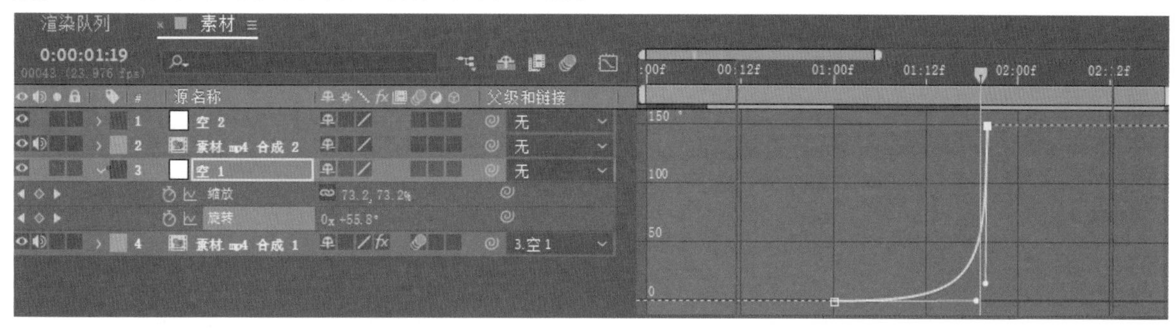

图6-200

13 选中“空2”图层，然后在0:00:02:12的位置添加“缩放”和“旋转”关键帧，如图6-201所示。

14 在剪辑起始位置，设置“缩放”为（650%,650%），“旋转”为0x+180°，如图6-202所示，效果如图6-203所示。

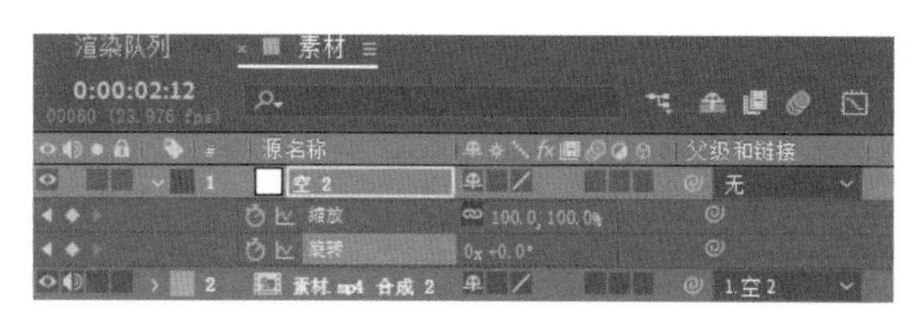

图6-201

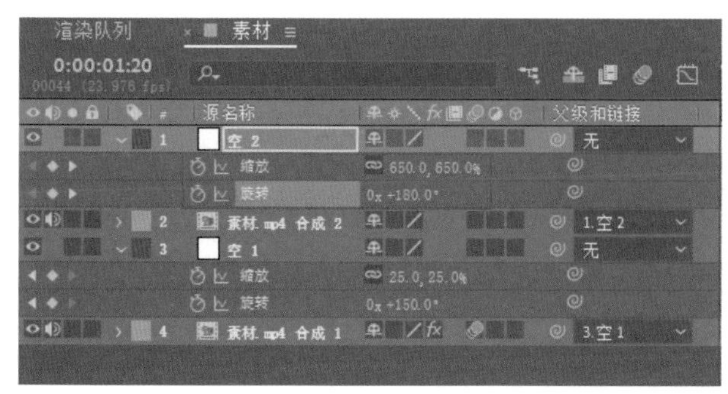

图6-202

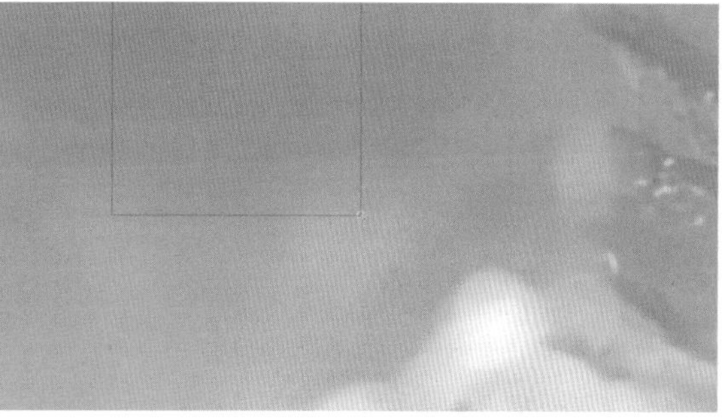

图6-203

15 为“素材.mp4 合成2”合成打开“运动模糊”开关，然后将“空2”图层的所有关键帧都转换为“缓动”关键帧，并调整“缩放”曲线为图6-204所示的效果。

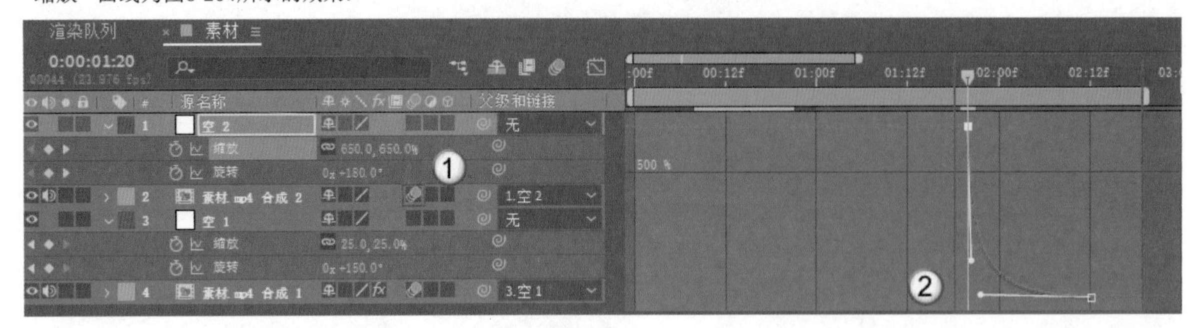

图6-204

16 选中“旋转”参数，然后调整对应曲线为图6-205所示的效果。

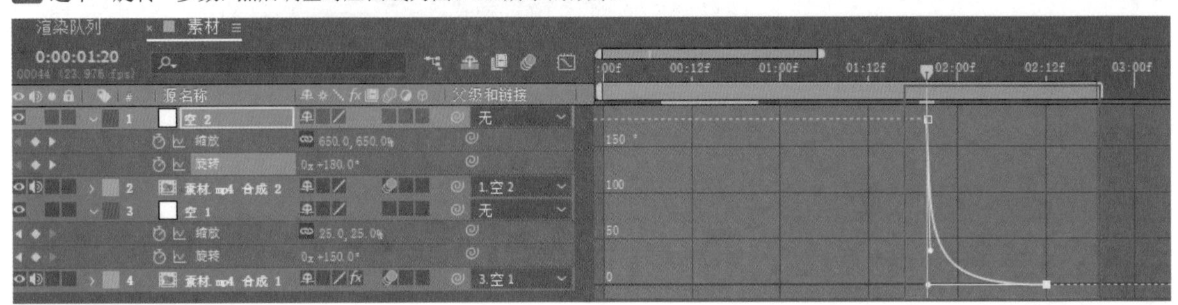

图6-205

17 将“素材.mp4 合成1”合成的“动态拼贴”效果复制粘贴到“素材.mp4 合成2”合成的“效果控件”面板中，然后在0:00:02:00的位置添加“空2”图层“位置”参数的关键帧，如图6-206所示。

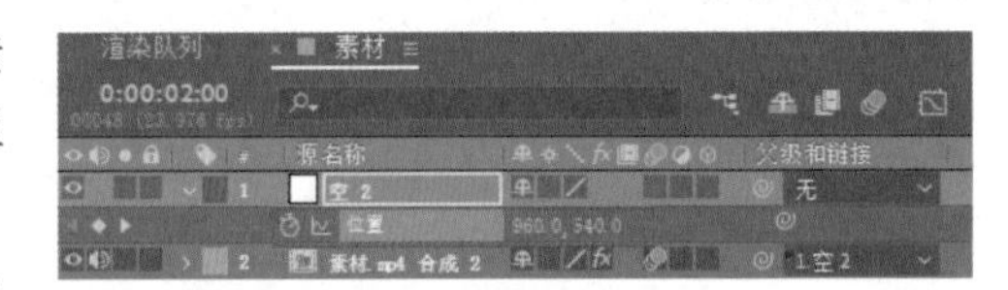

图6-206

18 在0:00:02:19的位置设置“位置”为（2879,540），如图6-207所示，效果如图6-208所示。

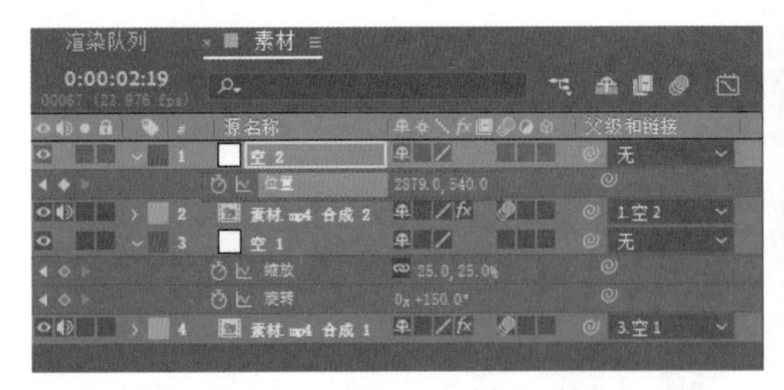

图6-207

图6-208

19 选中“位置”关键帧并按F9键将其转换为“缓动”关键帧，然后调整对应曲线为图6-209所示的效果。

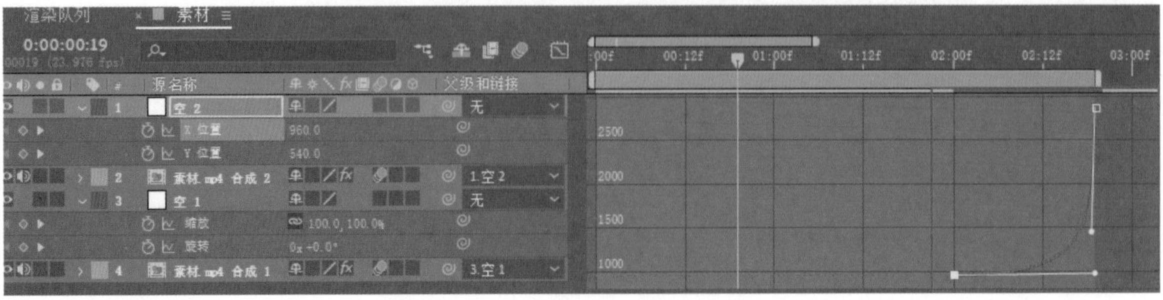

图6-209

20 选中“空1”图层，然后在0:00:01:00的位置添加“位置”关键帧，如图6-210所示。

21 移动播放指示器到剪辑起始位置，然后设置“位置”为（-961,540），如图6-211所示，效果如图6-212所示。

图6-210

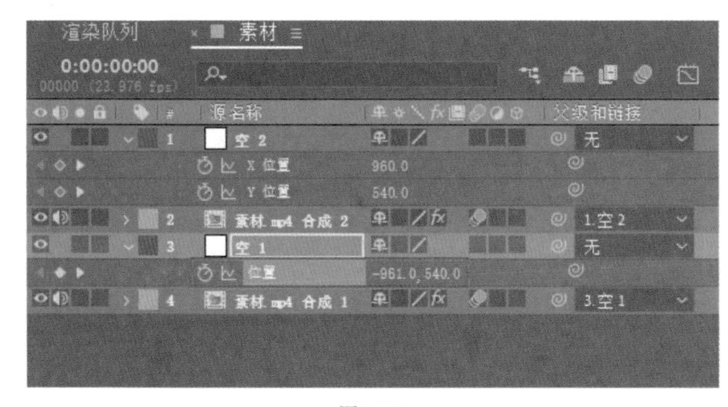

图6-211

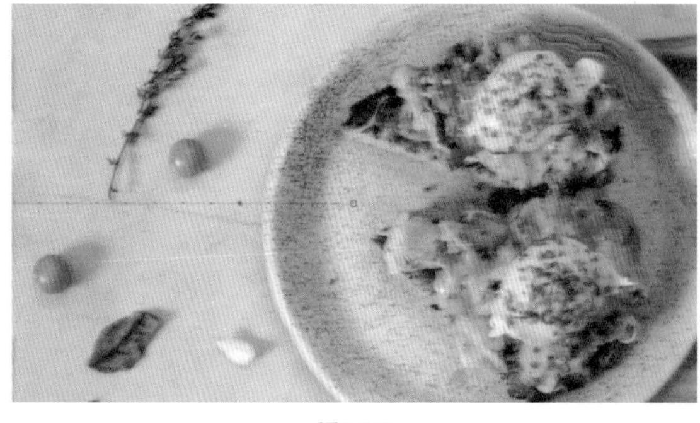

图6-212

22 将“位置”参数的关键帧转换为“缓动”关键帧，然后调整对应曲线为图6-213所示的效果。

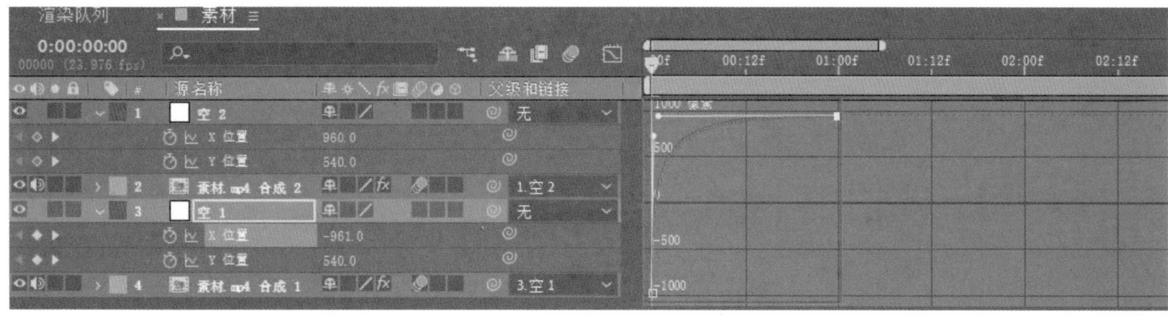

图6-213

23 选中所有的图层，然后按快捷键Ctrl+Shift+C创建一个预合成，并将其重命名为“总合成”，如图6-214所示。

24 在“总合成”合成中添加“定向模糊”效果，在剪辑起始位置设置“方向”为0x+90°，“模糊长度”为60，并为“模糊长度”参数添加关键帧，如图6-215所示。

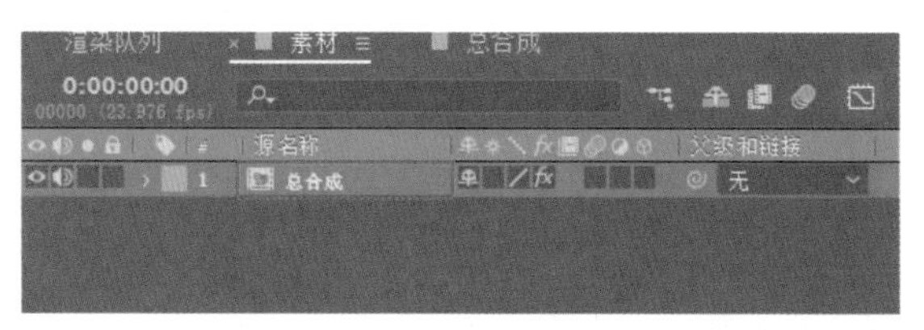

图6-214

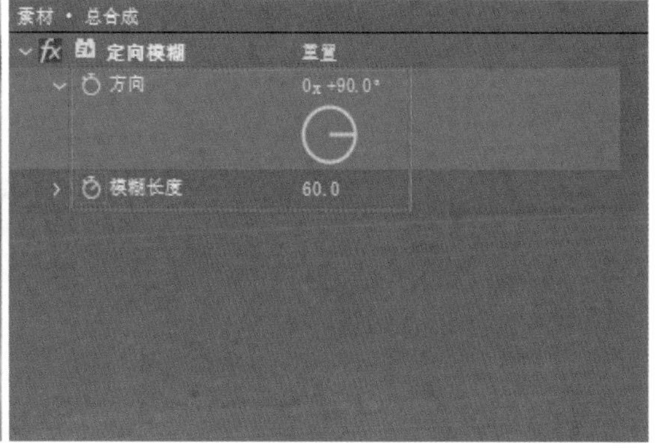

图6-215

25 按照素材的运动幅度，调整“模糊长度”的数值，并添加关键帧，最后将所有关键帧转换为“缓动”关键帧，如图6-216所示。

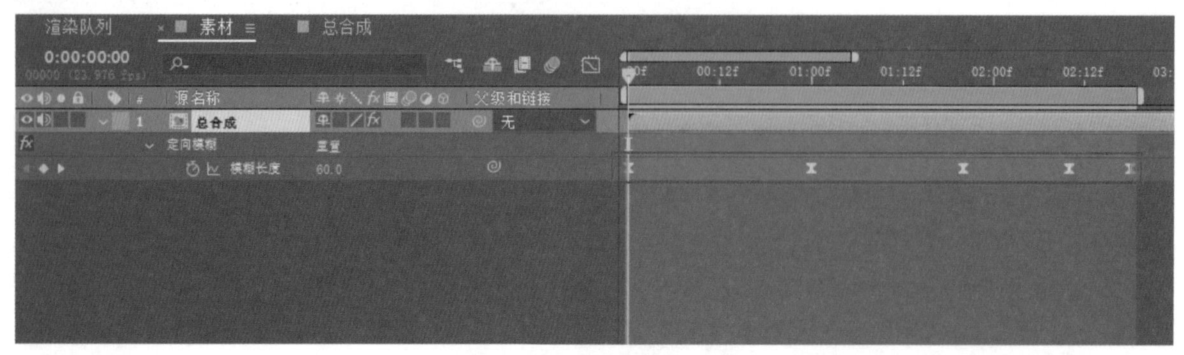

图6-216

> **技巧提示**
>
> 读者可根据自己需要的效果灵活设置“模糊长度”的数值和关键帧的位置。

26 在“合成”面板中任意截取4帧图片，效果如图6-217所示。

图6-217

① 技巧提示 + ② 疑难问答 + ◎ 技术专题 + ◎ 知识链接

粒子特效

借助粒子特效，可以制作一些复杂且丰富的画面效果。在学习本章之前，读者需自行安装Trapcode粒子插件，以完成本章内容的学习。

学习重点

重点

实战：制作浪漫爱心效果

案例文件	案例文件>CH07>实战：制作浪漫爱心效果
难易程度	★★★★☆
学习目标	熟悉Particular粒子的使用方法

默认情况下，使用Particular效果发射的粒子为球体。在本案例中，需要将默认粒子替换为爱心素材，以实现需要的动画效果，案例效果如图7-1所示。

图7-1

案例制作

01 在“项目”面板中导入学习资源“案例文件>CH07>实战：制作浪漫爱心效果”文件夹中的素材文件，然后新建一个1920像素×1080像素的合成，如图7-2所示。

02 继续新建一个100像素×100像素的合成，并将其重命名为“心”，将素材文件拖曳到该合成中，如图7-3所示。

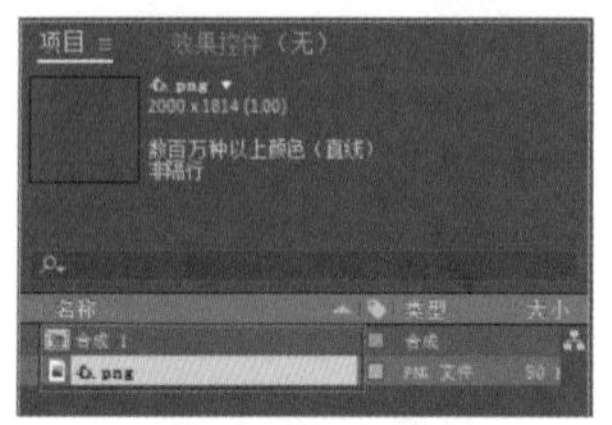
图7-2

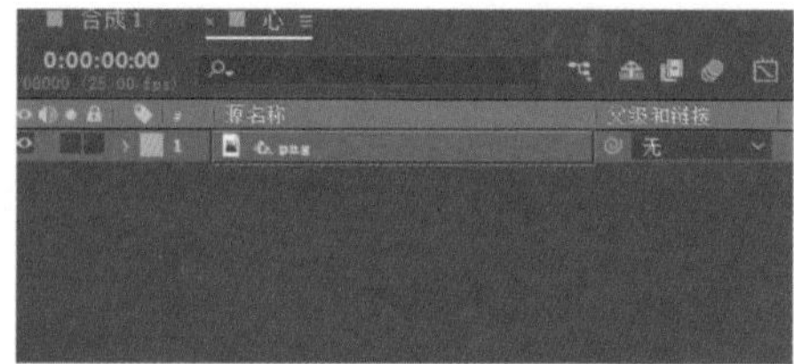
图7-3

03 选中“心.png”图层后，按S键调出“缩放”参数，在剪辑起始位置设置“缩放”为（3%,3%），并添加关键帧，如图7-4所示，效果如图7-5所示。

图7-4

图7-5

04 在0:00:00:10的位置设置“缩放”为（5%,5%），如图7-6所示，效果如图7-7所示。

图7-6

图7-7

05 在0:00:00:20的位置设置“缩放”为（3%,3%），然后切换到“图表编辑器”面板，调整曲线效果，如图7-8所示。

图7-8

06 将“心”合成添加到“合成1”合成的“时间轴”面板中，然后在图层顶层新建一个黑色的纯色图层，如图7-9所示。

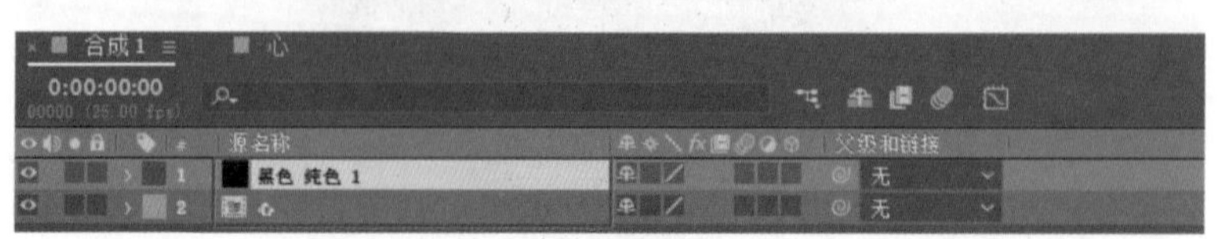
图7-9

07 在“效果和预设”面板中搜索Particular效果，然后将其添加到“黑色 纯色1”图层上，“效果控件”面板如图7-10所示。

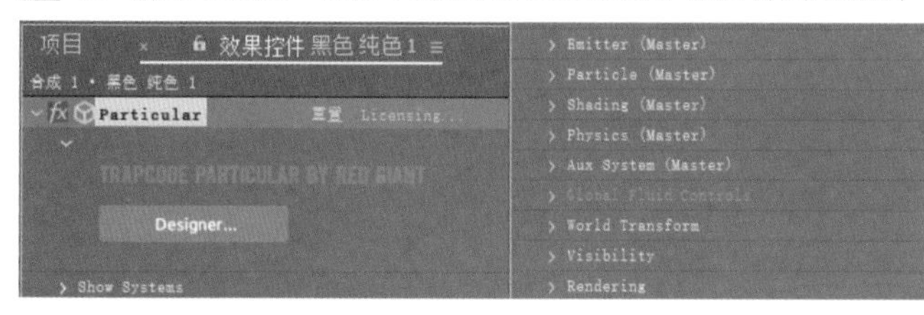

图7-10

> **疑难问答：插件是安装英文版还是安装汉化版？**
>
> 本案例中使用的插件为英文版。若读者觉得使用英文版比较困难，也可以安装汉化版。需要注意的是，不同的汉化版会因为制作者不同而出现部分参数的翻译不统一的问题。使用英文版的好处是，观看国外的专业教程更加方便，更易于学习。

08 展开Emitter（Master）卷展栏，设置Particles/sec为500，Emitter Type为Box，Emitter Size为XYZ Individual，Emitter Size X为2632，Emitter Size Y为1616，Emitter Size Z为13000，如图7-11所示。此时移动播放指示器，就能在画面中观察到生成的白色粒子，效果如图7-12所示。

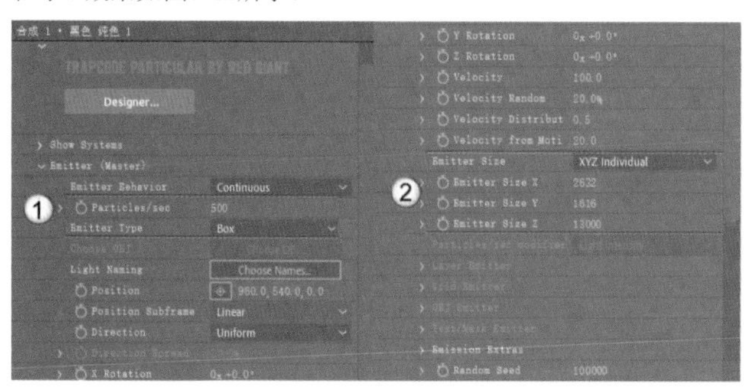

图7-11

图7-12

09 展开Particle（Master）卷展栏，设置Particle Type为Sprite，Layer为“4.心”“源”，Time Sampling为Start at Brith-Loop，Size为800，Size Random为30%，Opacity为50，Opacity Random为76%，如图7-13所示。此时移动播放指示器，可以观察到原来的白色粒子都被替换为了心形素材，并具有不透明度和大小的变化，效果如图7-14所示。

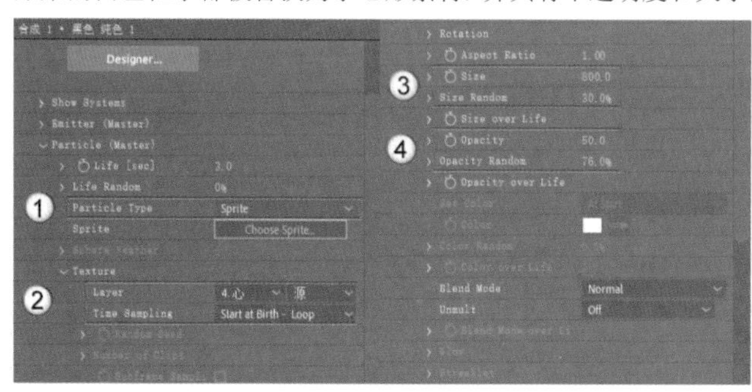

图7-13

图7-14

10 继续在“黑色 纯色1”图层上添加“发光”效果，设置“发光阈值”为60%，“发光半径”为15，“发光强度”为2，“发光颜色”为“A和B颜色”，如图7-15所示。

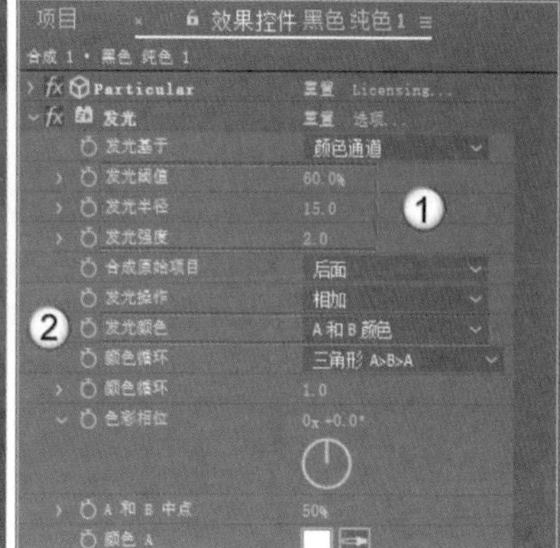

图7-15

11 新建一个文本图层，然后输入Happy，具体参数及效果如图7-16所示。

图7-16

> **技巧提示**
>
> 读者可以选择其他合适的字体，这里不进行强制规定。

12 将文本图层复制一层，然后修改文字内容为Valentine's，具体参数及效果如图7-17所示。

13 继续复制一层文本图层，然后修改文字内容为Day，效果如图7-18所示。

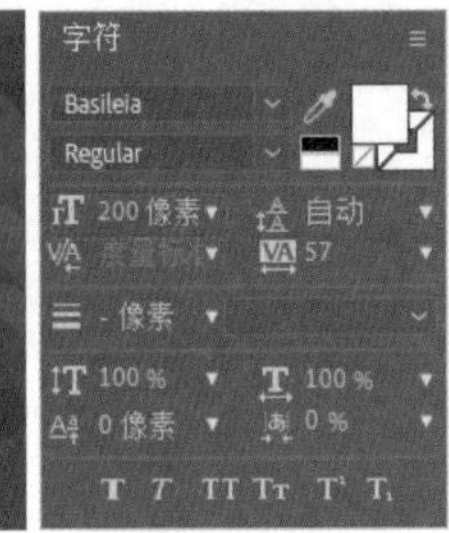

图7-17

图7-18

14 选中3个文本图层，然后将它们转换为预合成，并将预合成重命名为“文本”，如图7-19所示。

15 进入“文本”合成，在“效果和预设”面板中搜索“子弹头列车”预设，然后将其分别添加到3个文本图层上，如图7-20所示。

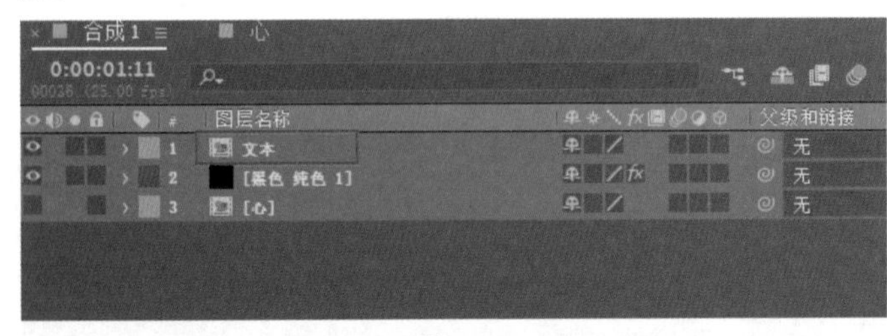

图7-19

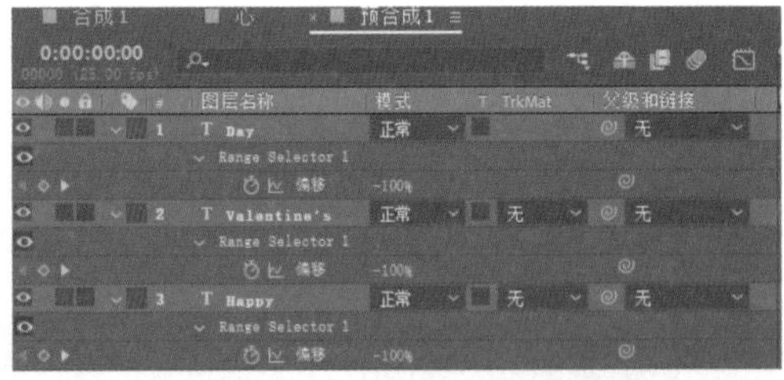

图7-20

16 调整3个文本图层关键帧的位置，使文本图层按顺序出现在画面中，如图7-21所示。

合成 1　心　预合成 1

0:00:02:00　00050 (25.00 fps)

00f　05f　10f　15f　20f　01:00f　05f　10f　15f　20f

#	图层名称	模式	T TrkMat	父级和链接
1	T Day	正常		无
	Range Selector 1			
	偏移	100%		
2	T Valentine's	正常	无	无
	Range Selector 1			
	偏移	100%		
3	T Happy	正常	无	无
	Range Selector 1			
	偏移	100%		

图7-21

> **技巧提示**
>
> 关键帧的位置仅供参考，这里不进行强制规定。

17 在“合成1”合成中新建摄像机图层，在时间轴起始位置为其添加“位置”关键帧，并设置“位置”为（960,540,-1500），如图7-22所示。

18 移动播放指示器到0:00:02:00的位置，设置“位置”为（960,540,0），如图7-23所示。

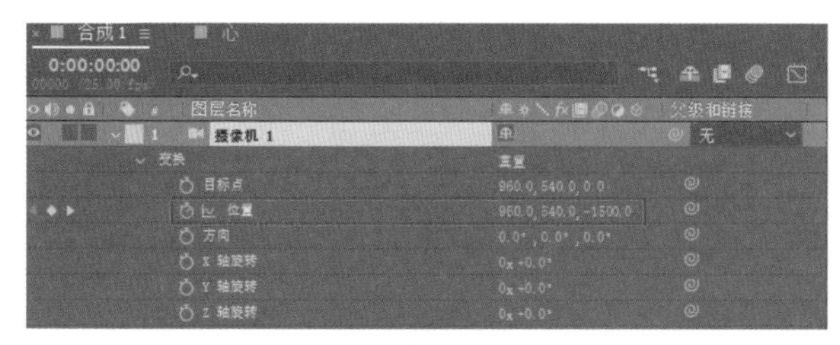
图7-22

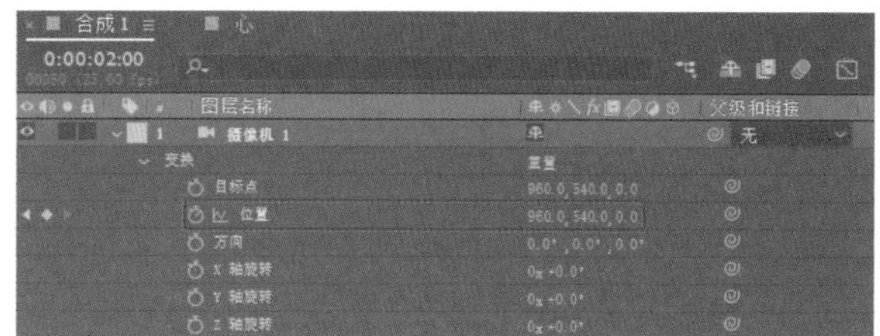
图7-23

19 在0:00:02:00的位置设置“景深”为“开”，“焦距”为1500像素，并为“焦距”参数添加关键帧；然后设置“光圈”为400像素，如图7-24所示，效果如图7-25所示。

20 在剪辑起始位置设置“焦距”为2300像素，如图7-26所示。

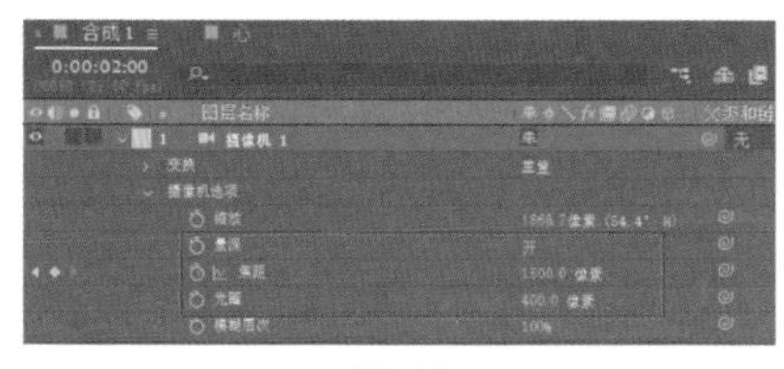
图7-24

图7-25

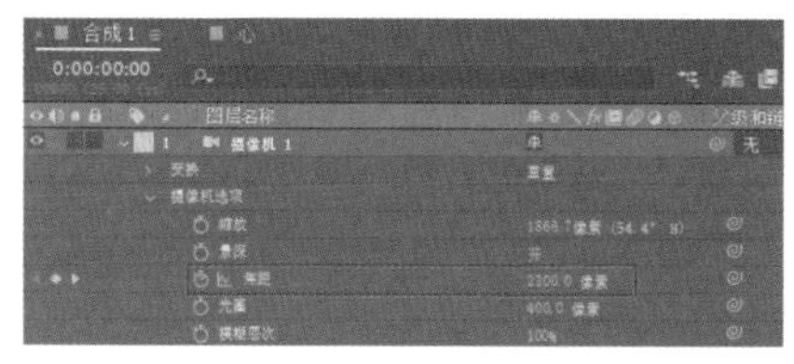
图7-26

21 新建一个黑色的纯色图层并将其放在底层。在“合成”面板中任意截取4帧图片，效果如图7-27所示。

图7-27

技术回顾

演示视频：021-Particular粒子

粒子：Particular

位置：RG Trapcode > Particular

扫码观看视频

01 新建一个合成，同时新建一个任意颜色的纯色图层，如图7-28所示。

02 为上一步创建的图层添加Particular效果，此时移动播放指示器就能观察到生成的粒子，效果如图7-29所示。

图7-28

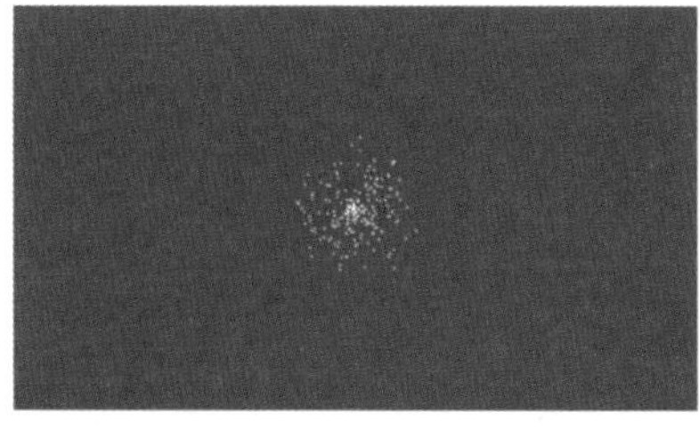
图7-29

> **技巧提示**
>
> 粒子的颜色与纯色图层的颜色没有任何关联，不需要在意其颜色。

03 在“效果控件”面板中展开Emitter（Master）卷展栏，在这个卷展栏中调整粒子发射器的相关参数，如图7-30所示。

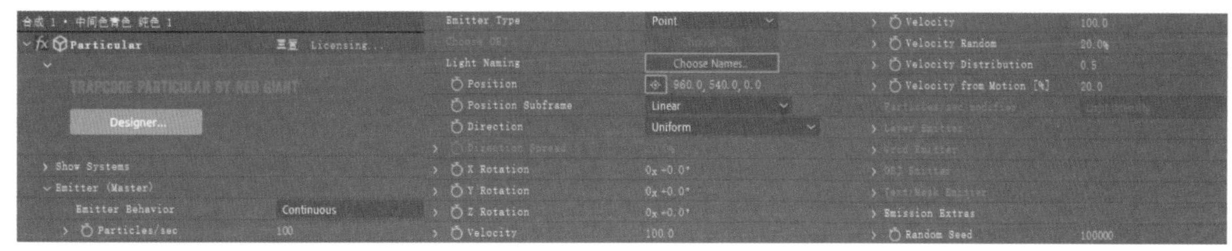

图7-30

04 调整Particles/sec的数值可以控制场景中粒子的数量，数值越大，场景中的粒子越多，对比效果如图7-31所示。

05 在Emitter Type下拉列表中可以选择粒子发射器的模式，如图7-32所示。

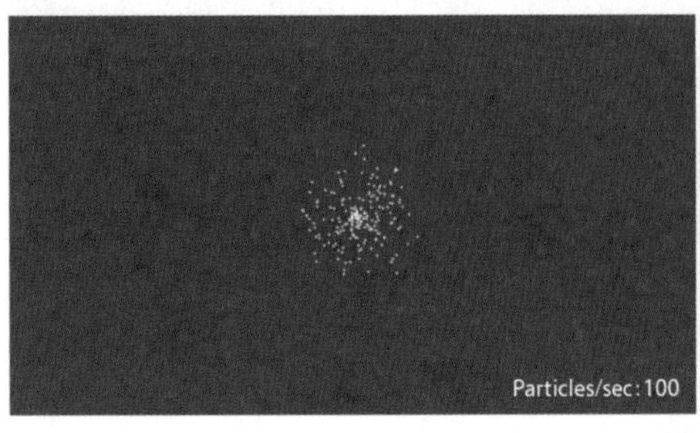

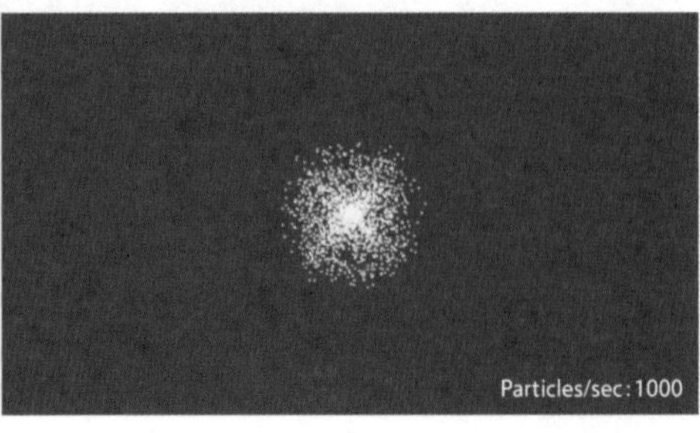

图7-31

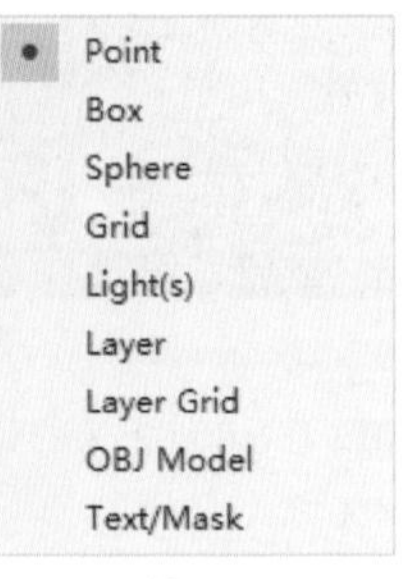

图7-32

> **技巧提示**
>
> Light(s)模式用于调整关联场景中的灯光。Layer模式用于关联场景中的图层或合成。OBJ Model模式用于关联OBJ格式的三维模型。Text/Mask模式用于关联文本或遮罩。

06 在Direction下拉列表中可以选择不同的粒子发射方向，如图7-33所示。

07 调整Velocity的数值，可以控制粒子的发射速度，对比效果如图7-34所示。

- Uniform
- Directional
- Bi-Directional
- Disc
- Outwards
- Inwards

图7-33

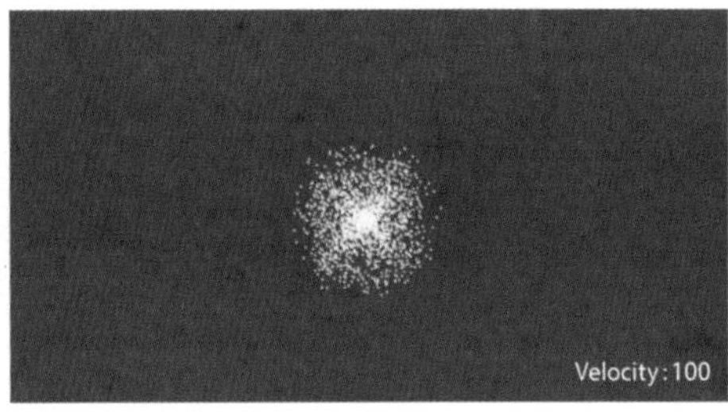

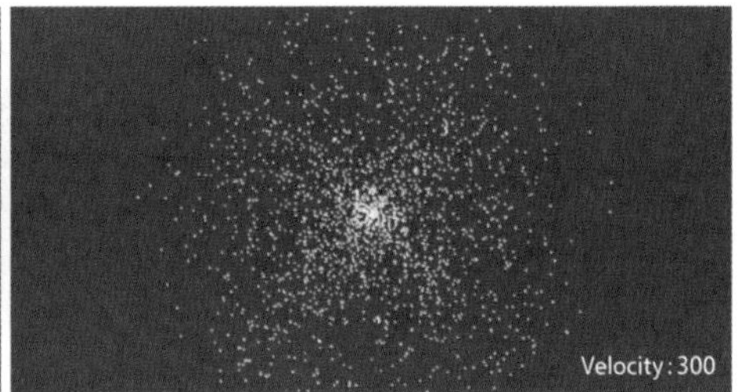

图7-34

08 调整Velocity Random的数值，可以改变粒子速度的随机程度。该数值越大，不同粒子速度的差异也会越大，对比效果如图7-35所示。

09 Particle卷展栏里面的参数用于控制粒子本身的效果，如图7-36所示。

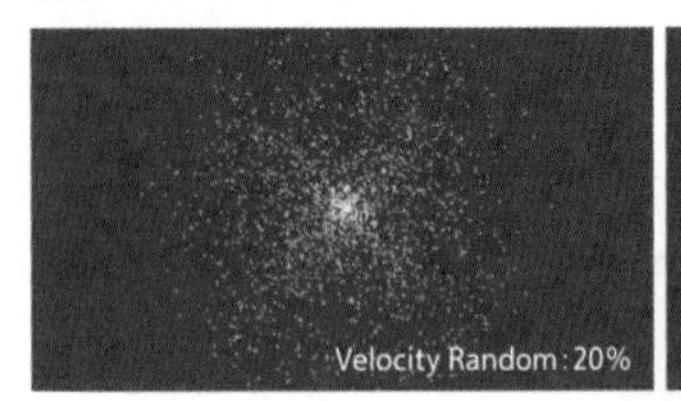

图7-35

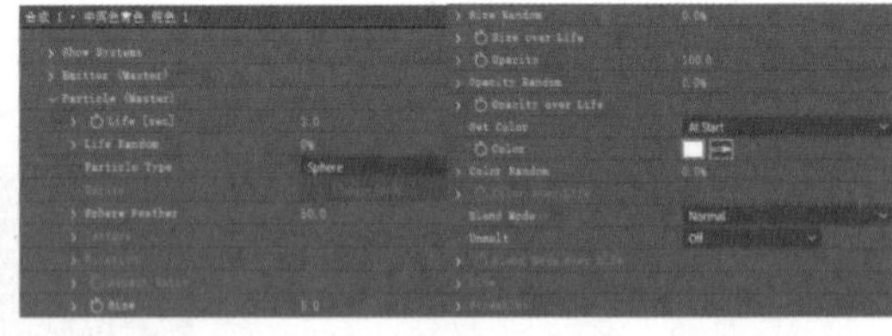

图7-36

10 调整Life[sec]的数值，可以控制粒子在场景中存在的时间。超过这个时间后，粒子就会消失。图7-37所示是设置Life[sec]为1时，粒子在1秒和2秒时的效果。

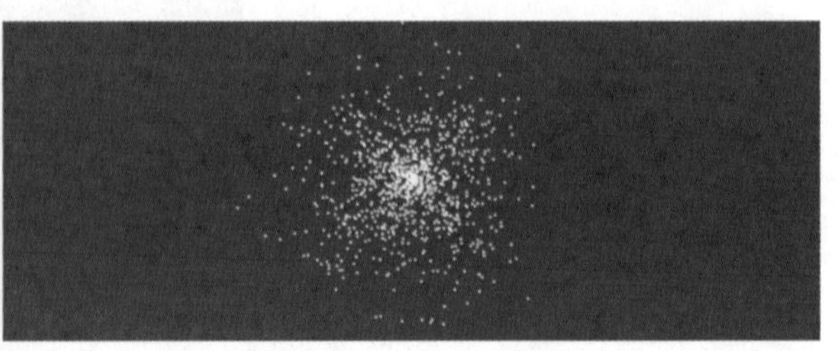

图7-37

> **技巧提示**
>
> 粒子的存在时间以“秒”为单位。

11 在Particle Type下拉列表中可以选择不同的粒子样式，如图7-38所示。默认的粒子样式为Sphere，此外还可以选择Cloudlet、Streaklet、Square等，对比效果如图7-39所示。

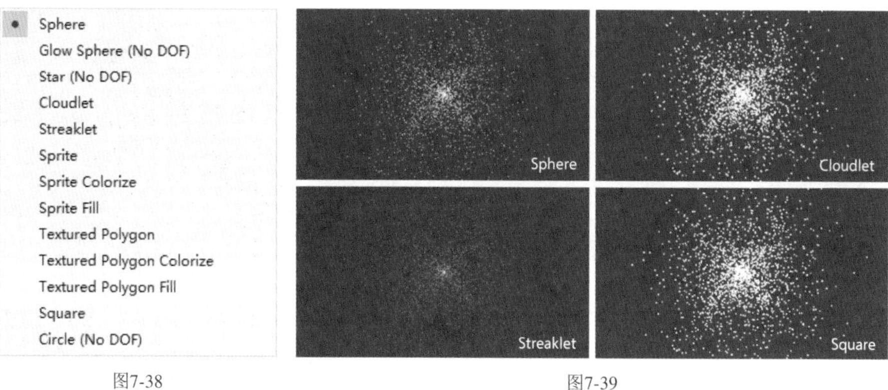

图7-38　　图7-39

> **技巧提示**
>
> Sprite样式是将其他素材作为粒子进行发射。

12 Sphere Feather是用来控制粒子边缘的羽化程度的，对比效果如图7-40所示。

13 调整Size的数值，可以控制粒子的大小，对比效果如图7-41所示。

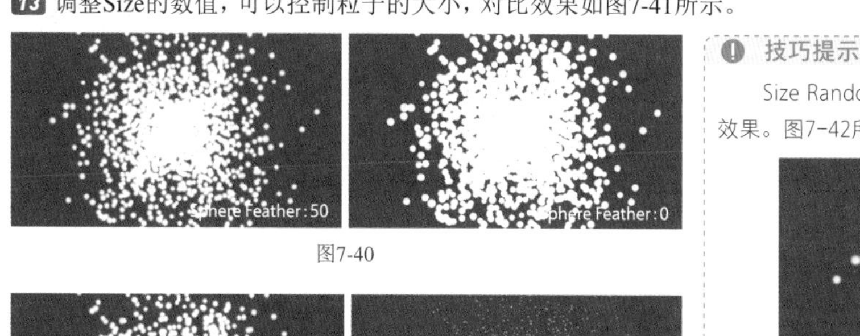

图7-40

Size: 50　Size: 5

图7-41

> **技巧提示**
>
> Size Random用来控制粒子在原有尺寸上的随机大小变化效果。图7-42所示是Size Random为100%时的效果。
>
> 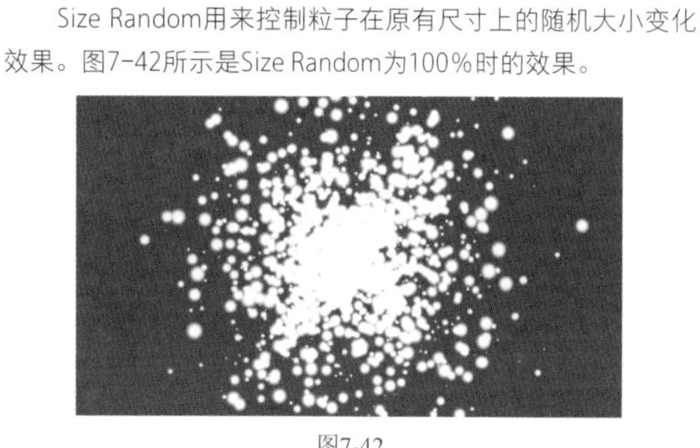
>
> 图7-42

14 展开Size over Life卷展栏，可以在其中通过曲线调整粒子大小，如图7-43所示。不同的曲线能生成不同大小的粒子。

15 调整Opacity的数值，可以控制粒子的不透明度，对比效果如图7-44所示。

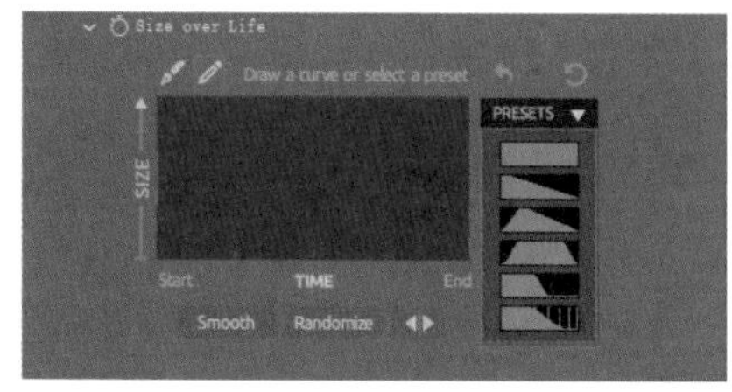

图7-43

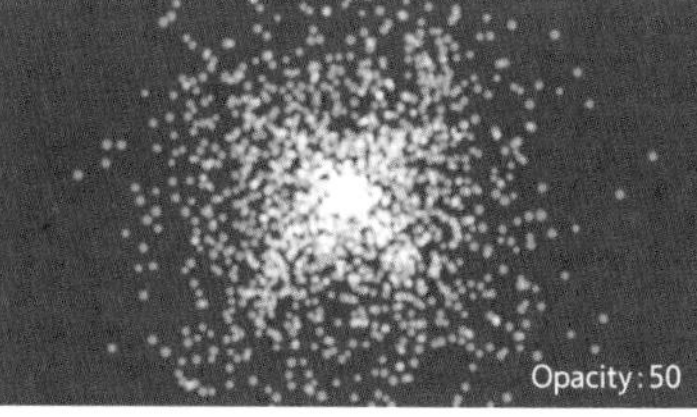

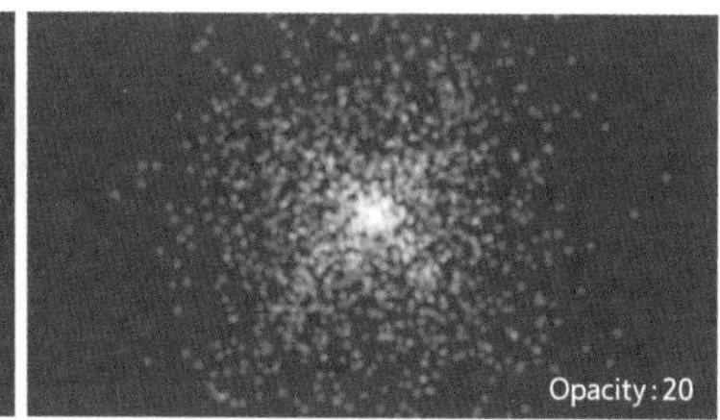

图7-44

16 在Set Color下拉列表中，可以设置粒子的颜色显示模式，如图7-45所示。

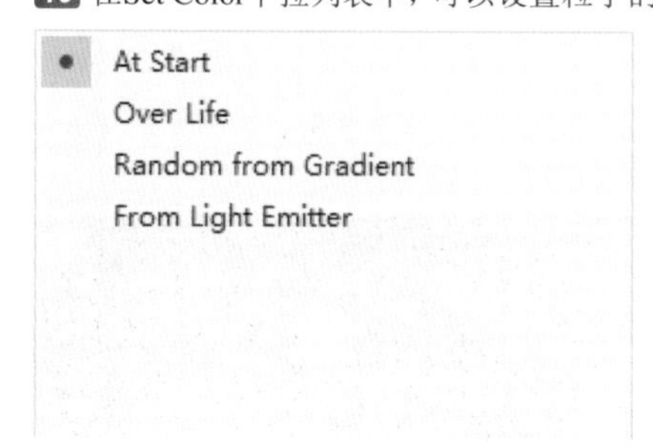

图7-45

> **疑难问答：不同的颜色显示模式有何区别？**
>
> At Star模式的粒子会始终保持一种颜色。在Color中可以设置该颜色。
>
> Over Life模式的粒子在从出生到消亡的过程中会显示不同的颜色。在Color over Life中可以设置渐变颜色。
>
> Random from Gradient模式的粒子按照随机的渐变颜色进行显示。
>
> From Light Emitter模式的粒子按照绑定的灯光颜色进行显示。

17 在Shading（Master）卷展栏中，可以设置粒子的阴影效果，如图7-46所示。

18 设置Shading为On时，场景中的粒子会变为黑色，效果如图7-47所示。此时场景中没有灯光，所以不能显示粒子的颜色。

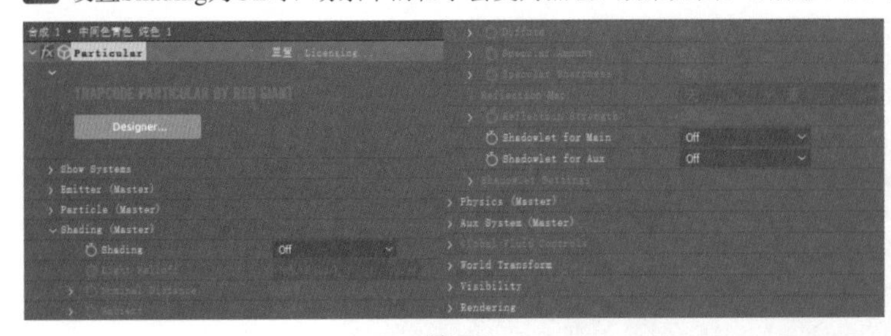

图7-46

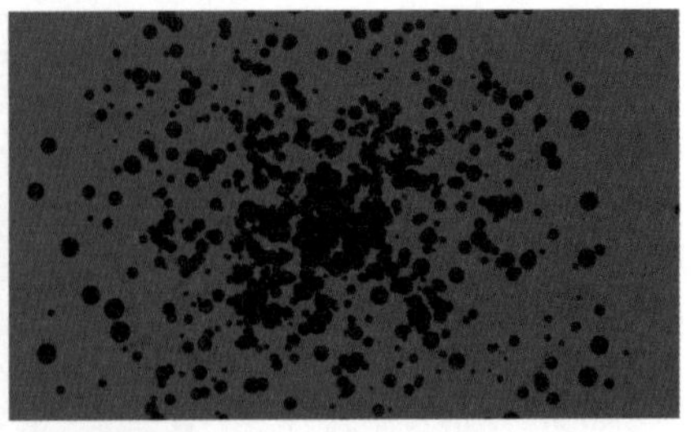

图7-47

19 此时新建一个灯光图层，就可以在场景中观察到被照亮的粒子，效果如图7-48所示。

20 删除灯光图层，然后设置Shadowlet for Main和Shadowlet for Aux都为On，就能在没有灯光的情况下显示粒子的阴影效果，效果如图7-49所示。

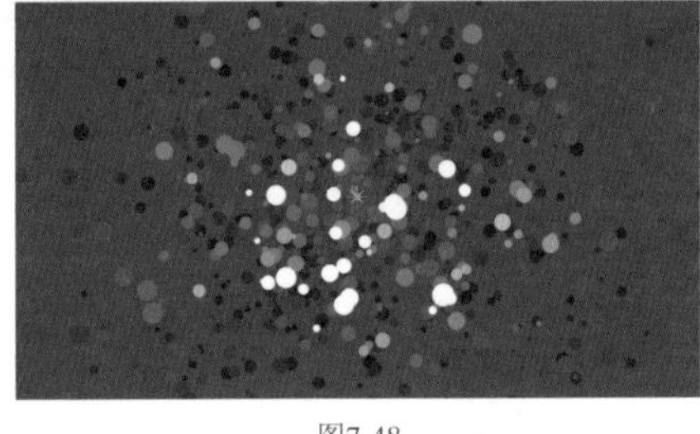

图7-48

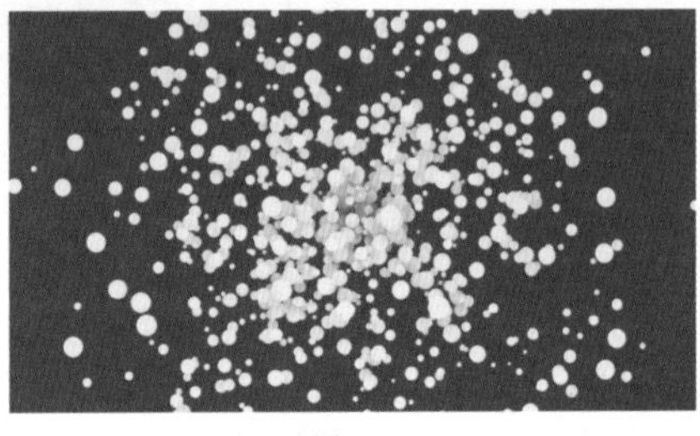

图7-49

21 Physics（Master）卷展栏中的参数用于设置粒子的物理效果。在Physics Model下拉列表中可以选择粒子的物理效果，如图7-50所示。

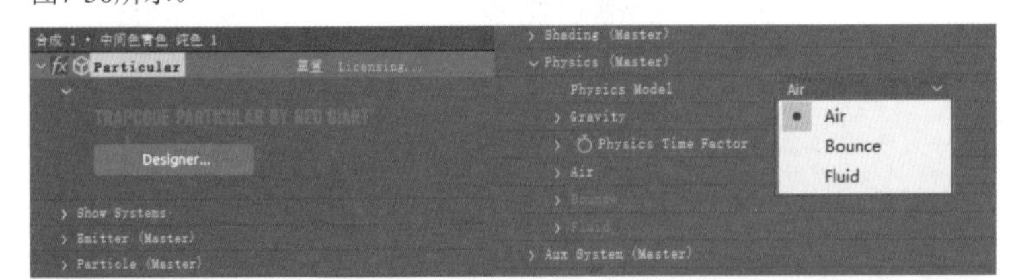

图7-50

> **技巧提示**
>
> Air是指大气效果，Bounce是指碰撞效果，Fliud是指流体效果。

22 设置Gravity为500，这时可以观察到粒子向下移动，效果如图7-51所示。再设置Gravity为-500，可以观察到粒子向上移动，效果如图7-52所示。

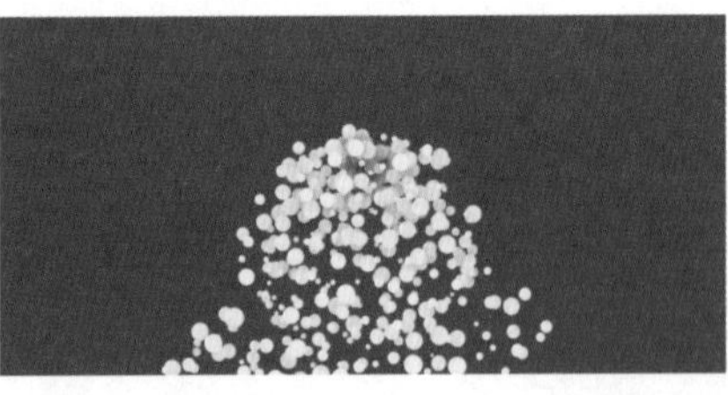

图7-51

图7-52

实战：制作散射粒子效果

案例文件	案例文件>CH07>实战：制作散射粒子效果
难易程度	★★★★☆
学习目标	熟悉Form粒子的使用方法

扫码观看视频

使用Form粒子可以生成矩阵类型的粒子，再调整相关参数能实现较为复杂的排列效果。本案例将旋转扭曲后的粒子与运动的摄像机结合，制作一个运动的散射粒子效果，案例效果如图7-53所示。

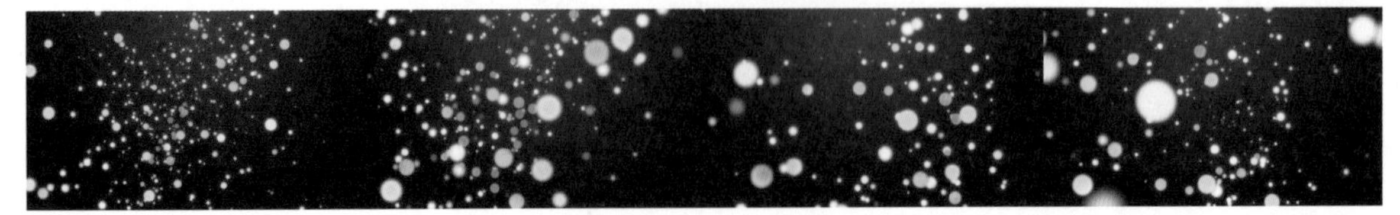

图7-53

案例制作

01 新建一个1920像素×1080像素的合成，然后新建一个纯色图层，并为其添加“梯度渐变”效果，具体参数及效果如图7-54所示。

02 继续新建一个纯色图层，然后搜索Form效果并将其添加到该纯色图层上，此时会在画面中看到默认的粒子矩阵，效果如图7-55所示。

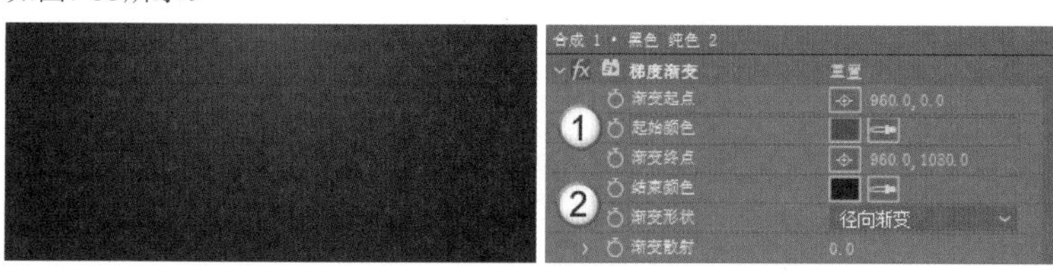

图7-54

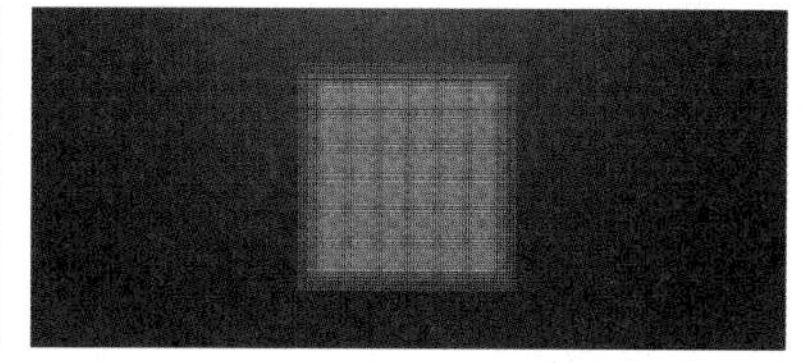

图7-55

03 在Base Form（Master）卷展栏中，设置Size为XYZ Individual，Size X为50，Size Y为260，Size Z为500，Particles in X为30，Particles in Y为30，Particles in Z为1，如图7-56所示。

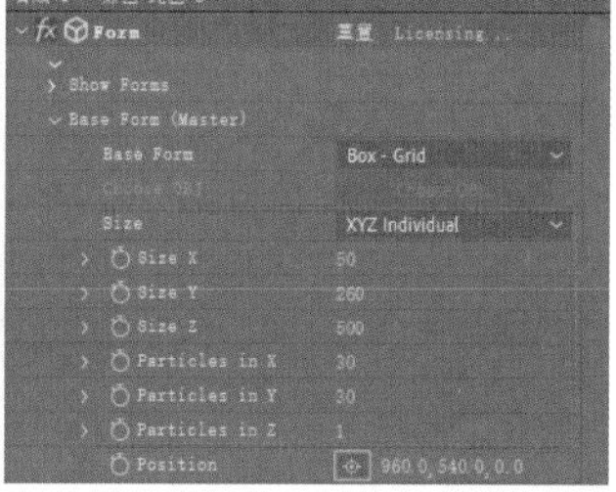

图7-56

> **技巧提示**
>
> 除了Particles in Z必须为1，其余参数都可以由读者按照喜好进行设定。

04 在Particle（Master）卷展栏中设置Sphere Feather为0，Size为1，Size Random为100%，如图7-57所示。

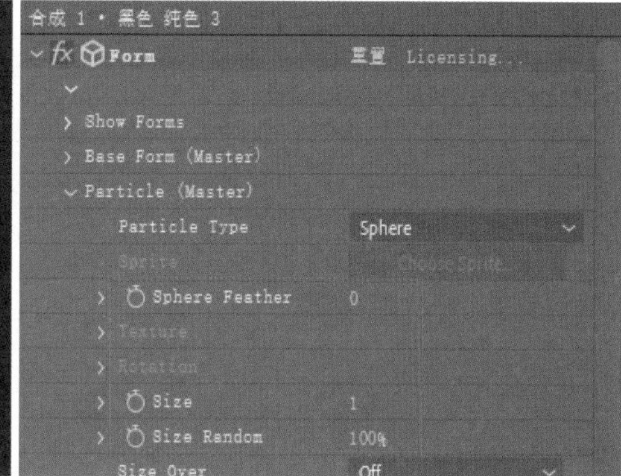

图7-57

05 在Shading（Master）卷展栏中设置Shadowlet为On，然后设置Color为黄色，Opacity为50，如图7-58所示。粒子的颜色仅供参考，读者可以设置成自己喜欢的颜色。

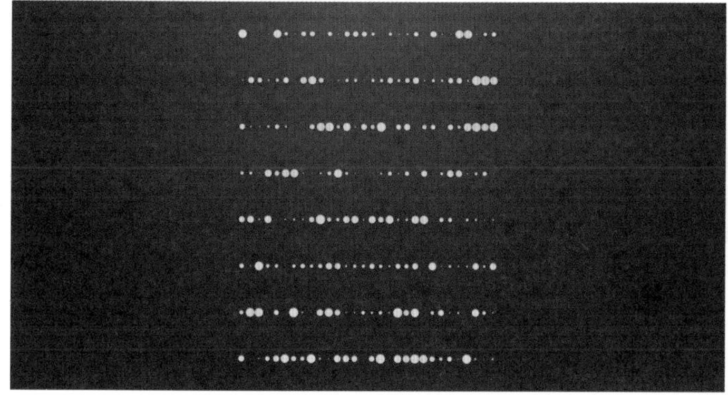

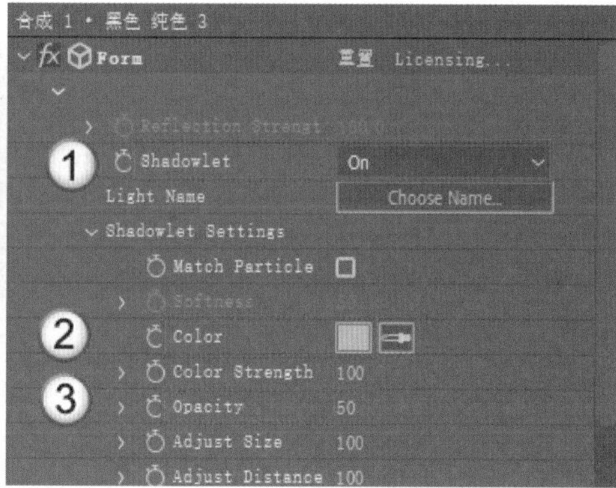

图7-58

06 在Disperse and Twist（Master）卷展栏中设置Disperse为40，Twist为15，此时整齐的粒子被打乱并发生扭曲，如图7-59所示。

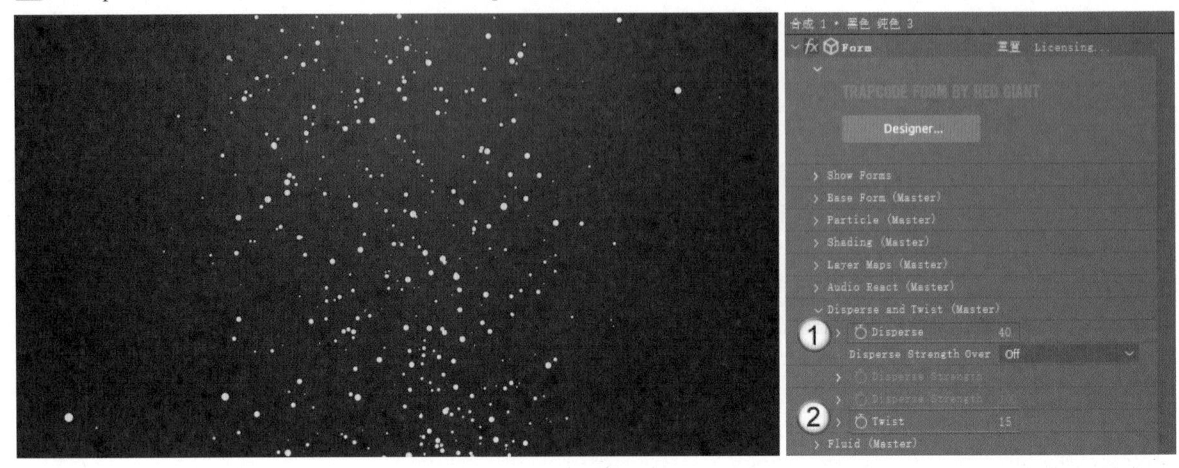

图7-59

07 在Fractal Field（Master）卷展栏中设置Affect Size为1，Affect Opacity为30，Displacement Mode为XYZ Individual，X Displace为35，Y Displace为105，Flow Evolution为0，如图7-60所示。

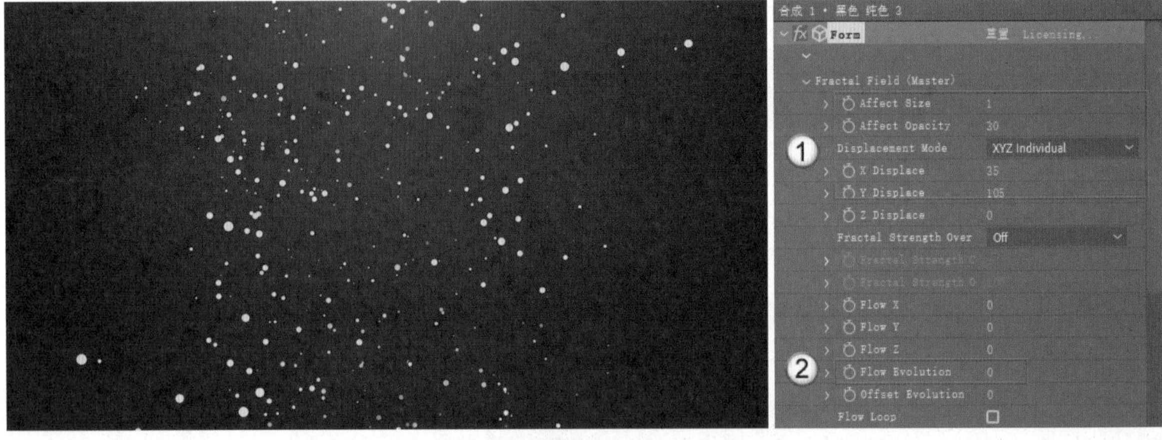

图7-60

08 新建一个摄影机图层，然后调整摄影机的位置，寻找一个合适的角度，接着在“目标点”和“位置”参数上添加关键帧，效果如图7-61所示。

09 在0:00:01:00的位置调整摄像机的位置，效果如图7-62所示。

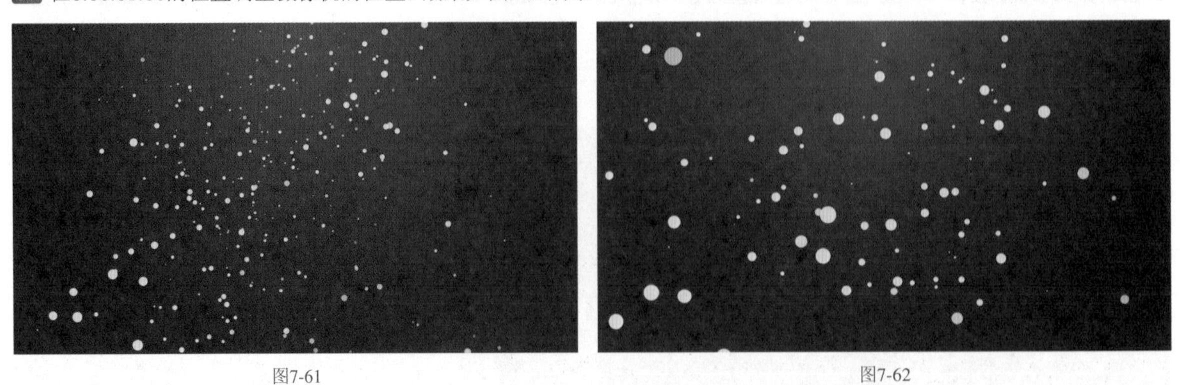

图7-61

图7-62

技巧提示

读者可按照自己的喜好寻找合适的角度并添加关键帧，关于摄像机的位置，这里不进行强制规定。

10 继续在0:00:02:00、0:00:03:00和0:00:04:00的位置寻找合适的摄影机角度，效果如图7-63所示。

图7-63

11 在摄像机图层中设置“景深”为“开”，“焦距”为240像素，“光圈”为5像素，并为“光圈”参数添加关键帧，然后设置“光圈形状”为“六边形”，如图7-64所示，效果如图7-65所示。

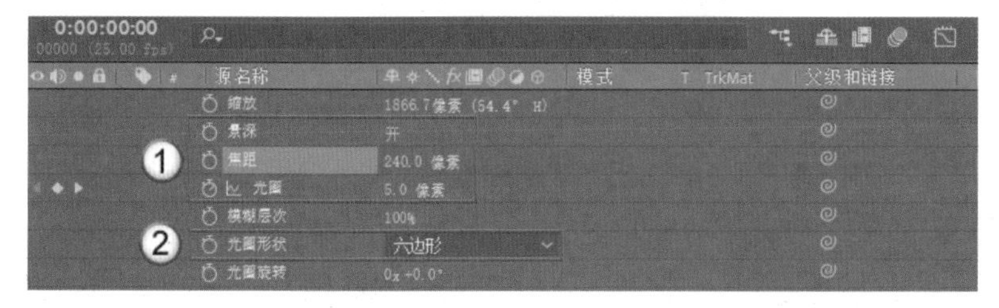

图7-64

图7-65

12 在0:00:01:00、0:00:02:00、0:00:03:00和0:00:04:00的位置设置不同的“光圈”数值，从而获得满意的效果，效果如图7-66所示。

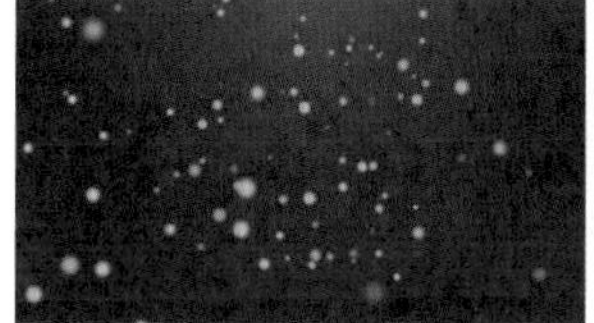

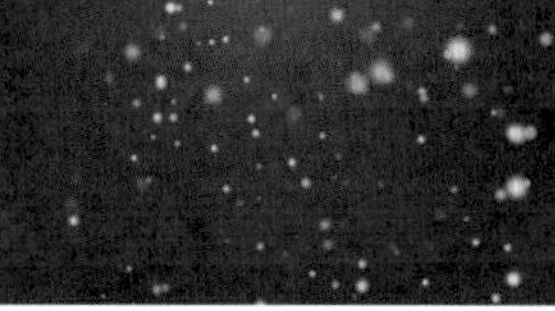

图7-66

13 打开“效果控件”面板，分别在时间轴的起始和结束位置添加X Rotation和Y Rotation关键帧，让粒子带有旋转效果，如图7-67所示。

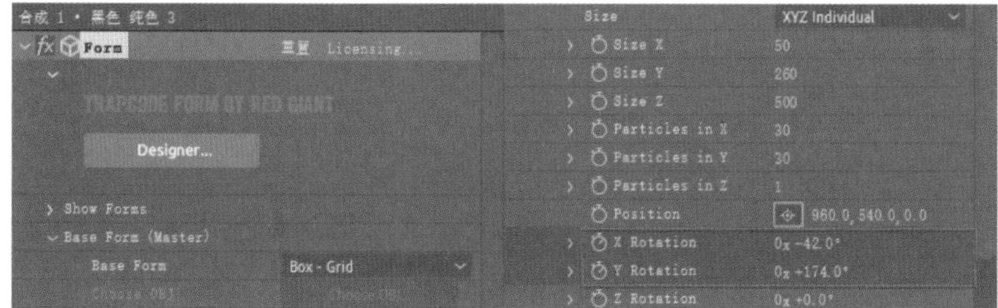

图7-67

技巧提示

这里的参数设置仅供参考，读者可以按照自己制作时的实际情况进行设置。

14 在纯色图层上添加“发光”效果，并设置“发光半径”为30，“发光强度”为1，如图7-68所示。

15 将纯色图层复制一层，然后在Base Form（Master）卷展栏中将Particles in X和Particles in Y都设置为15，如图7-69所示。

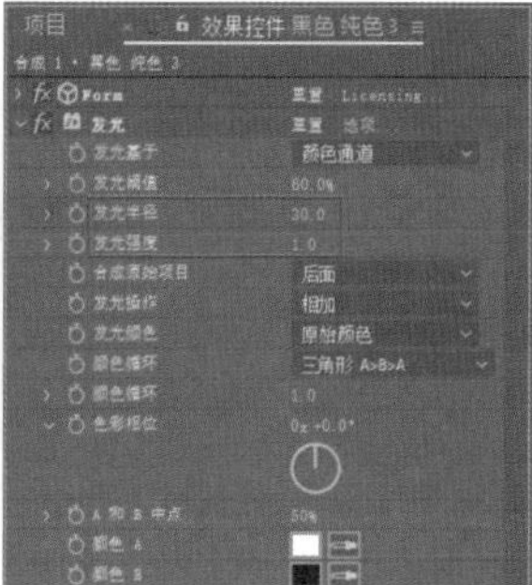

图7-68

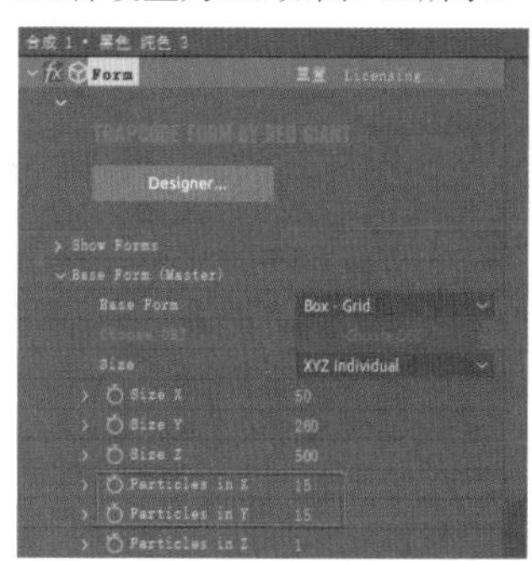

图7-69

16 在Particle（Master）卷展栏中设置Size为2，如图7-70所示。

17 在Shading（Master）卷展栏中设置Color为深蓝色，如图7-71所示。同样，这一步中的颜色也可以随意设置。

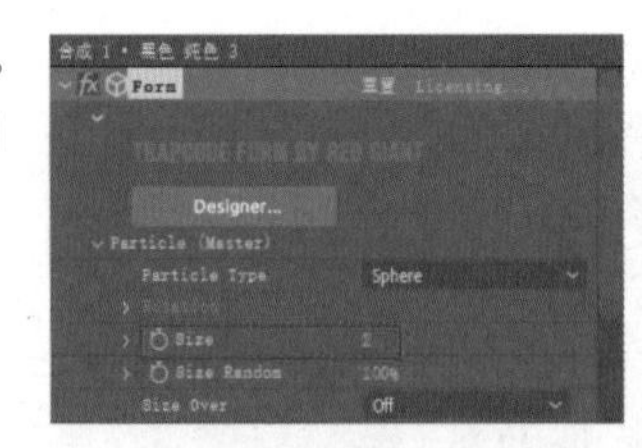

图7-70

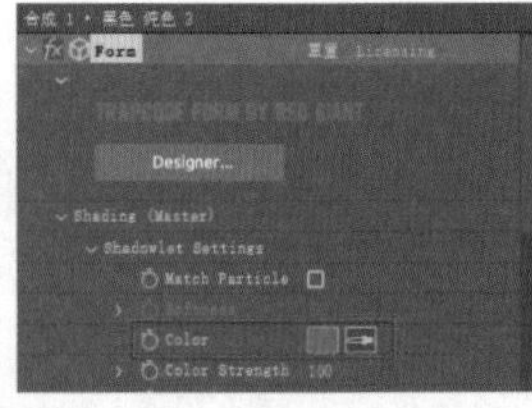

图7-71

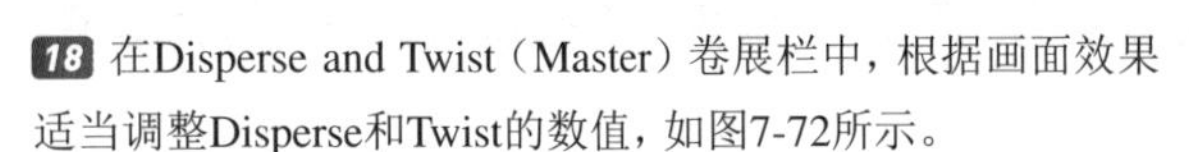

18 在Disperse and Twist（Master）卷展栏中，根据画面效果适当调整Disperse和Twist的数值，如图7-72所示。

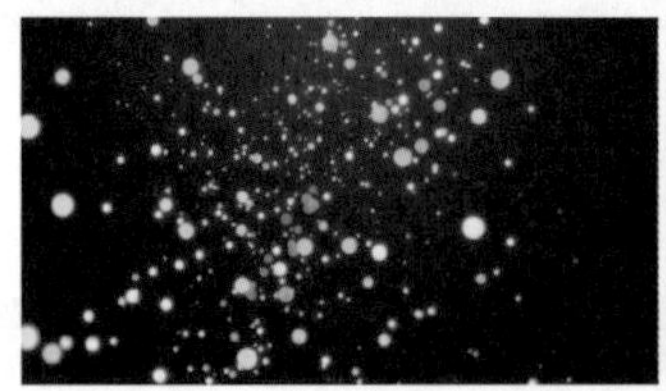

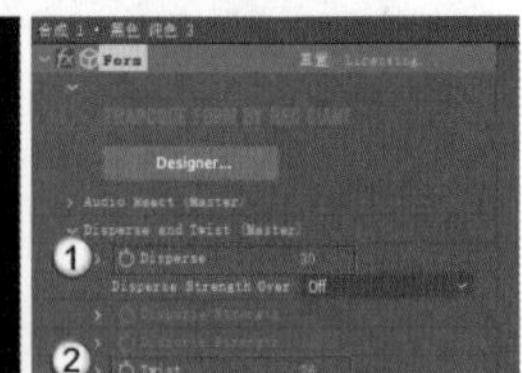

图7-72

19 在“合成”面板中任意截取4帧图片，效果如图7-73所示。

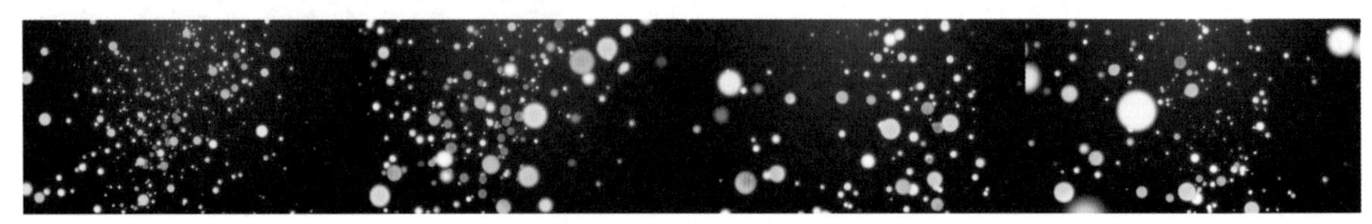

图7-73

☞ 技术回顾

演示视频：022-Form粒子

粒子：Form

位置：RG Trapcode > Form

扫码观看视频

01 新建一个默认合成，然后新建一个任意颜色的纯色图层，如图7-74所示。

02 在“效果和预设”面板中搜索Form，然后将其添加到上一步创建的图层上，此时能观察到生成的粒子，效果如图7-75所示。

03 展开Base Form（Master）卷展栏，在Base Form下拉列表中，可以选择不同的发射器类型，如图7-76所示。

图7-74

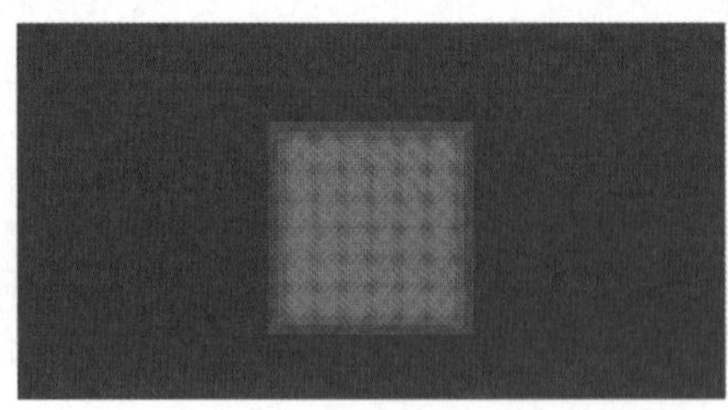

图7-75

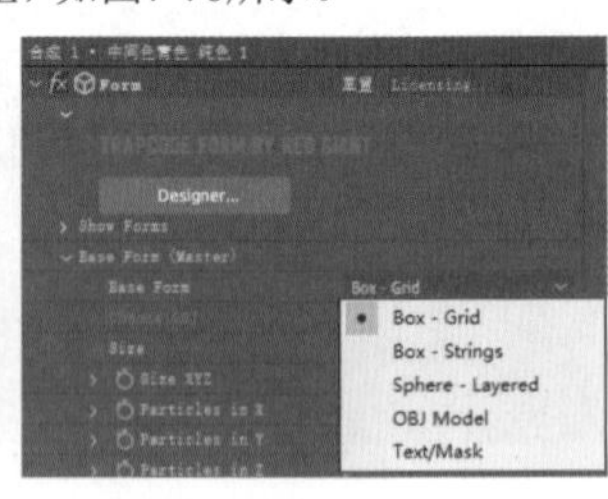

图7-76

技巧提示

在OBJ Model模式中可以链接OBJ格式的文件，在Text/Mask模式中可以链接文本或遮罩图层。

04 Size有两种模式，一种是关联了3个轴向大小的XYZ Linked模式，另一种是可以单独调整3个轴向大小的XYZ Individual模式，如图7-77所示。这两种模式都能调整发射器的影响范围。

05 调整Particles in X和Particles in Y的数值，可以控制粒子在x轴方向和在y轴方向上的数量，效果如图7-78所示。

技巧提示

增加粒子的数量只会使发射器的影响范围内的粒子数量增加，而不会改变发射器的影响范围。

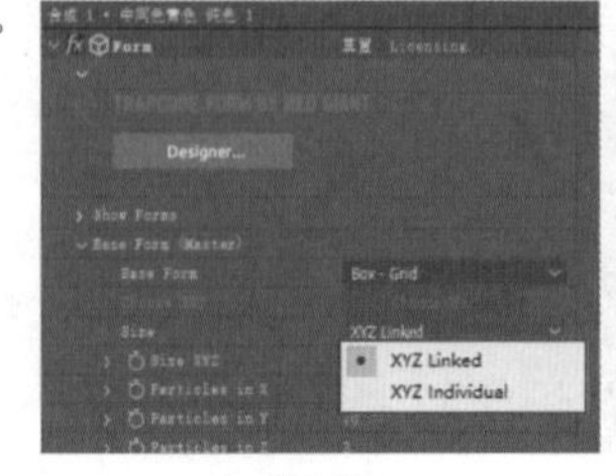

图7-77

图7-78

06 Particles in Z默认为3，表示粒子在z轴方向上存在3层。将Particles in Z设置为1，表示粒子在z轴方向上只存在一层，效果如图7-79所示。

07 展开Particle（Master）卷展栏，在Particle Type下拉列表中可以选择粒子的呈现形式，默认为Sphere（球体），如图7-80所示。

图7-79

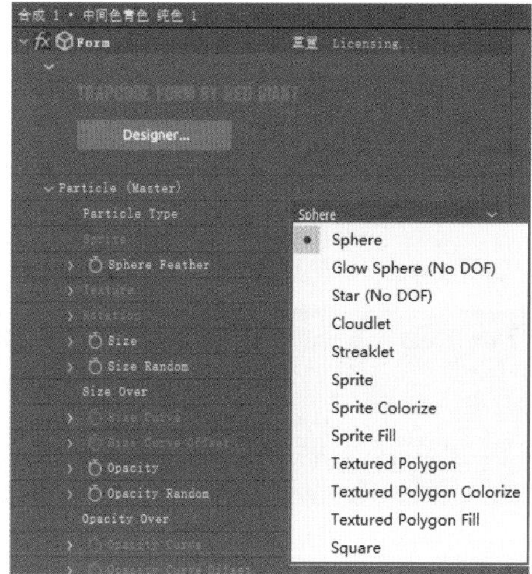

图7-80

技巧提示

Form粒子的Particle（Master）卷展栏中的内容与Particular粒子的Particle（Master）卷展栏中的内容基本相同，此处不再赘述。

08 展开Disperse and Twist（Master）卷展栏，可以在其中调整Disperse和Twist两个参数。Disperse参数控制粒子分散的效果，Twist则控制粒子的整体扭曲效果，如图7-81和图7-82所示。

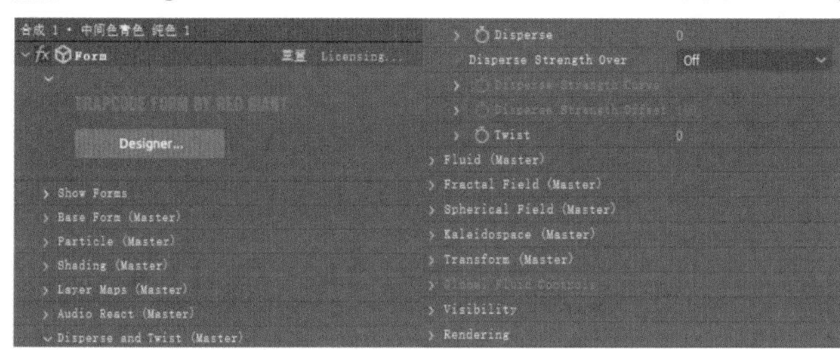

图7-81

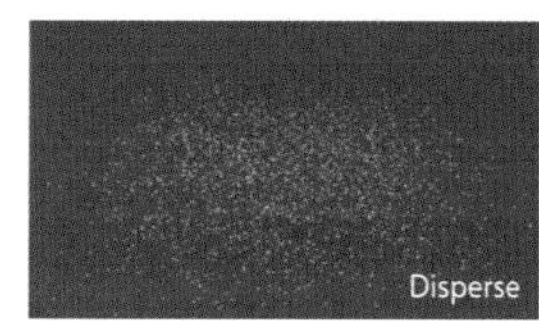

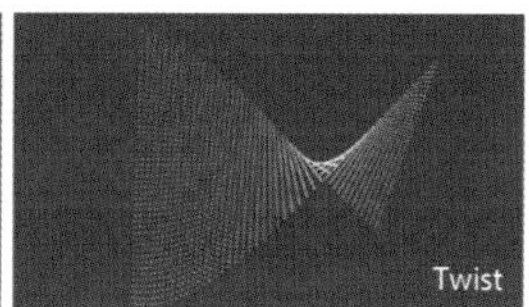

图7-82

09 在Fractal Field（Master）卷展栏中调整Affect Size的数值，可以改变粒子受到分形场影响的大小，如图7-83和图7-84所示。

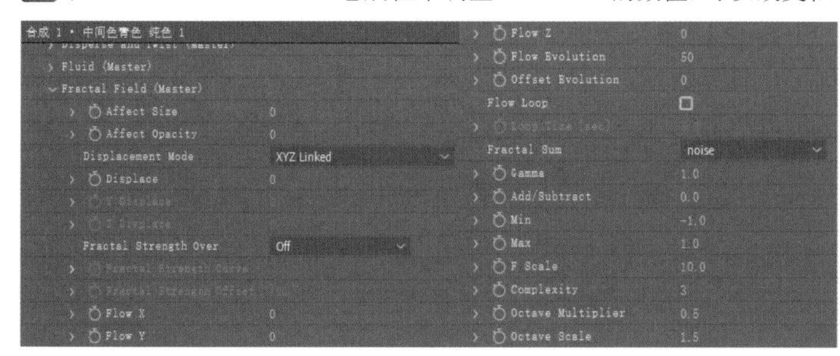

图7-83

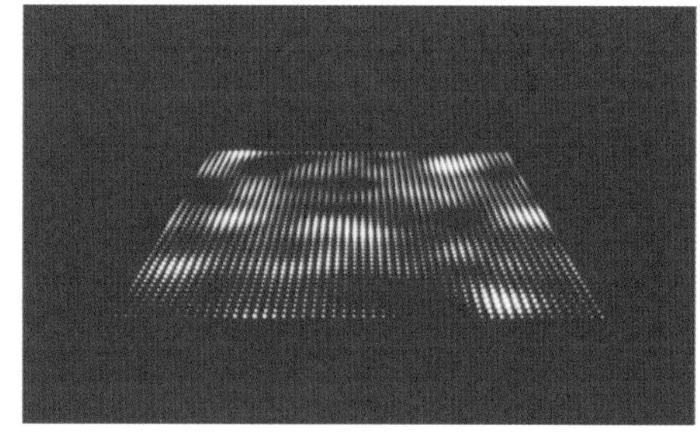

图7-84

10 调整Displace的数值，可以改变粒子的置换效果，效果如图7-85所示。

11 调整Flow X的数值，可以让粒子在x轴方向上产生位移，从而形成流动的效果，效果如图7-86所示。同理，调整Flow Y和Flow Z的数值，就能让粒子在y轴方向和z轴方向上产生位移。

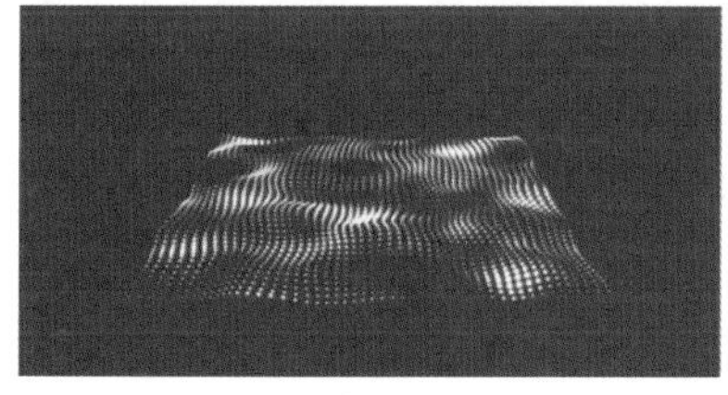

图7-85

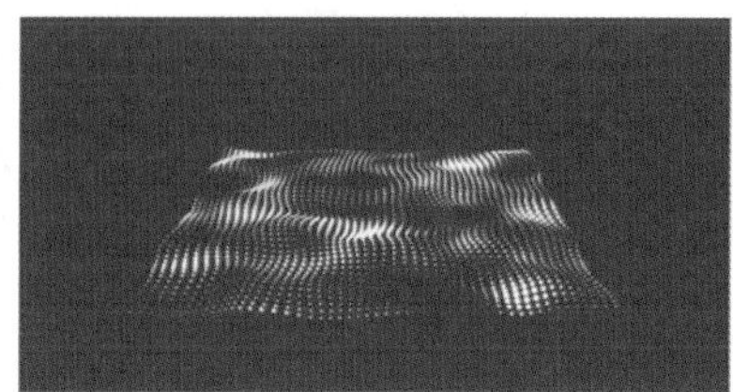

图7-86

重点

实战：制作粒子生长效果

案例文件	案例文件>CH07>实战：制作粒子生长效果
难易程度	★★★★☆
学习目标	练习Particular粒子的使用方法

本案例需要将粒子生成在一个移动的遮罩图层上，从而形成粒子生长的效果，案例效果如图7-87所示。本案例的制作步骤较为复杂，需要读者耐心学习。

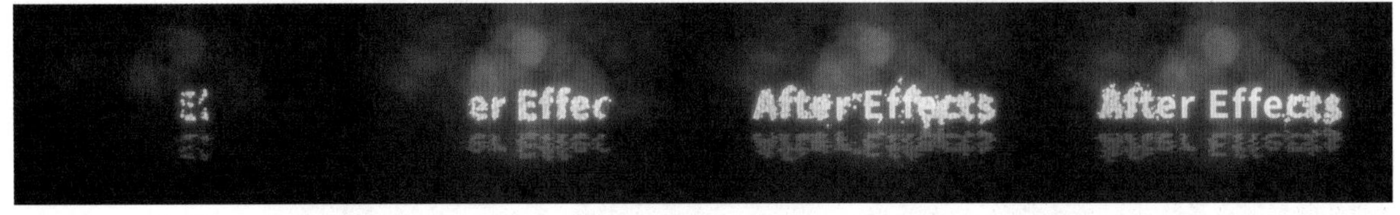

图7-87

01 新建一个1920像素×1080像素的合成，然后新建一个文本图层，输入After Effects，具体参数和效果如图7-88所示。

02 使用"矩形工具"在文字上方绘制一个白色的矩形，使其完全覆盖文字内容，效果如图7-89所示。

图7-88

图7-89

03 在剪辑起始位置设置矩形的"缩放"为（0%，100%），并添加关键帧，然后在0:00:01:00的位置设置"缩放"为（100%,100%），如图7-90所示。

04 选中文本图层，设置"遮罩"为"Alpha遮罩'形状图层1'"，如图7-91所示。文字会随着矩形的放大而出现在画面中，效果如图7-92所示。

图7-90

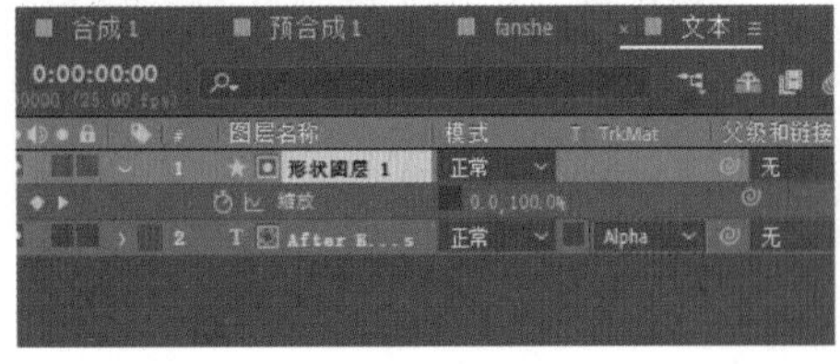

图7-91

图7-92

> **技巧提示**
>
> 读者也可以绘制其他形状作为遮罩轮廓。

05 在"形状图形1"图层上添加"湍流置换"效果，设置"数量"为34，"大小"为54，"复杂度"为8，如图7-93所示，此时遮罩的边缘会变成不规则的锯齿状。

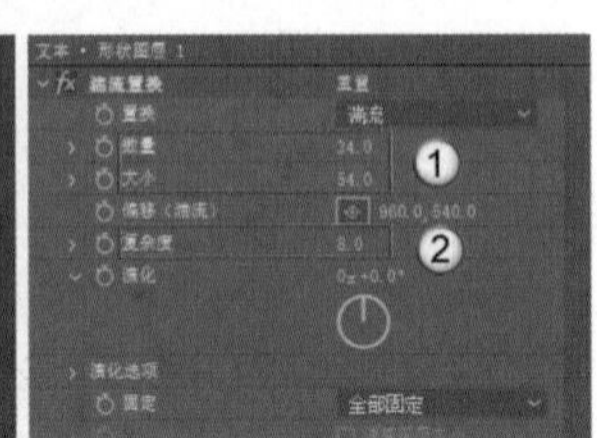

图7-93

06 选中文本图层和“形状图形1”图层并将它们转换为预合成，将预合成重命名为“文本”，然后将“文本”合成复制一层，设置下方的“文本”合成的“遮罩”为“Alpha反转遮罩‘文本’”，如图7-94所示。

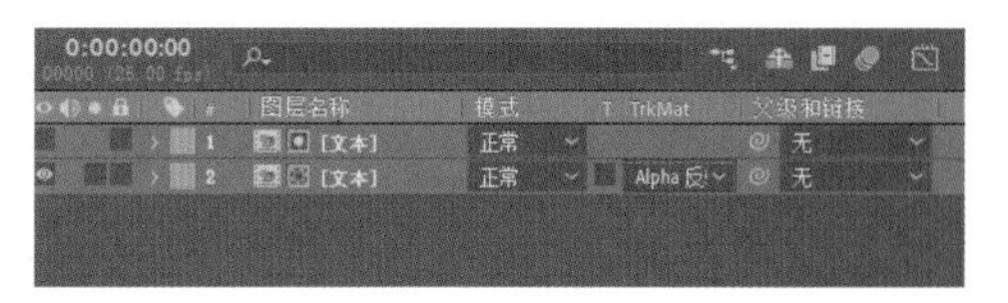
图7-94

07 将上方的“文本”合成的剪辑起始位置移动到0:00:00:05处，然后移动播放指示器，可以看到画面中只显示部分文字，如图7-95和图7-96所示。

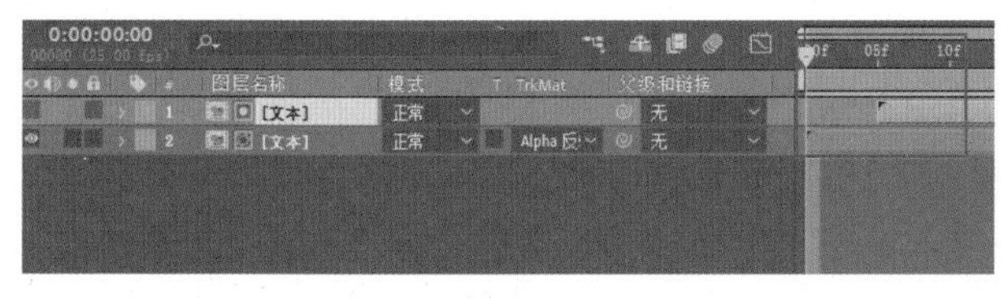
图7-95

图7-96

技巧提示

显示的文字部分将会被用来生成粒子。对于两个合成剪辑起始位置的相差时间，读者可以根据自己的喜好进行设置，时间相差的长短不同，显示文字的区域的大小也会不同。

08 观察画面，会发现有一部分文字仍没有消除，如图7-97所示。进入“文本”合成，然后复制“形状图层1”图层，返回外层合成后进行粘贴，并设置图层的“模式”为“轮廓Alpha”，如图7-98所示。

图7-97

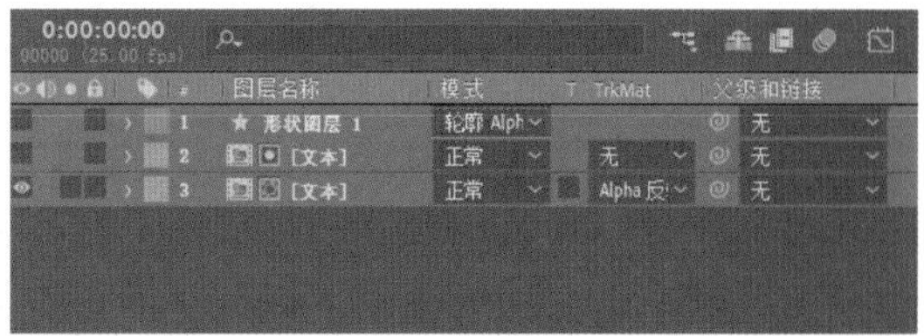
图7-98

09 显示复制得到的“形状图层1”图层，就能消除画面中残存的文字，如图7-99所示，效果如图7-100所示。

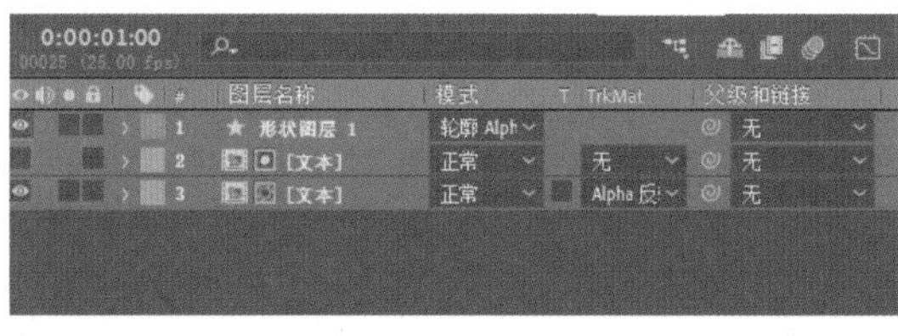
图7-99

图7-100

10 选中现有的3个图层并将它们转换为预合成，将预合成重命名为Logo，然后新建一个合成，将其命名为“粒子”，将Logo合成放置在“粒子”合成里，并在“粒子”合成中新建一个纯色图层，将其命名为“粒子”，如图7-101所示。

11 打开Logo合成的“3D图层”开关，然后在“粒子”图层上添加Particular效果，如图7-102所示。

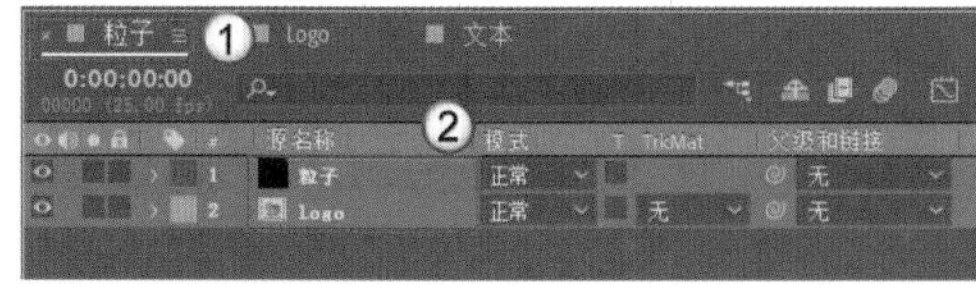
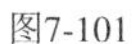
图7-101

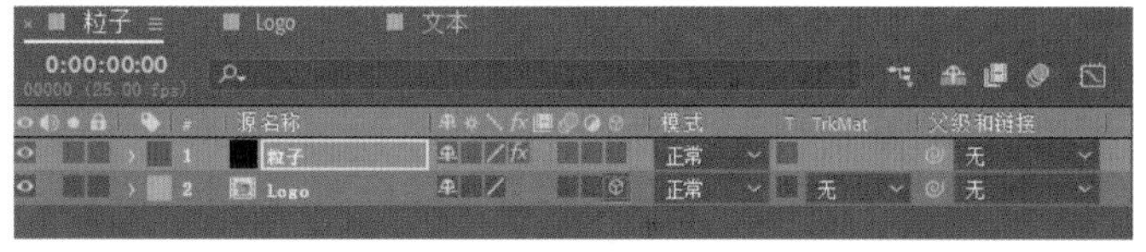
图7-102

12 在“效果控件”面板中设置Particles/sec为 500000，Emitter Type为Layer，Emitter Size Z为50，Layer为“3.Logo”，Layer RGB Usage为RGB-XYZ Velocity+Col，如图7-103所示。

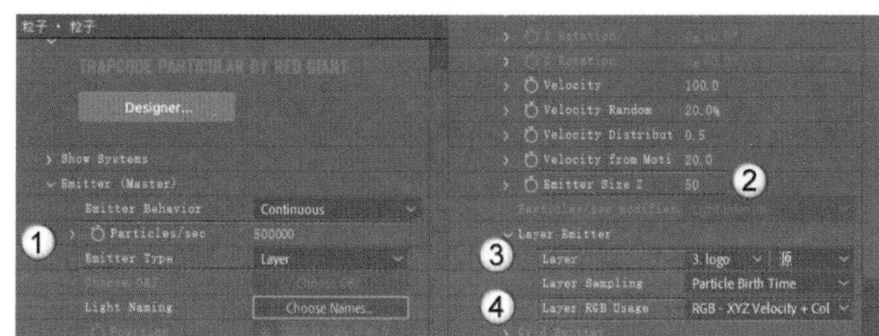
图7-103

技巧提示

对Particles/sec设置的 500000仅作为参考数值，读者可根据自身计算机的配置情况灵活设置该数值。

13 在Particle（Master）卷展栏中设置Life[sec]为1，Life Random为20%，Sphere Feather为0，Size为6，Size Random为100%，如图7-104所示。

14 展开Shading（Master）卷展栏，设置Shadowlet for Main和Shadowlet for Aux都为On，如图7-105所示。

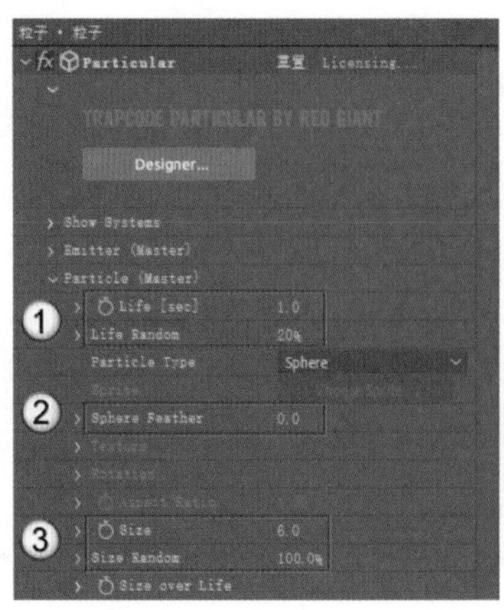

图7-104

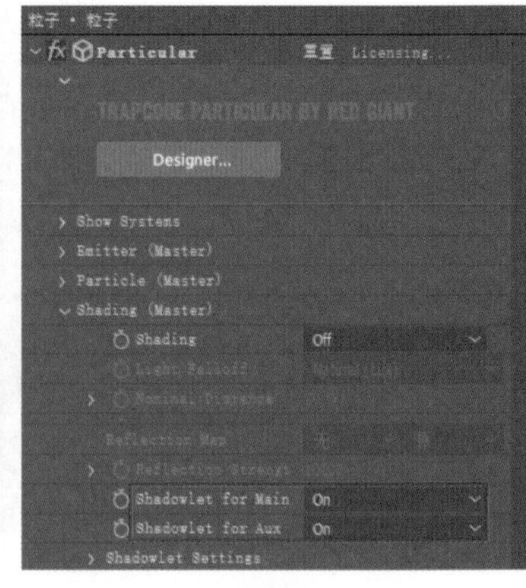

图7-105

15 展开Aux Systerm（Master）卷展栏，设置Emit为Continuously，Particles/sec为10，Particle Velocity为0，Life[sec]为0.2，Life Random为100%，Size为4，Size Random为100%，如图7-106所示。粒子效果如图7-107所示。

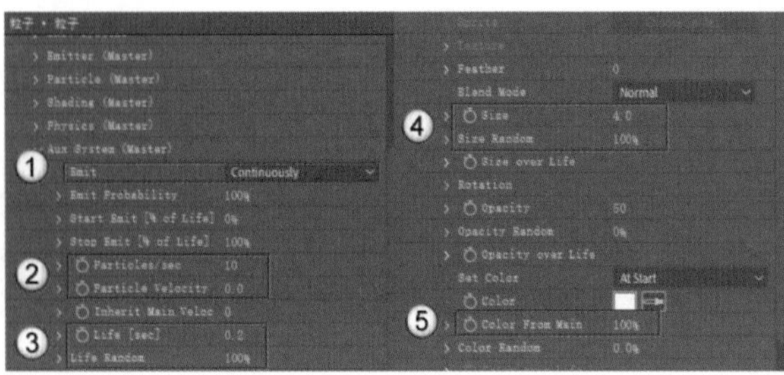

图7-106

> **技巧提示**
>
> 粒子的各项参数值仅作为参考，读者可以根据需要进行调整，也可以设置其他的参数。

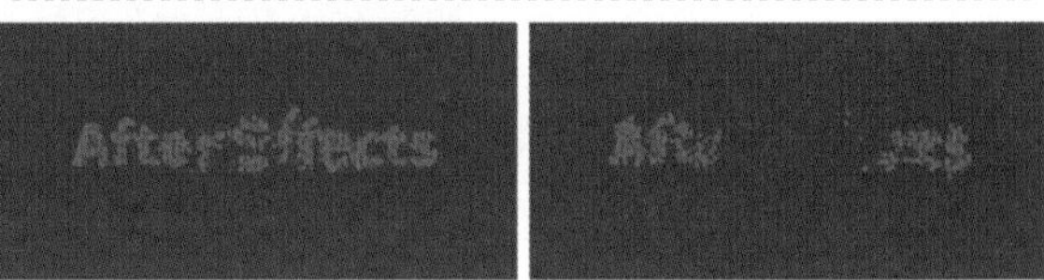

图7-107

16 将“文本”合成放置在“粒子”合成的底层，并取消显示Logo合成，这样就能将文字与粒子结合，如图7-108和图7-109所示。

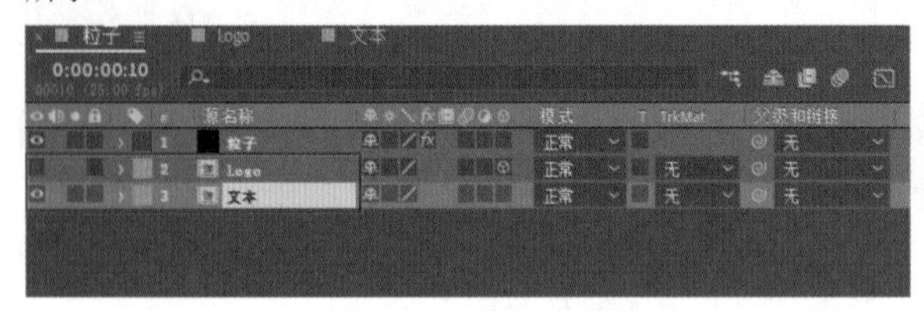

图7-108

图7-109

> **技巧提示**
>
> 使“文本”合成与Logo合成的剪辑起始位置错开，就能呈现出粒子先出现，继而出现文字的效果。

17 新建一个合成，将其重命名为“反射”，然后新建纯色图层，如图7-110所示。

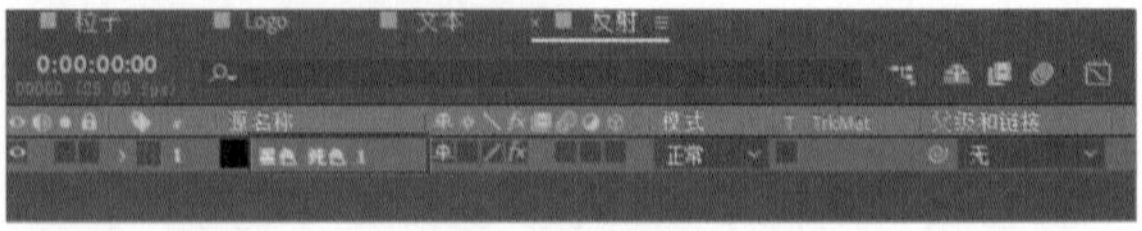

图7-110

18 在纯色图层上添加“分形杂色”效果，设置“对比度”为150，“复杂度”为20，“子影响（%）”为70，“子缩放”为20，如图7-111所示。

19 选中纯色图层，按S键调出“缩放”参数，设置“缩放”为（300%,100%），效果如图7-112所示。

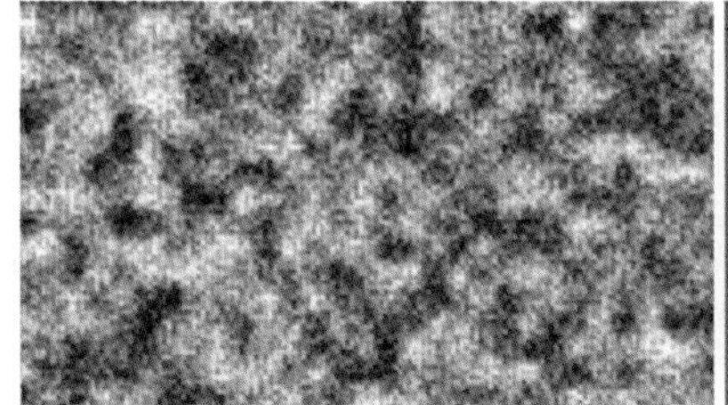

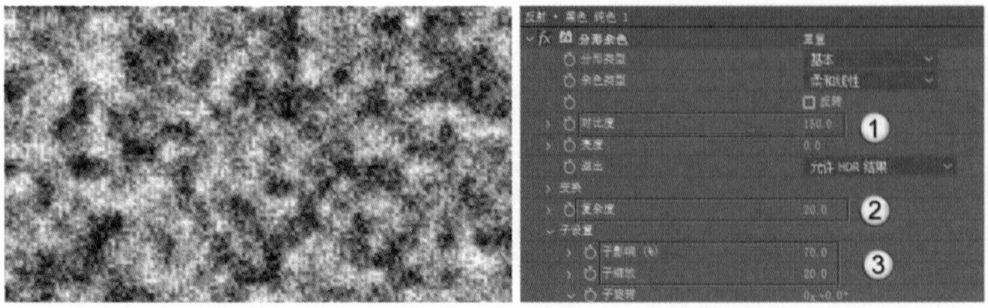

图7-111

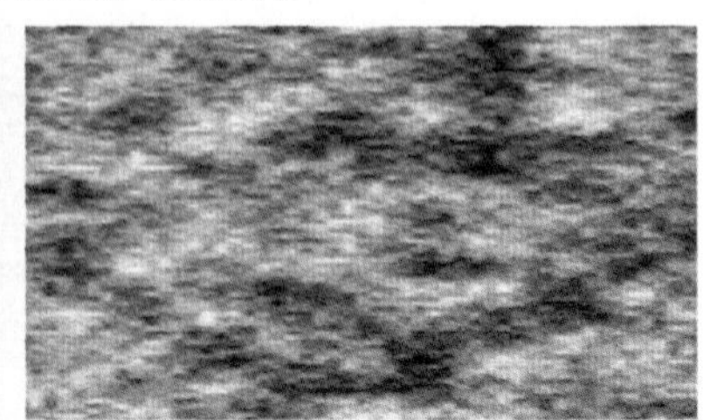

图7-112

20 新建一个合成，将其重命名为“总合成”，然后将“粒子”合成和“反射”合成都添加到“总合成”合成中，如图7-113所示，效果如图7-114所示。

图7-113

图7-114

21 选中“粒子”合成，为其添加Optical Glow效果，设置Amount为7，Size为77，如图7-115所示。

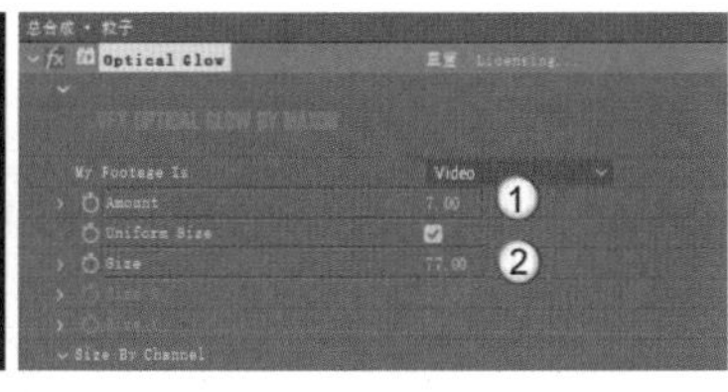

图7-115

技巧提示

Optical Glow效果与下一步用到的Reflection效果都是RG VFX插件中的效果，读者需要自行安装该插件。

22 继续在“粒子”合成上添加Reflection效果，设置Opacity为40，Displacement Map为“2.反射”，Horizontal Displacement为10，Displacement Falloff为60，Contour Detail为40，如图7-116所示。

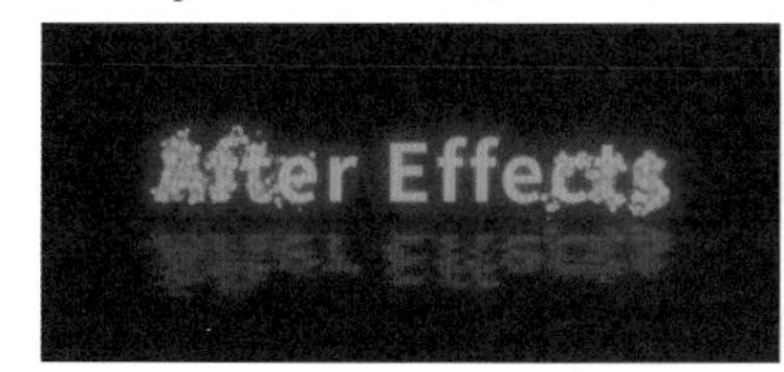

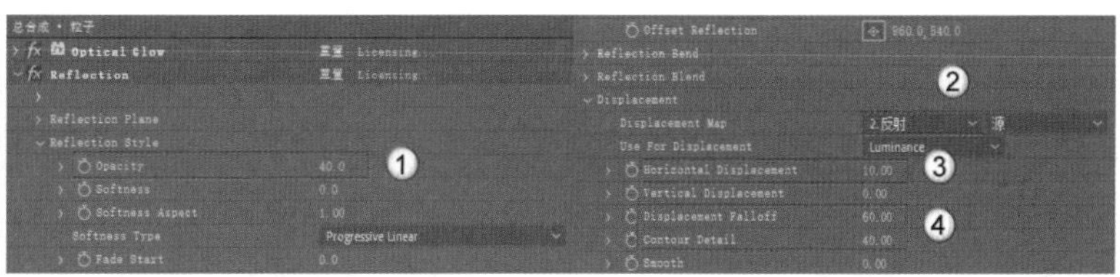

图7-116

23 再添加“Lumetri 颜色”效果，在“基本校正”卷展栏中设置“对比度”为60，“高光”为40，然后在“创意”卷展栏中设置Look为SL CLEAN FUJI B，“强度”为51，“锐化”为50，如图7-117所示。

24 新建一个纯色图层，然后为其添加Optical Flares效果，在“效果控件”面板中单击Options按钮 Options ，在打开的对话框中选择图7-118所示的灯光预设。

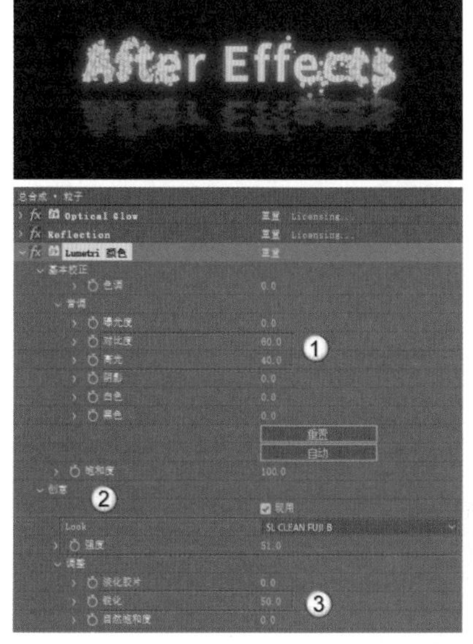

图7-117

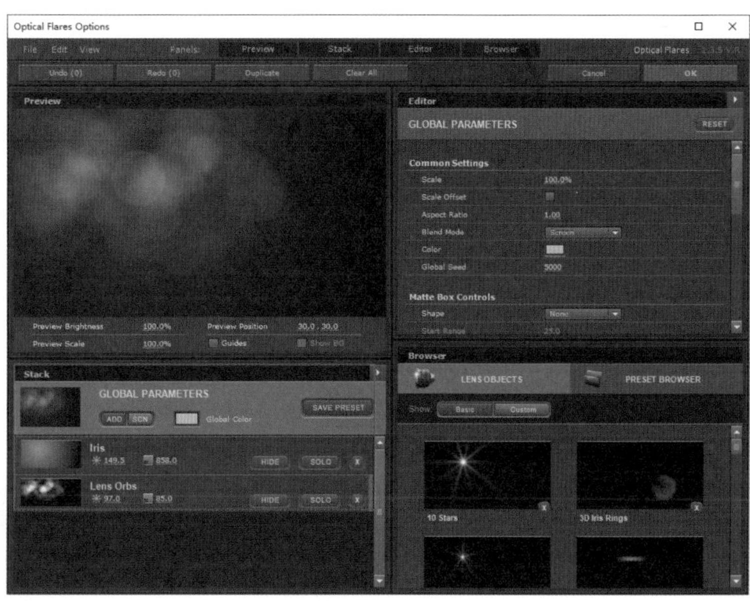

图7-118

技巧提示

Optical Flares为一款灯光插件，读者需要自行安装。

25 单击OK按钮 OK 退出对话框，在“效果控件”面板中设置Position Z为100，Color为蓝色，Source Type为3D，如图7-119所示。

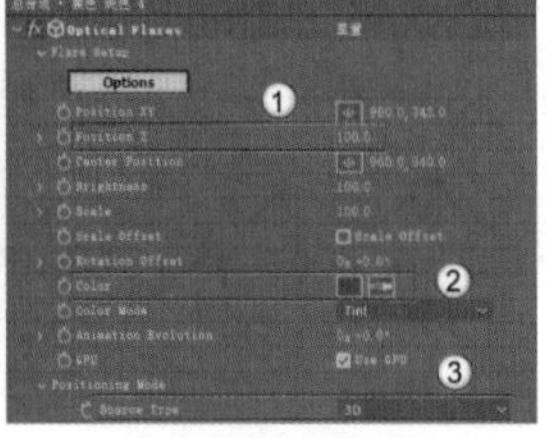

图7-119

> **技巧提示**
>
> 在调整完参数后，需要将纯色图层的“模式”设置为“相加”，如图7-120所示。
>
> 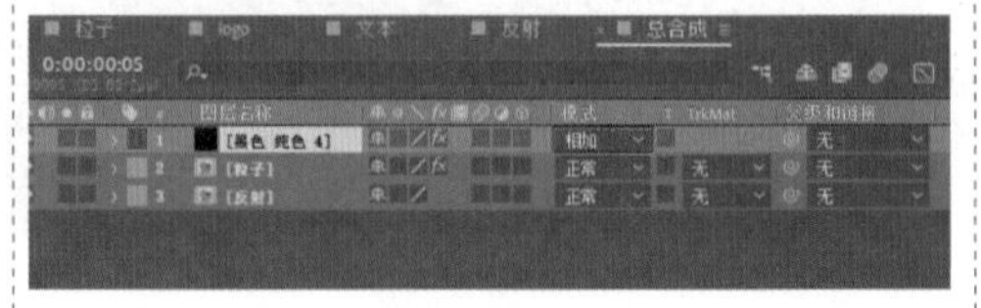
>
> 图7-120

26 在剪辑起始位置设置Brightness为0，并添加关键帧，然后在0:00:00:05的位置设置Brightness为100，效果如图7-121所示。

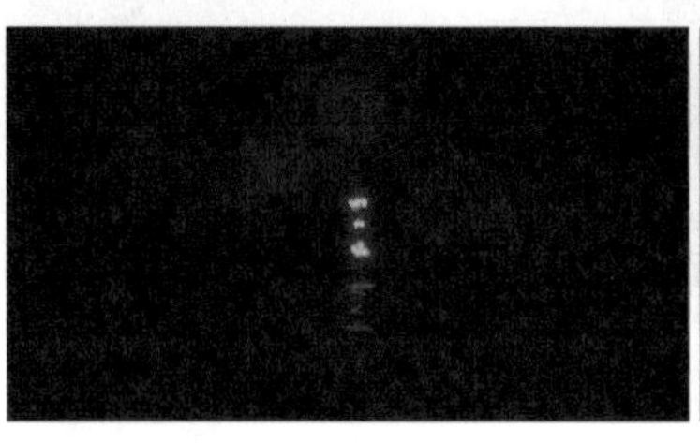
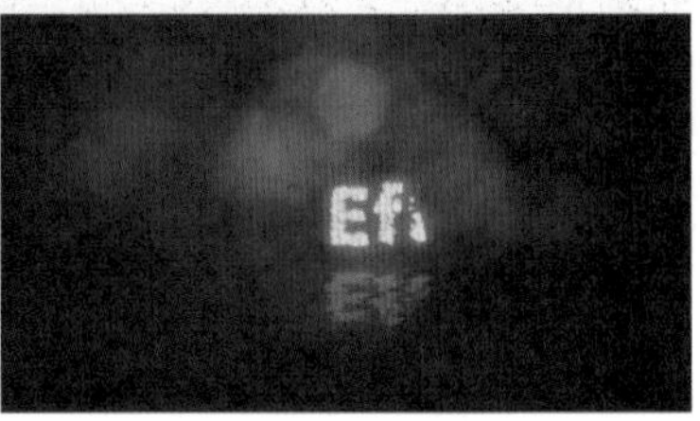

图7-121

27 在“合成”面板中任意截取4帧图片，效果如图7-122所示。

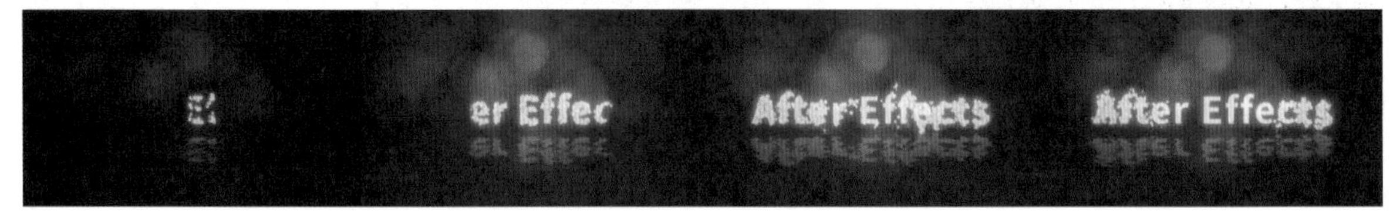

图7-122

实战：制作梦幻星云效果

案例文件	案例文件>CH07>实战：制作梦幻星云效果
难易程度	★★★★☆
学习目标	掌握Form粒子的使用方法

扫码观看视频

Form粒子可以根据图片的内容生成粒子效果。本案例就是在一张星云图片上生成粒子，制作出梦幻的星云效果。案例效果如图7-123所示。

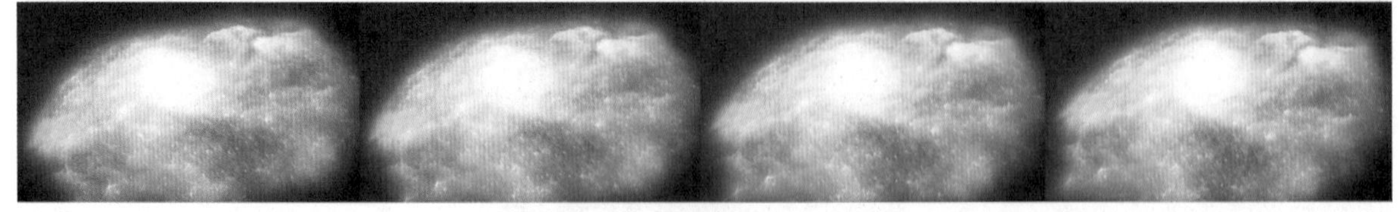

图7-123

01 新建一个1920像素×1080像素的合成，然后将学习资源“案例文件>CH07>实战：制作梦幻星云效果”文件夹中的素材文件导入“项目”面板，并将它们拖曳到“时间轴”面板中，效果如图7-124所示。

02 新建一个纯色图层，将其命名为“粒子”，然后为其添加Form效果，在Base Form（Master）卷展栏中设置Size为XYZ Linked，Size XYZ为1000，Particles in X和Particles in Y都为1200，Particles in Z为1，如图7-125所示。

图7-124

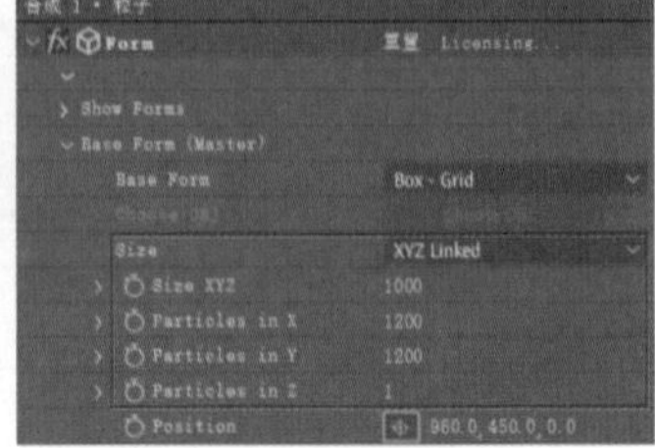

图7-125

03 在Particle（Master）卷展栏中设置Size为2，如图7-126所示。

04 在Layer Maps（Master）卷展栏中设置Layer为“4.素材.png”，Functionality为RGBA to RGBA，Map Over为XY，在Displacement卷展栏中设置Functionality为RGB to XYZ，Map Over为XY，Layer for XYZ为“4.素材.png”，Strength为-8，如图7-127所示。这样就能将粒子与素材图片结合起来，生成带颜色的粒子效果，如图7-128所示。

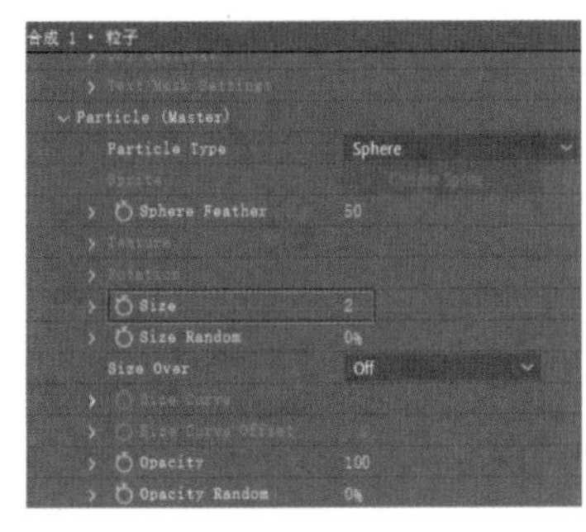

图7-126

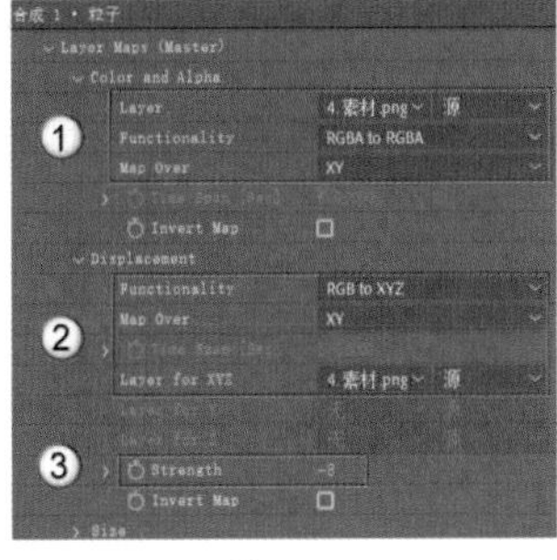

图7-127

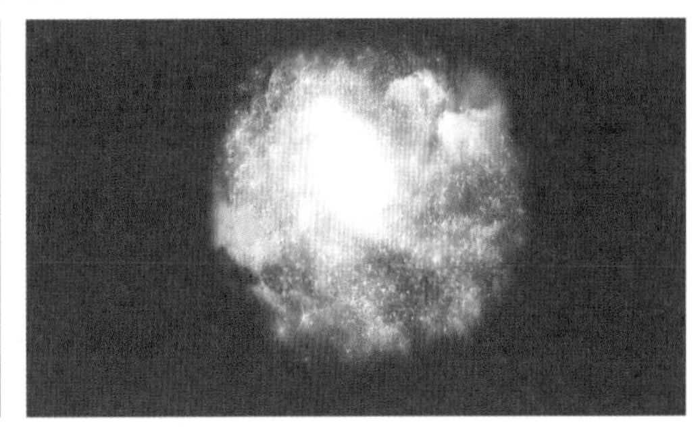

图7-128

05 在Transform（Master）卷展栏中设置X Rotation W为0x-55°，Y Rotation W为0x+10°，Scale为200，然后在Z Rotation W图层上添加表达式time*5，如图7-129所示。此时粒子会呈现出倾斜且绕着z轴方向慢慢旋转的效果，效果如图7-130所示。

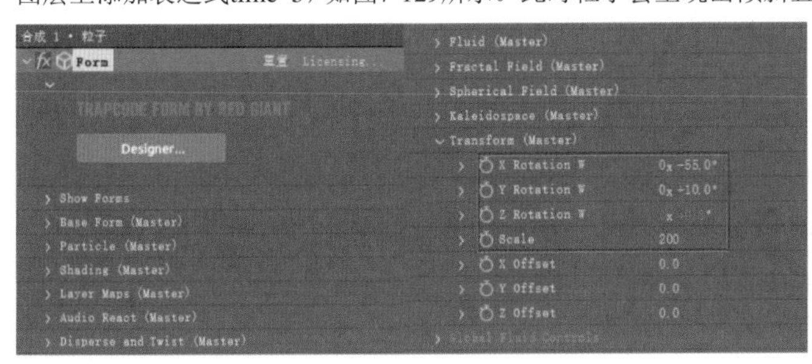

图7-129

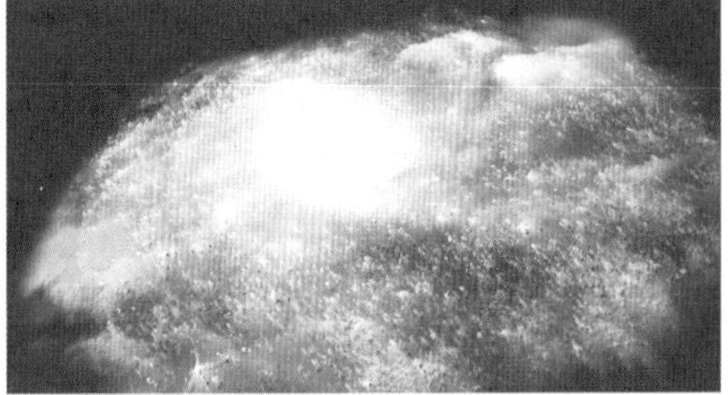

图7-130

06 在“粒子”图层上添加“快速方框模糊”效果，设置“模糊半径”为60，让粒子产生模糊的效果，如图7-131所示。

07 将“粒子”图层复制一层，然后删掉新图层中的“快速方框模糊”效果，如图7-132所示。

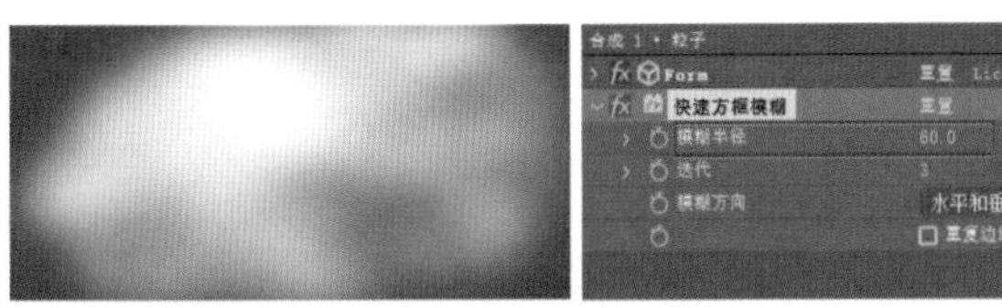

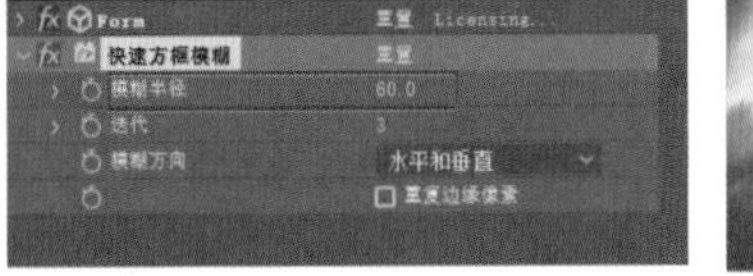

图7-131

图7-132

08 在Form效果的Particle（Master）卷展栏中设置Size为1，Size Random为50%，如图7-133所示。

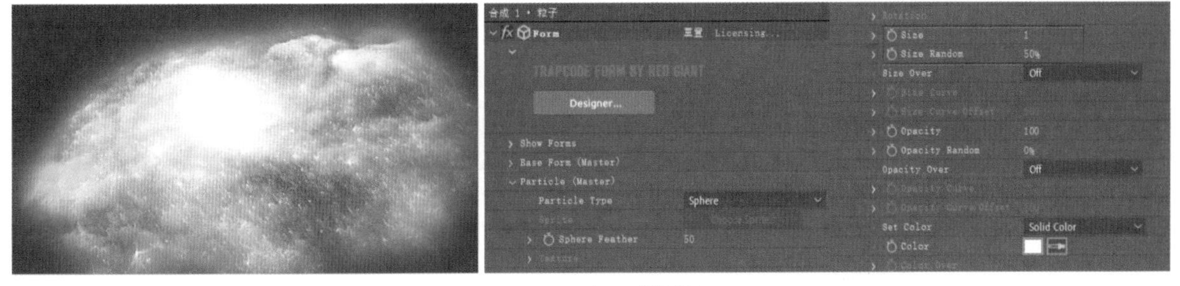

图7-133

09 在复制生成的“粒子”图层中添加“锐化”效果，并设置“锐化量”为15，如图7-134所示。

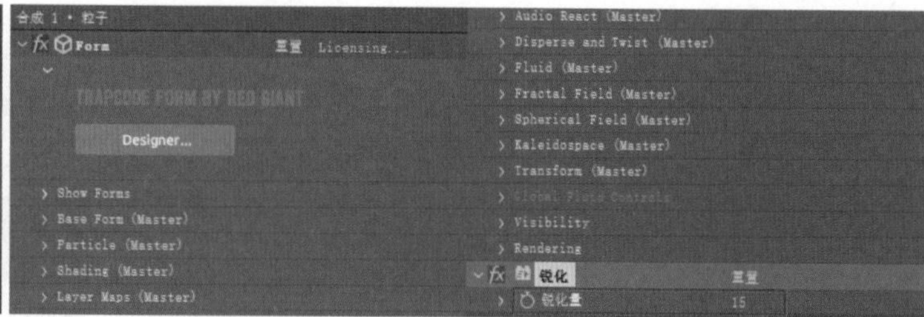

图7-134

10 新建一个纯色图层，将其命名为“OP光”，然后为其添加Optical Flares效果，在“效果控件”面板中单击Options按钮 Options ，在打开的对话框中选择图7-135所示的灯光预设。

11 在单击OK按钮 OK 退出对话框“效果控件”面板中设置Brightness为50，Render Mode为On Transparent，如图7-136所示。

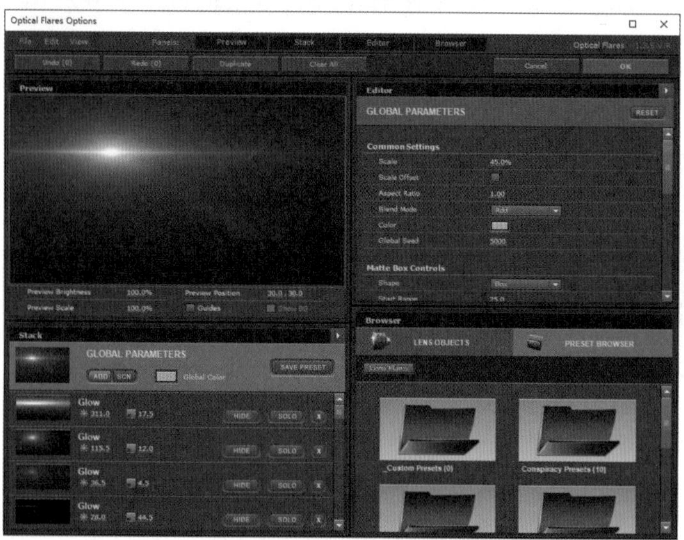

图7-135

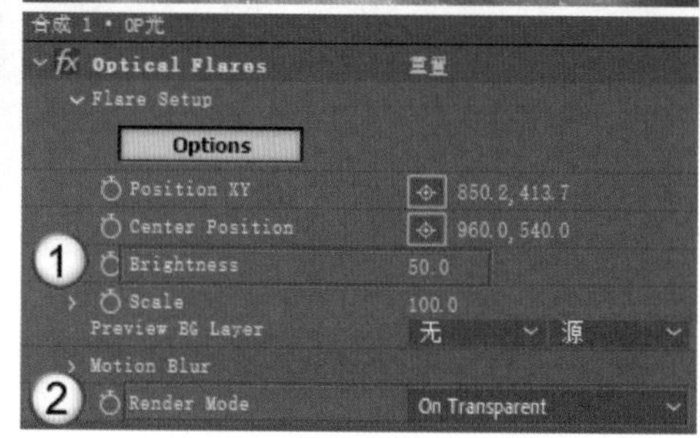

图7-136

> **技巧提示**
>
> 读者可以按照自己的喜好选择别的灯光预设，也可以选择不添加灯光。

12 调整灯光的位置，使其处于画面最亮处，效果如图7-137所示。

13 新建一个纯色图层，将其放置在所有图层的下方，然后为其添加“梯度渐变”效果，在“效果控件”面板中设置“渐变起点”为（5.3,6.8），“起始颜色”为深蓝色，“渐变终点”为（1923.2,1080），“结束颜色”为黑色，如图7-138所示。

图7-137

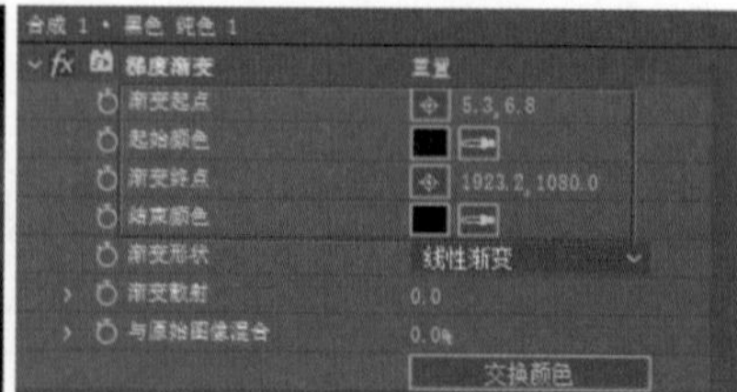

图7-138

14 在“合成”面板中任意截取4帧图片，效果如图7-139所示。

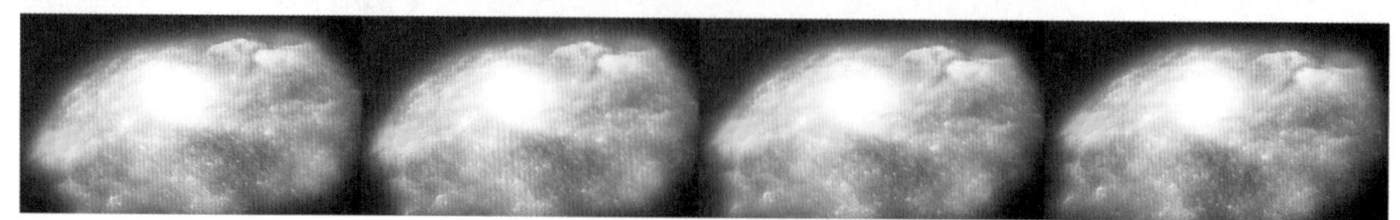

图7-139

重点

实战：制作粒子光线效果

案例文件	案例文件>CH07>实战：制作粒子光线效果
难易程度	★★★★☆
学习目标	掌握Particular粒子的用法

使用Particular粒子不仅可以呈现星星点点的粒子效果，还可以制作出光线效果。本案例需要制作一个散开的粒子光线动画，案例效果如图7-140所示。

图7-140

01 新建一个1920像素×1080像素的合成，然后新建一个灯光图层，并为灯光图层添加“位置”关键帧，如图7-141所示。

> **技巧提示**
>
> 粒子的运动轨迹仅作为参考，读者可按照自己的想法设置运动轨迹。需要注意的是，在轨迹交叉的位置，需要在z轴方向上进行拖曳，保证两个轨迹不重叠。

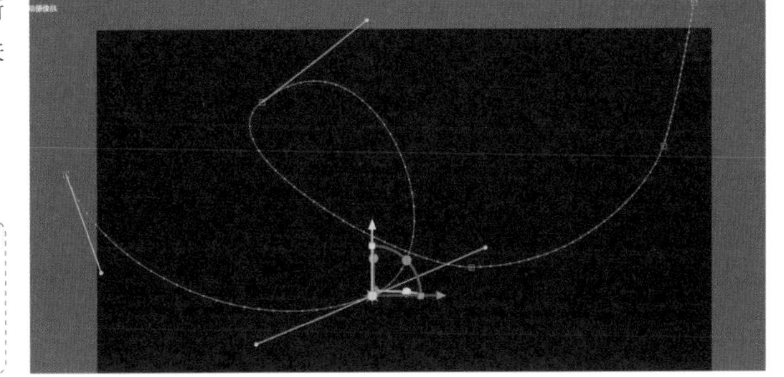

图7-141

02 新建一个纯色图层，然后为其添加Particular效果，在Emitter（Master）卷展栏中设置Particles/sec为3000，Emitter Type为Light(s)，接着单击Choose Names按钮 Choose Names... ，添加“点光1”的名称，再设置Direction为Directional，Velocity为5，Velocity from Motion[%]为90，如图7-142所示。

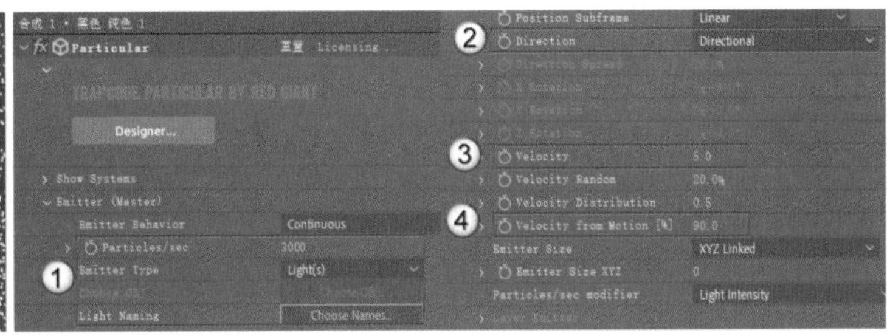

图7-142

03 在Particle（Master）卷展栏中设置Life[sec]为2，Life Random为100%，Sphere Feather为0，Size为0.3，Size Random为60%，Opacity Random为40%，如图7-143所示。此时的粒子非常小，很难观察到。

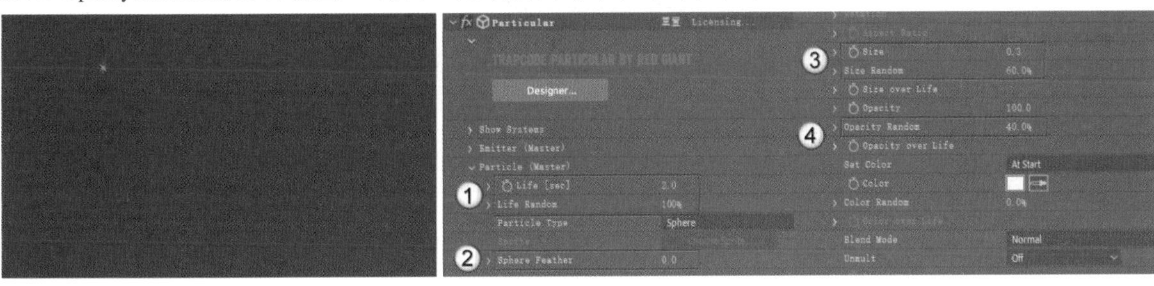

图7-143

04 在Aux Systerm（Master）卷展栏中设置Emit为Continuously，Particles/sec为1500，Life[sec]为0.8，Life Random为30%，Feather为0，Blend Mode为Add，Size为0.3；然后在Size over Life卷展栏中选择一条曲线，设置Opacity Random为30%，Set Color为Random from Gradient，并设置渐变颜色，如图7-144所示，效果如图7-145所示。

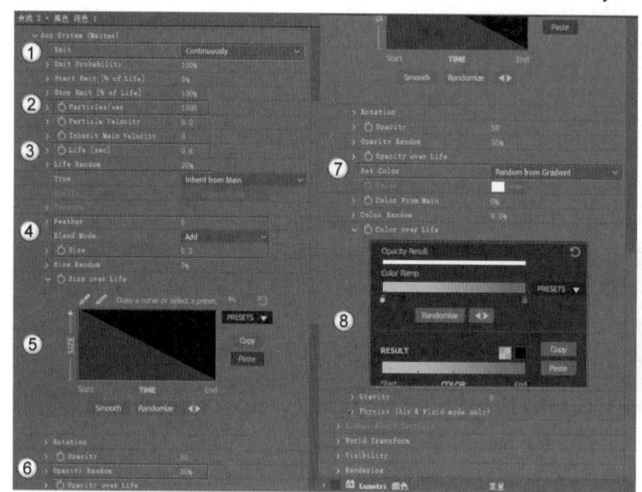

图7-144

图7-145

05 在Physics（Master）卷展栏中设置Air Resistance为1，Spin Amplitude为30，Affect Size为3，Affect Position为150，Octave Multiplier为0.3，Octave Scale为0.8，如图7-146所示。

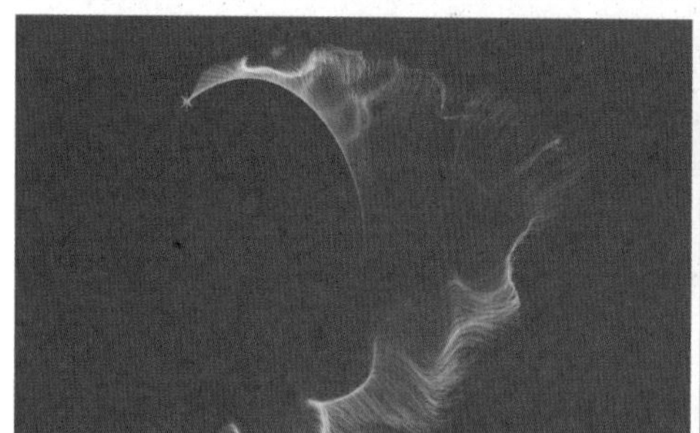

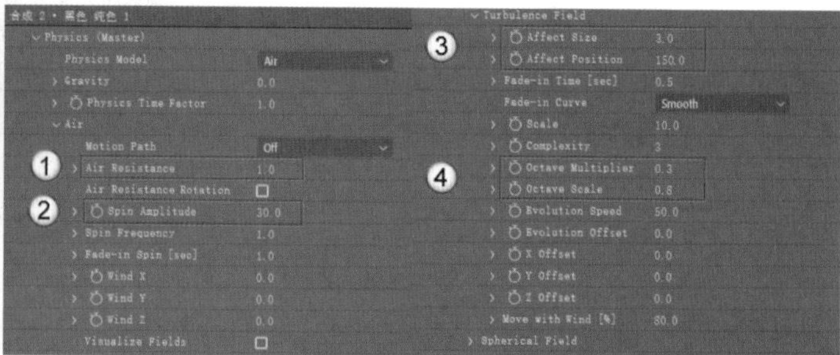

图7-146

> **技巧提示**
>
> 粒子的参数仅作为参考，读者可以在给出参数的基础上进行调整，做出自己满意的效果。

06 继续为纯色图层添加“Lumetri颜色”效果，在“基本校正”卷展栏中设置“色温”为-195，“曝光度”为1，“高光”为20，“阴影”为10，“白色”为20，“黑色”为10，如图7-147所示。

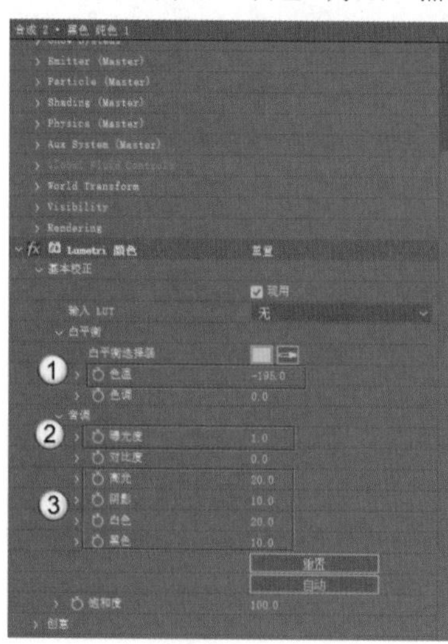

图7-147

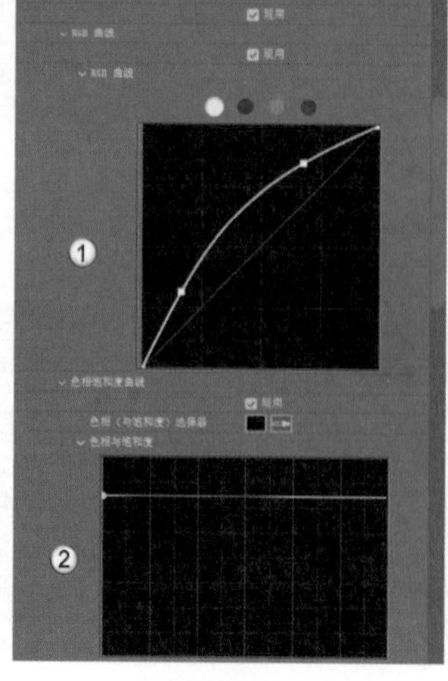

图7-148

07 在“曲线”卷展栏中调整“RGB曲线”和“色相与饱和度”曲线，如图7-148所示，效果如图7-149所示。

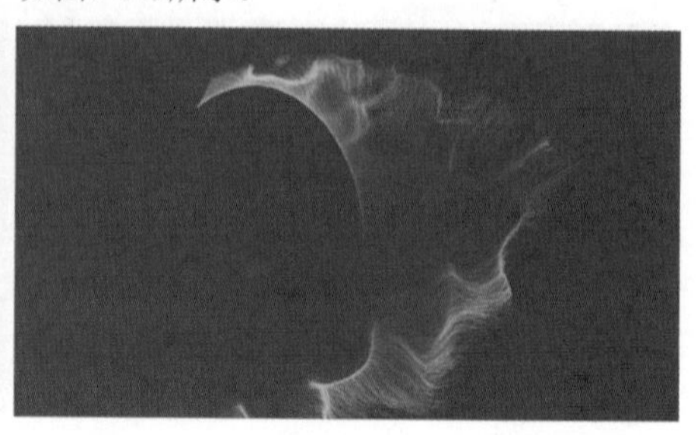

图7-149

08 新建一个纯色图层，将其放在所有图层的下方，如图7-150所示。

09 将“梯度渐变”效果添加到上一步新建的图层上，设置“渐变起点”为（-40,-38），“起始颜色”为深蓝色，“渐变终点”为（1980,1128），“结束颜色”为黑色，如图7-151所示。

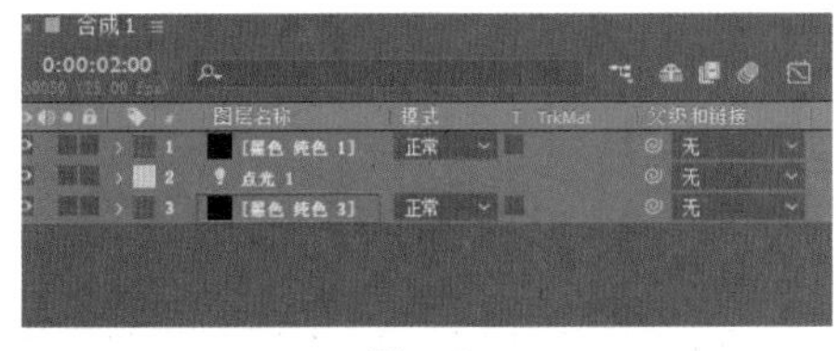

图7-150

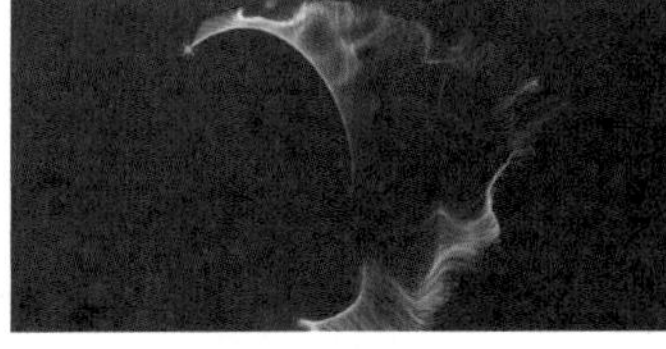

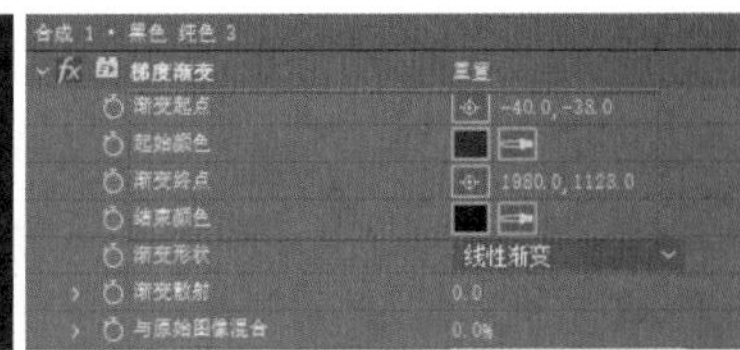

图7-151

10 在“合成”面板中任意截取4帧图片，效果如图7-152所示。

图7-152

重点

实战：制作粒子流效果

案例文件	案例文件>CH07>实战：制作粒子流效果
难易程度	★★★★☆
学习目标	练习使用Particular粒子

扫码观看视频

粒子流效果在一些科幻电影中出现的频率很高，这种效果需要通过Particular粒子制作。案例效果如图7-153所示。

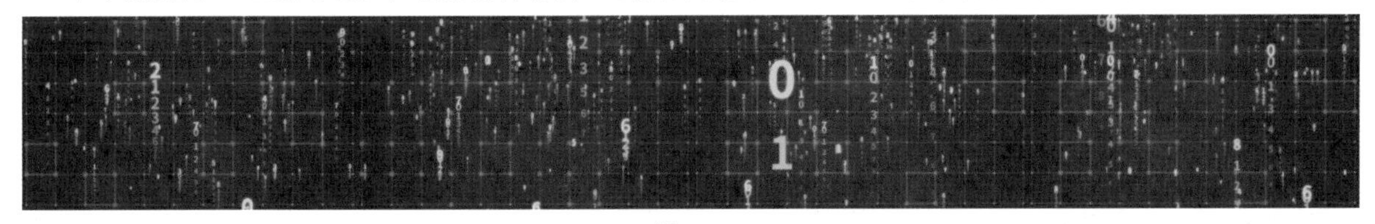

图7-153

01 新建一个200像素×200像素、时长为10帧的合成，并将其命名为“元素”，然后新建一个文本图层，输入数字0，如图7-154所示。

02 将文本图层复制9层，分别修改文字内容为1~9，如图7-155所示。

图7-154

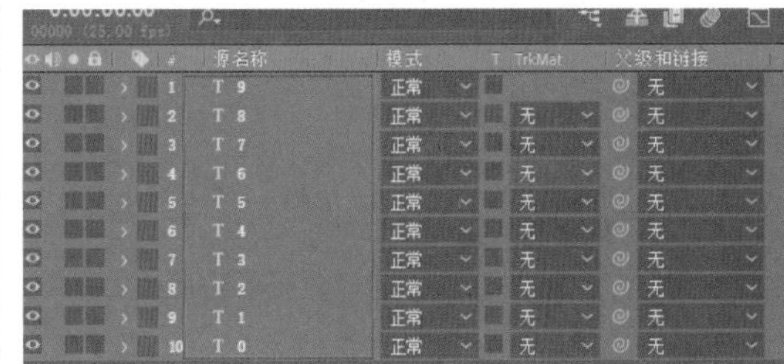

图7-155

03 将每个图层的剪辑长度都调整为1帧，并将它们依次进行排列，如图7-156所示。

图7-156

疑难问答：可否在一个图层上输入所有数字？

在一个图层上输入所有数字的方法是可行的。设置图层的时长为10帧，然后在每一帧输入一个数字，并添加关键帧，就可以达到预想的效果。

04 新建一个1920像素×1080像素、时长为5秒的合成，并将其命名为“粒子流”，然后将学习资源“案例文件>CH07>实战：制作粒子流效果”文件夹中的素材文件导入“项目”面板，如图7-157所示。

05 将“背景.mp4”素材和“元素”合成拖曳到“时间轴”面板中，然后取消显示“元素”合成，如图7-158所示，效果如图7-159所示。

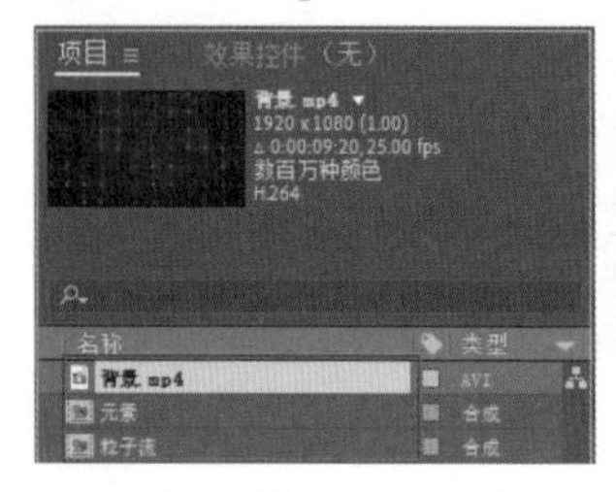

图7-157

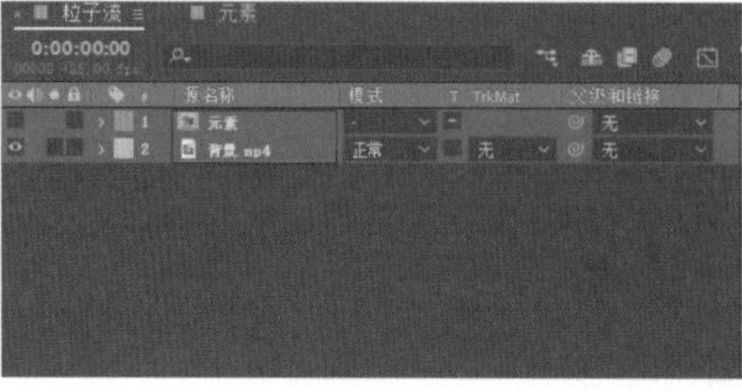

图7-158

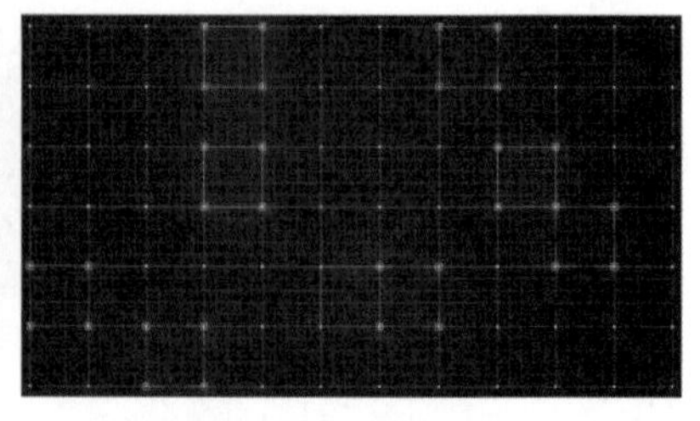

图7-159

06 新建一个纯色图层，将其重命名为“粒子”，然后为其添加Particular效果。在Emitter（Master）卷展栏中设置Particles/sec为150，Emitter Type为Box，Velocity为0，Emitter Size为XYZ Individual，Emitter Size X为2006，Emitter Size Y为1313，Emitter Size Z为5000，如图7-160所示。

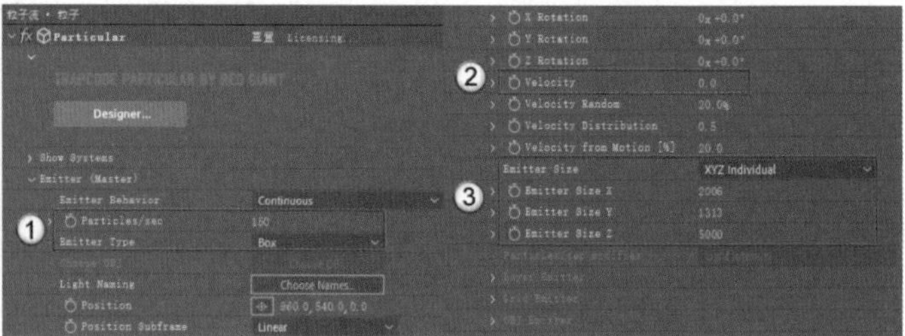

图7-160

07 在Particle（Master）卷展栏中设置Particle Type为Sprite Colorize，Layer为“2.元素”，Size为150，Color为绿色，如图7-161所示。

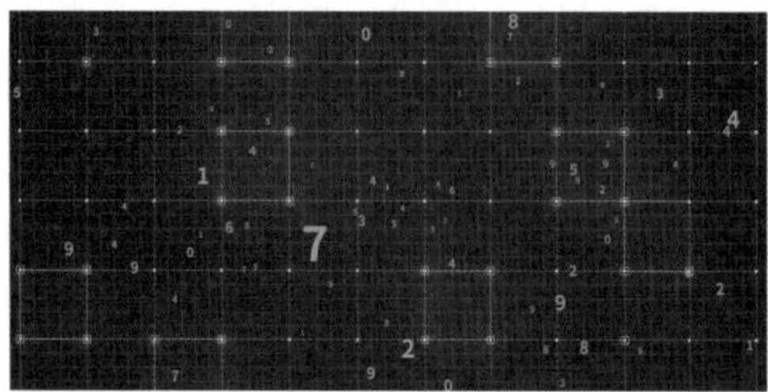

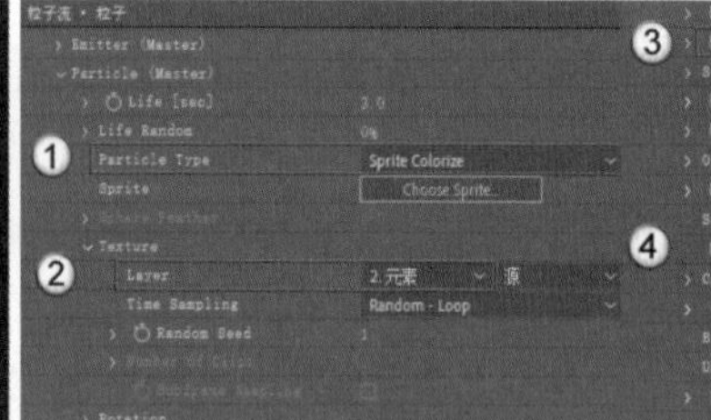

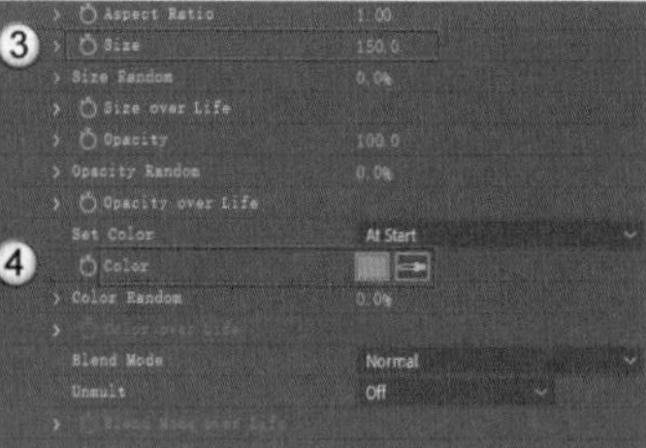

图7-161

08 要实现粒子向上移动的效果，需要在Physics（Master）卷展栏中设置Gravity为-600，如图7-162所示。

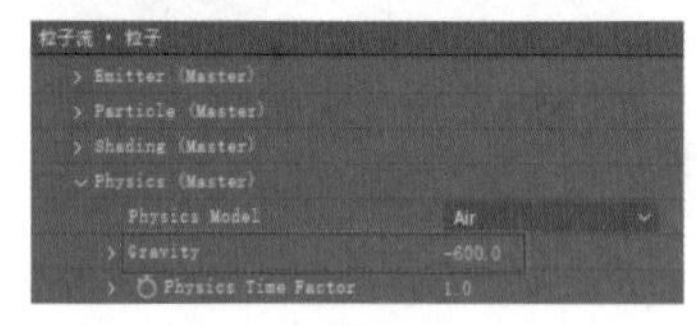

图7-162

> **技巧提示**
>
> 如果设置Gravity为600，粒子就会向下移动。读者可根据喜好选择粒子的移动方向。

09 移动的粒子需要具有拖尾效果，所以在Aux Systerm（Master）卷展栏中设置Emit为Continuously，Particles/sec为20，Size为150，并调整Size over Life和Opacity over Life的曲线，然后设置Color为绿色，如图7-163所示。

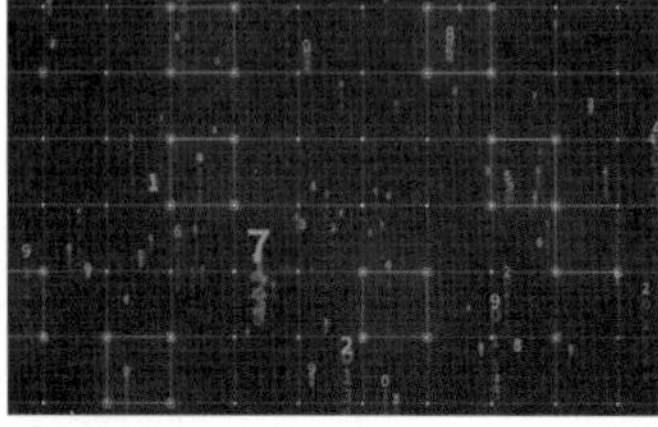

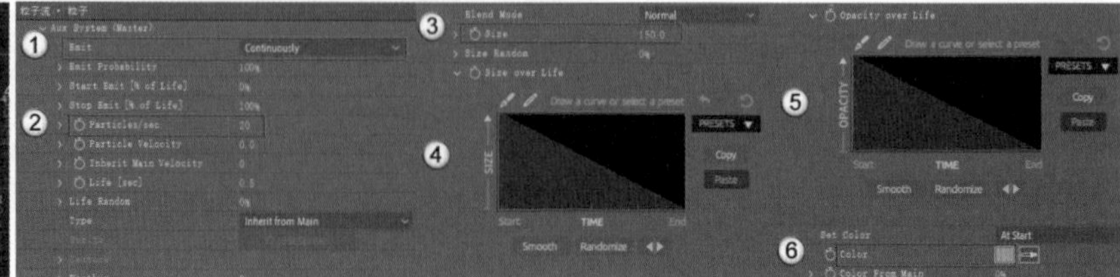

图7-163

10 在“粒子”图层上添加“发光”效果，设置“发光半径”为20，“发光强度”为1，如图7-164所示。

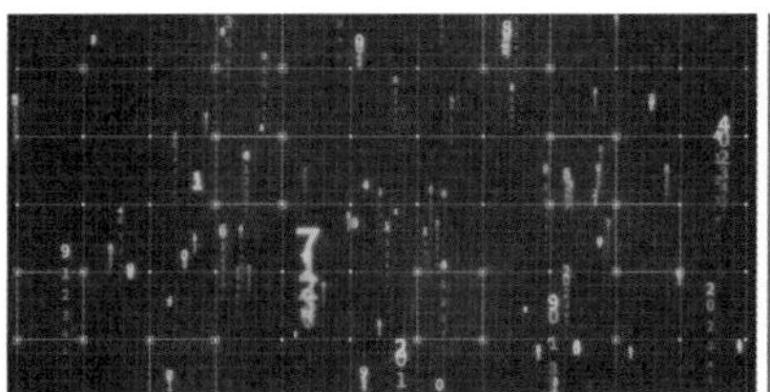

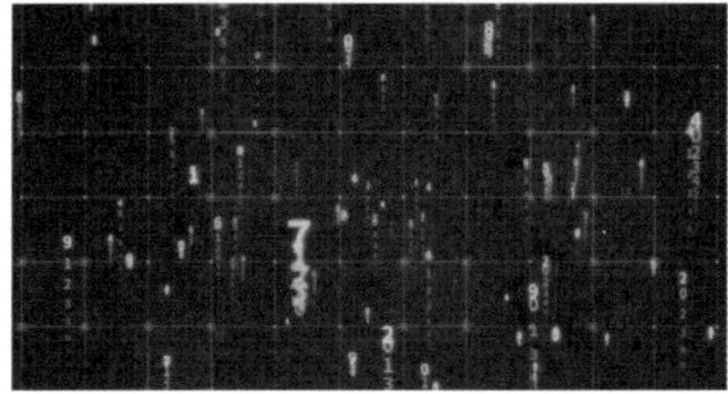

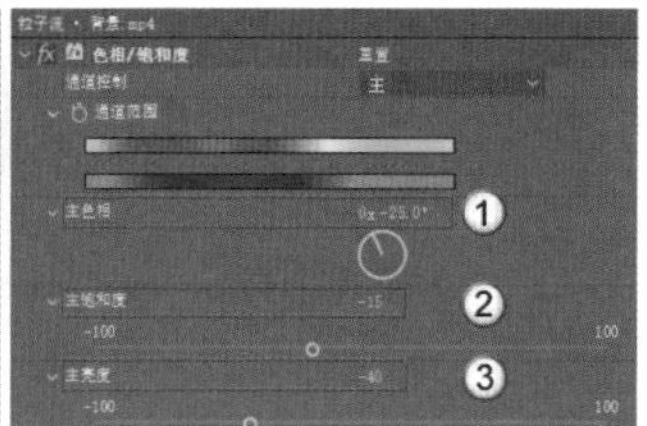

图7-164

11 此时发现背景的颜色与粒子的颜色不是很匹配。选中“背景.mp4”图层，为其添加“色相/饱和度”效果，设置“主色相”为0x-25°，“主饱和度”为-15，“主亮度”为-40，如图7-165所示。

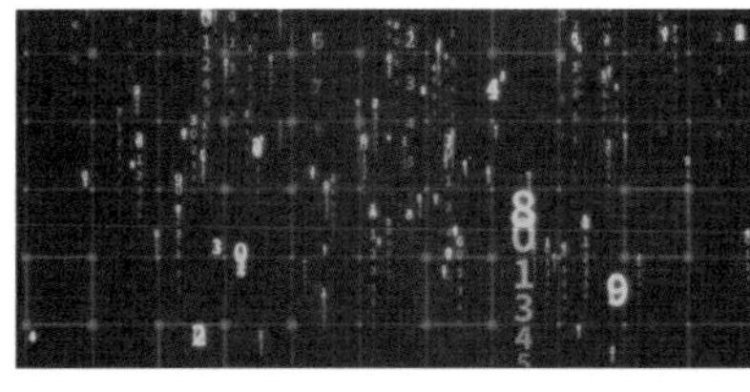

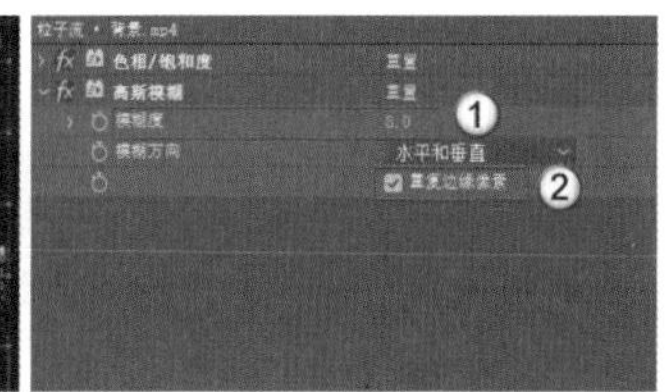

图7-165

12 在“背景.mp4”图层上添加“高斯模糊”效果，设置“模糊度”为8，并勾选“重复边缘像素”选项，如图7-166所示。

图7-166

13 在“合成”面板中任意截取4帧图片，效果如图7-167所示。

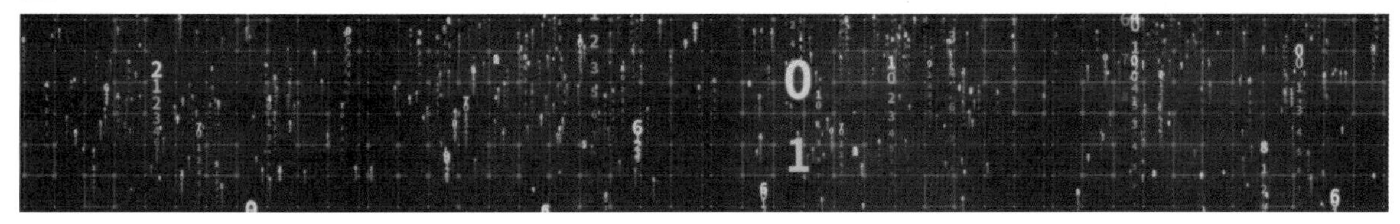

图7-167

重点

实战：制作粒子光带效果

案例文件	案例文件>CH07>实战：制作粒子光带效果
难易程度	★★★★☆
学习目标	练习使用Particular粒子

扫码观看视频

在一些城市宣传片或地产宣传片中，经常能看到飘动的光带效果。这种光带效果就是通过粒子制作的，如图7-168所示。

01 新建一个1920像素×1080像素的合成，然后在“项目”面板中导入学习资源“案例文件>CH07>实战：制作粒子光带效果”文件夹中的“背景.mp4”和“合成1”素材文件，如图7-169所示。

图7-168

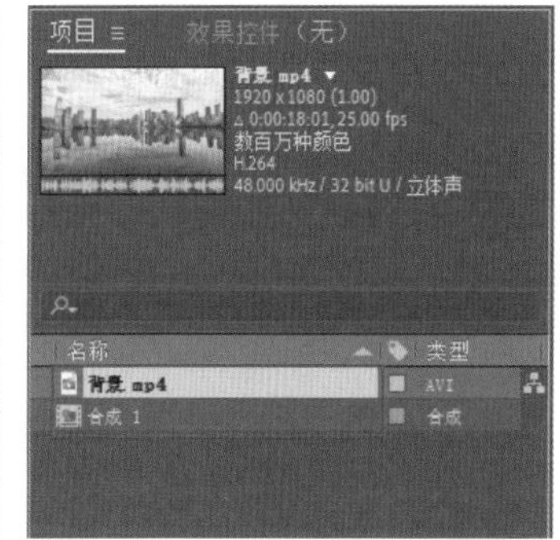

图7-169

02 将素材文件全部拖曳到“时间轴”面板中，然后新建空对象图层和摄像机图层，如图7-170所示。

03 选中“空1”图层，然后按P键调出“位置”参数，在画面中移动图层的控制器，并添加“位置”关键帧，形成位移动画效果，如图7-171所示。

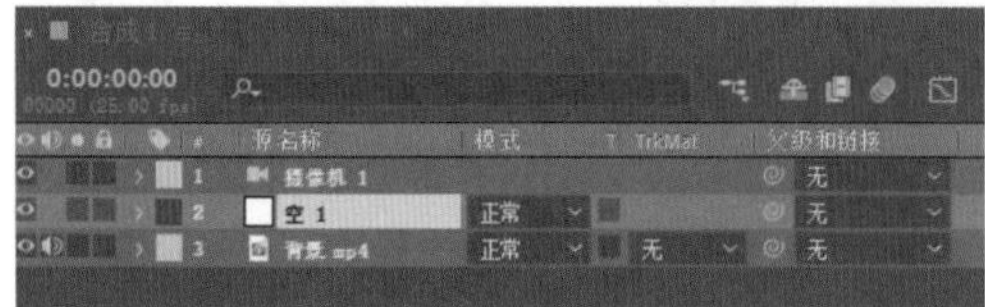

图7-170

图7-171

> **技巧提示**
>
> “空1”图层的位移路径就是粒子光带所走的路径。调整位置的时候，一定要打开“空1”图层的“3D图层”开关，并让图层在z轴方向上进行位移。

04 新建一个灯光图层，并将其设置为“空1”图层的子层级，如图7-172所示。

05 新建一个纯色图层，将其命名为“粒子”，然后为其添加Particular效果，如图7-173所示。

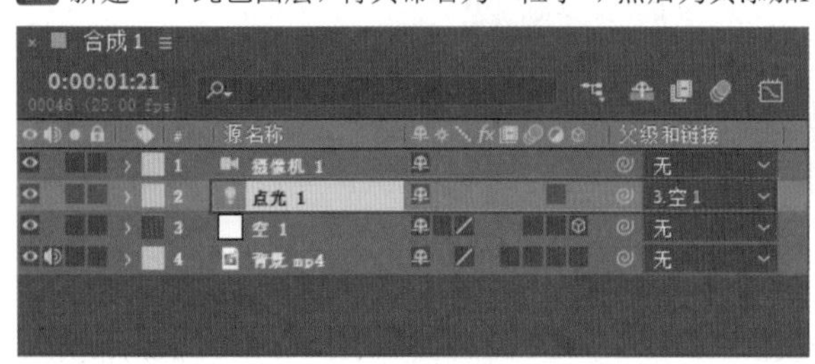

图7-172

图7-173

06 在Emitter（Master）卷展栏中设置Particles/sec为600，Emitter Type为Light(s)，然后单击Choose Names按钮，添加灯光名称，接着设置Position Subframe为Exact(slow)，Velocity为0，Velocity Random为0%，Velocity Distribution为0，Velocity from Motion[%]为0，Emitter Size XYZ为0，如图7-174所示。

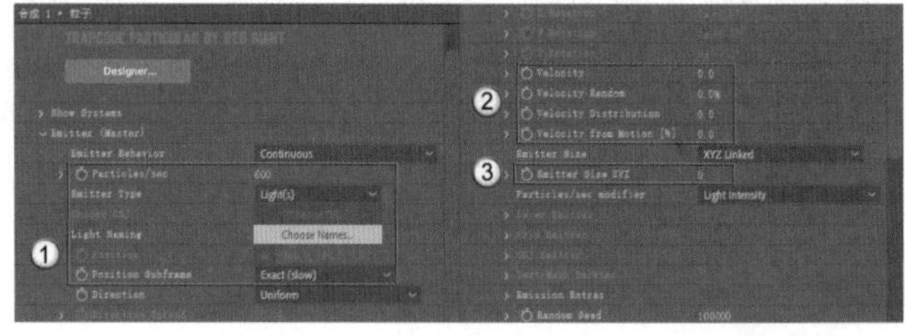

图7-174

07 在Particle（Master）卷展栏中设置Life[sec]为5，Particle Type为Streaklet，Size为50，调整Size over Life的曲线，然后设置Opacity为20，并调整Opacity over Life的曲线，接着设置Number of Streak为8，Streak Size为25，如图7-175所示，效果如图7-176所示。

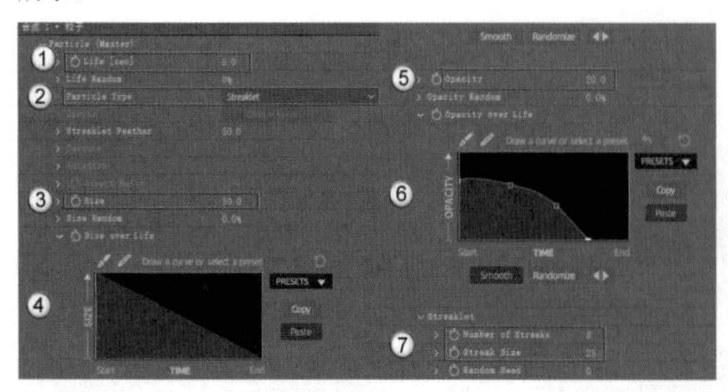

图7-175

图7-176

> **技巧提示**
>
> 粒子的参数值仅作为参考，读者可对列出的参数值进行适当调整，以达到自己满意的效果。

08 搜索Shine效果并将其添加到“粒子”图层上，设置Ray Length为0，然后设置粒子的发光颜色，如图7-177所示。

图7-177

09 此时画面中的发光效果不是很明显，继续为该图层添加“发光”效果，设置“发光半径”为39，“发光强度”为0.4，如图7-178所示。

图7-178

10 如果发光效果还不是特别明显，可以将“粒子”图层的“模式”修改为“相加”，这样就能加强发光效果，如图7-179所示。

11 新建一个600像素×800像素的合成，并将其命名为“光带”，然后在其中新建一个纯色图层，如图7-180所示。

图7-179

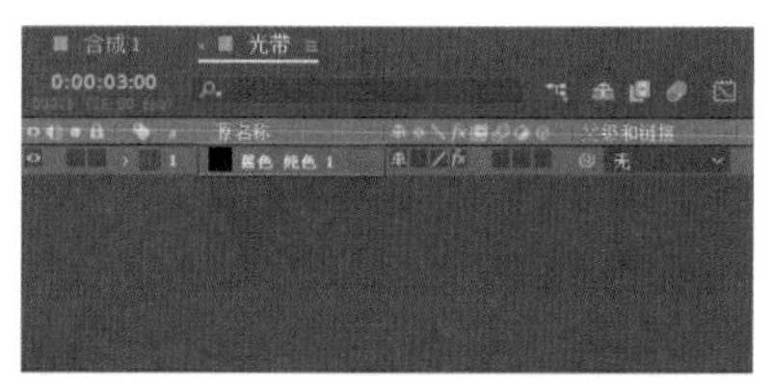

图7-180

12 为纯色图层添加“分形杂色”效果，设置“分形类型”为“线程”，“对比度”为169，“亮度”为-28，“缩放宽度”为1684，“缩放高度”为206，然后为“演化”参数添加表达式time*200，如图7-181所示。

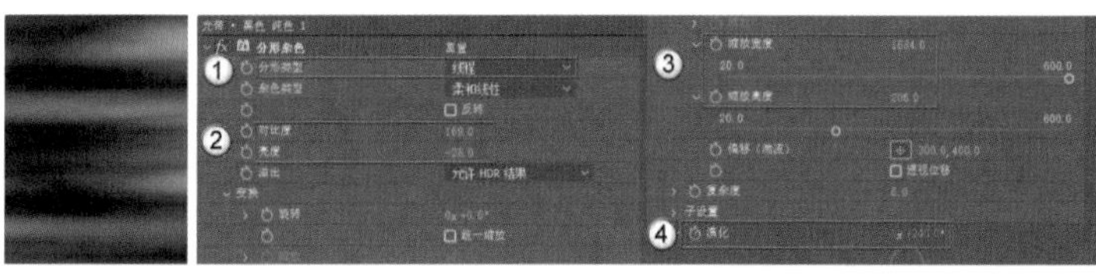

图7-181

13 返回“合成1”合成中，将“光带”合成拖曳到“时间轴”面板中，然后复制一层“粒子”图层，如图7-182所示。

14 选中复制生成的“粒子”图层，在“效果控件”面板中修改Particle Type为Sprite，Layer为“8.光带”，Time Sampling为Start at Brith-Loop，Size为15，如图7-183所示。

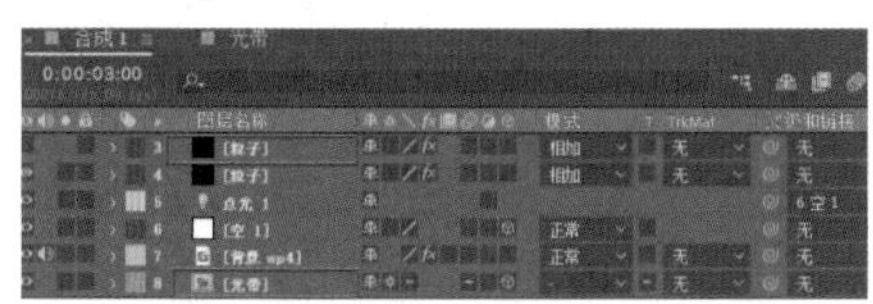

图7-182

图7-183

15 新建一个纯色图层，将其命名为“OP光”，并为其添加Optical Flares效果，并设置图层“模式”为“相加”，如图7-184所示。

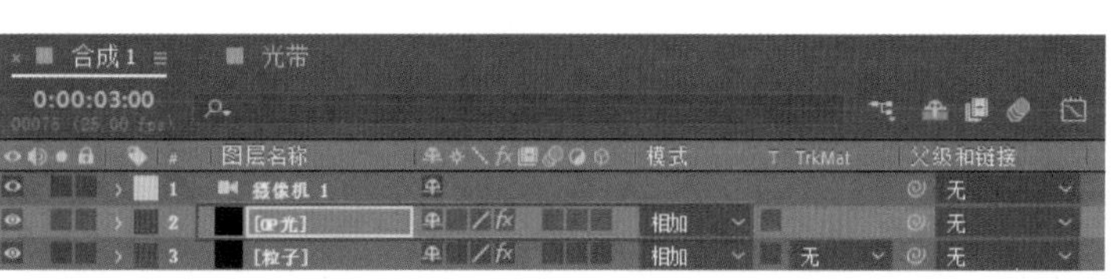

图7-184

16 在“效果控件”面板中单击Options按钮 Options ，在打开的对话框中设置灯光的类型，如图7-185所示。

17 在“效果控件”面板中设置Source Type为Track Lights，如图7-186所示。此时OP光就能跟随灯光一起移动。

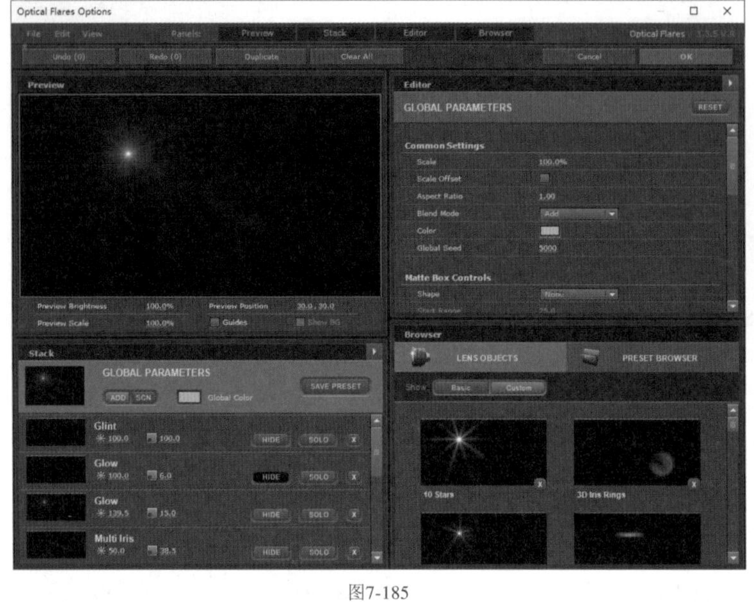

图7-185

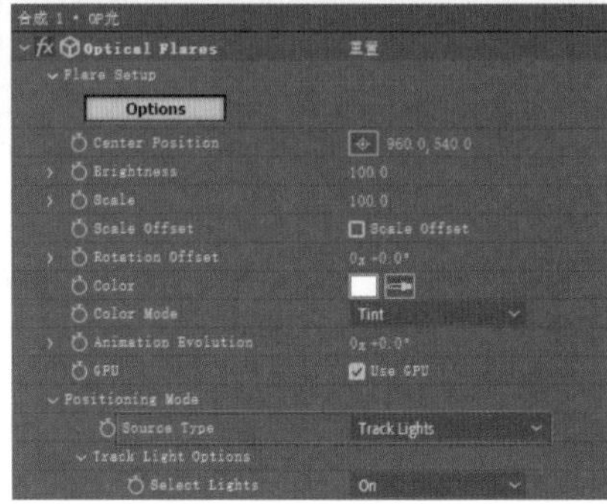

图7-186

技巧提示

灯光的类型仅作为参考，读者可按照自己的想法进行设置。

18 在“项目”面板中导入本案例学习资源文件夹中的“粒子流.mp4”素材文件，然后将该素材文件所在的图层放置在“背景.mp4”图层的上方，并设置“模式”为“屏幕”，效果如图7-187所示。

19 “背景.mp4”图层的亮度和饱和度比较高，会显得光带和粒子流不是很明显，需要在“背景.mp4”图层上添加“Lumetri 颜色”效果并对相关参数进行调整，具体参数及效果如图7-188所示。

图7-187

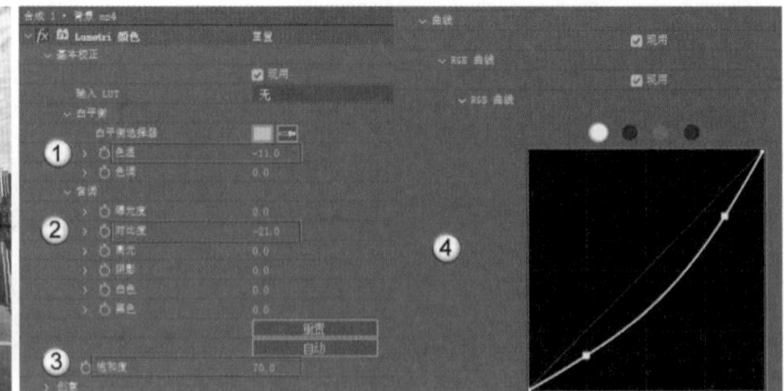

图7-188

20 在“合成”面板中任意截取4帧图片，效果如图7-189所示。

图7-189

重点

实战：制作波纹粒子效果

案例文件	案例文件>CH07>实战：制作波纹粒子效果
难易程度	★★★☆☆
学习目标	练习使用Form粒子

扫码观看视频

使用Form粒子可以模拟出水面上的波纹，形成梦幻的粒子效果，案例效果如图7-190所示。

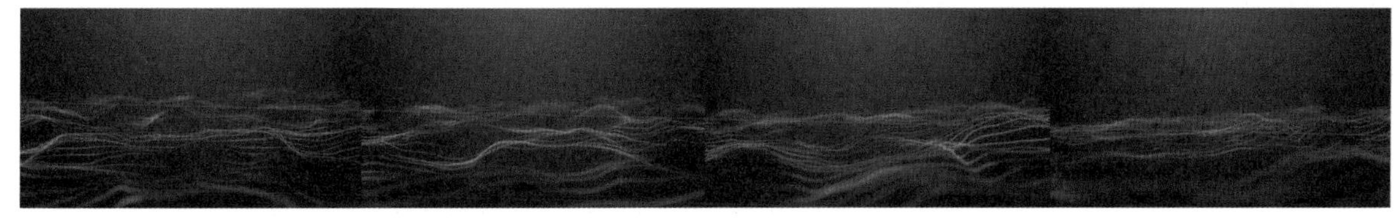

图7-190

01 新建一个1920像素×1080像素的合成，然后新建一个纯色图层，并为其添加Form效果，如图7-191所示。

02 在Base Form（Master）卷展栏中设置Size XYZ为1200，Particles in X为1000，Particles in Y为70，Particles in Z为1，X Rotation为0x+90°，如图7-192所示。

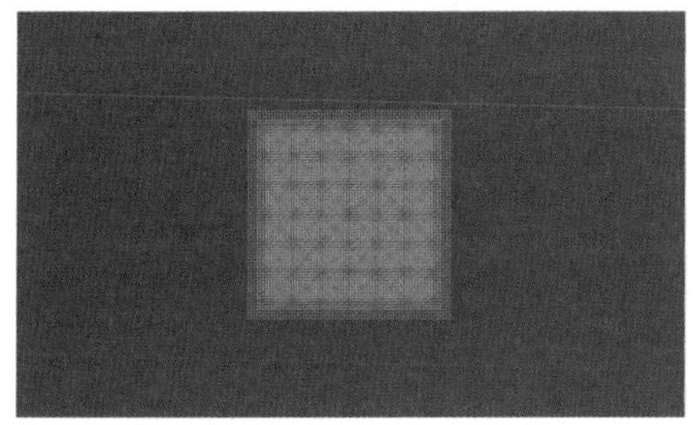

图7-191

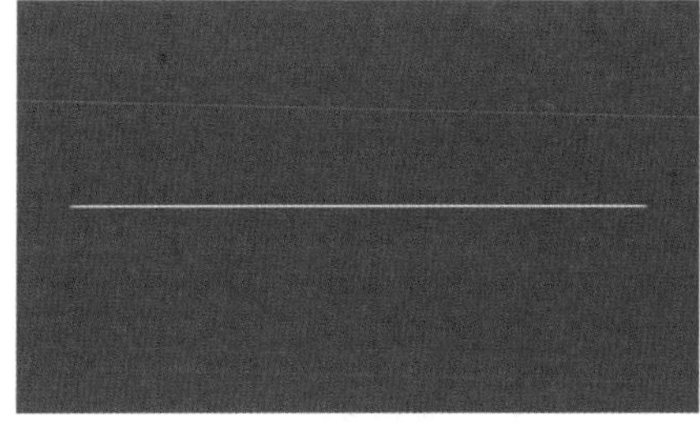

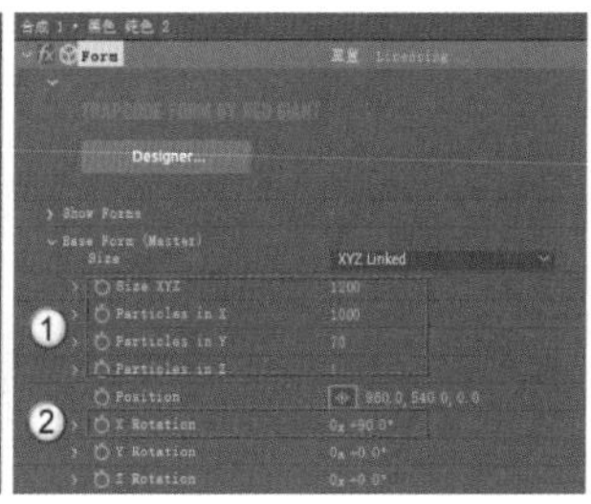

图7-192

03 新建摄像机图层和空对象图层，然后将摄像机图层设置为空对象图层的子层级，如图7-193所示。

04 调整“空1”图层控制器的角度，给摄像机找到一个适合的观察粒子的角度，效果如图7-194所示。

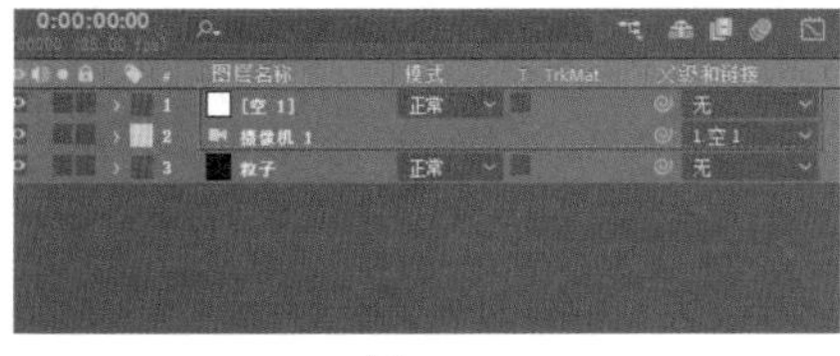

图7-193

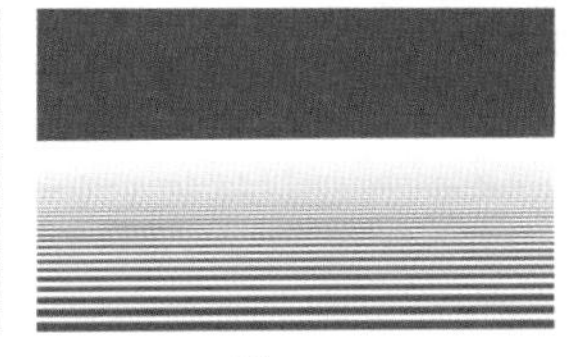

图7-194

> **技巧提示**
>
> 读者在设置摄像机的角度时，只要方便观察粒子即可，没有规定的角度值。

05 选中“粒子”图层，在Particle（Master）卷展栏中设置Sphere Feather为0，Size为0.3，Set Color为Over X，Color Over为从黄色到紫色的渐变色，如图7-195所示。

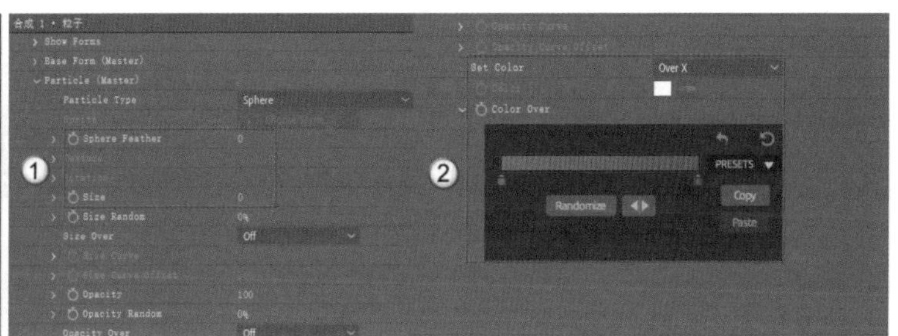

图7-195

> **技巧提示**
>
> 虽然在“效果控件”面板中设置Size为0.3，但面板中实际显示为0。对于小于1的数值，“效果控件”面板中不显示其小数点后的数值。读者可以单击渐变色条下的Randomize按钮Randomize，让系统随机生成渐变颜色，从中选择自己喜欢的效果。

06 现有的粒子效果过于整齐，需要让其产生波浪的效果。在Fractal Field（Master）卷展栏中设置Affect Size为1，Affect Opacity为20，Displace为50，Flow X为160，Flow Y为50，Complexity为5，如图7-196所示。

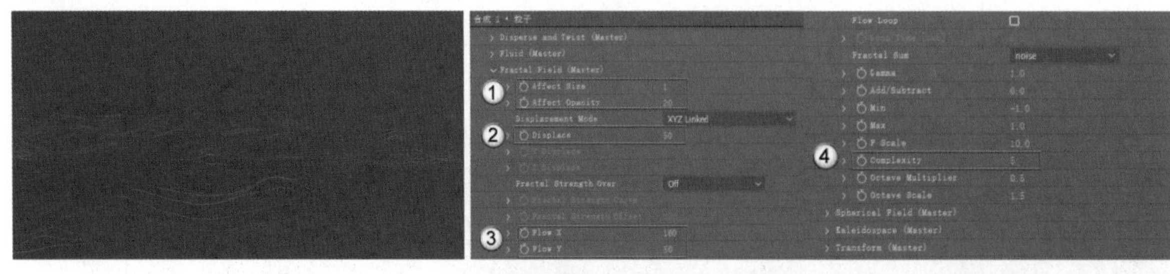

图7-196

07 在“粒子”图层上添加“发光”效果，设置“发光半径”为44，“发光强度”为2，如图7-197所示。

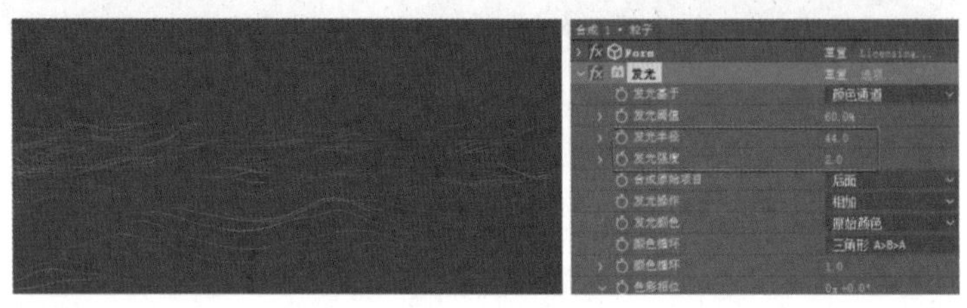

图7-197

08 添加“发光”效果后，粒子仍然不是特别亮。继续为“粒子”图层添加“Lumetri 颜色”效果，在“基本校正”卷展栏中设置“曝光度”为0.5，“对比度”为5，在“曲线”卷展栏中调整RGB曲线，如图7-198所示，效果如图7-199所示。

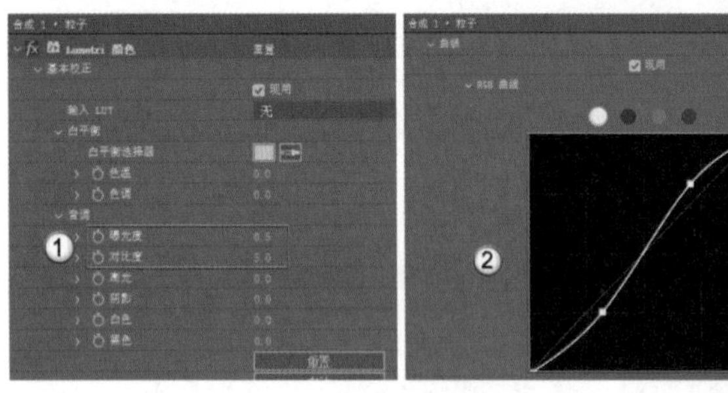

图7-198

图7-199

09 将“粒子”图层复制一层，将新图层的Particles in X和Particles in Y都设置为100，如图7-200所示。

10 继续在Disperse and Twist（Master）卷展栏中设置Disperse为50，然后在Fractal Field（Master）卷展栏中设置Affect Size为0，Displace为137，如图7-201所示。此时粒子会形成分散的效果，如图7-202所示。

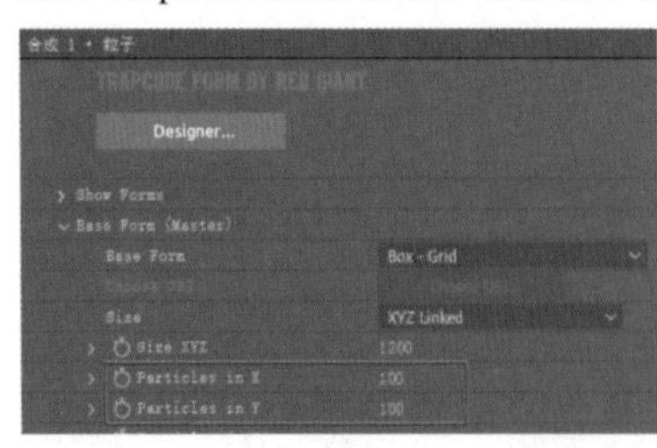

图7-200

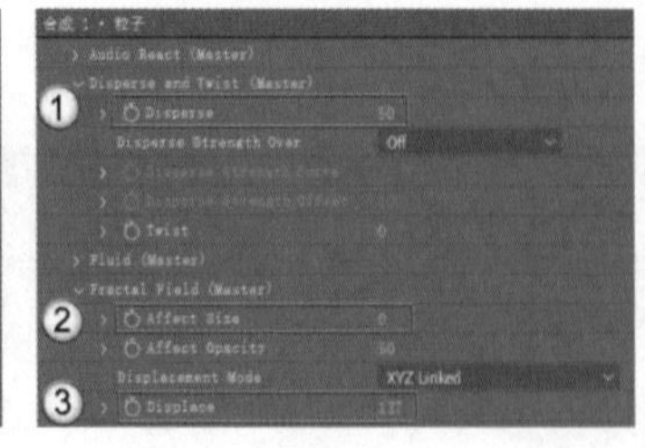

图7-201

图7-202

11 新建一个黑色的纯色图层，将其放在图层底层，效果如图7-203所示。

图7-203

技巧提示

为了方便印刷，笔者将合成的颜色设置为深灰色，添加黑色的纯色图层后，粒子会更加明显。读者如果设置的合成颜色为黑色，就不必进行这一步。

12 为纯色图层添加“梯度渐变”效果，设置“渐变起点”为（956,-196），“起始颜色”为深棕色，“渐变终点”为（960,1080），“结束颜色”为黑色，“渐变形状”为“径向渐变”，如图7-204所示。

> **技巧提示**
>
> 读者在制作效果时，如果设置的粒子颜色与案例中的不一致，就要灵活处理“梯度渐变”效果的颜色。

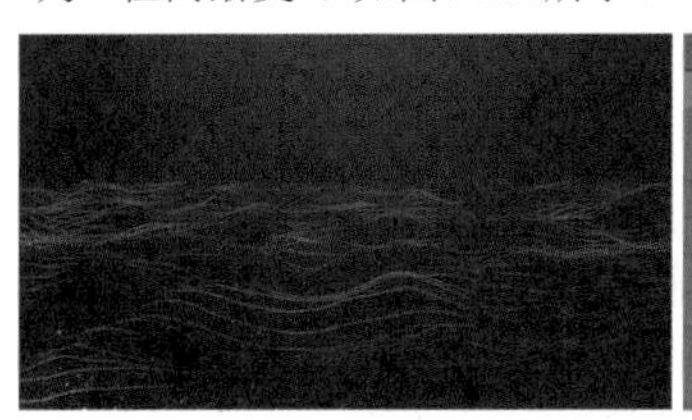

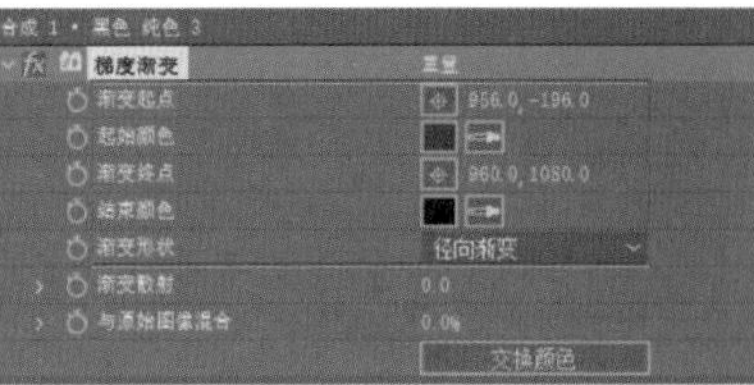

图7-204

13 添加Optical Glow效果，设置Amount为5，Size为9，如图7-205所示。此时就能形成发光效果，当然也可以使用之前案例中的Optical Flares效果。

14 选中“空1”图层，在剪辑起始位置添加“位置”“X轴旋转”“Y轴旋转”关键帧，如图7-206所示。

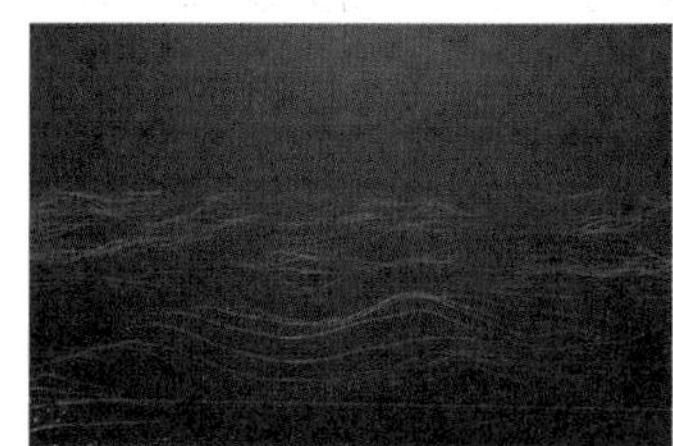

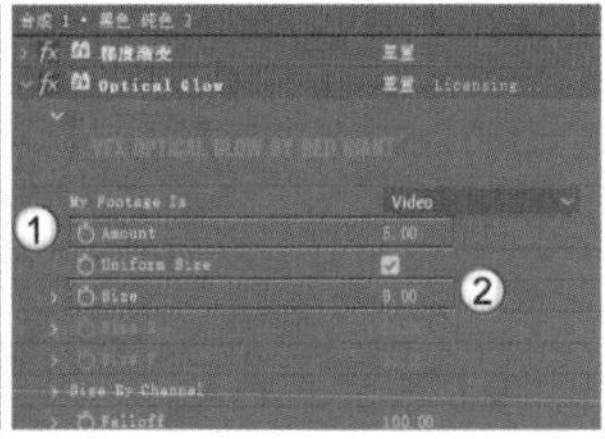

图7-205

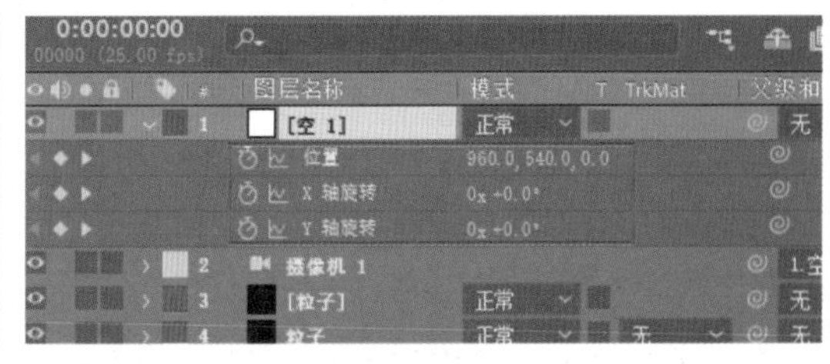

图7-206

15 移动播放指示器到剪辑末尾，设置“位置”为（960.1,518,100），“X轴旋转”为0x+10°，“Y轴旋转”为0x+29°，如图7-207所示，效果如图7-208所示。

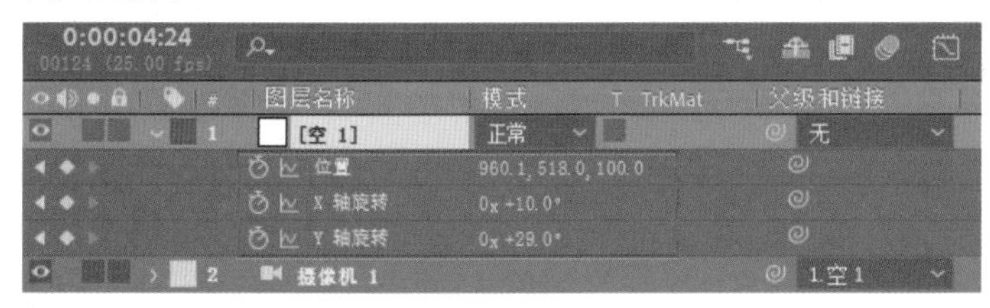

图7-207

图7-208

16 此时画面中的效果有些生硬，选中摄像机图层，然后在“摄像机选项”卷展栏中设置“景深”为“开”，“焦距”为450像素，“光圈”为50像素，“光圈形状”为“六边形”，如图7-209所示，效果如图7-210所示。

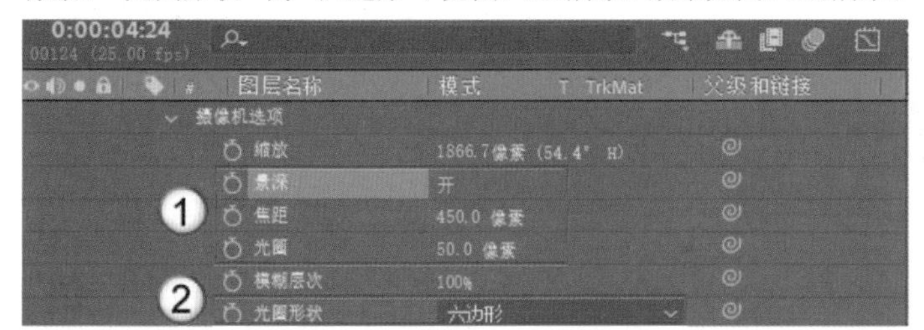

图7-209

图7-210

17 在“合成”面板中任意截取4帧图片，效果如图7-211所示。

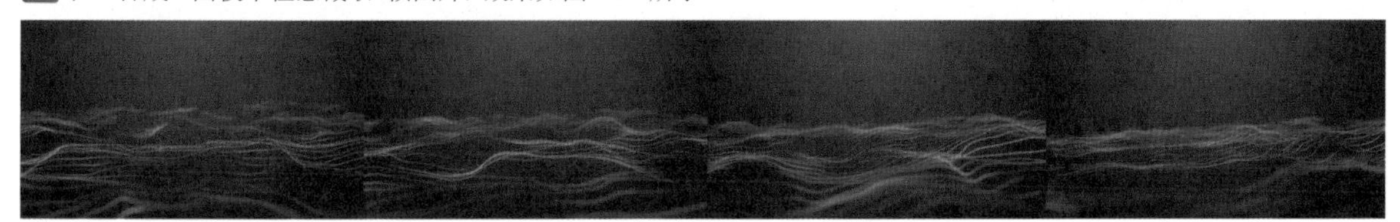

图7-211

实战：制作粒子通道效果

案例文件	案例文件>CH07>实战：制作粒子通道效果
难易程度	★★★☆☆
学习目标	练习使用Form粒子

Form粒子除了可以制作平面类和矩形类的阵列粒子，还可以制作圆形类的阵列粒子。本案例运用圆形类的阵列粒子制作一个通道效果，案例效果如图7-212所示。

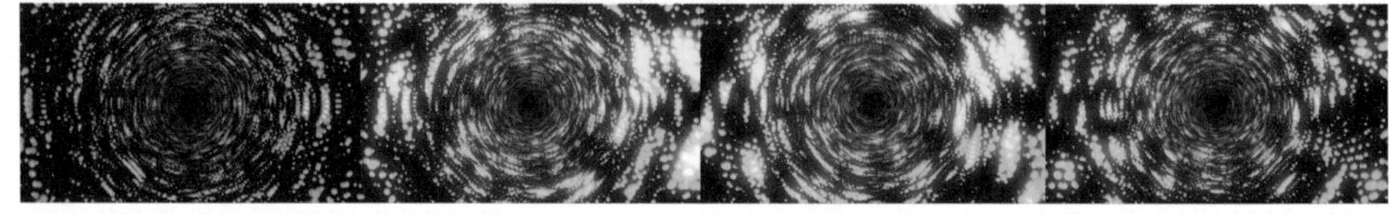

图7-212

01 新建一个1920像素×1080像素的合成，然后新建一个纯色图层，并为其添加Form效果，效果如图7-213所示。

02 在Base Form（Master）卷展栏中设置Base Form为Sphere-Layered，Size为XYZ Individual，Size X和Size Y都为600，Size Z为7000，Particles in X为200，Particles in Y为100，Sphere Layers为1，如图7-214所示。

图7-213

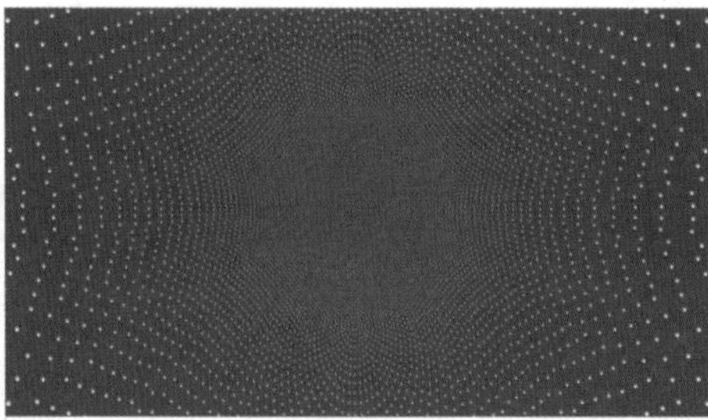

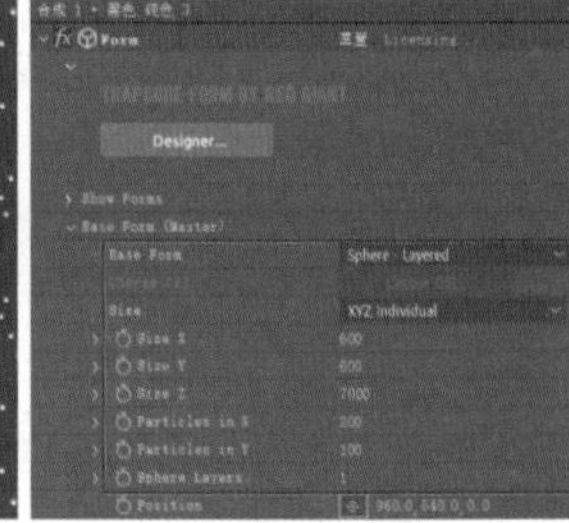

图7-214

03 在Particle（Master）卷展栏中设置Size为1，Size Random为60%，Opacity Over为Z，调整Opacity Curve的曲线，然后设置Set Color为Over X，Color Over为黄绿渐变色，Blend Mode为Add，如图7-215所示。

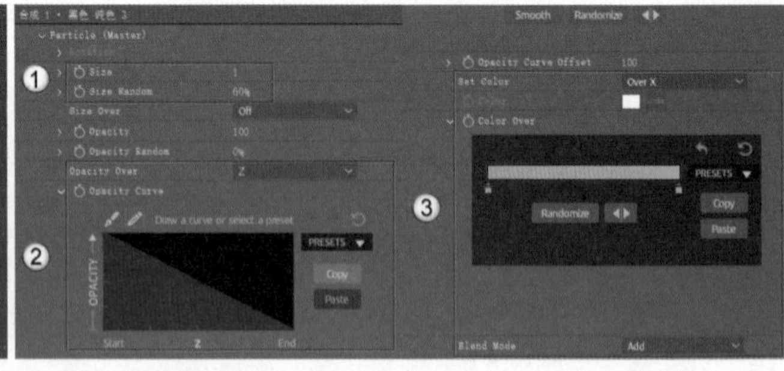

图7-215

04 在Fractal Field（Master）卷展栏中设置Affect Size为30，Flow Z为280，Fractal Sum为abs(noise)，如图7-216所示。

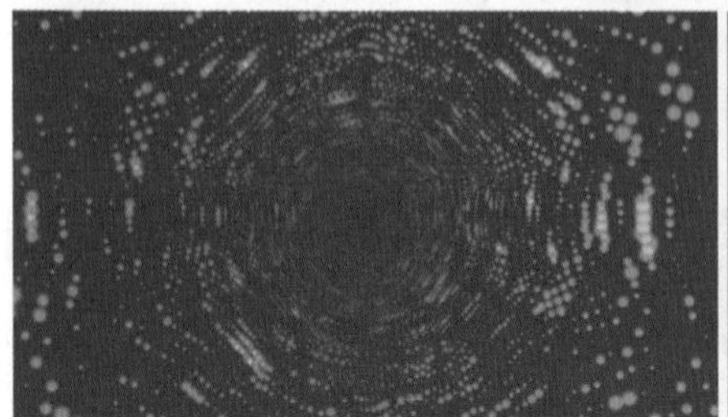

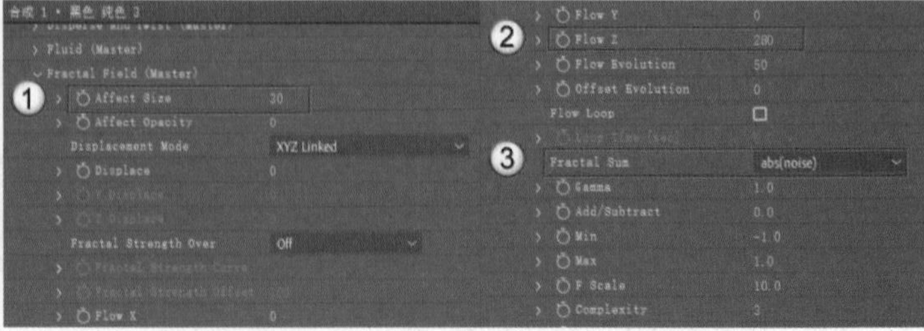

图7-216

05 继续为图层添加“发光”效果，并设置“发光半径”为100，然后为“发光强度”参数添加表达式Math.sin(time)*2，如图7-217所示。

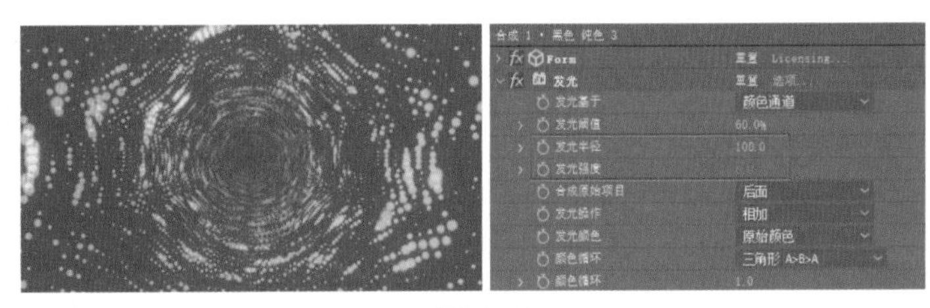

图7-217

06 将添加了Form效果的图层复制一层，然后设置Z Rotation为0x+90°，如图7-218所示。

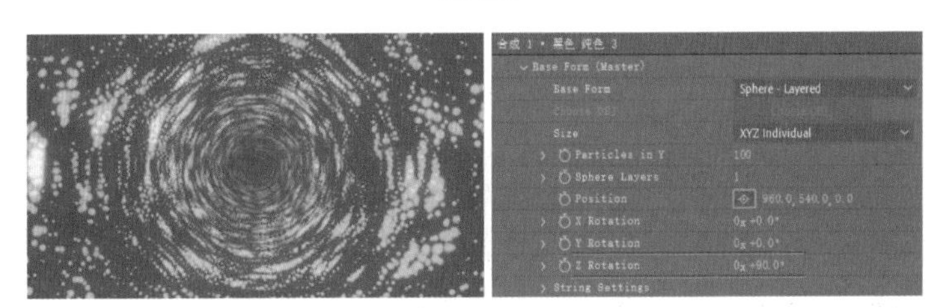

图7-218

07 新建一个黑色的纯色图层，将其放在图层底层，效果如图7-219所示。

08 在“合成”面板中任意截取4帧图片，效果如图7-220所示。

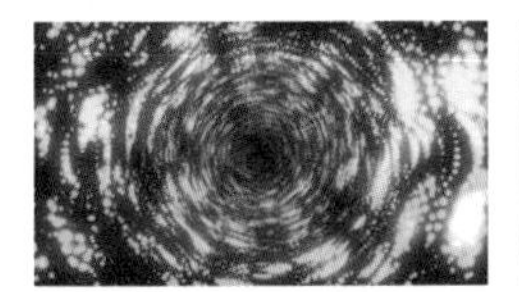

图7-219

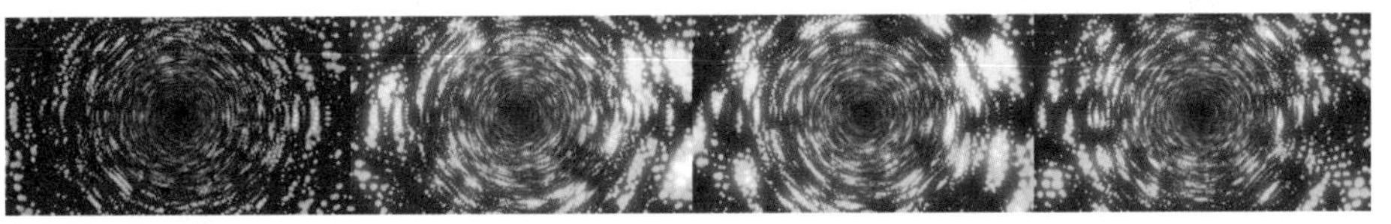

图7-220

重点

实战：制作粒子散落效果

案例文件	案例文件>CH07>实战：制作粒子散落效果
难易程度	★★★★☆
学习目标	练习使用Particular粒子

扫码观看视频

粒子不仅可以发生形变，还可以产生反弹与碰撞的效果。本案例利用粒子的反弹效果制作一个简单的散落动画，案例效果如图7-221所示。

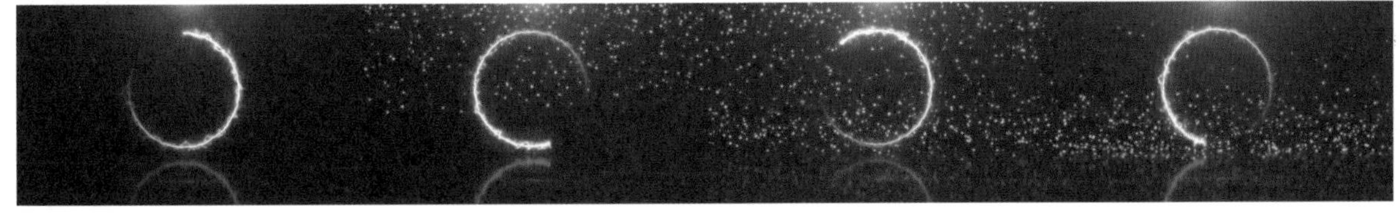

图7-221

01 新建一个1920像素×1080像素的合成并将其命名为“粒子散落”，然后新建一个纯色图层，为其添加Saber效果，如图7-222所示。

02 将图层重命名为“圆环”，然后保持图层处于选中状态，使用“椭圆工具”在画面中绘制一个圆形，效果如图7-223所示。

图7-222

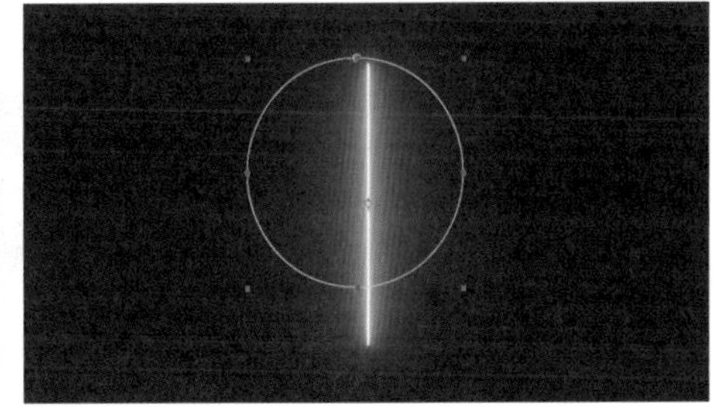

图7-223

03 在“效果控件”面板中设置“预设”为“电流”，“主体类型”为“遮罩图层”，为“遮罩演变”参数添加表达式time*200，然后设置“开始大小”为0%，“开始偏移”为15%，如图7-224所示。

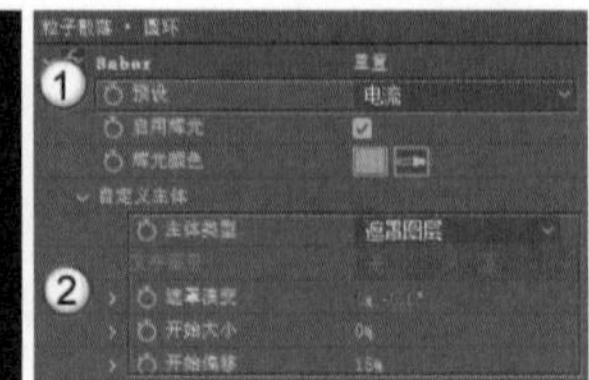

图7-224

04 新建一个纯色图层，将其命名为“粒子”，然后为其添加Particular效果，在Emitter（Master）卷展栏中设置Particles/sec为500，Emitter Type为Box，Position为（960,6,0），Emitter Size为XYZ Individual，Emitter Size X为2000，Emitter Size Y为0，如图7-225所示。

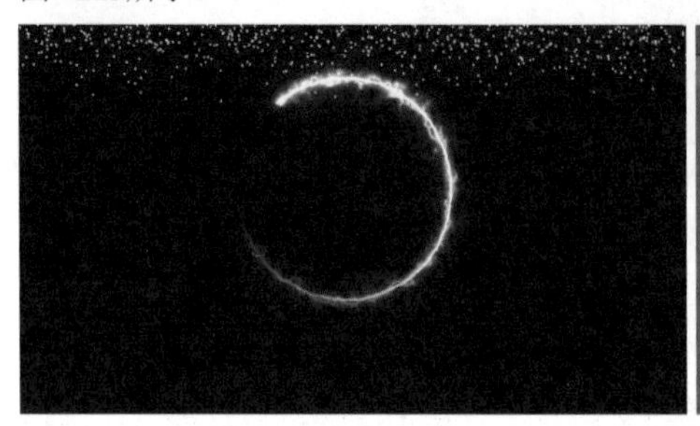
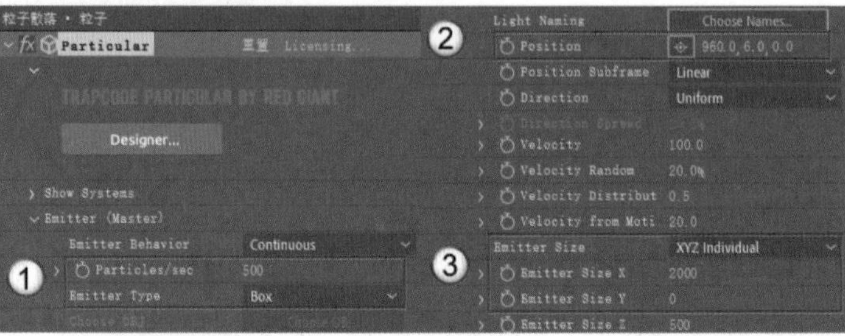

图7-225

05 在Particle（Master）卷展栏中设置Size Random为60%，Color为蓝色，如图7-226所示。

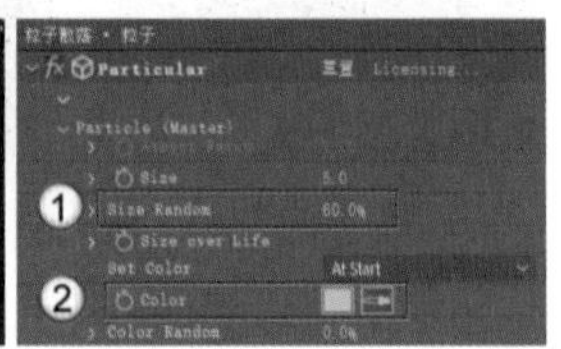

图7-226

06 在Physics（Master）卷展栏中设置Physics Model为Bounce，Gravity为500，此时粒子会向下掉落，如图7-227所示。

07 新建一个纯色图层，并将其命名为“地面”，然后打开其“3D图层”开关，设置“X轴旋转”为0x+90°，并调整图层的位置和大小，使其成为场景中的地面，效果如图7-228所示。

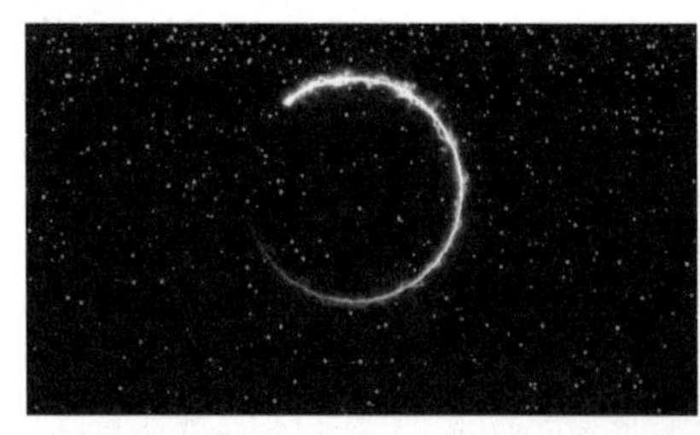
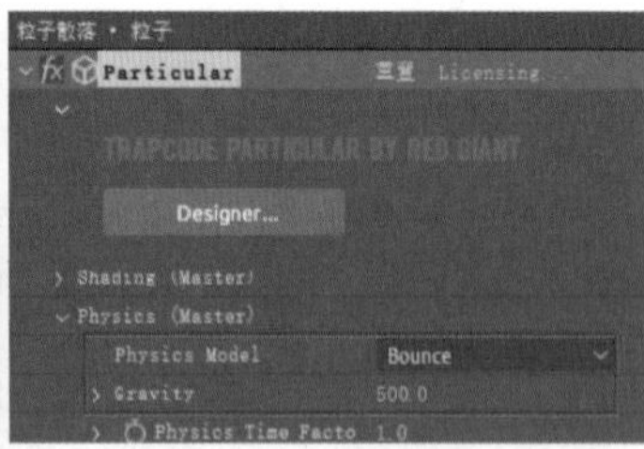

图7-227

图7-228

> **技巧提示**
>
> 图层的颜色可随意设置。此处使用黄色是为了与其他图层进行区分，以直观地表现地面的位置。

08 选中“粒子”图层，在Bounce卷展栏中设置Floor Layer为“2.地面”，如图7-229所示。隐藏“地面”图层后，就能看到落向地面后聚集在一起的粒子，效果如图7-230所示。

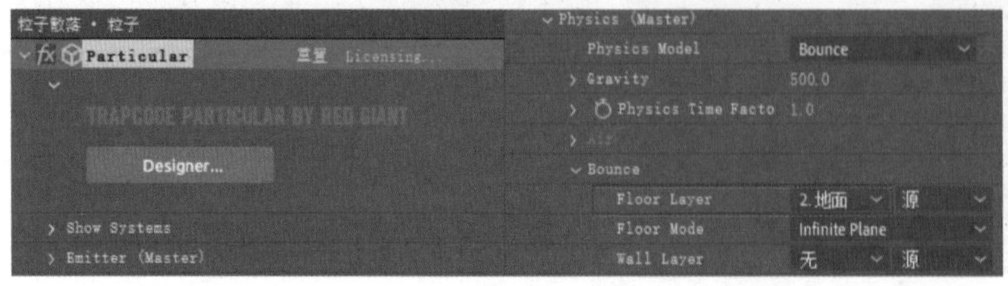

图7-229

图7-230

09 为“粒子”图层添加“发光”效果，并设置粒子的颜色，使其接近主体光圈的颜色，如图7-231所示。

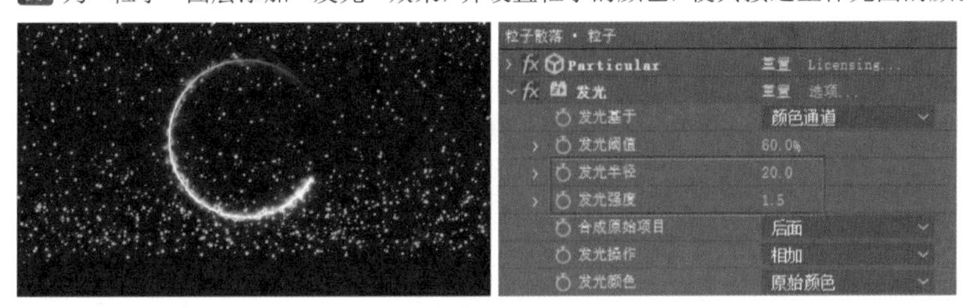

图7-231

技巧提示

粒子的颜色不是固定的，读者可以按照自己的想法进行设置。

10 选中所有图层后，将它们转换为预合成，并将预合成命名为“主体”，如图7-232所示。

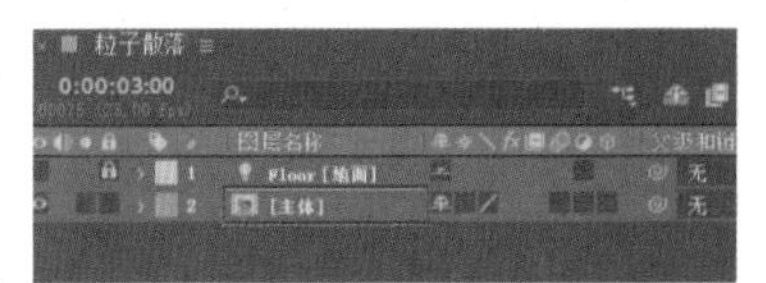

图7-232

11 选中“主体”合成，为其添加Reflection效果，设置Opacity为40，Softness为10，Brightness为0.8，Fade Noise为40，Post Softness为10，接着将反射控制器移动到合适的位置，如图7-233所示。

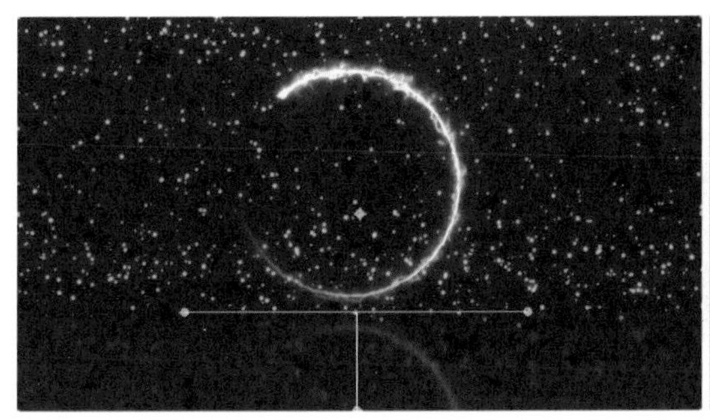

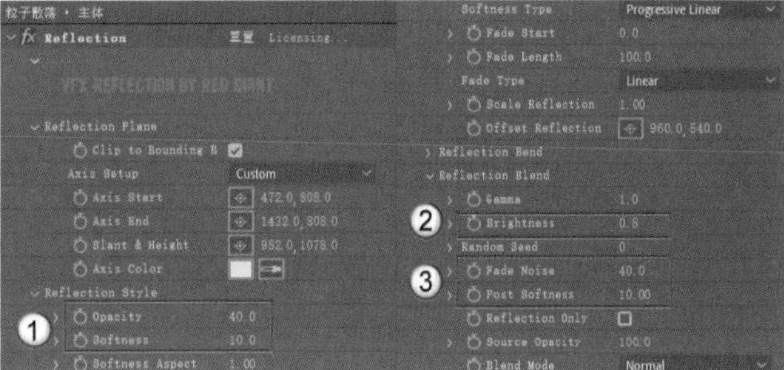

图7-233

技巧提示

读者可以在Displacement卷展栏中添加置换的图层效果，以生成不同的倒影效果。

12 选中“粒子”图层，然后在0:00:02:00的位置添加Particles/sec关键帧，在0:00:04:00的位置设置Particles/sec为0，如图7-234所示。此时粒子会出现逐渐消失的效果，如图7-235所示。

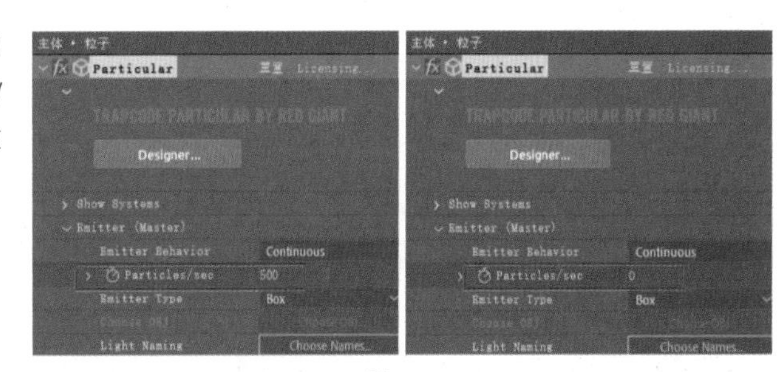

图7-234

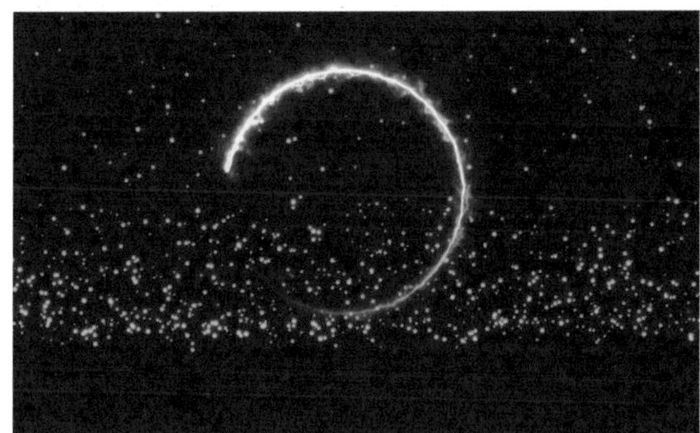

图7-235

13 返回“粒子散落”合成中，新建一个纯色图层，将其命名为“OP光”，如图7-236所示。

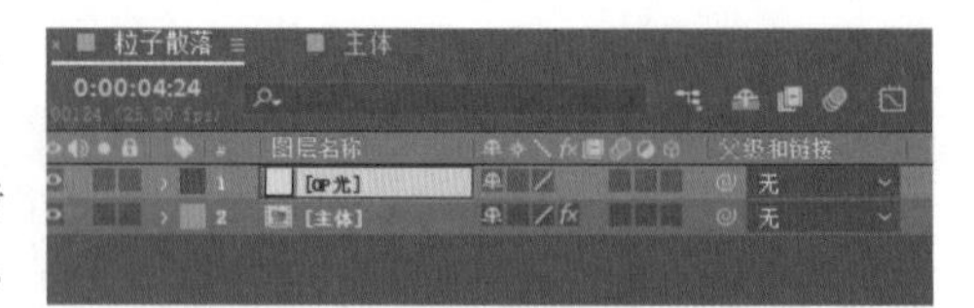

图7-236

14 为“OP光”图层添加Optical Flares效果，在“效果控件”面板中单击Options按钮 Options ，在弹出的对话框中选择图7-237所示的灯光预设。

15 单击OK按钮 OK 关闭对话框，将灯光调整到画面的上方，然后设置Brightness为120，如图7-238所示。

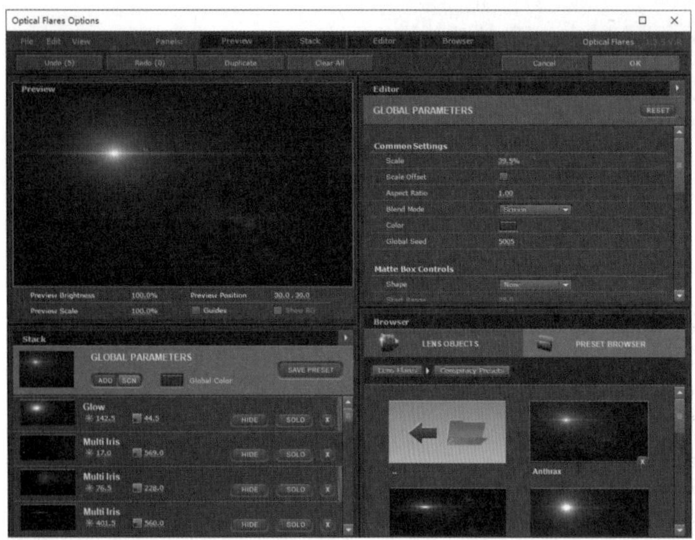

图7-237

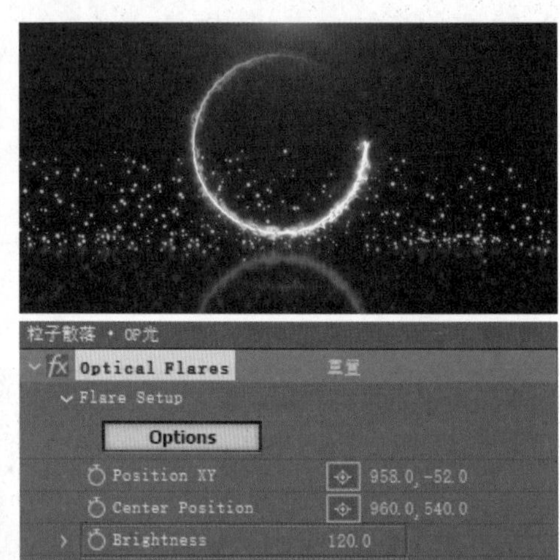

图7-238

16 在“合成”面板中任意截取4帧图片，效果如图7-239所示。

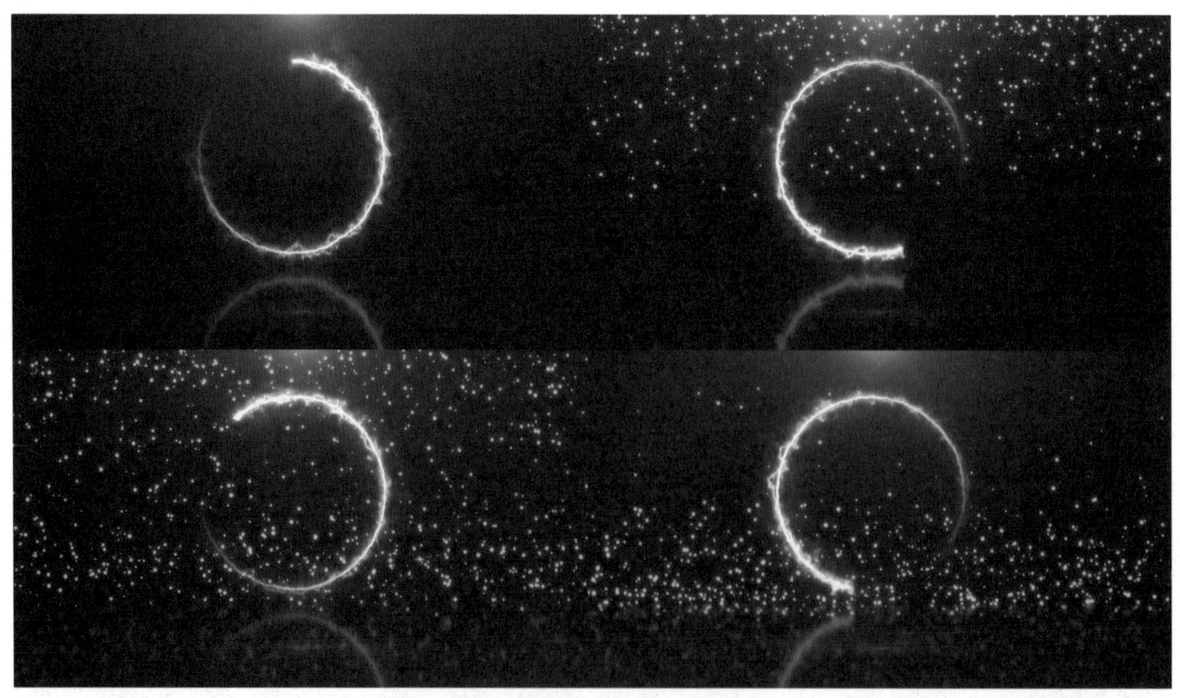

图7-239

① 技巧提示 + ② 疑难问答 + ◎ 技术专题 + ⊗ 知识链接

抠图技术

使用抠图技术，用户可以快速选择素材中需要的部分。无论是使用软件自带的工具还是使用外部插件，都能达到抠图的效果。

学习重点

重点

实战：制作动态跟踪抠图

案例文件	案例文件>CH08>实战：制作动态跟踪抠图
难易程度	★★★☆☆
学习目标	掌握Roto笔刷工具的使用方法

扫码观看视频

对于静态的素材，使用“钢笔工具”就能实现抠图效果；遇到动态的素材，使用“钢笔工具”则会显得过于麻烦。After Effects自带的“Roto笔刷工具”可以快速选取要抠图的区域，并对该区域进行动态跟踪。案例效果如图8-1所示。

图8-1

案例制作

01 在“项目”面板中导入学习资源“案例文件>CH08>实战：制作动态跟踪抠图”文件夹中的素材文件，然后新建一个1920像素×1080像素的合成，如图8-2所示。

02 将素材文件拖曳至“时间轴”面板中，双击“素材.mp4”图层进入“素材”面板，设置素材剪辑的结束时间为0:00:05:00，如图8-3所示。

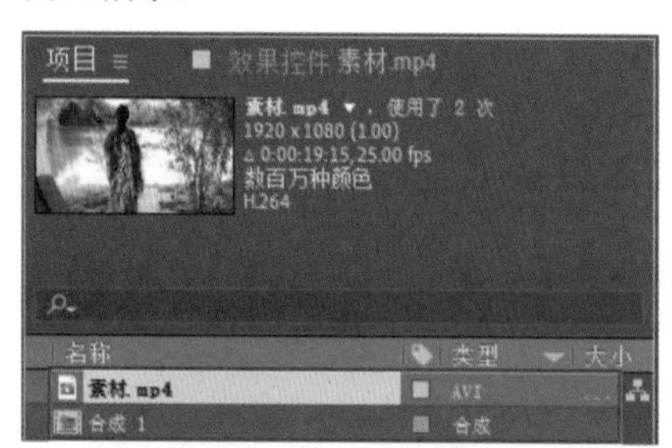

图8-2

图8-3

技巧提示

使用“Roto笔刷工具”抠图时，系统会渲染剪辑区间内的每一帧。缩短剪辑的长度，就能减少无效的渲染时间，提高制作效率。

03 单击“Roto笔刷工具”按钮，然后按住鼠标左键并拖曳鼠标，在人物身上涂抹，涂抹过的位置会显示为绿色，如图8-4所示。松开鼠标后，会生成一个具有紫色边框的选区，效果如图8-5所示。

图8-4

图8-5

04 此时的选区并没有包含全部人物，继续使用笔刷工具在没有被选中的位置进行涂抹，效果如图8-6所示。

图8-6

> **技巧提示**
>
> 如果有涂抹错误的地方，按住Alt键并涂抹错误的区域就能将其消除。

05 涂抹完成后，按Space键追踪预览选区，下方的剪辑会显示为绿色，如图8-7所示。

06 移动播放指示器，可以观察到人物脸部没有在选区内，如图8-8所示。使用笔刷工具涂抹人物脸部，使其包含在选区内，效果如图8-9所示。

图8-7

图8-8

图8-9

07 继续移动播放指示器，此时发现袖子下方有多余的部分被选中，效果如图8-10所示。按住Alt键并涂抹多余的部分，使其在选区外，如图8-11所示。

08 反复检查素材，保证抠图的位置基本正确。这时返回“合成”面板，就能看到被单独抠出的人像部分，如图8-12所示。

图8-10

图8-11

图8-12

09 在“项目”面板中再一次导入“素材.mp4”文件，将其向下拖曳至“时间轴”面板中并放在图层底层，如图8-13所示。

10 搜索“Lumetri 颜色”效果，将其添加到底层的“素材.mp4”图层上，设置“淡化胶片”为20，“饱和度”为35，如图8-14所示。

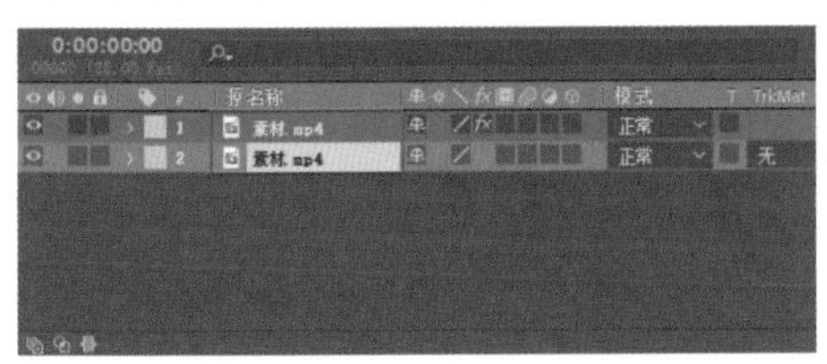

图8-13

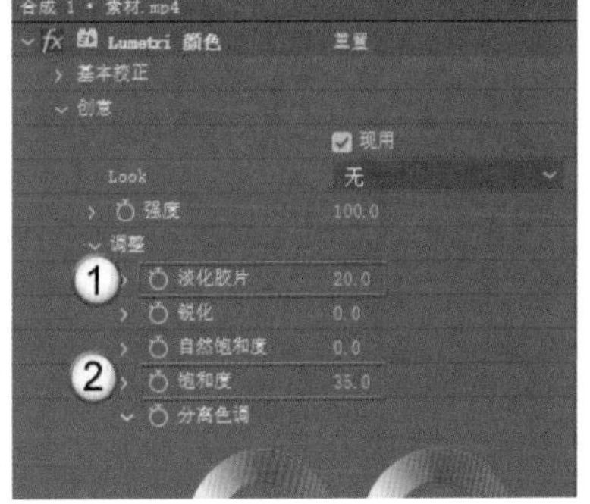

图8-14

11 新建一个调整图层并将其放在图层顶层，如图8-15所示。

12 为调整图层添加“Lumetri 颜色”效果，设置Look为SL IRON NDR，“自然饱和度”为-13，如图8-16所示。这样就能在不改变人像颜色的情况下，调整背景部分的饱和度和色调。

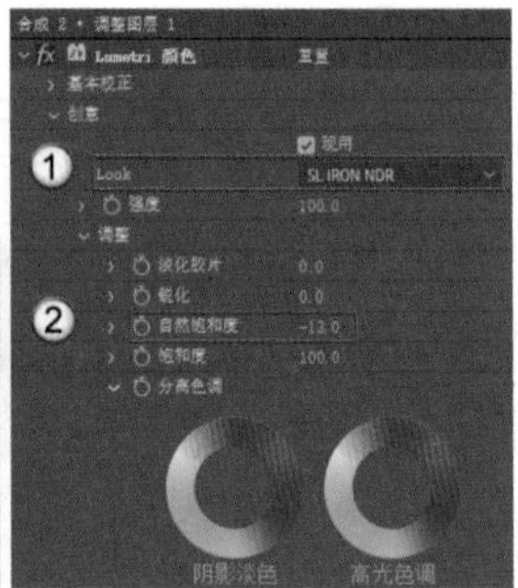

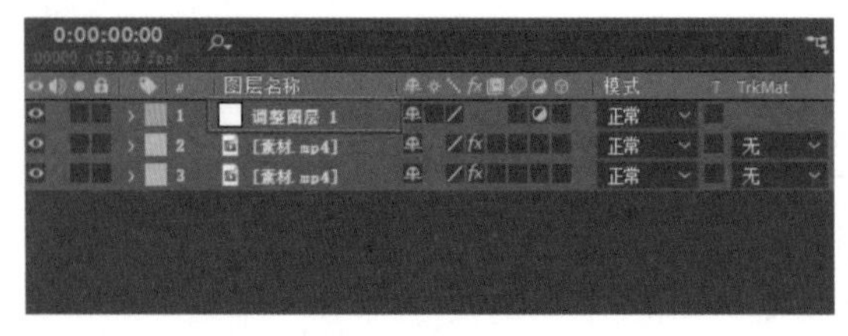

图8-15

图8-16

13 在“合成”面板中任意截取4帧图片，效果如图8-17所示。

图8-17

☞ 技术回顾

演示视频：023-Roto笔刷工具

粒子：Roto笔刷工具

位置：工具栏

扫码观看视频

01 在“项目”面板中导入“技术回顾素材”文件夹中的“07.mp4”素材文件，并将其向下拖曳至“时间轴”面板中，如图8-18所示。

02 在“时间轴”面板中双击“07.mp4”图层，“图层”面板中会显示素材效果，如图8-19所示。

图8-18

图8-19

03 在工具栏中单击“Roto笔刷工具”按钮，然后对画面中的人像部分进行涂抹，如图8-20所示。

04 松开鼠标后，系统会自动按照涂抹的位置框选出人像轮廓，效果如图8-21所示。

图8-20

图8-21

05 此时观察画面可以发现毛衣部分没有被包含在紫色的选区内，所以继续对毛衣部分进行涂抹，如图8-22所示。

06 松开鼠标后，可以观察到毛衣部分被包含在选区内了，效果如图8-23所示。

07 右上角的刘海部分没有被包含在选区内，继续在该位置进行涂抹，如图8-24所示。

图8-22

图8-23

图8-24

08 松开鼠标后会发现，刘海部分也被包含在选区中了，效果如图8-25所示。

09 左下角的头发部分有多余的背景被选中，按住Alt键并涂抹该处，会生成红色的涂抹痕迹，如图8-26所示。

10 松开鼠标后，该处背景就不会被包含在选区中了，如图8-27所示。

图8-25

图8-26

图8-27

> **技巧提示**
>
> 如果在绘制时觉得笔刷的大小不合适，按住Ctrl键与鼠标左键后拖曳鼠标，就能放大或缩小笔刷。

11 按PageDown键逐帧观察选区的范围，当遇到出现错误选区的帧时，需要对它们进行修改，如图8-28所示。

图8-28

12 逐帧观察完成后，单击“切换Alpha边界”按钮，就可以将背景部分隐藏，只显示选区内的人像部分，效果如图8-29所示。

13 确认抠图边缘无误后，单击“冻结”按钮，就可以将选区进行固定，如图8-30所示。

图8-29

图8-30

14 返回“合成”面板，新建一个绿色的纯色图层，然后将其放在素材图层下方，效果如图8-31所示。

图8-31

疑难问答：为何要制作绿色背景？

将带绿色背景的视频进行保存，可以方便读者以后随时使用抠出的素材。读者也可以将抠出的素材保存为带Alpha通道的MOV视频。带通道的MOV视频会比带绿色背景的mp4视频占用的磁盘空间多一些。

重点

实战：制作人像绿幕抠图

案例文件	案例文件>CH08>实战：制作人像绿幕抠图
难易程度	★★★☆☆
学习目标	掌握Keylight插件的使用方法

扫码观看视频

Keylight插件可以快速抠除绿色背景，是抠图的常用工具之一。本案例需要将人像视频中的绿色背景快速抠除，然后将人像合成在背景视频中。案例效果如图8-32所示。

图8-32

案例制作

01 新建一个1920像素×1080像素的合成，然后在“项目”面板中导入学习资源“案例文件>CH08>实战：制作人像绿幕抠图”文件夹中的素材文件，如图8-33所示。

02 将“人像.mp4”素材文件拖曳到“时间轴”面板中，并为其添加Keylight效果，如图8-34所示。

技巧提示

Keylight插件是一款抠图插件，需要读者自行下载并安装。

图8-33

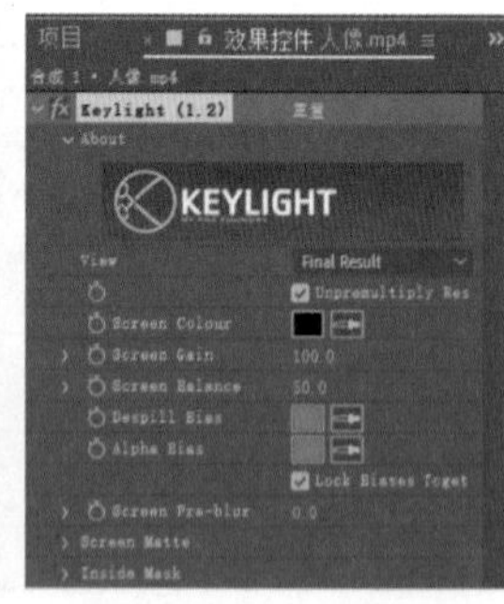

图8-34

03 单击Screen Colour右侧的吸管按钮，然后单击画面中的绿色部分，此时画面中的绿色背景消失，只留下人像部分，如图8-35所示。

图8-35

04 观察画面会发现人像的边缘还有一些背景没有被抠掉。设置Screen Gain为125，就能消除人像边缘残留的背景，如图8-36所示。

05 将“背景.mov”素材拖曳到“时间轴”面板中，放置在“人像.mp4”图层的下方，效果如图8-37所示。

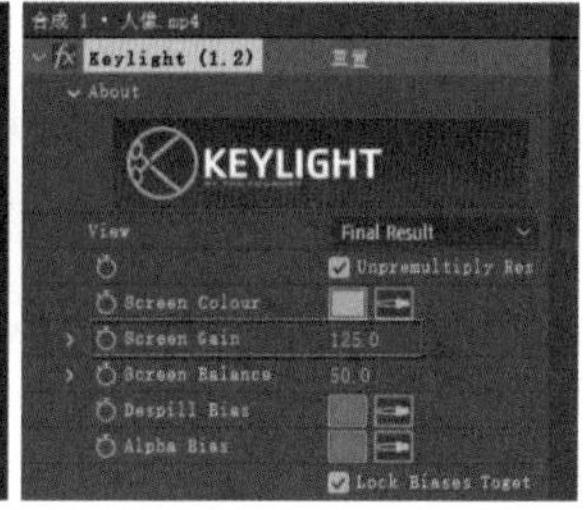

图8-36

图8-37

06 画面中的背景部分较亮，而人像部分亮度不够。为“人像.mp4”图层添加“亮度和对比度”效果，设置“亮度”为20，如图8-38所示。

07 将人像图层向右移动一些，使人像在画面中处于偏右的位置，效果如图8-39所示。

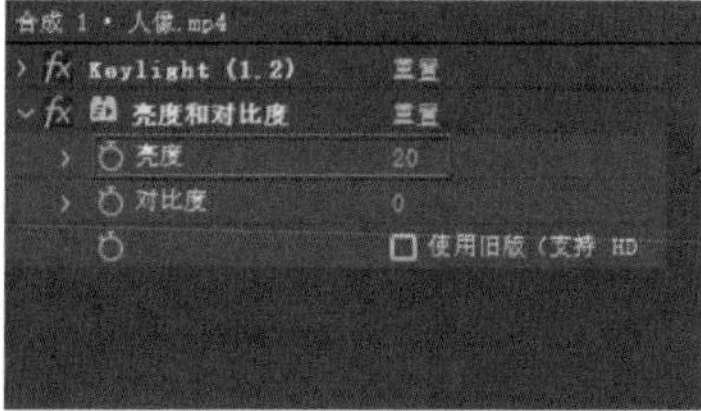

图8-38

图8-39

08 新建一个文本图层，将其移动到画面左侧并输入文字“即将播出”，具体参数及效果如图8-40所示。

09 复制3层文本图层，在其中分别输入文字“美食工坊”“花见”“线语集”，调整几个文本图层的位置，具体参数及效果如图8-41所示。

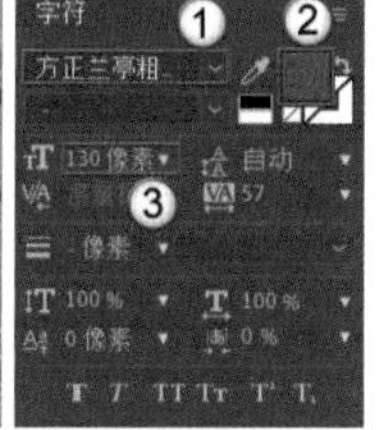

图8-40

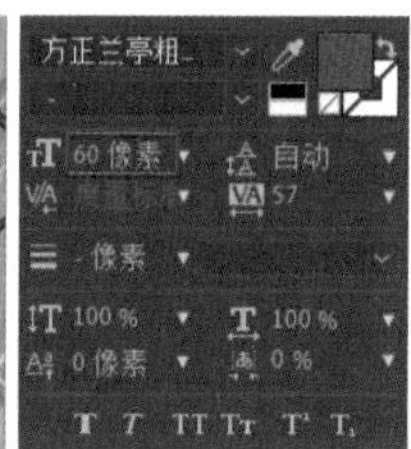

图8-41

> **技巧提示**
>
> 文字内容和字体仅供参考，读者可按照自己的喜好进行设置。

10 搜索“淡化上升字符”预设，将其添加到4个文本图层上，然后依次调整4个文本图层出现的时间，如图8-42所示，效果如图8-43所示。

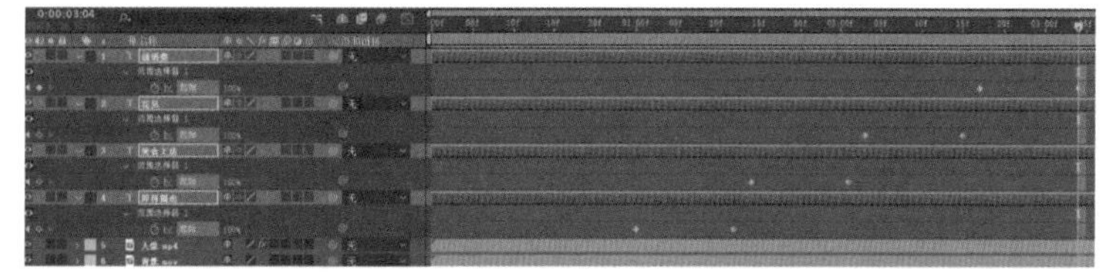

图8-42

图8-43

11 在4个文本图层上添加"按字符淡出"预设，然后依次调整4个文字图层消失的时间，如图8-44所示，效果如图8-45所示。

图8-44

图8-45

12 在"合成"面板中任意截取4帧图片，效果如图8-46所示。

图8-46

☞ 技术回顾

演示视频：024-Keylight

效果：Keylight

位置：Keying>Keylight（1.2）

扫码观看视频

01 在"项目"面板中导入"技术回顾素材"文件夹中的"08.mp4"素材文件，并将其拖曳至"时间轴"面板中，效果如图8-47所示。

02 在"效果和预设"面板中搜索Keylight效果，然后将其添加到素材图层上，其参数面板如图8-48所示。

图8-47

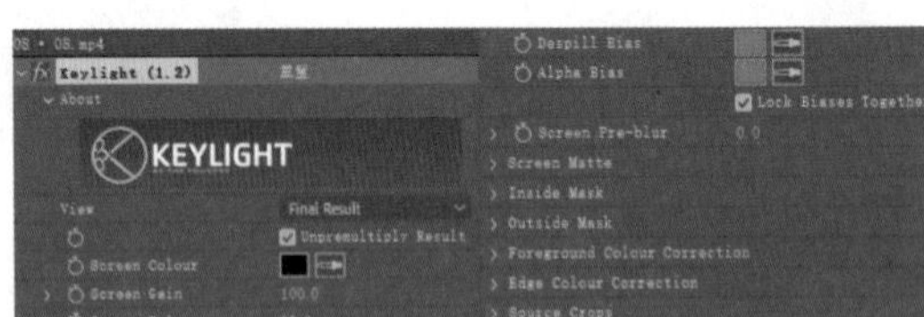

图8-48

03 单击Screen Colour右侧的吸管按钮，吸取画面中的绿色。此时画面中绿色的部分会全部消失，如图8-49所示。

04 单击"合成"面板下方的"切换透明网格"按钮，可以观察到画面中原有的绿色部分全部显示为透明网格，如图8-50所示。

05 此时不能很直观地看出抠出的部分是否正确。在View下拉列表中选择Combined Matte选项，这样就能使画面显示为黑白效果，其中白色部分是要保留的区域，而黑色部分是要抠除的区域，如图8-51所示。

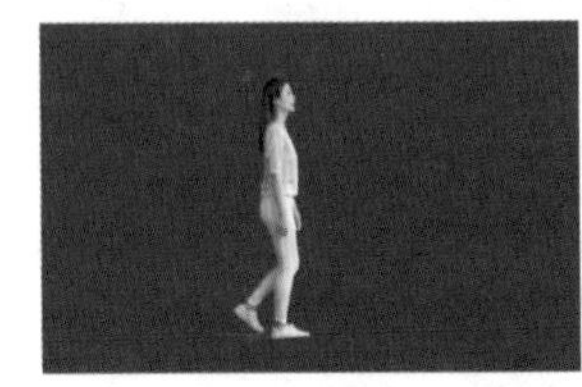

图8-49

图8-50

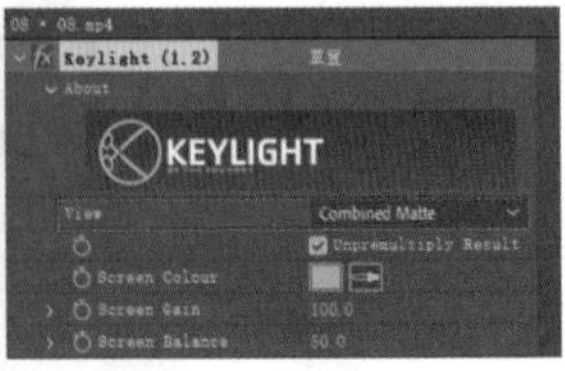

图8-51

06 仔细观察会发现人物的小腿部分显示为灰色，不是白色。在Screen Matte卷展栏中调整Clip Black和Clip White的数值，就能控制画面中白色和黑色区域的大小，从而使人像部分都显示为白色，如图8-52所示。

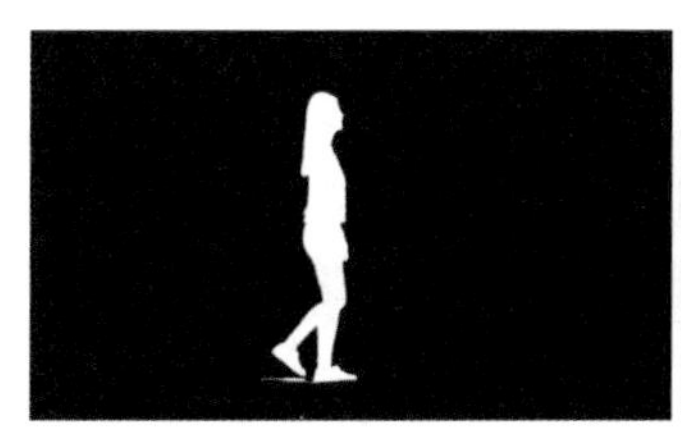

图8-52

07 在View下拉列表中选择Final Result选项，就能将画面切回原来的效果，如图8-53所示。

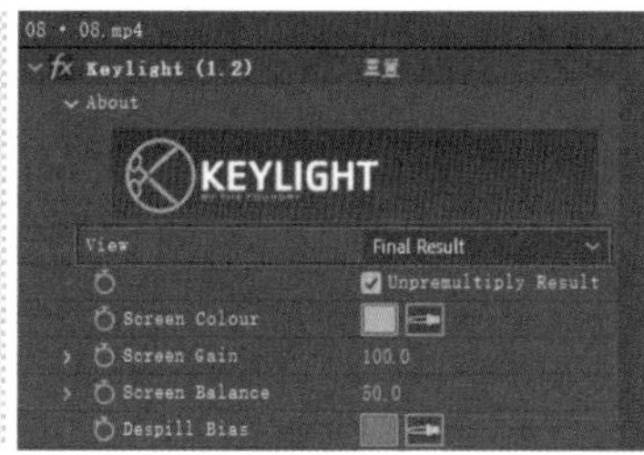

图8-53

08 在人像图层下方添加背景素材，然后将两者进行合成，效果如图8-54所示。

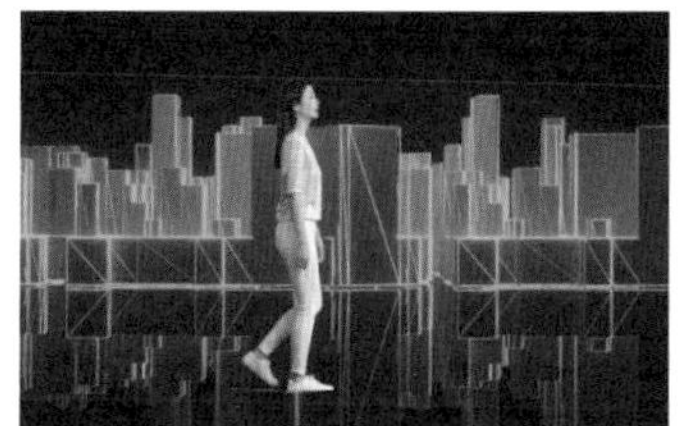

图8-54

> **技巧提示**
>
> 合成人像和背景时还需要进行调色，让两者更加完美地融合在一起，效果如图8-55所示。这部分内容读者可在“第9章 调色技术”中进行学习。

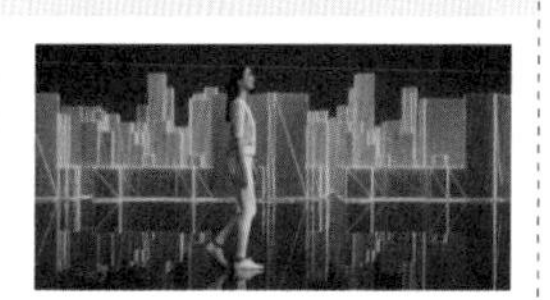

图8-55

重点

实战：制作手机跟踪合成效果

案例文件	案例文件>CH08>实战：制作手机跟踪合成效果
难易程度	★★★★☆
学习目标	掌握“跟踪运动”效果的使用方法

扫码观看视频

在手机屏幕中嵌入视频或图片，需要用到前面学习过的绿幕抠图方法。除此以外，为了让嵌入的视频或图片能随着手机屏幕的移动而移动，还需要添加“动态追踪”效果。案例效果如图8-56所示。

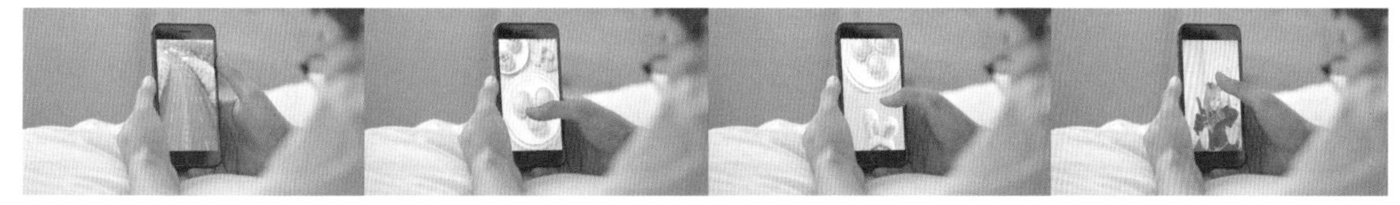

图8-56

01 新建一个1920像素×1080像素的合成，在“项目”面板中导入学习资源“案例文件>CH08>实战：制作手机跟踪合成效果”文件夹中的素材文件，如图8-57所示。

02 将“背景.mp4”素材文件拖曳到“时间轴”面板中，效果如图8-58所示。

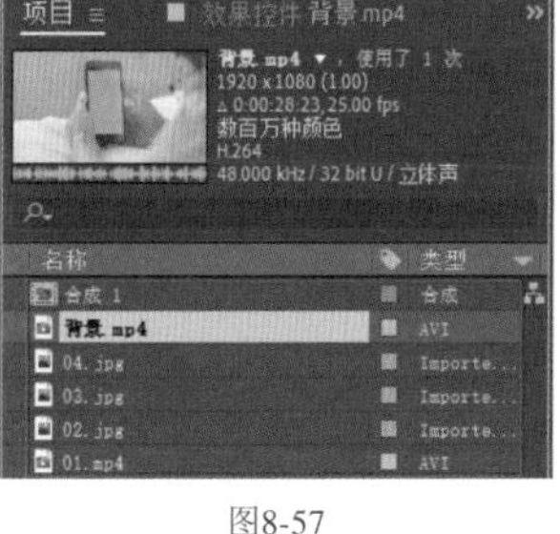

图8-57

图8-58

03 将“01.mp4”素材文件也拖曳到“时间轴”面板中，并将其暂时放在“背景.mp4”图层的上方，效果如图8-59所示。

04 选中“背景.mp4”图层，然后在“跟踪器”面板中单击“跟踪运动”按钮 跟踪运动 ，设置“跟踪类型”为“透视边角定位”，如图8-60所示。此时会在“背景.mp4”素材面板的画面中显示4个跟踪器，如图8-61所示。

图8-59

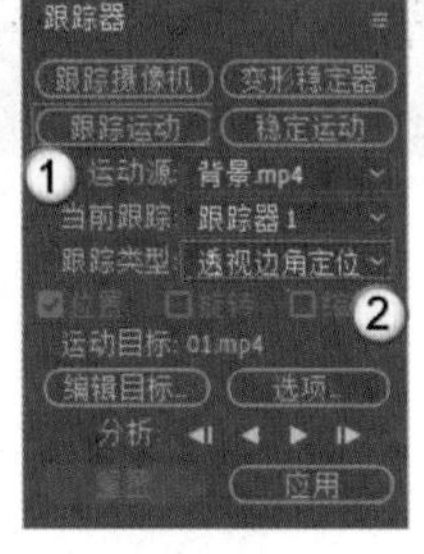

图8-60

图8-61

05 移动4个跟踪器，使其处于绿色屏幕的4个角处，如图8-62所示。

06 单击“向前分析”按钮▶，让系统自动分析跟踪点的位置，如图8-63所示。

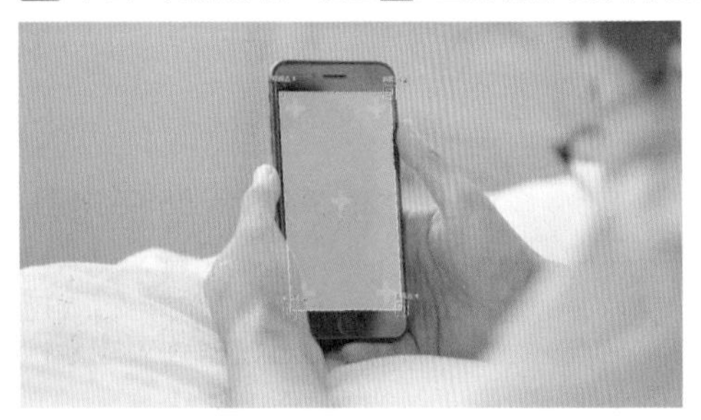

图8-62

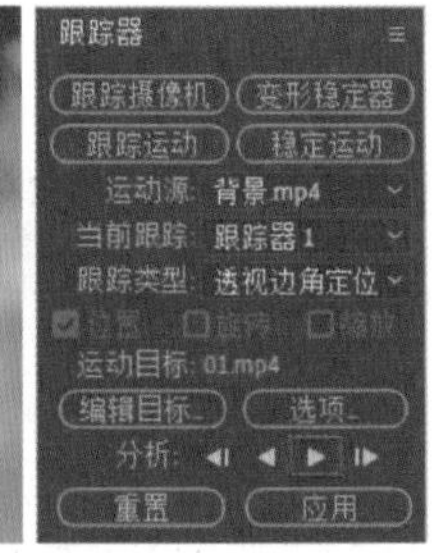

图8-63

07 单击“编辑目标”按钮 编辑目标... ，在弹出的对话框中设置“图层”为“1.01.mp4”，如图8-64所示。单击“确定”按钮 确定 ，返回“跟踪器”面板。

08 单击“应用”按钮 应用 ，让“01.mp4”图层嵌入手机屏幕，如图8-65所示。

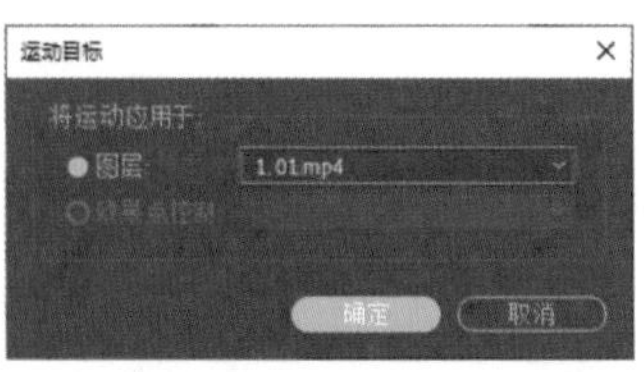

图8-64

图8-65

09 此时屏幕左下角的内容会遮挡手部。将“01.mp4”图层移动到“背景.mp4”图层的下方，然后为“背景.mp4”图层添加Keylight效果，拾取画面中的绿色，从而显示屏幕下方的内容，如图8-66所示。

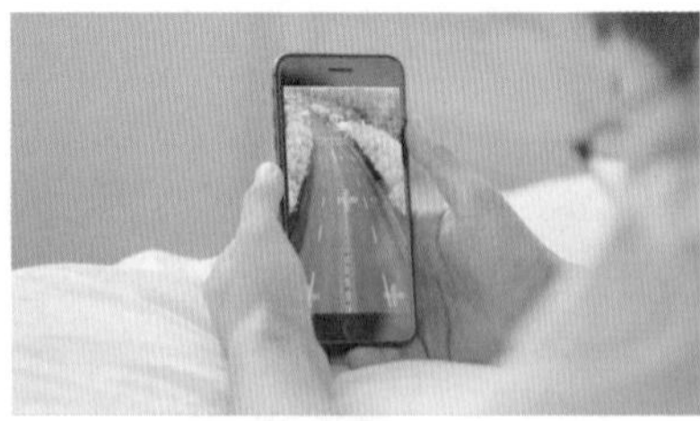

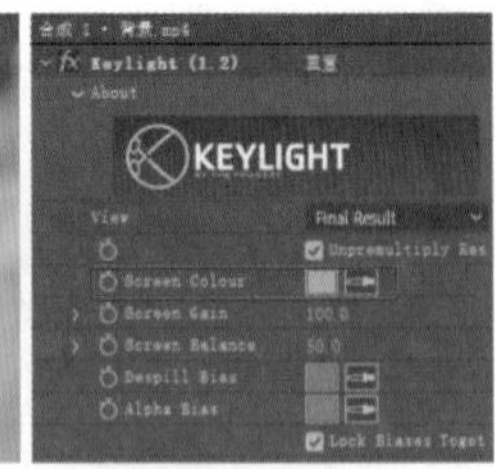

图8-66

10 仔细观察画面，可以发现屏幕上还有一些内容没有抠干净。在“效果控件”面板中设置View为Combined Matte，然后在Screen Matte卷展栏中设置Clip Black为74，Clip White为 82。此时画面中只有手机屏幕显示为黑色，其余部分显示为白色，如图8-67所示。

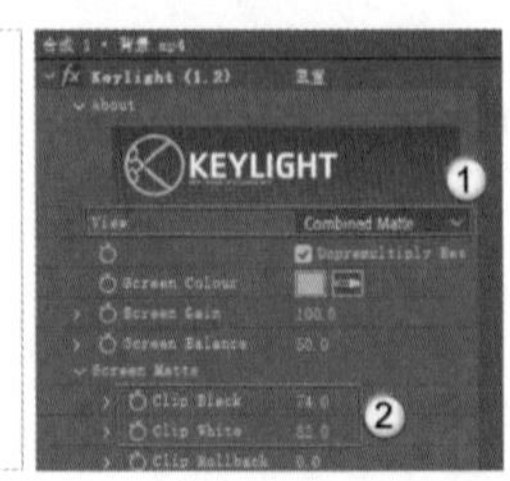

图8-67

11 将View设置为Final Result，就能显示抠图后的最终效果，如图8-68所示。

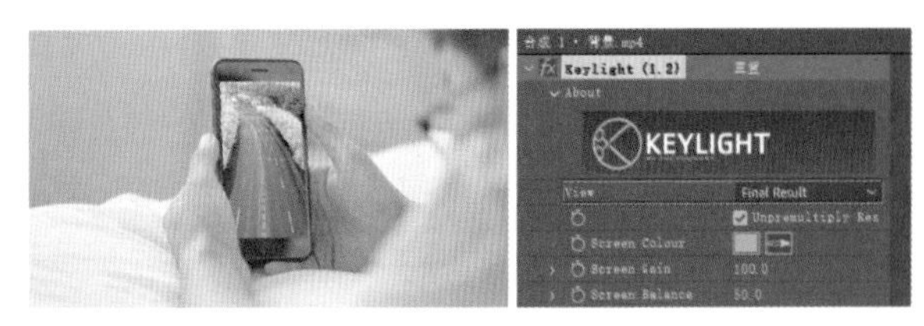

图8-68

12 移动播放指示器到0:00:02:20的位置，此时画面中的手指正在触碰屏幕。将“01.mp4”图层的剪辑末尾拖曳到该位置，并在“01.mp4”图层下方添加“02.jpg”素材文件，如图8-69所示。

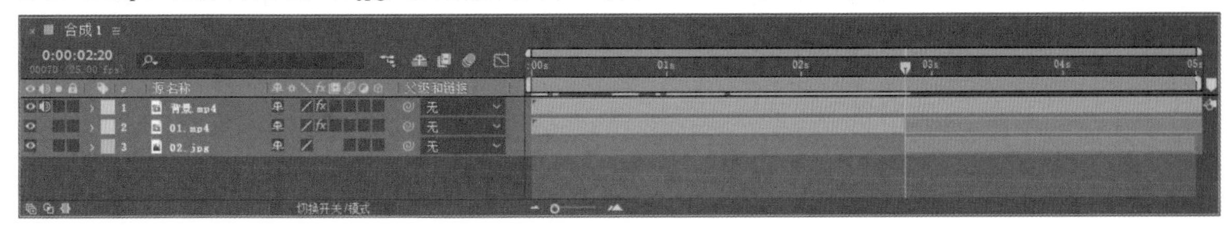

图8-69

13 展开“背景.mp4”图层的“动态跟踪器”卷展栏，然后选中“跟踪器1”并按快捷键Ctrl+D复制出“跟踪器2”，如图8-70所示。

14 选中“跟踪器2”并打开“跟踪器”面板，在其中单击“编辑目标”按钮，在弹出的“运动目标”对话框中设置“图层”为“3.02.jpg”，如图8-71所示。单击“确定”按钮，返回“跟踪器”面板，再单击“应用”按钮，就能将素材图片嵌入屏幕，效果如图8-72所示。

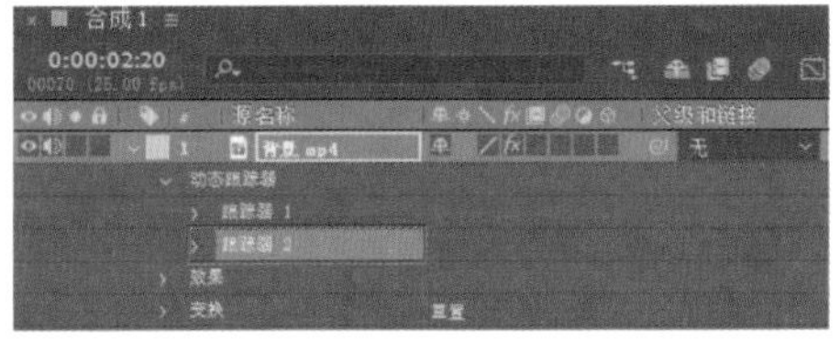

图8-70

图8-71

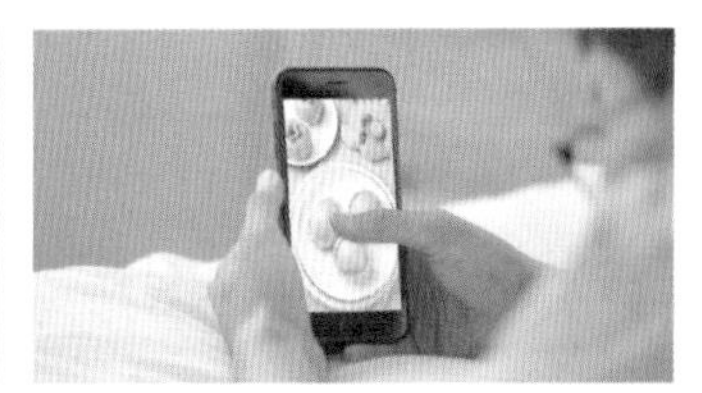

图8-72

15 移动播放指示器到0:00:03:10的位置，此时手指有向上滑动屏幕的动作。将“02.jpg”图层的剪辑末尾拖曳到该位置，并在该图层下方添加“03.jpg”素材文件，如图8-73所示。

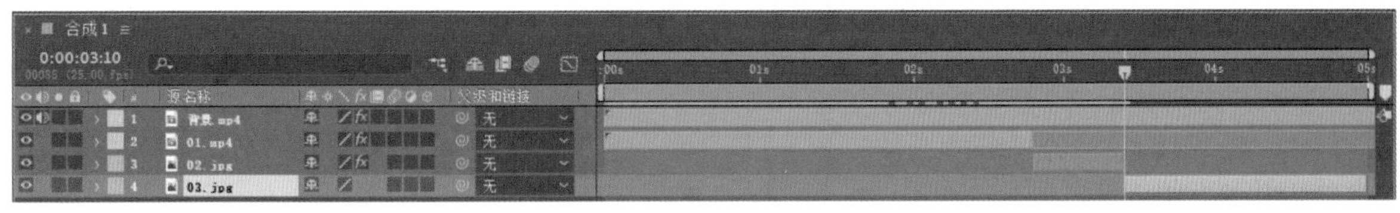

图8-73

16 按照步骤13和步骤14的方法，将“03.jpg”素材嵌入屏幕，如图8-74所示。

17 移动播放指示器到0:00:04:10的位置，此时手指有向上滑动屏幕的动作。将“03.jpg”图层的剪辑末尾拖曳到该位置，并在该图层下方添加“04.jpg”素材文件，如图8-75所示。

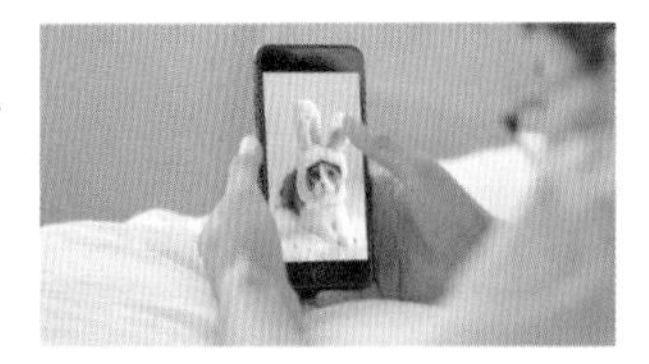

图8-74

图8-75

18 将“04.jpg”素材嵌入屏幕，如图8-76所示。

19 观察整体动画效果，将“01.mp4”图层和“02.jpg”图层的剪辑过渡位置拖曳到0:00:03:00的位置，如图8-77所示。

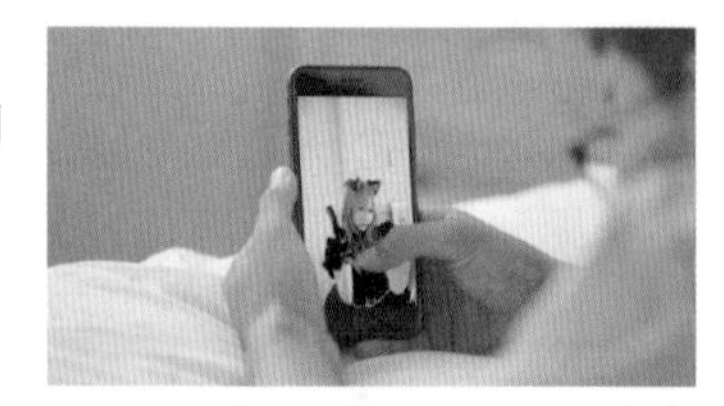

图8-76

图8-77

20 选中“02.jpg”图层，按P键调出“位置”参数，从0:00:03:05起，根据手指的动作调整图片的位置，形成画面向上移动的动画效果，如图8-78所示。

21 选中“03.jpg”图层，按P键调出“位置”参数，从0:00:03:05起，调整图片的位置，使其与“02.jpg”图片形成首尾相连的效果，如图8-79所示。

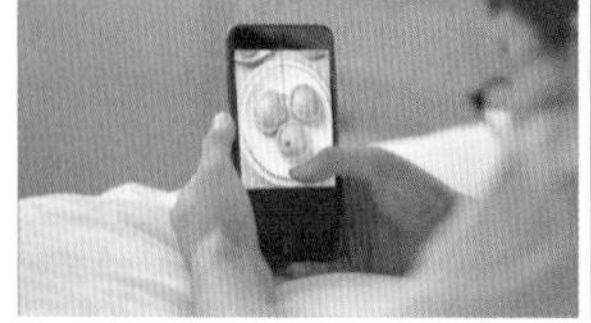

图8-78

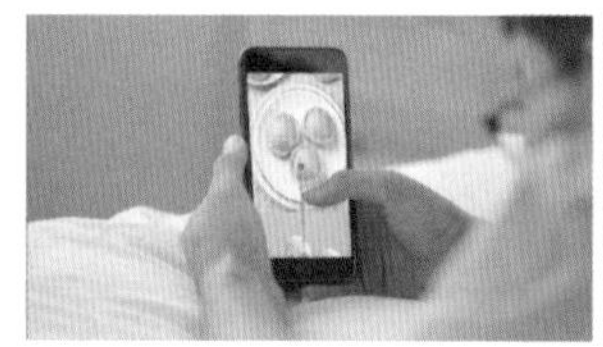
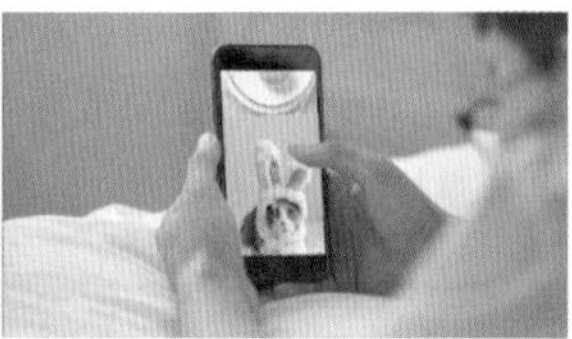

图8-79

22 继续选中“03.jpg”图层，从0:00:04:13起，调整图片的位置，使其形成画面向上移动的动画效果，如图8-80所示。

23 选中“04.jpg”图层，从0:00:04:13起，调整图片的位置，使其与“03.jpg”图片形成首尾相连的效果，如图8-81所示。

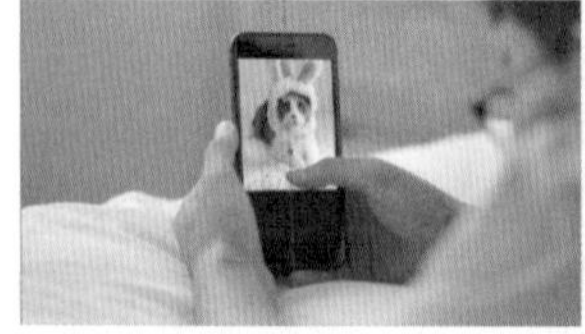

图8-80

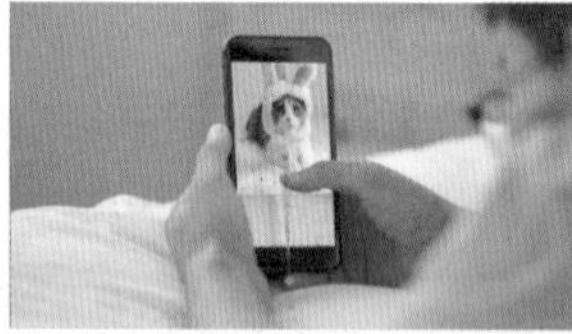
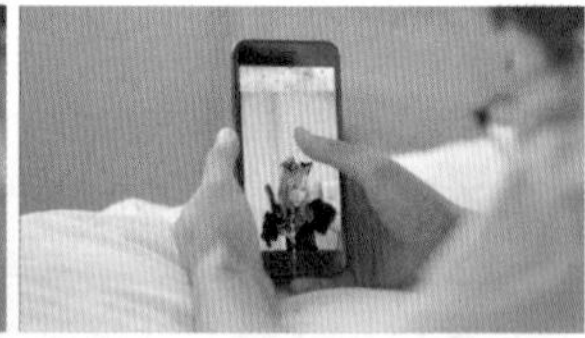

图8-81

24 此时屏幕的颜色与整体画面的颜色不是很搭配。在“背景.mp4”图层的下方添加一个调整图层，然后在调整图层上添加“色相/饱和度”效果，并设置“主亮度”为36，如图8-82所示。

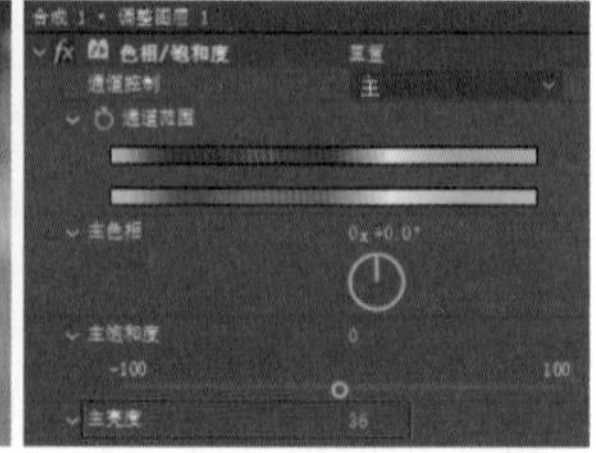

图8-82

25 在“合成”面板中任意截取4帧图片，效果如图8-83所示。

图8-83

实战：制作裸眼3D效果

案例文件	案例文件>CH08>实战：制作裸眼3D效果
难易程度	★★★★☆
学习目标	掌握裸眼3D效果的制作方法

将普通的2D视频转换为带有裸眼3D效果的视频，只需要在视频中添加两个黑色的矩形，例如画面中的人物在两个黑色矩形间移动，可以给人一种视错觉，使人感觉看到的画面是立体的，效果如图8-84所示。

图8-84

01 新建一个1920像素×1080像素的合成，然后在“项目”面板中导入学习资源“案例文件>CH08>实战：制作裸眼3D效果”文件夹中的素材文件并将其拖曳到“时间轴”面板中，如图8-85所示。

02 新建一个黑色的纯色图层，然后将其缩放为图8-86所示的形状。

图8-85

图8-86

03 将黑色的纯色图层复制一层，并移动新图层中的矩形，效果如图8-87所示。

04 将素材图层复制一层，然后双击进入素材面板，使用“Roto笔刷工具”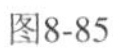将人像部分抠出，效果如图8-88所示。

图8-87

图8-88

技巧提示

素材本身的帧速率是60帧/秒，而新建的合成的默认帧速率为25帧/秒，因此，需要将合成的帧速率也修改为60帧/秒，以达到笔刷的最佳效果。

05 抠出人像部分后，返回“合成”面板，将复制得到的素材图层放置在两个纯色图层中间，如图8-89所示。

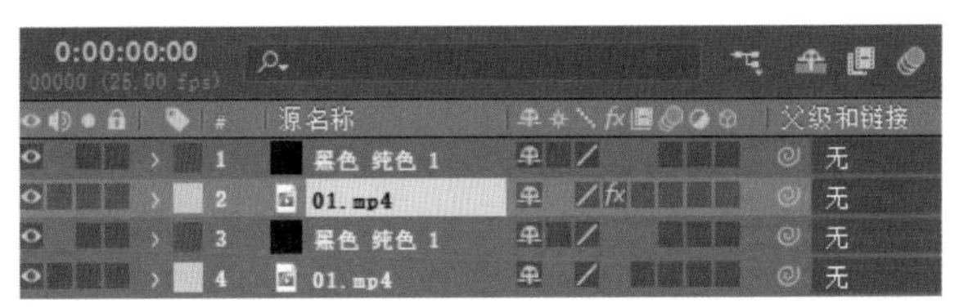

图8-89

06 此时移动播放指示器，就能在“合成”面板中观察到部分人像被黑色的矩形遮住，形成立体效果，如图8-90所示。

07 新建一个调整图层并将其放在顶层，然后为其添加“Lumetri 颜色”效果，对整体画面进行调色，效果如图8-91所示。

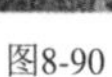

图8-90

图8-91

> **技巧提示**
>
> 调色不是必要步骤，读者可以跳过该步骤。

08 在“合成”面板中任意截取4帧图片，效果如图8-92所示。

图8-92

① 技巧提示 + ② 疑难问答 + ◎ 技术专题 + ⊗ 知识链接

调色技术

After Effects自带许多调色效果，可以帮助用户调整素材的颜色，从而使素材呈现出不同的氛围和质感。依靠强大的调色插件，也可以快速调整素材的颜色，或对人像进行磨皮或者降噪等处理。

学习重点

实战：制作暖色调视频

案例文件	案例文件>CH09>实战：制作暖色调视频
难易程度	★★★☆☆
学习目标	掌握“Lumetri颜色”效果的使用方法

“Lumetri 颜色”是一款调色功能丰富的内置调色效果。本案例将一个运动视频的色调调整为暖色调，效果如图9-1所示。

图9-1

案例制作

01 在“项目”面板中导入学习资源“案例文件>CH09>实战：制作暖色调视频”文件夹中的素材文件，然后将其拖曳到“时间轴”面板中，效果如图9-2所示。

02 新建一个调整图层，并将其放置在素材图层的上方，如图9-3所示。

图9-2

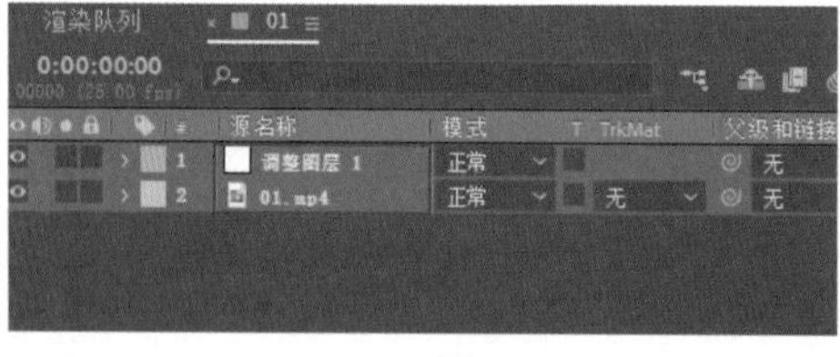

图9-3

疑难问答：为何要添加调整图层？

在调整图层上进行调色操作，调色效果可以覆盖到下方的所有图层。如果调色的效果不合适，可以隐藏或删除调整图层，也可以在调色的位置添加蒙版。

03 在“效果和预设”面板中搜索“Lumetri 颜色”效果，然后将其添加到调整图层上，如图9-4所示。

04 在主界面的右上角选择界面布局为“Lumetri范围”，效果如图9-5所示。在“Lumetri范围”界面布局中可以查看合成的颜色信息，方便用户进行下一步调整。

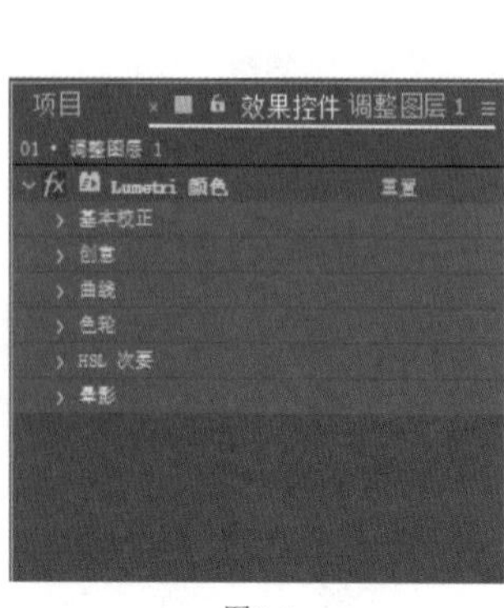

图9-4

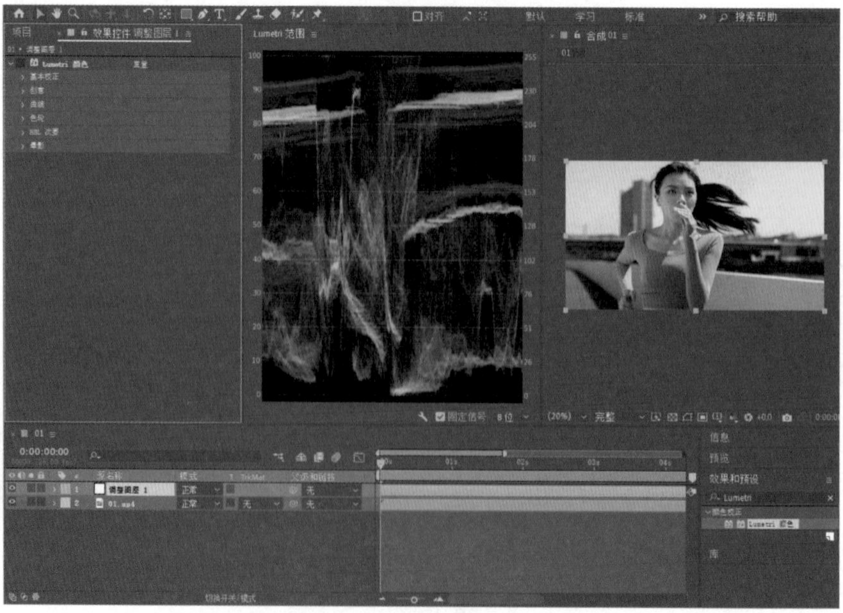

图9-5

技术专题："Lumetri 范围"面板

"Lumetri 范围"面板可以直观地展示合成画面中的颜色信息和颜色的分布情况，如图9-6所示。

面板中靠近上方的区域代表画面中亮度较高的地方，靠近下方的区域则代表画面中亮度较低的地方。随着画面的变化，面板中的颜色分布也会跟着发生变化。

在面板中单击鼠标右键，在弹出的菜单中选择相关选项，可以调出"矢量示波器HLS""矢量示波器YUV""直方图""分量（RGB）""波形（RGB）"这些面板，如图9-7所示，面板展示效果如图9-8所示。

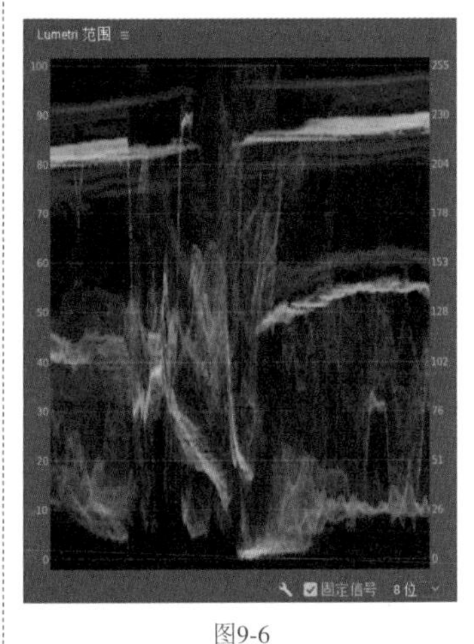

图9-6

矢量示波器 HLS
矢量示波器 YUV
直方图
分量 (RGB)
波形 (RGB)
预设
分量类型
波形类型
色彩空间
亮度

图9-7

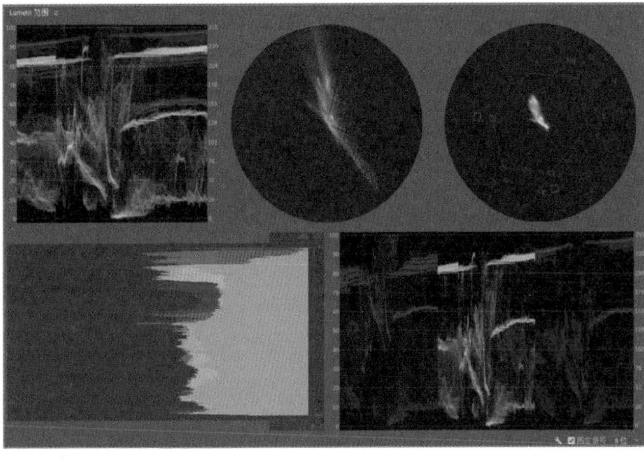

图9-8

05 观察"Lumetri 范围"面板，可以发现画面中的红、绿、蓝3种颜色的占比较为平均。在"Lumetri 颜色"效果中展开"基本校正"卷展栏，设置"色温"为40，此时可以观察到画面中红色占比较多，如图9-9所示。

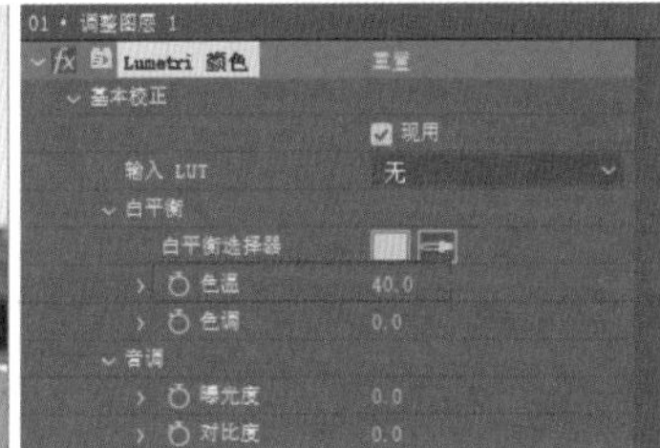

图9-9

06 展开"曲线"卷展栏，然后调整RGB曲线，使画面的对比度降低，如图9-10所示。

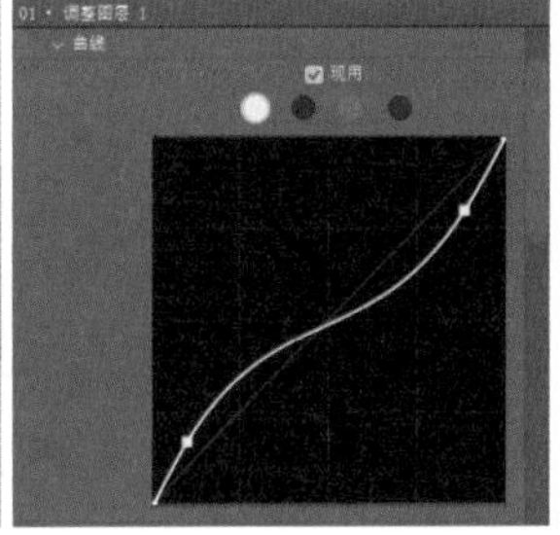

图9-10

07 此时画面整体偏红，缺少一些冷色。切换到曲线的蓝色通道，然后调整蓝色的曲线，如图9-11所示。

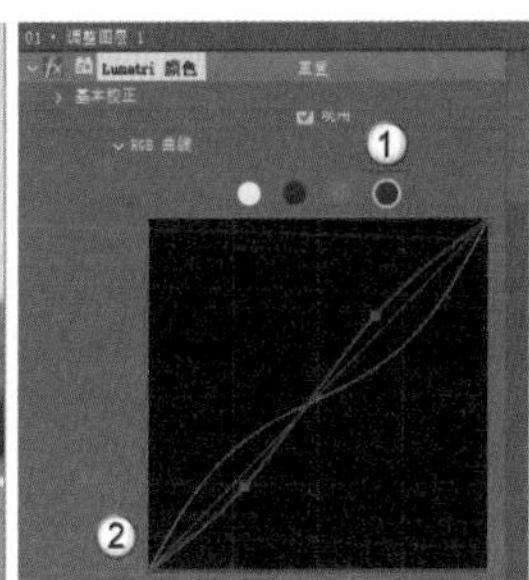

图9-11

技巧提示

在调整曲线的时候，需要同时观察“Lumetri范围”面板中的颜色波形图，如图9-12所示。保持红色的亮度更高，让画面中的颜色以暖色为主。

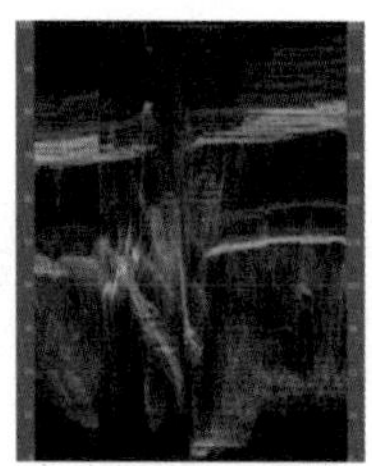

图9-12

08 展开“晕影”卷展栏，设置“数量”为-2，在画面的4个角处添加黑色的晕影，如图9-13所示。添加“晕影”效果后，更能突显作为画面主体的人像部分。

图9-13

09 在“合成”面板中任意截取4帧图片，效果如图9-14所示。

图9-14

技术回顾

演示视频：025- Lumetri 颜色

效果：Lumetri 颜色

位置：颜色校正> Lumetri 颜色

扫码观看视频

01 在“项目”面板中导入“技术回顾素材”文件夹中的“10.mp4”素材文件，并将其向下拖曳到“时间轴”面板中，效果如图9-15所示。

02 在“效果和预设”面板中搜索“Lumetri 颜色”效果，然后将其添加到素材图层上，如图9-16所示。

图9-15

图9-16

技巧提示

“Lumetri 颜色”效果在Premiere Pro中也有，其操作方法与After Effects中的基本相同。

03 展开“基本校正”卷展栏，在其中可以对素材的色调和亮度进行调整，如图9-17所示。

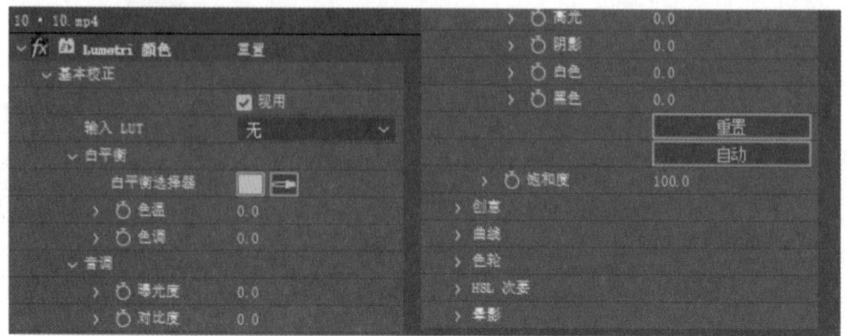

图9-17

04 展开“输入LUT”下拉列表，可以在其中选择系统自带的调色预设，以形成不同的色调，如图9-18所示，对比效果如图9-19所示。

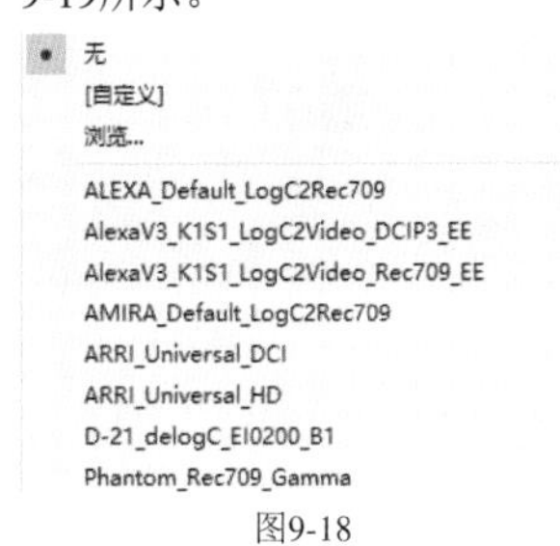

图9-18

图9-19

> **技巧提示**
>
> 除了系统自带的LUT预设，读者还可以加载自定义的预设，也可以在Photoshop中设置预设的效果。

05 调整“色温”的数值，能让画面偏冷或偏暖。当“色温”为-20时，画面偏冷，当“色温”为20时，画面偏暖，对比效果如图9-20所示。

图9-20

06 调整“色调”的数值，能让画面偏绿或偏洋红。当“色调”为-20时，画面偏绿，当“色调”为20时，画面偏洋红，对比效果如图9-21所示。

图9-21

07 调整“曝光度”的数值，能降低或增强画面的曝光度，对比效果如图9-22所示。

08 调整“对比度”的数值，能控制画面中颜色的对比度，对比效果如图9-23所示。

图9-22

图9-23

09 调整“高光”和“阴影”的数值，能控制画面中高光区域和阴影区域的亮度，对比效果如图9-24和图9-25所示。

图9-24

图9-25

10 调整“白色”和“黑色”的数值，能控制画面中白色区域与黑色区域的亮度，对比效果如图9-26和图9-27所示。

图9-26

图9-27

疑难问答：如何区分高光/阴影/白色/黑色这4个数值？

有些读者可能会有疑问，“高光”和“白色”的数值在调整前后的效果差别似乎不大，调整“阴影”和“黑色”的数值时也有相同的感觉。那么在实际调节画面亮度时应该怎么区分这些参数呢？

通过眼睛观察画面时效果差别似乎不大，但通过“Lumetri 范围”面板就能直观地看到不同。

当设置“高光”和“白色”的数值都为-100时，“Lumetri 范围”面板中的颜色分布明显不同，如图9-28所示。“白色”会让处于亮部的颜色整体变暗，缺少颜色层次，而“高光”则是使部分颜色变暗，画面层次依然存在。

当设置“阴影”和“黑色”的数值都为100时，“Lumetri 范围”面板中的颜色分布如图9-29所示。基于上面两个图像对比效果，读者在调节画面亮度时，不能仅依靠眼睛观察画面效果，还需要参考“Lumetri 范围”面板中的颜色分布图对画面亮度进行调整。

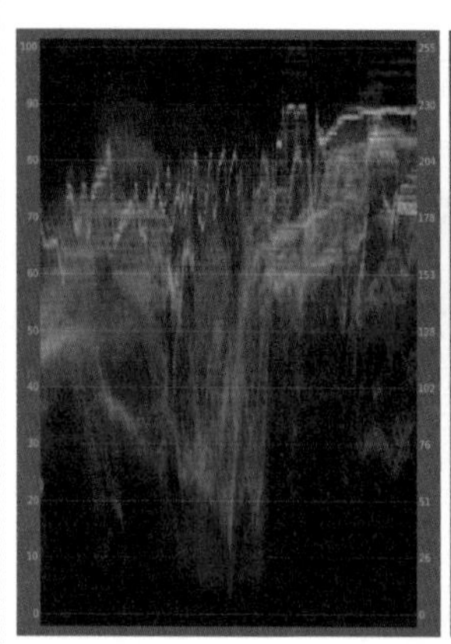

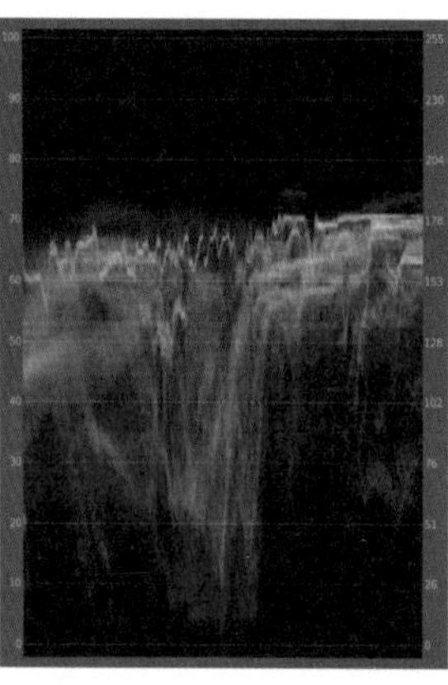

图9-28

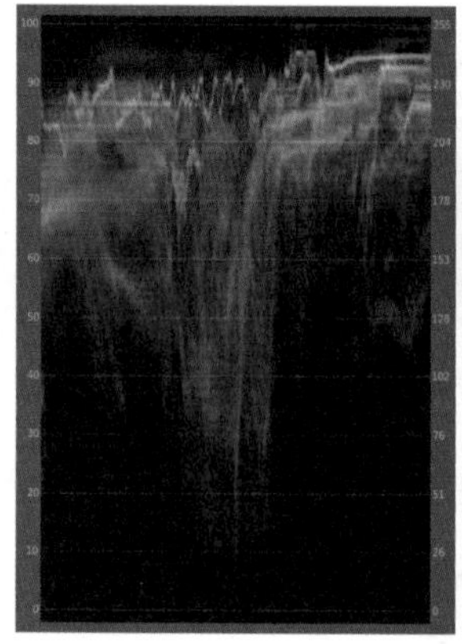

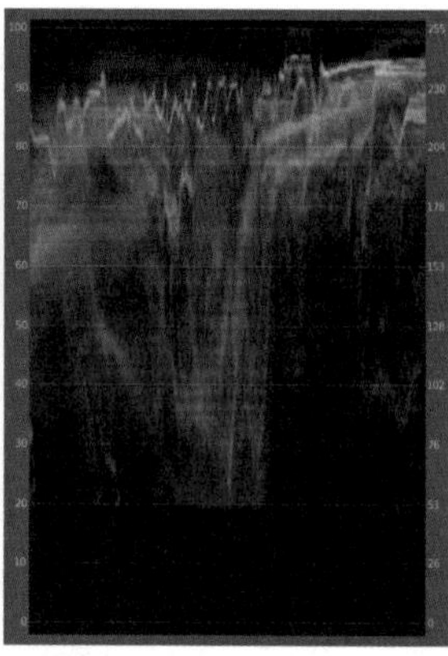

图9-29

11 调整“饱和度”的数值，可以控制图像整体的饱和度，其默认数值为100，对比效果如图9-30所示。

12 展开“创意”卷展栏，可以进一步调整图像颜色，如图9-31所示。

图9-30

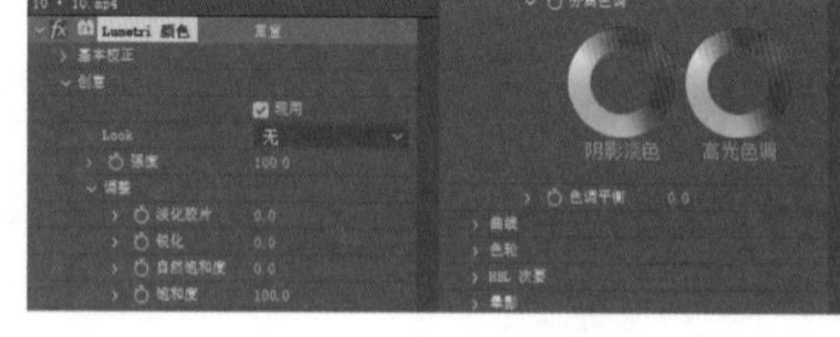

图9-31

13 展开Look下拉列表，在其中可以选择不同的滤镜选项，如图9-32所示。SL BLUE COLD、SL CLEAN FUJI C滤镜效果如图9-33所示。

无
[自定义]
浏览...
CineSpace2383sRGB6bit
Fuji ETERNA 250D Fuji 3510 (by Adobe)
Fuji ETERNA 250D Kodak 2395 (by Adobe)
Fuji F125 Kodak 2393 (by Adobe)
Fuji F125 Kodak 2395 (by Adobe)
Fuji REALA 500D Kodak 2393 (by Adobe)
Kodak 5205 Fuji 3510 (by Adobe)
Kodak 5218 Kodak 2383 (by Adobe)
Kodak 5218 Kodak 2395 (by Adobe)
Monochrome Fuji ETERNA 250D Kodak 2395 (by Adobe)
Monochrome Kodak 5205 Fuji 3510 (by Adobe)
Monochrome Kodak 5218 Kodak 2395 (by Adobe)
SL BIG
SL BIG HDR
SL BIG LDR
SL BIG MINUS BLUE
SL BLEACH HDR
SL BLEACH LDR
SL BLEACH NDR
SL BLUE COLD
SL BLUE DAY4NITE
SL BLUE ICE
SL BLUE INTENSE
SL BLUE MOON
SL BLUE STEEL
SL CLEAN FUJI A HDR
SL CLEAN FUJI A LDR
SL CLEAN FUJI A NDR
SL CLEAN FUJI B
SL CLEAN FUJI B SOFT
SL CLEAN FUJI C
SL CLEAN KODAK A HDR
SL CLEAN KODAK A LDR
SL CLEAN KODAK A NDR
SL CLEAN KODAK B
SL CLEAN KODAK B SOFT
SL CLEAN KODAK B ULTRASOFT
SL CLEAN KODAK C
SL CLEAN KODAK C HDR
SL CLEAN STRAIGHT HDR
SL CLEAN STRAIGHT LDR
SL CLEAN STRAIGHT NDR
SL CROSS HDR

图9-32

技巧提示

除了系统自带的滤镜，读者还可以加载从网络上下载的滤镜文件。

图9-33

14 调整“淡化胶片”的数值，能调整画面的对比度和饱和度，使其呈现胶片效果，如图9-34所示。

15 调整“锐化”的数值，能锐化画面，效果如图9-35所示。

16 调整“自然饱和度”或“饱和度”的数值，能改变画面的饱和度，对比效果如图9-36所示。

图9-34

图9-35

图9-36

疑难问答：自然饱和度与饱和度有何区别？

自然饱和度：智能改变画面中比较柔和（即饱和度较低）的颜色的饱和度，原本饱和度足够的颜色保持原状。

饱和度：改变所有颜色的饱和度，可能导致画面过饱和，局部细节消失。

17 调整“分离色调”中的两个色轮，能分别控制阴影和高光区域的颜色，效果如图9-37所示。

18 展开“曲线”卷展栏，可以通过调整不同的曲线来控制画面的亮度、颜色、饱和度和色相，如图9-38所示。

图9-37

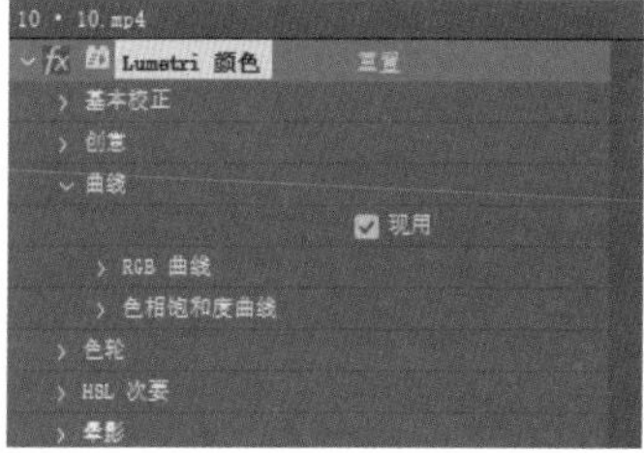

图9-38

19 在“RGB曲线”卷展栏中，通过调整整体和3个颜色通道的曲线，就能控制画面整体的亮度和各个颜色的亮度，如图9-39至图9-42所示。

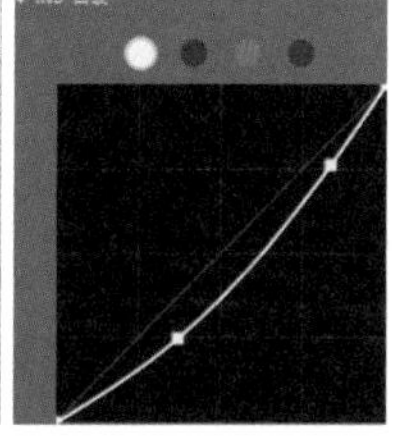

图9-39

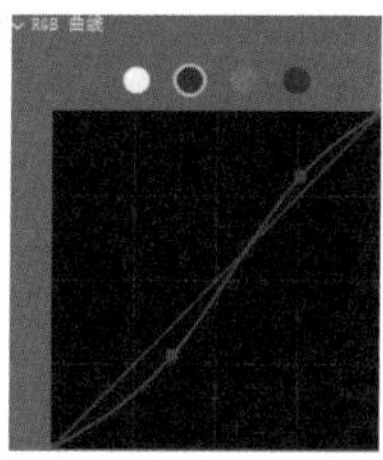

图9-40

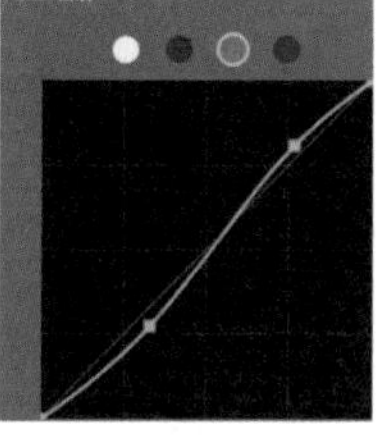

图9-41

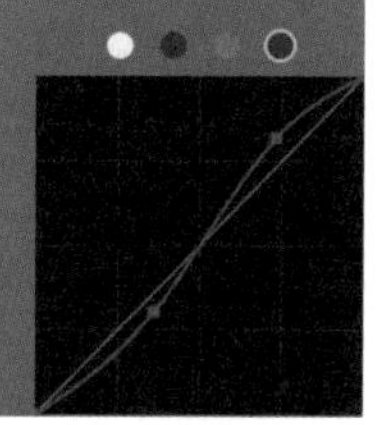

图9-42

20 调整“色相饱和度”曲线，可以调节不同颜色的饱和度、控制不同色相的转换和调节不同颜色的亮度，如图9-43至图9-45所示。

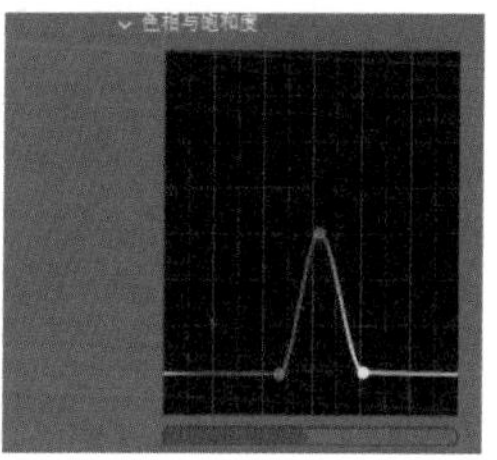

图9-43

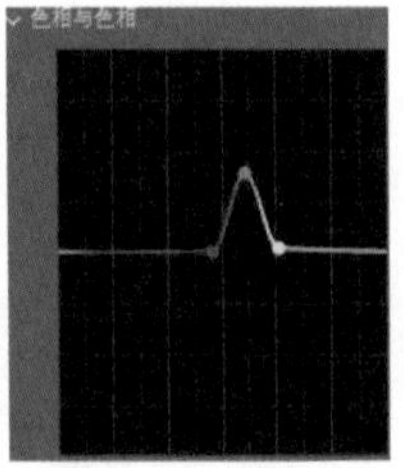

图9-44

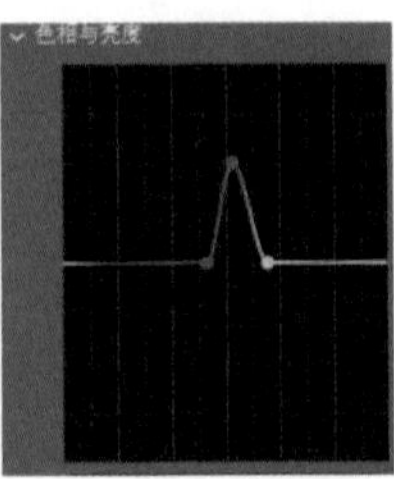

图9-45

21 展开"色轮"卷展栏，可以对画面的阴影、中间调和高光3个区域分别进行调色，如图9-46所示，效果如图9-47所示。

22 展开"HSL次要"卷展栏，可以选取并调整画面中的部分颜色，如图9-48所示。

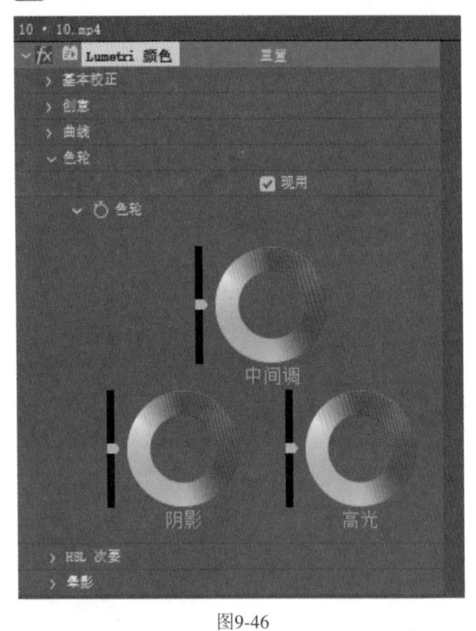

图9-46

图9-47

图9-48

23 单击"设置颜色"右侧的吸管按钮，然后吸取画面中需要调整的区域的颜色，接着勾选"显示蒙版"选项，就可以观察选择的颜色所在的区域，如图9-49所示。

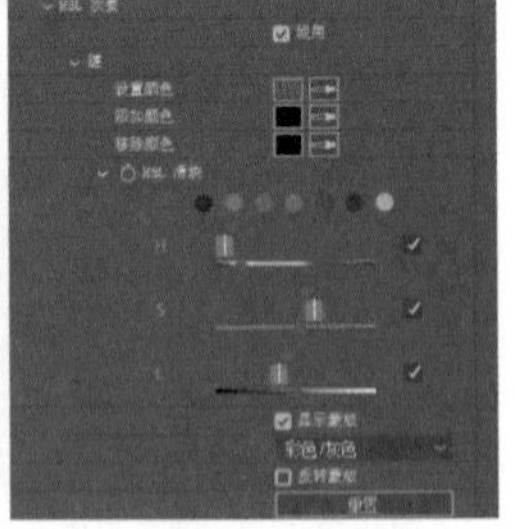

图9-49

24 拖曳S和L滑块，可以控制选择的颜色的饱和度范围和亮度范围，如图9-50所示。

25 调整"优化"卷展栏中的"降噪"和"模糊"参数，可以调整选区的边缘效果，调整后的效果如图9-51所示。

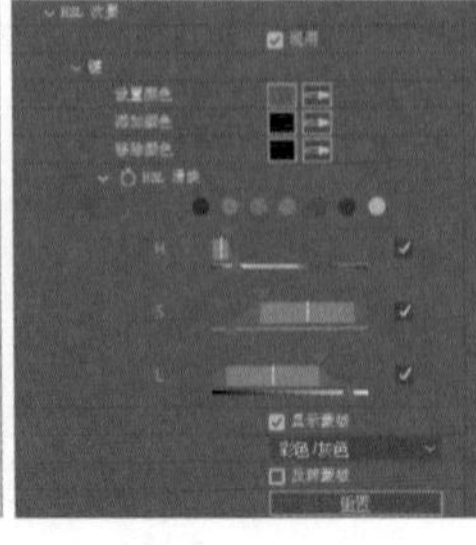

图9-50

图9-51

26 在“更正”卷展栏中，可以调整选区的色相、对比度、锐化和饱和度等。图9-52所示是降低饱和度后的画面效果。

27 展开“晕影”卷展栏，调节其中的参数可以为图片添加暗角，如图9-53所示。

图9-52

图9-53

28 调整“数量”的数值，可以为画面四角增加黑色或白色的暗角。设置“数量”为-5时，暗角为黑色，设置“数量”为5时，暗角为白色，对比效果如图9-54所示。

图9-54

29 调整“中点”的数值，可以控制暗角的位置，对比效果如图9-55所示。

30 设置“圆度”为100，暗角会由原来的椭圆形变为圆形，效果如图9-56所示。

图9-55

图9-56

实战：制作冷色调视频

案例文件	案例文件>CH09>实战：制作冷色调视频
难易程度	★★★☆☆
学习目标	熟悉“Lumetri颜色”效果的使用方法

在这个案例中，我们继续使用“Lumetri 颜色”效果制作冷色调的视频，案例效果如图9-57所示。

图9-57

01 在“项目”面板中导入学习资源“案例文件>CH09>实战：制作冷色调视频”文件夹中的素材文件，并将其拖曳到“时间轴”面板中，效果如图9-58所示。

02 在素材图层上方新建一个调整图层，然后在调整图层上添加“Lumetri 颜色”效果，在“基本校正”卷展栏中设置“色温”为-15，“色调”为-12，这样就能将画面调整为偏冷调的效果，如图9-59所示。

图9-58

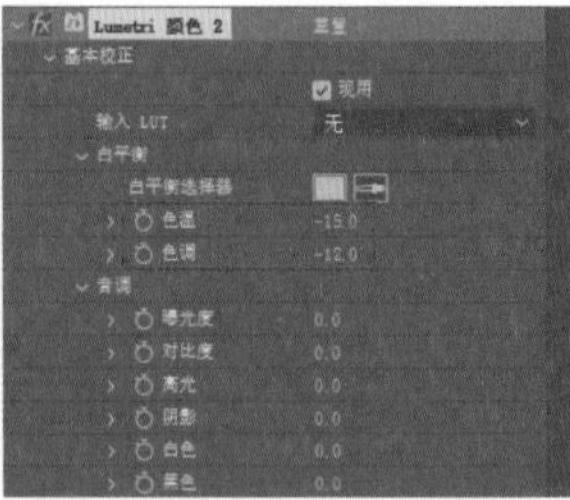

图9-59

03 在“创意”卷展栏中设置“淡化胶片”为30，“锐化”为10，如图9-60所示。

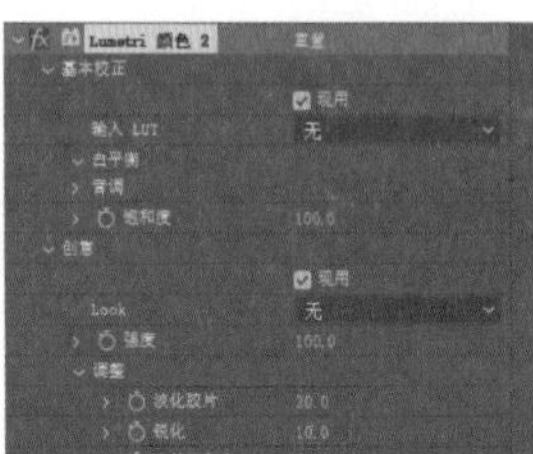

图9-60

04 调整后的画面偏灰，在“曲线”卷展栏中调整RGB曲线，以增加画面的对比度，如图9-61所示。

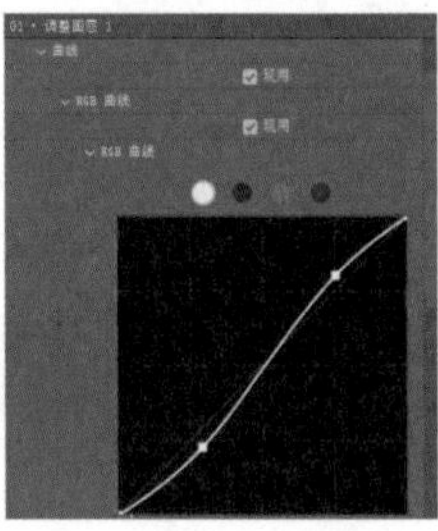

图9-61

05 此时的画面呈冷色调，且整体偏蓝，缺少层次感。切换到曲线的红色通道，将曲线向下拖曳，使画面的高光区域呈现青绿色，如图9-62所示。

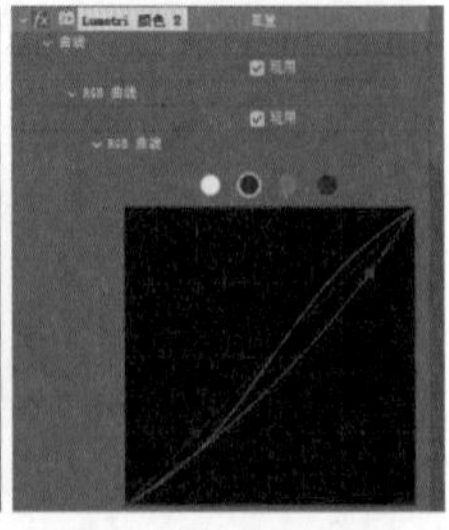

图9-62

06 切换到曲线的绿色通道，然后增加高光区域的绿色，保持阴影区域不变，如图9-63所示。

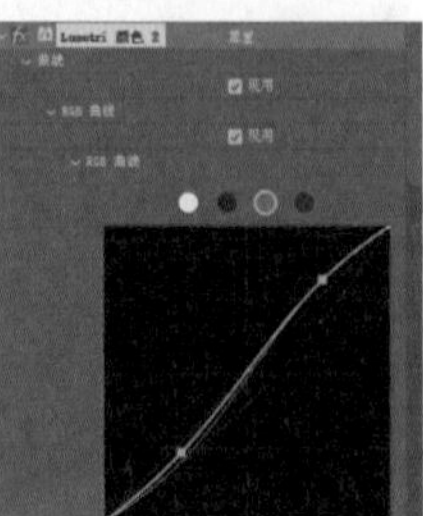

图9-63

07 切换到曲线的蓝色通道，然后减少高光区域的蓝色，并增加阴影区域的蓝色，如图9-64所示。

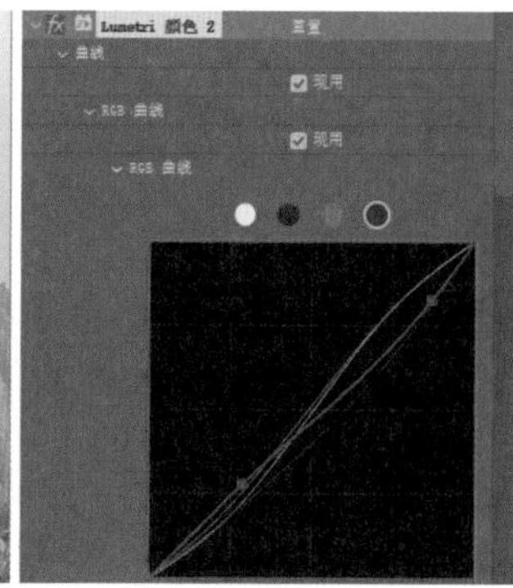

图9-64

08 返回"创意"卷展栏，设置"自然饱和度"为-20，如图9-65所示。

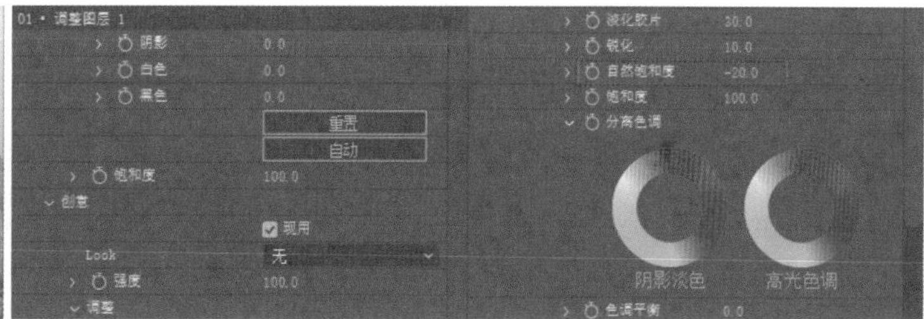

图9-65

09 在"合成"面板中任意截取4帧图片，效果如图9-66所示。

图9-66

重点

实战：制作小清新风格视频

案例文件	案例文件>CH09>实战：制作小清新风格视频
难易程度	★★★★☆
学习目标	熟悉Colorista V效果的使用方法

扫码观看视频

除了可以使用系统自带的"Lumetri 颜色"效果，还可以使用Colorista V效果进行调色。Colorista V是Magic Bullet Suite插件包中的一款调色插件，其用法与前面讲到的"Lumetri 颜色"效果比较相似。本案例使用Colorista V效果将视频画面调整为小清新风格，调整前后的对比效果如图9-67所示。

图9-67

案例制作

01 在“项目”面板中导入学习资源“案例文件>CH09>实战：制作小清新风格视频”文件夹中的素材文件，并将其拖曳到“时间轴”面板中，效果如图9-68所示。

02 新建一个调整图层，然后在“效果和预设”面板中搜索Colorista V效果，将其添加到调整图层上，如图9-69所示。

图9-68

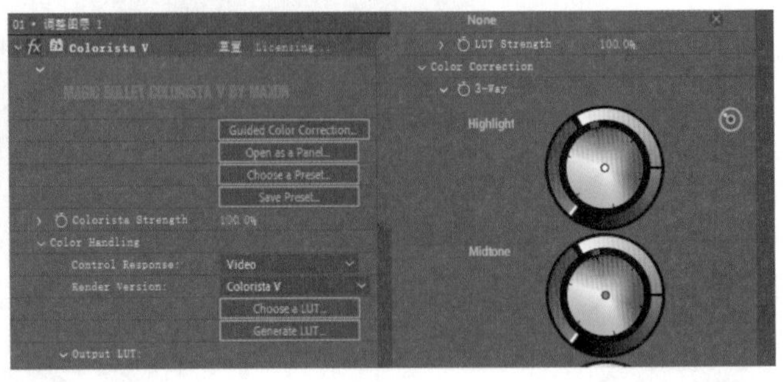

图9-69

03 调整Temperature为-20，让整体画面呈现冷色调，如图9-70所示。

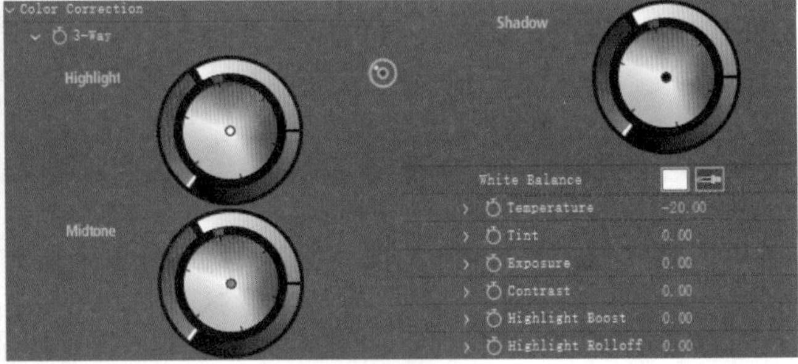

图9-70

04 在Hue and Saturation卷展栏中设置Saturation为15%，以增加画面的饱和度，如图9-71所示。

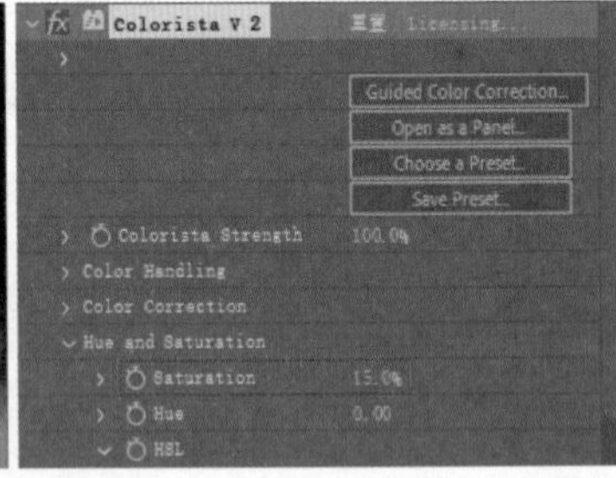

图9-71

05 在HSL卷展栏中调整不同颜色的饱和度和亮度，以减少人物皮肤的黄色，使人物与画面融合得更好，如图9-72所示。

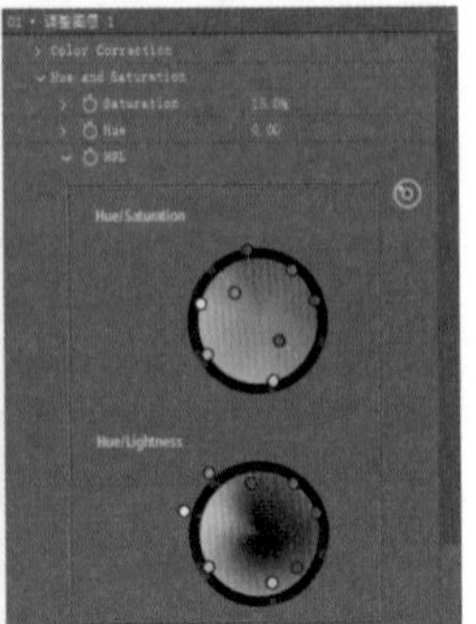

图9-72

06 在Structure and Lighting卷展栏中设置Highlight Regions为-10，Shadow Regions为25，Clarity为10，Vignette为5，如图9-73所示。

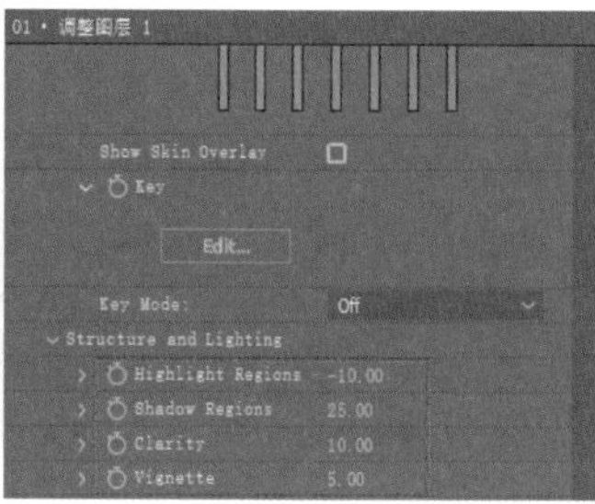

图9-73

07 此时可以观察到画面的亮度不合适，继续调整下方的Curves曲线，如图9-74所示。这样不仅调整了画面亮度，还让画面带有一些胶片感。

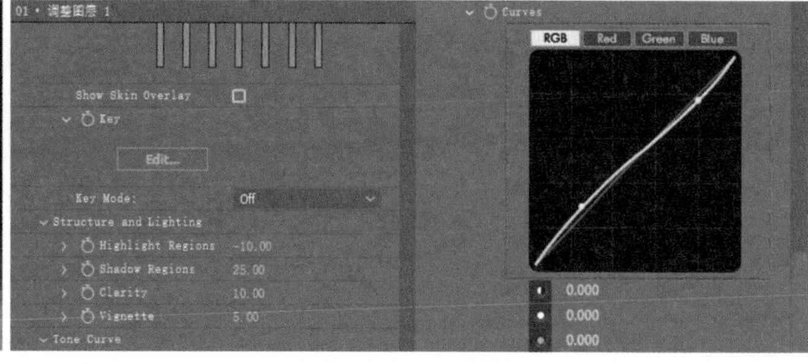

图9-74

08 下面修正人物的肤色。搜索Cosmo II效果，并将其添加到调整图层上，如图9-75所示。

09 单击Skin Sample右侧的吸管按钮，然后吸取脸部皮肤的颜色，如图9-76所示。

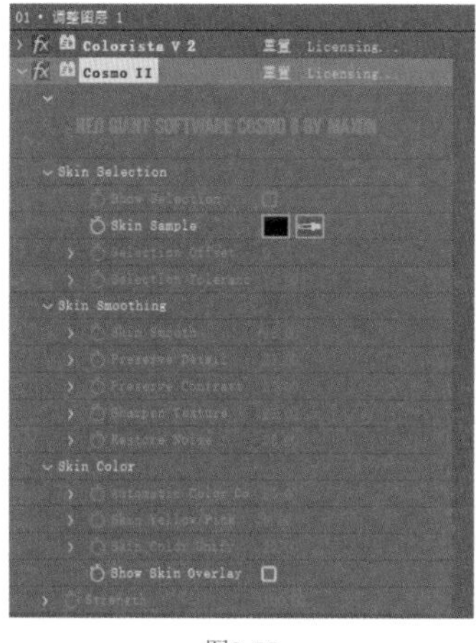

图9-75

图9-76

> **技巧提示**
>
> Cosmo II是Magic Bullet Suite插件包中的一种调色插件，用于调整人物皮肤的颜色和磨皮等。

10 勾选Show Selection选项，可以看到拾取了颜色的皮肤范围，如图9-77所示。

11 调整Selection Offset和Selection Tolerance的数值，让皮肤部分尽可能多地被选中，如图9-78所示。

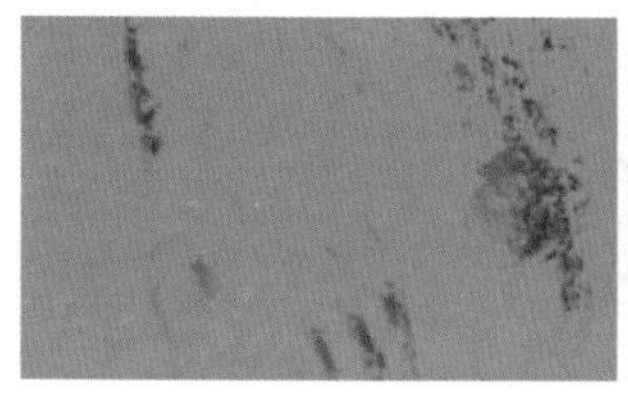
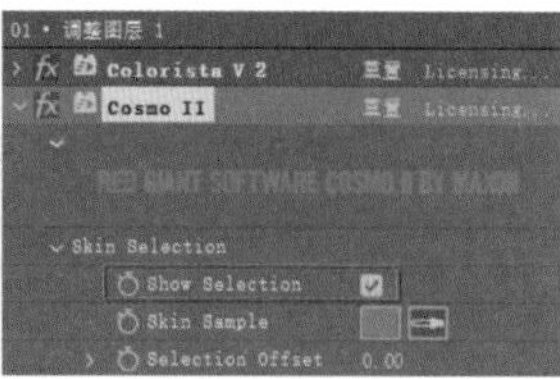

图9-77

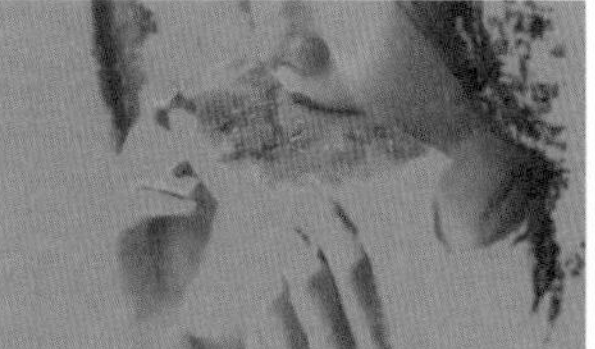
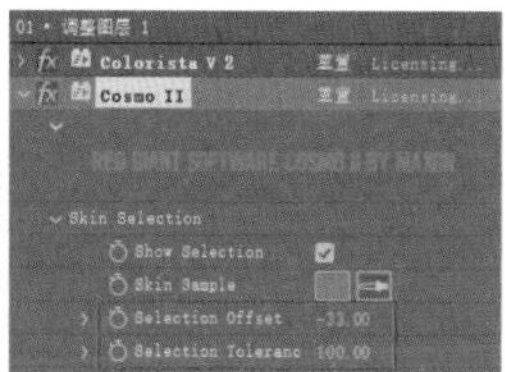

图9-78

> **技巧提示**
>
> 上述两个参数的值需要根据拾取的颜色灵活设置。

12 在Skin Smoothing卷展栏中设置Skin Smooth为40，Preserve Detail为0，这样可以对选中的皮肤部分进行磨皮处理，如图9-79所示。

13 在Skin Color卷展栏中设置Automatic Color Correct为20，这样可以调整皮肤的颜色，使其显得更白皙，如图9-80所示。

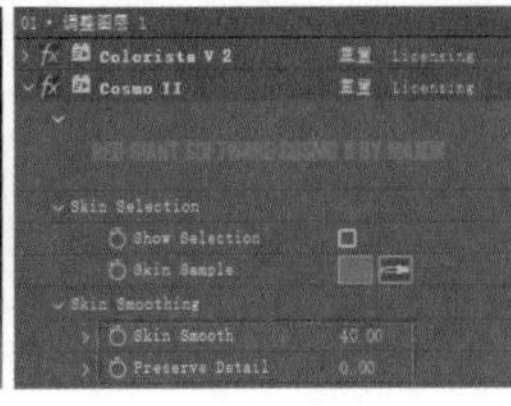

图9-79

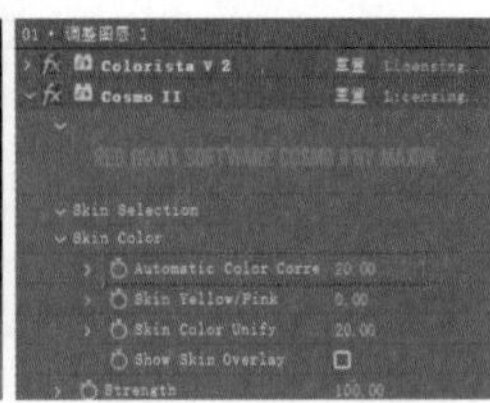

图9-80

14 在“合成”面板中任意截取4帧图片，效果如图9-81所示。

图9-81

技术回顾

扫码观看视频

演示视频：026-Colorista V

效果：Colorista V

位置：Magic Bullet Suite> Colorista V

01 在“项目”面板中导入“技术回顾素材”文件夹中的“10.mp4”素材文件，并将其拖曳到“时间轴”面板中，效果如图9-82所示。

02 在“效果和预设”面板中搜索Colorista V效果，然后将其添加到素材图层上，如图9-83所示。

03 展开Color Correction卷展栏，在其中可以分别调整Highlight（高光）、Midtone（中间调）和Shadow（阴影）区域的颜色和亮度，如图9-84所示。

图9-82

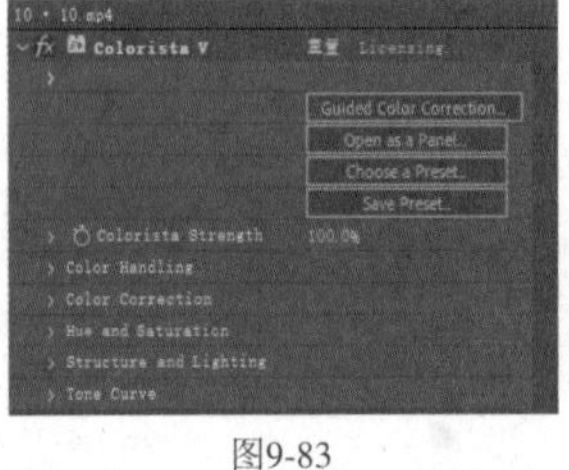

图9-83

图9-84

> **技巧提示**
>
> 这个卷展栏中的参数与“Lumetri 颜色”相关参数的用法基本相同，这里不再赘述。

04 展开Hue and Saturation卷展栏，在其中可以调整画面的色相和饱和度，如图9-85所示。

05 设置Saturation为-50%时，可以降低画面的饱和度，设置Saturation为50%时，可以增加画面的饱和度，对比效果如图9-86所示。

06 调整Hue的数值，能更改全图的色相，如图9-87所示。

07 在HSL卷展栏中可以分别调整选区颜色的饱和度和亮度，如图9-88和图9-89所示。

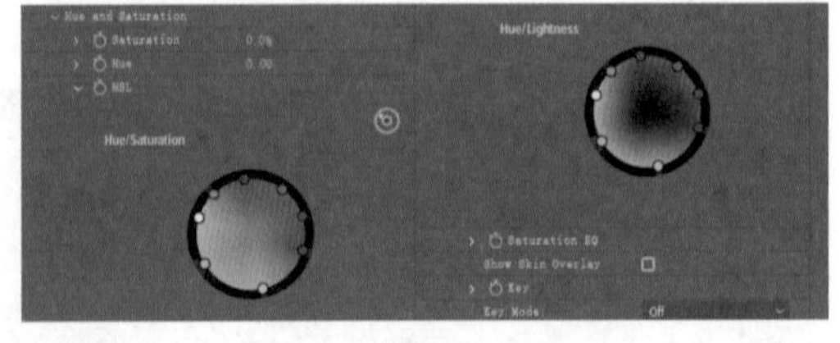

图9-85

图9-86

图9-87

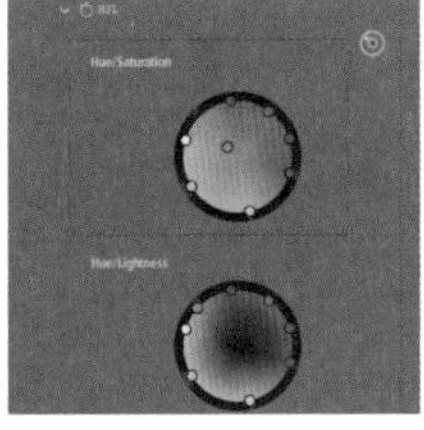

图9-88

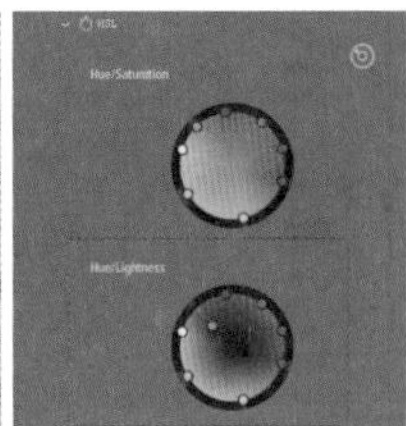

图9-89

08 如果想选取部分颜色，可以在Key卷展栏中单击Edit按钮Edit...，然后在弹出的面板中设置拾取颜色的范围，如图9-90所示。

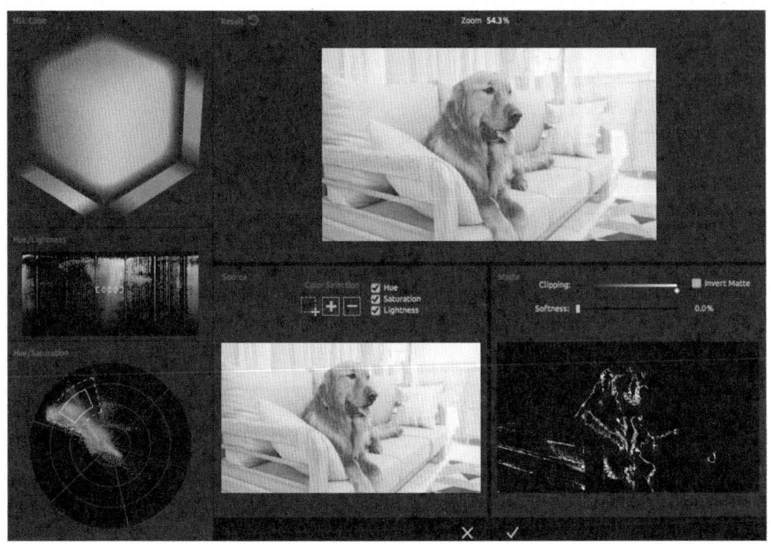

图9-90

09 展开Structure and Lighting卷展栏，在其中可以调整高光、阴影、锐化和暗角的效果，如图9-91所示。

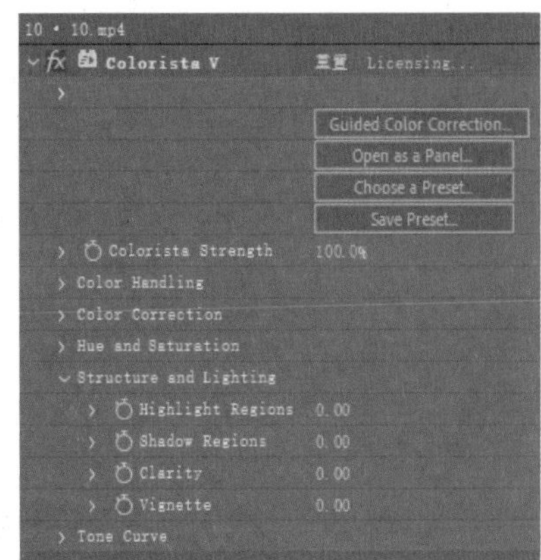

图9-91

10 增加Clarity的数值，画面会变得更清晰，效果如图9-92所示。

11 设置Vignette为50，可以看到画面的四角出现黑色的暗角，如图9-93所示。设置Vignette为-10，可以看到画面的四角出现白色的暗角，效果如图9-94所示。

图9-92

图9-93

图9-94

技巧提示

Vignette参数与“Lumetri 颜色”效果中的“数量”参数的用法相反。

12 展开Tone Curve卷展栏，在其中能调节RGB曲线和3个颜色通道的曲线，如图9-95所示。

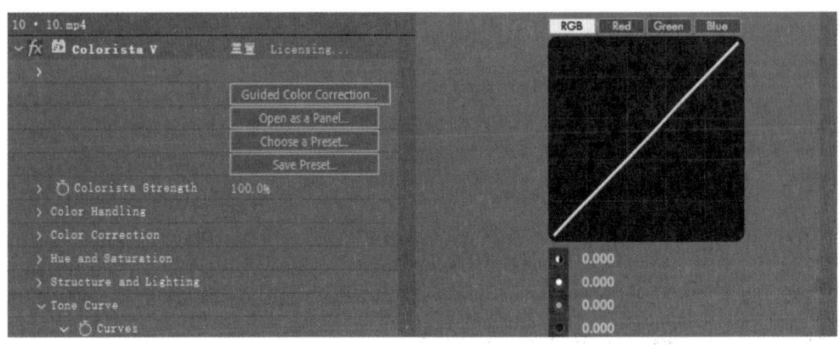

图9-95

重点

实战：制作电影色调视频

案例文件	案例文件>CH09>实战：制作电影色调视频
难易程度	★★★★☆
学习目标	掌握电影色调的调整方法

电影色调大多采用青橙黄蓝的颜色搭配，有时也采用红绿搭配或黄紫搭配。本案例使用Colorista V效果制作采用青橙黄蓝颜色搭配的电影色调，调整前后的对比效果如图9-96所示。

图9-96

01 在“项目”面板中导入学习资源“案例文件>CH09>实战：制作电影色调视频”文件夹中的素材文件，然后将其拖曳到“时间轴”面板中，再新建一个调整图层，效果如图9-97所示。

02 在调整图层上添加“曲线”效果，调整画面的亮度和对比度，效果如图9-98所示。

图9-97

图9-98

03 在调整图层上添加Colorista V效果，设置Highlight为黄色，如图9-99所示。

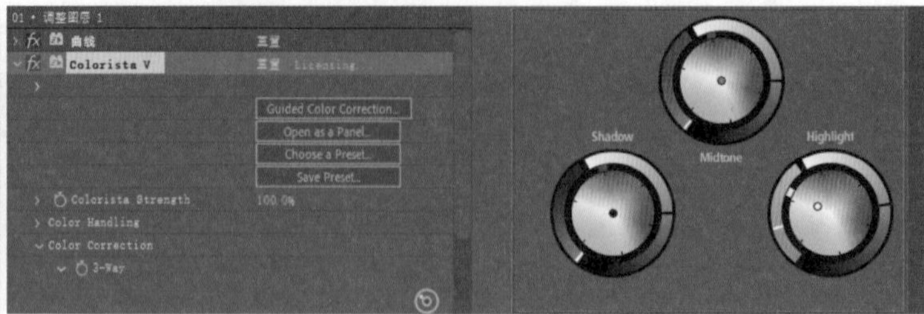

图9-99

04 在HSL卷展栏中增加黄色的饱和度和亮度，如图9-100所示。

图9-100

05 继续为调整图层添加Colorista V效果，调整Midtone为橙色，如图9-101所示。

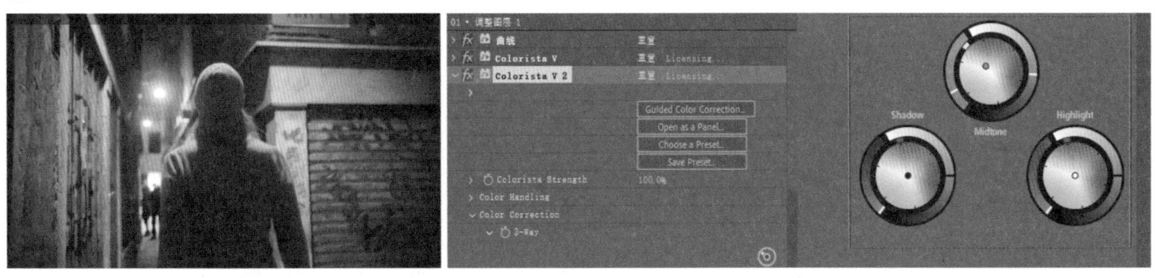

图9-101

06 再次为调整图层添加Colorista V效果，调整Shadow为蓝色，如图9-102所示。

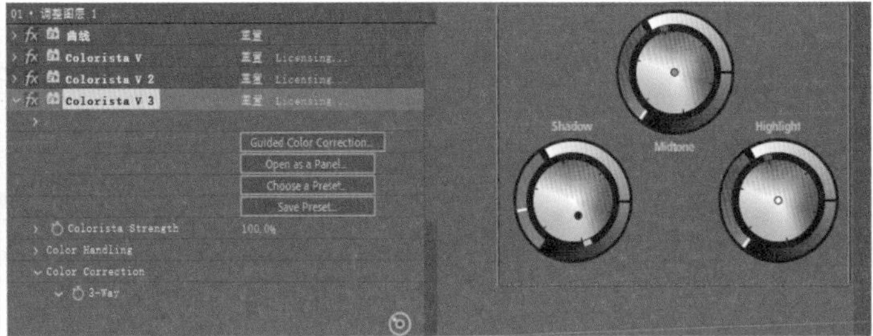

图9-102

07 在HSL卷展栏中增加青色和蓝色的饱和度，降低它们的亮度，如图9-103所示。

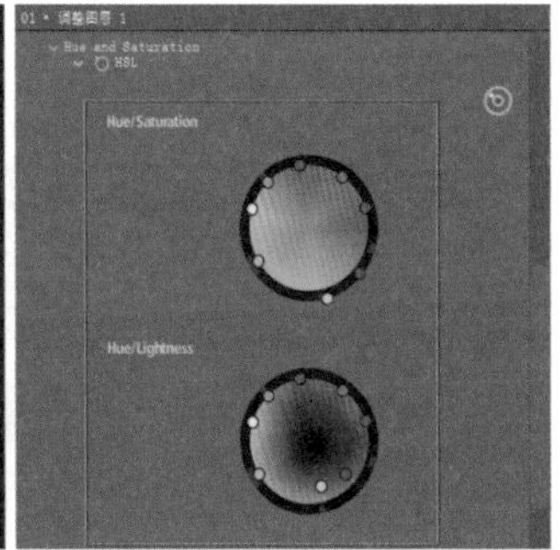

图9-103

08 新建一个黑色的纯色图层，然后缩短其宽度，将其放在画面的下方，效果如图9-104所示。

09 将上一步添加的黑色纯色图层复制一层，并将新图层放置到画面的顶部，如图9-105所示。这样就能让画面变成电影的宽画幅。

图9-104

图9-105

10 在“合成”面板中任意截取4帧图片，效果如图9-106所示。

图9-106

重点

实战：制作赛博朋克风格视频

案例文件	案例文件>CH09>实战：制作赛博朋克风格视频
难易程度	★★★★☆
学习目标	掌握赛博朋克色调的调整方法

扫码观看视频

赛博朋克风格是现在比较流行的一种色调风格，它以青色和洋红色为主色调，拥有高饱和度、强对比度和低明度的特点。本案例将一段视频调整为赛博朋克风格的视频，调整前后的对比效果如图9-107所示。

图9-107

01 新建一个1920像素×1080像素的合成，然后在“项目”面板中导入学习资源“案例文件>CH09>实战：制作赛博朋克风格视频”文件夹中的素材文件，并将其拖曳到“时间轴”面板中，效果如图9-108所示。

02 在素材图层上方添加一个调整图层，然后在调整图层上添加“色相/饱和度”效果，设置“主色相”为-190°，这样可以将整体画面的色调调整为青色，如图9-109所示。

图9-108

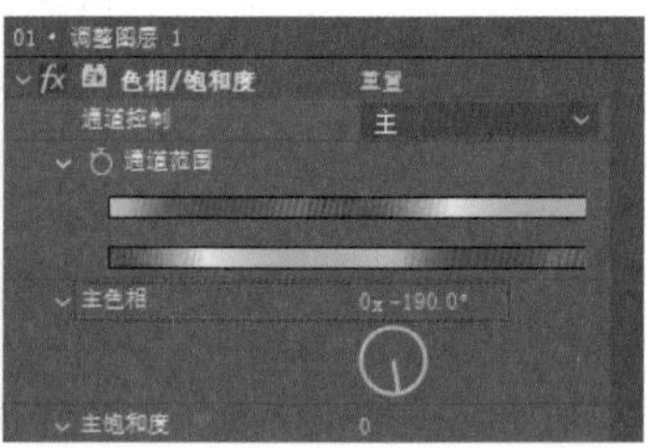

图9-109

03 继续在调整图层上添加“Lumetri 颜色”效果，设置“色温”为-20，“色调”为20，“曝光度”为-0.2，“对比度”为30，“高光”为-20，“白色”为-20，如图9-110所示。

> **疑难问答：“Lumetri 颜色”效果和Colorista V效果该如何选择？**
>
> “Lumetri 颜色”和Colorista V两个调色效果的用法比较相似。相信一部分读者会比较疑惑该选择哪一个效果进行调色。这里没有强制规定必须用哪种调色效果，读者完全可以按照个人的习惯和偏好进行选择。

图9-110

04 在“创意”卷展栏中设置“自然饱和度”为20，“阴影淡色”为洋红色，“高光色调”为青色，如图9-111所示。

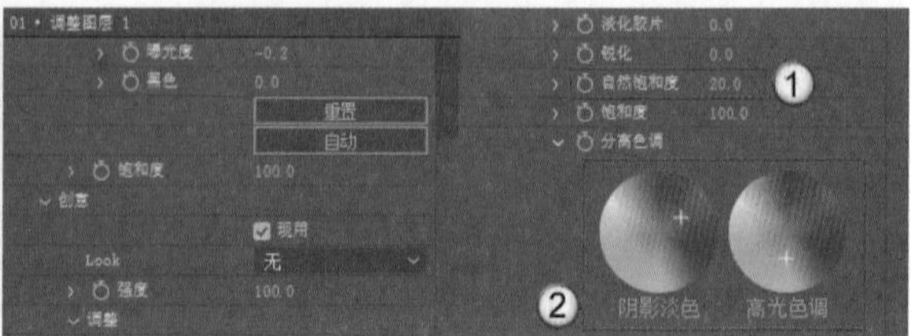

图9-111

05 调整“色相与饱和度”曲线，增加青色和洋红色的饱和度，其余颜色的饱和度保持不变，如图9-112所示。

06 调整“色相与亮度”的曲线，增加青色和蓝色的亮度，如图9-113所示。

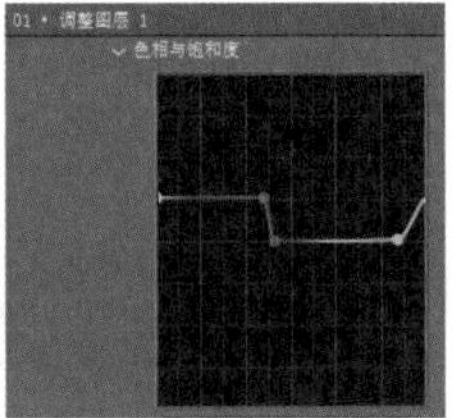

图9-112

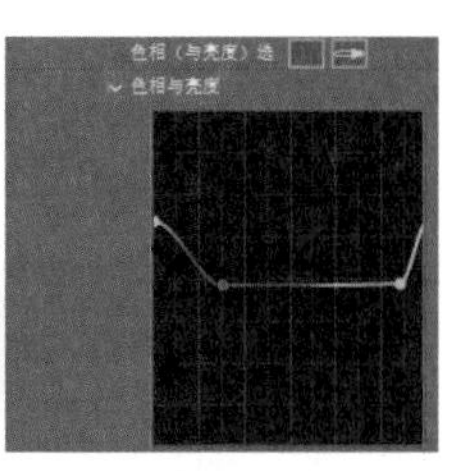

图9-113

07 再次为调整图层添加“色相/饱和度”效果，然后设置“主饱和度”为20，“主亮度”为-10，如图9-114所示。

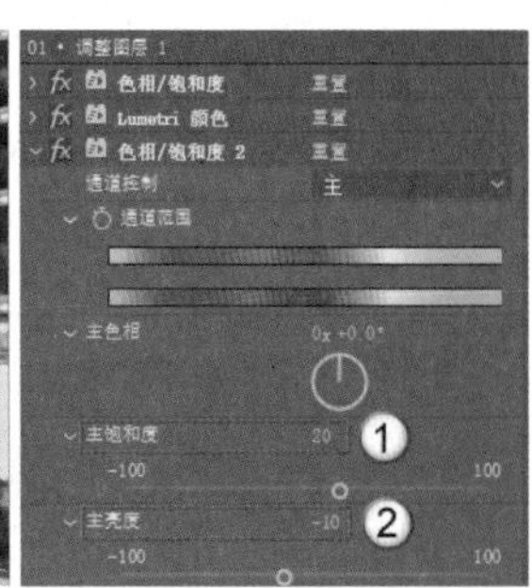

图9-114

08 此时画面虽然呈现出赛博朋克的风格，但缺少相关风格的元素。选中“01.mp4”图层，然后为其添加“3D 摄像机跟踪器”效果，解析画面，如图9-115所示。解析完成后的效果如图9-116所示。

09 选中图9-117所示的控制点，然后单击鼠标右键，在弹出的菜单中选择“创建实底和摄像机”选项，创建一个实底图层。

图9-115

图9-116

图9-117

知识链接

“3D 摄像机跟踪器”效果的使用方法请查阅“第5章 视频效果”中的“实战：制作赛博朋克城市动画”案例。

10 新建一个合成，将其命名为face，然后将“face.mp4”素材拖曳到该合成中，延长剪辑时长至与合成的时长一致，并为素材图层添加“发光”效果，如图9-118所示。

11 按照上面的方法，继续创建flamingo合成和heart合成，并在合成中加入相应的素材，为素材图层添加“发光”效果，效果如图9-119所示。

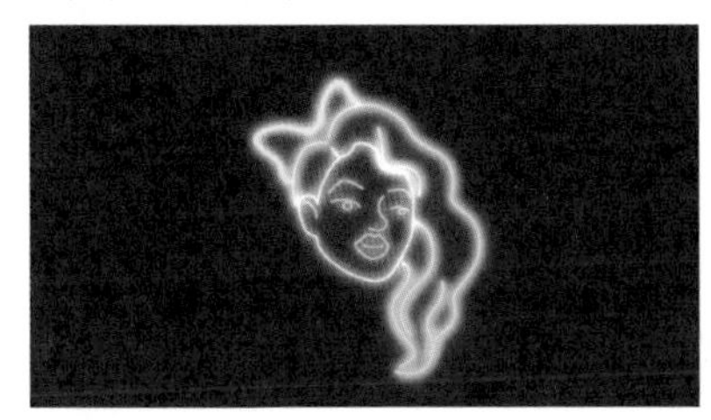

图9-118

图9-119

疑难问答：为何要为素材单独创建合成？

原有调色图层的合成尺寸为1920像素 × 1080像素，而“face.mp4”素材的尺寸为3840像素 × 2160像素。如果直接用“face.mp4”素材替换创建的实底图层，需要重新解析一次素材，这样过于麻烦，所以选择将素材放在1920像素 × 1080像素的合成中后再替换实底图层。

12 用face合成替换创建的实底图层，然后调整素材的大小和角度，效果如图9-120所示。

13 选中face合成，设置“模式”为“屏幕”，这样可以去除黑底，只显示素材内容，效果如图9-121所示。

14 选中“01.mp4”素材，然后新建一个实底图层，并用“箭头.mp4”素材替换它，再为替换后的图层添加“发光”效果，效果如图9-122所示。

15 按照上面的方法，继续添加其他素材，效果如图9-123所示。

图9-120

图9-121

图9-122

图9-123

> **知识链接**
>
> 替换图层的方法在“第5章 视频效果”的“实战：制作赛博朋克城市动画”案例中有详细讲解，在此不再赘述。

16 在“合成”面板中任意截取4帧图片，效果如图9-124所示。

图9-124

重点

实战：制作老电影风格视频

案例文件	案例文件>CH09>实战：制作老电影风格视频
难易程度	★★★☆☆
学习目标	掌握Looks滤镜库的使用方法

扫码观看视频

使用Looks滤镜库可以快速调整出想要的视频风格。使用滤镜后，根据视频的具体情况，对画面进行简单的调整，就能达到理想的效果。对不擅长调整视频颜色的用户来说，Looks滤镜库是一个非常好用的工具。本案例使用Looks滤镜库中的滤镜制作老电影风格的视频，效果如图9-125所示。

图9-125

案例制作

01 在“项目”面板中导入学习资源“案例文件>CH09>实战：制作老电影风格视频”文件夹中的所有素材文件，如图9-126所示。

02 选中“素材.mp4”文件，将其向下拖曳到“时间轴”面板中，效果如图9-127所示。

03 在“效果和预设”面板中搜索Looks效果，将其添加到素材图层上，如图9-128所示。

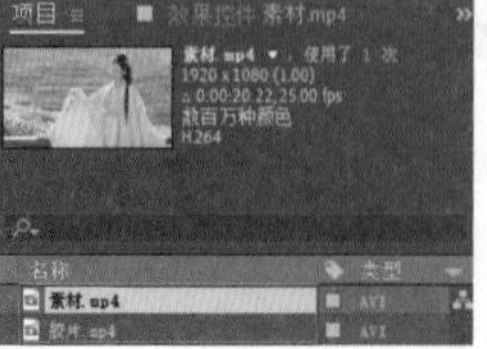

图9-126

图9-127

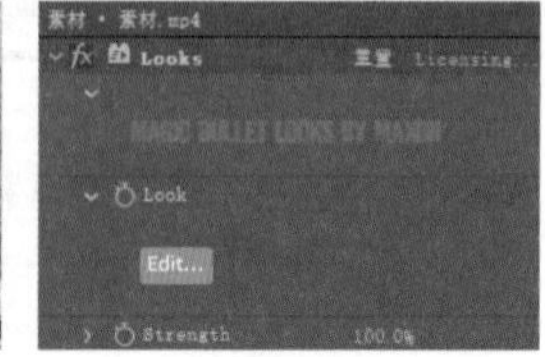

图9-128

04 单击Edit按钮Edit...，弹出滤镜库面板，如图9-129所示。

图9-129

> **技巧提示**
>
> 如果打开的滤镜库面板中没有显示左侧的滤镜列表，则需要单击左下角的LOOKS按钮，如图9-130所示。
>
> 
>
> 图9-130

05 在左侧的滤镜列表中选择Mono Film Stock选项，然后选择Sepiatone滤镜，在面板中间可以预览添加滤镜后的画面效果，如图9-131所示。

图9-131

06 单击面板右下角的对号按钮，可以关闭滤镜库。在“合成”面板中观察画面效果，如图9-132所示。

图9-132

07 在素材图层上添加“曲线”效果，通过调整曲线来调整画面的对比度和亮度，如图9-133所示。

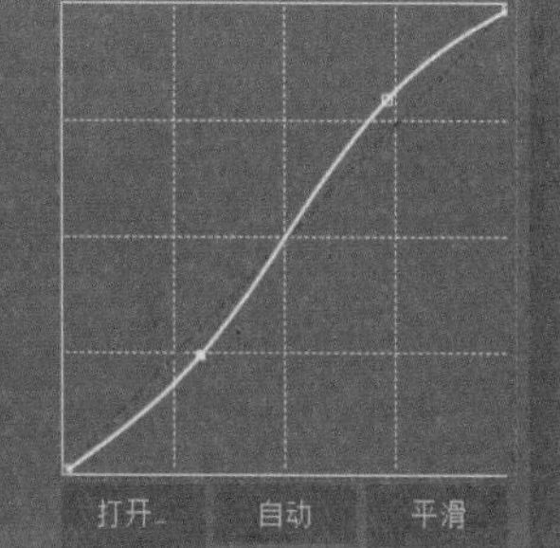

图9-133

08 新建一个合成，将其命名为“胶片”，并将“胶片.mp4”素材放置在界面，如图9-134所示，效果如图9-135所示。

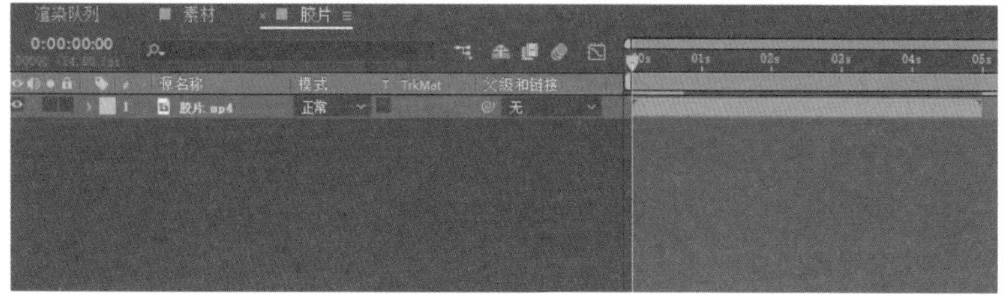

图9-134

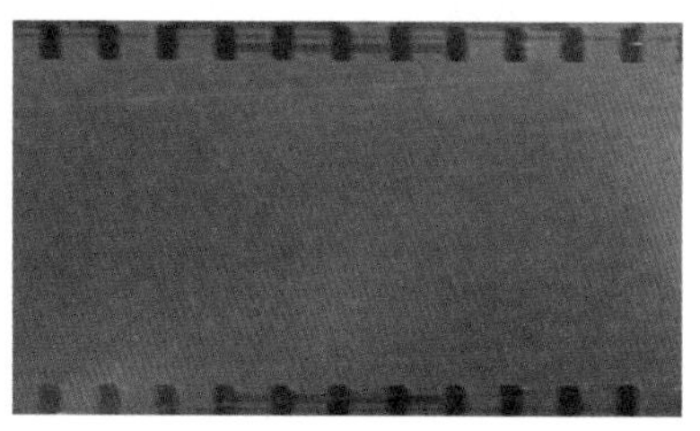

图9-135

09 复制4次“胶片.mp4”图层，调整5个图层的剪辑，使它们首尾相连并填满合成，如图9-136所示。

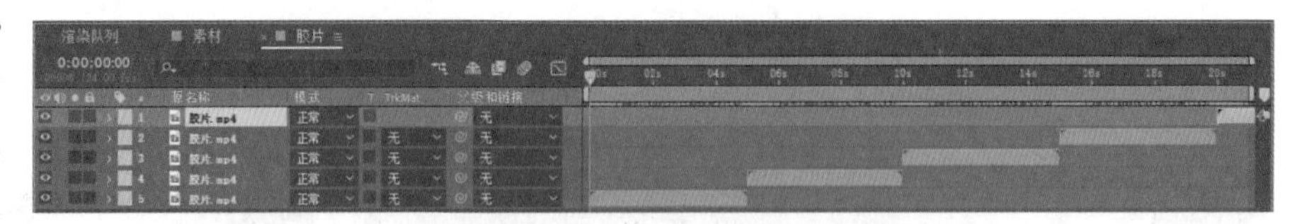

图9-136

疑难问答：为何不直接延长素材的时长？

延长素材的时长后，会减慢素材的播放速度。复制素材图层并使它们首尾相接，就能保证素材保持原有的播放速度，并能延长播放时间。

10 返回“素材”合成后，选中“胶片”合成，并将其放置在素材图层的上方，设置其“模式”为“柔光”，效果如图9-137所示。

11 选中“胶片”合成，然后为其添加“自然饱和度”效果，设置“自然饱和度”为-100，如图9-138所示。

图9-137

图9-138

技巧提示

读者可以选择其他合适的图层混合模式，这里不进行强制规定。

12 继续为“胶片”合成添加“曲线”效果，通过调整曲线来调整画面的亮度和对比度，如图9-139所示。

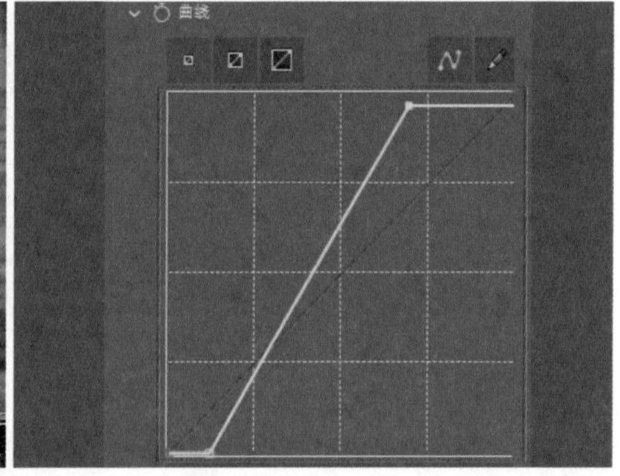

图9-139

13 在“合成”面板中任意截取4帧图片，效果如图9-140所示。

图9-140

技术回顾

演示视频：027-Looks

效果：Looks

位置：Magic Bullet Suite> Looks

扫码观看视频

01 在“项目”面板中导入“技术回顾素材”文件夹中的“10.mp4”素材文件，并将其拖曳至“时间轴”面板中，效果如图9-141所示。

图9-141

图9-142

02 在“效果和预设”面板中搜索Looks效果，然后将其添加到素材图层上，如图9-142所示。

03 单击Edit按钮，打开滤镜库面板，如图9-143所示。

04 单击左下角的LOOKS按钮，就能弹出或收起左侧的滤镜列表，如图9-144所示。

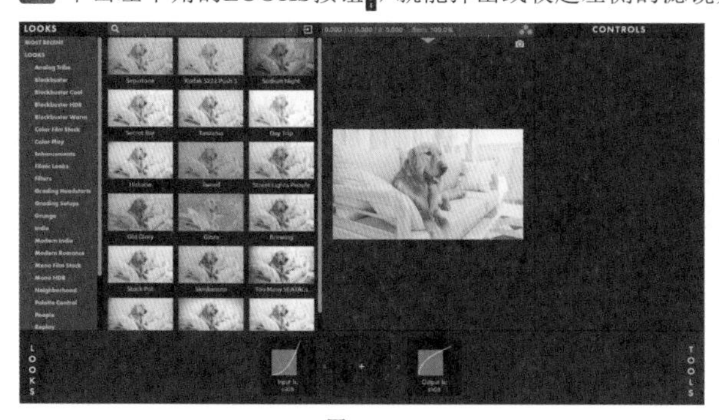
图9-143

图9-144

05 在滤镜列表中可以选择不同类型的滤镜，单击滤镜名称就能在面板中间预览滤镜效果，如图9-145所示。

06 如果觉得滤镜的颜色与需要实现的效果有所差异，可以在下方选择不同的调色工具，单独调整某个参数。图9-146所示是调整S Curve曲线的效果。

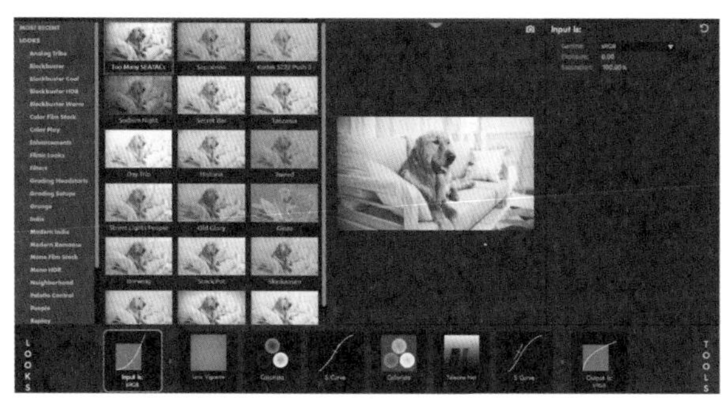
图9-145

图9-146

07 如果不想要暗角效果，选中Lens Vignette选项后按Delete键即可将其删除，如图9-147和图9-148所示。

图9-147

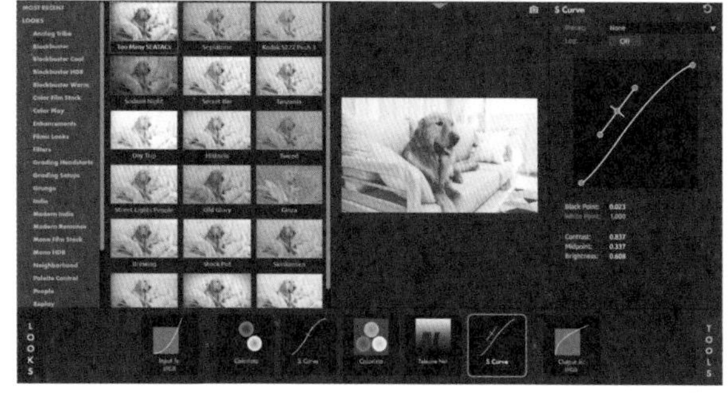
图9-148

08 单击左上角的SCOPES按钮，就能弹出或收起调色面板，如图9-149所示。

09 单击右下角的TOOLS按钮，就能弹出或收起工具面板，如图9-150所示。工具面板中的工具可以直接应用在预览图上，从而调整画面效果。

图9-149

图9-150

10 在Selective卷展栏中，可以调整图像的曝光、渐变、灯光、阴影、高光等效果，如图9-151所示。部分效果如图9-152所示。

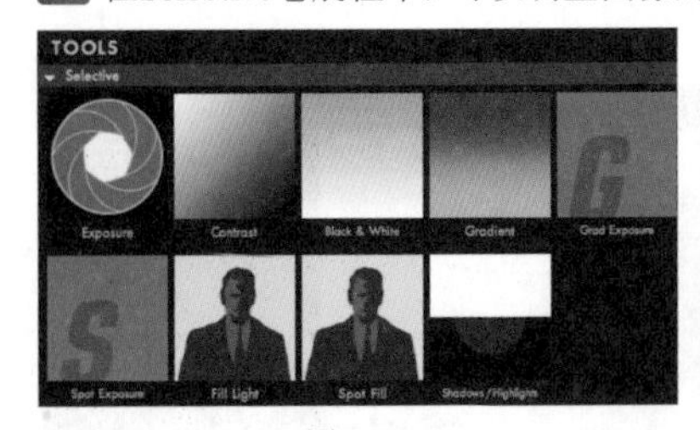

图9-151

图9-152

11 在Camera卷展栏中，可以为图像增加颜色滤镜、辉光、暗角和模糊等效果，如图9-153所示。部分效果如图9-154所示。

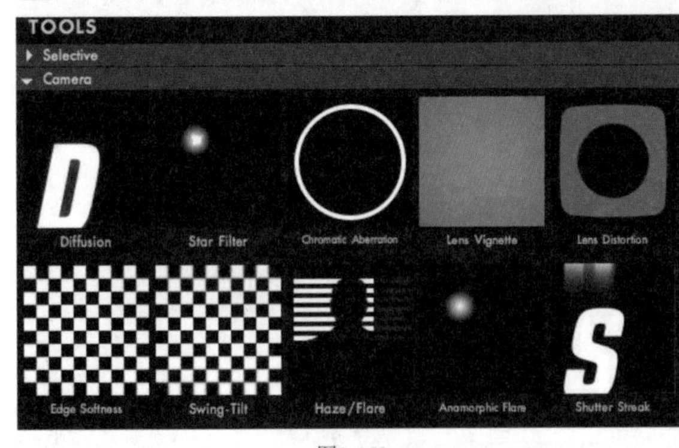

图9-153

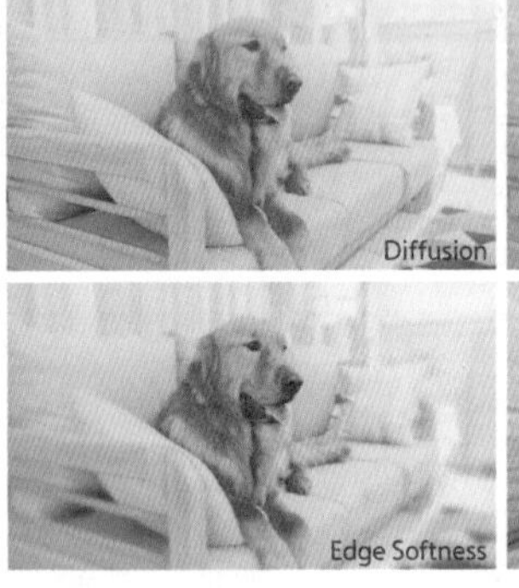

图9-154

12 在Color Correction卷展栏中，可以调节画面的颜色和亮度，如图9-155所示。部分效果如图9-156所示。

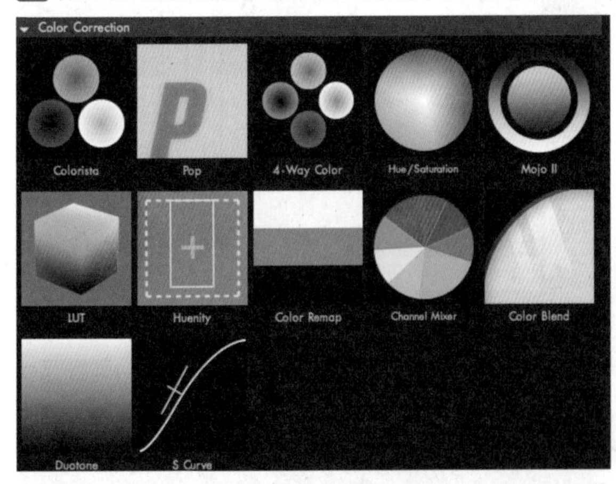

图9-155

图9-156

13 在Film卷展栏中，可以使画面具有各种电影质感，如图9-157所示。部分效果如图9-158所示。

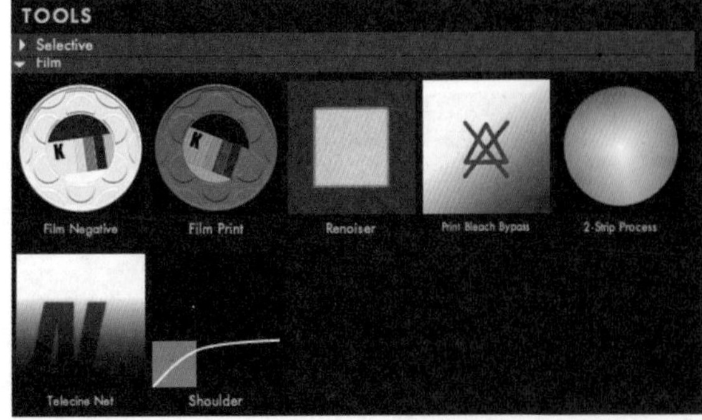

图9-157

图9-158

① 技巧提示 + ② 疑难问答 + ◎ 技术专题 + ⑧ 知识链接

文字效果

在前面章节的案例中，我们学习了很多类型的效果的制作方法。将学习过的效果添加到文字上，就能生成丰富的文字动画。

学习重点

实战：制作TypeMonkey动态文本动画

案例文件	案例文件>CH10>实战：制作TypeMonkey动态文本动画
难易程度	★★☆☆☆
学习目标	掌握TypeMonkey效果的使用方法

扫码观看视频

相信很多读者都曾在一些短视频中看到过大段文本旋转出现的动画。如果通过传统的添加关键帧的方式制作这种动画，会耗费大量的时间，而运用TypeMonkey插件，就可以在很短的时间内实现非常好的动画效果。本案例的效果如图10-1所示。

图10-1

案例制作

01 新建一个1920像素×1080像素的合成，然后新建一个蓝色的纯色图层，如图10-2所示。

02 安装完TypeMonkey插件后，可以在“窗口”菜单中找到TypeMonkey.jsxbin选项，如图10-3所示。

图10-2

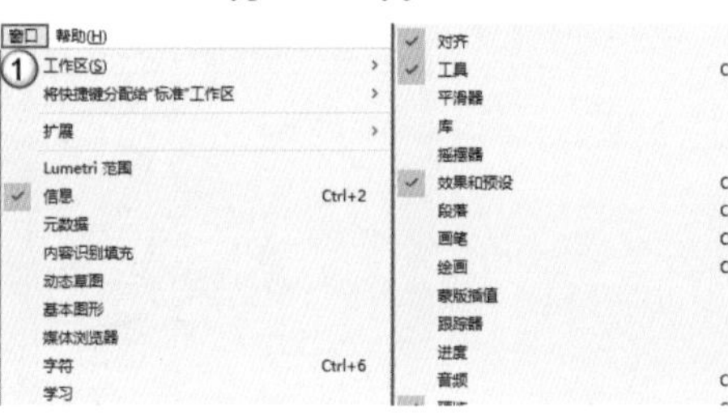

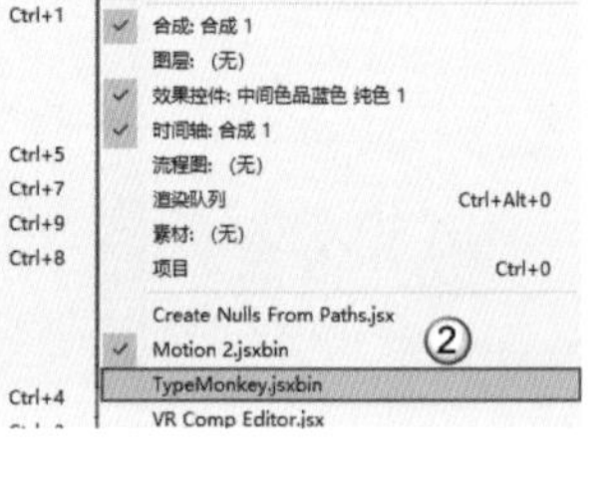

图10-3

技术专题：TypeMonkey插件的安装方法

TypeMonkey插件的后缀名为.jsxbin，它的安装方法与之前讲过的Motion 2插件的安装方法一样。将TypeMonkey.jsxbin文件复制到C:\Program Files\Adobe\Adobe After Effects 2022\Support Files\Scripts\ScriptUI Panels文件夹中，如图10-4所示。重启After Effects后，就可以在“窗口”菜单中找到该插件。

图10-4

03 选择TypeMonkey.jsxbin选项，会弹出图10-5所示的对话框。

04 打开学习资源“案例文件>CH10>实战：制作TypeMonkey动态文本动画”文件夹中的“文本.txt”文件，将文本内容复制到输入框内，如图10-6所示。

技巧提示

读者可以自行在输入框内输入其他文本内容，本案例提供的文本仅供参考。

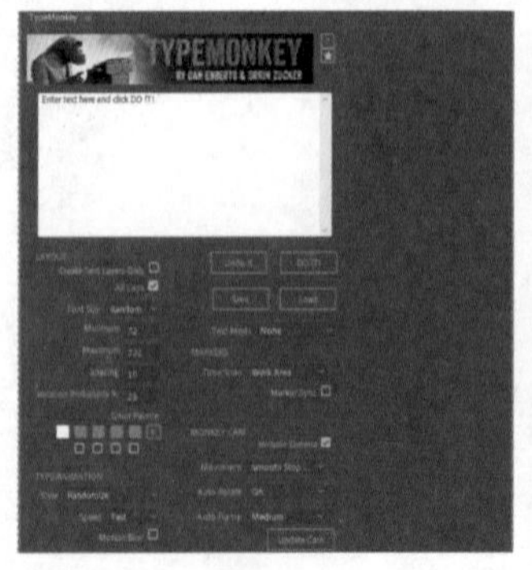

图10-5

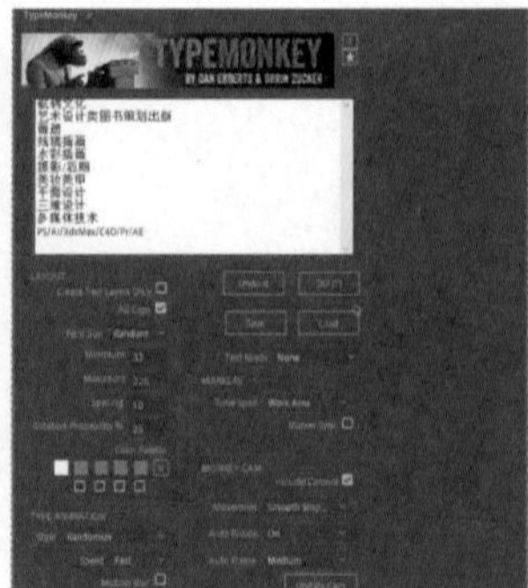

图10-6

05 在LAYOUT选项组中设置文本的大小和颜色，具体参数如图10-7所示。

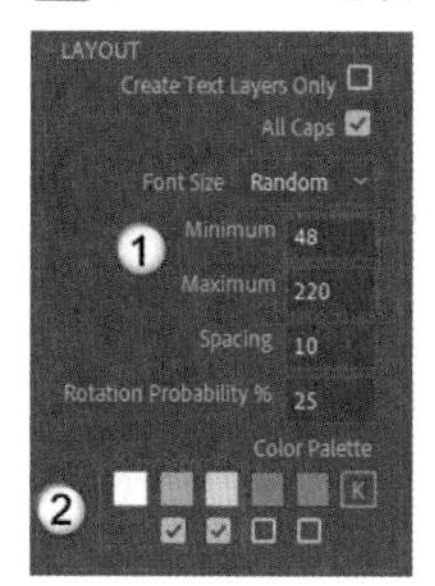

图10-7

06 单击DO IT！按钮，就会生成一个文本图层和一个摄像机图层，如图10-8所示，效果如图10-9所示。

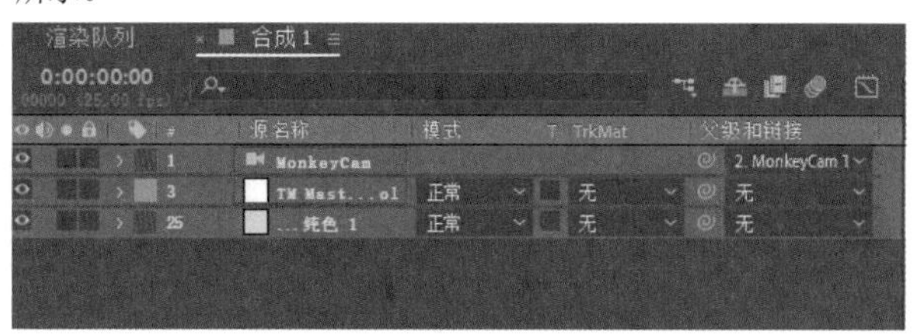

图10-8

图10-9

07 在“时间轴”面板中调整文本的显示时间，如图10-10所示。默认情况下文本会匀速显示。

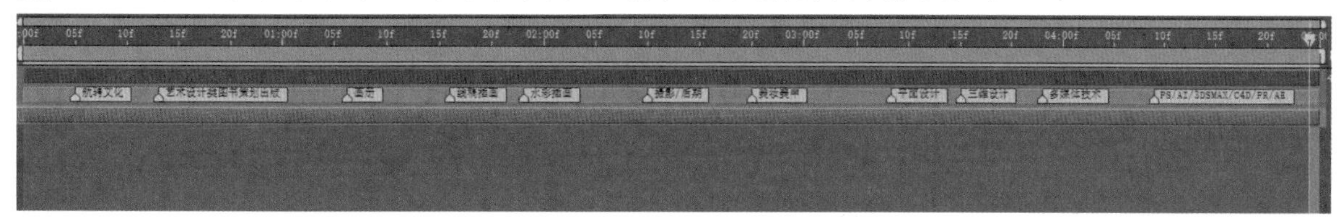

图10-10

08 在“合成”面板中任意截取4帧图片，效果如图10-11所示。

图10-11

重点

实战：制作动态层次文本动画

案例文件	案例文件>CH10>实战：制作动态层次文本动画
难易程度	★★★☆☆
学习目标	掌握“动画”属性的使用方法

扫码观看视频

本案例使用“动画”属性里的“位置”和“不透明度”两个属性，制作一个带层次的动态文本动画。本案例的制作难度不大，需要运用前面学习过的一些知识，效果如图10-12所示。

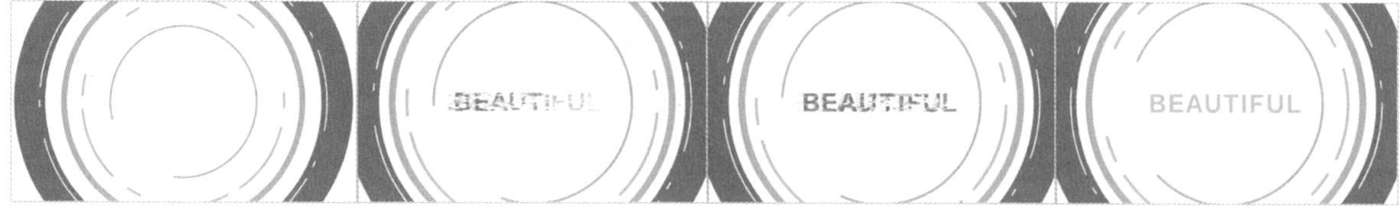

图10-12

01 新建一个1920像素×1080像素的合成，然后新建一个文本图层，输入文字BEAUTIFUL，具体参数和效果如图10-13所示。

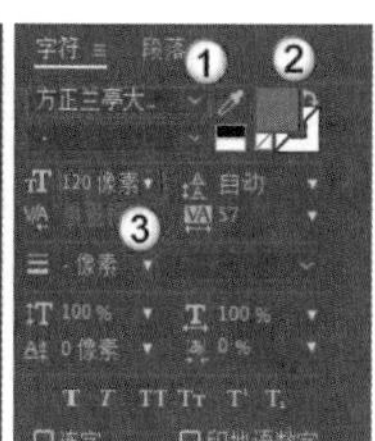

图10-13

02 展开文本图层，然后单击右侧的“动画”按钮 动画:▶，在弹出的菜单中选择“位置”和“不透明度”选项，这样就可以在文本图层下方添加“位置”和“不透明度”两个属性，如图10-14和图10-15所示。

03 设置上一步添加的“位置”为（-80,0），“不透明度”为0%，如图10-16所示。此时画面中的文字消失。

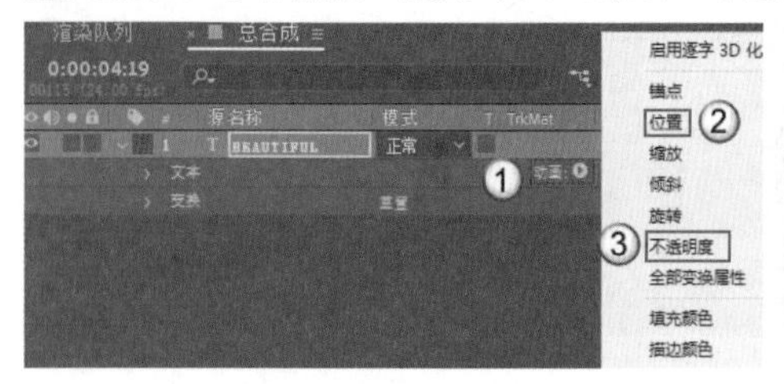

图10-14

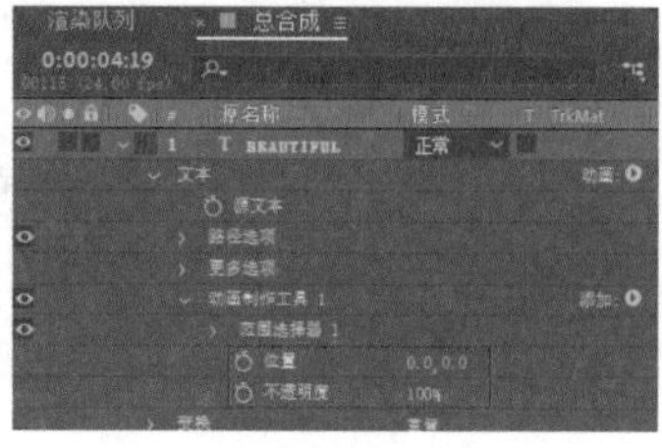

图10-15

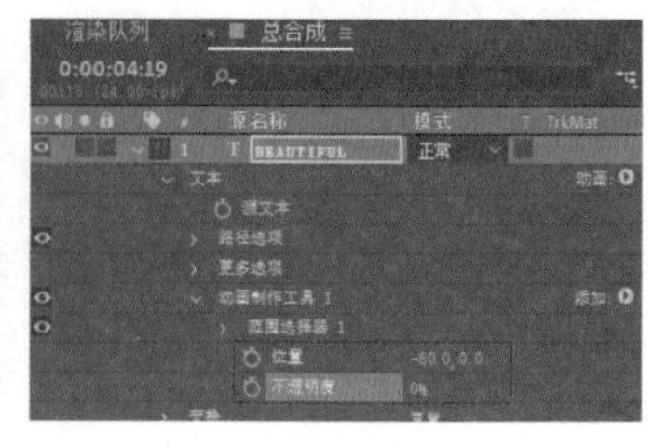

图10-16

04 展开“范围选择器1”卷展栏，在0:00:00:20的位置设置“偏移”为-100%，并添加关键帧，然后在0:00:01:12的位置设置“偏移”为100%，如图10-17所示。

05 展开“高级”卷展栏，将“形状”设置为“上斜坡”，如图10-18所示。此时文字生成动画效果如图10-19所示。

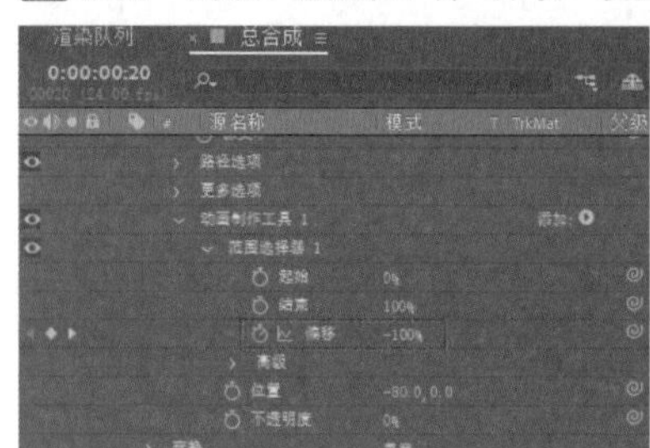

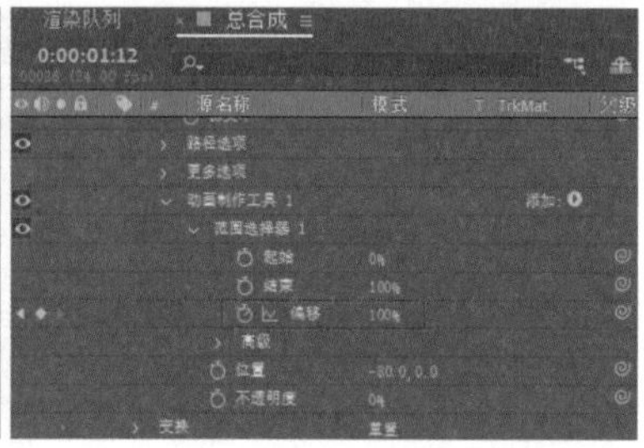

图10-17

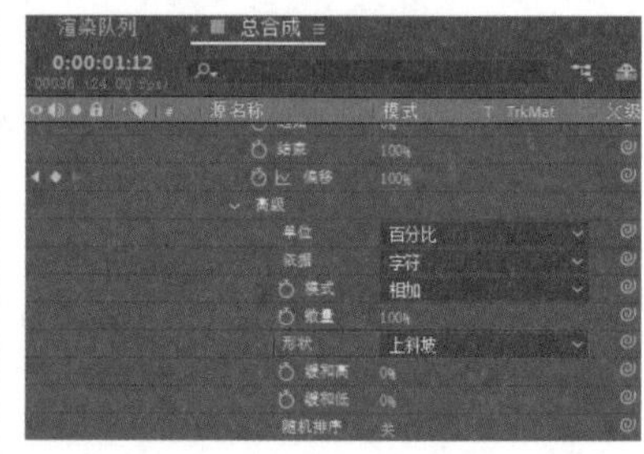

图10-18

图10-19

06 选中文本图层并将其转换为预合成，将预合成命名为text，如图10-20所示。

07 新建一个合成，并将其命名为map，然后在该合成内新建一个纯色图层并为其添加“分形杂色”效果，具体参数和效果如图10-21所示。

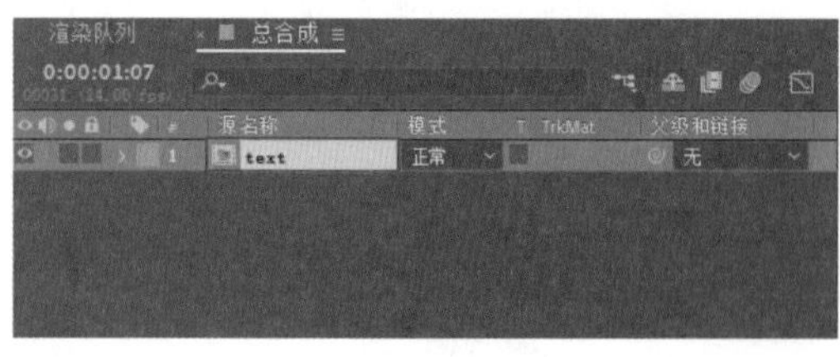

图10-20

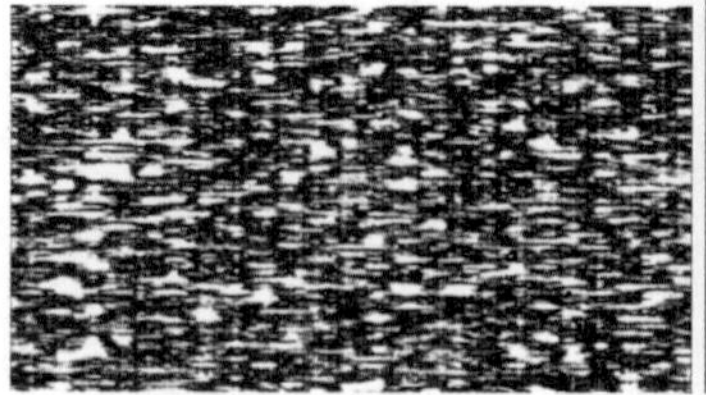

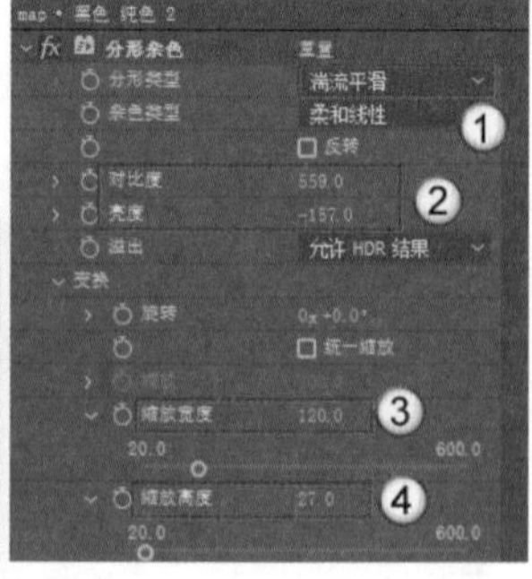

图10-21

技巧提示

“分形杂色”效果的参数仅供参考，读者不必严格按照书中的参数进行调整。

08 将map合成放在text合成的下方，取消显示map合成，如图10-22所示。

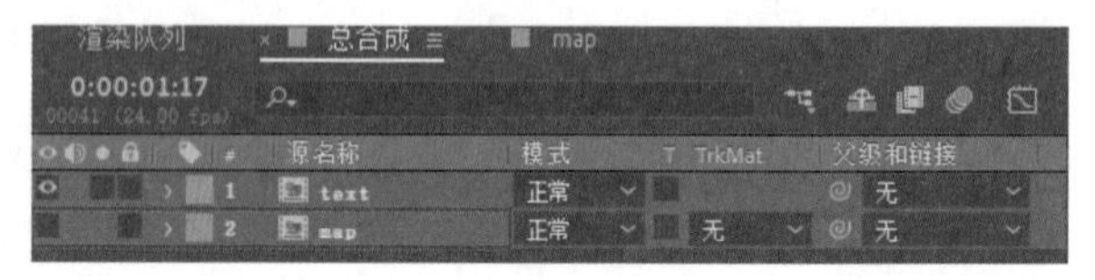

图10-22

09 在text合成上添加“时间置换”效果，然后设置“时间置换图层”为“2.map”，“最大移位时间[秒]”为-0.1，如图10-23所示。

10 选中text和map两个合成，然后将它们转换为预合成，并将预合成重命名为“文字动画”，如图10-24所示。

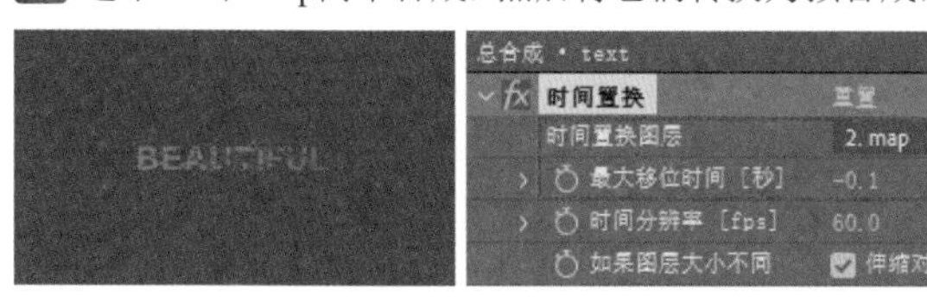

图10-23

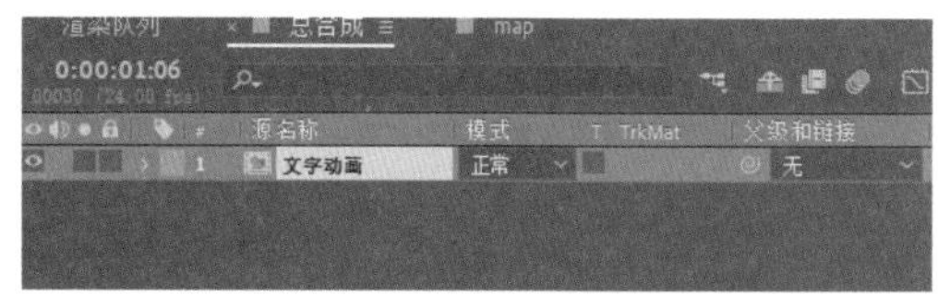

图10-24

11 将“文字动画”合成复制一层，然后将新合成向后移动5帧，如图10-25所示，效果如图10-26所示。

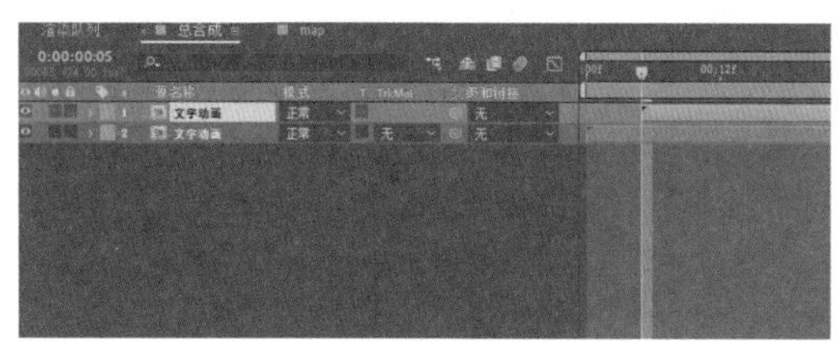

图10-25

图10-26

12 为上一步复制的合成添加“百叶窗”效果，具体参数和效果如图10-27所示。

13 将“文字动画”合成继续复制一层，并将新合成的向后移动5帧，如图10-28所示。

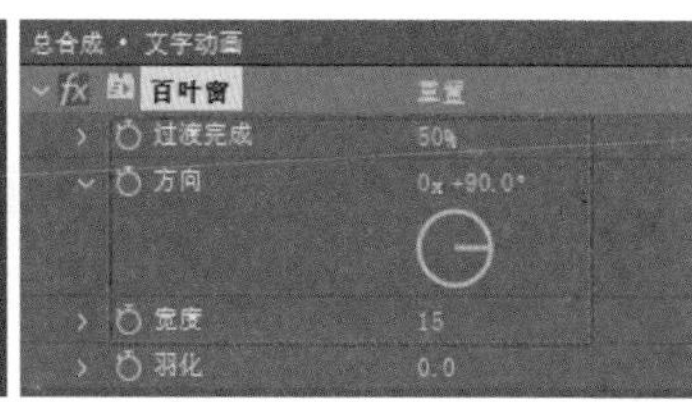

图10-27

图10-28

14 删除顶层的“文字动画”合成中的“百叶窗”效果，然后为其添加“填充”效果，并设置“颜色”为绿色，如图10-29所示。

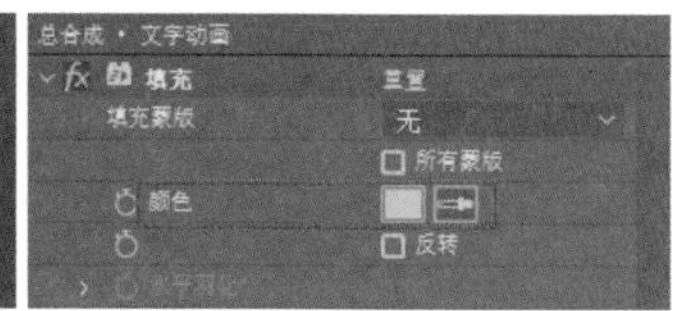

图10-29

15 在中间的“文字动画”合成上添加“填充”效果，并设置“颜色”为青色，如图10-30所示。

16 导入学习资源“案例文件>CH10>实战：制作动态层次文本动画”文件夹中的“背景.mp4”素材文件，将其向下拖曳至“时间轴”面板中并放置在底层，效果如图10-31所示。

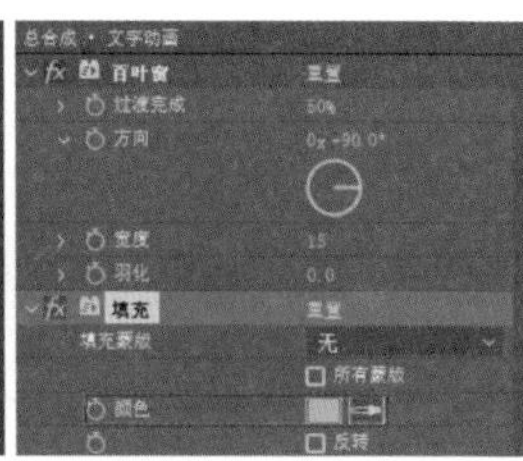

图10-30

图10-31

17 在“合成”面板中任意截取4帧图片，效果如图10-32所示。

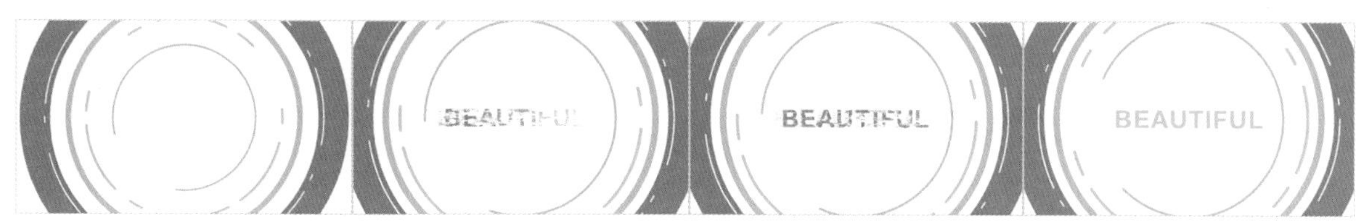

图10-32

实战：制作抖动文字动画

案例文件	案例文件>CH10>实战：制作抖动文字动画
难易程度	★★★☆☆
学习目标	练习使用“分形杂色”效果

使用“分形杂色”效果，能让文字产生抖动的效果，从而生成有趣的文字动画。本案例的效果如图10-33所示。

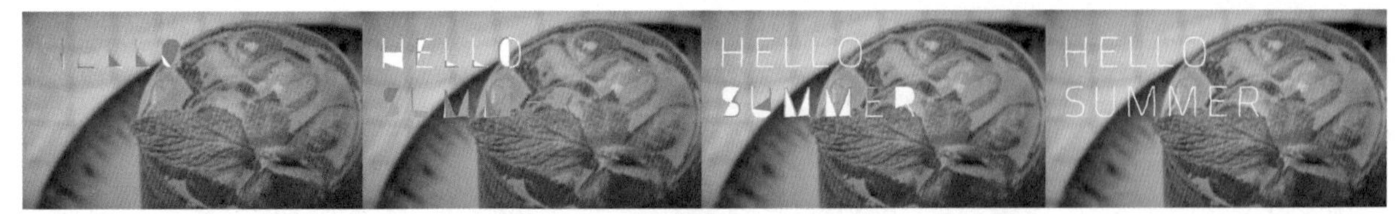

图10-33

01 新建一个1920像素×1080像素的合成，将其命名为“总合成”，然后在“项目”面板中导入学习资源文件“案例文件>CH10>实战：制作抖动文字动画”中的“背景.mp4”素材文件，将其拖曳至“时间轴”面板中，效果如图10-34所示。

02 新建一个文本图层，输入HELLO，具体参数及效果如图10-35所示。

图10-34

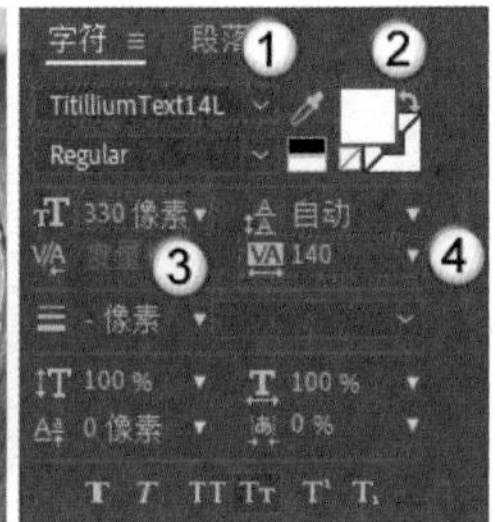

图10-35

> **技巧提示**
>
> 读者在选择字体时，最好选择比较细的字体，或带有手写效果的字体。

03 复制一层文本图层，修改其内容为SUMMER，并向下移动，如图10-36所示。

04 选中两个文本图层并将它们转换为预合成，将预合成重命名为text，如图10-37所示。

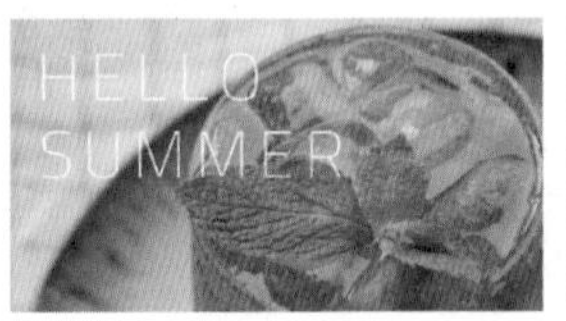

图10-36

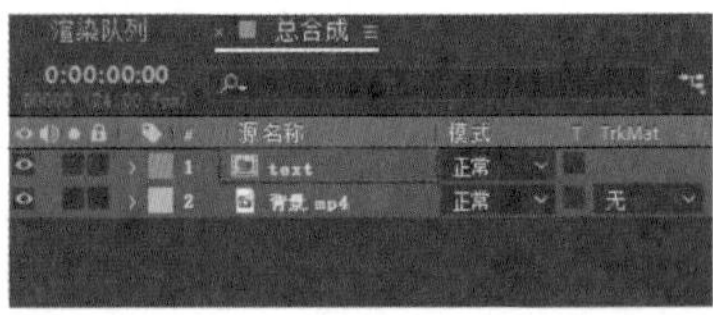

图10-37

05 新建一个纯色图层，然后为其添加“分形杂色”效果，具体参数和效果如图10-38所示。

06 在“时间轴”面板中展开纯色图层下的“演化选项”卷展栏，然后为“随机植入”参数添加表达式time*10，如图10-39所示。此时移动播放指示器，就能观察到图像发生了变化。

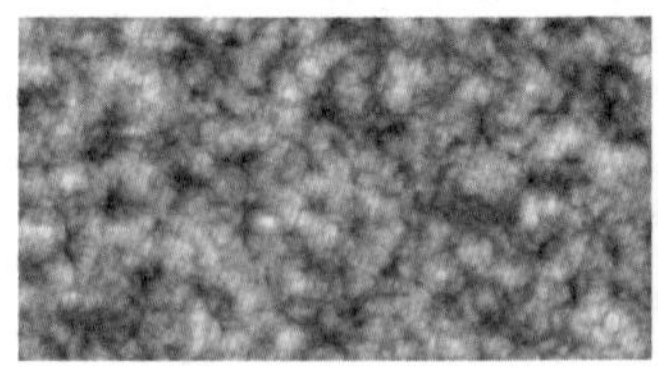

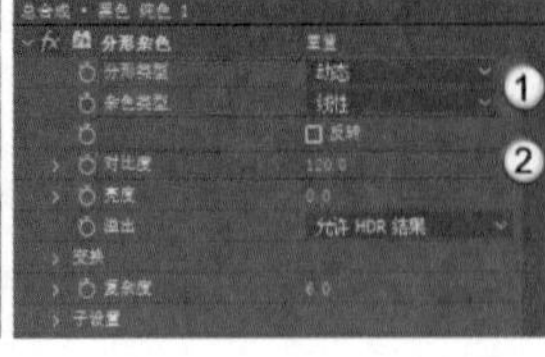

图10-38

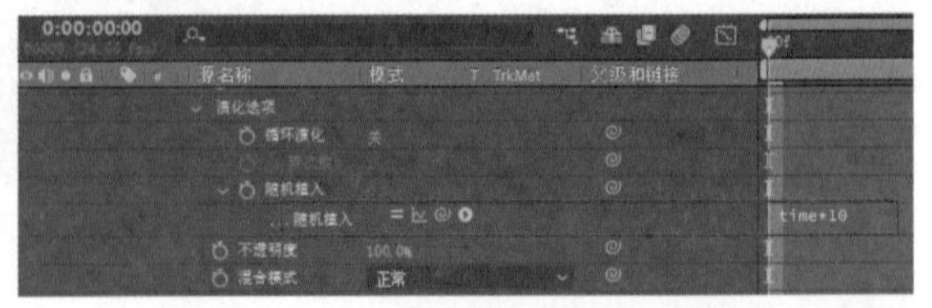

图10-39

07 隐藏纯色图层，并将其转换为预合成，将预合成重命名为map，如图10-40所示。

> **疑难问答：为何一定要将图层转换为预合成？**
>
> 如果不将带有“分形杂色”效果的图层转换为预合成，就无法在后面的步骤中用“置换图”效果有效拾取“分形杂色”的效果，也就不能生成抖动动画。

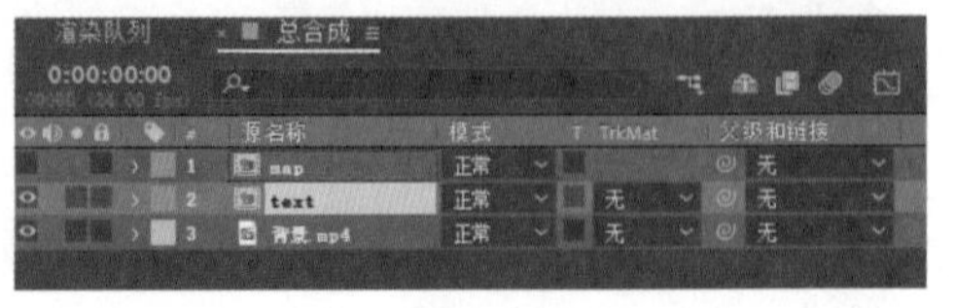

图10-40

08 为text图层添加“置换图”效果，然后设置“置换图层”为“1.map”，如图10-41所示。

09 进入text合成，选中hello图层，然后单击鼠标右键，在弹出的菜单中选择“创建>从文字创建形状”选项，如图10-42所示。此时会在文本图层上方创建一个形状图层，如图10-43所示。

10 在上一步创建的形状图层上添加“修剪路径”效果，如图10-44所示。

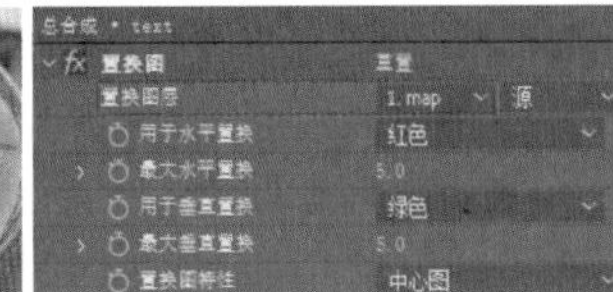

图10-41

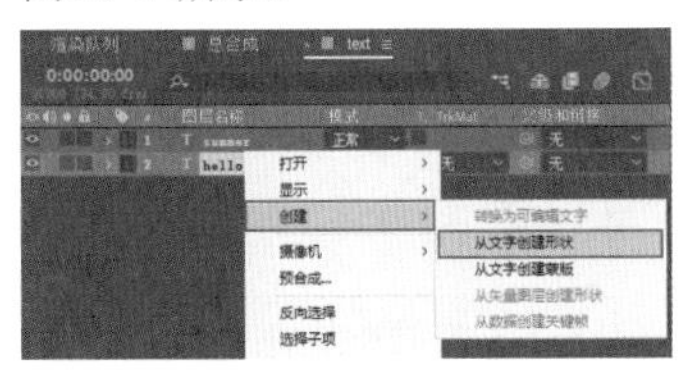

图10-42

图10-43

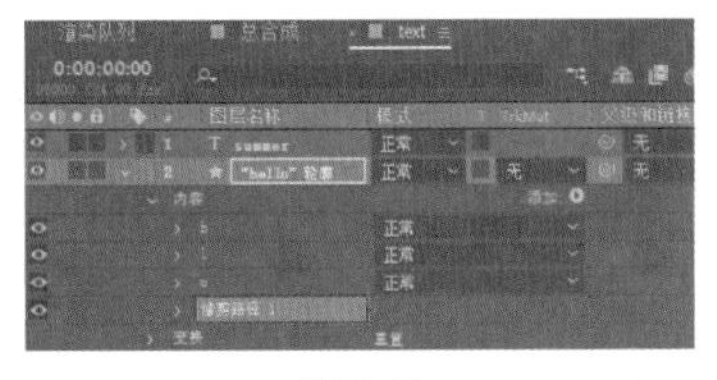

图10-44

> **知识链接**
>
> “修剪路径”效果的添加方法请参阅第2章中的“实战：制作形状UI动画”案例。

11 展开形状图层下的“修剪路径1”卷展栏，在剪辑起始位置设置“结束”为0%，并添加关键帧，然后在0:00:01:00的位置设置“结束”为100%，如图10-45所示，效果如图10-46所示。

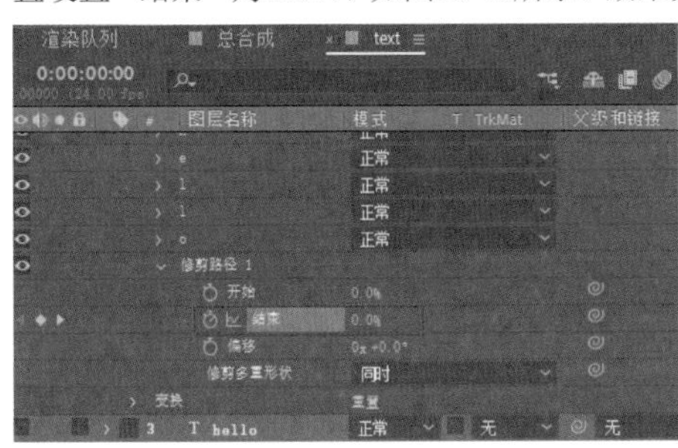

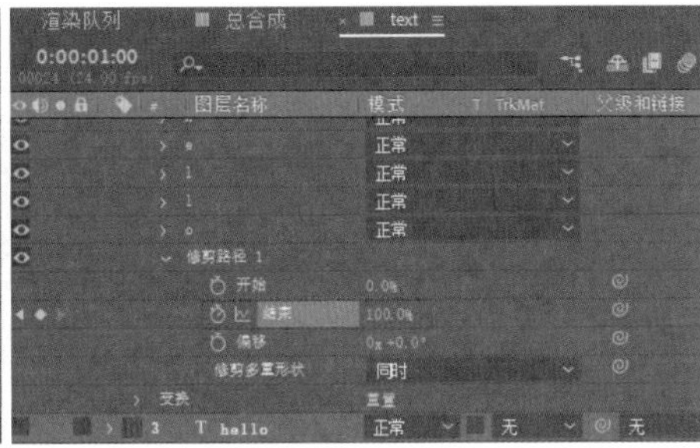

图10-45

图10-46

12 为形状图层添加“填充”效果，设置“颜色”为绿色，如图10-47所示。此时文字变成绿色。

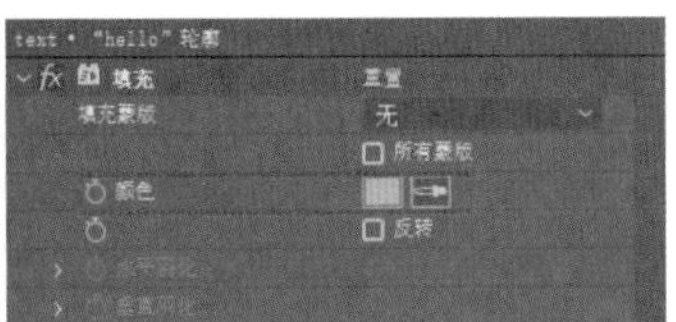

图10-47

13 将形状图层复制一层，修改“颜色”为红色，如图10-48所示。此时文字变成红色。

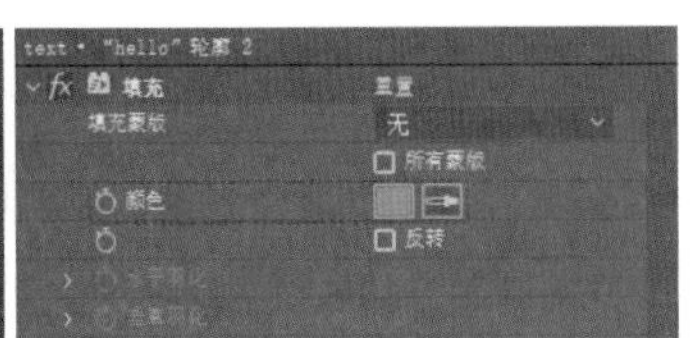

图10-48

14 继续复制一层形状图层，删除“填充”效果，然后将3个形状图层的剪辑依次错开，形成逐个显示的效果，如图10-49所示。“时间轴”面板如图10-50所示。

> **技巧提示**
>
> 图层的间隔时间可以随意调整，这里不进行强制规定。本案例中采用4帧作为间隔时间。

图10-49

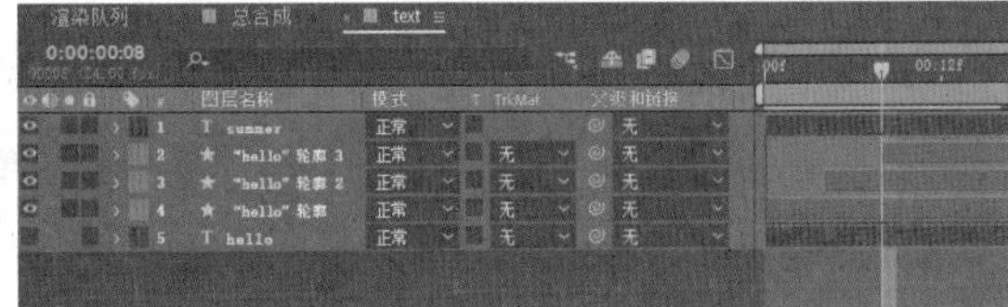

图10-50

15 按照步骤09~步骤14的方法，制作summer图层的形状图层，如图10-51所示，效果如图10-52所示。

16 选中summer相关图层的剪辑，然后将它们统一向后移动12帧，如图10-53所示。

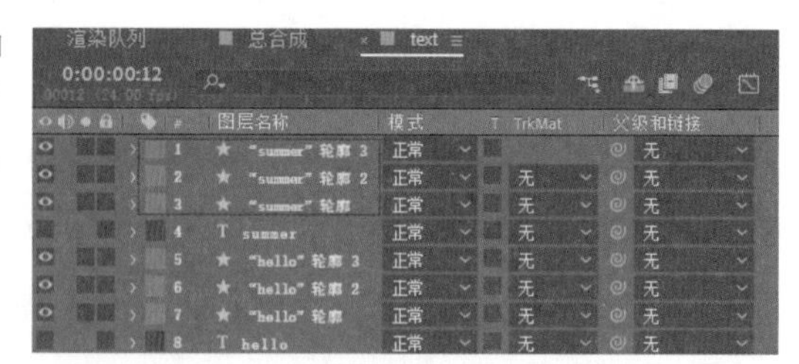

图10-51

图10-52

图10-53

17 返回"总合成"合成，动画效果如图10-54所示。

18 观察画面，发现文本不是很显眼。为"背景.mp4"图层添加调整图层，然后在调整图层上添加Looks滤镜对背景进行调色，如图10-55所示。

19 继续为调整图层添加"快速方框模糊"效果，对背景画面进行一定的模糊处理，让文本更显眼，效果如图10-56所示。

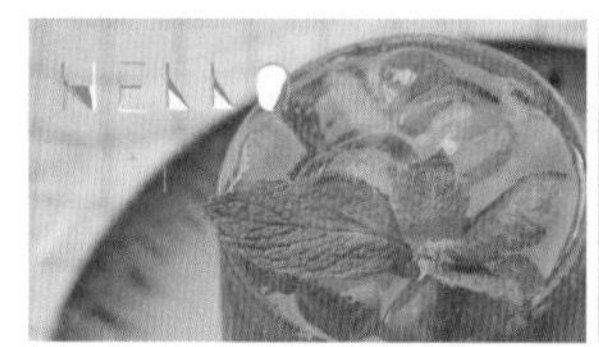

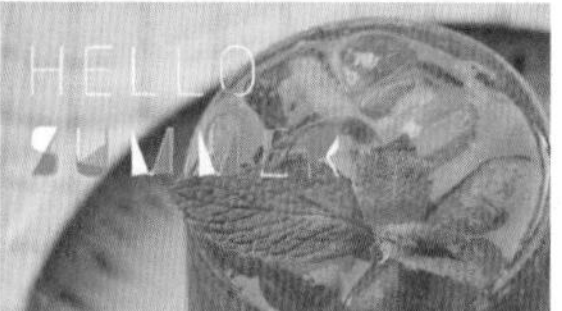

图10-54

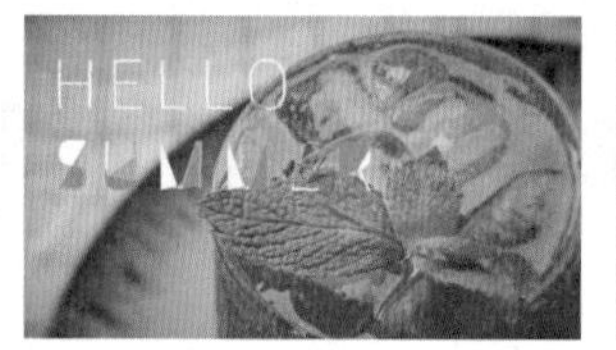

图10-55

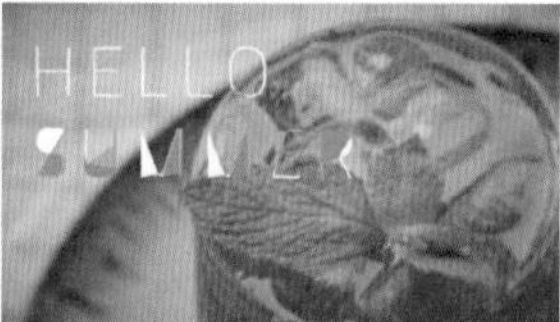

图10-56

20 在"合成"面板中任意截取4帧图片，效果如图10-57所示。

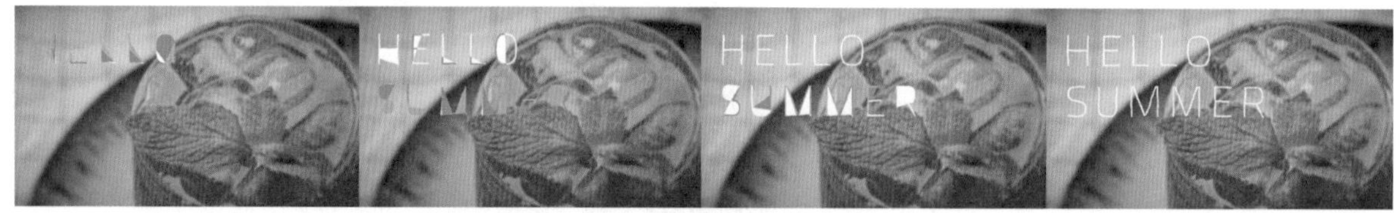

图10-57

重点

实战：制作跃动文字动画

案例文件	案例文件>CH10>实战：制作跃动文字动画
难易程度	★★★☆☆
学习目标	掌握"动画"属性的使用方法

扫码观看视频

文字从画面外随机跳跃到画面内的效果适用于制作片头动画。本案例将制作一个简单的跃动文字动画，需要用到"动画"属性中的"位置"属性，案例效果如图10-58所示。

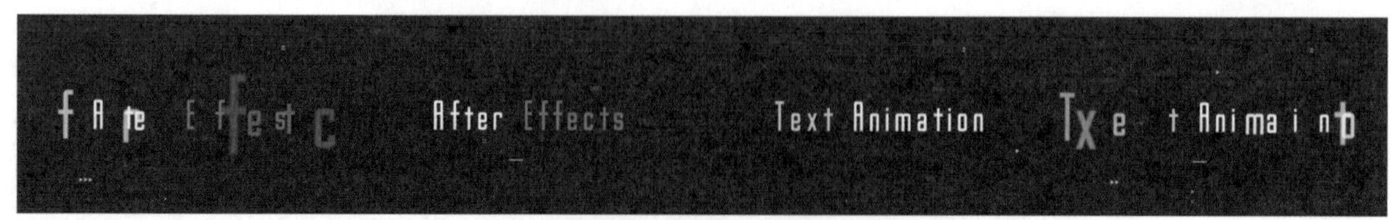

图10-58

01 新建一个1920像素×1080像素、时长为12秒的合成，然后导入学习资源“案例文件>CH10>实战：制作跃动文字动画”文件夹中的“bg.mp4”素材文件，将其拖曳至“时间轴”面板中，效果如图10-59所示。

02 新建一个文本图层，输入After Effects，效果如图10-60所示。

03 展开文本图层，单击“动画”按钮，在弹出的菜单中选择“位置”选项，为图层添加“位置”属性，如图10-61所示。

图10-59

图10-60

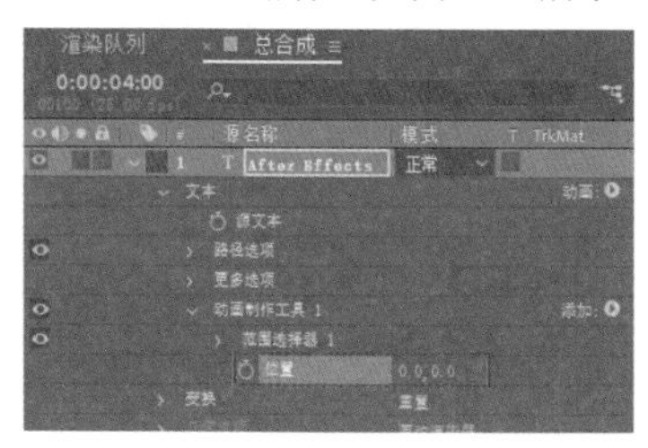

图10-61

04 此时文字图层没有三维属性，继续单击“动画”按钮，在弹出的菜单中选择“启用逐字3D化”选项，这样就能将“位置”属性变为三维属性，如图10-62和图10-63所示。

05 设置“位置”为（0,0,-3000），让文字全部移出画面，如图10-64所示。

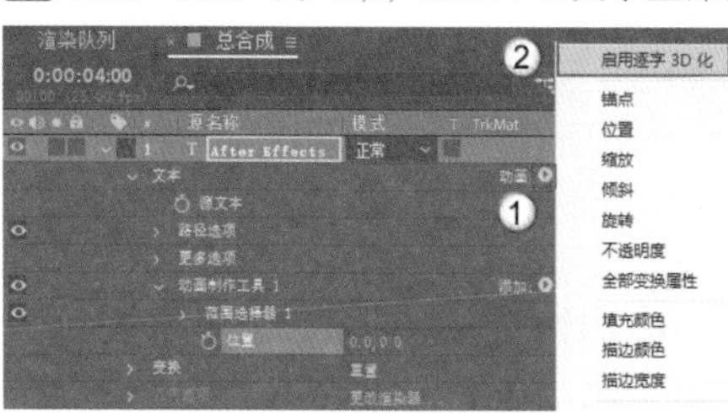

图10-62

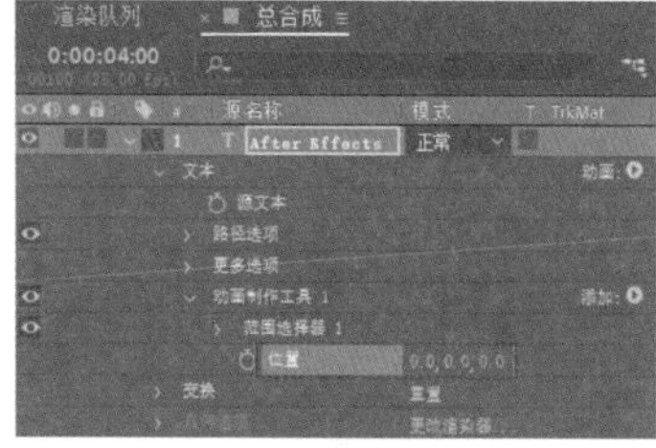

图10-63

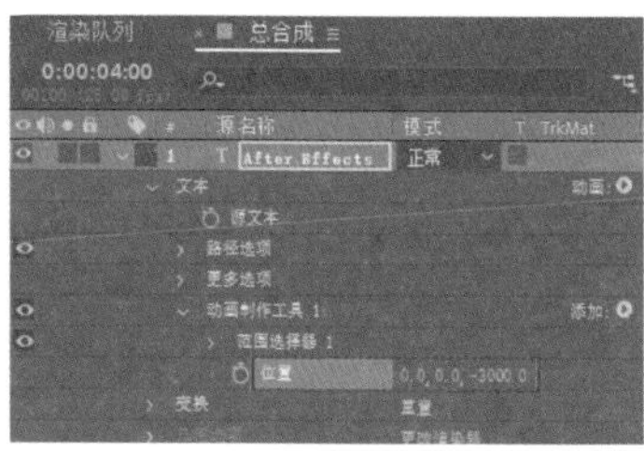

图10-64

06 在0:00:02:00的位置设置“偏移”为-100%，并添加关键帧，然后设置“形状”为“上斜坡”，如图10-65所示。

07 在0:00:04:00和0:00:05:00的位置，设置“偏移”为100%，让文字出现在画面中，如图10-66所示。

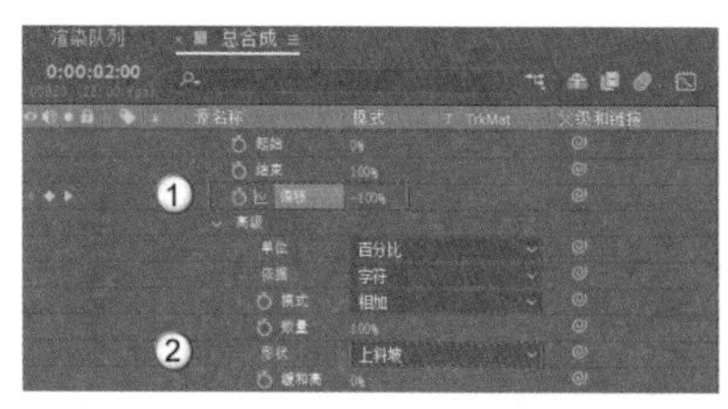

图10-65

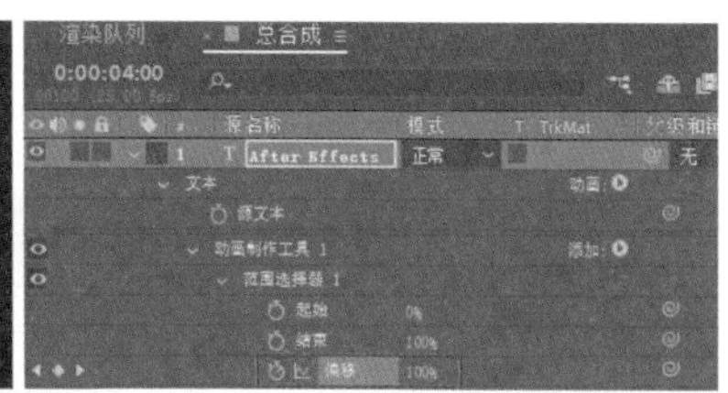

图10-66

08 在0:00:07:00的位置设置“偏移”为-100%，让文字再次移出画面，如图10-67所示。动画效果如图10-68所示。

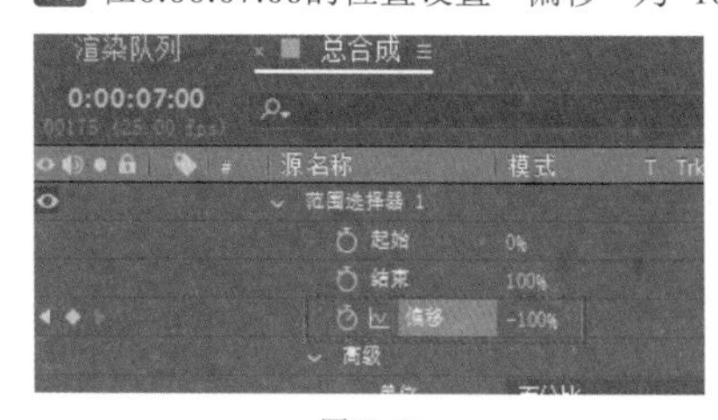

图10-67

图10-68

09 默认情况下，文字是按照顺序逐个出现或消失的。在“高级”卷展栏中设置“随机排序”为“开”，设置“随机植入”为7，就能让文字按照任意顺序出现或消失，如图10-69所示。

技巧提示

读者可按照喜好设置“随机植入”的数值，不同的数值会让文字出现的顺序不同。

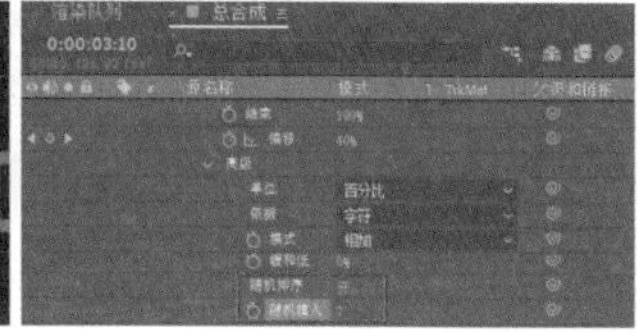

图10-69

10 单击"添加"按钮 添加:▶，在弹出的菜单中选择"属性>不透明度"选项，如图10-70所示。

11 设置"不透明度"为20%，让移动的文字出现不透明度的变化，如图10-71所示。

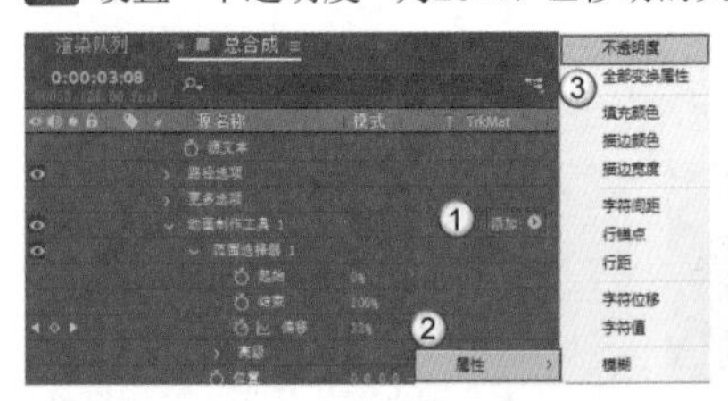

图10-70

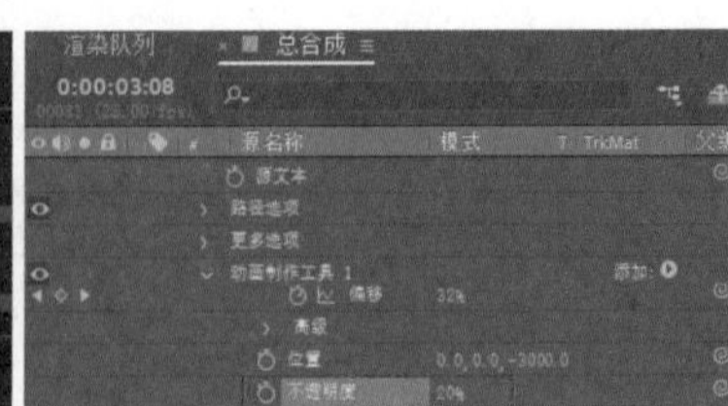

图10-71

12 单击"添加"按钮 添加:▶，在弹出的菜单中选择"属性>模糊"选项，为图层添加"模糊"属性，如图10-72所示。

13 设置"模糊"为（8,8），可以让移动的文字出现，类似于运动模糊的模糊效果，如图10-73所示。

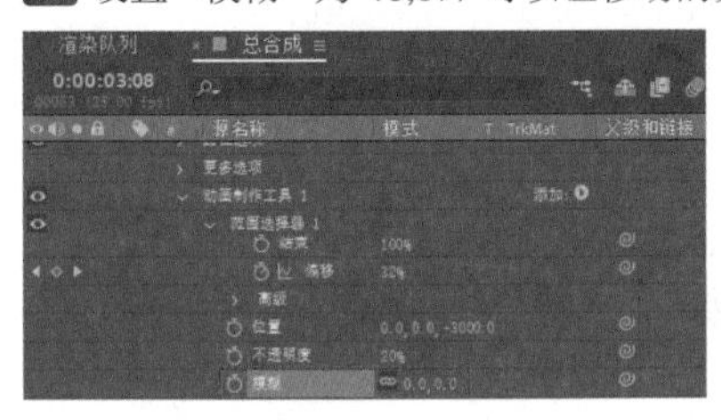

图10-72

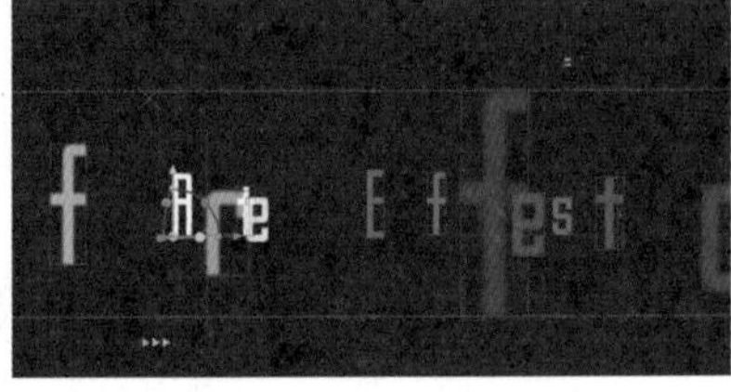

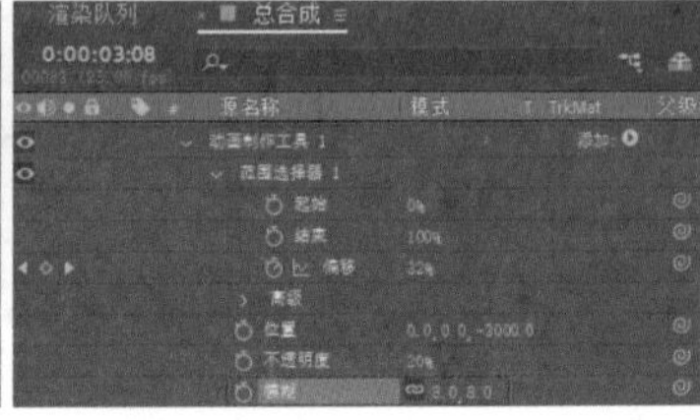

图10-73

14 将文本图层复制一个，修改文字内容为Text Animation，如图10-74所示。

15 选中上一步复制得到的图层，按U键调出"偏移"关键帧，然后移动播放指示器到0:00:07:00的位置，如图10-75所示。该图层的动画会从第7秒处开始播放，这样就能与上一个文字图层的动画串联起来。

> **技巧提示**
>
> 为了丰富画面，可以调整该图层的"随机植入"数值。

图10-74

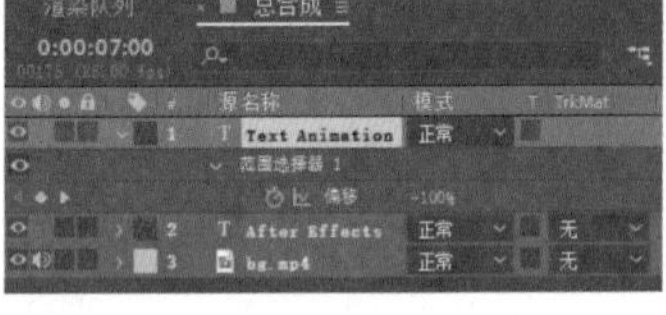

图10-75

16 在"合成"面板中任意截取4帧图片，效果如图10-76所示。

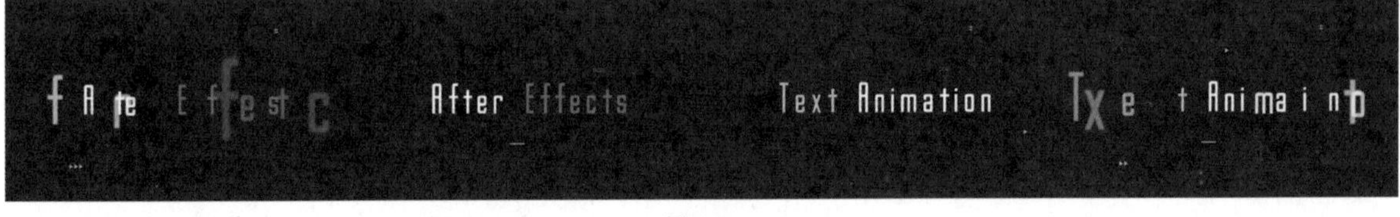

图10-76

重点

实战：制作流光文字动画

案例文件	案例文件>CH10>实战：制作流光文字动画
难易程度	★★★★☆
学习目标	练习使用"分形杂色"效果

扫码观看视频

第5章介绍了发光文字的制作方法。在这个案例中，我们将学习流光文字动画的制作方法，依旧需要使用"分形杂色"效果。本案例的效果如图10-77所示。

图10-77

01 新建一个1920像素×1080像素的合成，然后新建一个文本图层，输入CYBERPUNK，具体参数及效果如图10-78所示。

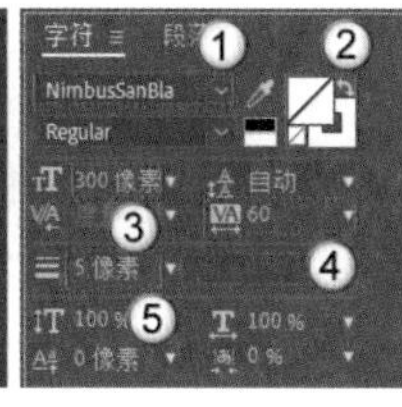

图10-78

02 将文本图层转换为预合成，将预合成重命名为text，如图10-79所示。

图10-79

技巧提示

选择字体时，建议选择较粗的字体，使用有描边效果的字体更好。

03 为text合成添加“分形杂色”效果，具体参数及效果如图10-80所示。

04 在“效果和预设”面板中搜索CC Toner效果，然后将其添加到text合成上，设置3个通道的颜色分别为青色、蓝色和洋红色，如图10-81所示。设置的颜色属于赛博朋克风格，读者也可以按照喜好设置其他颜色。

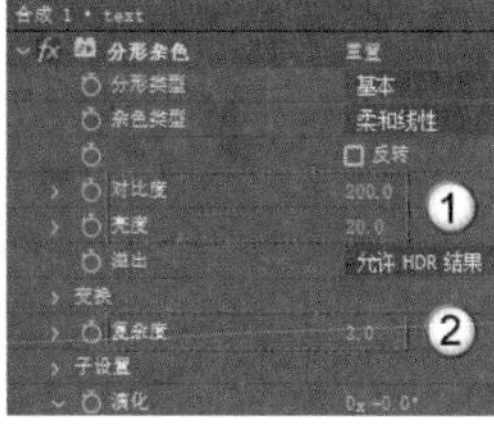

图10-80

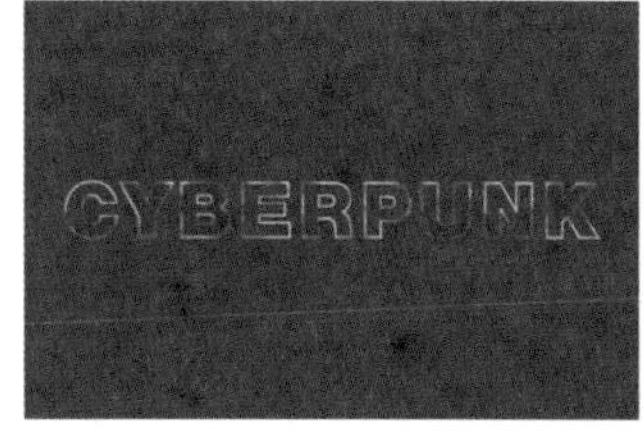
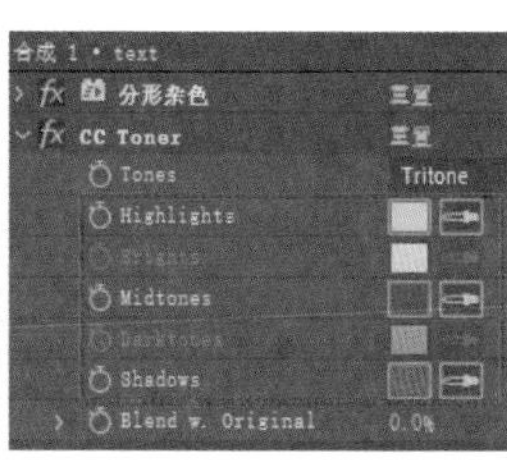

图10-81

05 在“分形杂色”卷展栏中设置“缩放”为150，让颜色的过渡效果更加好看，如图10-82所示。

06 在“演化”参数上添加表达式time*150，让颜色产生流动效果，如图10-83所示，效果如图10-84所示。

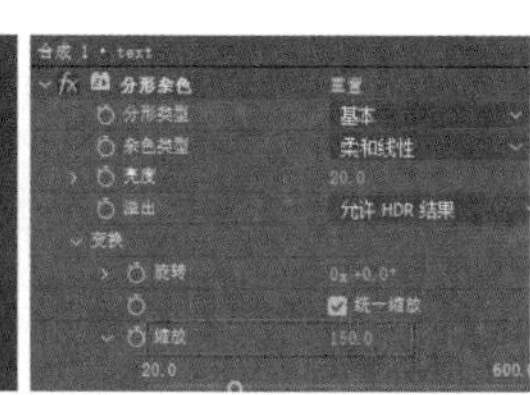

图10-82

图10-83

图10-84

07 新建一个调整图层，然后为其添加CC Radial Blur效果，设置Type为Fading Zoom、Amount为-30，如图10-85所示。

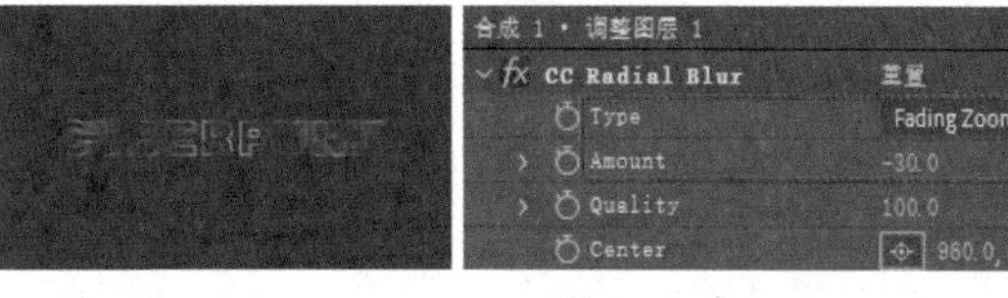

图10-85

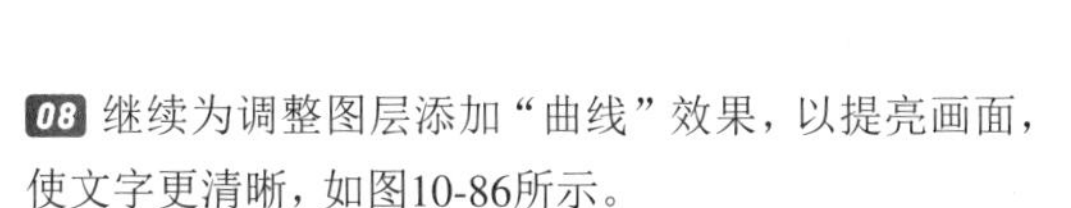

08 继续为调整图层添加“曲线”效果，以提亮画面，使文字更清晰，如图10-86所示。

09 为调整图层添加CC Composite效果，设置Composite Original为Screen，如图10-87所示。

10 观察画面，发现文字的颜色在添加各种效果后变得不是很明显。选中text合成，在CC Toner效果中将颜色的饱和度提高，如图10-88所示。

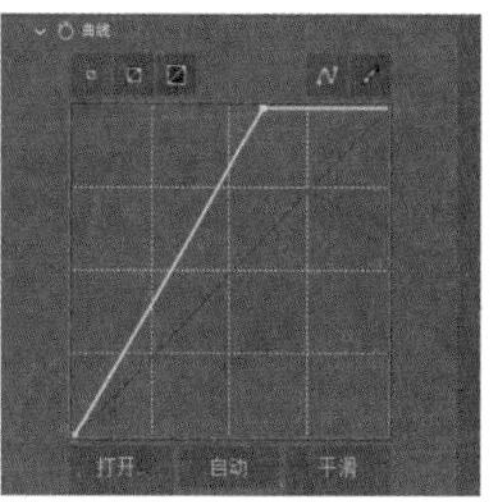

图10-86

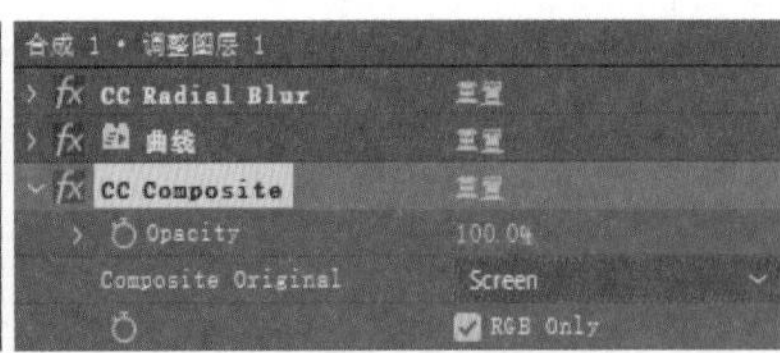

图10-87

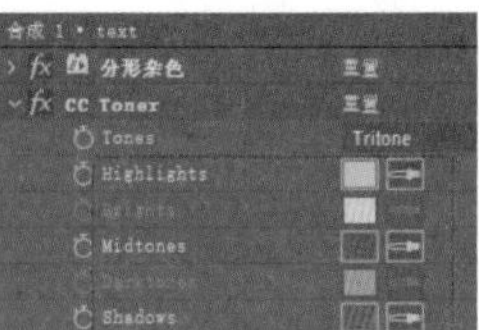

图10-88

11 新建一个空对象图层，然后将text合成设置为“空1”图层的子层级，如图10-89所示。

12 选中“空1”图层，按S键调出“缩放”参数，然后在剪辑起始位置设置“缩放”为（30%,30%），并添加关键帧，接着在0:00:02:00的位置设置“缩放”为（100%,100%），效果如图10-90所示。

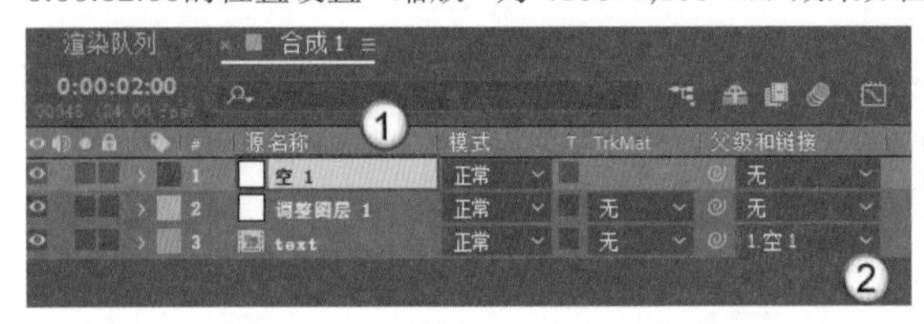

图10-89

图10-90

> **技巧提示**
>
> 创建空对象图层后，需要将图层控制器拖曳到画面中心。

13 选中text合成，并按T键调出“不透明度”参数，在剪辑起始位置设置“不透明度”为0%，并添加关键帧，然后在0:00:01:00的位置设置“不透明度”为100%，效果如图10-91所示。

14 新建一个黑色的纯色图层，并将其放置在底层作为背景，效果如图10-92所示。

图10-91

图10-92

> **技巧提示**
>
> 不显示“空1”图层，就能隐藏该图层的控制器，方便观察画面效果。

15 黑底的边缘有被CC Radial Blur效果处理过的痕迹，将该图层适当放大，以消除该痕迹，如图10-93所示。

16 新建一个调整图层，然后为调整图层添加“发光”效果，如图10-94所示。

图10-93

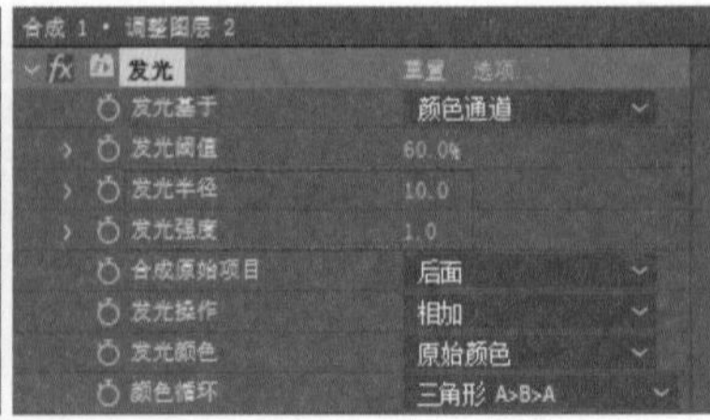

图10-94

17 将“发光”效果复制一份，然后修改“发光半径”和“发光强度”的数值，如图10-95所示。

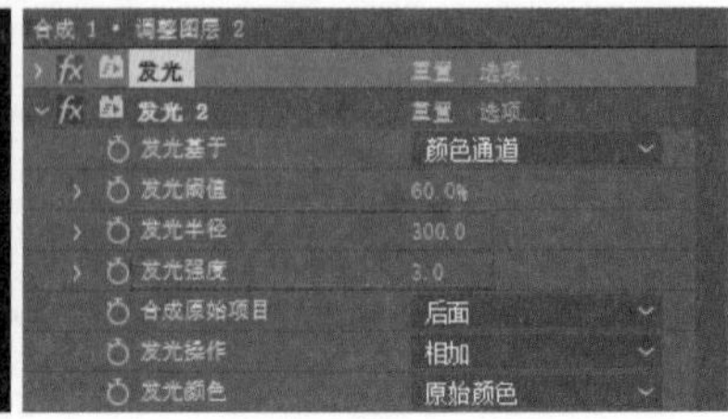

图10-95

18 选中"调整图层2"图层并按T键调出"不透明度"参数，在0:00:00:12的位置设置"不透明度"为0%，并添加关键帧，在0:00:01:00的位置设置"不透明度"为100%，如图10-96所示。

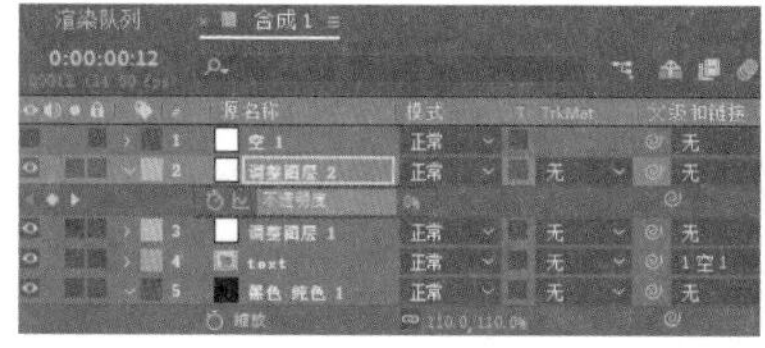
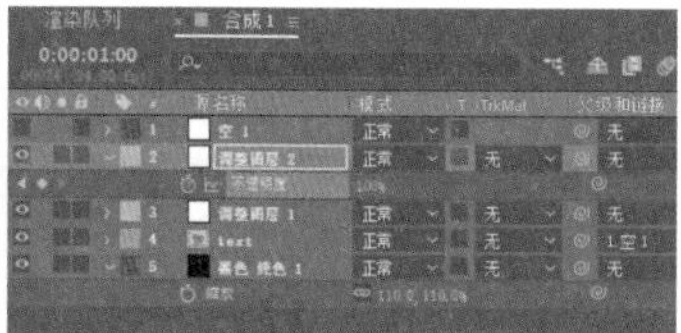

图10-96

19 新建一个白色的纯色图层，将其重命名为star，然后为其添加CC Star Burst效果，效果如图10-97所示。

20 在"效果控件"面板中设置Scatter为1300、Speed为0.15、Grid Spacing为5，如图10-98所示。

图10-97

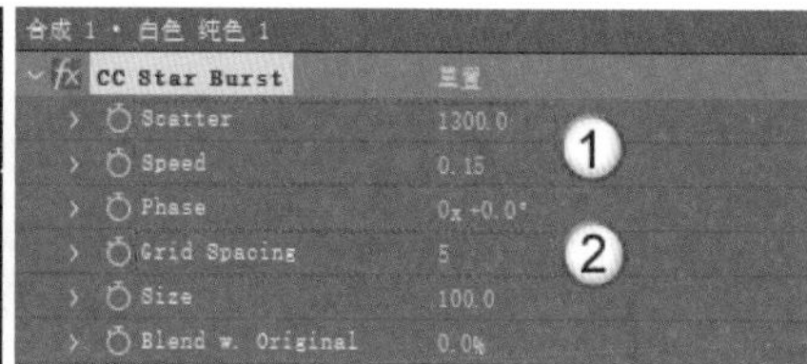

图10-98

21 在剪辑起始位置设置Phase为-1x+0°，并添加关键帧，然后在0:00:01:15的位置设置Phase为0x+0°，如图10-99所示。这样就能形成star图层移动速度由快到慢的效果。

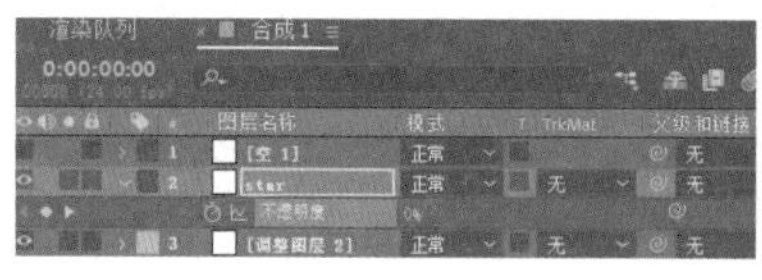
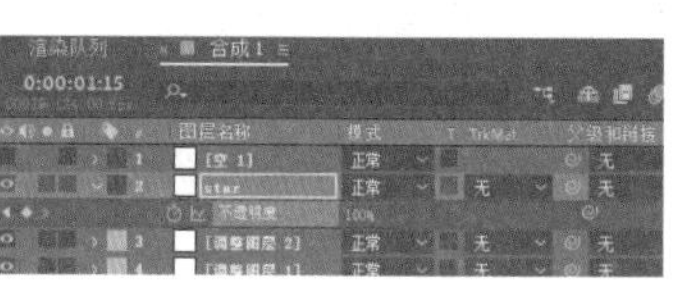

图10-99

22 继续在相同的时间位置为star图层添加"不透明度"关键帧，形成逐渐显示的动画效果，如图10-100所示。

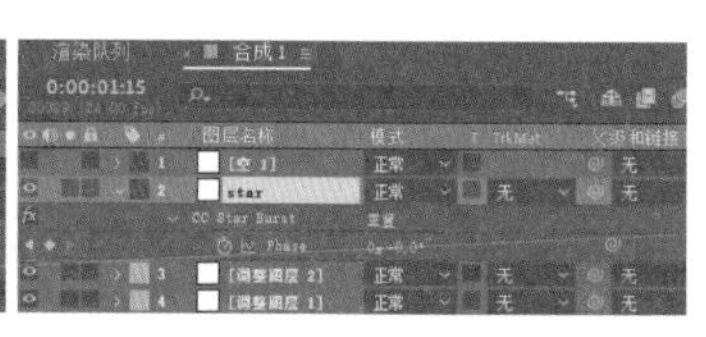

图10-100

23 为star图层添加"填充"效果，设置"颜色"为紫色，如图10-101所示。

24 将star图层复制一层，在CC Star Burst卷展栏中修改Scatter为1200、Speed为0.1，然后在"填充"卷展栏中修改"颜色"为蓝色，如图10-102所示。

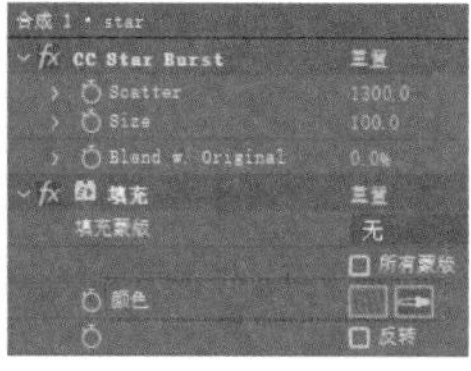

图10-101

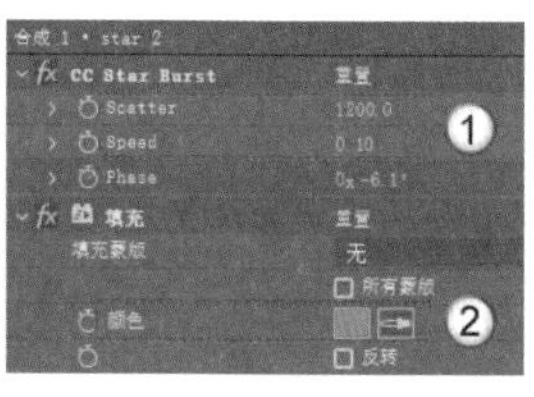

图10-102

25 新建一个纯色图层，将其重命名为"OP光"，然后为其添加Optical Flares效果，并选择图10-103所示的灯光预设。

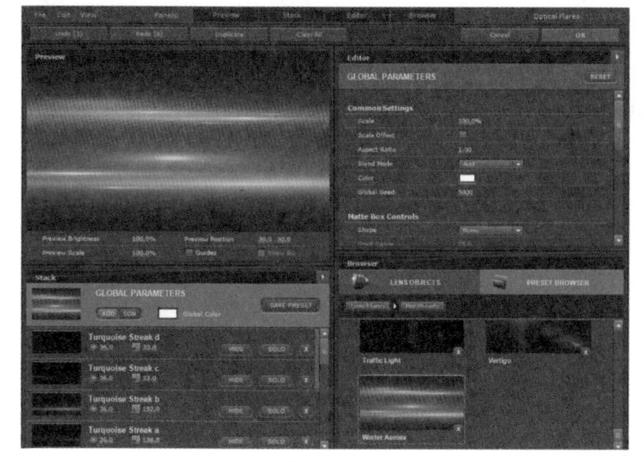

图10-103

26 将"OP光"图层的"模式"修改为"相加"，效果如图10-104所示。

图10-104

27 选中“OP光”图层，按T键调出“不透明度”参数，在剪辑起始位置设置“不透明度”为0%，并添加关键帧，在0:00:01:12的位置设置“不透明度”为50%，如图10-105所示，效果如图10-106所示。

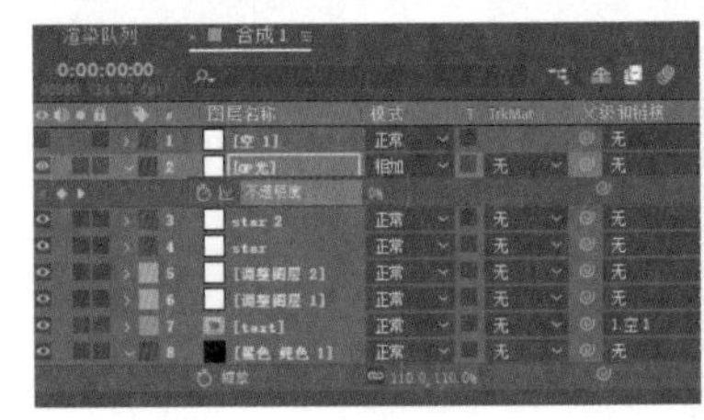

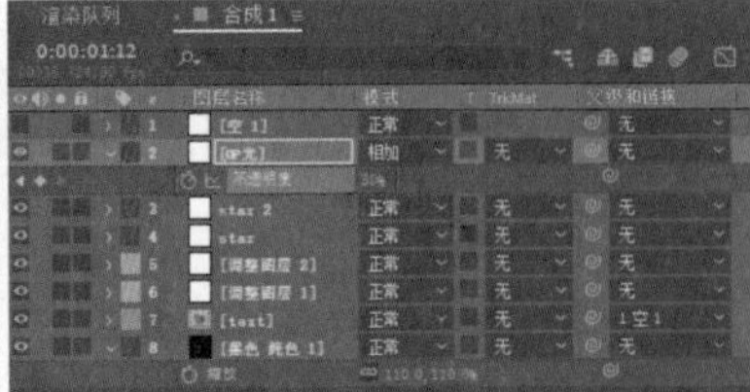

图10-105

图10-106

28 为“OP光”图层添加“曲线”效果，然后调整曲线，使添加的灯光效果更自然，如图10-107所示。

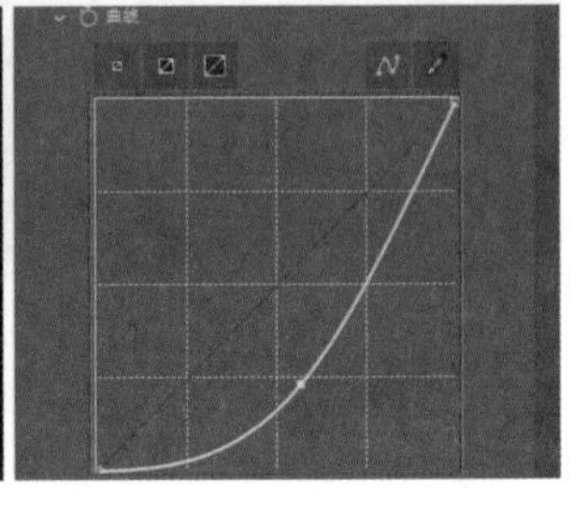

图10-107

29 在“合成”面板中任意截取4帧图片，效果如图10-108所示。

图10-108

重点

实战：制作发光线条文字动画

案例文件	案例文件>CH10>实战：制作发光线条文字动画
难易程度	★★★★☆
学习目标	掌握Deep Glow效果的使用方法

扫码观看视频

本案例需要让发光的线条沿着文字运动，形成效果较为复杂的文字动画，案例效果如图10-109所示。在制作这个案例的过程中，读者可以学习一种新的发光效果——Deep Glow的使用方法。

图10-109

案例制作

01 新建一个1920像素×1080像素的合成，然后新建一个文本图层，输入Z，具体参数及效果如图10-110所示。

> **技巧提示**
> 读者在选择字体时，应尽量选择粗体字。

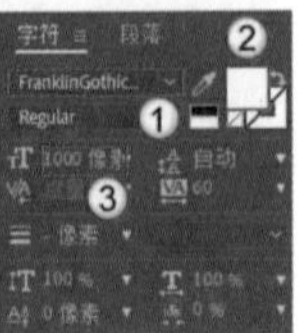

图10-110

02 选中文本图层，然后单击鼠标右键，在弹出的菜单中选择“创建>从文字创建形状”选项，如图10-111所示。

03 将文本图层重命名为“轮廓”，然后关闭图层的“填充颜色”，设置“描边颜色”为白色，“描边宽度”为2像素，如图10-112所示。

04 为“轮廓”图层添加“修剪路径”效果，在剪辑起始位置设置“开始”为100%，“结束”为100%，“偏移”为0x-50°，然后添加这3个参数的关键帧，接着选择修剪路径的方向，如图10-113所示。

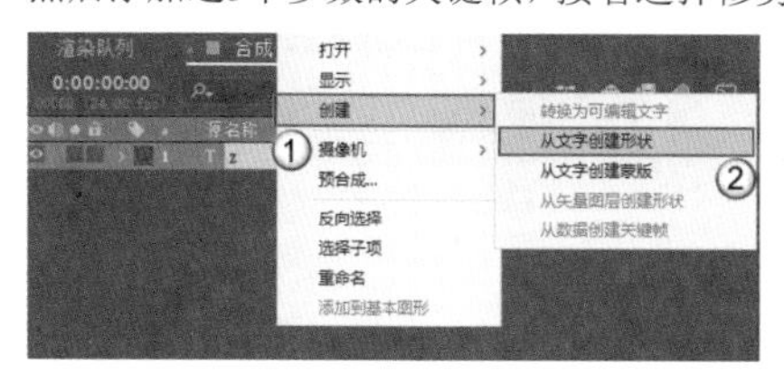

图10-111

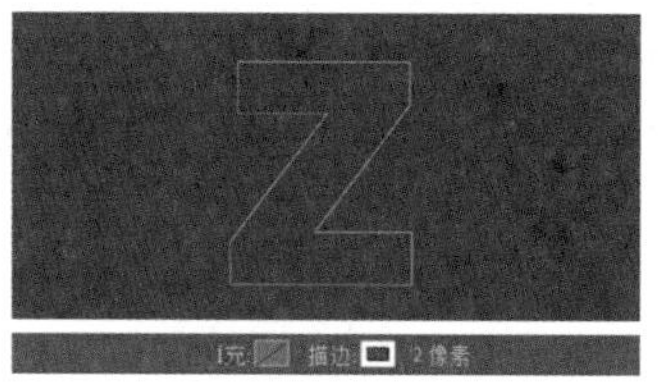

图10-112

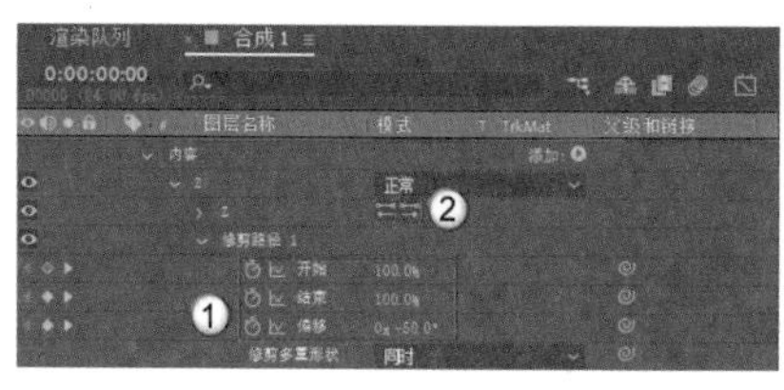

图10-113

技巧提示

按快捷键Ctrl+Shift+H可以隐藏生成的文字轮廓。

05 移动播放指示器到0:00:02:00的位置，设置“开始”为100%，“结束”为0%，“偏移”为0x+50°，如图10-114所示。

06 移动播放指示器到0:00:04:00的位置，设置“开始”为0%，“结束”为0%，“偏移”为0x+150°，如图10-115所示，效果如图10-116所示。

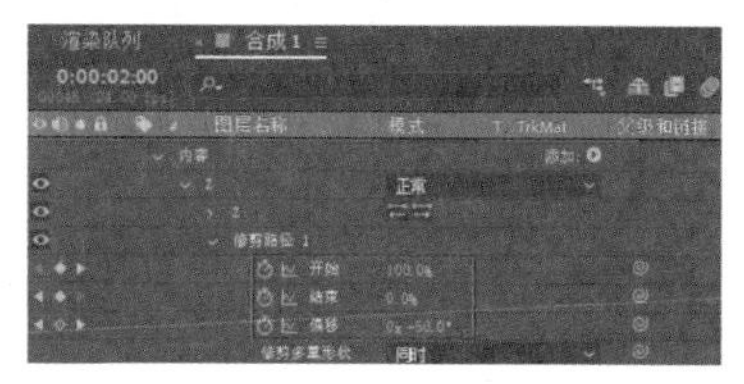

图10-114

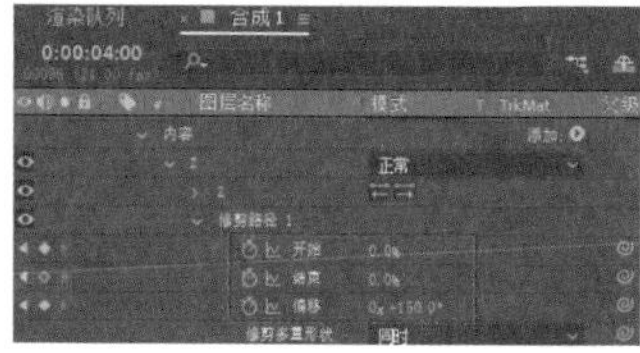

图10-115

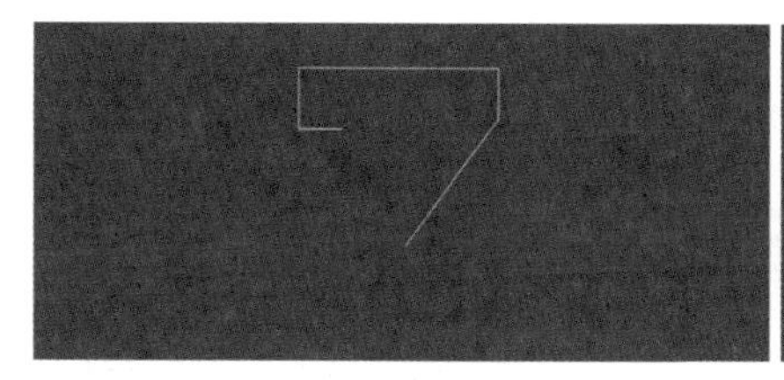

图10-116

07 按快捷键Ctrl+D将“轮廓”图层复制一层，然后为“轮廓2”图层添加“位移路径”效果，如图10-117所示，效果如图10-118所示。

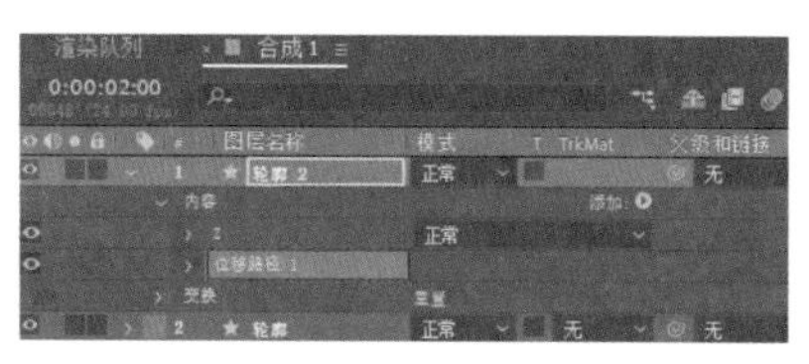

图10-117

图10-118

08 此时移动播放指示器，发现生成的轮廓没有产生修剪路径的效果，如图10-119所示。将“修剪路径1”移动到“位移路径1”的下方，就能生成正确的动画效果，如图10-120所示。

图10-119

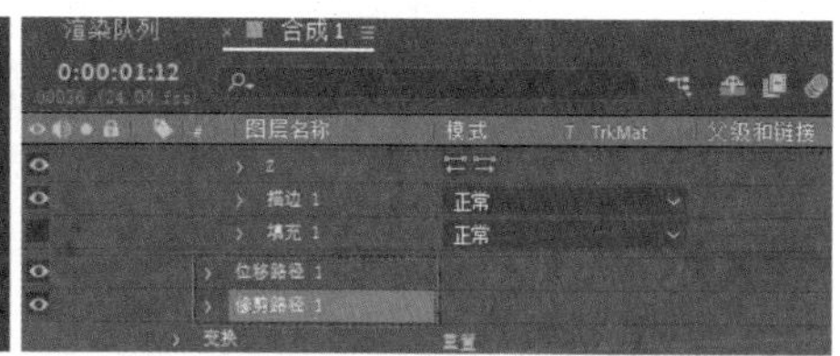

图10-120

09 展开上一步移动的“修剪路径1”卷展栏，然后将“偏移”参数的起始关键帧向后移动5帧，如图10-121所示。移动播放指示器，可以观察到生成的轮廓与之前的路径不同步，效果如图10-122所示。

图10-121

图10-122

10 将“轮廓2”图层再复制一层，设置“轮廓3”图层的“位移路径1”中的“数量”为20，如图10-123所示，效果如图10-124所示。

11 将“轮廓3”图层复制一层，设置“轮廓4”图层的“位移路径1”中的“数量”为-10，如图10-125所示。

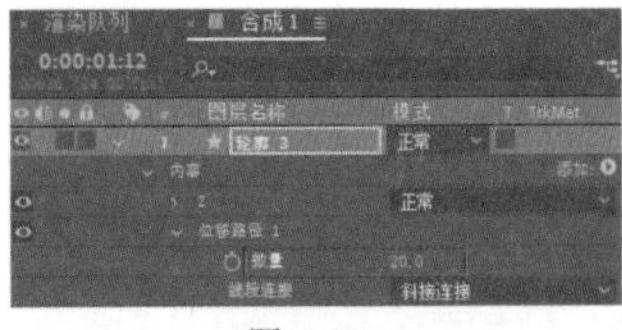

图10-123

图10-124

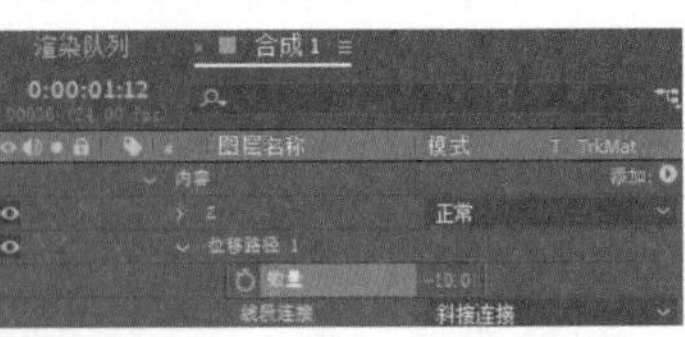

图10-125

12 展开“描边1”卷展栏，然后单击“虚线”右侧的+按钮，就可以将上一步创建的文字轮廓变成虚线，如图10-126所示。

13 在“虚线”卷展栏中设置“虚线”为220，增加虚线的长度，如图10-127所示。

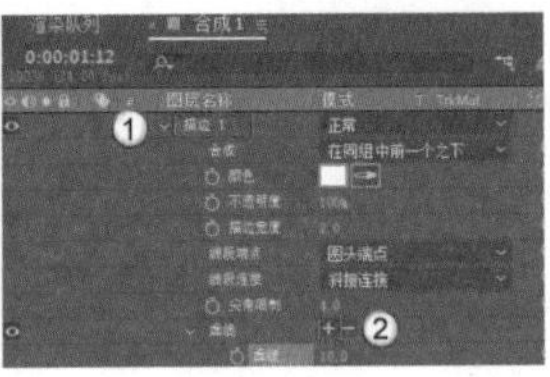

图10-126

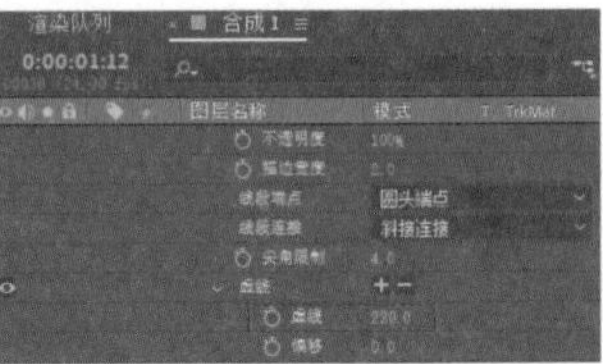

图10-127

14 将“轮廓4”图层复制一层，设置“轮廓5”图层的“数量”为-20，并删除虚线，如图10-128所示。

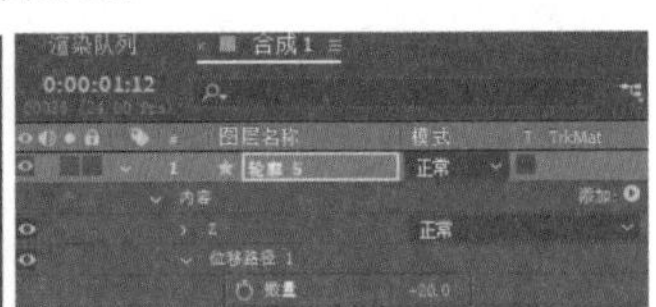

图10-128

15 将所有轮廓图层的剪辑按照3帧的间隔错开，如图10-129所示，效果如图10-130所示。

16 新建一个黑色的纯色图层，将其放在底层作为背景，效果如图10-131所示。

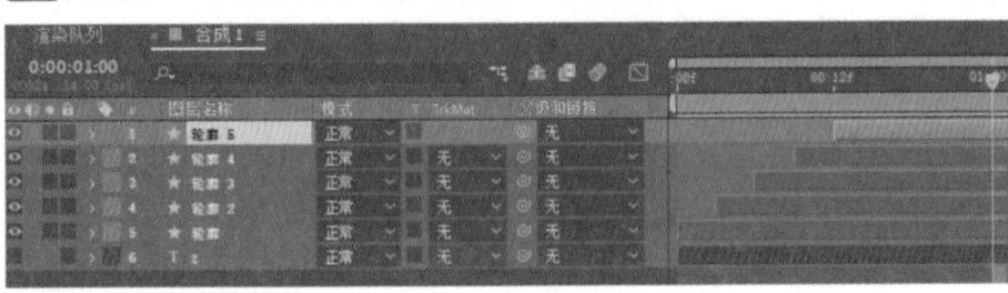

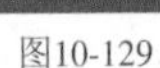

图10-129

图10-130

图10-131

17 搜索Deep Glow效果并将其添加在“轮廓1”图层上，设置“半径”为600，“曝光”为1.5，“混合模式”为“添加”，“颜色”为红色，如图10-132所示。

18 选中“轮廓1”图层，设置“描边颜色”为浅红色，如图10-133所示。这样会让文字的颜色更突出。

19 按照步骤17和步骤18的方法，设置其他轮廓图层的颜色，如图10-134所示。

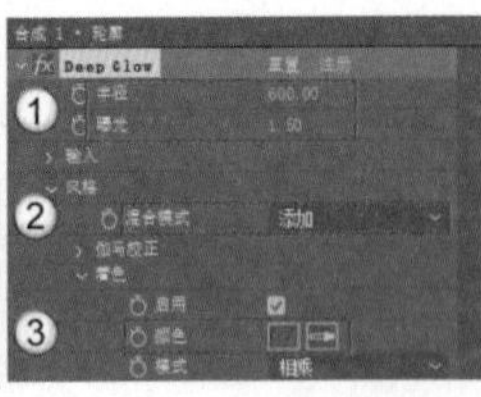

图10-132

图10-133

图10-134

技巧提示

读者可按照自己的喜好设置发光颜色。

20 将所有轮廓图层选中并转换为预合成，将生成的预合成重命名为text，然后为text合成添加Reflection效果，并调整其不透明度，如图10-135所示。

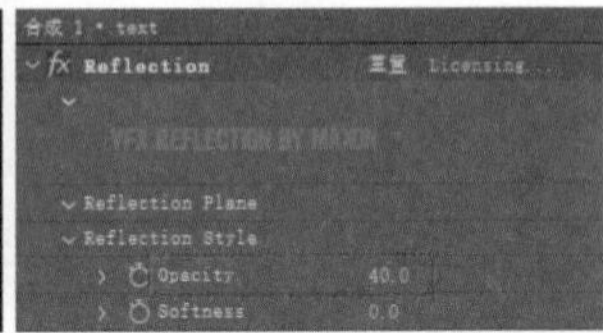

图10-135

21 在text合成中新建一个蓝色的纯色图层，将其放置于底层，然后绘制一个椭圆形的蒙版，并调整“蒙版羽化”和“蒙版不透明度”的数值，如图10-136所示。

> **技巧提示**
>
> 这两个参数的具体数值，请读者根据自己绘制的蒙版大小进行调整。

22 选中蓝色的纯色图层，按T键调出“不透明度”参数，然后根据文字出现的时间，在剪辑起始位置、0:00:02:00和0:00:04:12的位置添加关键帧，使其生成由显示到消失的动画效果，如图10-137所示。

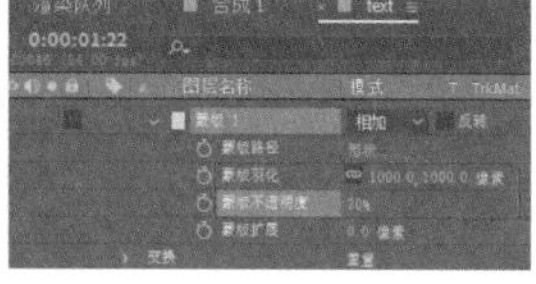

图10-136

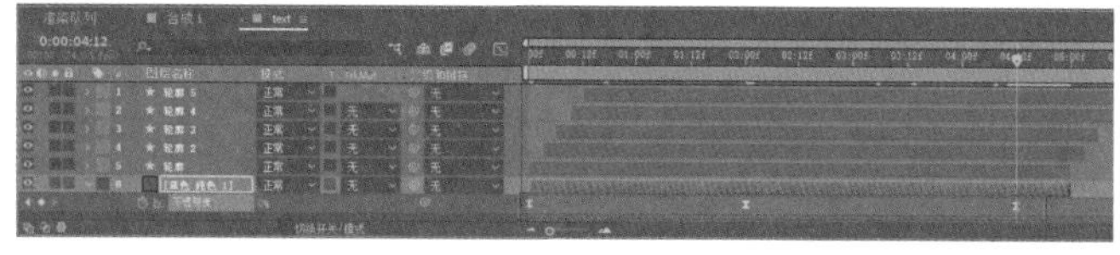

图10-137

23 在“合成”面板中任意截取4帧图片，效果如图10-138所示。

图10-138

技术回顾

扫码观看视频

演示视频：028- Deep Glow

效果：Deep Glow

位置：Plugin Everything > Deep Glow

01 新建一个合成和一个文本图层，输入After Effects，如图10-139所示。

02 在“效果和预设”面板中搜索Deep Glow效果，将其添加到文本图层上，如图10-140所示。

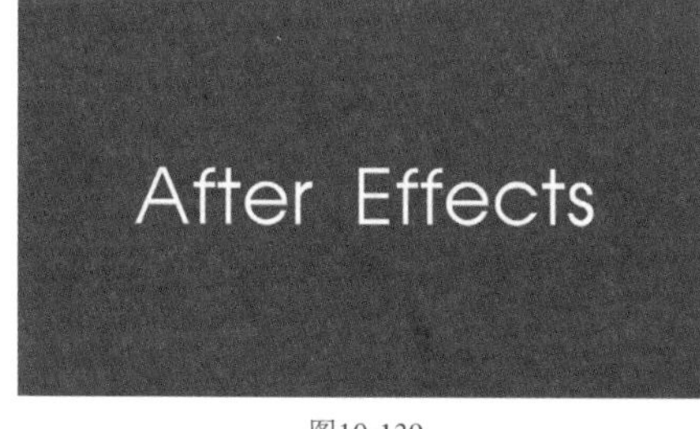

图10-139

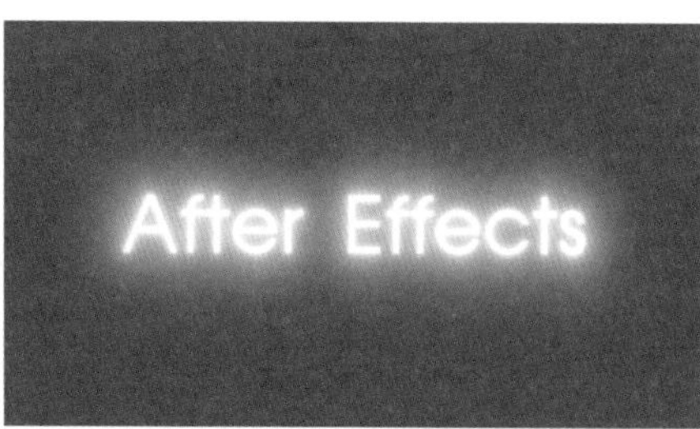

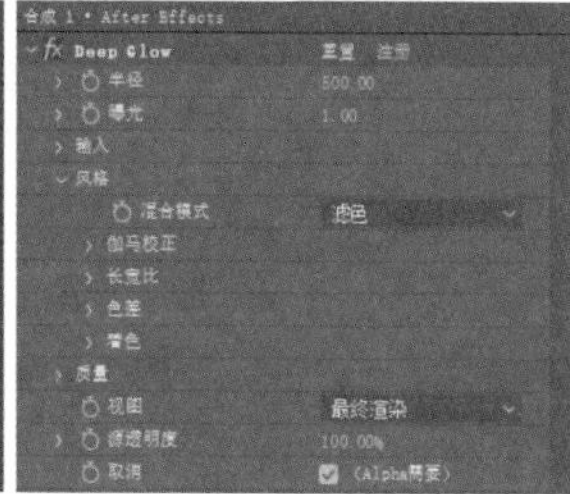

图10-140

03 调整“半径”的数值，能控制发光区域的大小，对比效果如图10-141所示。

04 调整“曝光”的数值，可以提高或降低发光的强度，对比效果如图10-142所示。

图10-141

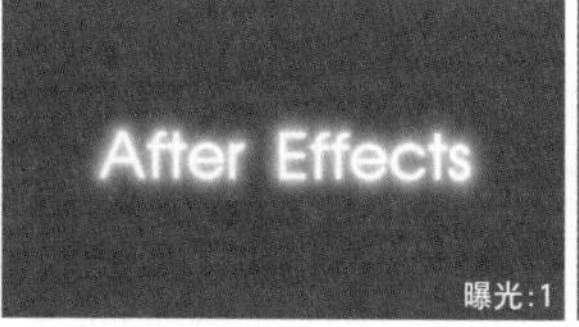

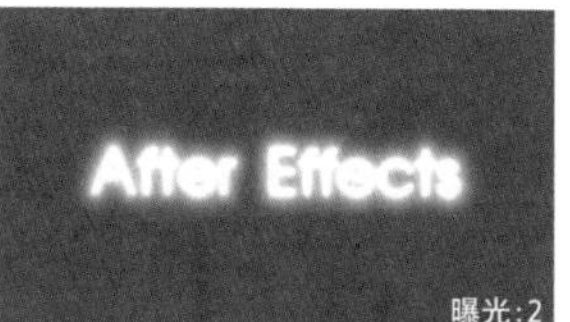

图10-142

05 展开“输入”卷展栏，可以在“蒙版”卷展栏中指定图层，以控制发光的区域，如图10-143所示。

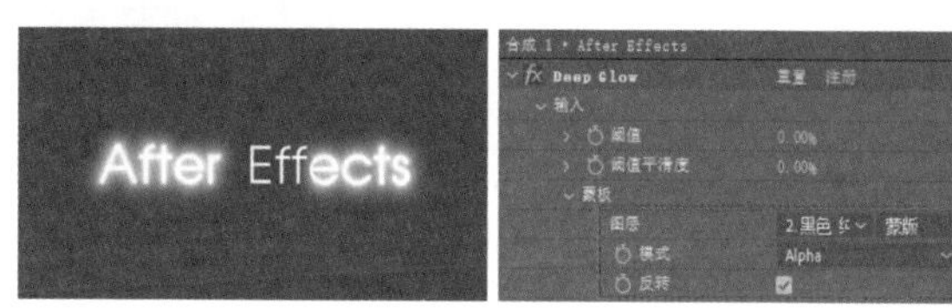

图10-143

06 调整“模式”，可以改变发光的效果，对比效果如图10-144所示。

07 默认情况下，光线沿着发光体表面向四周均匀发射。当“长宽比”为0.5时，光线纵向发射，当“长宽比”为1.5时，光线横向发射，对比效果如图10-145所示。

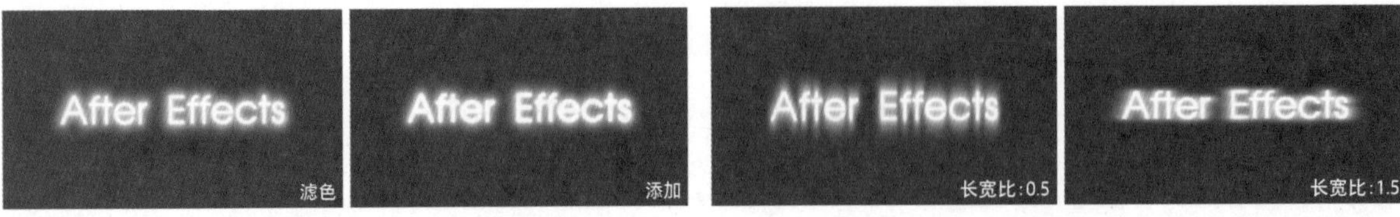

图10-144　　图10-145

> **疑难问答：怎样确定长宽比数值与方向的关系？**
>
> “长宽比”的取值范围为0~2。当其值为1时，光线向四周均匀发射；当其值为0~1时，光线纵向发射；当其值为1~2时，光线横向发射。

08 勾选“启用角度”选项，能灵活设置光线发射的方向，如图10-146所示。

09 在“色差”卷展栏中勾选“启用”选项，就能出现不同颜色重叠的发光效果，如图10-147所示。

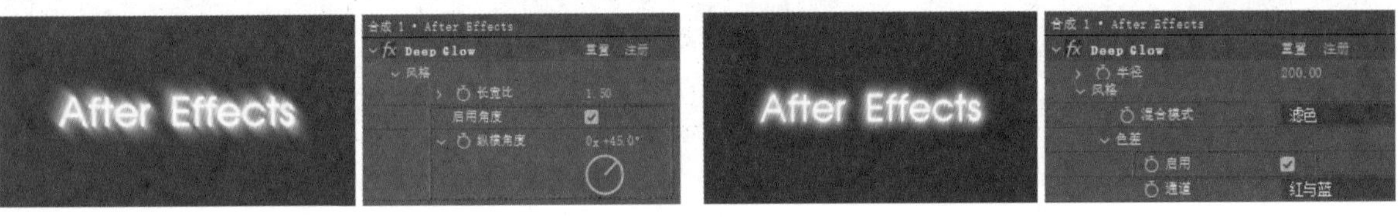

图10-146　　图10-147

10 在“通道”下拉列表中选择不同的模式，能形成不同的色差效果，对比效果如图10-148所示。

图10-148

11 增加“数量”的数值，能让颜色分离得更加明显，效果如图10-149所示。

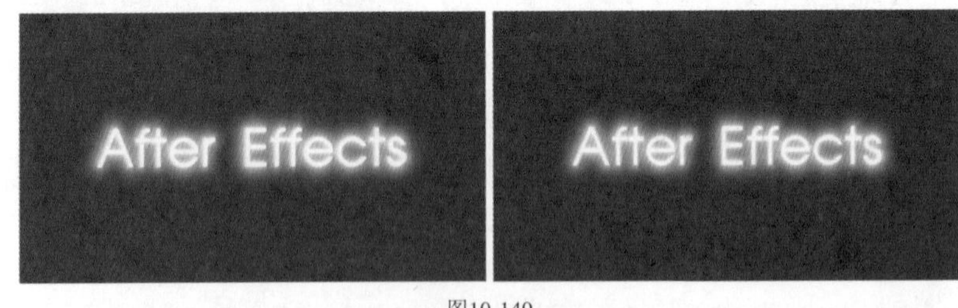

图10-149

12 在“着色”卷展栏中勾选“启用”选项，可以单独设置发光的颜色，而不必使发光颜色与发光体颜色相同，如图10-150所示。

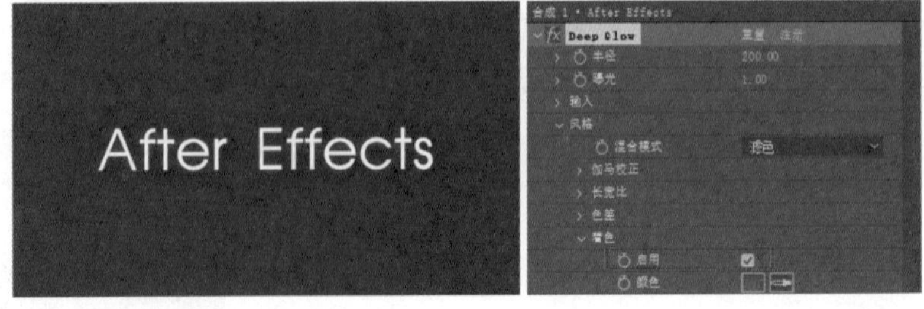

图10-150

实战：制作动态文字背景

案例文件	案例文件>CH10>实战：制作动态文字背景
难易程度	★★★★☆
学习目标	熟悉CC RepeTile效果的用法

本案例将制作一个动态文字背景，需要用CC RepeTile效果复制文字，并使用CC Cylinder效果使文字变形，案例效果如图10-151所示。

图10-151

01 新建一个1920像素×1080像素的合成，将其命名为“总合成”，然后新建一个400像素×100像素的合成，将其命名为text，如图10-152所示。

02 在text合成中新建一个文本图层，输入HangCheng，如图10-153所示。

03 返回“总合成”合成，然后将text合成放置于“总合成”合成中，如图10-154所示。

图10-152

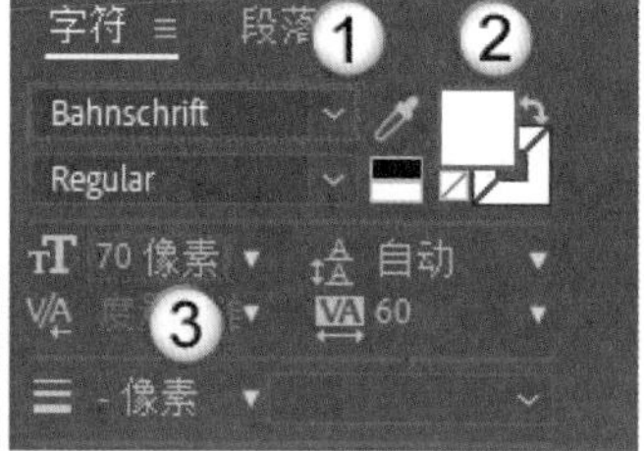

图10-153

图10-154

04 为text合成添加CC RepeTile效果，设置Expand Right和Expand Left为2000，并将文本图层放在画面顶部，效果如图10-155所示。

05 将text合成复制7层，然后使它们均匀分布在画面中，效果如图10-156所示。

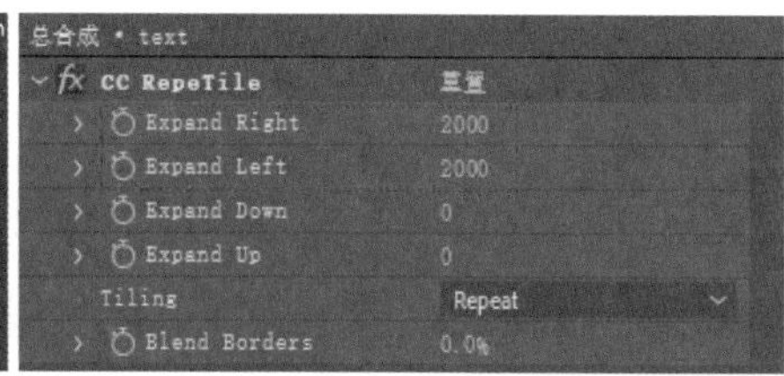

图10-155

图10-156

06 从顶层开始间隔选择text合成，然后按P键调出“位置”参数，如图10-157所示。

07 在剪辑起始位置添加“位置”关键帧，然后在剪辑末尾向左移动合成，如图10-158所示。

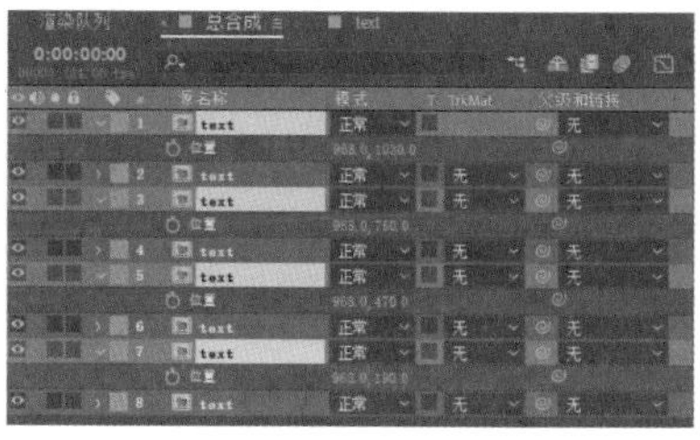

图10-157

图10-158

技巧提示

合成向左移动的距离没有规定，读者可以提供的数值为参考进行制作。为了方便区别合成，可以将向左移动的合成设置为其他颜色，如图10-159所示。

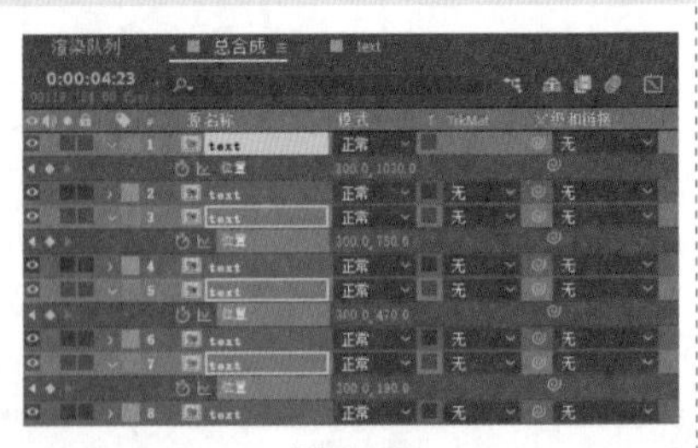

图10-159

08 选中剩余的text合成，按照上一步的方法制作向右移动的动画效果，如图10-160所示。

09 新建一个空对象图层，将其放在顶层，然后将所有的text合成都设置为“空1”图层的子层级，如图10-161所示。

图10-160

图10-161

10 选中“空1”图层，按R键调出“旋转”参数，设置“旋转”为0x+10°，效果如图10-162所示。

11 将所有图层都转换为预合成，并将预合成命名为“元素”，如图10-163所示。

12 搜索CC Cylinder效果，将其添加到“元素”合成上，然后设置Render为Outside。此时文字部分会变成圆柱形，如图10-164所示。

图10-162

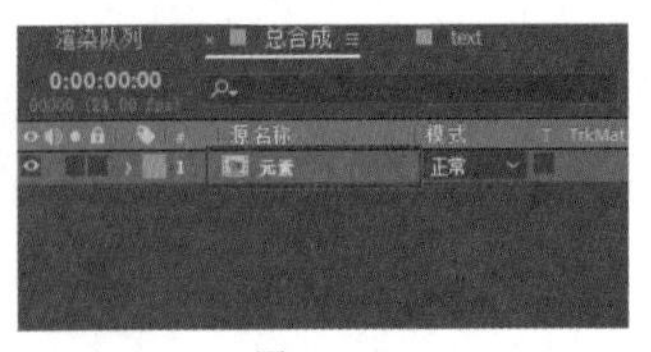

图10-163

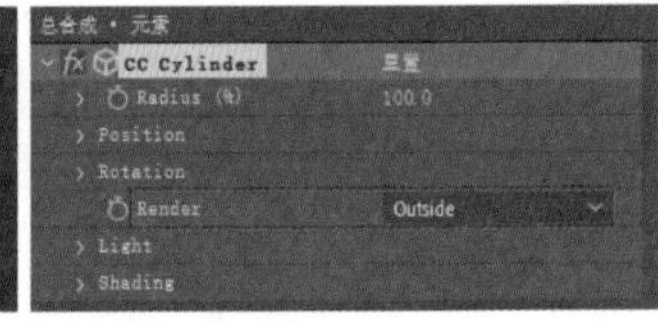

图10-164

13 观察画面，发现在上下两端有断开的文字。按S键调出“元素”合成的“缩放”参数，设置“缩放”为（130%,130%），这样就可以遮挡断开的文字，效果如图10-165所示。

14 在CC Cylinder卷展栏中设置Light Intensity为130，Light Color为浅绿色，Light Height为30，Light Direction为0x-90°，Ambient为50，Diffuse为70，如图10-166所示。圆柱形就会产生灯光和阴影，立体感会更强。

15 将“元素”合成复制两份，然后将两个新合成分别向左和向右移动，使它们拼接在原合成的两侧，如图10-167所示。在拼接时，最好调出“位置”参数慢慢调整，使文字之间能平滑过渡。

图10-165

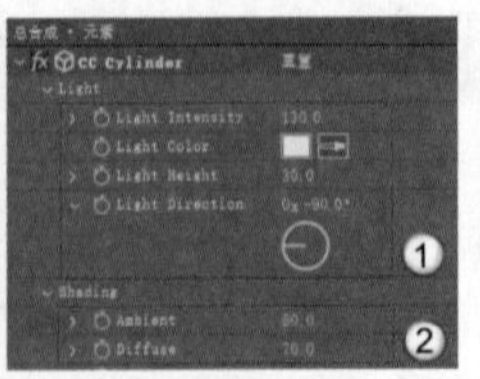

图10-166

图10-167

16 新建一个空对象图层，将所有“元素”合成都设置为“空2”图层的子层级，如图10-168所示。

17 选中“空2”图层，设置“旋转”为0x+10°，效果如图10-169所示。

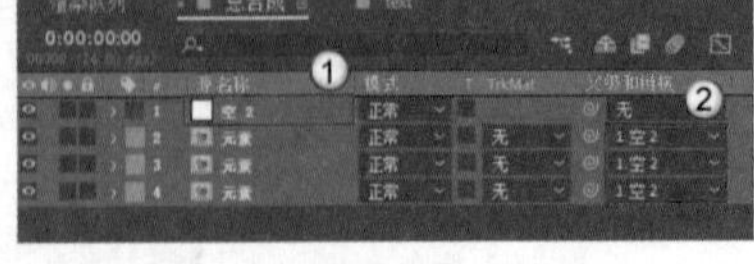

图10-168

图10-169

技巧提示

读者可按照自己的想法设置“旋转”的数值，这一步可任意发挥。

18 新建调整图层，将其放在“空2”图层的上方，然后为其添加“填充”效果，设置“颜色”为浅绿色，如图10-170所示。

19 继续在调整图层上添加“四色渐变”效果，具体参数及效果如图10-171所示。

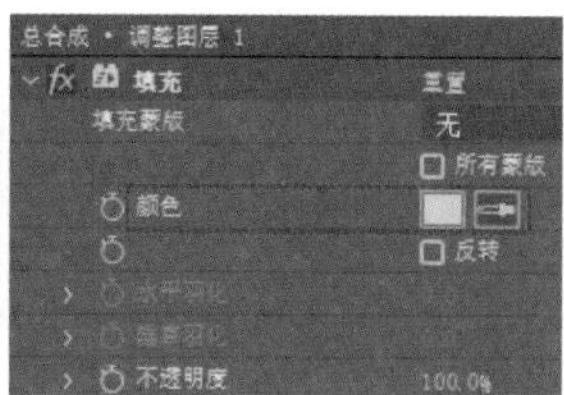

图10-170

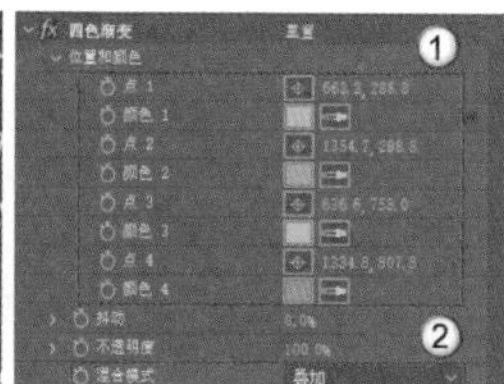

图10-171

20 将所有的图层都转换为预合成，并将预合成命名为“内容”，然后新建一个深灰色的纯色图层作为背景，效果如图10-172所示。

21 在“合成”面板中任意截取4帧图片，效果如图10-173所示。

图10-172

图10-173

重点

实战：制作形状移动文字动画

案例文件	案例文件>CH10>实战：制作形状移动文字动画
难易程度	★★★★☆
学习目标	掌握遮罩图层和蒙版的用法

使用遮罩图层和蒙版，能制作出有趣的移动文字动画。本案例的效果如图10-174所示。

图10-174

01 新建一个1920像素×1080像素的合成，将其命名为“总合成”，然后新建一个洋红色的纯色图层作为背景，如图10-175所示。

02 新建一个文本图层，输入FINAL，具体参数及效果如图10-176所示。

03 将文本图层复制一层，修改文字内容为PIECE，并将其放在FINAL的下方，效果如图10-177所示。

图10-175

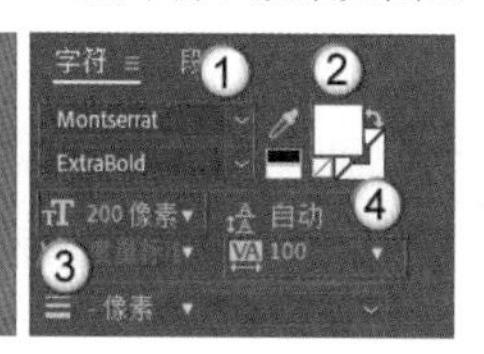

图10-176

图10-177

04 使用“矩形工具”在文字上方绘制一个矩形，使其遮盖住上面一层文字，效果如图10-178所示。

> **技巧提示**
>
> 绘制矩形时，一定不要选中文本图层，否则绘制的矩形就会成为文本图层的蒙版。

图10-178

05 将矩形图层复制一层，向下移动生成的矩形并遮盖剩余的文字，效果如图10-179所示。

06 隐藏下方的文本和矩形所在的图层，并调整图层的顺序，如图10-180所示。

07 选中FINAL图层，按P键调出“位置”参数，在0:00:01:00的位置添加关键帧，如图10-181所示。

图10-179

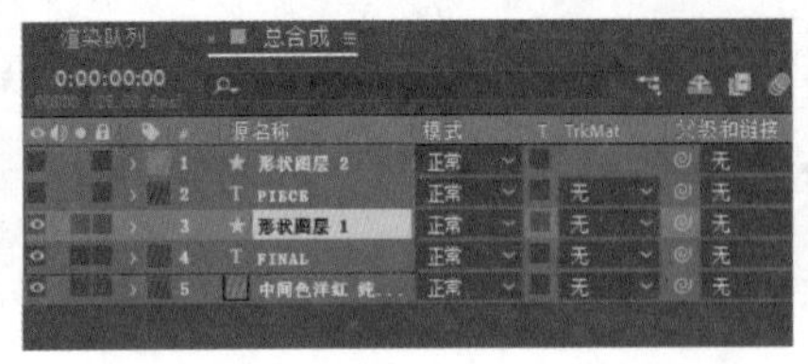

图10-180

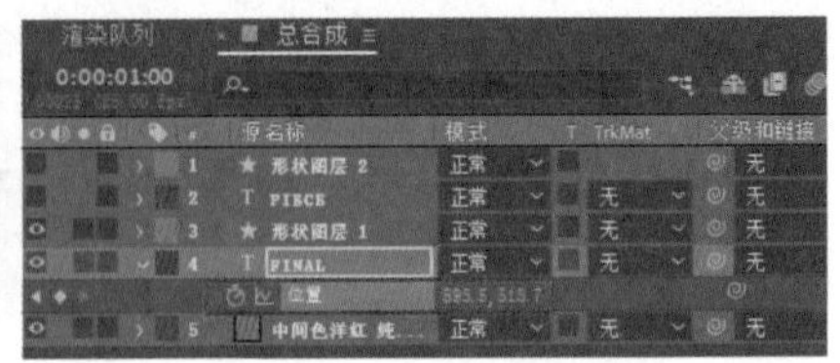

图10-181

08 在剪辑起始位置将文字FINAL向下移动到矩形的下方，效果如图10-182所示。

09 显示PIECE图层和“形状图层2”图层，然后选中PIECE图层，按P键调出“位置”参数，在0:00:01:00的位置添加关键帧，如图10-183所示。

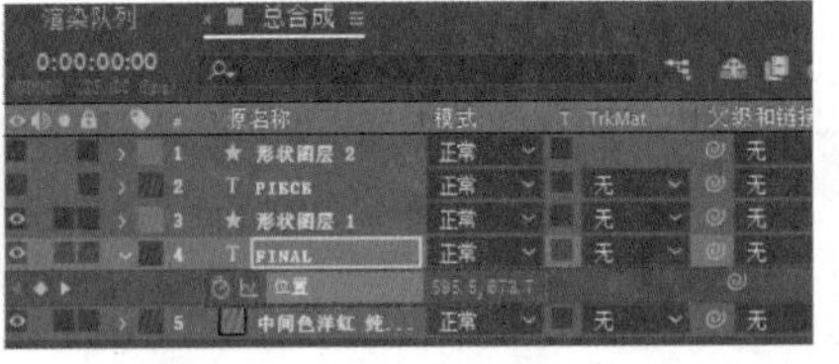

图10-182

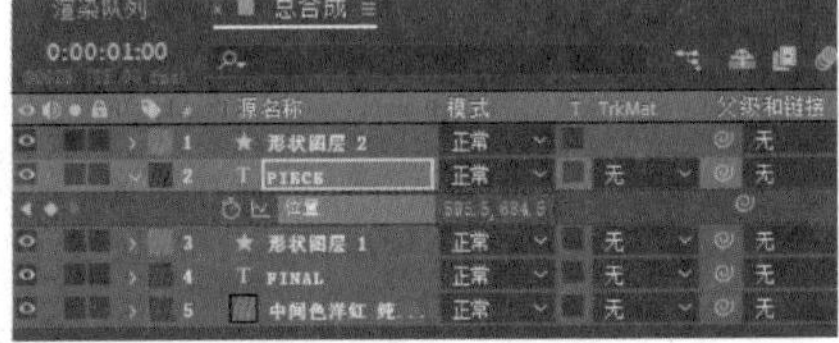

图10-183

10 在剪辑起始位置将文字PIECE移动到矩形的上方，如图10-184所示。

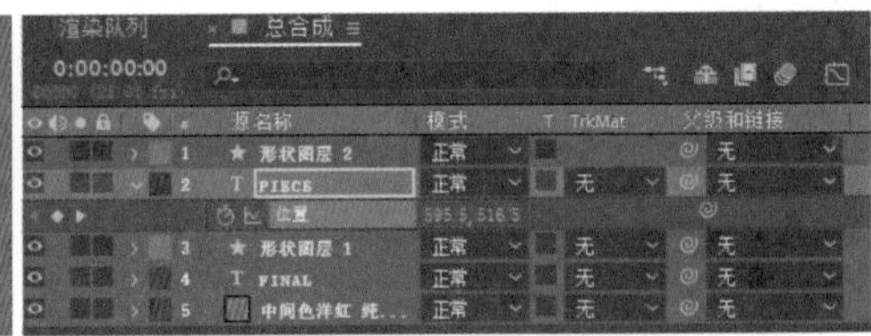

图10-184

11 选中两个文本图层，然后在0:00:01:15的位置添加“位置”关键帧，使其位置与0:00:01:00处的相同，然后在0:00:02:15的位置粘贴起始位置的关键帧，如图10-185和图10-186所示。

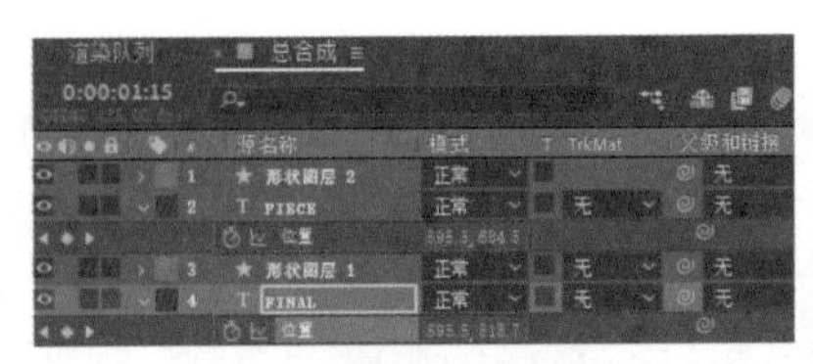

图10-185

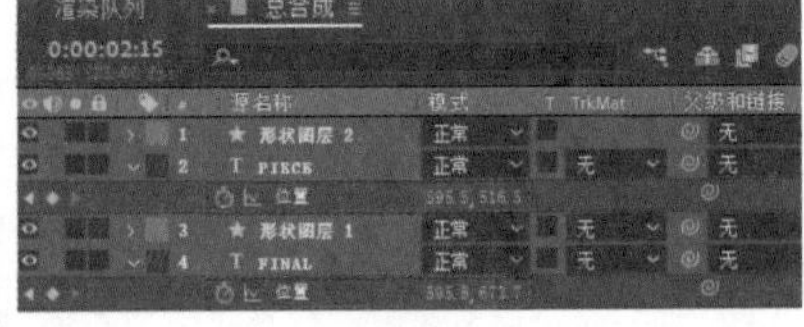

图10-186

12 切换到“图表编辑器”面板，调整两个文本图层的速度曲线，如图10-187所示。

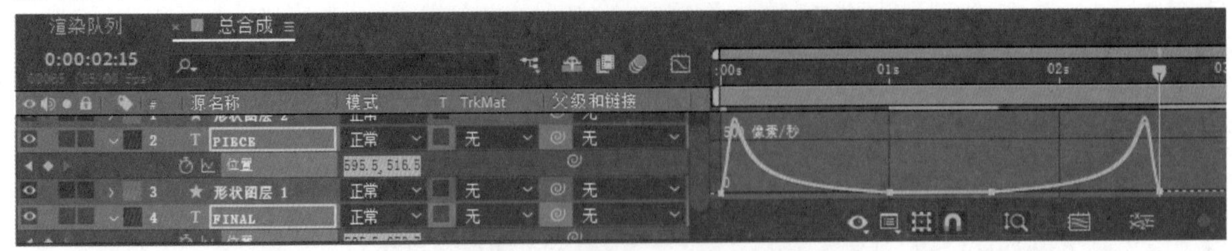

图10-187

13 将两个形状图层分别作为下方文本图层的“Alpha遮罩”蒙版，如图10-188所示，效果如图10-189所示。

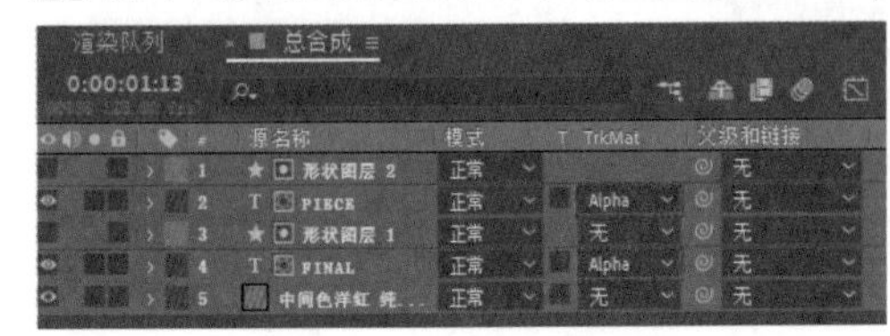

图10-188

图10-189

14 将两个文本图层与对应的矩形遮罩图层转换为预合成，并将它们分别命名为“PIECE”和“FINAL”，如图10-190所示。

15 将FINAL合成复制一层，然后将新合成向上移动一段距离，效果如图10-191所示。

16 保持上一步复制生成的合成处于选中状态，使用“矩形工具”绘制一个蒙版，将重叠的部分隐藏，效果如图10-192所示。

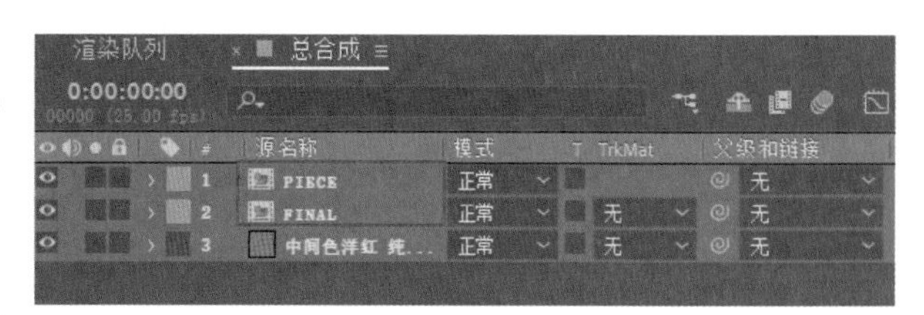

图10-190

图10-191

图10-192

17 将FINAL合成继续复制一层，然后将新合成向上移动，并调整蒙版的高度，隐藏重叠的部分，效果如图10-193所示。

18 继续复制一层FINAL合成，然后将新合成向上移动，调整蒙版的高度，效果如图10-194所示。

19 按照制作FINAL文字效果的方法，制作PIECE文字效果，效果如图10-195所示。

图10-193

图10-194

图10-195

20 按照画面中文字的顺序调整合成的顺序，并将相对应的合成设置为一个颜色，如图10-196所示。

21 选中相同颜色的剪辑，然后将它们向右移动，使不同颜色的剪辑之间相差3帧，如图10-197所示。

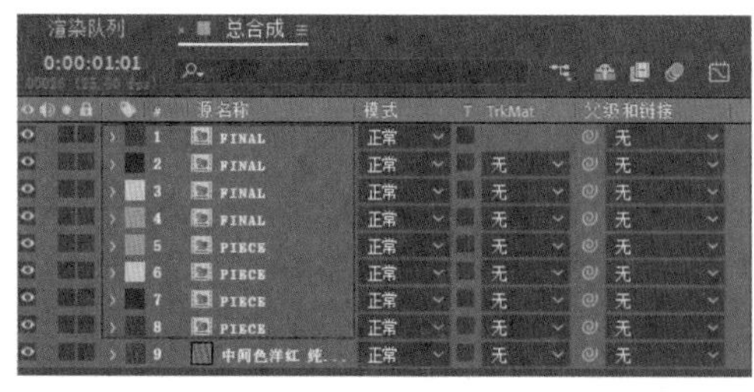

图10-196

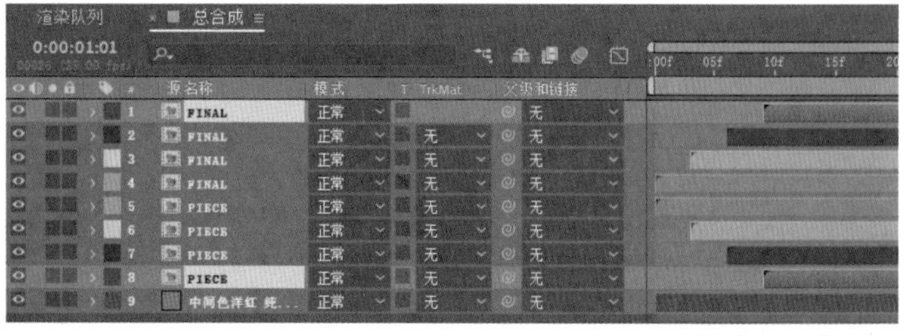

图10-197

> **技巧提示**
>
> 设置图层的颜色是为了方便调整剪辑的起始位置，读者也可以省略这一步。

22 在“合成”面板中任意截取4帧图片，效果如图10-198所示。

图10-198

重点

实战：制作颜色填充文字动画

案例文件	案例文件>CH10>实战：制作颜色填充文字动画
难易程度	★★★★☆
学习目标	掌握“勾画”效果的使用方法

使用“勾画”效果，可以沿着由文字形成的运动路径填充颜色，从而形成文字动画，案例效果如图10-199所示。

图10-199

案例制作

01 新建一个1920像素×1080像素的合成，将其命名为“总合成”，然后新建一个文本图层并输入Loreley，具体参数及效果如图10-200所示。

02 将文本图层转换为预合成，将其命名为“白色”，然后为其添加“勾画”效果，设置“片段”为1，勾选“随机相位”选项，然后设置“混合模式”为“透明”，“颜色”为白色，“宽度”为4，“结束点不透明度”为1，如图10-201所示。

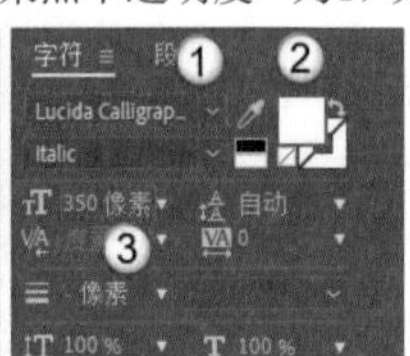

图10-200

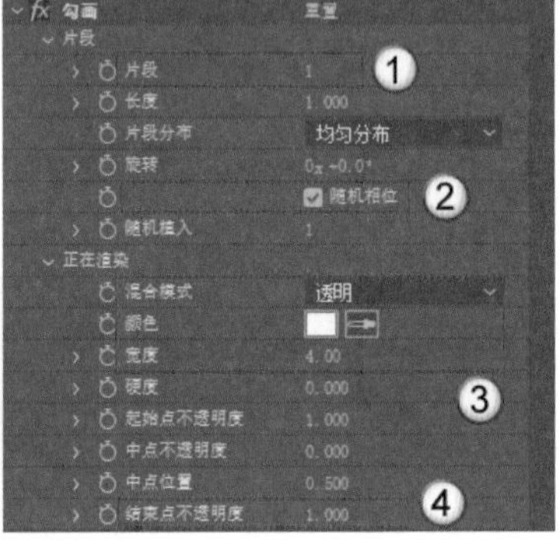

图10-201

03 在0:00:02:00的位置添加“长度”和“旋转”关键帧，然后在剪辑起始位置设置“长度”为0，“旋转”为0x-90°，如图10-202所示，效果如图10-203所示。

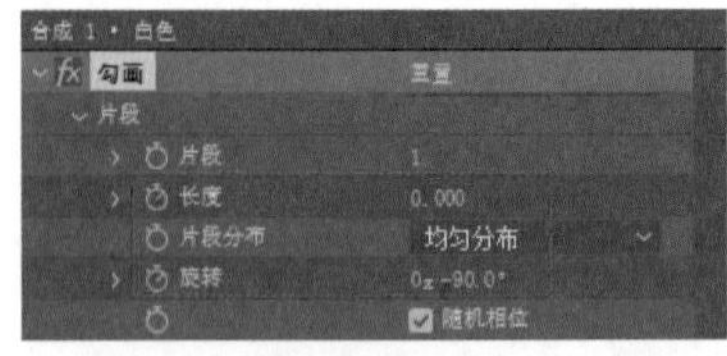

图10-202

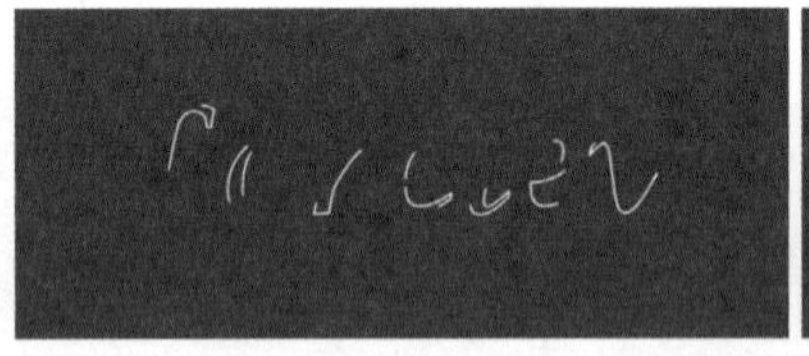

图10-203

04 将“白色”合成复制一层，将新合成重命名为“黄色”，然后在“勾画”卷展栏中设置“颜色”为黄色，如图10-204所示。

05 在“勾画”卷展栏中修改“随机植入”为3，“宽度”为6，让黄字的动画与白字的动画产生区别，如图10-205所示。

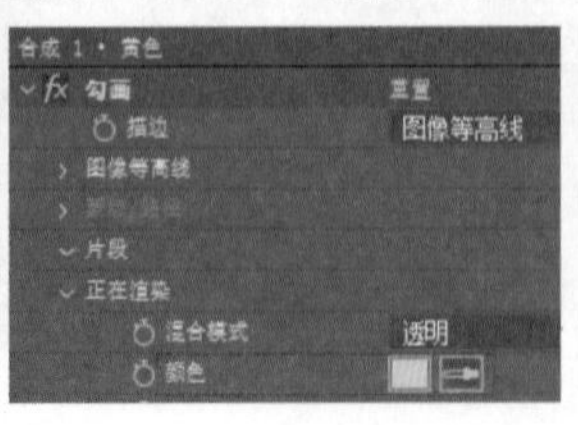

图10-204

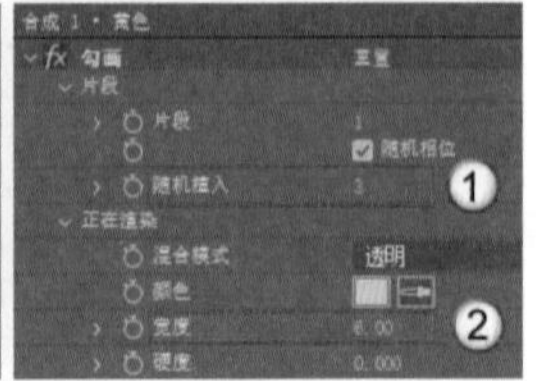

图10-205

06 选中“黄色”合成的剪辑，将其向后移动5帧，如图10-206所示。动画效果如图10-207所示。

图10-206

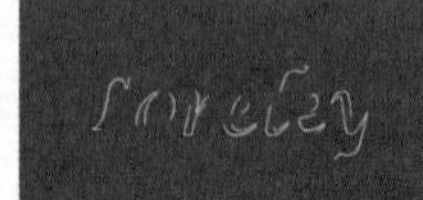

图10-207

07 将“黄色”合成复制一层，并将“黄色2”合成的剪辑向后移动5帧，如图10-208所示。

08 在剪辑起始位置添加“宽度”关键帧，然后在0:00:02:00的位置设置“宽度”为10，如图10-209所示。

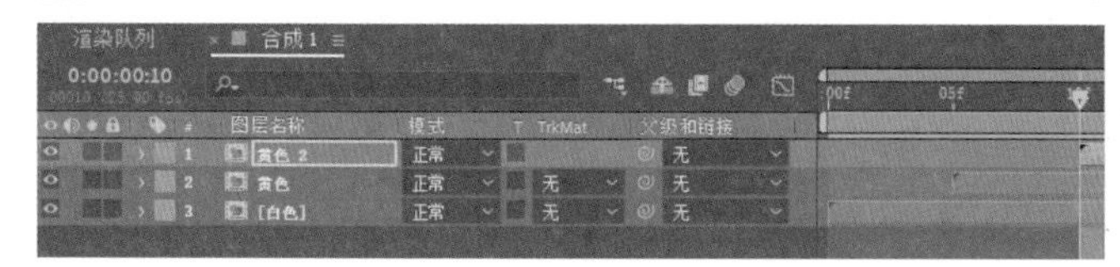

图10-208

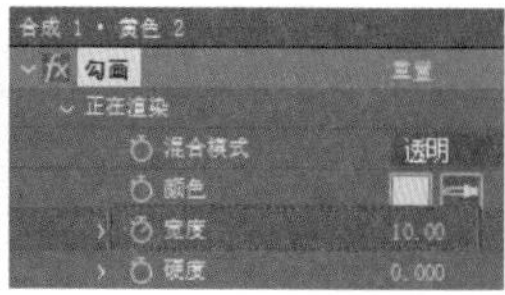

图10-209

09 为“黄色2”合成中的文字填充颜色，然后为其添加“最小/最大”效果，并将该效果放在“勾画”效果的上方，设置“操作”为“最小值”，“半径”为10，“通道”为“Alpha和颜色”，如图10-210所示。

10 继续为其添加“简单阻塞工具”效果，设置“阻塞遮罩”为2，这样就能让填充的颜色边缘变得更清晰，如图10-211所示。

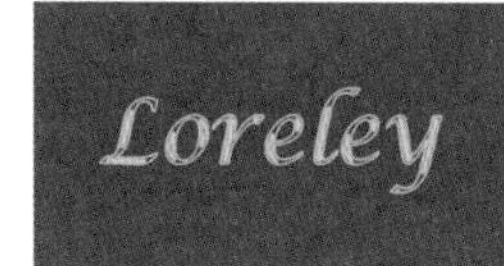

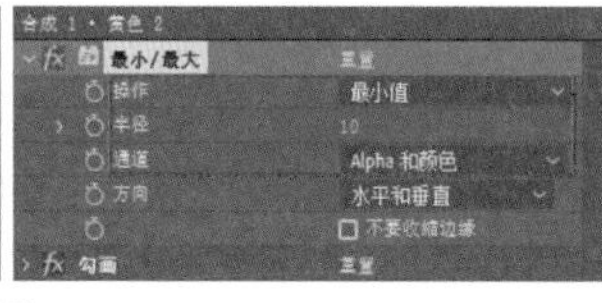

图10-210

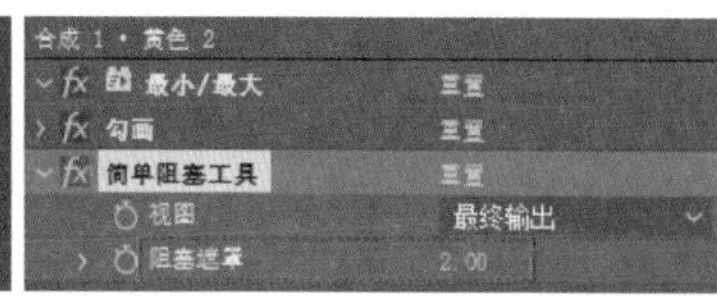

图10-211

11 复制“黄色2”合成，将新合成重命名为“蓝色”，然后将它的剪辑向后移动5帧，如图10-212所示。

12 在“勾画”卷展栏中修改“随机植入”为6，“颜色”为蓝色，如图10-213所示。

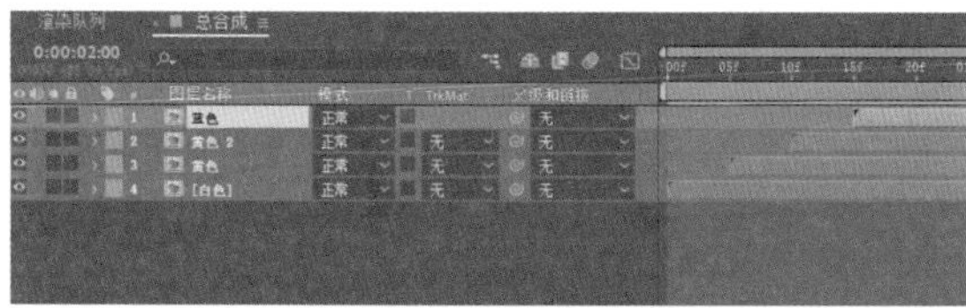

图10-212

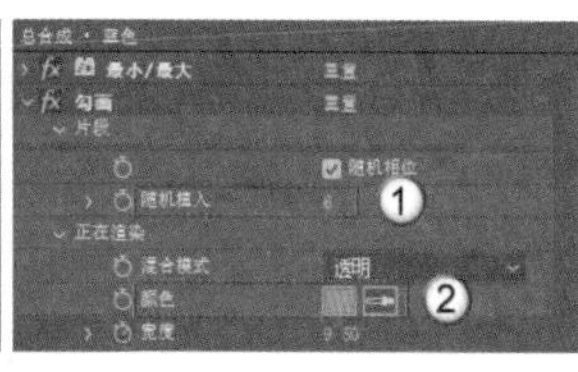

图10-213

13 将“蓝色”合成复制一层，然后按U键调出“蓝色2”合成的所有关键帧，将“宽度”的末尾关键帧移动到0:00:02:20的位置，将其与其他关键帧一起转换为“缓动”关键帧，如图10-214所示。

图10-214

14 保持播放指示器在0:00:02:20的位置不变，在“效果控件”面板中修改“半径”为1，“宽度”为38，“阻塞遮罩”为2，如图10-215所示。

15 将“黄色2”合成复制一层，并将新合成重命名为“遮罩”，然后删除“效果控件”面板中的所有效果，如图10-216所示。

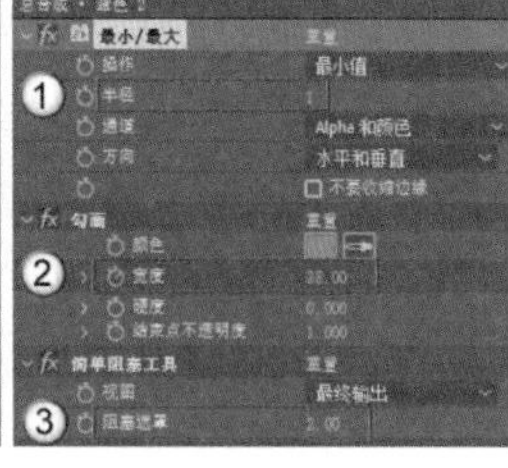

图10-215

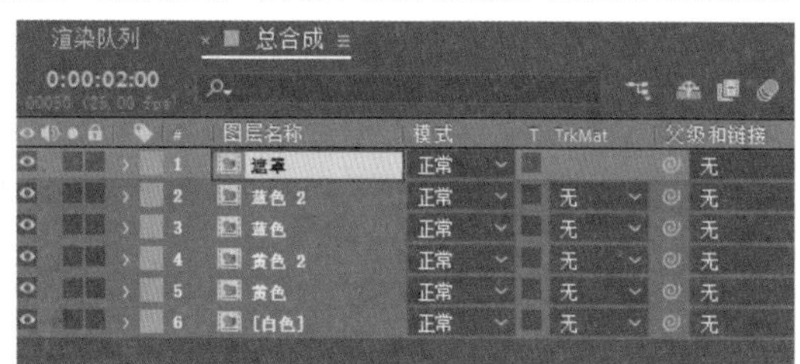

图10-216

16 将“遮罩”合成下的所有合成一起转换为预合成，将预合成重命名为text，然后设置“遮罩”合成为text合成的“Alpha遮罩”蒙版，如图10-217所示，效果如图10-218所示。这样就可以将文字轮廓外的颜色擦除。

17 导入学习资源“案例文件>CH10>实战：制作颜色填充文字动画”文件夹中的“bg.jpg”素材文件作为背景，如图10-219所示。

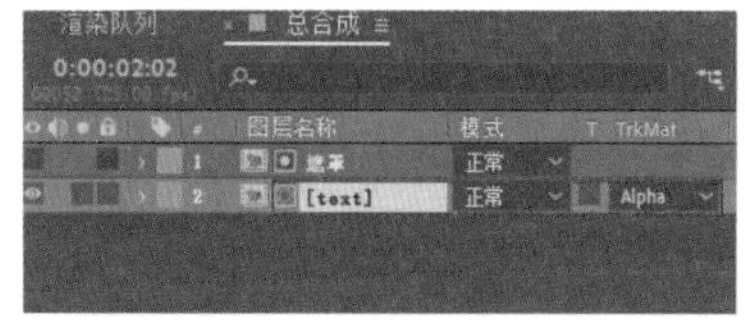

图10-217

图10-218

图10-219

18 在“合成”面板中任意截取4帧图片，效果如图10-220所示。

图10-220

技术回顾

扫码观看视频

演示视频：029-勾画

效果：勾画

位置：生成>勾画

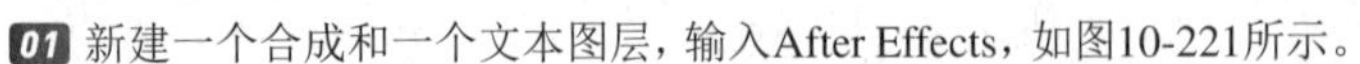

01 新建一个合成和一个文本图层，输入After Effects，如图10-221所示。

02 在“效果和预设”面板中搜索“勾画”效果，并将其添加到文本图层上，如图10-222所示。此时在文字的外围会出现一圈黄色的细线。

图10-221

图10-222

03 调整“宽度”为8，以便清楚地观察到黄色的细线，如图10-223所示。

04 细线是由一小段一小段的线组成的，调整“片段”为1，就能将分段的细线连接成一条线，如图10-224所示。

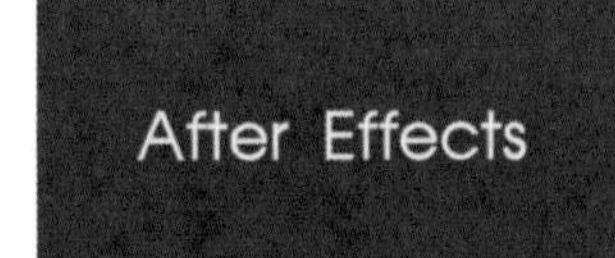

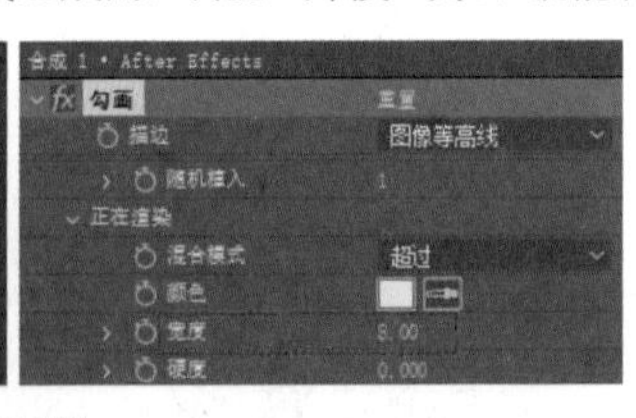

图10-223

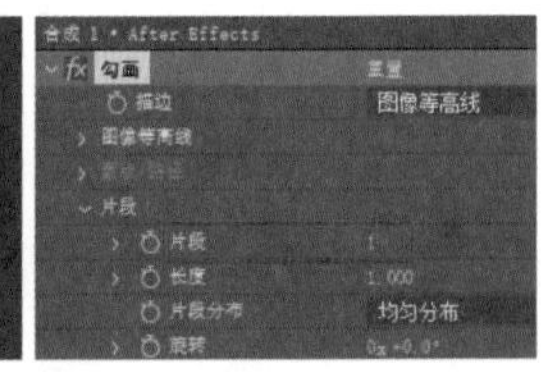

图10-224

05 调整“长度”的数值，让黄色的细线沿着文字的边缘延长，对比效果如图10-225所示。

06 调整“旋转”的数值，让黄色的细线沿着文字边缘移动，对比效果如图10-226所示。

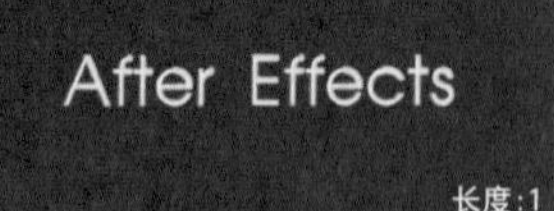

图10-225

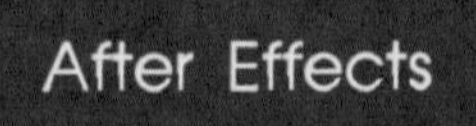

图10-226

07 勾选“随机相位”选项，调整“旋转”的数值，让每个字外围的黄色细线从不同的位置开始移动，对比效果如图10-227所示。

08 选择不同的“混合模式”，可以生成不同的显示效果，对比效果如图10-228所示。

图10-227

图10-228

09 将“颜色”设置为红色，勾画文字的线条就会变成红色，效果如图10-229所示。

10 调整“宽度”的数值，可以改变线条的粗细，对比效果如图10-230所示。

图10-229

图10-230

11 增加“硬度”的数值，能让勾画文字的线条变得更清晰，对比效果如图10-231所示。

12 在默认情况下，“起始点不透明度”为1，“结束点不透明度”为0，勾画的文字呈现部分消失的效果。调整“结束点不透明度”为1，就能让勾画的文字全部显示出来，效果如图10-232所示。

图10-231

图10-232

重点

实战：制作卡片擦除文字动画

案例文件	案例文件>CH10>实战：制作卡片擦除文字动画
难易程度	★★★★☆
学习目标	掌握“卡片擦除”效果的使用方法

使用“卡片擦除”效果，能制作一个较为复杂的文字切换动画。本案例的效果如图10-233所示。

图10-233

案例制作

01 新建一个1920像素×1080像素的合成，将其命名为“总合成”，然后新建一个文本图层，输入TRANSFORM，具体参数及效果如图10-234所示。

02 继续新建文本图层，输入ANIMATION，效果如图10-235所示。将该图层放置在TRANSFORM图层的下方。

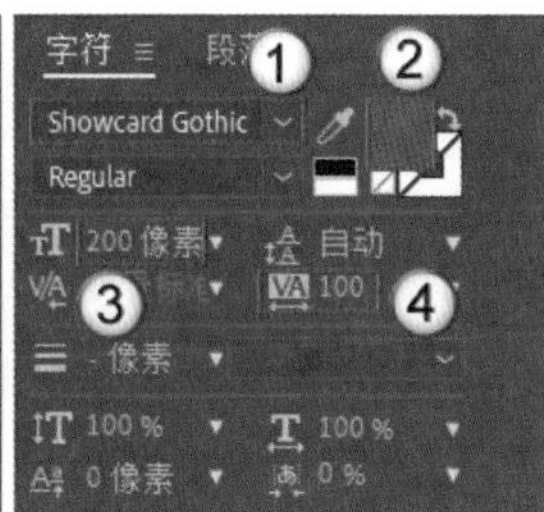

图10-234

图10-235

03 选中TRANSFORM图层，为其添加“卡片擦除”效果，设置“背面图层”为2.ANIMATION，“行数”为20，“列数”为15，“随机时间”为0.5，如图10-236所示。

> **技巧提示**
> 这一步需要隐藏ANIMATION图层，以免画面穿帮。

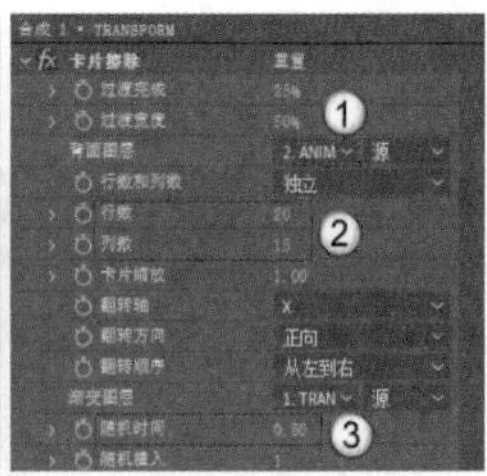

图10-236

04 在剪辑起始位置设置“过渡完成”为0%，并添加关键帧，然后在0:00:02:00的位置设置“过渡完成”为100%，如图10-237所示，效果如图10-238所示。

图10-237

图10-238

05 观察动画效果，发现文字碎片较少。调整“列数”为60，以增加文字碎片，如图10-239所示。

06 在剪辑起始位置和0:00:02:00的位置设置“Z抖动量”为0，并添加关键帧，然后在0:00:01:00的位置设置“Z抖动量”为5，如图10-240所示。

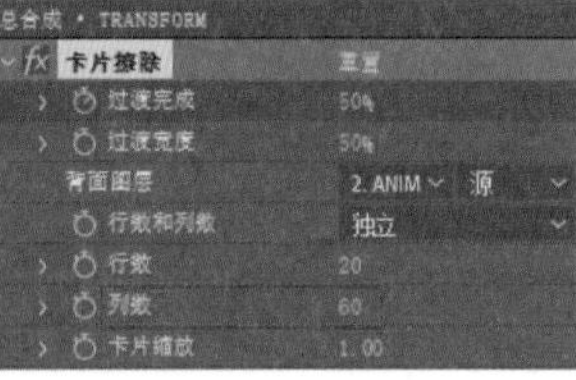

图10-239

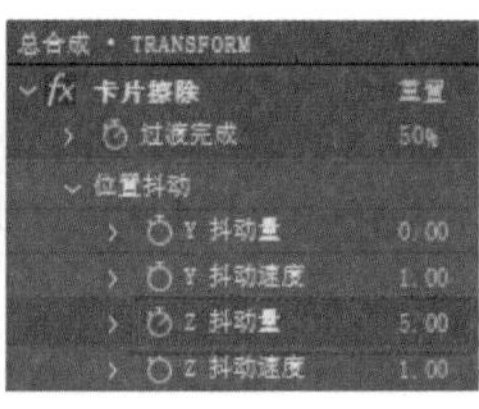

图10-240

07 移动播放指示器观看文字动画，效果如图10-241所示。

图10-241

08 将TRANSFORM图层复制一层，并将新图层向下移动一层，修改图层名称为“变换”，如图10-242所示。

09 选中“变换”图层，修改文字颜色为黄色，然后在“卡片擦除”卷展栏中设置“随机时间”为0.7，如图10-243所示。

10 在剪辑起始位置和0:00:02:00的位置为“位置抖动”卷展栏中的“X抖动量”和“Y抖动量”添加关键帧，然后在0:00:01:00的位置设置“X抖动量”为3，“Y抖动量”为3，“Z抖动量”为8，如图10-244所示。

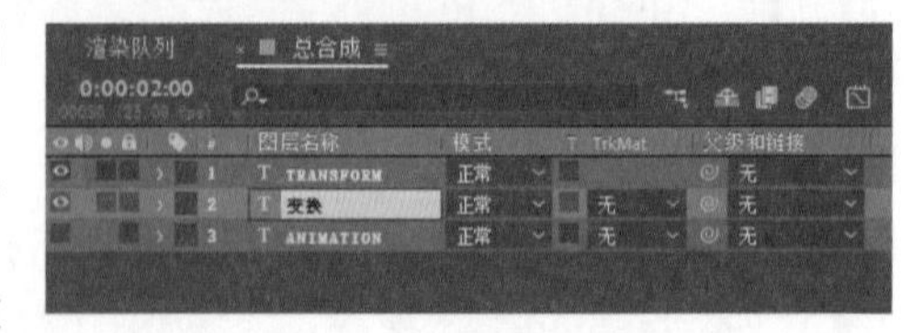

图10-242

图10-243

图10-244

11 新建一个调整图层，然后为其添加“发光”效果，设置“发光半径”为33，“发光强度”为1.2，如图10-245所示。

12 在0:00:01:00的位置为“发光半径”和“发光强度”添加关键帧，然后在剪辑起始位置和0:00:02:00的位置设置“发光半径”为33、“发光强度”为1.2，如图10-246所示。

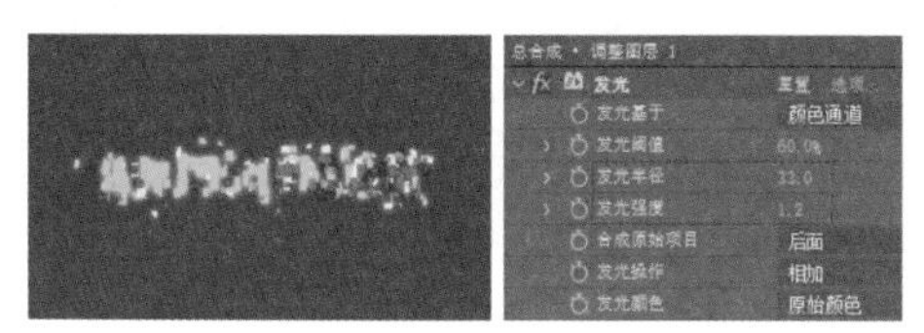

图10-245

图10-246

13 将所有图层都转换为预合成，并将预合成命名为text，然后新建一个黑色的纯色图层作为背景，如图10-247所示。

14 在纯色图层上添加“梯度渐变”效果，设置“起始颜色”为深紫色，“结束颜色”为深蓝色，如图10-248所示。

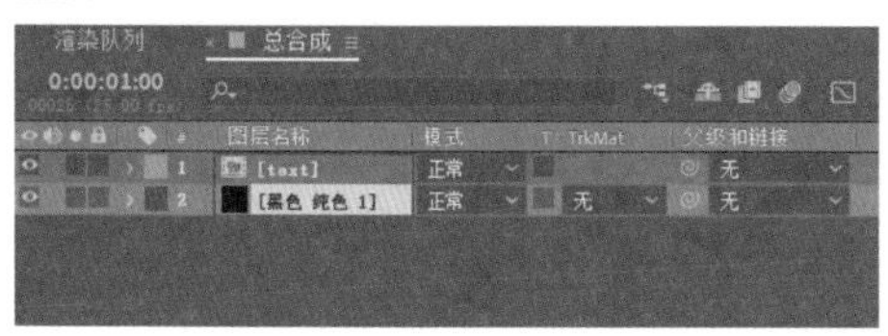

图10-247

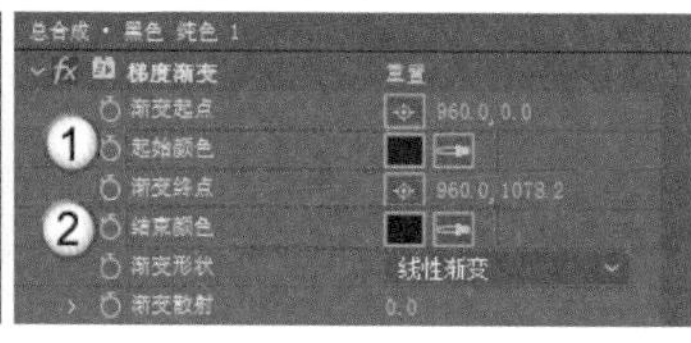

图10-248

15 在“合成”面板中任意截取4帧图片，效果如图10-249所示。

图10-249

☞ 技术回顾

演示视频：030-卡片擦除

效果：卡片擦除

位置：过渡>卡片擦除

扫码观看视频

01 新建一个合成和一个文本图层，输入After Effects，效果如图10-250所示。

02 在“效果和预设”面板中搜索“卡片擦除”效果，然后将其添加到文本图层上，如图10-251所示。

图10-250

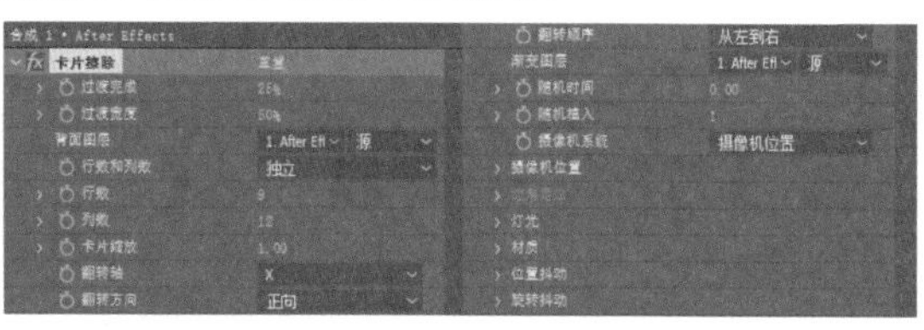

图10-251

03 调整“过渡完成”的数值，可以控制卡片翻转的位置，对比效果如图10-252所示。

04 调整“过渡宽度”的数值，可以控制卡片翻转的角度大小，对比效果如图10-253所示。

图10-252

图10-253

05 “行数和列数”参数有两种模式，在“独立”模式下可以分别设置“行数”和“列数”的值，如图10-254所示；在“列数受行数控制”模式下则只能设置“行数”的值，如图10-255所示。

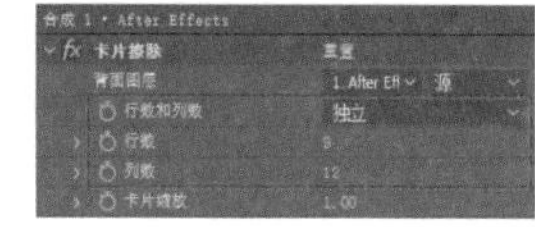

图10-254

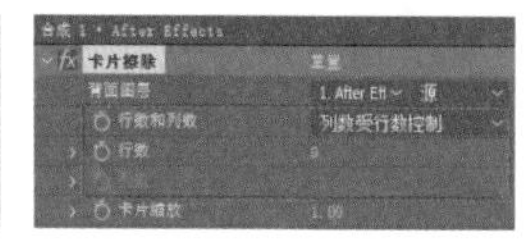

图10-255

06 调整“行数”和“列数”的值，可以增加或减少卡片的数量，对比效果如图10-256所示。

07 调整“卡片缩放”的数值，可以放大或缩小卡片，对比效果如图10-257所示。

图10-256

图10-257

08 在默认情况下，卡片的“翻转轴”为X，也可以将其调整为Y或“随机”，效果如图10-258所示。

图10-258

09 在“翻转方向”下拉列表中可以调整卡片翻转的方向，有“正向”“反向”“随机”3个选项，效果如图10-259所示。

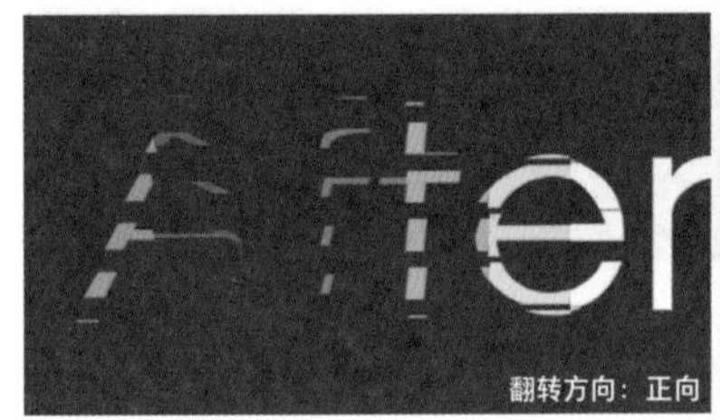

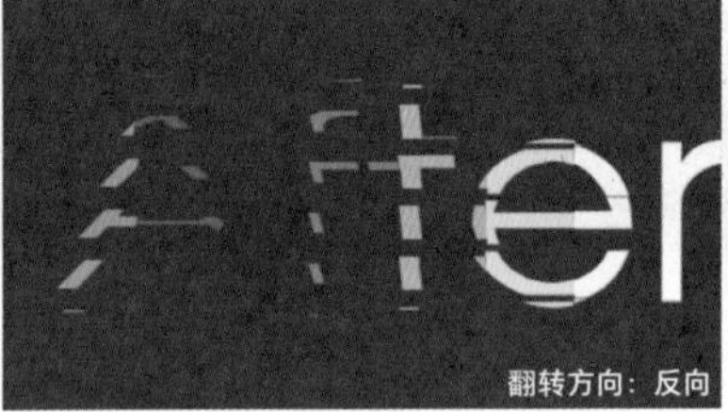

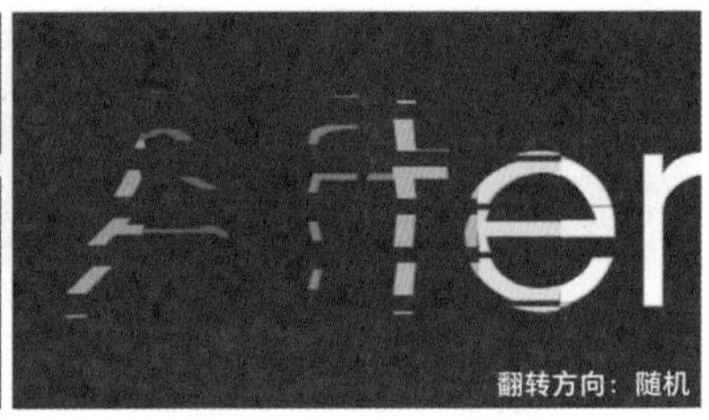

图10-259

10 调整“随机时间”的数值，可以让卡片在随机的位置上进行翻转，效果如图10-260所示。

11 展开“位置抖动”卷展栏，调整其中的参数可以控制翻转卡片的位置，如图10-261所示。

图10-260

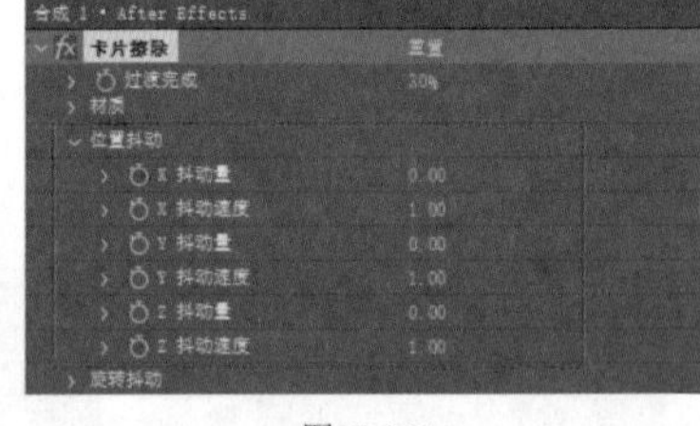

图10-261

12 调整“X抖动量”“Y抖动量”“Z抖动量”的数值，可以让卡片在相应的轴向上发生位移，效果如图10-262所示。

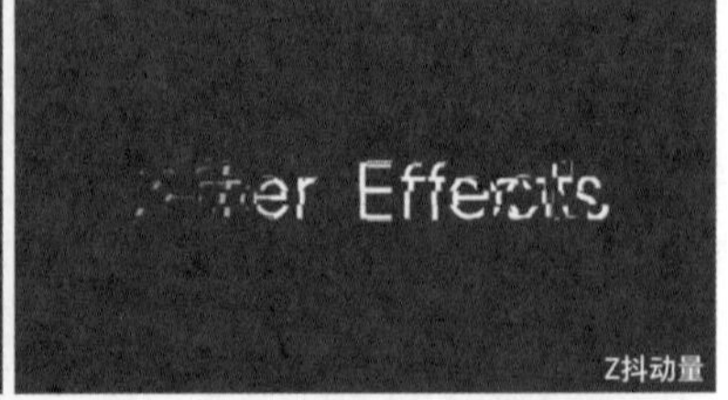

图10-262

13 展开“旋转抖动”卷展栏，调整其中的参数可以控制翻转卡片的旋转角度，如图10-263所示。

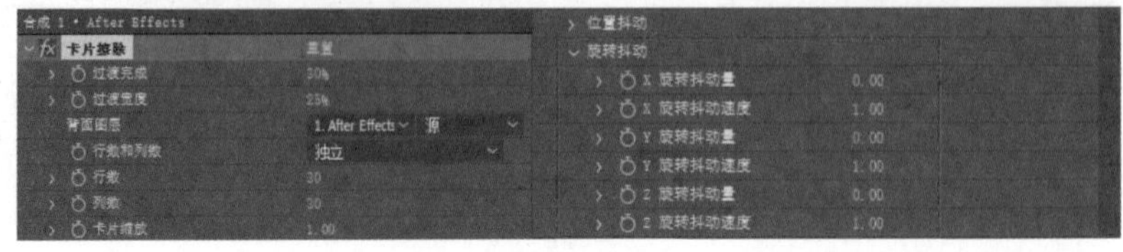

图10-263

14 调整“X旋转抖动量”“Y旋转抖动量”“Z旋转抖动量”的数值，可以让卡片在相应的轴向上发生旋转，效果如图10-264所示。

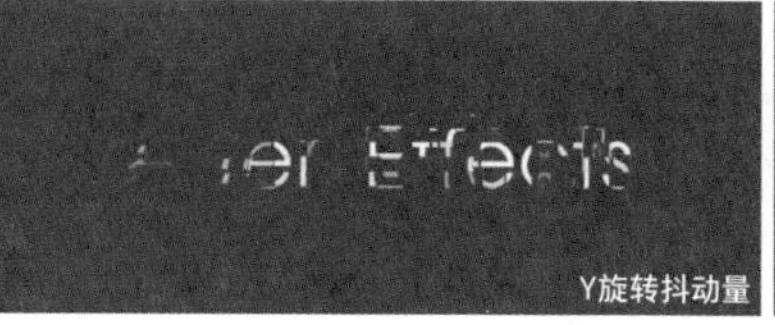

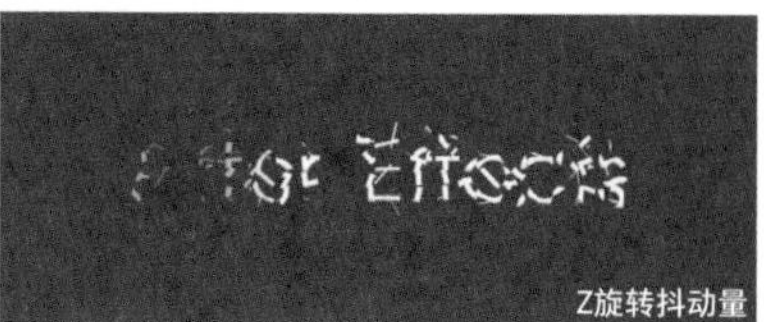

图10-264

重点

实战：制作文字飘散动画

案例文件	案例文件>CH10>实战：制作文字飘散动画
难易程度	★★★★☆
学习目标	掌握Particular粒子的使用方法

扫码观看视频

使用Particular粒子，可以制作丰富的粒子文字效果。本案例使用Particular粒子制作文字随风飘散的效果，案例效果如图10-265所示。

图10-265

01 新建一个1920像素×1080像素的合成，将其命名为“总合成”，然后导入学习资源“案例文件>CH10>实战：制作文字飘散动画”文件夹中的素材文件，将它拖曳到“时间轴”面板中，效果如图10-266所示。

02 将“文本”图层复制一层，修改下方“文本”图层的名称为“阴影”，如图10-267所示。

03 将“阴影”图层往右下方移动一点，然后为其添加“快速方框模糊”效果，制作出阴影的效果，如图10-268所示。

图10-266

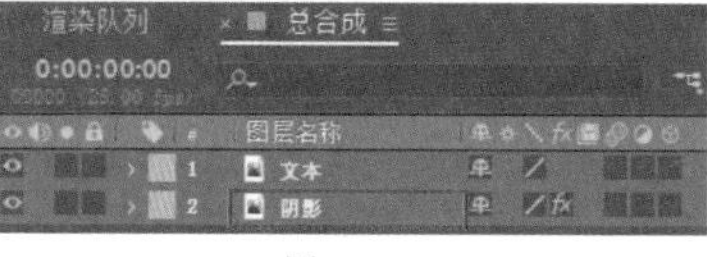

图10-267

图10-268

04 此时阴影的颜色偏亮，为“阴影”图层添加“曲线”效果，降低阴影的亮度，如图10-269所示。

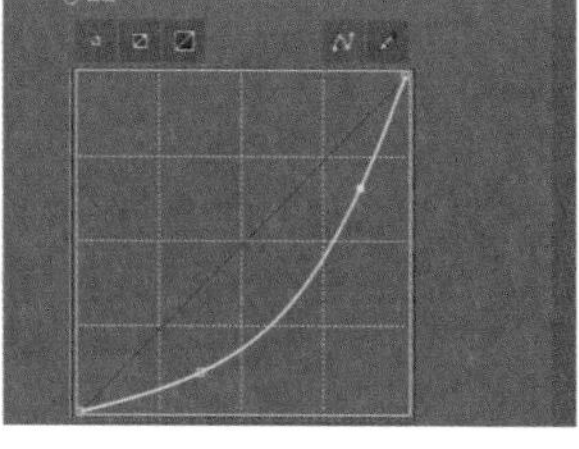

图10-269

05 将“文本”图层和“阴影”图层转换为预合成，将预合成命名为text，然后新建一个白色的纯色图层，将其重命名为“蒙版”，如图10-270所示。

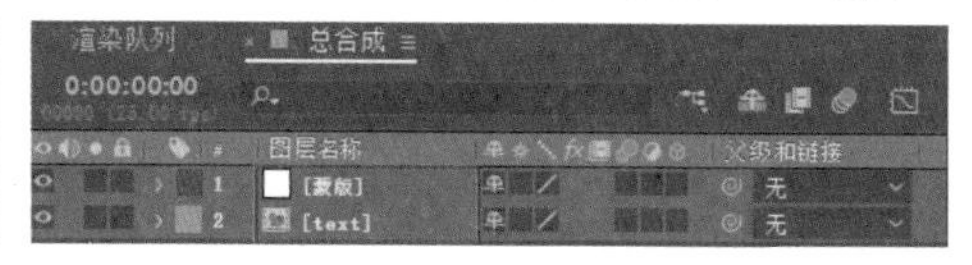

图10-270

06 选中“蒙版”图层，使用“椭圆工具”绘制蒙版，使其可以遮挡全部文字，效果如图10-271所示。

07 展开“蒙版”卷展栏，设置“蒙版羽化”为（50,50）像素，然后在“蒙版路径”上添加关键帧，使蒙版在剪辑起始位置不显示，在0:00:01:00的位置全部显示，如图10-272所示。蒙版的动画效果如图10-273所示。

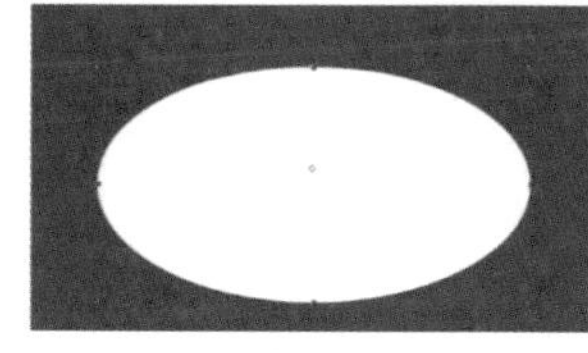

图10-271

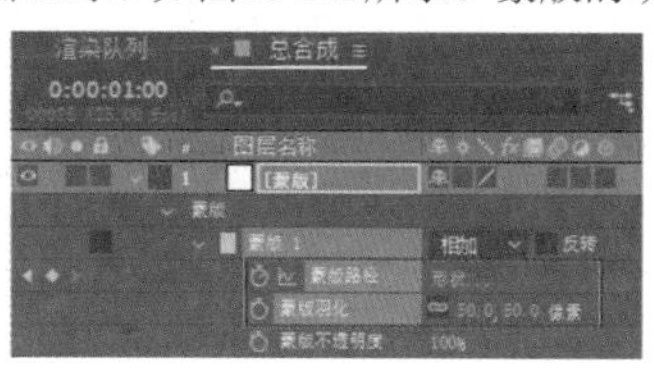

图10-272

图10-273

08 将“蒙版”图层设置为text合成的“Alpha遮罩”蒙版，如图10-274所示，效果如图10-275所示。

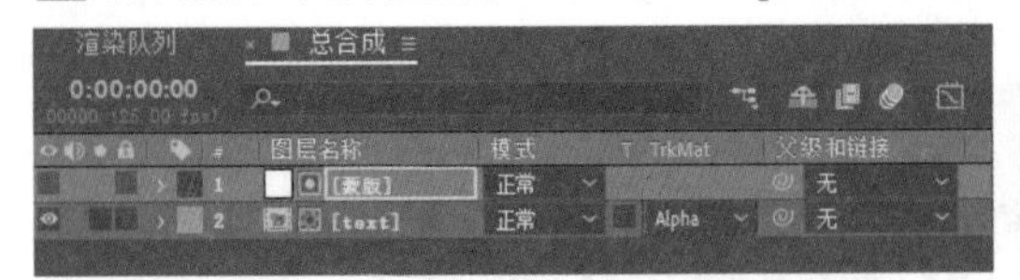

图10-274

图10-275

09 观察蒙版的效果，发现蒙版的边缘过于整齐，显得比较生硬。为“蒙版”图层添加“湍流置换”效果，设置“数量”为100，“大小”为150，“复杂度”为6，如图10-276所示。

10 蒙版羽化的范围有些大，边缘有些模糊，设置“蒙版羽化”为15像素，效果如图10-277所示。

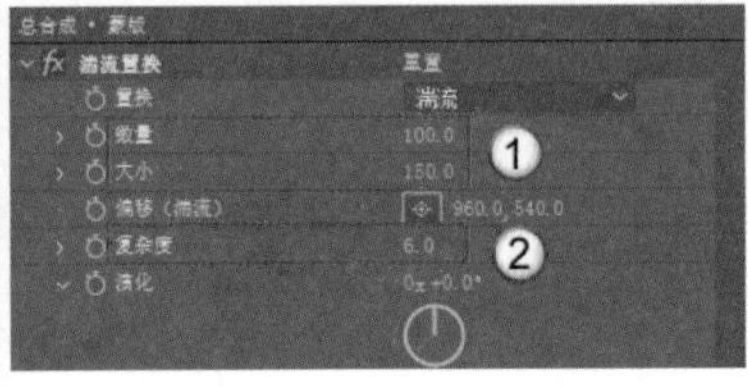

图10-276

图10-277

11 将text合成与“蒙版”图层一起转换为预合成，将预合成命名为“文字”，如图10-278所示。

12 开启“文字”合成的“3D图层”开关，然后新建一个白色的纯色图层，将其命名为“粒子”，并为其添加Particular效果，如图10-279所示。

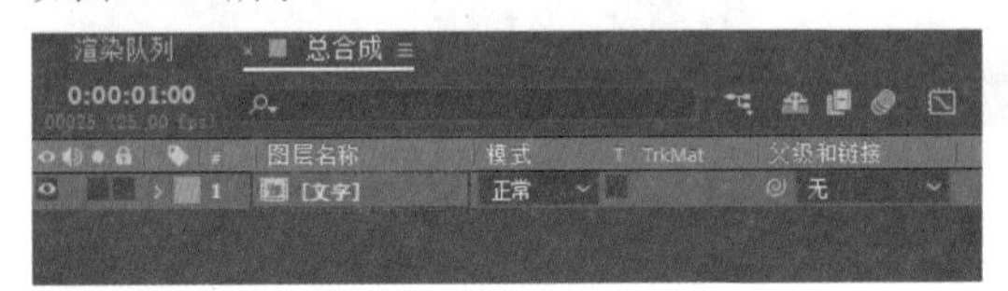

图10-278

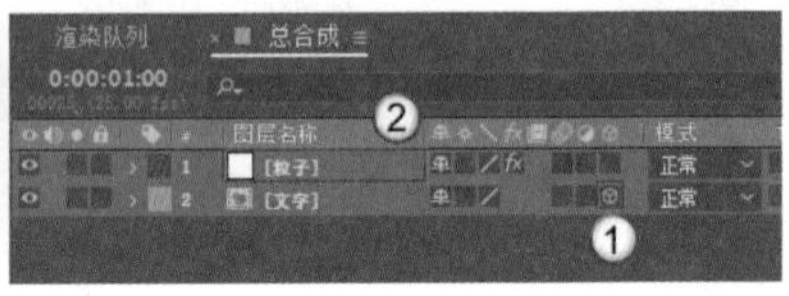

图10-279

13 在Emitter（Master）卷展栏中设置Particles/sec为10000，Emitter Type为Layer，Velocity为300，Emitter Size Z为0，Layer为“3.文字”，如图10-280所示。

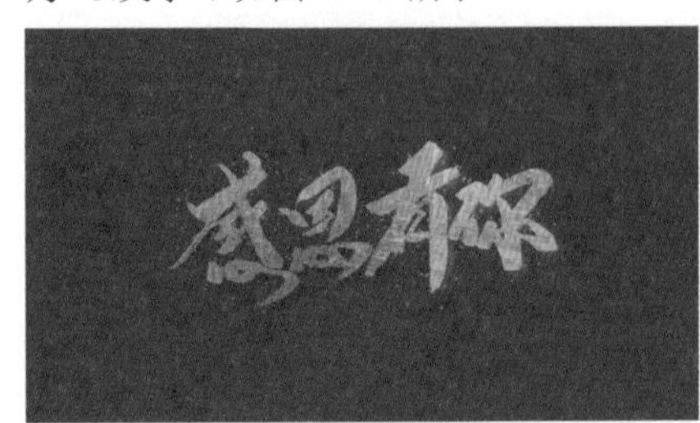

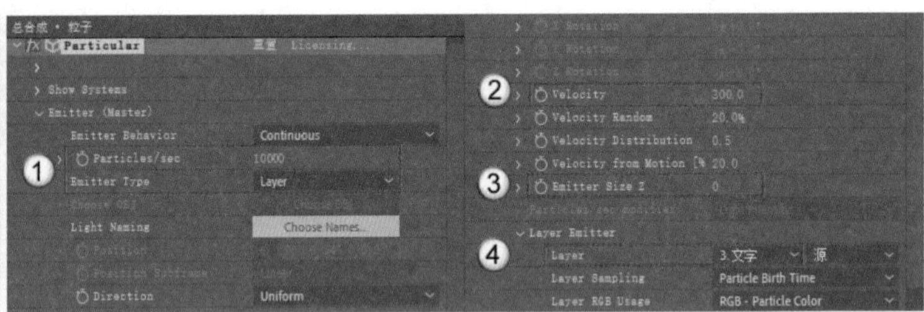

图10-280

技巧提示

Particles/sec的数值不是最终数值，还需要根据后面参数的设置和效果进行不断调整，这一步先设置一个大概数值。

14 在Particle（Master）卷展栏中设置Life[sec]为2，Life Random为30%，Particle Type为Cloudlet，Cloudlet Feather为0，Size为2，Size Random为100%，调整Opacity over Life的曲线，设置Blend Mode为Add，如图10-281所示。

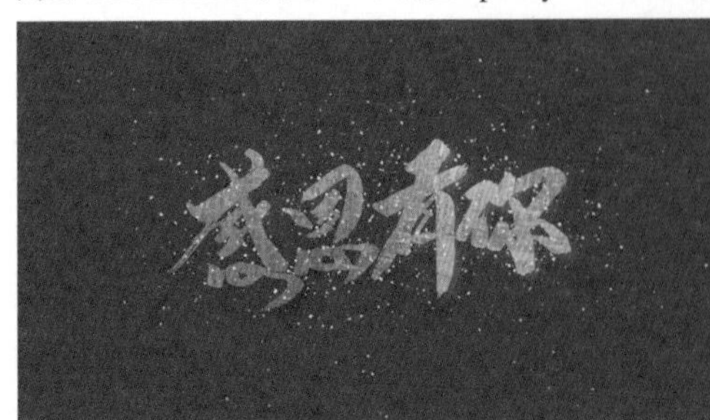

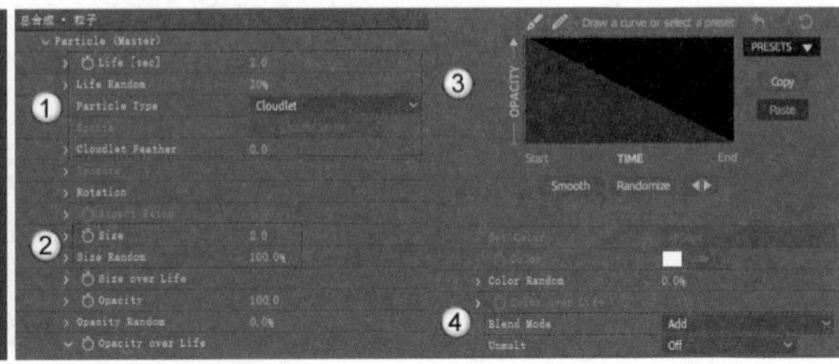

图10-281

15 在Particular效果下展开Air卷展栏，设置Wind X为200，Wind Y为 −120，如图10-282所示。此时粒子会朝着右上角的方向移动。

16 观察画面发现粒子移动的方向过于整齐，展开Turbulence（Field）卷展栏，设置Affect Position为200，Scale为15，Octave Multiplie为2，Octave Scale为2，Envolution Offset为1500，如图10-283所示。

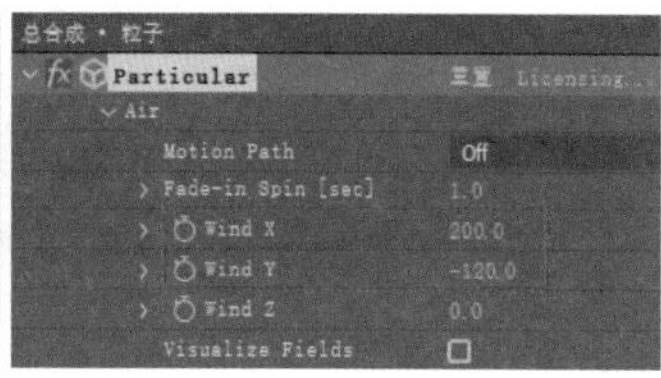

图10-282

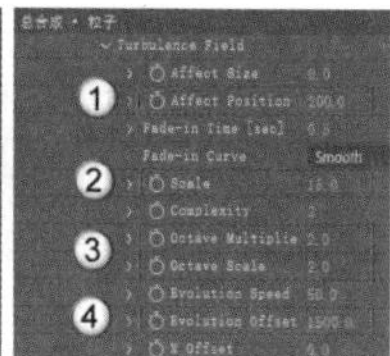

图10-283

17 观察粒子效果，发现粒子飞出去的距离太远。设置Velocity为0，效果如图10-284所示。

18 复制一层“粒子”图层，在Emitter（Master）卷展栏中设置Velocity为30，如图10-285所示。

图10-284

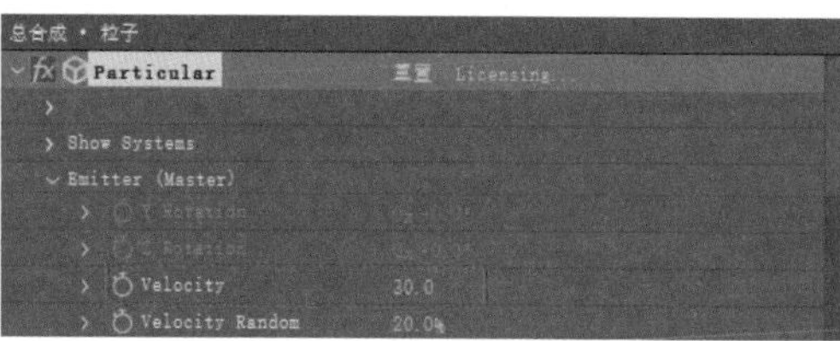

图10-285

19 在Particle（Master）卷展栏中设置Life[sec]为5，Particle Type为Sphere，Size为1.5，如图10-286所示。

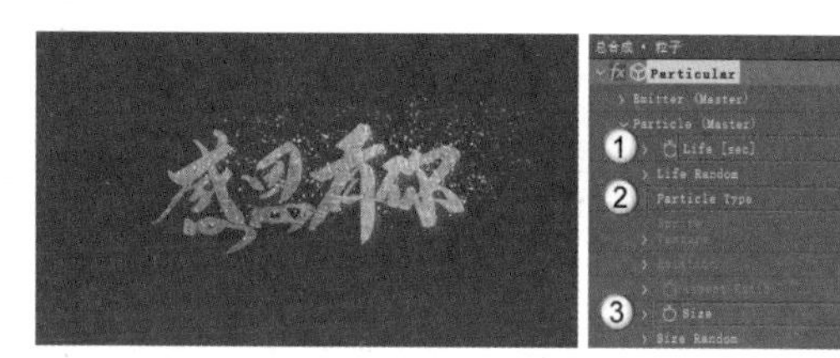

图10-286

20 在Turbulence Field卷展栏中设置Affect Position为600，Octave Multiplie为3，Evolution Offset为2000，Move with Wind[%]为200，如图10-287所示。这样就能让两层粒子产生不同的移动效果。

> **技巧提示**
>
> 在调整复制得到的“粒子”图层的参数时设置的数值比较随意，只要与之前的“粒子”图层的参数值有区别即可。读者可在本书提供的参数的基础上自行发挥。

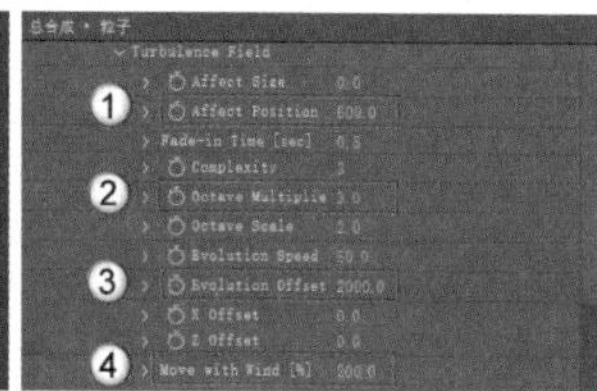

图10-287

21 观察画面，发现粒子的数量不够。增加两个“粒子”图层的粒子数量，效果如图10-288所示。

22 打开复制的“粒子”图层的“运动模糊”开关，效果如图10-289所示。

图10-288

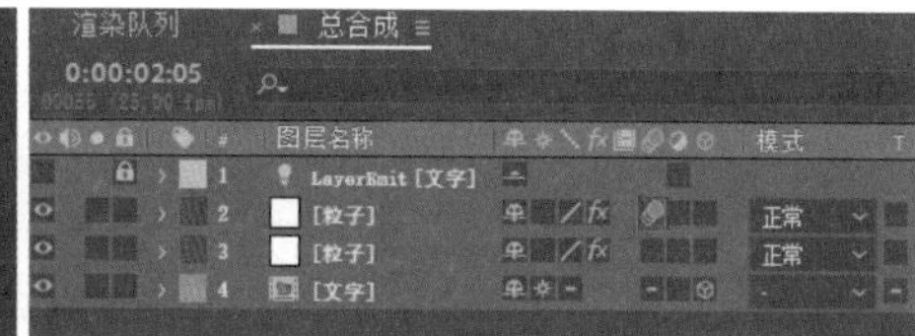

图10-289

23 仔细观察画面，发现打开“运动模糊”开关之后粒子形成了很长的拖尾效果。在Physics（Master）卷展栏中设置Physics Time Factor为0.2，如图10-290所示。

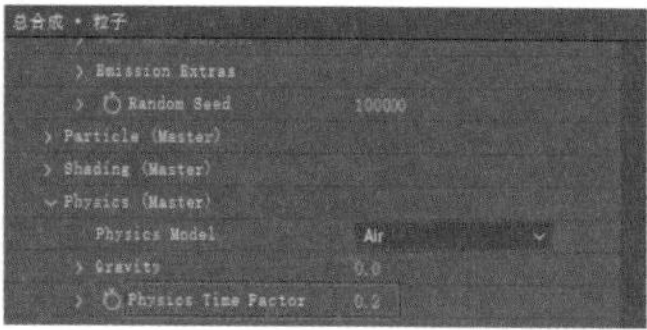

图10-290

24 添加“发光”效果，设置“发光半径”为50，“发光强度”为2，如图10-291所示。

25 画面中粒子的发光效果不是特别明显，将“发光”图层复制一层，修改新图层的“发光半径”为135，“发光强度”为1.5，如图10-292所示。

图10-291

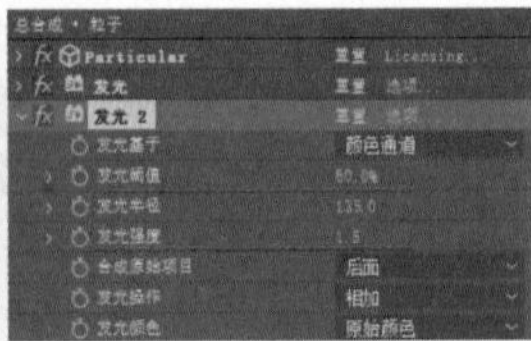

图10-292

26 继续为其添加CC Vector Blur效果，设置Amount为20，这样就能对该层粒子进行一定的模糊处理，使其形成烟雾效果，如图10-293所示。

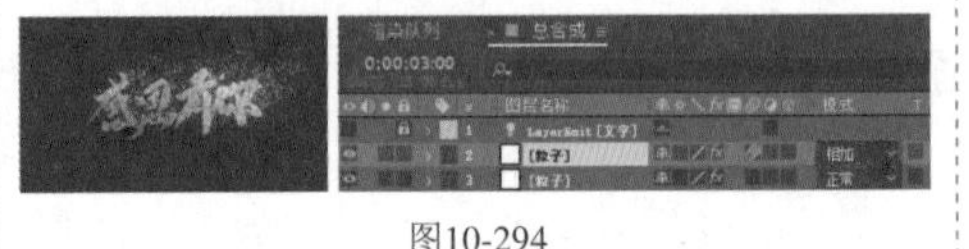

图10-293

> **技巧提示**
>
> 如果觉得粒子还是不够亮，可以将复制的“粒子”图层的“模式”修改为“相加”，如图10-294所示。
>
> 图10-294

27 导入学习资源文件夹中的“bg.jpg”图片作为背景，效果如图10-295所示。

28 在“合成”面板中任意截取4帧图片，效果如图10-296所示。

图10-295

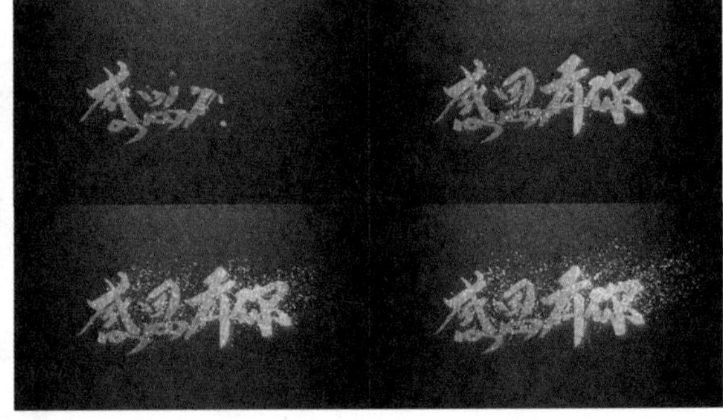

图10-296

实战：制作文字汇聚动画

案例文件	案例文件>CH10>实战：制作文字汇聚动画
难易程度	★★★★☆
学习目标	掌握Particular粒子的使用方法

扫码观看视频

本案例使用Particular粒子将多个文字汇聚在一起，生成一个新的文字，案例效果如图10-297所示。

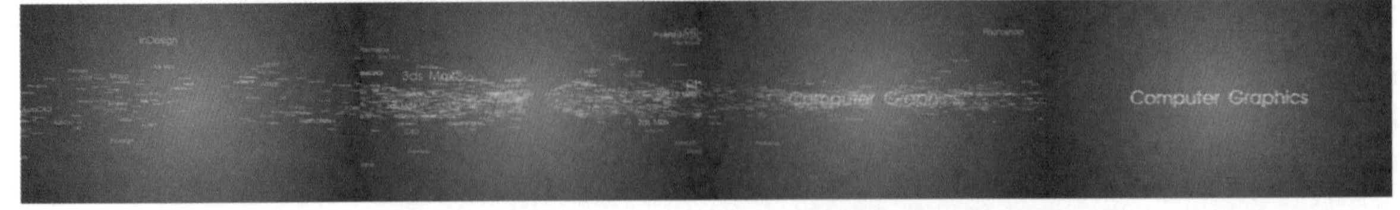

图10-297

01 新建一个400像素×200像素的合成，将其命名为text，将剪辑长度设置为10帧，然后在“合成”面板中输入文字3ds Max，如图10-298所示。

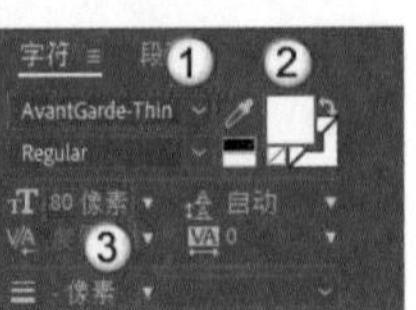

图10-298

技巧提示

输入文字之后，需要将文字的坐标中心放在文字下方，且设置文字的对齐方式为“居中对齐”，如图10-299所示。这样在后面修改文字时，能避免出现不能在画面中心对齐文字的问题。

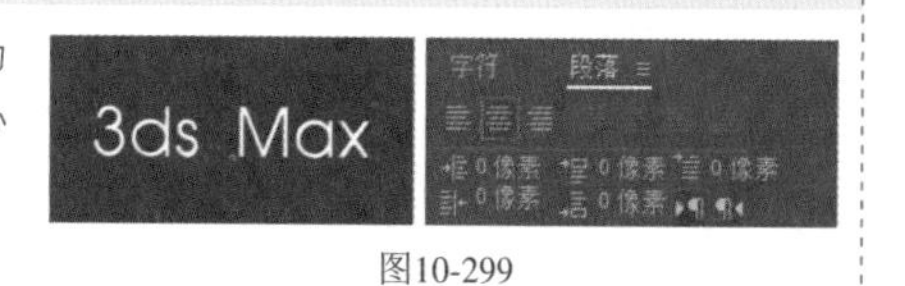

图10-299

02 展开“文本”卷展栏，在剪辑起始位置添加“源文本”关键帧，如图10-300所示。

03 移动播放指示器到下一帧，修改文字内容为Photoshop，如图10-301所示。

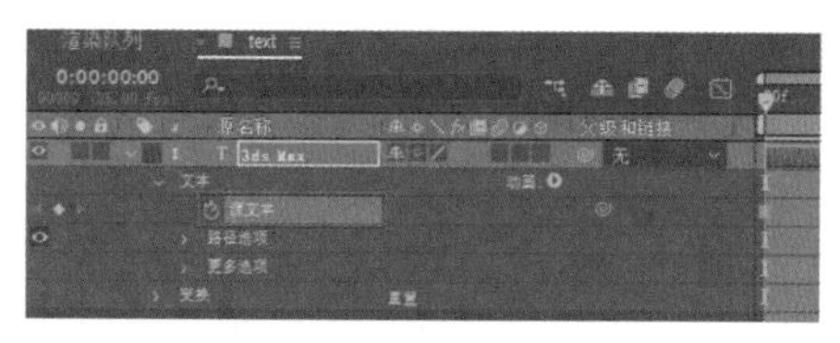

图10-300

图10-301

04 按照上一步的方法，在之后的每一帧都修改文字内容，效果如图10-302所示。

图10-302

05 新建一个1920像素×1080像素的合成，将其命名为“总合成”，然后新建一个文本图层，输入Computer Graphics，如图10-303所示。

06 将text合成放在上一步创建的文本图层的下方，并取消显示该合成，如图10-304所示。

07 将文本图层转换为预合成，将其命名为Logo，然后新建一个黑色的纯色图层，将其命名为“黑色”并放在图层底层，如图10-305所示。

图10-303

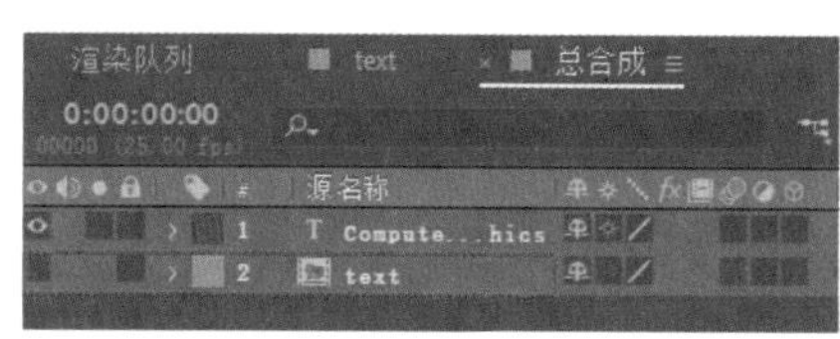

图10-304

图10-305

08 打开3个图层的“3D开关”开关，然后选中“黑色”图层，按P键调出“位置”参数，设置“位置”为（960,540,300），如图10-306所示，效果如图10-307所示。

09 新建一个白色的纯色图层，将其命名为“粒子”，然后为其添加Particular效果，效果如图10-308所示。

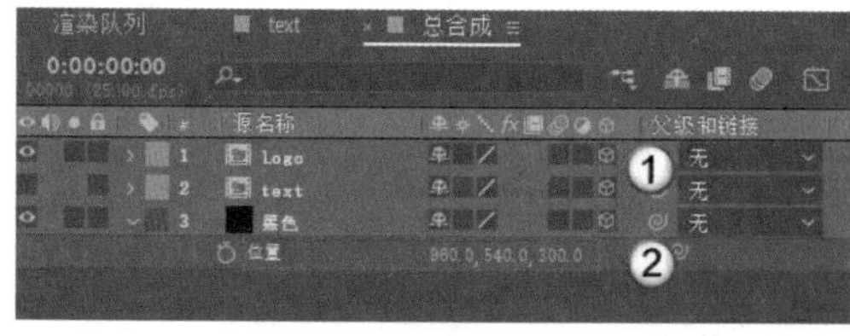

图10-306

图10-307

图10-308

10 在Emitter（Master）卷展栏中设置Particles/sec为5000，Emitter Type为Layer，Direction为Directional，Y Rotation为0x+180°，Velocity为500，Velocity Random为50%，Layer为“3.Logo”，如图10-309所示。

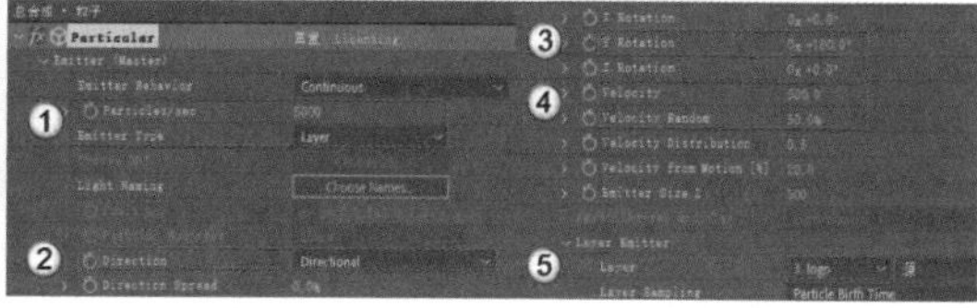

图10-309

11 移动播放指示器到0:00:01:00的位置，添加Particles/sec关键帧，然后在0:00:03:00的位置再次添加关键帧，在起始位置和0:00:06:00的位置设置Particles/sec为0，如图10-310所示。

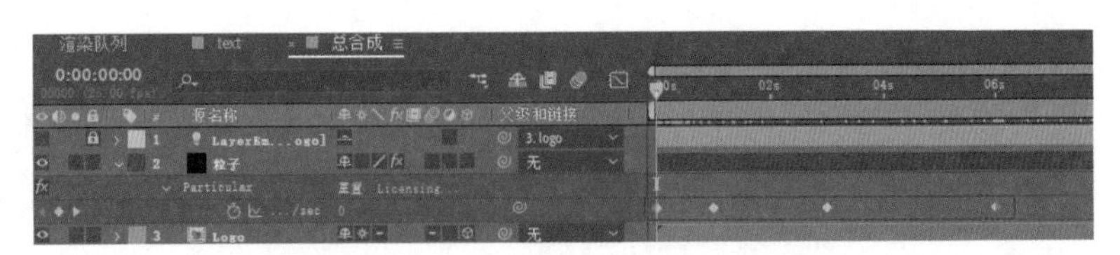

图10-310

12 在Particle（Master）卷展栏中设置Life[sec]为15，Particle Type为Sprite，Layer为“4.text”，Time Sampling为Random-Still Frame，Size为200，Size Random为30%，Opacity为50，Opacity Random为30%，如图10-311所示。

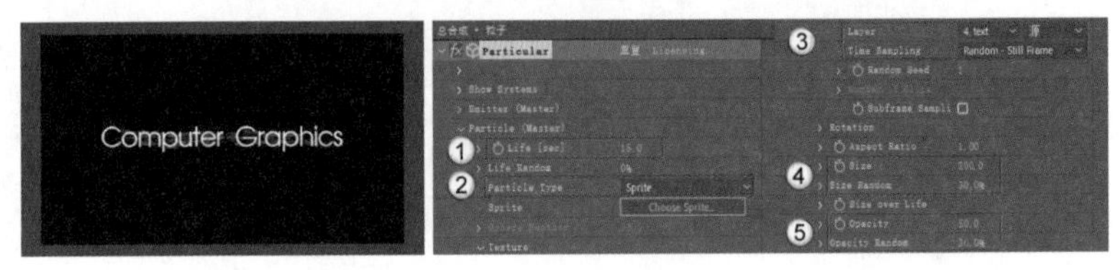

图10-311

13 在Physics（Master）卷展栏中设置Physics Model为Bounce，Floor Layer为“6.黑色”，Collision Event为Stick，如图10-312所示。

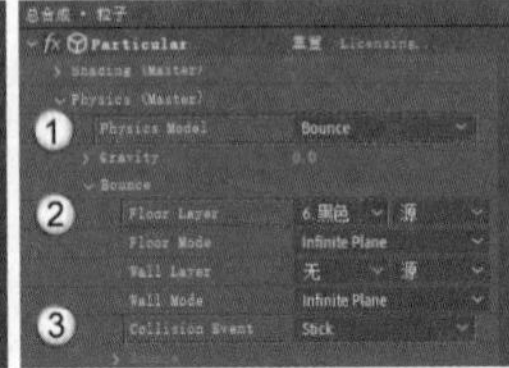

图10-312

技巧提示

读者若想直观地观察粒子效果，可以将“粒子”图层单独显示，效果如图10-313所示。

图10-313

14 在Visibility卷展栏中设置Near Start Fade为180，Near Vanish为30，如图10-314所示。

15 观察粒子会发现，粒子并没有完全聚集在一起，中间仍然存在空隙。选中“黑色”图层，修改“位置”为（960,540,600），效果如图10-315所示。

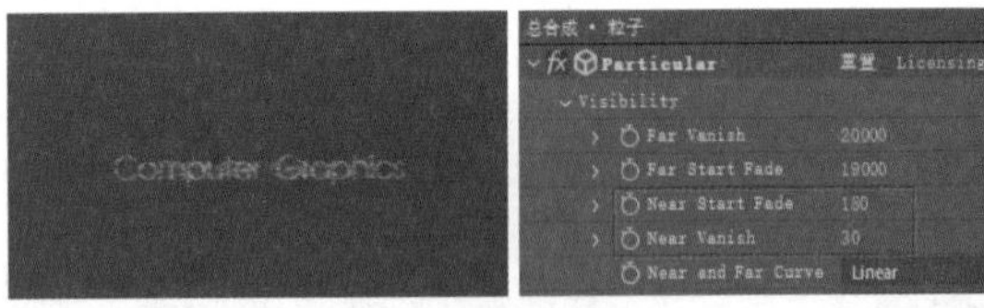

图10-314

图10-315

技巧提示

若觉得文字还不够清晰，可以增加粒子的数量、调整粒子的尺寸、修改粒子的速度、调整Logo合成中文字的间距等。

16 在“粒子”图层上方新建一个摄像机图层，选中摄像机图层后，按P键调出“位置”参数，在0:00:11:00的位置添加关键帧，然后在剪辑末尾设置“位置”为（960,540,600），如图10-316所示。

17 复制0:00:11:00的位置的参数，然后选中Logo合成，按P键调出“位置”参数，粘贴复制的参数，如图10-317所示。

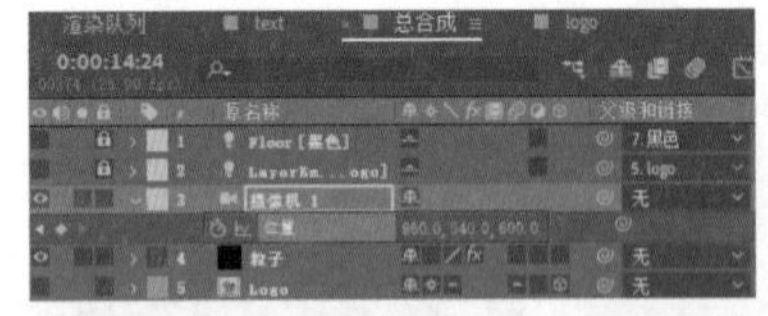

图10-316

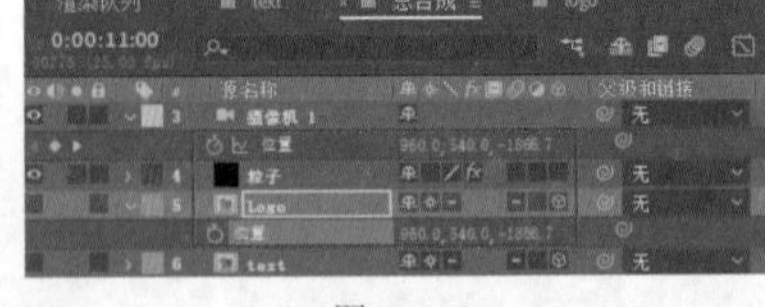

图10-317

18 新建一个草绿色的纯色图层作为背景，为其添加“梯度渐变”效果，效果如图10-318所示。

19 在“合成”面板中任意截取4帧图片，效果如图10-319所示。

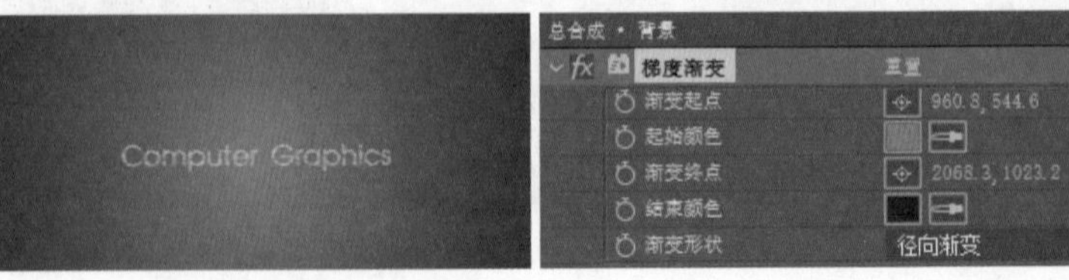

图10-318

图10-319

① 技巧提示 + ② 疑难问答 + ◎ 技术专题 + ◎ 知识链接

渲染输出

需要将制作完成的合成文件输出为图片或视频文件，以便在其他平台上进行传播。本章为读者讲解不同格式的文件的输出方法，以及使用Adobe Media Encoder 输出文件的方法。

学习重点

实战：渲染输出JPG格式序列图片

案例文件	案例文件>CH11>实战：渲染输出JPG格式序列图片
难易程度	★★☆☆☆
学习目标	掌握序列图片的输出方法

JPG格式是常见的图片格式。本案例将输出JPG格式的序列图片文件，让原有的动画以序列帧的形式呈现，案例效果如图11-1所示。

图11-1

01 在“项目”面板中导入学习资源“案例文件>CH11>实战：渲染输出JPG格式序列图片”文件夹中的“实战：渲染输出JPG格式序列图片.aep”文件，如图11-2所示。

02 选中zong合成，然后按快捷键Ctrl+M切换到“渲染队列”面板，如图11-3所示。

03 单击“无损”按钮，在弹出的“输出模块设置”对话框中设置“格式”为“‘JPEG’序列”，如图11-4所示。

图11-2

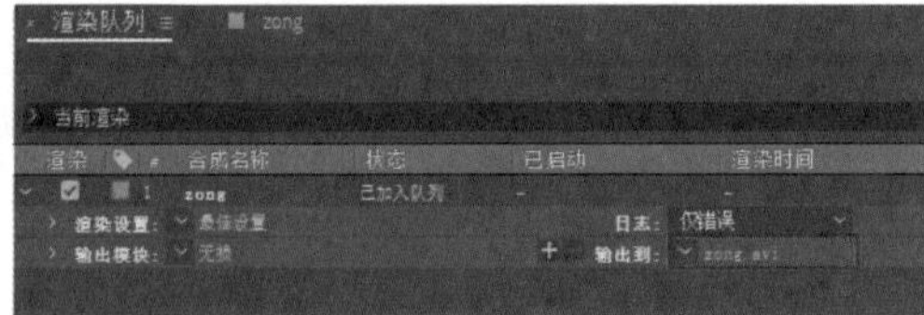

图11-3

图11-4

04 单击“输出到”右侧的高亮文字，在弹出的对话框中设置序列图片的保存路径和名称，如图11-5所示。

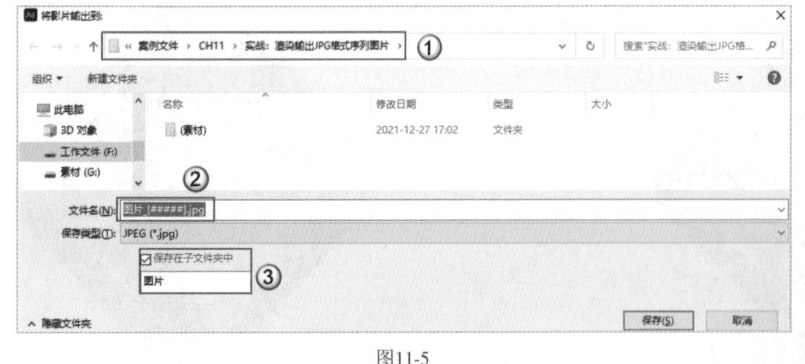

图11-5

> **技巧提示**
>
> 勾选“保存在子文件夹”选项后就可以将序列图片保存在新建的子文件夹中，还可以设定子文件夹的名称。

05 设置完成后，单击“渲染”按钮就可以开始渲染序列帧，如图11-6和图11-7所示。渲染完成后，系统会发出提示音。

图11-6

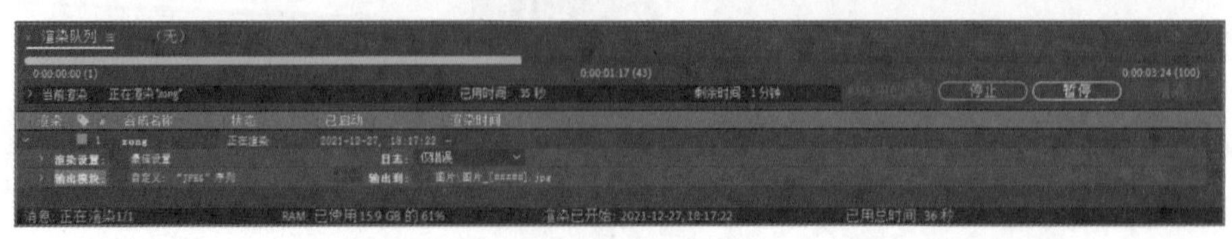

图11-7

06 渲染完成后，打开保存图片的文件夹，可查看渲染完成的序列帧图片，如图11-8所示，效果如图11-9所示。

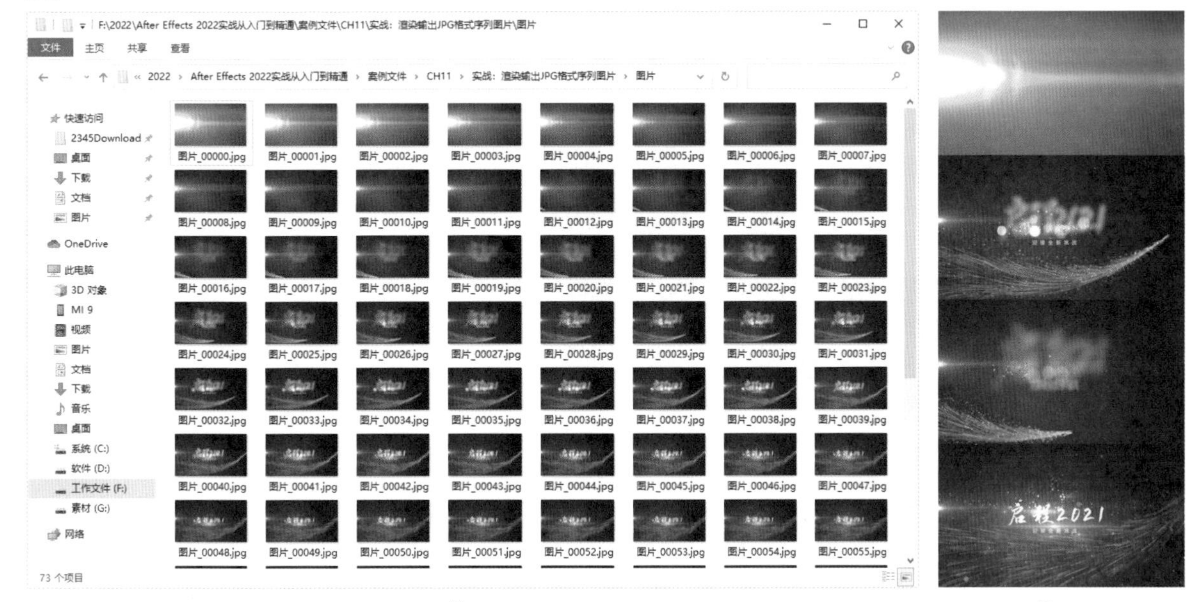

图11-8　　图11-9

重点

实战：渲染输出MOV格式视频

案例文件	案例文件>CH11>实战：渲染输出MOV格式视频
难易程度	★★☆☆☆
学习目标	掌握MOV格式视的频输出方法

扫码观看视频

MOV格式的视频附带Alpha通道，方便用户制作带透明背景的视频元素，然后将其添加在其他工程文件中。本案例将讲解如何输出带有Alpha通道的视频，案例效果如图11-10所示。

图11-10

01 打开学习资源“案例文件>CH11>实战：渲染输出MOV格式视频”文件夹中的素材文件，如图11-11所示。

02 移动播放指示器，可以观察到黑色的背景部分，如图11-12所示。在“合成”面板下方单击“切换透明网格”按钮，可以观察到黑色的部分出现了透明网格，如图11-13所示。

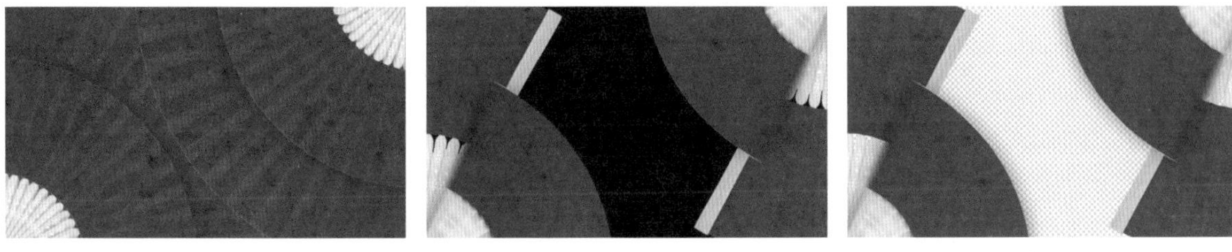

图11-11　　图11-12　　图11-13

技巧提示

如果单击“切换透明网格”按钮后背景部分仍没有出现透明网格，就代表合成中存在实色背景。

03 选中“总合成”并按快捷键Ctrl+M，切换到“渲染队列”面板，如图11-14所示。

04 单击“无损”按钮，在弹出的“输出模块设置”对话框中设置“格式”为QuickTime，“通道”为RGB+Alpha，如图11-15所示。

05 单击“确定”按钮后返回“渲染队列”面板，单击“输出到”右侧的高亮文字，在弹出的对话框中设置视频的保存路径和名称，如图11-16所示。

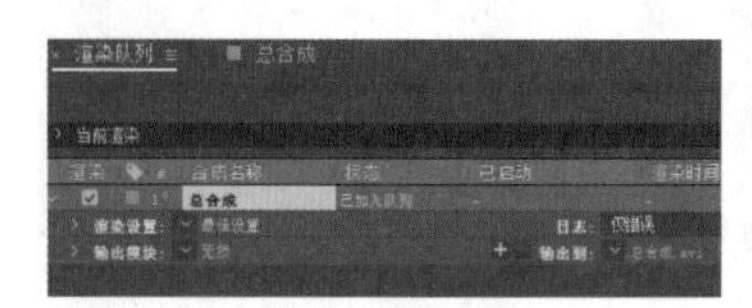

图11-14

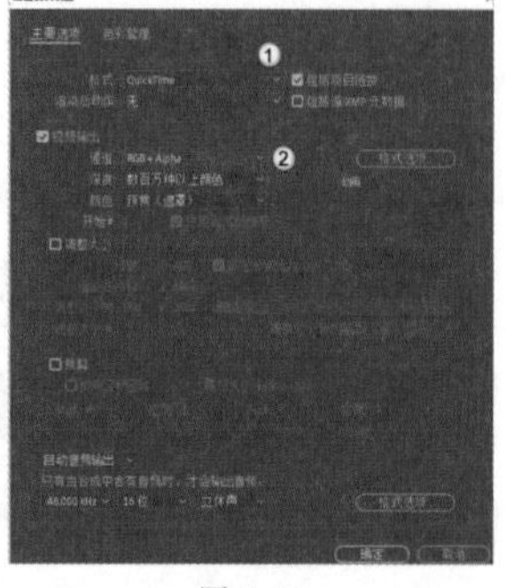

图11-15

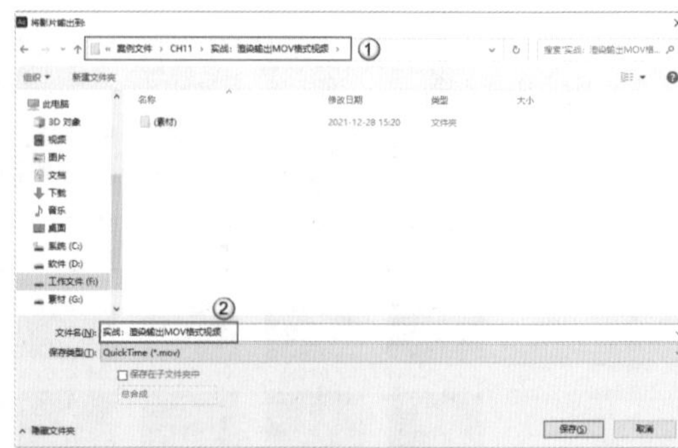

图11-16

06 设置完成后在“渲染队列”面板中单击“渲染”按钮，就可以将视频输出到刚才设置的路径中，如图11-17所示。

技巧提示

MOV文件的体积较大，会占用大量的磁盘存储空间。如果想减小输出文件的大小，可以为合成添加绿色的背景，然后将合成输出为MP4格式的视频。下次调用视频素材时，抠掉绿色的背景即可使用。

图11-17

07 在“合成”面板中任意截取4帧图片，效果如图11-18所示。

图11-18

重点

实战：渲染输出MP4格式视频

案例文件	案例文件>CH11>实战：渲染输出MP4格式视频
难易程度	★★☆☆☆
学习目标	掌握MP4格式视频的输出方法

扫码观看视频

MP4格式是常见的视频格式，该格式的文件可以在大多数播放器中播放。本案例需要将制作完成的合成文件输出为MP4格式的视频，案例效果如图11-19所示。

图11-19

案例制作

01 打开学习资源“案例文件>CH11>实战：渲染输出MP4格式视频”文件夹中的素材文件，如图11-20所示。

图11-20

02 选中“总合成”后，按快捷键Ctrl+M切换到“渲染队列”面板，如图11-21所示。

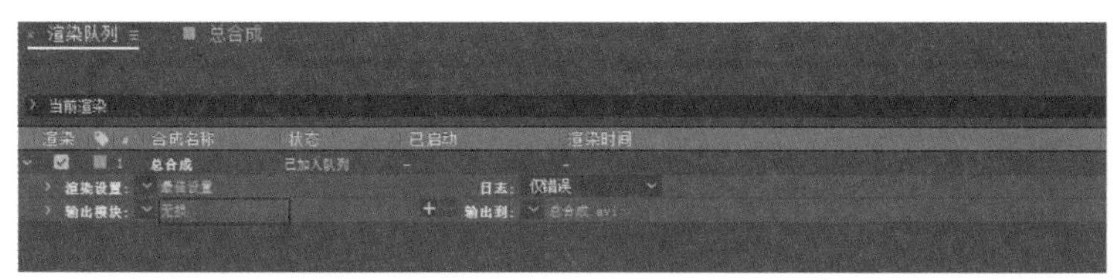

图11-21

03 单击“无损”按钮，在弹出的“输出模块设置”对话框中展开“格式”下拉列表，发现没有MP4格式的选项，如图11-22所示。

04 关闭“输出模块设置”对话框，然后在“渲染队列”面板中单击“AME中的队列”按钮，如图11-23所示。

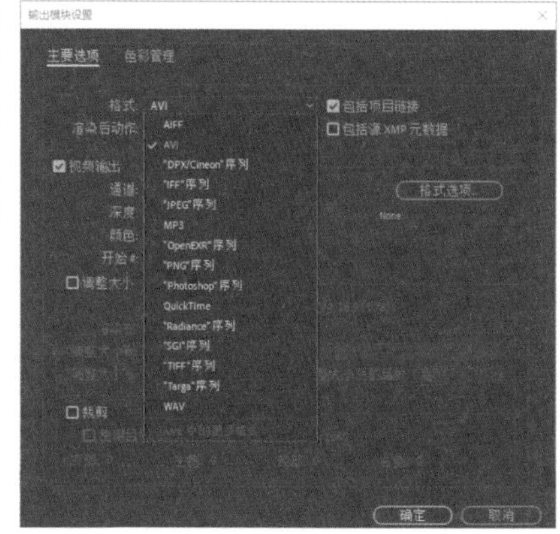

图11-22

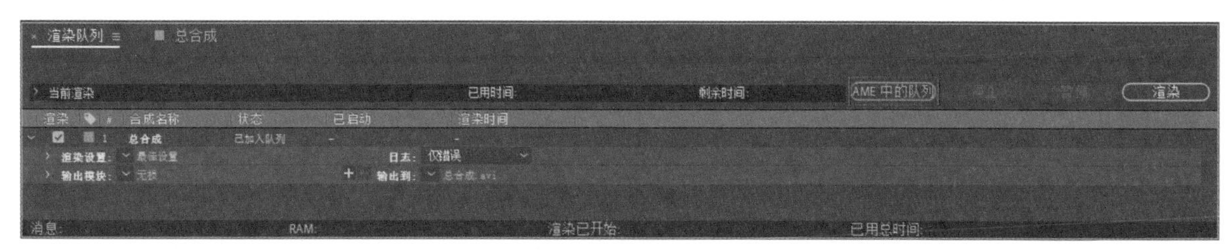

图11-23

05 系统会自动打开Adobe Media Encoder 2022，如图11-24所示。

06 单击“输出文件”下方的高亮文字，然后选择文件的保存路径并为文件命名，如图11-25所示。

图11-24

图11-25

> **技巧提示**
>
> 只有在计算机中安装Adobe Media Encoder 2022后，才能自动打开该软件。这个软件不仅可以匹配After Effects，还可以匹配Premiere Pro。

07 在“格式”下方的下拉列表中选择H.264，这样就能输出MP4格式的文件，如图11-26所示。

08 设置完成后单击“启动队列”按钮▶，就可以将文件输出到设置好的路径中，如图11-27所示。

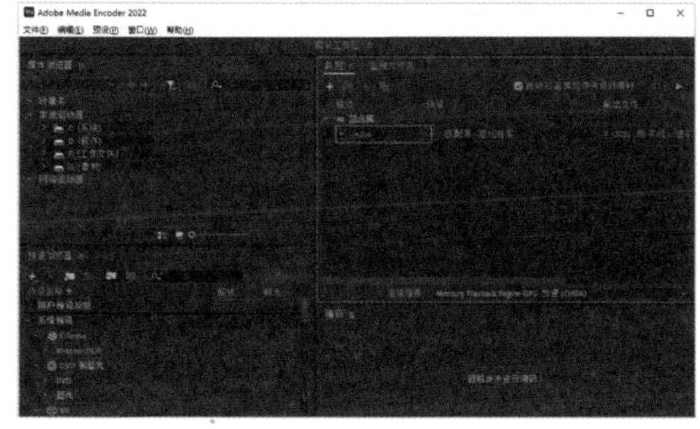

图11-26

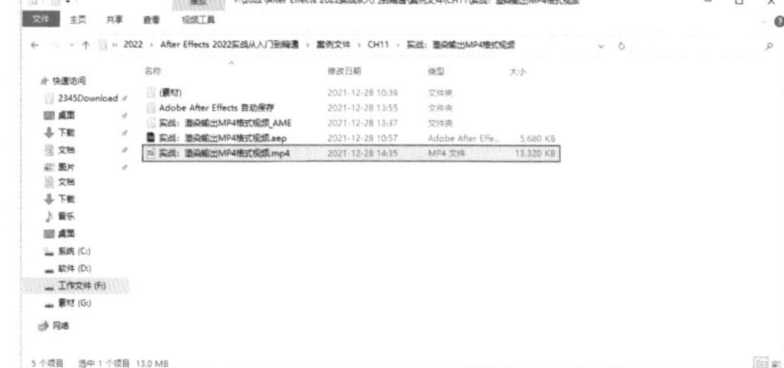

图11-27

09 打开输出的视频并任意截取4帧图片，效果如图11-28所示。

图11-28

技术专题：Adobe Media Encoder 2022的操作界面

Adobe Media Encoder是一款辅助软件，用于输出在After Effects和Premiere Pro中制作好的文件。用这两款软件制作的文件可以同时在Adobe Media Encoder中进行批量输出。

Adobe Media Encoder的界面分为五大部分，分别是“媒体浏览器”“预设浏览器”“队列”“监视文件夹”“编码”面板，如图11-29所示。

媒体浏览器：用于在将媒体文件添加到输出队列之前预览这些文件，保证渲染后不出现问题，避免时间的浪费，如图11-30所示。

预设浏览器：提供各种可以简化工作流程的功能，如图11-31所示。

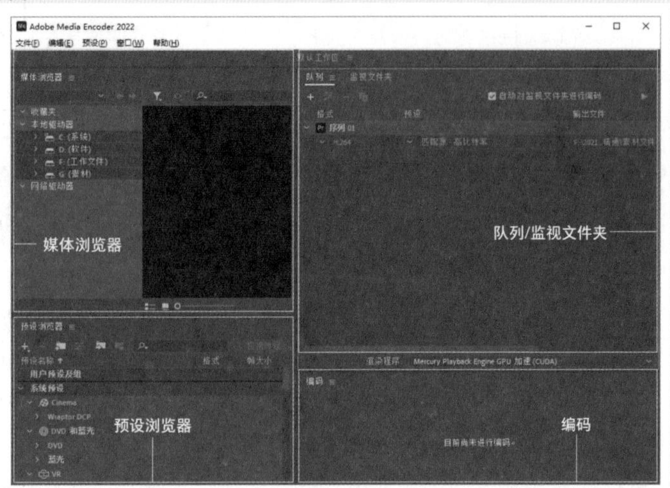

图11-29

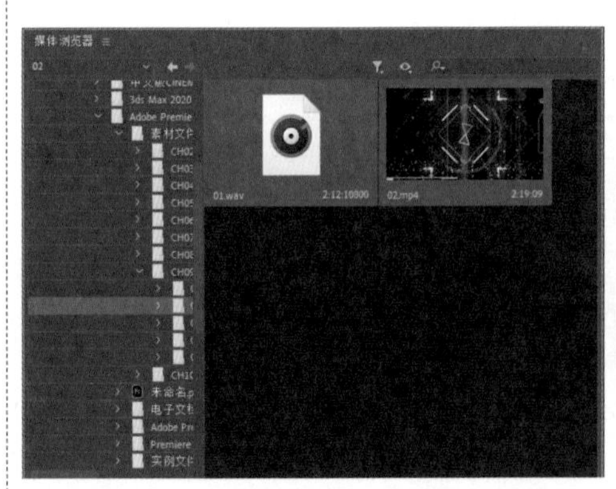

图11-30

图11-31

队列：将需要输出的文件添加到队列中。该软件可以输出视频文件和音频文件，还可以兼容Premiere Pro序列文件和After Effects合成文件，如图11-32所示。

监视文件夹：在该面板中可以添加任意文件夹作为监视文件夹，之后添加在监视文件夹中的文件都会使用预设的序列进行输出。

编码：显示每个编码文件的状态信息，如图11-33所示。

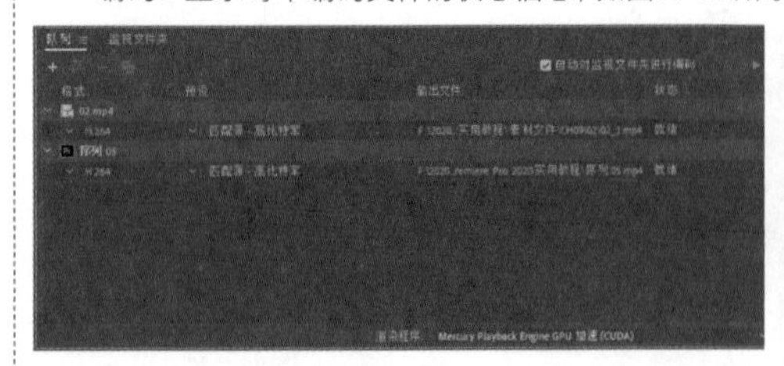

图11-32

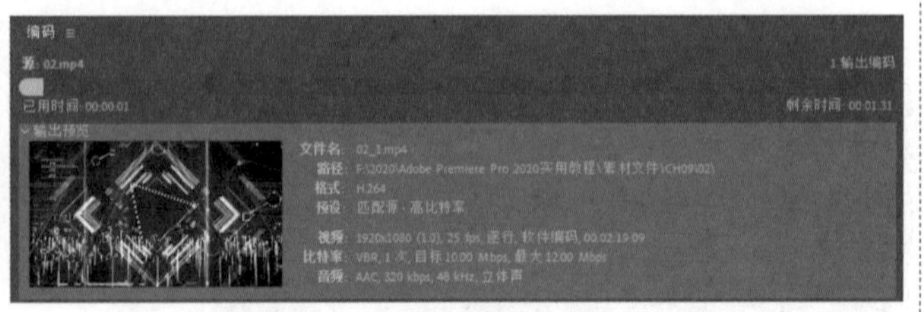

图11-33

需要注意的是，Adobe Media Encoder的版本必须与After Effects的版本相同，这样才能直接从After Effects跳转到Adobe Media Encoder（Premiere Pro同理）。如果是不同的版本，则会弹出提示对话框，读者只能手动在Adobe Media Encoder中添加文件。

重点

实战：渲染输出JPG格式静帧图片

案例文件	案例文件>CH11>实战：渲染输出JPG格式静帧图片
难易程度	★★☆☆☆
学习目标	掌握JPG格式静帧图片的输出方法

扫码观看视频

在前面的案例中我们学习了如何输出JPG格式的序列图片，本案例讲解如何输出JPG格式的静帧图片，效果如图11-34所示。

01 打开学习资源“案例文件>CH11>实战：渲染输出JPG格式静帧图片”文件夹中的素材文件，如图11-35所示。

02 移动播放指示器，找到画面效果比较好的一帧，如图11-36所示。

图11-34

图11-35

图11-36

03 保持播放指示器的位置不变，执行“合成>帧另存为>文件”菜单命令（快捷键为Ctrl+Alt+S），切换到“渲染队列”面板，如图11-37所示。

04 单击“输出模块”右侧的高亮文字，在弹出的对话框中设置“格式”为“‘JPEG’序列”，如图11-38所示。

图11-37

图11-38

05 返回“渲染队列”面板，单击“输出到”右侧的高亮文字，在弹出的对话框中设置图片的保存路径和名称，然后单击“渲染”按钮（渲染），就能快速得到渲染的静帧图片，如图11-39所示。

图11-39

实战：渲染输出WAV格式音频

案例文件	案例文件>CH11>实战：渲染输出WAV格式音频
难易程度	★★☆☆☆
学习目标	掌握音频文件的输出方法

扫码观看视频

一些素材中包含音频素材，如果想单独提取出这些音频文件，就需要将素材输出为音频格式的文件。

01 打开学习资源“案例文件>CH11>实战：渲染输出WAV格式音频”文件夹中的素材文件，然后将其拖曳到“时间轴”面板中，效果如图11-40所示。

图11-40

02 在“时间轴”面板中可以观察到图层名称的左侧显示有音频标志，这代表素材带有音频，如图11-41所示。

03 选中合成后，按快捷键Ctrl+M切换到“渲染队列”面板，如图11-42所示。

04 单击“输出模块”右侧的“无损”按钮，在打开的“输出模块设置”对话框中设置“格式”为WAV，如图11-43所示。

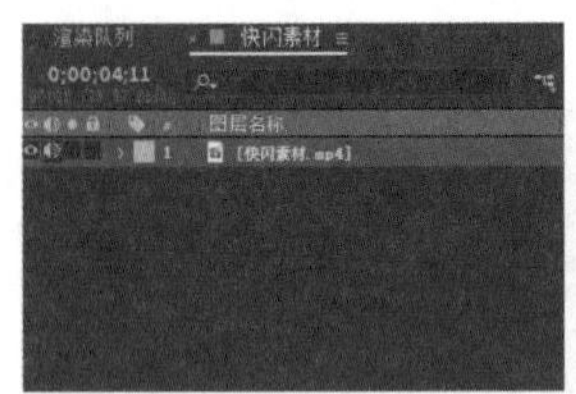

图11-41

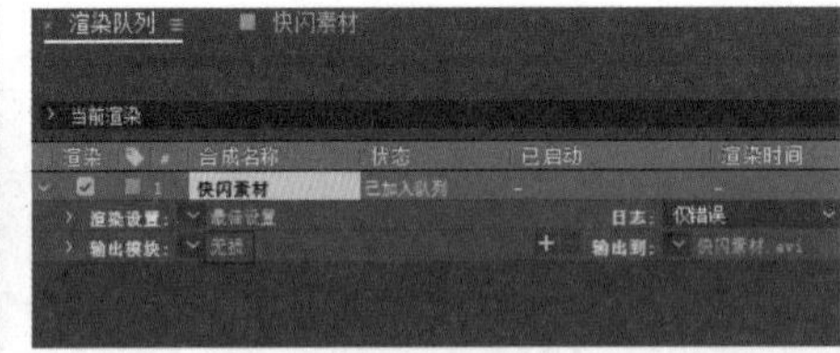

图11-42

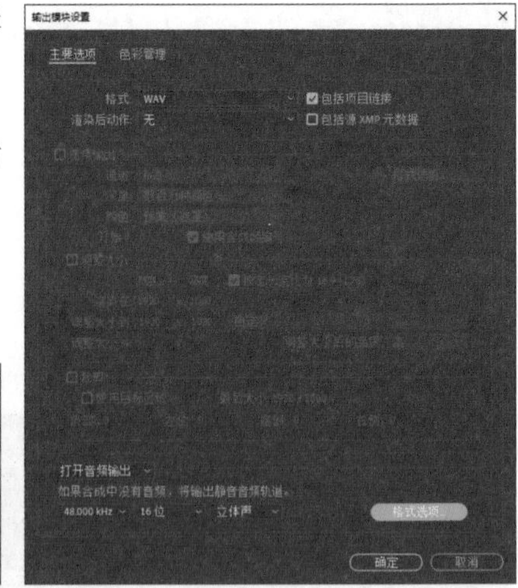

图11-43

05 返回“渲染队列”面板，单击“输出到”右侧的高亮文字，在弹出的对话框中设置文件的保存路径和名称，如图11-44所示。

06 单击“渲染”按钮，开始渲染，渲染完成后就能在输出路径中找到对应的音频文件，如图11-45所示。

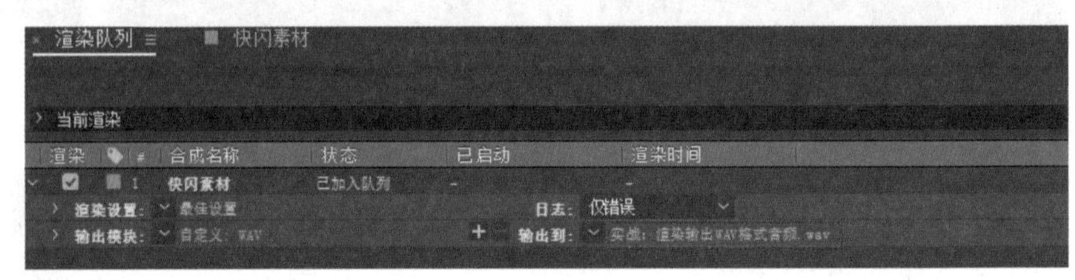

图11-44

图11-45

① 技巧提示 + ② 疑难问答 + ◎ 技术专题 + ◎ 知识链接

After Effects的商业应用

After Effects在实际工作中的使用频率很高。本章用6个案例讲解After Effects常见的商业应用，如MG动画片头、广告包装、影视包装和颁奖晚会片头等。

学习重点

重点

商业项目实战：制作MG动画片头

案例文件	案例文件>CH12>商业项目实战：制作MG动画片头
难易程度	★★★★★
学习目标	掌握MG动画的制作方法

MG动画是After Effects应用中常见的作品类型，本案例制作一个MG动画片头，需要运用在前面章节中学到的知识，案例效果如图12-1所示。本案例的制作较为复杂，需要分成几个部分进行。

图12-1

Logo合成

01 新建一个1920像素×1080像素的合成，将其命名为Logo，然后使用“椭圆工具”在画面中心绘制一个黄色的圆形，如图12-2所示。

02 在圆形上使用“横排文字工具”输入ZURAKO，具体参数及效果如图12-3所示。

03 将文本图层设置为“形状图层1”的子层级，如图12-4所示。

图12-2

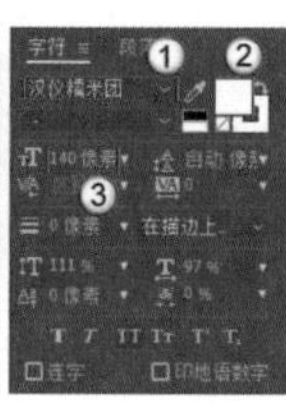

图12-3

图12-4

04 选中“形状图层1”图层，按S键调出“缩放”参数，在剪辑起始位置设置“缩放”为（0%,0%），并添加关键帧，如图12-5所示，在0:00:01:00的位置设置“缩放”为（100%,100%）。

05 切换到“图表编辑器”面板，然后调整“缩放”参数的“编辑值图表”曲线，如图12-6所示。

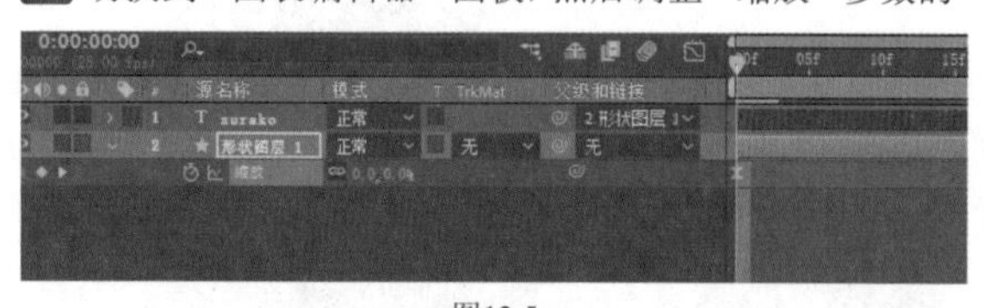

图12-5

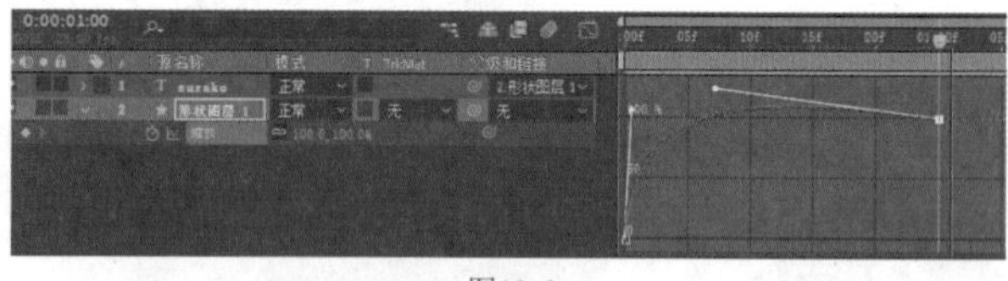

图12-6

06 选中文本图层并按S键调出“缩放”参数，在剪辑起始位置设置“缩放”为（0%,0%），并添加关键帧，然后在0:00:00:15的位置设置“缩放”为（110%,110%），在0:00:01:10的位置设置“缩放”为（100%,100%），如图12-7所示。

07 切换到“图表编辑器”面板，调整“缩放”参数的“编辑值图表”曲线，如图12-8所示。动画效果如图12-9所示。

08 将两个图层转换为预合成，并将预合成命名为text，然后绘制一个更大的圆形，将其描边调整为虚线，效果如图12-10所示。

图12-7

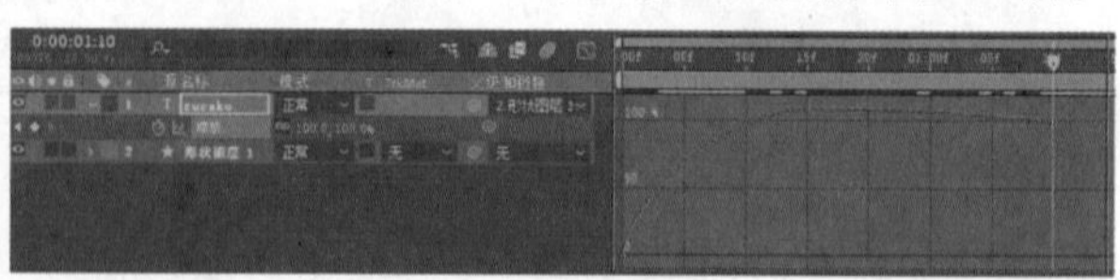

图12-8

图12-9

图12-10

09 给上一步绘制的虚线圆环添加"修剪路径"效果，然后在0:00:00:20的位置设置"结束"为0%，并添加关键帧，在0:00:01:20的位置设置"结束"为100%，如图12-11所示，效果如图12-12所示。

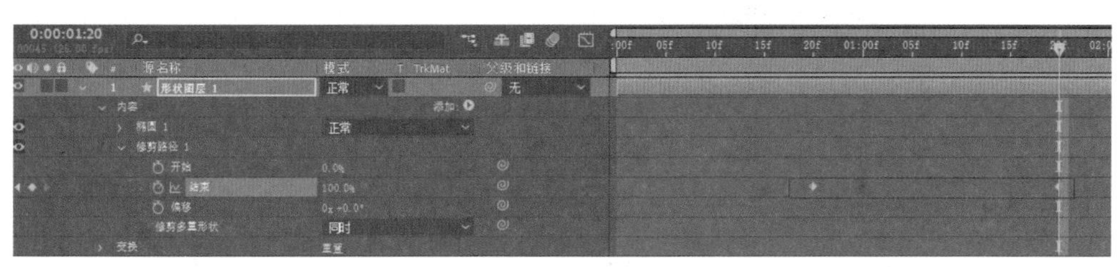

图12-11

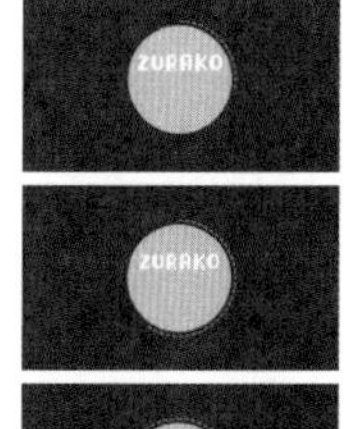

图12-12

10 为"变换"卷展栏中的"旋转"参数添加表达式time*20，让虚线圆环产生旋转效果，如图12-13所示。

11 新建一个文本图层，输入"学习频道"，具体参数及效果如图12-14所示。

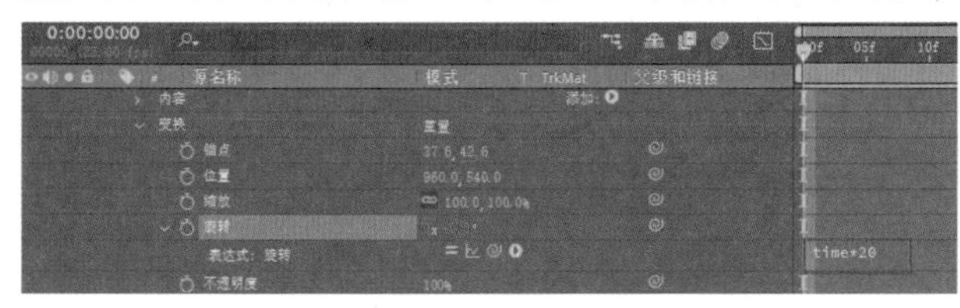

图12-13

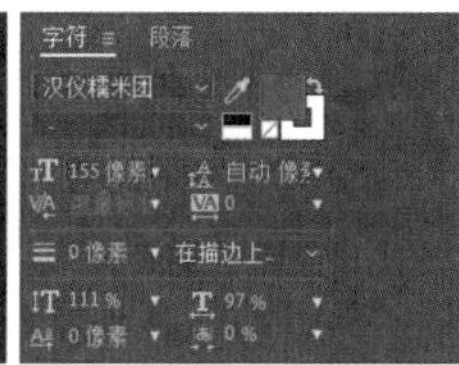

图12-14

12 展开文本图层，单击"动画"按钮，在弹出的菜单中选择"位置"选项，以添加"位置"属性，然后用同样的方法添加"启用逐字3D化"属性，将当前文本转换为3D文本，效果如图12-15所示。

13 设置"位置"为（0,0,-3000），让文字全部移出画面，然后在0:00:01:15的位置设置"偏移"为-100%，并添加关键帧，设置"形状"为"上斜坡"，"随机排序"为"开"，如图12-16所示。

14 在0:00:02:10的位置设置"偏移"为100%，让文字随机飞入画面，如图12-17所示，效果如图12-18所示。

图12-15

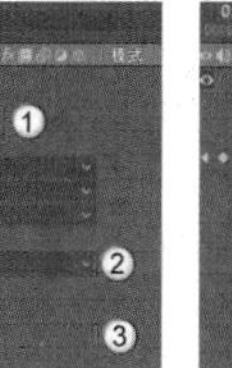

图12-16

图12-17

图12-18

> **知识链接**
>
> 第10章的"实战：制作跃动文字动画"案例中，详细地讲解了跳跃文字效果的制作方法。读者若有不清楚的地方，请翻阅该案例。

背景元素合成

01 新建一个1920像素×1080像素的合成，将其命名为"背景元素"，使用"椭圆工具"绘制一个小圆形，如图12-19所示。

02 在形状图层上添加"中继器"效果，设置"副本"为12，"锚点"为（-30,0），"位置"为（0,0），"旋转"为0x+30°，如图12-20所示。此时复制的圆形会聚集在一起。

图12-19

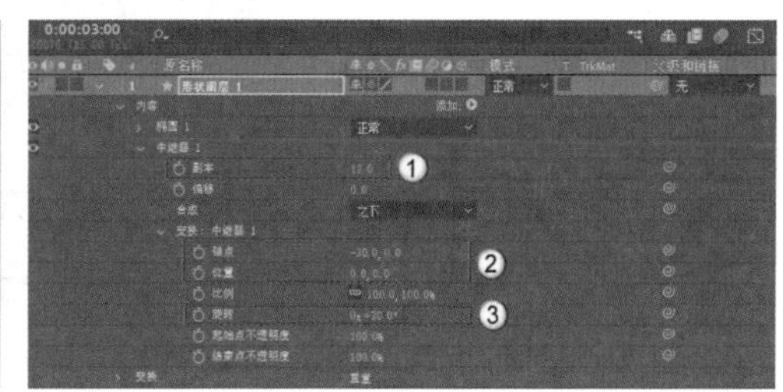

图12-20

03 展开"变换：椭圆1"卷展栏，在剪辑起始位置添加"位置"关键帧，然后在0:00:02:00的位置设置"位置"为（450,0），如图12-21所示。

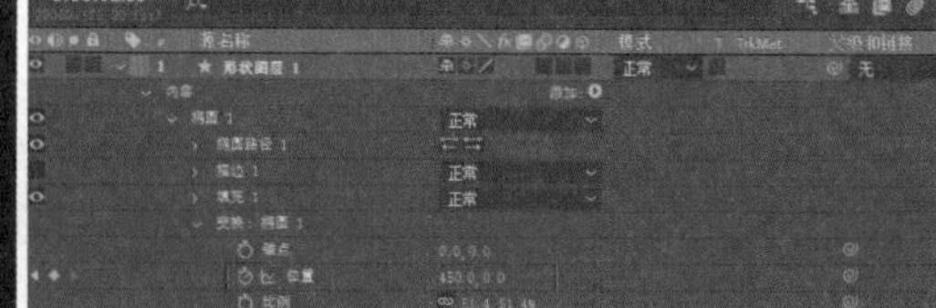

图12-21

04 切换到"图表编辑器"面板，然后调整速度曲线，如图12-22所示。

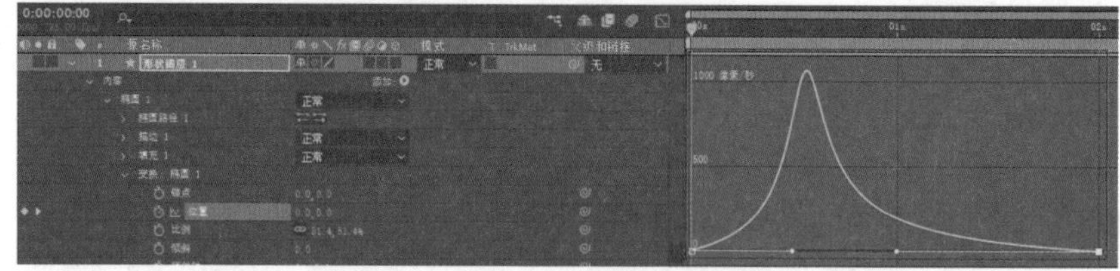

图12-22

05 按T键调出"不透明度"参数，在剪辑起始位置添加"不透明度"关键帧，然后在0:00:02:00的位置设置"不透明度"为0%，接着调整速度曲线，如图12-23所示。动画效果如图12-24所示。

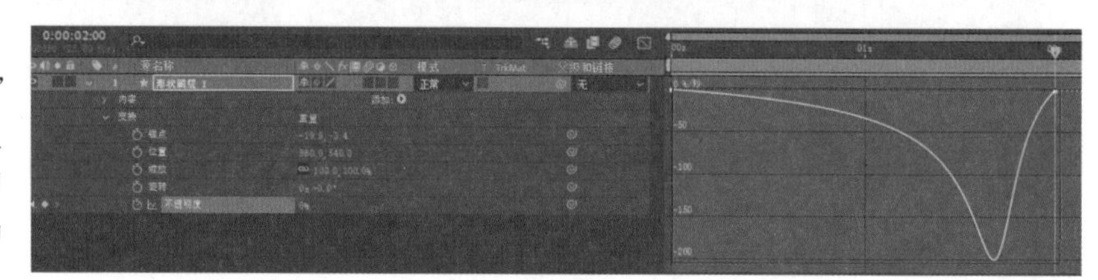

图12-23

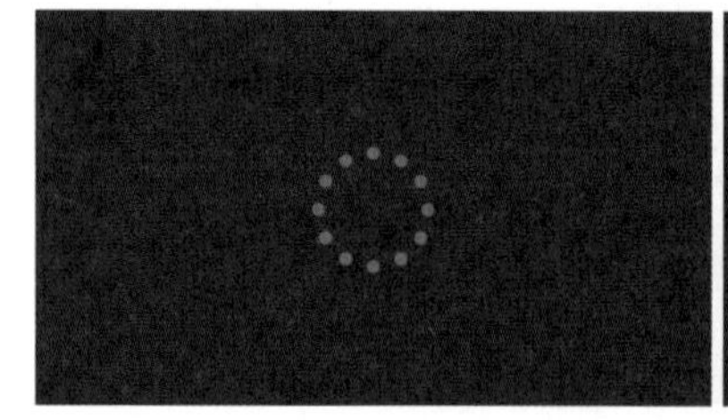

图12-24

06 将"形状图层1"图层复制一层，然后在"形状图层2"图层的"椭圆路径1"卷展栏中设置"大小"为（280,7），如图12-25所示。

07 在"填充1"卷展栏中设置"颜色"为橙色，如图12-26所示。

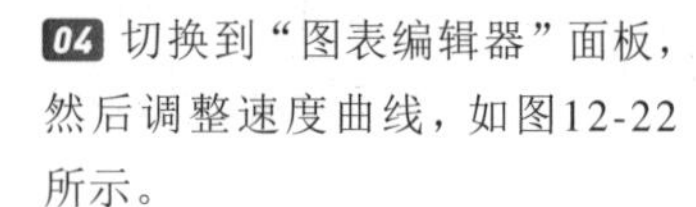

图12-25

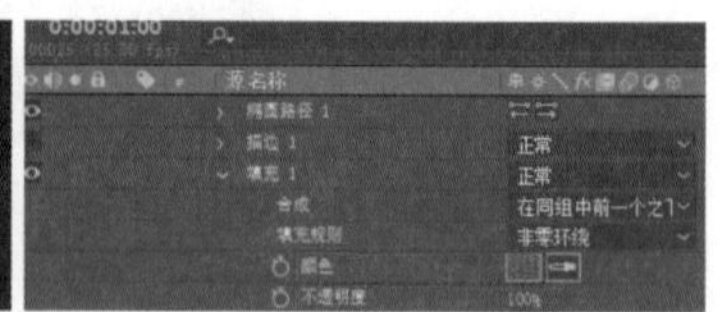

图12-26

08 在0:00:02:00的位置设置"位置"为（600,0），然后删掉"不透明度"关键帧，如图12-27所示。

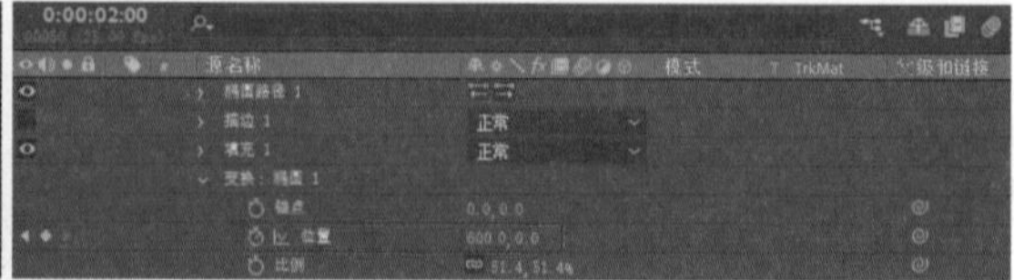

图12-27

09 展开"椭圆路径1"卷展栏，在0:00:01:05的位置添加"大小"关键帧，在0:00:02:00的位置设置"大小"为（0,7），如图12-28所示。动画效果如图12-29所示。

图12-28

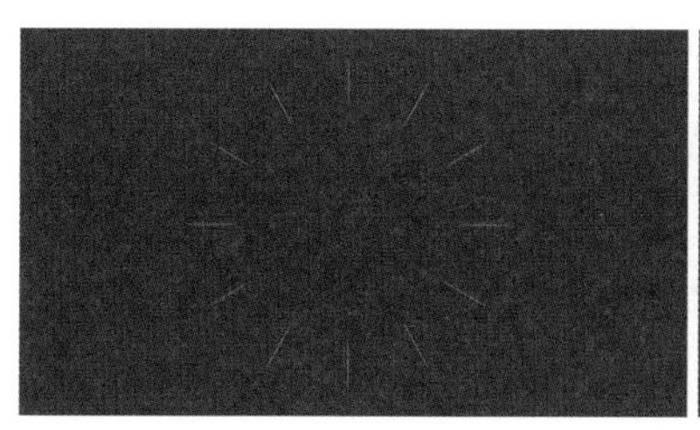

图12-29

10 将“形状图层1”图层复制一层，并将“形状图层3”图层放在顶层，然后调整3个剪辑的间隔，如图12-30所示。

> **技巧提示**
>
> 3个剪辑的间隔不是固定的，读者可参考右图调整出满意的效果。

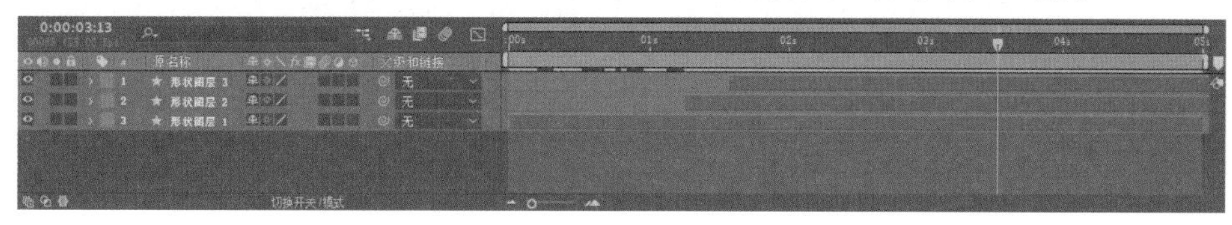

图12-30

过渡合成

01 新建一个1920像素×1080像素的合成，将其命名为“过渡”，然后新建一个深灰色的纯色图层，如图12-31所示。

02 使用“椭圆工具”绘制一个圆形，并将它调整为蓝色的圆环，效果如图12-32所示。

图12-31

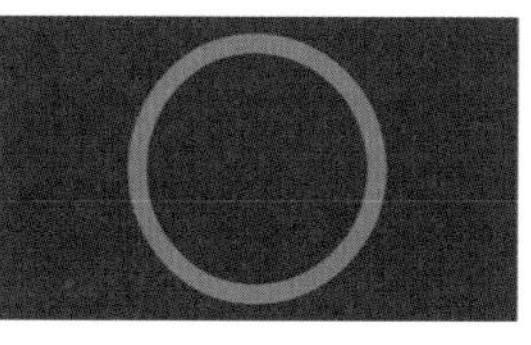

图12-32

03 为上一步绘制的圆环添加“修剪路径”效果，在剪辑起始位置设置开始为0%，“结束”为0%，并添加关键帧，如图12-33所示，在0:00:01:00的位置设置“开始”为0%，“结束”为100%，并添加关键帧，在0:00:02:00的位置设置“开始”为100%。动画效果如图12-34所示。

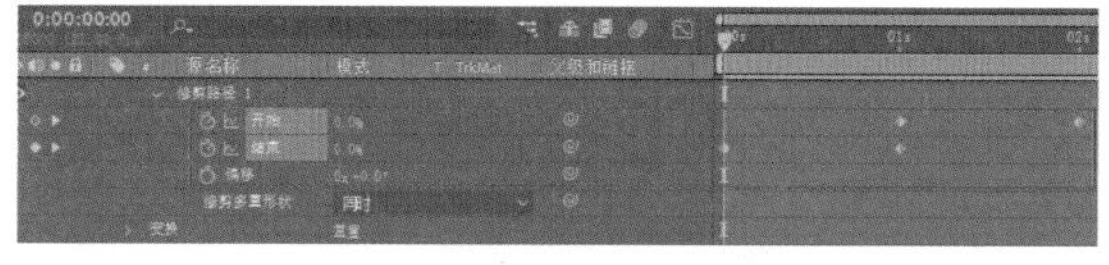

图12-33

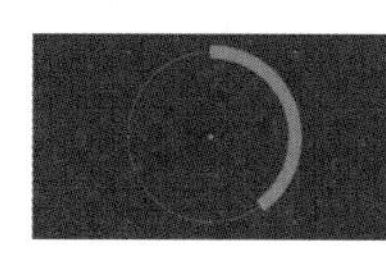
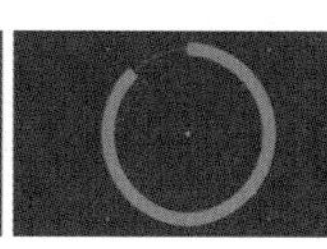

图12-34

04 在“描边1”卷展栏中设置一个饱和度更高的蓝色，然后设置“线段端点”为“圆头端点”，如图12-35所示。

> **技巧提示**
>
> 圆环的颜色可随意设置，此处设置的颜色仅供参考。

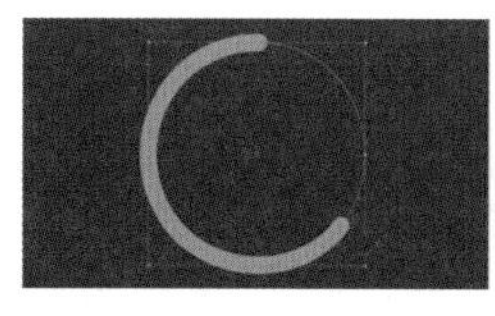
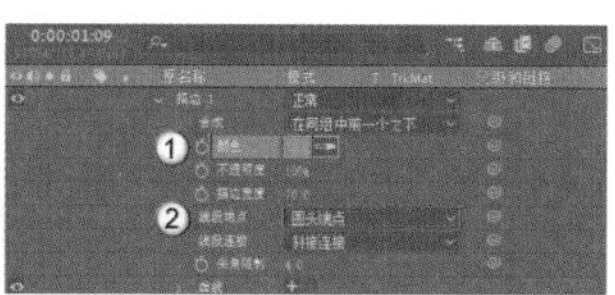

图12-35

05 选中“椭圆1”图层，按快捷键Ctrl+D复制出“椭圆2”图层，如图12-36所示。

06 展开“椭圆2”图层，调整“大小”的数值，使圆环变小，然后调整“颜色”为橙色，“描边宽度”为15，如图12-37所示。

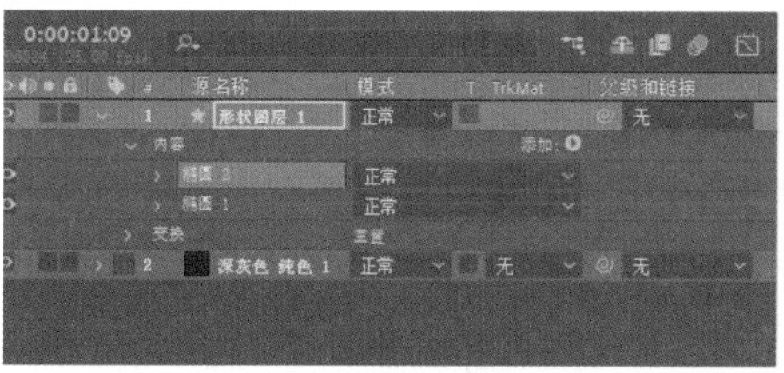
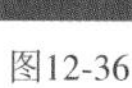

图12-36

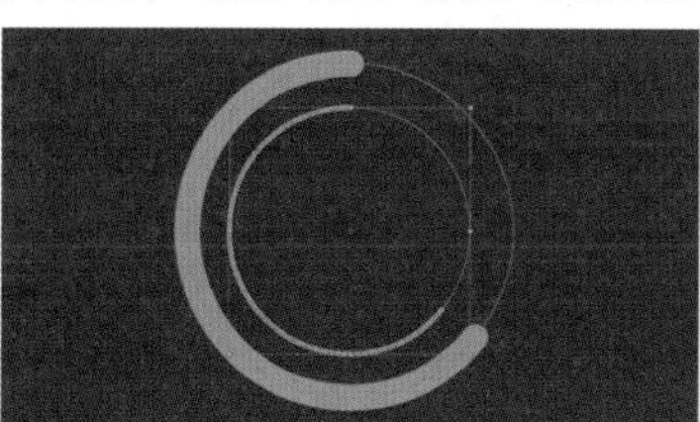
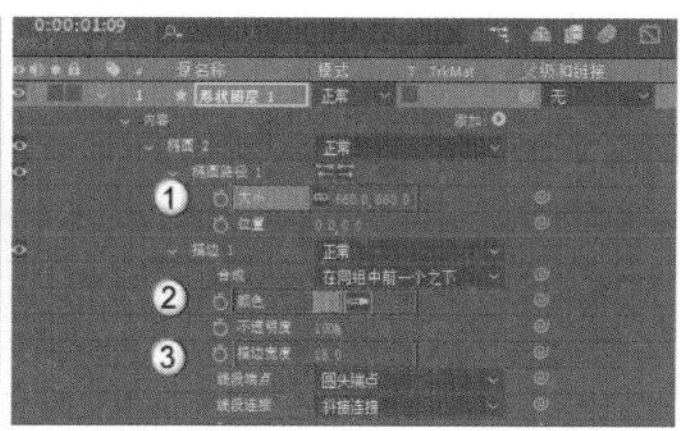

图12-37

07 展开“修剪路径1”卷展栏，缩短“开始”和“结束”关键帧之间的距离，并设置“偏移”为0x+90°，如图12-38所示，效果如图12-39所示。

08 将“椭圆2”图层复制一层，然后在“椭圆3”图层中将复制的圆环放大并减小“描边宽度”的数值，效果如图12-40所示。

图12-38

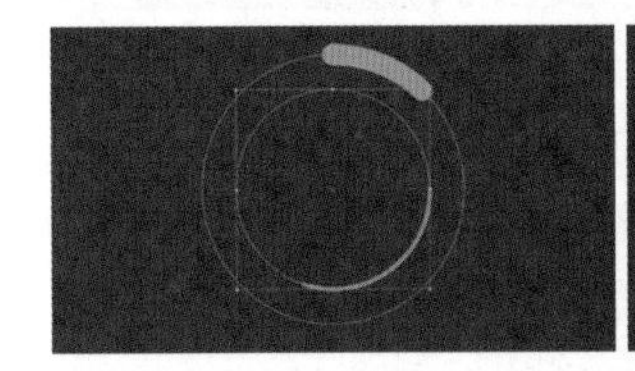

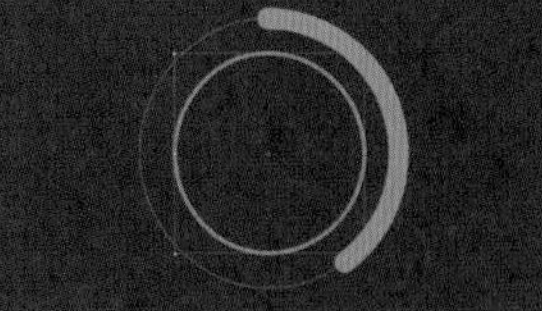

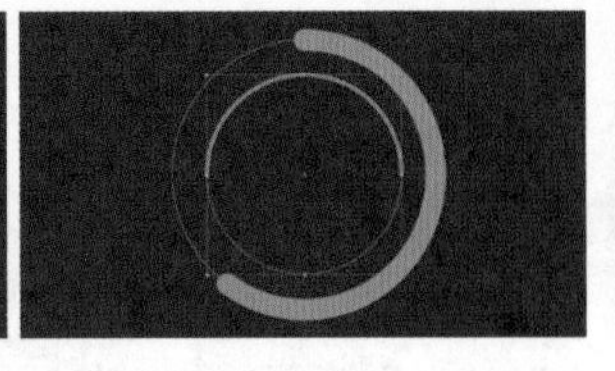

图12-39

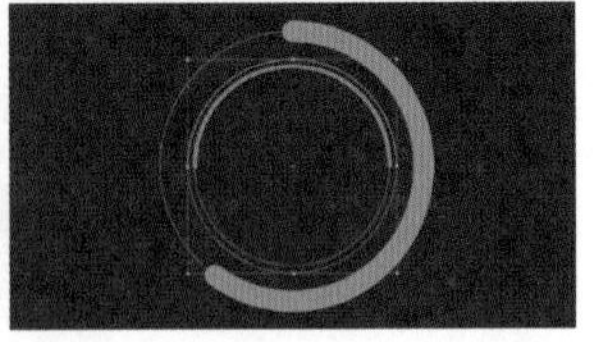

图12-40

09 增大“开始”和“结束”关键帧的间隔，并设置“偏移”为0x+180°，如图12-41所示。

10 将“椭圆3”图层复制一层，然后缩小复制得到的圆环，效果如图12-42所示。

图12-41

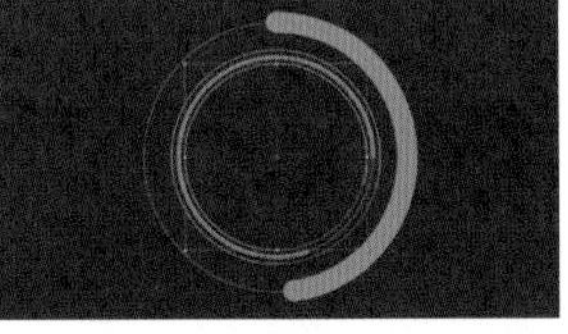

图12-42

11 修改上一步复制得到的圆环的颜色为黄色，增加“描边宽度”的数值，然后设置“虚线”为50，如图12-43所示。

12 在“椭圆4”图层中调整圆环的方向，然后增大“开始”和“结束”关键帧的间隔，并为“偏移”参数添加表达式time*150，如图12-44所示。

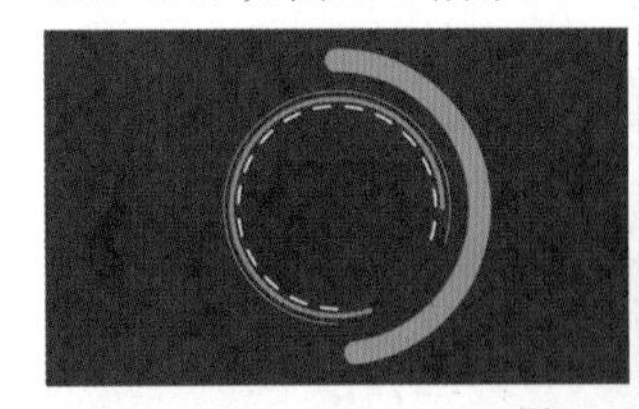

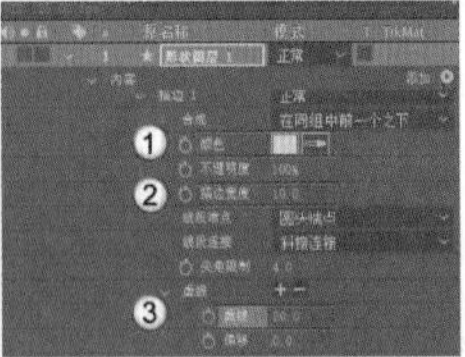

图12-43

图12-44

13 将“椭圆4”图层复制一层，减小复制得到的圆环，设置“颜色”为蓝色，增加“描边宽度”的数值，并设置“线段端点”为“平头端点”，如图12-45所示。

14 在“修剪路径1”卷展栏中增大“开始”和“结束”关键帧的间隔，如图12-46所示。

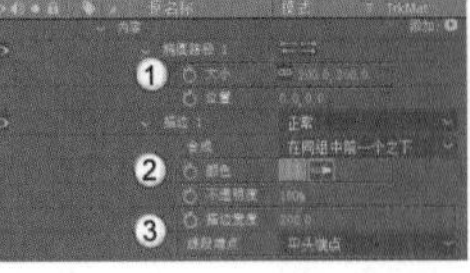

图12-45

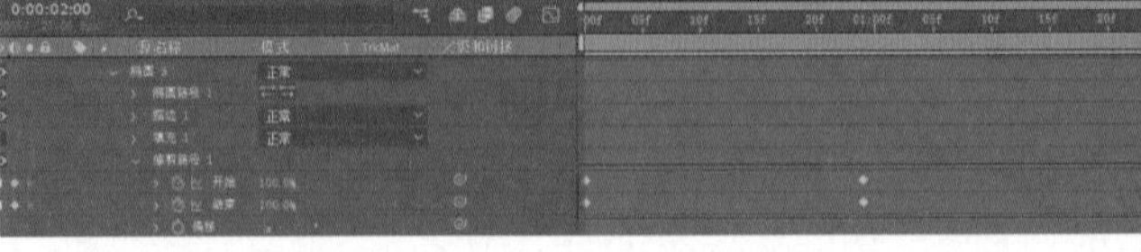

图12-46

15 对“椭圆2”图层和“椭圆3”图层进行复制，将复制得到的两个图层放在“椭圆5”图层的上方，并缩小两个圆环，如图12-47所示。

16 调整“椭圆6”图层和“椭圆7”图层的“偏移”角度，使其与“椭圆2”图层和“椭圆3”图层产生区别，如图12-48所示。

图12-47

图12-48

17 按Space键预览动画，会发现“椭圆2”图层消失得太快，导致后续画面有些空。选中“椭圆2”图层并复制一层，然后移动“开始”和“结束”关键帧到0:00:00:20的位置，如图12-49所示。

18 从“背景元素”合成中复制“形状图层2”图层到“过渡”合成中，并将其放在“形状图层1”图层的下方，如图12-50所示。

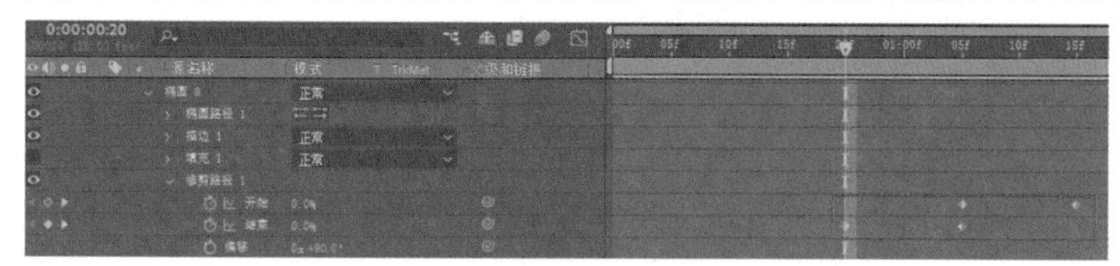

图12-49

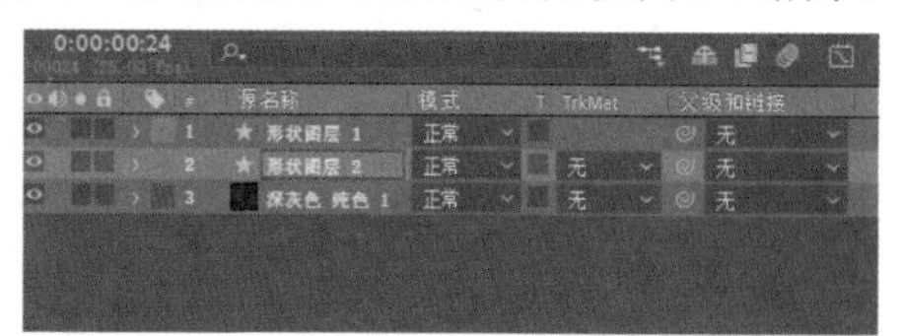

图12-50

19 移动播放指示器到0:00:00:24的位置，然后将“形状图层2”图层的剪辑起始位置移至此处，并调整关键帧的位置，如图12-51所示。

20 将“形状图层2”图层的颜色调整为黄色，效果如图12-52所示。

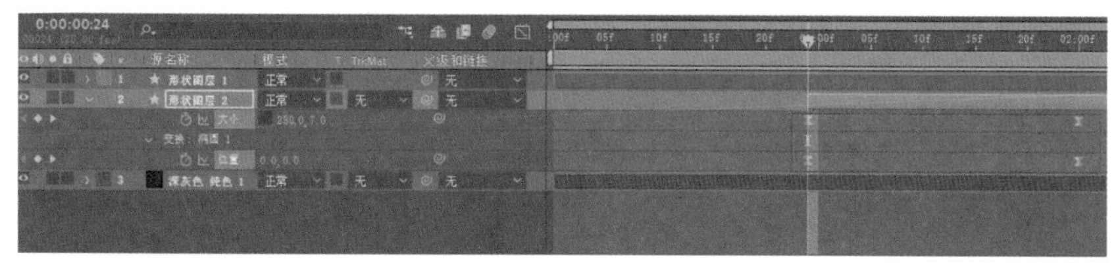

图12-51

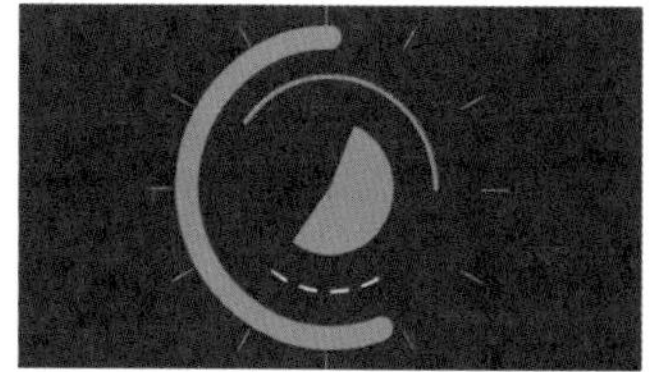

图12-52

总合成

01 新建一个1920像素×1080像素、时长为10秒的合成，将其命名为“总合成”，然后导入“过渡”、Logo和“背景元素”3个合成，如图12-53所示。

02 继续导入学习资源“案例文件>CH12>商业项目实战：制作MG动画片头”文件夹中的“bg.mp4”素材文件，将其向下拖曳至“时间轴”面板中并放在所有图层的下方，如图12-54所示。

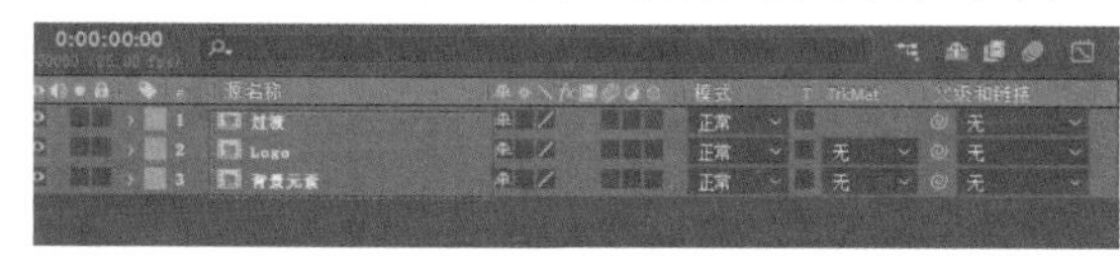

图12-53

图12-54

03 返回“过渡”合成，取消显示深灰色的纯色图层，如图12-55所示，否则纯色图层会遮挡下方的其他图层。

04 在“总合成”合成的“时间轴”面板中调整各个合成剪辑的位置，如图12-56所示。

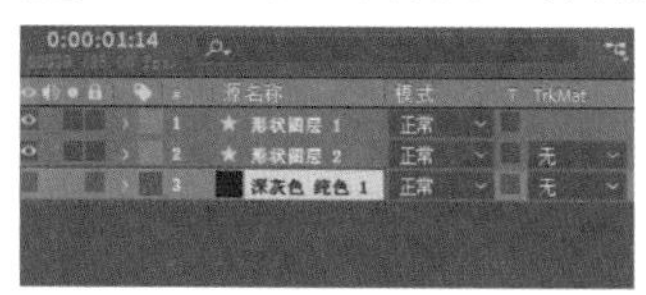

图12-55

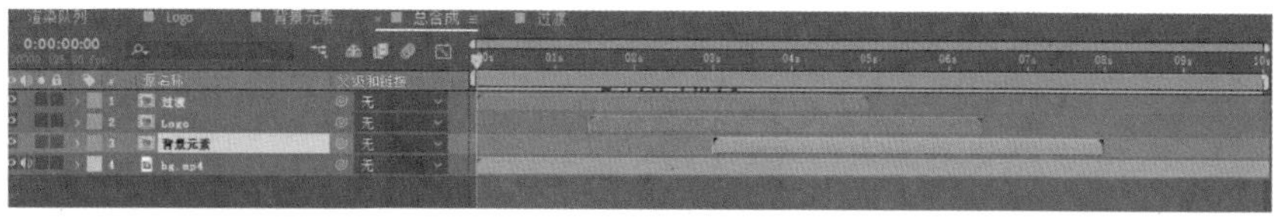

图12-56

05 按Space键预览动画，适当调整素材的出现时间，然后导入学习资源中的“背景音乐.mp3”文件，如图12-57所示。

06 缩短工作区域结尾到0:00:06:00的位置，然后按快捷键Ctrl+M切换到“渲染队列”面板，如图12-58所示。

07 单击“AME中的队列”按钮AME中的队列，跳转到Adobe Media Encoder中，如图12-59所示。

图12-57

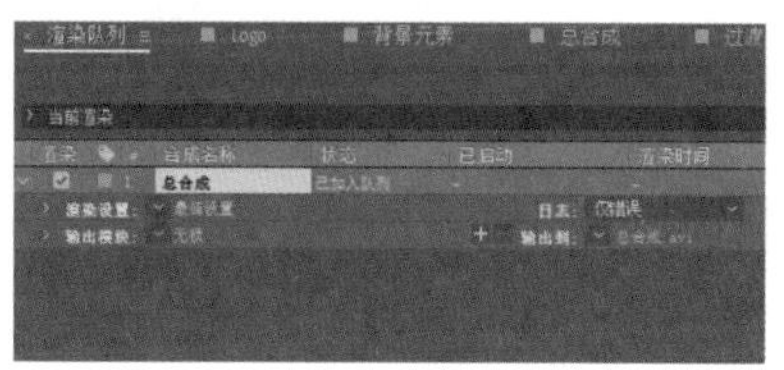

图12-58

图12-59

08 在“队列”面板中设置“格式”为H.264，然后设置文件的保存路径和名称，最后按Enter键开始渲染输出，如图12-60所示。

09 输出完成后，打开输出的文件并任意截取4帧图片，效果如图12-61所示。

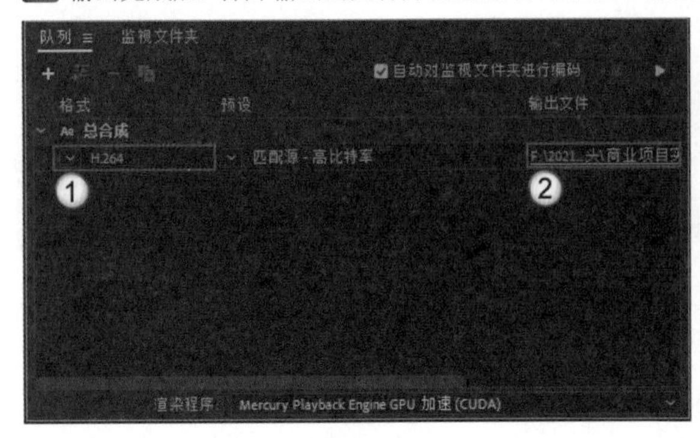

图12-60

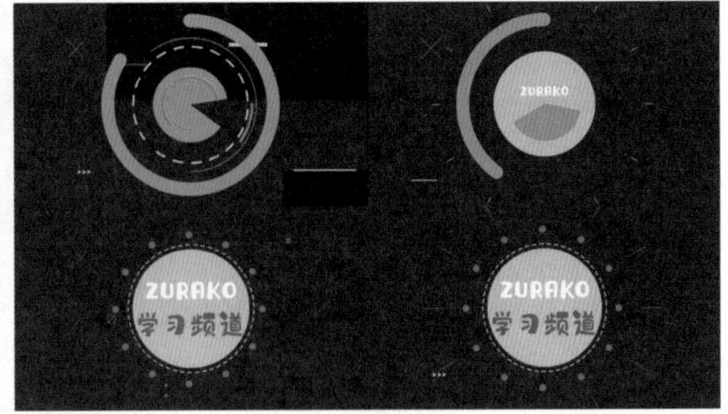

图12-61

重点

商业项目实战：制作电视节目预告

案例文件	案例文件>CH12>商业项目实战：制作电视节目预告
难易程度	★★★★★
学习目标	练习电视栏目包装的制作方法

电视节目预告是常见的电视栏目包装类型，其制作难度不大，效果如图12-62所示。

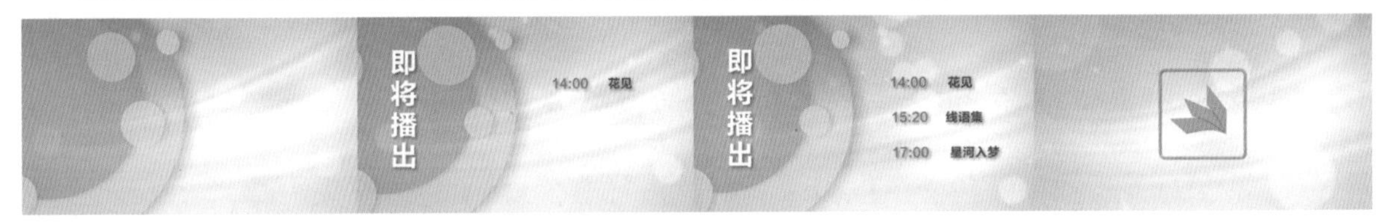

图12-62

背景合成

01 新建一个1920像素×1080像素的合成，将其命名为“背景”，然后在“项目”面板中导入学习资源“案例文件>CH12>商业项目实战：制作电视节目预告”文件夹中的“背景.mp4”和“元素.mov”素材文件，如图12-63所示。

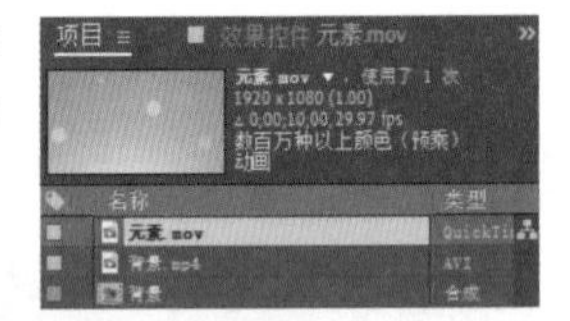

图12-63

02 将两个素材文件拖曳到“时间轴”面板中，使“元素.mov”图层在上方，并设置其“模式”为“叠加”，如图12-64所示。

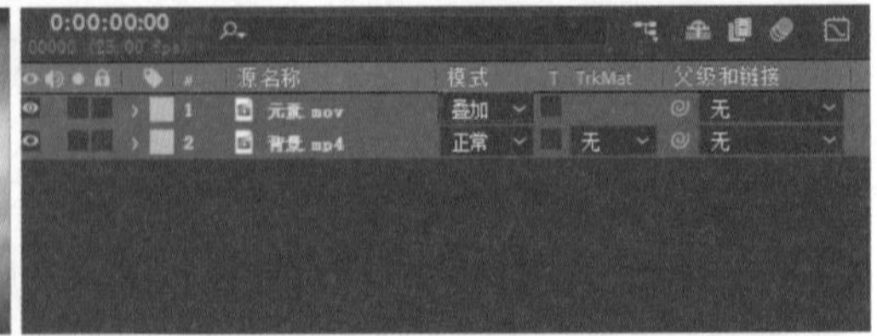

图12-64

03 此时画面整体的颜色偏暗。在“效果和预设”面板中搜索“三色调”效果，将其添加到“背景.mp4”图层上，然后设置“高光”为白色，“中间调”为浅灰色，“阴影”为灰色，如图12-65所示。

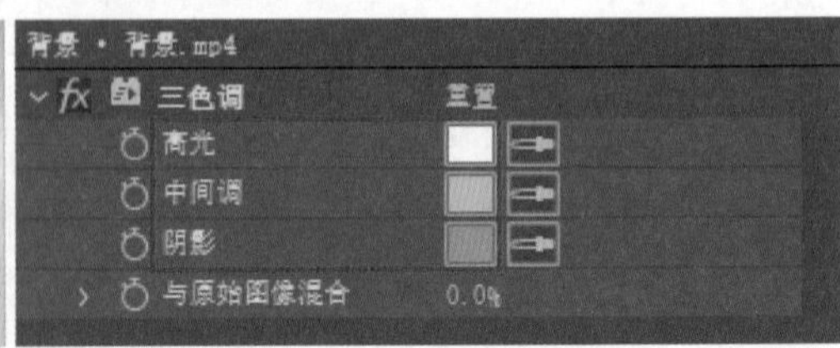

图12-65

☞ 元素合成

01 新建一个800像素×800像素的合成，将其命名为“元素”，然后使用“椭圆工具”绘制一个圆形，如图12-66所示。

02 将绘制的圆形复制一个，然后将新圆形缩小，并改变其渐变样式，如图12-67所示。

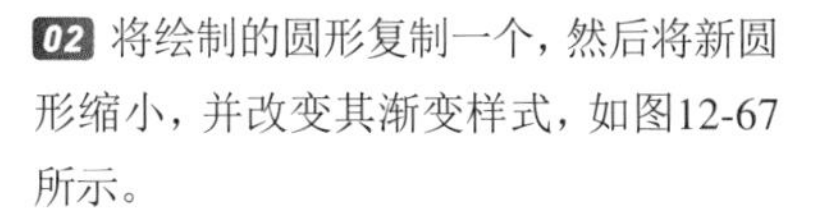

03 继续复制5个圆形，并调整每个圆形的大小和渐变样式，效果如图12-68所示。

> **技巧提示**
>
> 此处对圆形的颜色不进行规定，在后面的步骤中会统一修改颜色。

图12-66

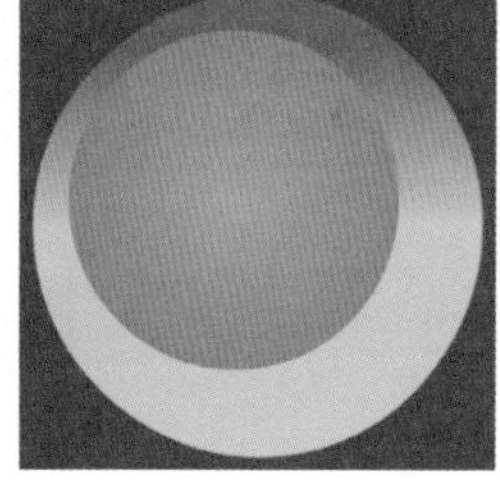

图12-67

图12-68

04 选中最大的圆形所在的“形状图层1”图层，按S键调出“缩放”参数，在剪辑起始位置设置“缩放”为（0%,0%）并添加关键帧，如图12-69所示，在0:00:00:15的位置设置“缩放”为（100%,100%），在0:00:01:00的位置设置“缩放”为（95%,95%）。

05 选中“形状图层2”图层，按S键调出“缩放”参数，在剪辑起始位置设置“缩放”为（0%,0%）并添加关键帧，在0:00:00:20的位置设置“缩放”为（100%,100%），在0:00:01:02的位置设置“缩放”为（95%,95%），如图12-70所示。

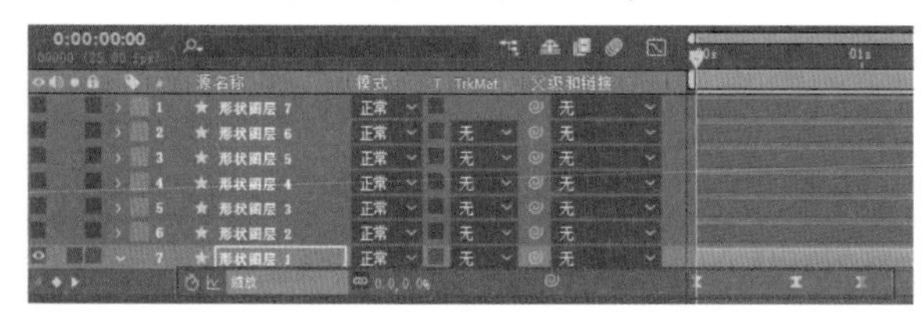

图12-69

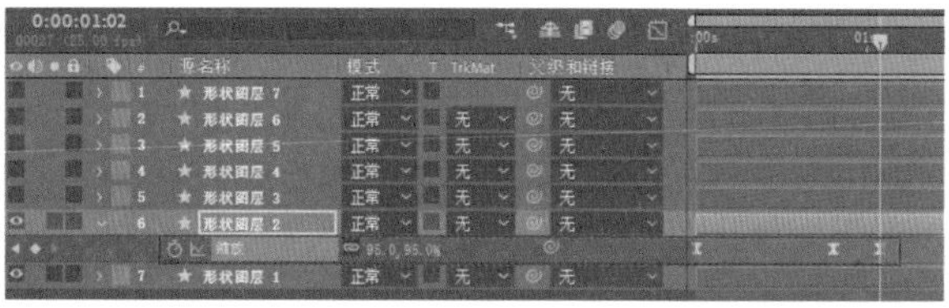

图12-70

06 选中“形状图层3”图层，按S键调出“缩放”参数，在0:00:00:15的位置设置“缩放”为（0%,0%）并添加关键帧，在0:00:01:00的位置设置“缩放”为（100%,100%），在0:00:01:08的位置设置“缩放”为（80%,80%），如图12-71所示。动画效果如图12-72所示。

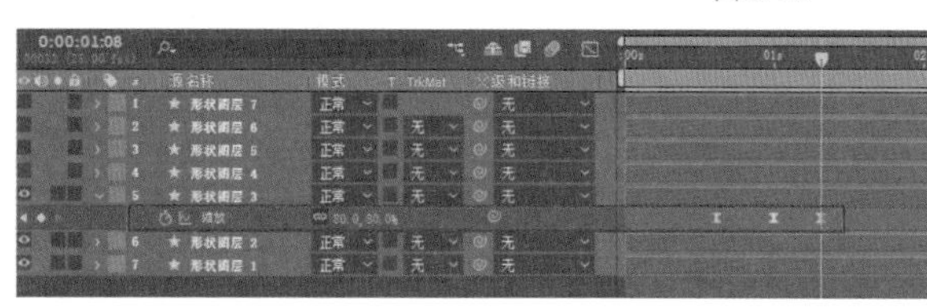

图12-71

图12-72

07 将“形状图层3”图层的关键帧复制并粘贴到“形状图层4”图层中，如图12-73所示。动画效果如图12-74所示。

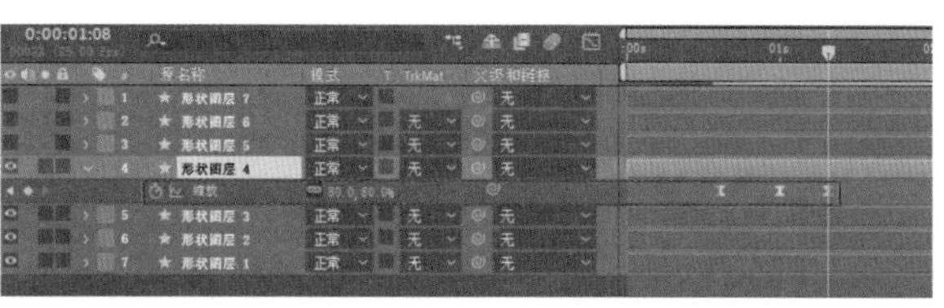

图12-73

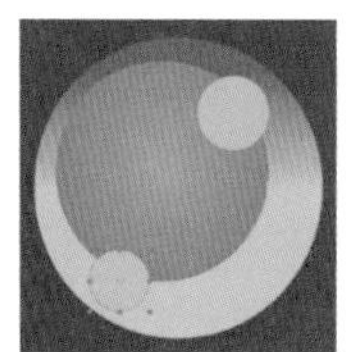

图12-74

08 选中“形状图层5”图层，移动播放指示器到0:00:00:18的位置，然后粘贴“形状图层3”图层的关键帧，如图12-75所示。动画效果如图12-76所示。

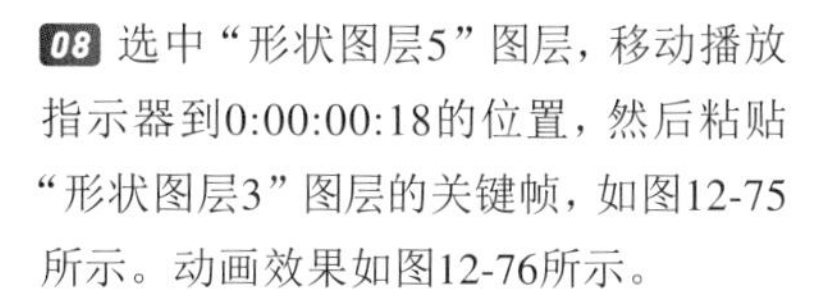

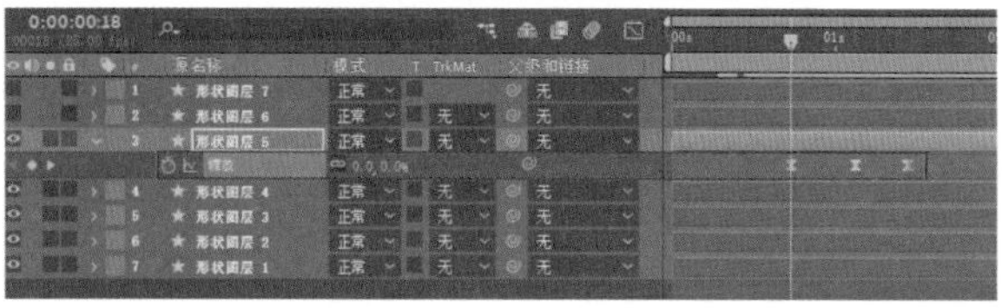

图12-75

图12-76

09 选中“形状图层6”图层并按S键调出“缩放”参数，在0:00:00:12的位置设置“缩放”为（0%,0%）并添加关键帧，在0:00:00:22的位置设置“缩放”为（80%,80%），在0:00:01:05的位置设置“缩放”为（50%,50%），如图12-77所示。动画效果如图12-78所示。

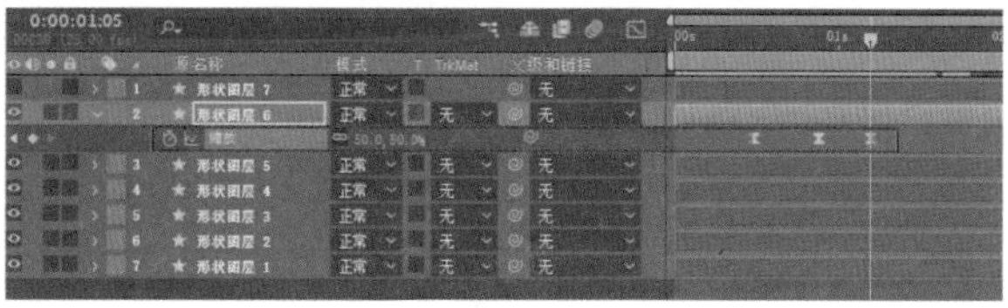

图12-77

图12-78

10 选中“形状图层7”图层并按S键调出“缩放”参数，在0:00:00:14的位置设置“缩放”为（0%,0%）并添加关键帧，在0:00:00:24的位置设置“缩放”为（50%,50%），在0:00:01:07的位置设置“缩放”为（30%,30%），如图12-79所示，效果如图12-80所示。

图12-79

11 打开所有图层的“3D图层”开关，方便后续的制作，如图12-81所示。

图12-80

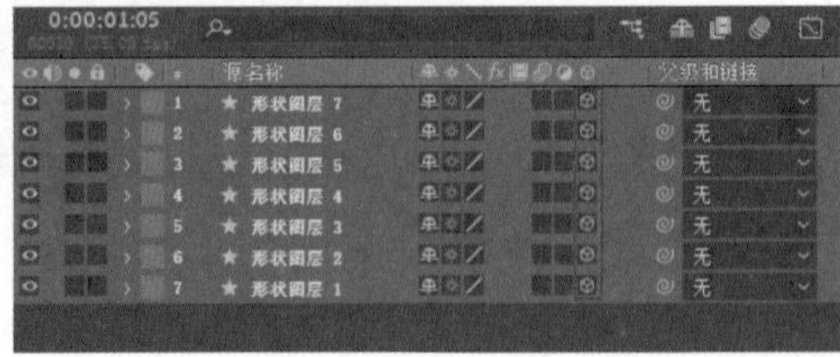

图12-81

总合成

01 新建一个1920像素×1080像素的合成，将其命名为“总合成”，然后将“背景”和“元素”两个合成放置在“总合成”合成中，效果如图12-82所示。

02 选中“元素”合成，将其移动到画面左侧并放大，效果如图12-83所示。

03 打开“元素”合成的“3D图层”开关，然后设置“Y轴旋转”为0x-20°，如图12-84所示。

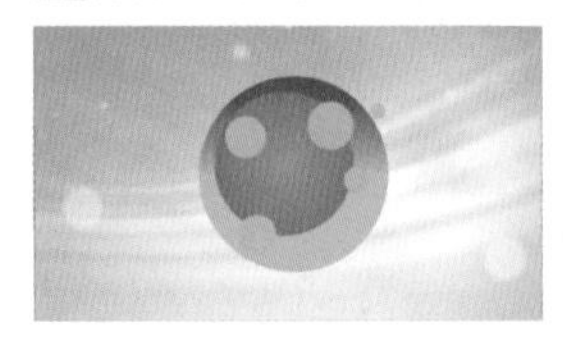

图12-82

图12-83

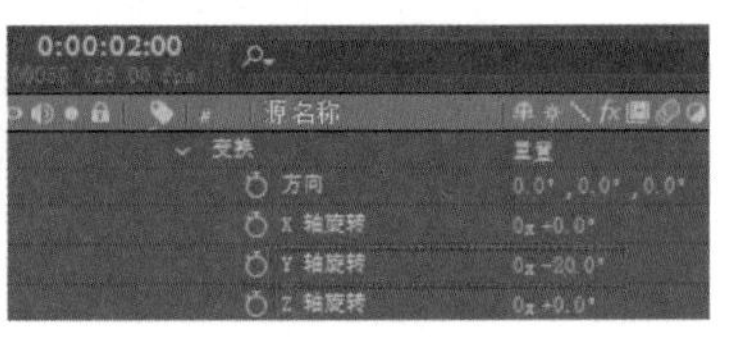

图12-84

04 在0:00:00:10的位置添加“位置”关键帧，然后在剪辑起始位置将元素向左移出画面，效果如图12-85所示。

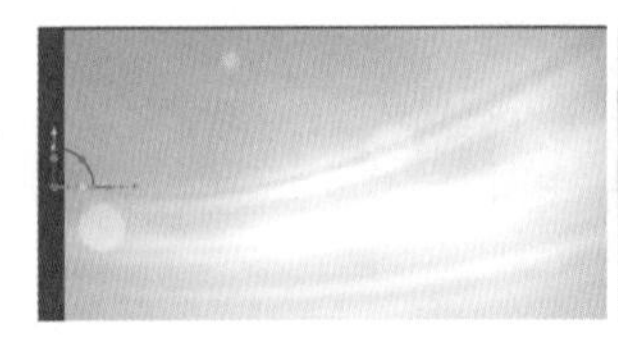

图12-85

05 此时发现元素的颜色与背景的颜色不搭配，在“元素”合成上添加“三色调”效果，并调整“中间调”和“阴影”的颜色为蓝色系，这样就能使元素颜色与背景颜色更协调，如图12-86所示。

06 在“效果与预设”面板中搜索“投影”效果并将其添加到“元素”合成上，为元素添加“投影”效果，将其与背景进行区分并增强其立体感，如图12-87所示。

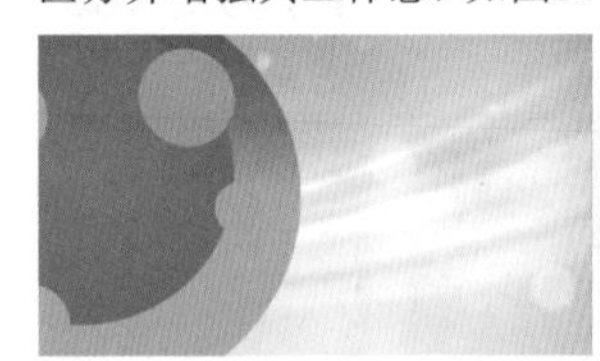

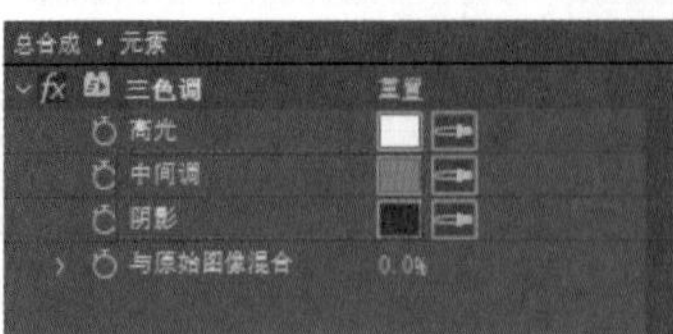

图12-86

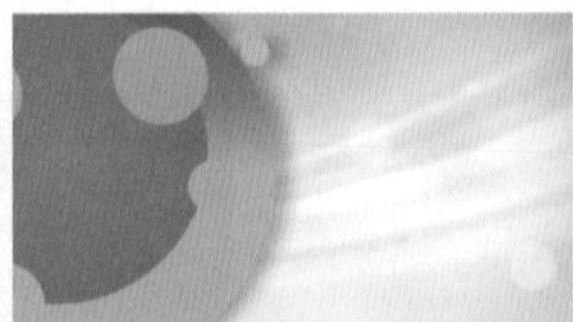

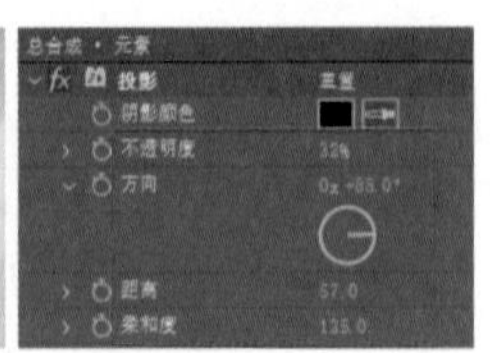

图12-87

07 仔细观察元素效果，会发现各个圆形之间没有投影，显得画面不立体。返回“元素”合成，在每个图层上都添加“投影”效果，如图12-88所示。

08 返回“总合成”合成，可以观察到画面中的每个圆形都有了阴影，画面显得更加立体且有层次，如图12-89所示。

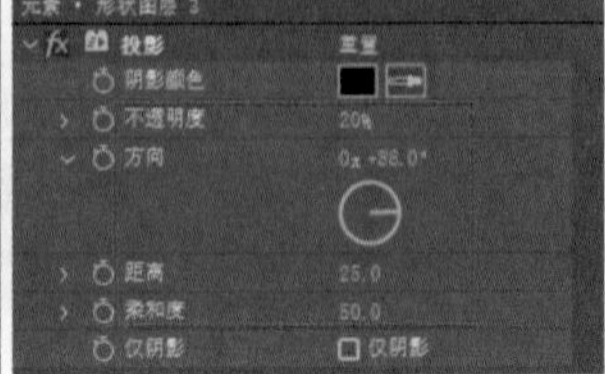

图12-88

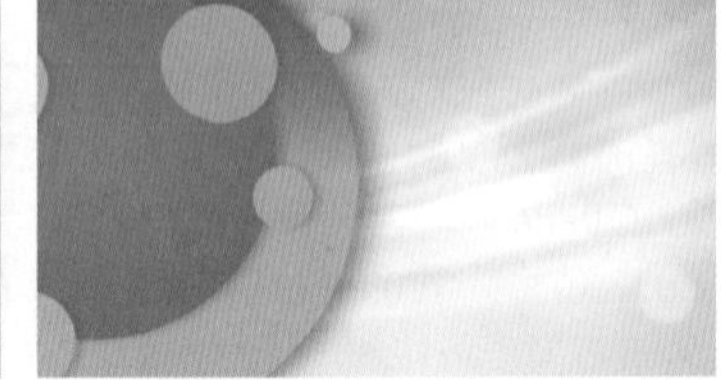

图12-89

09 将“元素.mov”图层放置到“元素”合成的上方，作为“元素”合成的“亮度反转遮罩”，如图12-90所示，效果如图12-91所示。

10 选中“元素.mov”图层，设置其“不透明度”为60%，如图12-92所示。降低遮罩图层的亮度，让“元素”合成更加明显，效果如图12-93所示。

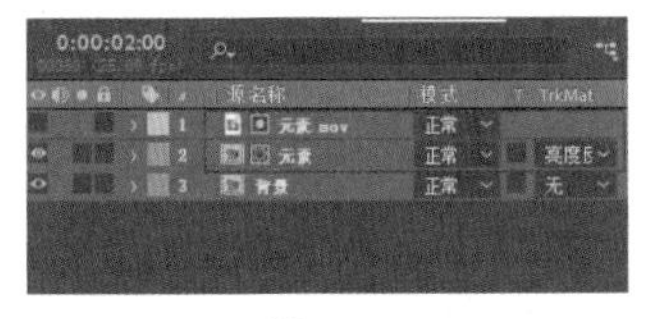

图12-90

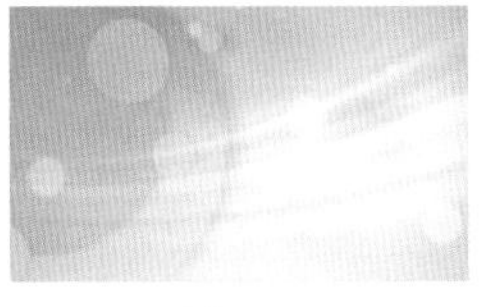

图12-91

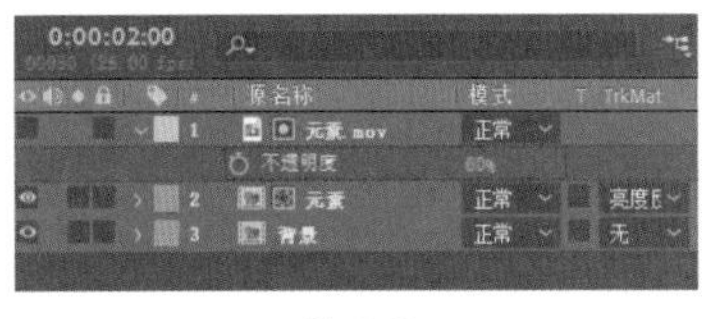

图12-92

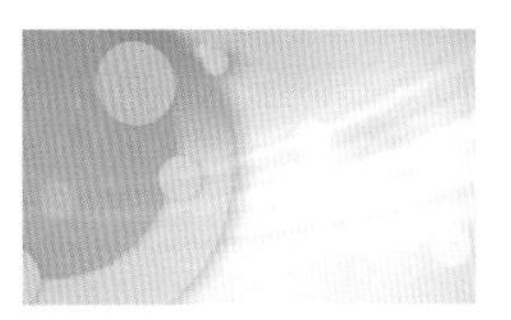

图12-93

11 将“元素.mov”图层和“元素”合成转换为预合成，将预合成命名为“边栏”，如图12-94所示。

12 为“边栏”合成添加“曝光度”效果，并在剪辑起始位置添加“曝光度”关键帧，然后在0:00:00:10的位置设置“曝光度”为0.6，如图12-95所示，在0:00:01:00的位置设置“曝光度”为0。

图12-94

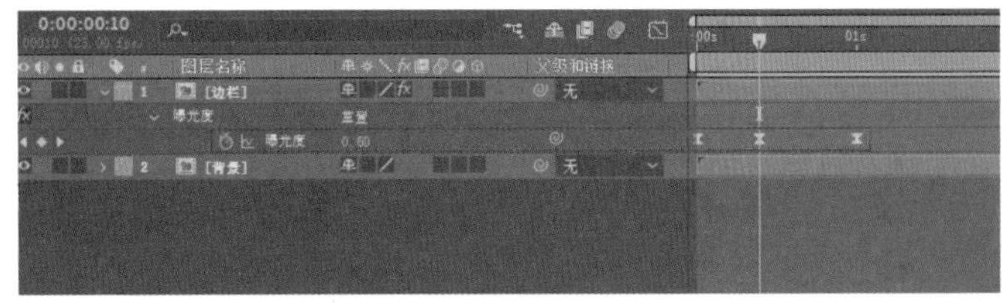

图12-95

13 复制添加的3个关键帧，然后在0:00:02:00的位置粘贴关键帧，接着在这3个关键帧中间增加不同强度的“曝光度”关键帧，使元素呈现闪烁的效果，如图12-96所示。

技巧提示

添加的“曝光度”关键帧的个数和强度较为随意，读者可按照自己的想法进行制作。

图12-96

14 复制“曝光度”参数的关键帧，然后粘贴多次，使元素具有连续闪光的效果，如图12-97所示。

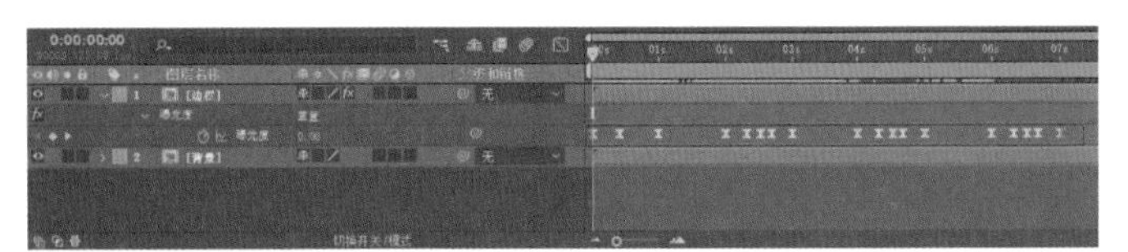

图12-97

文本合成

01 在“总合成”合成中新建一个文本图层，输入“即将播出”，如图12-98所示。

02 将该图层转换为预合成，将预合成命名为“即将播出”，如图12-99所示。

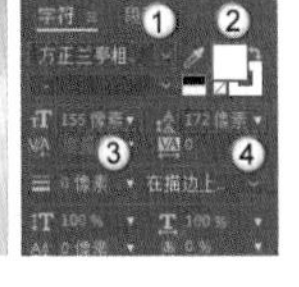

图12-98

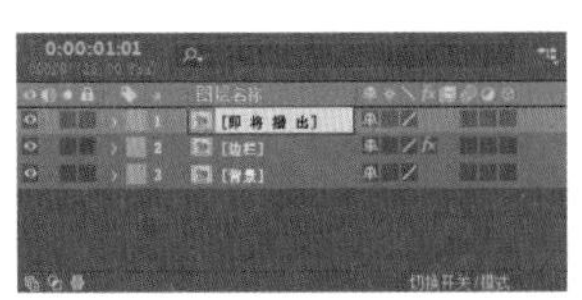

图12-99

03 选中“即将播出”合成，按T键调出“不透明度”参数，在0:00:00:15的位置设置“不透明度”为0%，并添加关键帧，在0:00:01:15的位置设置“不透明度”为100%，效果如图12-100所示。

04 在合成上继续添加“线性擦除”效果，在0:00:00:15的位置设置“过渡完成”为100%，并添加关键帧，设置“擦除角度”为0x+0°，如图12-101所示。此时画面中不显示文字内容。

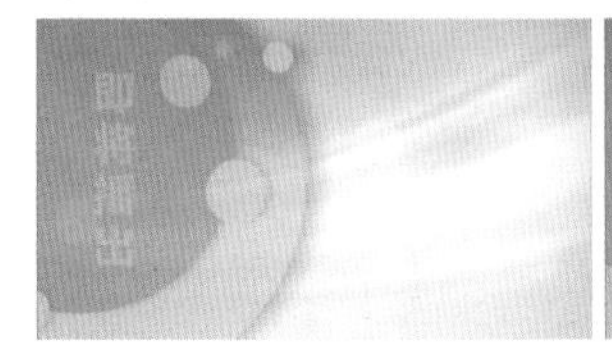

图12-100

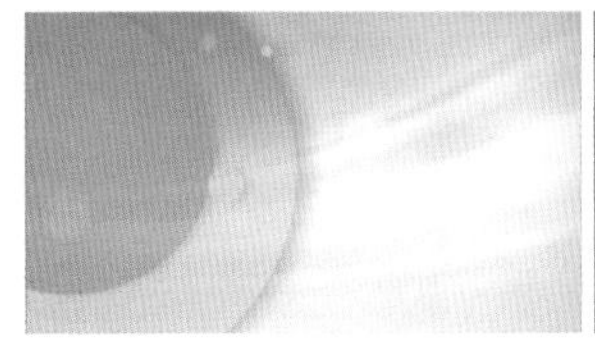

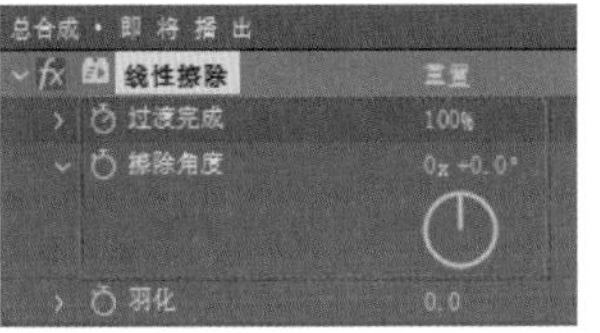

图12-101

05 在0:00:01:15的位置设置“过渡完成”为0%，动画效果如图12-102所示。

06 继续为合成添加“投影”效果，设置“距离”为15，“柔和度”为40，如图12-103所示。

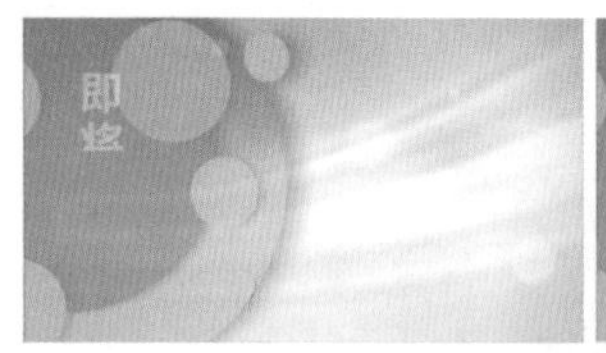

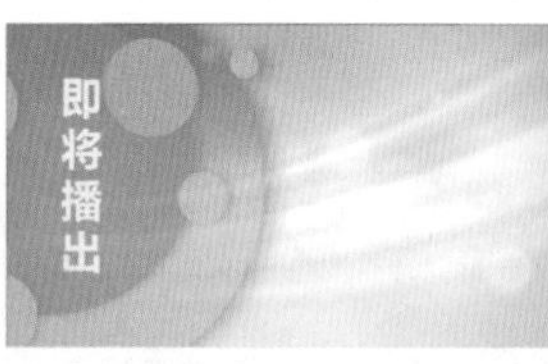

图12-102

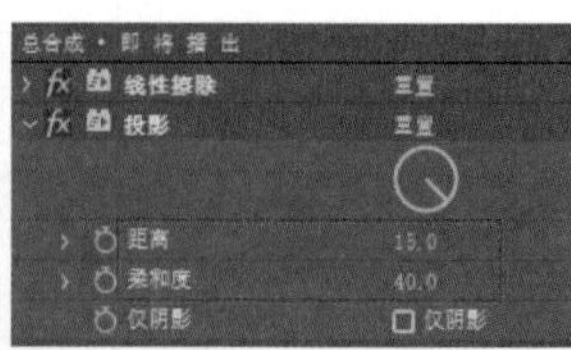

图12-103

07 新建一个文本图层，然后输入“14:00　花见”，如图12-104所示。

08 将上一步创建的文本图层转换为预合成，并将预合成命名为“节目1”，如图12-105所示。

图12-104

图12-105

09 在“节目1”合成上添加“线性擦除”效果，在剪辑起始位置设置“过渡完成”为100%，并添加关键帧，设置“擦除角度”为0x-90°，如图12-106所示。此时画面中的文字消失。

10 在0:00:02:00的位置设置“过渡完成”为0%，此时文字全部显示，效果如图12-107所示。

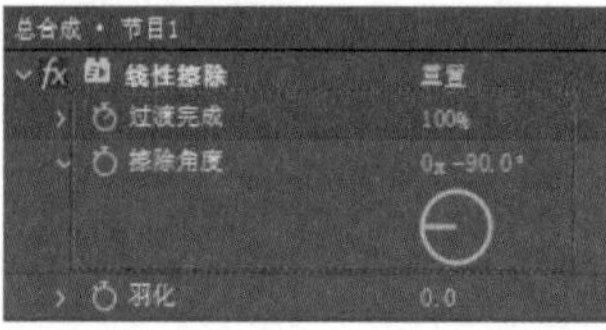

图12-106

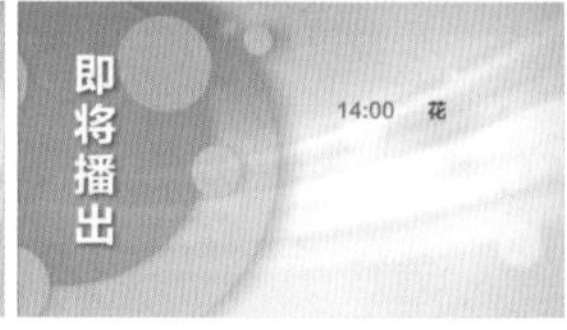

图12-107

11 在“节目1”合成上继续添加“投影”效果，设置“距离”为15，“柔和度”为40，效果如图12-108所示。

12 进入“节目1”合成，复制文本图层，再在“总合成”合成中粘贴该文本图层，并将其向下移动，效果如图12-109所示。

> **技巧提示**
>
> “节目1”合成中的“投影”效果与“即将播出”合成中的“投影”效果参数一致，只需将原有的“投影”效果复制并粘贴到“节目1”合成中即可。

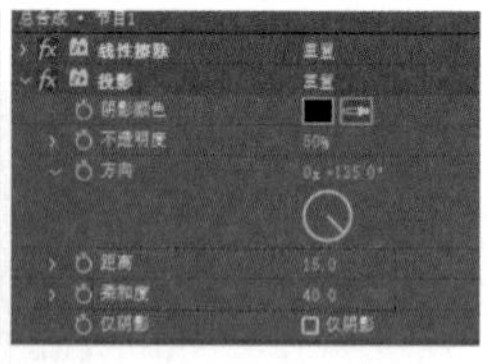

图12-108

图12-109

13 修改复制得到的文本图层的内容为“15:20　线语集”，效果如图12-110所示。

14 将文本图层转换为预合成，将预合成命名为“节目2”，然后在该合成中粘贴“节目1”合成中的所有效果，动画效果如图12-111所示。

15 按照上面的方法，继续制作下一段节目，效果如图12-112所示。

图12-110

图12-111

图12-112

16 调整3个节目合成的剪辑起始位置，使文字逐行显示，如图12-113所示。

图12-113

☞ 片尾合成

01 使用“椭圆工具”在画面中绘制一个圆形，大小不限，如图12-114所示。

02 选中上一步绘制的形状图层，在0:00:05:00的位置设置“缩放”为（0%,0%）并添加“关键帧”，如图12-115所示，在0:00:05:12的位置设置“缩放”为（500%,500%）。

图12-114

图12-115

03 切换到“图表编辑器”面板，调整“缩放”参数的速度曲线，如图12-116所示。

04 将“形状图层1”图层转换为预合成，并将预合成命名为“片尾”，如图12-117所示。

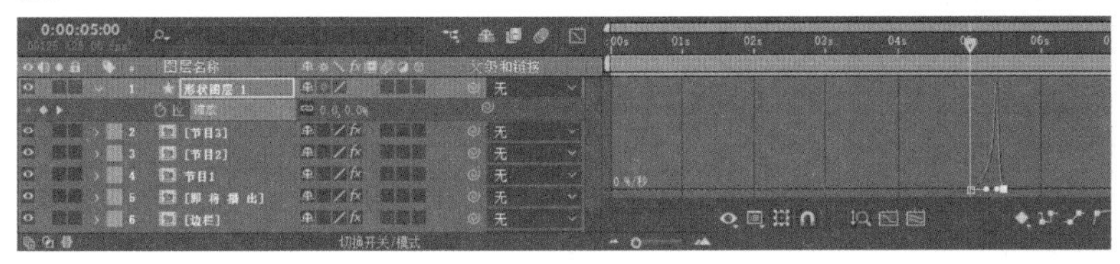

图12-116

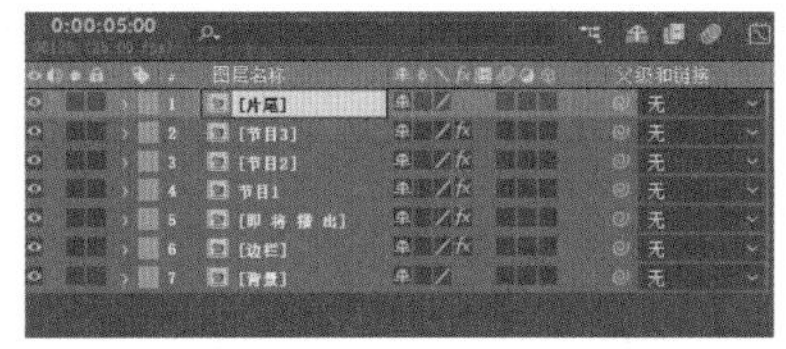

图12-117

05 复制“背景”合成，然后将其粘贴到“片尾”合成中，设置“形状图层1”图层为“背景”合成的“Alpha遮罩”蒙版，如图12-118所示，效果如图12-119所示。

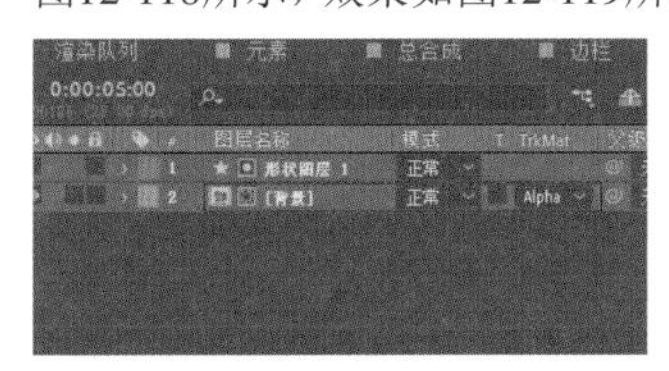

图12-118

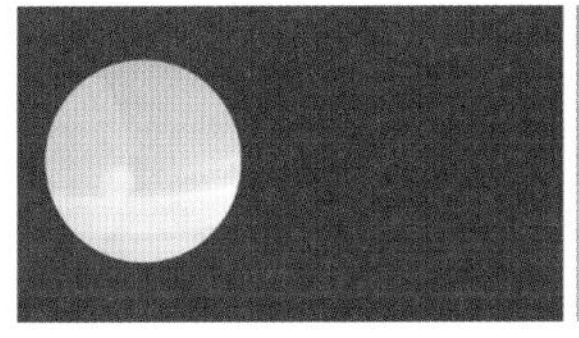

图12-119

06 导入学习资源中的LOGO.png素材文件，并将其放置于“背景”合成中，效果如图12-120所示。

07 为素材图层添加“曲线”效果，提高其亮度，效果如图12-121所示。

08 打开图层的“3D图层”开关，然后在0:00:06:00的位置设置“位置”为（960,540,-3000），并添加关键帧。此时素材被移出画面，如图12-122所示。

图12-120

图12-121

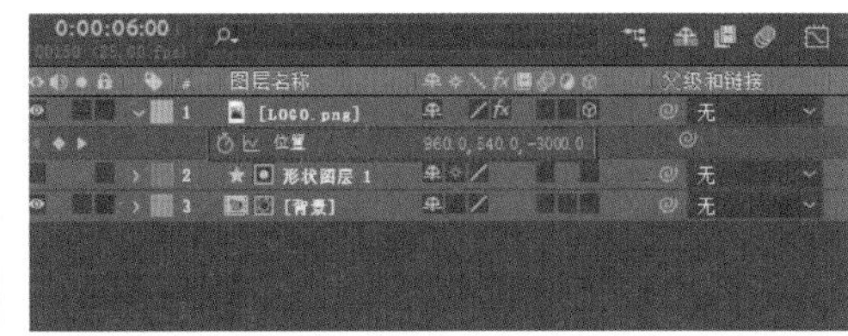

图12-122

09 在0:00:07:00的位置设置“位置”为（960,540,800），在0:00:08:00的位置设置“位置”为（960,540,500），如图12-123所示。动画效果如图12-124所示。

图12-123

图12-124

10 切换到“图表编辑器”面板，调整“位置”参数的速度曲线，如图12-125所示。

11 为LOGO.png图层继续添加“投影”效果，增强素材的立体感，如图12-126所示。

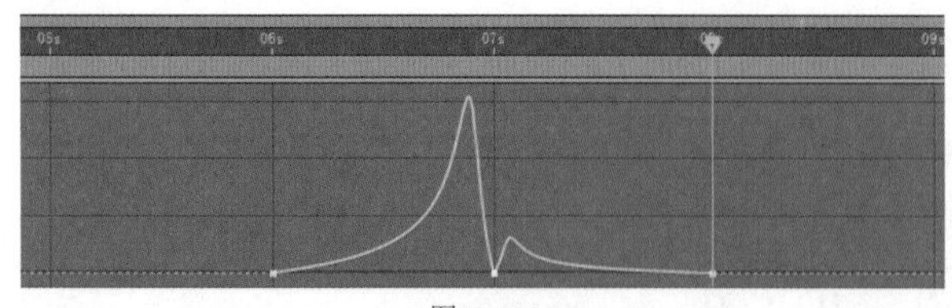

图12-125

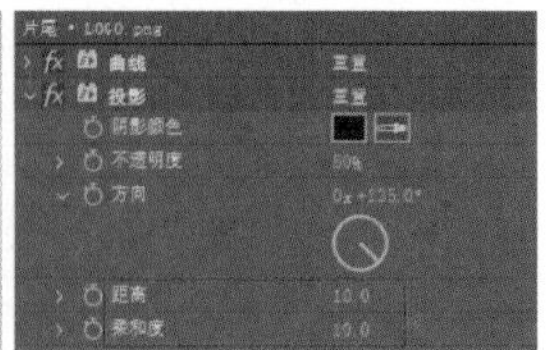

图12-126

12 返回“总合成”合成，将工作区域结尾缩短到0:00:09:00的位置，然后按快捷键Ctrl+M切换到“渲染队列”面板，单击“AME中的队列”按钮，在Adobe Media Encoder中输出MP4格式的文件，如图12-127所示。

13 文件输出完成后，从中截取任意4帧图片，效果如图12-128所示。

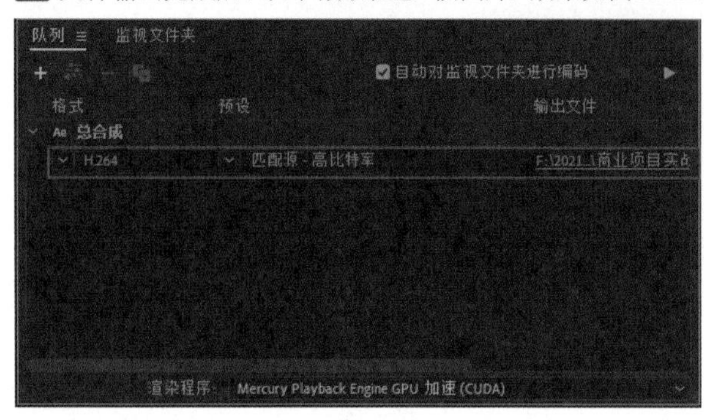

图12-127

图12-128

重点

商业项目实战：制作化妆品广告

案例文件	案例文件>CH12>商业项目实战：制作化妆品广告
难易程度	★★★★★
学习目标	练习广告类视频的制作方法

扫码观看视频

After Effects在广告制作中应用广泛。本案例制作一款化妆品的广告，需要用Particular粒子模拟水珠的效果，并需要将文字和素材图片进行合成，案例效果如图12-129所示。

图12-129

水珠合成

01 新建一个1920像素×1080像素的合成，将其命名为“水珠”，然后新建一个纯色图层，将其命名为“水珠粒子”，如图12-130所示。

02 为图层添加Particular效果，在Emitter（Master）卷展栏中设置Particles/sec为80，Position为（960,238,0），Velocity为0，Velocity Random为0%，Velocity Distribution为0，Velocity from Motion[%]为0，如图12-131所示。

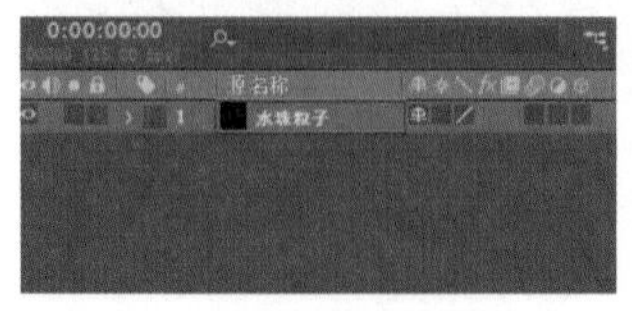

图12-130

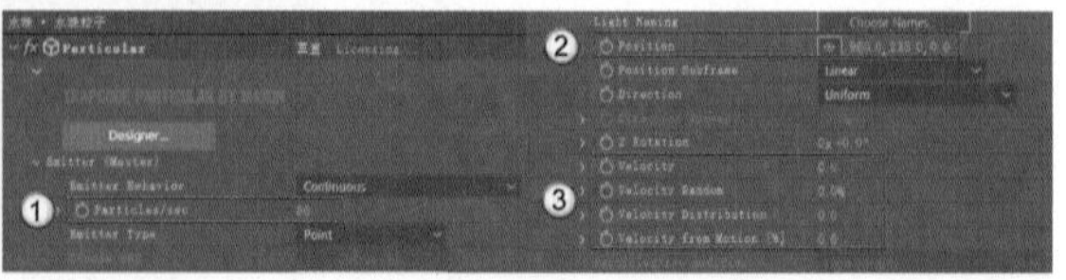

图12-131

技巧提示

若粒子的速度类属性的数值都为0，则无法形成发射的效果，粒子会聚集在一起，形成一个点。

03 在Physics（Master）卷展栏中设置Wind Y为100，Evolution Speed为11，如图12-132所示，粒子会在纵向上拉出一条线。

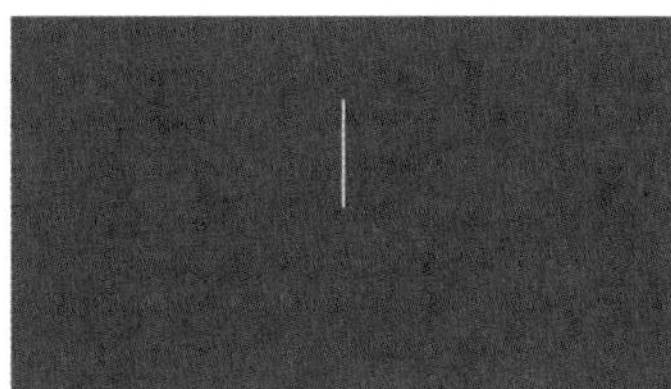
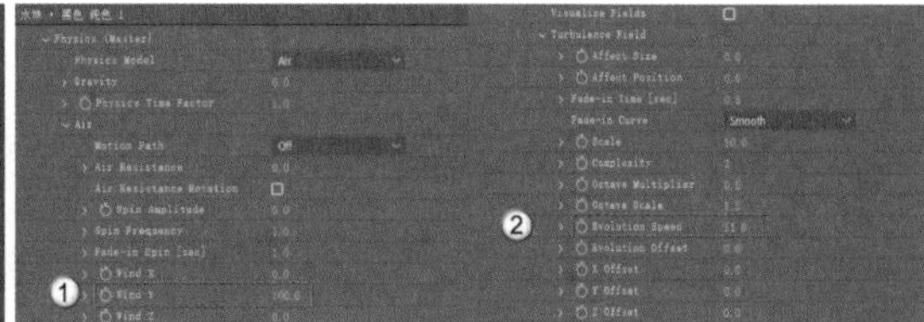

图12-132

04 在Particle（Master）卷展栏中设置Life[sec]为5，Life Random为75%，Particle Feather为45，Size为12，Size Random为100%，调整Size over Life的曲线，然后设置Opacity Random为90%，Blend Mode为Add，如图12-133所示。

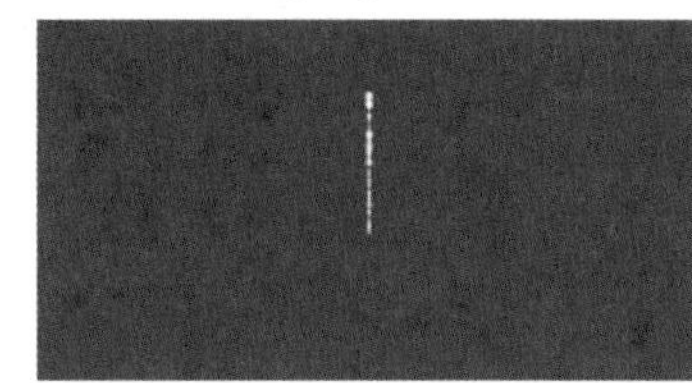
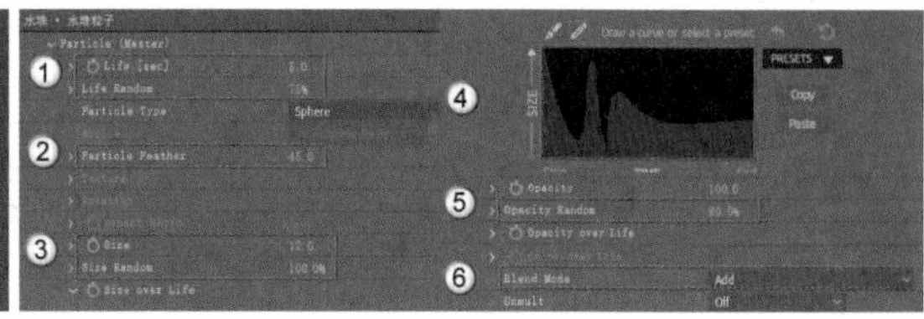

图12-133

05 在Shading（Master）卷展栏中设置Shading为On，Nominal Distance为540，Diffuse为50，Shadowlet for Main为On，如图12-134所示。

06 新建一个灯光图层，放在画面上方，以照亮场景中的粒子，如图12-135所示。

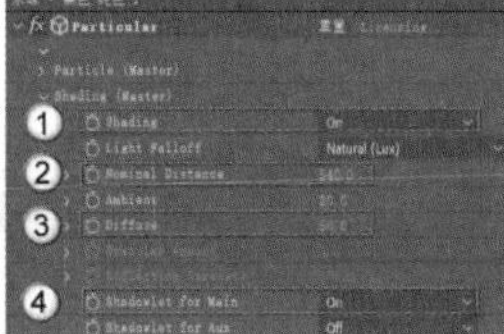

图12-134

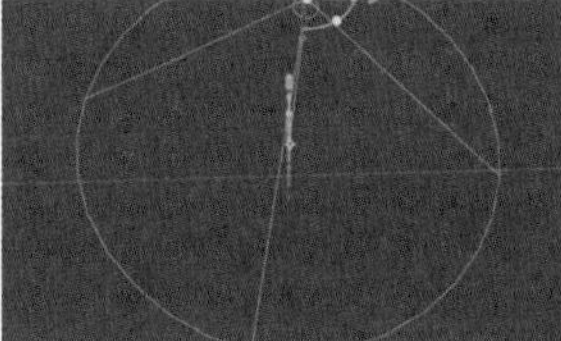

图12-135

07 新建一个纯色图层，将其命名为“气泡”，然后为其添加Particular效果，如图12-136所示。

08 在Emitter（Master）卷展栏中设置Particles/sec为10，Position为（960,216,0），Velocity为0，Velocity Random为0%，Velocity Distribution为0，Velocity from Motion[%]为0，如图12-137所示。

> **技巧提示**
>
> 读者可以在复制“水珠粒子”图层后修改Particular效果的参数。

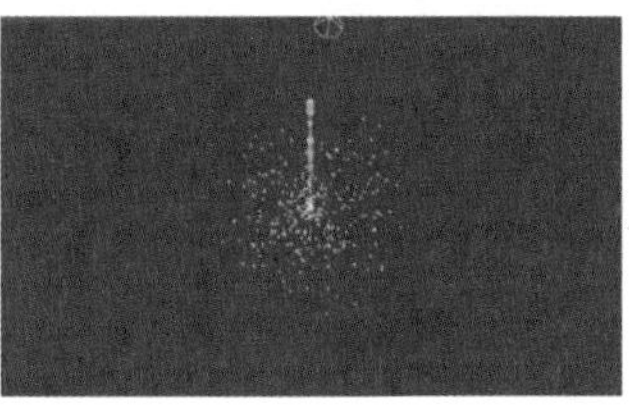

图12-136

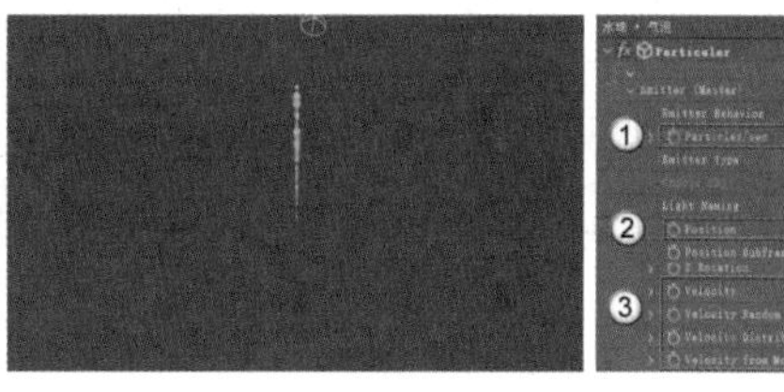

图12-137

09 在Particle（Master）卷展栏中设置Life[sec]为30，Particle Feather为40，Size为28，Size Random为100%，调整Size over Life的曲线，然后设置Blend Mode为Add，如图12-138所示。

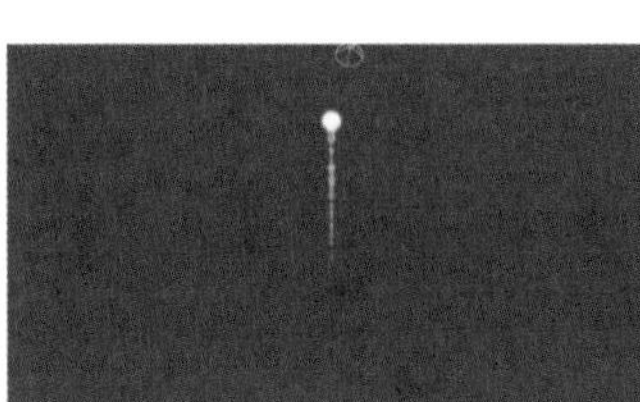
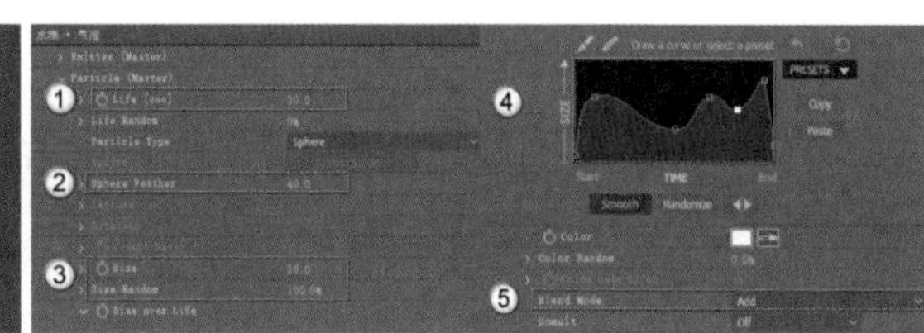

图12-138

10 在Shading（Master）卷展栏中设置Shading为On，Nominal Distance为540，Diffuse为50，Shadowlet for Main为On，如图12-139所示。

11 新建一个调整图层，并为其添加“遮罩阻塞工具”效果，设置“几何柔和度1”为1.5，“阻塞1”为-34，如图12-140所示。

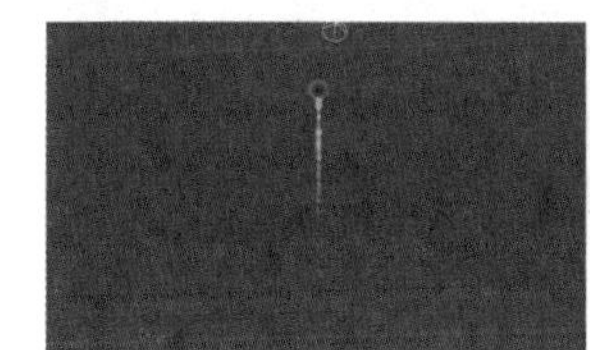
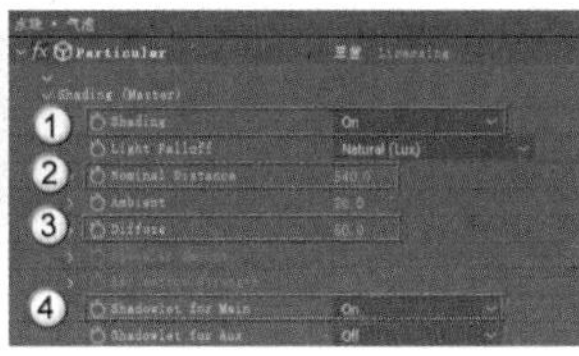

图12-139

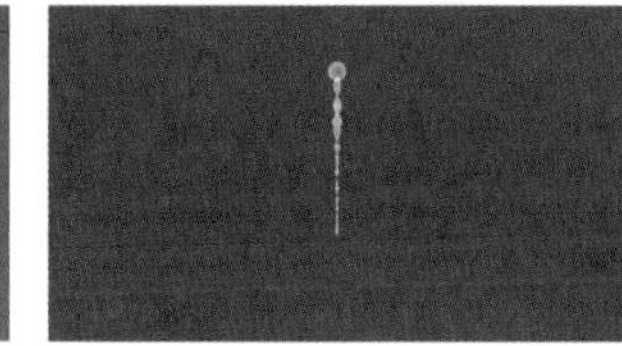
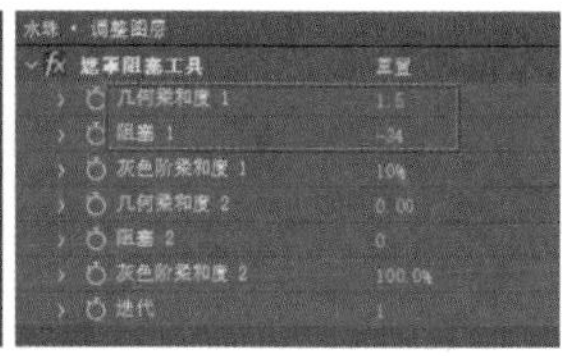

图12-140

12 继续在调整图层上添加“三色调”效果，调整水珠的颜色，如图12-141所示。

13 为调整图层添加“曲线”效果，在调整曲线的同时调整“三色调”效果的“中间调”颜色，使水珠出现颜色层次，如图12-142所示。

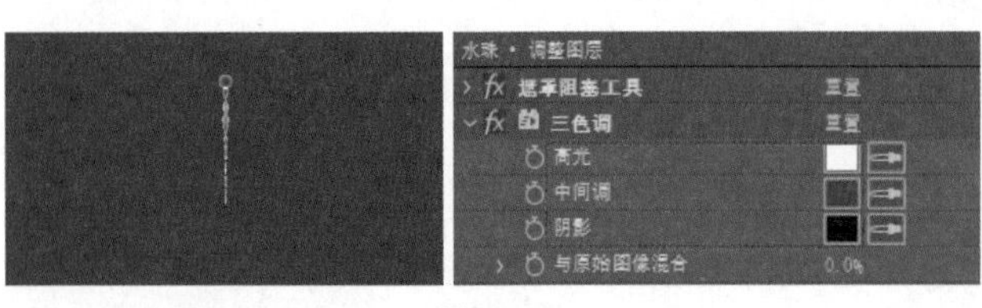

图12-141

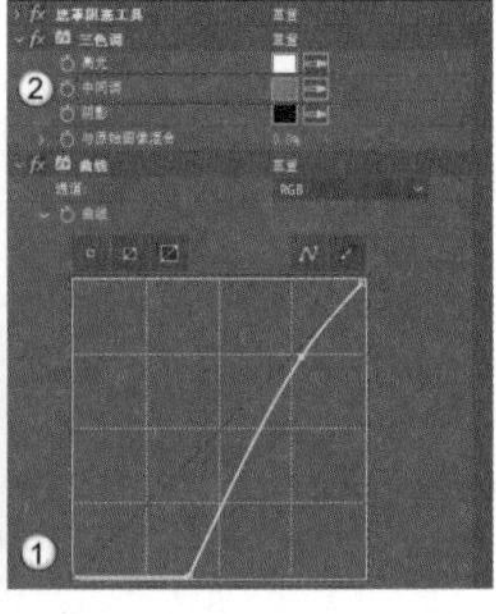

图12-142

☞ 水球合成

01 新建一个1920像素×1080像素的合成，将其命名为“水球”，然后导入学习资源“案例文件>CH12>商业项目实战：制作化妆品广告”文件夹中的“预合成3.mov”素材文件，将其拖曳至“时间轴”面板中，效果如图12-143所示。

02 新建一个纯色图层，将其命名为“OP光”，然后为其添加Optical Flares效果，在打开的面板中选择图12-144所示的预设灯光。

03 移动灯光的中心点到画面的右侧，如图12-145所示。

图12-143

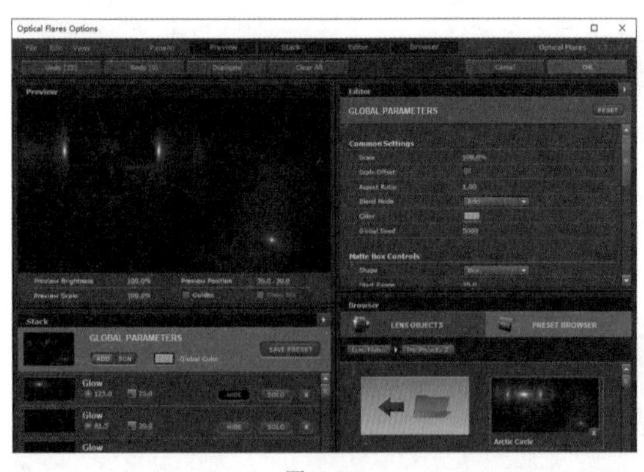

图12-144

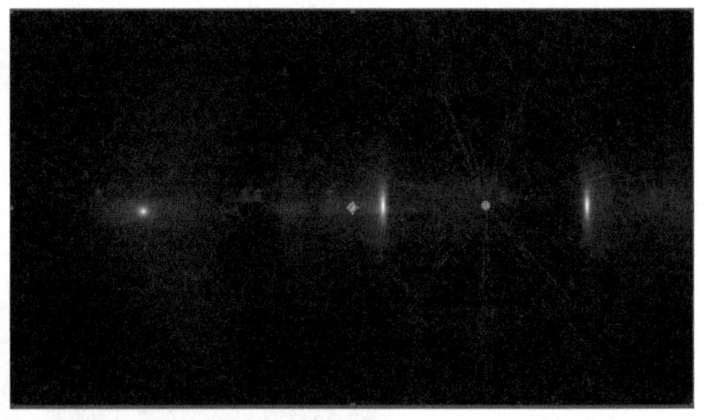

图12-145

04 将“OP光”图层转换为预合成，设置“缩放”为（40%,40%），为“旋转”属性添加表达式time*20，设置“模式”为“相加”，如图12-146所示，效果如图12-147所示。

05 为“OP光”合成添加“极坐标”效果，设置“插值”为100%，“旋转类型”为“矩形到极线”，如图12-148所示。

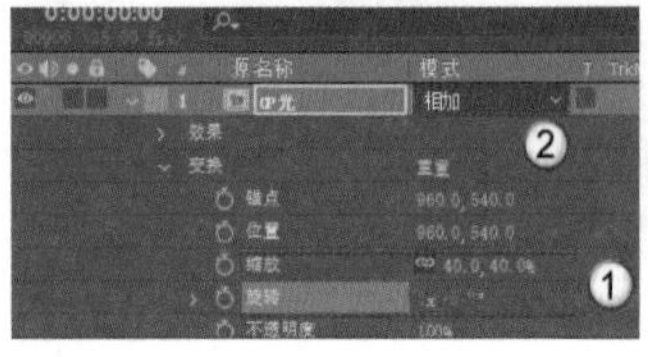

图12-146

图12-147

图12-148

06 新建一个纯色图层，并将其转换为预合成，将预合成命名为“OP光2”，设置“模式”为“相加”，如图12-149所示。

07 为“OP光2”合成添加Optical Flares效果，移动灯光的位置，将其放在素材的中心处，如图12-150所示。

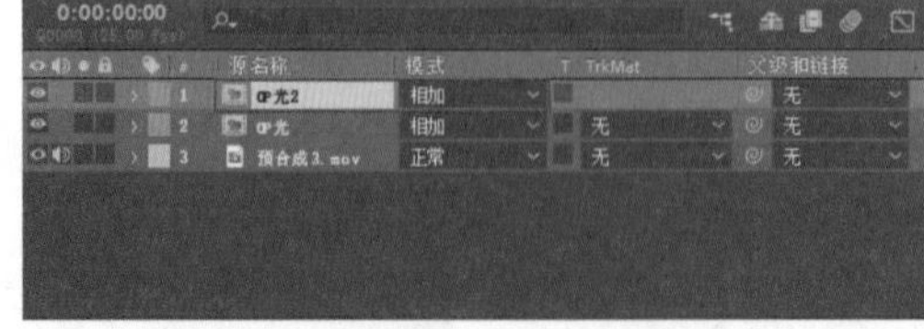

图12-149

图12-150

08 复制“OP光2”合成，在Optical Flares Options面板中选择图12-151所示的预设灯光，并保留第一个选项，将其余选项都隐藏。

09 关闭Optical Flares Options面板，降低灯光的亮度，效果如图12-152所示。

10 导入学习资源文件夹中的Water Drop 2.mov素材文件，将其放在“时间轴”面板的顶层，然后转换为预合成，设置“模式”为“屏幕”，如图12-153所示，效果如图12-154所示。

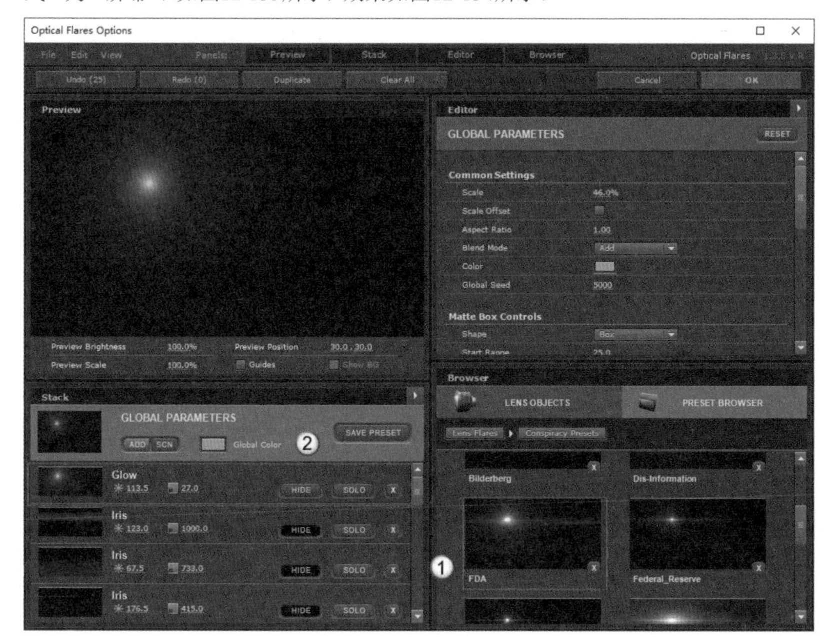

图12-151

图12-152

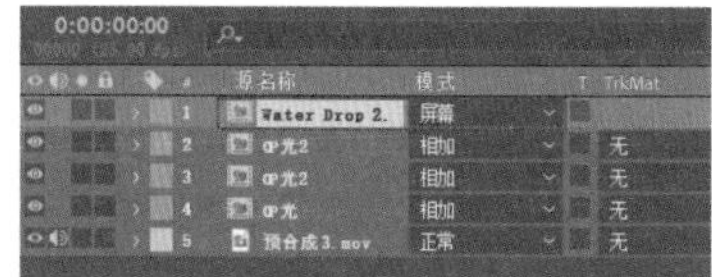

图12-153

图12-154

> **技巧提示**
>
> Water Drop 2.mov素材文件的时长较短，需要在预合成中将其多复制几层并使它们首尾相接。

11 将“水球”合成的大小修改为800像素×800像素，效果如图12-155所示。

12 新建一个500像素×1500像素的合成，将其命名为“水条”，然后将“水珠”和“水球”合成放置在该合成中，设置“模式”都为“相加”，如图12-156所示，效果如图12-157所示。

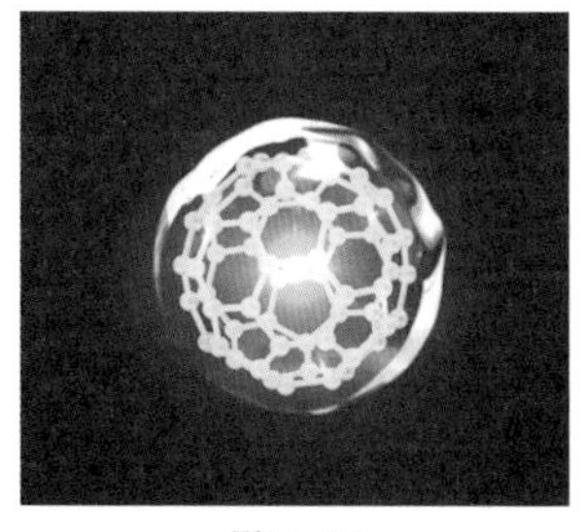

图12-155

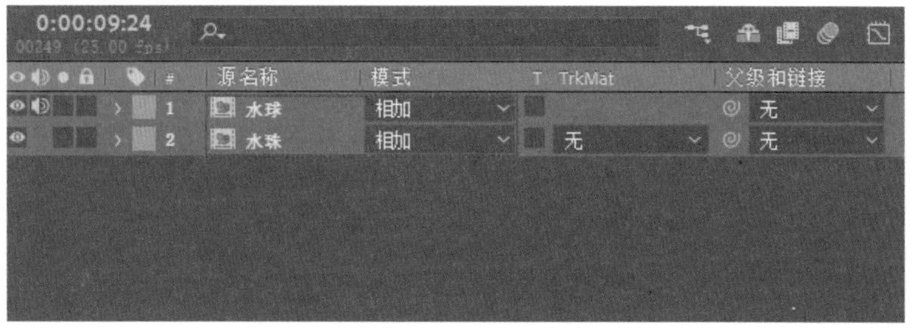

图12-156

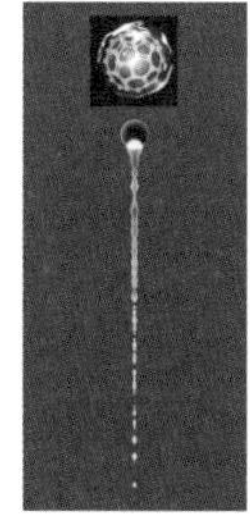

图12-157

镜头1合成

01 新建一个1920像素×1080像素的合成，将其命名为“镜头1”，然后新建一个深蓝色的纯色图层作为背景，如图12-158所示。

02 新建一个任意颜色的纯色图层，然后为其添加“分形杂色”效果，设置“分形类型”为“动态渐进”，“对比度”为150，为“演化”参数添加表达式time*100，如图12-159所示。

图12-158

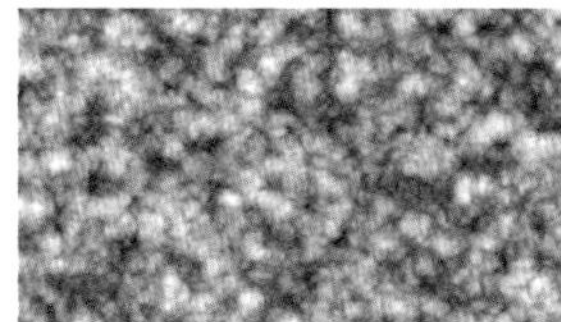

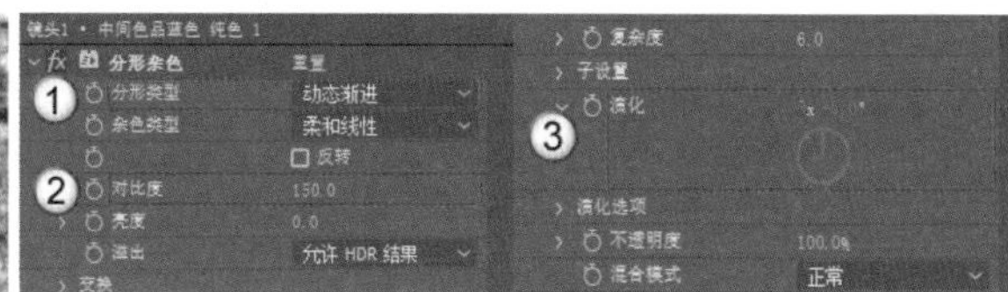

图12-159

03 继续添加“色调”效果，设置“将黑色映射到”为蓝色，如图12-160所示。

04 在图层上绘制一个椭圆形蒙版，然后勾选“反转”选项，设置“蒙版羽化”为（750,750）像素，“蒙版扩展”为70像素，如图12-161所示。

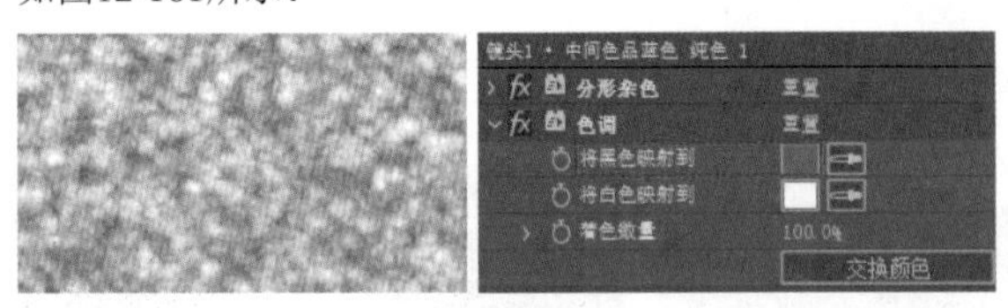

图12-160

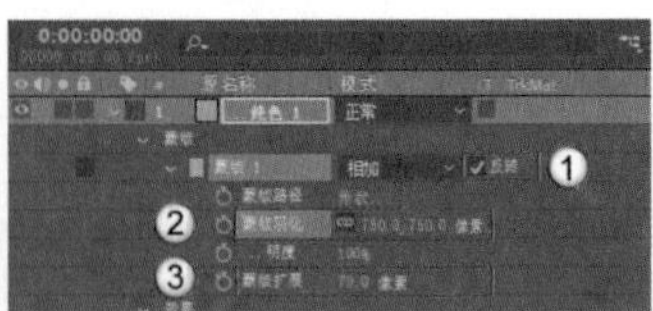

图12-161

> **技巧提示**
>
> “蒙版羽化”和“蒙版扩展”的数值不是固定的，读者需要根据绘制的蒙版大小自行确定。

05 观察画面，发现蒙版边缘上白色的部分比较明显，与中间的蓝色部分融合得不是很好。为纯色图层添加“三色调”效果，设置“高光”和“中间调”为不同的蓝色，如图12-162所示。此时蒙版边缘就能形成水波纹的效果。

06 选中两个图层并将它们转换为预合成，将预合成命名为“背景”，如图12-163所示。

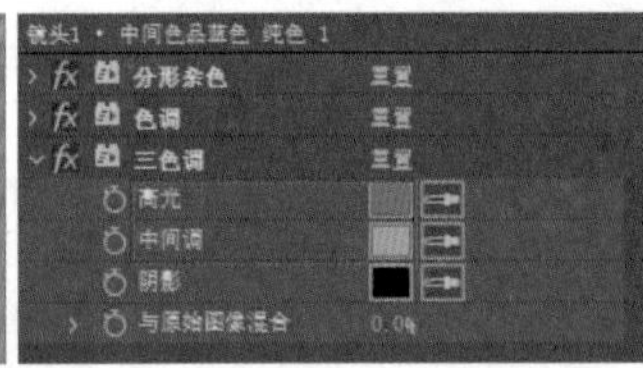

图12-162

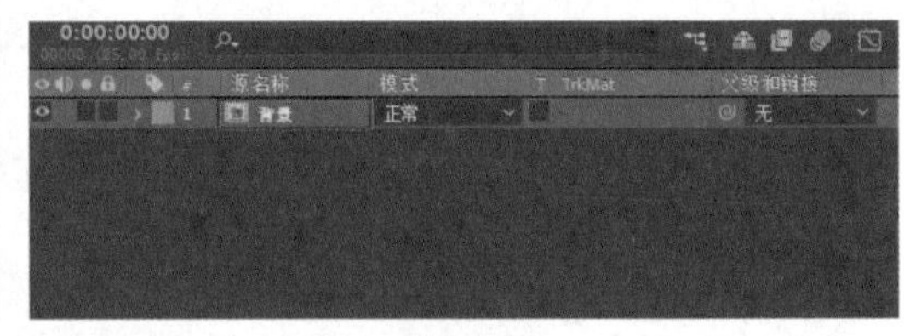

图12-163

07 将“水条”合成添加到“背景”合成上，并设置“模式”为“相加”，然后设置“不透明度”为70%，效果如图12-164所示。

08 移动播放指示器到0:00:04:00位置的时候，下方的水珠的长度比较合适。保持播放指示器的位置不变，按快捷键Alt+[，将左侧的剪辑剪掉，然后移动剩余的剪辑到起始位置，如图12-165所示。

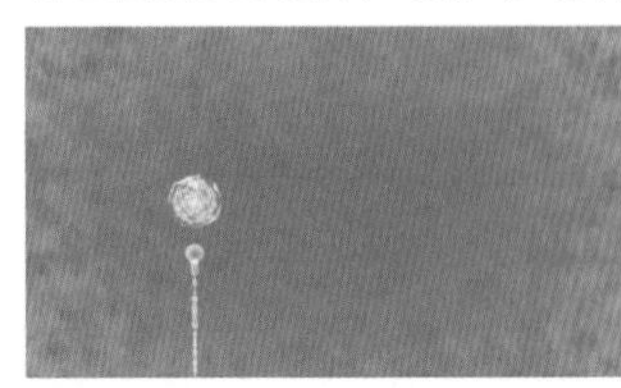

图12-164

图12-165

09 打开“水条”合成的“3D图层”开关，然后在剪辑起始位置添加“位置”关键帧，在剪辑末尾使水珠向上移动一小段距离，效果如图12-166所示。

10 新建一个文本图层，输入“补水保湿”，将文本内容放在水条的上方，如图12-167所示。

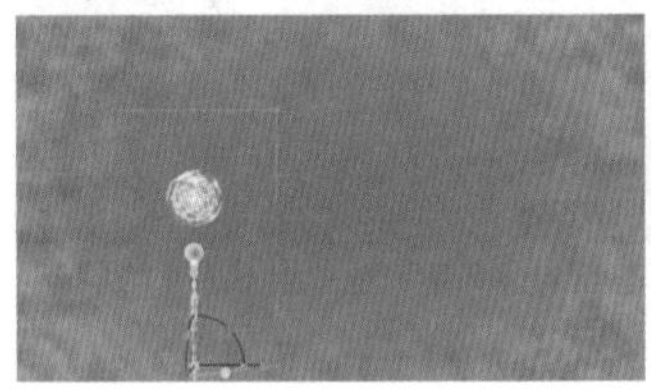
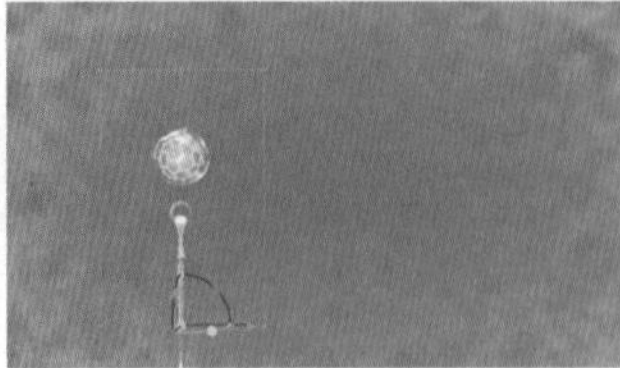

图12-166

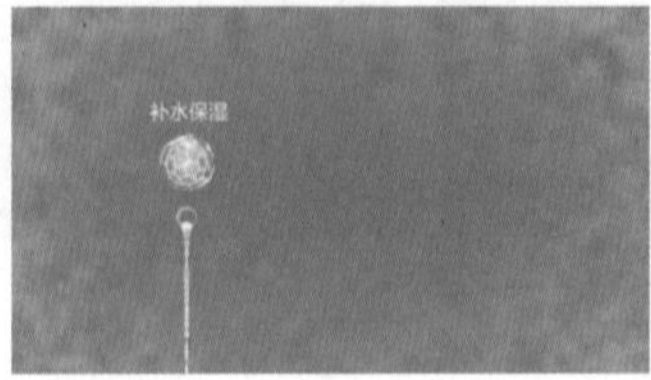

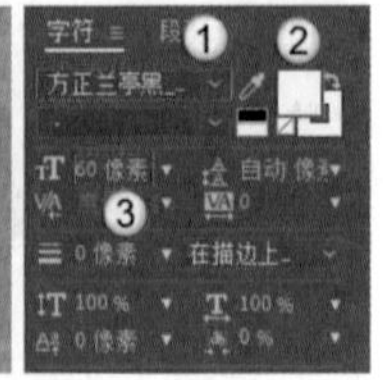

图12-167

11 将“补水保湿”图层设置为“水条”合成的子层级，这样就能让文本跟随水条一起移动，如图12-168所示。

12 将“水条”合成和“补水保湿”图层复制一层，然后移动它们的位置，效果如图12-169所示。

> **技巧提示**
>
> 在移动位置时，需要先关闭“水条”合成的“位置”关键帧，否则会形成新的位移动画。

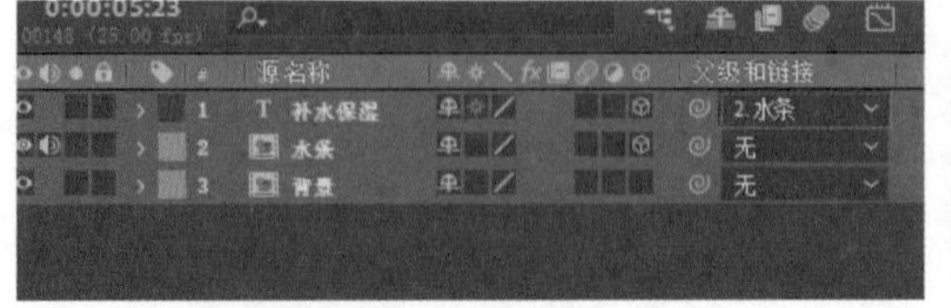

图12-168

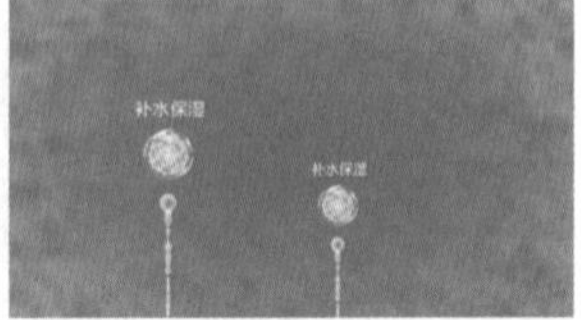

图12-169

13 修改复制的文本图层的内容为“植物”，然后为“水条”合成添加“位置”关键帧，如图12-170所示。

14 按照上面的方法再将它们复制两层，移动它们的位置并修改文字内容，效果如图12-171所示。

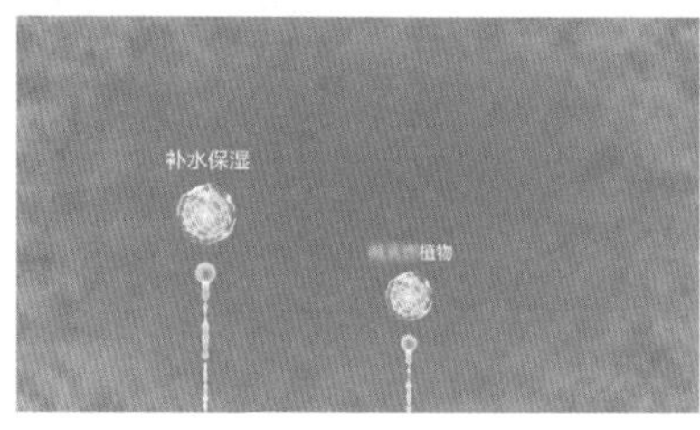

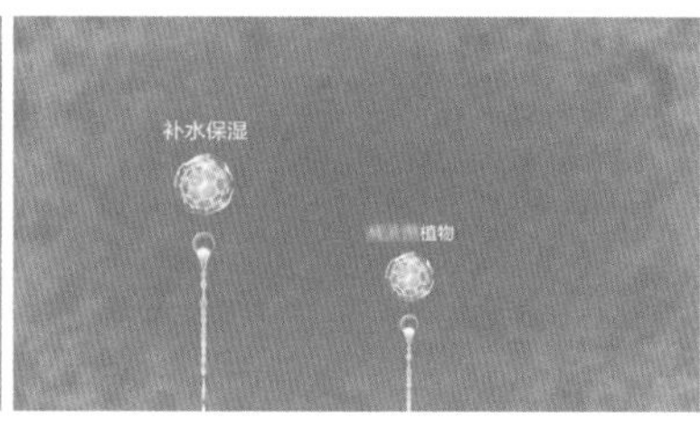

图12-170

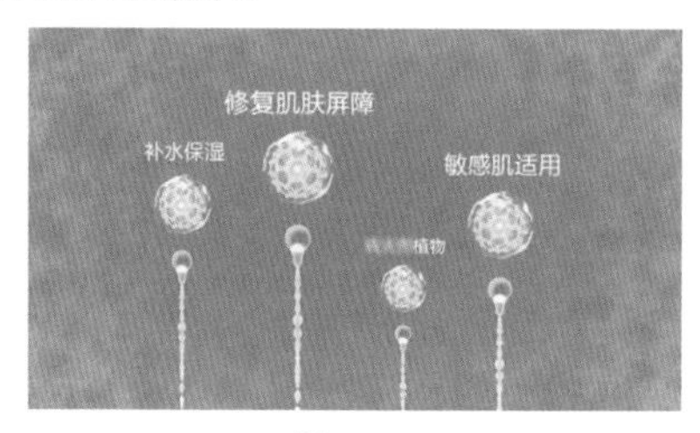

图12-171

15 选中“水珠”合成并将其放置到“时间轴”面板的顶层，设置“模式”为“相加”，打开其“3D图层”开关，如图12-172所示。

16 剪掉“水珠”合成0:00:04:00以前的剪辑，并将水珠放在画面左下角，如图12-173所示。

17 将“水珠”合成多复制几层，摆放在不同的位置以丰富画面，效果如图12-174所示。

图12-172

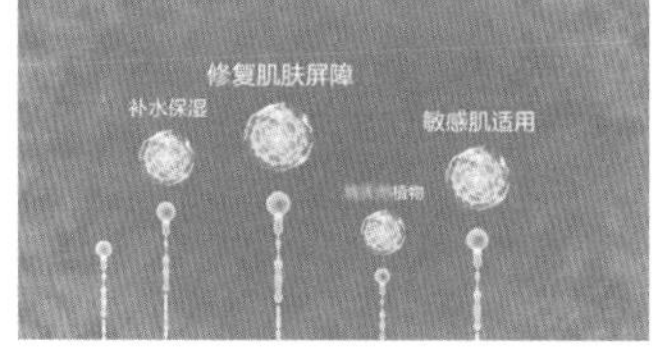

图12-173

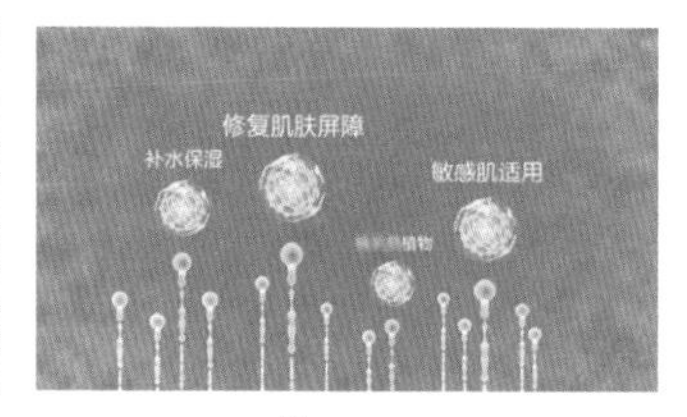

图12-174

18 给所有“水珠”合成添加“位置”动画，效果如图12-175所示。

19 新建一个纯色图层，将其命名为“光晕”，然后为其添加Optical Flares效果，选择图12-176所示的灯光预设，并稍加修改。

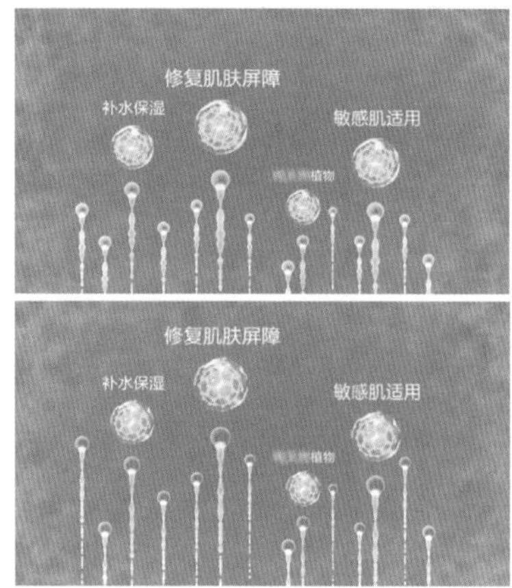

图12-175

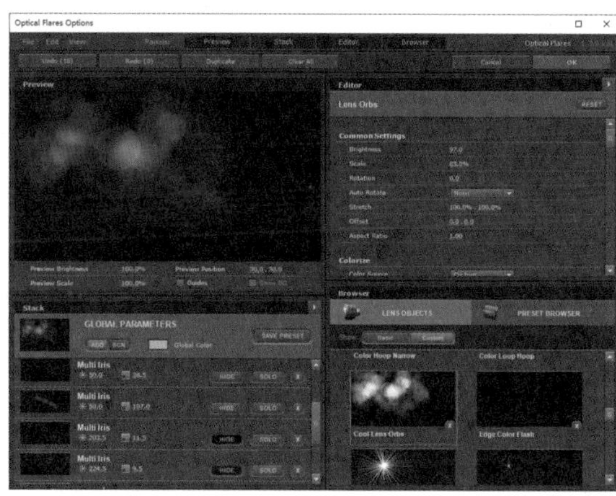

图12-176

20 将“光晕”图层的“模式”改为“相加”，效果如图12-177所示。

21 为Optical Flares效果的Position XY参数添加关键帧，形成光晕从左到右移动的效果，如图12-178所示。

22 新建一个纯色图层，将其命名为“背景粒子”，然后为其添加Form效果，如图12-179所示。

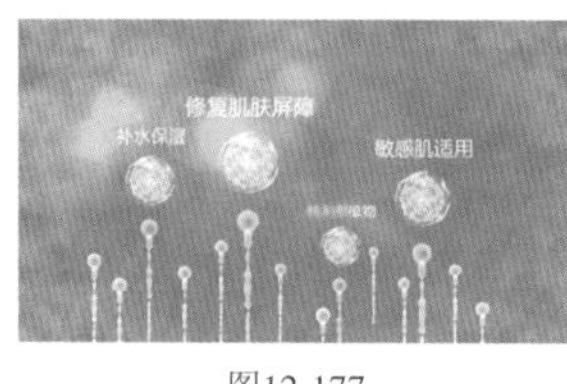

图12-177

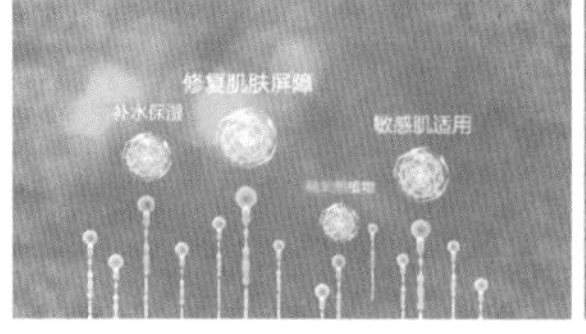

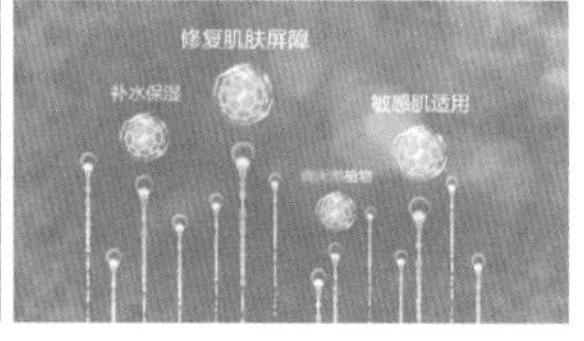

图12-178

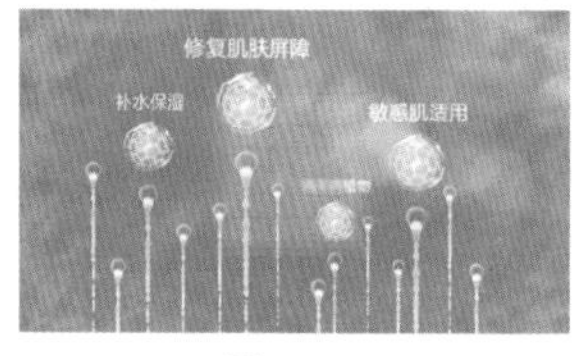

图12-179

23 在Base Form（Master）卷展栏中设置Size为XYZ Individual，Size X为1920，Size Y为1100，Size Z为200，Particles in X为15，Particles in Y为13，Particles in Z为1，如图12-180所示。

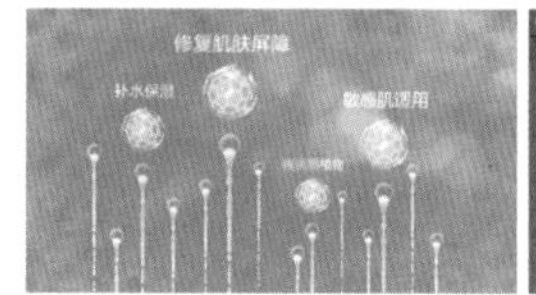

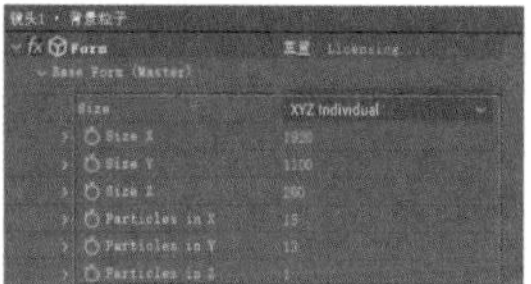

图12-180

24 在Particle（Master）卷展栏中设置Sphere Feather为40，Size为100，Size Random为46%，Opacity为30，Opacity Random为60%，Set Color为Radial，Color Over为从白色到蓝色的渐变颜色，如图12-181所示。

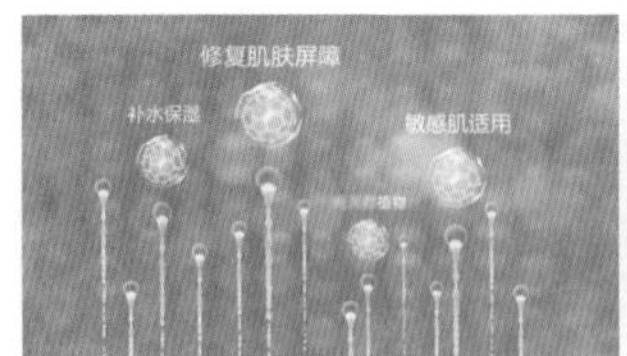

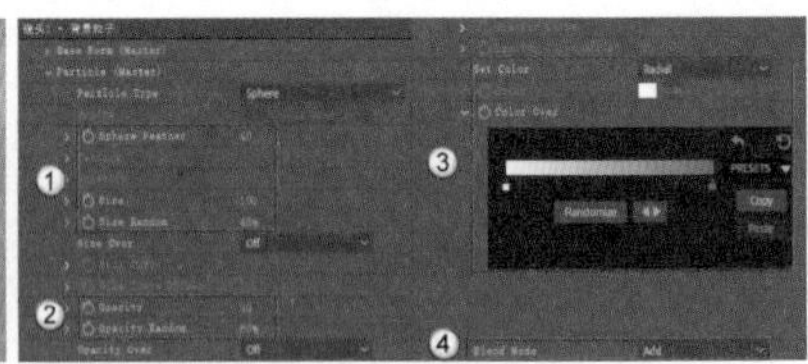

图12-181

25 现有的粒子排列得过于整齐。在Fractal Field（Master）卷展栏中设置Affect Size为35，Affect Opacity为5，X Displace为185，Flow Z为30，Flow Evolution为10，如图12-182所示。

26 继续为“背景粒子”图层添加“三色调”效果，调整“高光”和“中间调”的颜色，让粒子与画面更加融合，如图12-183所示。

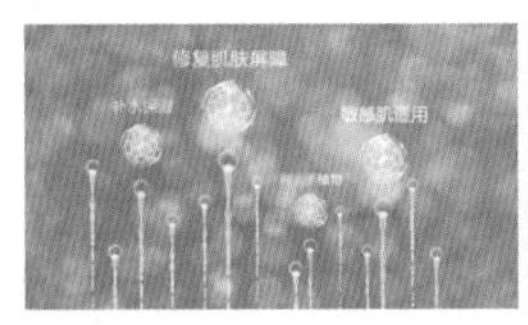

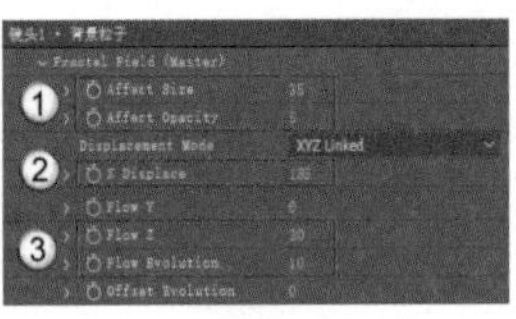

图12-182

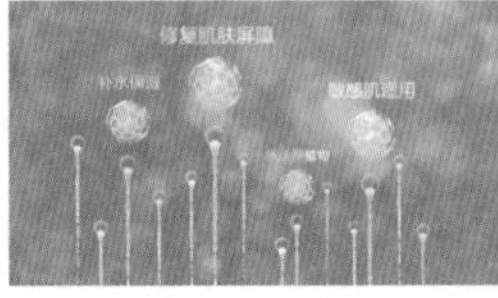

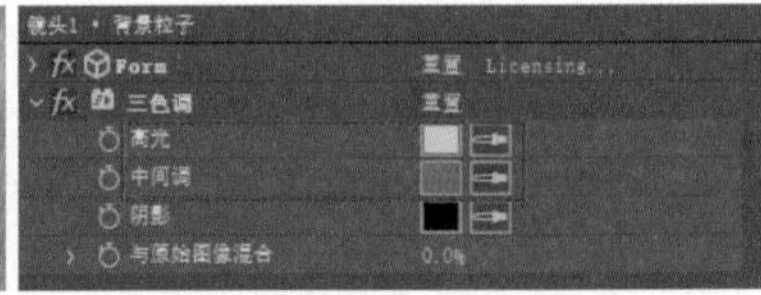

图12-183

27 新建一个摄像机图层，然后在剪辑起始位置调整摄像机的角度，效果如图12-184所示。

28 新建一个空对象图层，然后将“摄像机1”图层设置为“空1”图层的子层级，如图12-185所示。

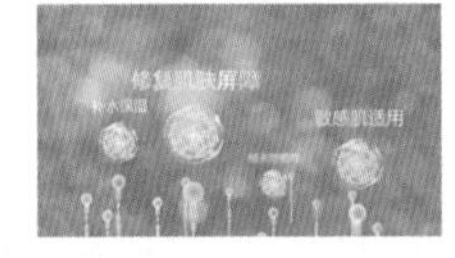

图12-184

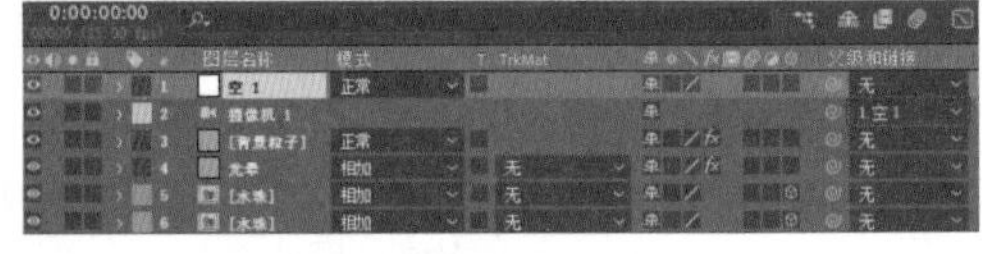

图12-185

29 在“空1”图层上添加“位置”关键帧，形成摄像机跟随画面运动的动画效果，如图12-186所示。

30 根据摄像机的效果，调整个别“水珠”合成和“水条”合成的“位置”关键帧，让画面布局更加好看，效果如图12-187所示。

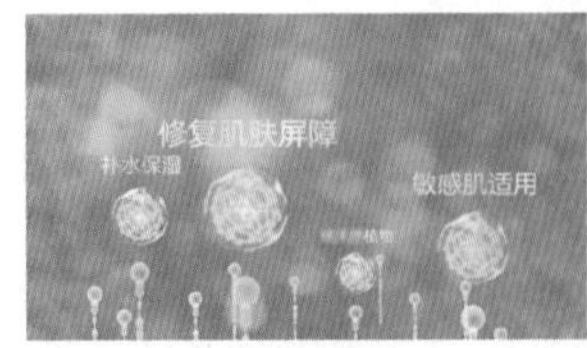

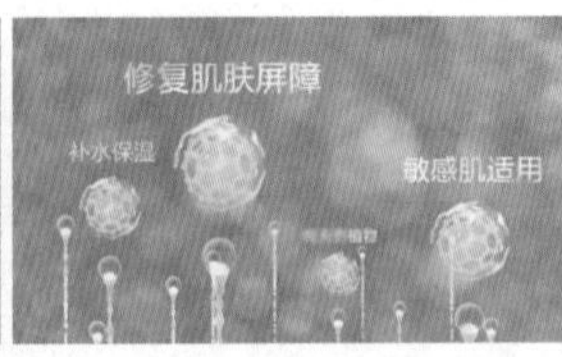

图12-186

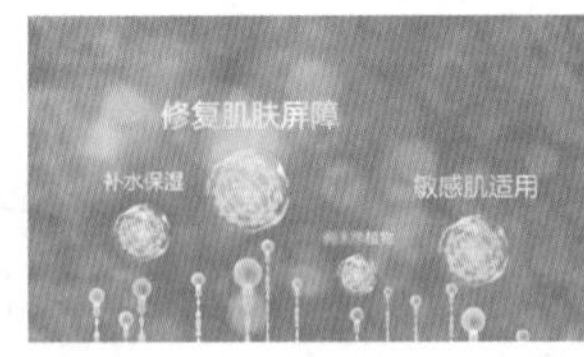

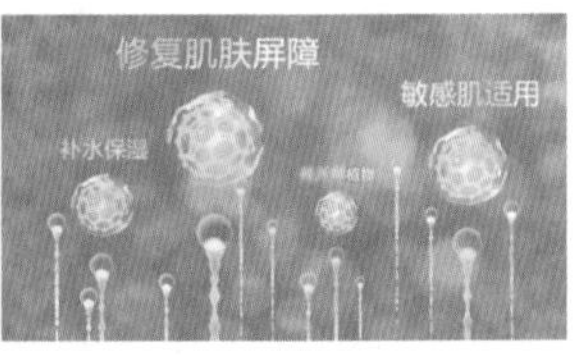

图12-187

☞ 镜头2合成

01 新建一个1920像素×1080像素的合成，将其命名为“镜头2”，然后导入学习资源文件夹中的“产品.png”图片并拖曳到“时间轴”面板中，将其缩小后，摆放在画面的左侧，如图12-188所示。

02 将图片转换为预合成，并为其添加Reflection效果，用于制作倒影，设置Opacity为40，Softness为40，Blend Mode为Behind，如图12-189所示。

图12-188

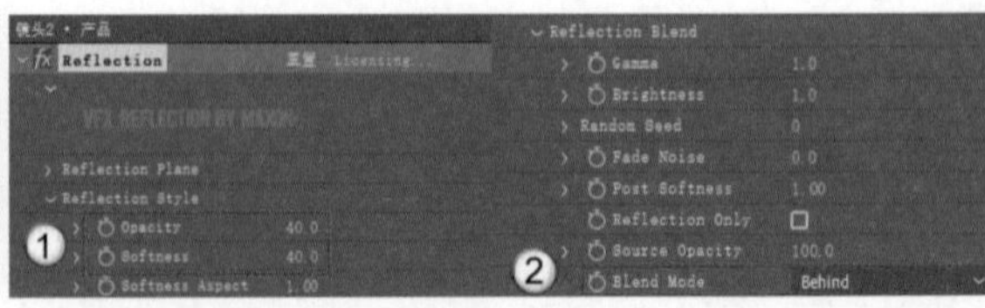

图12-189

03 继续在合成上添加CC Light Sweep效果，用于制作扫光效果，在Center参数上添加关键帧，使光从左向右扫过产品素材，并添加loopOut(type = "cycle", numKeyframes = 0)表达式，然后设置Width为45，Sweep Intensity为30，Edge Intensity为125，Edge Thickness为1.7，Light Reception为Add，如图12-190所示。

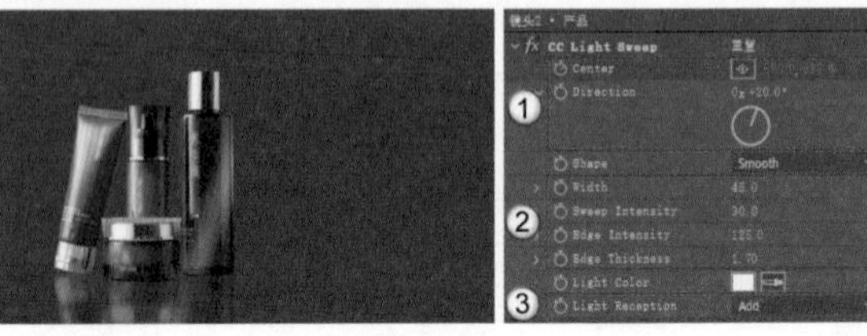

图12-190

04 选中“产品”合成，在剪辑起始位置和0:00:01:00的位置添加“不透明度”关键帧，使图层形成逐渐显示的动画效果，如图12-191所示。

05 将“背景”合成添加到“镜头2”合成中，并放在“产品”合成的下方，效果如图12-192所示。

06 导入学习资源文件夹中的OF_2.mov素材文件，将其拖曳至“时间轴”面板中并放置于“产品”合成的上方，设置“模式”为“相加”，然后移动其位置并将其适当放大，效果如图12-193所示。

图12-191

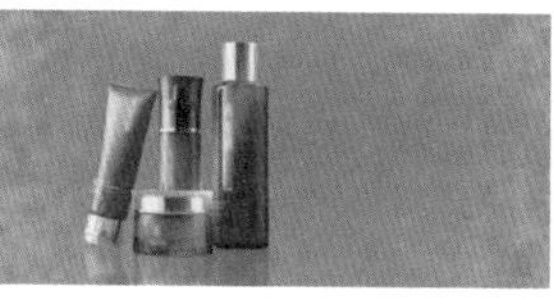

图12-192

图12-193

07 将素材多复制几份，然后摆放在不同位置，效果如图12-194所示。

08 导入学习资源文件夹中的“花.png”素材文件，将其拖曳至“时间轴”面板中并放置于“产品”合成的下方，设置“模式”为“柔光”，将其缩小后放在画面左上角，效果如图12-195所示。

09 为“花.png”图层添加“缩放”和“不透明度”关键帧，使图层形成逐渐显示并放大的动画效果，如图12-196所示。

图12-194

图12-195

图12-196

10 导入学习资源文件夹中的particles_explosion.mp4素材文件，将其拖曳至“时间轴”面板中并放置于“产品”合成的下方，设置“模式”为“屏幕”，并放置于画面右侧，效果如图12-197所示。

11 在起始位置和0:00:01:00的位置添加“不透明度”关键帧，使图层呈现逐渐显示的动画效果，如图12-198所示。

图12-197

图12-198

12 新建一个文本图层，输入“美丽的秘密”，将文本放置在画面右侧，如图12-199所示。

13 使用“矩形工具”在文字下方绘制一条白色的细线，如图12-200所示。

14 继续在细线下方添加文字“深层补水 持久保湿”，效果如图12-201所示。

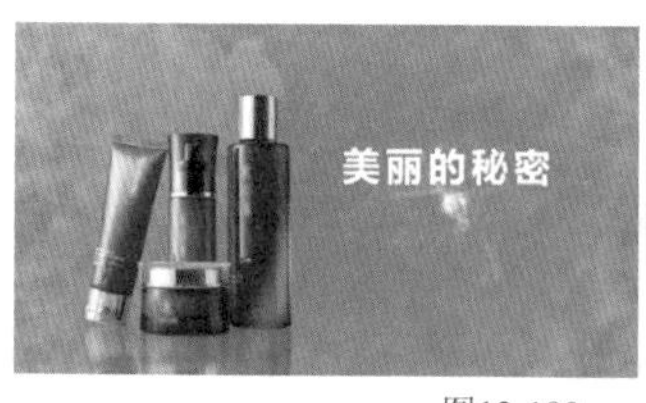

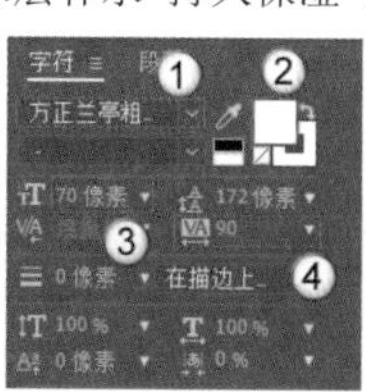

图12-199

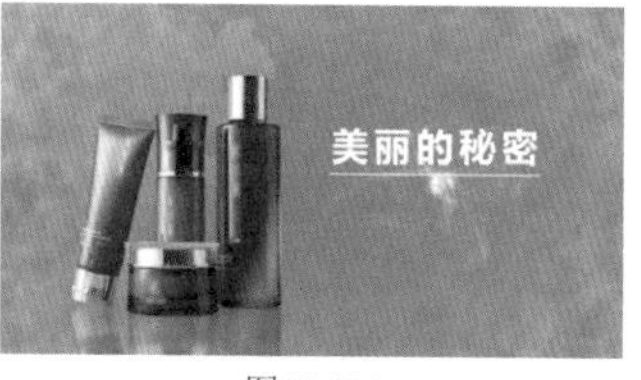

图12-200

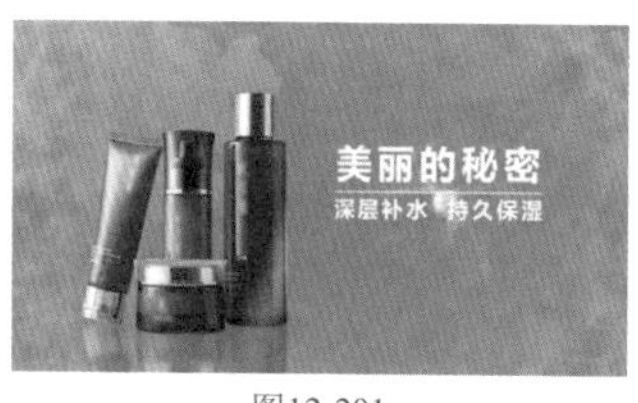

图12-201

15 在画面下方输入一行小字“水漾植物保湿系列”，并与上一步添加的文字一起修改“字体”为“方正兰亭细黑_GBK”，如图12-202所示。

16 将所有的文本图层转换为预合成，将预合成命名为“文本”，效果如图12-203所示。

17 进入“文本”合成，在“美丽的秘密”图层上添加“不透明度”关键帧，形成时长为1秒的逐渐显示的动画，效果如图12-204所示。

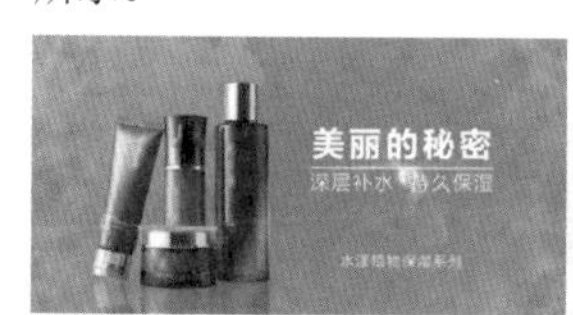

图12-202

图12-203

图12-204

18 选中“形状图层1”图层，将剪辑起始位置向后移动1秒，如图12-205所示。

19 按S键调出“缩放”参数，取消关联后，在剪辑起始位置设置“缩放”为（0%,100%），并添加关键帧，如图12-206所示，然后将播放指示器向后移动5帧，设置“缩放”为（100%,100%），效果如图12-207所示。

疑难问答：为何剪辑起始位置是1秒？

笔者为了观察画面的效果，将“文本”合成内的所有剪辑在转换为预合成前向后移动了1秒，因此转换为预合成后剪辑的起始位置在1秒处。读者在制作时不必纠结剪辑的起始位置。

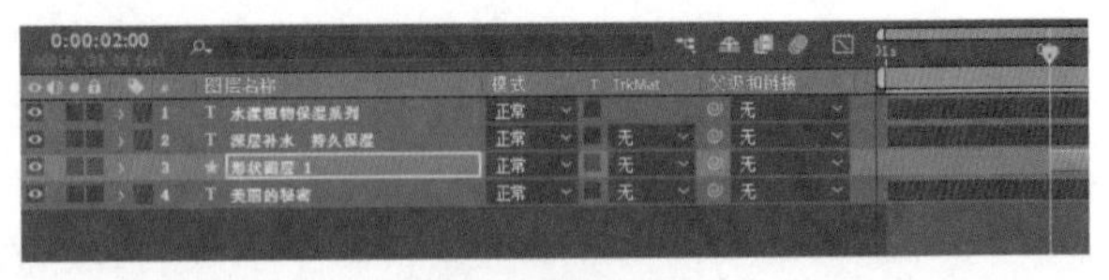
图12-205

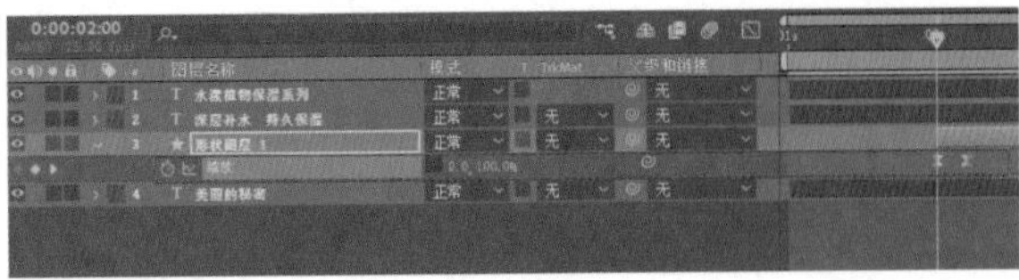
图12-206

图12-207

20 在“深层补水 持久保湿”图层上添加“线性擦除”效果，然后将剪辑起始位置移动到0:00:02:05，如图12-208所示，此时白色细线全部显示。

21 在剪辑起始位置设置“过渡完成”为50%并添加关键帧，设置“擦除角度”为0x-90°，如图12-209所示。此时文字全部消失，如图12-209所示。

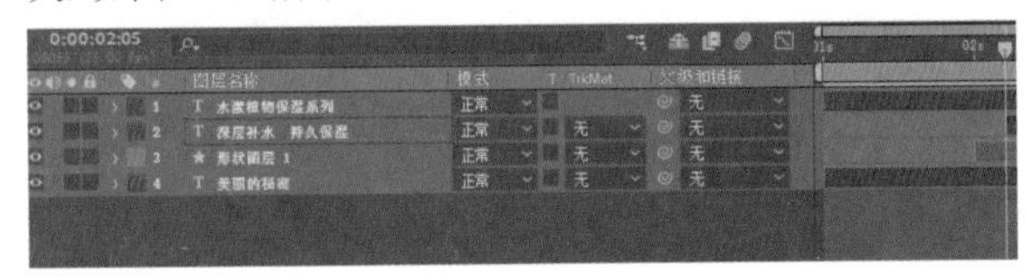
图12-208

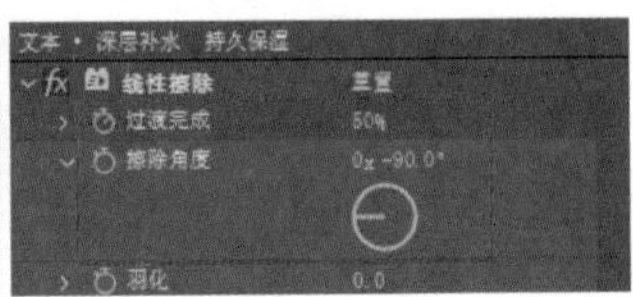
图12-209

22 在0:00:03:05的位置设置“过渡完成”为0%，此时文字全部显示，效果如图12-210所示。

23 将“水漾植物保湿系列”图层的剪辑起始位置移动到0:00:03:05的位置，如图12-211所示。

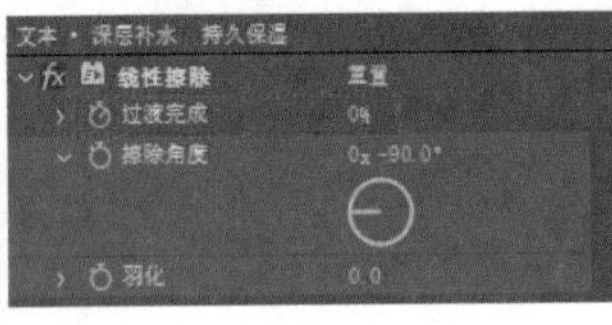
图12-210

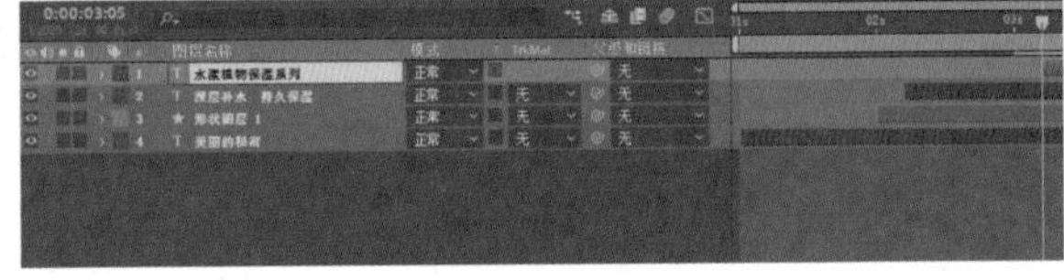
图12-211

24 按T键调出“不透明度”参数，在剪辑起始位置设置“不透明度”为0%，并添加关键帧，将播放指示器向后移动1秒，设置“不透明度”为100%，效果如图12-212所示。

25 返回“镜头2”合成，导入学习资源文件夹中的White2文件夹后，会生成WhiteParticles_[000-135].jpg序列文件，然后将其放在所有图层的上方，并设置其“模式”为“相加”，如图12-213所示，效果如图12-214所示。

图12-212

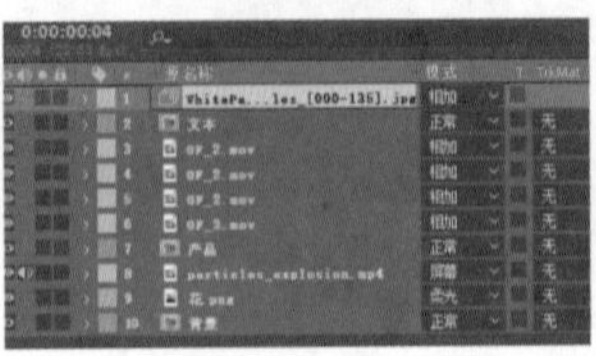
图12-213

图12-214

26 观察素材之间的关系，发现需要将除“背景”合成和WhiteParticles_[000-135].jpg图层外的图层都向后移动15帧，如图12-215所示。

27 导入学习资源文件夹中的LensFlare02.jpg素材文件，将其放在所有图层的上方，设置其“模式”为“相加”，并将其移动到“产品”合成的上方，效果如图12-216所示。

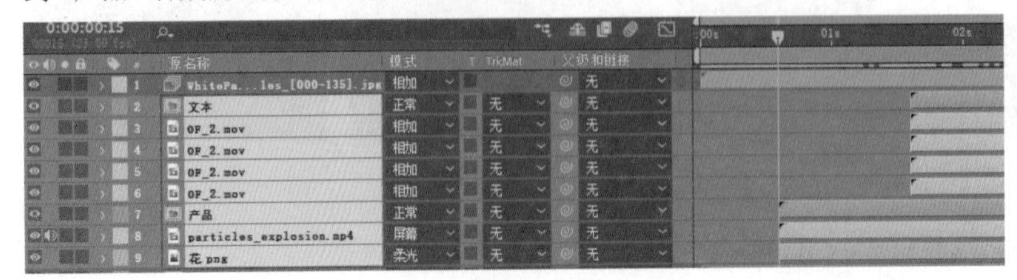
图12-215

图12-216

28 移动剪辑起始位置到0:00:01:15的位置，然后将光线放置在产品的底部，并添加“位置”关键帧，效果如图12-217所示。

29 在0:00:06:00的位置，将光线向上移动到产品的顶部，效果如图12-218所示。这样就做好了光线的位移动画。

30 按T键调出“不透明度”参数，在剪辑起始位置设置“不透明度”为0%，然后在0:00:02:15的位置设置“不透明度”为100%，效果如图12-219所示。

图12-217

图12-218

图12-219

31 在“不透明度”参数上添加表达式wiggle(10,50)，让光线在后续向上移动的过程中出现闪烁效果，如图12-220所示。

32 导入学习资源文件夹中的FlareBokeh文件夹，生成FlareBokeh_[009-076].jpg序列文件，然后将其放在WhiteParticles_[000-135].jpg图层的下方，设置其“模式”为“相加”，如图12-221所示，效果如图12-222所示。

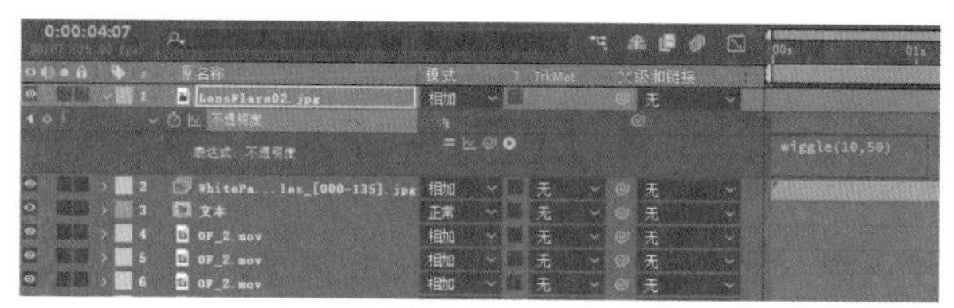

图12-220

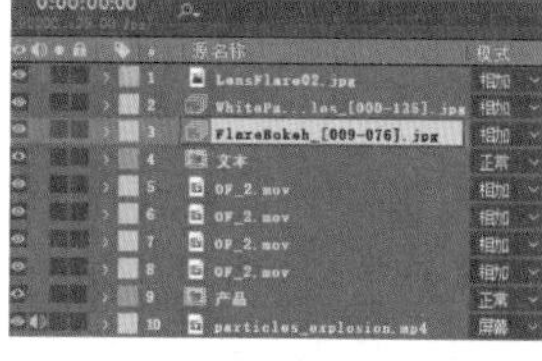

图12-221

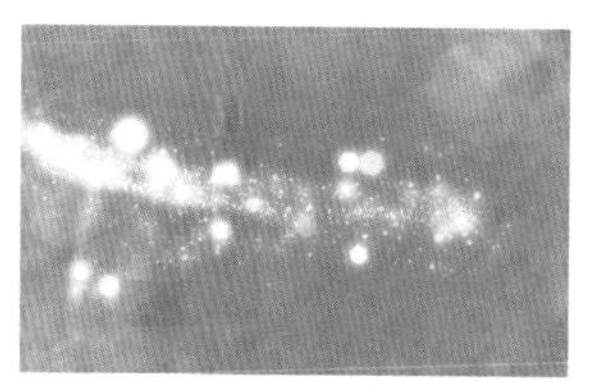

图12-222

33 继续导入学习资源文件夹中的EndFlare1文件夹，然后将生成的序列文件放到“花.png”图层的上方，并设置其“模式”为“相加”，如图12-223所示。

34 将上一步添加的图层的剪辑末尾拖曳到0:00:06:00的位置，如图12-224所示，效果如图12-225所示。

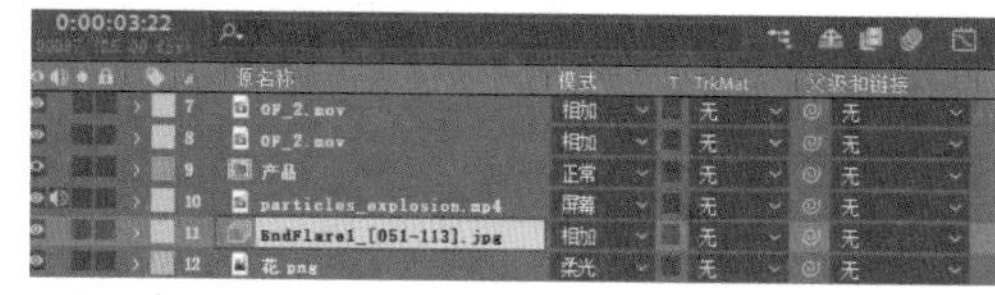

图12-223

图12-224

图12-225

35 将FlareBokeh_[009-076].jpg图层复制一份，将复制的图层移动到particles_explosion.mp4图层的下方，拖曳其剪辑末尾到0:00:06:00的位置，如图12-226所示，效果如图12-227所示。

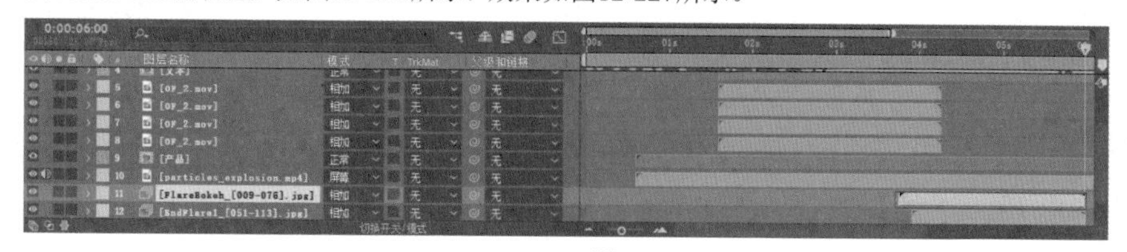

图12-226

图12-227

总合成

01 新建一个1920像素×1080像素、时长为10秒的合成，将其命名为“总合成”，然后将“镜头1”和“镜头2”两个合成放置在“总合成”合成中，如图12-228所示。

02 选中“镜头1”合成，剪掉0:00:05:00后的剪辑，然后将“镜头2”合成的剪辑起始位置移动到0:00:04:15的位置，如图12-229所示。

图12-228

图12-229

03 在“镜头1”合成上添加Optical Glow效果，在剪辑起始位置设置Amount为10，并添加关键帧。此时画面出现曝光效果，如图12-230所示。

04 在0:00:01:00的位置设置Amount为0，然后切换到“图表编辑器”面板，调整速度曲线，如图12-231所示。

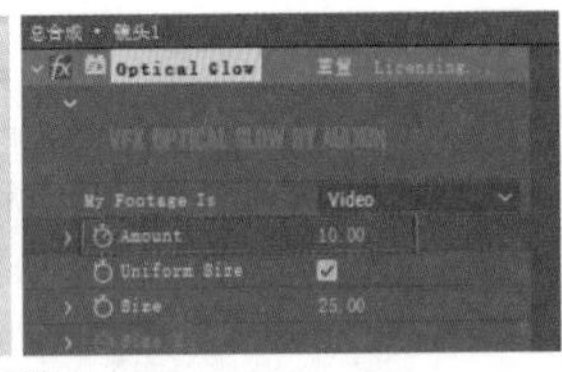

图12-230

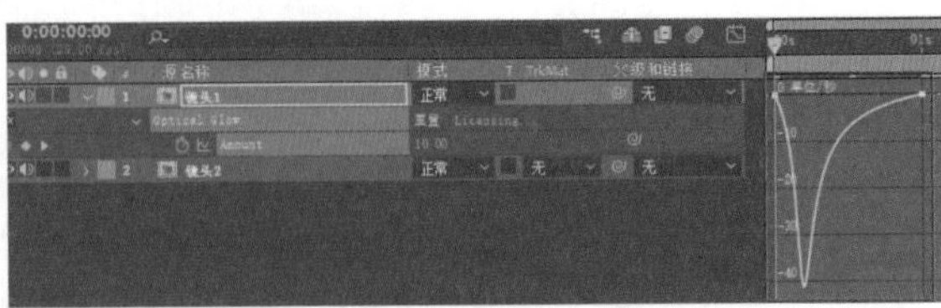

图12-231

> **技巧提示**
>
> 读者可以使用“曝光度”效果代替Optical Glow效果。

05 按快捷键Ctrl+M切换到“渲染队列”面板，单击“AME中的队列”按钮AME中的队列，在Adobe Media Encoder中输出MP4格式的文件，如图12-232所示。

06 文件输出完成后，从中任意截取4帧图片，效果如图12-233所示。

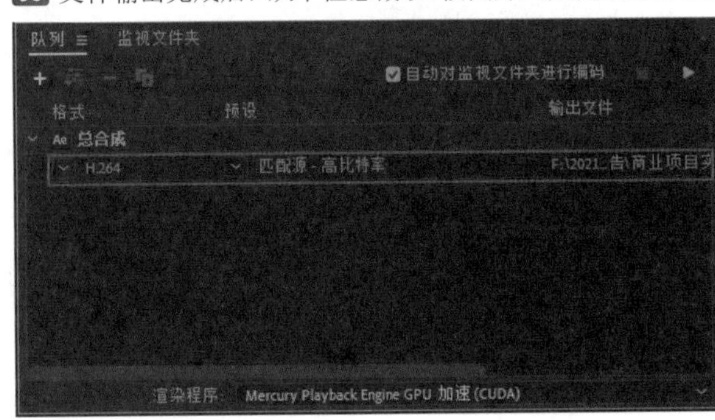

图12-232

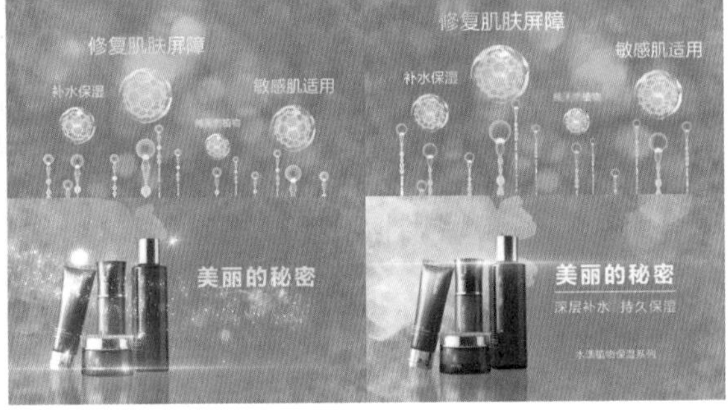

图12-233

重点

商业项目实战：制作企业颁奖典礼视频

案例文件	案例文件>CH12>商业项目实战：制作企业颁奖典礼视频
难易程度	★★★★★
学习目标	掌握颁奖类视频的制作方法

扫码观看视频

颁奖类视频是After Effects应用中常见的一种视频类型。本案例运用文本、素材和常用的效果，制作一个企业年终颁奖典礼视频，如图12-234所示。

图12-234

背景合成

01 新建一个1920像素×1080像素合成，将其命名为“背景”，然后新建一个任意颜色的纯色图层，为其添加“梯度渐变”效果，如图12-235所示。

02 将新建的纯色图层命名为“气泡”，并为其添加“单元格图案”效果，设置“溢出”为“柔和固定”，“大小”为300，如图12-236所示。

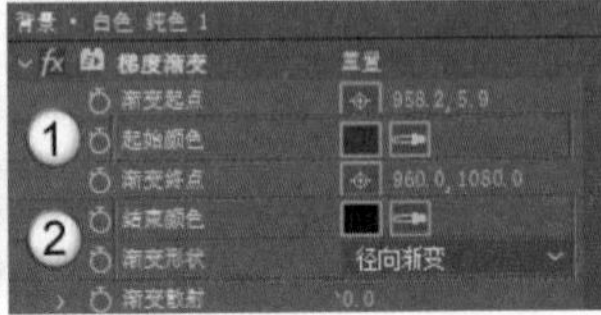

图12-235

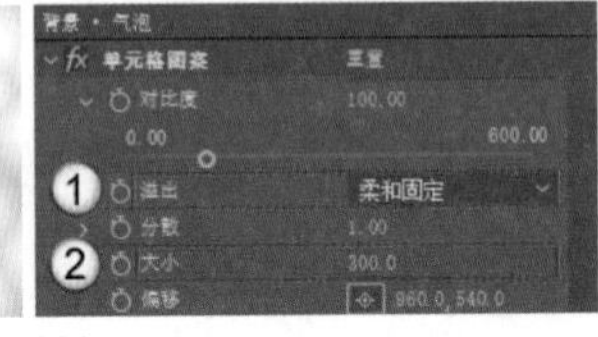

图12-236

03 选中“气泡”图层，设置“模式”为“变亮”，“不透明度”为5%，效果如图12-237所示。

04 在“单元格图案”卷展栏中的“演化”参数上添加表达式time*100，让气泡产生移动效果，效果如图12-238所示。

05 导入学习资源“案例文件>CH12>商业项目实战：制作企业颁奖典礼视频”文件夹中的Transition 01.mp4素材文件，效果如图12-239所示。

图12-237

图12-238

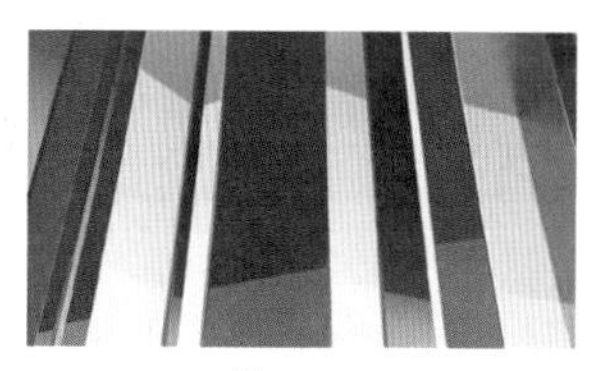

图12-239

06 在上一步导入的素材文件上添加“色调”效果，让素材变成黑白效果，效果如图12-240所示。

07 设置素材图层的“模式”为“变亮”，“不透明度”为10%，效果如图12-241所示。

08 导入学习资源文件夹中的Paper 01.jpg素材文件，将其放大并充满其画面，设置其“模式”为“相乘”，效果如图12-242所示。

09 继续导入学习资源文件夹中的Flare 02.png素材文件，设置其“模式”为“相加”，“不透明度”为70%，效果如图12-243所示。

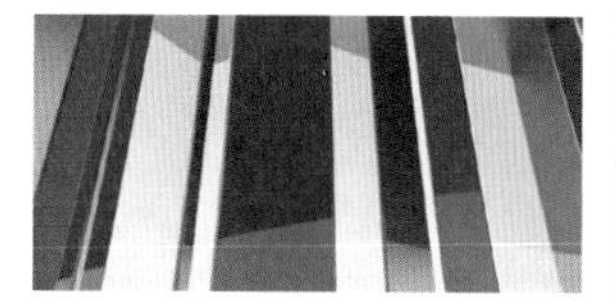

图12-240

图12-241

图12-242

图12-243

10 导入学习资源文件夹中的Flare 01.png素材文件，设置其“模式”为“相加”，“不透明度”为40%，效果如图12-244所示。

图12-244

☞ 文本合成

01 新建一个1920像素×1080像素的合成，将其命名为“文本”，然后新建一个文本图层，输入“年度盛典”，效果如图12-245所示。

02 导入学习资源文件夹中的“麦穗.png”素材文件，然后在对应图层上绘制一个矩形蒙版，使其只显示左半边麦穗，将其缩小并旋转后移动到文字的左侧，效果如图12-246所示。

03 将“麦穗.png”图层复制一层，然后反转蒙版，使其显示右半边麦穗，再将其移动到文字右侧，效果如图12-247所示。

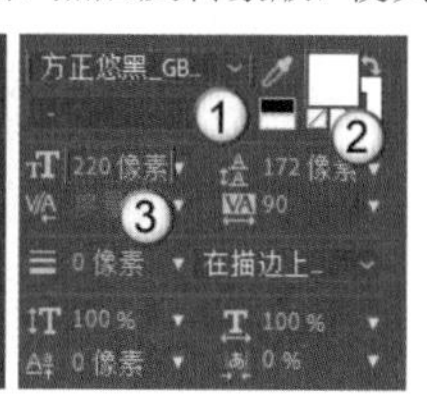

图12-245

图12-246

图12-247

04 使用“矩形工具”■在文字下方绘制一条细线，并修改图层的名称为“细线”，效果如图12-248所示。

05 新建一个文本图层，输入“航骋文化”，将文字放在细线的下方，并调整画面的细节，效果如图12-249所示。

06 选中“年度盛典”图层，在“文本”卷展栏右侧单击“动画”按钮，添加“旋转”与“启用逐字3D化”属性。此时文字上会出现3D坐标，效果如图12-250所示。

07 在“高级”卷展栏中设置“形状”为“上斜坡”，“Y轴旋转”为0x+90°，如图12-251所示。

图12-248

图12-249

图12-250

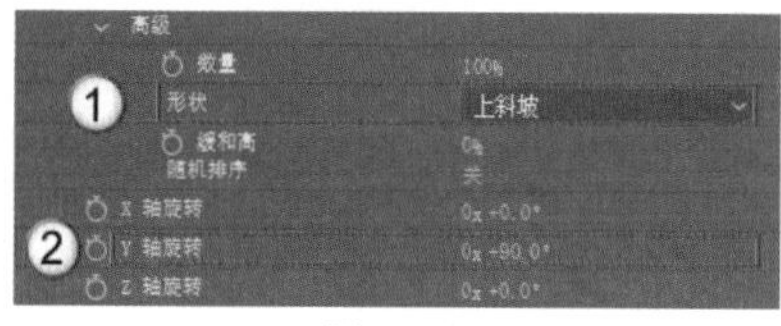

图12-251

08 选中“范围选择器1”卷展栏中的“偏移”参数，在剪辑起始位置添加一个关键帧，在0:00:02:00的位置设置“偏移”为100%，如图12-252所示，效果如图12-253所示。

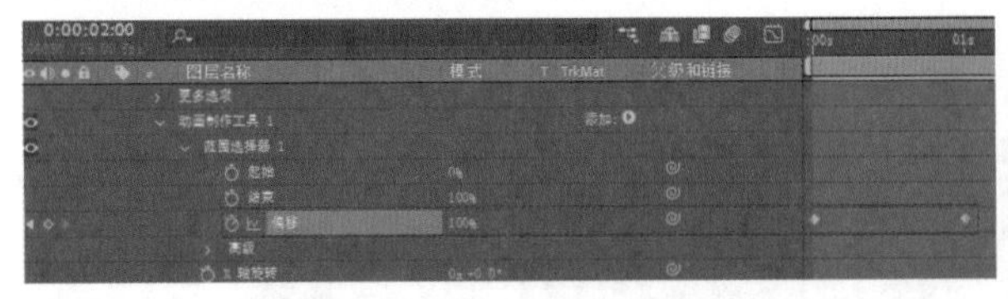

图12-252

图12-253

09 如果在一开始的时候并不希望看到文字，就需要为文字添加“不透明度”属性。单击“动画制作工具1”卷展栏右侧的“添加”按钮，在弹出的菜单中，选择“不透明度”选项，并设置其值为0%，如图12-254所示，效果如图12-255所示。

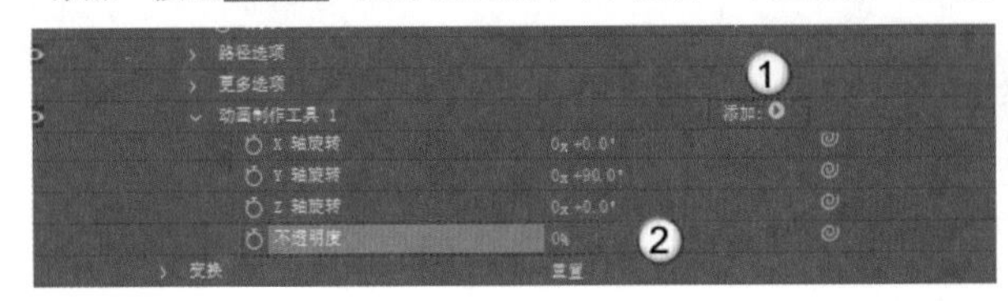

图12-254

图12-255

10 选中“细线”图层，在0:00:02:00的位置设置“大小”为（630,5）并添加关键帧，如图12-256所示，在起始位置设置“大小”为（0,5），在0:00:01:00的位置设置“大小”为（700,5），在0:00:01:12的位置设置“大小”为（600,5），效果如图12-257所示。

图12-256

图12-257

11 选中“航骋文化”图层，在0:00:01:00的位置设置“不透明度”为0%，并添加关键帧，在0:00:02:00的位置设置“不透明度”为100%，效果如图12-258所示。

12 在相同的时间位置添加“缩放”关键帧，形成文字逐渐放大的动画效果，如图12-259所示。

图12-258

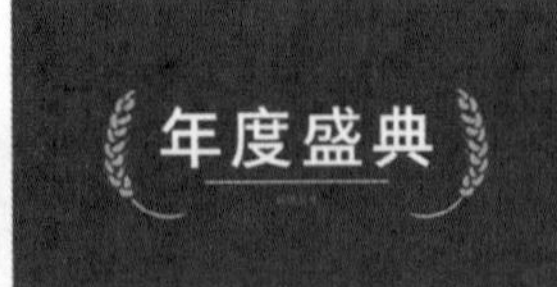

图12-259

技巧提示

读者可以对这两个参数的速度曲线进行调整，制作出不一样的动画效果。

13 在“麦穗.png”图层上添加“线性擦除”效果，在0:00:00:15的位置设置“过渡完成”为100%，并添加关键帧，在0:00:02:00的位置设置“过渡完成”为0%，“擦除角度”为0x+180°，效果如图12-260所示。

14 将“线性擦除”效果复制粘贴到另一个麦穗图层上，动画效果如图12-261所示。

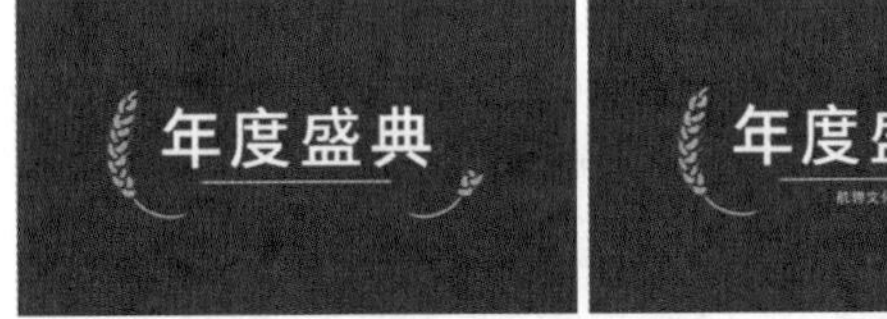

图12-260

图12-261

15 将合成内的图层全部转换为预合成，将预合成命名为“片头文字”，如图12-262所示。

16 为“片头文字”合成添加“梯度渐变”效果，具体参数及效果如图12-263所示。

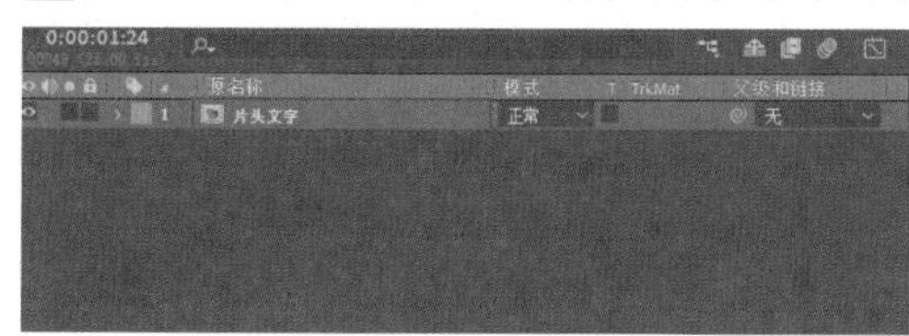

图12-262

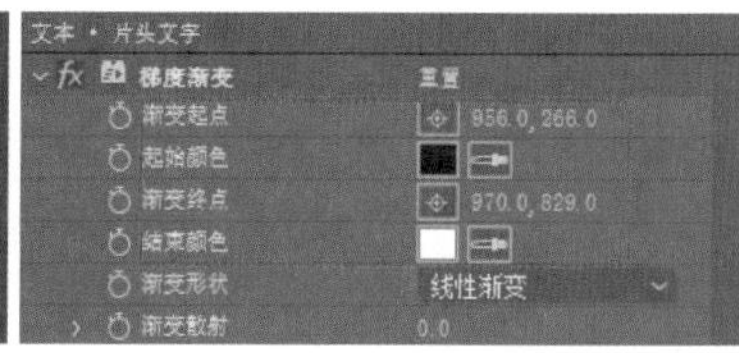

图12-263

17 继续为合成添加“色光”效果，在“输出循环”卷展栏中设置合成的颜色，并设置“循环重复次数”为2，如图12-264所示。

18 在“相移”参数上添加表达式time*40，让上一步添加的颜色在合成中运动，形成动画效果，如图12-265所示。

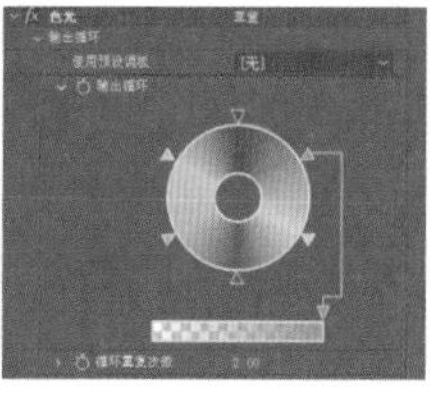

图12-264

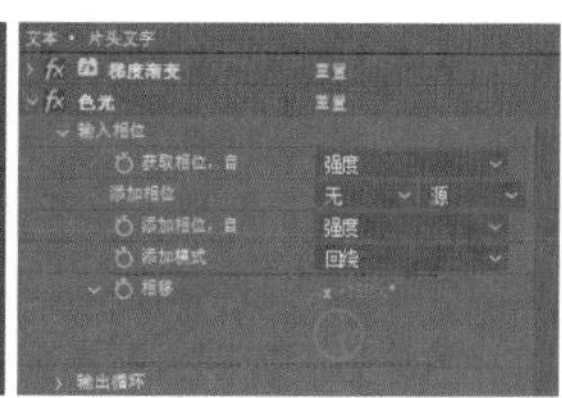

图12-265

19 将“片头文字”合成复制一份，然后在复制的合成上添加“斜面Alpha”效果，如图12-266所示。

20 新建一个纯色图层，为其添加“分形杂色”效果，并设置纯色图层的“模式”为“相加”，具体参数及效果如图12-267所示。

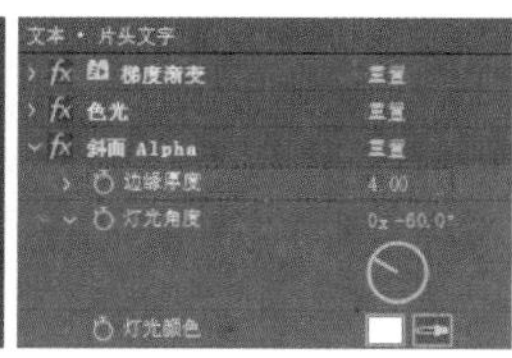

图12-266

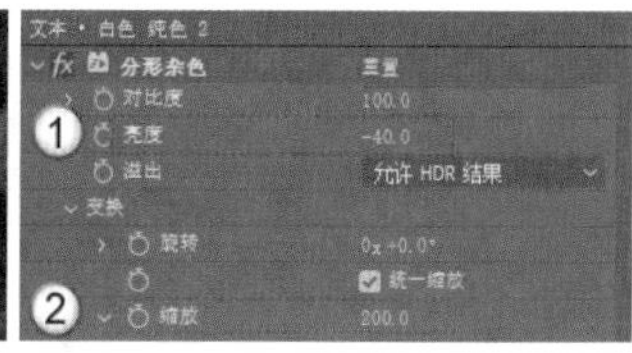

图12-267

21 在“演化”参数上添加表达式time*150，生成动态的变化效果，如图12-268所示。

22 将“片头文字”合成复制一份，将复制的合成放在纯色图层的上方，删除所有效果后为其添加“填充”效果，设置“填充颜色”为白色，如图12-269所示。

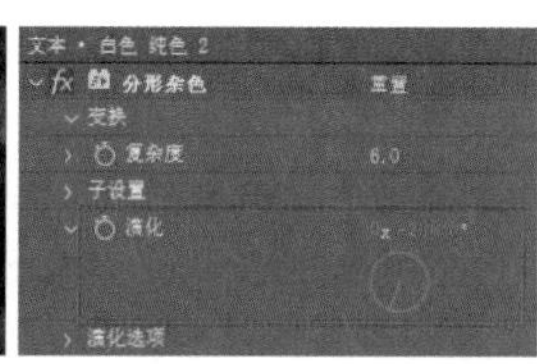

图12-268

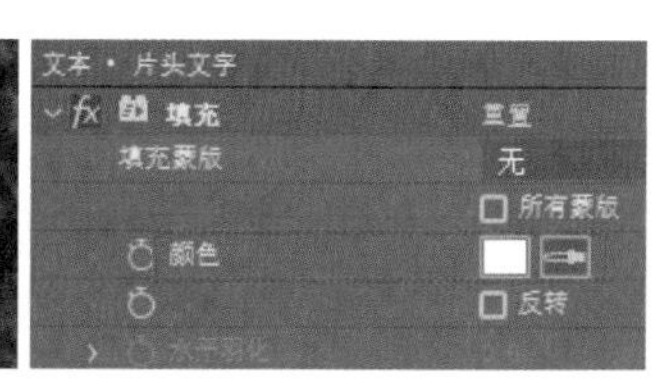

图12-269

23 将上一步复制的“片头文字”合成作为纯色图层的“Alpha遮罩”蒙版，如图12-270所示，效果如图12-271所示。

图12-270

图12-271

片头合成

01 新建一个1920像素×1080像素的合成，将其命名为“片头”，然后导入“背景”合成和“文本”合成，如图12-272所示，效果如图12-273所示。

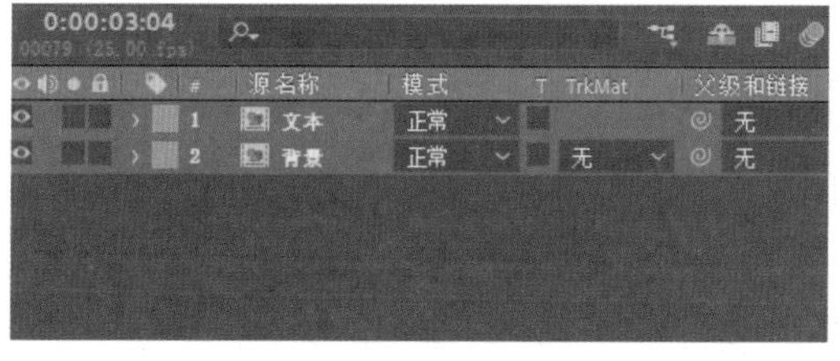

图12-272

图12-273

02 将“文本”合成复制一层，为复制得到的合成添加CC Radial Blur效果，设置Type为Fading Zoom，Amount为50，如图12-274所示。

03 调整该合成的“不透明度”为30%，效果如图12-275所示。

图12-274

图12-275

04 继续复制一层“文本”合成，删掉复制得到的合成中的效果，为其添加“发光”效果，设置“发光半径”为25，“发光强度”为2，如图12-276所示。

05 导入学习资源文件夹中的FLAR A_01_yellow_thin.jpg素材文件，将其添加到“片头”合成的顶层，然后设置其“模式”为“相加”，效果如图12-277所示。

图12-276

图12-277

06 在剪辑起始位置设置“缩放”为（0%,0%），并添加关键帧，在0:00:02:00的位置设置“缩放”为（135%,135%），效果如图12-278所示。

07 导入学习资源文件夹中的Trail 01.mov和Trail 02.mov素材文件，将它们添加到“片头”合成的顶层，将它们的“模式”都设置为“屏幕”，效果如图12-279所示。

图12-278

图12-279

08 移动播放指示器观察画面，发现粒子交汇的时间与文字出现的时间不是很匹配。选中所有的“文本”合成和FLARA_01_yellow_thin.jpg图层，然后将它们向后移动到0:00:01:15的位置，如图12-280所示。

09 导入学习资源文件夹中的Particles.mov素材文件，将其添加到“片头”合成中，然后移动其剪辑起始位置到0:00:01:15的位置，并设置“模式”为“变亮”，如图12-281所示。

图12-280

图12-281

10 继续导入学习资源文件夹中的Bokeh2.mov素材文件，将其添加到“片头”合成中，然后移动其剪辑起始位置到0:00:01:15的位置，并设置“模式”为“变亮”，效果如图12-282所示。

11 新建一个调整图层并将其放在所有图层的上方，然后为其添加“曲线”效果，调整画面的亮度曲线，如图12-283所示。

图12-282

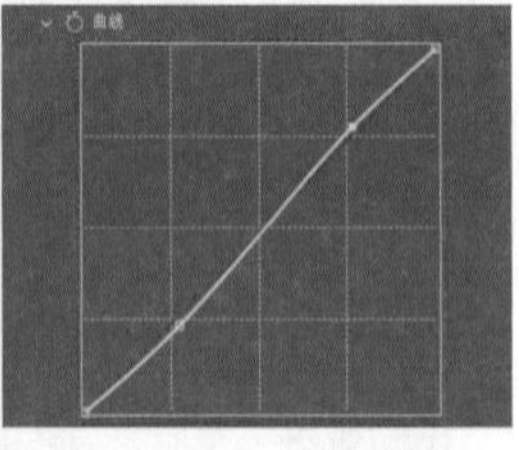

图12-283

12 继续为调整图层添加“自然饱和度”效果，设置“自然饱和度”为20，如图12-284所示。

13 调整工作区域结尾到0:00:05:00的位置，如图12-285所示。

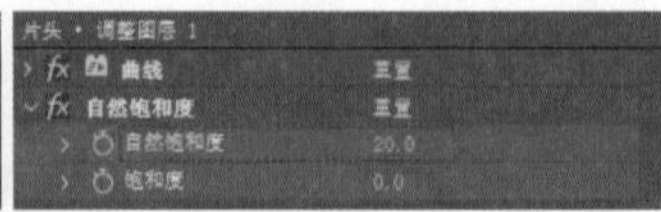

图12-284

图12-285

☞ 照片合成1

01 新建一个1300像素×1600像素的合成，将其命名为“照片”，然后新建一个任意颜色的纯色图层，如图12-286所示。

02 在纯色图层上添加“梯度渐变”效果，形成从黑色到白色的渐变，如图12-287所示。

03 在纯色图层上继续添加“斜面Alpha”效果，设置“边缘厚度”为5，如图12-288所示。

图12-286

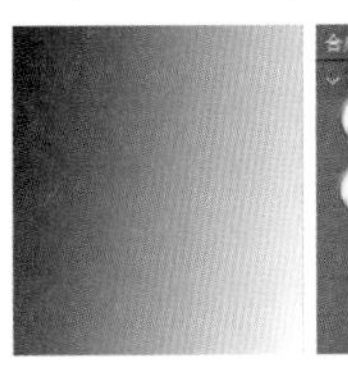
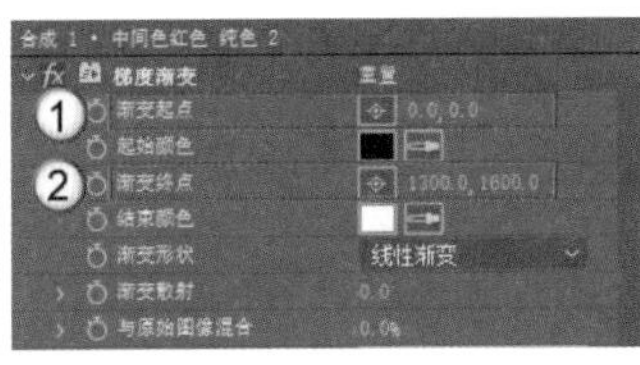

图12-287

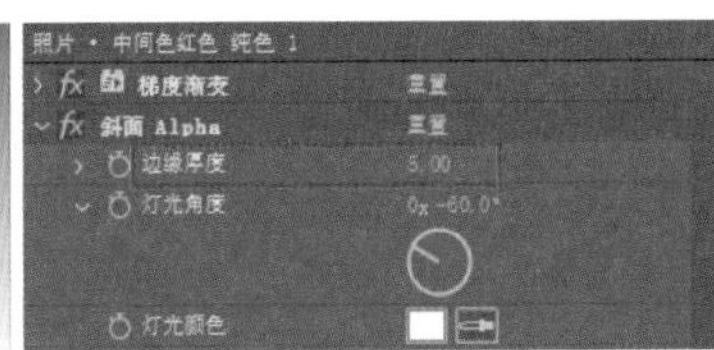

图12-288

04 复制“片头文字”合成中的“色光”效果，然后将其粘贴到纯色图层上，如图12-289所示。

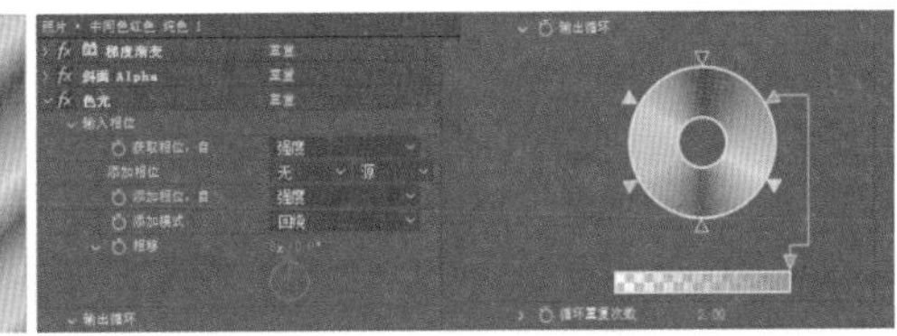

图12-289

05 导入学习资源文件夹中的“时尚新娘.png”素材文件，将其放在纯色图层的上方，并缩小到合适大小，如图12-290所示。

06 为上一步添加的素材图层添加“投影”效果，如图12-291所示。

图12-290

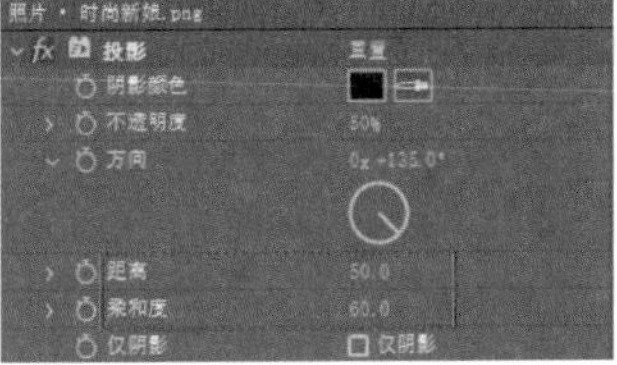

图12-291

☞ 照片合成2

01 新建一个1920像素×1080像素的合成，将其命名为“颁奖”，然后导入“背景”合成和“照片”合成，如图12-292所示。

02 添加Trail 01.mov素材文件到“时间轴”面板中，设置其“模式”为“变亮”，如图12-293所示。

图12-292

图12-293

03 移动播放指示器到0:00:00:15的位置，裁剪Trail 01.mov剪辑的前半部分，然后移动其剪辑到起始位置，如图12-294所示，效果如图12-295所示。

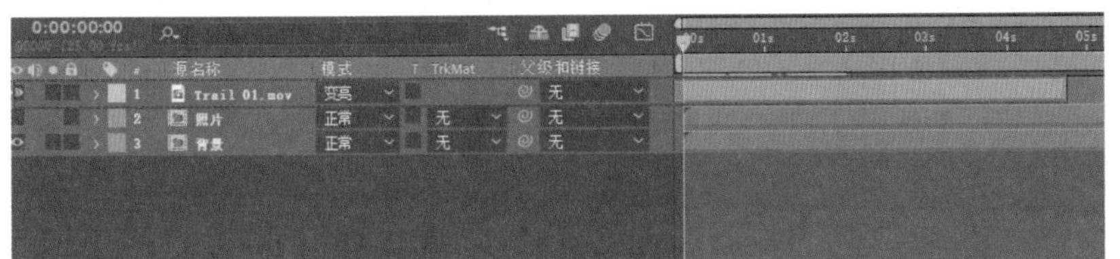

图12-294

图12-295

04 在“照片”合成上添加“线性擦除”效果，在0:00:00:15的位置设置“过渡完成”为100%，“擦除角度”为0x+180°，为这两个参数都添加关键帧，如图12-296所示。

05 在0:00:02:00的位置设置“过渡完成”为0%，“擦除角度”为0x+150°，如图12-297所示。

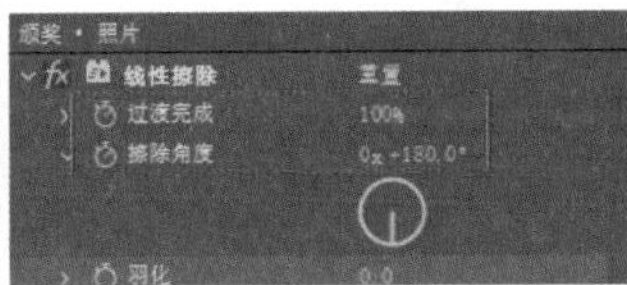

图12-296

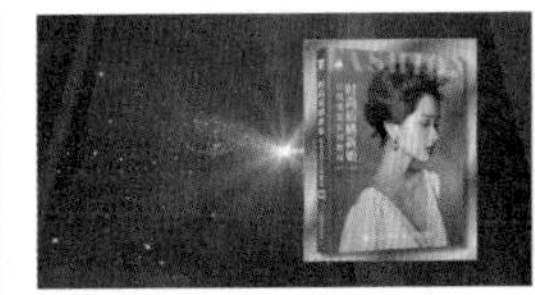
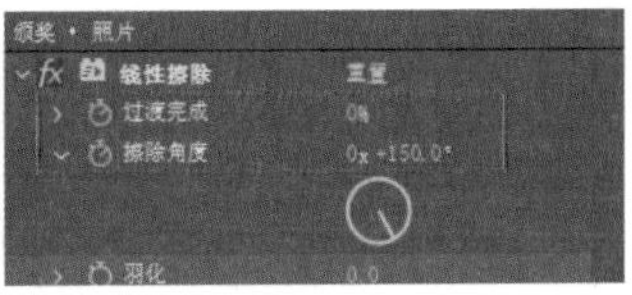

图12-297

06 在“项目”面板中将“片头文字”合成复制一份，将复制得到的合成重命名为“颁奖文字”，然后将其添加到“颁奖”合成中，如图12-298所示。

07 进入“颁奖文字”合成，修改文字内容为“年度新书”，并删除“航骋文化”图层，效果如图12-299所示。

08 返回“颁奖”合成，将“颁奖文字”合成缩小后放在画面左侧，效果如图12-300所示。

09 复制“片头文字”合成中的3个效果，再将它们粘贴到“颁奖文字”合成上，效果如图12-301所示。

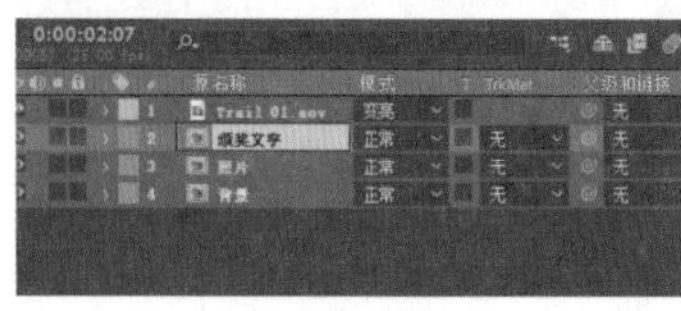

图12-298

图12-299

图12-300

图12-301

10 选中“背景”合成中的Flare 01.png图层和Flare 02.png图层，按快捷键Ctrl+X剪切图层，然后将它们粘贴到“颁奖”合成中，如图12-302所示。

11 将“颁奖文字”合成与上面两个图层转为预合成，将预合成命名为“奖项”，如图12-303所示。

12 进入“奖项”合成，将两个发光的图层缩小后移动到文字上，效果如图12-304所示。

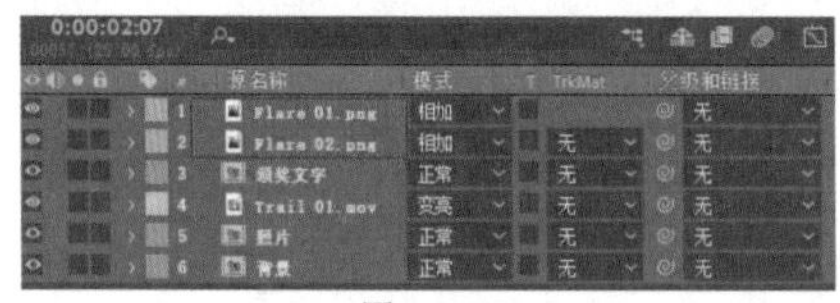

图12-302

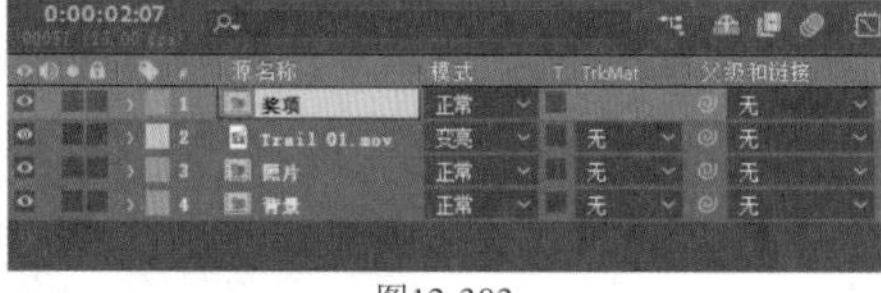

图12-303

图12-304

13 为两个发光图层添加“不透明度”关键帧，使其在文字出现后再显示，如图12-305所示。

14 复制“片头”合成中的Particles.mov图层、Bokeh2.mov图层和“调整图层1”图层，然后将它们粘贴到“颁奖”合成中，效果如图12-306所示。

图12-305

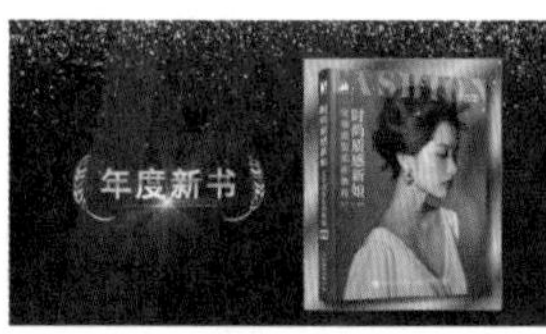

图12-306

15 在“项目”面板中复制粘贴“照片”合成，生成“照片2”合成，然后在“照片2”合成中导入学习资源文件夹中的“二次元动漫.png”素材文件，如图12-307所示。

16 返回“颁奖”合成，将“照片2”合成移动到画面的左侧，效果如图12-308所示。

17 在“项目”面板中复制粘贴“奖项”合成，生成“奖项2”合成并将其添加到“颁奖”合成中，再将其移动到画面的右侧，效果如图12-309所示。

> **技巧提示**
>
> 导入合成后还需要将原有合成的“投影”效果一并复制到新合成中。

图12-307

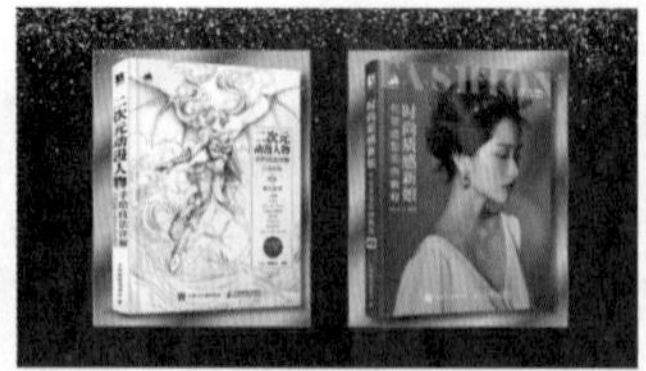
图12-308

图12-309

18 进入“奖项2”合成，修改文字内容为“年度畅销”，效果如图12-310所示。

19 在0:00:03:00的位置裁剪掉“照片”合成和“奖项”合成的后半部分剪辑，并将“照片2”合成与“奖项2”合成的起始位置移动到此处，如图12-311所示。

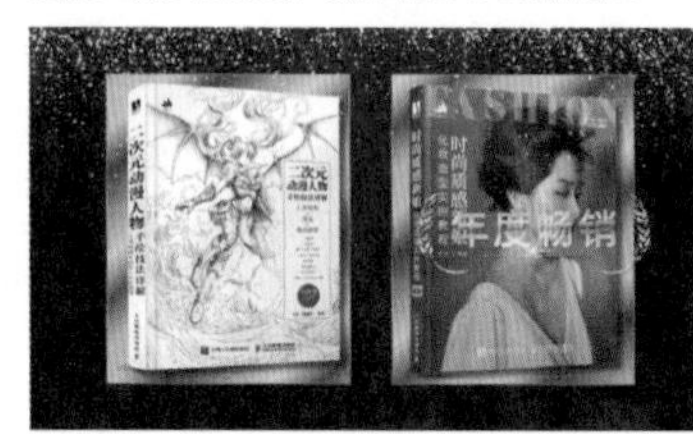

图12-310

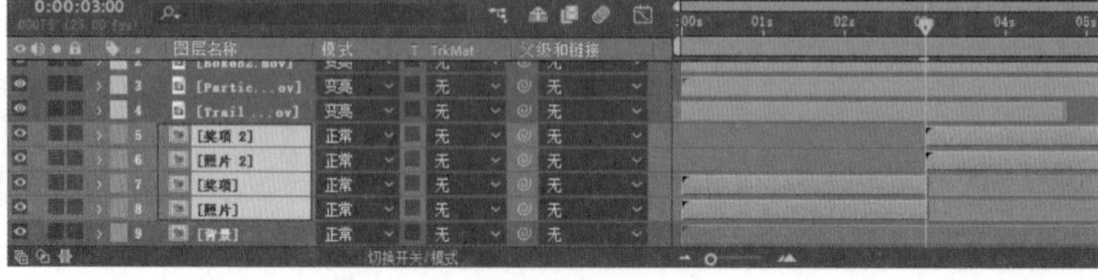

图12-311

20 保持播放指示器的位置不变，然后复制“照片”合成的“线性擦除”效果，再将其粘贴到“照片2”合成上，生成相应的动画，效果如图12-312所示。

21 移动播放指示器到0:00:02:12的位置，然后添加Trail 02.mov素材文件到“颁奖”合成中，设置其“模式”为“变亮”，如图12-313所示。

图12-312

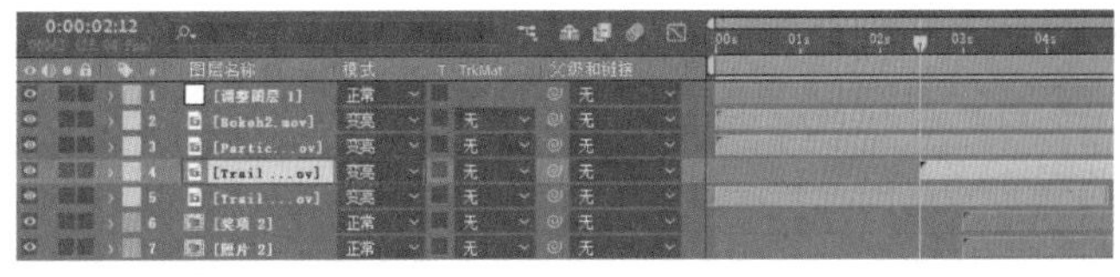

图12-313

技巧提示

这个素材是两个“照片”合成之间的过渡素材，因此需要提前出现。

22 将工作区域结尾设置在0:00:06:00的位置，留下合成中有用的部分，如图12-314所示。

图12-314

☞ 总合成

01 新建一个1920像素×1080像素的合成，将其命名为“总合成”，设置合成的时长为12秒，然后添加“片头”与“颁奖”两个合成，如图12-315所示。

02 将两个合成的剪辑首尾相接，然后按快捷键Ctrl+M切换到“渲染队列”面板，单击“AME中的队列”按钮 AME中的队列 ，在Adobe Media Encoder中输出MP4格式的文件，如图12-316所示。

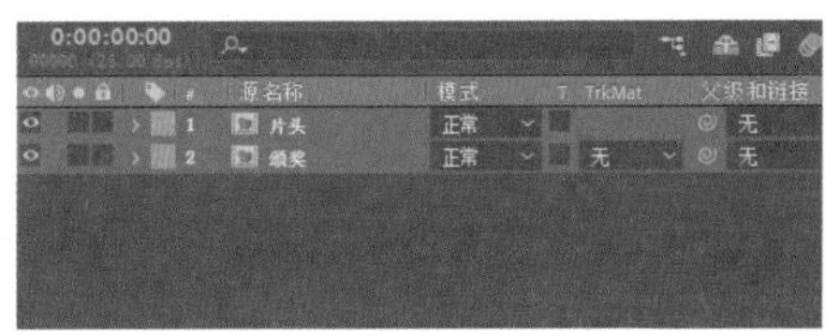

图12-315

图12-316

03 文件输出完成后，从中任意截取4帧图片，效果如图12-317所示。

图12-317

重点

商业项目实战：制作科幻光圈动态效果

案例文件	案例文件>CH12>商业项目实战：制作科幻光圈动态效果
难易程度	★★★★★
学习目标	练习动效的制作方法

扫码观看视频

本案例制作科幻光圈动态效果，需要绘制不同的元素，然后将它们拼合在一个合成中，形成复杂的动画效果，效果如图12-318所示。

图12-318

背景合成

01 新建一个1920像素×1080像素的合成，将其命名为“背景”，然后导入学习资源“案例文件>CH12>商业项目实战：制作科幻光圈动态效果”文件夹中的bg.mp4素材文件，如图12-319所示。

02 开启图层的“3D图层”开关，然后复制图层，并使复制的图层在*x*轴方向上旋转90°，效果如图12-320所示。

03 继续复制图层，使复制的图层在*y*轴方向上旋转90°并归零图层在*x*轴方向上的旋转角度，效果如图12-321所示。

04 复制上一步的图层，然后将其在*y*轴方向上旋转270°，再将其放在画面的右侧，效果如图12-322所示。

图12-319

图12-320

图12-321

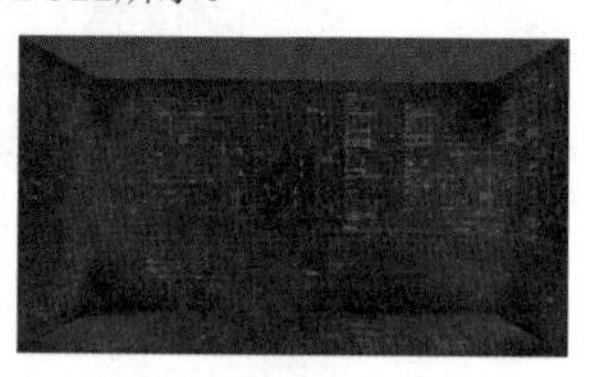

图12-322

疑难问答：为何不将左侧的图层复制后移动到右侧？

有些读者可能会有疑惑，为何不将左侧的图层复制后移动到画面右侧，而是移动旋转270°后？这么做是为了将画面的内容拼接起来，形成无缝效果，提升画面的可观赏性。

元素1合成

01 新建一个1920像素×1080像素的合成，将其命名为“元素1”，然后使用“椭圆工具”绘制一个圆形，设置“描边颜色”为白色，“描边宽度”为5像素，如图12-323所示。

02 将上一步绘制的圆形复制一份，然后缩小复制的圆形，并设置“描边宽度”为16像素，效果如图12-324所示。

03 为复制的圆形添加“虚线”属性，设置“虚线”为10，“间隔”为29，效果如图12-325所示。

技巧提示

单击两次“虚线”右侧的按钮，才能显示“间隔”属性。

图12-323

图12-324

图12-325

04 选中两个图层，在0:00:01:00的位置添加“缩放”关键帧，然后在剪辑起始位置设置“缩放”都为0，如图12-326所示。

05 将虚线的剪辑向后移动5帧，形成不同步的动画效果，如图12-327所示。

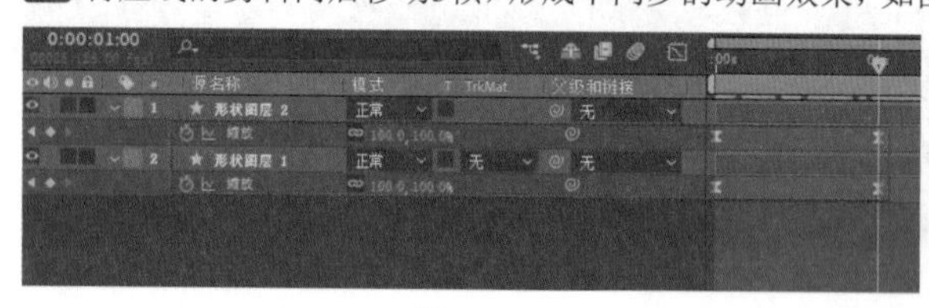

图12-326

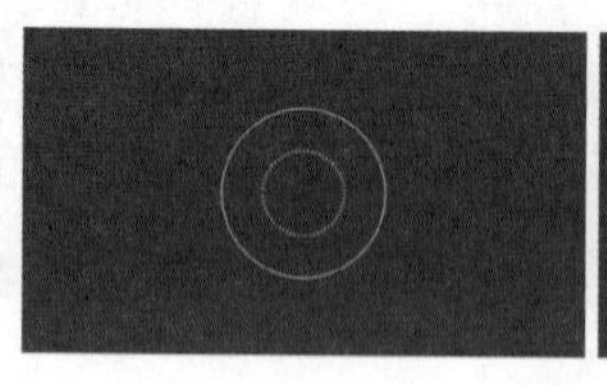

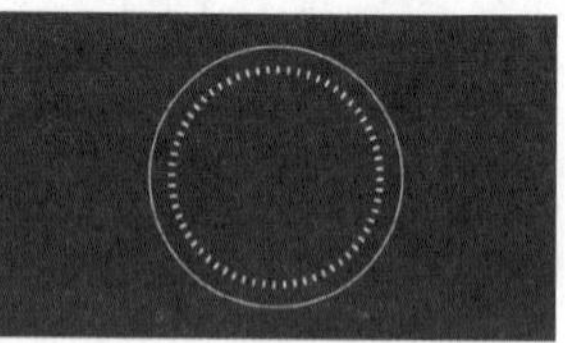

图12-327

元素2合成

01 新建一个1920像素×1080像素的合成，将其命名为“元素2”，然后使用“椭圆工具”在合成中绘制一个圆形，设置“描边宽度”为20像素，效果如图12-328所示。

02 为绘制的圆形添加“修剪路径”效果，设置“开始”为35%，如图12-329所示。

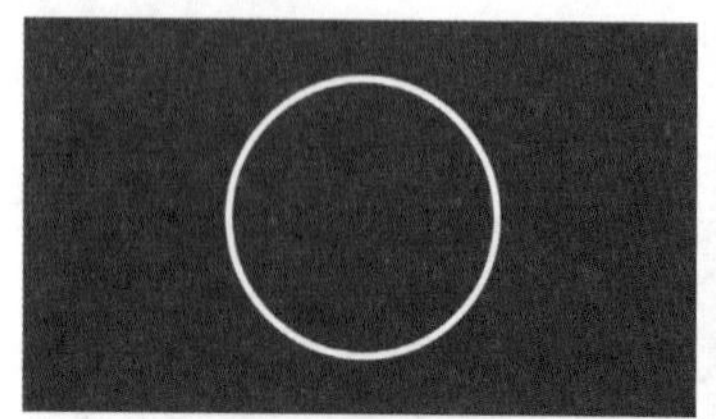

图12-328

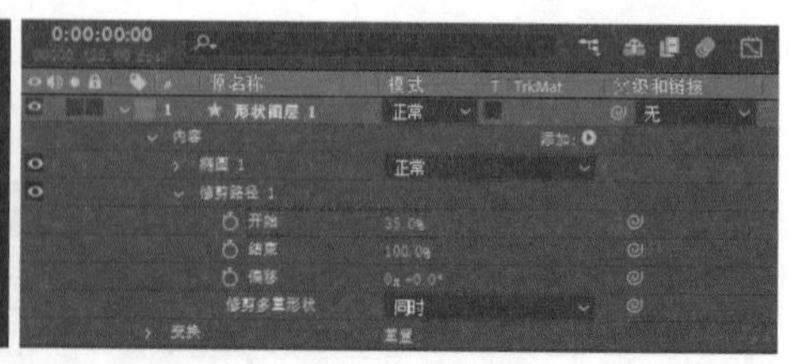

图12-329

03 复制一层圆形图层并将其缩小，设置“描边宽度”为10像素，“修剪路径1”卷展栏中的“开始”为60%，效果如图12-330所示。

04 继续复制一层圆形图层并将其缩小，设置“描边宽度”为7像素，“修剪路径1”卷展栏中的“开始”为25%，效果如图12-331所示。

05 选中3个形状图层并按R键调出“旋转”参数，然后在3个“旋转”参数上添加wiggle表达式，形成随机旋转的效果，如图12-332所示。

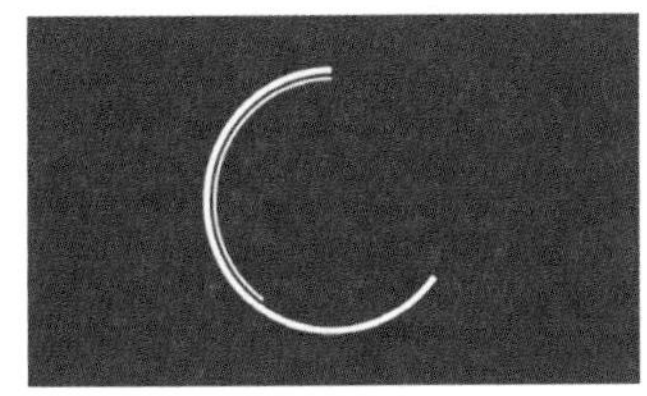

图12-330

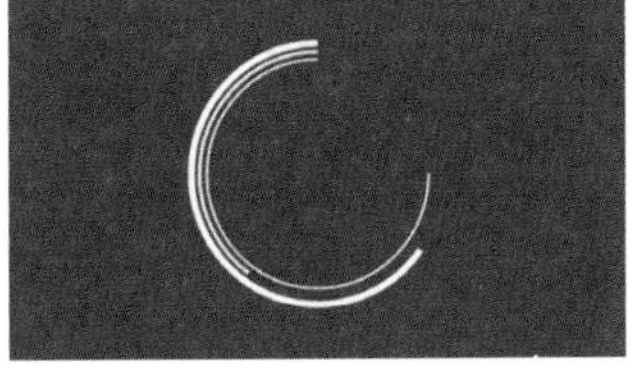

图12-331

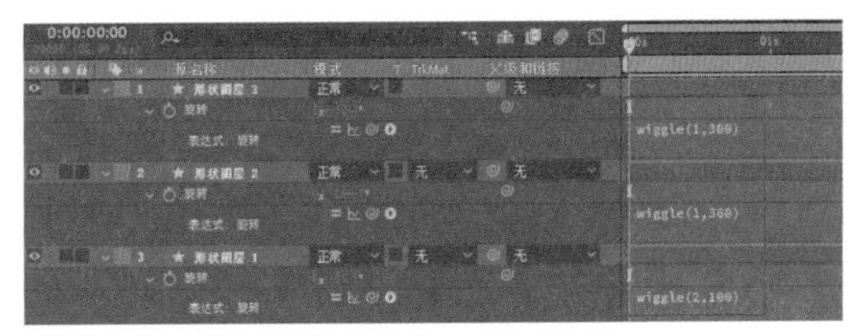

图12-332

> **技巧提示**
>
> wiggle表达式中的数值不做具体规定，读者可按照需要进行设置，上图中的参数仅作为参考。

06 调整最外侧和最内侧圆形的“不透明度”参数，效果如图12-333所示。

07 新建一个空对象图层，然后将3个圆形图层都设置为其子层级，如图12-334所示。

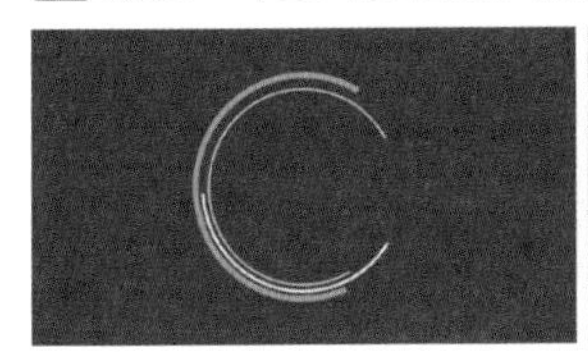

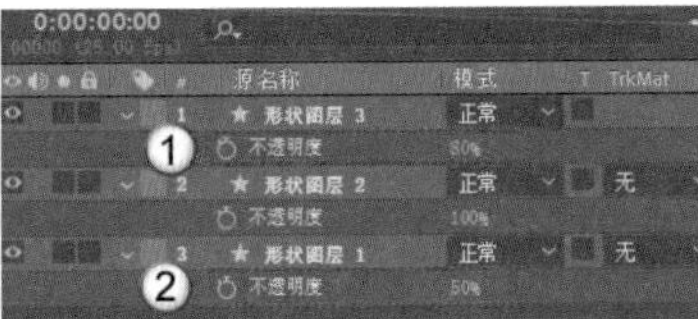

图12-333

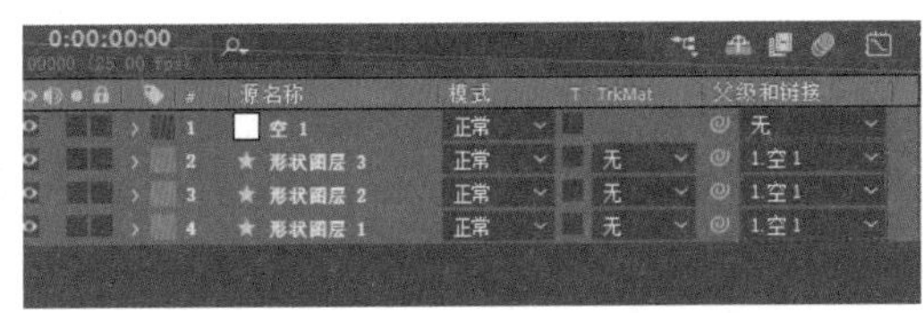

图12-334

08 选中“空1”图层，然后按S键调出“缩放”参数，在剪辑起始位置设置“缩放”为（0%,0%），并添加关键帧，在0:00:01:00的位置设置“缩放”为（100%,100%），效果如图12-335所示。

图12-335

元素3合成

01 新建一个1920像素×1080像素的合成，将其命名为“元素3”，然后使用“椭圆工具”绘制一个圆形，设置“描边宽度”为190像素，效果如图12-336所示。

02 在绘制的圆形上添加“修剪路径”效果，设置“开始”为80%，“结束”为95%，“线段端点”为“圆头端点”，如图12-337所示。

图12-336

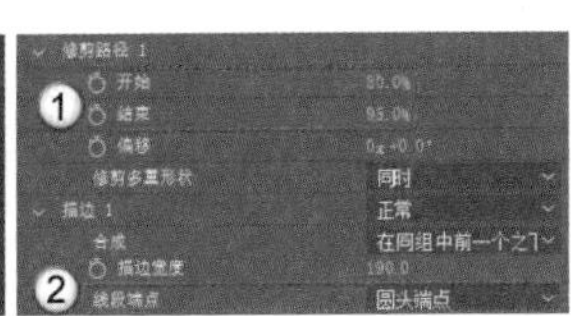

图12-337

03 将圆形图层复制一层，修改“修剪路径1”卷展栏中的“开始”为55%，“结束”为70%，如图12-338所示。

04 继续复制一层圆形图层，修改“修剪路径1”卷展栏中的“开始”为30%，“结束”为45%，如图12-339所示。

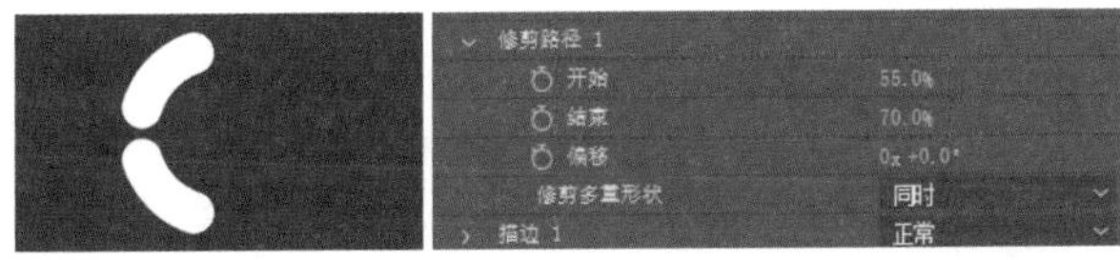

图12-338

图12-339

05 最后复制一层圆形图层，修改“修剪路径1”卷展栏中的“开始”为5%，“结束”为20%，如图12-340所示。

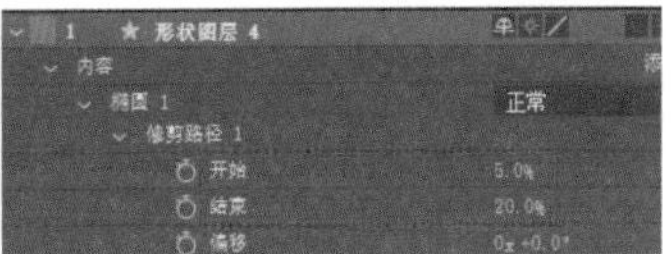

图12-340

06 选中4个圆形图层，然后按T键调出"不透明度"参数，添加表达式wiggle（3,100），如图12-341所示，形成随机闪烁的效果。

07 调整4个图层的剪辑起始位置，使剪辑之间都相差5帧，如图12-342所示。

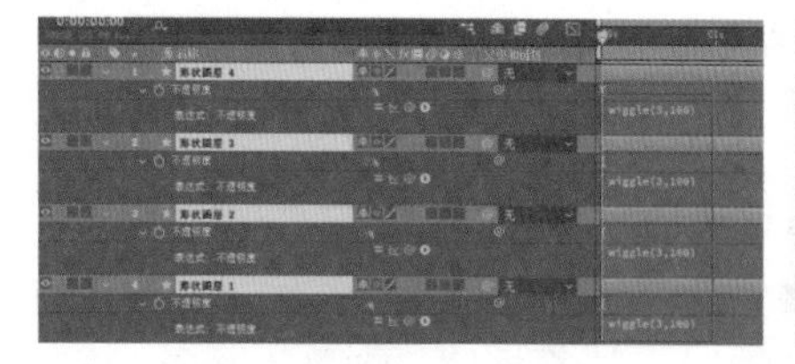

图12-341

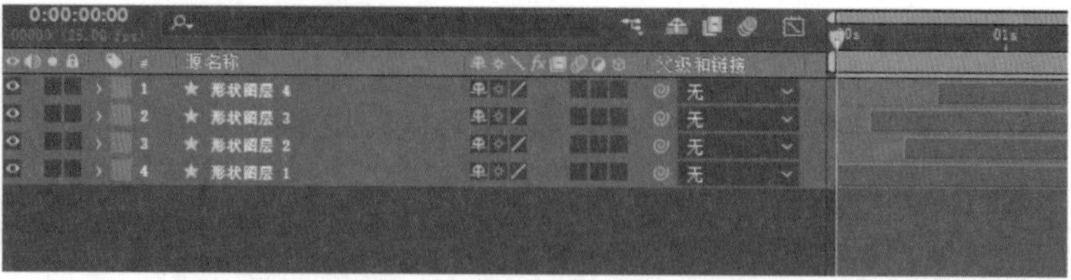

图12-342

> **技巧提示**
>
> 剪辑的顺序不固定，上图中的顺序仅作为参考。

元素4合成

01 新建一个1920像素×1080像素的合成，将其命名为"元素4"，然后使用"钢笔工具"在合成中绘制一条宽度为6像素的细线，效果如图12-343所示。

图12-343

02 在"描边"卷展栏中单击"虚线"按钮，为细线添加"虚线"效果，效果如图12-344所示。

03 将虚线图层复制7层，然后使虚线图层均匀分布在合成中，效果如图12-345所示。

04 调整图层的起始位置，使它们相差2帧，效果如图12-346所示。

图12-344

图12-345

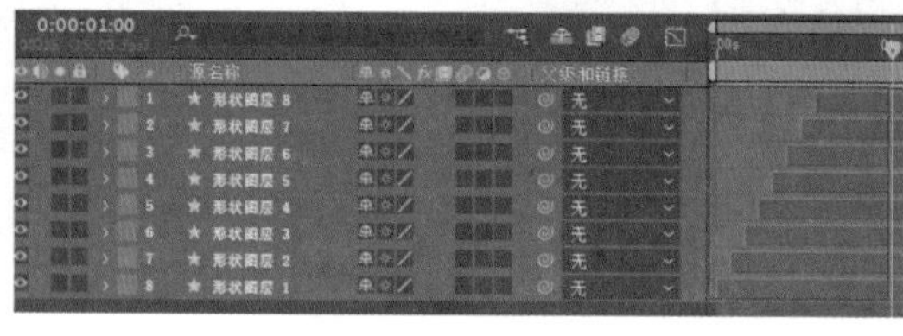

图12-346

元素5合成

01 新建一个1920像素×1080像素的合成，将其命名为"元素5"，然后新建一个任意颜色的纯色图层并为其添加"梯度渐变"效果，如图12-347所示。

02 添加"色光"效果，设置"输出循环"的颜色，设置"循环重复次数"为10，取消勾选"在图层上合成"选项，如图12-348所示。

图12-347

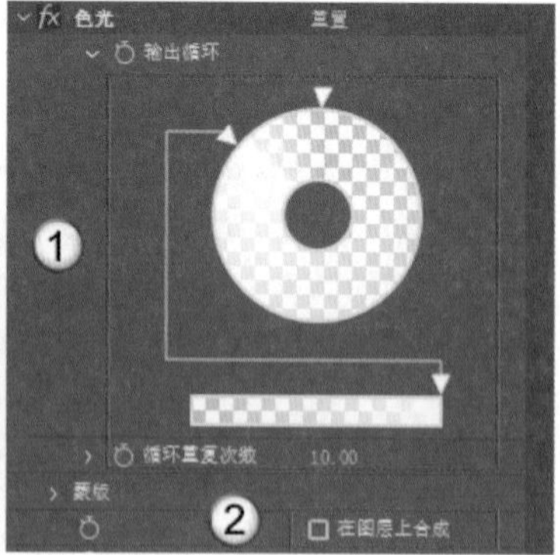

图12-348

03 在"相移"参数上添加表达式time*400，形成移动的效果，如图12-349所示。

04 继续添加"分形杂色"效果，设置"对比度"为200，"亮度"为-10，"缩放宽度"为40，"缩放高度"为110，如图12-350所示。

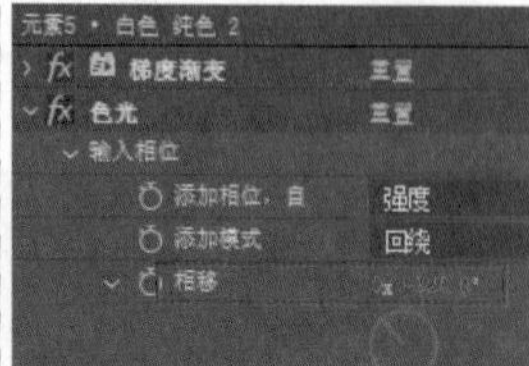

图12-349

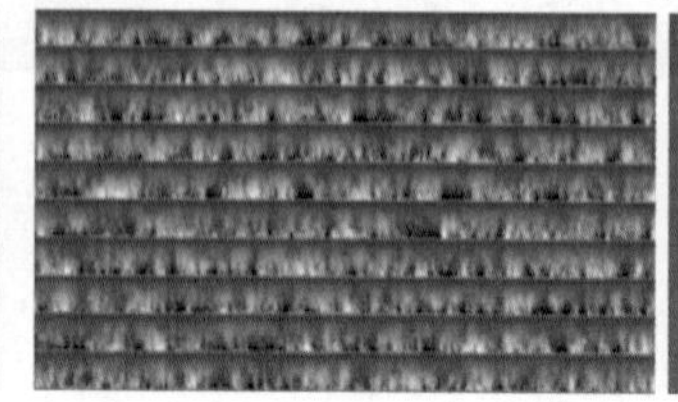

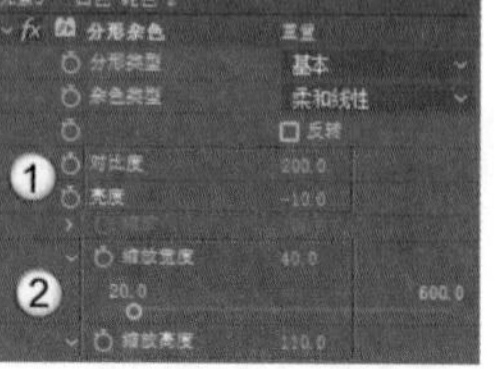

图12-350

05 “分形杂色”效果无法与“色光”效果同时移动。在“分形杂色”效果的“偏移”参数上添加关键帧，调整“偏移”的数值，使其与“色光”效果一样发生运动，效果如图12-351所示。

06 在图层上添加CC Cylinder效果，设置Radius（%）为45，如图12-352所示。

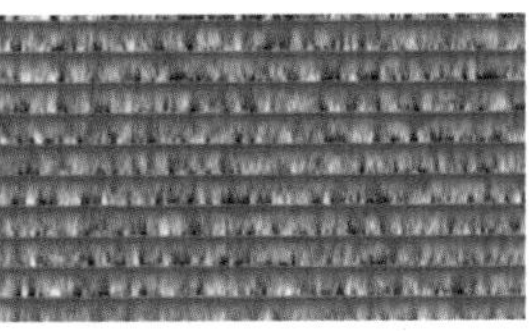

图12-351

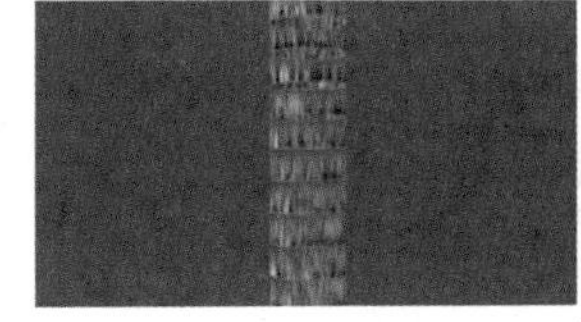

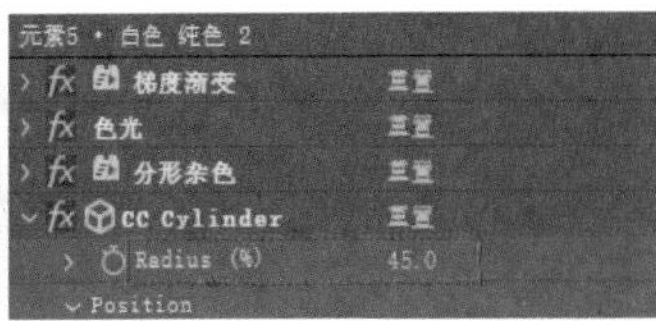

图12-352

> **技巧提示**
>
> “偏移”的具体数值请读者根据“色光”的位移效果进行设置，这里不做具体规定。

07 在图层上添加CC Glass效果，设置Bump Map为“无”，Softness为10，Height为50，Displacement为1，Light Height为65，Light Direction为0x+1°，Ambient为60，Diffuse为40，如图12-353所示。

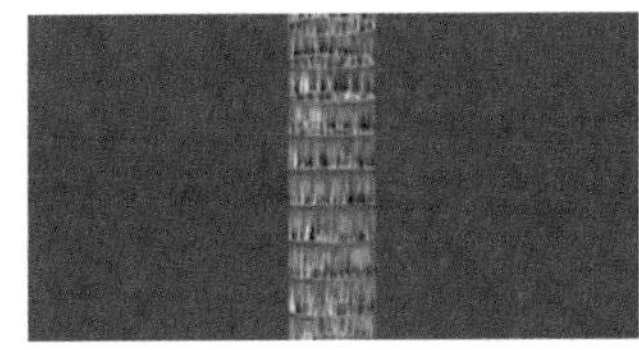

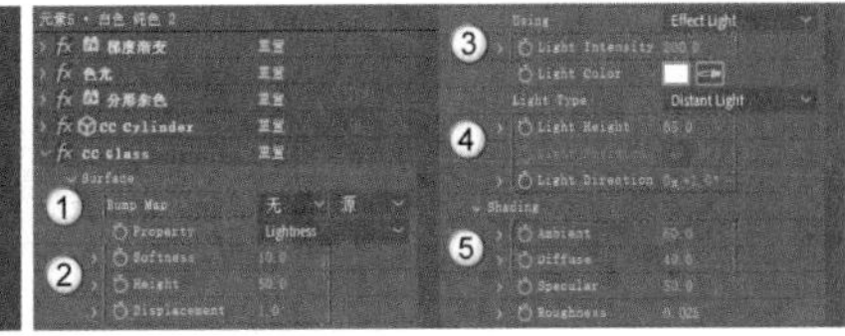

图12-353

元素6合成

01 新建一个1920像素×1080像素的合成，将其命名为“元素6”，新建一个任意颜色的纯色图层，并为其添加“高级闪电”效果，效果如图12-354所示。

02 在“高级闪电”卷展栏中设置“闪电类型”为“击打”，设置“源点”和“方向”的数值，使其横向出现在画面中，然后设置“核心半径”为1，“核心不透明度”为80%，“发光半径”为40，“发光不透明度”为17%，“发光颜色”为青色，“湍流”为0.9，“分叉”为2%，“衰减”为0.3，“复杂度”为6，“最小分叉距离”为64，如图12-355所示。

图12-354

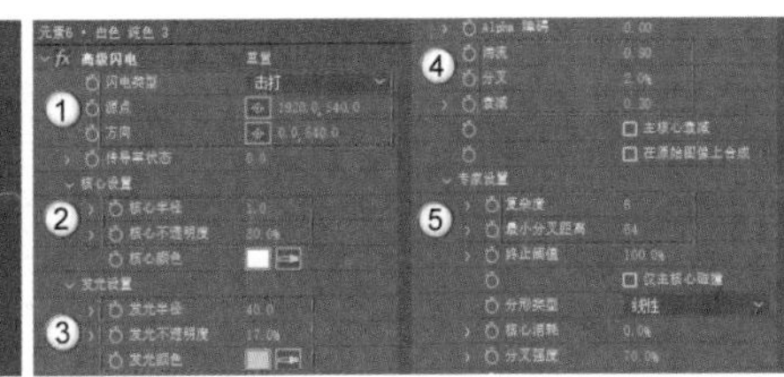

图12-355

03 移动播放指示器，发现此时的闪电是静态的，没有动态效果。在剪辑起始位置添加“传导率状态”关键帧，然后在剪辑末尾设置“传导率状态”为20，就能形成动态的闪电效果，如图12-356所示。

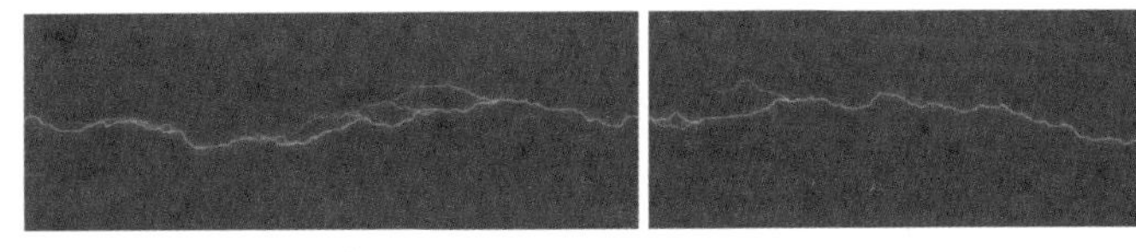

图12-356

元素7合成

01 新建一个1920像素×1080像素的合成，将其命名为“元素7”，然后新建一个任意颜色的纯色图层，并为其添加“分形杂色”效果，如图12-357所示。

02 在“分形杂色”卷展栏中设置“分形类型”为“动态”，“对比度”为140，“亮度”为-30，“缩放宽度”为100，“缩放高度”为130，如图12-358所示。

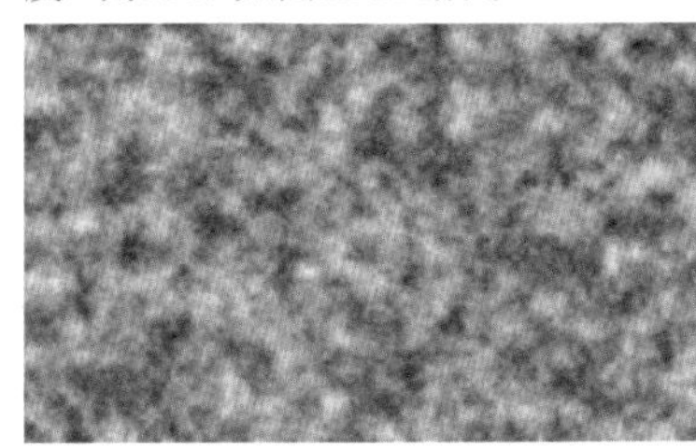

图12-357

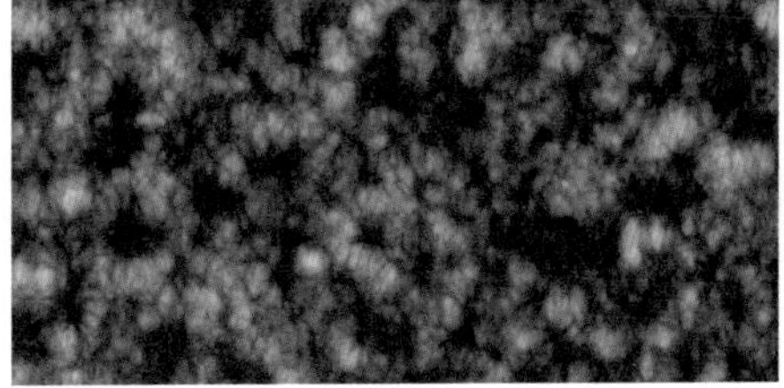

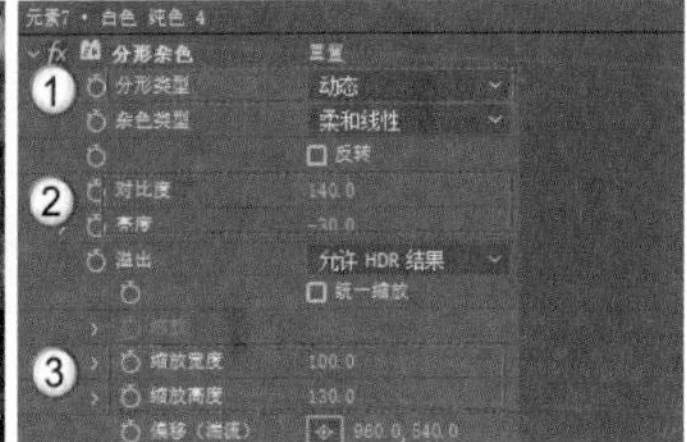

图12-358

03 在剪辑起始位置添加“对比度”和“亮度”关键帧，然后在0:00:01:00的位置设置“对比度”为160，“亮度”为-10，在0:00:02:00的位置设置“对比度”为180，“亮度”为-100，效果如图12-359所示。

04 在剪辑起始位置添加“偏移”关键帧，然后在0:00:02:00的位置调整“偏移”的数值，使画面向上移动，效果如图12-360所示。

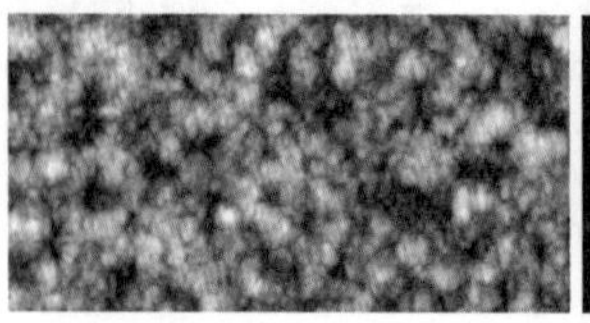

图12-359

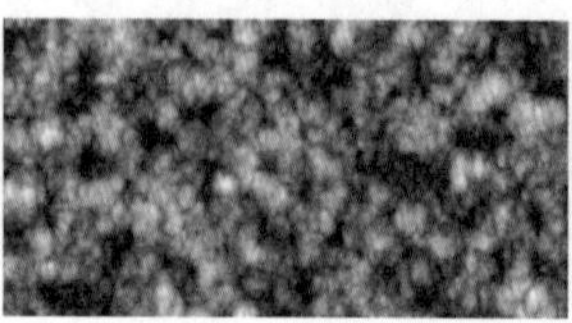
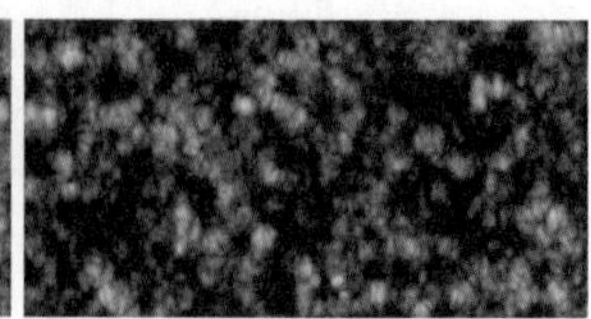

图12-360

05 在“演化”参数上添加表达式time*400，效果如图12-361所示。

06 选中纯色图层，使用“矩形工具”■绘制一个蒙版，设置“蒙版羽化”为160像素，效果如图12-362所示。

07 在剪辑起始位置添加“蒙版路径”关键帧，然后在0:00:02:00的位置将蒙版移动到画面顶部，效果如图12-363所示。

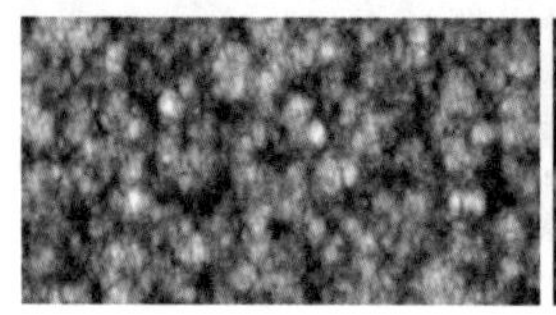
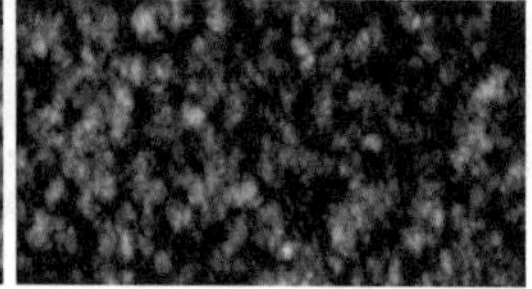

图12-361

图12-362

图12-363

☞ 元素8合成

01 新建一个1920像素×1080像素的合成，将其命名为“元素8”，然后新建一个任意颜色的纯色图层，为其添加“高级闪电”效果，效果如图12-364所示。

02 在“高级闪电”卷展栏中设置“闪电类型”为“回弹”，并设置“源点”和“方向”的数值，设置“传导率状态”为3.5，“核心半径”为1，“核心不透明度”为80%，“发光半径”为40，“发光不透明度”为20%，“发光颜色”为青色，“湍流”为0.91，“分叉”为2%，“衰减”为0.4，如图12-365所示。

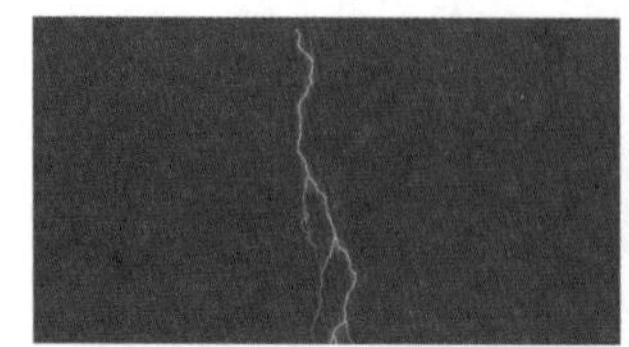

图12-364

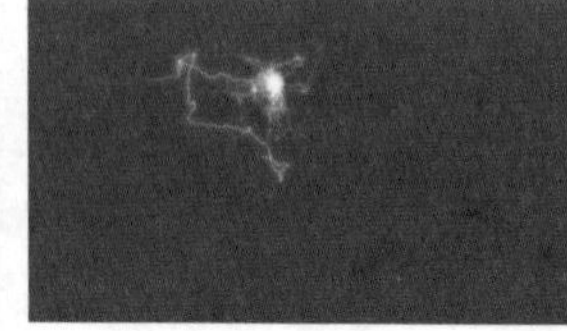
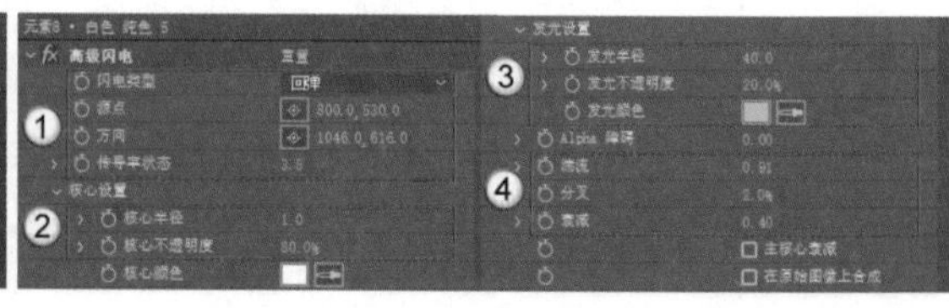

图12-365

> **技巧提示**
>
> 不同的“源点”和“方向”数值会让闪电的造型产生一定的差异，读者可以参考上图中的数值，也可以自行设置。

03 在剪辑起始位置添加“方向”关键帧，然后在0:00:01:00的位置调整“方向”的数值，让其向下移动一段距离，效果如图12-366所示。

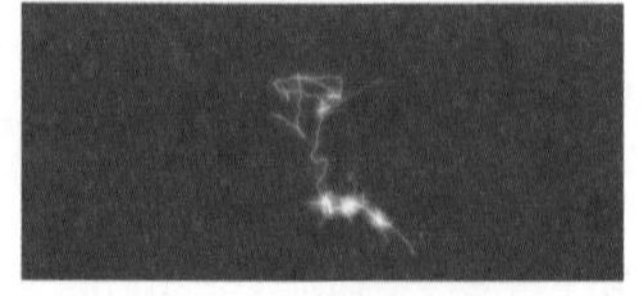

图12-366

☞ 总合成

01 新建一个1920像素×1080像素的合成，将其命名为“总合成”，然后将其导入“背景”合成，并调整其显示角度，效果如图12-367所示。

02 添加“元素1”合成，并打开它的“3D图层”开关，将其在x轴方向上旋转90°后移动到画面下方并缩小到合适的大小，效果如图12-368所示。

> **技巧提示**
>
> 这个角度是暂时的，后续的步骤中会添加摄像机图层，并添加相应的动画。

图12-367

图12-368

03 在“元素1”合成上添加“填充”效果，设置“颜色”为绿色，如图12-369所示。

04 在“元素1”合成上添加“发光”效果，如图12-370所示。

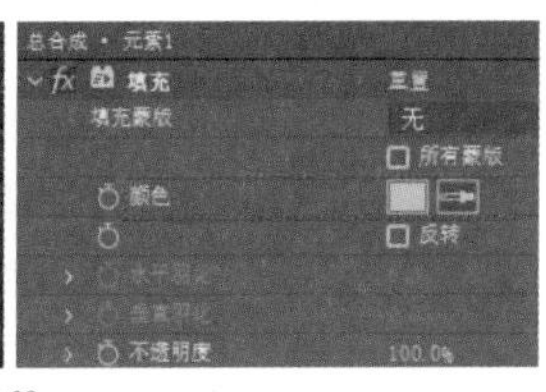

图12-369

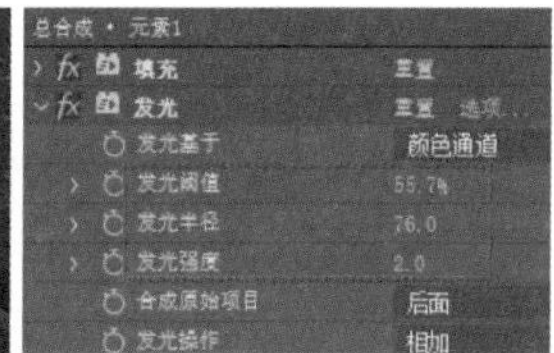

图12-370

> **技巧提示**
>
> 后续会在“总合成”合成中添加很多合成，如果计算机配置较低，可能会出现频繁卡顿的现象，建议降低“合成”面板中的分辨率，以加快预览的速度。

05 添加“元素2”合成，然后将其放置在“元素1”合成的上方，并将其缩小，效果如图12-371所示。

06 将“元素1”合成中的两个效果复制粘贴到“元素2”合成中，效果如图12-372所示。

07 将“元素2”合成复制一份，将复制得到的合成向上移动一小段距离，并将其旋转和缩小，效果如图12-373所示。

08 添加“元素3”合成，将其放在“元素1”合成的上方，将其旋转并缩小后的效果如图12-374所示。

图12-371

图12-372

图12-373

图12-374

09 将“填充”和“发光”效果添加到“元素3”合成中，效果如图12-375所示。

10 添加“元素4”合成，然后为其添加CC Cylinder效果，将素材的形状改为圆柱形，如图12-376所示。

11 将“填充”和“发光”效果添加到“元素4”合成中，效果如图12-377所示。

图12-375

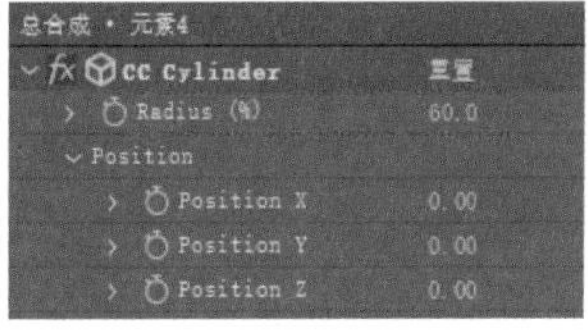

图12-376

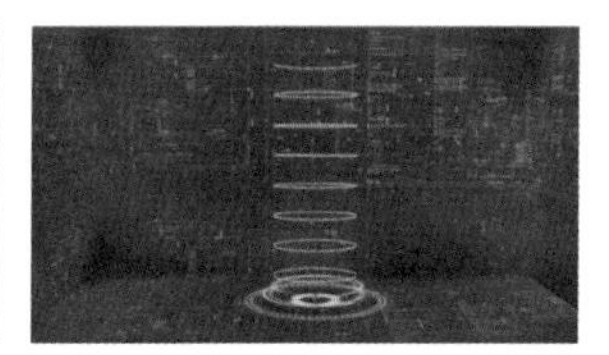

图12-377

> **技巧提示**
>
> “元素4”合成因为添加了CC Cylinder效果，所以不需要打开“3D图层”开关。

12 添加“快速方框模糊”效果，使素材产生模糊效果，如图12-378所示。

13 添加“元素5”合成，并将其放置在“元素4”合成的下方，打开其“3D图层”开关并调整其位置，如图12-379所示。

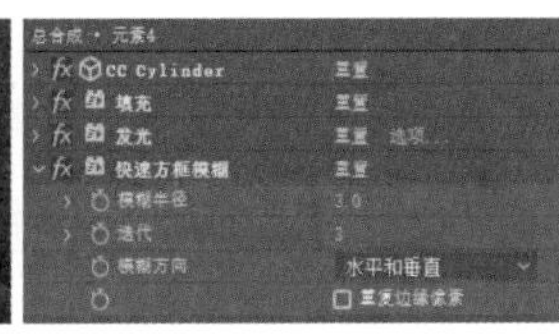

图12-378

图12-379

14 在“元素5”合成上添加“发光”效果，如图12-380所示。

15 添加“曲线”效果，调整RGB曲线、绿色和红色通道的曲线，如图12-381所示。

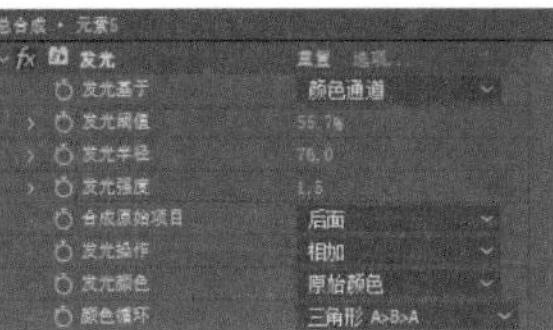

图12-380

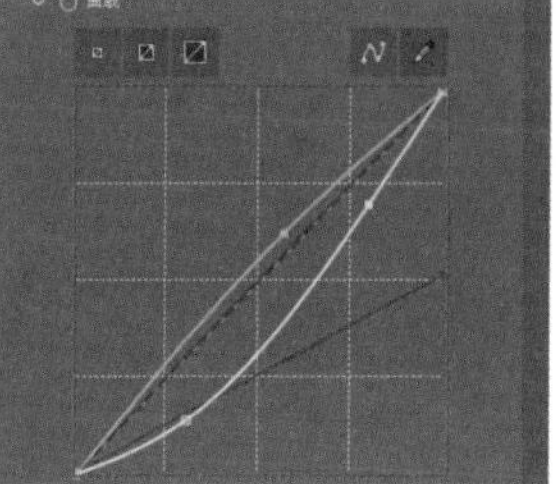

图12-381

16 选中“元素5”合成，设置其“模式”为“相加”，“不透明度”为50%，效果如图12-382所示。

17 在“元素5”合成下方添加“元素6”合成，打开其“3D图层”开关并将其旋转90°，然后将其放在画面中间，效果如图12-383所示。

18 在“元素6”合成上方添加“发光”效果，然后设置其“模式”为“相加”，效果如图12-384所示。

19 进入“元素5”合成，调整CC Cylinder的Radius(%)为20，然后调整“元素5”合成的“不透明度”为100%，效果如图12-385所示。

图12-382

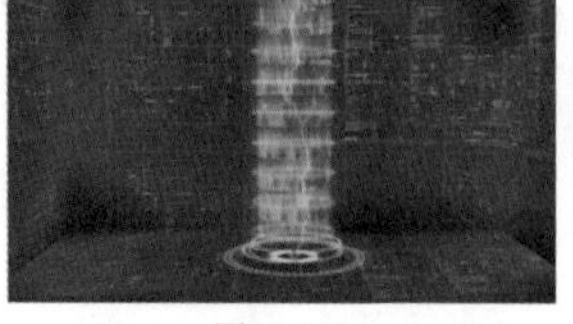

图12-383

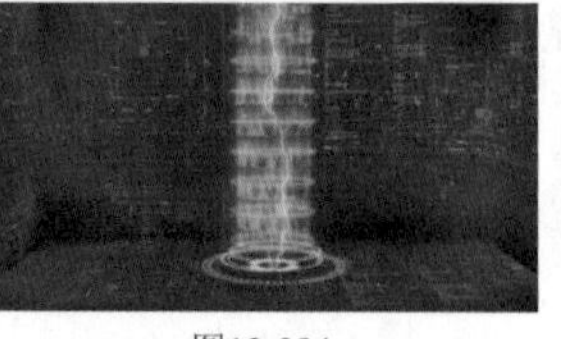

图12-384

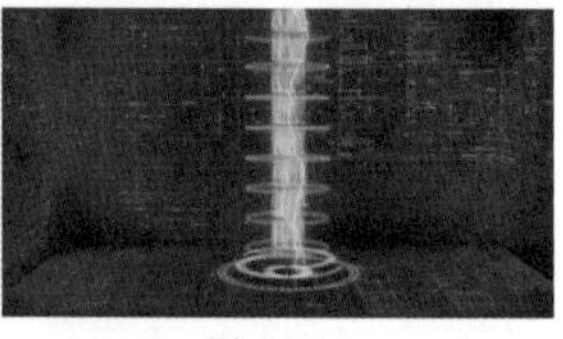

图12-385

20 在顶层添加“元素7”合成，并为其添加CC Cylinder效果，设置Radius(%)为60，“模式”为“相加”，如图12-386所示。

21 复制“元素5”合成的“发光”和“曲线”效果，然后将它们粘贴到“元素7”合成中，效果如图12-387所示。

22 在“元素5”合成下方添加“元素8”合成，设置其“模式”为“相加”，效果如图12-388所示。

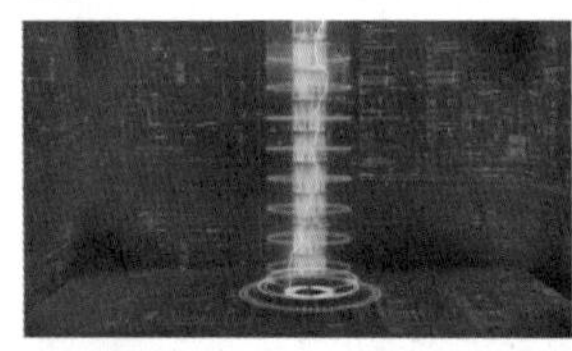

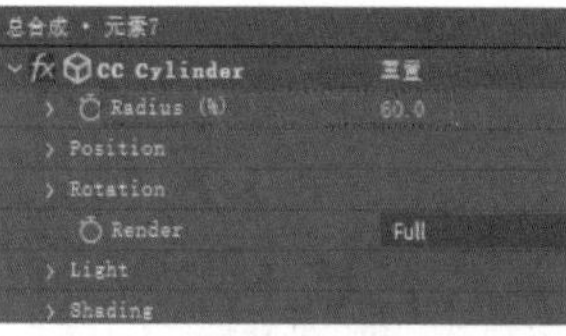

图12-386

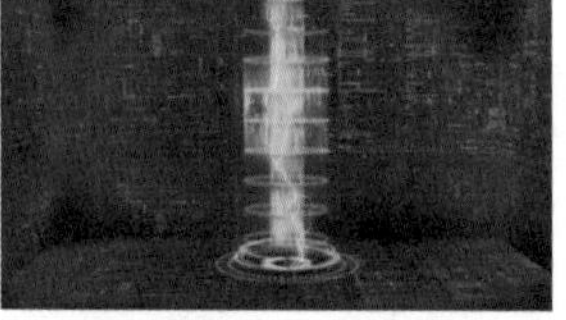

图12-387

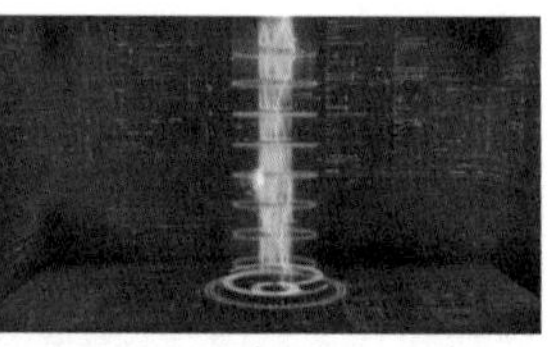

图12-388

23 将两个“元素2”合成复制一层，然后将复制得到的合成向上移动，效果如图12-389所示。

24 将“元素4”合成复制一层，删掉复制得到的合成的“快速方框模糊”效果，设置“不透明度”为60%，“模式”为“相加”，效果如图12-390所示。

25 新建一个摄像机图层和一个空对象图层，然后将摄像机图层设置为“空2”图层的子层级，如图12-391所示。

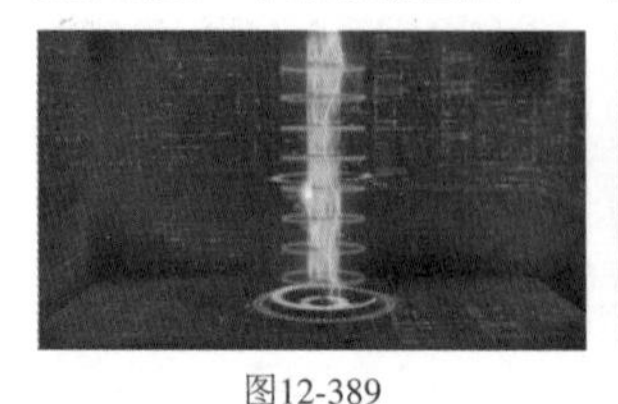

图12-389

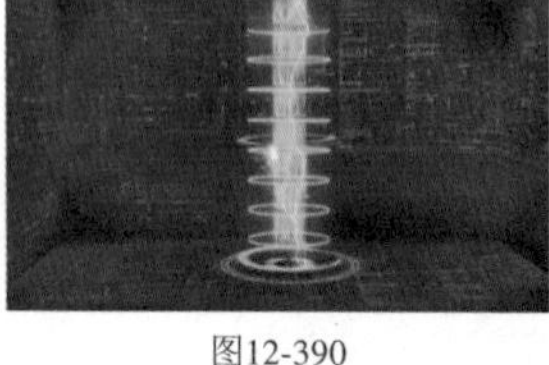

图12-390

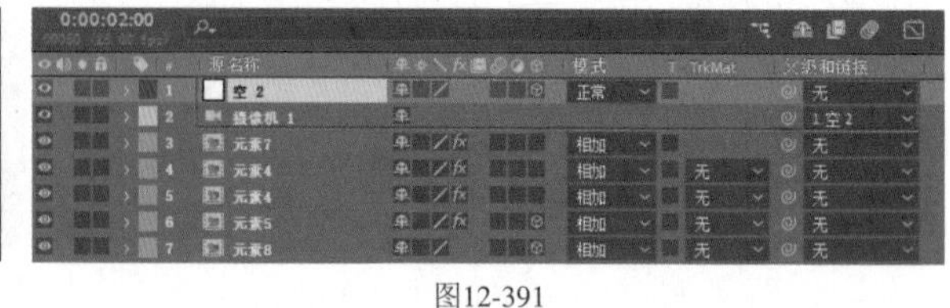

图12-391

26 在剪辑起始位置隐藏“元素7”~“元素2”合成（不包括下面两个“元素2”合成），然后在“空2”图层上添加“位置”“方向”“X轴旋转”关键帧，如图12-392所示，效果如图12-393所示。

技巧提示

初始时创建的摄像机的角度不同，“空2”图层的关键帧也会不同。读者只需要按照画面的大概角度确定关键帧数值即可。

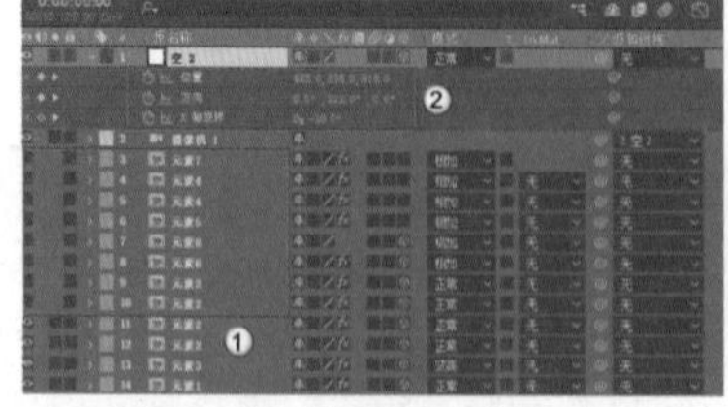

图12-392

图12-393

27 移动播放器到0:00:02:00的位置，然后调整“空2”图层的关键帧数值，画面中显示“元素1”~“元素3”合成（不包括上面两个“元素2”合成）的内容，如图12-394所示。效果如图12-395所示。

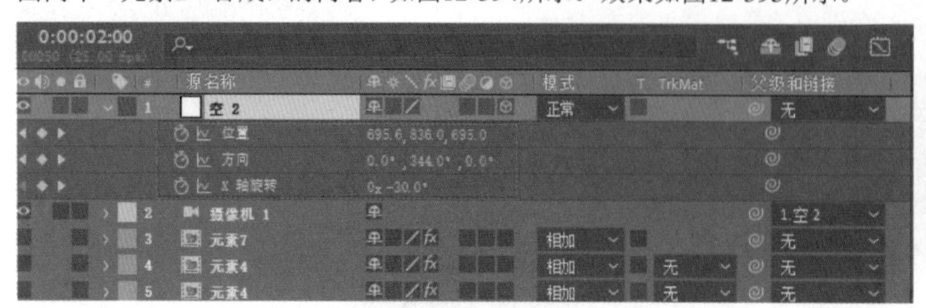

图12-394

图12-395

28 将"元素2"和"元素3"3个合成（只包括下面两个"元素2"合成）向后移动到0:00:01:00的位置，如图12-396所示。

图12-396

29 将播放指示器移动到0:00:04:00的位置，然后调整"空2"图层的位置，从而移动摄像机的位置，如图12-397所示。

图12-397

30 显示两个"元素4"合成，将其起始位置移动到0:00:02:00的位置，显示剩余的两个"元素2"合成，然后将其起始位置移动到0:00:03:00的位置，如图12-398所示，效果如图12-399所示。

图12-398

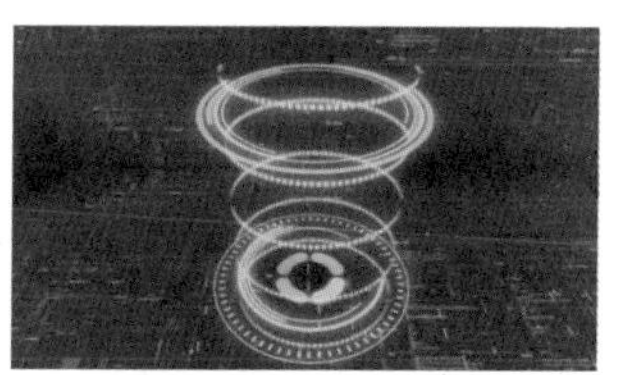

图12-399

31 在0:00:03:00的位置显示"元素5"合成，将该合成的剪辑起始位置移动到该处，设置"不透明度"为0%，并添加关键帧，在0:00:04:00的位置设置"不透明度"为60%，如图12-400所示，效果如图12-401所示。

图12-400

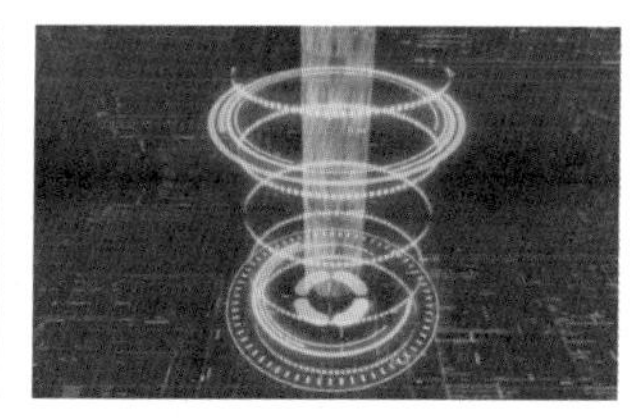

图12-401

32 移动播放指示器到0:00:03:15的位置，显示"元素6"合成和"元素7"合成，并将两个合成的剪辑起始位置移动到该处，如图12-402所示。

33 在0:00:03:15的位置设置"元素6"合成的"不透明度"为0%，在0:00:04:00的位置设置"不透明度"为100%，效果如图12-403所示。

图12-402

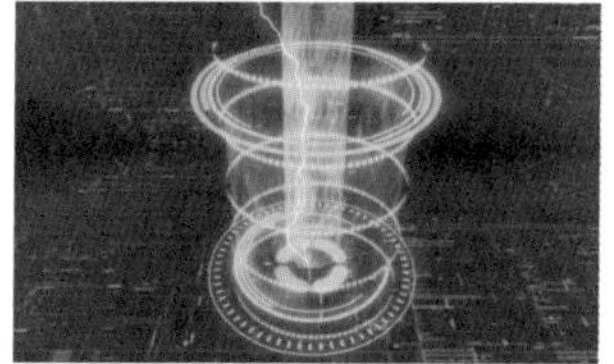

图12-403

34 将播放指示器移动到0:00:06:00的位置，然后调整"空2"图层的关键帧，使摄像机中呈现出图12-404所示的效果。

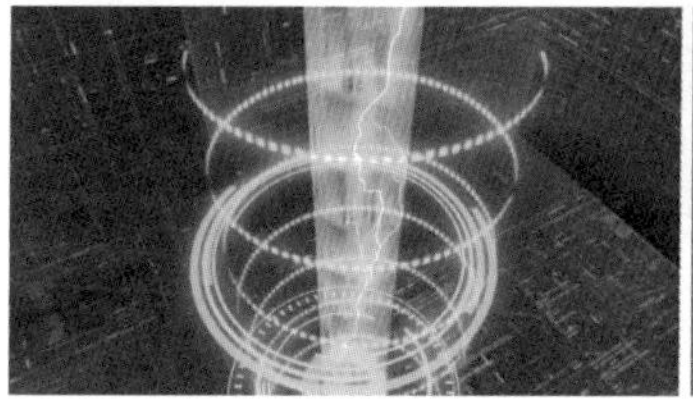

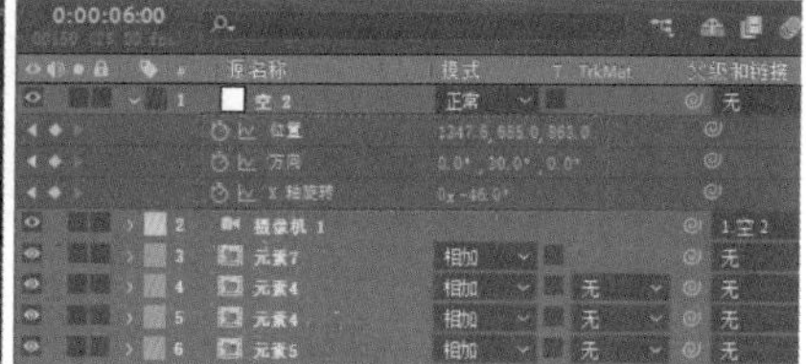

图12-404

35 在0:00:04:00的位置显示“元素8”合成，并将该合成的剪辑起始位置移动到此处，然后在“不透明度”参数上添加wiggle(10,100)表达式，如图12-405所示，效果如图12-406所示。

36 按Space键预览动画，发现动画播放得不是很流畅。删除“空2”图层中间的部分关键帧，只保留剪辑两端的关键帧，这样就会让动画变得流畅，如图12-407所示。

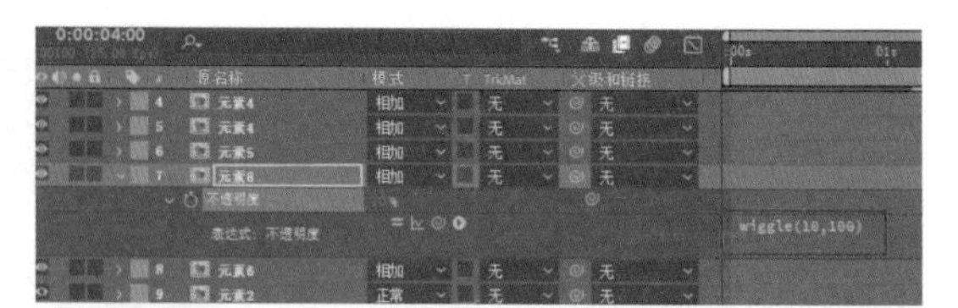

图12-405

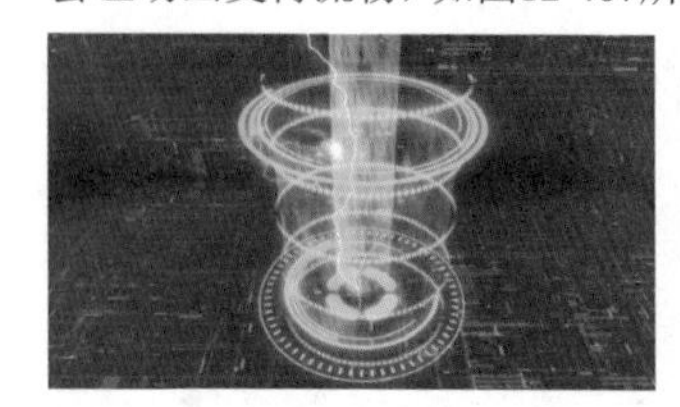

图12-406

图12-407

37 选中“背景”合成，为其添加“曲线”效果，通过调整曲线来降低画面的亮度，效果如图12-408所示。

38 按快捷键Ctrl+M切换到“渲染队列”面板，单击“AME中的队列”按钮AME中的队列，在Adobe Media Encoder中输出MP4格式的文件，如图12-409所示。

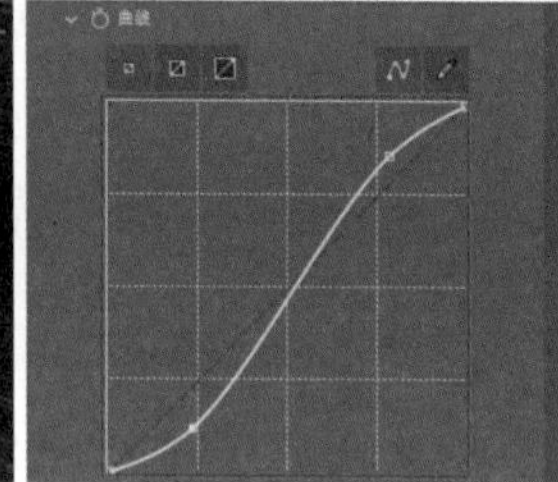

图12-408

图12-409

39 文件输出完成后，从其中截取任意4帧图片，效果如图12-410所示。

图12-410

重点

商业项目实战：制作赛博朋克视频合成效果

案例文件	案例文件>CH12>商业项目实战：制作赛博朋克视频合成效果
难易程度	★★★★★
学习目标	练习视频合成的制作方法

前面的案例介绍过赛博朋克风格的视频效果的制作方法。本案例需要运用抠图、运动跟踪和摄像机跟踪等工具，将一个普通的场景转换为赛博朋克风格的场景，效果如图12-411所示。

图12-411

背景合成

01 新建一个1920像素×1080像素的合成，将其命名为“背景”，然后导入学习资源“案例文件>CH12>商业项目实战：制作赛博朋克视频合成效果”文件夹中的source.mp4和“01.jpg”文件，将它们拖曳到“时间轴”面板中，效果如图12-412所示。

02 将“01.jpg”图层放置在source.mp4图层的下方，然后预览动画，手机在0:00:02:00的位置出现在画面中，如图12-413所示。

图12-412

图12-413

03 按快捷键Alt+[剪切掉前半段剪辑，然后将后半段剪辑移动到0:00:00:00的位置，如图12-414所示。

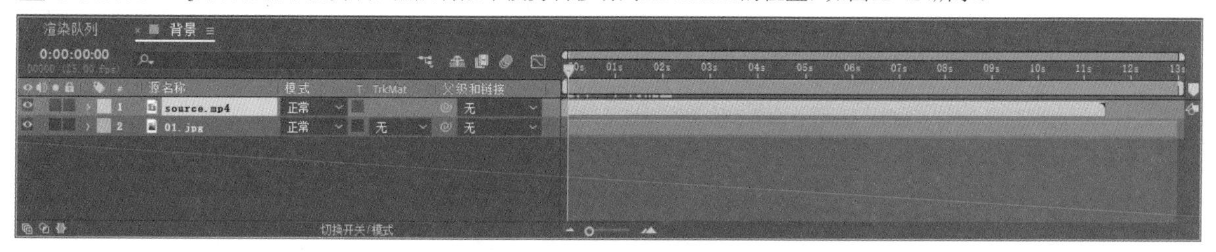

图12-414

04 选中source.mp4图层，在“跟踪器”面板中单击“跟踪运动”按钮 跟踪运动 ，设置“跟踪类型”为“透视边角定位”，如图12-415所示。

05 在“图层”面板中调整4个跟踪点的位置，使它们位于手机屏幕的4个角上，如图12-416所示。

06 在“跟踪器”面板中单击“向前分析”按钮▶，系统开始自动解析跟踪点的位置，如图12-417所示。

图12-415

图12-416

图12-417

疑难问答：左下角的跟踪点出现较大的位移该怎么办？

受到手指的影响，左下角的跟踪点出现了较大的位移，造成跟踪路径错误。这里提供一个解决办法，在“时间轴”面板中展开“跟踪点3”卷展栏，删掉出现位移错误的关键帧，然后根据画面的变化移动跟踪点，生成新的关键帧，如图12-418所示。

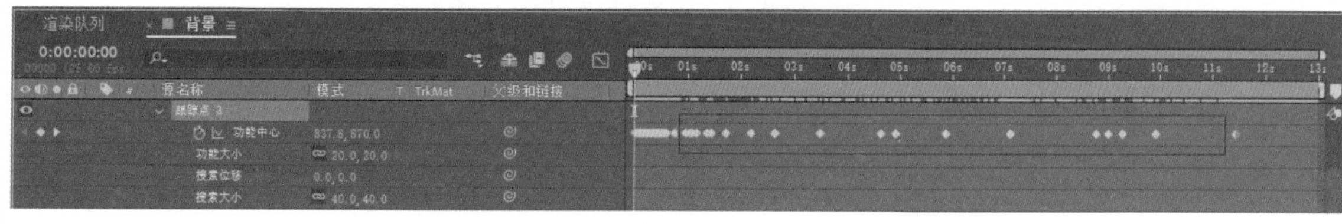

图12-418

07 在“跟踪器”面板中单击“编辑目标”按钮编辑目标...，在弹出的“运动目标”对话框中选中“图层”选项后，在右侧的下拉列表中选择“1.01.jpg”选项，如图12-419所示。单击“应用”按钮，就能将图片素材与跟踪器相关联。

08 此时绿屏遮挡了下方的图片素材，在source.mp4图层上添加Keylight效果，抠除绿色屏幕，使下方的素材显示出来，如图12-420所示。

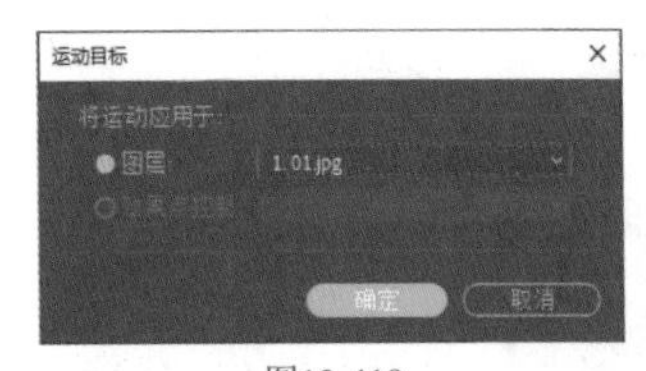
图12-419

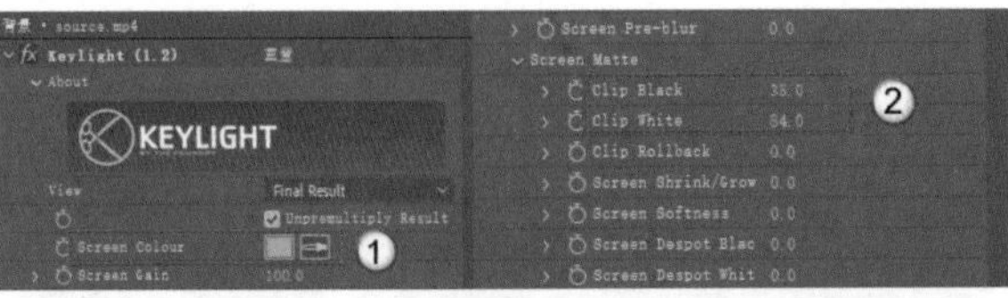
图12-420

09 在“01.jpg”图层上添加Deep Glow效果，增加素材的亮度，使其呈现发光效果，以符合手机屏幕的特性，如图12-421所示。

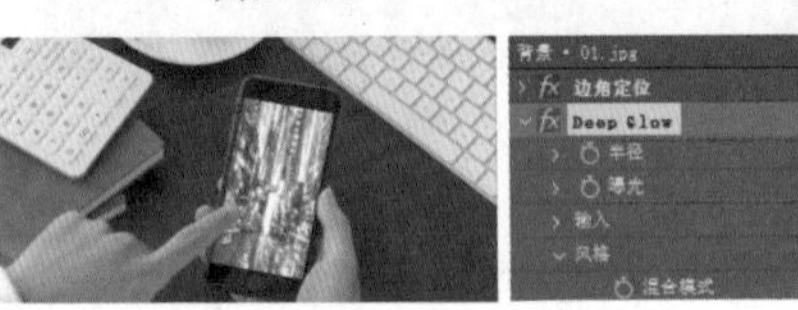
图12-421

☞ 元素1合成

01 新建一个1920像素×1080像素的合成，将其命名为“元素1”，然后导入学习资源文件夹中的“6.mp4”素材文件，如图12-422所示。

02 新建一个文本图层，输入CYBERPUNK，效果如图12-423所示。

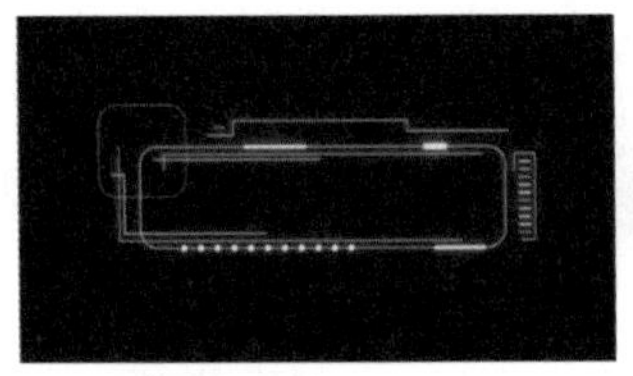
图12-422

图12-423

03 新建一个纯色图层，然后为其添加Saber效果，具体参数及效果如图12-424所示。

04 移动播放指示器到0:00:02:00的位置，设置“主体大小”为0，“开始偏移”为100%，并添加这两个参数的关键帧，如图12-425所示。

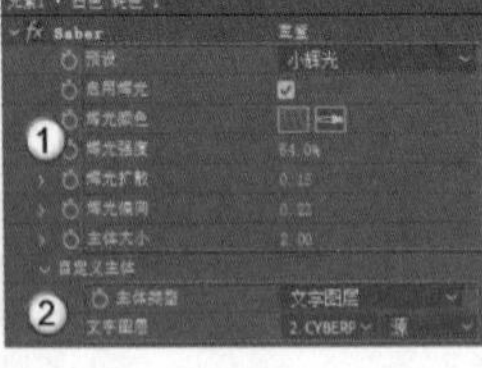
图12-424

图12-425

> **技巧提示**
>
> 纯色图层的“模式”要改为“屏幕”，否则会遮挡下方的边框素材。文本图层可以隐藏，这样可以减小对文字动画效果的影响。

05 在0:00:04:00的位置设置“主体大小”为2，在0:00:05:00的位置设置“开始偏移”为0%，如图12-426所示。

06 在“遮罩演变”参数上添加表达式time*100，然后设置“结束偏移”为90%，如图12-427所示。

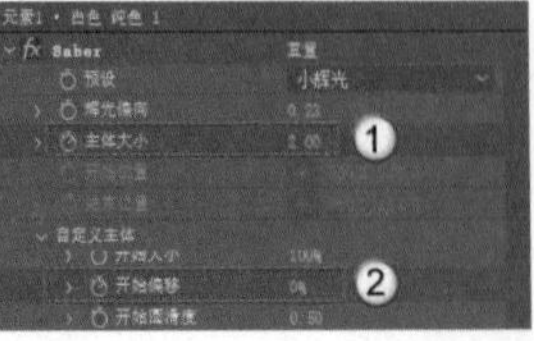
图12-426

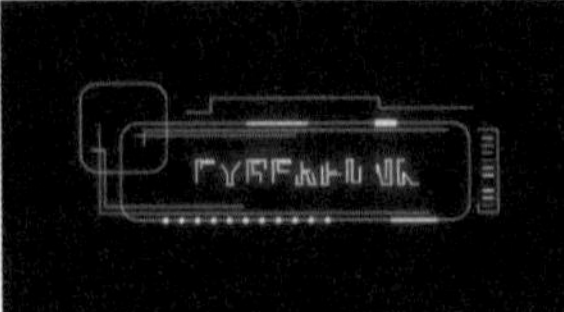
图12-427

☞ 元素2合成

01 新建一个1920像素×1080像素的合成，将其命名为“元素2”，然后导入学习资源文件夹中的“02.jpg”文件，如图12-428所示。

02 在素材图层上方添加学习资源文件夹中的“07.mp4”素材文件，设置“模式”为“相加”，如图12-429所示。

图12-428

图12-429

03 在“07.mp4”图层上添加Deep Glow效果，设置“半径”为20，“曝光”为0.5，如图12-430所示。

04 在“07.mp4”图层上继续添加“线性擦除”效果，在剪辑起始位置设置“过渡完成”为50%，并添加关键帧，设置“擦除角度”为0x+90°，如图12-431所示。

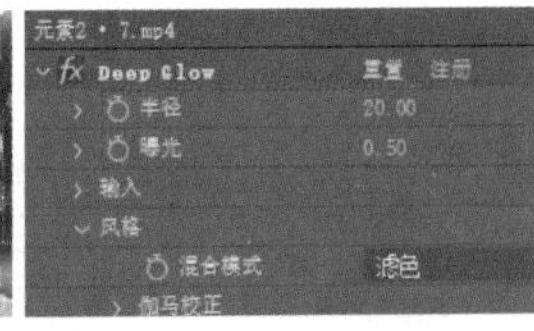

图12-430

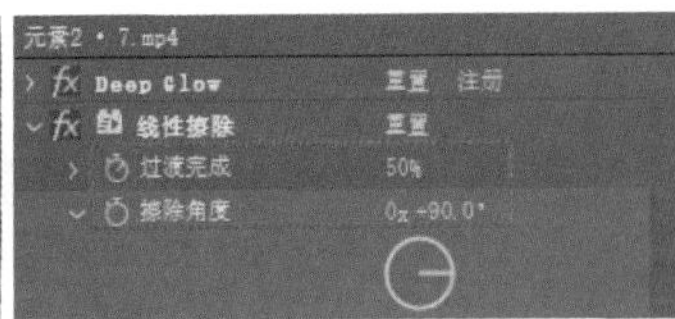

图12-431

05 在0:00:00:10的位置设置“过渡完成”为0%，如图12-432所示。

06 将“线性擦除”效果复制一份，修改复制的效果的“擦除角度”为0x-90°，其余参数保持不变，如图12-433所示。预览动画效果，可以观察到“07.mp4”素材从画面中间逐渐出现，如图12-434所示。

图12-432

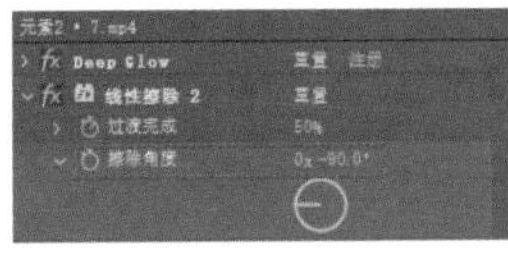

图12-433

图12-434

07 选中“02.jpg”图层，然后为其添加uni.Glitch效果，单击Open Dashboard按钮，在弹出的对话框中选择图12-435所示的Glitch预设效果。关闭对话框后，能观察到画面中显示的Glitch效果，如图12-436所示。

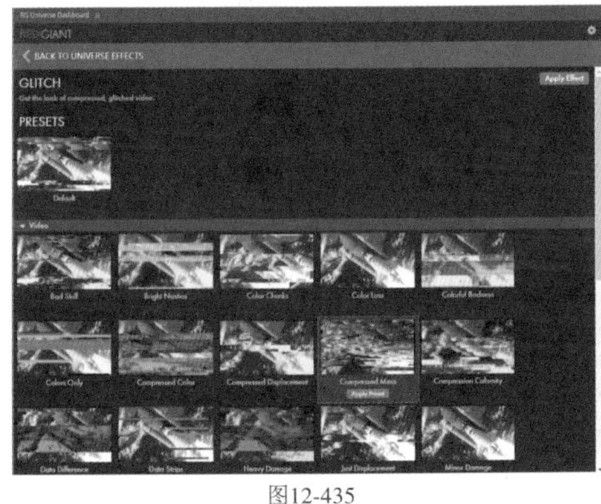

图12-435

08 在剪辑起始位置添加Compression和Glitch Frequency关键帧，使画面保持现有的效果，如图12-437所示。

图12-436

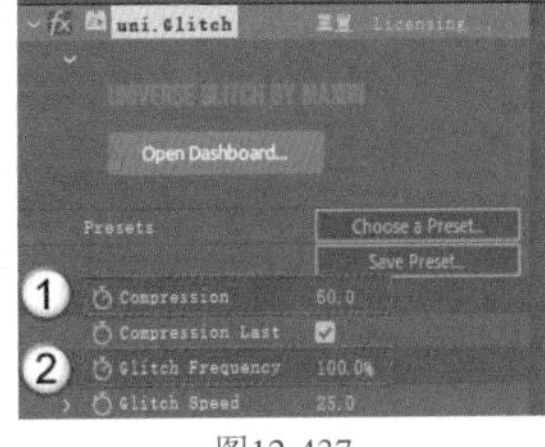

图12-437

09 在0:00:01:10的位置设置Compression和Glitch Frequency都为0，删除Glitch效果，如图12-438所示。

10 在剪辑起始位置设置“不透明度”为0%，并添加关键帧，然后在0:00:00:10的位置设置“不透明度”为100%，效果如图12-439所示。

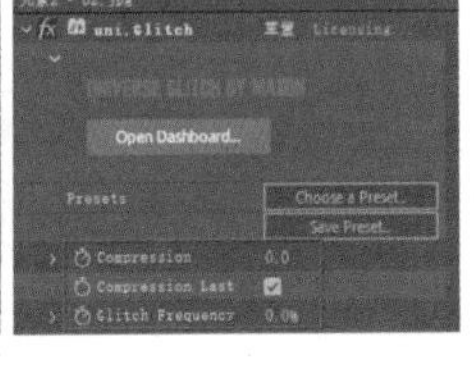

图12-438

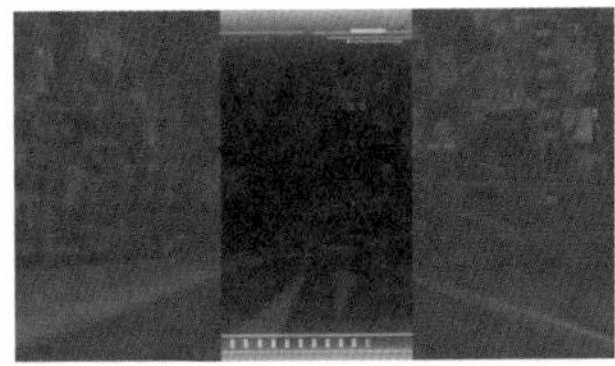

图12-439

技巧提示

为了丰富画面，可以在后续的时间段里随机修改这两个数值，或添加Glitch效果。

11 观察画面，发现在上方图层还未完全显示的情况下，下方图层就已经出现。移动“02.jpg”图层的剪辑起始位置到0:00:00:10处，使其动画与上方图层的动画相连接，如图12-440所示，效果如图12-441所示。

图12-440

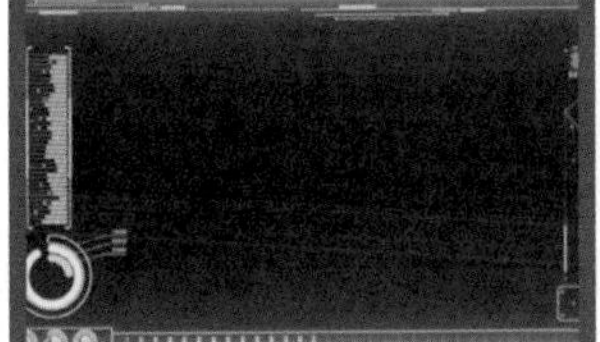

图12-441

12 导入学习资源文件夹中的“8.mp4”素材文件，设置其“模式”为“相加”，如图12-442所示。

13 将“8.mp4”图层的剪辑起始位置移动到0:00:01:00的位置，如图12-443所示。

14 按T键调出“8.mp4”图层的“不透明度”参数，然后添加表达式wiggle(5,100)。此时素材会出现随机闪烁的效果，如图12-444所示。

图12-442

图12-443

图12-444

☞ 元素3合成

01 新建一个1920像素×1080像素的合成，将其命名为“元素3”，然后使用“矩形工具”绘制一个白色的矩形，效果如图12-445所示。

02 将上一步绘制的矩形复制一份并向上移动一段距离，将其宽度调小，效果如图12-446所示。

03 将已有的两个矩形复制后向下移动一段距离，并调整宽矩形和窄矩形的顺序，效果如图12-447所示。

图12-445

图12-446

图12-447

04 新建一个600像素×200像素的合成，将其命名为start，然后在合成内输入start，效果如图12-448所示。

05 将start合成放在“元素3”合成中，然后为start合成添加“动态拼贴”效果，设置“输出宽度”为800，如图12-449所示。

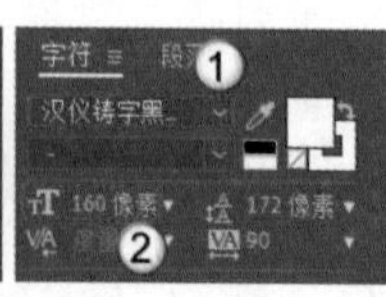

图12-448

图12-449

06 在剪辑起始位置添加“拼贴中心”关键帧，并向左移动合成，然后在剪辑末尾向右移动合成，这样就能形成文字向右移动的效果，如图12-450所示。

07 在0:00:00:15的位置设置start合成的“不透明度”为0%，并添加关键帧，然后在0:00:01:00的位置设置“不透明度”为100%，效果如图12-451所示。

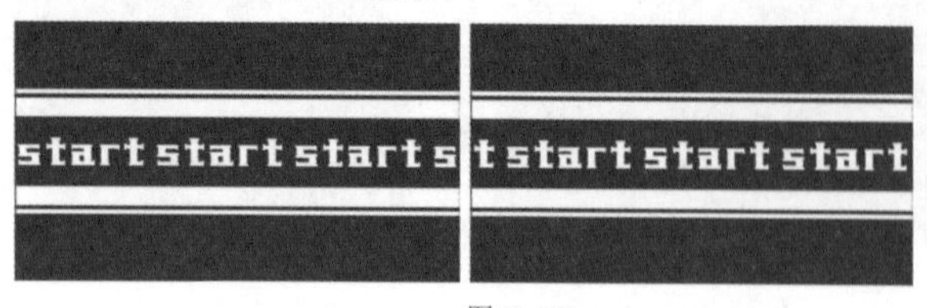

图12-450

图12-451

08 选中“形状图层4”图层，在剪辑起始位置设置“大小”为(0,79.2)，并添加关键帧，然后在0:00:00:12的位置设置“大小”为(1920,79.2)，效果如图12-452所示。这样就形成了拉伸的动画效果。

09 按照上一步设置动画的方法，为其余3个矩形也设置相同的动画，效果如图12-453所示。

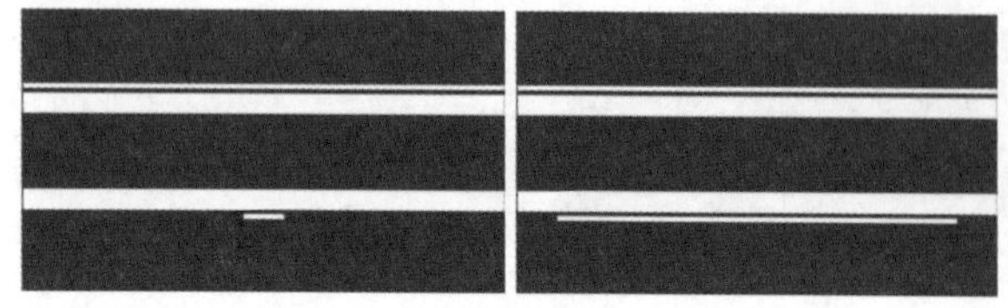

图12-452

图12-453

☞ 总合成

01 新建一个1920像素×1080像素的合成，将其命名为“总合成”，然后将“背景”合成导入“总合成”合成中，效果如图12-454所示。

02 移动播放指示器，可以观察到在0:00:01:00的位置，手指有触摸屏幕的动作，如图12-455所示。保持播放指示器的位置不变，按快捷键Shift+Ctrl+D将剪辑裁成两部分，如图12-456所示。

图12-454

图12-455

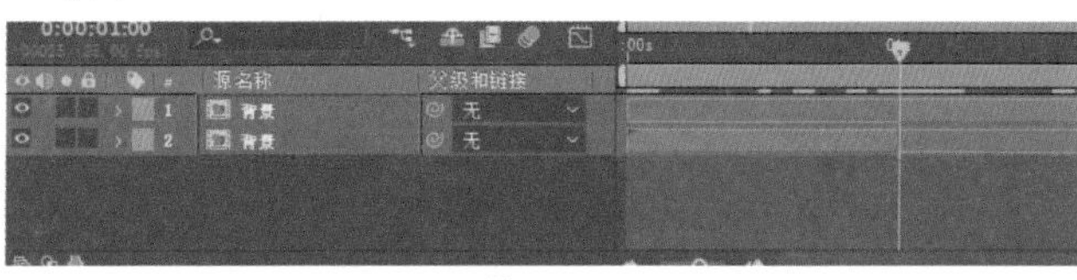
图12-456

03 移动播放指示器到0:00:01:10的位置，此时手指基本离开屏幕，按快捷键Shift+Ctrl+D再裁剪一次剪辑，如图12-457和图12-458所示。

04 重命名上面的两个“背景”图层，方便后续的制作，如图12-459所示。

图12-457

图12-458

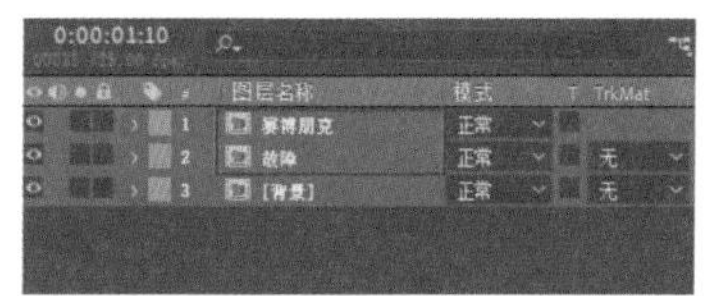
图12-459

05 选中“故障”合成，为其添加uni.Glitch效果，选择图12-460所示的预设，画面效果如图12-461所示。

06 选中“赛博朋克”合成，单击“跟踪器”面板中的“跟踪摄像机”按钮跟踪摄像机，开始跟踪画面，如图12-462所示。系统分析完成后会在画面中显示跟踪点，如图12-463所示。

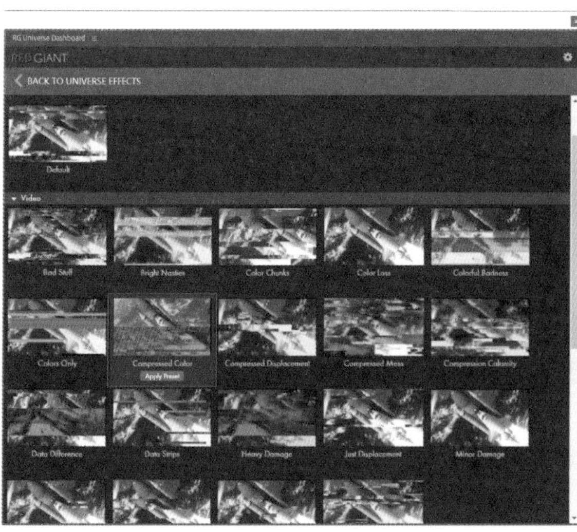
图12-460

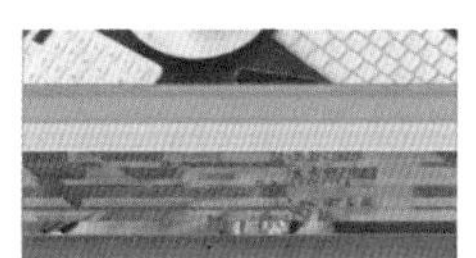
图12-461

图12-462

图12-463

> **技巧提示**
>
> 读者可以选择自己喜欢的预设，此处选择的预设仅作为参考。

07 选中图12-464所示的跟踪点，然后单击鼠标右键，在弹出的菜单中选择“创建实底和摄像机”选项。

08 在“项目”面板选中“元素1”合成，按住Alt键将其向下拖曳，以替换上一步创建的实底图层，如图12-465所示。

09 将“元素1”合成的“模式”设置为“屏幕”，然后调整合成的大小、角度和位置，效果如图12-466所示。

> **技巧提示**
>
> 如果觉得“元素1”合成不够亮，就将“模式”改为“相加”或“变亮”。

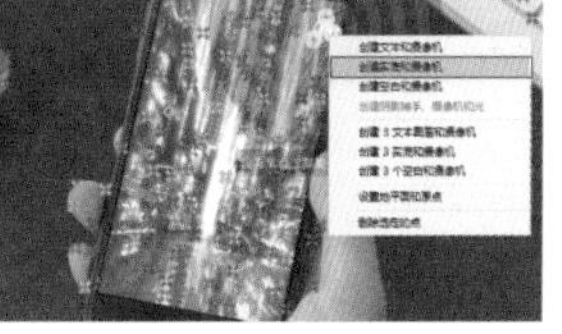
图12-464

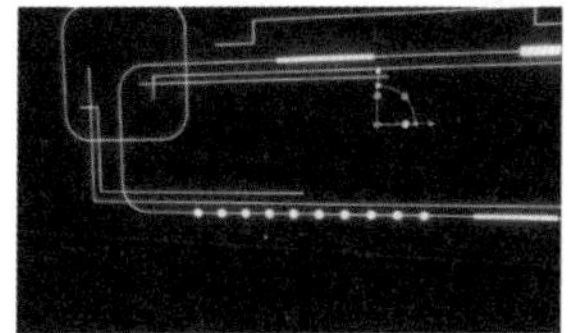
图12-465

图12-466

10 选中图12-467所示的控制点，然后单击鼠标右键，在弹出的菜单中选择“创建实底”选项。

11 在“项目”面板中选中“元素2”合成，然后用它替换上一步创建的实底图层，效果如图12-468所示。

12 调整“元素2”合成的大小、角度和位置，效果如图12-469所示。

图12-467

图12-468

图12-469

13 选中图12-470所示的控制点，然后单击鼠标右键，在弹出的菜单中选择“创建实底”选项。

14 在“项目”面板中选中“元素3”合成，然后用它替换上一步创建的实底图层，效果如图12-471所示。

15 调整“元素3”合成的大小、角度和位置，效果如图12-472所示。

图12-470

图12-471

图12-472

16 为“元素3”合成添加“填充”效果，设置“颜色”为青色，效果如图12-473所示。

17 为“元素3”合成添加Deep Glow效果，然后设置“模式”为“变亮”，效果如图12-474所示。

18 选中图12-475所示的控制点，然后单击鼠标右键，在弹出的菜单中选择“创建实底”选项。

图12-473

图12-474

图12-475

19 在“项目”面板中导入学习资源文件夹中的Bulb.mp4素材文件并将其选中，然后用它替换上一步创建的实底图层，效果如图12-476所示。

20 将Bulb.mp4图层的“模式”设置为“屏幕”，然后调整该图层的大小、角度和位置，效果如图12-477所示。

21 选中图12-478所示的控制点，然后单击鼠标右键，在弹出的菜单中选择“创建实底”选项。

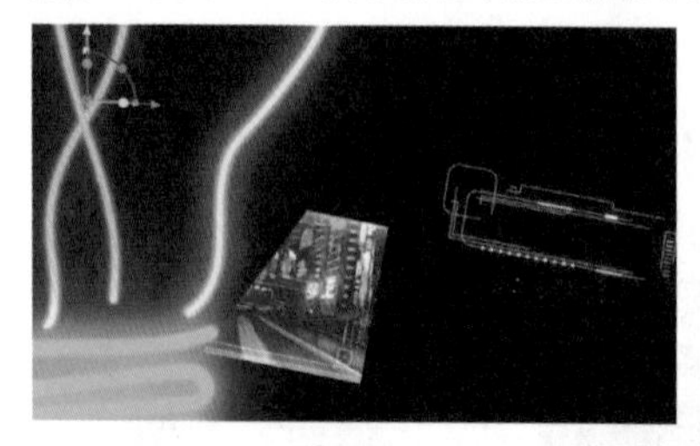

图12-476

图12-477

图12-478

22 在“项目”面板中导入学习资源文件夹中的“3.mp4”素材文件并将其选中，然后用它替换上一步创建的实底图层，如图12-479所示。

23 将“3.mp4”图层的“模式”设置为“屏幕”，然后调整其大小、角度和位置，效果如图12-480所示。

24 为“3.mp4”图层添加“色相/饱和度”效果，将素材的颜色调整为红色，并增加颜色的饱和度，如图12-481所示。

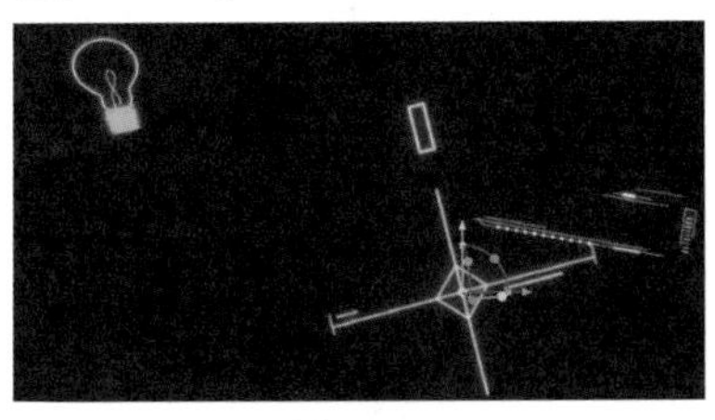

图12-479

图12-480

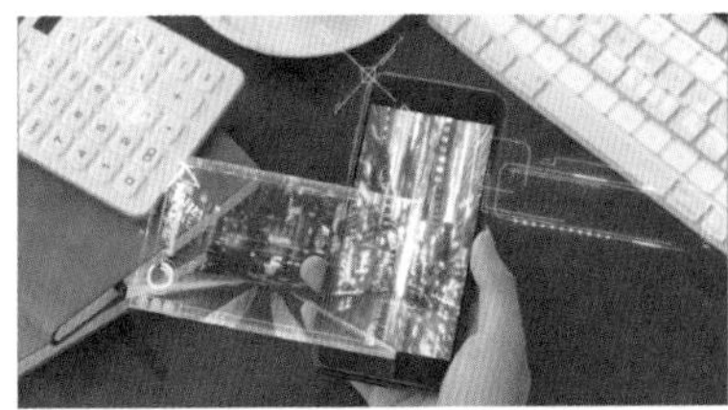

图12-481

25 将“3.mp4”图层复制一份，然后移动到画面右下角，并修改“色相”为青色，效果如图12-482所示。

26 调整添加的“3D跟踪器摄影机”图层和元素图层的剪辑起始位置，使它们产生随机出现的效果，如图12-483所示。

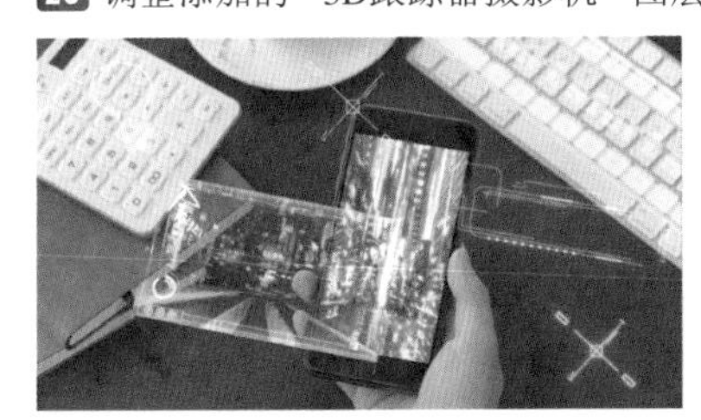

图12-482

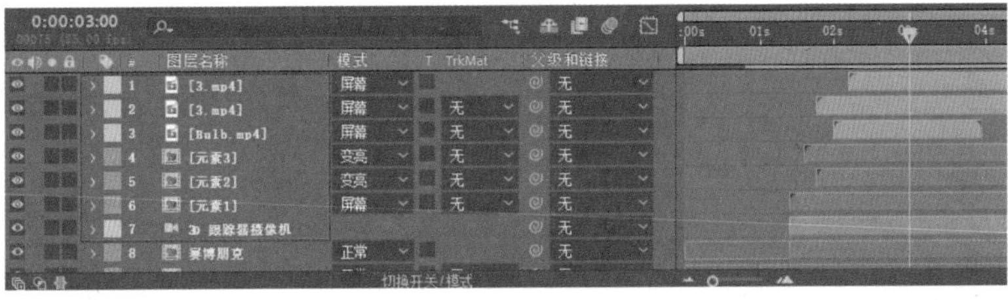

图12-483

27 在“赛博朋克”合成上添加Colorista V效果，然后调整画面的色调和亮度，使其符合赛博朋克的风格，如图12-484所示。

28 观察画面，发现“元素1”合成的颜色与画面的颜色太接近。在“元素1”合成上添加“色相/饱和度”效果，将合成颜色调整为黄色，并增加颜色的饱和度，如图12-485所示。

29 在“元素1”合成上添加Deep Glow效果，为元素增加发光效果，如图12-486所示。

图12-484

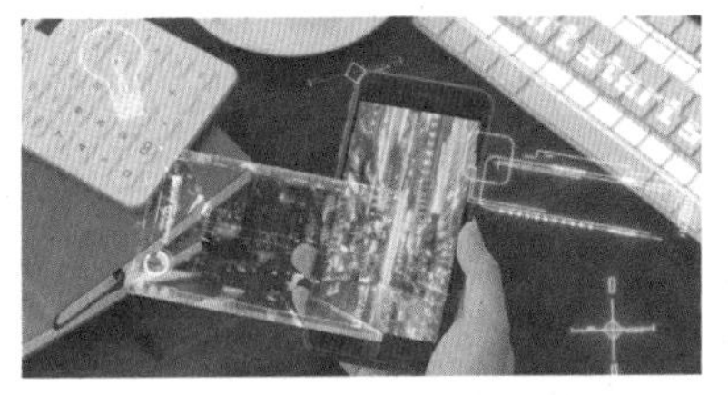

图12-485

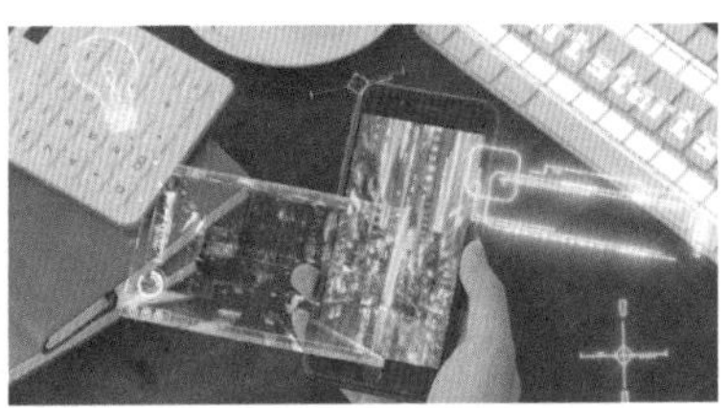

图12-486

> **技巧提示**
>
> 对于调色的具体数值，读者可参考本案例给出的数值，也可以根据自己的想法进行调整。

30 将Deep Glow效果复制给其他没有添加发光效果的元素图层，效果如图12-487所示。

31 选中“元素2”合成，在0:00:02:20的位置添加“位置”关键帧，然后在0:00:03:05的位置沿z轴方向将合成向上移动一段距离，效果如图12-488所示。

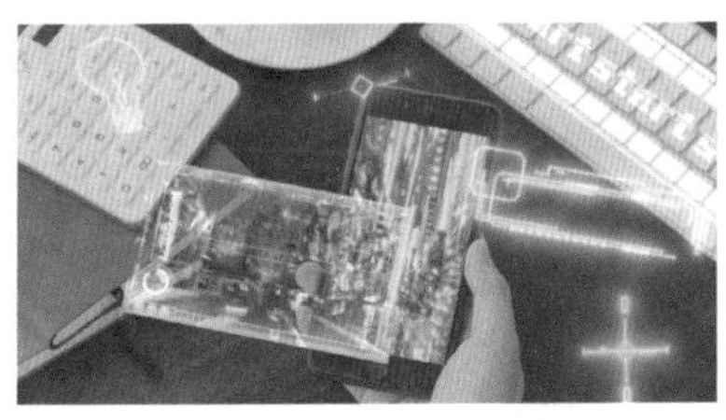

图12-487

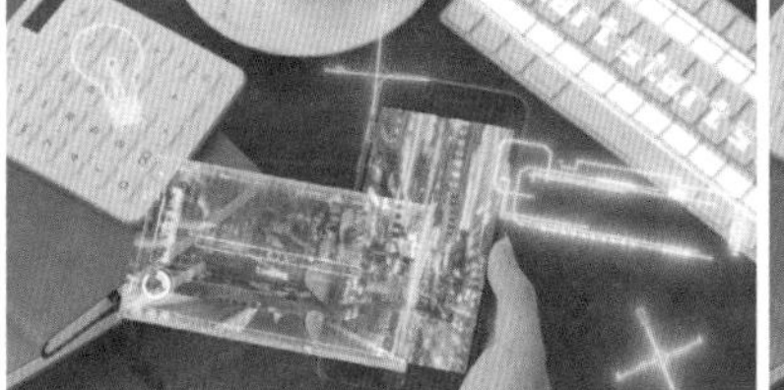

图12-488

32 新建一个调整图层并将其放在所有图层的上方，然后为其添加“曲线”效果，调整曲线，如图12-489所示。

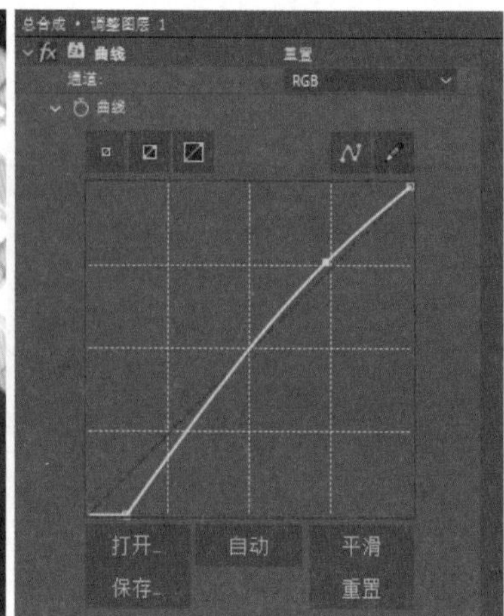

图12-489

33 按快捷键Ctrl+M切换到“渲染队列”面板，单击“AME中的队列”按钮AME中的队列，在Adobe Media Encoder中输出MP4格式的文件，如图12-490所示。

34 在输出的视频中任意截取4帧图片，效果如图12-491所示。

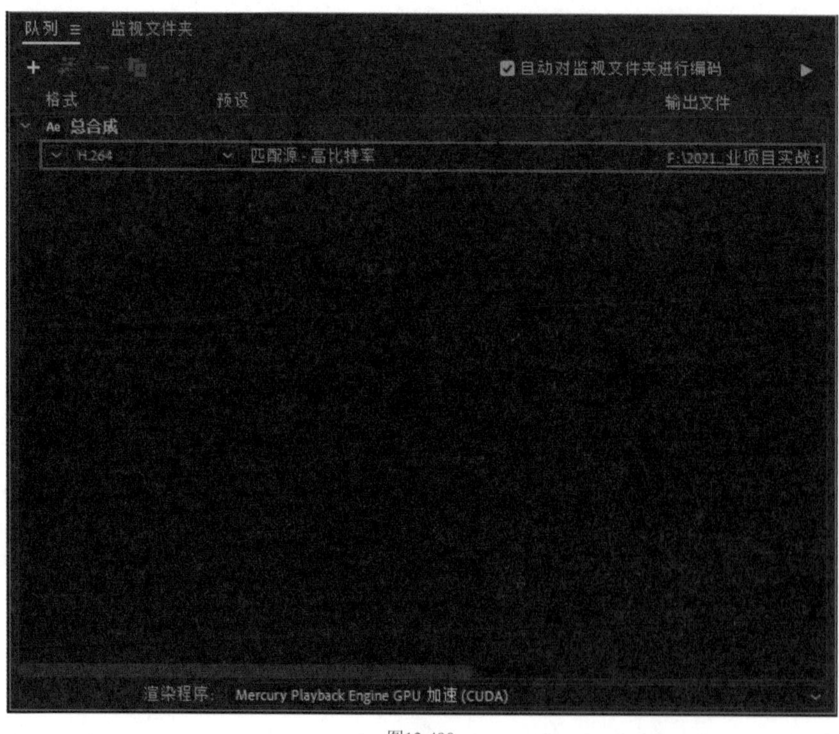

图12-490

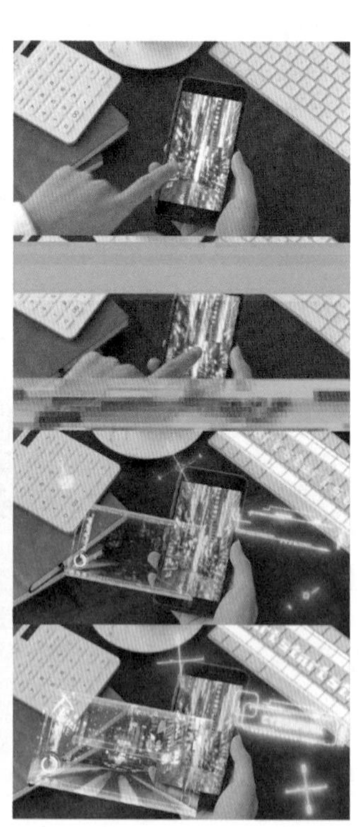

图12-491

附录

附录A：常用快捷键一览表

1.软件界面快捷键

操作	快捷键
打开“项目”面板	Ctrl+0
打开项目流程视图	F11
打开“渲染队列”面板	Ctrl+Alt+0
打开工具箱	Ctrl+1
打开“信息”面板	Ctrl+2
预览面板	Ctrl+3
打开“音频”面板	Ctrl+4
显示/隐藏所有面板	Tab
新建合成	Ctrl+N
关闭激活的面板	Ctrl+W

2.工具栏快捷键

工具	快捷键
选择工具	V
手型工具	H
缩放工具	Z
绕光标旋转工具	Shift+1
在光标下移动工具	Shift+2
向光标方向拖拉摄像机镜头工具	Shift+3
旋转工具	W
向后平移（锚点）工具	Y
矩形工具	Q
钢笔工具	G
横排文字工具	Ctrl+T
画笔工具	Ctrl+B
仿制图章工具	Ctrl+B
橡皮擦工具	Ctrl+B
Roto笔刷工具	Alt+W
人偶位置控点工具	Ctrl+P

3.“项目”面板快捷键

操作	快捷键
新建项目	Ctrl+Alt+N
打开项目	Ctrl+O
关闭项目	Ctrl+Shift+W
查看上次打开的项目	Ctrl+Shift+Alt+P
关闭项目	Ctrl+W
保存项目	Ctrl+S
增量保存	Ctrl+Shift+Alt+S
另存为	Ctrl+Shift+S
导入文件	Ctrl+I
导入多个文件	Ctrl+Alt+I
替换素材文件	Ctrl+H
重新加载素材文件	Ctrl+Alt+L
打开“项目设置”对话框	Ctrl+Shift+Alt+K
退出	Ctrl+Q

4.“合成”/“素材”面板快捷键

操作	快捷键
预览	空格键
显示/隐藏标题安全区域和动作安全区域	'
显示/隐藏网格	Ctrl+'
显示/隐藏对称网格	Alt+'
显示通道（RGBA）	Alt+1 Alt+2 Alt+3 Alt+4
带颜色显示通道（RGBA）	Alt+Shift+1 Alt+Shift+2 Alt+Shift+3 Alt+Shift+4
设置素材入点	I
设置素材出点	O
显示/隐藏参考线	Ctrl+;
显示/隐藏标尺	Ctrl+R
设置图像分辨率为完整分辨率	Ctrl+J
设置图像分辨率为二分之一分辨率	Ctrl+Shift+J
设置图像分辨率为四分之一分辨率	Ctrl+Shift+Alt+J
设置图像分辨率为自定义分辨率	Ctrl+Alt+J

5.合成/素材编辑快捷键

操作	快捷键
拷贝	Ctrl+C
复制	Ctrl+D
粘贴	Ctrl+V
撤销	Ctrl+Z
重做	Ctrl+Shift+Z
选择全部	Ctrl+A
重命名素材/合成	Enter

6. “时间轴”面板快捷键

操作	快捷键
到工作区开头	Home
到工作区结尾	Shift+End
到前一可见关键帧	J
到后一可见关键帧	K
向前一帧	PageDown
向后一帧	PageUp
向前十帧	Shift+PageDown
向后十帧	Shift+PageUp
开始/停止播放	Space
进行RAM预览	0（小键盘）
间隔一帧进行RAM预览	Shift+0（小键盘）
保存RAM预览	Ctrl+0（小键盘）

7.图层操作快捷键

操作	快捷键
移动到顶层	Ctrl+Shift+]
向上移动一层	Shift+]
移动到底层	Ctrl+Shift+[
向下移动一层	Shift+[
选择下一层	Ctrl+↓
选择上一层	Ctrl+↑
通过层编号选择层	0~9（小键盘）
取消选择所有层	Ctrl+Shift+A
切换所选图层的锁定	Ctrl+L
解锁所有层	Ctrl+Shift+L
分裂所选层	Ctrl+Shift+D
显示/隐藏层	Ctrl+Shift+Alt+V
隐藏其他层	Ctrl+Shift+V
在“素材”面板中显示选择的层	Enter（数字键盘）
显示所选层的效果面板	F3
拉伸层以适合“合成”面板	Ctrl+Alt+F
反向播放层	Ctrl+Alt+R
设置入点	[
设置出点	]
剪切层入点	Alt+[
剪切层出点	Alt+]
创建新的纯色图层	Ctrl+Y
显示纯色图层的设置	Ctrl+Shift+Y
新建预合成	Ctrl+Shift+C
新建文本图层	Ctrl+Shift+Alt+T
新建灯光图层	Ctrl+Shift+Alt+L
新建摄像机图层	Ctrl+Shift+Alt+C
新建空对象图层	Ctrl+Shift+Alt+Y
新建调整图层	Ctrl+Alt +Y
位置	P
旋转	R
缩放	S
不透明度	T
显示所有关键帧	U
显示表达式	EE

附录B：After Effects操作小技巧

技巧1：在视图中快速居中素材

将导入的素材移动到画面中心有两种较为便捷的方法。

第1种：按快捷键Ctrl+Home。

第2种：在“对齐”面板中单击“水平对齐”和“垂直对齐”按钮，如附图-1所示。

附图-1

技巧2：使素材快速适配画面

导入的素材未必完全符合创建的合成的大小，这就需要将素材进行缩放。这里介绍3种使素材快速适配画面的方法。

第1种：按快捷键Ctrl+Shift+Alt+H，按照“适合复合宽度”的方式对素材进行缩放，如附图-2所示。

第2种：按快捷键Ctrl+Shift+Alt+G，按照“适合复合高度”的方式对素材进行缩放，如附图-3所示。

第3种：按快捷键Ctrl+Alt+F，按照“适合复合”的方式对素材进行缩放，如附图-4所示。

附图-2

附图-3

附图-4

技巧3：追踪蒙版

如果需要对一段影片进行部分模糊处理，就可以利用追踪蒙版的方法快速完成处理。下面介绍具体操作方法。

第1步：在需要模糊处理的位置添加蒙版，如附图-5所示。

第2步：在“蒙版1”上单击鼠标右键，在弹出的菜单中选择“追踪蒙版”选项，如附图-6所示。

附图-5

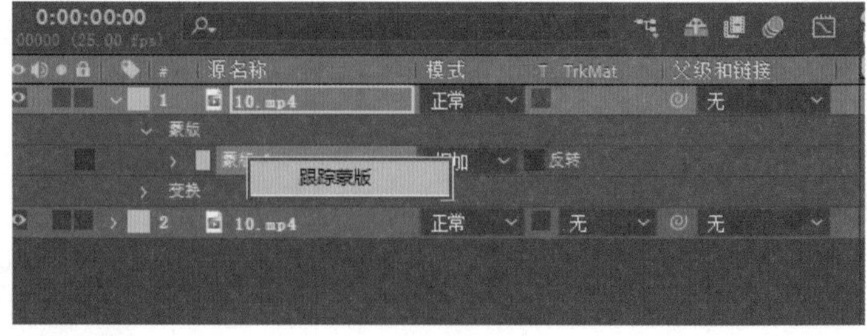

附图-6

第3步：在“跟踪器”面板中单击“向前跟踪所有蒙版”按钮▶，开始解析，解析完成后“时间轴”面板上会显示对应的关键帧，如附图-7所示。

第4步：给蒙版所在的图层添加“快速方框模糊”效果，效果如附图-8所示。

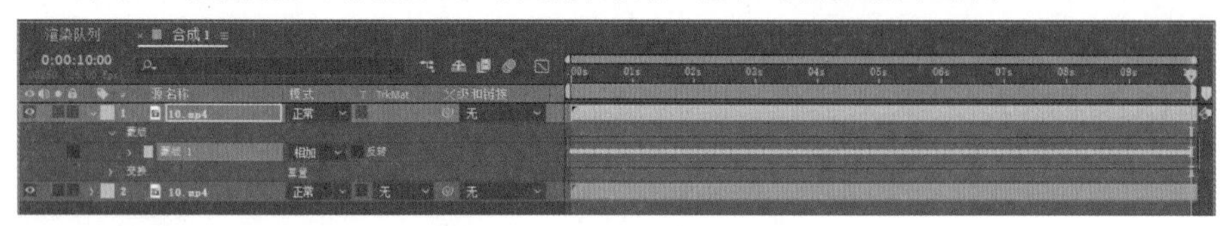

附图-7

附图-8

技巧4：在“时间轴”面板上显示效果参数

若“效果控件”面板上的一些参数添加了关键帧或表达式，在“时间轴”面板上查找它们需要逐层展开卷展栏，比较麻烦。下面介绍一个快速在“时间轴”面板上显示效果参数的方法。

在“效果与控件”面板上选中需要显示的参数，单击鼠标右键，在弹出的菜单中选择“在时间轴中显示”选项，如附图-9所示。下方的“时间轴”面板中就会显示该效果的参数，如附图-10所示。

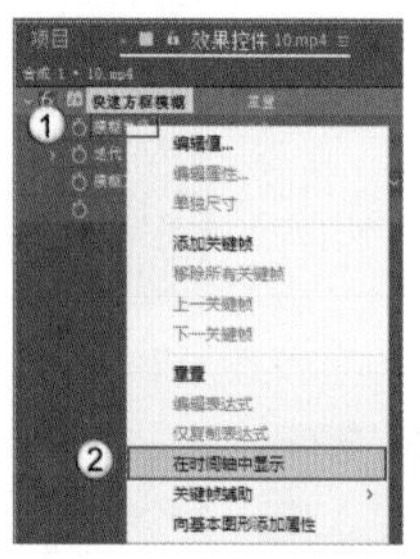

附图-9

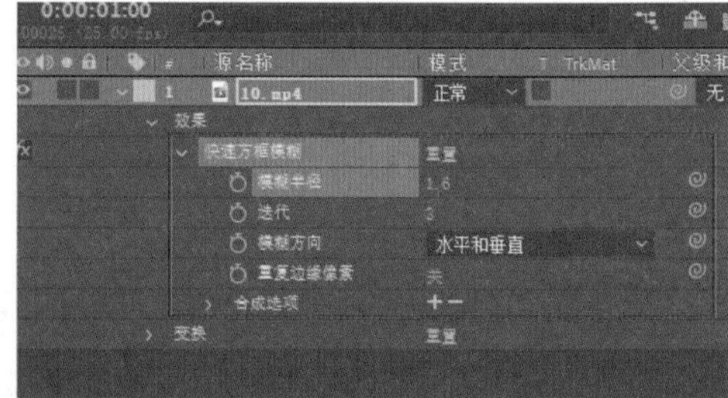

附图-10

技巧5：将工作区设置为选定图层的长度

当导入的素材比设置的合成要短时，就可以将工作区的末尾设置为素材的末尾。按快捷键Ctrl+Alt+B，就可以让合成的工作区域结尾自动移动到素材图层的剪辑末尾，如附图-11所示。

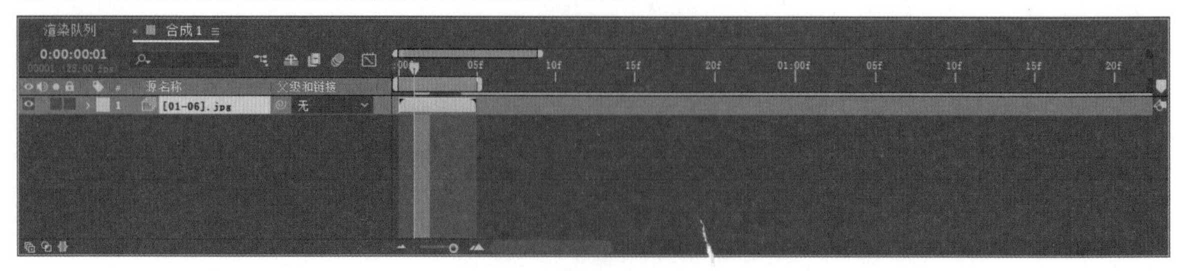

附图-11